别怕，就这样玩转Excel办公

杨英 / 编著

清华大学出版社
北京

内 容 简 介

本书从零开始，完全从“读者自学”的角度出发，力求解决初学读者“学得会”与“用得上”，并且还要“玩得转”3个关键问题，结合工作与生活中的实际应用，系统并全面地讲解了Excel 2013电子表格与数据处理的相关技能应用，力求使您在快速学会软件技能操作的同时，又能掌握Excel表格制作与数据处理的思路与经验。

本书内容讲解上图文并茂，重视设计思路的传授，并且在图上清晰标注出要进行操作的位置与操作内容，对于重点、难点操作均配有同步教学视频教程，以帮助读者快速、高效地掌握相关技能。

本书既适合初学Excel的读者学习使用，也适合有一定基础，但缺乏实战操作经验与应用技巧的读者学习用书。同时也可以作为电脑培训班、职业院校相关专业的教材用书或参考书。

图书在版编目（CIP）数据

别怕，就这样玩转Excel办公 / 杨英编著. -- 北京 : 清华大学出版社，2015

ISBN 978-7-302-39532-4

Ⅰ. ①别… Ⅱ. ①杨… Ⅲ. ①表处理软件 Ⅳ. ① TP391.13

中国版本图书馆CIP数据核字（2015）第039326号

责任编辑：陈绿春
封面设计：潘国文
责任校对：徐俊伟
责任印制：何　芊

出版发行：清华大学出版社

网　　址：http://www.tup.com.cn，　http://www.wqbook.com
地　　址：北京清华大学学研大厦A座　　**邮　　编**：100084
社 总 机：010-62770175　　**邮　　购**：010-62786544
投稿与读者服务：010-62776969，c-service@tup.tsinghua.edu.cn
质量反馈：010-62772015，zhiliang@tup.tsinghua.edu.cn

印 刷 者：北京富博印刷有限公司
装 订 者：北京市密云县京文制本装订厂
经　　销：全国新华书店
开　　本：190mm×260mm　　**印　　张**：19.75　　**字　　数**：832千字
（附DVD1张）
版　　次：2015年7月第1版　　**印　　次**：2015年7月第1次印刷
印　　数：1～3500
定　　价：49.00元

产品编号：061033-01

Excel 2013 是微软公司推出的 Office 2013 办公自动化软件中的重要组件之一。其界面友好、操作简便、功能强大，可以利用公式、图表、函数等工具对各种数据进行管理、汇总与分析，广泛地应用于统计、金融、管理、行政等众多领域。

本书从零开始，完全从“读者自学”的角度出发，力求解决初学读者“学得会”与“用得上”，并且还要“玩得转”3 个关键问题，结合工作与生活中的实际应用，系统并全面地讲解了 Excel 2013 电子表格与数据处理的相关技能应用，力求使您在快速学会软件技能操作的同时，又能掌握 Excel 表格制作与数据处理的思路与经验。

本书内容介绍

全书分为 2 部分共 15 章，系统并全面地讲解了当前使用最广泛的 Excel 2013 电子表格与数据处理的相关技能与技巧。具体章节安排如下。

第 1 部分 Excel 技能应用篇

第 1 章 Excel 2013 应用快速入门

第 2 章 Excel 2013 的基本操作

第 3 章 数据的输入与编辑

第 4 章 格式化工作表

第 5 章 在 Excel 中插入对象

第 6 章 公式的应用

第 7 章 函数的应用

第 8 章 数据的管理与分析

第 9 章 使用统计图表分析数据

第 10 章 使用数据透视表与透视图

第 11 章 页面设置与打印

第 2 部分 应用实战篇

第 12 章 Excel 在行政文秘日常工作中的应用

第 13 章 Excel 在人力资源管理中的应用

第 14 章 Excel 在会计财务管理日常工作中的应用

第 15 章 Excel 在市场营销中的应用

为什么能玩转

第 1 部分：Excel 技能应用篇（第 1 章 ~ 第 11 章）。在本篇中全面系统地讲解了 Excel 2013 入门操作，数据的录入与编辑，设置与美化表格，为表格添加对象，公式的应用，函数的应用，数据的排序、筛选和分类汇总、统计图表、数据透视表（图）的应用、表格页面设置与打印等知识。

第 2 部分：行业应用实战篇（第 12 章～第 15 章）。在本篇中结合 Excel 常见应用的领域，分别讲解了 Excel 2013 在行政文秘、人力资源、市场营销、财务会计等行业中的实际应用。

为什么能玩转

全程图解，阅读直观，易学易懂

为了方便初学读者学习，本书采用“详细的步骤操作讲述 + 图上操作位置与步骤序号标注”的方式。读者只要按照步骤讲述的方法，对应图上标注的位置去操作，就可以一步一步地做出与书中相同的效果来。真正做到简单明了，直观易学。

精心的结构安排，让您快速学会并轻松玩转

在基础技能讲解部分，每章都安排了 3 个小节，在“基础入门——必知必会”小节，主要给读者讲解该章必知必会的相关技能，让读者快速掌握本章的入门知识；在“实用技巧——技能提高”小节，主要总结了本章多个相关技能应用的操作技巧，让读者学到应用经验与使用诀窍；在“实战训练”小节，主要结合本章所学知识与技巧，详细讲述相关综合实例的制作方法与技巧。

配套赠送多媒体教学光盘

本图书还配套赠送了一张超大容量的多媒体教学光盘，包括 160 集，共 500 分钟的教学视频。演示和同步语音讲解完美配合，直接展示每一步操作，这样有利于提高初学者的学习效果，加快学习进度。通过书盘互动学习，可让读者感受到老师亲临现场教学和指导的学习效果。

本书由杨英主笔，参与编写的还包括：陈忠华、钟万华、潘贺财、刘洪云、谢金兰、王帆、郑红、金阳美、张辉华、王冬夏、董召奇、杨成明、刘浪、王容等。

凡购买本书的读者，即可申请加入读者学习交流与服务 QQ 群（群号：363300209），本群将为读者不定期举办免费的 IT 技能网络公开课，欢迎加群了解详情。

最后，真诚感谢您购买本书。您的支持是我们最大的动力，我们将不断努力，为您奉献更多、更优秀的计算机图书！由于计算机技术发展非常迅速，加上编者水平有限，书中疏漏和不足之处在所难免，敬请广大读者及专家批评指正。

编 者

2015 年 6 月

目录
Contents

第 13 章 Excel 在人力资源管理中的应用

第 14 章 Excel 在会计财务管理日常工作中的应用

第 15 章 Excel 在市场营销中的应用

第 1 部分 Excel 技能应用篇

第 1 章

Excel 2013 应用快速入门

本章导读

Excel 2013 是 Microsoft 公司最新推出的 Office 2013 办公软件中的一个组件，可以用来制作电子表格、完成许多复杂的数据运算、进行数据分析和预测，并且具有强大的图表制作能力。本章将介绍 Excel 2013 的入门知识，让读者初步认识 Excel，并体会到 Excel 2013 的强大功能，对 Excel 产生浓厚的兴趣。

知识要点

- ◆Excel 2013 的新增功能
- ◆Excel 的启动与退出
- ◆Excel 的基本元素
- ◆成为 Excel 高手的方法
- ◆获取 Excel 帮助信息
- ◆自定义 Excel 2013 的工作界面

案例展示

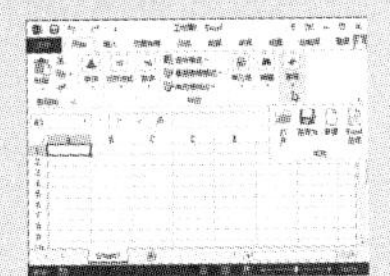

基础入门——必知必会

1.1 Excel 2013 的新功能

自 Excel 诞生以来，Excel 经历了 Excel 2000、Excel 2002、Excel 2007、Excel 2010 和 Excel 2013 等不同版本。随着版本的不断提高，Excel 高效的数据处理功能和简洁的操作流程，使用户的数据处理变得得心应手，且随着系统的智能化程度不断提高，它甚至可以在某些方面成为用户下一步发展的重要依据。

在 Microsoft Office 2013 系统中，Excel 2013 成为功能强大的商业智能工具，可以更安全地访问、分析、管理和共享来自数据库和企业应用的信息，从而帮助你做出更好、更明智的决策。相较前一个版本，Excel 2013 有很多改进，大量新增功能将帮助你远离繁杂的数字，绘制更具说服力的数据图，从而指导你制定更好、更明智的决策。下面具体来了解一下 Excel 2013 新增的特性和功能。

1.1.1 丰富的模板文件

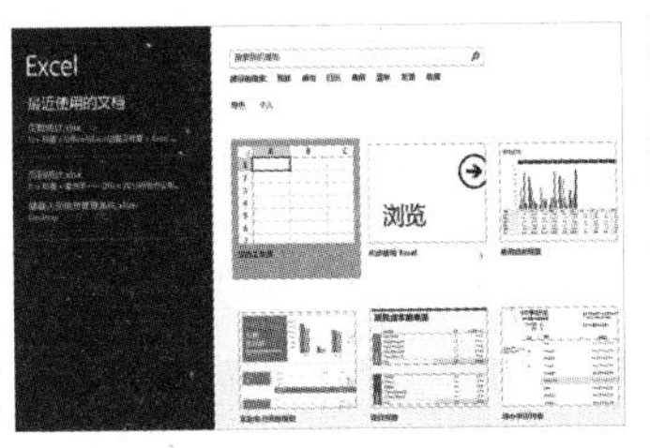

Excel 模板已为你完成大多数表格设置和设计工作，让你可以更专注于数据。打开 Excel 2013，界面由左右两部分组成。左侧边栏里显示了最近打开过的所有文件，右侧可以看到预算、商务、日历、表单和报告等类型的模板，如上图所示。用户可以随意在两侧进行搭配选择。

1.1.2 快速填充数据

在 Excel 2003 中快速填充只能根据相邻的列进行快速填充，但 Excel 2013 新的快速填充功能就像数据助手一样帮你完成工作。当检测到你需要进行的工作时，“快速填充”会根据从你的数据中识别的模式，一次性输入剩余的数据，而不需要使用公式或宏。“快速填充”功能主要有以下 5 种模式。

1. 字段匹配

在单元格中输入相邻数据列表中与当前单元格位于同一行的某个单元格内容，然后在向下快速填充时会自动按照这个对应字段的整列顺序进行匹配式填充。填充前后的对比效果如下图和下页左上图所示。

	E	F	G	H	I	J	K
1	籍贯	部门	职务	学历	专业	职务	
2	山西大同	总经办	总经理	本科	机电技术	职务	
3	河北石家庄	总经办	助理	专科	文秘	职务	
4	辽宁鞍山	总经办	秘书	专科	计算机技术	职务	
5	浙江绍兴	总经办	主任	本科	广告传媒	职务	
6	合肥芜湖	行政部	部长	硕士	工商管理	职务	
7	福建泉州	行政部	副部长	本科	电子商务	职务	
8	江西景德镇	财务部	出纳	本科	计算机技术	职务	
9							

Sheet1

- 复制单元格(C)
- 仅填充格式(F)
- 不带格式填充(O)
- 快速填充(F)

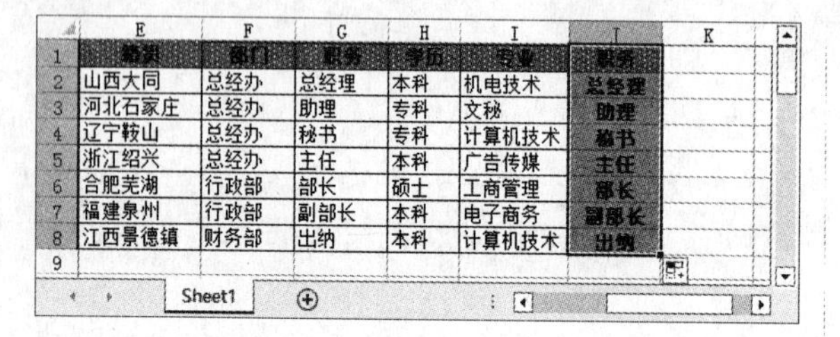

	E	F	G	H	I	J
1	籍贯	部门	职务	学历	专业	职务
2	山西大同	总经办	总经理	本科	机电技术	总经理
3	河北石家庄	总经办	助理	专科	文秘	助理
4	辽宁鞍山	总经办	秘书	专科	计算机技术	秘书
5	浙江绍兴	总经办	主任	本科	广告传媒	主任
6	合肥芜湖	行政部	部长	硕士	工商管理	部长
7	福建泉州	行政部	副部长	本科	电子商务	副部长
8	江西景德镇	财务部	出纳	本科	计算机技术	出纳

2. 根据字符位置进行拆分

在单元格中输入的不是数据列表中某个单元格的完整内容，而是其中字符串中的一部分字符，Excel 依据这部分字符在整个字符串中所处的位置，在向下填充的过程中按照这个位置规律自动拆分其他同列单元格的字符串，生成相应的填充内容，效果如下图所示。

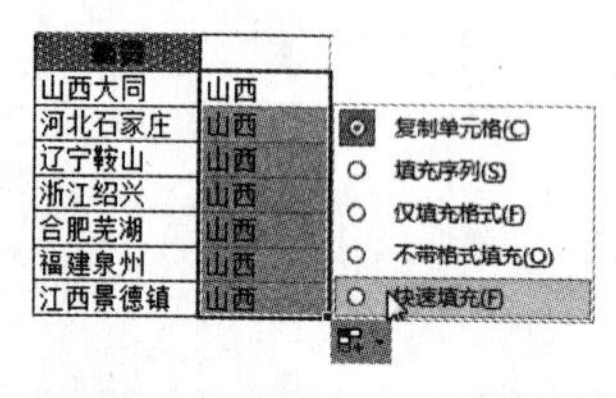

籍贯	
山西大同	山西
河北石家庄	山西
辽宁鞍山	山西
浙江绍兴	山西
合肥芜湖	山西
福建泉州	山西
江西景德镇	山西

籍贯	
山西大同	山西
河北石家庄	河北
辽宁鞍山	辽宁
浙江绍兴	浙江
合肥芜湖	合肥
福建泉州	福建
江西景德镇	江西

籍贯	
山西大同	大同
河北石家庄	石家庄
辽宁鞍山	鞍山
浙江绍兴	绍兴
合肥芜湖	芜湖
福建泉州	泉州
江西景德镇	景德镇

籍贯	
山西大同	山
河北石家庄	河
辽宁鞍山	辽
浙江绍兴	浙
合肥芜湖	合
福建泉州	福
江西景德镇	江

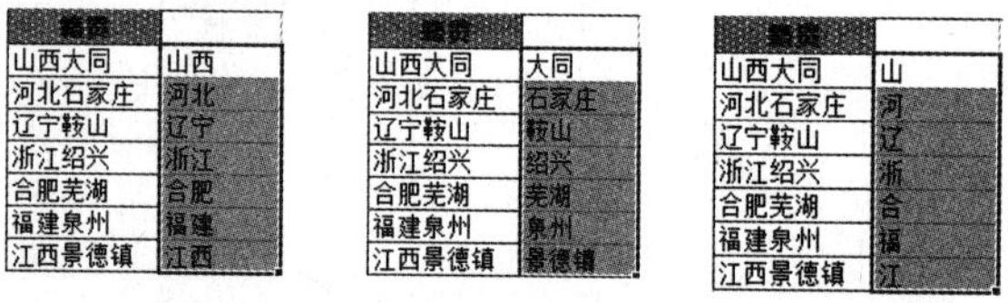

3. 根据分隔符进行拆分

如果原始数据中包含分隔符，那么，在快速填充的拆分过程中也会智能地根据分隔符的位置，提取其中的相应部分进行拆分，效果如下图所示。

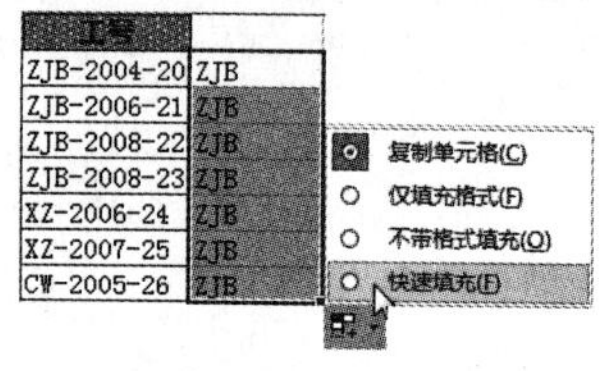

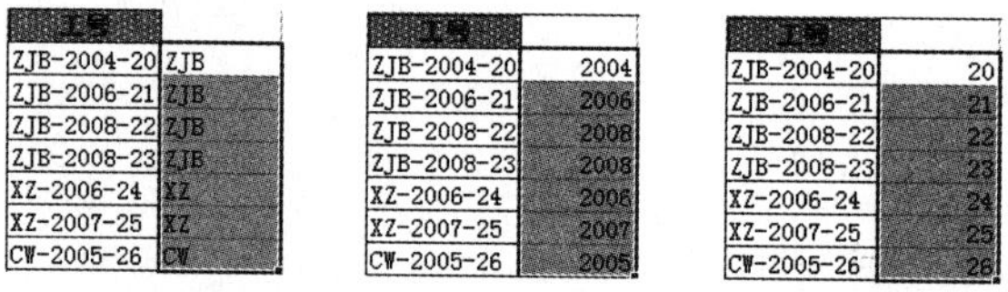

工号	
ZJB-2004-20	ZJB
ZJB-2006-21	ZJB
ZJB-2008-22	ZJB
ZJB-2008-23	ZJB
XZ-2006-24	ZJB
XZ-2007-25	ZJB
CW-2005-26	ZJB

工号	
ZJB-2004-20	ZJB
ZJB-2006-21	ZJB
ZJB-2008-22	ZJB
ZJB-2008-23	ZJB
XZ-2006-24	XZ
XZ-2007-25	XZ
CW-2005-26	CW

工号	
ZJB-2004-20	2004
ZJB-2006-21	2006
ZJB-2008-22	2008
ZJB-2008-23	2008
XZ-2006-24	2006
XZ-2007-25	2007
CW-2005-26	2005

工号	
ZJB-2004-20	20
ZJB-2006-21	21
ZJB-2008-22	22
ZJB-2008-23	23
XZ-2006-24	24
XZ-2007-25	25
CW-2005-26	26

4. 根据日期进行拆分

如果输入的内容只是日期当中的某一部分，例如只有月份，Excel 也会智能地将其他单元格中的相应组成部分提取出来生成填充内容，效果如下图和右上图所示。

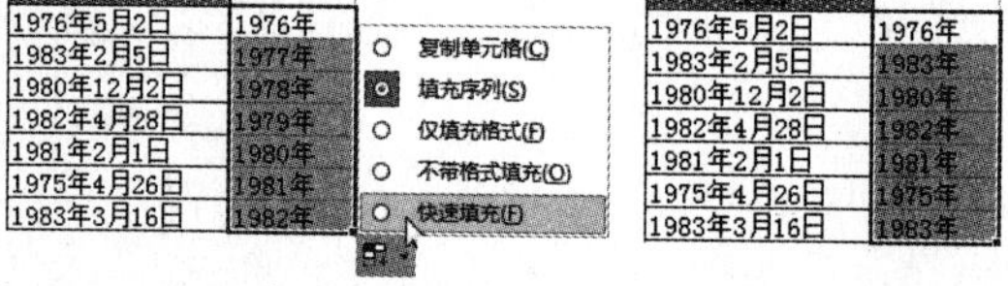

生日	
1976年5月2日	1976年
1983年2月5日	1977年
1980年12月2日	1978年
1982年4月28日	1979年
1981年2月1日	1980年
1975年4月26日	1981年
1983年3月16日	1982年

复制单元格(C)
填充序列(S)
仅填充格式(F)
不带格式填充(O)
快速填充(F)

生日	
1976年5月2日	1976年
1983年2月5日	1983年
1980年12月2日	1980年
1982年4月28日	1982年
1981年2月1日	1981年
1975年4月26日	1975年
1983年3月16日	1983年

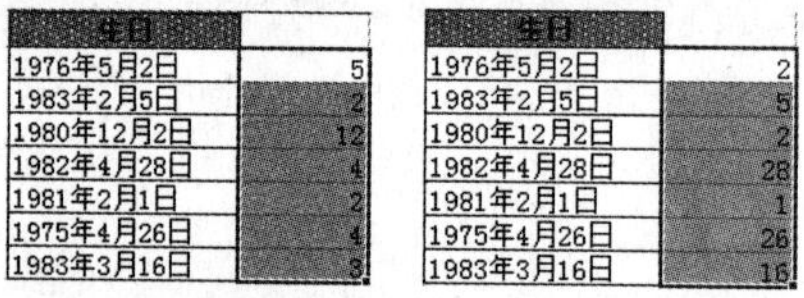

生日	
1976年5月2日	5
1983年2月5日	2
1980年12月2日	12
1982年4月28日	4
1981年2月1日	2
1975年4月26日	4
1983年3月16日	3

生日	
1976年5月2日	2
1983年2月5日	5
1980年12月2日	2
1982年4月28日	28
1981年2月1日	1
1975年4月26日	26
1983年3月16日	16

5. 字段合并

单元格中输入的内容如果是相邻数据区域中同一行的多个单元格内容所组成的字符串，在快速填充中也会依照这个规律，合并其他相应单元格来生成填充内容，效果如下图所示。

籍贯	部门	职务	学历	专业	
山西大同	总经办	总经理	本科	机电技术	总经办总经理
河北石家庄	总经办	助理	专科	文秘	总经办总经理
辽宁鞍山	总经办	秘书	专科	计算机技术	总经办总经理
浙江绍兴	总经办	主任	本科	广告传媒	总经办总经理
合肥芜湖	行政部	部长	硕士	工商管理	总经办总经理
福建泉州	行政部	副部长	本科	电子商务	总经办总经理
江西景德镇	财务部	出纳	本科	计算机技术	总经办总经理

复制单元格(C)
仅填充格式(F)
不带格式填充(O)
快速填充(F)

籍贯	部门	职务	学历	专业	
山西大同	总经办	总经理	本科	机电技术	总经办总经理
河北石家庄	总经办	助理	专科	文秘	总经办助理
辽宁鞍山	总经办	秘书	专科	计算机技术	总经办秘书
浙江绍兴	总经办	主任	本科	广告传媒	总经办主任
合肥芜湖	行政部	部长	硕士	工商管理	行政部部长
福建泉州	行政部	副部长	本科	电子商务	行政部副部长
江西景德镇	财务部	出纳	本科	计算机技术	财务部出纳

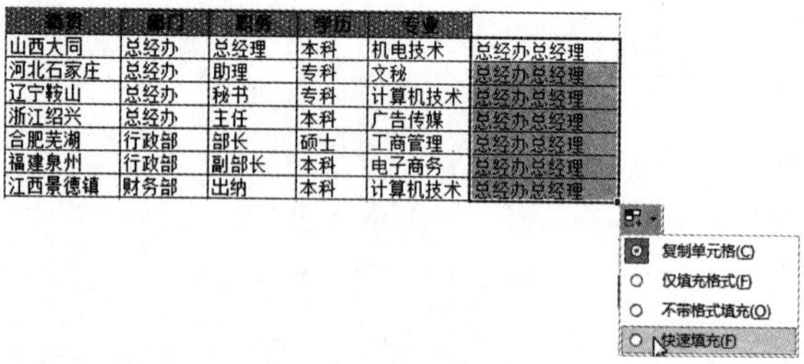

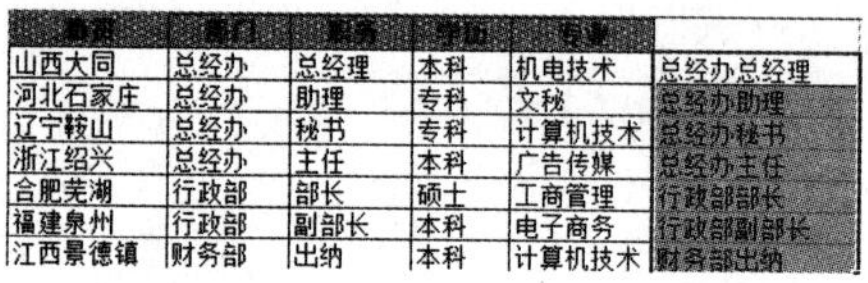

1.1.3 新增函数

Excel 2013 在数学和三角、统计、工程、日期和时间、查找和引用、逻辑以及文本函数类别中新增了一些函数。此外，还新增了一些 Web 服务函数以引用与现有的表象化状态转变（REST）兼容的 Web 服务。

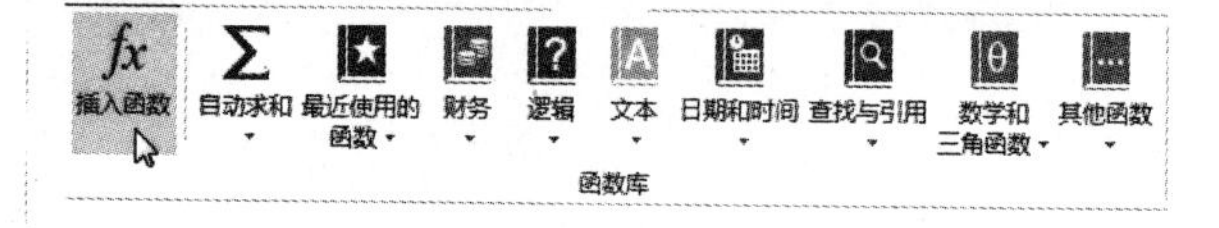

1.1.4 新增图表功能

Excel 2013 在图表制作方面的功能有了很大提升。散点图和气泡图等相关类型图表都在“插入”选项卡的一个组中进行展示，还有一个用于组合图的全新按钮。当你单击图表时，就会看到更加简洁的“图表工具”功能区，其中只有“设计”和“格式”选项卡，你可以更加轻松地找到所需的功能。此外，新增的也是最主要的图表功能还包括以下两方面。

1. 推荐的图表

通过单击“推荐的图表”按钮，Excel 可对当前所选数据进行分析，并为用户能够提供最好地展示数据模式的图表类型和格式建议，如下页左上图 1 所示。

2. 快速微调图表

当你在 Excel 2013 中插入图表时，图标框右侧会显示出 3 个新增的图表按钮，如下页左上图 2 所示。通过单击这些按钮可以让你快速选取、预览、修改图表元素（例如标题或标签）、图表的外观和样式或显示数据。

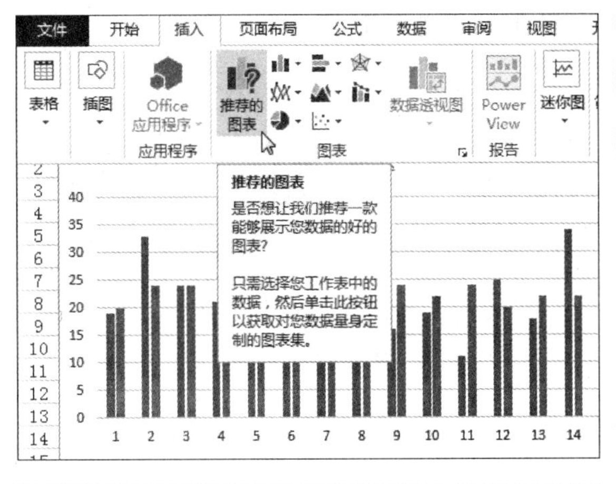

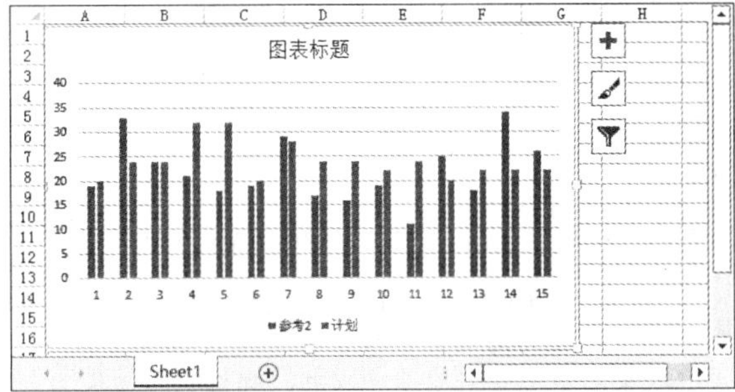

1.1.5 即时数据分析

过去分析数据需要执行很多工作，在 Excel 2013 中只需执行几个步骤即可完成。使用新增的“快速分析”工具，可以即时创建不同类型的图表（包括折线图和柱形图），或添加缩略图（迷你图）。你也可以应用表样式、创建数据透视表、快速插入总计，并应用条件格式。

1.1.6 轻松共享

使用 Excel 2013 可以轻松地与他人合作或共享，可以将链接发送给同事，将链接发布到社交网络或联机演示。

1. 简化共享文件

Excel 是以数据为主的软件，而 Office 用户可以通过电子邮件、社交网络、即时消息共享这些文件内容，共享对象可通过 SkyDrive 即时访问这些信息，如下图所示。

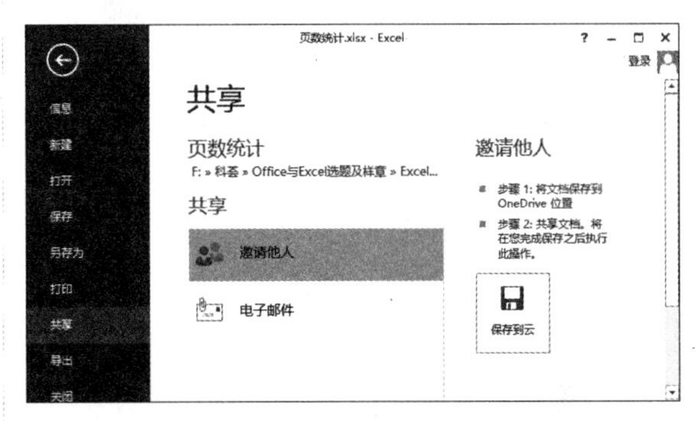

2. 联机演示文件

无论你身处何处或在使用何种设备（可能是你的智能手机、平板电脑或 PC），只要安装了 Lync，就可以在联机会话或会议中与他人共享你的工作簿并进行协作，还可以让他人掌控你的工作簿。

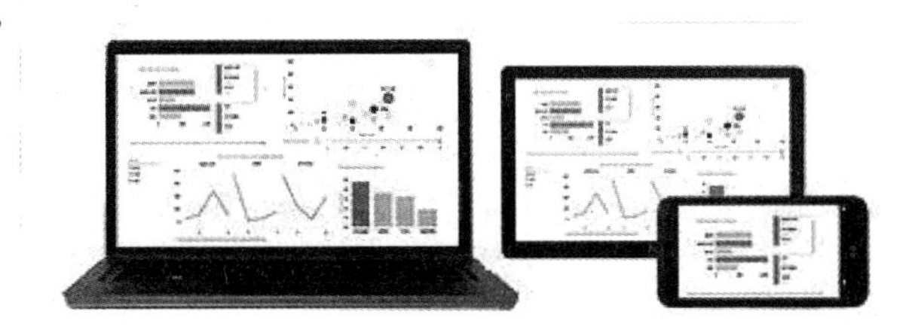

1.2 与 Excel 2013 亲密接触

作为一位 Excel 2013 初学者，要想熟练操作并使用 Excel 2013 程序，必须要熟悉 Excel 2013 程序的工作界面。

1.2.1 启动 Excel 2013

要使用 Excel 2013 进行表格制作，首先需要启动 Excel 2013。在成功安装 Office 2013 之后，就可以启动 Excel 2013 了。常见的启动 Excel 2013 的方法有以下 3 种。

1. 通过“开始”菜单启动

安装完 Office 2013 后，在“开始”菜单中可以找到相应的程序图标。下面介绍通过“开始”菜单启动 Excel 的具体操作方法。

步骤 01 ❶单击“开始”按钮；❷指向“所有程序”命令，如右图所示。

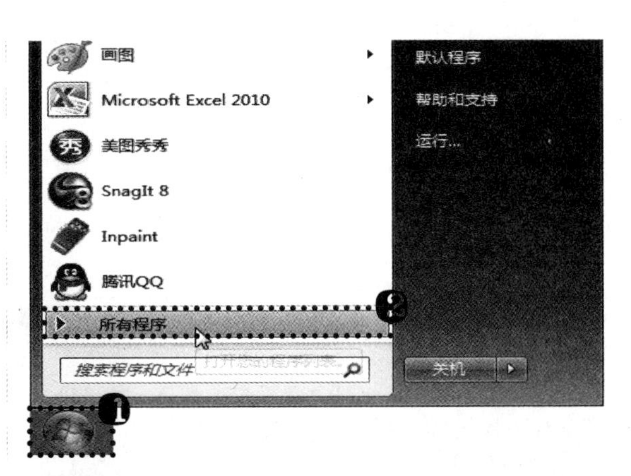

步骤 02 ❶在程序列表中选择“Microsoft Office”选项；❷在弹出的下一级菜单列表中选择“Microsoft Office Excel 2013”选项，如下页左上图所示。

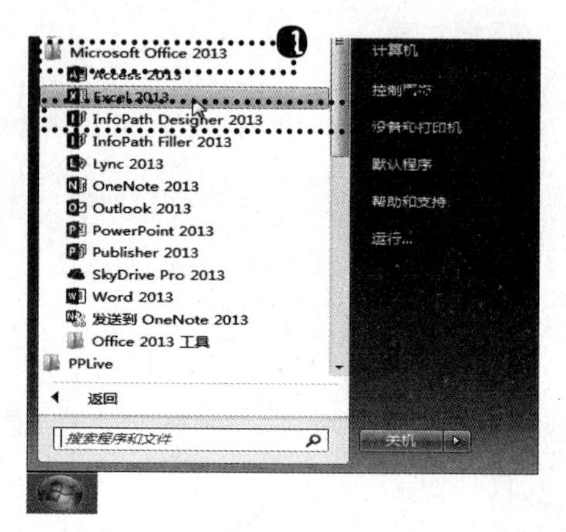

2．通过桌面快捷方式启动

如果桌面上有 Excel 2013 的快捷方式图标，只需双击该图标即可快速启动 Excel 2013，如下图所示。这是一种最方便、快捷的方法。

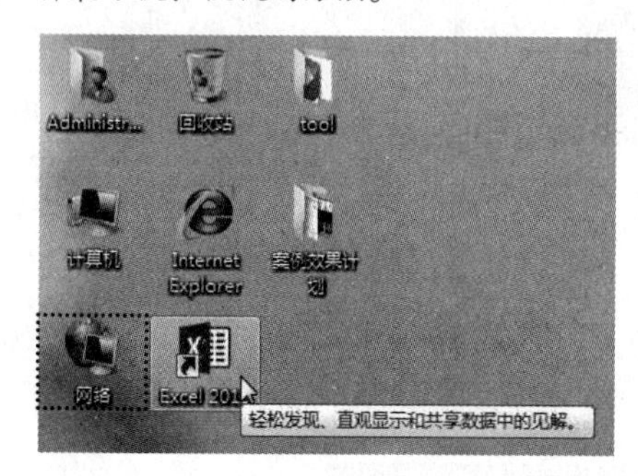

3．通过已有的工作簿启动

利用已有的工作簿文件来启动 Excel 2013，也是较为常用的方法，具体操作如下。

在 Windows 的“资源管理器”或“我的电脑”窗口中找到任意一个工作簿文件，双击该文件图标，即可启动 Excel 2013 程序并打开该文件，如下图所示。

1.2.2 认识 Excel 2013 工作界面

与 Excel 2010 相比，Excel 2013 的工作界面在外观上并没有太大的变化，只是界面的主题颜色和风格有所改变，采用了更简洁的设计，让操作人员能够把精力更多的集中于内容上。启动 Excel 2013 后，将显示 Excel 2013 整个的工作界面，如下图所示。它主要由快速访问工具栏、标题栏、功能区、表格编辑区，以及状态栏等部分组成。

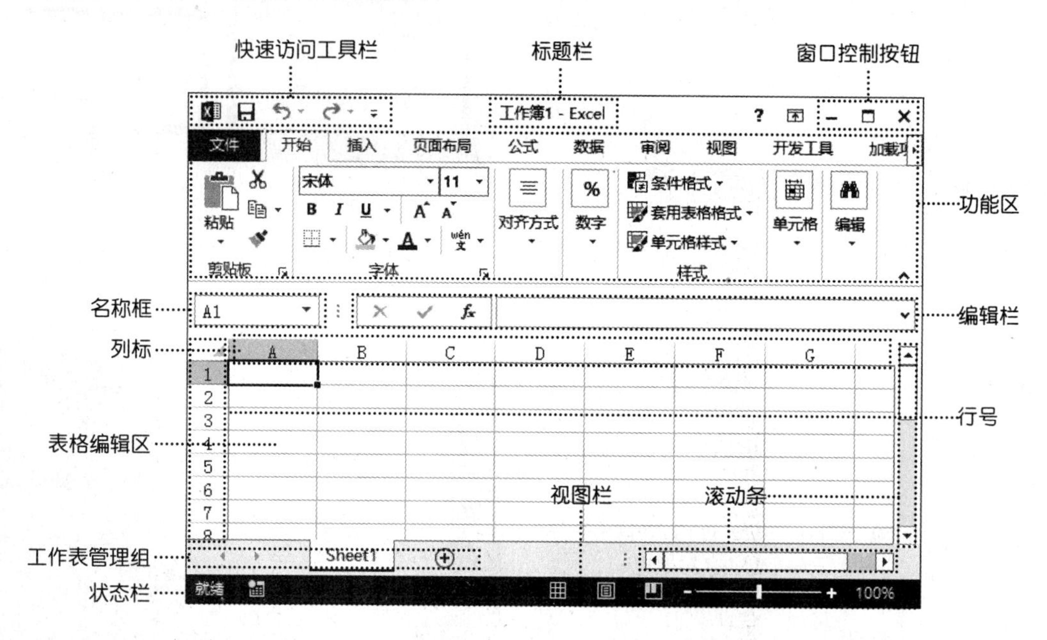

◆标题栏：用于显示文档名称和程序名称，还提供了窗口控制按钮组。单击相应的窗口控制按钮，可控制窗口大小或关闭窗口。

◆快速访问工具栏：默认情况下，快速访问工具栏位于Excel窗口的左上侧，用于显示一些常用的工具按钮，默认包括“保存”按钮、“撤销”按钮和“恢复”按钮，单击它们可执行相应的操作。

◆功能区：位于 Excel 窗口上半部分，由选项卡、组和命令 3 部分组成。其中集合了各种最常用的命令，是 Excel 的控制中心。Excel 2013 将根据执行的操作显示一些可能用到的命令，而不是一直显示所有的命令。默认情况下，功能区顶部有 8 个选项卡，每个选项卡代表 Excel 执行的一组核心任务，单击不同的选项卡将打开不同的功能区。功能区中还分为不同的组，组将执行特定类型任务时可能用到的所有命令放到一起，并在执行任务期间一直处于显示状态，保证可以随时使用。

◆名称框：显示当前单元格的地址、名称或函数名称，也可用作定义所选择单元格或者单元格区域的名称。

◆编辑栏：用于显示和编辑当前活动单元格中的数据或公式。

◆列标：用于显示工作表中的列，以 A、B、C 等大写英文字母来进行标识。

◆行号：用于显示工作表中的行，以 1、2、3 等阿拉伯数字进行标识。

◆表格编辑区：是 Excel 工作窗口中最大的区域，它是输入和编辑文件内容的区域，用户对文件进行的各种操作结果都将显示在该区域中。

◆工作表管理组：由工作表标签、工作表标签滚动显示按钮和"新工作表"按钮组成。工作表标签用于显示工作表的名称，单击某个工作表标签可切换到相应的工作表；单击工作表标签滚动显示按钮，将向前或向后切换一个工作表标签；单击"新工作表"按钮，可插入新工作表。

◆滚动条：包括垂直滚动条和水平滚动条两种。当内容太多，窗口无法全部显示时，可拖曳滚动条或单击箭头按钮来显示窗口外的内容。

◆状态栏：位于窗口底端左侧，用于显示文件编辑的状态信息。状态栏中显示的信息可根据用户的需要增加和减少。

◆视图栏：位于窗口底端右侧，包括视图按钮组和调节页面显示比例的控制滑块。单击不同的视图按钮可使用不同的视图模式查看文件内容，还可调节页面的显示比例。

1.2.3 退出 Excel 2013

在暂时不需要使用 Excel 2013 时，应该按正确的方法退出 Excel 2013，以释放软件运行时占用的系统资源。退出 Excel 2013 的方法主要有以下 4 种。

1. 通过文件菜单退出

在 Excel 2013 中单击"文件"选项卡，在弹出的菜单中选择"关闭"命令，如右上图所示。

2. 通过标题栏快捷菜单退出

单击 Excel 2013 操作界面左上角的软件图标，在弹出的菜单中选择"关闭"命令，如下图所示。

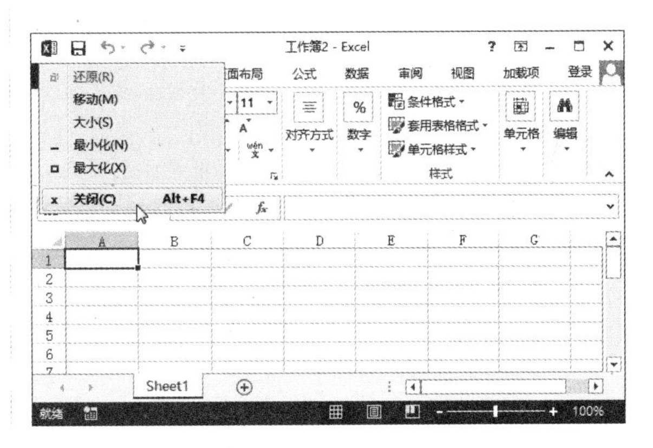

3. 利用"关闭"按钮退出

单击标题栏最右侧的"关闭"按钮，如下图所示。

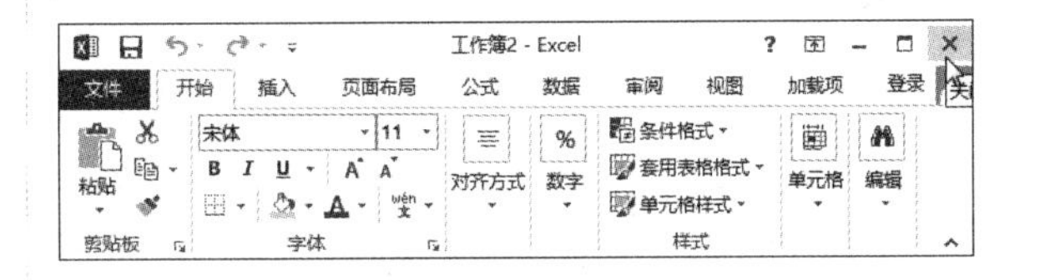

4. 利用键盘快捷方式

【Alt+F4】是 Windows 中关闭应用程序的通用快捷键，即按快捷键【Alt+F4】可快速关闭当前程序。当当前所使用的程序为 Excel 2013 时，按快捷键【Alt+F4】可快速关闭当前工作簿。

高手指引——关闭工作簿前的操作

如果对打开的工作簿进行过编辑，那么在关闭 Excel 时，将会弹出询问是否保存更改的对话框。用户可选择"保存"，保存文档后再关闭程序，如果选择"不保存"，将不保存文档直接关闭程序。

1.3 理解 Excel 中的基本元素

工作簿、工作表和单元格是构成 Excel 的三大元素，也是 Excel 所有操作的基本对象。作为初学 Excel 的新手来说，了解这三者的概念并弄清楚它们之间的基本关系是非常重要的。本节内容主要从新手学 Excel 的角度出发，为读者讲解 Excel 2013 的基本元素。

1.3.1 工作簿

扩展名为 .xlsx 的文件就是通常所称的工作簿文件，它是计算和存储数据的文件，是用户进行 Excel 操作的主要对象和载体，也是 Excel 最基本的电子表格文件类型。用户使用 Excel 创建数据表格、在表格中进行编辑，以及操作完成后进行保存等一系列操作，大都是在工作簿这个对象上完成的。在 Excel 2013 中，每个工作簿都拥有自己的窗口，使操作者可以轻松地同时操作多个工作簿。

每一个工作簿可以由一个或多个工作表组成，默认情况下新建的工作簿名称为“工作簿 1”，此后新建的工作簿将以“工作簿 2”、“工作簿 3”等依次命名。通常每个新建的工作簿中包含 1 个名为“Sheet1”的工作表。

1.3.2 工作表

工作表是由单元格按行列方式组成的，它是工作簿的基本组成单位，是 Excel 的工作平台。在工作表中主要进行数据的存储和处理工作。

工作表是工作簿的组成部分，如果把工作簿比作书本，那么工作表就类似于书本中的书页。工作簿中的每个工作表以工作表标签的形式显示在工作簿编辑区底部，以方便用户进行切换。书本中的书页可以根据需要增减或改变顺序，工作簿中的工作表也可以根据需要增加、删除和移动，表现到具体的操作中就是工作表标签的操作。

高手指引——一个工作簿中可以包含的工作表数量

现实中的书本包含的书页一定是有限的，而 Excel 工作簿可以包含的工作表数量，只与当前所使用计算机的内存有关，也就是说在内存充足的前提下，可以新建无限多个工作表。

1.3.3 单元格

单元格是工作表中的行线和列线将整个工作表划分出来的每一个小方格，它是 Excel 中存储数据的最小单位。在单元格中可以输入符号、数值、公式，以及其他内容。

单元格通过行号和列标进行标记。单元格地址常应用于公式或地址引用中，其表示方法为“列标 + 行号”，如工作表中左上角的单元格地址为 A1，即表示该单元格位于 A 列 1 行。单元格区域表示为“单元格 : 单元格”，例如，A1 单元格与 B3 单元格之间的单元格区域表示为 A1:B3。

1.3.4 工作簿、工作表和单元格之间的联系

工作簿、工作表和单元格的关系是包含与被包含的关系，即工作表中包含多个单元格，而工作簿中又包含了一个或多个工作表，具体关系如下图所示。

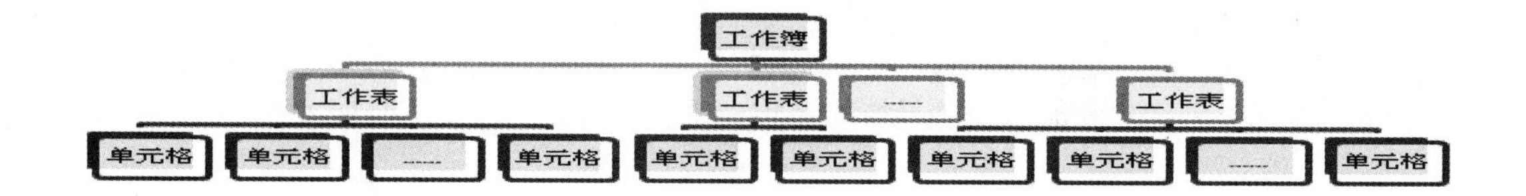

1.4 如何成为 Excel 高手

本节将讲解高效学习 Excel 2013 应用技能需要注意的一些事项，希望用户能切实掌握学习 Excel 的正确方法，并早日成为 Excel 高手。

1.4.1 积极的心态

成为 Excel 高手的捷径，首先要有积极的心态，积极的心态能够提升学习的效率，并产生学习的兴趣，遇到压力时也能转化为动力。

Excel 作为现代职场人士的重要工具，职场中 80% 的人都会使用该软件 10% 的功能，这也就是说现代职场人士是必定要学习 Excel 的。面对日益繁杂的工作任务，学好了 Excel 不仅能提高自己的工作效率、节省时间、提升职业形象，有时还能帮助朋友，从中获得满足感。现在，你是不是又提升了学习 Excel 的兴趣呢？兴趣是最好的老师，希望在学习 Excel 的过程中你能对 Excel 一直保持浓厚的兴趣，如果暂时实在提不起兴趣，那么请重视来自工作或生活中的压力，把它们转化为学习的动力。相信学好 Excel 后，这些先进的工作方法一定能带给你丰厚的回报。

1.4.2 正确的方法

学习任何知识都要讲究方法，学习 Excel 也不例外。正确的学习方法能使人快速进步，下面总结了一些典型的学习方法。

1．学习需要循序渐进

学习任何知识都有循序渐进的一个过程，不能一蹴而就。学习 Excel 需要在自己现有水平的基础上，

根据学习资源有步骤地、由浅入深地学习。这不是短时间可以完全掌握的，不可能像小说中的功夫秘笈一样，看一遍就成为高手了。虽然优秀的学习资源肯定存在，但绝对没有什么神器能让新手在短时间内成为高手。

Excel的学习内容主要包括数据操作、图表与图形、公式与函数、数据分析以及宏与 VBA 5 个方面。根据学习 Excel 知识的难易度，我们把学习的整个过程大致划分为4个阶段，即Excel入门阶段、Excel中级阶段、Excel 高级阶段和 Excel 高手阶段。

Excel 入门阶段学习的内容主要针对 Excel 新手，这一阶段只需要对 Excel 软件有一个大概的认识，掌握 Excel 软件的基本操作方法和常用功能即可。读者应该了解录入与导入数据、查找替换等常规编辑、设置单元格格式、排序、汇总、筛选表格数据、自定义工作环境和保存、打印工作簿等内容。通过这一阶段的学习，读者就能简单地使用 Excel 了，对软件界面和基础的命令菜单都会比较熟悉，但对每项菜单命令的具体设置和理解还不是很透彻，不能熟练运用。

Excel 中级阶段主要是让读者通过学习，在入门基础上理解并熟练使用各个 Excel 菜单命令，掌握图表和数据透视表的使用方法，并掌握部分常用的函数，以及函数的嵌套运用。图表能极大地美化工作表，好的图表还能提升你的职业形象，这一阶段读者需要掌握标准图表、组合图标、图标美化、高级图表、交互式图表的制作方法；公式与函数在 Excel 学习过程中是最具魅力的，这一阶段读者需要掌握 SUM 函数、IF 函数、VLOOKUP 函数、INDEX 函数、MATCH 函数、OFFSET 函数、TEXT 函数等 20 多个常用函数；制作图表的最终目的是分析数据，这一阶段读者需要掌握通过Excel专门的数据分析功能对相关数据进行分析、排序、筛选、假设分析、高级分析等操作的技巧；还有一些读者在 Excel 中级阶段就开始学习使用简单的宏了。大部分处于 Excel 中级阶段的读者，在实际工作中已经算得上是 Excel 水平比较高的人了，他们有能力解决绝大多数工作中遇到的问题，但是这并不意味着 Excel 无法提供出更优秀的解决方案。

当进一步学习 Excel 高级阶段的内容时，就需要熟练运用数组公式，能够利用 VBA 编写不是特别复杂的自定义函数或过程。这一阶段的读者会发现，利用宏与 VBA 的强大二次开发，简化了重复和有规律的工作。以前许多看似无法解决的问题，现在也都能比较容易地处理了。

Excel 是应用性很强的软件，也是学无止尽的。从某种意义上来说，能称作 Excel 专家的人，是不能用指标和数字量化的，至少他必定也是某个或多个行业的专家，需要拥有丰富的行业知识和经验，能结合高超的 Excel 技术和行业经验，将 Excel 功能发挥到极致。所以，如果希望成为 Excel 专家，还要学习 Excel 以外的知识。

2．合理利用资源

除了通过本书来学习 Excel 外，还有很多方法可以帮助你快速学习本书中没有包含的 Excel 知识和技巧，例如通过 Excel 的联机帮助、互联网、书刊杂志和周边人群进行学习。由于本书篇幅有限，包含的知识点也有限，读者在实际阅读过程中如果遇到问题，不妨通过以上方法快速获得需要的帮助。

要想知道 Excel 中某个功能的具体使用方法，可按快捷键【Shift+F1】快速调出 Excel 自带的联机帮助，集中精力学习这个功能。尤其在学习 Excel 函数的时候该方法特别适用，因为 Excel 的函数实在太多，想记住全部函数的参数与用法几乎是不可能的。

Excel 实在是博大精深，如果对所遇问题不知从何下手，甚至不能确定 Excel 能否提供解决方法时，可以求助于他人。身边如果有 Excel 高手那么虚心求教一下，很快就能解决。也可以通过网络解决，一般问题网络上的解决方法都会有很多，实在没有还可以到某些 Excel 网站上去寻求帮助。

3．多练习

多阅读 Excel 技巧或案例方面的文章与书籍，能够拓宽你的视野，并从中学到许多对自己有帮助的知识。但是“三天不练，手生”，不勤加练习，并把学到的知识和技能转化为自己的知识，过一段时间就忘记了。所以，学习 Excel，阅读与实践必须并重。伟人说“实践出真知”，在 Excel 里，不但实践出真知，而且实践出技巧，很多 Excel 高手就是通过实践达到的，因为 Excel 的基本功能是有限的，只有通过实践练习，才能把解决方法理解得更透彻，以便在实际工作中举一反三。

1.5 获取 Excel 帮助

用户在学习或使用 Excel 的过程中如遇到疑难问题，可以通过 Excel 提供的联机帮助功能或通过互联网上的资源使问题迎刃而解。

1.5.1 Excel 联机帮助

在 Excel 2013 中提供了丰富的帮助信息。在 Excel 中获取帮助信息的方式有如下两种常用途径。

1．在“Excel 帮助”窗口中查找帮助信息

在功能区选项卡右侧有一个“Microsoft Excel 帮助”按钮，单击该按钮即可启动 Excel 2013 自带的联机帮助。如果用户不清楚需要查找内容的具体名称，只知道所查内容的大概分类，可以在“Excel 帮助”窗口中依次单击需要查找内容所在类别的文字超级链接，直到在打开的窗口中找到需要查找的详细帮助信息。

下面通过在“Excel 帮助”窗口中查找 Excel 2013 键盘快捷方式的内容，讲解获取 Excel 联机帮助的具体操作方法。

步骤01 单击功能选项卡右侧的“Microsoft Excel 帮助”按钮，如下图所示。

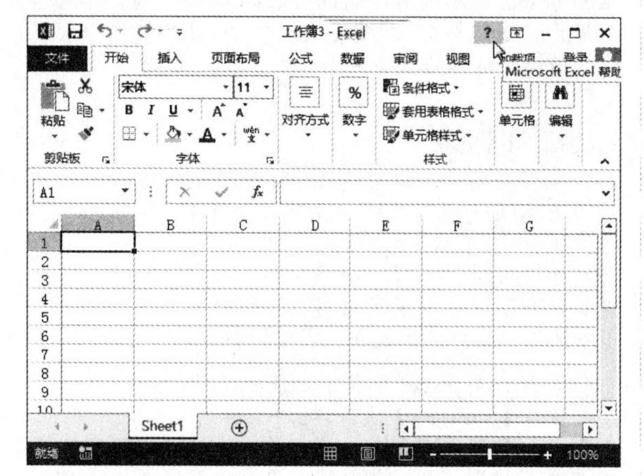

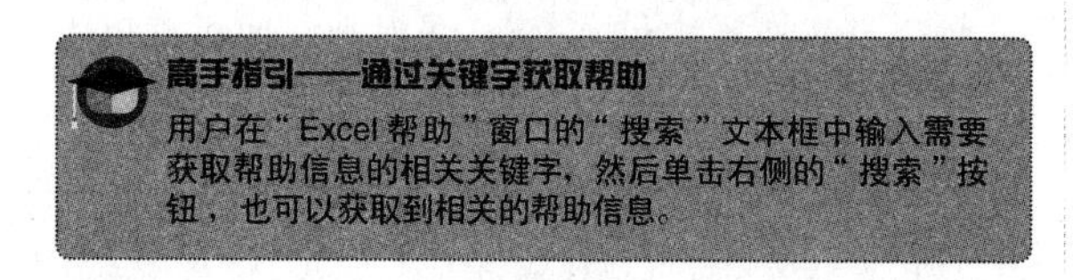

步骤02 打开“Excel 帮助”窗口，在“入门”栏中单击需要帮助的主题信息分类，这里单击“键盘快捷方式”文字超级链接，如下图所示。

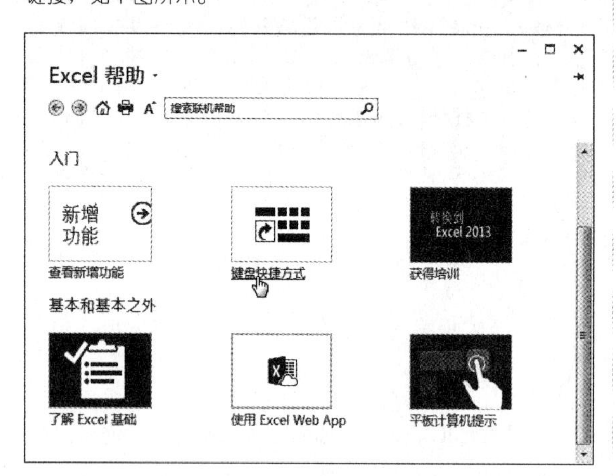

步骤03 经过上步操作，显示出该主题相关的帮助信息，拖曳滚动条即可查看到相关的帮助信息，如右上图所示。

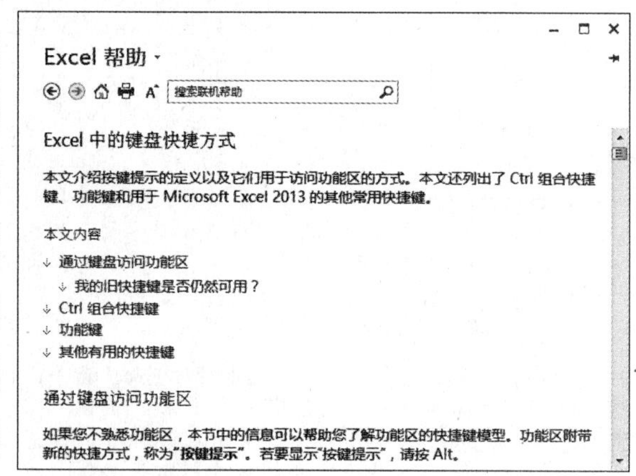

2．在对话框中及时获取帮助信息

在操作 Excel 时，当打开一个操作对话框，而不知具体设置含义时，则可在该对话框中单击“帮助”按钮，这样也可以及时、有效地获取帮助信息。

下面，举例说明通过对话框获取帮助信息的方法。

步骤01 ❶单击“插入”选项卡；❷单击“链接”组中的“超链接”按钮，如下图所示。

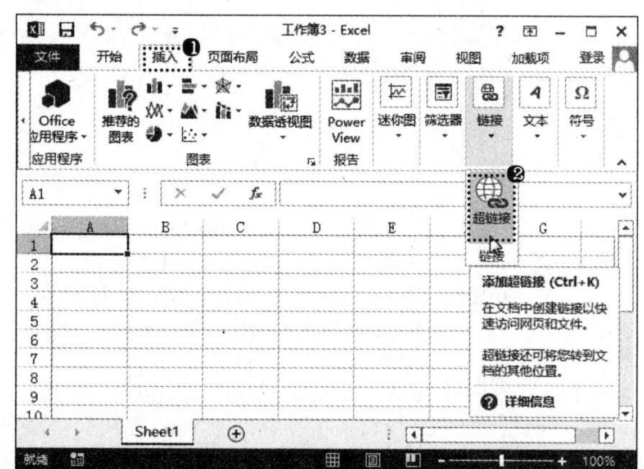

步骤02 经过上步操作，打开“插入超链接”对话框，单击该对话框右上角的“帮助”按钮，如下图所示。

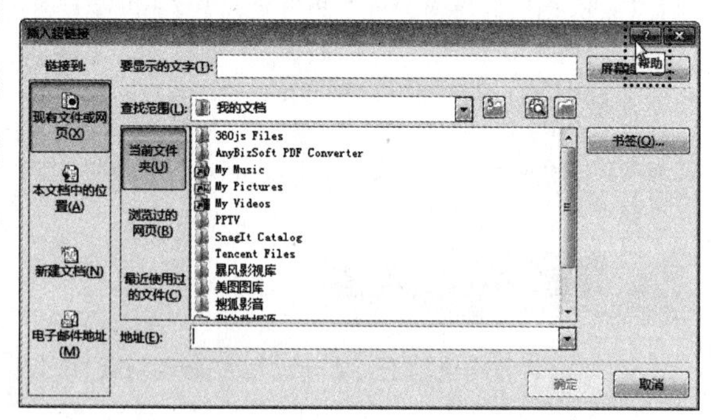

步骤03 在打开的“Excel 帮助”窗口中，单击需要查找帮助的主题，如“更改超链接”，即可得到如何更改超链接的相关帮助信息，如下页左上图所示。

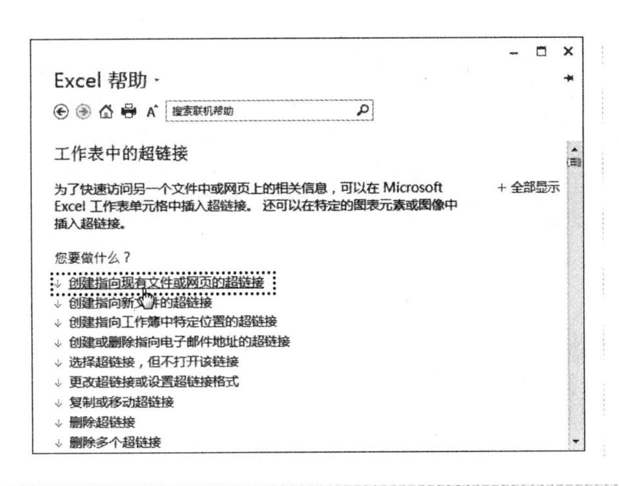

1.5.2 互联网上的 Excel 资源

互联网上介绍 Excel 应用的文章很多，而且可以免费阅读，有些甚至是视频文件或者动画教程，这些都是非常好的学习资源。当遇到 Excel 难题时可以直接在“百度”、“谷歌”等搜索引擎中输入关键字进行搜索，也可以到 Excel 网站中寻求高人的帮助，如“Excel Home”（http://club.excelhome.net/）、“精品学习网”（http://www.51edu.com/it/bangong/）、“Excel 吧”（http://www.excelba.com/index.asp/）、“52Excel”（http://www.52excel.net/）、“Office 精英俱乐部”（http://www.officefans.net/cdb/）等。

实用技巧——技能提高

在实际使用 Excel 2013 时，我们可能会不自禁地提出一些问题，如 Excel 2013 的界面就始终如一吗？可不可以根据自己的喜好定义不一样的工作界面？为什么在有些计算机中打开 Excel 时，每次都会打开一个固定的工作簿，下面结合本章内容，给初学者介绍一些实用技巧。

快速访问工具栏是一个可自定义的工具栏。通过自定义可以改变快速访问工具栏在工作界面中的显示位置，还可以向快速访问工具栏中添加其他命令按钮，具体操作方法如下。

步骤 01 ❶在快速访问工具栏上单击鼠标右键；❷在弹出的快捷菜单中选择“在功能区下方显示快速访问工具栏”命令，如下图所示。

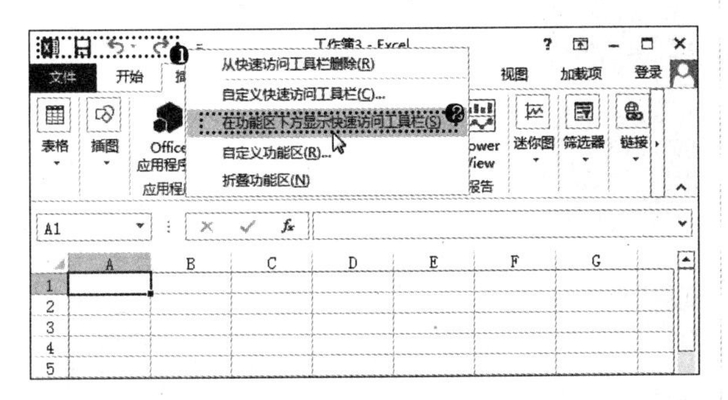

步骤 02 经过上步操作，快速访问工具栏显示在功能区的下方。❶单击右侧的按钮；❷在弹出的菜单中选择“其他命令”命令，如右上图所示。

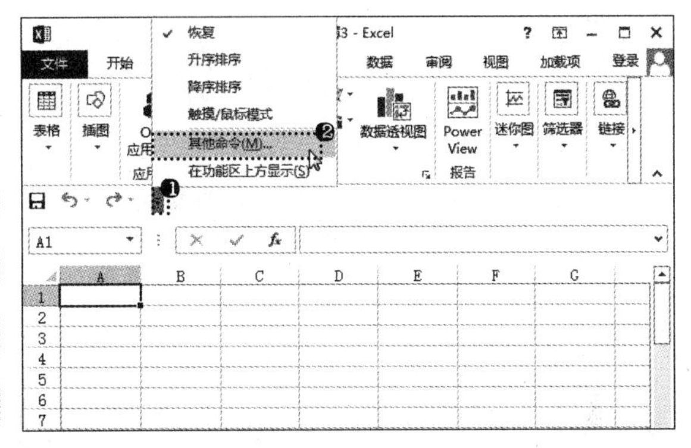

步骤 03 打开“Excel 选项”对话框，❶在左侧的“从下列位置选择命令”列表框中选择需要添加的命令，这里选择“新建”命令；❷单击“添加”按钮，将该命令添加到“自定义快速访问工具栏”列表框中；❸单击“确定”按钮，如下图所示。

步骤 04 返回工作界面中即可查看到在快速访问工具栏中已经添加了“新建”按钮，效果如下页左上图所示。

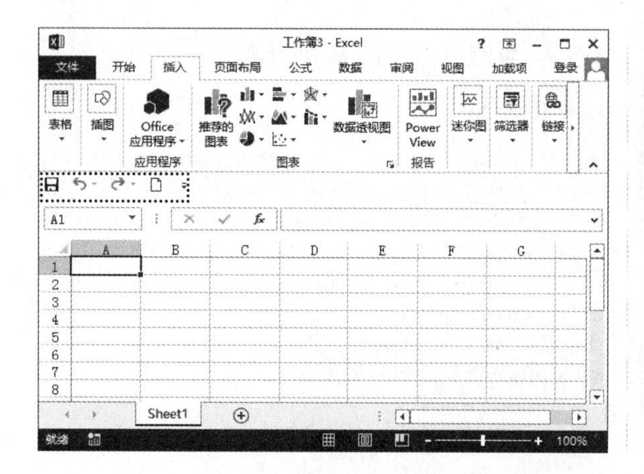

高手指引——删除快速访问工具栏中按钮

单击快速访问工具栏右侧的按钮，在弹出的下拉列表中取消选中命令按钮对应命令前的复选框，即可删除快速访问工具栏中按钮。

技巧 1-2
隐藏 / 显示功能区

在录入或者查看表格内容时，如果想在有限的窗口界面中显示更多的文字内容，可以将功能区隐藏，在需要应用功能区的相关命令或选项时，再将其显示。隐藏功能区的具体操作方法如下。

步骤 01 单击功能区右下方的“折叠功能区”按钮，如下图所示。

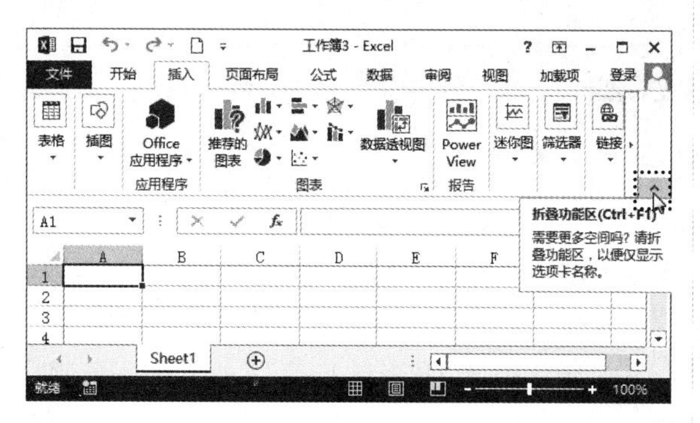

步骤 02 经过上步操作，即可隐藏功能区，效果如下图所示。

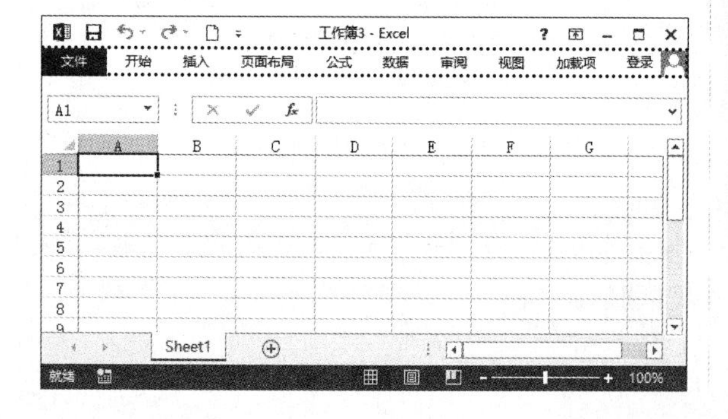

高手指引——显示隐藏的功能区

隐藏功能区的操作并会不完全隐藏功能区，实际上是将功能区最小化后只显示选项卡的部分。要显示隐藏的功能区，可在选项卡上单击鼠标右键，在弹出的快捷菜单中选择“折叠功能区”命令；也可以单击任意选项卡，在暂时显示出的功能区中单击右下方的“固定功能区”按钮。

技巧 1-3
设置网格线颜色

Excel 中的网格线主要是方便用户编辑表格的内容。默认情况下，工作表的网格线是黑色、半透明的。在编辑文档内容时，如果当前网格线不能帮助用户更好地显示表格内容，则可调整网格线的颜色，具体的操作方法如下。

步骤 01 单击“文件”选项卡，如下图所示。

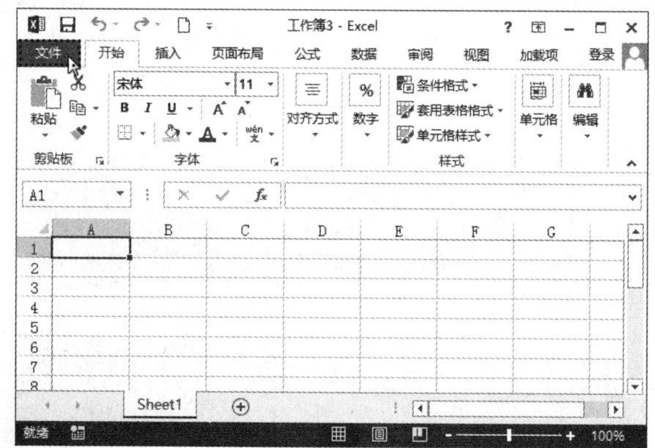

步骤 02 在弹出的菜单中选择“选项”命令，如下图所示。

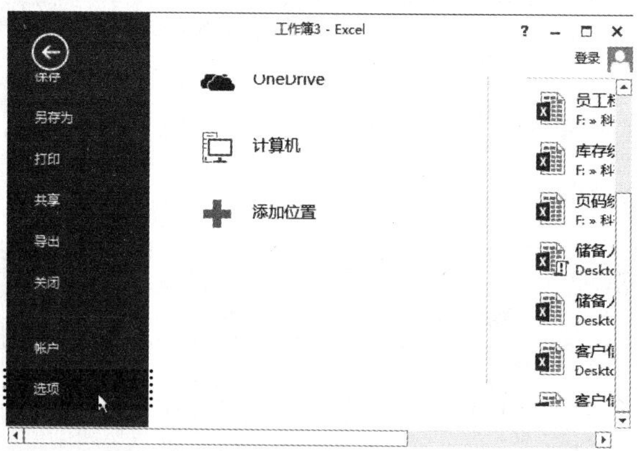

步骤 03 打开“Excel 选项”对话框，❶单击“高级”选项卡；❷在右侧的“此工作表的显示选项”栏中单击“网格线颜色”按钮；❸在弹出的下拉列表中选择需要的网格线颜色；❹单击“确定”按钮，如下页左上图所示。

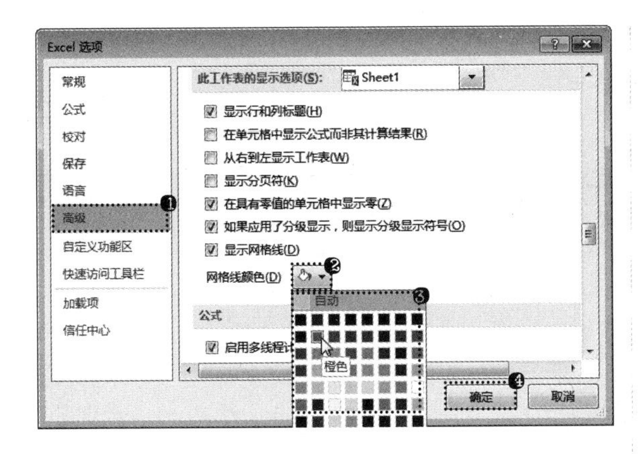

步骤 04 返回工作界面中即可查看到网格线颜色已经更改为选定的颜色了，效果如下图所示。

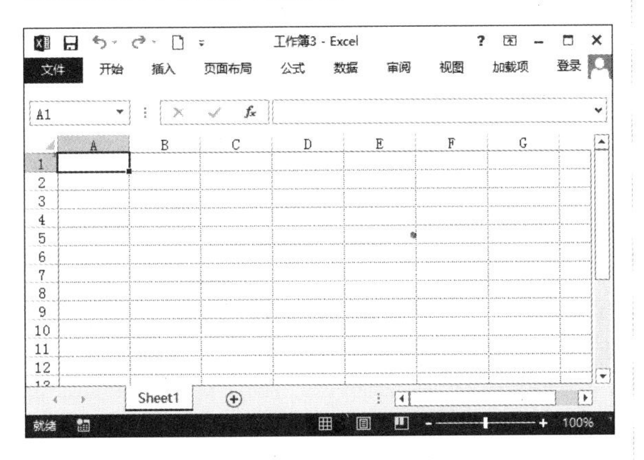

> **高手指引——显示隐藏的功能区**
>
> “Excel 选项”对话框中有上百项关于 Excel 运行和操作的设置项目，通过设置这些项目，能让 Excel 2013 尽可能地按照用户使用习惯来处理问题。

技巧 1-4
设置最近使用的文件列表

单击“文件”选项卡后，在弹出的菜单左侧选择“最近所用文件”命令，在右侧面板中将显示出最近使用的工作簿和对应的位置。默认情况下，系统会在该处保留最近打开过的 25 个文件的列表，以帮助用户快速打开最近使用的工作簿。如果希望改变默认列表的数量，可按如下操作步骤进行设置。

步骤 01 按照前面介绍的方法打开“Excel 选项”对话框，❶单击“高级”选项卡；❷在右侧“显示”栏中的“显示此数目的‘最近使用的文档’”文本框中输入 6；❸单击“确定”按钮，如右上第 1 图所示。

步骤 02 在文件菜单中选择“最近所用文件”命令，可以看到在右侧面板中仅显示了 6 个最近使用的工作簿名称，如右上第 2 图所示。

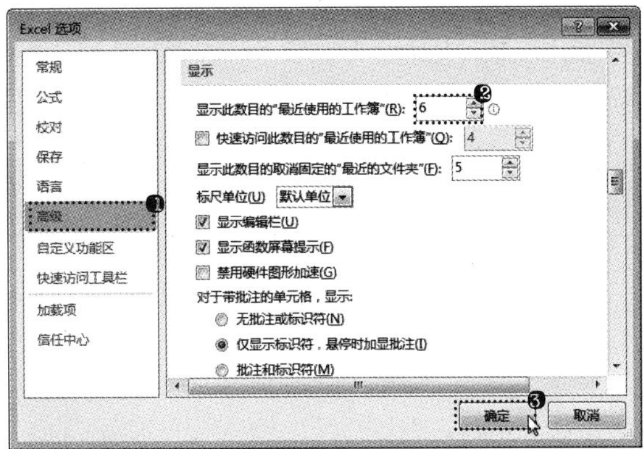

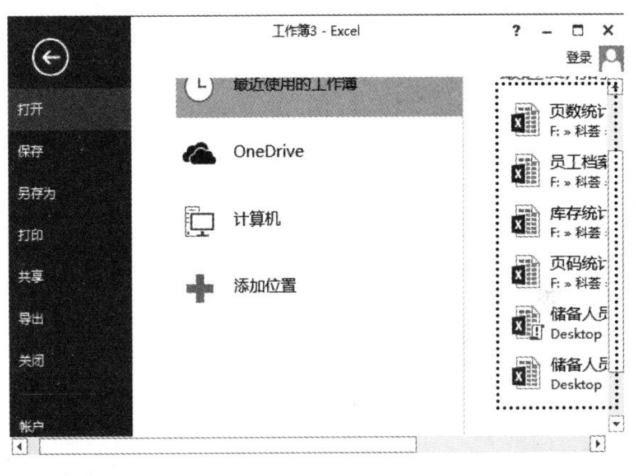

技巧 1-5
设置 Excel 启动时自动打开指定的工作簿

日常工作中，某些用户往往在一段时间里需要处理同一个或几个工作簿文件，一个一个地打开这些工作簿太浪费时间，为了方便操作，可以设置在启动 Excel 时就自动打开这些工作簿。具体操作方法如下。

打开“Excel 选项”对话框，❶单击“高级”选项卡；❷在右侧“常规”栏中的“启动时打开此目录中的所有文件”文本框中输入需要在启动 Excel 时指定打开的工作簿所在文件夹的路径；❸单击“确定”按钮，如下图所示。以后，每次启动 Excel 的时候，都会自动打开这个文件夹中的工作簿文件。

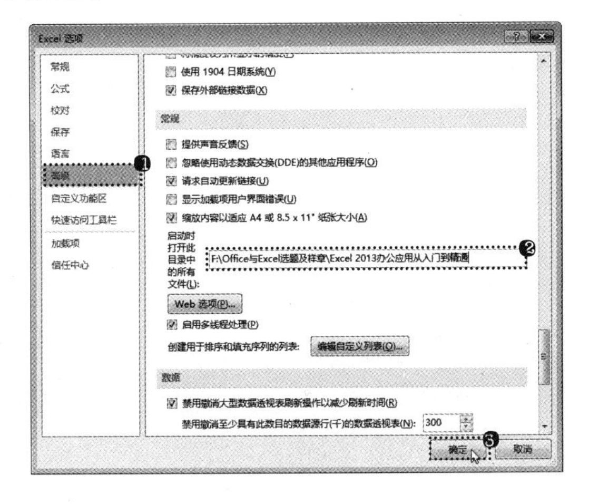

实战训练 1——新建一个常用工具组

通过前面介绍的方法可以在快速访问工具栏中添加各种需要的命令按钮，但如果在快速访问工具栏中添加太多的按钮，会让整个窗口显得过于杂乱，影响界面布局。此时，用户可以将这些常用的按钮根据功能的不同，在对应的选项卡中建立新的工具组，新建的工具组会显示在对应的功能区中。下面在“开始”选项卡中新建“常用”工具组。

光盘同步文件
原始文件：无
结果文件：无
教学视频：光盘\教学视频文件\第 1 章\实战训练 .mp4

步骤01 打开“Excel 选项”对话框，❶单击“自定义功能区”选项卡；❷在右侧的“自定义功能区”列表框中选择“开始”选项；❸单击“新建组”按钮，如下图所示。

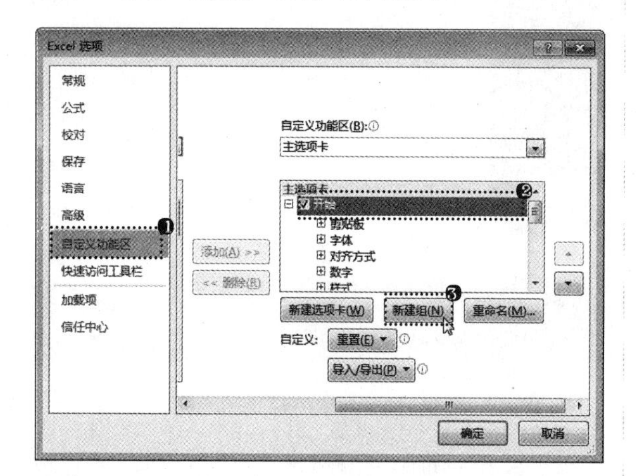

步骤02 经过上步操作，即可在“开始”选项卡中新建一个组。保持新建组的选中状态，单击“重命名”按钮，如下图所示。

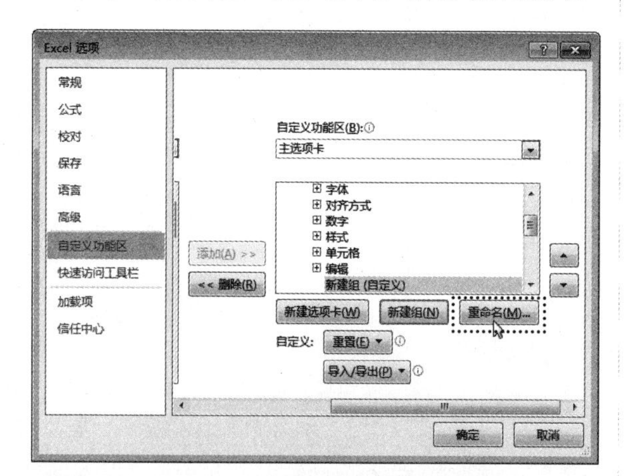

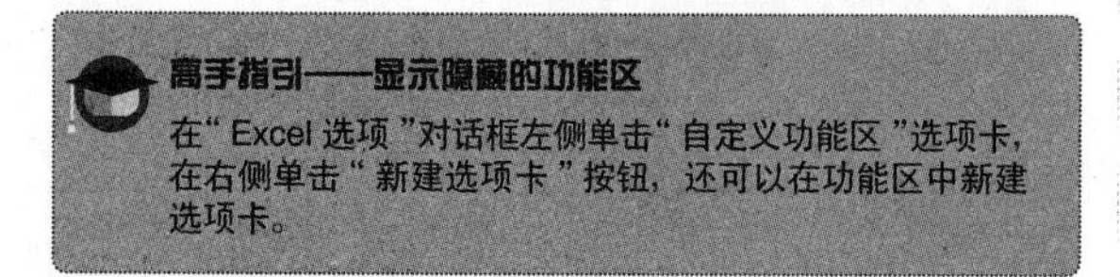

高手指引——显示隐藏的功能区

在“Excel 选项”对话框左侧单击“自定义功能区”选项卡，在右侧单击“新建选项卡”按钮，还可以在功能区中新建选项卡。

步骤03 打开“重命名”对话框，❶在“符号”列表框中选择一个图标作为该组的图标；❷在“显示名称”文本框中输入新建组的名称“常用”；❸单击“确定”按钮，如右图所示。

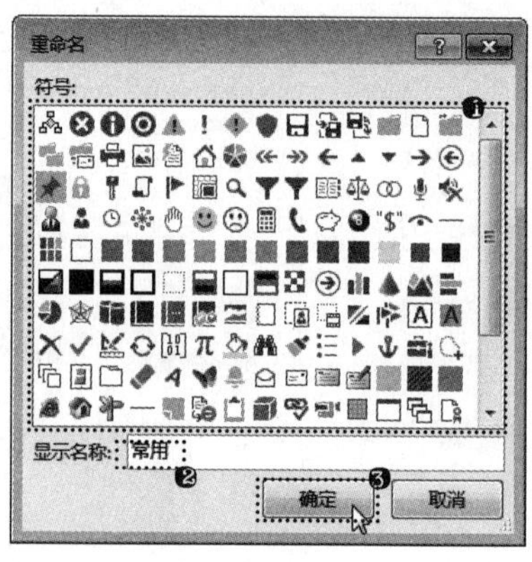

步骤04 返回“Excel 选项”对话框，❶在右侧的“从下列位置选择命令”下拉列表中选择“‘文件’选项卡”选项；❷在下方的列表框中依次选择需要添加到新建组中的按钮，如“打开”、“另存为”、“新建”和“选项”命令；❸单击“添加”按钮，即可将选择的按钮添加到新建组中；❹添加完成后，单击“确定”按钮，如下图所示。

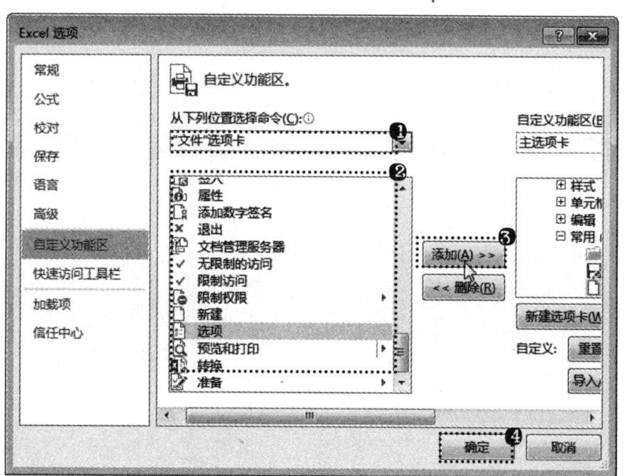

步骤05 返回 Excel 窗口中，即可在“开始”选项卡的工具组右侧显示新建的“常用”组，效果如下图所示。

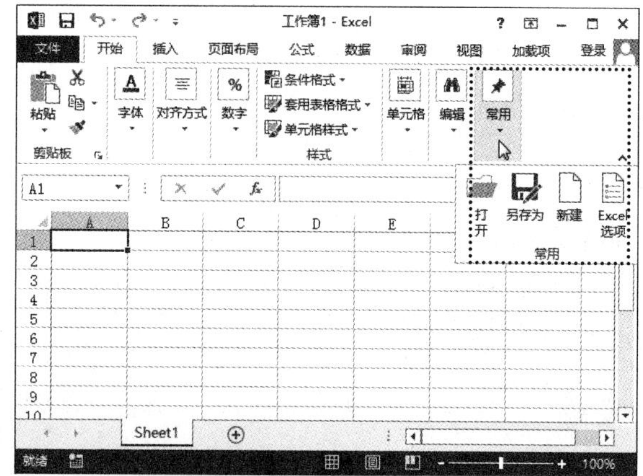

本章导读

工作簿、工作表和单元格是 Excel 的基本元素，想要熟练运用 Excel 2013，首先需要学习并掌握 Excel 2013 的基本操作。本章主要讲解工作簿、工作表和单元格的基本操作，包括新建、保存、打开和关闭工作簿，以及选择、插入、删除、隐藏、显示工作表和单元格等。然后介绍保护数据信息的基本方法和工作簿窗口的操作方法。

第 2 章

Excel 2013 的基本操作

知识要点

- ◆ 工作簿的基本操作
- ◆ 单元格的基本操作
- ◆ 保护工作簿
- ◆ 工作表的基本操作
- ◆ 保护工作表
- ◆ 工作簿窗口的基本操作

案例展示

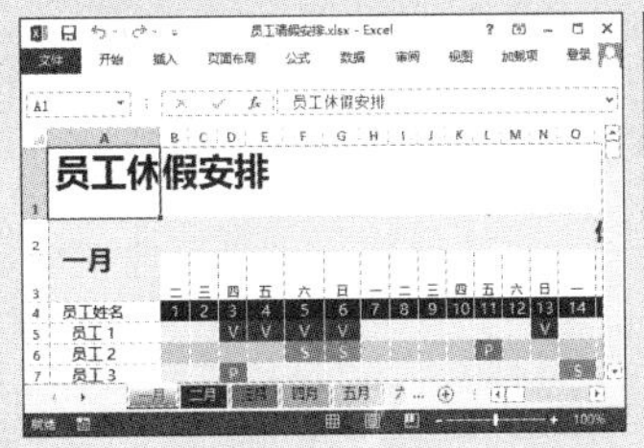

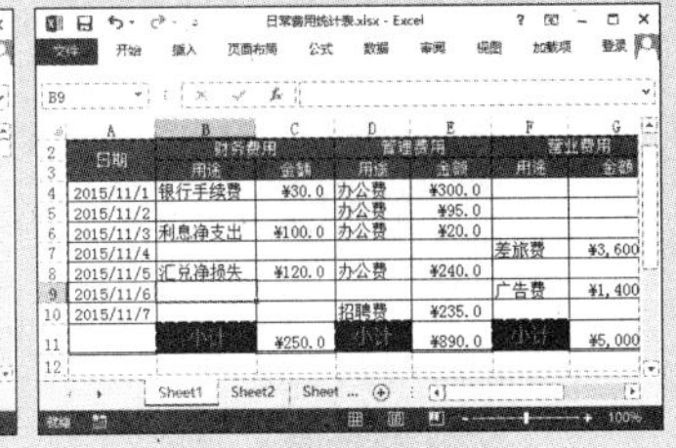

基础入门——必知必会

2.1 工作簿的基本操作

Excel 中的所有操作都是在工作簿中完成的，因此，学习 Excel 2013 首先应学会工作簿的基本操作方法，包括创建、保存和打开工作簿。只有熟练使用这些基本操作，并进一步掌握这些基本操作对应的快捷键，才能提高工作效率。

2.1.1 创建工作簿

启动 Excel 2013 后，用户可以根据需要新建工作簿。新建工作簿主要包括新建空白工作簿和根据模板新建工作簿两种方式。

光盘同步文件
教学视频：光盘 \ 教学视频文件 \ 第 2 章 \2-1-1.mp4

1．新建空白工作簿

空白工作簿是 Excel 中默认新建的工作簿，我们常说的新建工作簿也是指新建空白工作簿。新建空白工作簿时，系统默认按顺序命名新的工作簿，即“工作簿 1”、“工作簿 2”、“工作簿 3”，新建空白工作簿有下面两种常用方法。

（1）启动 Excel 2013 后新建空白工作簿

Excel 2013 和之前的版本不同，启动软件后并不会自动新建一个空白工作簿。此时若要新建工作簿，可选择界面右侧的“空白工作簿”选项，如右上图所示。

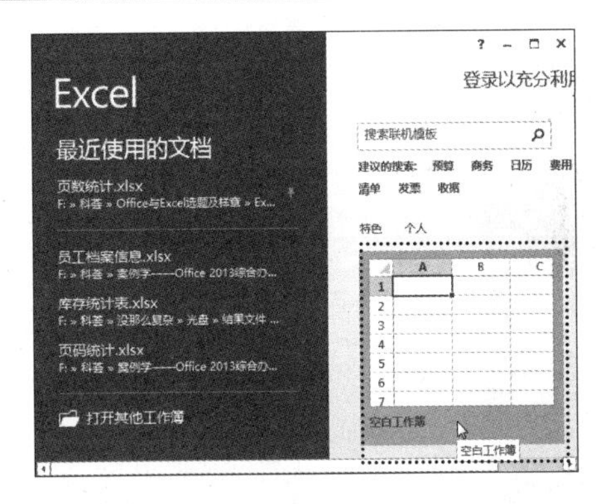

（2）在编辑其他工作簿时新建空白工作簿

编辑其他工作簿时，❶单击“文件”选项卡，在弹出的菜单中选择“新建”命令；❷在右侧选择“空白工作簿”选项，可新建一个空白工作簿，如下图所示。

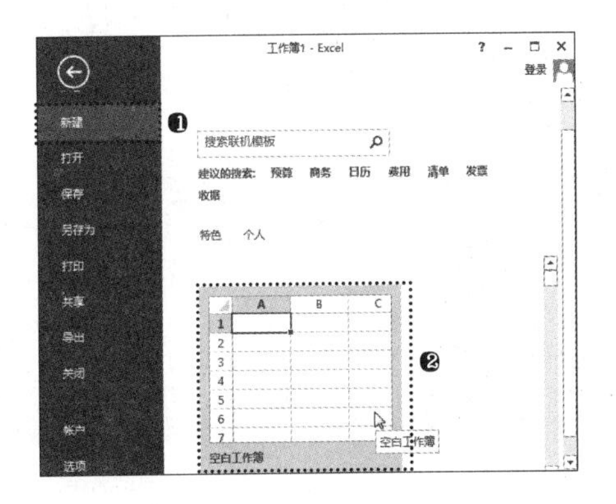

2．根据模板新建工作簿

Excel 2013 中提供了许多工作簿模板，这些工作簿的格式和所要填写的内容都是事先设计好的。用户可以根据需要新建相应的模板工作簿，然后在新建的模板工作簿中填入相应的数据，这样就大大提高了工作效率。根据模板创建新工作簿的具体操作方法如下。

步骤 01 ❶单击"文件"按钮，在弹出的菜单中选择"新建"命令；❷单击右侧文本框下方的"商务"超级链接，如下图所示。

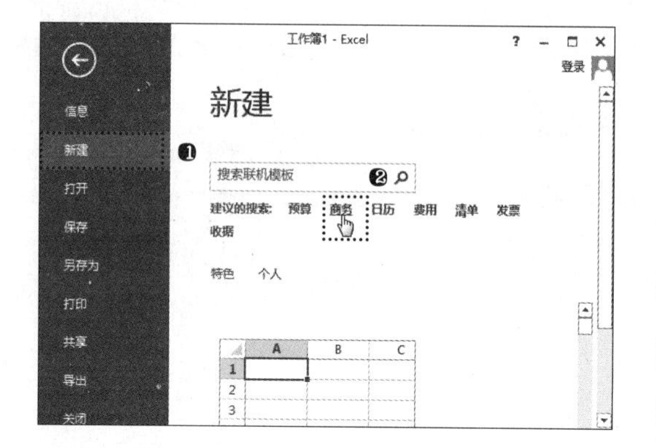

步骤 02 经过上步操作，Excel 开始搜索所有商务表格模板。选择需要的模板选项，如下图所示。

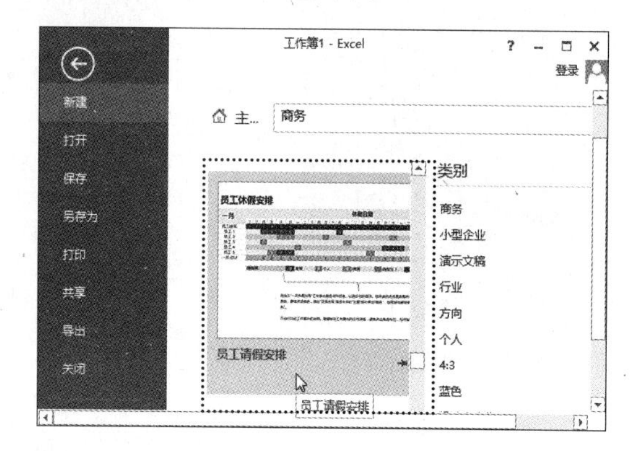

步骤 03 在该面板中浏览该模板的局部效果，满意后单击"创建"按钮，如下图所示。

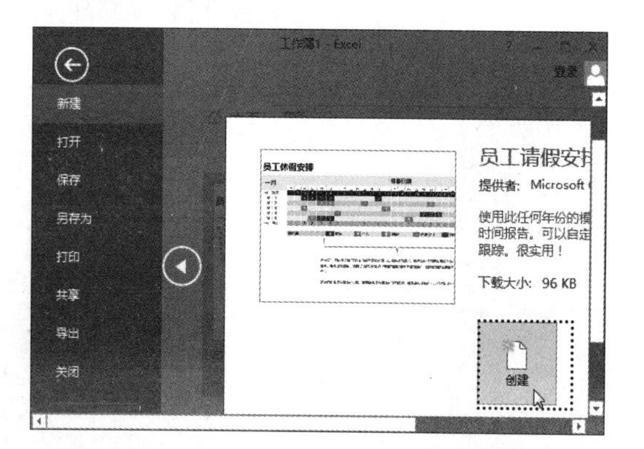

步骤 04 经过上步操作，Excel 会根据模板自动创建一个基于该模板的工作簿，如下图所示。

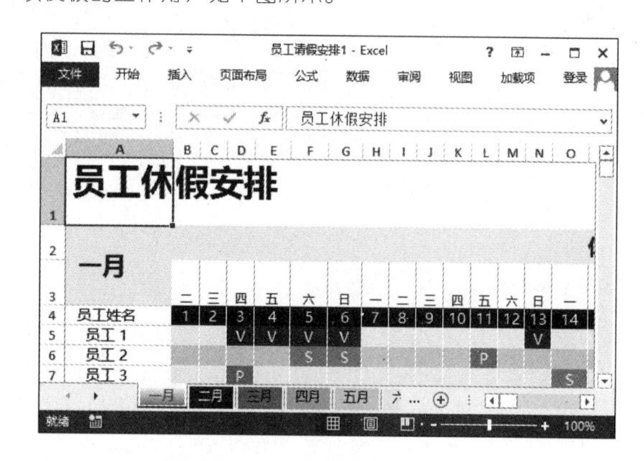

2.1.2 保存工作簿

新建工作簿后，一般应及时对其进行保存，以防遇到突发情况导致编辑的数据丢失。保存新建工作簿时还应注意为其设置一个与工作表内容一致的名称，并指定保存的位置，方便以后对工作簿进行编辑和管理。保存工作簿的具体操作方法如下。

步骤 01 单击"文件"按钮，在弹出的菜单中选择"保存"命令，如下图所示。

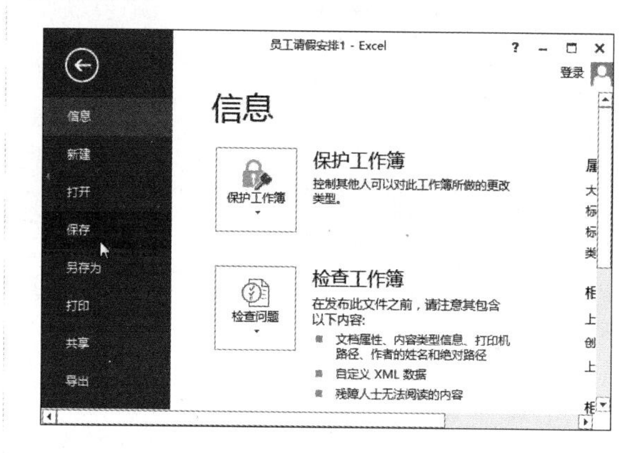

步骤 02 ❶在中间部分选择"计算机"选项；❷单击右侧的"浏览"按钮，如下图所示。

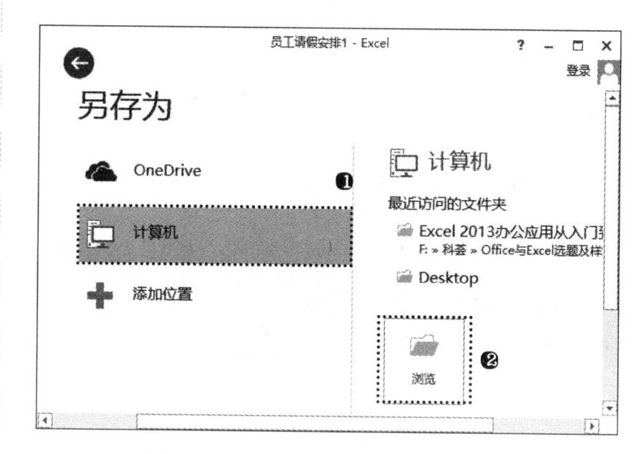

步骤 03 打开“另存为”对话框，在上方的下拉列表中选择文件要保存的位置；❷ 在“文件名”下拉列表中输入工作簿的名称；❸ 单击“保存”按钮，如下图所示。

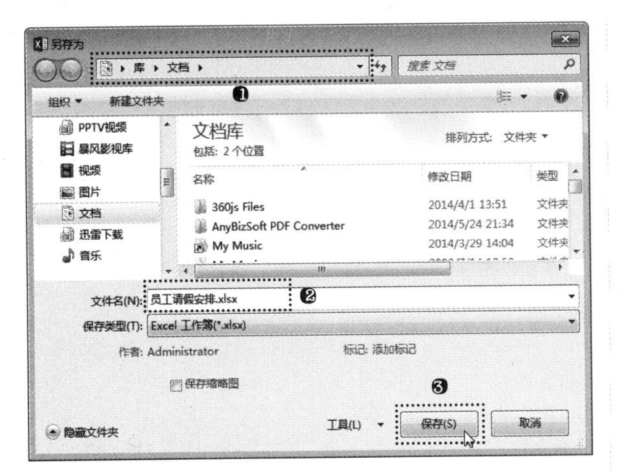

步骤 04 返回 Excel 2013 的工作界面中，在标题栏上可以看到其标题名称已变为设置的工作簿名称，如下图所示。

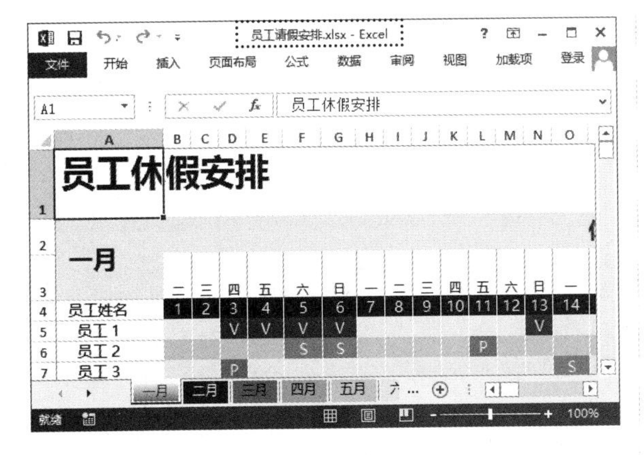

高手指引——另存工作簿

在对已经保存过的工作簿进行再次编辑后，如果要保存编辑后的工作簿，而又不想影响原来工作簿中的内容，则可以将编辑后的工作簿以其他的名称保存到计算机中。在“文件”菜单中选择“另存为”命令，即可另存工作簿。

2.1.3 打开工作簿

当用户需要编辑以前保存过的工作簿时，除了可以通过前面讲解的双击文件图标启动 Excel 的方法来打开工作簿外，还可以使用“文件”菜单中的“打开”命令打开现有的工作簿，具体的操作方法如下。

光盘同步文件

原始文件：光盘 \ 原始文件 \ 第 2 章 \ 年度销售统计表 .xlsx
结果文件：无
教学视频：光盘 \ 教学视频文件 \ 第 2 章 \2-1-3.mp4

步骤 01 ❶ 单击“文件”按钮，在弹出的菜单中选择“打开”命令；❷ 在中间部分双击“计算机”选项，具体效果如下图所示。

步骤 02 ❶ 在打开的“打开”对话框中设置“查找范围”；❷ 在中间的列表框中选择需要打开的工作簿；❸ 单击“打开”按钮，如下图所示。

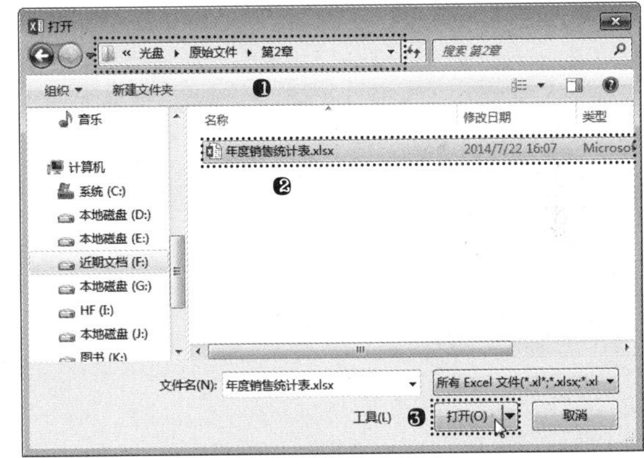

高手指引——打开最近使用的工作簿

在“文件”菜单中选择“打开”命令后，在中间部分选择“最近使用的工作簿”命令，在右侧区域将显示出最近使用的工作簿名称，选择需要打开的工作簿名称选项即可打开该工作簿；在中间部分选择“计算机”命令，在右侧区域将显示出最近打开工作簿所在的位置。

2.2 工作表的基本操作

Excel 中对工作表的操作也就是对工作表标签的操作，也是使用 Excel 表格的基础操作。本节就来介绍工作表的基本操作，主要包括选择、插入、删除、重命名、移动、复制、隐藏和显示工作表。

2.2.1 选择工作表

一个 Excel 工作簿中可以包含多张工作表，如果需要同时在几张工作表中进行输入、编辑或设置工作表的格式等操作，首先就需要选择相应的工作表。选择工作表主要分为 4 种不同的方式。

1. 选择一张工作表：移动光标到需要选择的工作表标签上，单击即可选择该工作表，使之成为当前工作表。被选中的工作表标签以白色为底色显示。如果看不到所需工作表标签，可以单击工作表标签滚动显示按钮，以显示出所需的工作表标签。

2. 选择多张相邻的工作表：选择需要的第一张工作表后，按住【Shift】键的同时单击需要选择的多张相邻工作表的最后一个工作表标签，即可选择这两张工作表和之间的所有工作表。

3. 选择多张不相邻的工作表：选择需要的第一张工作表后，按住【Ctrl】键的同时单击其他需要选择的工作表标签，即可选择多张工作表。

4. 选择工作簿中所有工作表：在任意一个工作表标签上单击鼠标右键，在弹出的快捷菜单中选择“选定全部工作表”命令，即可选中工作簿中所有的工作表。

高手指引——取消工作组操作

选择多张工作表时，将在窗口的标题栏中显示“[工作组]”字样。单击其他不属于工作组的工作表标签或者在工作组中的任意工作表标签上单击鼠标右键，在弹出的快捷菜单中选择“取消组合工作表”命令，即可退出工作组。

2.2.2 插入工作表

若在编辑数据时发现工作表数量不够，可以根据需要插入其他工作表。在 Excel 2013 中，单击工作表标签右侧的“新工作表”按钮⊕，即可在当前所选工作表标签的右侧插入一张空白工作表。

高手指引——一次性插入多张工作表

在“开始”选项卡的“单元格”组中单击“插入”按钮，在弹出的下拉列表中选择“插入工作表”选项，可在当前所选工作表标签的左侧插入一张空白工作表。选择工作簿中的多个工作表标签，通过此方法可以一次性插入与选择工作表标签数量相同的工作表。

2.2.3 删除工作表

如果在工作簿中新建了多余的工作表或有不需要的工作表时，可以将其删除，以有效地控制工作表的数量，方便进行管理。删除工作表的具体操作方法如下。

光盘同步文件

原始文件：光盘\原始文件\第 2 章\年度销售统计表 .xlsx
结果文件：光盘\结果文件\第 2 章\年度销售统计表 .xlsx
教学视频：光盘\教学视频文件\第 2 章\2-2-3.mp4

步骤 01 打开“光盘\素材文件\第 2 章\年度销售统计表 .xlsx”文件，❶在需要删除的“动态图表”工作表标签上单击鼠标右键；❷在弹出的快捷菜单中选择“删除”命令，如右上图所示。

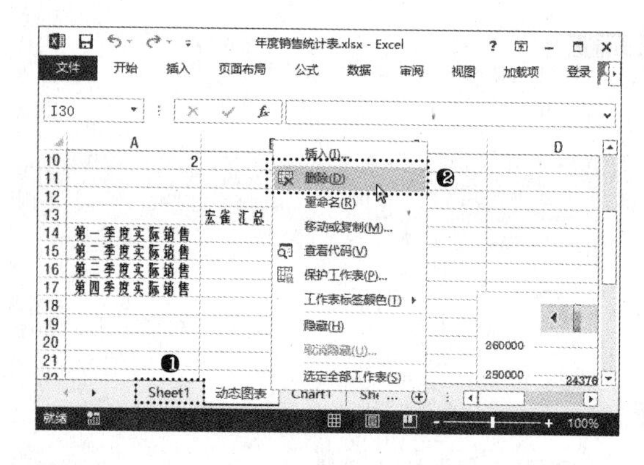

步骤 02 弹出提示对话框，询问是否永久删除工作表中的数据，单击“删除”按钮，即可删除当前选择的工作表，如下图所示。

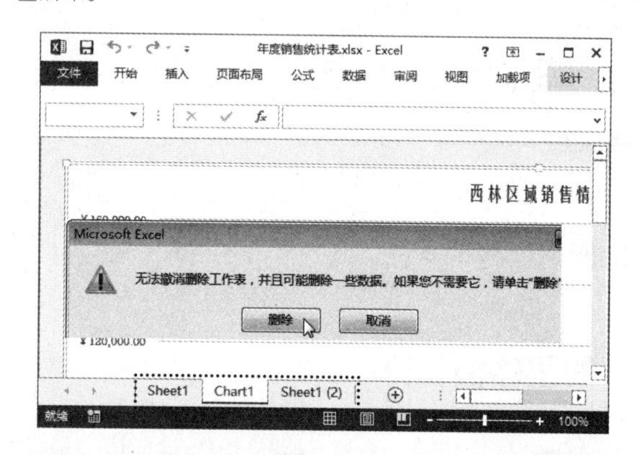

高手指引——删除工作表的其他方法

选择需要删除的工作表，然后在“开始”选项卡的“单元格”组中单击“删除”按钮，在弹出的菜单中选择“删除工作表”命令，也可删除当前工作表。

2.2.4 重命名工作表

工作簿中的工作表名称默认为“Sheet1”、“Sheet2”、“Sheet3”……为了便于记忆和查询，可对默认的工作表名称进行更改，重命名为与工作表中内容相符的名称，以后只通过工作表名称即可判定其中的数据内容，从而方便对数据表进行有效管理。重命名工作表的具体操作方法如下。

光盘同步文件

教学视频：光盘\教学视频文件\第 2 章\2-2-4.mp4

步骤 01 双击需要重命名的“Sheet1”工作表标签，让其名称进入可编辑状态，如下图所示。

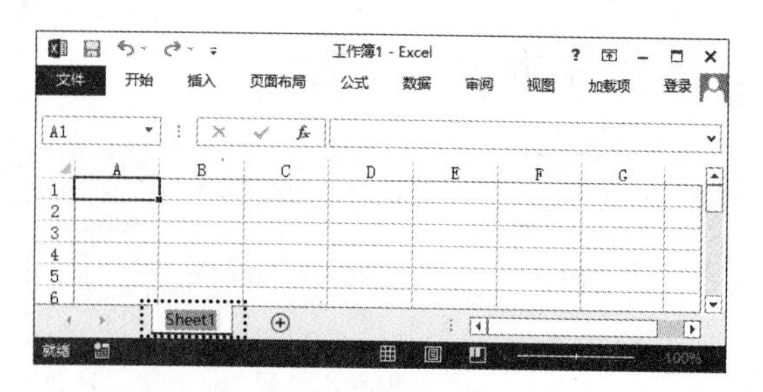

步骤 02 ❶输入工作表的新名称；❷单击工作簿的单元格，退出工作表标签的可编辑状态，完成重命名操作，如下图所示。

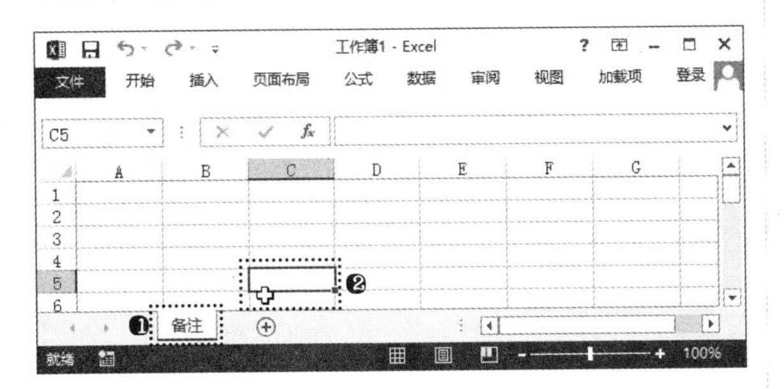

2.2.5 移动或复制工作表

在表格制作过程中，有时需要将一个工作表移动到另一个位置，用户可以根据需要使用 Excel 提供的移动工作表功能进行调整。对于相同工作表结构的表格，或者多个工作簿之间需要相同的数据，可以使用复制工作表功能来提高工作效率。

工作表的移动和复制有两种实现方法：一种是通过鼠标拖曳进行同一个工作簿的移动或复制；另一种是通过快捷菜单命令实现同一个工作簿之间的移动和复制。

光盘同步文件
原始文件：光盘 \ 原始文件 \ 第 2 章 \ 工资管理系统 .xlsx、工资表 .xlsx
结果文件：光盘 \ 结果文件 \ 第 2 章 \ 工资管理系统 .xlsx、工资表 .xlsx
教学视频：光盘 \ 教学视频文件 \ 第 2 章 \2-2-5.mp4

1．利用拖曳法移动或复制工作表

在同一个工作簿中移动和复制工作表主要通过鼠标拖曳来完成，这是最常用，也是最简单的方法。例如，要将“工资表”工作簿中的“补贴记录表”工作表移动到最后的位置，并复制“工资条”工作表，具体操作方法如下。

步骤 01 打开“光盘 \ 素材文件 \ 第 2 章 \ 工资表 .xlsx”文件，❶选择“补贴记录表”工作表；❷单击拖曳到最后一张工作表的右侧，如下图所示。

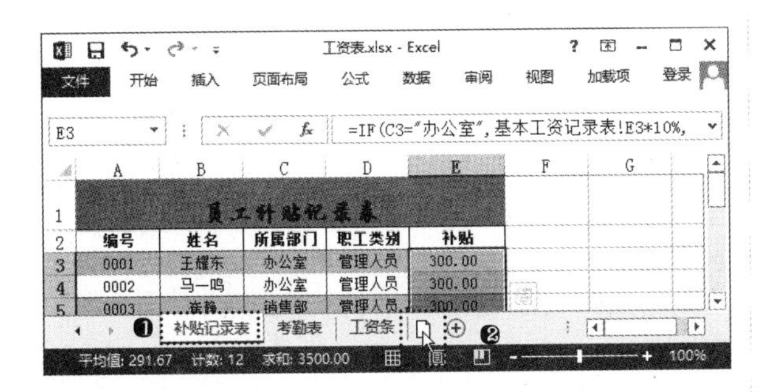

步骤 02 释放鼠标后，即可将“补贴记录表”工作表移动到最后位置，如右上图所示。

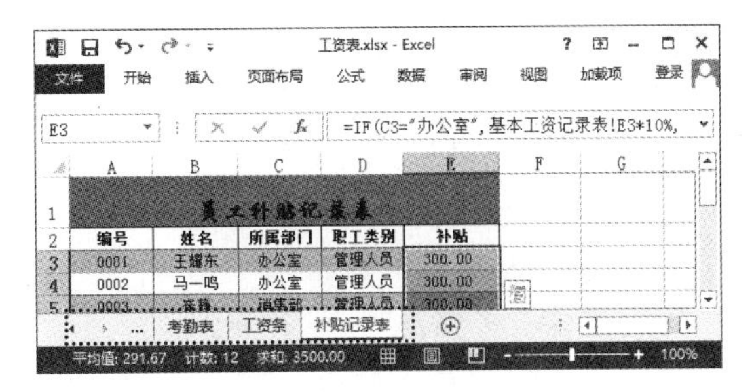

步骤 03 ❶选择“工资条”工作表；❷按住【Ctrl】键的同时拖曳鼠标光标到该工作表的右侧，如下图所示。

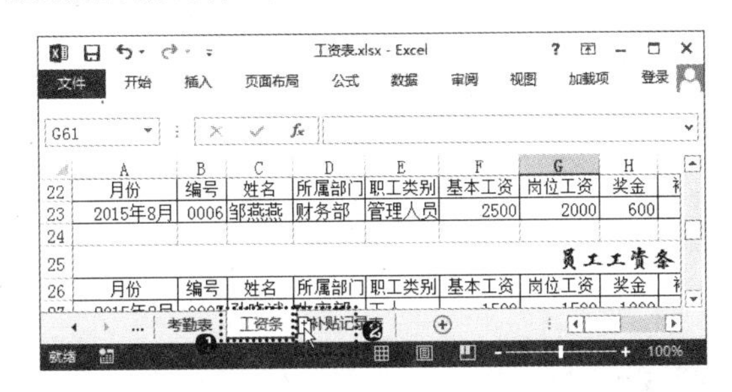

步骤 04 释放鼠标后，即可在指定位置复制得到“工资条（2）”工作表，如下图所示。

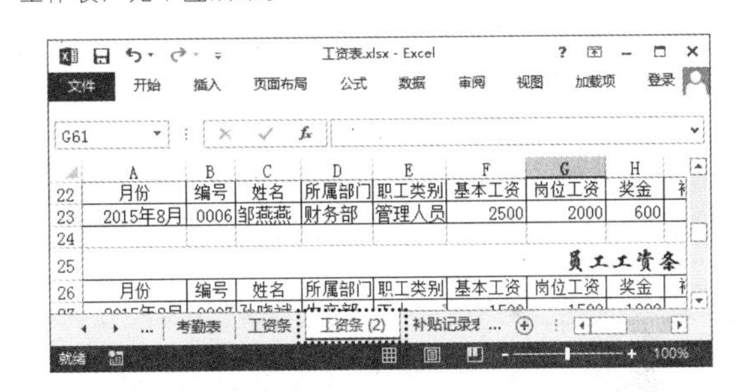

2．通过菜单命令移动或复制工作表

通过拖曳鼠标光标的方法，在同一个工作簿中移动或复制工作表是最快捷的，如果需要在不同的工作簿中移动或复制工作表，则需要使用“开始”选项卡“单元格”组中的命令来完成。例如，要将“工资表”工作簿中的“工资条（2）”工作表移动到“工资管理系统”工作簿中“Sheet1”工作表的前面时，具体操作方法如下。

步骤 01 ❶选择“工资条（2）”工作表；❷单击“开始”选项卡“单元格”组中的“格式”按钮；❸在弹出的菜单中选择“移动或复制工作表”命令，如下图所示。

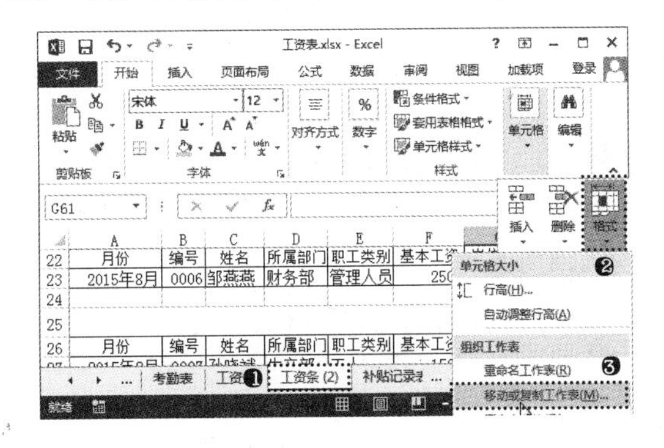

步骤02 打开“移动或复制工作表”对话框，❶在“将选定工作表移至工作簿”下拉列表中选择要移动到的“工资管理系统”工作簿选项；❷在“下列选定工作表之前”列表框中选择“Sheet1”选项；❸单击“确定”按钮，如下图所示。

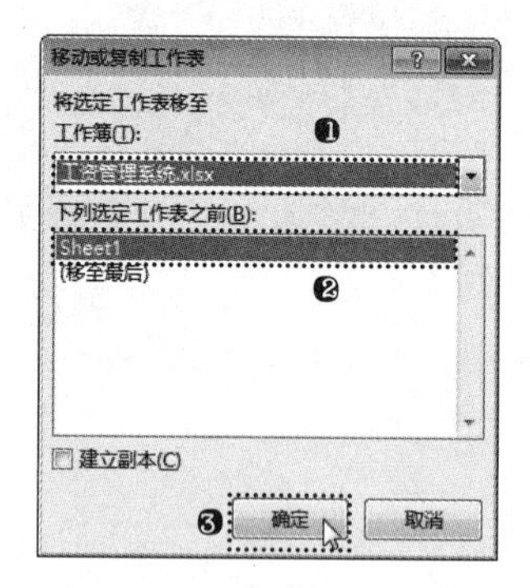

步骤03 经过上步操作，即可将“工资表”工作簿中的“工资条（2）”工作表移动到“工资管理系统”工作簿中“Sheet1”工作表的前面，如下图所示。

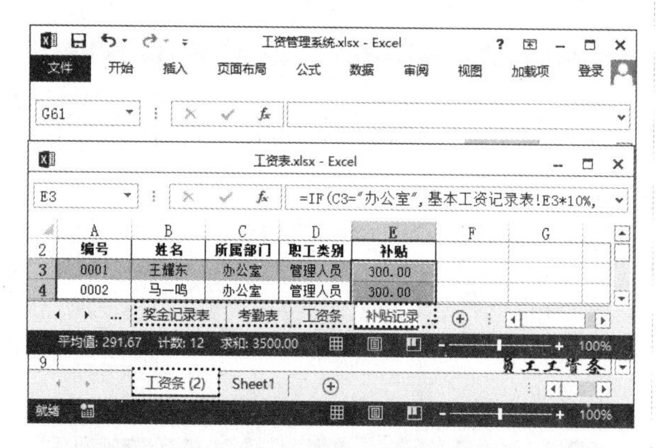

高手指引——移动和复制工作表的其他方法

在需要移动或复制的工作表标签上单击鼠标右键，在弹出的快捷菜单中选择“移动或复制工作表”命令，也可以打开“移动或复制工作表”对话框。若需要复制工作表，则应选中该对话框中的“建立副本”复选框。

2.2.6 隐藏或显示工作表

在实际工作中，可能因为某种需要在一个工作簿中建立多个工作表。当工作完成后，为了安全起见又需要将其中部分工作表隐藏起来，这样就算别人打开该表格，也不会轻易发现，在自己需要时，还能灵活地让它显示出来。下面就来介绍隐藏或显示工作表的方法。

光盘同步文件

原始文件：光盘\原始文件\第 2 章\年销售数据统计 .xlsx
结果文件：光盘\结果文件\第 2 章\年销售数据统计 .xlsx
教学视频：光盘\教学视频文件\第 2 章\2-2-6.mp4

1．隐藏工作表

隐藏工作表即将当前工作簿中指定的工作表隐藏，使用户无法查看到该工作表及工作表中的数据。可以通过菜单命令或快捷菜单命令来实现，用户可以根据自己的使用习惯来选择哪种操作方法。下面通过菜单命令的方法来隐藏工作簿中的工作表，具体操作方法如下。

步骤01 打开“光盘\素材文件\第 2 章\年销售数据统计 .xlsx”文件，❶选择“1 月”至“12 月”的 12 张工作表；❷单击“开始”选项卡“单元格”组中的“格式”按钮；❸在弹出的菜单中选择“隐藏和取消隐藏”菜单；❹在弹出的下级子菜单中选择“隐藏工作表”命令，如下图所示。

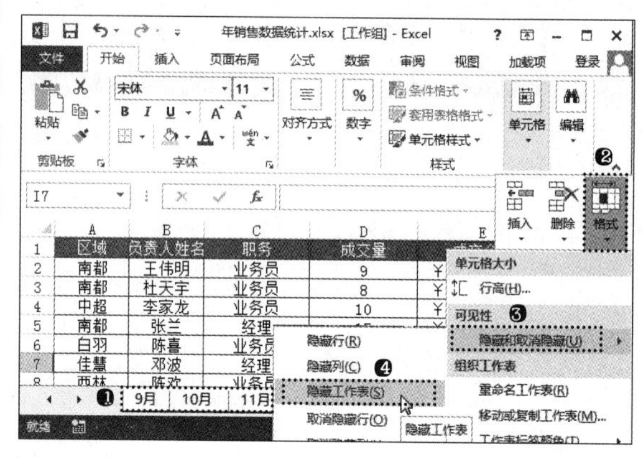

步骤02 经过上步操作，系统自动将选择的 12 张工作表隐藏，效果如下图所示。

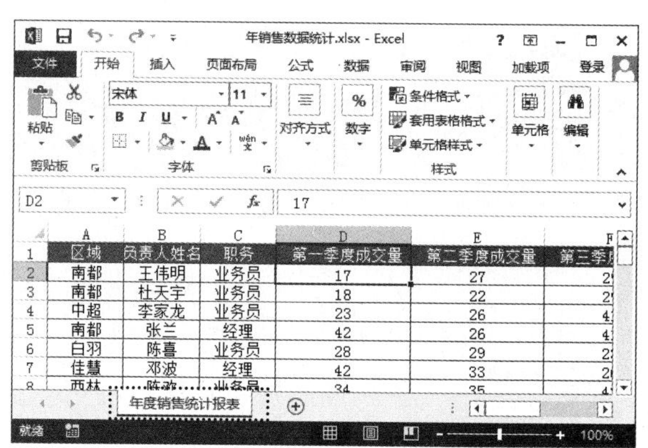

高手指引——隐藏工作表的其他方法

在需要隐藏的工作表标签上单击鼠标右键，在弹出的快捷菜单中选择“隐藏”命令，即可快速地隐藏选中的工作表。

2．显示工作表

显示工作表，即将隐藏的工作表显示出来，使用户能够查看到隐藏工作表中的数据，这也是隐藏工作表的逆向操作。显示工作表同样可以通过菜单命令和快捷菜单命令两种方法来实现，在“取消隐藏”对话框中设置需要显示的隐藏工作表即可。下面通过菜单命令的方法将前面隐藏的“6 月”工作表显示出来，具体操作方法如下。

步骤01 ❶单击“开始”选项卡“单元格”组中的“格式”按钮；❷在弹出的菜单中选择“隐藏和取消隐藏”命令；❸在弹出的下级子菜单中选择“取消隐藏工作表”命令，如下页左上图所示。

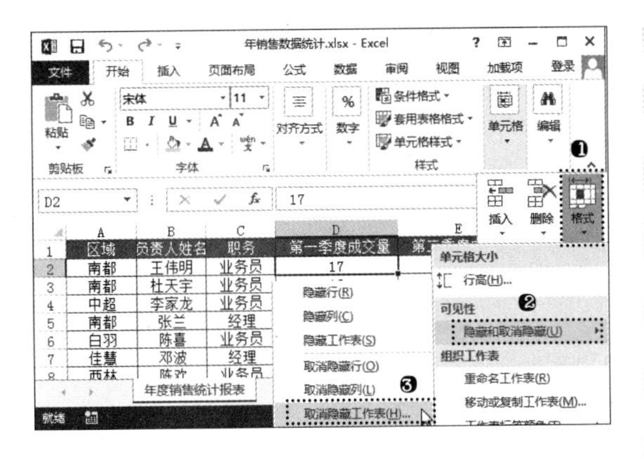

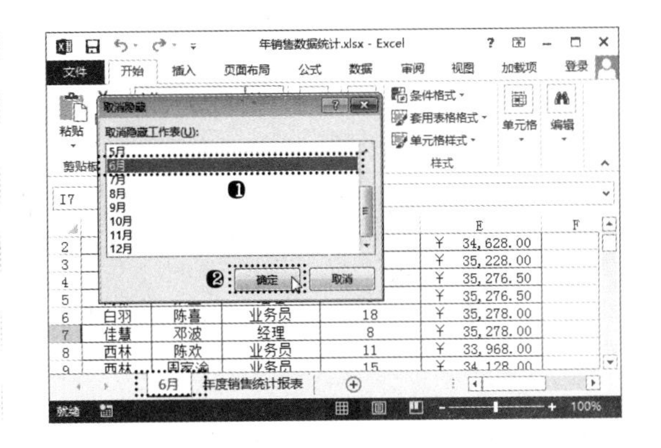

步骤 02 打开“取消隐藏”对话框，❶在列表框中选择需要显示的“6 月”工作表选项；❷单击“确定”按钮，即可将该工作表显示出来，效果如右上图所示。

高手指引——隐藏工作表的其他方法

在工作簿中的任意工作表标签上单击鼠标右键，在弹出的快捷菜单中选择“取消隐藏”命令，也可以打开“取消隐藏”对话框，进行相应设置即可将隐藏的工作表显示出来。

2.3 单元格的基本操作

单元格作为工作表中存放数据的最小单位，在 Excel 中编辑数据时经常需要对其进行相关的操作，包括单元格的选择、插入、删除、调整行高和列宽，以及合并与拆分单元格、显示与隐藏单元格等。

2.3.1 选择单元格

学习单元格的基本操作时，首先要学会选择单元格的方法。配合键盘上的【Ctrl】、【Shift】键，在工作表中可以选择一个单元格、多个相邻的单元格、多个不相邻的单元格、整行/整列单元格或全部单元格。

1. 选择一个单元格：用鼠标左键单击单元格或在名称框中输入单元格的行号和列号，然后按【Enter】键即可选中该单元格。选择一个单元格后，该单元格将被一个绿色方框包围，在名称框中也会显示该单元格的名称，行列号也将突出显示，效果如下图所示。

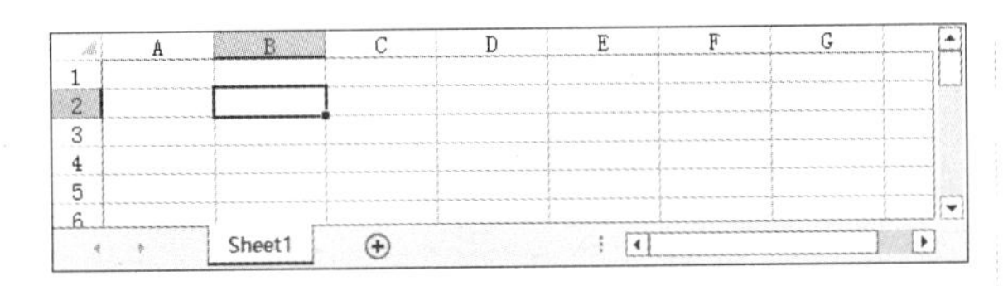

2. 选择相邻的多个单元格：先选择第一个单元格（所需要选择的相邻多个单元格范围左上角的单元格），然后按住鼠标左键并拖曳到目标单元格（所需选择的相邻多个单元格范围右下角的单元格）。选择第一个单元格后，在按住【Shift】键的同时选择目标单元格也可选择多个单元格（也称为“单元格区域”），选择的多个单元格呈灰色背景显示，效果如下图所示。

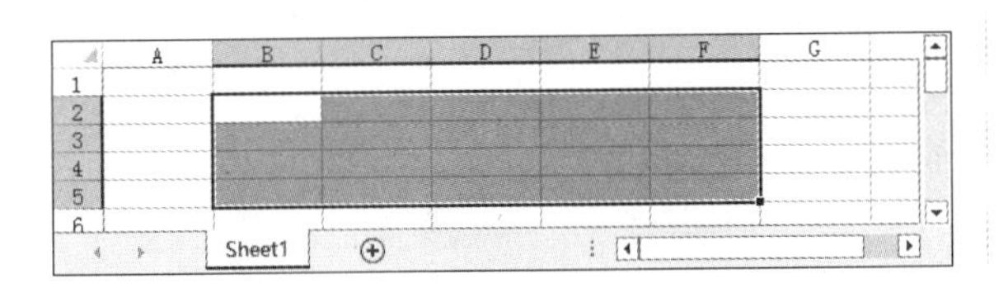

高手指引——单元格区域的表示方法

单元格区域的表示方法为“区域左上角单元格:区域右下角单元格”，如“B3:E8”表示以 B3 单元格为区域左上角，以 E8 单元格为区域右下角，形成的矩形单元格区域。

3. 选择不相邻的多个单元格：按住【Ctrl】键的同时，依次单击要选择的单元格，即可选择多个不相邻的单元格，效果如下图所示。

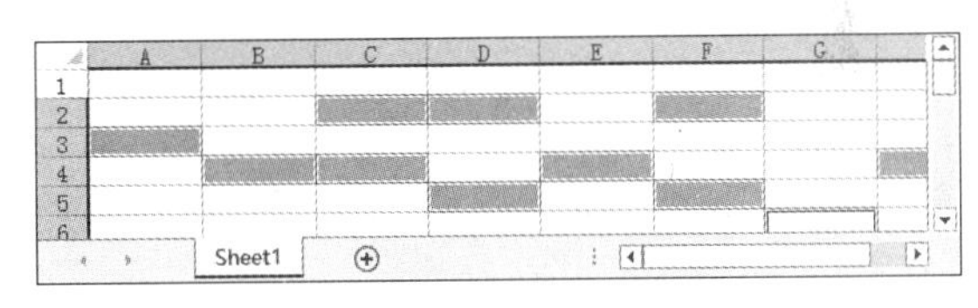

4. 选择一行单元格：将鼠标光标移动到某一行单元格的行标记上，当鼠标光标变成➡形状时，单击鼠标左键即可选择该行单元格，效果如下图所示。

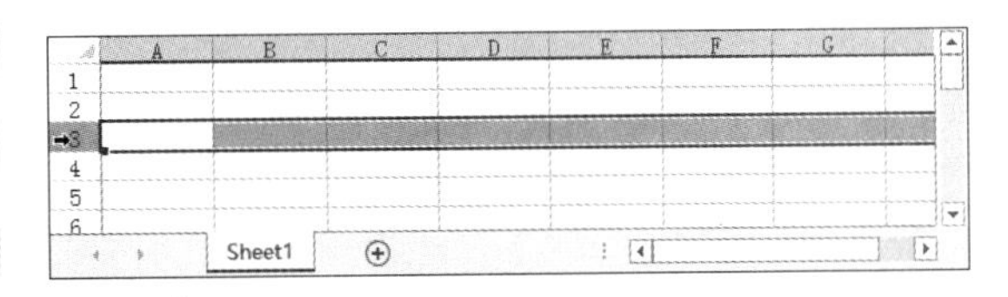

5. 选择一列单元格：将鼠标光标移动到某一列单元格的列标记上，当鼠标光标变成⬇形状时，单击鼠标左键即可选择该列单元格，效果如下图所示。

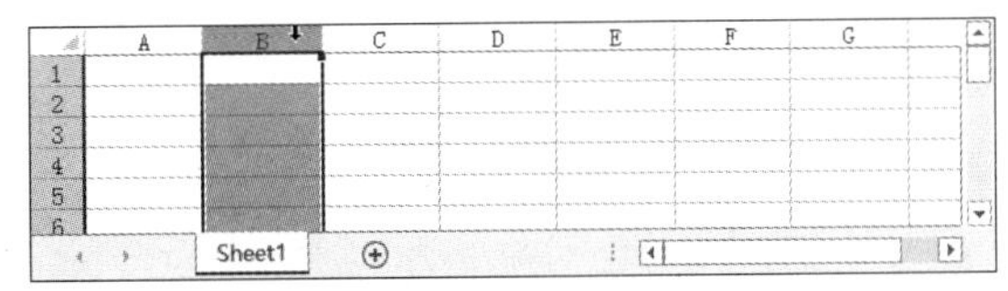

6. 选择全部单元格：在行标记和列标记的交叉处，有一个“全选”按钮，单击该按钮，即可选择工作表中的所有单元格。按快捷键【Ctrl+A】也可选择全部单元格，效果如下图所示。

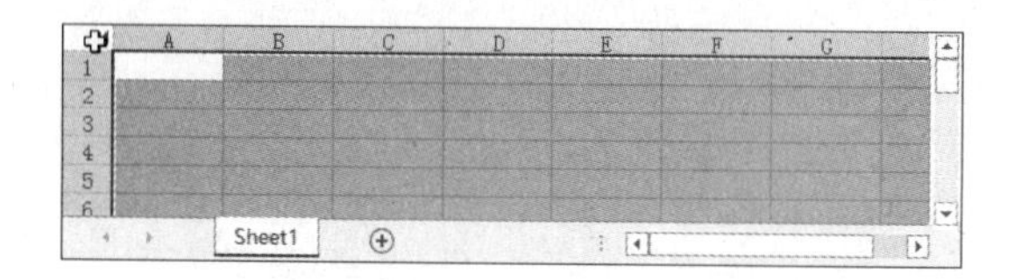

2.3.2 插入单元格

在编辑工作表的过程中，有时可能会因为各种原因遗漏了数据，如果要在已有数据的单元格中插入新的数据，建议根据情况使用插入单元格的方法使表格内容满足需求，如插入单个单元格、插入一行或者一列单元格。例如，要在“继电器折扣单”工作簿中插入一行新数据，具体操作方法如下。

光盘同步文件
原始文件：光盘\原始文件\第 2 章\继电器折扣单 .xlsx
结果文件：光盘\结果文件\第 2 章\继电器折扣单 .xlsx
教学视频：光盘\教学视频文件\第 2 章\2-3-2.mp4

步骤 01 打开“光盘\素材文件\第 2 章\继电器折扣单 .xlsx”文件。❶选择要在上方插入行的行中任意单元格；❷单击“开始”选项卡“单元格”组中的“插入”按钮；❸在弹出的菜单中选择“插入工作表行”命令，如下图所示。

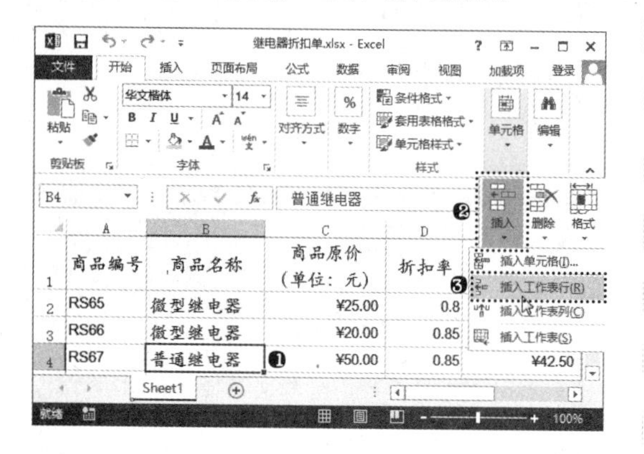

步骤 02 经过上一步操作，即可在所选单元格上方插入一行空白单元格，在各单元格中输入需要的内容，最终效果如下图所示。

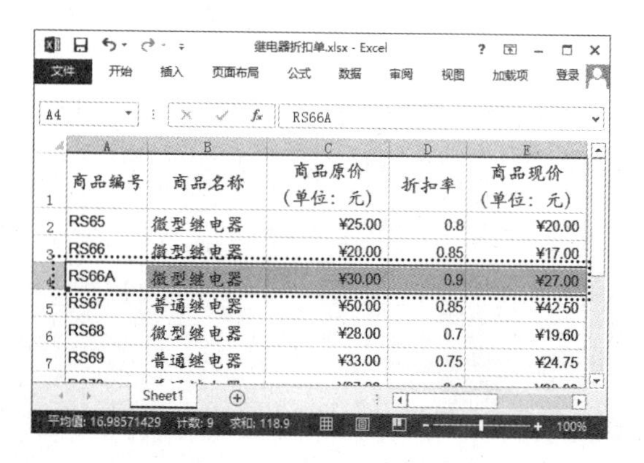

高手指引——隐藏工作表的其他方法

在“插入”菜单中选择“插入工作表列”命令时，可在所选单元格的左侧插入一列空白单元格；选择“插入单元格”命令时将打开“插入”对话框，在其中可以设置要插入的新单元格在所选单元格的左侧或上方。

2.3.3 删除单元格

在 Excel 2013 中选择单元格后，按【Delete】键只能删除单元格中的内容。如果工作表中有多余的行、列或单元格，且需要在删除单元格数据的同时删除对应的单元格位置，可使用删除单元格功能直接删除单元格。删除行、列或单元格的操作与插入行、列或单元格的方法相似。例如，要将“日常费用统计表”工作簿中多余的空白行单元格删除，具体操作方法如下。

光盘同步文件
原始文件：光盘\原始文件\第 2 章\日常费用统计表 .xlsx
结果文件：光盘\结果文件\第 2 章\日常费用统计表 .xlsx
教学视频：光盘\教学视频文件\第 2 章\2-3-3.mp4

高手指引——插入或删除单元格的其他方法

在所选单元格上单击鼠标右键，在弹出的快捷菜单中选择“插入”命令，可打开“插入”对话框；选择“删除”命令，可打开“删除”对话框。在相应的对话框中进行设置，即可进行插入或删除单元格的操作。

步骤 01 打开“光盘\素材文件\第 2 章\日常费用统计表 .xlsx”文件。❶选择要删除行中的任意单元格；❷单击“开始”选项卡“单元格”组中的“删除”按钮；❸在弹出的菜单中选择“删除工作表行”命令，如下图所示。

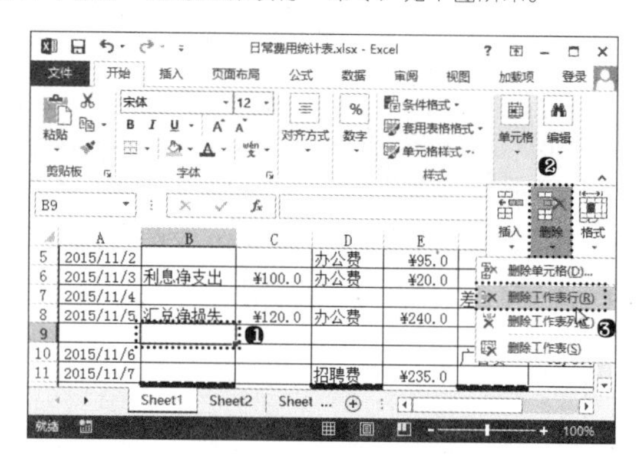

步骤 02 经过上一步操作，即可删除所选单元格所在的一行空白单元格，效果如下图所示。

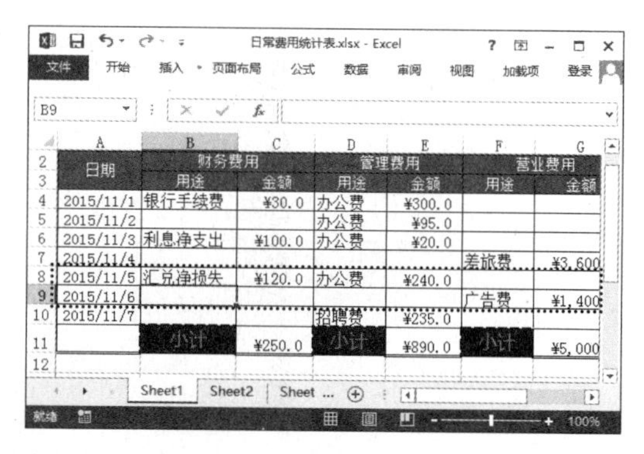

2.3.4 调整行高和列宽

默认情况下，每个单元格的行高与列宽是固定的，但在实际编辑过程中，各种数据的长宽都不一样，造成很多时候 Excel 默认的单元格行高和列宽并不能满足实际工作的需要，此时就需要适当调整单元格的行高或列宽。

例如，要调整“定购记录单”工作簿中标题行的行高，并调整日期数据所在列的列宽，下面通过拖曳鼠标光标和设置具体数值两种方法进行调整，具体操作方法如下。

光盘同步文件
原始文件：光盘\原始文件\第 2 章\定购记录单 .xlsx
结果文件：光盘\结果文件\第 2 章\定购记录单 .xlsx
教学视频：光盘\教学视频文件\第 2 章\2-3-4.mp4

步骤 01 打开“光盘\素材文件\第 2 章\定购记录单 .xlsx”文件，将鼠标光标移至第一行与第二行行号之间的分隔线处，当鼠标光标变为╪形状时向下拖曳，此时鼠标光标右上侧将显示出正在调整行的行高具体数值，拖曳鼠标光标至需要的行高后释放鼠标即可，如下图所示。

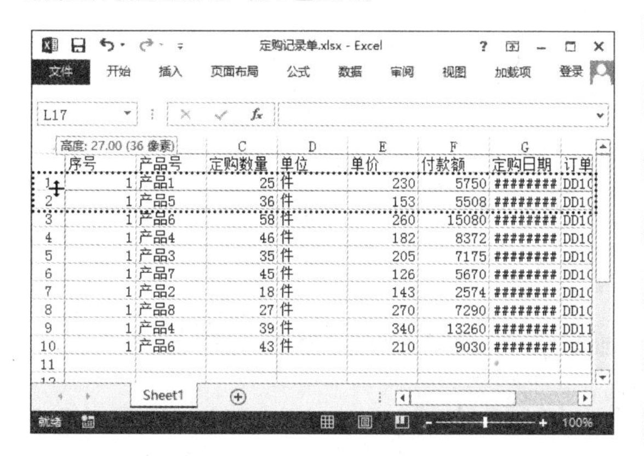

步骤 02 经过上一步操作，即可调整第一行的行高。❶ 选择 G 和 I 列单元格；❷ 单击“开始”选项卡“单元格”组中的“格式”按钮；❸ 在弹出的菜单中选择“列宽”命令，如下图所示。

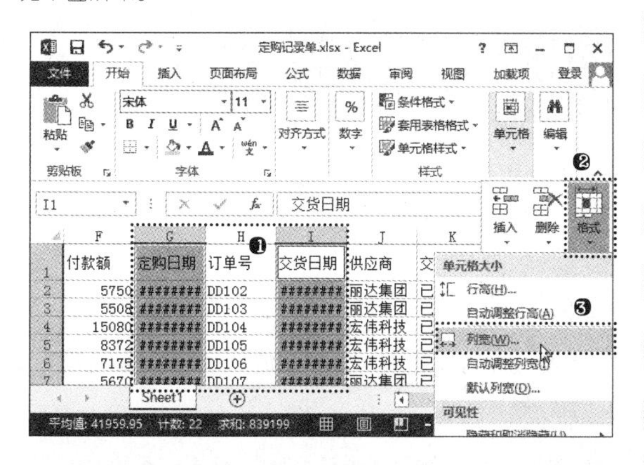

高手指引——自动调整列宽
在上图的菜单中选择“自动调整列宽”命令，Excel 将根据单元格中的内容自动调整列宽。

步骤 03 打开“列宽”对话框，在文本框中输入需要的列宽数值；❷ 单击“确定”按钮，即可调整 G 和 I 列的列宽，效果如下图所示。

2.3.5 合并单元格

在制作表格的过程中，有时候需要将多个连续的单元格合并为一个单元格。例如，要将“宿舍物品领用登记表”工作簿中的部分数据合并为一个单元格，并让内容居中显示在合并后的单元格中，具体操作方法如下。

光盘同步文件
原始文件：光盘\原始文件\第2章\宿舍物品领用登记表 .xlsx
结果文件：光盘\结果文件\第2章\宿舍物品领用登记表 .xlsx
教学视频：光盘\教学视频文件\第 2 章\2-3-5.mp4

步骤 01 打开“光盘\素材文件\第 2 章\宿舍物品领用登记表 .xlsx”文件。❶ 选择 A1:F1 单元格区域；❷ 单击“开始”选项卡“对齐方式”组中的“合并后居中”按钮；❸ 在弹出的下拉列表中选择“合并后居中”选项，如下图所示。

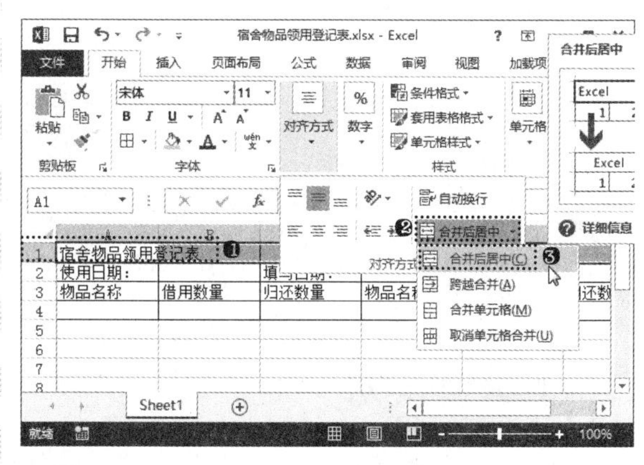

步骤 02 经过上一步操作，即可将原来的 A1:F1 单元格区域合并为一个单元格。使用相同的方法继续合并 A2:B2、C2:D2 和 E2:F2 单元格区域，完成后的效果如下页左上图所示。

高手指引——合并单元格的方式
单击“合并后居中”按钮，在弹出的下拉列表中选择“跨越合并”选项，可以对所选单元格区域中同行相邻的单元格进行合并；选择“合并单元格”选项，可以将所选单元格区域合并为一个大的单元格。与“合并后居中”选项的功能类似。

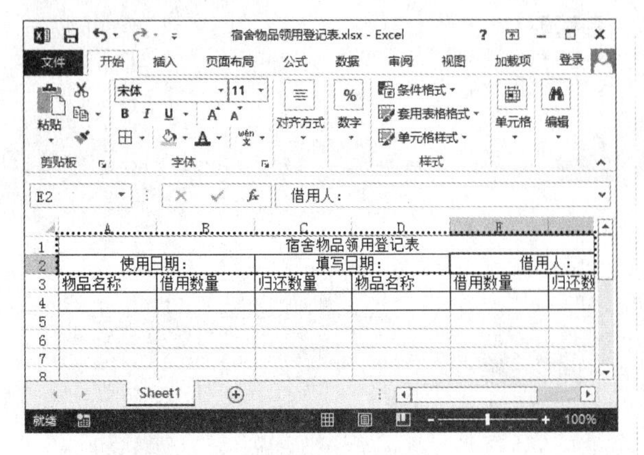

2.3.6 拆分单元格

对于合并后的单元格，如果效果不满意，或者认为不需要合并，还可对其进行拆分。拆分单元格是合并单元格的逆向操作，两者的操作方法类似。要拆分单元格，首先应选择已经合并过的需要拆分的单元格，然后单击“开始”选项卡“对齐方式”组中的“合并后居中”按钮，在弹出的下拉列表中选择“取消单元格合并”选项即可。

2.3.7 隐藏与显示单元格

如果不希望其他人查看工作表中某些单元格的数据，可以将其隐藏起来。当需要查看已被隐藏的数据时，还可以根据需要将其重新显示出来。

光盘同步文件
原始文件：光盘\原始文件\第 2 章\股票买卖情况 .xlsx
结果文件：光盘\结果文件\第 2 章\股票买卖情况 .xlsx
教学视频：光盘\教学视频文件\第 2 章\2-3-7.mp4

1．隐藏单元格

要隐藏工作表中的内容时，不能以只隐藏某一个单元格的方式实现，必须以隐藏行或列单元格来解决这一问题。例如，要隐藏“股票买卖情况”工作簿中相关列的数据时，具体操作方法如下。

步骤01 打开“光盘\素材文件\第 2 章\股票买卖情况 .xlsx”文件。❶选择 D、F、G 这 3 列单元格；❷单击“开始”选项卡“单元格”组中的“格式”按钮；❸在弹出的菜单中选择“隐藏和取消隐藏”命令；❹在弹出的下级子菜单中选择“隐藏列”命令，如下图所示。

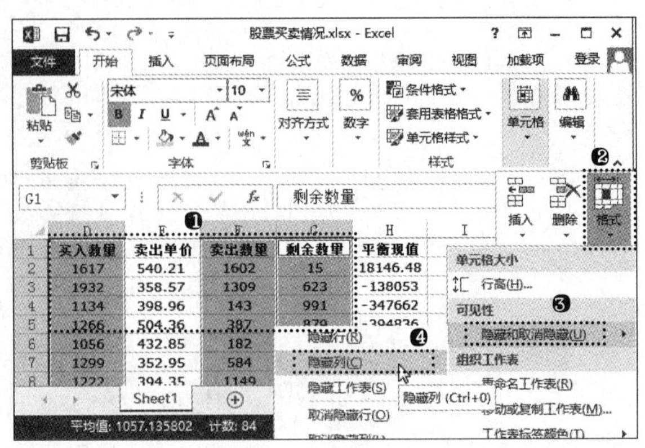

步骤02 经过上一步操作，即可隐藏所选单元格列，最终效果如下图所示。

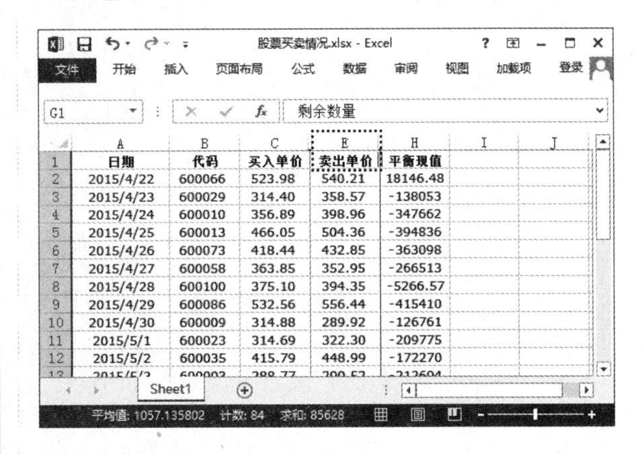

2．显示单元格

要将隐藏的单元格显示出来，可单击“开始”选项卡“单元格”组中的“格式”按钮，在弹出的菜单中选择“取消隐藏行”或“取消隐藏列”命令，即可显示隐藏的行或的列。

高手指引——显示单元格的其他方法
隐藏后的行或列在行标记或列标记上显示为一条直线，若拖曳该直线也可将隐藏的单元格显示出来。

2.4 保护数据信息

通常情况下，为了保证 Excel 文件中数据的安全性，特别是企业内部的重要数据，或为了防止自己精心设计的格式与公式被破坏，应该为工作表和工作簿安装“防盗锁”。Excel 2013 中提供了多种保护数据信息的功能。本章节就来学习对工作表和工作簿进行保护的方法，学习设置用户访问工作表和工作簿的权限，从而防止外人对数据进行更改。

2.4.1 保护工作表

为了防止其他用户意外或故意更改、移动、删除工作表中的重要数据，可以对工作表采取保护措施。例如，为“工资发放明细表”工作簿中“工资表”工作表设置密码，具体的操作方法如下。

光盘同步文件
原始文件：光盘\原始文件\第 2 章\工资发放明细表 .xlsx
结果文件：光盘\结果文件\第 2 章\工资发放明细表 .xlsx
教学视频：光盘\教学视频文件\第 2 章\2-4-1.mp4

步骤 01 打开“光盘\素材文件\第 2 章\工资发放明细表 .xlsx”文件。❶选择“工资表”工作表；❷单击“审阅”选项卡“更改”组中的“保护工作表”按钮，如下图所示。

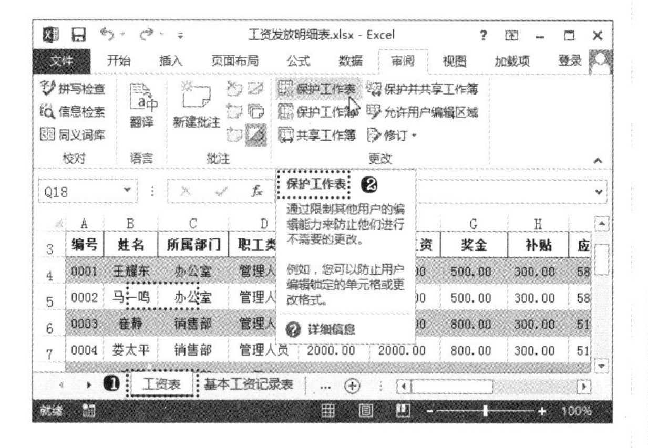

步骤 02 ❶打开“保护工作表”对话框，在文本框中输入密码“123”；❷在列表框中选中“选定锁定单元格”和“选定未锁定的单元格”复选框；❸单击“确定”按钮，如下图所示。

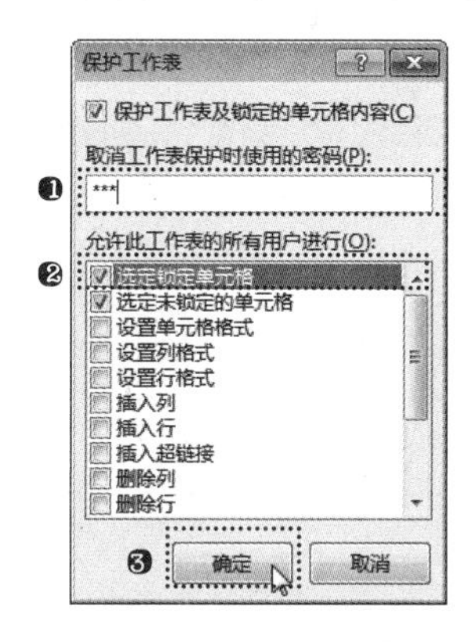

步骤 03 ❶打开“确认密码”对话框，在文本框中再次输入设置的密码“123”；❷单击“确定”按钮，如下图所示。

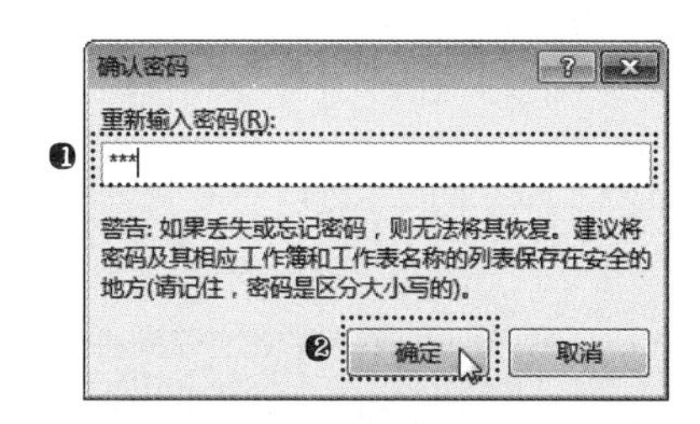

高手指引——撤销工作表保护
保护工作表功能仅仅是限制了用户编辑该工作表的权限，但仍然允许用户访问和查看受保护工作表中的内容。通过复制全部单元格的方法，他人还可以看到受保护工作表中的内容。单击“开始”选项卡“单元格”组中的“格式”按钮，在弹出的菜单中选择“撤消工作表保护”命令，可以撤销对工作表的保护。

2.4.2 保护工作簿

如果一个工作簿中，大部分甚至全部工作表都存放着企业的内部资料和重要数据，一旦泄露或被他人盗用将会影响企业利益，此时可以使用 Excel 2013 的保护工作簿功能，对整个工作簿的结构和窗口进行保护，这样即可在一定程度上保障数据的安全。

保护工作簿的结构能防止其他用户查看工作簿中隐藏的工作表，以及移动、删除、隐藏、取消隐藏、重命名或插入工作表等操作。保护工作簿的窗口可以在每次打开工作簿时保持窗口的固定位置和大小，能防止其他用户在打开工作簿时，对工作表窗口进行移动、缩放、隐藏、取消隐藏或者关闭等操作。

例如，要对“企业内部资料保存管理系统”工作簿的结构进行保护，具体操作方法如下。

光盘同步文件
原始文件：光盘\原始文件\第 2 章\企业内部资料保存管理系统 .xlsx
结果文件：光盘\结果文件\第 2 章\企业内部资料保存管理系统 .xlsx
教学视频：光盘\教学视频文件\第 2 章\2-4-2.mp4

步骤 01 打开“光盘\素材文件\第 2 章\企业内部资料保存管理系统 .xlsx”文件，单击“审阅”选项卡“更改”组中的“保护工作簿”按钮，如下图所示。

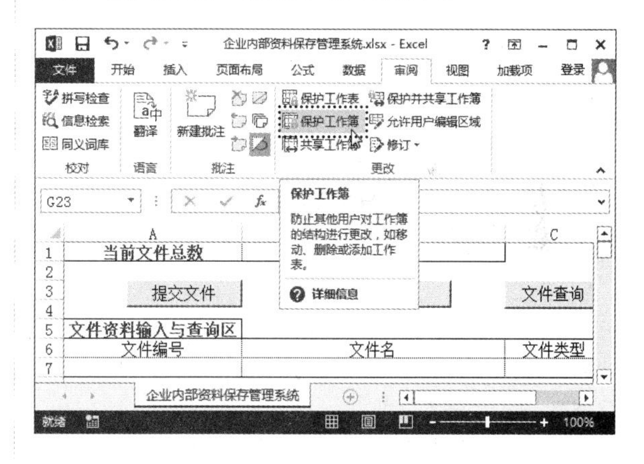

步骤 02 ❶打开“保护结构和窗口”对话框，选中“结构”复选框；❷在“密码”文本框中输入密码“1234”；❸单击“确定”按钮，如下图所示。

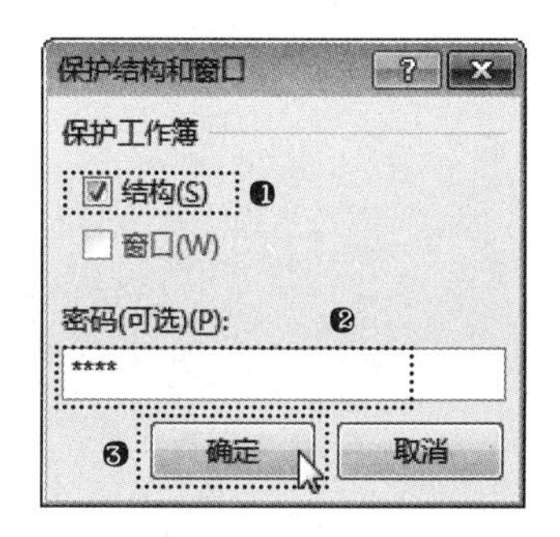

步骤 03 ❶打开“确认密码”对话框，在文本框中输入设置的密码“1234”；❷单击“确定”按钮，如下页左上图所示。

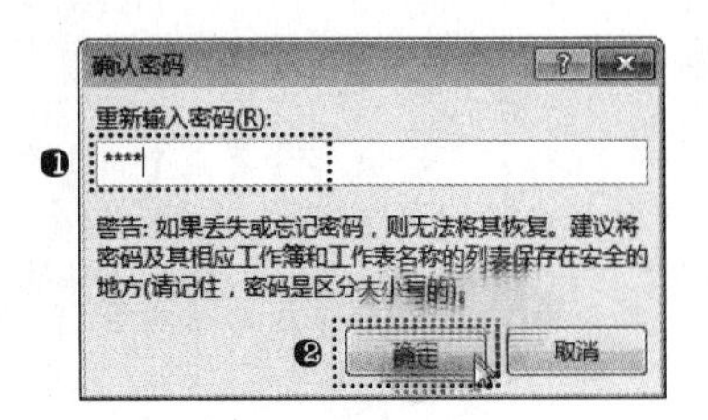

高手指引——撤销工作表保护

打开设置密码保护的工作簿，可以看到其工作表的窗口呈锁定状态，且“保护工作簿”按钮呈激活状态，表示已经使用了该功能。要取消保护工作簿，可再次单击“保护工作簿”按钮，在打开的对话框中进行设置。

2.5 工作簿窗口操作

在 Excel 中编辑工作表时，经常需要在多个工作簿之间进行交替操作。虽然在 Excel 2013 中已经实现了“一个工作在一个窗口”，相比之前的版本减少了很多窗口操作的麻烦。但通过“视图”选项卡中的“窗口”组快速切换窗口、重排打开的工作簿窗口、新建窗口、拆分和冻结窗口，对于我们的工作仍然很有用。下面就来讲解工作簿窗口的相关操作方法。

2.5.1 切换窗口

在打开多个工作簿的情况下，在计算机桌面任务栏中选择某个工作簿名称任务，即可在桌面上切换显示该工作簿窗口。Excel 中还提供了快速切换工作簿窗口的方法，即单击“视图”选项卡“窗口”组中的“切换窗口”按钮，在弹出的下拉列表中按照工作簿打开的先后顺序列出了所有打开的工作簿文件名，当前工作簿的文件名前有一个复选标记。在该下拉列表中选择需要切换到的工作簿名称，即可快速切换显示该工作簿窗口。

2.5.2 重排窗口

通过设置，Excel 2013 可以同时显示多个工作簿窗口，这样在进行编辑工作时可以避免窗口之间的重复切换，从而提高工作效率。

单击“视图”选项卡“窗口”组中的“全部重排”按钮，在打开的“重排窗口”对话框中进行设置，可以将当前打开的多个工作簿以平铺、水平并排、垂直并排、层叠 4 种方式进行排列。

2.5.3 并排查看

在 Excel 2013 中，还有一种排列窗口的特殊方式，即并排查看。在并排查看状态下，当滚动显示一个工作簿中的内容时，并排查看的其他工作簿也将随之进行滚动，方便同步查看。例如，要并排查看“工资表”和“工资发放明细”工作簿中的内容，具体操作方法如下。

光盘同步文件

原始文件：光盘 \ 原始文件 \ 第 2 章 \ 工资表 .xlsx、工资发放明细 .xlsx
结果文件：无
教学视频：光盘 \ 教学视频文件 \ 第 2 章 \2-5-3.mp4

步骤 01 打开“光盘 \ 素材文件 \ 第 2 章 \ 工资表 .xlsx”和“光盘 \ 素材文件 \ 第 2 章 \ 工资发放明细 .xlsx”文件，单击“视图”选项卡“窗口”组中的“并排查看”按钮，如左上图所示。

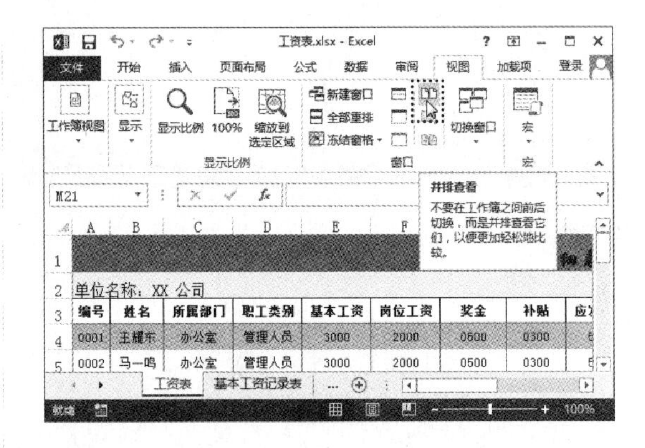

步骤 02 ❶打开“并排比较”对话框，在其中选择要进行并排比较的工作簿；❷单击“确定”按钮，即可在计算机屏幕上并排显示选择的两个工作簿，滚动其中一个工作簿中的内容时，另一个工作簿中的内容跟随滚动，效果如下图所示。

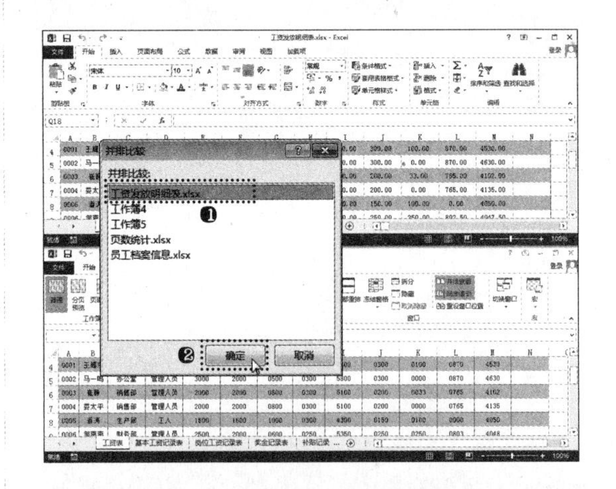

高手指引——退出并排比较窗口方式

当打开了两个或两个以上工作簿窗口时，“视图”选项卡“窗口”组中的“并排查看”按钮为可使用状态。如果要退出并排比较窗口方式，再次单击“并排查看”按钮即可。

2.5.4 新建窗口

用户在制作工作表时，有时需要在工作簿的不同

部位进行操作。如果用滚动显示工作表数据或定位的办法比较麻烦，则可以用新建窗口的方法来实现。

打开需要显示的工作簿，单击“视图”选项卡“窗口”组中的“新建窗口”按钮，可以在新建并打开的窗口中显示当前工作簿内容，并以当前工作簿名称的递增名称命名。用户可以通过窗口的切换和滚动功能，使不同的窗口显示同一个文档的不同部分。此时，Excel 并未将工作簿复制成多份，只是显示同一个工作簿的不同部分，用户在其中一个工作簿窗口中对工作簿进行的编辑会同时反映到其他工作簿窗口中。

2.5.5 拆分窗口

在 Excel 中可以使用拆分窗口的方法将工作表拆分为多个窗口，每个窗口中都可进行单独的操作，这样有利于在数据量比较大的工作表中查看数据的前后对照关系。例如，“员工档案信息”工作簿中的内容横向显示太多，需要将其拆分为 4 个窗口，具体操作步骤如下。

光盘同步文件
原始文件：光盘 \ 原始文件 \ 第 2 章 \ 员工档案信息 .xlsx
结果文件：无
教学视频：光盘 \ 教学视频文件 \ 第 2 章 \2-5-5.mp4

步骤 01 打开“光盘 \ 素材文件 \ 第 2 章 \ 员工档案信息 .xlsx”文件。❶选择作为窗口拆分中心的 C4 单元格；❷单击“视图”选项卡，在“窗口”组中单击“拆分”按钮，如下图所示。

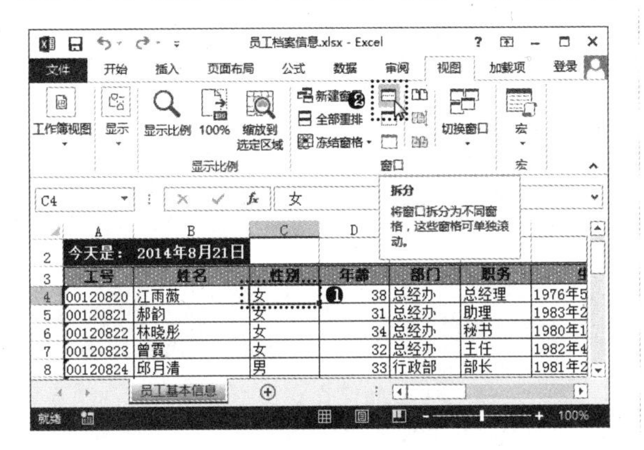

步骤 02 经过上一步操作，系统自动以 C4 单元格为中心，将“员工基本信息”工作表拆分为 4 个窗口，如下图所示，拖曳水平滚动条或垂直滚动条即可对比查看工作表中的数据。

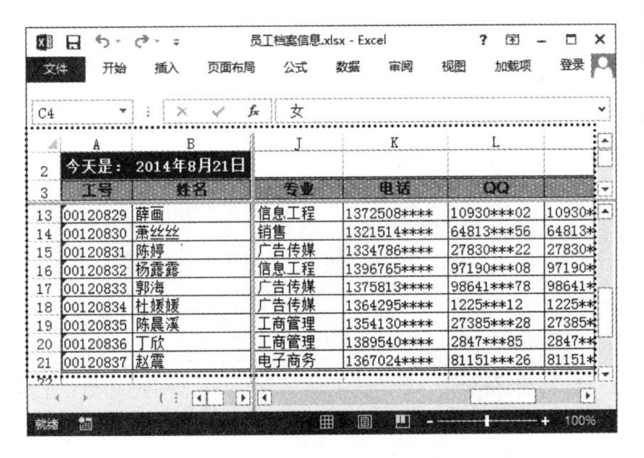

高手指引——操作拆分窗口

将鼠标光标定位在拆分标志横线上，当其变为÷形状时，按住鼠标左键不放进行拖曳可以调整窗口高度；将鼠标光标定位在拆分标志竖线上，当其变为形状时，按住鼠标左键不放进行拖曳可以调整窗口宽度。要取消当前窗口的拆分方式，可再次单击“拆分”按钮。

2.5.6 冻结窗格

在数据量比较大的工作表中，可以使用拆分工作表的方法来查看数据，但使用这种方法不能查看表头与数据之间的对应关系，此时可以通过冻结工作表功能来冻结需要固定的表头，方便用户在不移动表头所在行或列的情况下，随时查看工作表中距离表头较远的数据。

例如，要将“员工档案信息”工作簿中的前两行和左侧两列数据进行冻结，首先需要按照上一节中讲解的方法对工作表前两行进行拆分，然后将拆分后的窗口冻结，冻结部分的具体操作步骤如下。

光盘同步文件
原始文件：光盘 \ 原始文件 \ 第 2 章 \ 员工档案信息 .xlsx
结果文件：光盘 \ 结果文件 \ 第 2 章 \ 员工档案信息 .xlsx
教学视频：光盘 \ 教学视频文件 \ 第 2 章 \2-5-6.mp4

步骤 01 接着上一节的案例进行制作。❶单击“视图”选项卡“窗口”组中的“冻结窗格”按钮；❷在弹出的菜单中选择“冻结拆分窗格”命令，如下图所示。

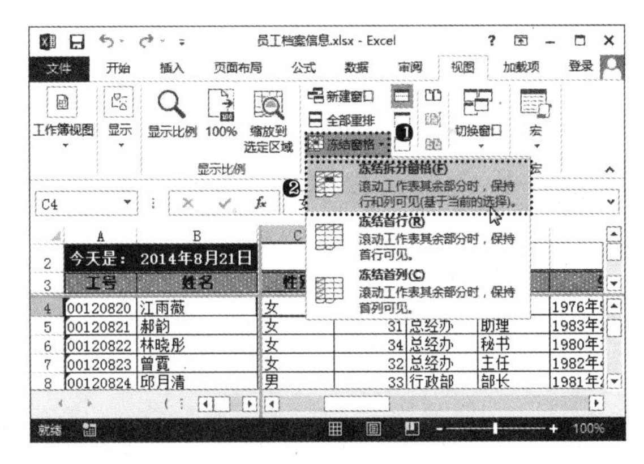

步骤 02 经过上一步操作，系统自动将拆分工作表的表头部分和左侧两列单元格冻结，拖曳垂直滚动条和水平滚动条查看工作表中的数据，如下图所示。

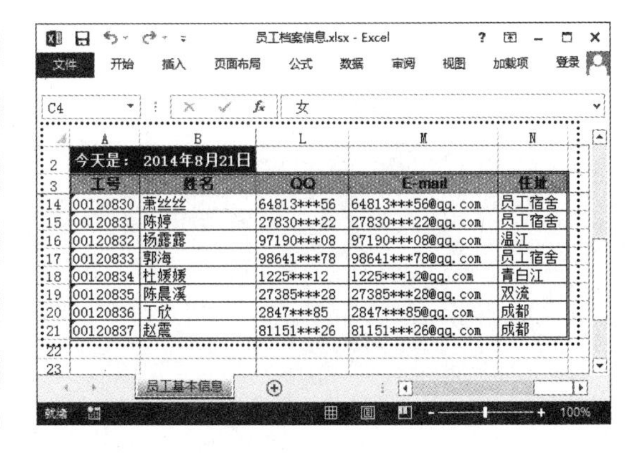

实用技巧——技能提高

在实际操作 Excel 2013 时，可能会遇到与工作簿、工作表和单元格相关的一些“棘手”问题，如在打开工作簿时，系统提示已经受损了无法打开，该怎么办呢；又如有些工作表标签的颜色为什么那么个性……下面结合本章内容，为初学者介绍一些实用的工作簿、工作表和单元格技巧。

光盘同步文件
原始文件：光盘 \ 素材文件 \ 第 2 章 \ 技能提高 \
结果文件：光盘 \ 结果文件 \ 第 2 章 \ 技能提高 \
教学视频：光盘 \ 教学视频文件 \ 第 2 章 \ 技能提高 .mp4

技巧 2-1 修复受损工作簿

在处理 Excel 文件时大家都可能会遇到 Excel 文件受损的问题，即在打开一个以前编辑好的 Excel 工作簿时，却发现 Excel 文件已经损坏，不能正常打开，或出现内容混乱，无法进行编辑、打印等相关操作。

以下收集整理了一些常用的修复受损 Excel 文档的方法和技巧，希望对大家有所帮助。

1. 直接修复 Excel 2013 文件：在文件菜单中选择“打开”命令，在打开的“打开”对话框的“查找范围”列表框中定位并打开包含受损文档的文件夹，选择要修复的 Excel 文件。单击“打开”按钮右侧的下拉按钮，然后在弹出的下拉列表中选择“打开并修复”选项。

2. 自动修复为较早的 Excel 版本文件：当 Excel 程序运行出现故障关闭程序或因断电导致没来得及保存 Excel 工作簿时，则最后保存的版本可能不会被损坏。当然，该版本不包括最后一次保存后对文档所做的更改。首先关闭打开的工作簿，当系统询问是否保存更改时，单击“否”按钮。重新运行 Excel，它会自动打开“文档恢复”任务窗口，并在其中列出已自动恢复的所有文件。选择要保留的文件，并单击指定文件名旁的下拉按钮，根据需要在弹出的下拉列表中选择“打开”、“另存为”或“显示修复”选项即可。

3. 转换为 SYLK 格式修复：如果能够打开 Excel 文件，只是不能进行各种编辑和打印操作，建议通过另存为的方式将工作簿转换为 SYLK（符号连接）(*.slk) 格式，然后关闭目前开启的文件，打开另存为的 SYLK 版本文件，筛选出文档的损坏部分，再保存数据。

高手指引——使用第三方软件修复工作簿
受损的工作簿还可以通过第三方软件进行恢复，例如，ExcelRecovery 就提供了磁盘修复、数据修复、邮件修复等功能，还提供了文件修复功能。安装该软件后，可以使用“ExcelRepair”自动修复向导修复 Excel 文件。但是，这种方法只能修复普通文件，不能修复带 Visual Basic 代码、图表，以及包含口令的 Excel 文件。

技巧 2-2 设置定时自动保存工作簿

在使用 Excel 2013 的过程中，有时难免会遇到突然断电或死机等情况而导致程序关闭。为了减少数据的丢失，Excel 2013 提供了自动保存功能。使用该功能可以让 Excel 2013 在间隔设定的时间后自动保存工作簿。Excel 默认的自动保存时间是 10 分钟，如果需要调整自动保存的时间间隔，具体操作方法如下。

❶打开“Excel 选项”对话框，单击“保存”选项卡；❷在右侧的“保存自动恢复信息时间间隔”文本框中输入需要设置的时间间隔；❸单击“确定”按钮，如下图所示。

技巧 2-3 自定义工作簿的保存位置

Excel 的默认文件保存路径是“我的文档”文件夹。当在 Excel 中对工作簿进行保存时，都会打开“另存为”对话框，而该对话框中默认的保存位置就是 Excel 的默认文件保存路径。如果用户经常需要将文件保存到指定的文件夹，此时即可修改 Office 文件默认的保存路径为自己所需的路径，具体操作方法如下。

❶打开“Excel 选项”对话框，单击“保存”选项卡；❷在“默认本地文件位置”文本框中输入需要的路径；❸单击“确定”按钮，如下页左上图所示。

高手指引——自定义保存文件的格式
Excel 2013 中默认保存的文件均为 .xlsx 格式，虽然在“另存为”对话框的“保存类型”下拉列表中可以更改保存工作簿的类型，但若需要经常保存为其他格式的文件，则可以在“Excel 选项”对话框中单击“保存”选项卡，然后在右侧“保存工作簿”栏的“将文件保存为此格式”下拉列表中选择需要保存的格式。

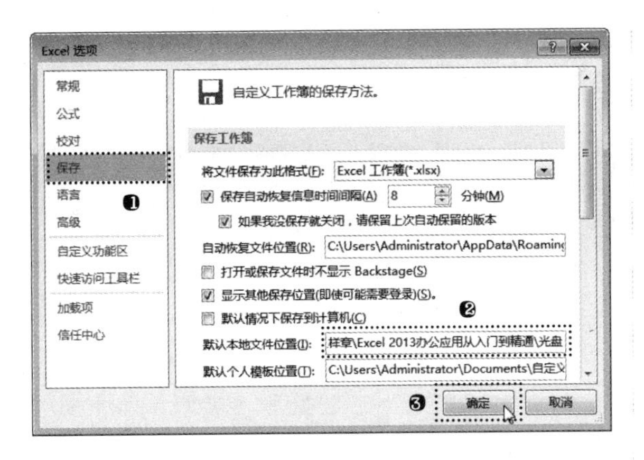

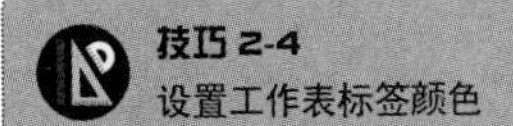

技巧 2-4
设置工作表标签颜色

在 Excel 2013 中，除了可以用重命名的方式来区分同一个工作簿中的工作表外，还可以通过设置工作表标签颜色来区分。为工作表标签设置颜色的具体操作方法如下。

❶ 在需要设置颜色的工作表标签上单击鼠标右键；❷ 在弹出的快捷菜单中选择“工作表标签颜色”命令；❸ 在弹出的下级子菜单中选择需要的颜色，即可让工作表标签的颜色立刻变成设置的颜色，如下图所示。

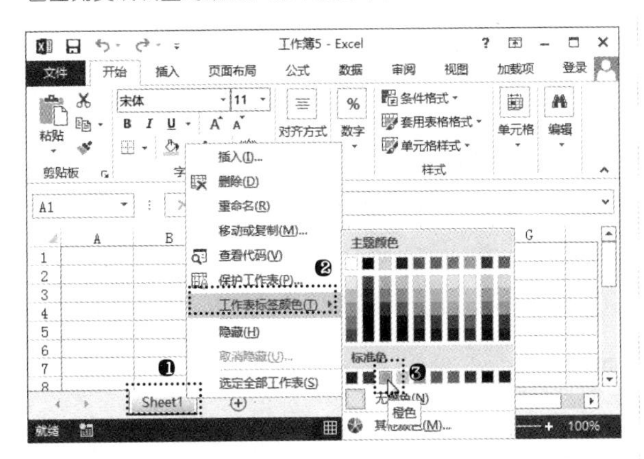

高手指引——设置工作表标签颜色的其他方法

在“开始”选项卡的“单元格”组中单击“格式”按钮，在弹出菜单的“组织工作表”栏中选择“工作表标签颜色”命令，在弹出的颜色列表中进行选择，也可以设置工作表标签的颜色。如果选择“不保存”，将不保存文档直接关闭程序。

技巧 2-5
快速统一各列的宽度

在编辑表格的过程中，用户经常会为了让单元格中的内容显示完整，随意拖曳鼠标调整单元格的列宽，最终又导致各列宽度差异很大，表格的整体效果欠佳。在调整表格各列宽度时，若要将各列的宽度快速调整一致，如果逐列调整就会耽误太多时间，此时可以通过快捷方法进行调整，具体操作方法如下。

步骤 01 打开“光盘\素材文件\第 2 章\技能提高\每日订购统计 .xlsx”文件。❶ 选择需要调整列宽的多列单元格；❷ 拖曳鼠标调整一列列号的边线到合适列宽，如下图所示。

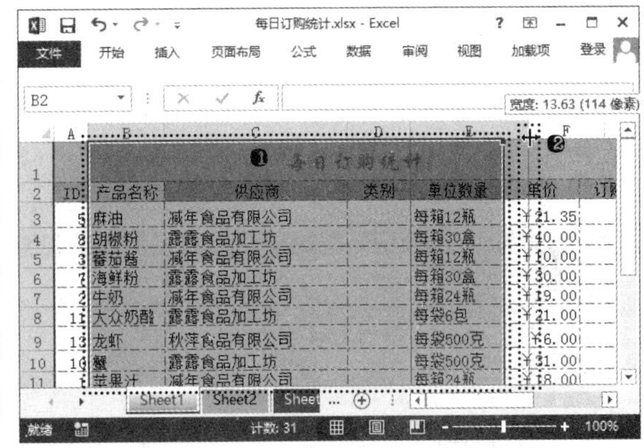

步骤 02 经过上一步操作，即可同时调整所选各列单元格的宽度为相同尺寸，效果如下图所示。

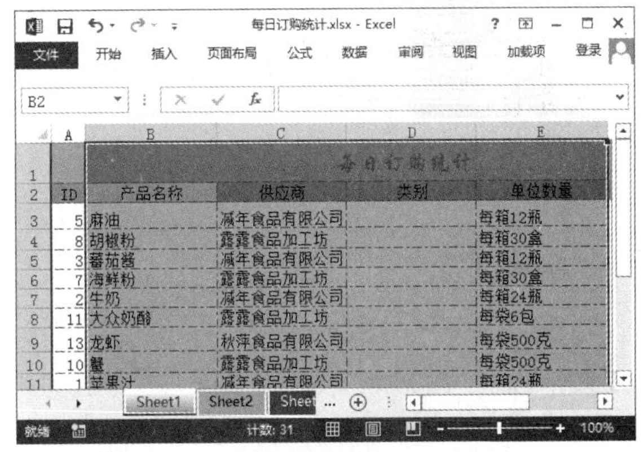

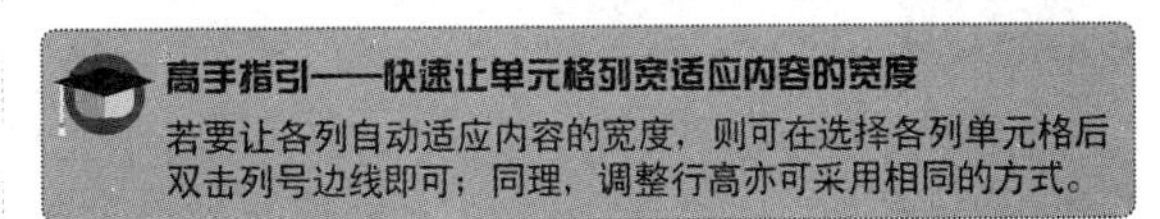

高手指引——快速让单元格列宽适应内容的宽度

若要让各列自动适应内容的宽度，则可在选择各列单元格后双击列号边线即可；同理，调整行高亦可采用相同的方式。

实战训练 2——新建“学生成绩档案”工作簿

在 Excel 中，工作簿、工作表和单元格的操作属于基本操作，只有尽早融会贯通所有操作的技巧，才能在以后使用 Excel 进行的工作中得心应手。现结合工作簿、工作表和单元格的相关操作技能综合制作“学生成绩档案”工作簿。

光盘同步文件
原始文件：光盘\原始文件\第 2 章\学生成绩报告单 .xlsx
结果文件：光盘\结果文件\第 2 章\学生成绩档案 .xlsx
教学视频：光盘\教学视频文件\第 2 章\实战训练 .mp4

步骤01 打开"光盘\素材文件\第 2 章\学生成绩报告单 .xlsx"文件。❶在"成绩报告单"工作表标签上单击右键；❷在弹出的快捷菜单中选择"移动或复制"命令，如下图所示。

步骤02 ❶打开"移动或复制工作表"对话框，在"将选定工作表移至工作簿"下拉列表中选择"新工作簿"选项；❷选中"建立副本"复选框；❸单击"确定"按钮，如下图所示。

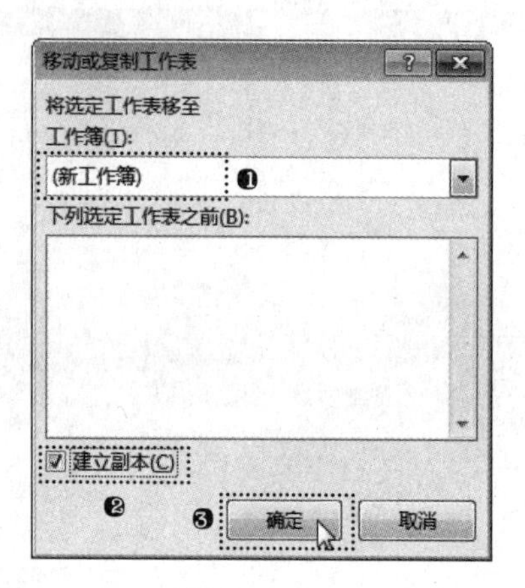

步骤03 ❶单击"文件"按钮，在弹出的菜单中选择"另存为"命令；❷在中间部分双击"计算机"选项，如下图所示。

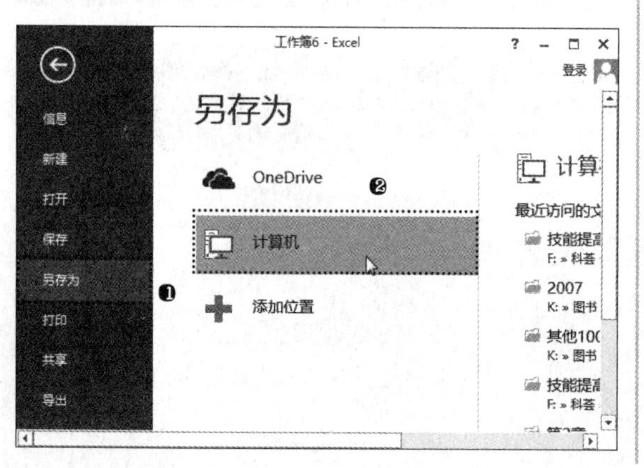

步骤04 打开"另存为"对话框，在上方的下拉列表中选择文件要保存的位置；❶在"文件名"下拉列表中输入工作簿的名称；❷单击"保存"按钮，如下图所示。

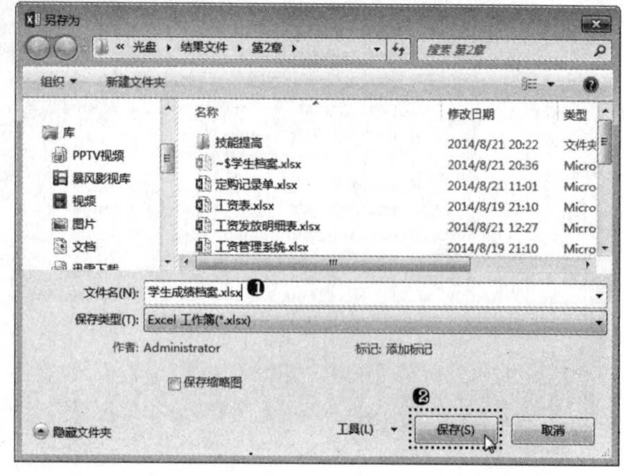

步骤05 ❶全选所有单元格；❷单击"开始"选项卡"单元格"组中的"格式"按钮；❸在弹出的菜单中选择"行高"命令；❹在打开对话框的文本框中输入行高值；❺单击"确定"按钮，如下图所示。

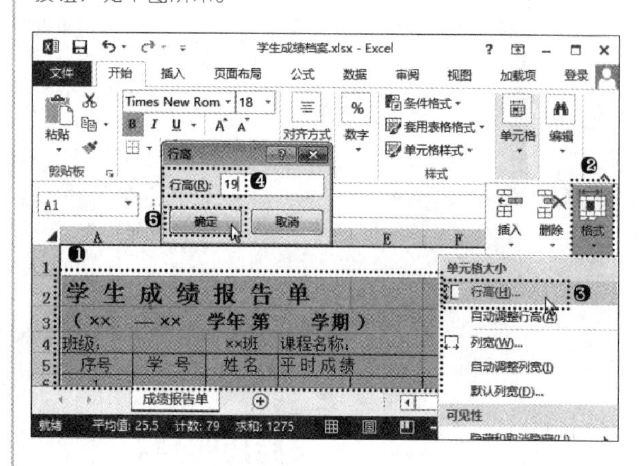

步骤06 将鼠标光标移至第一列与第二列列号之间的分隔线处，当鼠标光标变为双向箭头形状时向左拖曳，调整第一列单元格的列宽，如下图所示。

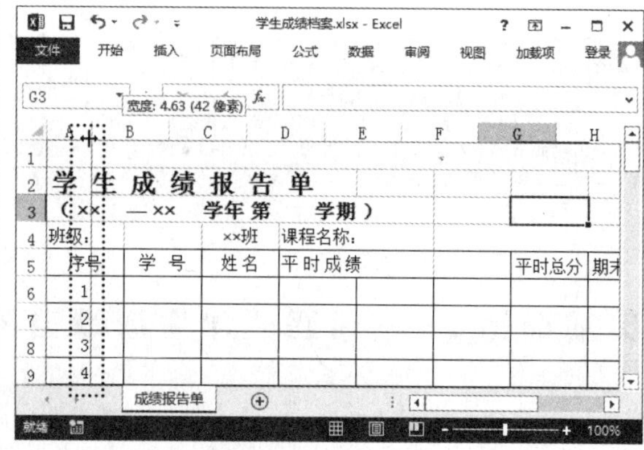

步骤 07 ❶向右拖曳鼠标光标调整第二列的列宽；❷选择 D、E、F 列单元格；❸向左拖曳鼠标光标调整这 3 列的列宽，如下图所示。

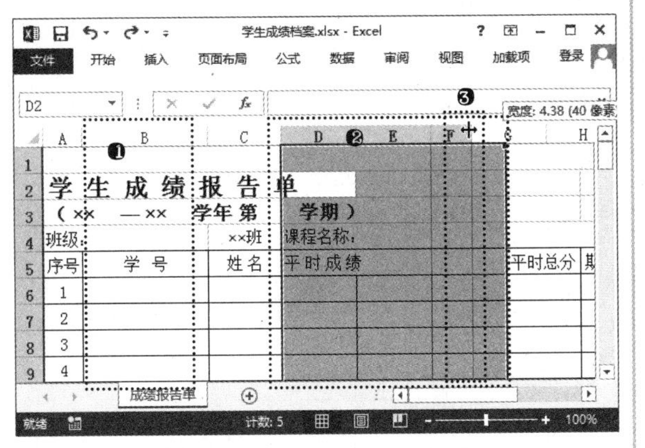

步骤 08 ❶选择 A2:J3 单元格区域；❷单击“开始”选项卡“对齐方式”组中的“合并后居中”按钮；❸在弹出的下拉列表中选择“跨越合并”选项，如下图所示。

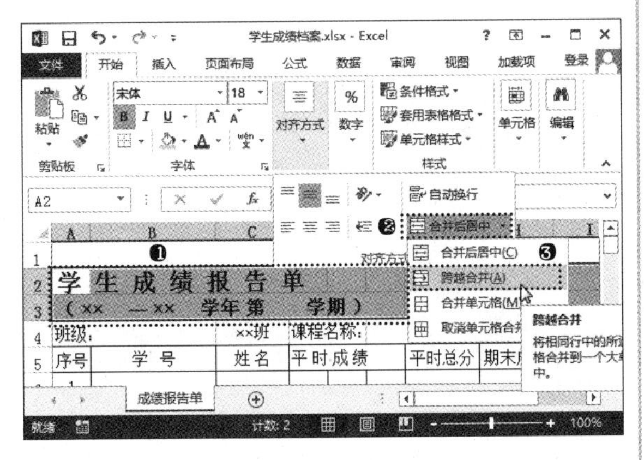

步骤 09 ❶选择 A4:B4 单元格区域；❷单击“开始”选项卡“对齐方式”组中的“合并后居中”按钮，如下图所示。

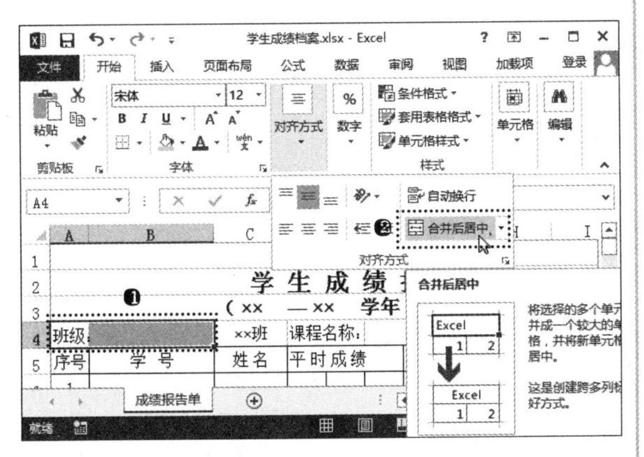

步骤 10 使用与上一步相同的方法，分别合并 I4:J4、D5:F5、D57:F57、D58:F58、A60:B60、I60:J60 单元格区域，如下图所示。

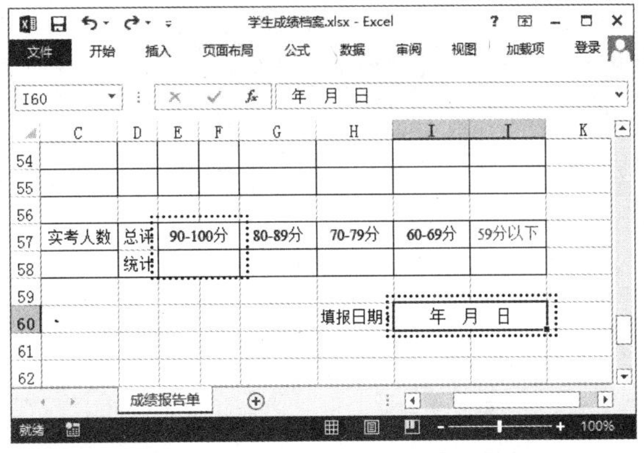

步骤 11 ❶选择 A62:J62 单元格区域；❷单击“开始”选项卡“对齐方式”组中的“合并后居中”按钮；❸在弹出的下拉列表中选择“合并单元格”选项，如下图所示。

步骤 12 ❶双击需要重命名的“成绩报告单”工作表标签，使其名称变成可编辑状态；❷输入新名称“第 1 学期成绩表”，按【Enter】键，如下图所示。

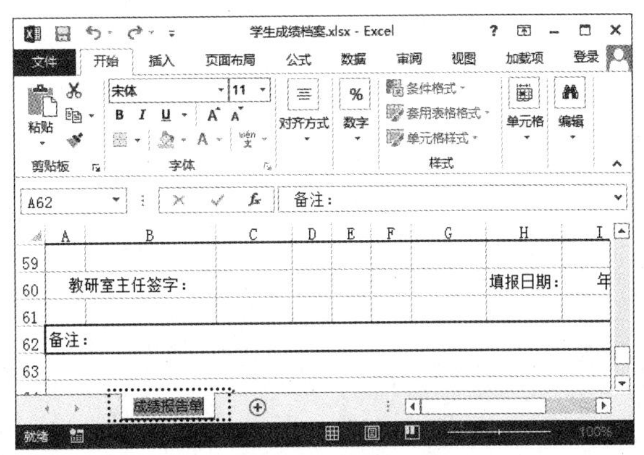

步骤13 ❶选择“第1学期成绩表”工作表；❷按住【Ctrl】键的同时拖曳鼠标光标到该工作表的右侧，如下图所示。

步骤14 ❶使用上一步相同的方法继续复制4张工作表，依次重命名为“第2学期成绩表”、“第3学期成绩表”、“第4学期成绩表”、“第5学期成绩表”和“第6学期成绩表”；❷单击窗口右上方的“关闭”按钮；❸打开提示对话框，单击“保存”按钮，如下图所示。

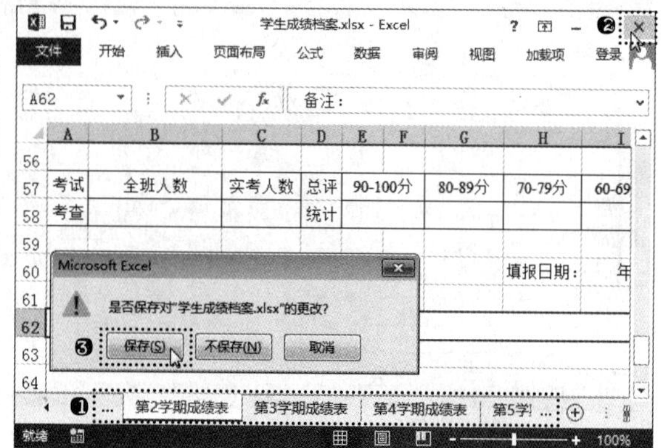

本章小结

本章结合实例主要讲述了 Excel 中三个基本元素的应用方法，首先让初学 Excel 的读者正确掌握使用工作簿的几个操作；然后给读者介绍了工作表的基本操作；接着讲解了单元格的基本操作；再介绍了常用保护数据的方法；最后讲解了工作簿窗口的常用操作。通过本章的学习，让读者系统而全面地了解工作簿、工作表和单元格的操作技巧。

阅读笔记

第 3 章

数据的输入与编辑

本章导读

在 Excel 中，数据是用户保存的重要信息，同时也是体现表格内容的基本元素。用户在编辑 Excel 电子表格时，首先需要录入表格内容。对于表格中已经存在的数据，用户可以根据需要对其进行编辑，包括复制、移动、删除、查找与替换等。本章将主要针对数据的输入、填充和编辑进行讲解。

知识要点

- ◆ 输入内容
- ◆ 自定义填充序列
- ◆ 复制和粘贴数据
- ◆ 快速填充有序列的数据
- ◆ 移动数据
- ◆ 查找和替换数据

案例展示

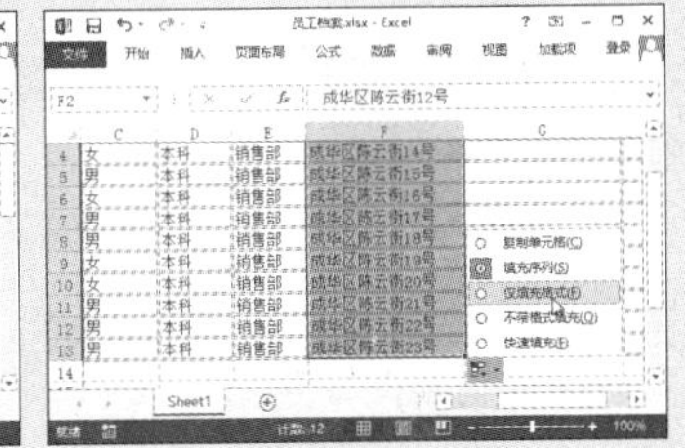

基础入门——必知必会

3.1 输入内容

用户在创建工作表之后，即可在表格中输入数据了。在 Excel 表格中，常见的数据类型包括文本、数字，以及日期和时间等，当然，还可以在表格中输入一些特殊的符号和特殊的数据内容，如以 0 开头的数据或负数等。

3.1.1 输入常用数据

在 Excel 表格中，数据一般又分为文本数据和数字数据。输入数据的方法有多种，通常情况下，用户可以直接在单元格中输入数据，还可以在编辑栏中输入数据，具体操作方法如下。

光盘同步文件
教学视频：光盘 \ 教学视频文件 \ 第 3 章 \3-1-1.mp4

步骤 01 新建一个空白工作簿，❶选择 A1 单元格，输入需要的文本数据"服务日期"；❷按【Enter】换行，如下图所示。

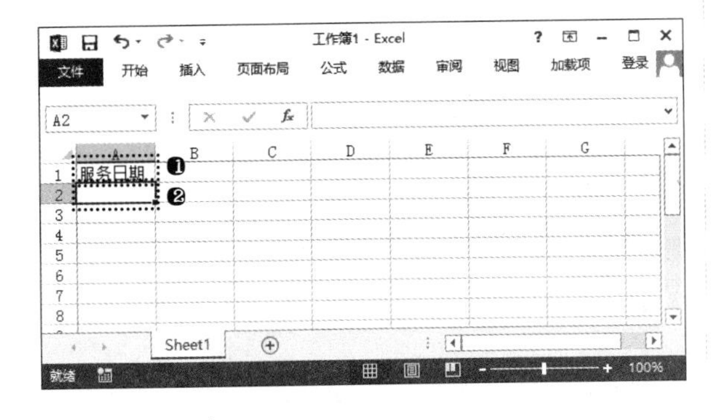

步骤 02 ❶使用相同的方法在其他单元格中输入表头内容，并调整相应列的列宽；❷选择 A2 单元格；❸在编辑栏中输入日期数据"2014-3-18"；❹单击编辑栏中的"输入"按钮✔，如下图所示。

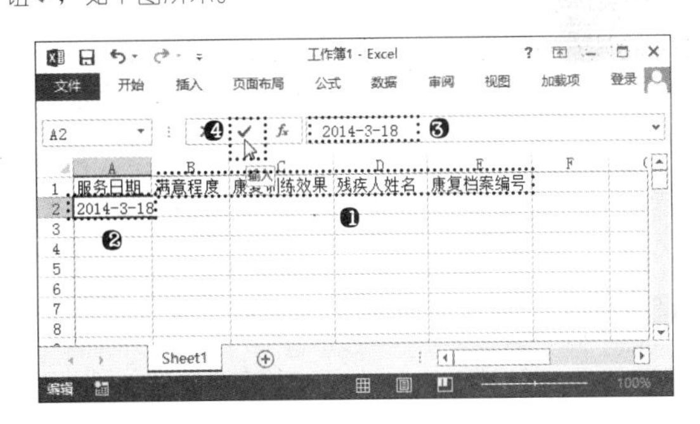

步骤 03 经过上一步操作，可看到单元格中显示的日期数据与输入的形式有所不同。❶选择 B2 单元格；❷在编辑栏中输入数字数据"86"；❸单击编辑栏中的"输入"按钮✔，如下图所示。

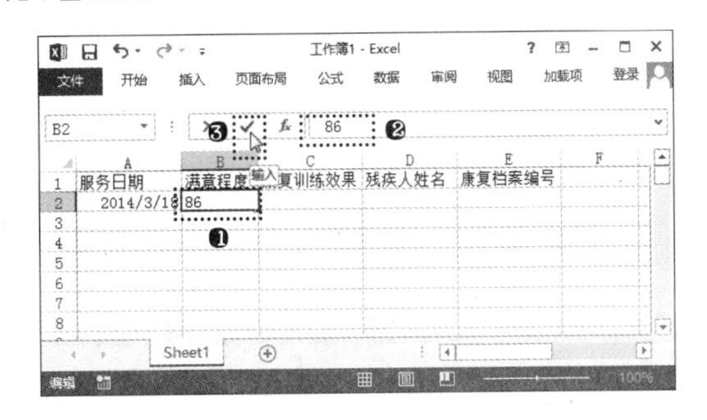

步骤 04 使用相同的方法在其他单元格中输入相应的数据，完成后的效果如下图所示。

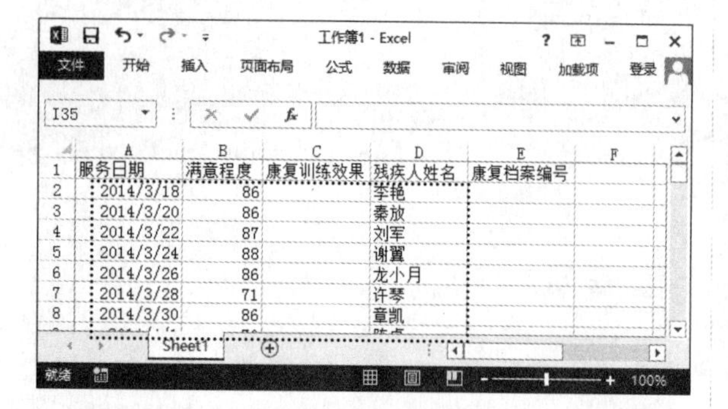

高手指引——单元格的不同选择方式

在单元格中输入数据后，按【Tab】键将结束数据的输入并选择单元格右侧的单元格；若按快捷键【Ctrl+Enter】将结束数据的输入并继续选择输入数据的单元格。

3.1.2 输入特殊数据

在制作某些表格时，还需要输入一些特殊的数据，如特殊的符号和特殊的文本。下面将分别讲解相应的输入方法。

光盘同步文件

原始文件：光盘\原始文件\第 3 章\康复训练服务登记表.xlsx
结果文件：光盘\结果文件\第 3 章\康复训练服务登记表.xlsx
教学视频：光盘\教学视频文件\第 3 章\3-1-2.mp4

1. 插入特殊符号

在制作表格时如果需要插入 #、* 和★等特殊符号，有些符号可以通过键盘输入，有些却无法在键盘上找到与之匹配的按键，此时可通过插入符号的方式进行输入。例如，要在“康复训练服务登记表”工作簿的“康复训练效果”列中插入相应的特殊符号表示级别时，具体操作方法如下。

步骤 01 打开“光盘\素材文件\第 3 章\康复训练服务登记表.xlsx”文件。❶选择 C2 单元格；❷单击“插入”选项卡“符号”组中的“符号”按钮 Ω，如下图所示。

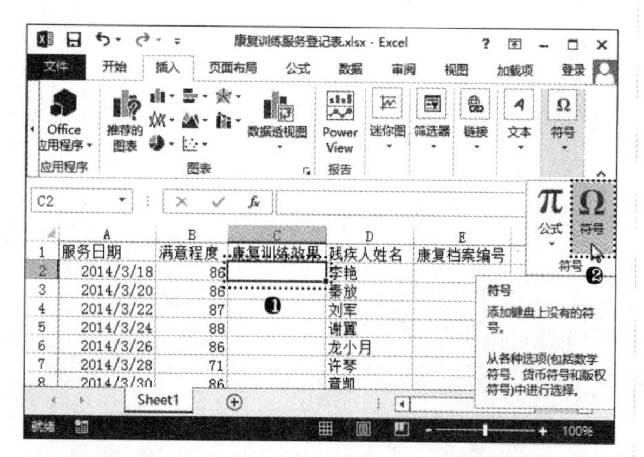

步骤 02 打开“符号”对话框。❶在“字体”下拉列表中选择“Wingdings”选项；❷在列表框中选择需要的符号；❸单击“插入”按钮，如下图所示。

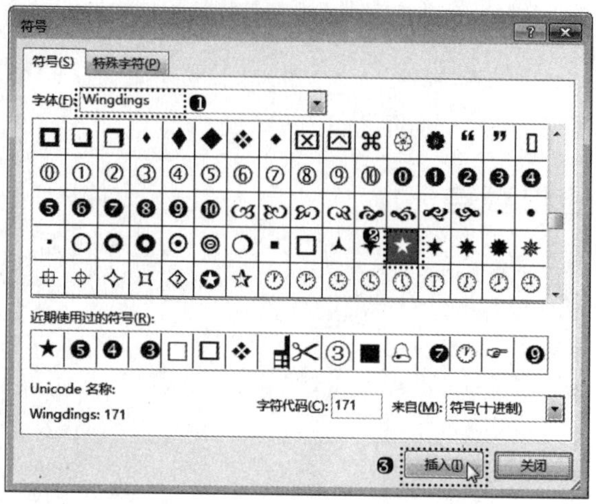

步骤 03 继续单击“插入”按钮，在该单元格中插入多个符号。使用相同的方法在其他单元格中插入该符号，完成后的效果如下图所示。

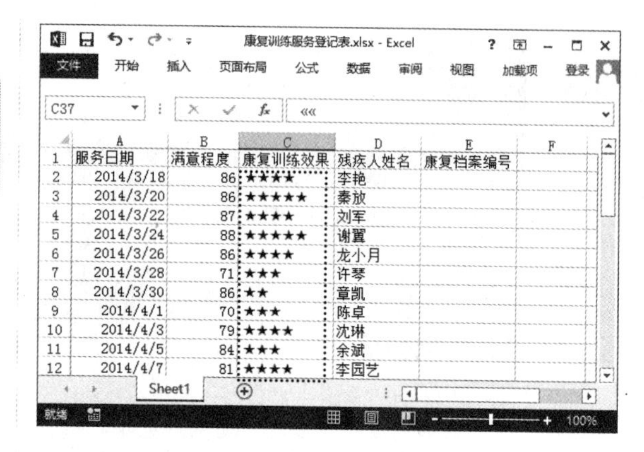

2. 输入特殊文本

用户在编辑工作表的时候，有可能需要输入特殊的数据，如果按照数据的一般方法输入，可能会得不到需要的效果。如在单元格中输入以 0 开头的数据时，Excel 会自动取消数据前面的“0”；在输入 11 位以上的数字（如身份证号码）时，Excel 会自动将其辨别为科学计数法，单元格中的数字将显示为如“1.23457E+16”的格式。

为解决这个问题，可以在输入前添加一个半角引号“ ' ”，让 Excel 将其理解为文本格式的数据。例如，要在“康复训练服务登记表”工作簿中输入以 0 开头的员工编号，具体方法如下。

步骤 01 ❶选择 E2 单元格；❷在编辑栏中输入数据“'0001”数据；❸单击编辑栏中的“输入”按钮✔，如下页左上图所示。

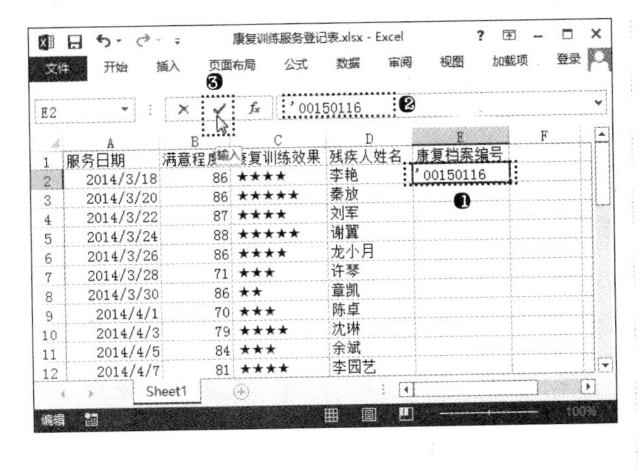

步骤 02 经过上一步操作，可看到单元格中显示的正是由 0 开始的数据。采用相同方法输入其他康复档案编号数据，完成后的效果如下图所示。

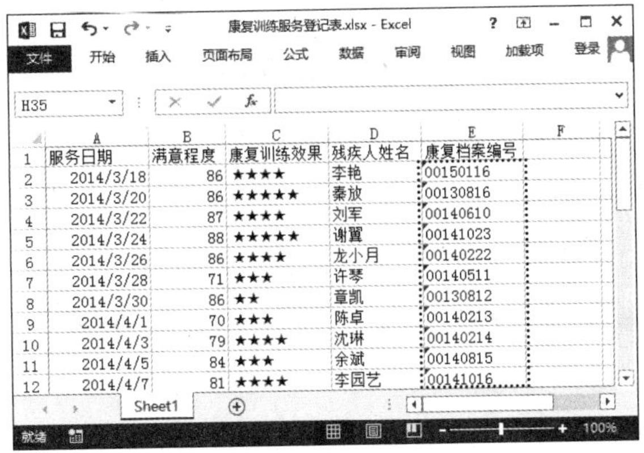

3.2 快速填充数据

在制作表格的过程中，有些连续的数据可能相同或具有一定的规律性。如果手动逐个输入，不仅浪费时间，而且在输入大量的数据时容易出错。使用 Excel 中提供的快速填充数据功能可轻松输入相同或有规律的数据，并在一定程度上缩短了工作时间，有效地提高工作效率。

Excel 2013 提供了两种快速填充数据的方法：一种是使用功能区的“填充”命令进行填充；另一种是通过拖曳控制柄自动填充。此外，为了让填充的数据符合需要，有时应按需自定义填充序列。

3.2.1 使用“填充”命令填充

Excel 2013 在“开始”选项卡的“编辑”组中提供了“填充”按钮，该按钮集成了“向下”、“向右”、“向上”、“向左”、“系列”、“两端对齐”和“快速填充”命令，用于在指定单元格中填充相同或有规律的数据。下面将通过使用“填充”命令填充数据，具体操作方法如下。

步骤 01 新建一个空白工作簿。❶在 A2 单元格中输入需要的文本内容；❷选择 A 列中以 A2 单元格开始的部分连续单元格区域；❸单击“开始”选项卡“编辑”组中的“填充”按钮；❹在弹出的菜单中选择“向下”命令，如下图所示。

步骤 02 经过上一步操作，即可在所选单元格区域中填充相同的文本。❶在 B1 单元格中输入需要的数字；❷选择第一行中以 B1 单元格开始的部分连续单元格区域；❸单击“开始”选项卡“编辑”组中的“填充”按钮；❹在弹出的菜单中选择“序列”命令，如下图所示。

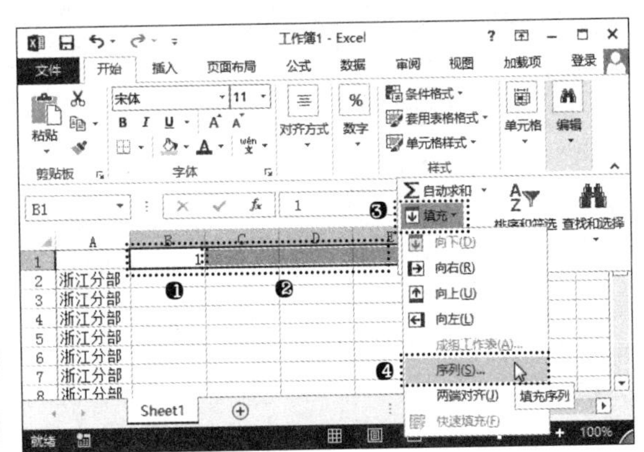

步骤 03 打开“序列”对话框。❶在“类型”栏中选中“等差序列”单选按钮；❷在“步长值”文本框中输入 1；❸在“终止值”文本框中输入 12；❹单击“确定”按钮，即可在所选单元格区域中填充步长为 1，终止值为 12 的等差序列，效果如下页左上图所示。

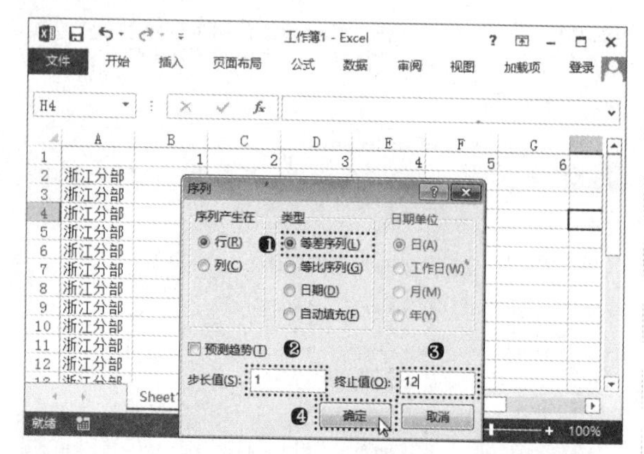

高手指引——填充的对象

在单元格中可以对数字、文本、日期、时间，以及同时带有文本和数字的数据等内容进行快速填充，使用快速填充方法能够大大提高输入数据的效率。

3.2.2 使用拖曳法填充

在 Excel 工作表中，用户还可以通过拖曳控制柄来自动填充相同或有规律的数据。该方法是最方便，也是最快捷的数据填充方法，而且还可以选择只填充格式。

在选择单个单元格或多个连续的单元格后，所选对象四周会出现一个黑色边框的选区，该选区的右下角会出现一个控制柄，鼠标光标移至其上时会变为+形状。我们既可以通过鼠标左键拖曳控制柄填充，也可以通过鼠标右键拖曳控制柄填充，具体操作方法如下。

光盘同步文件

原始文件：光盘 \ 原始文件 \ 第 3 章 \ 员工档案 .xlsx
结果文件：光盘 \ 结果文件 \ 第 3 章 \ 员工档案 .xlsx
教学视频：光盘 \ 教学视频文件 \ 第 3 章 \3-2-2.mp4

步骤 01 打开“光盘 \ 素材文件 \ 第 3 章 \ 员工档案 .xlsx ”文件。❶选择 A2 单元格；❷将鼠标光标移动到该单元格的右下角，当其变为+形状时，按住鼠标左键并拖曳控制柄到 A13 单元格，如下图所示。

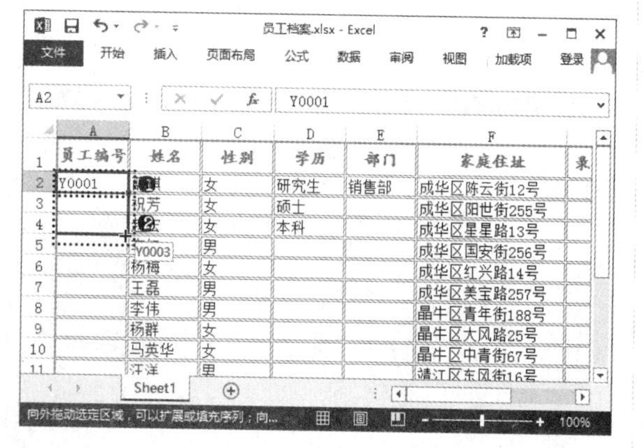

步骤 02 释放鼠标左键即可为 A3:A13 单元格区域填充相同的数据。❶单击单元格区域右下角出现的“自动填充选项”按钮；❷在弹出的下拉列表中选中“填充序列”单选按钮，即可让单元格区域中的填充数据变为等差序列，如下图所示。

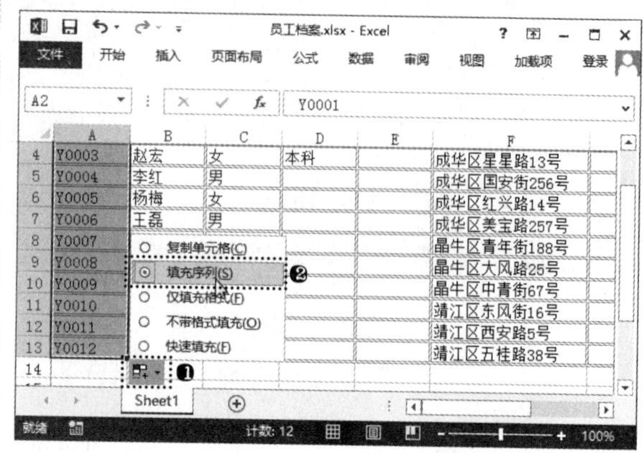

步骤 03 ❶选择 D4 单元格；❷将鼠标光标移动到该单元格的右下角，当其变为+形状时，按住鼠标左键并拖曳控制柄到 D13 单元格，如下图所示。释放鼠标左键即可为 D5:D13 单元格区域填充相同的数据。

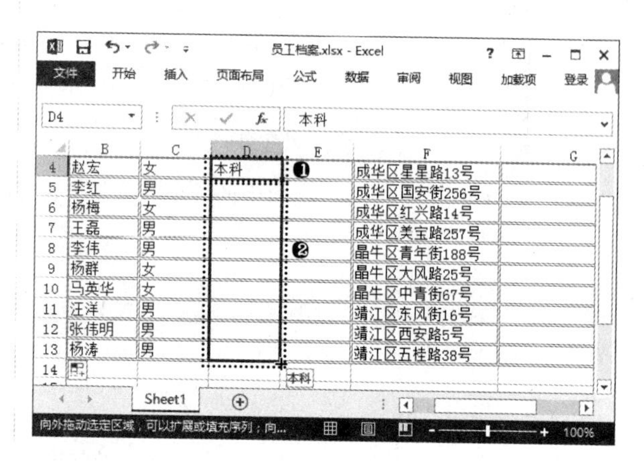

步骤 04 ❶选择 E2 单元格；❷按住鼠标右键并拖曳控制柄到 E13 单元格；❸释放鼠标右键时将弹出快捷菜单，在其中选择“复制单元格”命令，即可在 E3:E13 单元格区域填充相同的数据，如下图所示。

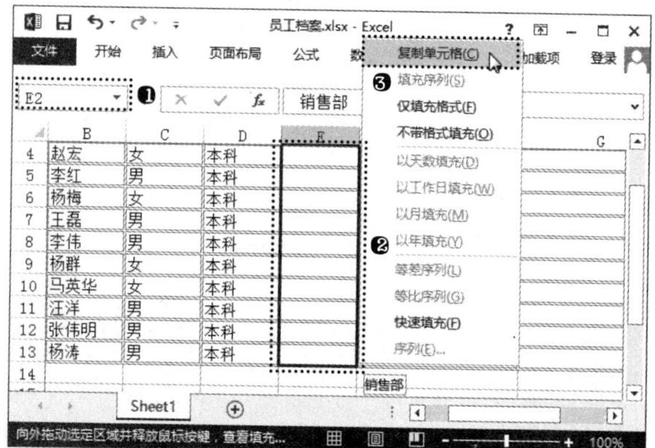

步骤 05 ❶选择 F2 单元格；❷按住鼠标左键并拖曳控制柄到 F13 单元格；❸单击单元格区域右下角出现的"自动填充选项"按钮；❹在弹出的下拉列表中选中"仅填充格式"单选按钮，即可复制 F2 单元格中的格式到 F3:F13 单元格区域中，如下图所示。

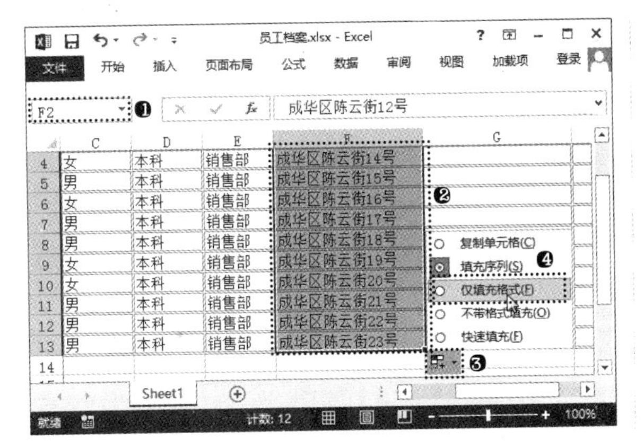

步骤 06 ❶选择 G2:G3 单元格区域；❷将鼠标光标移动到该单元格区域的右下角，如下图所示。

步骤 07 按住鼠标左键并拖曳控制柄到 G13 单元格，释放鼠标左键，即可在 G4:G13 单元格区域中填充与前两个单元格相同的等差数据，如下图所示。

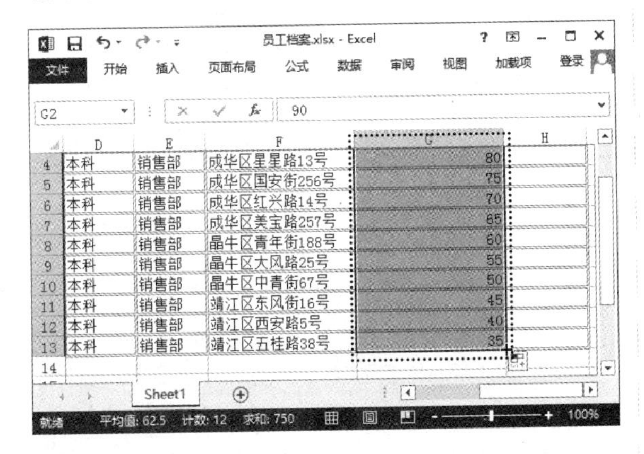

步骤 08 ❶选择 H2 单元格；❷按住鼠标右键并拖曳控制柄到 H13 单元格；❸释放鼠标右键时将弹出快捷菜单，在其中选择"以工作日填充"命令，如右上图所示。

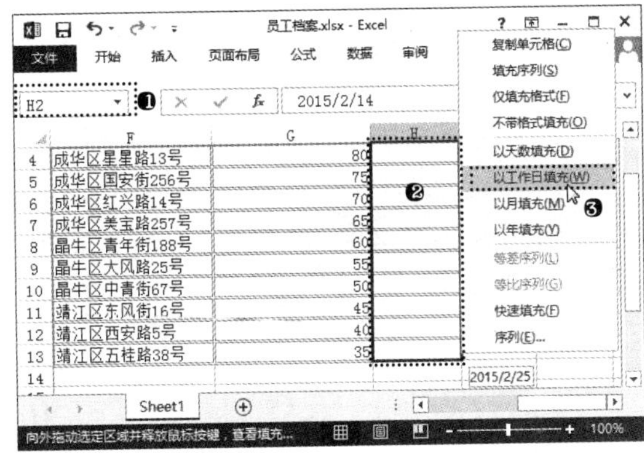

步骤 09 经过上步操作，即可在 H3:H13 单元格区域填充以 2015/2/14 开始的工作日日期数据，完成后的效果如下图所示。

3.2.3 自定义填充序列

Excel 中提供的默认序列为等差序列和等比序列，在工作表中有参照内容时，Excel 2013 还能完成更为出色的序列填充。但在填充某些特殊的序列时，用户也只能通过"序列"对话框来自定义填充序列，以帮助 Excel 2013 识别出填充数据时需要替换的数据。自定义填充序列的具体操作方法如下。

步骤 01 打开"Excel 选项"对话框。❶单击"高级"选项卡；❷在右侧的"常规"栏中单击"编辑自定义列表"按钮，如下图所示。

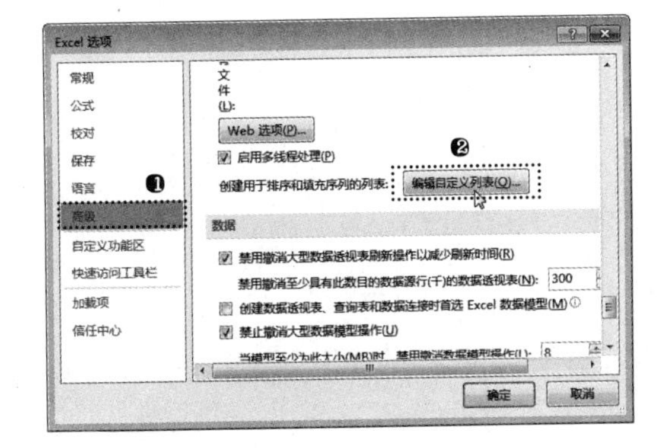

步骤02 打开“自定义序列”对话框。❶在“输入序列”列表框中输入需要定义的新序列；❷单击“添加”按钮将其添加到左侧的列表框中；❸单击“确定”按钮，如下图所示。

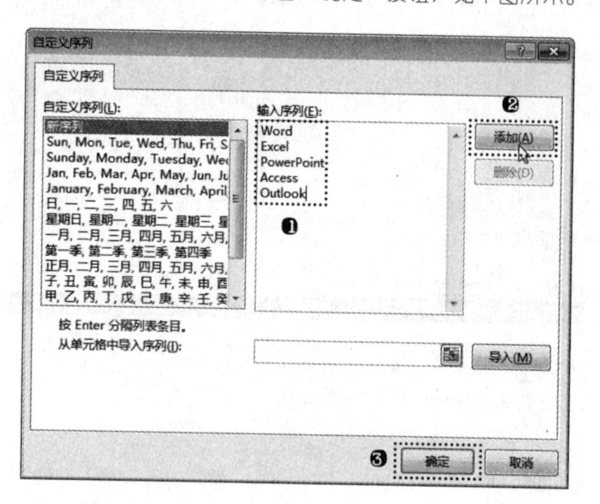

步骤03 返回“Excel 选项”对话框，单击“确定”按钮。❶新建一个空白工作簿；❷在 A1 单元格中输入“Word”，并选择该单元格；❸向下拖曳控制柄至相应单元格，即可在这些单元格区域中按照自定义的序列填充数据，完成后的效果如下图所示。

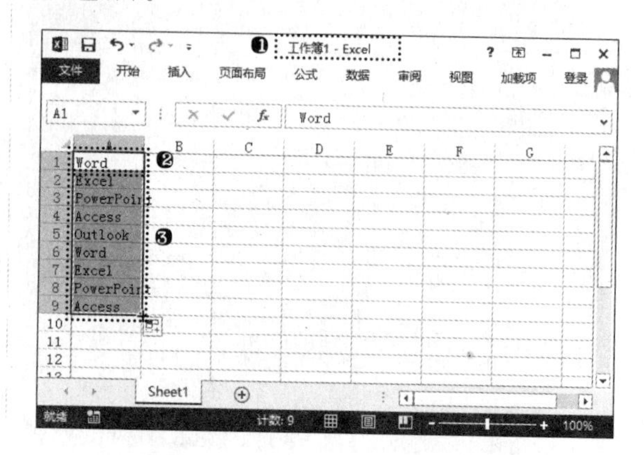

3.3 编辑数据

在表格数据输入过程中最好随时进行检查，如果发现数据输入有误，或某些内容不符合要求，可以对表格数据进行编辑。本节内容主要介绍编辑表格数据的方法，包括修改、移动、查找和替换等。

3.3.1 修改数据

表格数据在输入过程中，难免会存在输入错误的情况，尤其是在数据量比较大的表格中。此时，可通过下面两种方法修改表格中的数据。

光盘同步文件
原始文件：光盘\原始文件\第 3 章\产品清单 .xlsx
结果文件：光盘\结果文件\第 3 章\产品清单 .xlsx
教学视频：光盘\教学视频文件\第 3 章\3-3-1.mp4

1. 通过删除数据进行修改

要修改表格中的数据，可以先将单元格中原有的数据全部删除，然后再输入新的数据。删除表格数据可通过下面两种方法来实现。

(1) 按快捷键删除

选择需要清除内容的单元格区域，按【Delete】或【Backspace】键可删除数据。双击需要删除数据的单元格，将文本插入点定位到该单元格中，按【Backspace】键可以删除文本插入点之前的数据；按【Delete】键可以删除文本插入点之后的数据。这是最简单，也是最快捷的清除数据的方法。

(2) 选择菜单命令删除

选择需要清除内容的单元格或单元格区域，单击“开始”选项卡“编辑”组中的“清除”按钮，在弹出的菜单中提供了“全部清除”、“清除格式”、“清除内容”、“清除批注”和“清除超链接”5 个命令，可以根据需要选择相应的命令。

2. 直接在单元格中进行修改

在修改单元格数据时，除了可以删除单元格内的数据再重新输入新数据外，还可以直接在单元格中更改数据，具体操作方法如下。

步骤01 打开“光盘\素材文件\第 3 章\产品清单 .xlsx”文件。❶选择 D2 单元格；❷在编辑栏中选择“象素”文本，如下图所示。

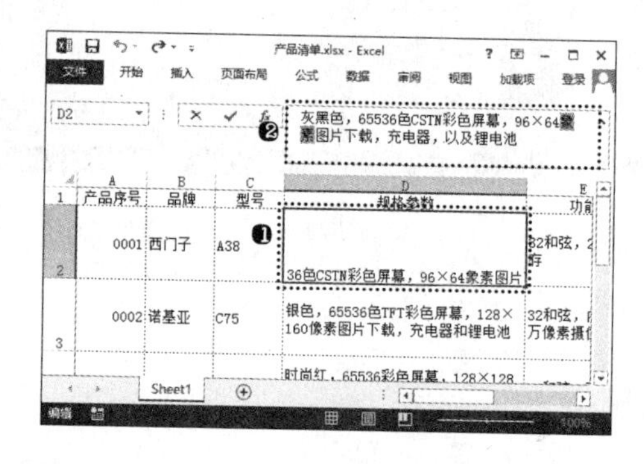

步骤02 ❶输入“像素”文本，按【Enter】键确认输入的文本，即可将该单元格中的“象素”文本修改为“像素”文本；❷选择 B3 单元格，如下图所示。

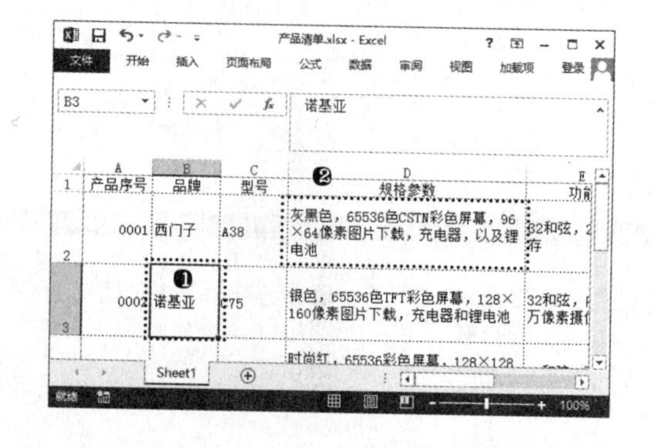

步骤 03 直接输入“西门子”文本，按【Enter】键确认输入的文本，即可让新输入的文本替换单元格中原有的所有文本，完成后的效果如下图所示。

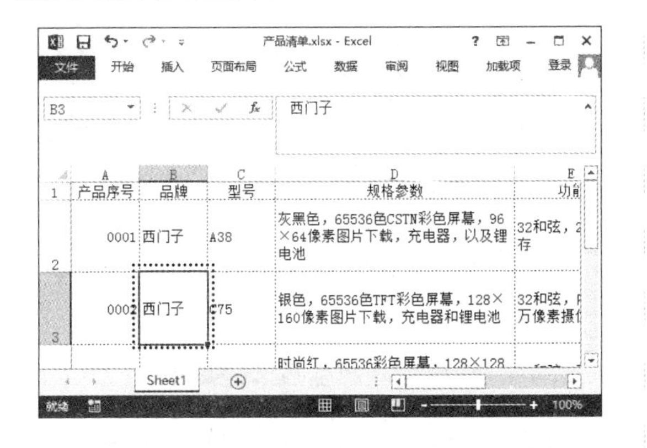

高手指引——修改数据的其他方法

当需要对单元格中的数据全部进行修改时，可直接在单元格中输入新的数据；如果修改单元格中的部分数据，可双击单元格将文本插入点定位到单元格中，然后选择单元格中需要修改的部分数据，并输入新数据，按【Enter】键即可。

3.3.2 移动和复制数据

当数据输入位置错误或在单元格中编辑相同的数据时，可使用移动或复制数据的方法来减少工作量，并提高工作效率。

光盘同步文件

原始文件：光盘\原始文件\第 3 章\员工工作表 .xlsx
结果文件：光盘\结果文件\第 3 章\员工工作表 .xlsx
教学视频：光盘\教学视频文件\第 3 章\3-3-2.mp4

1. 移动数据

在工作表中输入数据时，如果发现将数据的位置输入错误，不必再重复输入，只需使用 Excel 提供的移动数据功能来移动单元格中的内容即可。例如，要将“员工工作表”工作簿中，位置存放错误的数据移动到合适的位置，具体操作方法如下。

步骤 01 打开“光盘\素材文件\第 3 章\员工工作表 .xlsx”文件。❶选择 C15 单元格；❷将鼠标光标置于所选单元格的边框上，当鼠标光标变成✥形状时，拖曳鼠标至 C4 单元格，如下图所示。

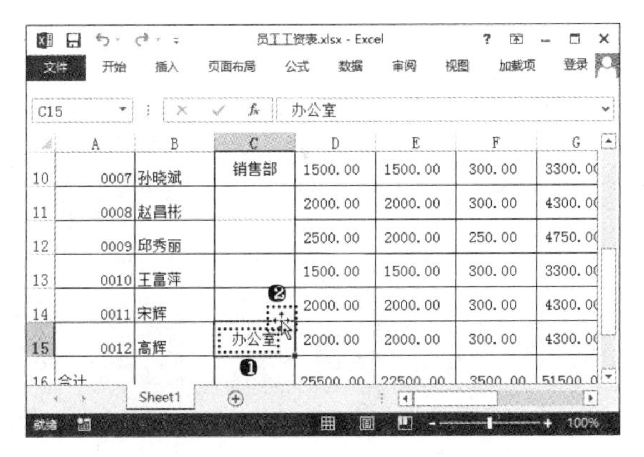

步骤 02 释放鼠标后，即可将 C15 单元格中的数据移动到 C4 单元格中，如下图所示。

高手指引——移动数据的其他方法

在同一个工作表中使用鼠标拖曳移动数据的方法最简单。若要在不同工作表之间移动数据，可先选择数据所在的单元格，然后单击“开始”选项卡“剪贴板”组中的“剪切”按钮✂，或按快捷键【Ctrl+C】复制单元格中的数据，再选择需要将内容移动到的目标单元格，再在“剪贴板”组中单击“粘贴”按钮，或按快捷键【Ctrl+V】。

2. 复制数据

在工作表中输入数据时，如果需要输入很多相同的数据，且不能通过快速填充的方法来实现时，即可使用 Excel 提供的复制数据功能进行复制。例如，要通过复制数据的方法完善“员工工作表”工作簿中“所属部门”列数据的输入，具体操作方法如下。

步骤 01 ❶选择 C7 单元格；❷单击“开始”选项卡“剪贴板”组中的“复制”按钮，如下图所示。

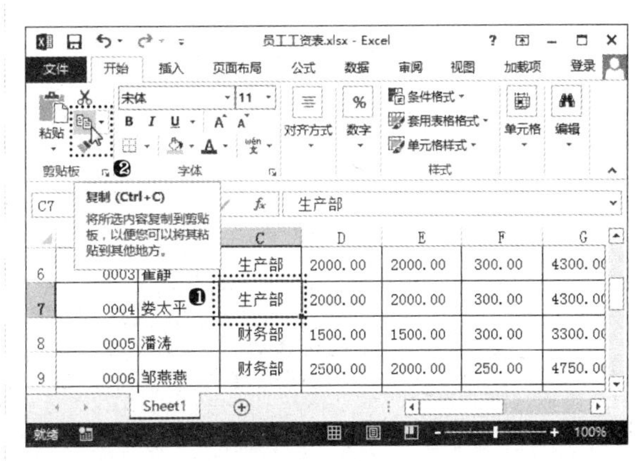

步骤 02 ❶选择 C11 单元格；❷单击“剪贴板”组中的“粘贴”按钮；❸在弹出的下拉列表中选择“值和源格式”选项，如下页左上图所示。

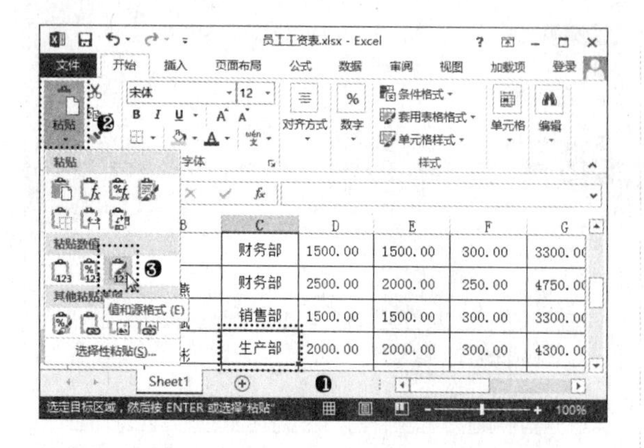

步骤 03 将剪贴板中的数据复制到 C11 单元格中。按快捷键【Ctrl+V】，将剪贴板中之前复制的 C7 单元格数据复制到该列其他单元格中，完成后的效果如右图所示。

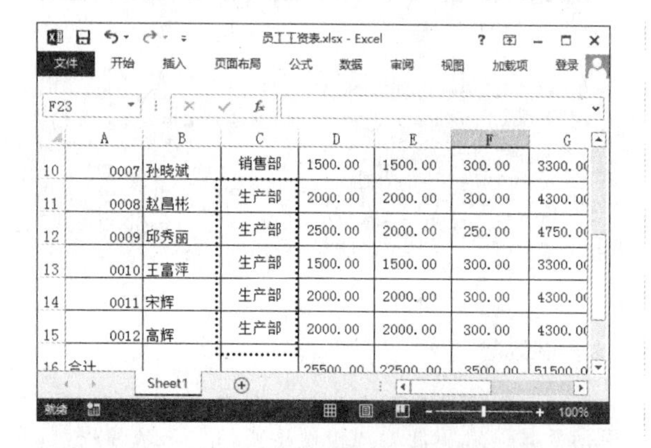

高手指引——强大的粘贴功能

“粘贴”菜单中以图标的形式显示出了“粘贴”、“公式”、“公式和数字格式”、“保留源格式”、“无边框”、“转置”、“值”、“格式”和“粘贴链接”等粘贴选项，选择不同选项，将以不同的形式粘贴复制的内容。

3.3.3 查找和替换数据

在编辑工作表时，有时需要查看或修改工作表中的某部分记录，如果人为地进行查找，需要逐行地进行搜索。如果工作表较大，将会花费很长的时间。利用 Excel 2013 提供的查找与替换功能，可以实现快速查找及替换。

光盘同步文件

原始文件：光盘\原始文件\第 3 章\订单表 .xlsx
结果文件：光盘\结果文件\第 3 章\订单表 .xlsx
教学视频：光盘\教学视频文件\第 3 章\3-3-3.mp4

1．查找数据

在工作表中查找数据，主要是通过“查找和替换”对话框中的“查找”选项卡来进行的。利用查找数据功能，用户可以查找各种不同类型的数据，提高工作效率。查找数据的具体操作方法如下。

步骤 01 打开“光盘\素材文件\第 3 章\订单表 .xlsx”文件。❶单击“开始”选项卡“编辑格”组中的“查找和选择”按钮 ；❷在弹出的菜单中选择“查找”命令，如下图所示。

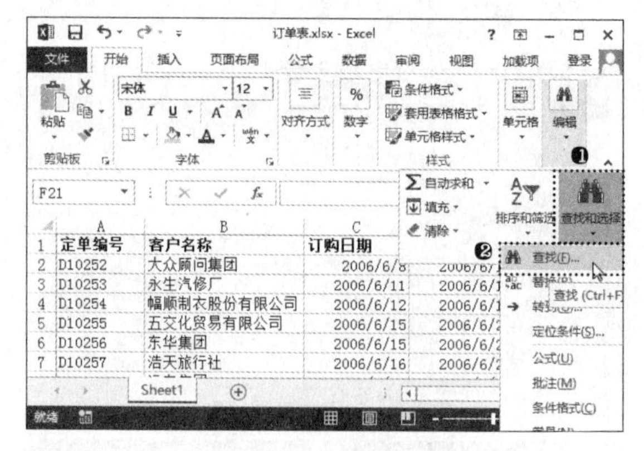

步骤 02 打开“查找和替换”对话框。❶在“查找内容”文本框中输入“东方货运”；❷单击“查找下一个”按钮，查找到的“东方货运”内容所在的 G3 单元格便会处于选中状态，如下图所示。

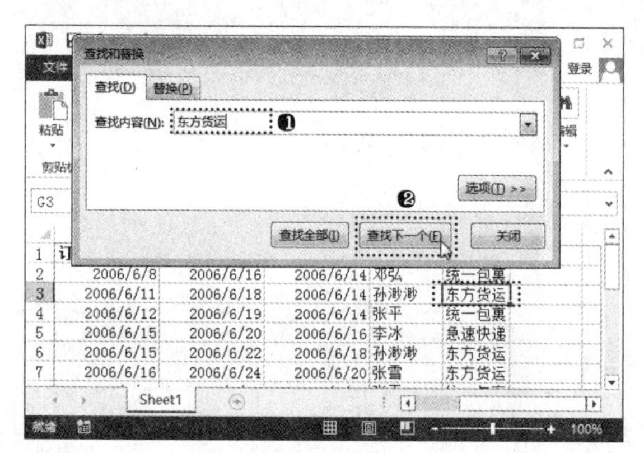

步骤 03 再次单击“查找下一个”按钮，查找到“东方货运”内容的下一个单元格便会处于选中状态。❶单击“查找全部”按钮，在该对话框的下方空白区域将显示具有相应数据的工作簿、工作表、名称、单元格、值和公式信息，且在底部的状态栏中将显示查找到的单元格的数量，如下图所示；❷查找完成后单击“关闭”按钮。

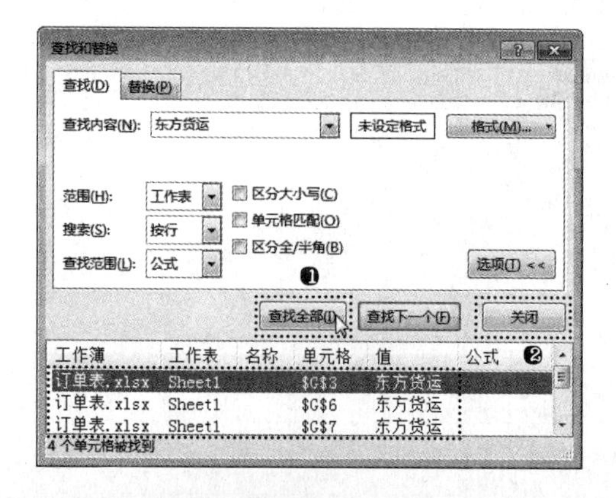

高手指引——设置查找选项

在“查找和替换”对话框中，单击“选项”按钮，在展开的对话框中可以设置查找数据的范围、搜索方式和查找范围等选项。

2. 替换数据

如果需要替换工作表中的某些数据，可以使用 Excel 的“替换”功能，在工作表中快速查找到符合某些条件的数据的同时将其替换成指定的内容。例如，要将“订单表”工作簿中的“2006”替换为“2016”时，具体操作方法如下。

高手指引——查找和替换的快捷方式

按快捷键【Ctrl+F】可以快速打开“查找和替换”对话框中的“查找”选项卡；按快捷键【Ctrl+H】可以快速打开“查找和替换”对话框中的“替换”选项卡。

步骤 01 ❶单击“开始”选项卡“编辑”组中的“查找和选择”按钮；❷在弹出的菜单中选择“替换”命令，如下图所示。

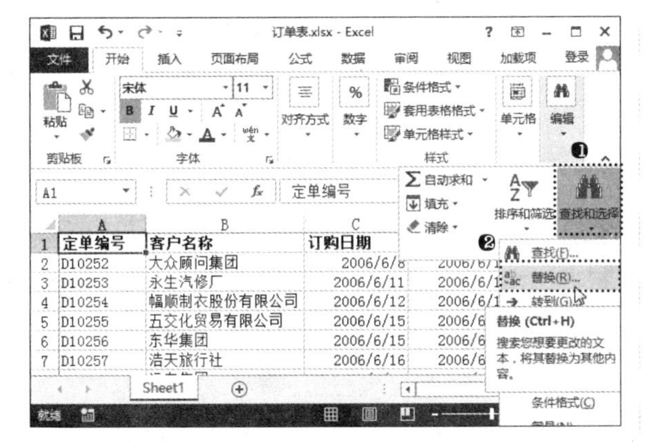

步骤 02 打开“查找和替换”对话框的“替换”选项卡。❶在“查找内容”下拉列表中输入“2006”；❷在“替换为”下拉列表中输入“2016”；❸单击“全部替换”按钮，如右上图所示。

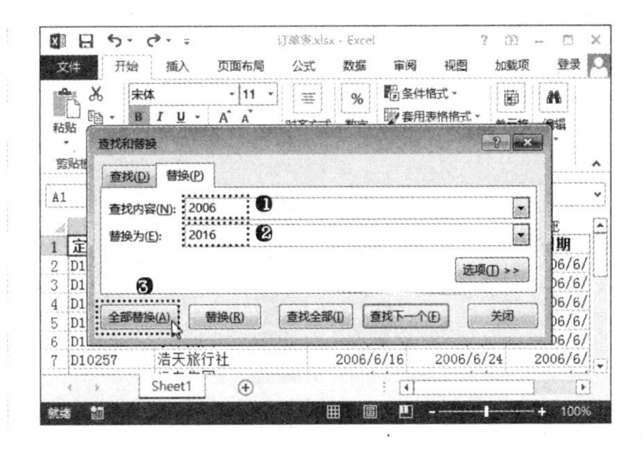

步骤 03 经过上一步操作，工作表中的“2006”全部替换为“2016”，并打开提示对话框提示进行替换的数量，单击“确定”按钮即可，如下图所示。

高手指引——撤销和恢复操作

在 Excel 中执行错误操作后，可单击快速访问工具栏中的“撤销”按钮撤销上一步操作，还可以单击“恢复”按钮恢复上一步撤销的操作。

实用技巧——技能提高

某些情况下，需要在表格中输入一些比较特殊的数据，如分数。因此，还必须掌握 Excel 2013 中一些常见特殊数据的输入方法。另外，为了更加快捷地完成办公任务，还需要掌握一些输入数据的特殊技巧，如同时在多个单元格中输入数据、快速填充所有空白的单元格、模糊查找并替换批量数据等。下面结合本章内容，为初学者介绍一些实用技巧。

光盘同步文件

原始文件：光盘\素材文件\第 3 章\技能提高\
结果文件：光盘\结果文件\第 3 章\技能提高\
教学视频：光盘\教学视频文件\第 3 章\技能提高 .mp4

技巧 3-1
同时在多个单元格中输入数据

在表格中输入数据时，有时需要在多个单元格中输入相同的数据，若需要填充相同数据的单元格是连续的，则可以通过前面讲解的填充数据的方法进行填充；若这些单元格是不相邻的，则需要通过下面讲解的方法来进行输入。本例将在“员工档案”工作簿中快速输入员工性别，具体操作方法如下。

步骤 01 打开“光盘\素材文件\第 3 章\技能提高\员工档案 .xlsx”文件。❶按住【Ctrl】键的同时选择性别列中多个需要输入“女”的单元格；❷输入“女”，如下页左上图所示。

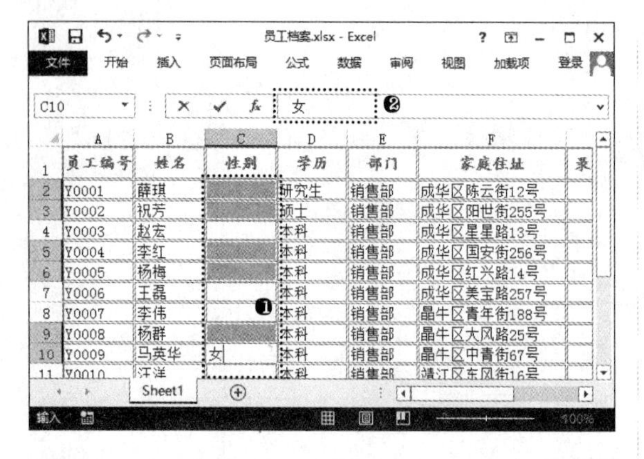

步骤 02 按快捷键【Ctrl+Enter】确认输入，即可在所有选择的单元格中均输入“女”，完成后的效果如下图所示。

员工档案.xlsx - Excel

	A	B	C	D	E	F
1	员工编号	姓名	性别	学历	部门	家庭住址
2	Y0001	薛琪	女	研究生	销售部	成华区陈云街12号
3	Y0002	祝芳	女	硕士	销售部	成华区阳世街255号
4	Y0003	赵宏		本科	销售部	成华区星星路13号
5	Y0004	李红	女	本科	销售部	成华区国安街256号
6	Y0005	杨梅	女	本科	销售部	成华区红兴路14号
7	Y0006	王磊		本科	销售部	成华区美宝路257号
8	Y0007	李伟		本科	销售部	晶牛区青年街188号
9	Y0008	杨群	女	本科	销售部	晶牛区大风路25号
10	Y0009	马英华	女	本科	销售部	晶牛区中青街67号

就绪 计数：6 100%

步骤 03 使用相同的方法输入性别为男的所有数据，完成后的效果如下图所示。

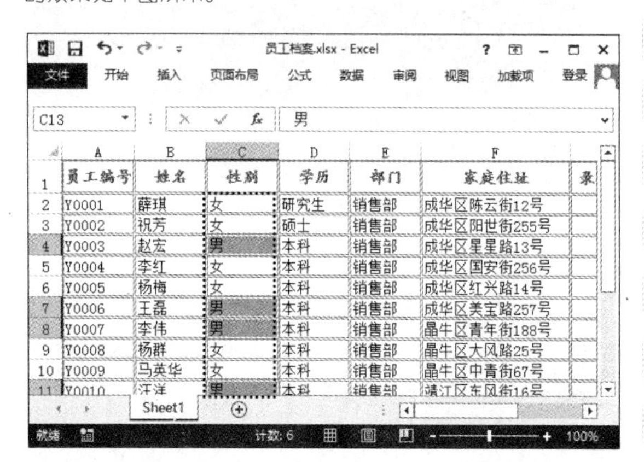

在使用 Excel 制作数据表时，经常会用分数而不是小数来显示数据，如在制作一些股票市场报价表时。但在 Excel 中按照分数的书写方式来输入分数后会自动变成日期格式的数据，如输入“1/2”，按【Enter】键后将自动显示为“1 月 2 日”，这当然不是我们希望输入的数据类型。其实，在 Excel 中输入分数有多种方法，下面举例说明具体的操作方法。

步骤 01 新建一个空白工作簿。❶选择 A1 单元格；❷在编辑栏中输入“1(空格)1/3”，如下图所示。

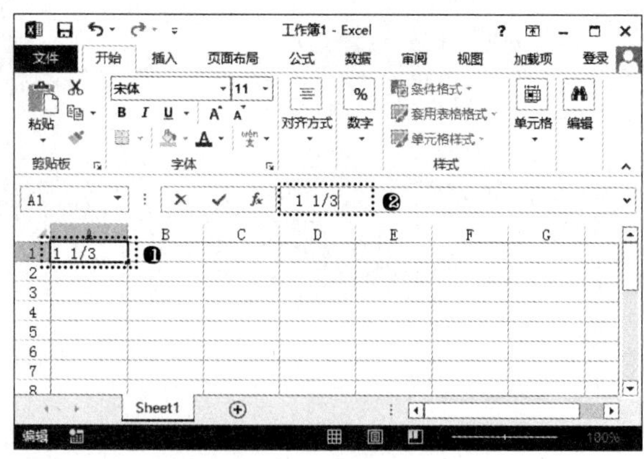

步骤 02 ❶按【Enter】键后将自动显示为“1 1/3”，即“一又三分之一”；❷在编辑栏中输入“0(空格)1/2”，如下图所示。

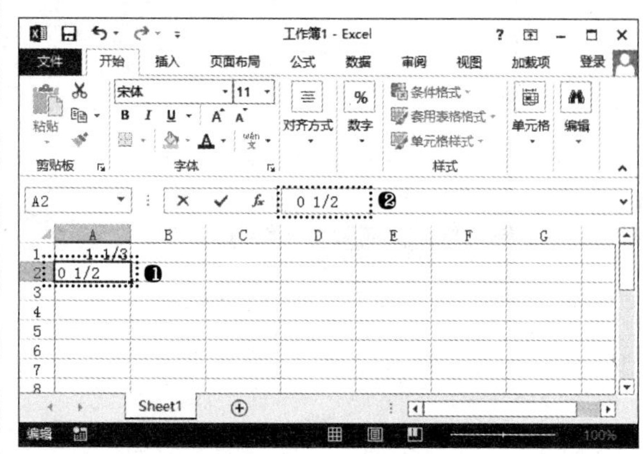

步骤 03 ❶按【Enter】键后将自动显示为“1/2”；❷单击“插入”选项卡“文本”组中的“对象”按钮，如下图所示。

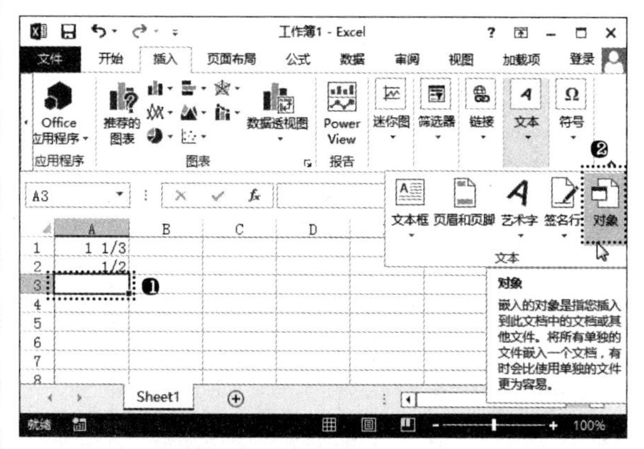

步骤 04 打开“对象”对话框，❶在“对象类型”列表框中选择“Microsoft 公式 3.0”选项；❷单击“确定”按钮，如下图所示。

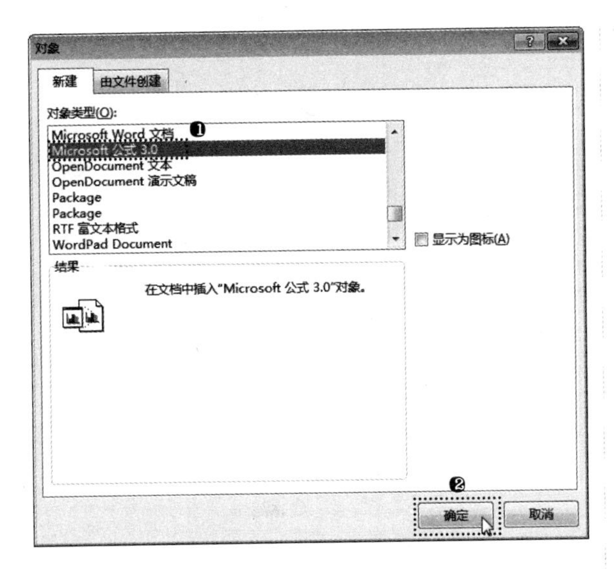

步骤 05 切换到 Equation 工作界面，并打开"公式"编辑器。❶单击该编辑器中第 2 行的"分式和根式模式"按钮；❷在弹出的下拉列表中单击"分式"按钮，如下图所示。

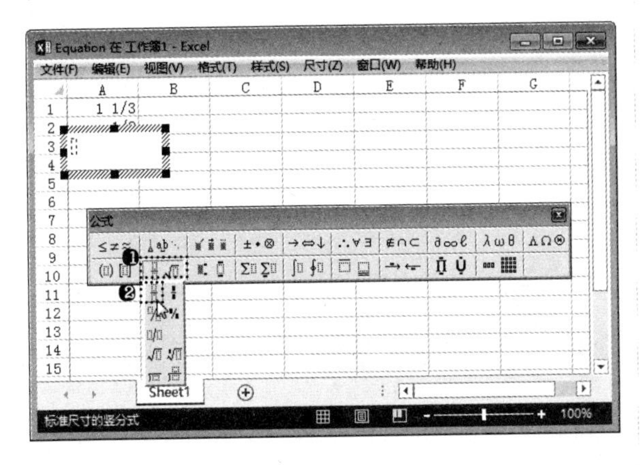

步骤 06 经过上一步操作，在公式编辑框中出现分式样式的结构。❶输入分子 5；❷将文本插入点定位在分母文本框中，并输入分母 8，如下图所示。

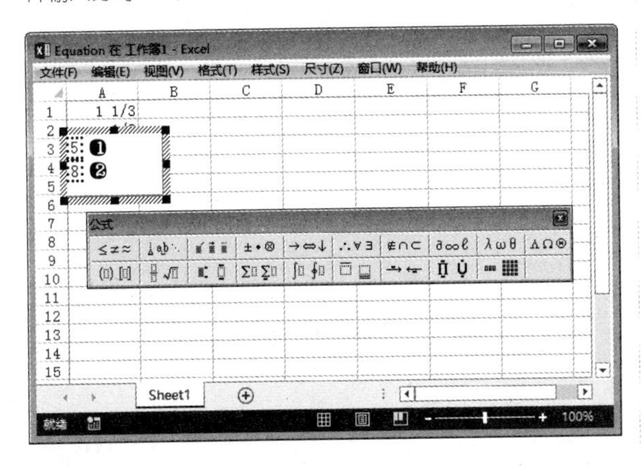

步骤 07 单击任意单元格，返回 Excel 2013 工作界面，可以看到竖式分数是以图片的形式插入的，效果如右上图所示。

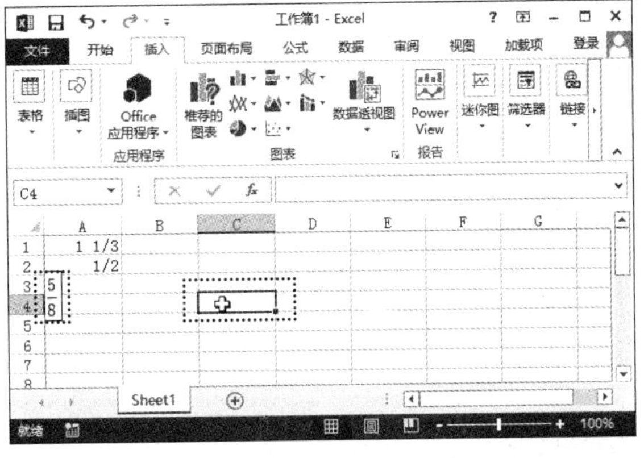

高手指引——输入分数的注意事项

分析案例不难发现，在 Excel 中输入分数，可按"整数位 + 空格 + 分数"的方式进行输入。如果需要输入前面没有整数的分数，则需要先输入 0，然后输入空格，再输入分数。通过该方法输入分数不仅方便，还可以用于计算，但并不太符合我们的阅读习惯。要输入我们习惯的竖式分数结构，可通过"对象"对话框插入，但该方法输入的分数不能用于计算。

技巧 3-3

在单元格中输入多行文字

默认情况下，单元格中的文本会呈一行显示，当文本内容超过单元格的范围，且后面的单元格没有内容时，系统会将文本内容显示在其他单元格上方，不便于单元格操作；若后方的单元格中也包含内容时，则超出的文本内容将不显示。此时，可以让单元格中的内容分为多行显示，具体操作方法如下。

步骤 01 打开"光盘\素材文件\第 3 章\技能提高\员工档案 2.xlsx"文件。❶选择需要将文本内容进行多行显示的单元格；❷单击"开始"选项卡"对齐方式"组中的"自动换行"按钮，如下图所示。

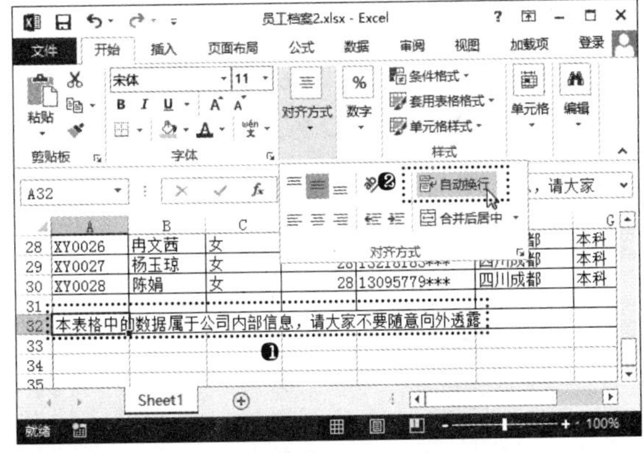

步骤 02 经过上一步操作，即可让该单元格中的内容根据单元格宽度显示为多行，效果如下页左上图所示。

高手指引——为单元格中的内容强行换行

如果想在单元格内容输入过程中根据需要分行时，也可手动进行分行，即在输入文本后按快捷键【Alt+Enter】，对内容进行强行换行。

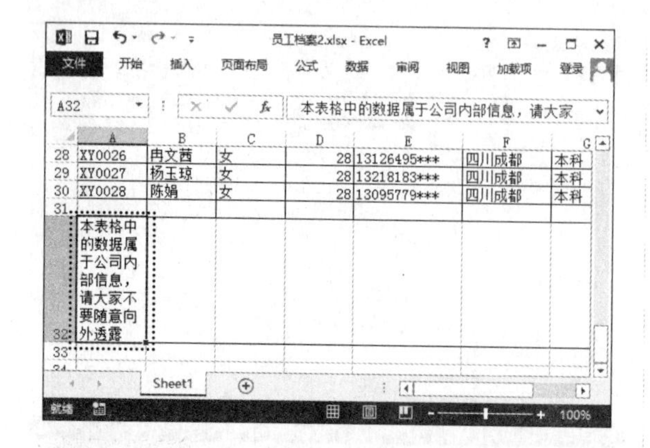

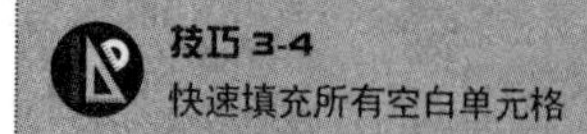

技巧 3-4
快速填充所有空白单元格

在制作一些特殊的工作表时，需要为工作表中的空白单元格填充特殊的符号（如“-”），此时不能使用查找功能查找需要的单元格，应使用 Excel 中提供的定位功能来快速查找和选择工作表中所有包含特定类型的数据或符合特定条件的单元格，具体操作方法如下。

步骤01 打开“光盘\素材文件\第 3 章\技能提高\生产报表 .xlsx”文件。❶选择 A3:M41 单元格区域；❷单击“开始”选项卡“编辑”组中的“查找和选择”按钮；❸在弹出的菜单中选择“定位条件”命令，如下图所示。

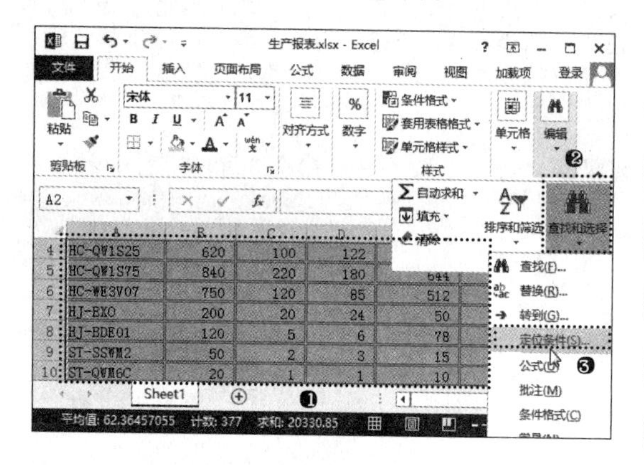

步骤02 打开“定位条件”对话框。❶选中“空值”单选按钮；❷单击“确定”按钮关闭该对话框，如下图所示。

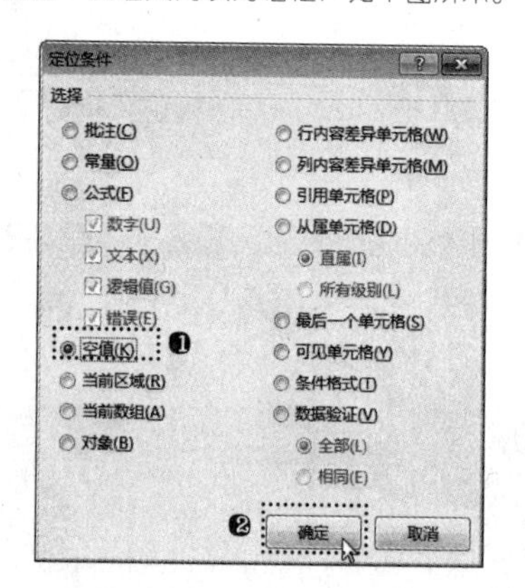

步骤03 返回 Excel 2013 工作界面，即可看到单元格区域中所有空白单元格已经被选中了。在编辑栏中输入“-”，如下图所示。

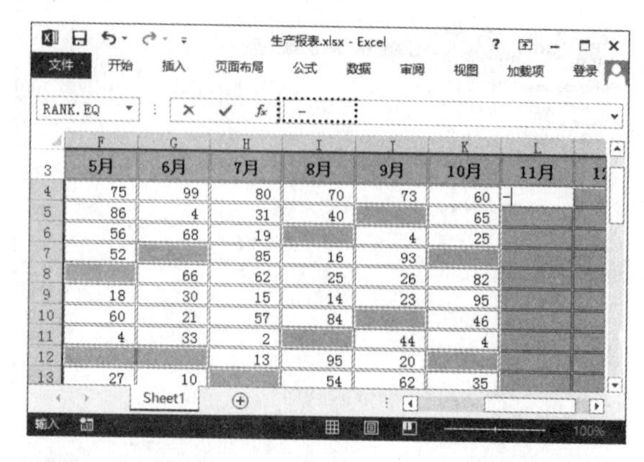

步骤04 按快捷键【Ctrl+Enter】，即可为所有空白单元格输入“-”，效果如下图所示。

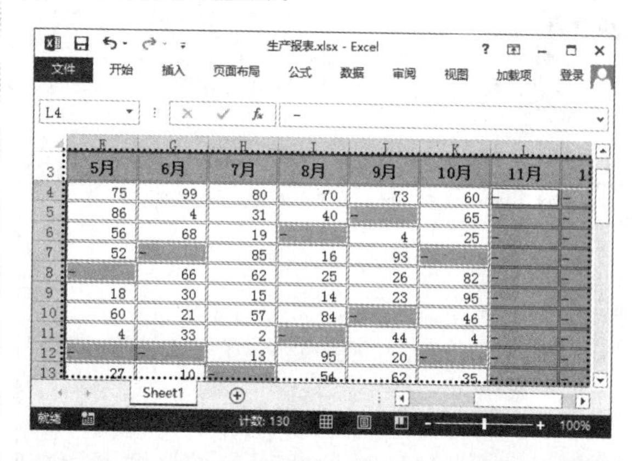

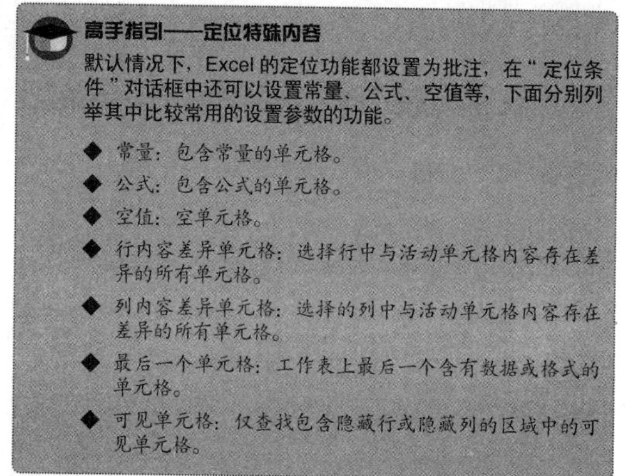

高手指引——定位特殊内容

默认情况下，Excel 的定位功能都设置为批注，在“定位条件”对话框中还可以设置常量、公式、空值等，下面分别列举其中比较常用的设置参数的功能。

- 常量：包含常量的单元格。
- 公式：包含公式的单元格。
- 空值：空单元格。
- 行内容差异单元格：选择行中与活动单元格内容存在差异的所有单元格。
- 列内容差异单元格：选择的列中与活动单元格内容存在差异的所有单元格。
- 最后一个单元格：工作表上最后一个含有数据或格式的单元格。
- 可见单元格：仅查找包含隐藏行或隐藏列的区域中的可见单元格。

技巧 3-5
将一列单元格中的数据分配到几列单元格中

在 Excel 中处理数据时，有时可能需要将一列单元格中的数据拆分到多列单元格中，例如，要将产品类别和产品型号的代码分别输入到两列单元格中，此时，可利用文本分列向导功能快速将一列单元格中的数据分配到多列单元格中，具体操作方法如下。

步骤 01 打开"光盘\素材文件\第 3 章\技能提高\生产报表 2.xlsx"文件。❶选择需要拆分数据所在的单元格区域；❷单击"数据"选项卡"数据工具"组中的"分列"按钮，如下图所示。

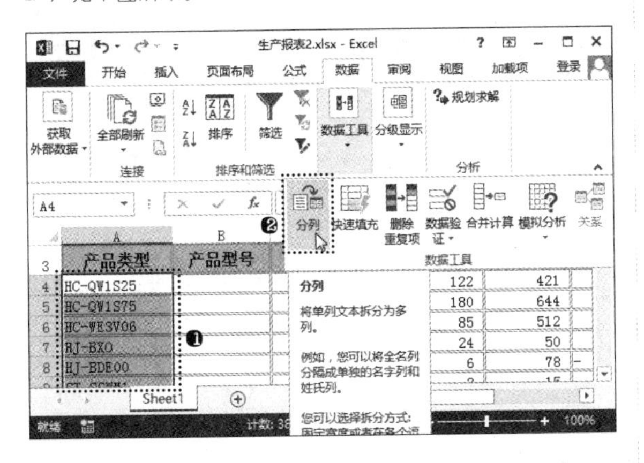

步骤 02 打开"文本分列向导"对话框。❶在"原始数据类型"栏中选中"分隔符号"单选按钮；❷单击"下一步"按钮，如下图所示。

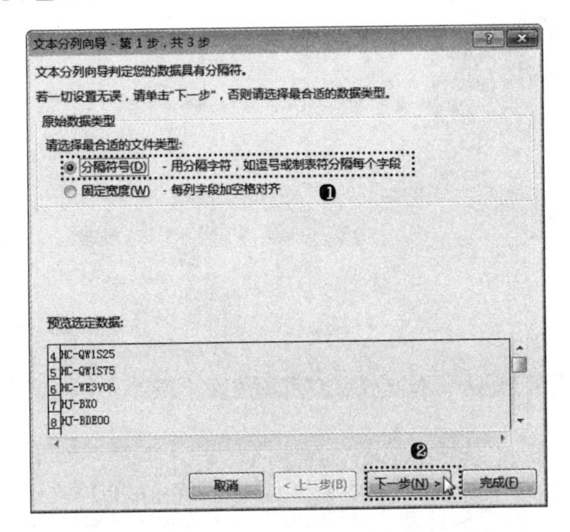

步骤 03 ❶在"分隔符号"栏中选中"其他"复选框，并在其后的文本框中输入"-"符号；❷在"数据预览"栏中查看分列后的效果后，单击"下一步"按钮，如下图所示。

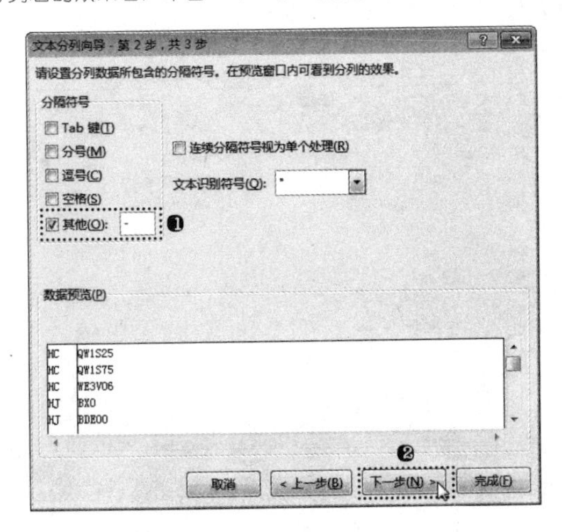

步骤 04 ❶在"列数据格式"栏中选中"常规"单选按钮；❷单击"完成"按钮，如下图所示。

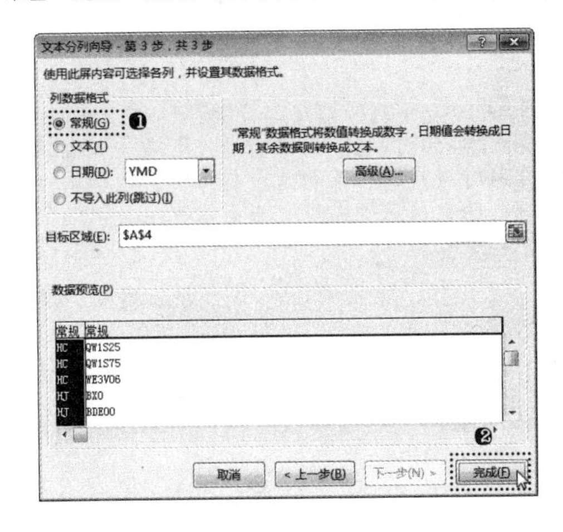

步骤 05 在打开的提示对话框中单击"确定"按钮即可完成分列操作，效果如下图所示。

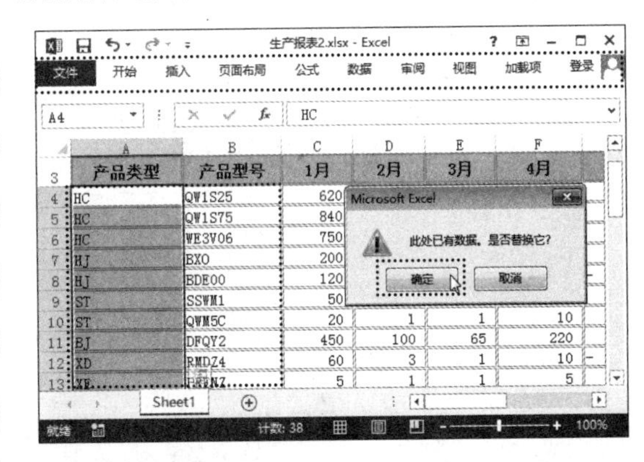

技巧 3-6
模糊查找数据

在 Excel 中制作表格时，有时需要查找的并不是一个相同的数据，而是一类有规律的数据，如要查找以"李"开头的人名、以"Z"结尾的产品编号，或者包含"007"的车牌号码等。此时就不能以某个数据为匹配的目标内容进行精确查找了，而需要利用 Excel 提供的通配符进行模糊查找。

在 Excel 中，通配符是指可作为筛选，以及查找和替换内容时的比较条件符号，经常配合查找引用函数进行模糊查找。通配符有 3 个——"？"和"*"，还有转义字符"～"。其中，？可以替代任何单个字符；* 可以替代任意多个连续的任何字符或数字；～后面跟随的 ?、*、～，都表示通配符本身。通配符的实际应用列举如下表所示。

搜索内容	模糊搜索关键字
以"李"开头的人名	李*
以"李"开头，姓名为两个字的人名	李?
以"李"开头，以"放"结尾，姓名为三个字及以上的人名	李**放
以"Z"结尾的产品编号	*Z
包含"007"的车牌号码	*007*
包含"~007"的文档	*~~007*
包含"?007"的文档	*~?007*
包含"*007"的文档	*~*007*

实战训练 3——制作值班表

本章前面分别讲解了数据输入和编辑的基本操作，但在实际制作电子表格的过程中输入和编辑操作经常是同时进行的。下面结合前面所讲的知识制作一个实例，以便读者能更好地将本章所学知识综合运用到实际工作中。

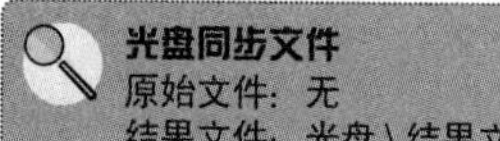

光盘同步文件

原始文件：无

结果文件：光盘\结果文件\第 3 章\值班表 .xlsx

教学视频：光盘\教学视频文件\第 3 章\实战训练 .mp4

步骤 01 新建一个空白工作簿。❶将其以“值班表”为名进行保存；❷在单元格中输入如下图所示的文本；❸拖曳鼠标调整 F 列的列宽，以显示所有数据。

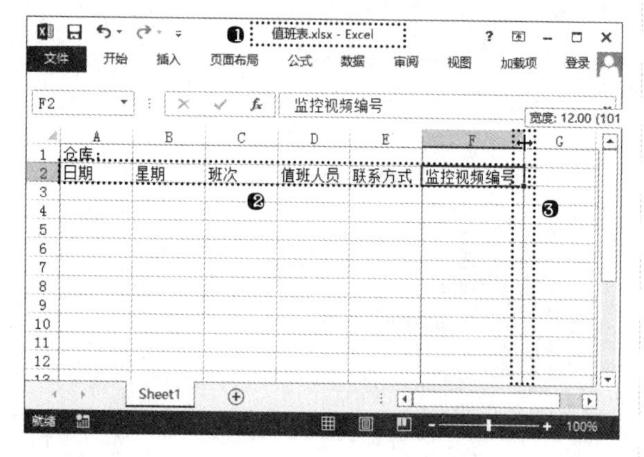

步骤 02 ❶选择 A3 单元格；❷在编辑栏中输入“2014-10-1”，如下图所示。

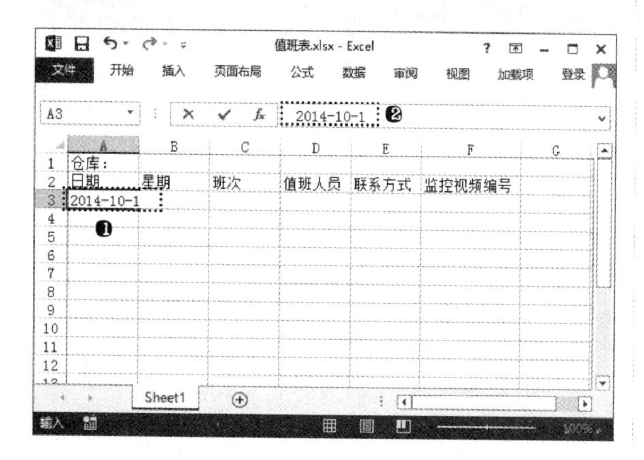

步骤 03 ❶按【Enter】键后单元格中的日期数据自动变为########，这是因为单元格列宽不够显示数据所致；❷拖曳鼠标适当调整 A 列的列宽后，该单元格中的数据会自动显示 2014/10/1，如右上图所示。

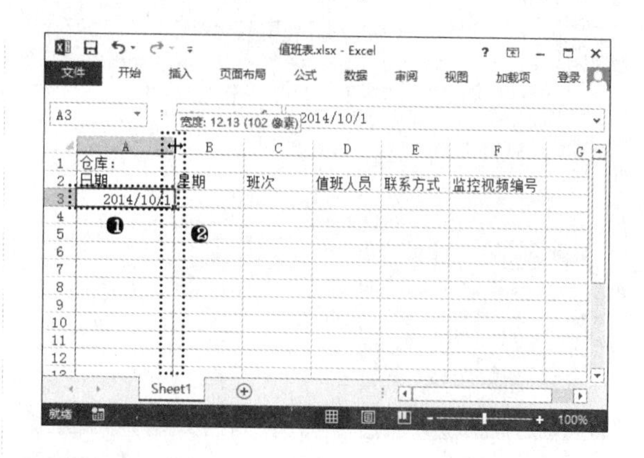

步骤 04 ❶选择 A3 单元格；❷单击“开始”选项卡“剪贴板”组中的“复制”按钮，如下图所示。

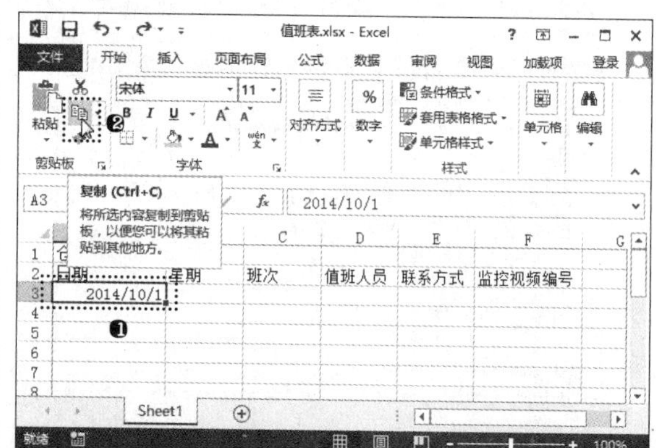

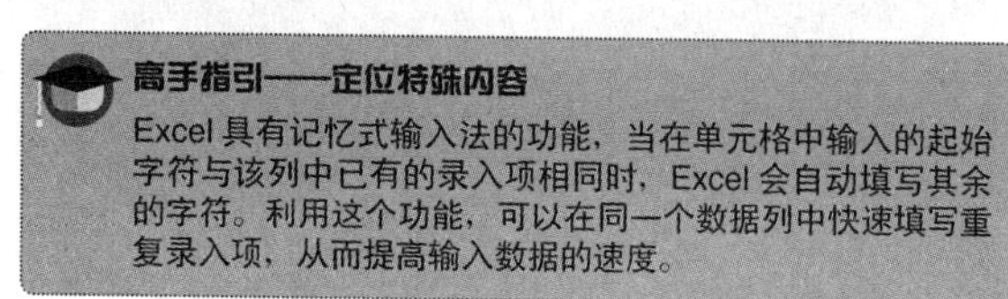

高手指引——定位特殊内容

Excel 具有记忆式输入法的功能，当在单元格中输入的起始字符与该列中已有的录入项相同时，Excel 会自动填写其余的字符。利用这个功能，可以在同一个数据列中快速填写重复录入项，从而提高输入数据的速度。

步骤 05 ❶选择 A4 单元格；❷单击“剪贴板”组中的“粘贴”按钮，如下图所示。

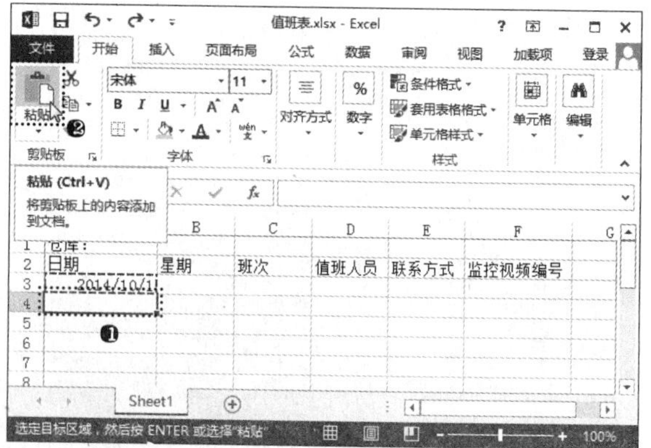

步骤06 ❶选择A4单元格；❷将鼠标光标移动到该单元格的右下角，当其变为+形状时，按住鼠标左键不放并拖曳控制柄到A5单元格，填充连续的日期数据，如下图所示。

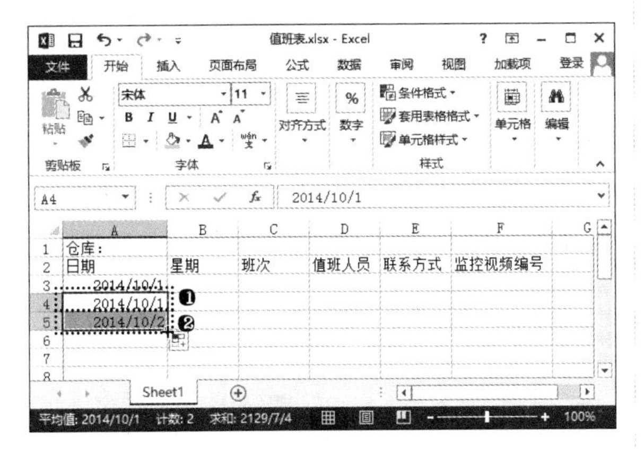

步骤07 ❶选择A5单元格，按快捷键【Ctrl+C】复制单元格数据；❷选择A6单元格，按快捷键【Ctrl+V】粘贴剪贴板中的数据到该单元格中，完成后的效果如下图所示。

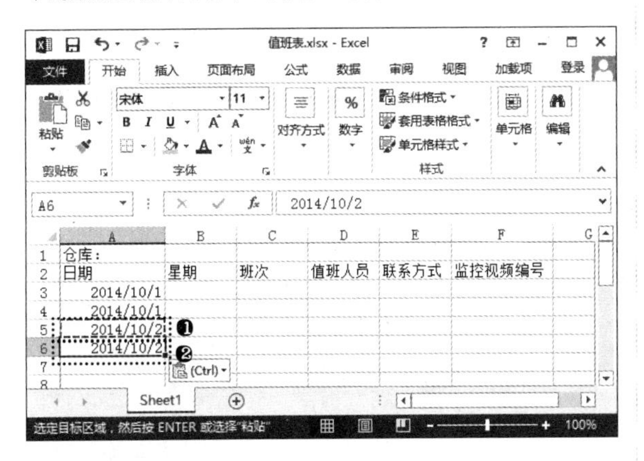

步骤08 ❶选择A3:A6单元格区域；❷将鼠标光标移动到该单元格区域的右下角，当其变为+形状时，按住鼠标左键不放并拖曳控制柄到A14单元格，如下图所示。

步骤09 经过上一步操作填充的数据并非实际需要的数据序列，所以需要进行手动修改。❶选择A7单元格；❷在编辑栏中选择该单元格的最末数据"1"，如右上图所示。

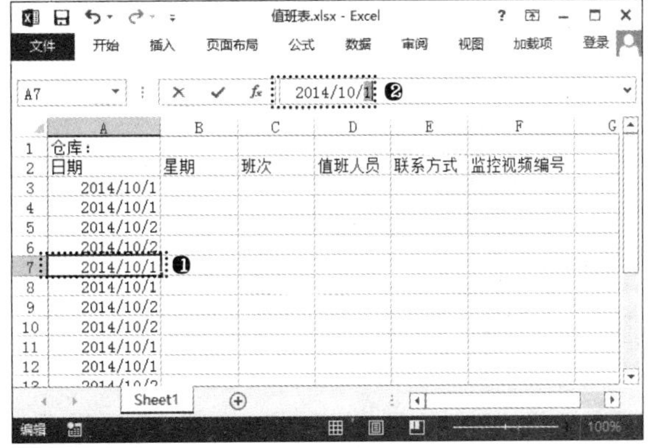

步骤10 ❶输入3，按【Enter】键确认对数据的修改；❷使用相同的方法修改其他单元格中的数据，完成后的效果如下图所示。

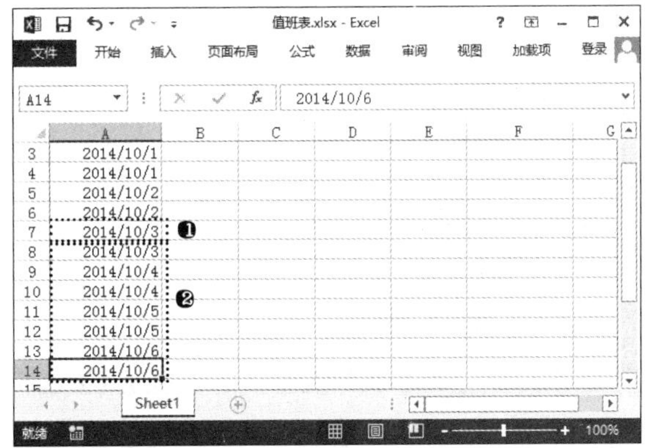

步骤11 ❶在B3单元格中输入"星期三"；❷将鼠标光标移动到该单元格的右下角，当其变为+形状时，按住鼠标左键不放并拖曳控制柄到B14单元格，如下图所示。

步骤12 ❶选择B4:B14单元格区域；❷将鼠标光标移动到该单元格区域的边框上，向下拖曳一定距离，移动该单元格区域数据的位置，如下页左上图所示。

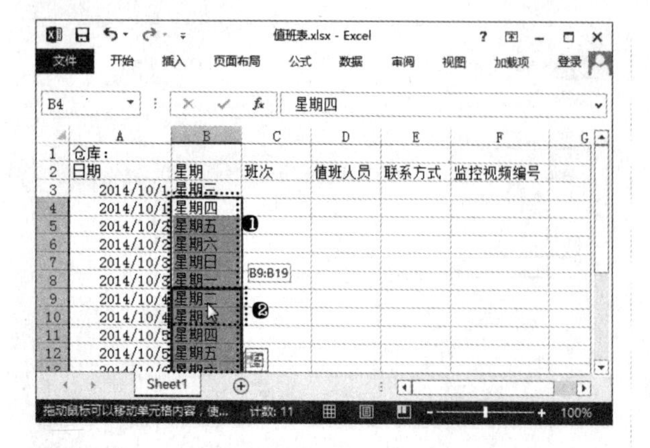

步骤 13 ❶选择 B15 单元格；❷将鼠标光标移动到该单元格的边框上，并向上拖曳到 B4 单元格，如下图所示。

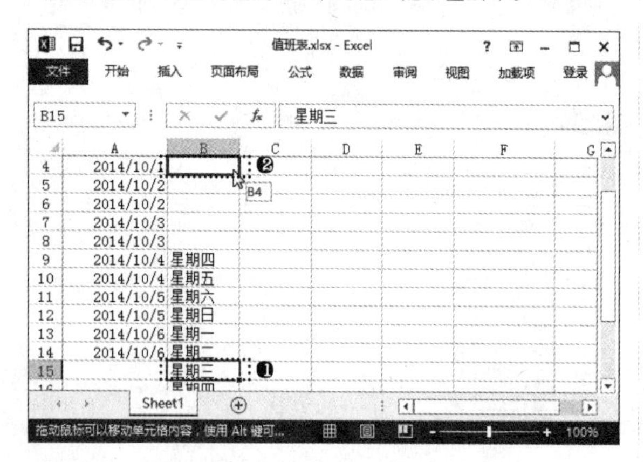

步骤 14 使用相同的方法，依次将合适的单元格数据移动到相应的单元格中，完成后的效果如下图所示。

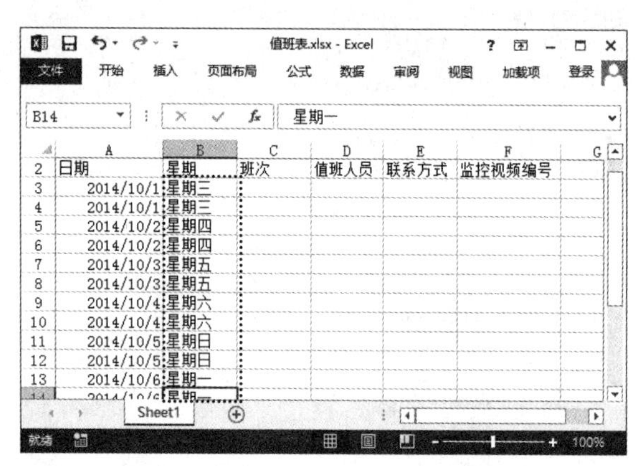

步骤 15 ❶在 C3 和 C4 单元格中分别输入“早班”和“晚班”，并选择 C3:C4 单元格区域；❷将鼠标光标移动到该单元格区域的右下角，当其变为+形状时，按住鼠标左键不放并拖曳控制柄到 C14 单元格，即可填充需要的数据序列，如右上 1 图所示。

步骤 16 ❶在 D 列和 E 列单元格中输入如右上 2 图所示的文本；❷选择 F3 单元格；❸在编辑栏中输入 '0010223。

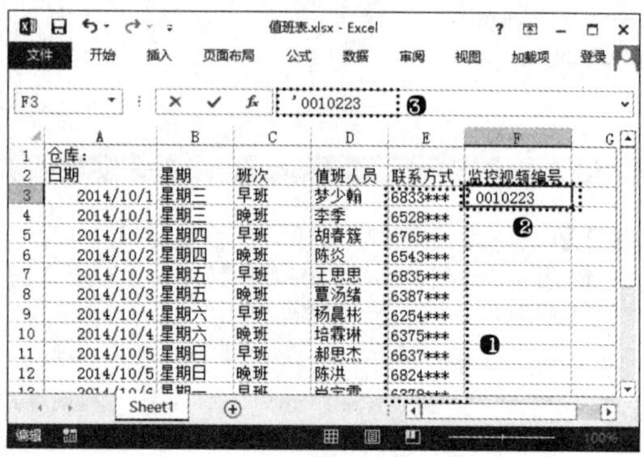

步骤 17 按【Enter】键后单元格中的数据自动变为文本数据“0010223”。选择 F3 单元格，并拖曳控制柄到 F14 单元格，如下图所示。

步骤 18 ❶选择 C3:C14 单元格区域；❷单击“开始”选项卡“编辑格”组中的“查找和选择”按钮；❸在弹出的菜单中选择“查找”命令，如下图所示。

步骤 19 打开“查找和替换”对话框的“替换”选项卡，❶在“查找内容”下拉列表中输入“早班”；❷在“替换为”下拉列表中输入“白班”；❸单击“全部替换”按钮，如下图所示。

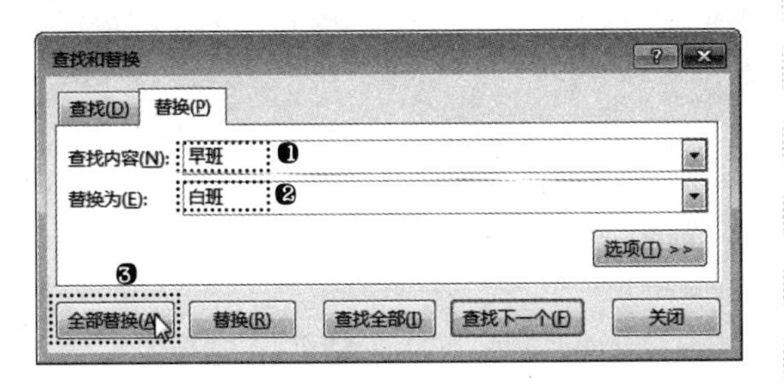

步骤 20 经过上一步操作，单元格区域中的“早班”全部替换为“白班”，并打开提示对话框提示进行替换的数量。❶单击“确定”按钮；❷返回“查找和替换”对话框，单击“关闭”按钮，完成本案例的制作，如下图所示。

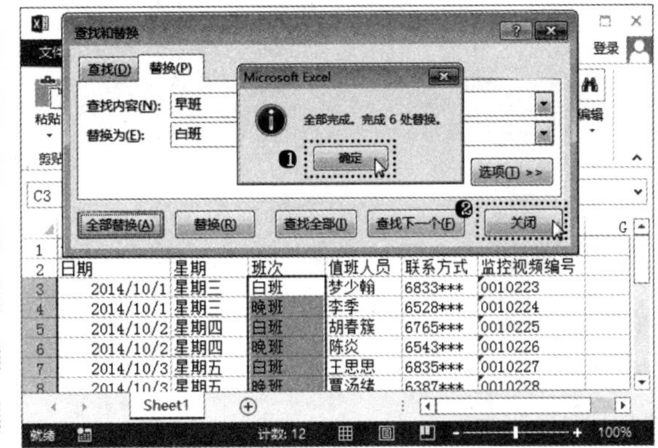

本章小结

本章结合文字描述与图解步骤，循序渐进地介绍了 Excel 2013 中数据的输入与编辑相关的内容。本章的重点是让读者掌握各种数据的输入和数据填充，以及查找与替换数据的方法。通过本章的学习，读者在实际工作中应融会贯通数据的输入编辑方法，根据具体情况选择适当的操作，让数据编辑变得更加得心应手。

阅读笔记

第 4 章

格式化工作表

本章导读

在实际应用中用于交流的工作表不仅要求记录的数据准确、详实，还要求表格整体整洁、美观、数据详略得当，而通过前面学习的方法制作出的表格在外观上都千篇一律，没有美感可言。本章将介绍如何美化工作表，包括设置单元格格式、单元格样式、表格格式、主题、条件格式、数据有效性等操作方法。

知识要点

◆ 设置单元格格式
◆ 快速设置表格样式
◆ 使用条件格式
◆ 设置单元格样式
◆ 使用主题设计文档
◆ 设置数据有效性

案例展示

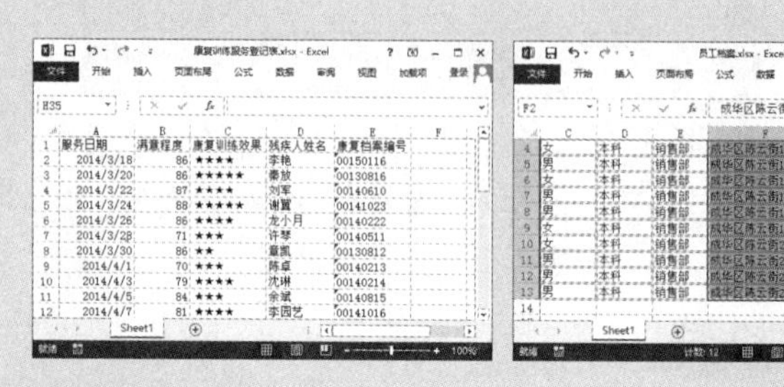

基础入门——必知必会

4.1 设置单元格格式

Excel 2013 默认状态下制作的工作表具有相同的文字格式和对齐方式，没有边框和底纹效果。为了让制作的表格更加美观、适于交流，可以为其设置适当的单元格格式，包括为单元格设置文字格式、数字格式、对齐方式，以及添加得体的边框效果、喜欢的底纹颜色等。

4.1.1 设置文字格式

默认情况下，在 Excel 2013 中输入的文字字体为宋体，字号为 11 号。为了使表格与众不同、数据富有层次，可以为单元格中的文字设置字体格式，包括数据的字体、字号、颜色、加粗等。例如，要为“展具租赁申请表”工作簿中的数据设置文字格式，具体操作方法如下。

光盘同步文件
原始文件：光盘\原始文件\第 4 章\展具租赁申请表 .xlsx
结果文件：光盘\结果文件\第 4 章\展具租赁申请表 .xlsx
教学视频：光盘\教学视频文件\第 4 章\4-1-1.mp4

步骤 01 打开“光盘\素材文件\第 4 章\展具租赁申请表 .xlsx”文件。❶ 选择 B1 单元格；❷ 单击“开始”选项卡“字体”组中的“字体”下拉列表右侧的下拉按钮；❸ 在弹出的下拉列表中选择“方正北魏楷书简体”选项，如右上图所示。

步骤 02 ❶ 单击“字号”下拉列表右侧的下拉按钮；❷ 在弹出的下拉列表中选择 20 选项，如下图所示，更改 B1 单元格中数据的字号。

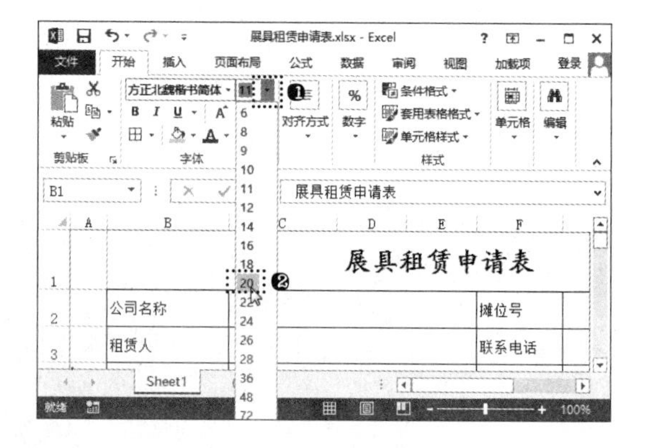

步骤 03 ❶选择 B34 单元格；❷单击“填充颜色”右侧的下拉按钮；❸在弹出的面板中选择需要填充的颜色选项，如下图所示。

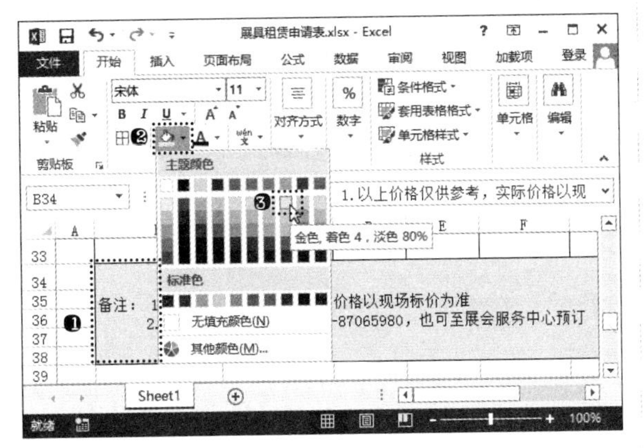

步骤 04 ❶单击“字体颜色”右侧的下拉按钮；❷在弹出的面板中选择需要填充的颜色选项，效果如下图所示。

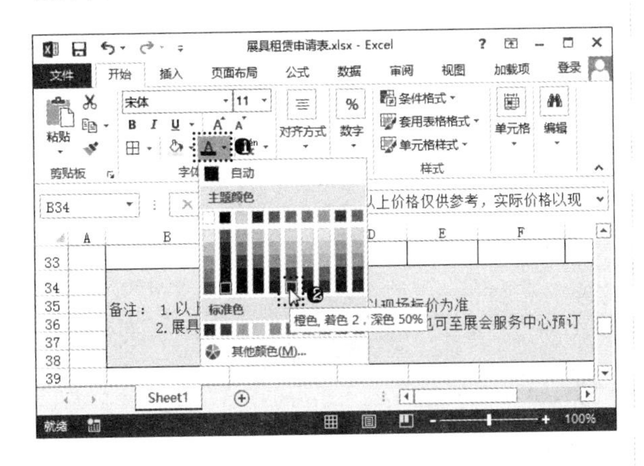

步骤 05 ❶双击 B34 单元格，将文本插入点定位到该单元格中；❷拖曳鼠标选择“备注：”文本；❸单击“字体”组中的“加粗”按钮 **B**，如下图所示。

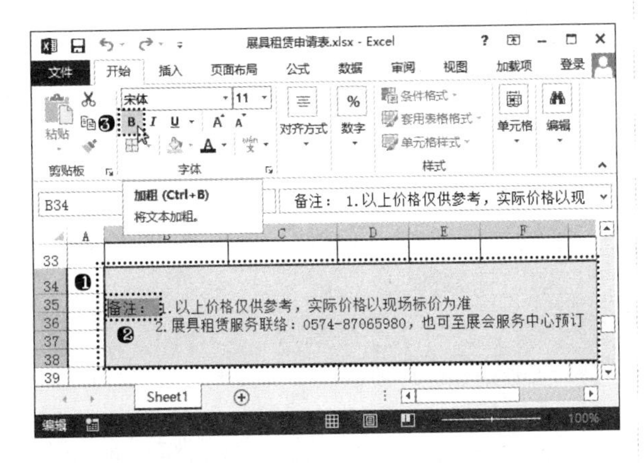

步骤 06 单击任意单元格，退出单元格数据编辑状态。❶选择 B34 单元格；❷单击“字体”组中的“增大字号”按钮，如右上图所示。

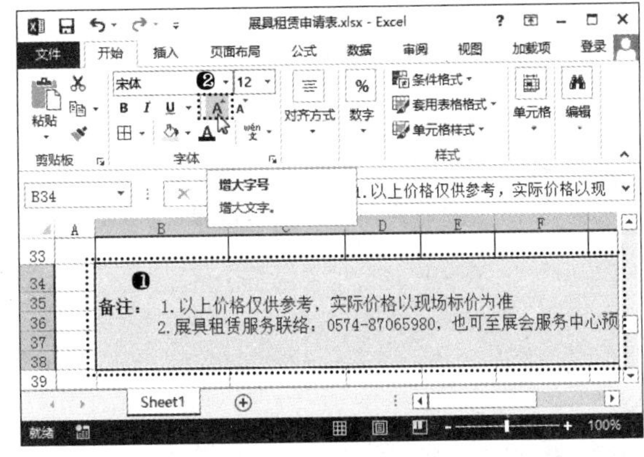

高手指引——设置文字格式的其他方法

除了通过“开始”选项卡的“字体”组对文字格式进行设置外，我们还可以通过“设置单元格格式”对话框中的“字体”选项卡进行设置。

4.1.2 设置数字格式

在实际生活中常常遇到日期、货币等特殊格式的数据，例如人民币的符号为“￥”，当前日期显示为“2014 年 11 月 20 日”等。在 Excel 2013 中输入数据后，可以根据需要设置数字的显示格式，如常规格式、货币格式、会计专用格式、日期格式和分数格式等。例如，要为“销售回款统计报表”工作簿中的相关数据设置数字格式，具体操作方法如下。

光盘同步文件

原始文件：光盘\原始文件\第 4 章\销售回款统计报表 .xlsx
结果文件：光盘\结果文件\第 4 章\销售回款统计报表 .xlsx
教学视频：光盘\教学视频文件\第 4 章\4-1-2.mp4

步骤 01 打开“光盘\素材文件\第 4 章\销售回款统计报表 .xlsx”文件。❶选择 B1 单元格；❷单击“开始”选项卡“数字”组右下角的“对话框启动器”按钮，如下图所示。

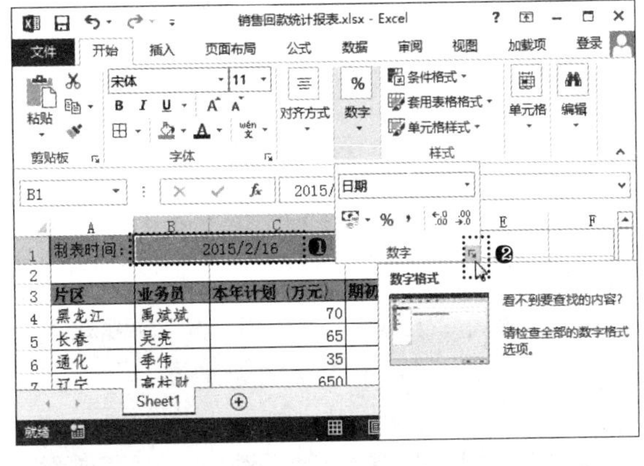

步骤 02 打开“设置单元格格式”对话框，❶在“数字”选项卡的“分类”列表框中选择“日期”选项；❷在“类型”列表框中选择需要的日期格式；❸单击“确定”按钮，如下页左上图所示。

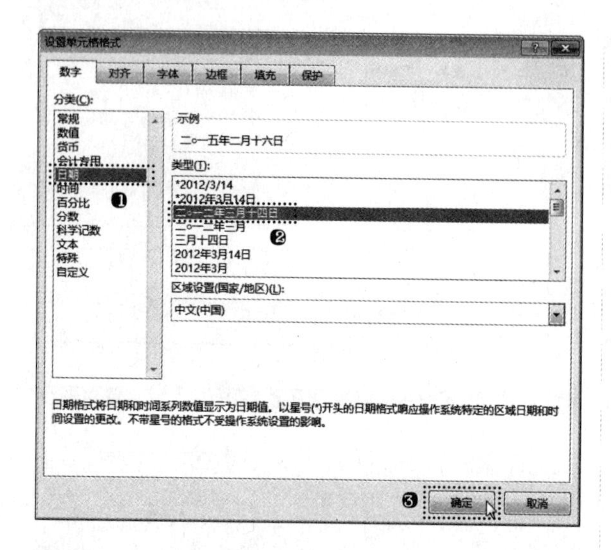

步骤03 ❶选择C4:C12单元格区域；❷在"开始"选项卡"数字"组中的"数字格式"下拉列表中选择"货币"选项，如下图所示。

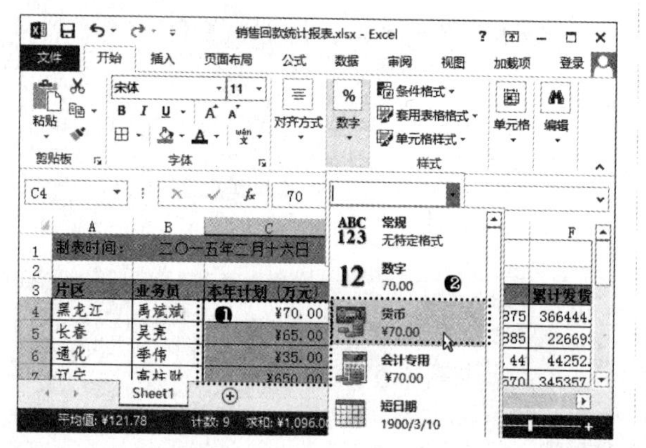

步骤04 经过上一步操作，即可为所选单元格区域设置货币样式。❶同时选择D4:D12和F4:F12单元格区域中的单元格；❷单击"开始"选项卡"数字"组右下角的"对话框启动器"按钮，如下图所示。

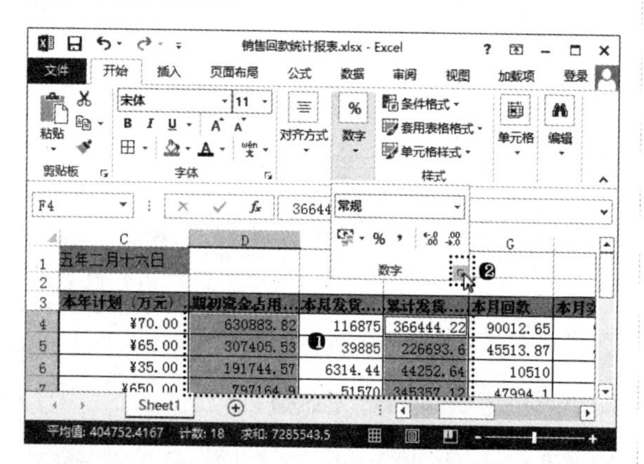

步骤05 打开"设置单元格格式"对话框。❶在"数字"选项卡的"分类"列表框中选择"数值"选项；❷在"小数位数"文本框中输入2；❸在"负数"列表框中选择需要的负数表现形式；❹单击"确定"按钮，如右上图所示。

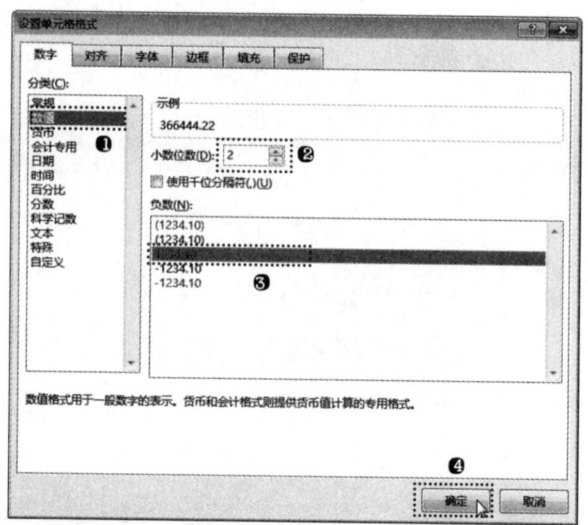

步骤06 经过上一步操作，即可统一所选单元格区域的数据，使其均包含两位小数。❶选择F4:F12单元格区域；❷单击"数字"组中的"千位分隔样式"按钮 **,** ，如下图所示。

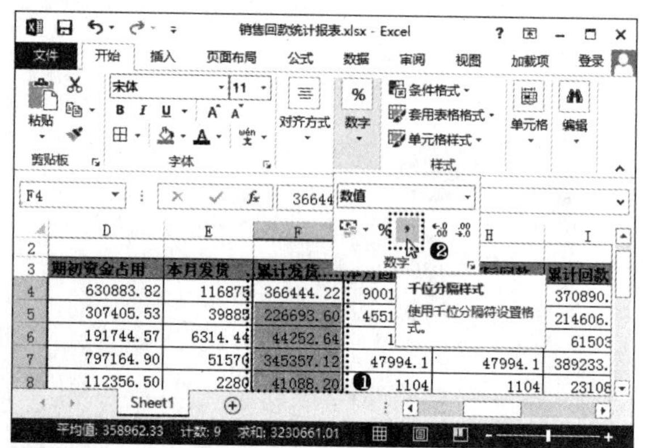

步骤07 经过上一步操作，即可为所选单元格区域中的数据添加千位分隔符。❶选择G4:I12单元格区域；❷单击"数字"组中的"会计数字格式"按钮，如下图所示。

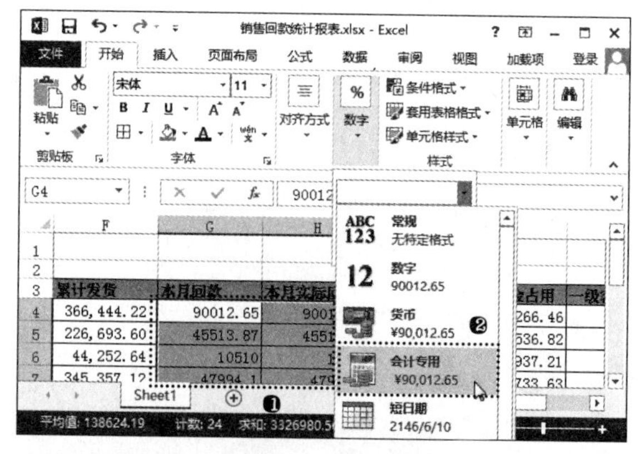

步骤08 经过上一步操作，即可为所选单元格区域设置会计专用的货币样式。❶选择J4:J12单元格区域；❷单击"数字"组中的"增加小数位数"按钮，如下页左上图所示。

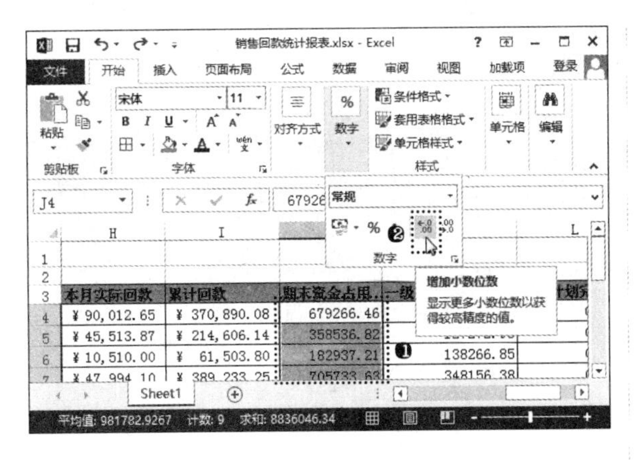

步骤 09 经过上一步操作，即可让所选单元格区域的数据，按照原有数据的小数位为标准再增加一位小数，即显示为三位小数。❶选择 K4:K12 单元格区域；❷单击"数字"组中的"减少小数位数"按钮，如下图所示。

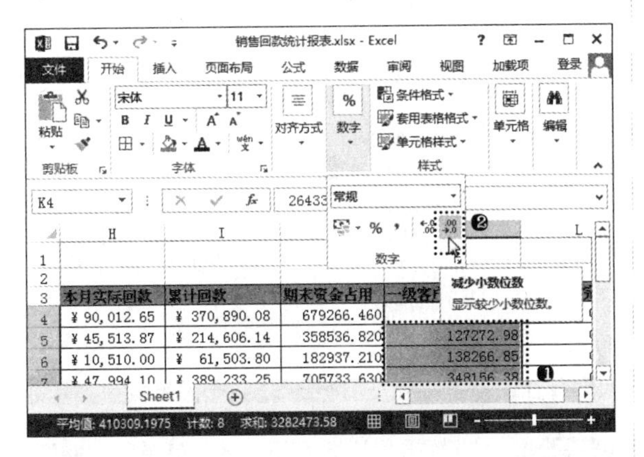

步骤 10 经过上一步操作，即可让所选单元格区域的数据减少一位小数，即显示为整数。❶选择 L4:L12 单元格区域；❷单击"数字"组中的"百分比样式"按钮 %，即可让所选单元格区域的数据显示为百分比样式，如下图所示。

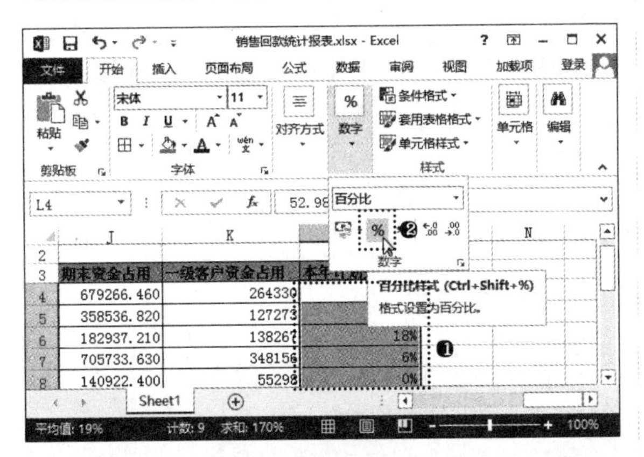

高手指引——设置文字格式的其他方法

按快捷键【Ctrl+1】可快速打开"设置单元格格式"对话框。在"设置单元格格式"对话框中还可以自定义数据格式，如要在单元格中输入 0001、0002 等数据，可以在"设置单元格格式"对话框的"分类"列表框中选择"自定义"选项，在右侧的"类型"文本框中输入 0000。

4.1.3 设置对齐方式

默认情况下，在 Excel 中输入的文本显示为左对齐，数据显示为右对齐。为了保证工作表中数据的整齐效果，可以为数据重新设置对齐方式、文字的方向和自动换行。例如，要为"报名登记表"工作簿中的数据设置对齐格式，具体操作方法如下。

光盘同步文件

原始文件：光盘 \ 原始文件 \ 第 4 章 \ 报名登记表 .xlsx
结果文件：光盘 \ 结果文件 \ 第 4 章 \ 报名登记表 .xlsx
教学视频：光盘 \ 教学视频文件 \ 第 4 章 \4-1-3.mp4

步骤 01 打开"光盘 \ 素材文件 \ 第 4 章 \ 报名登记表 .xlsx"文件。❶选择 A3:J15 单元格区域；❷单击"开始"选项卡"对齐方式"组中的"居中"按钮，如下图所示。将选择的单元格区域中的数据居中显示。

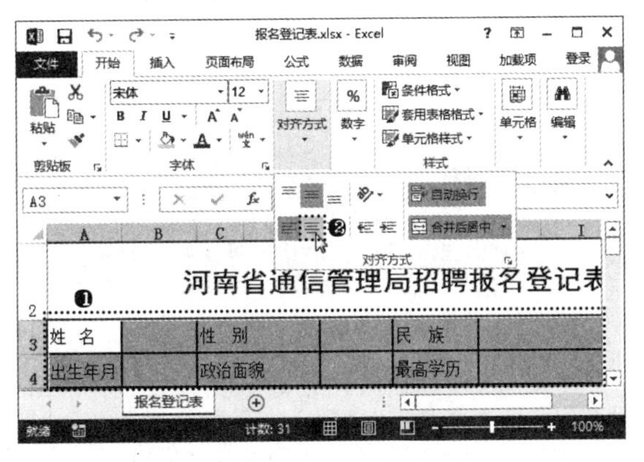

步骤 02 ❶选择 G10 单元格；❷单击"开始"选项卡"对齐方式"组中的"自动换行"按钮，如下图所示。显示出该单元格中的所有文字内容。

步骤 03 ❶选择 J3 单元格；❷单击"开始"选项卡"对齐方式"组中的"方向"按钮；❸在弹出的菜单中选择"竖排文字"选项，如下页左上图所示。让单元格中的文字竖直排列。

高手指引——设置对齐方式的其他方法

单击"开始"选项卡"对齐方式"组中的"减小缩进量"按钮或"增大缩进量"按钮，可减小或增大单元格边框与单元格数据之间的距离。除了通过"对齐方式"组对文本对齐方式进行设置外，还可以通过"设置单元格格式"对话框中的"对齐"选项卡进行设置。

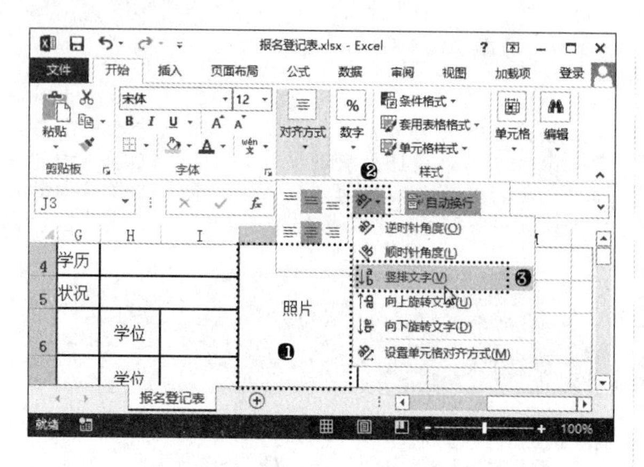

4.1.4 添加边框和底纹

在 Excel 2013 默认状态下，单元格的背景是白色的，边框为无色显示。为了使制作的表格轮廓更加清晰，更具整体感和层次感，可以根据需要为其设置适当的边框和底纹。

光盘同步文件
原始文件：光盘\原始文件\第 4 章\项目申报书 .xlsx
结果文件：光盘\结果文件\第 4 章\项目申报书 .xlsx
教学视频：光盘\教学视频文件\第 4 章\4-1-4.mp4

1．添加边框

在实际打印输出时，默认情况下 Excel 中自带的边线也是不会被打印出来的。如果需要使制作的表格轮廓清晰，让每个单元格中的内容有一个明显的划分，可以通过设置单元格的格式为其添加边框。例如，为“项目申报书”工作簿中的具体内容页设置边框，具体操作方法如下。

步骤 01 打开“光盘\素材文件\第 4 章\项目申报书 .xlsx”文件。❶选择“申报表 1 页”工作表中的 A1:F30 单元格区域；❷单击“开始”选项卡“字体”组中的“下框线”⊞右侧的下拉按钮；❸在弹出的菜单中选择“所有框线”命令，如下图所示。

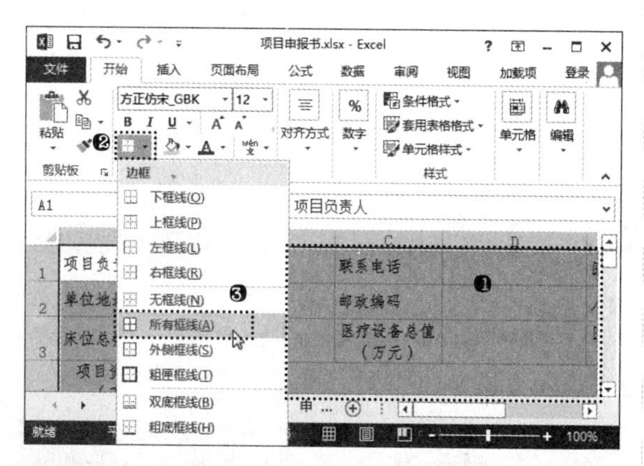

步骤 02 经过上一步操作，即可为所选单元格区域设置边框效果，如右上图所示。

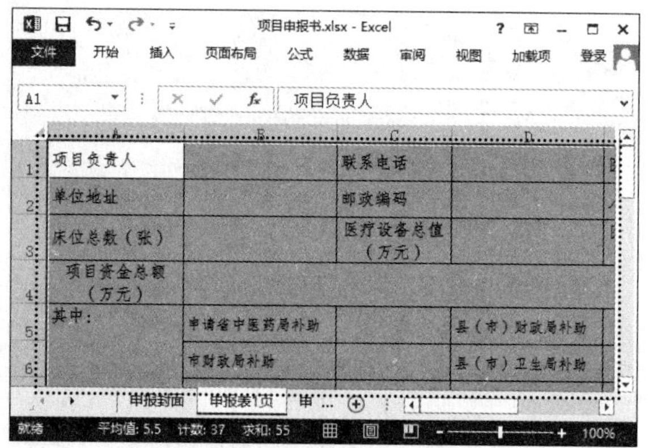

步骤 03 ❶选择“申报表 2 页”工作表中的 A1:H20 单元格区域；❷单击“开始”选项卡“字体”组右下角的“对话框启动器”按钮，如下图所示。

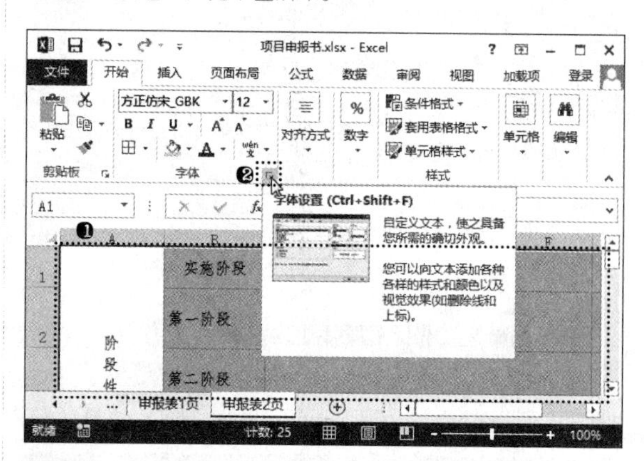

步骤 04 打开“设置单元格格式”对话框。❶单击“边框”选项卡；❷在“颜色”下拉列表中选择“蓝色”选项；❸在“样式”列表框中选择“双线”选项；❹单击“预置”栏中的“外边框”按钮；❺在“样式”列表框中选择“虚线”选项；❻单击“预置”栏中的“内部”按钮；❼单击“确定”按钮，如下图所示。

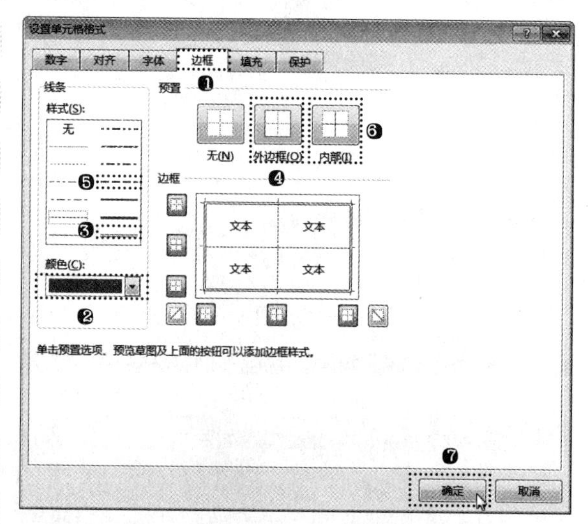

步骤 05 经过上一步操作，即可为所选单元格区域设置蓝色双线外边框，以及蓝色虚线内边框的效果，如下页左上图所示。

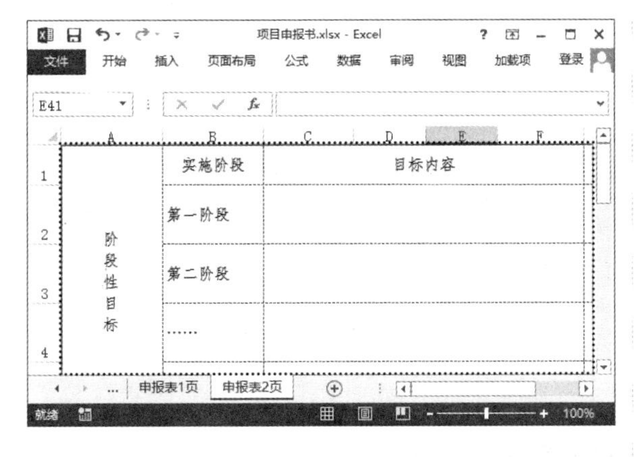

高手指引——设置多元化的边框效果

在"边框"选项卡的"边框"栏中显示了设置边框后的效果，单击其中的按钮还可以单独为单元格中的某一边添加边框效果。如单击按钮可以为单元格添加顶部的边框；单击按钮可以为单元格添加左侧的边框；单击按钮可以为单元格添加斜线等。

2. 设置底纹

在编辑表格的过程中，为单元格设置底纹既能使表格更加美观，又能让表格更具整体感和层次感。为包含重要数据的单元格设置底纹，还可以使其更加醒目，起到提醒的作用。这里所说的设置底纹包括为单元格填充纯色、带填充效果的底纹和带图案的底纹 3 种。

为单元格填充底纹一般需要通过"设置单元格格式"对话框中的"填充"选项卡进行设置。若只为单元格填充纯色底纹，还可以通过单击"开始"选项卡"字体"组中的"填充颜色"按钮进行填充。

下面继续为"项目申报书"工作簿中的相关单元格设置底纹，具体操作方法如下。

步骤 01 ❶选择 A1:A6 单元格区域；❷单击"开始"选项卡"字体"组右下角的"对话框启动器"按钮，如下图所示。

步骤 02 打开"设置单元格格式"对话框。❶单击"填充"选项卡；❷在"背景色"列表框中选择"橙色"选项；❸在"图案颜色"下拉列表中选择"白色"选项；❹在"图案样式"下拉列表中选择最后一个样式；❺单击"确定"按钮，如右上图所示。

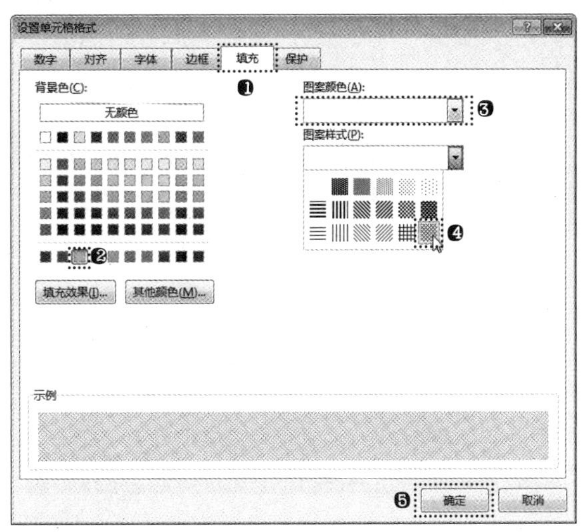

步骤 03 经过上一步操作，即可为所选单元格区域设置橙色带图案的填充效果，如下图所示。

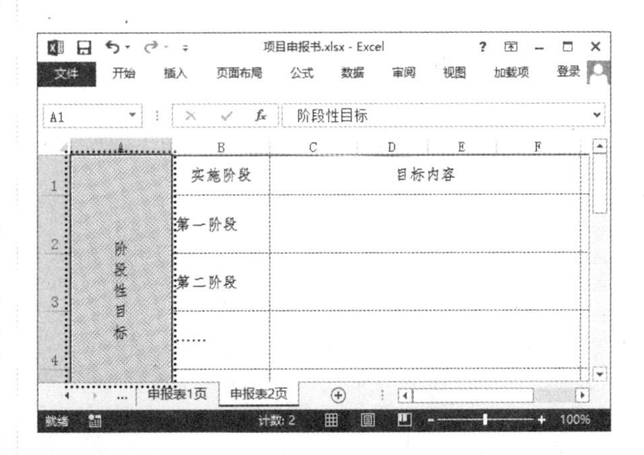

高手指引——复制单元格格式

如果已经为某一个单元格或单元格区域设置了某种单元格格式，又要在其他单元格或单元格区域中使用相同的格式，可先选择需要复制格式的单元格或单元格区域，然后单击"开始"选项卡"剪贴板"组中的"格式刷"按钮。当鼠标光标变为形状时，单击需要应用该格式的单元格或单元格区域，释放鼠标后即可看到该单元格已经应用了复制单元格相同的格式。通过格式刷可以复制单元格的数据类型格式、文字格式、对齐方式，以及边框和底纹等。

4.1.5 为单元格填充背景图

为了让工作表的背景更美观，整体更具有吸引力，除了可以为单元格填充颜色外，还可以为工作表添加喜欢的图片作为背景。例如，要为"订票登记表"工作表添加背景图，具体操作方法如下。

光盘同步文件

原始文件：光盘\原始文件\第 4 章\订票登记表 .xlsx、银杏叶 .jpg
结果文件：光盘\结果文件\第 4 章\订票登记表 .xlsx
教学视频：光盘\教学视频文件\第 4 章\4-1-5.mp4

步骤 01 打开“光盘\素材文件\第 4 章\订票登记表 .xlsx”文件，单击“页面布局”选项卡“页面设置”组中的“背景”按钮，如下图所示。

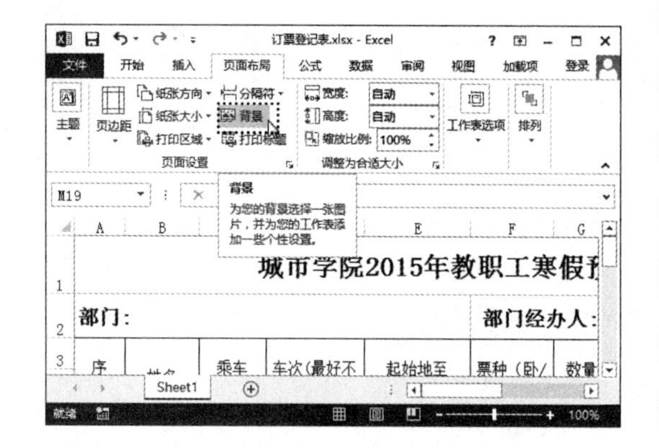

步骤 02 打开“插入图片”界面，单击“来自文件”选项后的“浏览”按钮，如下图所示。

步骤 03 打开“工作表背景”对话框。❶在“查找范围”下拉列表中选择背景图片的保存路径；❷在其下的列表框中选择需要添加的图片；❸单击“插入”按钮，如右上图所示。

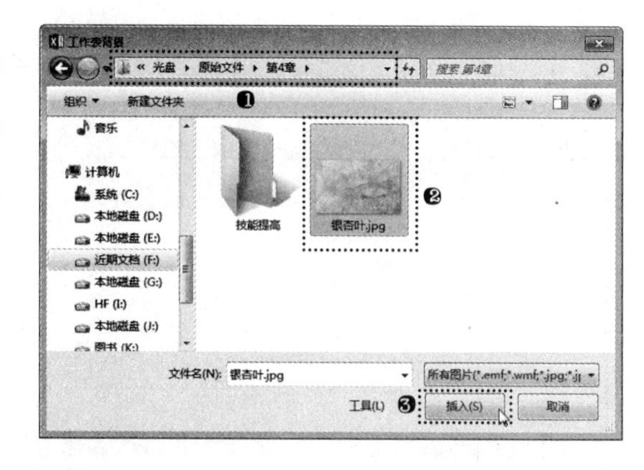

步骤 04 经过上一步操作，返回工作表中，可看到工作表的背景变成插入图片后的效果，如下图所示。

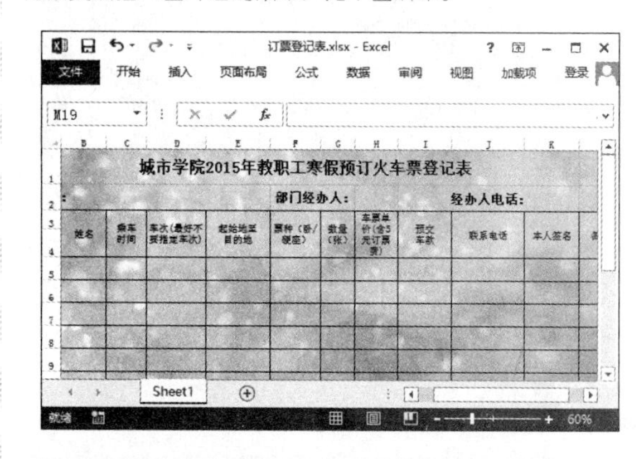

高手指引——删除填充的背景图

在一些比较严肃的表格中还是保持白色的背景比较好。如果已经为工作表填充了背景图，原“页面布局”选项卡“页面设置”组中的“背景”按钮将变为“删除背景”按钮，单击该按钮即可删除填充的背景图。

4.2 设置单元格样式

Excel 2013 提供了一系列单元格样式，它是一整套已为单元格预定义了不同的文字格式、数字格式、对齐方式、边框和底纹效果等样式的格式模板。使用单元格样式可以快速使每一个单元格都具有不同的特点，除此之外，用户还可以根据需要对内置的单元格样式进行修改，或自定义新单元格样式，创建更具个人特色的表格。

4.2.1 套用单元格样式

如果用户希望工作表更美观，各单元格都独具特色，却又不想浪费太多的时间进行单元格格式设置，此时便可利用 Excel 2013 自动套用单元格样式功能直接调用系统中已经设置好的单元格样式，快速美化工作表。下面为“产品销售统计表”工作表中的单元格套用单元格样式，具体操作步骤如下。

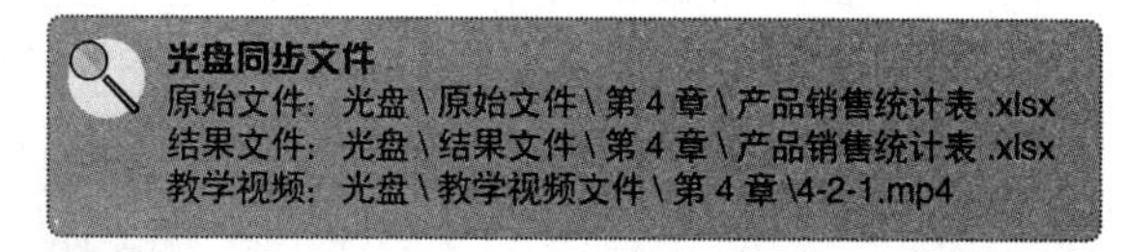

光盘同步文件

原始文件：光盘\原始文件\第 4 章\产品销售统计表 .xlsx
结果文件：光盘\结果文件\第 4 章\产品销售统计表 .xlsx
教学视频：光盘\教学视频文件\第 4 章\4-2-1.mp4

步骤 01 打开“光盘\素材文件\第 4 章\产品销售统计表 .xlsx”文件。❶选择 A2:I2 单元格区域；❷单击“开始”选项卡“样式”组中的“单元格样式”按钮；❸在弹出的菜单中选择需要的主题单元格样式，如下图所示。

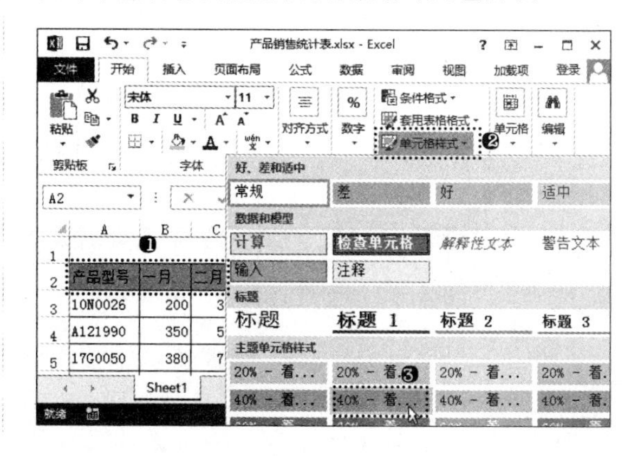

步骤02 经过上一步操作，即可为所选单元格区域设置选择的主题单元格样式。❶选择I3:I14单元格区域；❷单击"开始"选项卡"样式"组中的"单元格样式"按钮；❸在弹出的菜单中的"数字格式"栏中选择需要的"货币"样式，如下图所示。

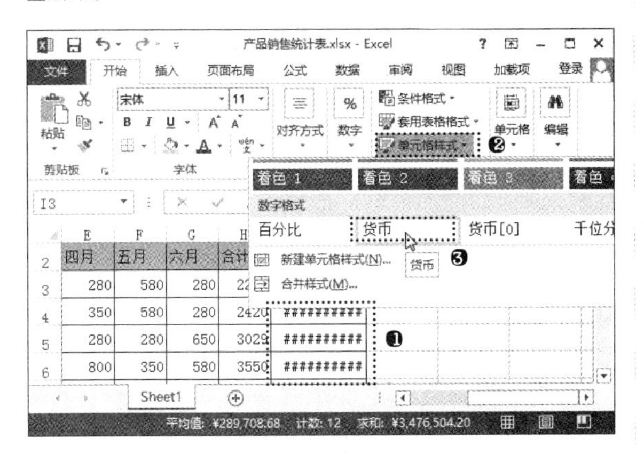

步骤03 经过上一步操作，即可为所选单元格区域设置选中的货币单元格样式，拖曳鼠标调整I列的列宽，让内容显示完整，效果如下图所示。

4.2.2 修改单元格样式

用户在应用内置单元格样式后，如果对应用样式中的字体、边框或某一部分样式不满意，还可以对应用的单元格样式进行修改。例如，要为"报价企业名称"工作簿中应用的"标题1"单元格样式进行修改，具体操作方法如下。

光盘同步文件
原始文件：光盘\原始文件\第4章\报价企业名称.xlsx
结果文件：光盘\结果文件\第4章\报价企业名称.xlsx
教学视频：光盘\教学视频文件\第4章\4-2-2.mp4

步骤01 打开"光盘\素材文件\第4章\报价企业名称.xlsx"文件。❶选择A1单元格；❷单击"开始"选项卡"样式"组中的"单元格样式"按钮；❸在弹出的菜单中，当前所使用的"标题1"单元格样式上单击鼠标右键；❹在弹出的快捷菜单中选择"修改"命令，如下图所示。

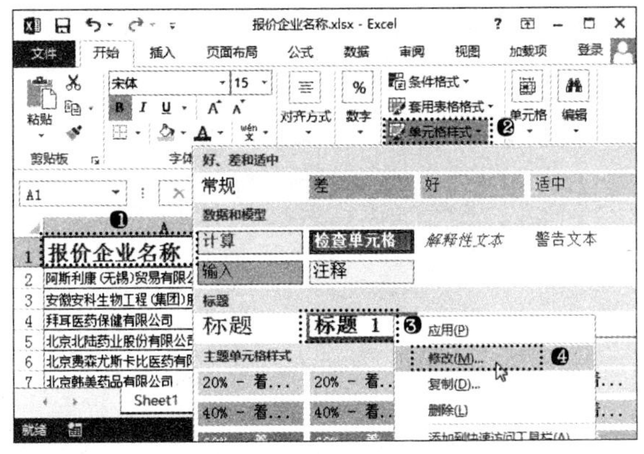

步骤02 打开"样式"对话框，单击"格式"按钮，如下图所示。

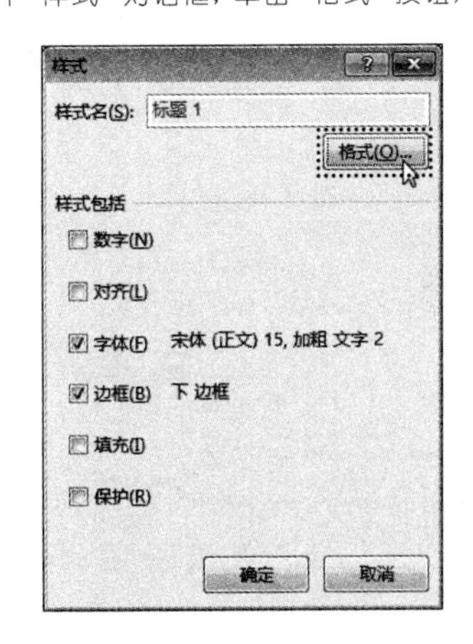

步骤03 打开"设置单元格格式"对话框。❶单击"字体"选项卡；❷在"字体"列表框中选择需要的字体样式；❸在"字形"列表框中选择"常规"选项；❹在"字号"列表框中设置字号为18，如下图所示。

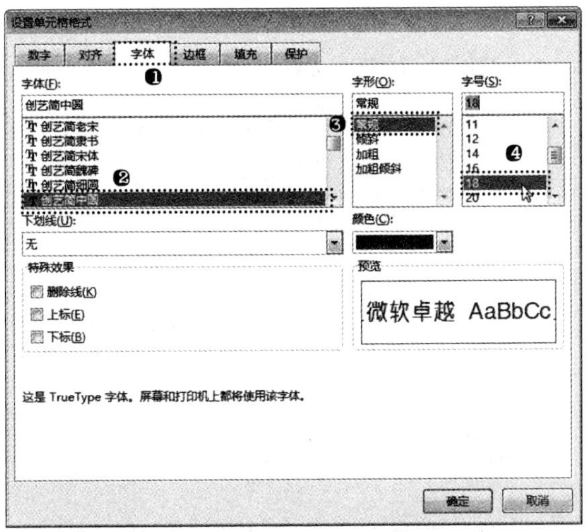

步骤04 ❶单击"填充"选项卡；❷在"背景色"列表框中选择需要填充的背景色；❸单击"确定"按钮，如下页左上图所示。

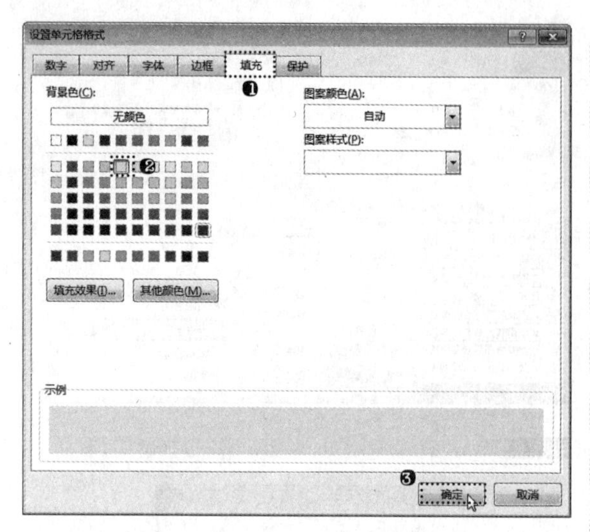

步骤 05 返回“样式”对话框，单击“确定”按钮关闭该对话框，返回工作簿中即可看到已经为 A1 单元格应用了新的标题样式，效果如下图所示。

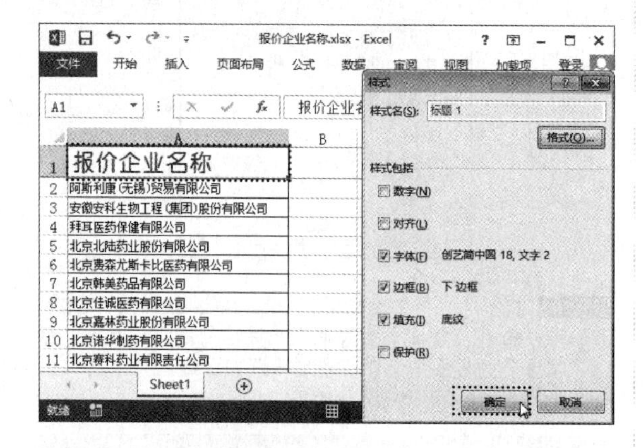

4.2.3 自定义单元格样式

Excel 2013 中提供的单元格样式有限，因此它允许用户创建属于自己的单元格样式。将自己常用的单元格样式进行自定义后，创建的单元格样式会自动显示在“单元格样式”菜单的“自定义”栏中，这样就能随时调用了。

例如，要创建一个名为“新标题样式”的单元格样式，并为“履历表”工作簿中的相应单元格应用该样式，具体操作方法如下。

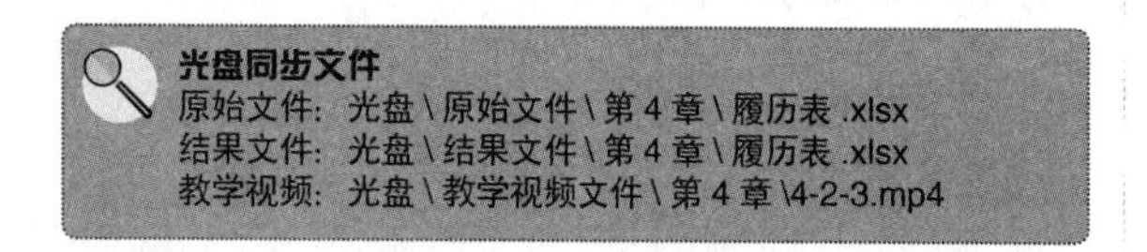
光盘同步文件
原始文件：光盘\原始文件\第 4 章\履历表 .xlsx
结果文件：光盘\结果文件\第 4 章\履历表 .xlsx
教学视频：光盘\教学视频文件\第 4 章\4-2-3.mp4

步骤 01 打开“光盘\素材文件\第 4 章\履历表 .xlsx”文件。❶单击“开始”选项卡“样式”组中的“单元格样式”按钮；❷在弹出的菜单中选择“新建单元格样式”命令，如右上图所示。

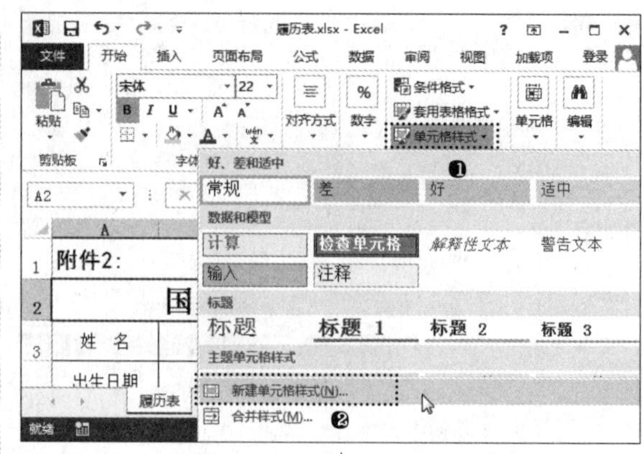

步骤 02 打开“样式”对话框。❶在“样式名”文本框中输入新建单元格样式的名称“新标题样式”；❷单击“格式”按钮，如下图所示。

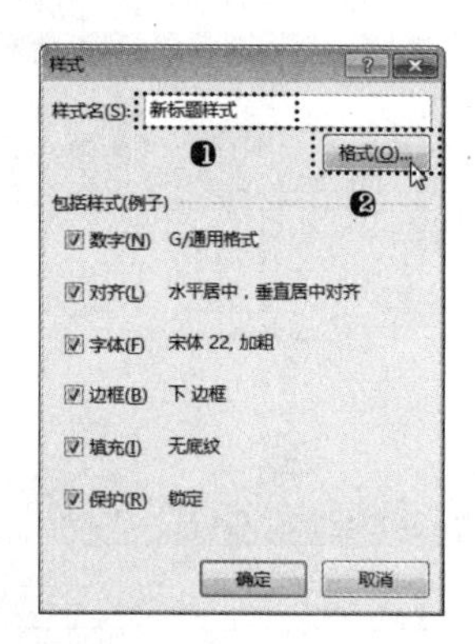

步骤 03 打开“设置单元格格式”对话框。❶单击“对齐”选项卡；❷在“水平对齐”下拉列表中选择“居中”选项；❸在“垂直对齐”下拉列表中选择“居中”选项，如下图所示。

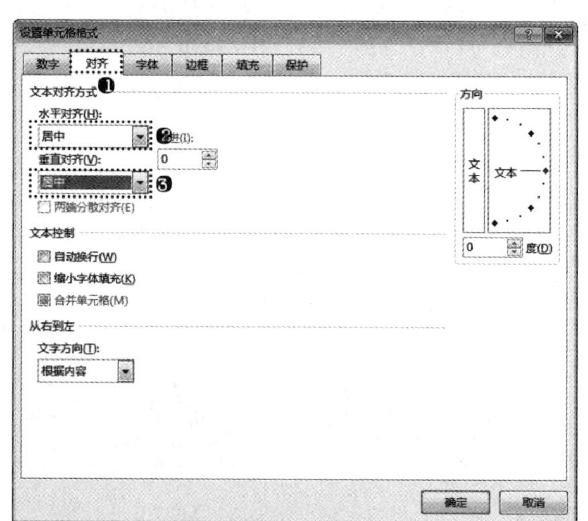

步骤 04 ❶单击“字体”选项卡；❷在“字体”列表框中选择“黑体”选项；❸在“字形”列表框中选择“常规”选项；❹在“字号”列表框中设置字号为 22；❺在“下划线”下拉列表中选择“单下划线”选项；❻在“颜色”下拉列表中选择“黑色”选项，如下页左上图所示。

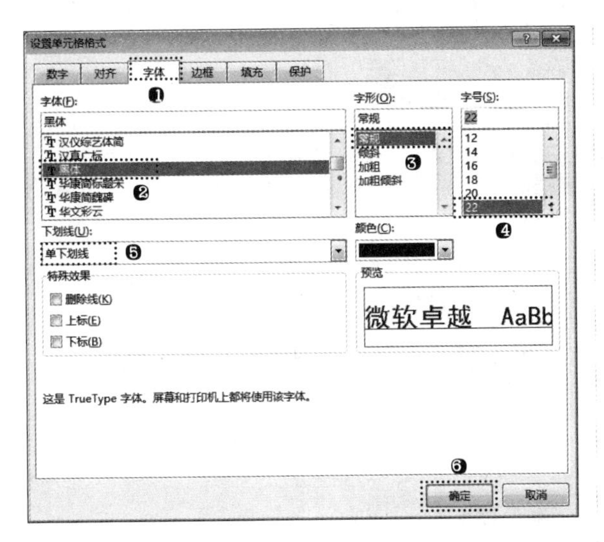

步骤 05 ❶单击"边框"选项卡；❷在"样式"列表框中设置边框样式为"虚线"；❸单击"外边框"按钮，如下图所示。

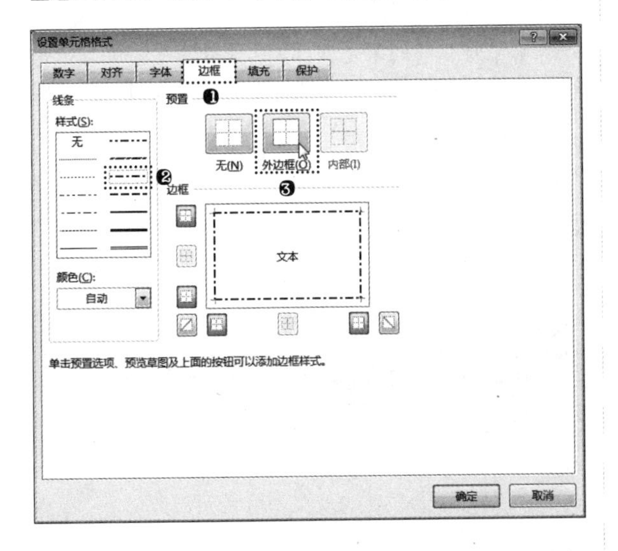

步骤 06 ❶单击"填充"选项卡；❷在"背景色"列表框中选择需要填充的背景色；❸单击"确定"按钮；❹返回"样式"对话框，单击"确定"按钮关闭该对话框，如下图所示。

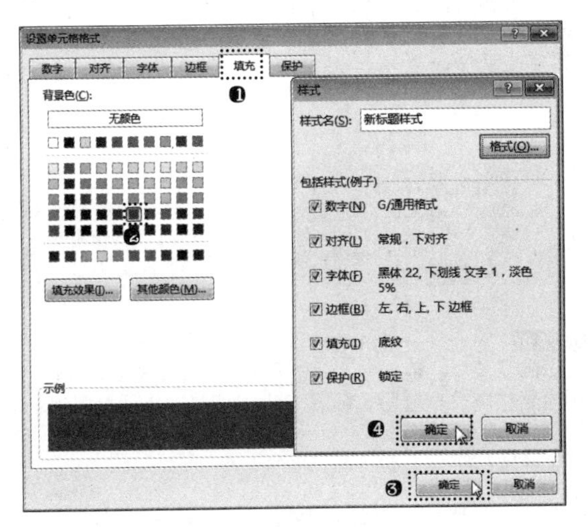

步骤 07 返回工作簿中。❶选择 A2 单元格；❷单击"开始"选项卡"样式"组中的"单元格样式"按钮；❸在弹出的菜单中的"自定义"栏中选择刚创建的"新标题样式"单元格样式，如下图所示。即可为该单元格设置自定义的单元格样式。

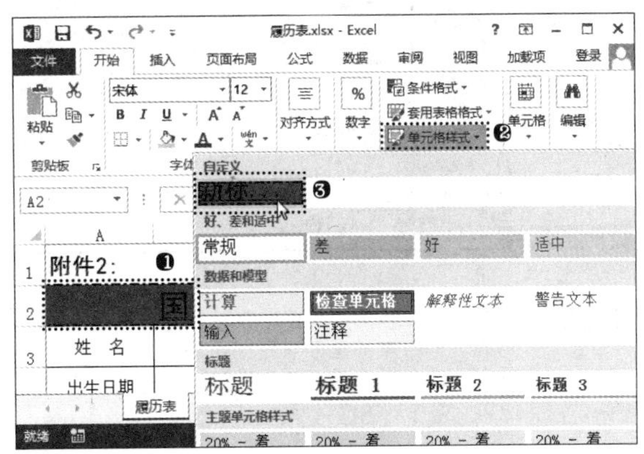

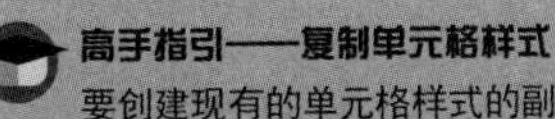

高手指引——复制单元格样式

要创建现有的单元格样式的副本，可在其上单击鼠标右键，在弹出的快捷菜单中选择"复制"命令。在打开的"样式"对话框中为新单元格样式输入适当的名称即可。

4.2.4 合并单元格样式

创建的或复制到工作簿中的单元格样式只能应用于选择的当前工作簿，如果要使其在其他工作簿中也能应用，则可以通过合并样式操作，将该单元格样式从该工作簿复制到需要应用该样式的另一个工作簿中。下面将"履历表"工作簿中创建的"新标题样式"单元格样式合并到"农贸市场情况表"工作簿中，具体操作步骤如下。

高手指引——使单元格样式在有所工作簿中都可用

如果要使在工作簿中创建的单元格样式可应用于以后的所有工作簿，则可以通过合并单元格样式操作，将这些样式保存在用于所有新工作簿的单元格样式中。

光盘同步文件

原始文件：光盘 \ 原始文件 \ 第 4 章 \ 农贸市场情况表 .xlsx
结果文件：光盘 \ 结果文件 \ 第 4 章 \ 农贸市场情况表 .xlsx
教学视频：光盘 \ 教学视频文件 \ 第 4 章 \4-2-4.mp4

步骤 01 打开"光盘 \ 素材文件 \ 第 4 章 \ 履历表 .xlsx"和"光盘 \ 素材文件 \ 第 4 章 \ 农贸市场情况表 .xlsx"文件。❶在"农贸市场情况表"工作簿中单击"开始"选项卡"样式"组中的"单元格样式"按钮；❷查看弹出的菜单，其中并无"自定义"栏，表示没有创建过单元格样式。选择该菜单中的"合并样式"命令，如下页左上图所示。

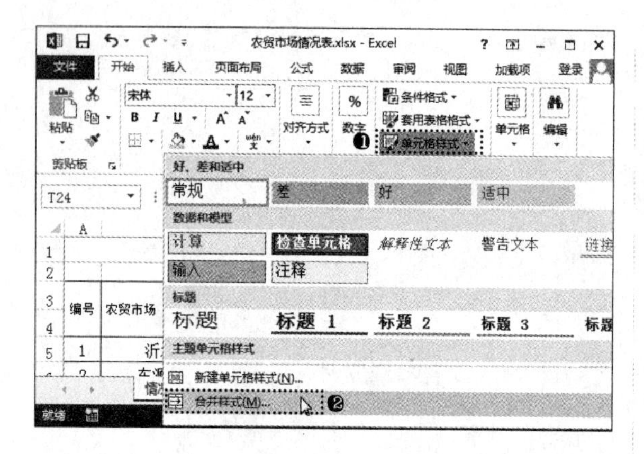

步骤 02 打开“合并样式”对话框，❶在“合并样式来源”列表框中选择包含要复制的单元格样式的工作簿，这里选择“履历表”选项；❷单击“确定”按钮关闭该对话框，如下图所示，完成单元格样式的合并操作。

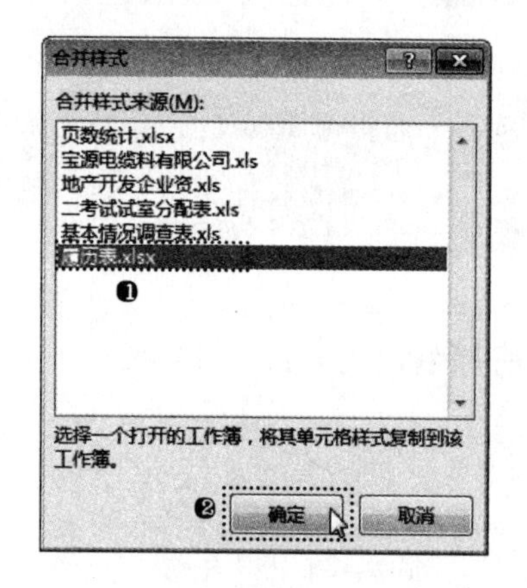

步骤 03 返回“农贸市场情况表”工作簿。❶选择 A1 单元格；❷单击“开始”选项卡“样式”组中的“单元格样式”按钮；❸在弹出的菜单中即可看到已经合并到该工作簿中的单元格样式，在“自定义”栏中选择“新标题样式”单元格样式，即可为 A1 单元格应用该标题样式，如下图所示。

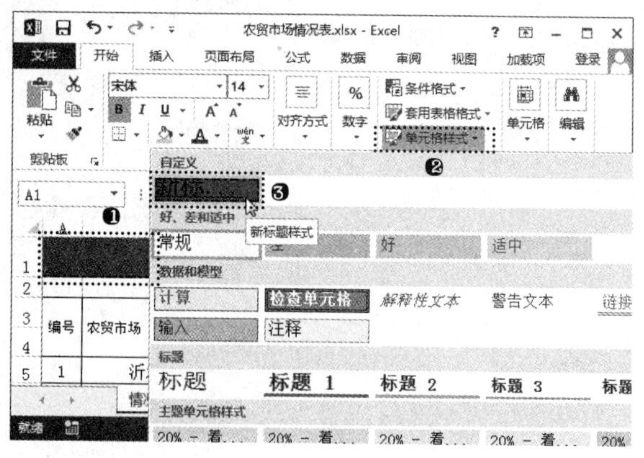

4.2.5 删除单元格样式

如果对创建的单元格样式不再需要了，可以进行删除操作。在单元格样式菜单中需要删除的预定义或自定义单元格样式上单击鼠标右键，在弹出的快捷菜单中选择“删除”命令，即可将该单元格样式从菜单中删除，并从应用该单元格样式的所有单元格中删除单元格样式。但单元格样式菜单中的“常规”单元格样式是不能删除的。

高手指引——清除单元格样式

如果只是需要删除应用于单元格中的单元格样式，而不是删除单元格样式本身，可以先选择该单元格或单元格区域，然后在“开始”选项卡“编辑”组中单击“清除”按钮，在弹出的下拉列表中选择“清除格式”选项。

4.3 设置表格格式

Excel 2013 中提供了许多预定义的表格格式。与单元格样式相同，表格格式也是一套已经定义了不同文字格式、数字格式、对齐方式、边框和底纹效果等样式的格式模板，只是该模板是作用于整个表格的。套用表格格式后还可以为表元素进行设计，使其更符合实际需要。如果预定义的表格样式不能满足需要，可以创建并应用自定义的表格样式。

4.3.1 套用表格格式

应用 Excel 预定义的表样式与应用单元格样式的方法相同，可以为数据表轻松、快速地套用表格格式，使其可以快速构建带有特定格式特征的表格。同时，还将添加自动筛选器，方便用户筛选表格中的数据。例如，要为“考试试室分配表”工作簿中的工作表应用内置表格样式，具体操作方法如下。

光盘同步文件

原始文件：光盘 \ 原始文件 \ 第 4 章 \ 考试试室分配表 .xlsx
结果文件：光盘 \ 结果文件 \ 第 4 章 \ 考试试室分配表 .xlsx
教学视频：光盘 \ 教学视频文件 \ 第 4 章 \4-3-1.mp4

步骤 01 打开“光盘 \ 素材文件 \ 第 4 章 \ 考试试室分配表 .xlsx”文件。❶单击“开始”选项卡“样式”组中的“套用表格格式”按钮；❷在弹出的菜单中选择需要的表格样式，如下页左上图所示。

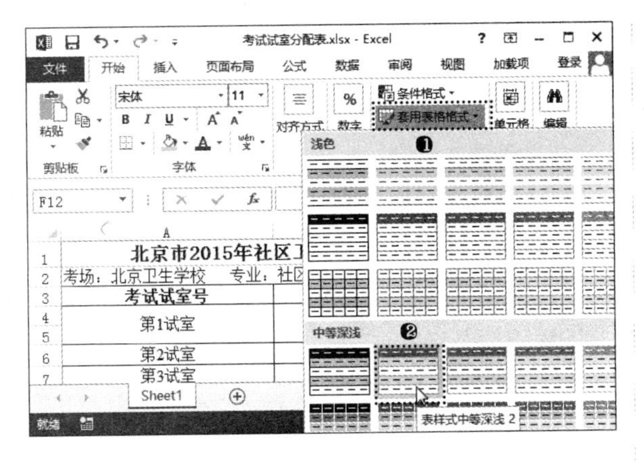

步骤02 打开“套用表格式”对话框，❶单击“表数据的来源”文本框后的折叠按钮；❷拖曳鼠标在工作表中选择需要套用表格格式的 A3:D74 单元格区域；❸选中“表包含标题”复选框；❹单击“确定”按钮，如下图所示。

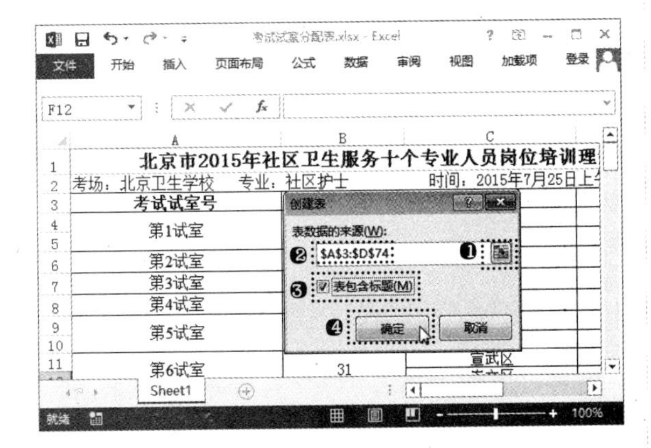

步骤03 返回工作簿即可看到已经为 A3:D74 单元格区域套用了选定的表格格式，如下图所示。

4.3.2 设计表格样式

套用表格格式之后，表格区域将变为一个特殊的整体区域，且选择该区域中的任意单元格时，将激活“表格工具设计”选项卡。在该选项卡中可以设置表格区域的名称和大小，在“表样式选项”组中还可以对表元素（如标题行、汇总行、第一列、最后一列、镶边行和镶边列）设置快速样式，从而对整个表格样式进行细节处理，进一步完善表格格式。

下面为套用表格格式后的“考试试室分配表”工作表设计适合的表格样式，具体操作步骤如下。

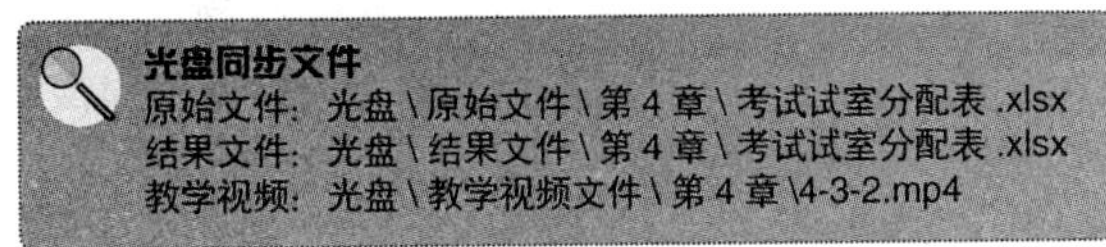
光盘同步文件
原始文件：光盘 \ 原始文件 \ 第 4 章 \ 考试试室分配表 .xlsx
结果文件：光盘 \ 结果文件 \ 第 4 章 \ 考试试室分配表 .xlsx
教学视频：光盘 \ 教学视频文件 \ 第 4 章 \4-3-2.mp4

步骤01 打开“光盘 \ 素材文件 \ 第 4 章 \ 考试试室分配表 .xlsx”文件。❶选择套用了表格样式的任意单元格，激活“表格工具设计”选项卡；❷在“表格工具设计”选项卡的“表格样式选项”组中选中“第一列”复选框，即可看到第一列数据被赋予了如下图所示的样式。

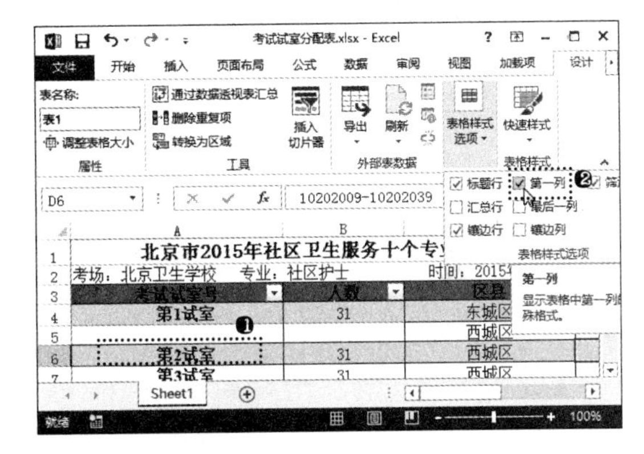

步骤02 在“表格工具设计”选项卡的“表格样式选项”组中选中“镶边列”复选框，即可看到以不同方式显示的奇数列和偶数列，如下图所示。

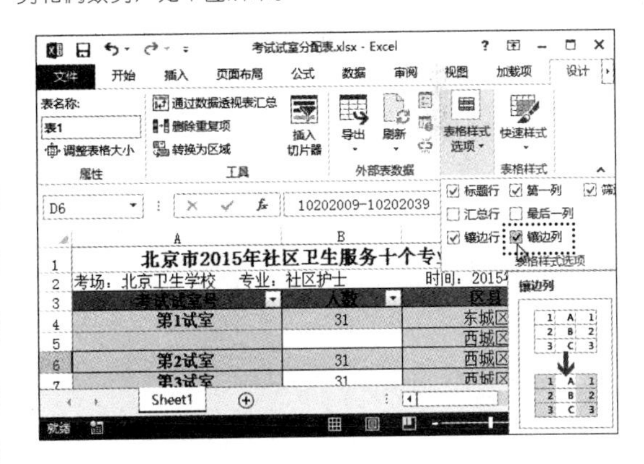

4.3.3 自定义表格样式

如果 Excel 预定义的表格格式不能满足需要，还可以创建并应用自定义的表格样式。自定义表格样式的方法与自定义单元格格式的方法基本相同。例如，要创建一个名为“粉玫瑰样式”的表格样式，并为“参赛选手报名信息汇总表”工作表应用该表格样式，具体操作步骤如下。

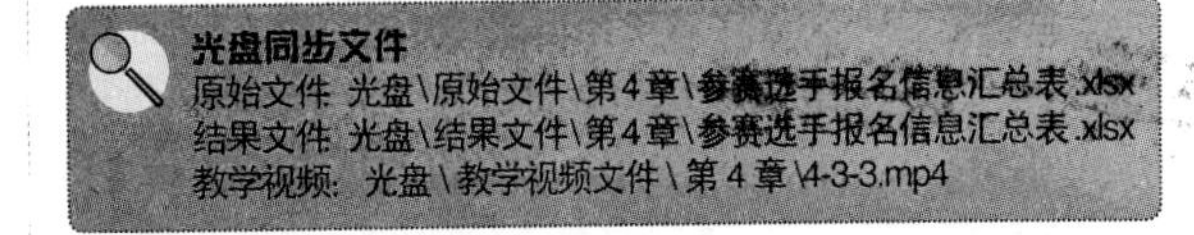
光盘同步文件
原始文件：光盘 \ 原始文件 \ 第 4 章 \ 参赛选手报名信息汇总表 .xlsx
结果文件：光盘 \ 结果文件 \ 第 4 章 \ 参赛选手报名信息汇总表 .xlsx
教学视频：光盘 \ 教学视频文件 \ 第 4 章 \4-3-3.mp4

步骤 01 打开"光盘\素材文件\第 4 章\参赛选手报名信息汇总表.xlsx"文件。❶单击"开始"选项卡"样式"组中的"套用表格格式"按钮；❷在弹出的菜单中选择"新建表格式"命令，如下图所示。

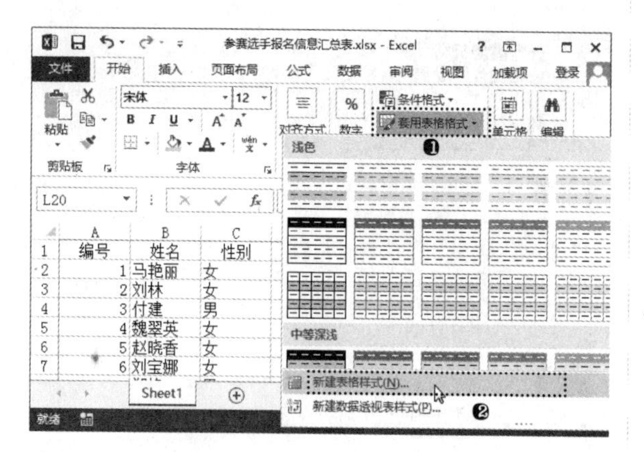

步骤 02 打开"新建表样式"对话框。❶在"名称"文本框中输入新建表格样式的名称"粉玫瑰样式"；❷在"表元素"列表框中选择"标题行"选项；❸单击"格式"按钮，如下图所示。

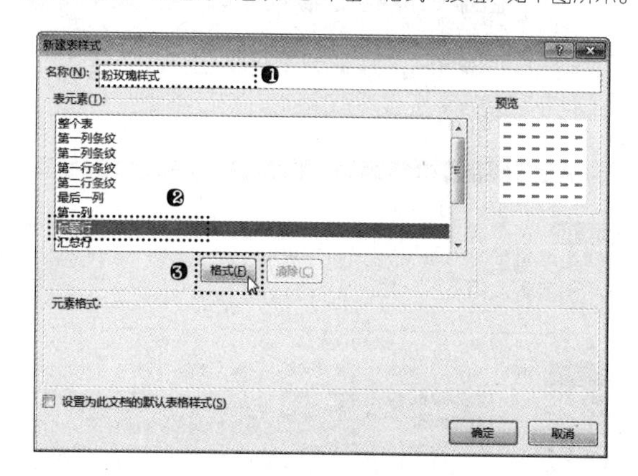

步骤 03 打开"设置单元格格式"对话框。❶单击"边框"选项卡；❷在"颜色"下拉列表中选择需要的边框颜色为浅蓝色；❸在"样式"列表框中选择需要的边框线条样式；❹单击"外边框"按钮；❺单击"内部"按钮，如下图所示。

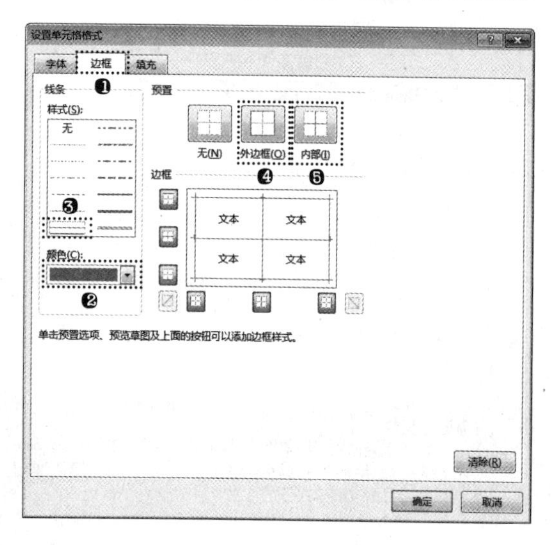

步骤 04 ❶单击"填充"选项卡；❷在"背景色"列表框中选择需要填充的背景色；❸单击"确定"按钮，如下图所示。

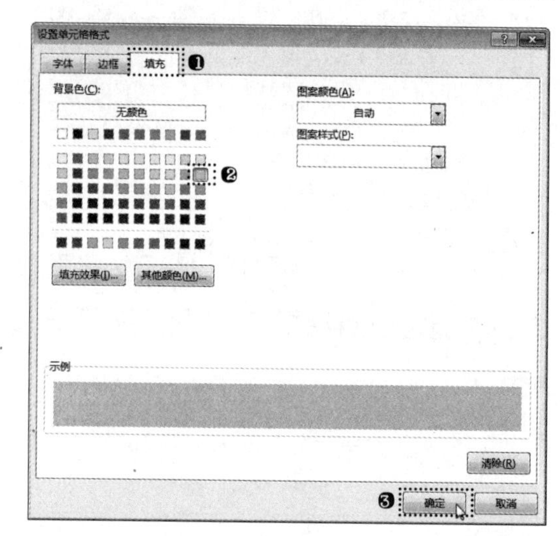

步骤 05 返回"新建表样式"对话框。❶在"表元素"列表框中选择要设置的表格元素"第一行条纹"选项；❷单击"格式"按钮，如下图所示。

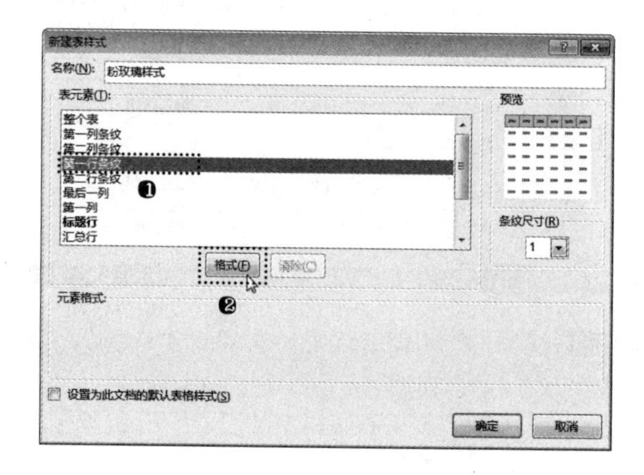

步骤 06 打开"设置单元格格式"对话框。❶单击"填充"选项卡；❷在"背景色"列表框中选择需要填充的背景色；❸单击"确定"按钮，如下图所示。

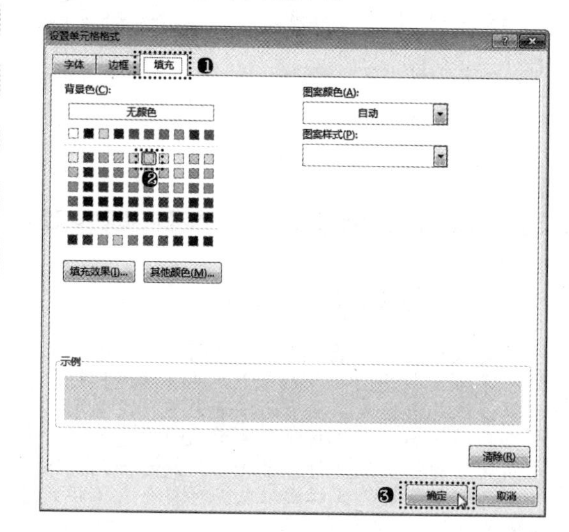

高手指引——将套用表格的单元格转换为区域

套用表格格式之后，表格区域将成为一个特殊的整体区域，当在表格中添加新的数据时，单元格上会自动应用相应的表格样式。如果要将该区域转换成普通区域，可在"表格工具设计"选项卡的"工具"组中单击"转换为区域"按钮，当表格转换为区域之后，其表格样式仍然保留。

步骤 07 返回"新建表样式"对话框。❶在"条纹尺寸"下拉列表中选择 2 选项；❷单击"确定"按钮，如下图所示。

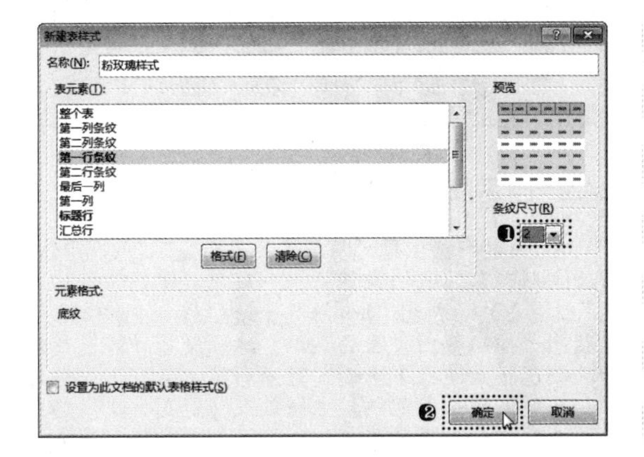

步骤 08 返回工作簿。❶单击"开始"选项卡"样式"组中的"套用表格格式"按钮；❷在弹出菜单的"自定义"栏中，选择刚创建的表格样式，如下图所示。

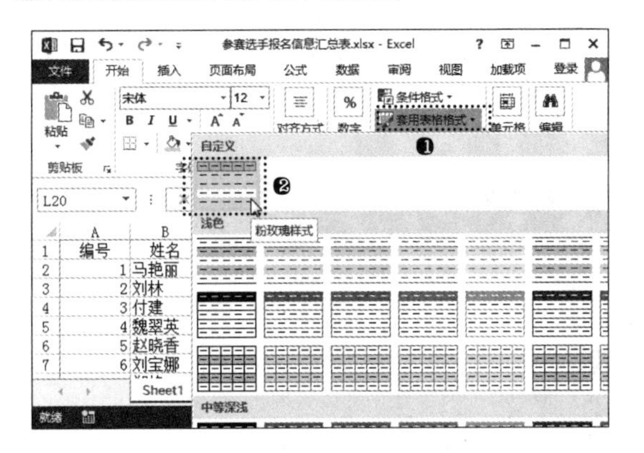

步骤 09 打开"套用表格式"对话框。❶单击"表数据的来源"文本框后的折叠按钮；❷拖曳鼠标在工作表中选择需要套用表格格式的 A1:H21 单元格区域；❸选中"表包含标题"复选框；❹单击"确定"按钮，如下图所示。

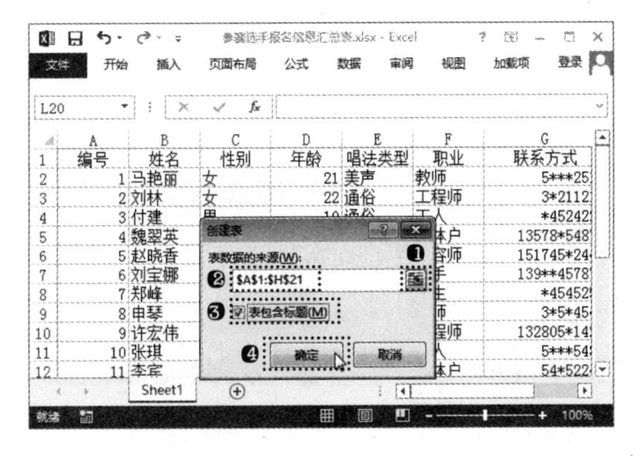

步骤 10 返回工作簿中，即可看到已经为 A1:H21 单元格区域套用了自定义的表格格式，如下图所示。

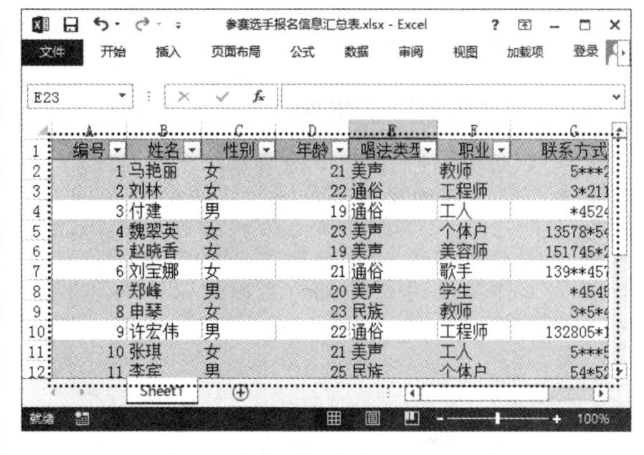

高手指引——设置默认的表格样式

如果需要在当前工作簿中使用新表样式作为默认的表样式，可在"新建表快速样式"对话框中选中"设为此文档的默认表快速样式"复选框。创建的自定义表格样式只存储于当前工作簿中，因此不可用于其他工作簿。

4.3.4 修改与删除表样式

如果对自定义套用的表格格式不满意，除了可以在"表格工具设计"选项卡中进行深入的设计外，还可以返回创建的基础设计中进行修改。单击"开始"选项卡"样式"组中的"套用表格格式"按钮，在弹出菜单的"自定义"栏中找到套用的表样式，然后在其上单击鼠标右键，在弹出的快捷菜单中选择"修改"命令。打开"修改表快速样式"对话框后，按照创建表样式的方法进行修改即可。

若对套用的表格格式不满意，可再次选择套用表格样式单元格区域中的任意单元格，然后在激活的"表格工具设计"选项卡的"表格样式"组中单击"快速样式"按钮，在弹出的菜单中选择"清除"命令即可。删除表格样式后，当前工作簿中使用该表格样式的所有单元格区域都将以默认的表格样式进行显示。

高手指引——删除表格样式

如果对自定义套用的表格格式不满意，还可以在表格格式菜单的"自定义"栏中找到套用的表样式，然后在其上单击鼠标右键，在弹出的快捷菜单中选择"删除"命令。

4.4 使用主题设计文档

Excel 2013 中整合了主题功能，它是一种指定颜色、字体、图形效果的方法，能用来格式文档。通过设置主题可以更好地创建精美表格，赋予它专业和时尚的外观。

4.4.1 使用预定义的主题

事实上，我们在输入数据时，就正在创建主题文本，它们自动应用了系统默认的 Office 主题。但并不是每个人都喜欢预定义的主题，我们还可以根据需要改变主题。例如，要为“年度销售统计表”工作簿应用预定义的主题效果，具体操作方法如下。

光盘同步文件
原始文件：光盘\原始文件\第 4 章\年度销售统计表 .xlsx
结果文件：光盘\结果文件\第 4 章\年度销售统计表 .xlsx
教学视频：光盘\教学视频文件\第 4 章\4-4-1.mp4

步骤 01 打开“光盘\素材文件\第 4 章\年度销售统计表 .xlsx”文件。❶单击“页面布局”选项卡“主题”组中的“主题”按钮；❷在弹出的菜单中选择需要的主题样式，如下图所示。

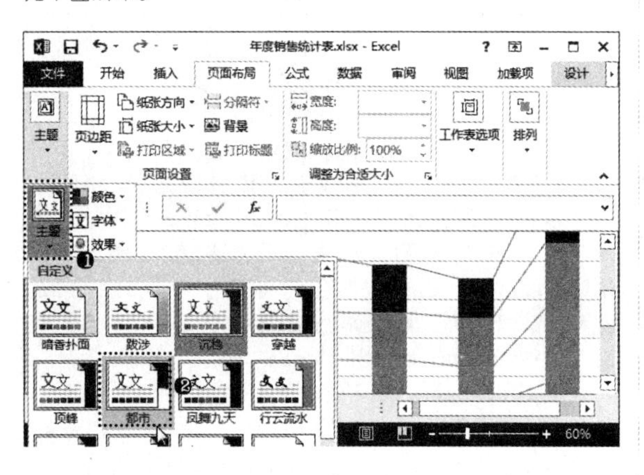

步骤 02 返回工作簿中，即可看到工作表中的各项内容都应用了“都市”主题的样式效果，如下图所示。选择该工作簿中的其他工作表，可发现其中的内容也发生了相应的改变。

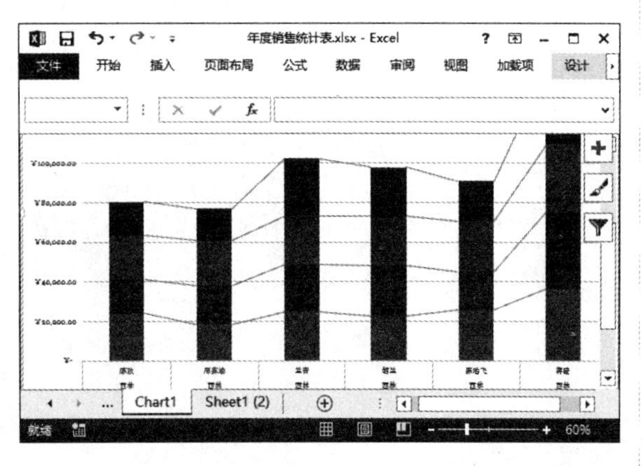

高手指引——使用主题的好处

一旦选择了一个新的主题，工作簿中的任何主题样式将相应地进行更新。但在更改主题后，主题的所有组成部分（字体、颜色和效果）看起来仍然是协调并且舒适的。同时，颜色菜单、字体菜单，以及其他的图形菜单也会相应进行更新，从而显示新的主题。因此，通过设置主题，可以自动套用更多格式的单元格样式和表格格式。

4.4.2 自定义主题

Excel 的默认主题文本样式使用的是“正文”字体，默认主题颜色是我们在任意一个颜色菜单的“主体颜色”栏中看到的颜色（如单击“开始 / 字体”组中的“填充颜色”按钮所弹出的菜单），一般第一行是最饱和的颜色模式，接下来的 5 行分别显示具有不同饱和度和明亮度的相同色调。主题效果功能支持更多格式设置选项（如直线的粗或细、简洁的或华丽的填充、对象有无斜边或阴影等），主要为图表和形状提供精美的外观。

我们除了可以为工作簿设置预设的主题外，还可以分别设置主题的字体、颜色、效果，从而自定义出更丰富的主题样式。下面为“库存统计表”工作簿中的数据分别自定义主题的颜色和字体，具体操作步骤如下。

光盘同步文件
原始文件：光盘\原始文件\第 4 章\库存统计表 .xlsx
结果文件：光盘\结果文件\第 4 章\库存统计表 .xlsx
教学视频：光盘\教学视频文件\第 4 章\4-4-2.mp4

步骤 01 打开“光盘\素材文件\第 4 章\库存统计表 .xlsx”文件。❶单击“页面布局”选项卡“主题”组中的“主题颜色”按钮；❷在弹出的菜单中选择需要的主题颜色“沉香”，如下图所示。工作表中的颜色将变成对应的样式。

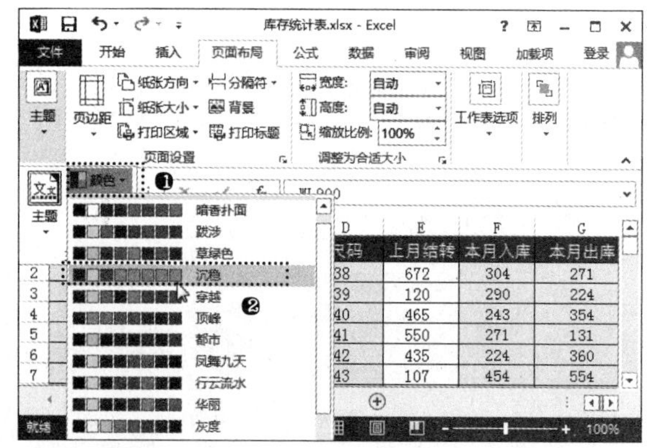

步骤 02 ❶单击“页面布局”选项卡“主题”组中的“主题字体”按钮；❷在弹出的菜单中选择需要的主题样式，如右图所示。工作表中数据的字体将变成对应的样式。

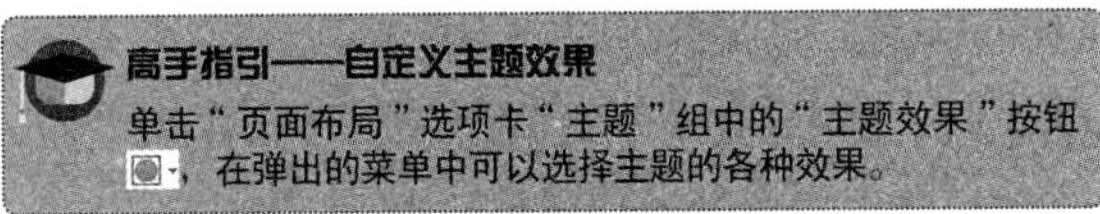

高手指引——自定义主题效果

单击“页面布局”选项卡“主题”组中的“主题效果”按钮，在弹出的菜单中可以选择主题的各种效果。

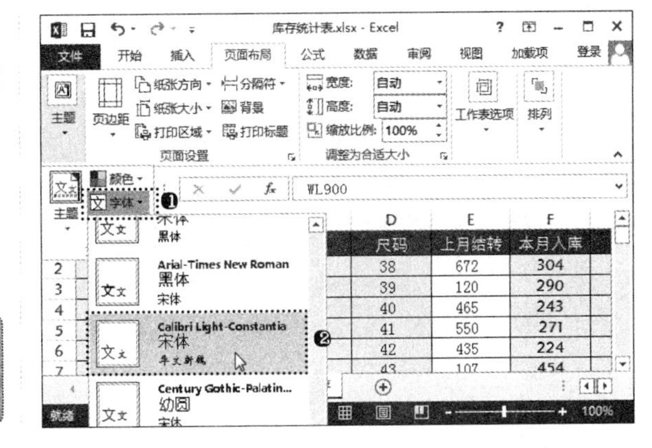

4.5 丰富的条件格式

对单元格数据进行分析时可能会出现一些疑问，如“企业员工的总体年龄分布情况如何”、“哪些产品的年收入增长幅度大于 15%”、“某个月中，哪个型号的产品卖出最多，哪个又卖出最少”等问题。在 Excel 中使用条件格式可以基于设置的条件，采用数据条、色阶和图标集等突出显示所关注的单元格或单元格区域，用于直观地表现数据，从而轻松解决以上问题。

4.5.1 突出显示单元格规则

如果要突出显示单元格中的一些数据，如大于某个值的数据、小于某个值的数据、等于某个值的数据等，可以基于比较运算符设置这些特定单元格的格式。例如，要在“部门开销情况统计”工作簿中，使用条件格式为支出大于 2400 的单元格设置“浅红填充色深红色文本”，具体操作方法如下。

光盘同步文件

原始文件：光盘\原始文件\第 4 章\部门开销情况统计 .xlsx
结果文件：光盘\结果文件\第 4 章\部门开销情况统计 .xlsx
教学视频：光盘\教学视频文件\第 4 章\4-5-1.mp4

步骤 01 打开“光盘\素材文件\第 4 章\部门开销情况统计 .xlsx”文件。❶选择 F2:F16 单元格区域；❷单击“开始”选项卡“样式”组中的“条件格式”按钮；❸在弹出的菜单中选择“突出显示单元格规则”命令；❹在弹出的下级子菜单中选择“大于”命令，如下图所示。

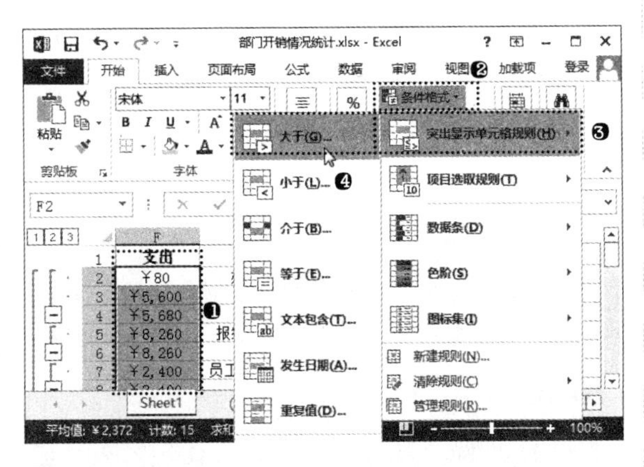

步骤 02 打开“大于”对话框。❶单击文本框右侧的折叠按钮，返回工作簿中选择 F7 单元格，引用该单元格的数据；❷在“设置为”下拉列表中选择“浅红填充色深红色文本”选项；❸单击“确定”按钮，如下图所示，即可让 F2:F16 单元格区域中数值大于 2400 的单元格格式发生变化。

高手指引——突出显示单元格规则

选择“突出显示单元格规则”命令后，在其子菜单中选择“小于”或“等于”命令，可以将小于或等于某个值的单元格突出显示；选择“介于”命令，可以将单元格中在某个数值范围内的数据突出显示；选择“文本包含”命令，可以将单元格中符合设置的文本信息突出显示；选择“发生日期”命令，可以将单元格中符合设置的日期信息突出显示；选择“重复值”命令，可以将单元格中重复出现的数据突出显示。

4.5.2 项目选取规则

项目选取规则允许用户识别项目中最大或最小的百分数或数字所指定的项，或者指定大于或小于平均值的单元格，而且可以使用颜色直观地显示数据，并可以帮助用户了解数据的分布和变化。通常使用双色刻度来设置条件格式，它使用两种颜色的深浅程度来比较某个区域的单元格，颜色的深浅表示值的高低，其设置方法与使用突出显示单元格规则的方法基本相同。

例如，要在“固定资产购置表”工作簿中使用条件格式为购买数量最高的 3 项单元格设置“红色边框”，并为金额高于平均值的单元格设置“黄填充色深黄色文本”，具体操作方法如下。

光盘同步文件
原始文件：光盘 \ 原始文件 \ 第 4 章 \ 固定资产购置表 .xlsx
结果文件：光盘 \ 结果文件 \ 第 4 章 \ 固定资产购置表 .xlsx
教学视频：光盘 \ 教学视频文件 \ 第 4 章 \4-5-2.mp4

高手指引——项目选取规则
选择“项目选取规则”命令后，在其子菜单中选择“值最大的 10% 项”或“值最小的 10% 项”命令，将突出显示值最大或最小的 10% 个单元格；选择“其他规则”命令，可在打开的“新建格式规则”对话框中对双色刻度的类型、颜色等进行设置。

步骤 01 打开“光盘 \ 素材文件 \ 第 4 章 \ 固定资产购置表 .xlsx”文件。❶选择 C2:C11 单元格区域；❷单击“开始”选项卡“样式”组中的“条件格式”按钮；❸在弹出的菜单中选择“项目选取规则”命令；❹在弹出的下级子菜单中选择“前 10 项”命令，如下图所示。

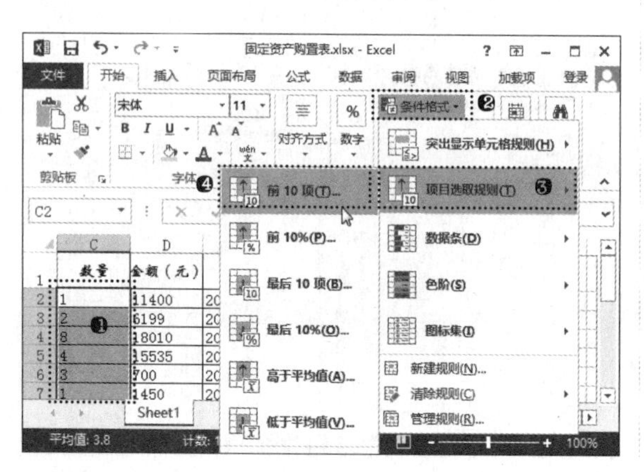

步骤 02 打开“前 10 项”对话框。❶在文本框中输入 3；❷在“设置为”下拉列表中选择“红色边框”选项，即可为 C5:C15 单元格区域中值最大的 3 项单元格设置红色边框；❸单击“确定”按钮，如下图所示。

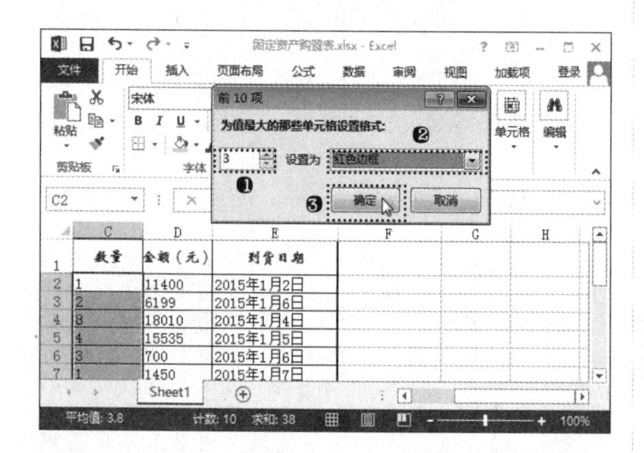

步骤 03 ❶选择 D2:D11 单元格区域；❷单击“开始”选项卡“样式”组中的“条件格式”按钮；❸在弹出的菜单中选择“项目选取规则”命令；❹在弹出的下级子菜单中选择“高于平均值”命令，如下图所示。

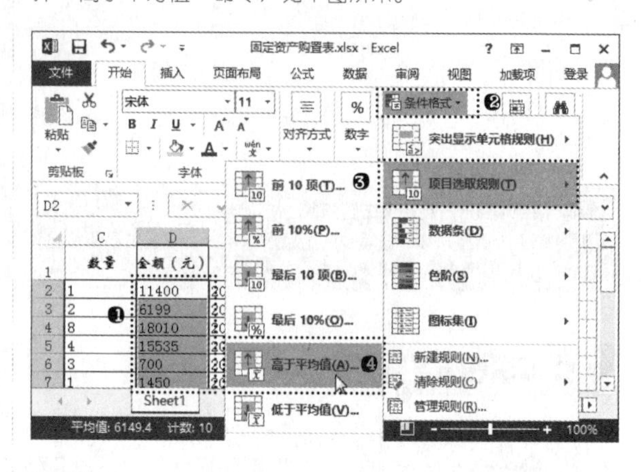

步骤 04 打开“高于平均值”对话框。❶在“设置为”下拉列表中选择“黄填充色深黄色文本”选项，即可为 D2:D11 单元格区域中值高于平均值的单元格设置对应的单元格格式；❷单击“确定”按钮，如下图所示。

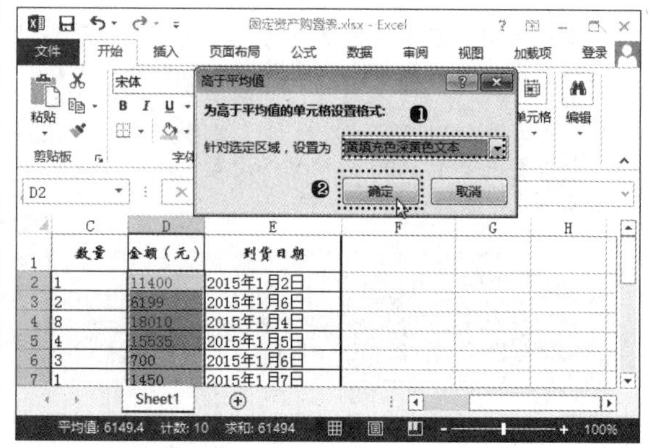

4.5.3 数据条

使用数据条可以通过数据条的长短来明显表述某个单元格相对于其他单元格的值，数据条越长，表示值越高；反之，则表示值越低。若要在大量数据中分析较高值和较低值时，使用数据条尤为重要。例如，要使用数据条来显示“超市销售统计表”工作簿中的总金额数据，具体操作方法如下。

光盘同步文件
原始文件：光盘 \ 原始文件 \ 第 4 章 \ 超市销售统计表 .xlsx
结果文件：光盘 \ 结果文件 \ 第 4 章 \ 超市销售统计表 .xlsx
教学视频：光盘 \ 教学视频文件 \ 第 4 章 \4-5-3.mp4

高手指引——项目选取规则
如果设置条件格式的单元格区域中有一个或多个单元格包含的公式返回错误，则条件格式就不会应用到整个区域。若要确保条件格式应用到整个区域，用户可使用 IS 或 IFERROR 函数来返回正确值（如 0 或“N/A”）。

步骤 01 打开“光盘\素材文件\第 4 章\超市销售统计表 .xlsx”文件。❶选择 F2:F17 单元格区域；❷单击“开始”选项卡“样式”组中的“条件格式”按钮；❸在弹出的菜单中选择“数据条”命令；❹在弹出的下级子菜单中选择“橙色数据条”命令，如下图所示。

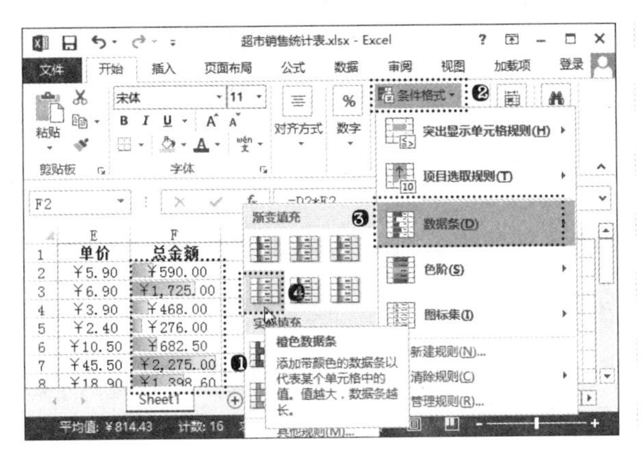

步骤 02 经过上一步操作，即可看到 F2:F17 单元格区域中根据数值大小填充了橙色渐变的数据条，如下图所示。

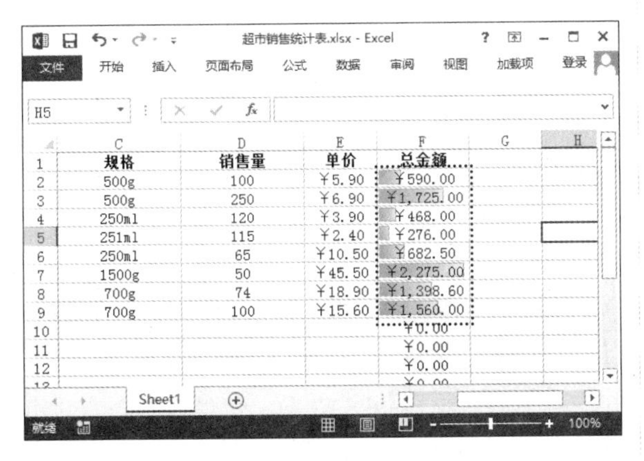

4.5.4 色阶

色阶作为一种直观的展示，可以帮助用户了解数据的分布和变化。Excel 中默认使用双色刻度和三色刻度来设置条件格式。双色刻度使用两种颜色的渐变来比较某个区域的单元格。颜色的深浅表示值的高低，例如，在绿色和红色的双色刻度中，可以指定较高值单元格的颜色更绿，而较低值单元格的颜色更红。三色刻度使用三种颜色的渐变来比较某个区域的单元格。颜色的深浅表示值的高、中、低。下面使用一种三色刻度颜色来显示“应聘人员考试成绩”工作表中的考试成绩，具体操作步骤如下。

光盘同步文件
原始文件：光盘\原始文件\第 4 章\应聘人员考试成绩 .xlsx
结果文件：光盘\结果文件\第 4 章\应聘人员考试成绩 .xlsx
教学视频：光盘\教学视频文件\第 4 章\4-5-4.mp4

步骤 01 打开“光盘\素材文件\第 4 章\应聘人员考试成绩 .xlsx”文件。❶选择 B5:H15 单元格区域；❷单击“开始”选项卡“样式”组中的“条件格式”按钮；❸在弹出的菜单中选择“色阶”命令；❹在弹出的下级子菜单中选择“红 - 白 - 蓝色阶”命令，如下图所示。

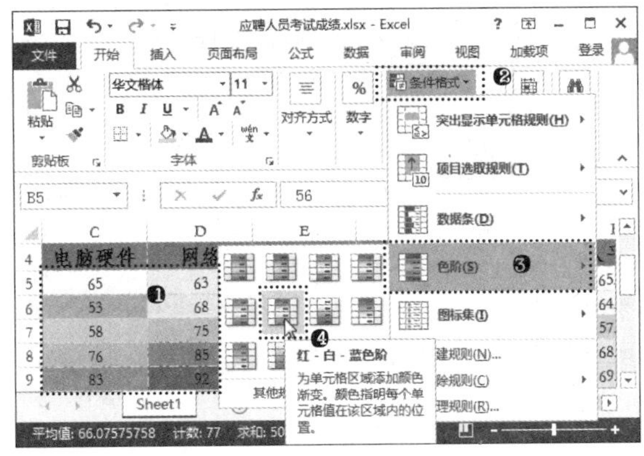

步骤 02 经过上步操作，即可看到 B5:H15 单元格区域中根据数值的大小填充了红、白、蓝色，如下图所示。

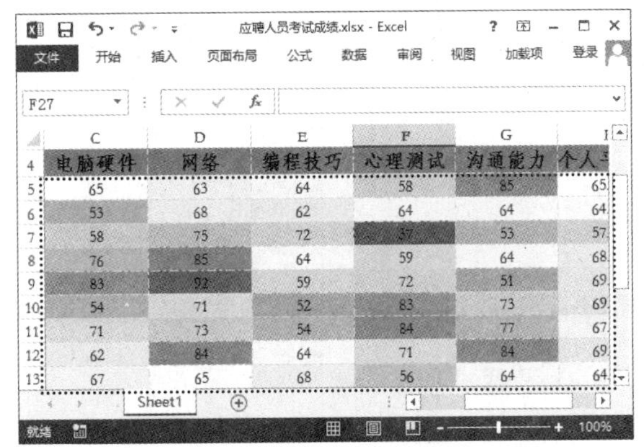

4.5.5 图标集

使用图标集可以对数据进行注释，并可以按阈值将数据分为 3～5 个类别，每个图标代表一个数值范围。例如，在“三向箭头”图标集中，绿色的上箭头代表较高值，黄色的横向箭头代表中间值，红色的下箭头代表较低值。

下面在“体能测试及格率统计表”工作表中，使用图标集中的“三色旗”来显示及格的人数，具体操作步骤如下。

光盘同步文件
原始文件：光盘\原始文件\第 4 章\体能测试及格率统计表 .xlsx
结果文件：光盘\结果文件\第 4 章\体能测试及格率统计表 .xlsx
教学视频：光盘\教学视频文件\第 4 章\4-5-5.mp4

步骤 01 打开“光盘\素材文件\第 4 章\体能测试及格率统计表 .xlsx”文件。❶选择 F4:F10 单元格区域；❷单击“开始”选项卡“样式”组中的“条件格式”按钮；❸在弹出的菜单中选择“图标集”命令；❹在弹出的下级子菜单中选择“三色旗”命令，如下页左上图所示。

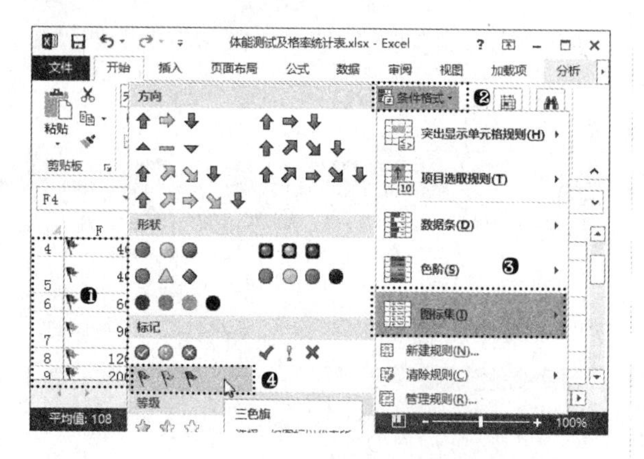

步骤 02 经过上一步操作，即可看到 F4:F10 单元格区域中根据数值大小分为了 3 个等级，并为不同等级的单元格数据，设置了如下图所示的图标集效果。

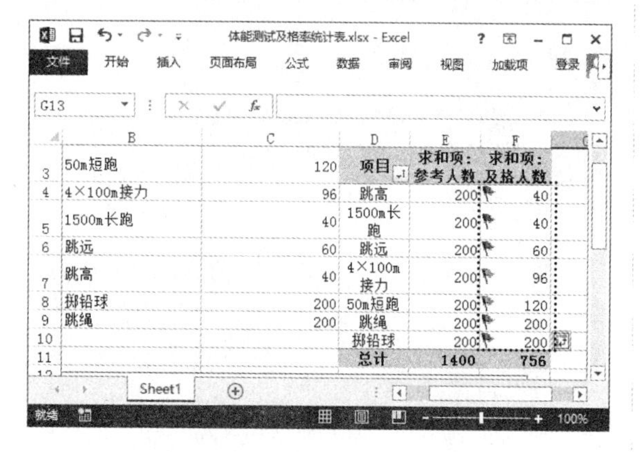

	B	C	D	E	F
3	50m短跑	120	项目	求和项：参考人数	求和项：及格人数
4	4×100m接力	96	跳高	200	40
5	1500m长跑	40	1500m长跑	200	40
6	跳远	60	跳远	200	60
7	跳高	40	4×100m接力	200	96
8	掷铅球	200	50m短跑	200	120
9	跳绳	200	跳绳	200	200
10			掷铅球	200	200
11			总计	1400	756

4.5.6 管理规则

Excel 2013 中提供的条件格式数量只受到计算机内存的限制，为了帮助追踪和管理工作簿中的条件格式规则，Excel 2013 提供了“条件格式规则管理器”功能。“条件格式规则管理器”功能综合体现在“条件格式规则管理器”对话框中，在该对话框中单击相应的按钮即可对相应的条件格式规则进行创建、编辑和删除操作。

光盘同步文件
教学视频：光盘 \ 教学视频文件 \ 第 4 章 \4-5-6.mp4

1．新建规则

Excel 2013 中的条件格式功能允许用户定制条件格式，定义自己的规则或格式，具体操作方法如下。

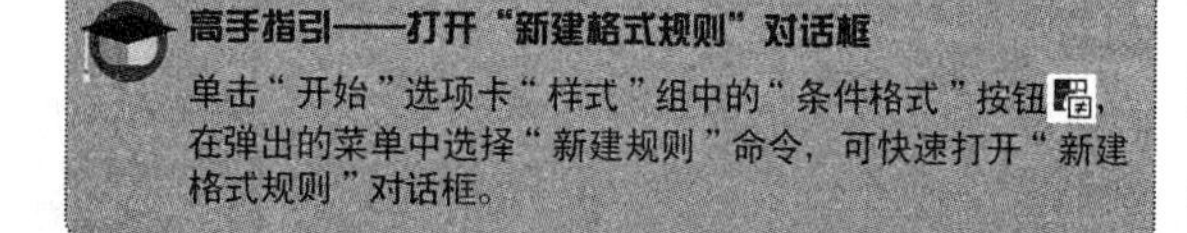
高手指引——打开“新建格式规则”对话框

单击“开始”选项卡“样式”组中的“条件格式”按钮，在弹出的菜单中选择“新建规则”命令，可快速打开“新建格式规则”对话框。

步骤 01 ❶单击“开始”选项卡“样式”组中的“条件格式”按钮；❷在弹出的菜单中选择“管理规则”命令，如右上图所示。

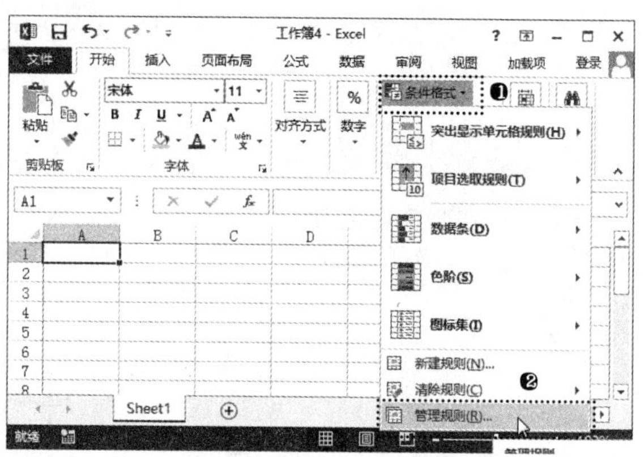

步骤 02 打开“条件格式规则管理器”对话框，单击“新建规则”按钮，如下图所示。

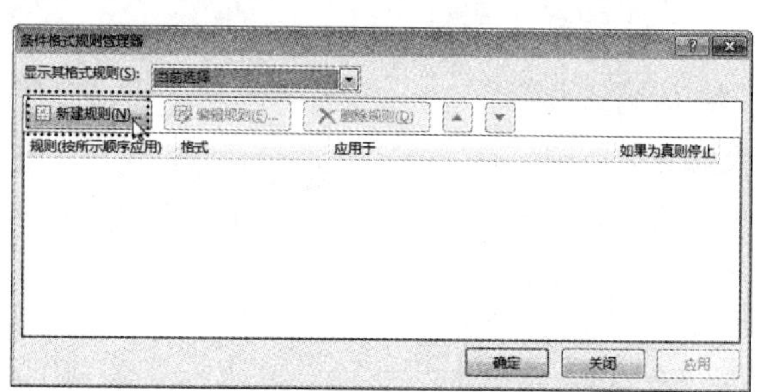

步骤 03 打开“新建格式规则”对话框。❶在“编辑规则说明”栏中的“格式样式”下拉列表中选择“双色刻度”选项；❷在“颜色”下拉列表中选择最小值单元格的颜色；❸单击“确定”按钮，如下图所示。

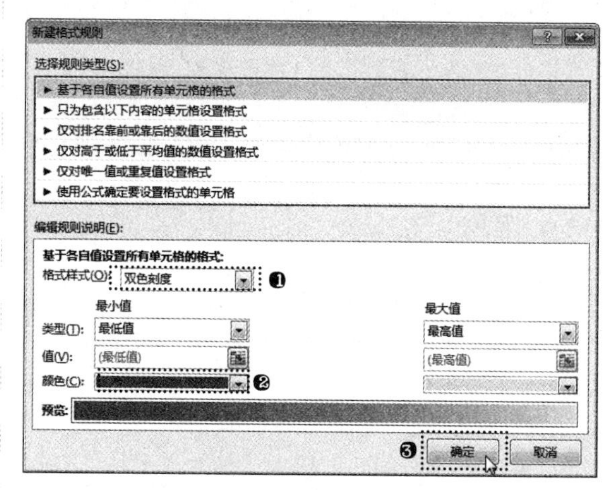

步骤 04 ❶在“编辑规则说明”栏中的“格式样式”下拉列表中选择“数据条”选项；❷在“最小值类型”下拉列表中选择“百分比”选项；❸在“最大值类型”下拉列表中选择“百分比”选项；❹单击“确定”按钮，如下页左上图所示。

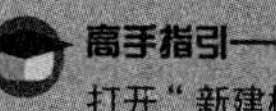
高手指引——不同的“新建格式规则”对话框

打开“新建格式规则”对话框的“选择规则类型”下拉列表和“格式样式”下拉列表，用户可选择基于不同的条件格式样式设置新的规则，打开的“新建格式规则”对话框内的设置参数也会随之发生变化。

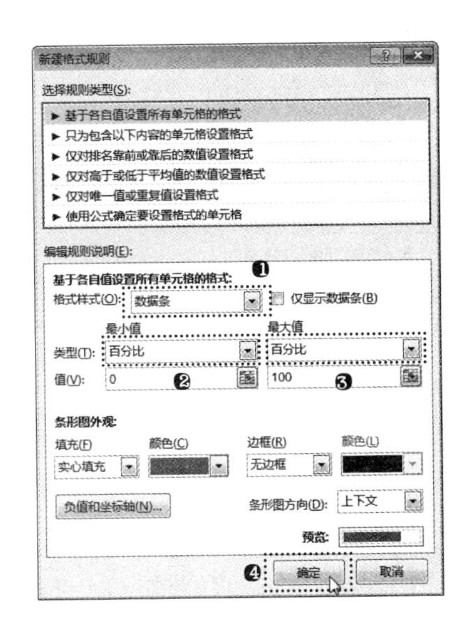

2．编辑规则

为单元格应用条件格式后，如果感觉不满意，还可以在“条件格式规则管理器”对话框中进行编辑。

在“条件格式规则管理器”对话框的“显示其格式规则”下拉列表中可以选择相应的工作表、表或数据透视表，以显示出需要进行编辑的条件格式。如果要更改条件格式应用的单元格区域，可以在“应用于”文本框中输入新的单元格区域地址，或单击其后的折叠按钮，在返回工作簿中选择新的单元格区域。单击“编辑规则”按钮，可以在打开的“编辑格式规则”对话框中对选择的条件格式进行编辑，编辑方法与新建规则的方法相同。

高手指引——基于图标集新建规则

基于图标集新建规则时，可以选择只对符合条件的单元格显示图标，如对低于临界值的那些单元格显示一个警告图标；对超过临界值的单元格不显示图标。为此，只需在设置条件时，单击“图标”右侧的下拉按钮，在弹出的下拉列表中选择“无单元格图标”命令，即可隐藏图标。

3．清除规则

在“条件格式规则管理器”对话框的“显示其格式规则”下拉列表中设置需要清除条件格式的范围，然后单击“删除规则”按钮，即可清除设置对应条件格式的单元格格式，使其显示为默认单元格设置。在条件格式菜单中选择“清除规则”命令，然后在其子菜单中选择相应的命令，也可以删除所选单元格、整个工作表、表或数据透视表中设置了条件格式的单元格格式。

4.6 数据有效性

编辑数据的过程中，为了确保输入的数据都有效，可以在输入之前设置数据的有效性，也可以将单元格区域中已输入的无效数据圈释出来。

4.6.1 设置数据有效性

向 Excel 单元格中输入数字时，为防止出错可以使用数据有效性的方法来设置输入值的范围。例如，要为“储备人员信息表”工作簿中的部分单元格设置数据有效性，具体操作方法如下。

光盘同步文件

原始文件：光盘 \ 原始文件 \ 第 4 章 \ 储备人员信息表 .xlsx
结果文件：光盘 \ 结果文件 \ 第 4 章 \ 储备人员信息表 .xlsx
教学视频：光盘 \ 教学视频文件 \ 第 4 章 \4-6-1.mp4

步骤 01 打开“光盘 \ 素材文件 \ 第 4 章 \ 储备人员信息表 .xlsx”文件。❶选择 D1 单元格；❷单击“数据”选项卡“数据工具”组中的“数据验证”按钮，如下图所示。

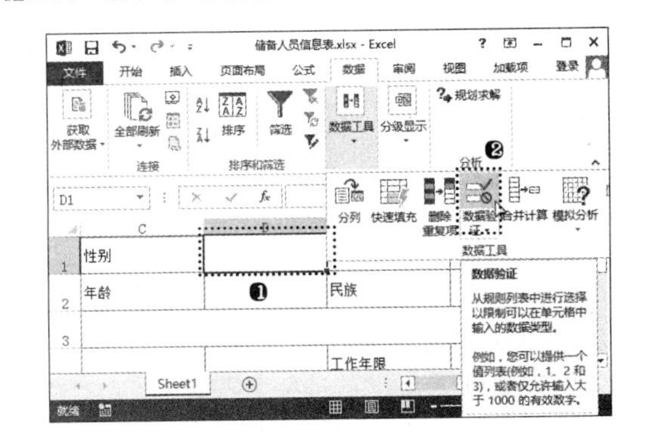

步骤 02 打开“数据验证”对话框。❶在“允许”下拉列表中设置允许的条件为“序列”；❷在“来源”文本框中输入“男，女”，如下图所示。

高手指引——设置错误信息的显示情况

如果要在指定单元格区域中的单元格内容为空时不显示错误信息，可以在“数据有效性”对话框中的“设置”选项卡中选中“忽略空值”复选框。如果其他单元格中将应用与选定单元格相同的数据有效性，可选中“对有同样设置的所有其他单元格应用这些更改”复选框。

步骤 03 ❶单击“出错警告”选项卡；❷在“样式”下拉列表中选择“停止”选项；❸在“标题”文本框中输入出错时进行提示的标题；❹在“错误信息”列表框中输入出错时提示的内容；❺单击“确定”按钮完成对该单元格数据有效性的设置，如下图所示。

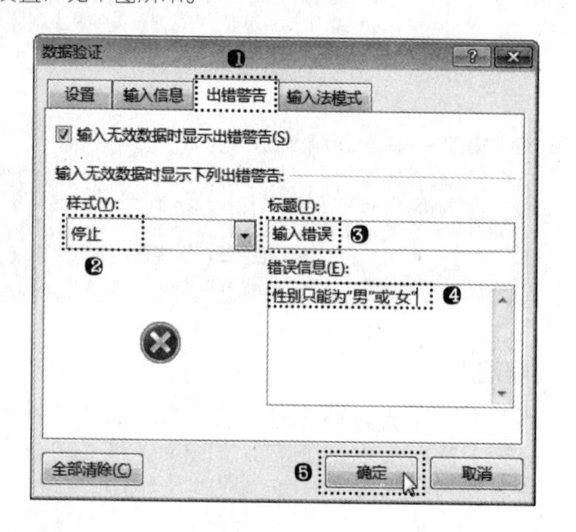

步骤 04 ❶选择 B10 单元格；❷单击“数据”选项卡“数据工具”组中的“数据验证”按钮，如下图所示。

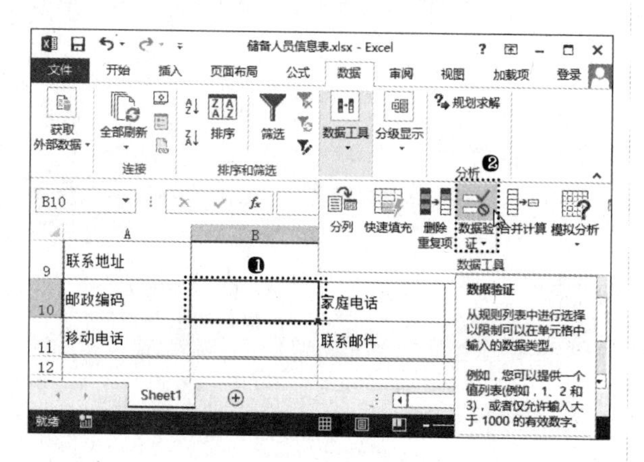

步骤 05 打开“数据验证”对话框。❶单击“设置”选项卡；❷在“允许”下拉列表中选择“整数”选项；❸在“数据”下拉列表中选择“介于”选项；❹在“最小值”文本框中输入 100000；❺在“最大值”文本框中输入 999999，如下图所示。

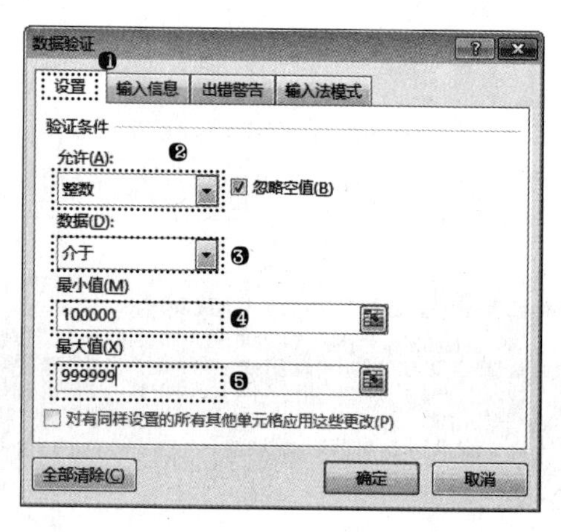

步骤 06 经过上一步操作，即可控制邮编为 6 位数，❶单击“输入信息”选项卡；❷在“输入信息”列表框中输入提示信息内容，如下图所示。

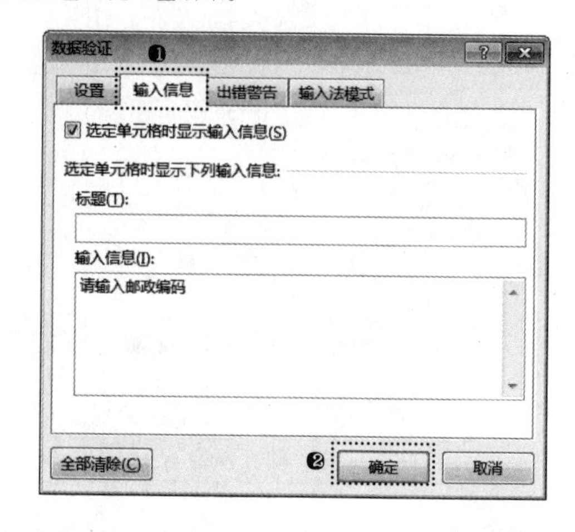

步骤 07 ❶单击“出错警告”选项卡；❷在“样式”下拉列表中选择“警告”选项；❸在“标题”文本框中输入出错时进行提示的标题；❹在“错误信息”列表框中输入出错时进行提示的内容；❺单击“确定”按钮完成对该单元格数据有效性的设置，如下图所示。

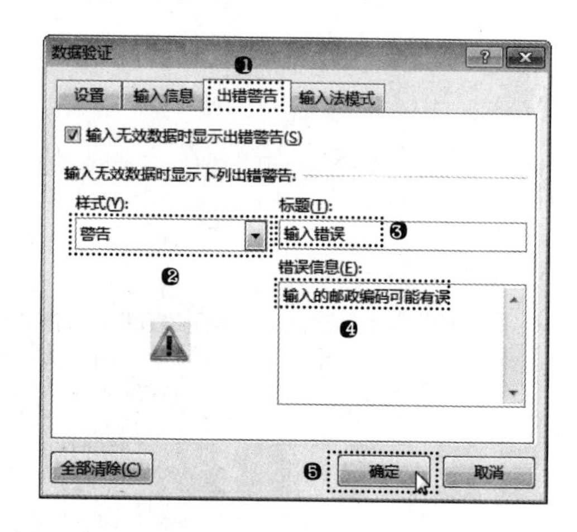

步骤 08 返回工作簿中。❶选择 D1 单元格；❷在该单元格右侧将显示一个下拉按钮，单击该按钮；❸在弹出的下拉列表中可以选择输入该单元格的信息，如下图所示。

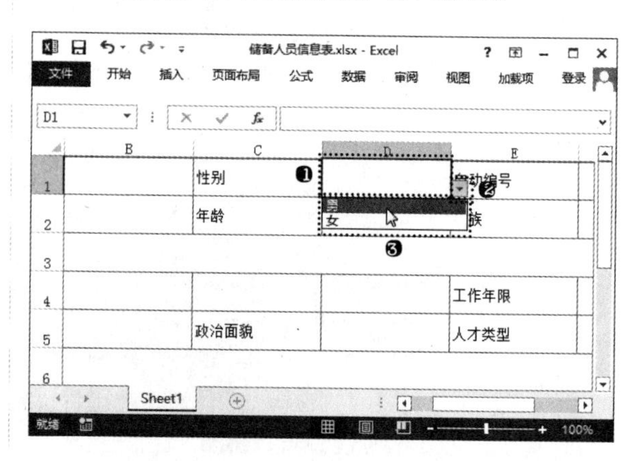

步骤 09 ❶选择 B10 单元格时，该单元格附近将显示提示信息；❷输入错误信息 123，如下图所示。

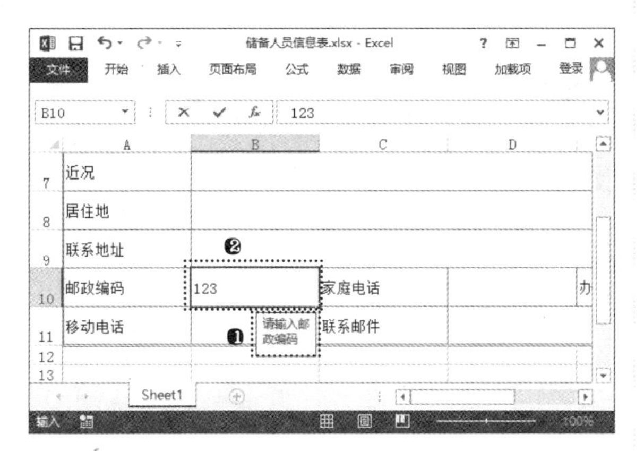

步骤 10 按【Enter】键将打开提示对话框，单击“否”按钮，如下图所示。

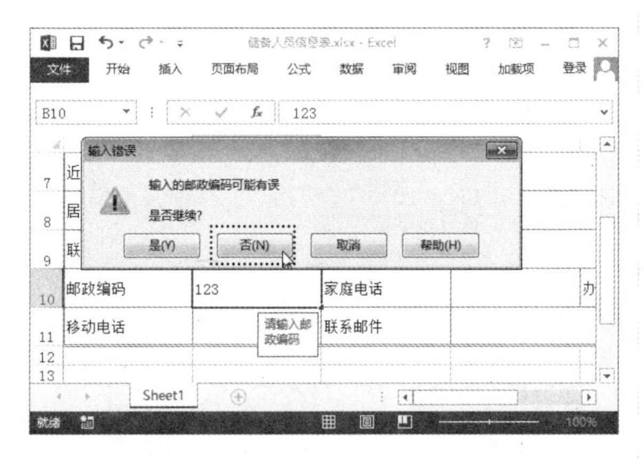

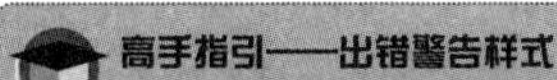

高手指引——出错警告样式

出错警告样式分为停止、警告和信息 3 类，停止是指当输入数据为无效数据时停止此次操作，要求用户重新输入数据；警告是指在出现输入数据为无效数据时弹出警告对话框，用户可以自行选择是否继续此次操作；信息是指在出现输入无效数据时弹出提示信息，但是不影响数据的录入。

4.6.2 圈释无效数据

为表格设置数据有效性后，在某些情况下仍然可能输入无效的信息。此时，若用户希望将无效数据突出显示出来，可以使用 Excel 中设置数据有效性功能的“圈释无效数据功能”来实现，具体操作方法如下。

光盘同步文件

原始文件：光盘 \ 原始文件 \ 第 4 章 \ 储备人员信息表 .xlsx
结果文件：光盘 \ 结果文件 \ 第 4 章 \ 储备人员信息表 .xlsx
教学视频：光盘 \ 教学视频文件 \ 第 4 章 \4-6-2.mp4

步骤 01 ❶在 B10 单元格中输入“123”；❷按【Enter】键打开提示对话框，单击“是”按钮，如右上图所示。

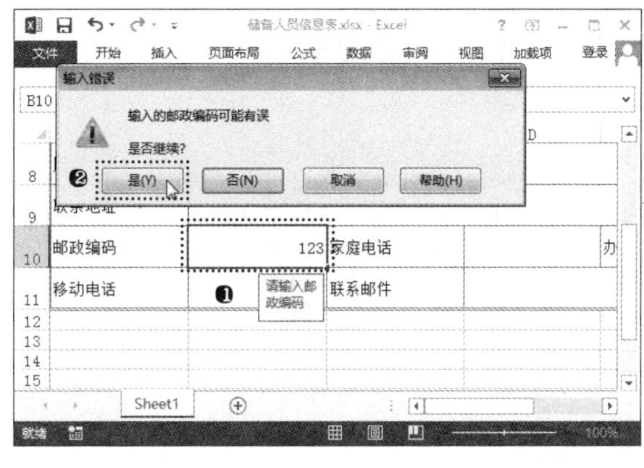

步骤 02 ❶选择 B10 单元格；❷单击“数据”选项卡“数据工具”组中的“数据验证”按钮；❸在弹出的下拉列表中选择“圈释无效数据”选项，如下图所示。

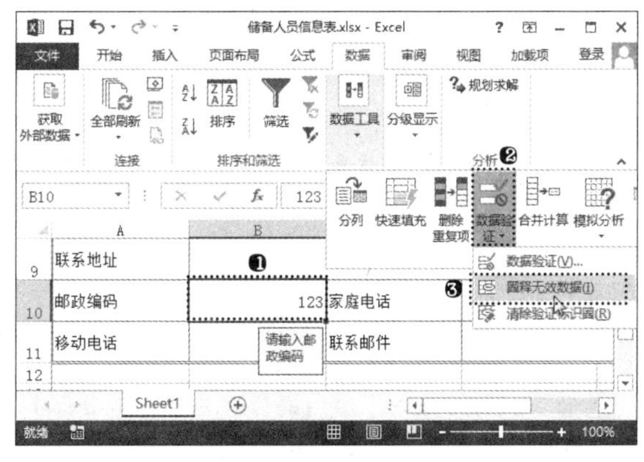

步骤 03 经过上一步操作，在所选单元格中将显示圈释无效数据的效果，如下图所示。

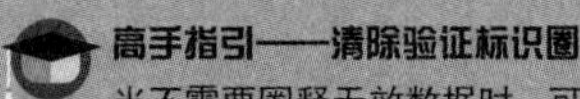

高手指引——清除验证标识圈

当不需要圈释无效数据时，可以在“数据有效性”下拉列表中选择“清除验证标识圈”命令。

实用技巧——技能提高

在表格编辑过程中，有时可能需要输入平方与立方数值，此时直接输入是不能完成的，需要通过设置单元格格式来实现。当格式化工作表后，如果还需要编辑表格数据，则希望后续的编辑操作尽量不要扰乱前面已经进行的美化工作，避免重复操作，此时还需要掌握一些方法让数据编辑操作不影响表格单元格样式。下面结合本章内容，为初学者介绍一些实用技巧。

光盘同步文件

原始文件：光盘\素材文件\第 4 章\技能提高\
结果文件：光盘\结果文件\第 4 章\技能提高\
教学视频：光盘\教学视频文件\第 4 章\技能提高 .mp4

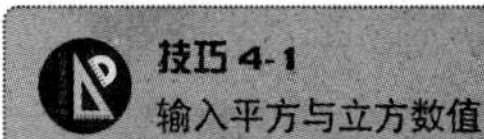

技巧 4-1 输入平方与立方数值

在使用 Excel 输入面积和体积的时候，经常需要输入平方和立方数值。平方和立方符号可看作是作为上标的数字 2 和 3，因此可以通过设置上标的方法来输入平方和立方。如要在单元格中输入 2^3，具体操作步骤如下。

步骤 01 ❶在单元格中输入 23；❷在“开始”选项卡“数字”组中的下拉列表中选择“文本”选项，如下图所示。

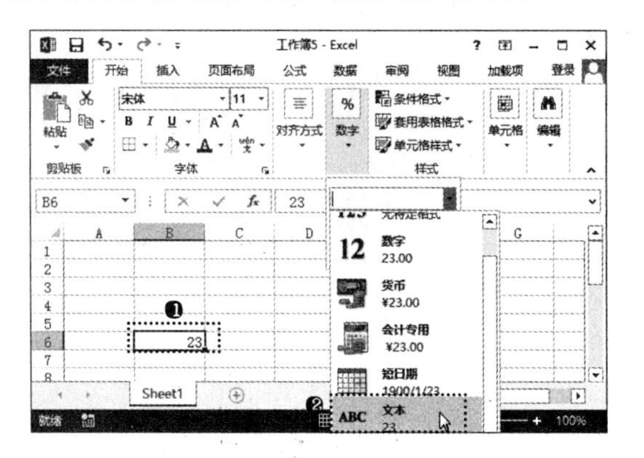

步骤 02 ❶选择单元格中的 3，并在其上单击鼠标右键；❷在弹出的快捷菜单中选择“设置单元格格式”命令，如下图所示。

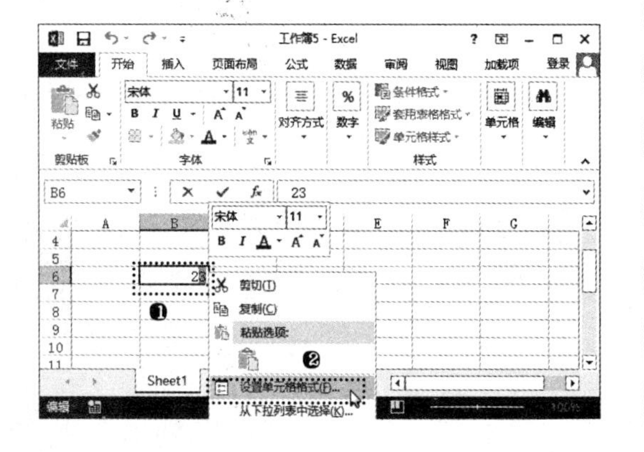

步骤 03 打开“设置单元格格式”对话框，❶在“特殊效果”栏中选中“上标”复选框；❷单击“确定”按钮，如下图所示。

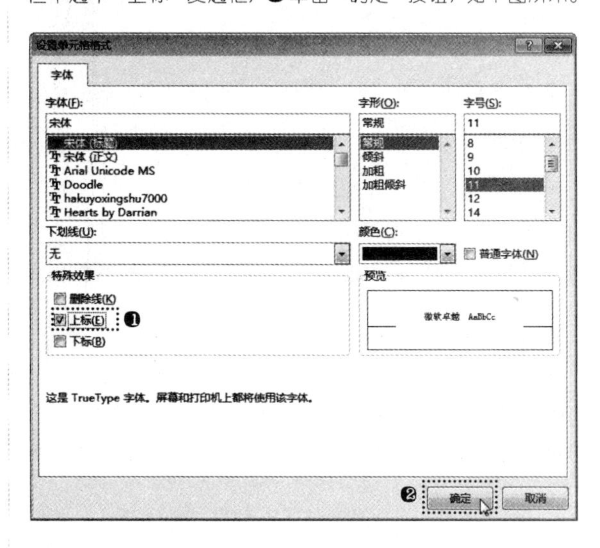

步骤 04 返回 Excel 2013 工作界面，即可看到单元格中的数据变成了 2^3，效果如下图所示。

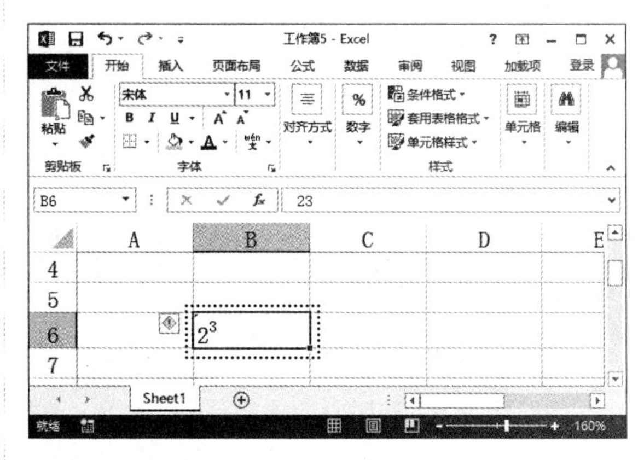

高手指引——输入平方与立方符号的快捷方法

在 Excel 中输入平方和立方数值有一个简便的方法。在按住【Alt】键的同时，按小键盘中的数字键 178 或 179，即可快速输入平方或立方数值。

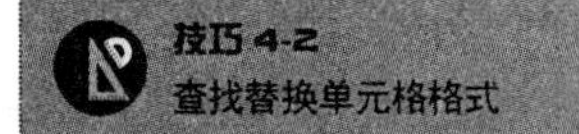

技巧 4-2 查找替换单元格格式

通常情况下，在使用替换功能替换单元格中的数据时，替换后的单元格数据依然会采用之前单元格设置的单元格格式。但实际上，Excel 2013 的查找替换功能是支持对单元格格式的查找和替换操作的。也就是说，我们可以查找设置了某种单元格格式的单元格，还可以通过替换功能，将它们快速设置为其他的单元格格式。

例如，要查找“茶品介绍”工作簿中数字格式设置为两位小数位、字体为方正华隶简体、加粗、12 号、红色、填充为黄色、边框为双横线下边框的单元格，替换成数值为 38，数字格式设置为两位小数位、字体为创艺简中圆、加粗、12 号、白色、填充为橙色的单元格格式，具体操作步骤如下。

步骤 01 打开“光盘\素材文件\第 4 章\技能提高\茶品介绍.xlsx”文件。❶单击“开始”选项卡“编辑”组中的“查找和选择”按钮；❷在弹出的菜单中选择“查找”命令，如下图所示。

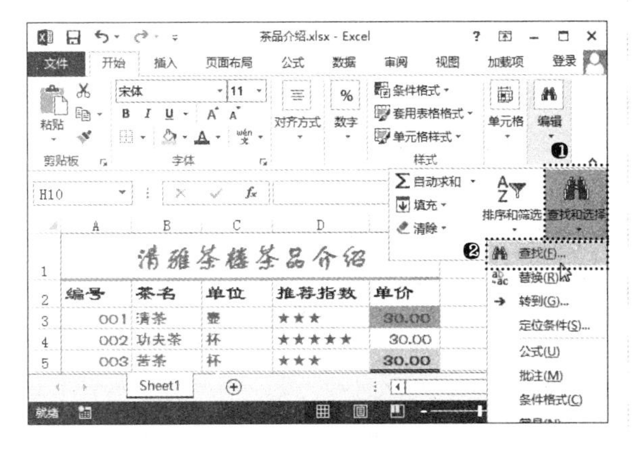

步骤 02 打开“查找和替换”对话框。❶单击“选项”按钮；❷在展开的设置选项中单击“格式”按钮右侧的下拉按钮；❸在弹出的菜单中选择“从单元格选择格式”命令，如下图所示。

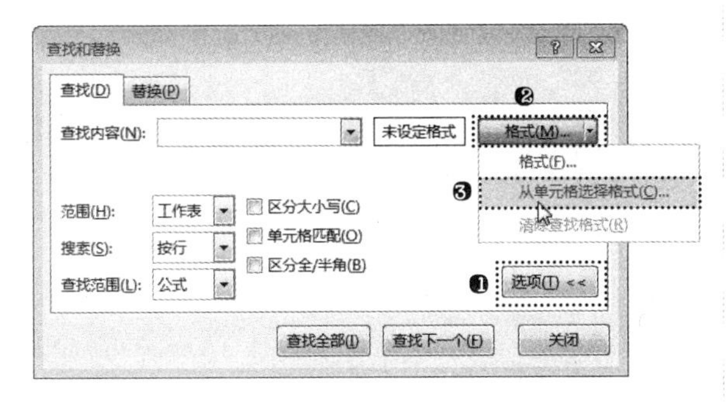

步骤 03 当鼠标光标变为✚🖊形状时，移动鼠标光标到 E5 单元格上并单击，如下图所示，即可汲取该单元格设置的单元格格式。

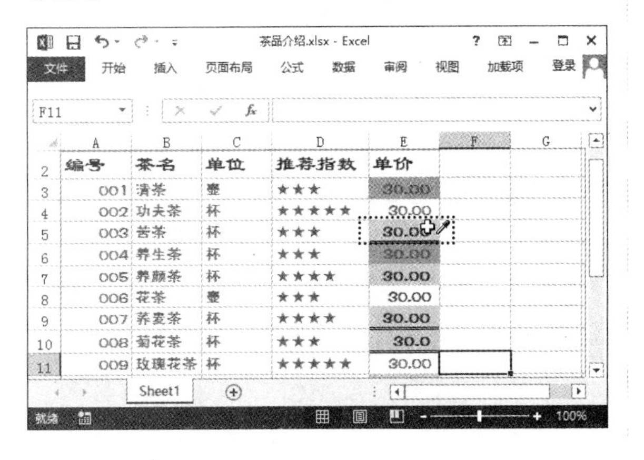

步骤 04 返回“查找和替换”对话框。❶单击“替换”选项卡；❷在“替换为”下拉列表中输入 38；❸单击其后的“格式”按钮，如下图所示。

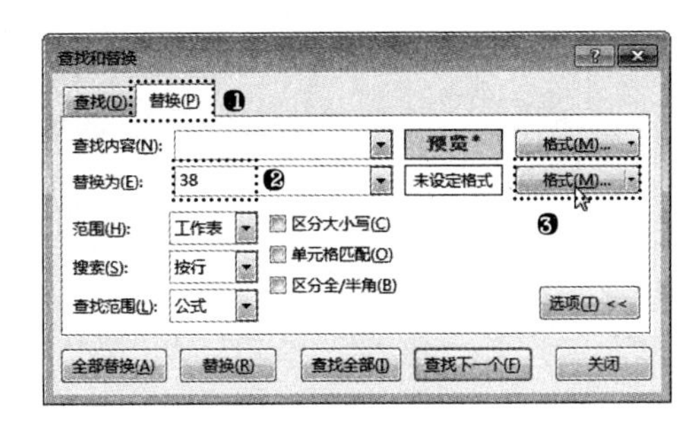

步骤 05 打开“设置单元格格式”对话框。❶单击“字体”选项卡；❷在“字体”列表框中选择“创艺简中圆”选项；❸在“字形”列表框中选择“加粗”选项；❹在“颜色”下拉列表中选择“白色”选项，如下图所示。

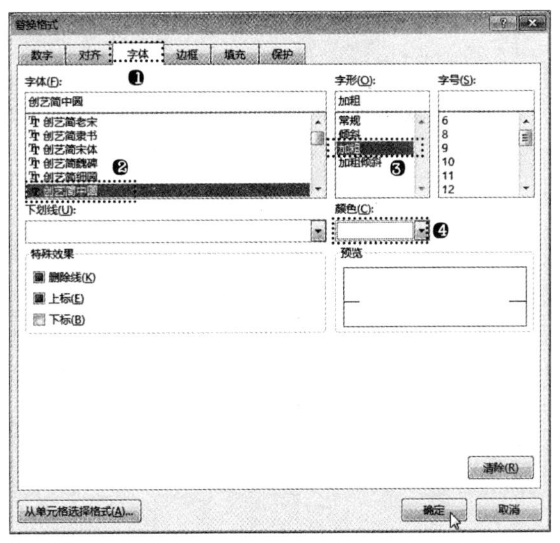

步骤 06 ❶单击“填充”选项卡；❷在“背景色”列表框中选择“橙色”选项；❸单击“确定”按钮，如下图所示。

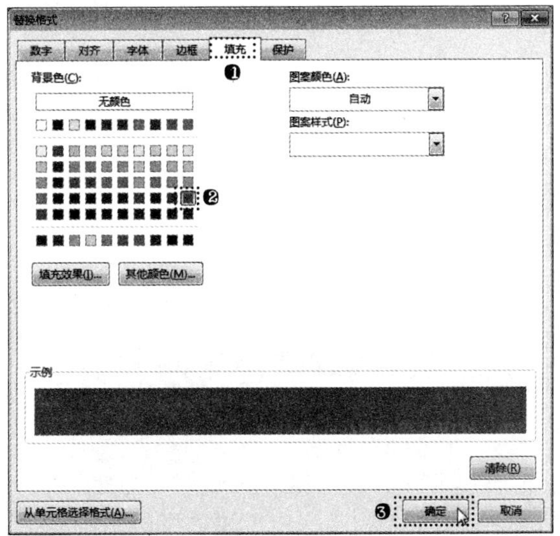

步骤 07 返回“查找和替换”对话框。❶单击“全部替换”按钮；❷系统立刻对工作表中的数据进行查找替换操作，并在打开的提示对话框中提示已经完成了 2 处替换，单击“确定”按钮；❸返回“查找和替换”对话框，单击“关闭”按钮，如下图所示。

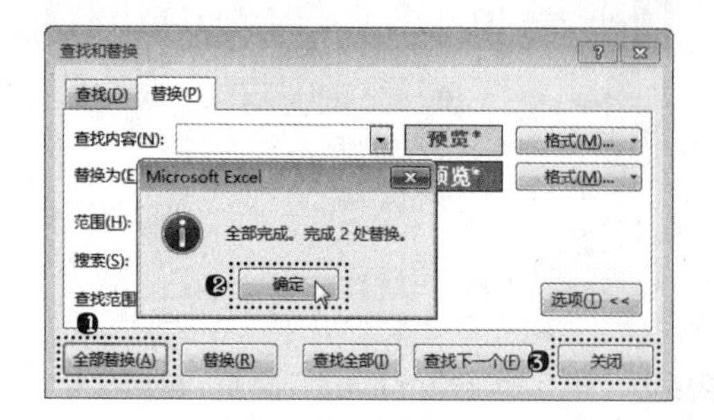

步骤 08 返回工作簿，即可查看到表格中符合替换条件的 E4、E9 单元格数据和格式发生了如下图所示的改变。

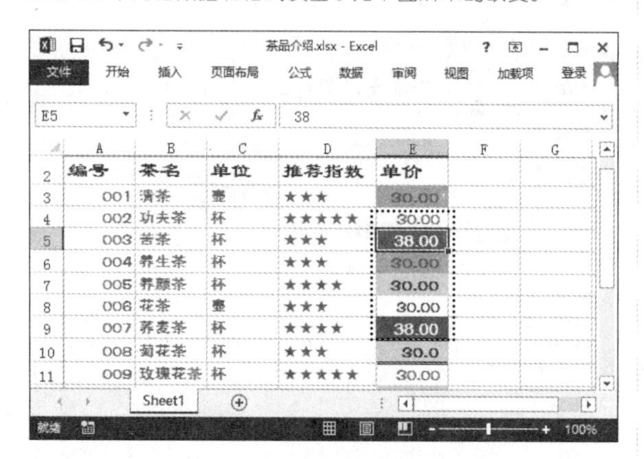

技巧 4-3
让工作表的背景图片更美观

Excel 中的网格线主要用于方便用户编辑表格的内容。默认情况下，工作表的网格线是黑色半透明的。如果为工作表添加了背景图片，则在显示器上看到的背景会分割成无数的小方块，影响图片的美观。为此，可以将网格线隐藏，具体操作方法如下。

步骤 01 在“视图”选项卡的“显示”组中，取消选中“网格线”复选框，如下图所示。

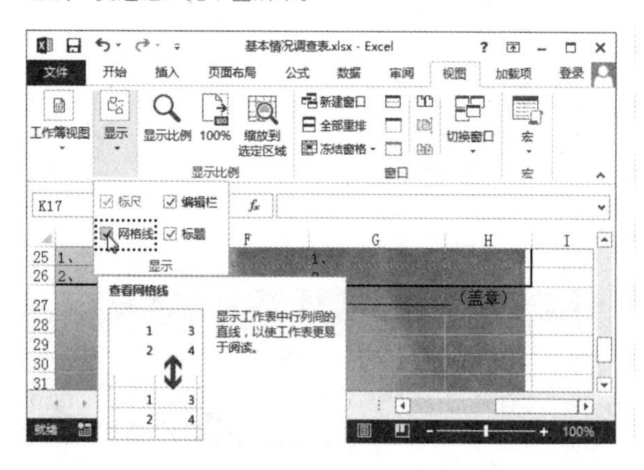

步骤 02 经过上一步操作，即可取消网格线的显示，效果如下图所示。

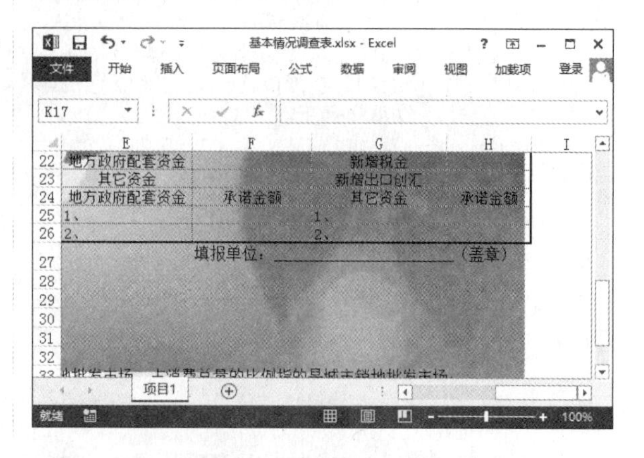

高手指引——显示或隐藏其他界面元素

在“显示”组中还可以选择让标尺、编辑栏、标题等界面元素显示或隐藏，只要选中或取消选中相应的复选框即可。

技巧 4-4
在特定区域中显示背景图

默认情况下，为工作表添加的背景图片将以平铺的方式，根据图片大小依次铺满整个工作表。但有时我们只需要在特定的单元格区域中显示出来，如需要将背景图只显示在包含有数据的单元格区域中，具体操作步骤如下。

步骤 01 打开“光盘\素材文件\第 4 章\技能提高\基本情况调查表 .xlsx”文件。❶按快捷键【Ctrl+A】选择整张工作表；❷单击“开始”选项卡“字体”组右下角的“对话框启动器”按钮，如下图所示。

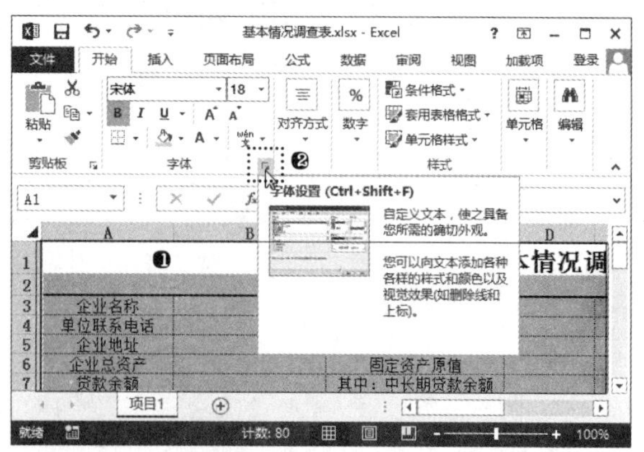

步骤 02 打开“设置单元格格式”对话框。❶单击“填充”选项卡；❷设置背景色为白色；❸单击“确定”按钮，如下页左上图所示。

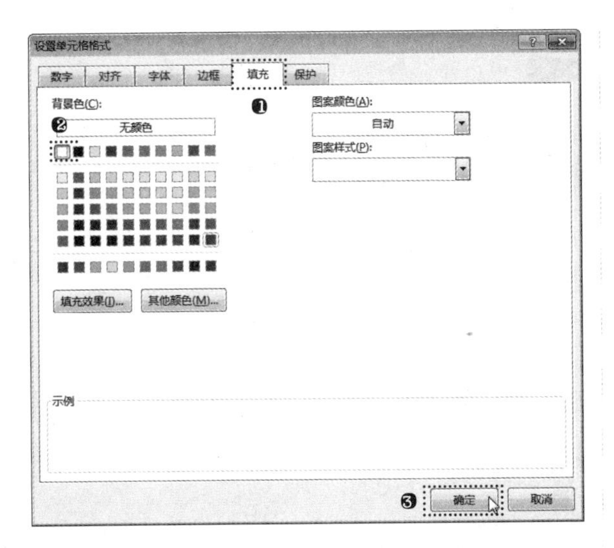

步骤03 返回工作簿中，即可看到填充了白色底纹的表格效果。选择包含有数据的 A1:H35 单元格区域，如下图所示。

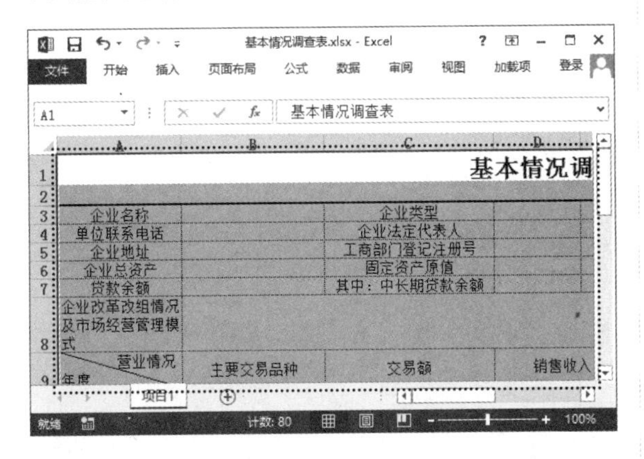

步骤04 按快捷键【Ctrl+1】再次打开“设置单元格格式”对话框。❶单击“填充”选项卡；❷设置背景为无填充；❸单击“确定”按钮，如下图所示。

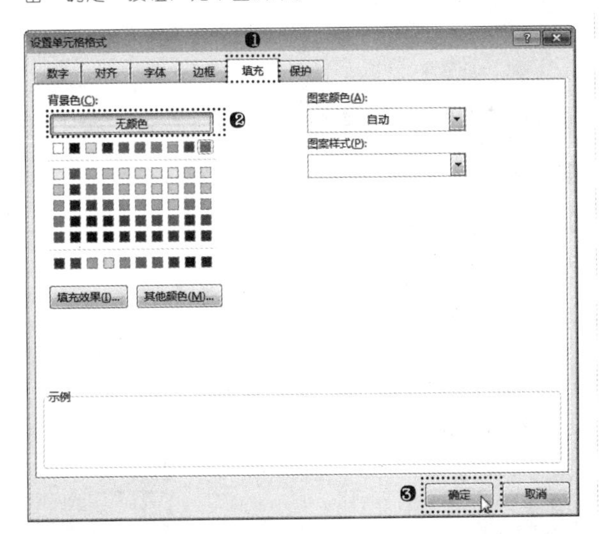

步骤05 返回工作簿中，即可看到背景图效果只出现在 A1:H35 单元格区域中的效果，如右上图所示。

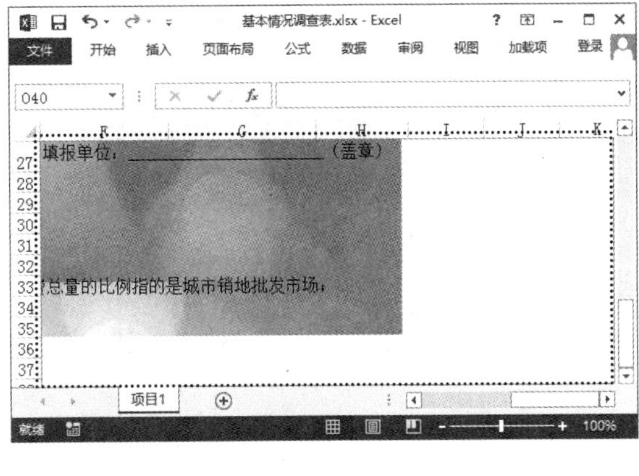

技巧 4-5 复制数据有效性

在表格中为部分单元格设置了数据有效性规则后，还可以将其复制到其他需要该规则的单元格区域中，具体操作方法如下。

步骤01 打开“光盘\素材文件\第 4 章\技能提高\工资表 .xlsx”文件。❶选择包含要复制的有效性设置的单元格区域；❷单击“开始”选项卡“剪贴板”组中的“复制”按钮，如下图所示。

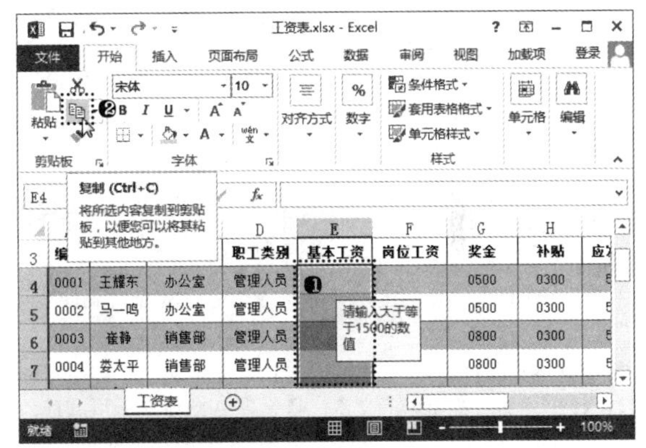

步骤02 ❶选择要复制有效性设置的单元格区域；❷单击“开始”选项卡“剪贴板”组中的“粘贴”按钮；❸在弹出的菜单中选择“选择性粘贴”命令，如下图所示。

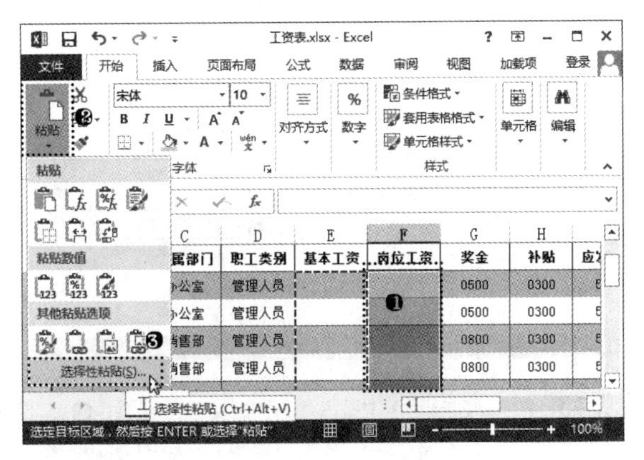

步骤 03 打开“选择性粘贴”对话框。❶在“粘贴”栏中选中“验证”单选按钮；❷单击“确定”按钮，如下图所示。

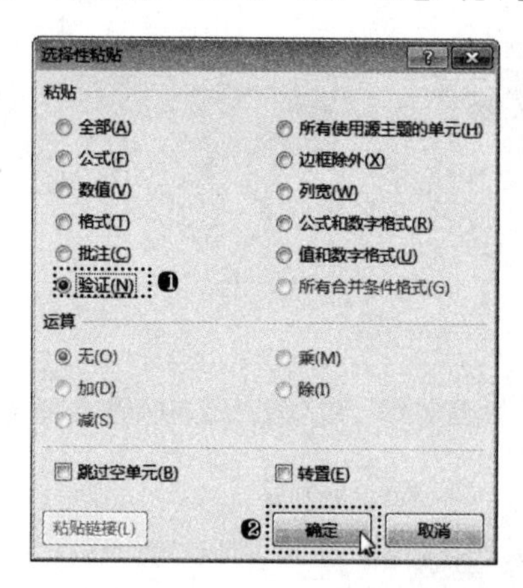

步骤 04 经过上一步操作，即可为单元格复制数据有效性，选择复制后的单元格，即可在旁边看到提示信息，如右上图所示。

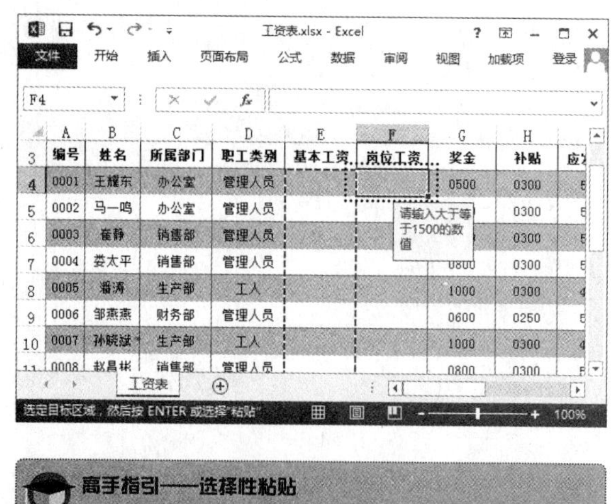

高手指引——选择性粘贴

在“选择性粘贴”对话框中，选中“公式”单选按钮，将只复制所选单元格区域中的公式；选中“边框除外”单选按钮，将复制所选单元格区域中除了边框以外的所有内容；选中“列宽”单选按钮，将从一列单元格到另一列单元格复制列宽信息。

实战训练 4——制作工资表

通过各种操作格式化表格内容，可以让表格更加美观，重点数据得以突出显示。在实际办公中经常需要综合运用这些美化工作表的操作，下面结合使用主题、设置单元格格式和条件格式的相关操作技能，制作一个工资表，并对其进行格式化。

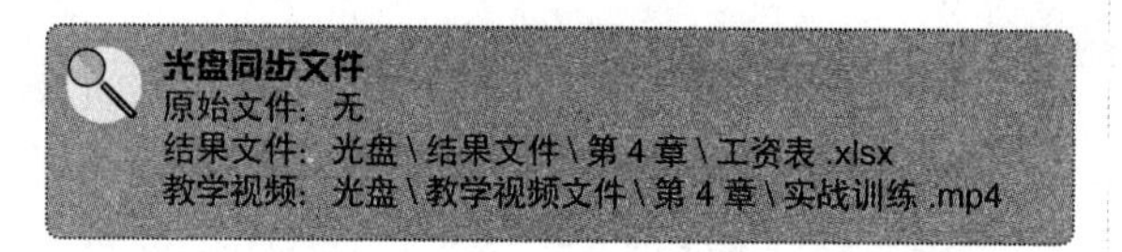

光盘同步文件

原始文件：无

结果文件：光盘\结果文件\第 4 章\工资表 .xlsx

教学视频：光盘\教学视频文件\第 4 章\实战训练 .mp4

步骤 01 ❶新建空白工作簿，将其以“工资表”为名进行保存；❷输入如下图所示的文本；❸选择 A1:L1 单元格区域，单击“开始”选项卡“对齐方式”组中的“合并后居中”按钮；❹在弹出的下拉列表中选择“合并单元格”选项。

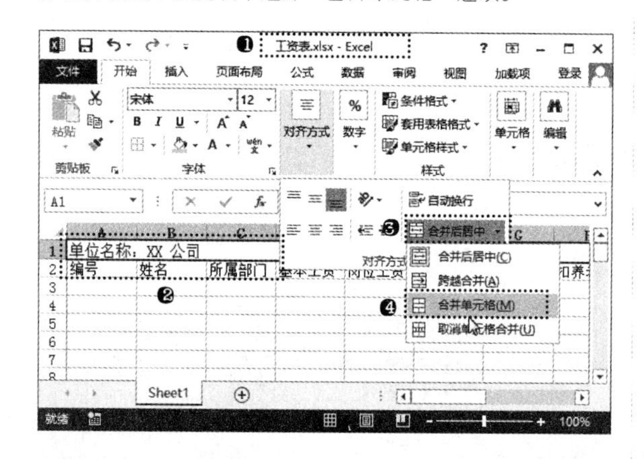

步骤 02 ❶在 A3 单元格中输入 1，并选择该单元格；❷向下拖曳控制柄至 A12 单元格；❸单击右侧的“自动填充选项”按钮；❹在弹出的菜单中选中“填充序列”单选按钮，如下图所示。

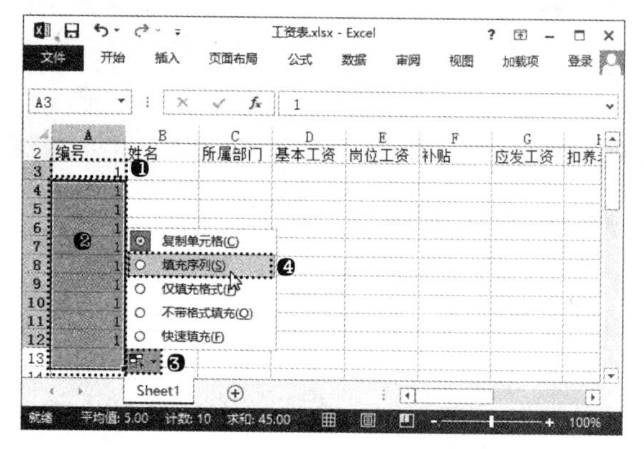

步骤 03 ❶选择 A3:A12 单元格区域；❷单击“开始”选项卡“数字”组右下角的“对话框启动器”按钮，如下图所示。

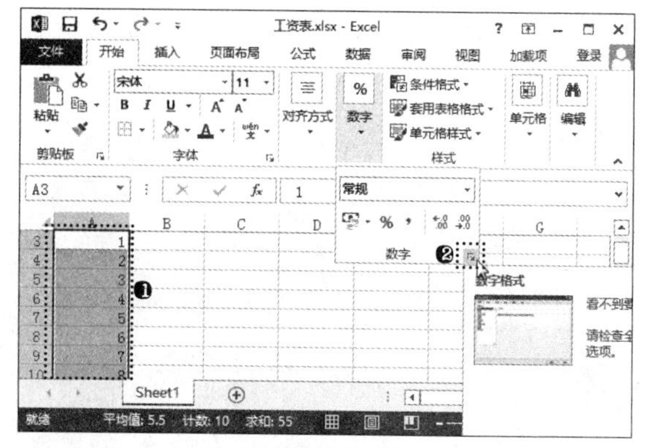

步骤 04 打开“设置单元格格式”对话框。❶单击“数字”选项卡；❷在“分类”列表框中选择“自定义”选项；❸在“类型”文本框中输入 0000；❹单击“确定”按钮，如下图所示。

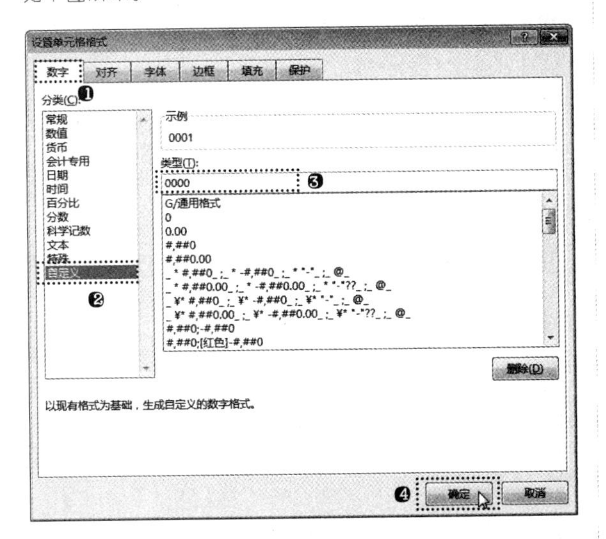

步骤 05 经过上一步操作，即可让 A3:A12 单元格区域中的数据显示为需要的格式。在表格中输入其他单元格内容，完成后的效果如下图所示。

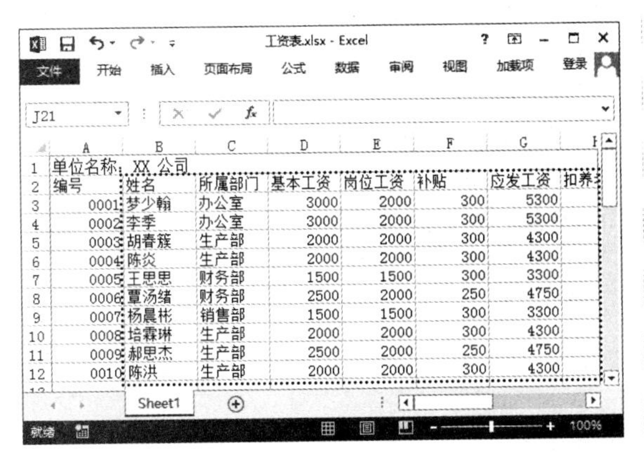

步骤 06 ❶单击“页面布局”选项卡“主题”组中的“主题”按钮；❷在弹出的菜单中选择“华丽”选项，如下图所示。

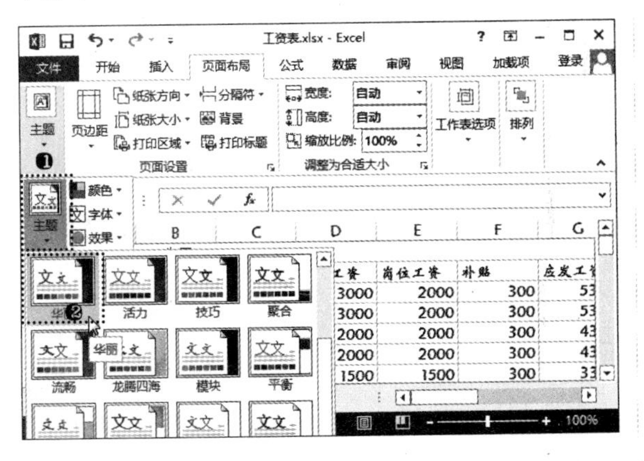

步骤 07 ❶单击“开始”选项卡“样式”组中的“套用表格格式”按钮；❷在弹出的菜单中选择需要的表格样式，如下图所示。

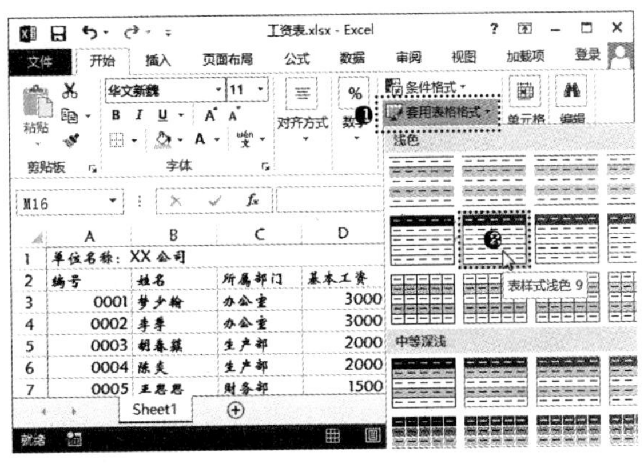

步骤 08 打开“套用表格式”对话框。❶单击“表数据的来源”文本框后的折叠按钮；❷拖曳鼠标在工作表中选择需要套用表格格式的 A2:L12 单元格区域；❸选中“表包含标题”复选框；❹单击“确定”按钮，如下图所示。

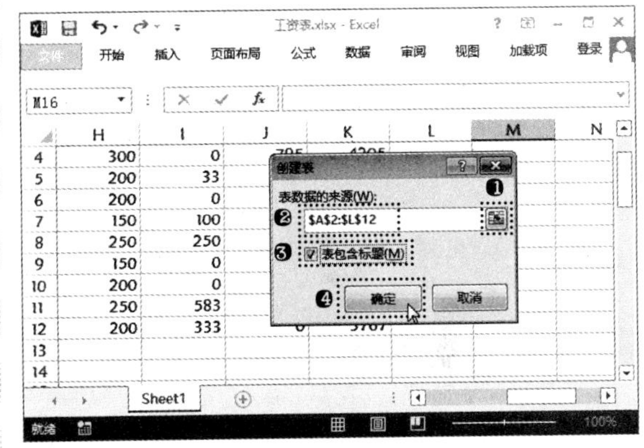

步骤 09 ❶选择 A2:L2 单元格区域；❷单击“开始”选项卡“对齐方式”组中的“居中”按钮，如下图所示。

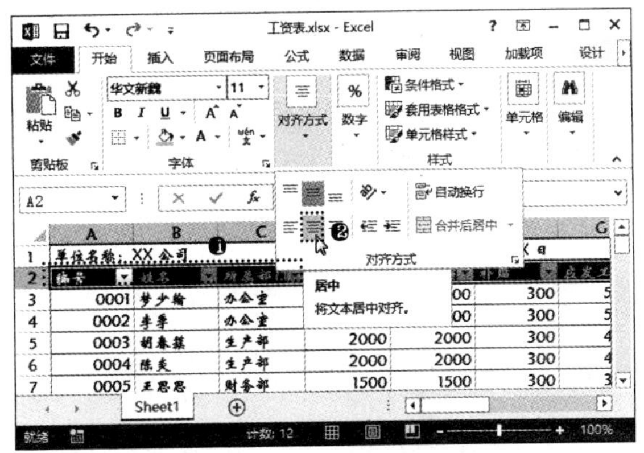

步骤 10 ❶选择 A1 单元格；❷单击"字体"组中的"字体颜色"按钮；❸在弹出的菜单中选择需要填充的颜色选项，如下图所示。使表格中使用的颜色更加协调。

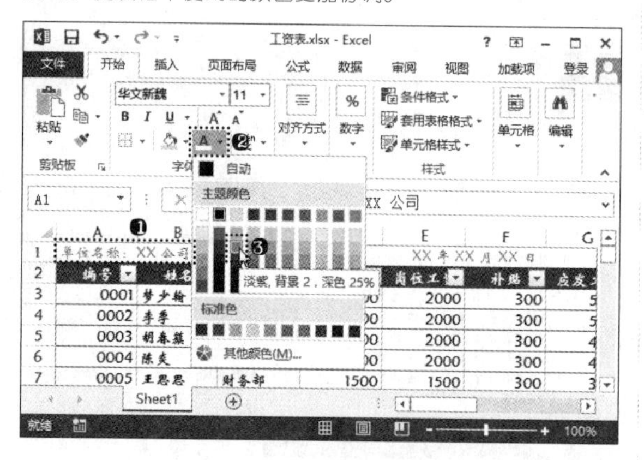

步骤 11 ❶选择套用了表格样式的任意单元格，激活"表格工具设计"选项卡；❷在"表格工具设计"选项卡的"表格样式选项"组中选中"镶边列"复选框，即可看到所有列边框都显示了出来，效果如下图所示。

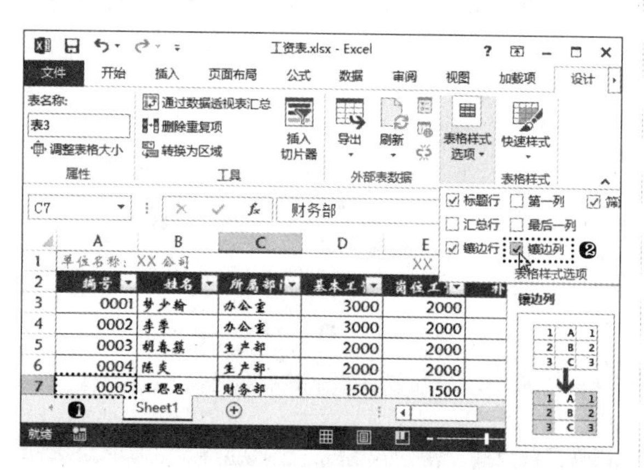

步骤 12 在"表格工具设计"选项卡的"表格样式选项"组中，取消选中"筛选按钮"复选框，即可让表头中的筛选按钮隐藏起来，效果如下图所示。

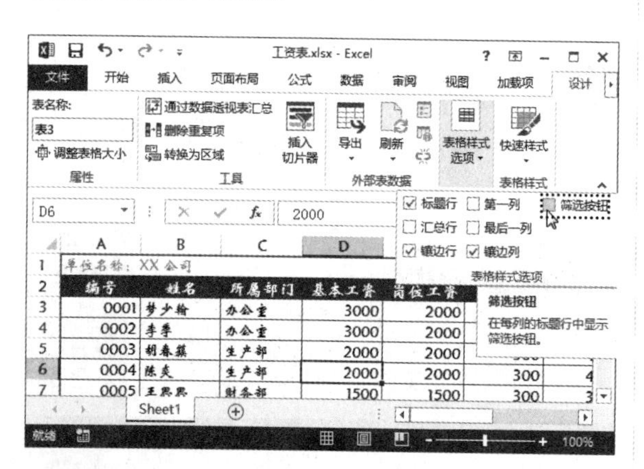

步骤 13 ❶选择 A2:L2 单元格区域；❷单击"开始"选项卡"字体"组中的"增大字号"按钮，如右上图所示。适当调整标题文本的大小。

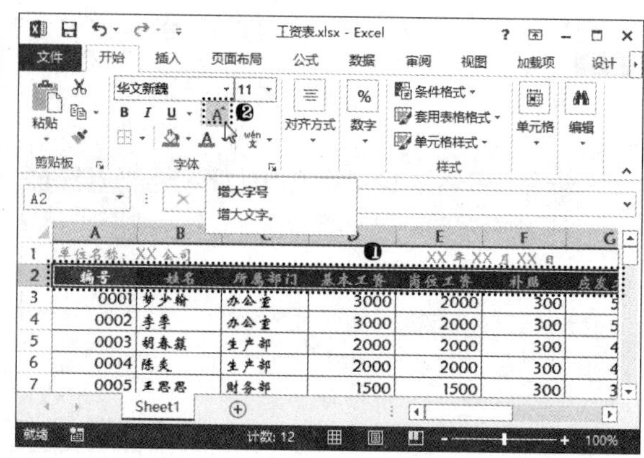

步骤 14 ❶选择 D3:K12 单元格区域；❷单击"开始"选项卡"数字"组中列表框右侧的下拉按钮；❸在弹出的菜单中选择"货币"命令，如下图所示。为该单元格区域的数据设置货币数据格式。

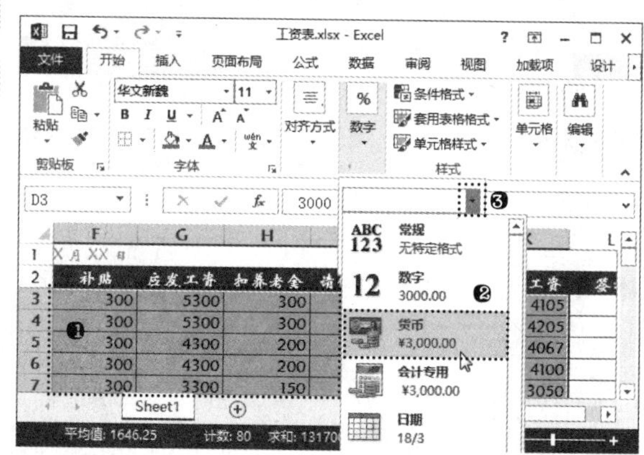

步骤 15 单击"开始"选项卡"数字"组中的"减少小数位数"，如下图所示。让单元格区域中的数据显示为 1 位小数位。

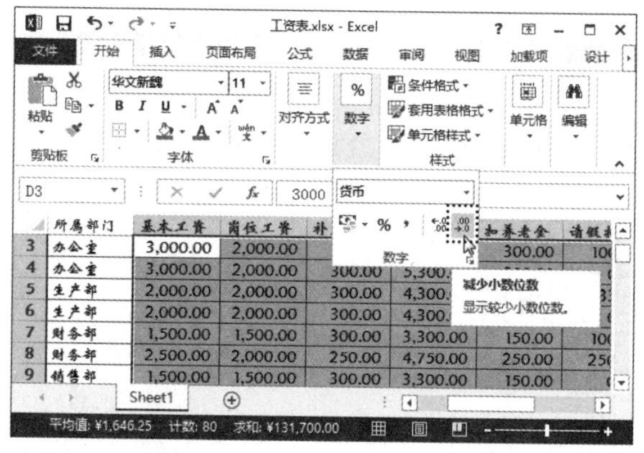

步骤 16 ❶选择 A1:L12 单元格区域；❷单击"开始"选项卡"数字"组右下角的"对话框启动器"按钮，如下页左上图所示。

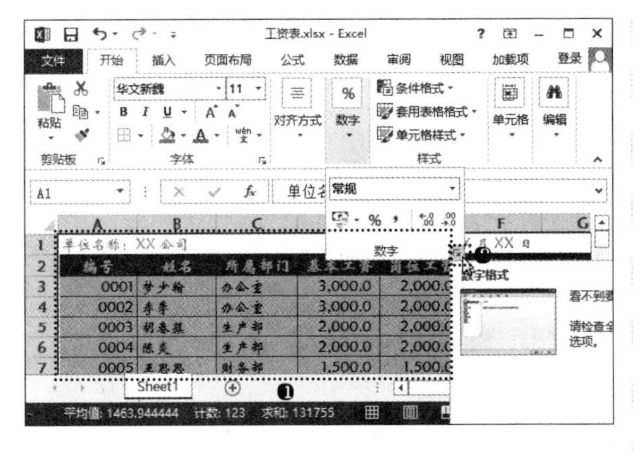

步骤 17 打开"设置单元格格式"对话框。❶单击"边框"选项卡；❷在"颜色"下拉列表中选择"玫红"选项；❸在"样式"列表框中选择"双线"选项；❹单击"预置"栏中的"外边框"按钮；❺单击"确定"按钮，如下图所示。

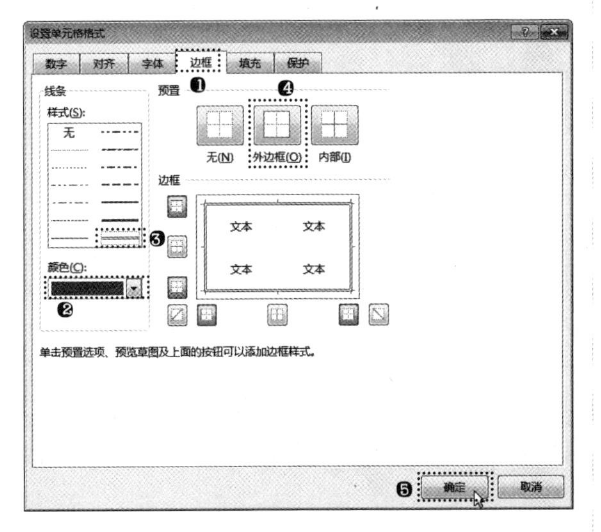

步骤 18 经过上一步操作，即可为表格数据添加外部边框。❶选择 C3:C4 和 C7:C8 单元格区域；❷单击"开始"选项卡"样式"组中的"单元格样式"按钮；❸在弹出的菜单中选择需要的主题单元格样式，如下图所示。

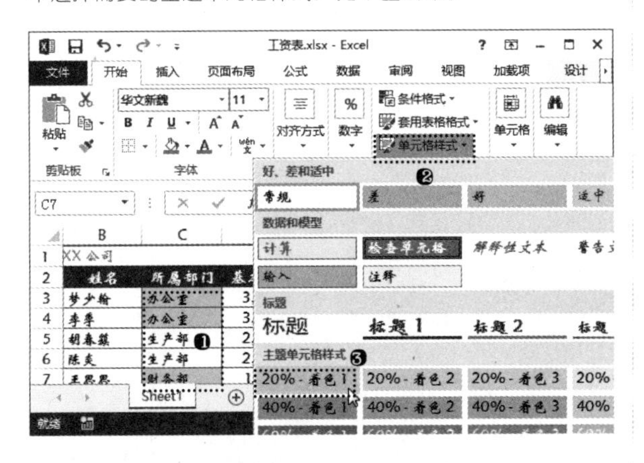

步骤 19 ❶选择 D3:D12 单元格区域；❷单击"开始"选项卡"样式"组中的"条件格式"按钮；❸在弹出的菜单中选择"数据条"命令；❹在弹出的下级子菜单中选择"绿色数据条"命令，如下图所示。

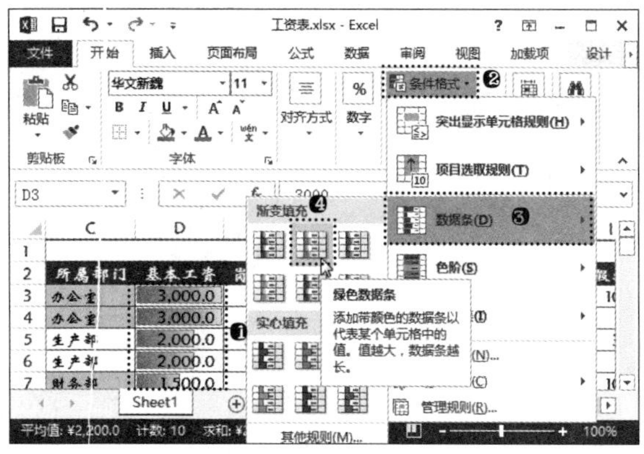

步骤 20 ❶选择 K3:K12 单元格区域；❷单击"开始"选项卡"样式"组中的"条件格式"按钮；❸在弹出的菜单中选择"新建规则"命令，如下图所示。

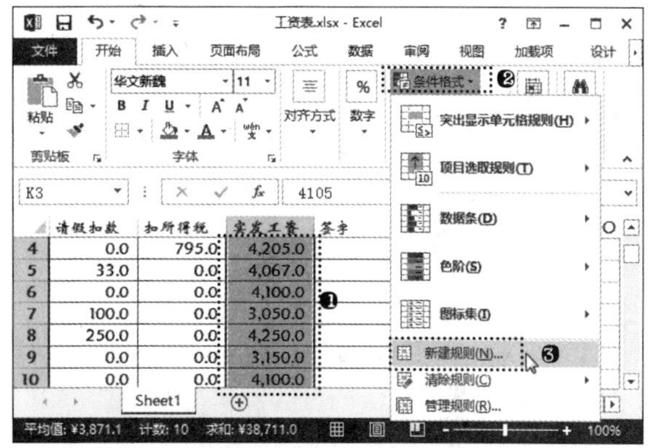

步骤 21 打开"新建格式规则"对话框。❶在"选择规则类型"列表框中选择"只为包含以下内容的单元格设置格式"选项；❷在"编辑规则说明"栏的第 2 个下拉列表中选择"大于或等于"选项；❸在右侧的文本框中输入 4000；❹单击"格式"按钮，如下图所示。

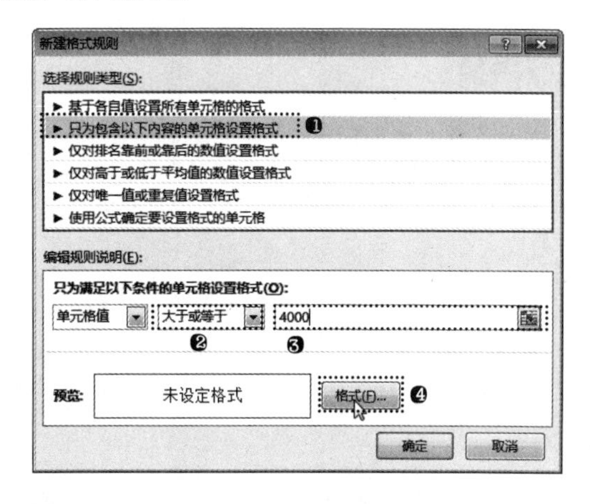

步骤 22 打开"设置单元格格式"对话框，❶单击"字体"选项卡；❷在"颜色"下拉列表中选择需要的绿色，如下页左上图所示。

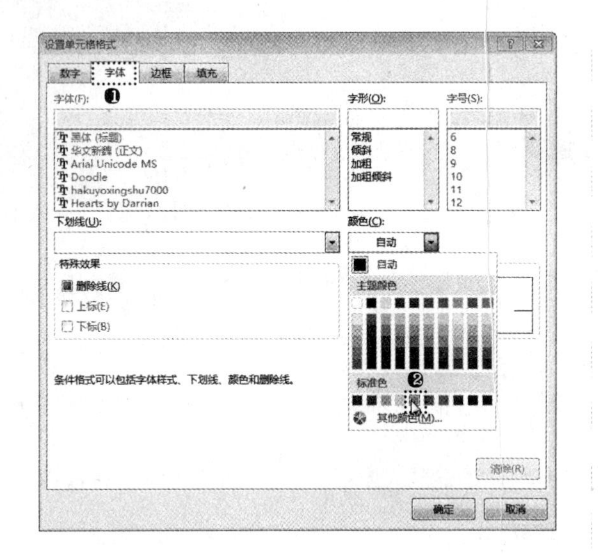

步骤 23 ❶单击“填充”选项卡；❷在“背景色”列表框中选择需要的橙色选项；❸单击“确定”按钮，如下图所示。

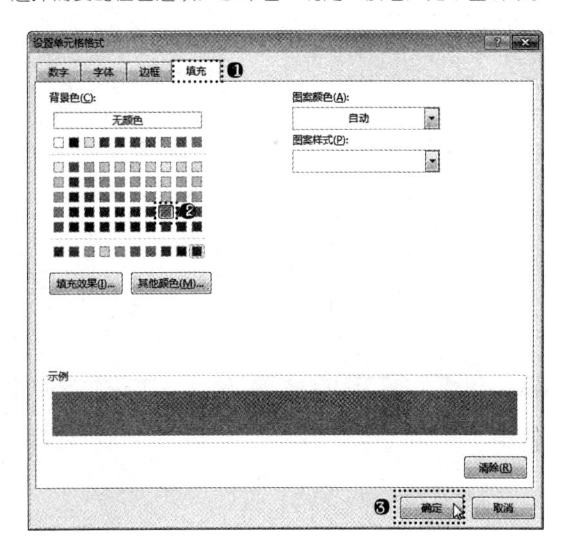

步骤 24 返回“新建格式规则”对话框，在“预览”框中可以查看到设置的单元格格式效果，单击“确定”按钮关闭该对话框，如下图所示。

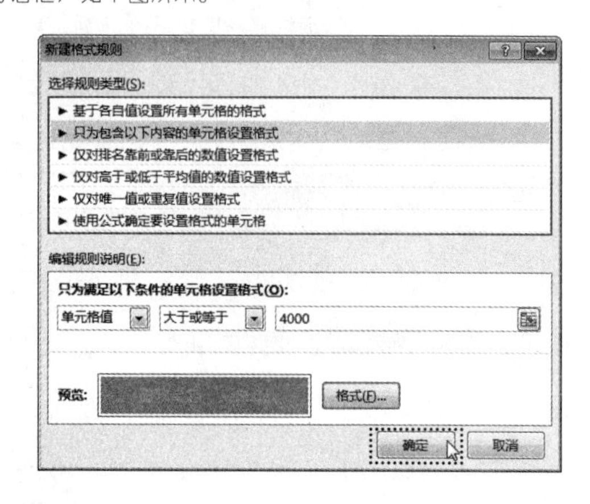

步骤 25 返回工作簿即可看到 K3:K12 单元格区域中数值大于 4000 的单元格格式已经变为绿色字体橙色填充，效果如下图所示。

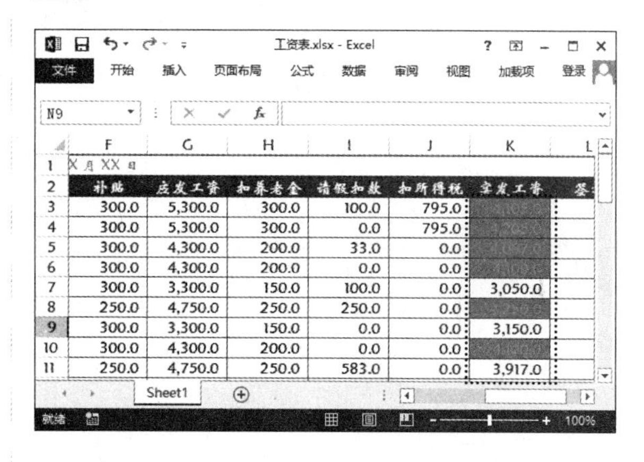

本章小结

本章主要介绍了 Excel 2013 中设置单元格格式、使用单元格样式、套用表格格式、设置主题、使用条件格式、设置数据有效性的方法。用户在学习本章内容时，要注意各种单元格格式的设置方法，掌握通过使用单元格和表格格式快速美化表格的方法，以及通过设置条件格式简单分析数据的方法。

第 5 章

在 Excel 中插入对象

本章导读

Excel 的主要功能虽然是用来处理数据，但有时还需要使用图片、图形、文本、SmartArt 图形等对象来更详细、更直观、更具体地描述数据或表示数据间的关系。本章就来介绍在表格中插入图片、图形、文本、SmartArt 图形等对象，并对插入对象的形状、大小和颜色等属性进行设置的方法。

知识要点

- ◆ 插入图片
- ◆ 插入与编辑图形
- ◆ 插入与编辑艺术字
- ◆ 编辑图片
- ◆ 插入与编辑文本框
- ◆ 插入与编辑 SmartArt 图形

案例展示

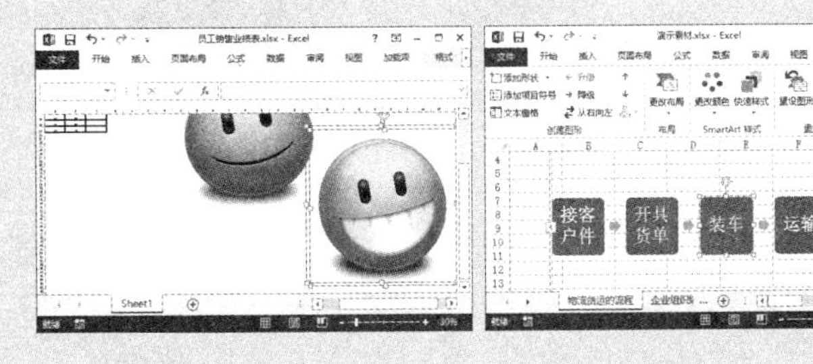

基础入门——必知必会

5.1 使用图片

制作表格时，除了输入数据并对其进行美化外，还需要在表格中插入与数据内容相关的图片，制作出图文并茂的工作表，使数据更有说服力。

5.1.1 插入图片

在 Excel 2013 中，用户不仅可以将计算机中的图片插入到表格中，而且可以直接将 Office.com 上的剪贴画和 Web 网页上的各种图片插入到表格中，下面分别讲解这两种插入图片的方法。

光盘同步文件
原始文件：光盘 \ 原始文件 \ 第 5 章 \ 员工销售业绩表 .xlsx
结果文件：光盘 \ 结果文件 \ 第 5 章 \ 员工销售业绩表 .xlsx
教学视频：光盘 \ 教学视频文件 \ 第 5 章 \5-1-1.mp4

1．插入计算机中的图片

为表格添加图片时，首先需要根据表格数据搜集相关图片，而这些图片一般都会先保存到计算机中的某处，我们只需要通过“插入”选项卡将其插入即可，具体操作步骤如下。

步骤 01 打开“光盘 \ 素材文件 \ 第 5 章 \ 员工销售业绩表 .xlsx”文件。单击“插入”选项卡“插图”组中的“图片”按钮，如右上图所示。

步骤 02 打开“插入图片”对话框。❶在“查找范围”下拉列表中选择要插入图片所在的文件夹；❷在下面的列表中选择要插入的 1.png 图片；❸单击“插入”按钮，如下图所示。

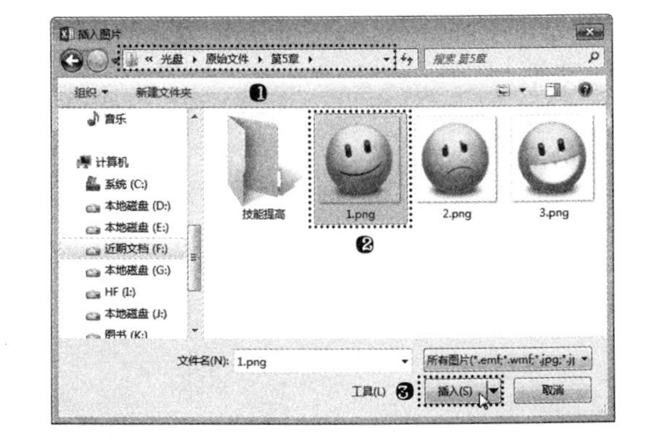

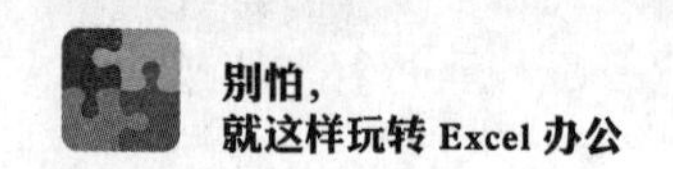

步骤 03 返回工作簿中即可看到已经将选择的图片插入到表格中，并激活了“图片工具 格式”选项卡。使用相同的方法，在表格中插入另外两张准备好的图片，完成后的效果如下图所示。

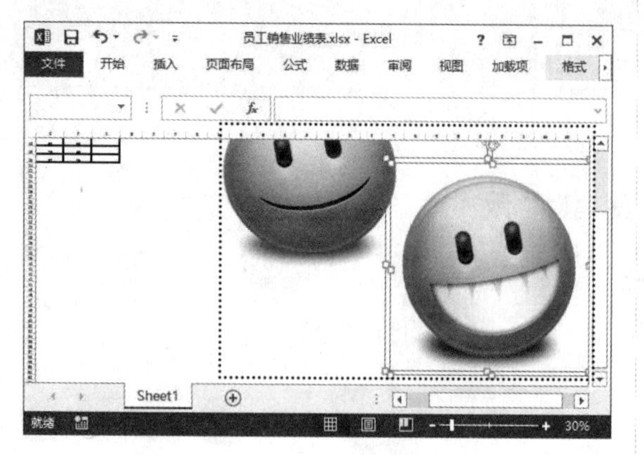

2．插入联机图片

在 Excel 2013 中，除了可以插入事先准备好的图片外，还可以根据需要在 Office.com 网站或整个 Web 网络上搜索关键词来寻找符合要求的图片，并将其插入到表格中。例如，要在“员工销售业绩表”工作表中插入汽车剪贴画，具体操作步骤如下。

步骤 01 在“员工销售业绩表 .xlsx”文件中，单击“插入”选项卡“插图”组中的“联机图片”按钮，如下图所示。

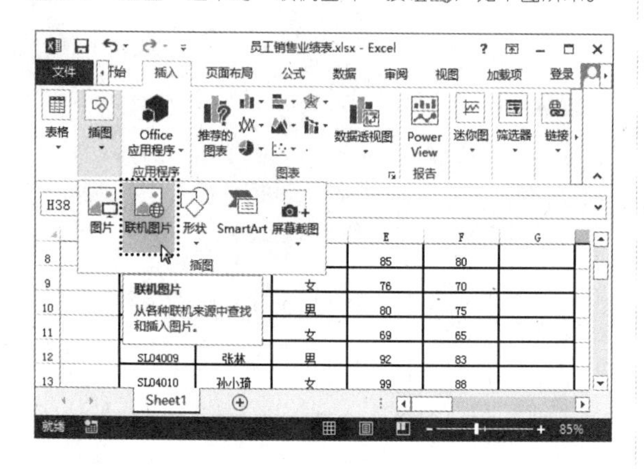

步骤 02 经过上一步操作，即可打开“插图图片”界面。❶在“Office.com 剪贴画”选项后的文本框中输入需要搜索的关键字“汽车”；❷单击“搜索”按钮，如下图所示。

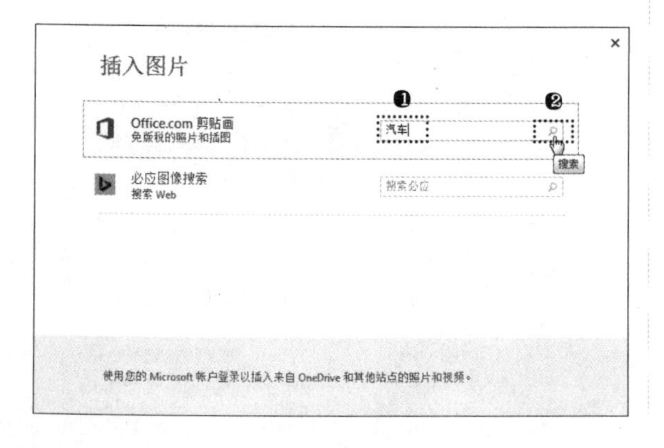

步骤 03 稍等片刻，即可显示出在 Office.com 上搜索到的与汽车有关的剪贴画：❶在列表框中选择需要的剪贴画；❷单击“插入”按钮，如下图所示。

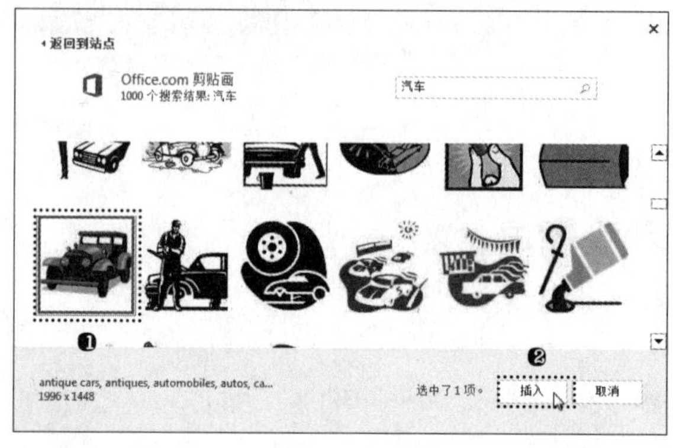

步骤 04 返回工作簿，即可看到已经将选择的剪贴画插入到表格中了，如下图所示。

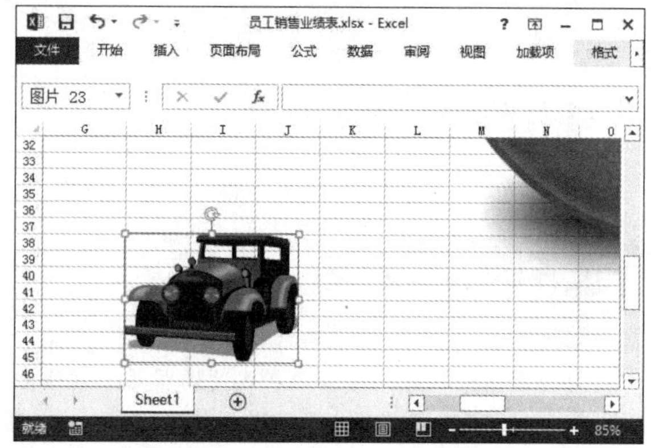

5.1.2 调整图片的大小和位置

从上面的案例中可以发现，在 Excel 2013 中插入图片后，不论其大小，还是放置方式都有可能不能满足实际要求。此时就需要对图片的大小和位置进行调整。

光盘同步文件
原始文件：光盘 \ 原始文件 \ 第 5 章 \ 员工销售业绩表 2.xlsx
结果文件：光盘 \ 结果文件 \ 第 5 章 \ 员工销售业绩表 2.xlsx
教学视频：光盘 \ 教学视频文件 \ 第 5 章 \5-1-2.mp4

1．调整图片大小

在工作表中插入的图片默认以原始的大小显示，如果插入的图片太大，不仅影响工作表的美观，还不能充分发挥图解数据的效果，因此需要改变其大小。在 Excel 2013 中调整图片大小的方法有两种：一是通过拖曳鼠标进行直观的调整（在图片大小要求不精确的情况下，一般使用该方法调整图片大小）；二是通过输入具体的数值精确设定图片大小。下面分别使用这两种方法调整“员工销售业绩表 2”工作表中图片的大小，具体操作如下。

步骤 01 打开“光盘\素材文件\第 5 章\员工销售业绩表 2.xlsx”文件，❶选择需要调整大小的汽车剪贴画；❷将鼠标光标移动到图片右下角的控制点上，并单击拖曳调整图片的大小，如下图所示。

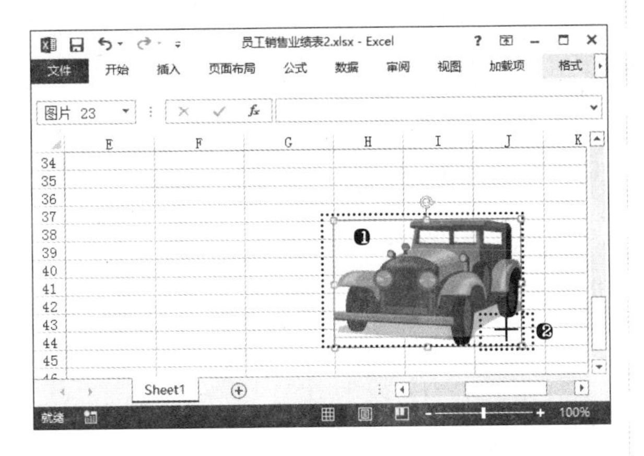

步骤 02 ❶选择需要调整大小的笑脸图片；❷在“图片工具 格式”选项卡“大小”组中的“形状高度”或“形状宽度”文本框中输入数值，这里在“形状高度”文本框中输入“0.5 厘米”，如下图所示。

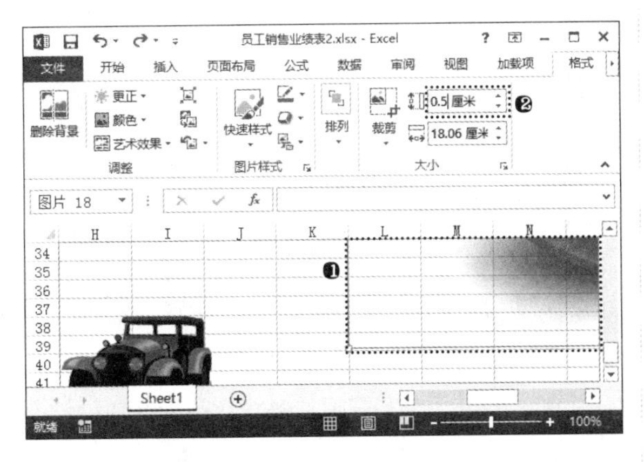

步骤 03 按【Enter】键确认形状高度的具体值，系统便会根据输入的高度值自动调整图片的大小。使用相同的方法调整另外两幅娃娃脸图片的高度均为“0.5 厘米”，完成后的效果如下图所示。

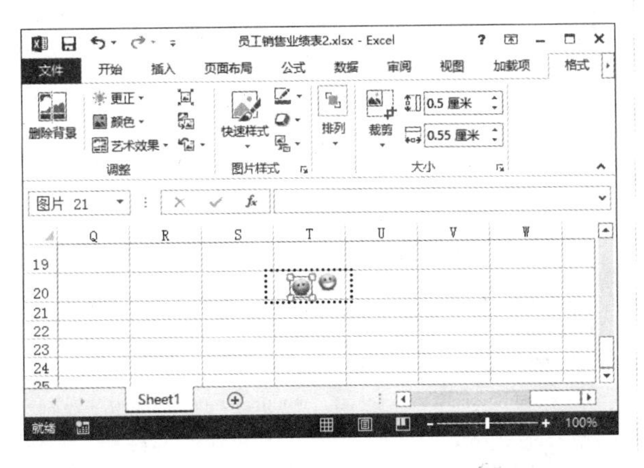

高手指引——拖曳鼠标调整图片大小的不同方法

选择插入的图片后，在图片四周将显示 8 个控制点（4 个方形控制点、4 个圆形控制点）。用鼠标拖曳任意方形控制点，可在一个方向上增加或减小图片大小，但通过这种方式调整图片大小后，图片比例会发生改变，影响图片的效果；用鼠标拖曳任意圆形控制点，可在保证图片长宽比例的前提下，将图片按原始比例进行整体放大或缩小，通过这种方式调整后的图片效果将与原始图片保持一致。按住【Ctrl】键的同时拖曳任意方形控制点，可在该控制点所在方向的两条边上同时增加或减小相等的图片大小。按住【Ctrl】键的同时拖曳任意圆形控制点，可以图片中心点为轴点，等比例缩放图片大小。

2．调整图片位置

在工作表中插入图片后，一般还需要将其移动到工作表中的相应位置。Excel 中的图片是以浮于文字上方的方式插入到工作表中的，因此主要是通过拖曳鼠标的方法移动图片的位置，而且操作非常简单。下面将“员工销售业绩表 2”工作表中的图片放置到合适的位置，并复制图片到其他位置，具体操作如下。

步骤 01 在“员工销售业绩表 2”工作表中，将鼠标光标移动到需要移动的汽车剪贴画上，当其变为✣形状时，按住鼠标左键不放，拖曳鼠标即可移动图片，如下图所示。

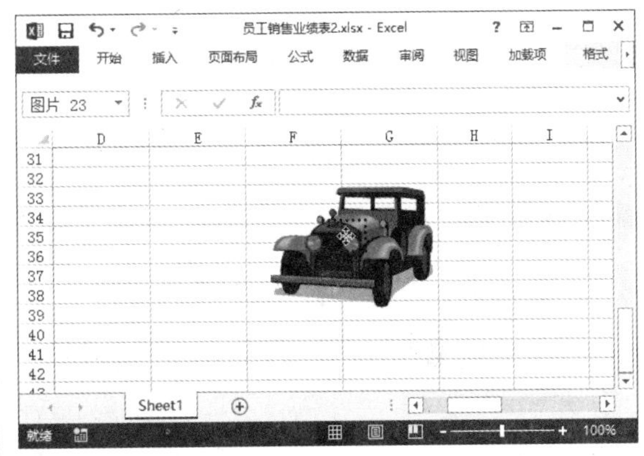

步骤 02 ❶将图片移动到合适的位置时释放鼠标左键，该图片即可移动到该处；❷使用相同的方法分别移动各娃娃脸图片到 G 列的相应单元格中，完成后的效果如下图所示。

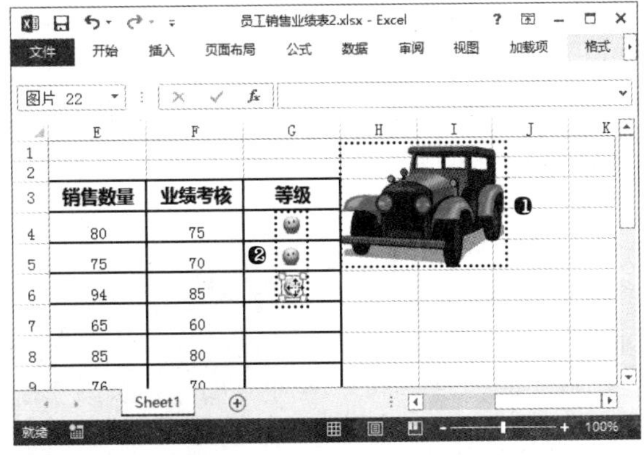

步骤 03 ❶选择需要复制的图片；❷按住【Ctrl】键的同时拖曳鼠标将其移动到需要的单元格中，即可复制该图片到对应单元格，如下页左上图所示。

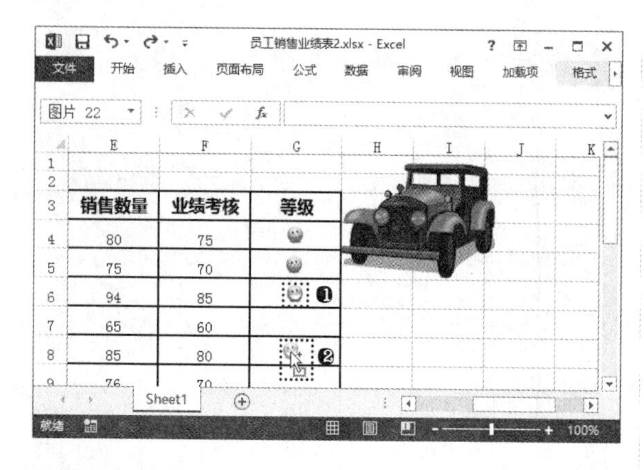

步骤 04 使用相同的方法，为 G 列中的单元格复制对应的娃娃脸图片，完成后的效果如下图所示。

员工销售业绩表2.xlsx - Excel

文件 开始 插入 页面布局 公式 数据 审阅 视图 加载项 格式

图片 41

	E	F	G
4	80	75	
5	75	70	
6	94	85	
7	65	60	
8	85	80	
9	76	70	
10	80	75	
11	69	65	

Sheet1

就绪 100%

5.1.3 裁剪图片

在 Excel 中不止可以调整图像的大小和位置，还可以根据需要裁剪图片大小，将图片中需要的部分保留，不需要的部分隐藏。Excel 2013 中的裁剪功能很强大，不仅可以剪裁对象的垂直或水平边缘，还可以轻松地裁剪为特定形状、经过裁剪适应或填充形状，或裁剪为通用图片的纵横比，下面分别进行介绍。

1．拖曳鼠标裁剪图片

拖曳鼠标裁剪图片，可以通过减少垂直或水平边缘来删除或屏蔽不希望显示的图片区域，从而将注意力集中于图片中需要强调的主体上。选择要裁剪的图片，然后在"图片工具格式"选项卡的"大小"组中单击"裁剪"按钮。此时被选择的图片四周将出现裁剪边框。拖曳鼠标移动到需要裁剪图片的裁剪边框上的裁剪控制点，即可对图片进行裁剪，完成裁剪后按【Esc】键退出裁剪状态。在图片裁剪状态中可进行以下几种裁剪操作。

（1）裁剪图片某一边

将鼠标光标移动到该条边的中心裁剪控制点上，按住鼠标左键不放并向图片中心拖曳即可，裁剪过程如右上图 1 所示。

（2）裁剪图片的相邻边

将鼠标光标移动到相邻两条边的角部裁剪控制点上，按住鼠标左键不放并向图片中心拖曳即可，裁剪过程如下图 2 所示。

（3）均匀裁剪图片的两侧

按住【Ctrl】键的同时，按住鼠标左键将需要裁剪的某一侧的中心裁剪控制点向图片中心拖曳即可，裁剪过程如下图所示。

（4）均匀裁剪图片的四周

按住【Ctrl】键的同时，按住鼠标左键将相邻两条边的角部裁剪控制点向图片中心拖曳即可，裁剪过程如下图所示。

（5）等比例裁剪图片的四周

按住【Ctrl+Shift】键的同时，按住鼠标左键将相邻两条边的角部裁剪控制点向图片中心拖曳即可，裁剪过程如下页左上图 1 所示。

（6）放置裁剪图片

裁剪图片后，移动图片即可通过改变图片相对裁剪边框的位置，改变裁剪后显示的效果，裁剪过程如如下页左上图 2 所示。

高手指引——向外裁剪图片

我们还可以向外裁剪图片，这样就可以为图片周围添加白色的边框。只需要使用前面介绍的（1）～（5）种裁剪方法，将裁剪控制点向远离图片中心的方向拖曳即可。

2．精确裁剪图片

若要将图片裁剪为精确的尺寸，可在“设置图片格式”任务窗口中进行设置。例如，要为“藏书表”工作表中的某图片进行精确裁剪，具体操作方法如下。

光盘同步文件

原始文件：光盘\原始文件\第 5 章\藏书表 .xlsx
结果文件：光盘\结果文件\第 5 章\藏书表 .xlsx
教学视频：光盘\教学视频文件\第 5 章\5-1-3.mp4

高手指引——裁剪图片的实质

裁剪图片后，被裁剪的部分并没有被删除，只是被隐藏了，还可以通过向外裁剪图片将其显示出来。要删除图片中被裁剪的部分只能通过“压缩图片”功能删除。

步骤 01 打开“光盘\素材文件\第 5 章\藏书表 .xlsx”文件。❶选择需要进行裁剪的图片；❷单击“图片工具格式”选项卡“大小”组右下角的“对话框启动器”按钮，如下图所示。

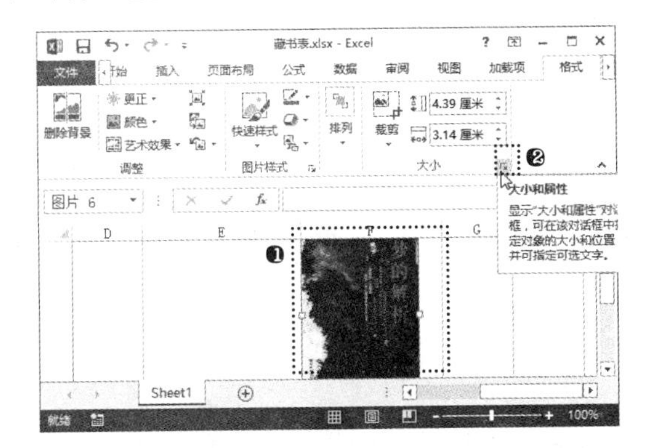

步骤 02 打开“设置图片格式”任务窗口。❶单击“图片”选项卡；❷在“裁剪”栏中的“裁剪位置宽度”文本框中调整数值为“3 厘米”，即可将原图片右侧的红色标记删除，如右上图所示。

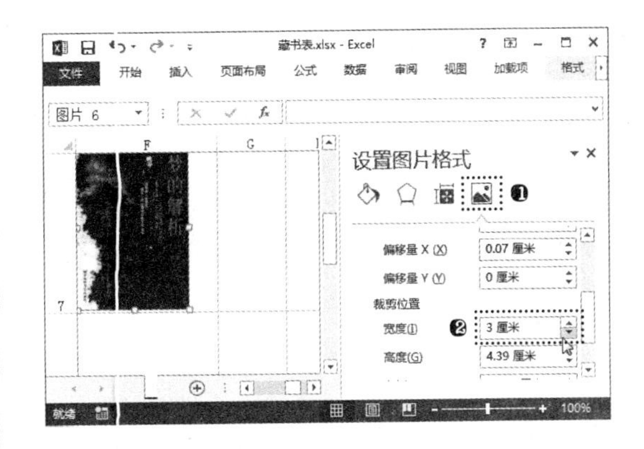

高手指引——精确图片的位置

在图片上单击鼠标右键，然后在弹出的快捷菜单中选择“设置图片格式”命令，也可以打开“设置图片格式”任务窗口。单击“图片”选项卡后，在“裁剪”栏中的“图片位置”中可输入具体数值，指定图片的高度和宽度，以及偏移量。

3．裁剪图片为特定的形状

在 Excel 2013 中可以将图片裁剪为特定的形状，使用该功能可以快速将图片外观修整为需要的形状，让表格更美观。例如，要将“藏书表”工作表中的某图片裁剪为“十字形”形状，具体操作步骤如下。

步骤 01 在“藏书表”文件中。❶选择需要进行裁剪的图片；❷单击“图片工具 格式”选项卡“大小”组中的“裁剪”按钮；❸在弹出的菜单中选择“裁剪为形状”命令；❹在弹出的下级子菜单中选择“十字形”命令，如下图所示。

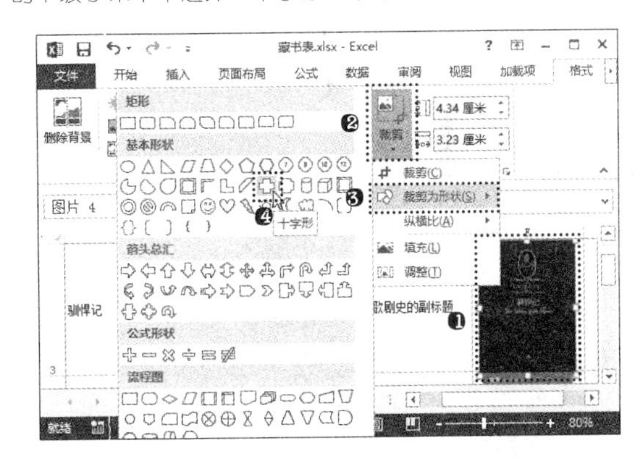

步骤 02 经过上一步操作，即可看到将所选图片裁剪为“十字形”后的效果，如下图所示。按【Esc】键退出裁剪图片状态。

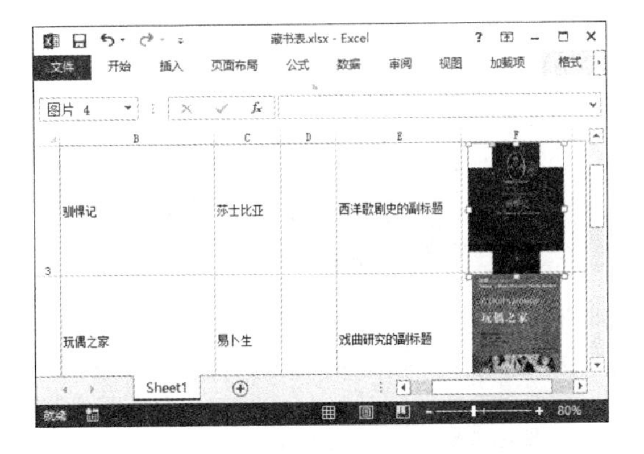

4．裁剪图片为通用纵横比

表格中插入的图片有时是具有特殊作用的，如插入免冠照，而这些照片的宽度与高度要遵循一定的比例。在 Excel 中可以快速将图片裁剪为常用的纵横比效果。例如，要将“藏书表”工作表中的某幅图片按照 4:5 的比例进行裁剪，具体操作步骤如下。

步骤 01 ❶在“藏书表”文件中，选择需要进行裁剪的图片；❷单击“图片工具格式”选项卡“大小”组中的“裁剪”按钮；❸在弹出的菜单中选择“纵横比”命令；❹在弹出的下级子菜单中选择 4:5 命令，如下图所示。

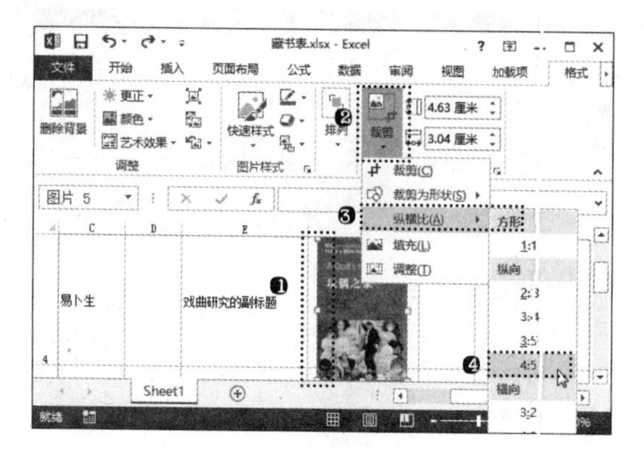

步骤 02 经过上一步操作，即可看到将所选图片按照 4:5 比例进行裁剪后的效果，如下图所示。单击任意空白单元格，退出裁剪图片状态。

5.1.4 调整图片效果

Excel 2013 不仅拥有强大的数据处理功能，对图片的处理功能也是不可小觑的。在 Excel 2013 中可以对图片进行适当处理，包括删除图片背景、对图片亮度和对比度进行调整、对图片颜色进行更改、设置常见的艺术效果等。

光盘同步文件
原始文件：光盘\原始文件\第 5 章\库存统计表 .xlsx
结果文件：光盘\结果文件\第 5 章\库存统计表 .xlsx
教学视频：光盘\教学视频文件\第 5 章\5-1-4.mp4

1．删除图片背景

Excel 2013 在删除图片中的部分图像方面有了很大的突破，使用“删除背景”功能可以精准地去除图片中的背景，保留图片主体，起到强调或突出图片主题的作用。Excel 2013 的抠图效果可以与专业的图像处理软件相媲美，操作过程甚至更简单。

下面在库存统计表中为靴子图片删除背景，并通过填充功能为该图片替换新的背景效果，具体操作步骤如下。

步骤 01 打开“光盘\素材文件\第 5 章\库存统计表 .xlsx”文件。❶选择需要删除背景的图片；❷单击“图片工具格式”选项卡“调整”组中的“删除背景”按钮，如下图所示。

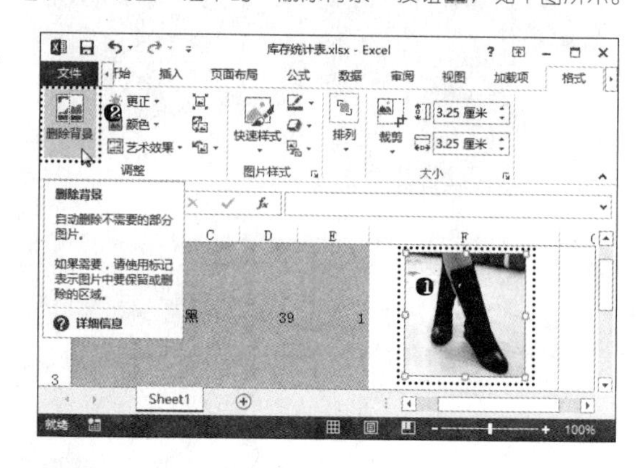

步骤 02 经过上一步操作后，进入去除图片背景状态。拖曳矩形边框四周的控制点，让所有要保留的图片区域都包括在选择范围内，如下图所示。

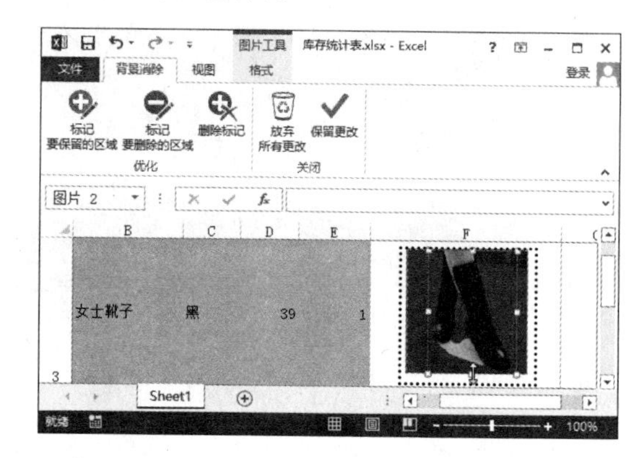

步骤 03 经过上一步操作，图中并没有对背景进行完美地删除，还有少量背景没有被删除。❶单击“背景消除”选项卡“优化”组中的“标记要删除的区域”按钮；❷依次单击图中下方的地面区域，在这些区域中添加删除标记，如下图所示。

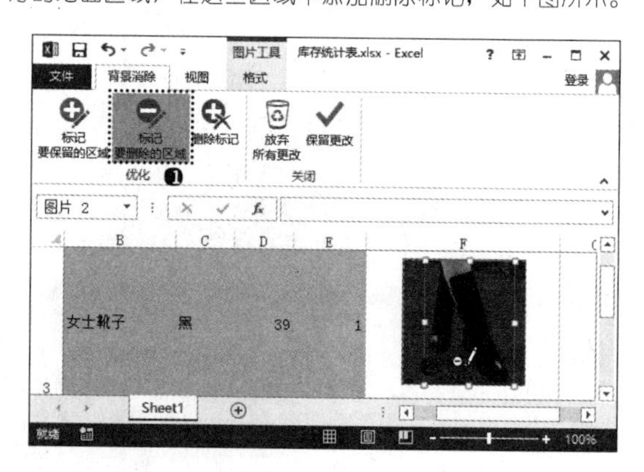

步骤 04 单击“背景消除”选项卡“关闭”组中的“保留更改”按钮✓，如下图所示，完成对背景的删除操作。

步骤 05 返回工作簿中，即可看到图片背景为透明的效果。单击“图片工具格式”选项卡“图片样式”组右下角的“对话框启动器”按钮，如下图所示。

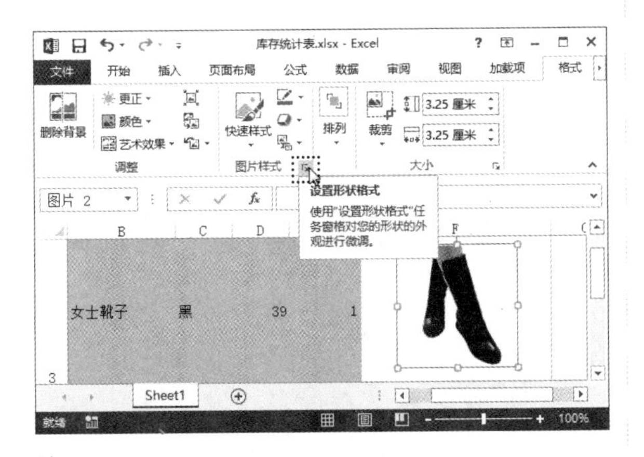

步骤 06 打开“设置图片格式”任务窗口。❶单击“填充线条”选项卡；❷在“填充”栏中选中“图片或纹理设置”单选按钮；❸单击“文件”按钮，如下图所示。

步骤 07 打开“插入图片”对话框。❶在“查找范围”下拉列表中选择要插入图片所在的文件夹；❷在下面的列表中选择要插入的“地板.jpg”图片；❸单击“插入”按钮，如右上图所示。

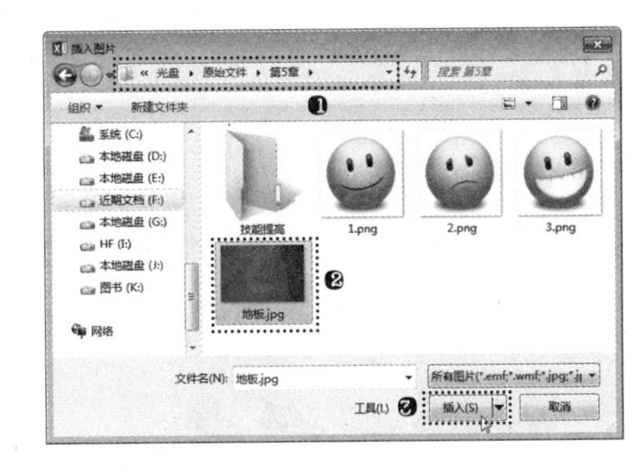

步骤 08 返回工作簿，即可查看到为该图片更换的背景效果，如下图所示。

高手指引——制作具有专业水准的图片

单击“背景消除”选项卡中的“标记要保留的区域”按钮，可指定额外的、要保留下来的图片区域；单击“删除标记”按钮，可删除通过“标记要保留的区域”按钮和“标记要删除的区域”按钮标记的区域。通过删除图片背景功能删除背景效果，并重新合成背景，再结合 Excel 2013 图片工具的其他功能，可以轻松而快速地制作出具有专业水准的图片。

2．更正图片亮度、对比度或模糊度

当表格中插入图片的颜色不正时，可以使用 Excel 2013 提供的图像颜色更正功能，调整图片的亮度、图片最暗区域与最亮区域间的差别（即对比度），以及图片的模糊度。例如，要调整库存统计表中男士凉皮鞋图片的亮度，具体操作步骤如下。

步骤 01 ❶在“库存统计表”文件中，选择需要调整效果的图片；❷单击“图片工具 格式”选项卡“调整”组中的“更正”按钮☀，如下图所示。

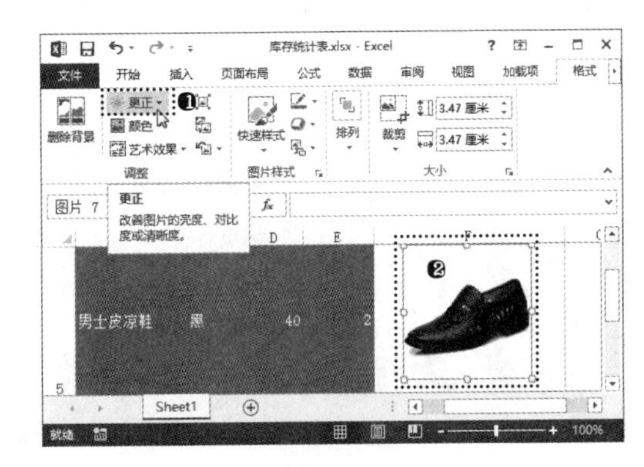

步骤 02 在弹出菜单的“亮度 / 对比度”栏中选择“亮度：+20% 对比度：0%”选项。同时，图片效果变得更明亮，如下图所示。

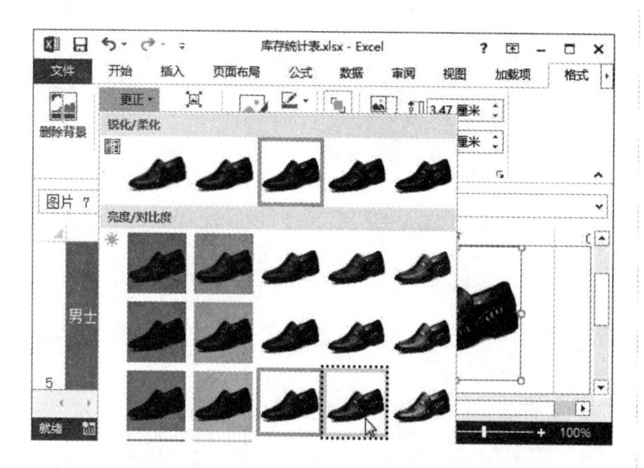

> **高手指引——认识“更正”菜单**
>
> “更正”菜单的“锐化 / 柔化”栏，用于锐化图片或删除可柔化图片上的多余斑点，从而增强照片的细节；“亮度 / 对比度”栏用于调整图片的亮度和对比度。通过调整图片亮度，可以使曝光不足或曝光过度图片的细节得以充分表现。通过提高或降低对比度，可以更改明暗区域分界的定义。在该菜单中选择“图片更正选项”命令，打开“设置图片格式”任务窗口，在其中可以自定义图片的清晰度、亮度和对比度的数值。

3．更改图片颜色

Excel 2013 还能对插入图片的颜色进行修改，如调整图片的颜色饱和度及色调、对图片重新着色、更改图片中某一种颜色的透明度，还可以为图片应用多种颜色效果。例如，要更改库存统计表中女士短靴和男士皮鞋图片的颜色，具体操作步骤如下。

> **高手指引——了解透明度**
>
> 透明度是用于定义能够穿过对象像素的光线数量。如果对象是 100% 透明的，光线将能够完全穿过它，造成无法看见的效果。通过计算机显示器观看，图片中透明区域的颜色与背景色相同。在打印输出时，透明区域的颜色与打印图片使用的纸张颜色相同。

步骤 01 在“库存统计表”文件中选择需要更改颜色的图片。❶单击“图片工具格式”选项卡“调整”组中的“颜色”按钮；❷在弹出菜单的“颜色饱和度”栏中选择“饱和度 200%”命令，如下图所示。

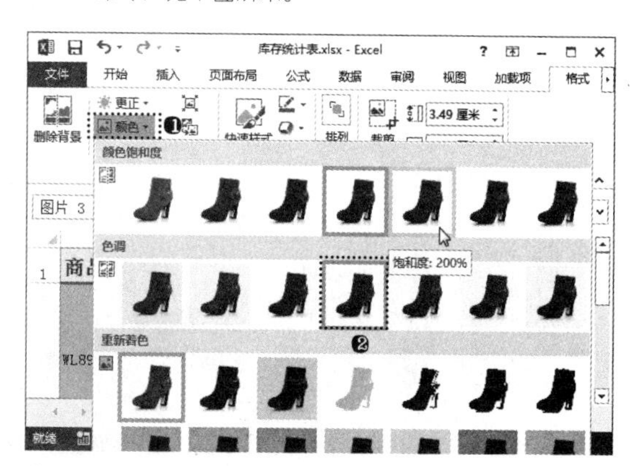

步骤 02 经过上一步操作，图中的红色看起来更加耀眼。❶单击“图片工具格式”选项卡“调整”组中的“颜色”按钮；❷在弹出菜单的“色调”栏中选择“色温 8800K”命令，如下图所示。

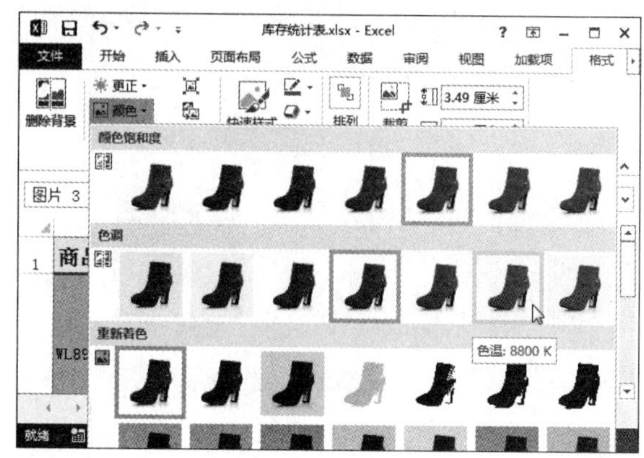

步骤 03 经过上一步操作，图中背景变得微黄。❶单击“图片工具格式”选项卡“调整”组中的“颜色”按钮；❷在弹出的菜单中选择“设置透明色”命令，如下图所示。

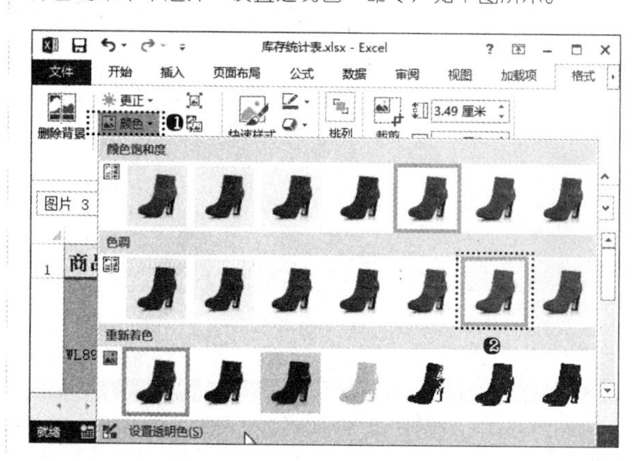

步骤 04 经过上一步操作，鼠标光标将变成形状，移动鼠标光标到需要设置透明色的图片背景上单击，即可使选取颜色的所在部分变得透明。这里因表格背景为白色，所以操作后将显示为白色。

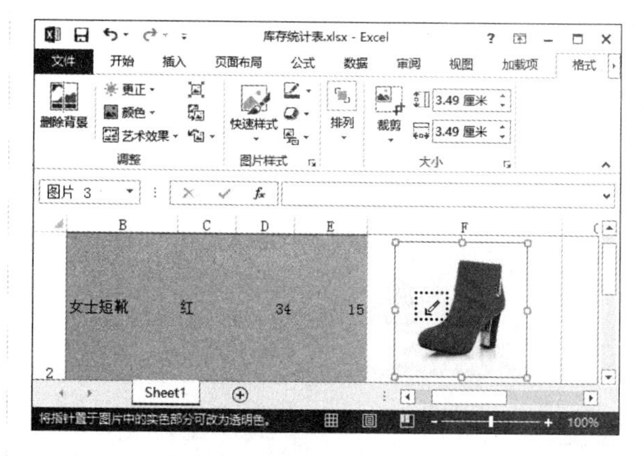

步骤 05 选择需要重新着色的图片。❶单击“图片工具格式”选项卡“调整”组中的“颜色”按钮；❷在弹出菜单的“重新着色”栏中选择“灰度”命令，如下页左上图所示。

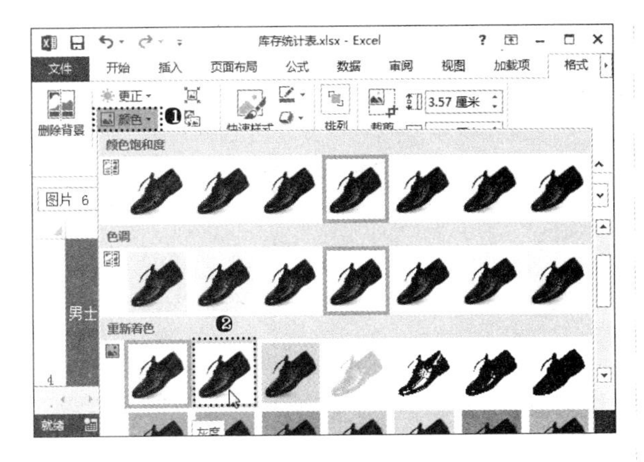

步骤 06 返回工作簿，即可查看到为该图片设置为灰度的效果，如下图所示。

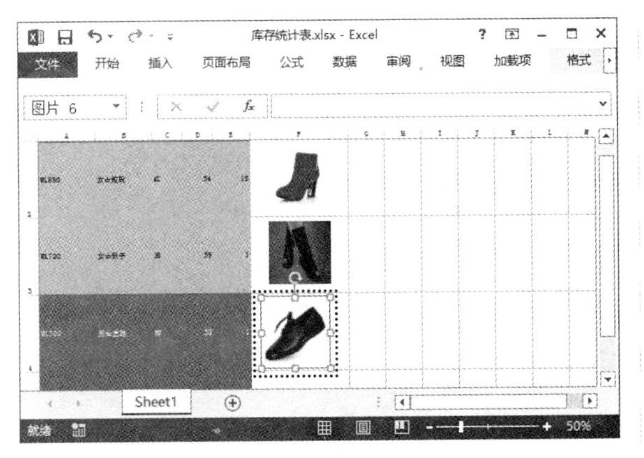

高手指引——认识“颜色”菜单

“颜色”菜单的“颜色饱和度”栏用于调整图片颜色的浓度。饱和度越高，图片色彩越鲜艳，反之图片越黯淡；“色调”栏用于提高或降低图片的色温，从而增强图片的细节，一般在图片出现偏色的情况下使用；“重新着色”栏用于将一种内置的风格效果快速应用于图片。选择“其他变体”命令，可以在弹出的颜色菜单中为图片设置更多的重新着色颜色；选择“设置透明色”命令，可以使图片的一部分变得透明，以便显示出层叠在图片下方的表格内容。

4. 设置图片艺术效果

Excel 2013 中还提供了对图片进行艺术效果处理的功能，使用该功能可以让图片看上去更像草图、绘图或绘画效果，但是 Excel 中的艺术效果不能像专业图像处理软件中的艺术效果那样进行叠加。在 Excel 2013 中，一次只能将一种艺术效果应用于图片，再为该图片应用其他艺术效果时将删除以前应用的艺术效果。下面为库存统计表中女士短靴图片添加“塑封”效果，具体操作步骤如下。

步骤 01 ❶在“库存统计表”文件中，选择需要添加艺术效果的图片；❷单击“图片工具格式”选项卡“调整”组中的“艺术效果”按钮；❸在弹出的下拉列表中选择“塑封”选项，如右上图所示。

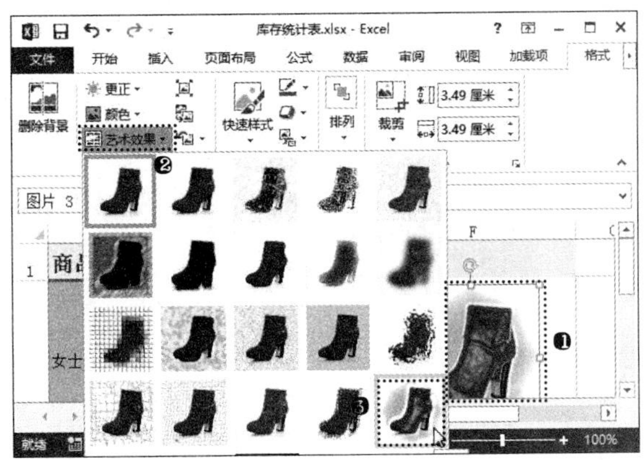

步骤 02 经过上一步操作，即可为该图片添加“塑封”效果，如下图所示。

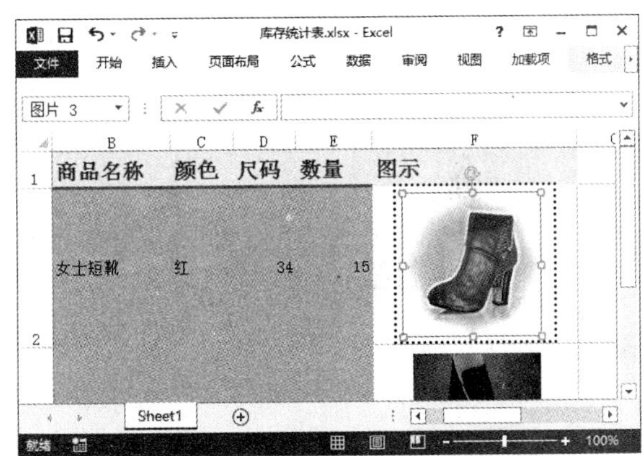

5. 压缩图片

在 Excel 中插入图片后会显著增大表格体积的大小，因此，控制图片文件存储的大小可以有效节省硬盘驱动器上的空间、减少网站上的下载时间或加载时间。改变图片大小可以通过设置其分辨率和质量进行，也可以应用压缩，以及丢弃不需要的信息（如图片的裁剪部分）。分辨率用于衡量监视器或打印机所产生图像或文字的精细程度。降低或更改分辨率对于要缩小显示的图片很有效，在并不需要图片中的每个像素即可获得适用的图片版本，则可以降低或更改分辨率。

在 Excel 2013 中，选择插入的图片后，单击“图片工具格式”选项卡“调整”组中的“压缩图片”按钮，将打开“压缩图片”对话框。在该对话框中提供了两种压缩方式，选中“仅应用于此图片”复选框，将仅对选择的图片，而非对所有图片进行压缩图片操作；若选择的图片已经裁剪过，选中“删除图片的裁剪区域”复选框，则可通过删除图片的裁剪区域来减小文件大小，但该操作不可撤消。在“压缩图片”对话框的“目标输出”栏中可以根据图片输出的用途来设置相应的图片分辨率，一般用于减小图片大小，但在图片质量比文件大小更重要的情况下，也可指定不压缩图片。

6. 更改图片

如果对插入的图片感到不满意，需要更换图片，可以单击“图片工具格式”选项卡“调整”组中的“更改图片”按钮，在打开的对话框中重新选择图片即可替换所选图片。重新选择的图片，会根据被替换图片的高度，自适应比例缩放到相同的高度，还会继续采用被替换图片的图片样式。

7. 重设图片

如果对图片编辑的效果感到不满意，想要重新编辑时，可单击“图片工具格式”选项卡“调整”组中的“重设图片”按钮，把当前所选图片恢复到初始的状态，取消插入图片后对其进行的一切调整效果。

5.1.5 设置图片样式

在表格中插入图片后，不仅可以对图片本身效果进行调整，还可以使用设置图片样式功能快速为其添加阴影、发光、映像、柔化边缘、凹凸和三维旋转等效果，从而增强图片的感染力，制作成专业的图像效果。

Excel 2013 提供了两种设置图片样式的方式。用户可以在选择图片后，直接套用预制的图片样式，也可以分别自定义图片的边框、镜像、形状和阴影等。如果插入的图片需要配置说明文字，还可以通过“将图片转换为 SmartArt 图形”功能，快速获取需要的图片搭配文字效果。

光盘同步文件
原始文件：光盘\原始文件\第 5 章\参赛作品分数统计 .xlsx
结果文件：光盘\结果文件\第 5 章\参赛作品分数统计 .xlsx
教学视频：光盘\教学视频文件\第 5 章\5-1-5.mp4

1. 套用图片样式

为图片合理地设置样式，可以在很大程度上增强图片的美观度、提高表格的整体效果。为了方便用户使用，Excel 2013 中预置了多种图片样式供用户选择。为图片套用预置样式的具体操作方法如下。

步骤 01 打开“光盘\素材文件\第 5 章\参赛作品分数统计 .xlsx”文件。❶选择需要设置样式的图片；❷单击“图片工具格式”选项卡“图片样式”组中的“快速样式”按钮；❸在弹出的下拉列表中选择需要的预设样式，即可快速为图片应用相应的图片样式，如下图所示。

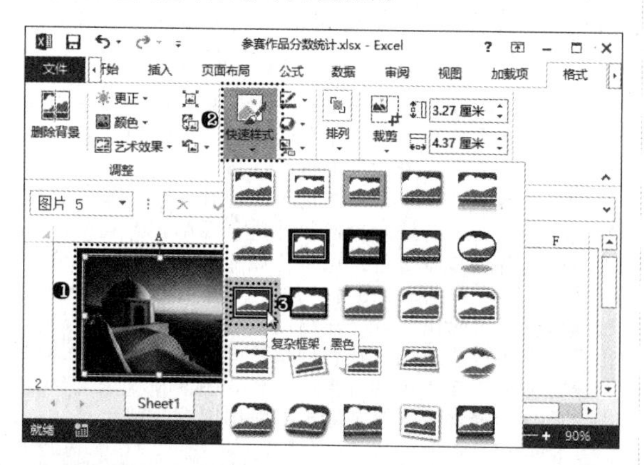

步骤 02 ❶使用相同方法，选择表格中的另一张图片；❷单击“图片工具格式”选项卡“图片样式”组中的“快速样式”按钮；❸在弹出的下拉列表中选择另一种预制样式，如右上图所示。

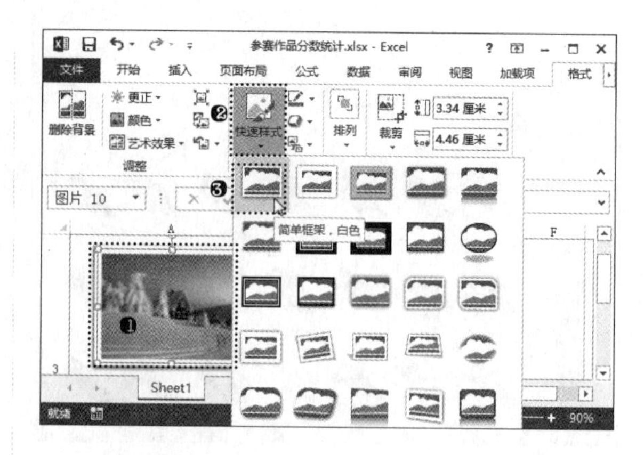

2. 自定义图片样式

如果 Excel 2013 中提供的预设样式不能满足需要，用户还可以自定义图片样式，包括设置边框颜色、边框线粗细和样式、图片的阴影、映像、发光、柔化边缘、棱台和三维旋转等。例如，要为“参赛作品分数统计”文件中的某些图片分别自定义边框、各种图片效果，具体操作步骤如下。

步骤 01 ❶在“参赛作品分数统计”文件中，选择需要自定义边框的图片；❷单击“图片工具格式”选项卡“图片样式”组中的“图片边框”按钮；❸在弹出的菜单中选择需要的边框颜色，如下图所示。

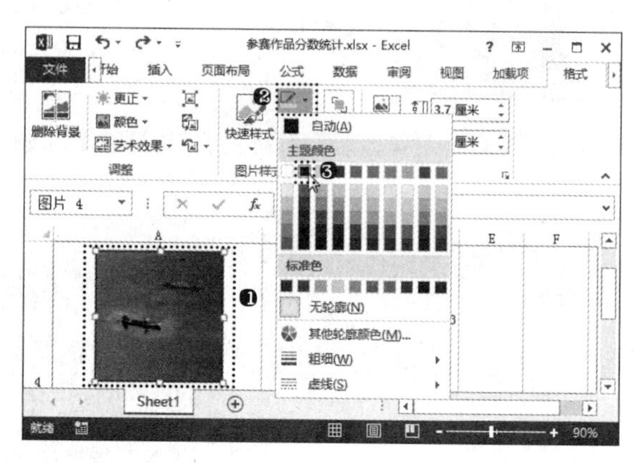

步骤 02 经过上一步操作，即可为图片设置黑色边框。❶单击“图片工具格式”选项卡“图片样式”组中的“图片边框”按钮；❷在弹出的菜单中选择“粗细”命令；❸在弹出的下级子菜单中选择需要的边框粗细，如下图所示。

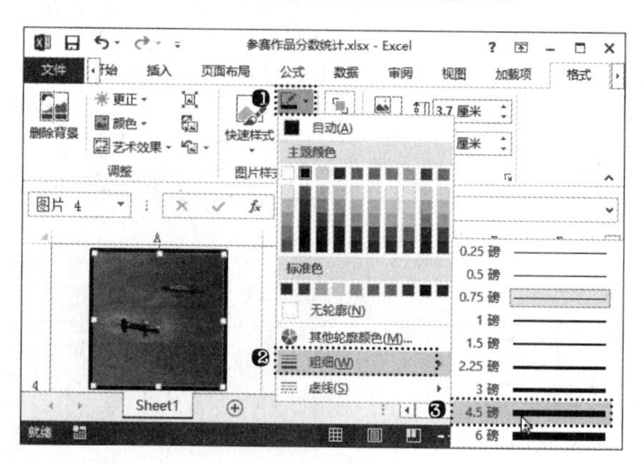

步骤03 经过上一步操作，即可加粗图片边框。❶ 单击“图片工具格式”选项卡“图片样式”组中的“图片边框”按钮；❷ 在弹出的菜单中选择“虚线”命令；❸ 在弹出的下级子菜单中选择“其他线条”命令，如下图所示。

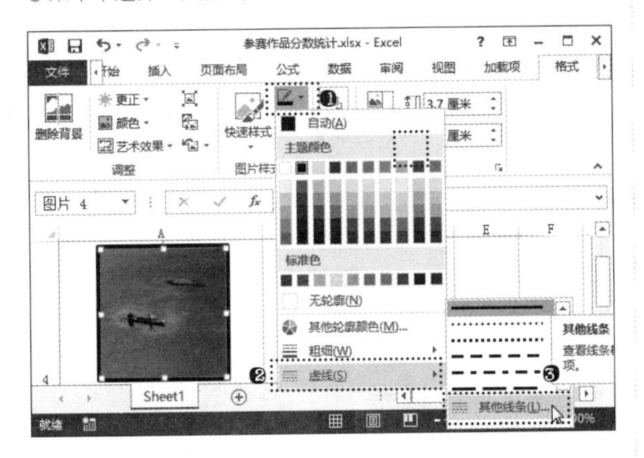

步骤04 打开“设置图片格式”任务窗口，分别设置边框线条的复合类型、短划线类型、端点类型、联接类型，直到对图片边框设置的新样式感到满意为止，如下图所示。

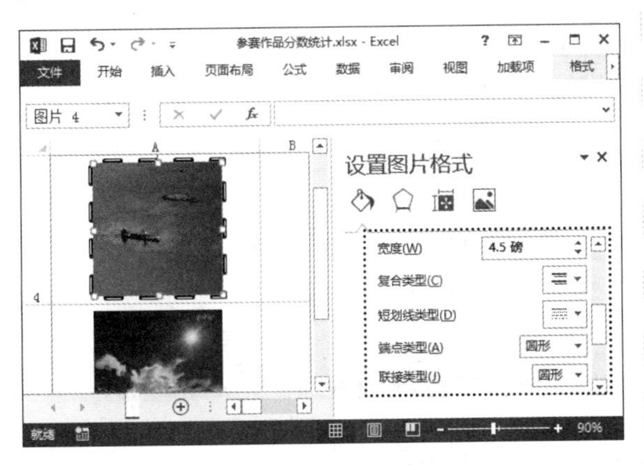

步骤05 ❶ 选择需要设置效果的图片；❷ 单击“图片工具格式”选项卡“图片样式”组中的“图片效果”按钮；❸ 在弹出的菜单中选择“预设”命令；❹ 在弹出的下级子菜单中选择需要的预设效果，如下图所示。

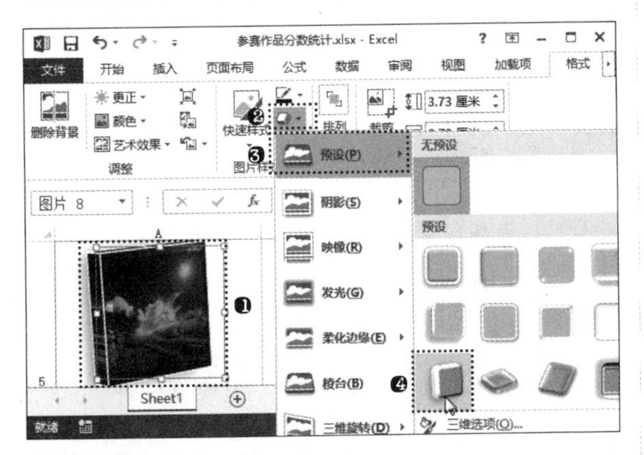

步骤06 ❶ 选择需要设置阴影的图片；❷ 单击“图片工具格式”选项卡“图片样式”组中的“图片效果”按钮；❸ 在弹出的菜单中选择“阴影”命令；❹ 在弹出的下级子菜单中选择需要的图片阴影样式，如下图所示。

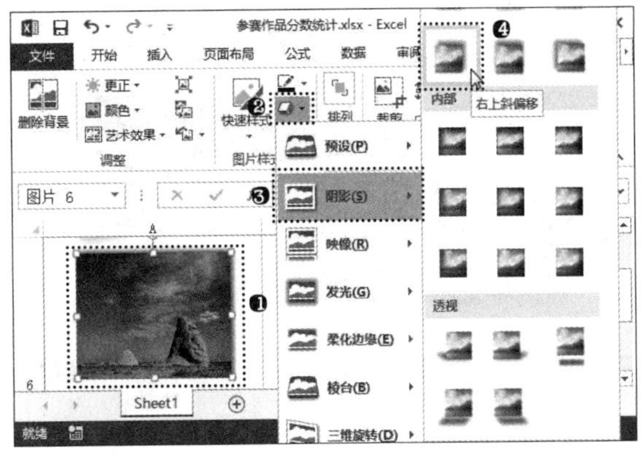

步骤07 ❶ 单击“图片工具格式”选项卡“图片样式”组中的“图片效果”按钮；❷ 在弹出的菜单中选择“映像”命令；❸ 在弹出的下级子菜单中选择需要的图片倒影样式，如下图所示。

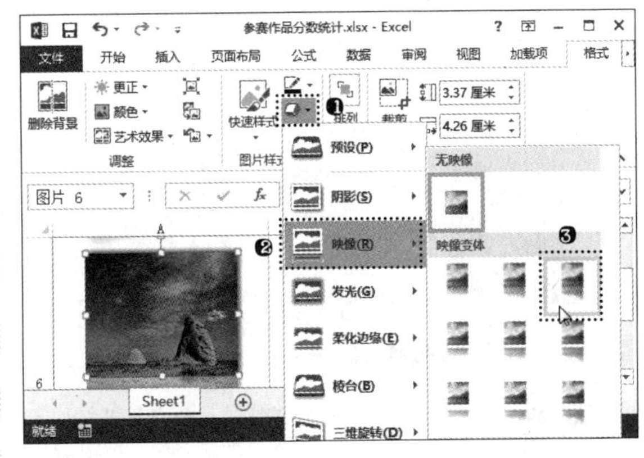

步骤08 ❶ 选择需要设置发光效果的图片；❷ 单击“图片工具格式”选项卡“图片样式”组中的“图片效果”按钮；❸ 在弹出的菜单中选择“发光”命令；❹ 在弹出的下级子菜单中选择需要的图片发光样式，如下图所示。

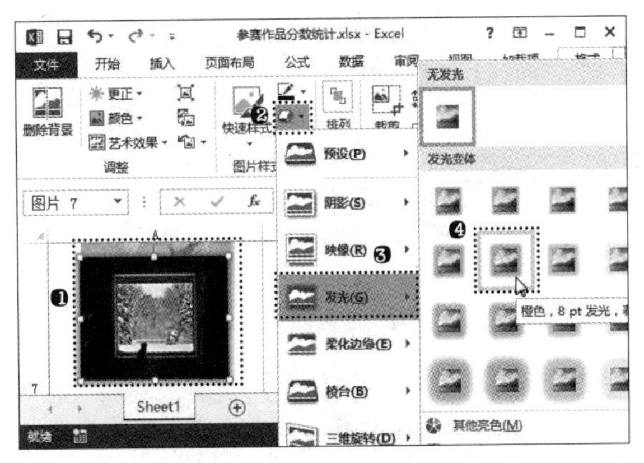

步骤09 ❶ 单击“图片工具格式”选项卡“图片样式”组中的“图片效果”按钮；❷ 在弹出的菜单中选择“柔化边缘”命令；❸ 在弹出的下级子菜单中选择需要的图片边缘柔化级别，如下页左上图所示。

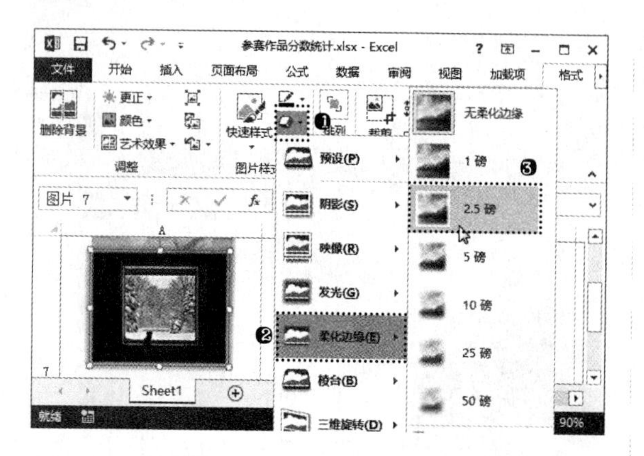

步骤 10 ❶选择需要修改棱台效果的图片；❷单击“图片工具格式”选项卡“图片样式”组中的“图片效果”按钮；❸在弹出的菜单中选择“棱台”命令；❹在弹出的下级子菜单中选择需要的棱台样式，如下图所示。

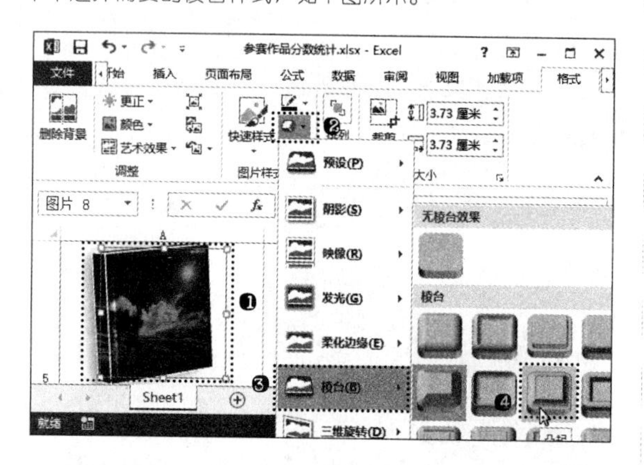

步骤 11 ❶选择需要设置三维效果的图片；❷单击“图片工具格式”选项卡“图片样式”组中的“图片效果”按钮；❸在弹出的菜单中选择“三维旋转”命令；❹在弹出的下级子菜单中选择需要的三维旋转样式，如下图所示。

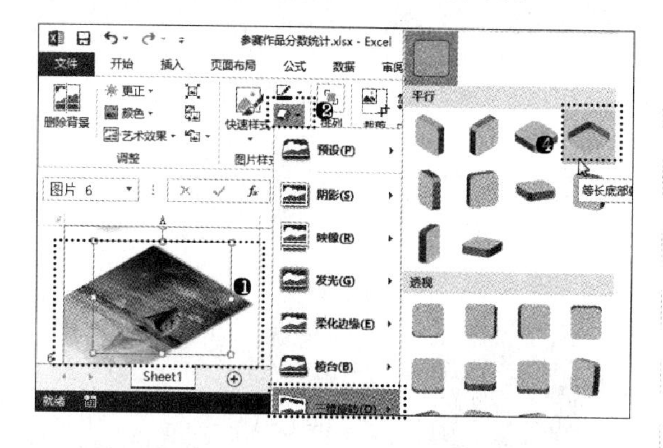

3. 为图片设置版式

如果需要在表格中插入具有一定逻辑关系，并要求将它们按照这种逻辑关系进行排列的图片，可以使用 Excel 2013 中提供的“转换为 SmartArt 图形”功能迅速对这些图片进行排版。下面，使用“转换为 SmartArt 图形”功能为“参赛作品分数统计”文件中的某个图片设置图片与文字搭配的效果，具体操作步骤如下。

步骤 01 ❶在“参赛作品分数统计”文件中，选择需要添加文字说明的图片；❷单击“图片工具格式”选项卡“图片样式”组中的“图片版式”按钮；❸在弹出的菜单中选择需要的 SmartArt 图形样式，如下图所示。

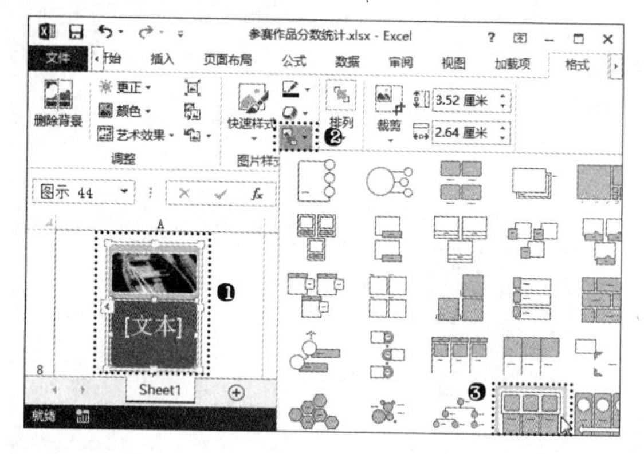

步骤 02 经过上一步操作，即可看到将所选图片转换为相应 SmartArt 图形后的效果，在“文本”窗口中输入“停泊”文本，如下图所示。

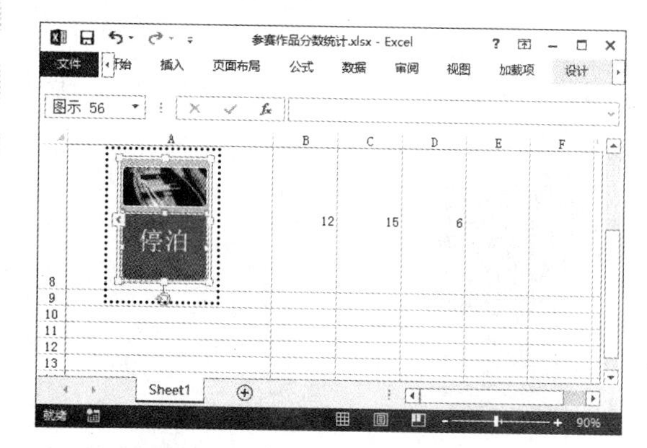

5.1.6 设置图片排列方式

Excel 表格是分层显示的，而其中的主层为文本层，它始终位于 Excel 表格的底层。前面曾提到在表格中插入的图片是以“浮于文字上方”的方式插入的，事实上，插入表格中的任何对象都会存在于不同的对象层中，它们独立于文本层中的内容，但因为它们始终位于文本层的上方，因此当对象层中的内容位于包含有文本的文本层上方时，这些文本内容将会被遮挡，且位于上层的对象也会遮挡其下方的对象。因此，我们还要掌握图片排列的相关知识。

在 Excel 2013 中设置图片排列方式，包括设置图片在表格中的图层顺序、对齐方式、旋转等，主要通过“排列”组中提供的功能按钮进行操作，相关功能按钮的作用介绍如下。

1. 上移一层

如果表格中插入了多幅图片，且叠放位置重合时，就会存在上一个图层中的图片内容遮挡了下一个图层中图片内容的情况。此时可以调整每张图片的叠放顺序，单击“上移一层”按钮可以设置当前所选图片在表格中的叠放位置相对文本层向上移动一层。执行该操作前后的对比效果如下页左上图所示。

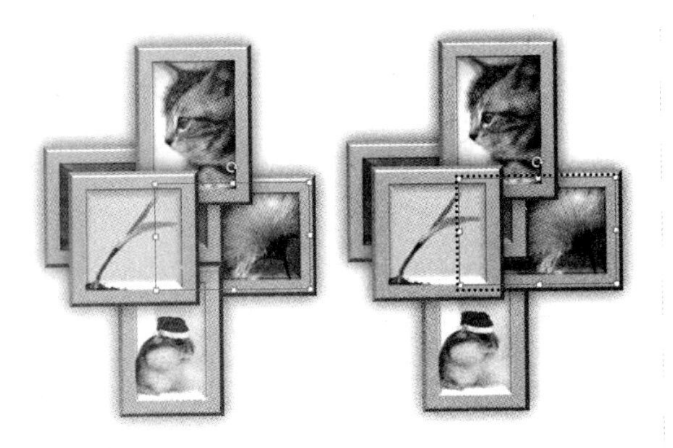

2. 置于顶层

单击“上移一层”按钮右侧的下拉按钮，在弹出的下拉列表中选择“置于顶层”选项，可设置当前所选图片在表格的顶层。执行该操作前后的对比效果如下图所示。

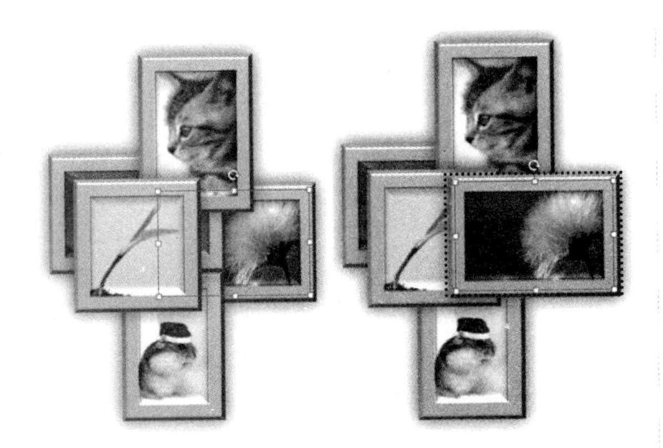

3. 下移一层

单击“下移一层”按钮可以设置当前所选图片在表格中的叠放位置，相对文本层向下移动一层。执行该操作前后的对比效果如下图所示。

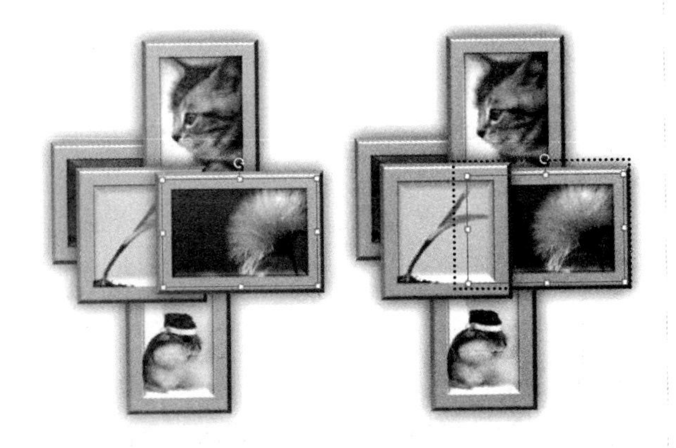

4. 置于底层

单击“下移一层”按钮右侧的下拉按钮，在弹出的下拉列表中选择“置于底层”选项，可设置当前所选图片仅位于文本层的上方，其他所有对象层的下方。执行该操作前后的对比效果如右上图所示。

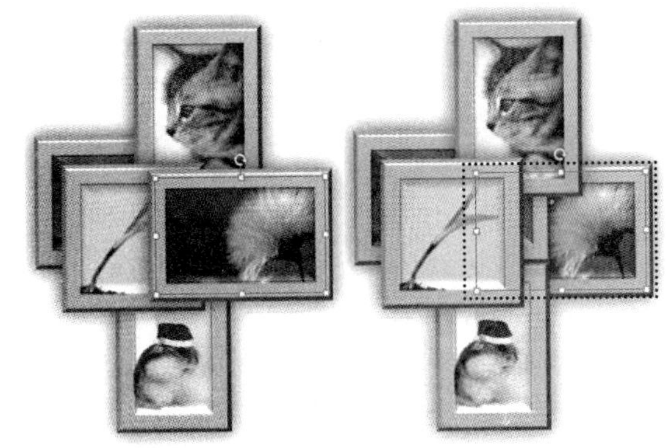

5. 对齐

选择多张图片，单击“对齐”按钮，在弹出的菜单中可根据不同的分布和对齐要求，为这些图片选择需要的对齐方式。执行顶端对齐操作前后的对比效果如下图所示。

6. 组合

单击“组合”按钮可以将多个图片组合为一张图片。选择需要组合的图片，单击“组合”按钮，然后在弹出的菜单中选择“重新组合”命令，可重新组合新的图片；选择“取消组合”命令，将使这个组合的图片分散为组合前的多幅图片。将多幅图片进行组合前后的对比效果如下图所示。

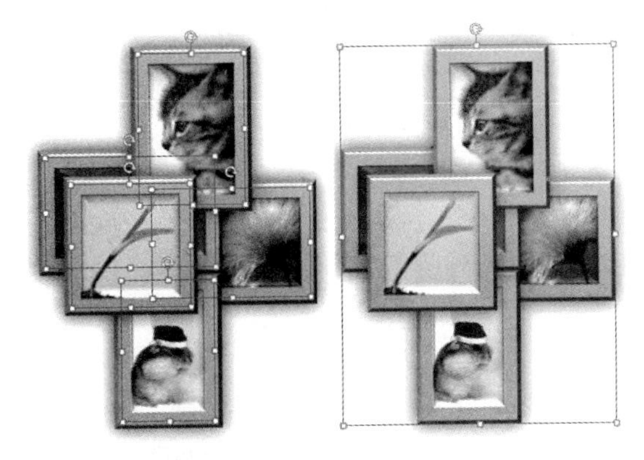

7. 旋转

单击“旋转”按钮，在弹出的菜单中可选择图片旋转的角度。对组合图形执行水平旋转前后的对比效果如下页左上图所示。

高手指引——旋转图片的其他方法

选择插入的图片后，在图片上方会出现一个旋转标记。将鼠标光标移动到该标记上单击后，鼠标光标将变为形状，此时移动鼠标即可以图片中心为轴点旋转该图片。

5.2 绘制图形

在 Excel 2013 中，用户可以在工作表中绘制各种形状，如矩形、椭圆、箭头、星形、旗帜、标注等，通过绘制不同类别的形状，可以更详细、更直观、更具体地描述数据，还可以运用图形来分析数据或表示数据间的关系。对于插入的图形，还可以对其进行各种编辑，从而制作出漂亮的效果。

5.2.1 使用形状工具绘制简单图形

在工作表中插入图形，主要是通过“插入”选项卡的“插图”组来完成的，在该组中单击“形状”按钮，在弹出的“线条”、“矩形”、“基本形状”、“箭头总汇”、“公式形状”、“流程图”、“星与旗帜”和“标注”8 栏预先设置好的图形中，用户可根据需要选择图形选项。下面，通过绘制图形来制作一个流程图，具体操作步骤如下。

光盘同步文件
原始文件：无
结果文件：光盘\结果文件\第 5 章\流程图 .xlsx
教学视频：光盘\教学视频文件\第 5 章\5-2-1.mp4

步骤 01 ❶新建一个空白文档，并将其保存为“流程图”；❷在“视图”选项卡“显示”组中取消选中“网格线”复选框，隐藏网格线，如下图所示。

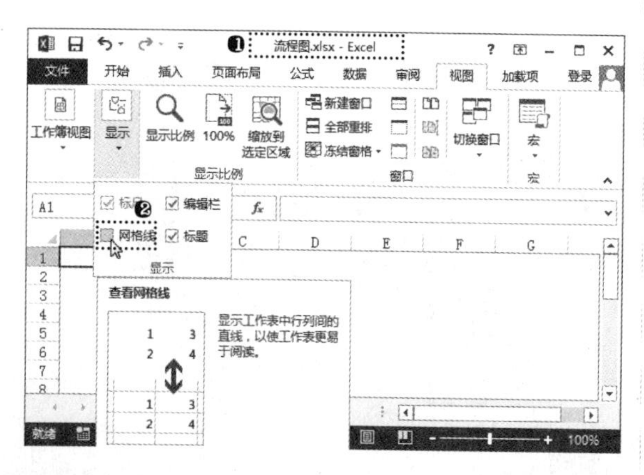

步骤 02 ❶单击“插入”选项卡“插图”组中的“形状”按钮；❷在弹出菜单的“基本形状”栏中选择“椭圆”形状，如右上图所示。

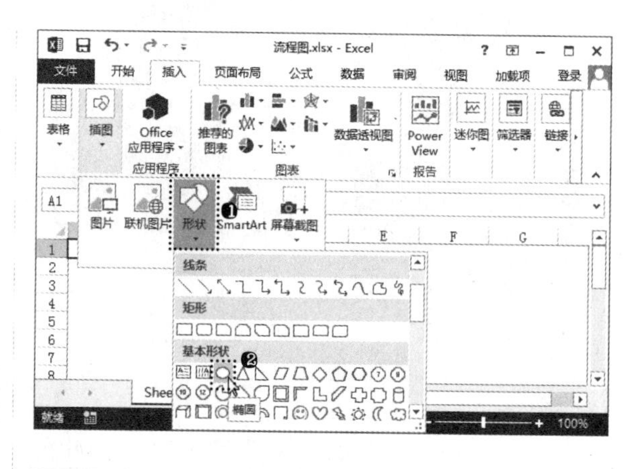

步骤 03 此时鼠标光标变成“十”形状，拖曳鼠标光标绘制如下图所示的形状。

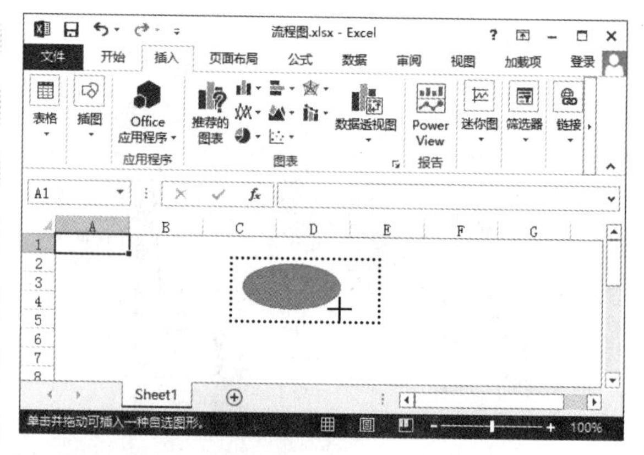

步骤 04 ❶单击“绘图工具 格式”选项卡“插入形状”组中的“形状”按钮；❷在弹出菜单的“线条”栏中选择一种箭头形状，如下页左上图所示。

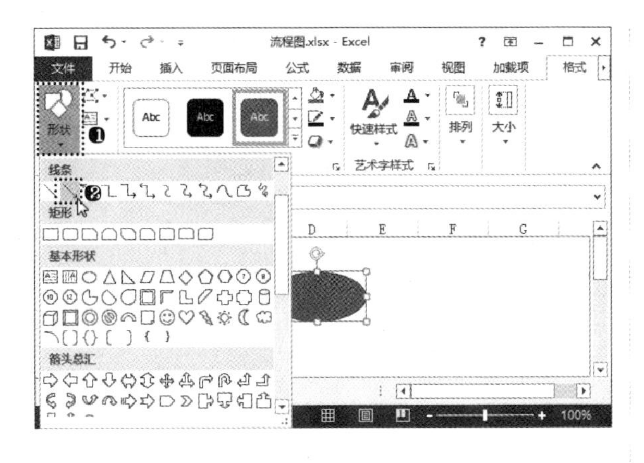

步骤 05 按住【Shift】键的同时，从上向下拖曳鼠标，在如下图所示的位置处绘制一个箭头。

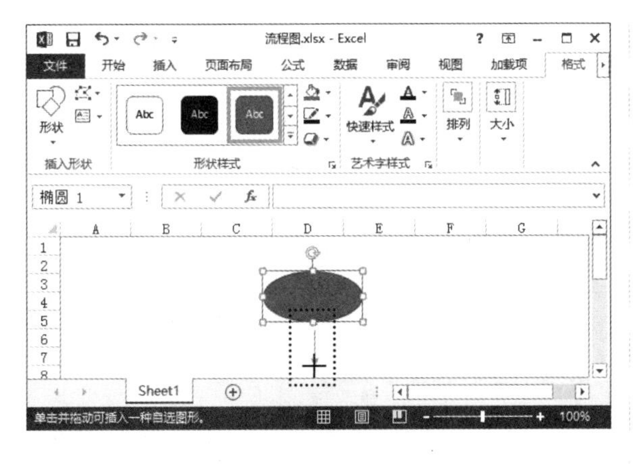

步骤 06 使用相同的方法，继续绘制其他形状，完成后的效果如下图所示。

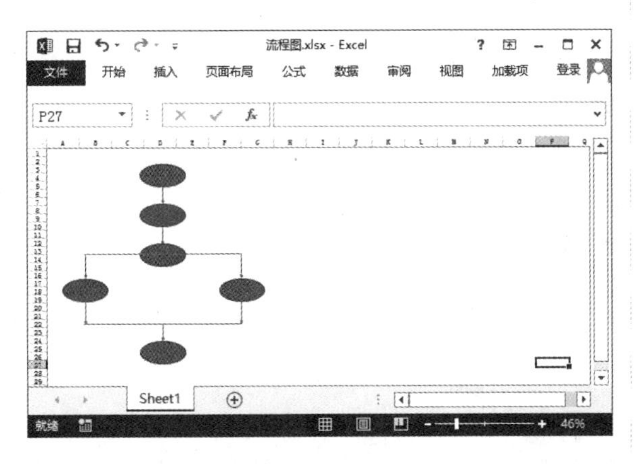

> **高手指引——绘制图形的技巧**
>
> 在使用形状工具绘制图形时，配合使用【Ctrl】和【Shift】键，可以绘制出特殊的形状。如在绘制线条类型的形状时，同时按住【Shift】键进行绘制，可绘制出水平、垂直或按 15°角递增与递减的效果。在绘制矩形、基本形状等其他类型的形状时，同时按住【Shift】键进行绘制，则可绘制出正方形、正圆形等高度与宽度相等的对应图形；同时按住【Ctrl】键则将以当前绘制位置为中心点向四周绘制。

5.2.2 设置形状格式

在表格中插入形状后将激活“绘图工具格式”选项卡，该选项卡的功能与“图片工具格式”选项卡基本相同，在其中可以对插入的形状进行各种编辑，包括添加文字、更改形状、设置形状样式、设置艺术字样式等。由于套用形状样式、设置形状填充、形状轮廓、形状效果、排列位置和设置形状大小的方法与设置图形的方法相同，本节就不再赘述了，主要介绍“绘图工具格式”选项卡中与“图片工具格式”选项卡功能不同的操作。

> **高手指引——绘制图形的技巧**
>
> Excel 2013 中整合了一套分类的应用软件，它帮助用户创建、插入、编辑和管理图形和文本，这些工具可以直接在 Excel 中进行设置，主要体现在插入对象以后出现的对应选项卡中。因此，编辑对象的很多操作方法基本相同。

> **光盘同步文件**
>
> 原始文件：光盘\原始文件\第 5 章\流程图 2.xlsx
> 结果文件：光盘\结果文件\第 5 章\流程图 2.xlsx
> 教学视频：光盘\教学视频文件\第 5 章\5-2-2.mp4

1．为图形中加入文本

在表格中插入的图形，一般都需要为其添加文本，用以简化某种复杂的文字说明。在形状中添加文字有两种方法，一种是通过“绘图工具格式”选项卡的“插入形状”组来添加文字；另一种是用鼠标右键单击需要添加文字的形状，在弹出的快捷菜单中选择“编辑文字”命令，即可在形状中输入文字。下面为“流程图 2”工作表中的图形添加文本内容，具体操作步骤如下。

步骤 01 打开“光盘\素材文件\第 5 章\流程图 2.xlsx”文件。❶选择顶部的椭圆形形状；❷单击“绘图工具格式”选项卡“插入形状”组中的“横排文本框”按钮，如下图所示。

步骤 02 经过上一步操作，即可将文本插入点定位在椭圆图形中，输入“开始”文本，如下页左上图所示。

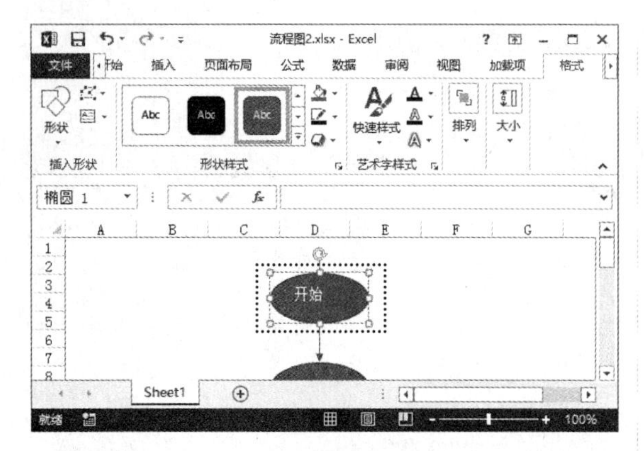

步骤03 ❶选择第二个椭圆形，并在其上单击鼠标右键；❷在弹出的快捷菜单中选择“编辑文字”命令，如下图所示。

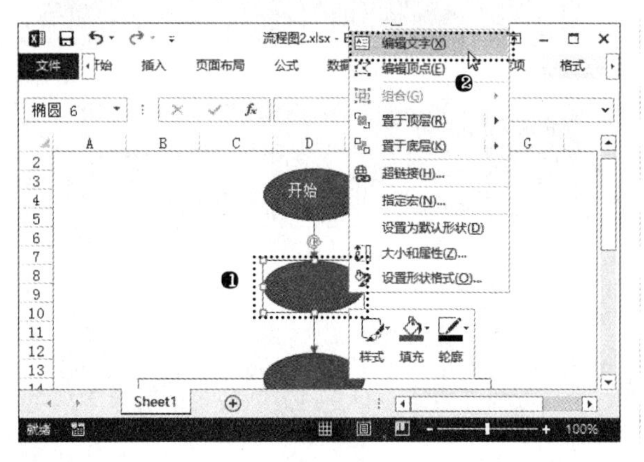

步骤04 经过上一步操作，即可将文本插入点定位在椭圆图形中。❶输入“输入”文本；❷使用相同的方法在其他图形中输入相应的文本，完成后的效果如下图所示。

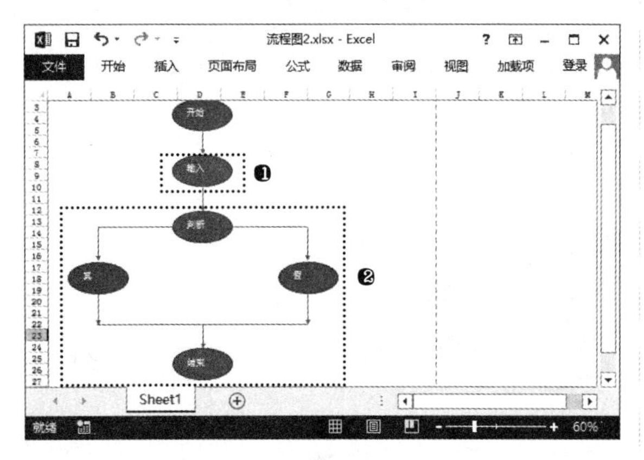

步骤05 ❶选择所有输入了文本的图形；❷依次单击“开始”选项卡“对齐方式”组中的“垂直居中”和“居中”按钮，如右上图所示，使图形中的文字居中显示。

高手指引——在图形中输入横排文本的快捷方法

在Excel 2013中，双击图形也可将文本插入点定位在形状中，然后输入需要的文本即可。选择形状后，直接输入文本也可以将文本输入到图形中，但是通过这两种方法和右键快捷菜单的方法，在图形中只能输入横向排列的文本。

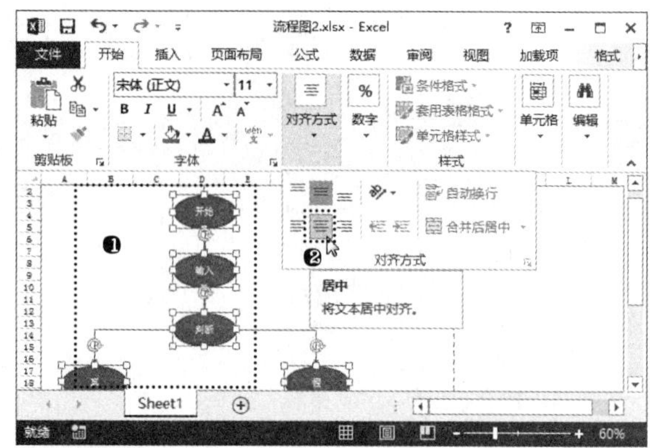

2. 编辑形状

在 Excel 2013 中，用户还可以根据需要将已经插入的形状更改成另一种形状，具体操作步骤如下。

步骤01 在“流程图2”文件中选择第二个椭圆形。❶单击“绘图工具格式”选项卡“插入形状”组中的“编辑形状”按钮；❷在弹出的菜单中选择“更改形状”命令；❸在弹出的下级子菜单中选择需要更改的形状，如下图所示。

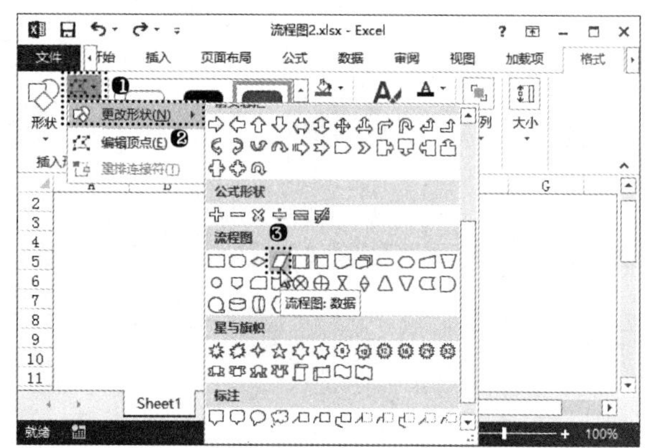

步骤02 经过上一步操作，即可看到刚刚选择的形状替换了原来的椭圆形。使用相同的方法为该流程图中的其他图形更改形状，完成后的效果如下图所示。

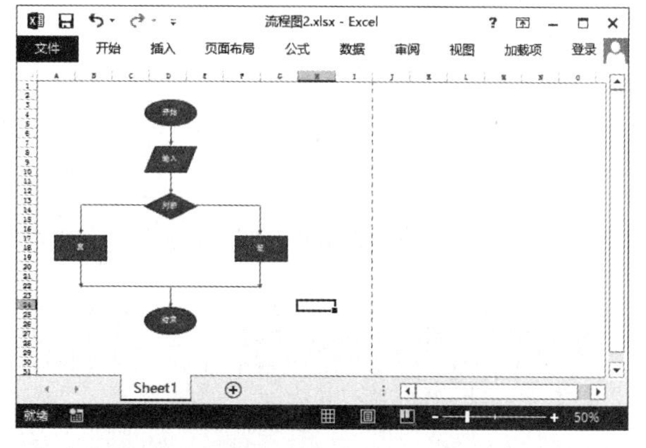

3. 套用艺术字样式

为形状添加文本内容后，除了可以通过“开始”选项卡为其设置字体、字号、颜色、加粗等基本的文

字格式外，还可以通过"绘图工具 格式"选项卡的"艺术字样式"组为其设置艺术字样式。

Excel 2013 提供了两种设置艺术字样式的方式。用户可以在选择文本对象后，直接套用预制的艺术字样式；也可以分别自定义文本对象的填充样式、轮廓样式，以及阴影、映像、发光、棱台、三维旋转和转换效果等。例如，要为前面加入到图形中的文本设置不同的艺术字样式，具体操作步骤如下。

步骤 01 ❶在"流程图 2"文件中，选择第一个椭圆形；❷单击"绘图工具格式"选项卡"艺术字样式"组中的"快速样式"按钮；❸在弹出的下拉列表中选择需要的艺术字样式，如下图所示。

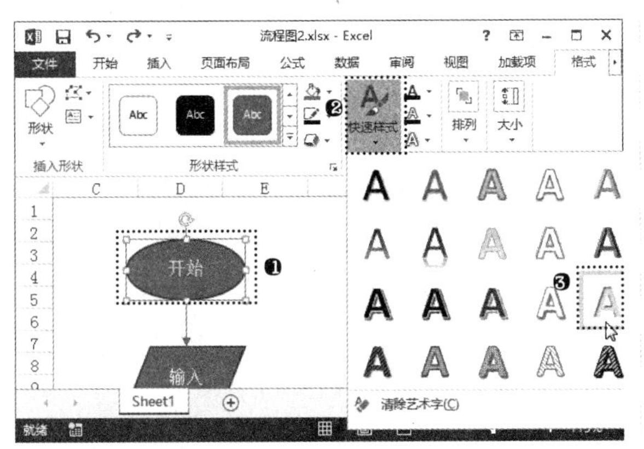

步骤 02 ❶选择第二个图形；❷单击"绘图工具格式"选项卡"艺术字样式"组中的"文本轮廓"按钮；❸在弹出的下拉列表中选择需要的艺术字轮廓颜色，如下图所示。

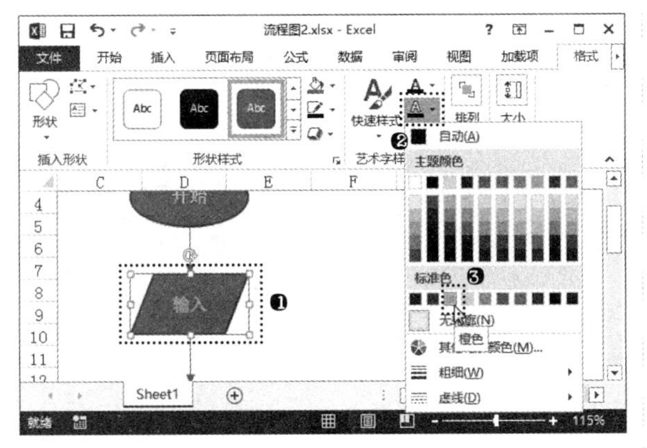

高手指引——设置艺术字效果

单击"绘图工具格式"选项卡"艺术字样式"组中的"文本效果"按钮，在弹出的下拉列表中选择相应的选项可以为文本设置文本效果。其中的转换效果主要是设置艺术字整体的外观形状，包括各种"路径跟随"和"弯曲"效果。

步骤 03 ❶选择第 3 个图形；❷单击"绘图工具格式"选项卡"艺术字样式"组中的"文字效果"按钮；❸在弹出的菜单中选择"阴影"命令；❹在弹出的下级子菜单中选择需要的阴影样式，如下图所示。

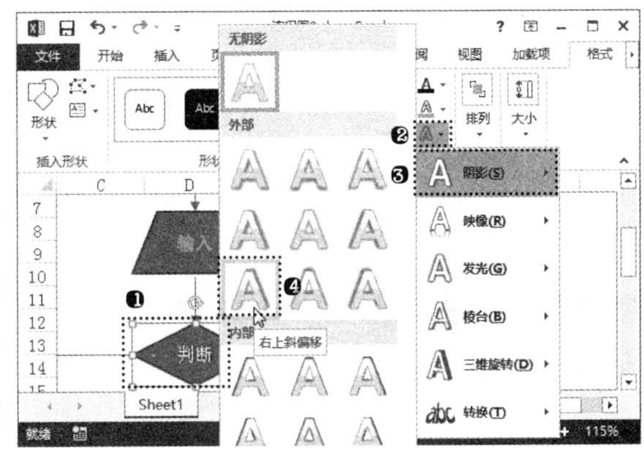

步骤 04 ❶选择最后一个图形；❷单击"绘图工具格式"选项卡"艺术字样式"组中的"文字效果"按钮；❸在弹出的菜单中选择"转换"命令；❹在弹出的下级子菜单中选择需要的文字排列样式，如下图所示。

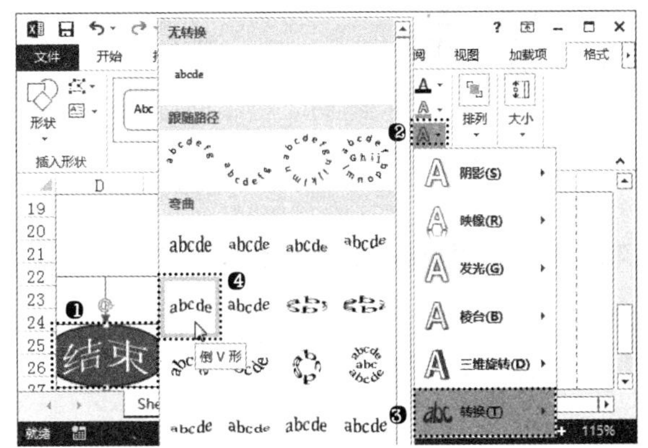

5.3 插入文本

我们这里所说的文本，不是普通存在于文本层的文本数据，而是指存在于对象层中的文本内容。在 Excel 中需要通过特殊的方式才能输入这类文本，可以通过插入文本框进行输入，或是通过插入艺术字进行输入。

5.3.1 插入文本框

文本框可以将文本和图形组织在一起，例如可以将某些文字排列在其他文字或图形周围，或在文档的边缘打印侧标题和附注。总之，利用文本框可以设计出比较特殊的表格版式、活跃文档气氛。下面在利润表中插入文本框并进行合适的设置，具体操作步骤如下。

光盘同步文件
原始文件：光盘 \ 原始文件 \ 第 5 章 \ 利润表 .xlsx
结果文件：光盘 \ 结果文件 \ 第 5 章 \ 利润表 .xlsx
教学视频：光盘 \ 教学视频文件 \ 第 5 章 \5-3-1.mp4

步骤 01 打开“光盘 \ 素材文件 \ 第 5 章 \ 利润表 .xlsx”文件。❶单击“插入”选项卡“文本”组中的“文本框”按钮；❷在弹出的下拉列表中选择“横排文本框”选项，如下图所示。

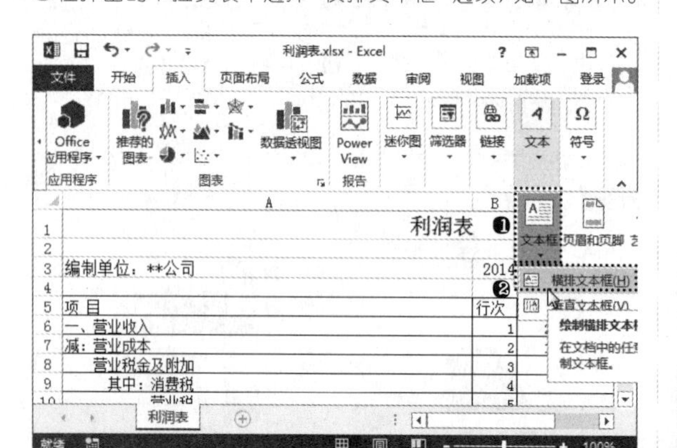

步骤 02 当鼠标光标变成↓形状时，按住鼠标左键不放并拖曳鼠标在表格内容的下方绘制文本框。释放鼠标左键后，文本插入点会自动定位在刚创建的文本框中，输入如下图所示的文本。

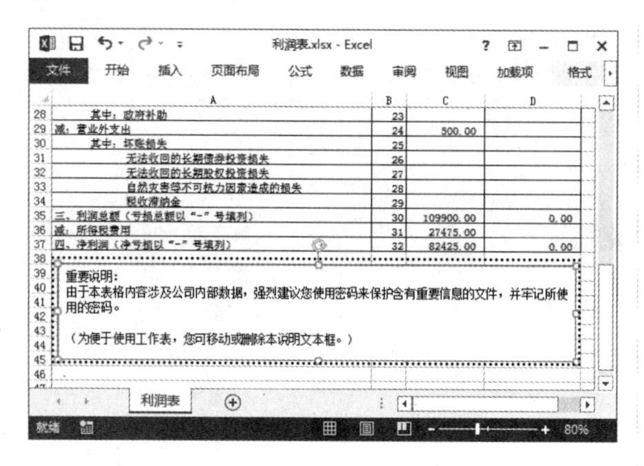

步骤 03 ❶为文本框中的文字设置适当的字体格式，并选择文本框；❷在“绘图工具格式”选项卡“形状样式”组中的列表框中选择需要的文本框样式，如下图所示。

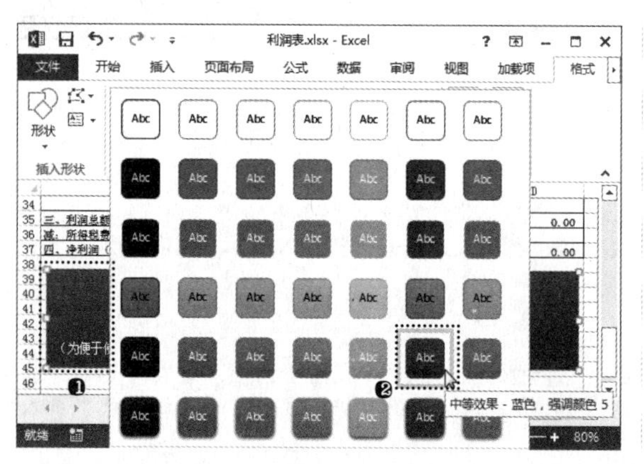

步骤 04 ❶单击“绘图工具格式”选项卡“插入形状”组中的“编辑形状”按钮；❷在弹出的菜单中选择“更改形状”命令；❸在弹出的下级子菜单中选择需要更改的形状，如下图所示。

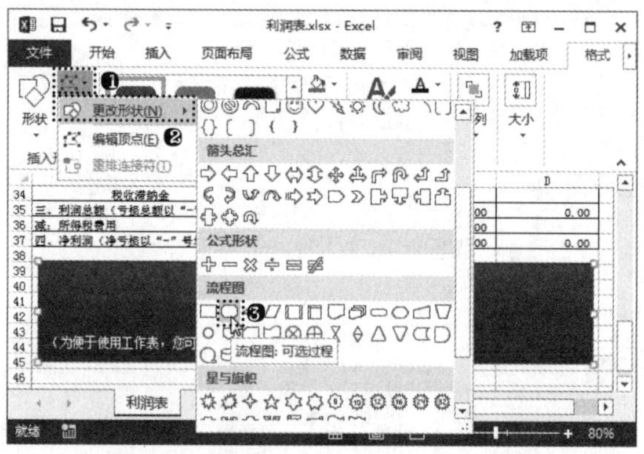

高手指引——设置文本框格式

在表格中插入文本框后，也会激活“绘图工具格式”选项卡，在其中可以对文本框的外形和形状样式、艺术字样式、排列位置和大小等进行设置，方法与设置图形格式相同。

5.3.2 插入艺术字

艺术字实际是一个文字样式库，而“艺术字”功能则是一个 Excel 应用，用于操作 TrueType 字体并将其保存为图片。因此，可以将艺术字看作一种特殊的图片，也可以看作一种特殊的文本。它同时具有普通文本的内容输入特性和图片的拖曳变形特性。用户可以将艺术字添加到表格中，从而制作出装饰性较强的文字效果。对于插入的艺术字还可以对其进行编辑，使其呈现出不同的效果。例如，要在会计科目表中插入艺术字标题，具体操作步骤如下。

光盘同步文件
原始文件：光盘 \ 原始文件 \ 第 5 章 \ 会计科目表 .xlsx
结果文件：光盘 \ 结果文件 \ 第 5 章 \ 会计科目表 .xlsx
教学视频：光盘 \ 教学视频文件 \ 第 5 章 \5-3-2.mp4

步骤 01 打开“光盘 \ 素材文件 \ 第 5 章 \ 会计科目表 .xlsx”文件。❶单击“插入”选项卡“文本”组中的“艺术字”按钮；❷在弹出的下拉列表中选择需要的艺术字样式，如下图所示。

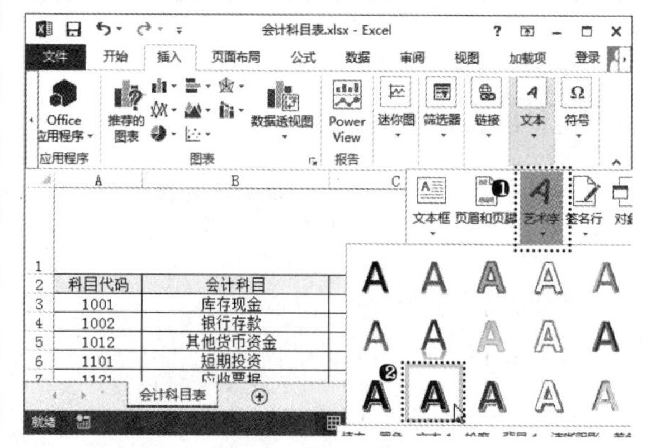

步骤02 经过上一步操作，即可在表格中插入艺术字，显示“请在此处放置您的文字”文本。在该文本框中重新输入需要的内容，并将其移动到A1单元格所在的位置，如下图所示。

步骤03 单击“开始”选项卡“字体”组中的“减小字号”按钮A˅，适当缩小艺术字的尺寸，如下图所示。

步骤04 ❶单击“绘图工具格式”选项卡“艺术字样式”组中的“文字效果”按钮A·；❷在弹出的菜单中选择“发光”命令；❸在弹出的下级子菜单中选择需要的发光样式，如下图所示。

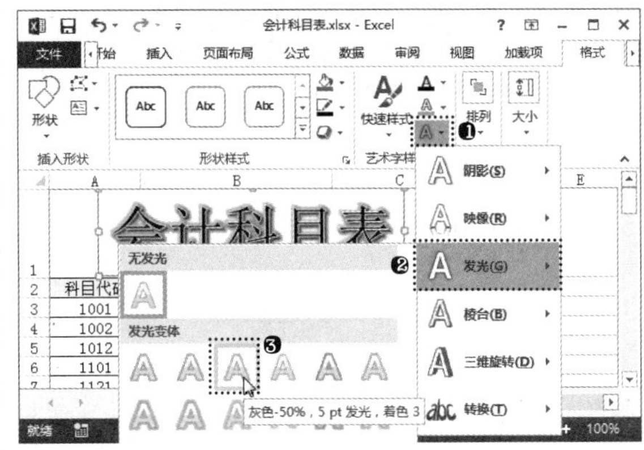

5.4 插入SmartArt图形

Excel 2013中提供的SmartArt图形工具可以帮助用户从多种不同布局中进行选择，从而快速、轻松地创建具有设计师水准的示意图、结构图、流程图、关系图等特定类型的图形，以便有效地展示信息。SmartArt图形是信息和观点的视觉表示形式，相对于简单的图形功能，它具有更高级的图形选项。

5.4.1 设置SmartArt布局

SmartArt图形通常用于演示流程、层次结构或者循环关系。插入SmartArt图形的方法与插入艺术字的方法相似，在插入之前首先需要选择SmartArt图形的布局，然后再输入SmartArt图形的文本内容。

Excel 2013中提供了“列表”、“流程”、“循环”、“层次结构”、“关系”、“矩阵”、“棱锥图”和“图片”8个类型，180多种SmartArt图形布局样式。在为SmartArt图形选择布局时，首先需要考虑要传达什么信息，以及适合传达该信息的最佳布局方式。下面对不同类型的SmartArt布局进行简单介绍。

- “列表”布局：用于显示无序数据。
- “流程”布局：用于演示过程或工作流中的各个步骤或阶段。
- “循环”布局：用于显示循环信息或重复信息。
- “层次结构”布局：用于创建组织结构图、显示决策树。
- “关系”布局：用于对连接进行图解。
- “矩阵”布局：用于显示各部分如何与整体关联。
- “图片”布局：使用图片传达或强调内容。
- “棱锥图”布局：用于显示与顶部或底部最大一部分之间的比例关系或分层信息。
- “图片”布局：用于显示需要用图片对文本内容进行说明的情况。当然，该类中的有些布局也适用于没有文本的情况。

由于在Excel 2013中可以快速、轻松地切换SmartArt图形的布局或类型，因此用户可以尝试不同类型的不同布局效果，直至找到一个最适合要传达信息的图解布局为止。

此外，在设置 SmartArt 布局时还应考虑要传达信息的文字量和图形个数，因为文字量和图形个数通常决定了外观的最佳布局。通常，在图形个数和文字量仅限于表示要点时，使用 SmartArt 图形进行表述最有效。如果文字量较大，则会分散 SmartArt 图形的视觉吸引力，使这种图形难以直观地展示用户的信息。当然，SmartArt 图形的某些布局也适用于文字量较大的情况，如“梯形列表”布局。

5.4.2 输入和编辑文本

在“选择 SmartArt 图形”对话框中选择 SmartArt 图形类型和布局样式并插入 SmartArt 图形后，即可在表格中看到插入的 SmartArt 图形中由占位符文本（如“[文本]”）填充了。此时，用户只需将要显示的文本内容输入到形状中，即可替换占位符文本。下面新建一个空白工作簿，在其中插入 SmartArt 图形并输入公司组织结构名称，具体操作步骤如下。

> **光盘同步文件**
> 原始文件：无
> 结果文件：光盘 \ 结果文件 \ 第 5 章 \ 公司组织结构图 .xlsx
> 教学视频：光盘 \ 教学视频文件 \ 第 5 章 \5-4-2.mp4

步骤 01 ❶新建一个空白工作簿，将其保存为“公司组织结构图”；❷单击“插入”选项卡“插图”组中的 SmartArt 按钮，如下图所示。

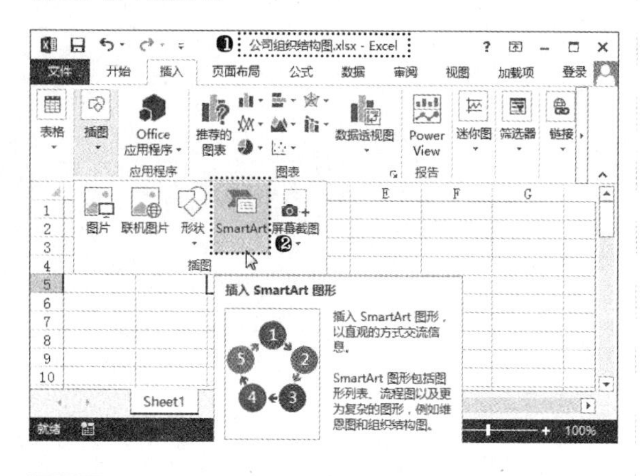

步骤 02 ❶打开“选择 SmartArt 图形”对话框，单击“层次结构”选项卡；❷在中间的列表框中选择“组织结构图”选项；❸单击“确定”按钮，如下图所示。

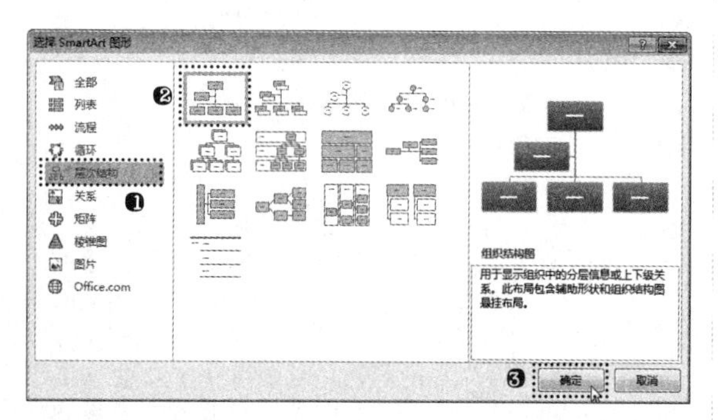

步骤 03 经过上一步操作，即可在表格中插入相应的 SmartArt 图形，在 SmartArt 图形的各文本框中输入相应的文本，完成后效果如下图所示。

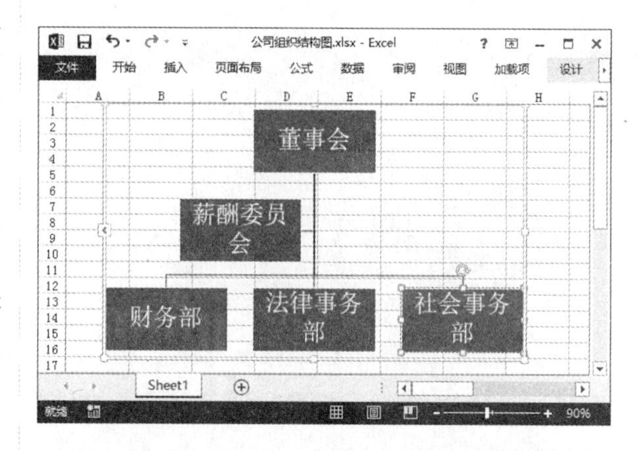

> **高手指引——输入与编辑 SmartArt 图形中文本的其他方法**
> 在插入的 SmartArt 图形左侧边框上有一个折叠按钮，单击该按钮即可显示或隐藏“文本”窗口。通过“文本”窗口可以清晰地查看 SmartArt 图形中各数据的关系，而且还可以通过该窗口输入和编辑要在 SmartArt 图形中显示的文本。创建 SmartArt 图形时，“文本”窗口也由占位符文本填充，当用户在“文本”窗口中添加和编辑内容时，SmartArt 图形会自动更新，即根据需要添加或删除形状。

5.4.3 创建图形

在表格中插入 SmartArt 图形后，将激活“SmartArt 工具 设计”选项卡。通过单击该选项卡“创建图形”组中的相应功能按钮或选择相应选项，可以对 SmartArt 图形布局进行一系列调整，包括添加和删除形状、添加项目符号、调整级别、调整排列位置和方向等。

> **光盘同步文件**
> 原始文件：光盘 \ 原始文件 \ 第 5 章 \ 演示素材 .xlsx
> 结果文件：光盘 \ 结果文件 \ 第 5 章 \ 演示素材 .xlsx
> 教学视频：光盘 \ 教学视频文件 \ 第 5 章 \5-4-3.mp4

1．添加和删除形状

在工作表中插入的 SmartArt 图形中所包含的形状个数是默认的。在实际操作中，有时并不能满足用户的需求，此时就可以根据需要添加或删除形状，以调整 SmartArt 图形的布局结构。下面为“演示素材”工作簿中的 SmartArt 图形添加形状，具体操作步骤如下。

步骤 01 打开“光盘 \ 素材文件 \ 第 5 章 \ 演示素材 .xlsx ”文件。❶选择“物流货运的流程”工作表；❷选择 SmartArt 图形中文本为“接客户件”的形状；❸单击“SmartArt 工具设计”选项卡“创建图形”组中的“添加形状”按钮；❹在弹出的下拉列表中选择“在后面添加形状”选项，如下页左上图所示。

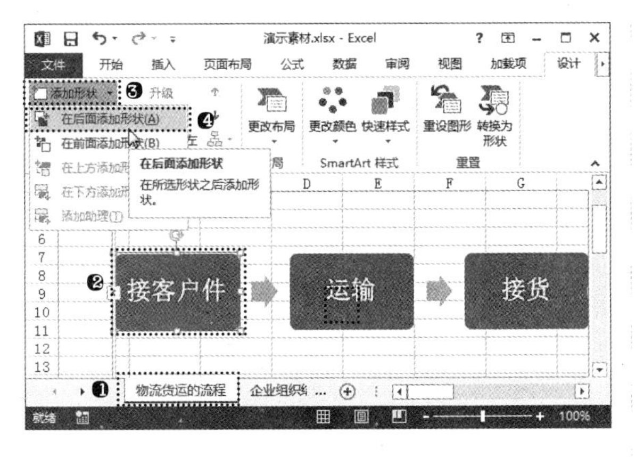

步骤 02 经过上一步操作，即可看到在“接客户件”形状后添加的新形状，SmartArt 图形中的形状和文本也变小了。在新添加的形状中输入“开具货单”文本，如下图所示。

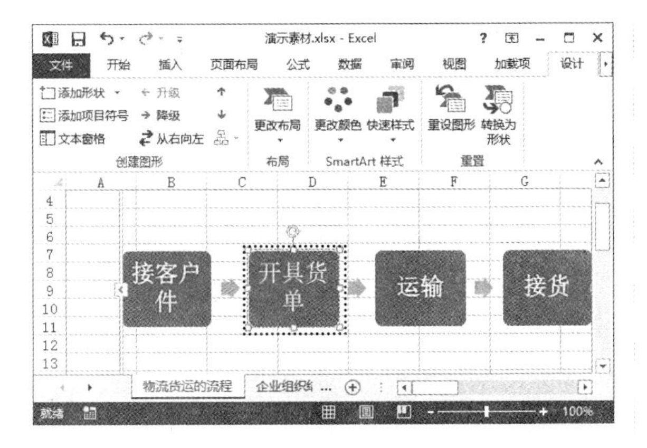

步骤 03 ❶单击“SmartArt 工具设计”选项卡“创建图形”组中的“添加形状”按钮；❷默认在当前 SmartArt 图形的形状后添加一个新形状，输入“装车”文本，如下图所示。

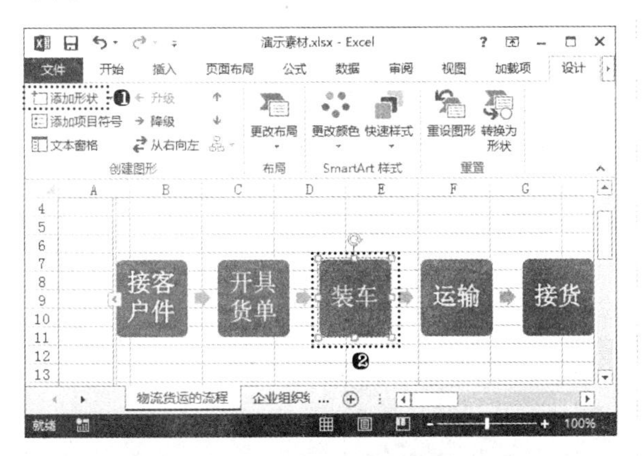

高手指引——为 SmartArt 图形添加和删除形状

在“文本”窗口中也可以为 SmartArt 图形添加形状。首先将文本插入点移至文本之前或之后要添加分支形状的位置，然后按【Enter】键即可添加相应的分支形状。如果需要删除 SmartArt 图形中的形状，可先选择要删除的形状，然后按【Delete】键删除。如果需要删除整个 SmartArt 图形，可单击 SmartArt 图形的边框位置选择整个 SmartArt 图形，然后按【Delete】键删除。

2. 添加项目符号

某些布局样式的 SmartArt 图形中没有提供项目符号样式，此时可以手动为其添加，这样即可在一个形状中输入多个并列关系的文本了。例如，为流程图中的形状添加项目符号，具体操作步骤如下。

步骤 01 ❶在“演示素材”文件中，选择需要添加项目符号的形状；❷单击“SmartArt 工具设计”选项卡“创建图形”组中的“添加项目符号”按钮，如下图所示。

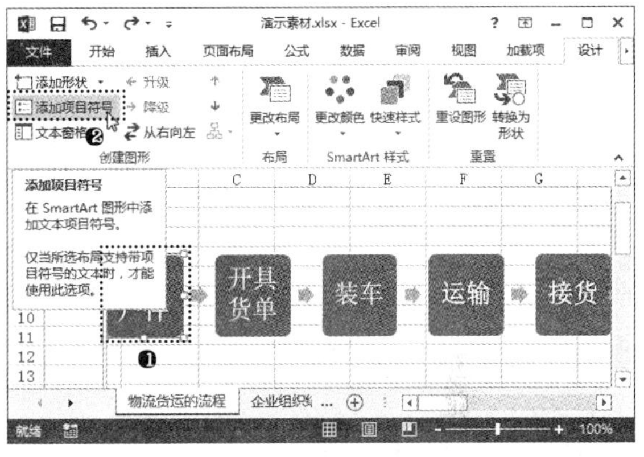

步骤 02 经过上一步操作后，即可为形状中的文本添加项目符号。❶输入需要的文本，即可看到项目符号效果；❷按【Enter】键换行，并输入新项目符号下的内容，如下图所示。

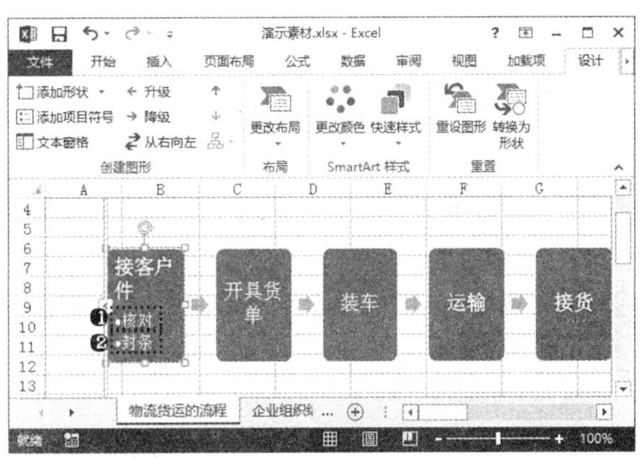

步骤 03 使用相同的方法为其他形状添加项目符号，并输入如下图所示的项目文本。

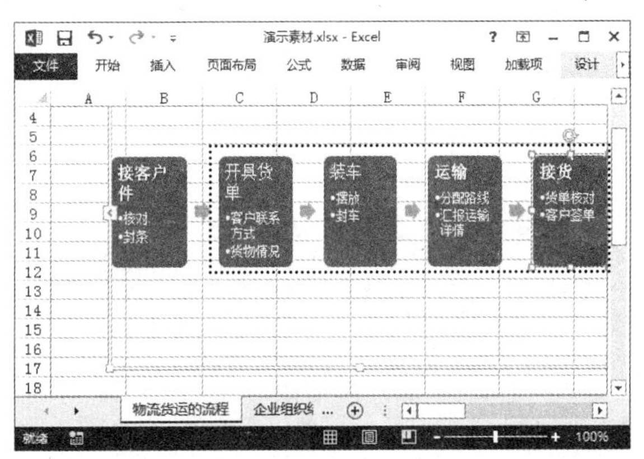

3．调整级别

如果在制作 SmartArt 图形的过程中，出现了形状级别排列的错误，可以在“SmartArt 工具设计”选项卡的“创建图形”组中单击“升级”按钮←，快速提升一个等级，或单击“降级”按钮→快速降低一个等级。例如，调整“企业组织结构”工作表中“销售部”形状的等级，具体操作步骤如下。

步骤 01 ❶在“演示素材”文件中，选择“企业组织结构”工作表；❷选择要升级的“销售部”形状；❸单击“SmartArt 工具设计”选项卡“创建图形”组中的“升级”按钮←，如下图所示。

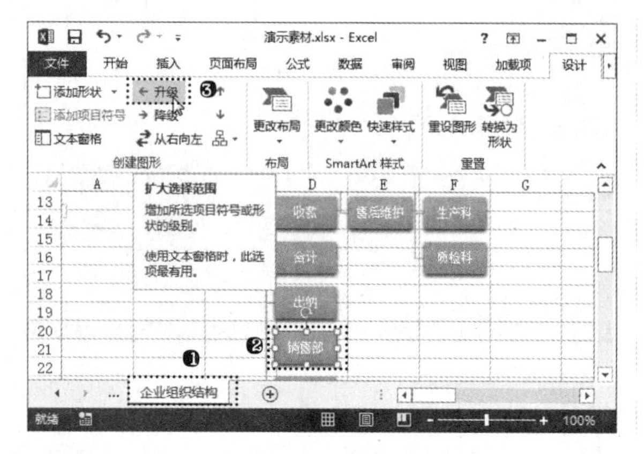

步骤 02 经过上一步操作，即可看到“销售部”形状提升一个等级后的效果，如下图所示。

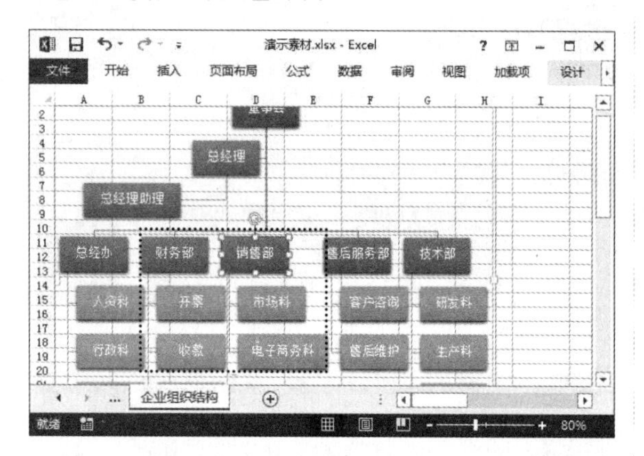

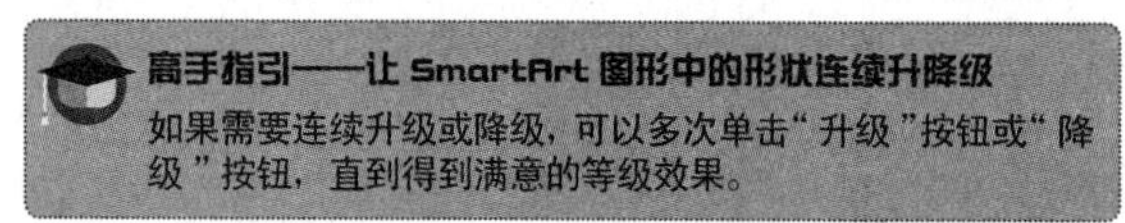
高手指引——让 SmartArt 图形中的形状连续升降级

如果需要连续升级或降级，可以多次单击“升级”按钮或“降级”按钮，直到得到满意的等级效果。

4．调整排列位置

在“SmartArt 工具设计”选项卡的“创建图形”组中，还包含两个上下方向的绿色箭头按钮，分别为“上移”按钮↑和“下移”按钮↓。单击这两个按钮，可在 SmartArt 图形的同一等级中向左或向右调整所选形状的排列位置。例如，改变“企业组织结构”工作表中某些形状的位置，具体操作步骤如下。

步骤 01 ❶在“演示素材”文件的“企业组织结构”工作表中，选择“技术部”形状；❷单击“SmartArt 工具设计”选项卡“创建图形”组中的“上移”按钮↑，如下图所示。

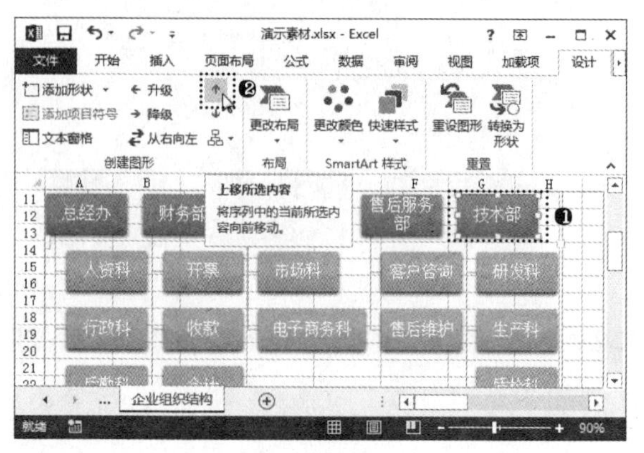

步骤 02 经过上步操作，即可将“技术部”形状向左移动一个位置。❶选择“销售部”形状；❷单击“SmartArt 工具设计”选项卡“创建图形”组中的“下移”按钮↓，如下图所示。

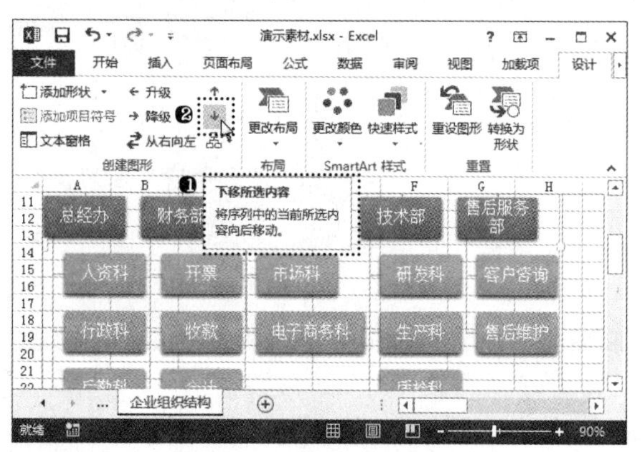

步骤 03 经过上一步操作，即可将“销售部”形状向右移动一个位置，如下图所示。

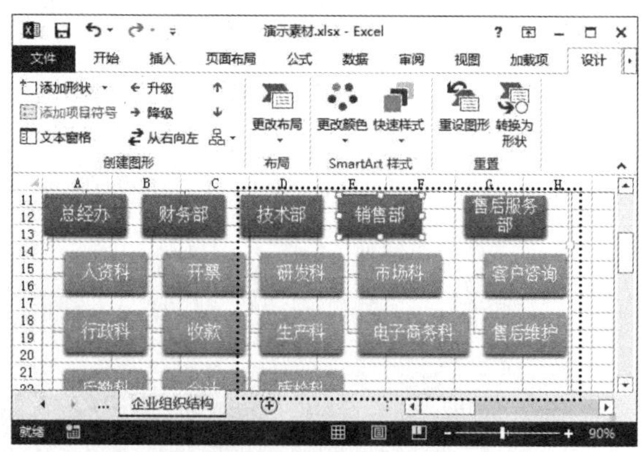

高手指引——认识 SmartArt 图形的设计

为 SmartArt 图形添加或删除形状，以及编辑文字时，SmartArt 图形中形状的排列和这些形状内的文字量会自动更新，从而保持 SmartArt 图形布局的原始设计和边框。在为 SmartArt 图形形状调整级别和排列位置时，被调整形状的下级形状会随着被调整形状发生变化。

5．调整排列方向

默认情况下，SmartArt 图形中的形状都是按照从左到右的方向进行排列的，用户也可以逆向调整形状的排列顺序，即按照从右到左的顺序排列形状。例如，改变"企业组织结构"工作表中 SmartArt 图形的排列方向，具体操作步骤如下。

步骤 01 在"演示素材"文件的"企业组织结构"工作表中，单击"SmartArt 工具设计"选项卡"创建图形"组中的"从右向左"按钮，如下图所示。

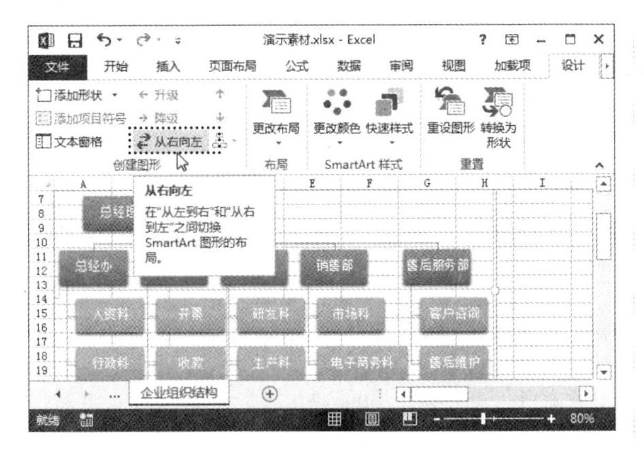

步骤 02 经过上一步操作，即可让整个 SmartArt 图形按照从右到左的顺序排列形状，如下图所示。

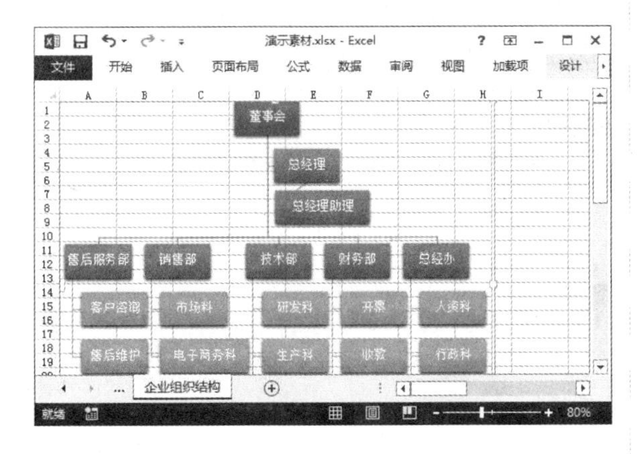

6．设置形状的布局方式

默认情况下，SmartArt 图形中的形状都采用标准的悬挂方式连接下级形状，但我们可以更改其布局方式为两者、左悬挂或右悬挂。例如，为"企业组织结构"工作表中 SmartArt 图形的某形状设置"两者"布局方式，具体操作方法如下。

步骤 01 ❶在"演示素材"文件的"企业组织结构"工作表中，选择需要更改布局方式的"售后服务"形状；❷单击"SmartArt 工具设计"选项卡"创建图形"组中的"布局"按钮；❸在弹出的下拉列表中选择"两者"选项，如右上图所示。

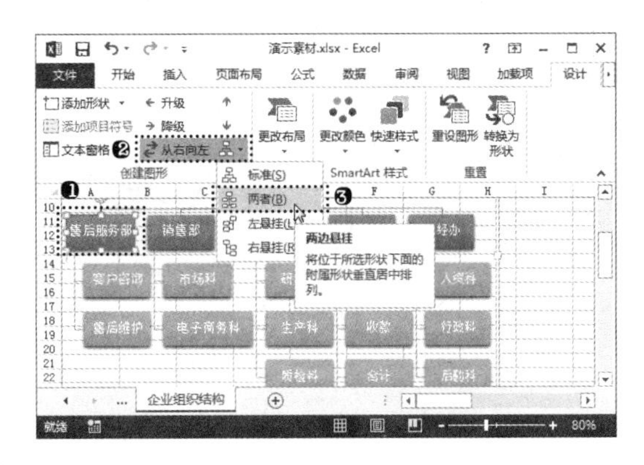

步骤 02 经过上一步操作，即可看到为所选形状的下级形状设置"两者"布局方式后的效果，如下图所示。

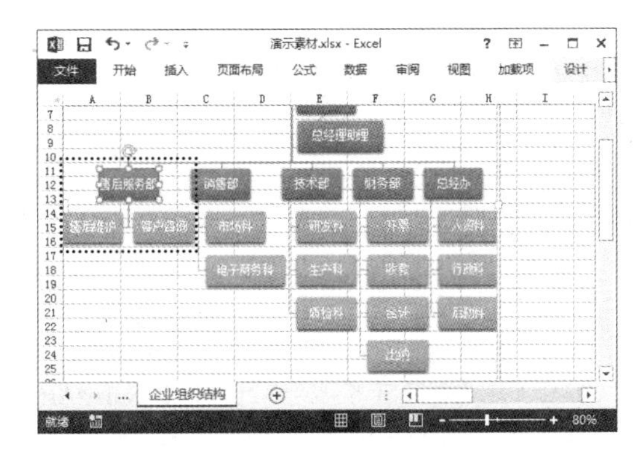

5.4.4 更改 SmartArt 布局

如果对插入的 SmartArt 图形布局不满意，还可以更改其他布局。Excel 2013 中更改 SmartArt 图形布局的方法非常便捷，而且更改布局后，原有布局中输入的内容会根据新布局自动进行调整。为"演示素材 2"工作簿中的流程图更改 SmartArt 布局的具体操作步骤如下。

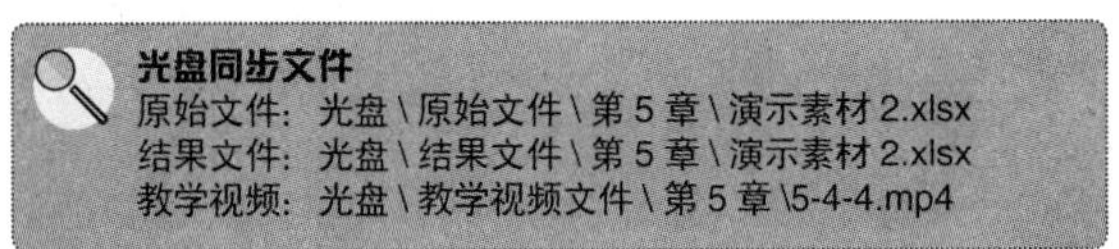
光盘同步文件
原始文件：光盘\原始文件\第 5 章\演示素材 2.xlsx
结果文件：光盘\结果文件\第 5 章\演示素材 2.xlsx
教学视频：光盘\教学视频文件\第 5 章\5-4-4.mp4

步骤 01 打开"光盘\素材文件\第 5 章\演示素材 2"文件。❶单击"SmartArt 工具设计"选项卡"布局"组中的"更改布局"按钮；❷在弹出的菜单中选择需要的 SmartArt 布局样式，如下图所示。

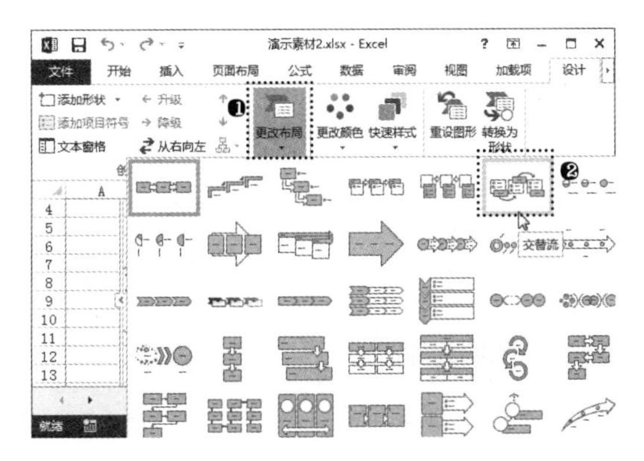

步骤 02 经过上一步操作，即可为原有内容应用新的 SmartArt 布局样式，如下图所示。

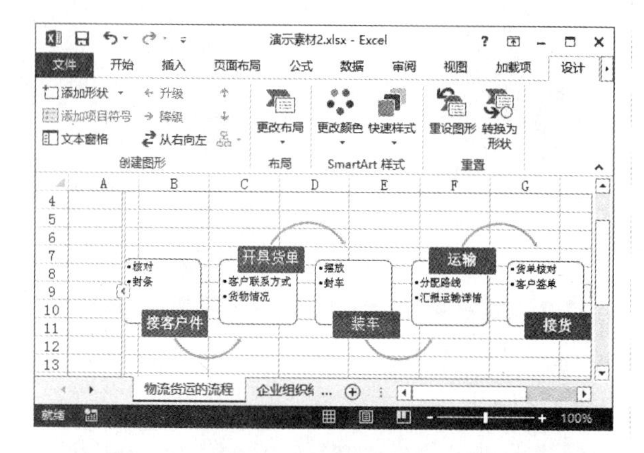

高手指引——更改 SmartArt 布局的注意事项

在为 SmartArt 图形切换布局时，大部分文字和其他内容、颜色、样式、效果和文本格式等会自动带入新的布局中，但每种 SmartArt 图形布局所表示的含义有所区别，因此须谨慎选择。

5.4.5 设置 SmartArt 样式

要使插入的 SmartArt 图形快速具有设计师水准的美观程度，还需要设置其样式，包括设置 SmartArt 图形的主题颜色、形状的填充、边距、阴影、线条样式、渐变和三维透视等。下面为“演示素材 3”工作簿中为插入的 SmartArt 图形设置 SmartArt 样式，具体操作步骤如下。

光盘同步文件

原始文件：光盘 \ 原始文件 \ 第 5 章 \ 演示素材 3.xlsx
结果文件：光盘 \ 结果文件 \ 第 5 章 \ 演示素材 3.xlsx
教学视频：光盘 \ 教学视频文件 \ 第 5 章 \5-4-5.mp4

步骤 01 打开“光盘 \ 素材文件 \ 第 5 章 \ 演示素材 3.xlsx”文件。❶选择“物流货运的流程”工作表中的 SmartArt 图形；❷单击“SmartArt 工具设计”选项卡“SmartArt 样式”组中的“更改颜色”按钮；❸在弹出的下拉列表中选择需要的颜色选项，如下图所示。

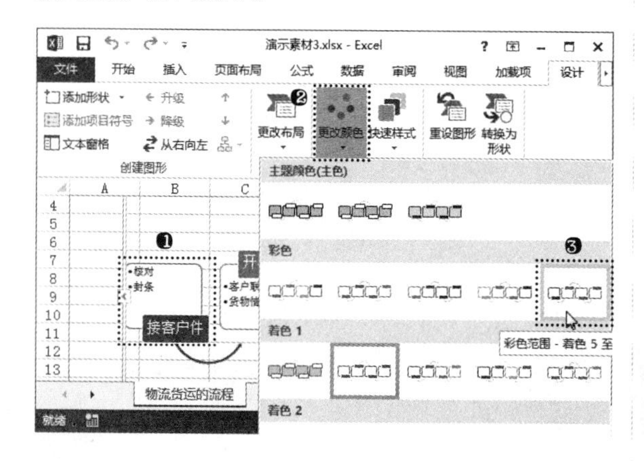

步骤 02 经过上一步操作，即可更改 SmartArt 图形的颜色。❶单击“SmartArt 工具设计”选项卡“SmartArt 样式”组中的“快速样式”按钮；❷在弹出的下拉列表中选择需要的样式，如下图所示。即可更改 SmartArt 图形的整体样式。

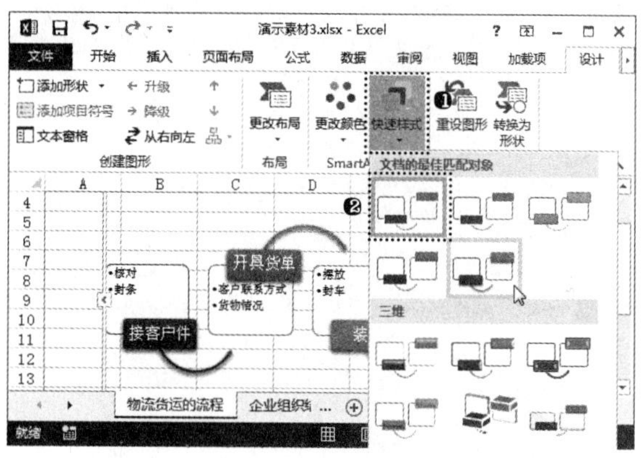

5.4.6 重置 SmartArt 图形

在为 SmartArt 图形自定义样式后，如果对设置的样式不满意，还可以通过设置使其返回刚创建时的效果，只是包含的文本内容不会改变了。例如，要重置“演示素材 4”工作簿中 SmartArt 图形的样式，具体操作步骤如下。

光盘同步文件

原始文件：光盘 \ 原始文件 \ 第 5 章 \ 演示素材 4.xlsx
结果文件：光盘 \ 结果文件 \ 第 5 章 \ 演示素材 4.xlsx
教学视频：光盘 \ 教学视频文件 \ 第 5 章 \5-4-6.mp4

步骤 01 打开“光盘 \ 素材文件 \ 第 5 章 \ 演示素材 4.xlsx”文件。❶选择“企业组织结构”工作表中的 SmartArt 图形；❷单击“SmartArt 工具设计”选项卡的“重置”组中“重设图形”按钮，如下图所示。

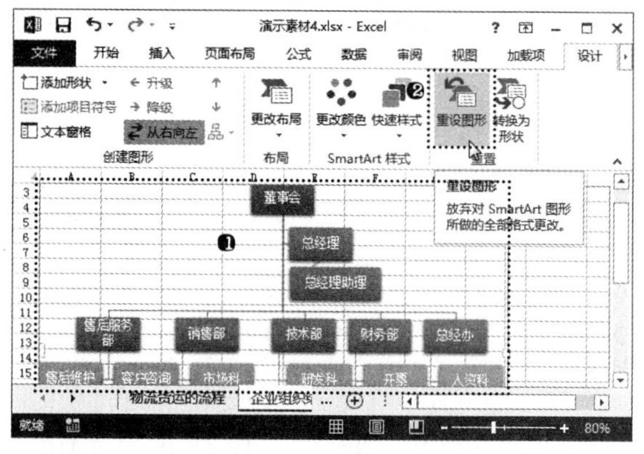

步骤 02 经过上一步操作，即可删除之前对 SmartArt 图形进行的所有格式设置，如下页左上图所示。

高手指引——将 SmartArt 图形转换为普通图形

在“重置”组中单击“转换为形状”按钮，还可把当前选择的 SmartArt 图形转换为一个普通图形，但是仍然可以通过“绘图工具格式”选项卡对原有的 SmartArt 图形形状设置样式。

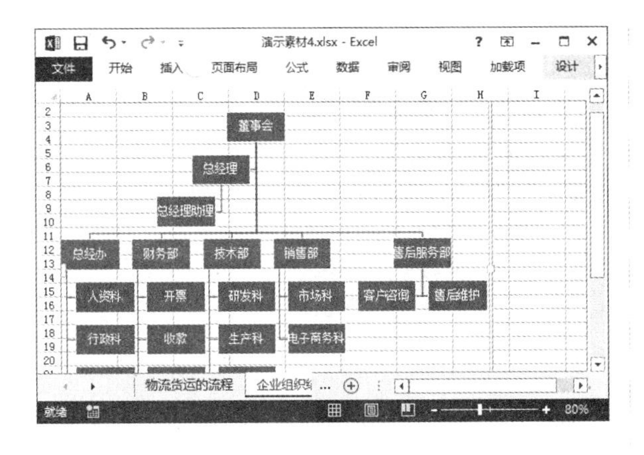

5.4.7 设置 SmartArt 图形格式

如果对系统预置的和自己定义的 SmartArt 图形样式感到不满意，还可以自定义 SmartArt 图形各个组成部分的样式。即针对 SmartArt 图形中的一个或多个形状应用单独的形状样式，甚至可以自定义形状，改变形状的大小和位置。这些自定义选项均可在插入 SmartArt 图形后同时激活的“SmartArt 工具格式”选项卡中找到。

“SmartArt 工具格式”选项卡的设置方法与设置形状格式的方法基本相同，只是在“形状”组中多了“增大”按钮和“减小”按钮，分别用于放大或缩小当前所选 SmartArt 图形中的形状，同时也将影响该 SmartArt 图形中其他形状和文本的大小。

实用技巧——技能提高

在 Excel 2013 中插入对象时，有时需要插入当前计算机屏幕上的某部分图片。如果没有抓图软件，该怎么办呢；有时又需要插入大量相同尺寸的图片，难道每插入一张就调整一次图片大小吗；如果需要插入的图形不是系统提供的标准形状，该怎么办呢。下面结合本章内容，给读者介绍一些实用技巧。

光盘同步文件
原始文件：无
结果文件：无
教学视频：光盘 \ 教学视频文件 \ 第 5 章 \ 技能提高 .mp4

技巧 5-1
插入屏幕截图

使用 Excel 2013 提供的截取屏幕功能，可以捕捉到当前正在使用的窗口和桌面界面。插入屏幕截图后，还可以像编辑其他图片一样，使用“图片工具格式”选项卡中的工具编辑屏幕快照。该功能方便了习惯在表格中插入其他软件效果图的用户。截取当前窗口中的部分内容的具体操作方法如下。

步骤 01 ❶单击“插入”选项卡“插图”组中的“屏幕截图”按钮；❷在弹出的菜单中选择“屏幕剪辑”命令，如下图所示。

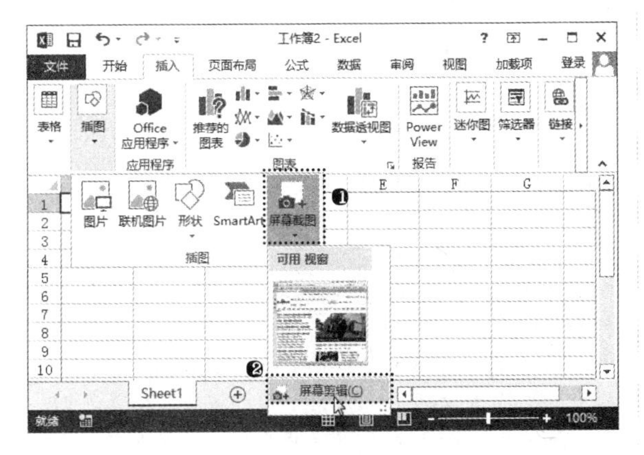

步骤 02 经过上一步操作，将自动切换到计算机屏幕，并可看见计算机屏幕处于抓图状态，鼠标光标也变成了十字形状，单击鼠标定位截图区域的起始点，然后拖曳鼠标光标形成的矩形区域即为截图区域，如下图所示。

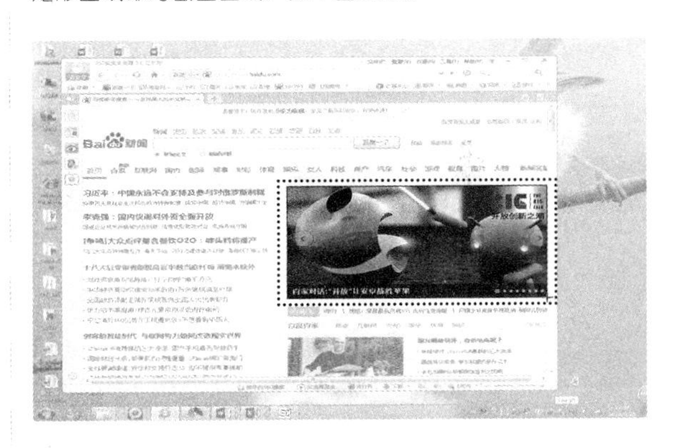

步骤 03 释放鼠标按键后，返回 Excel 窗口中即可看到抓取的屏幕截图，如下图所示。

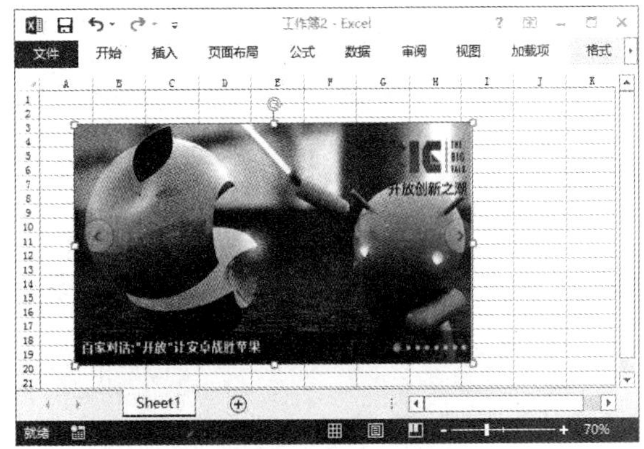

高手指引——抓取某一程序窗口的截图

如图要抓取某一程序窗口的截图，可以在窗口非最小化状态下切换到 Excel 程序窗口，然后单击“屏幕截图”按钮，在弹出的菜单中选择要截取的窗口缩略图。

技巧 5-2 为工作簿中的所有图片设置默认图片分辨率

在表格中插入图片时，由于图片或数字图像可能很大，并且设置的分辨率高于标准打印机、投影仪或监视器可以显示的分辨率，因此插入图片时会自动将图片取样缩小到更合理的大小。默认情况下，会将图片取样缩小到分辨率为 220ppi，但是这个设置值可以在“Excel 选项”对话框中进行更改，具体操作步骤如下。

❶ 打开“Excel 选项”对话框，单击“高级”选项卡；❷ 在右侧的“图像大小和质量”栏中的下拉列表中选择需要为其设置图片分辨率的工作簿；❸ 在“将默认目标输出设置为”下拉列表中选择需要更改的默认图片分辨率；❹ 单击“确定”按钮，如下图所示。即可在为该工作簿中添加图片时，自动使用特定的设置来压缩该图片。

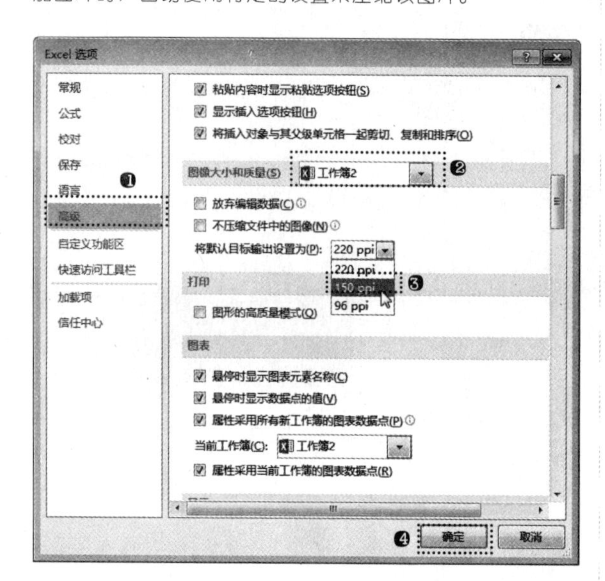

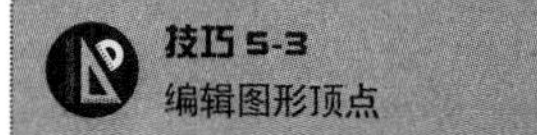

技巧 5-3 编辑图形顶点

如果需要将已经插入的自选图形修改为其他系统中没有提供的形状，还可以通过编辑顶点来完成，具体操作方法如下。

步骤 01 ❶ 在工作簿中插入一个平行四边形；❷ 单击“绘图工具格式”选项卡“插入形状”组中的“编辑形状”按钮；❸ 在弹出的下拉列表中选择“编辑顶点”选项，如右上图所示。

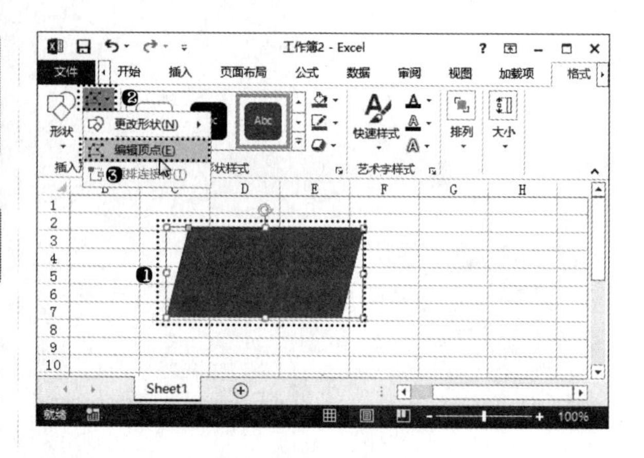

步骤 02 经过上一步操作，即可显示出当前所选图形的顶点，将鼠标光标移动到右上角的实心控制点上，并拖曳鼠标即可移动该控制点的位置，如下图所示。

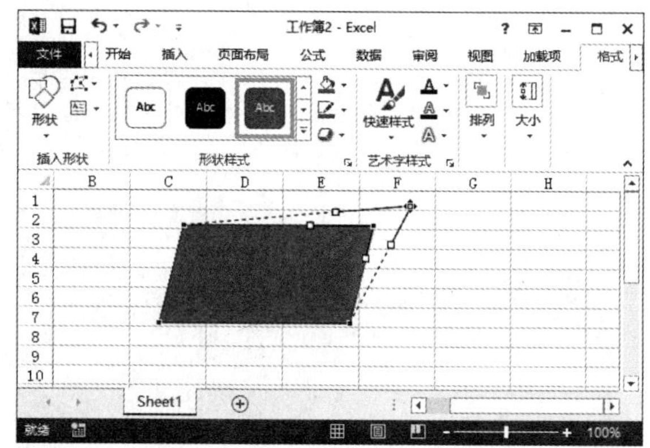

步骤 03 将鼠标光标移动到上方的空心控制点上并拖曳鼠标，即可调整该直线的曲度，将其从直线变为曲线，如下图所示。

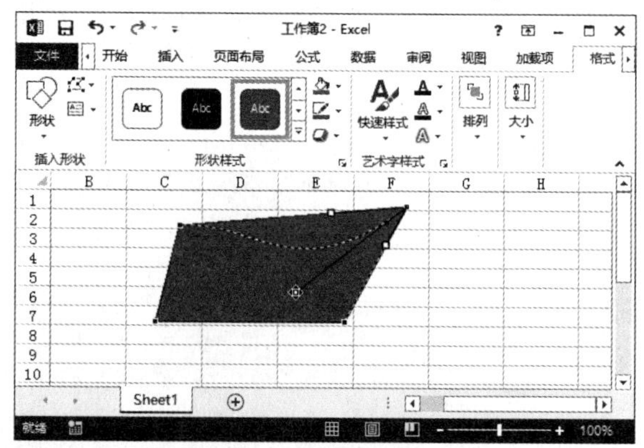

技巧 5-4 改变文本框中文字的方向

在文档中可以插入横排或竖排文本框，横排文本框中的文字方向为水平方向，即文字从左向右排列；竖排文本框中的文字方向为垂直方向，即文字从上到下排列。其实，在 Excel 2013 中用户可以根据实际需要随时改变文本框中文字的方向。

要快速改变文本框的文字方向时，如想让横排文本框中的文字按从上到下的方式进行排列，可以使用“文字方向”功能快速实现，具体操作方法如下。

步骤01 ❶在工作簿中插入一个横排文本框并输入文字；❷单击“绘图工具格式”选项卡“形状样式”组右下角的“对话框启动器”按钮，如下图所示。

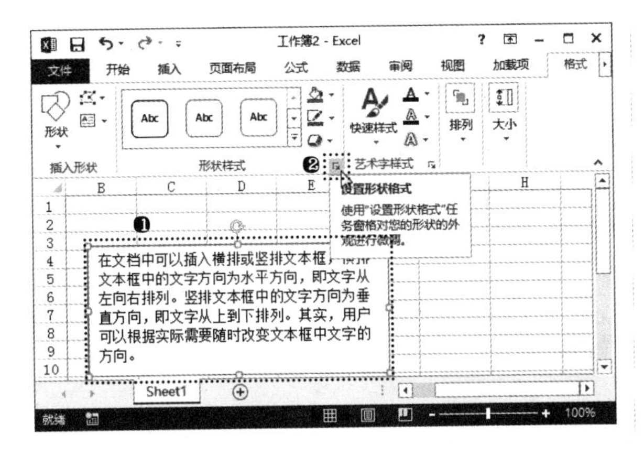

步骤02 ❶打开“设置形状格式”任务窗口，单击“大小属性”选项卡；❷在“文本框”栏中的“文字方向”下拉列表中选择“竖排”选项，如下图所示。即可让所选文本框中的内容进行垂直排列。

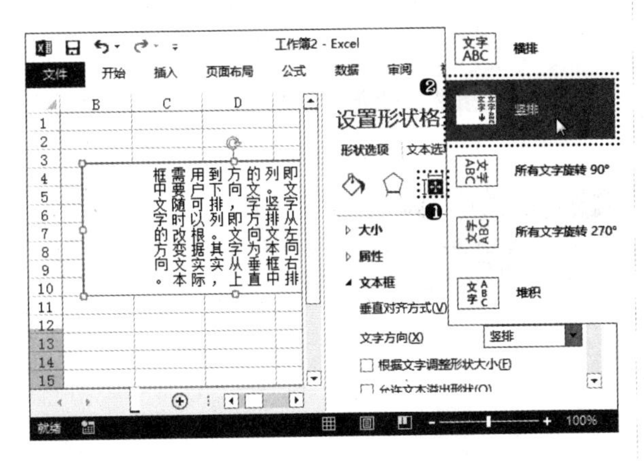

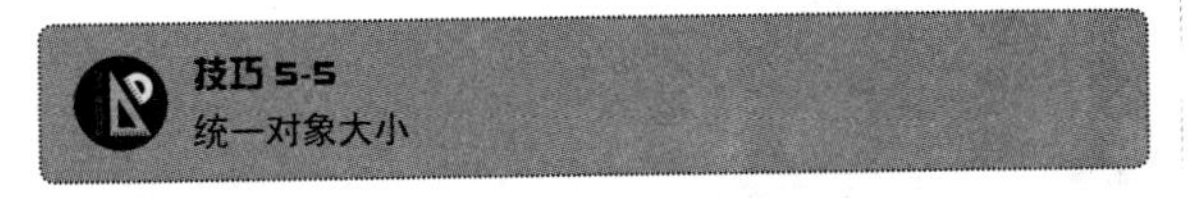

当需要在一个工作表中插入大量相同尺寸的图片时（如在表格中插入每个成员的身份证件照），若在每次插入图片后都一一调整图片大小，工作量会相当大。此时可以先选择需要设置的所有图片，然后对它们进行统一操作，这样会大大提高工作效率。下面，为工作表中的所有对象统一大小，具体操作方法如下。

步骤01 ❶在工作簿中插入多种对象；❷单击“开始”选项卡“编辑”组中的“查找和选择”按钮；❸在弹出的菜单中选择“定位条件”命令，如下图所示。

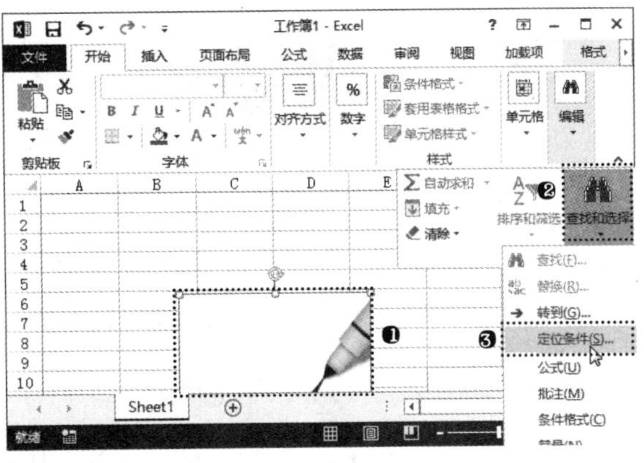

步骤02 ❶打开“定位条件”对话框，选中“对象”单选按钮；❷单击“确定”按钮，如下图所示。

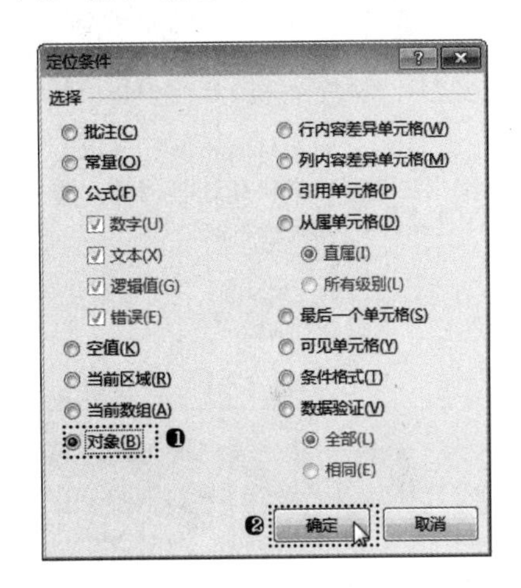

步骤03 工作簿中所有的对象都被选中了，在“绘图工具格式”选项卡“大小”组中的“高度”文本框中输入需要的对象高度，如下图所示。

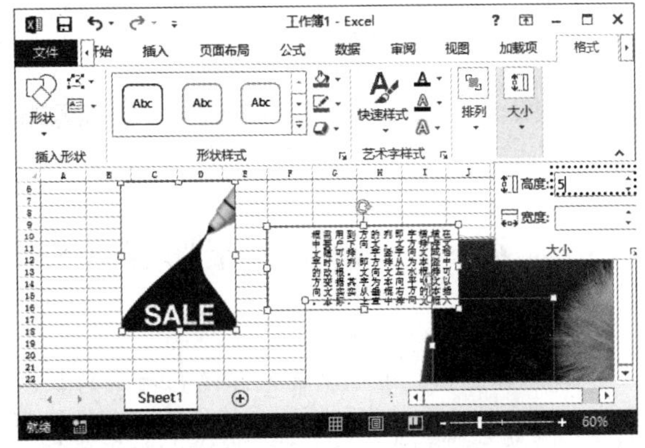

步骤04 按【Enter】键，即可让所有对象的高度均为设置的高度值，效果如下页左上图所示。

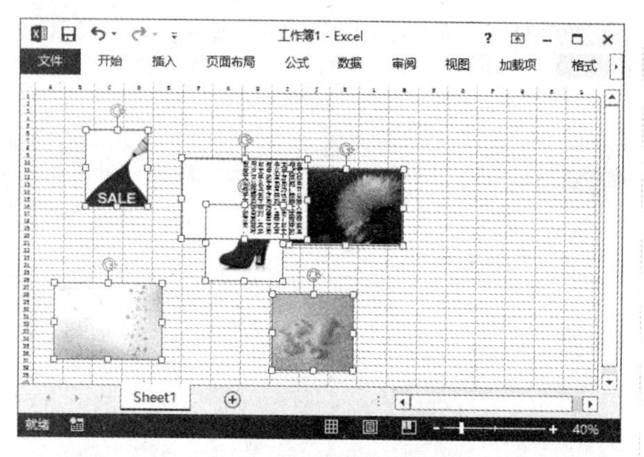

高手指引——打开“定位条件”对话框的其他方法

按【F5】键或快捷键【Ctrl+Shift+ 空格】，可快速打开“定位条件”对话框。使用本技巧定位表格中的所有对象后，还可以为它们统一进行其他的编辑操作。

技巧 5-6

在“选择”任务窗口中改变对象的层次

在 Excel 中插入了多幅图像，且重叠放置时，可利用“选择”任务窗口来快速选择图像、查看与修改图像层次，具体操作方法如下。

步骤 01 ❶在工作簿中插入多张图片，并重叠放置；❷单击“绘图工具格式”选项卡“排列”组中的“选择窗口”按钮，如下图所示。

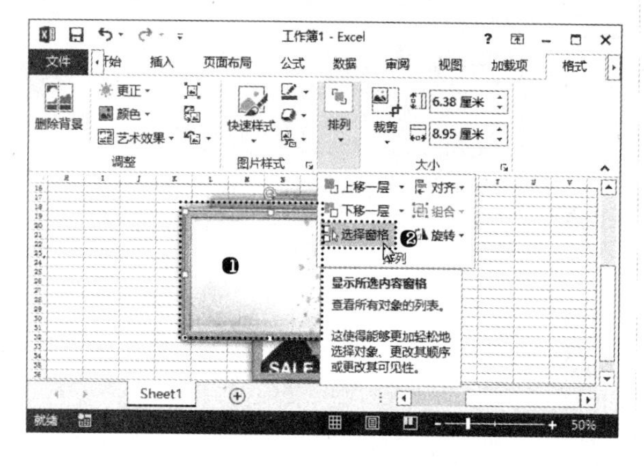

步骤 02 ❶打开“选择”任务窗口，选择最后一个图片选项；❷拖曳鼠标将其移动到顶部，如下图所示。

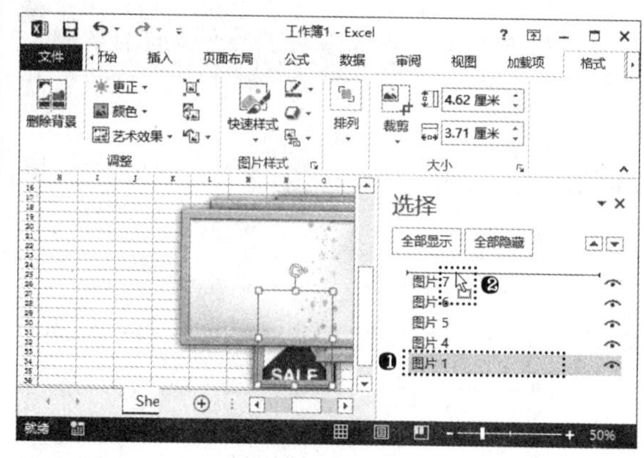

步骤 03 经过上一步操作，即可将该图片显示在最上方，效果如下图所示。

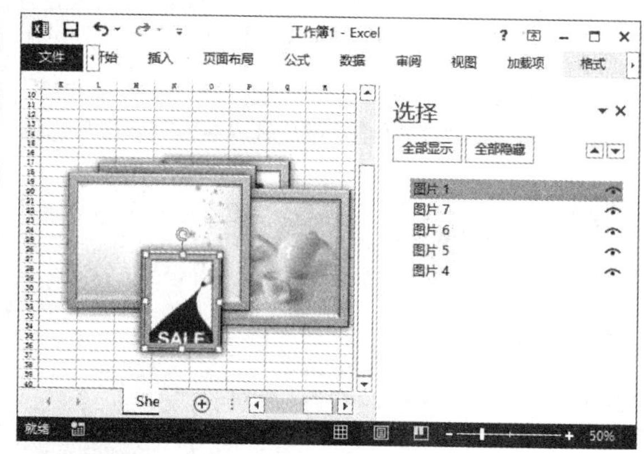

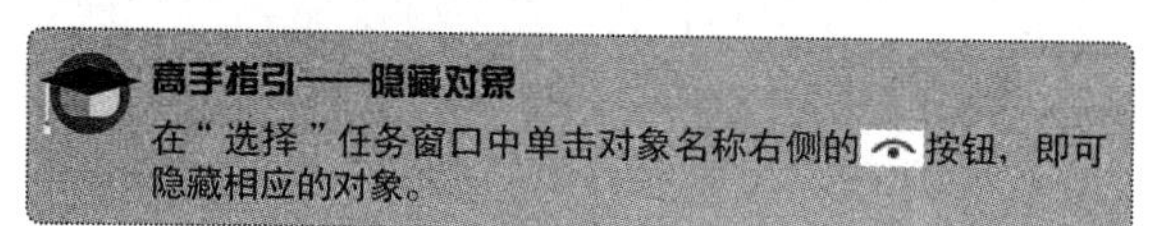

高手指引——隐藏对象

在“选择”任务窗口中单击对象名称右侧的按钮，即可隐藏相应的对象。

实战训练 5——制作“集团管控”文件

本章前面分别讲解了插入和设置对象的基本操作，但在实际办公中经常需要结合使用这些对象以使表格内容更专业。下面结合插入和编辑图片、SmartArt 图形、文本框、艺术字的相关操作技能，制作“集团管控”文件。

光盘同步文件

原始文件：光盘 \ 原始文件 \ 第 5 章 \ 集团管控模式 .jpg
结果文件：光盘 \ 结果文件 \ 第 5 章 \ 集团管控 .xlsx
教学视频：光盘 \ 教学视频文件 \ 第 5 章 \ 实战训练 .mp4

步骤 01 ❶新建一个空白文档，并将其保存为“集团空管”；❷在“视图”选项卡“显示”组中取消选中“网格线”复选框，隐藏网格线，如下图所示。

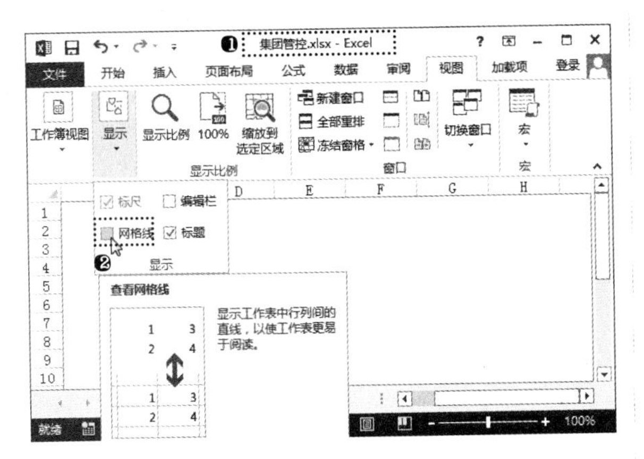

步骤 02 ❶单击“页面布局”选项卡“主题”组中的“主题”按钮；❷在弹出的下拉列表中选择“流畅”主题，如下图所示。

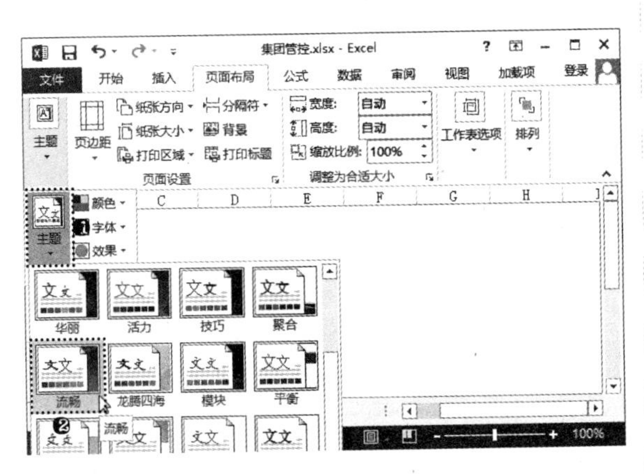

步骤 03 ❶单击“插入”选项卡“文本”组中的“艺术字”按钮；❷在弹出的下拉列表中选择需要的艺术字样式，如下图所示。

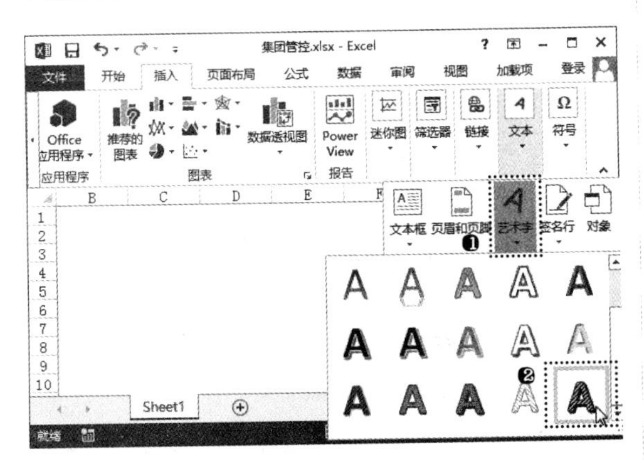

步骤 04 经过上一步操作，即可在表格中插入艺术字，显示“请在此处放置您的文字”文本。❶在该文本框中重新输入需要的标题内容，并将其移动到表格左上方；❷单击“插入”选项卡“文本”组中的“文本框”按钮，如下图所示。

步骤 05 ❶当鼠标光标变成↓形状时，按住鼠标左键不放并拖曳，在表格内容的下方绘制文本框。释放鼠标左键后，文本插入点会自动定位在刚创建的文本框中，输入如下图所示的文本；❷单击工作表标签右侧的“新工作表”按钮。

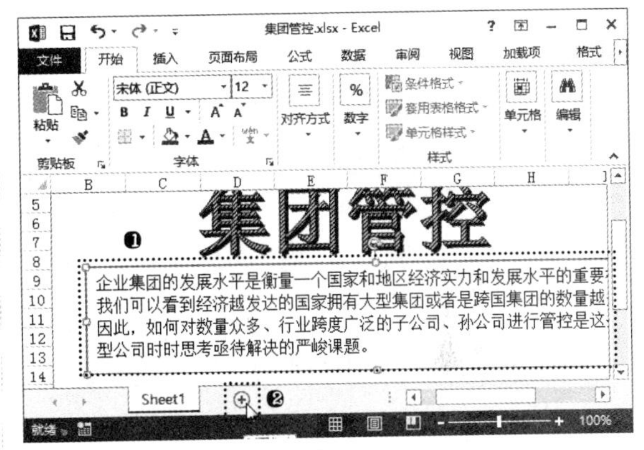

步骤 06 经过上一步操作，即可新建一个工作表。❶重命名工作表的名称为“公司组织结构图”；❷单击“插入”选项卡“插图”组中的“SmartArt”按钮，如下图所示。

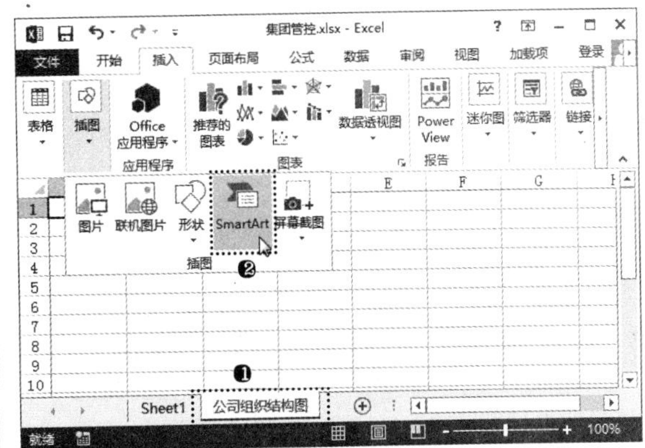

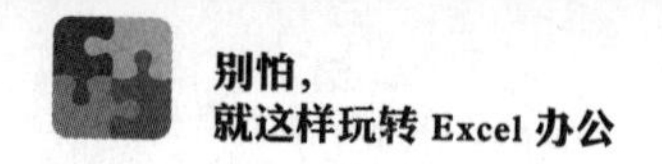

步骤07 ❶打开"选择 SmartArt 图形"对话框，单击"层次结构"选项卡；❷在中间的列表框中选择"组织结构图"选项；❸单击"确定"按钮，如下图所示。

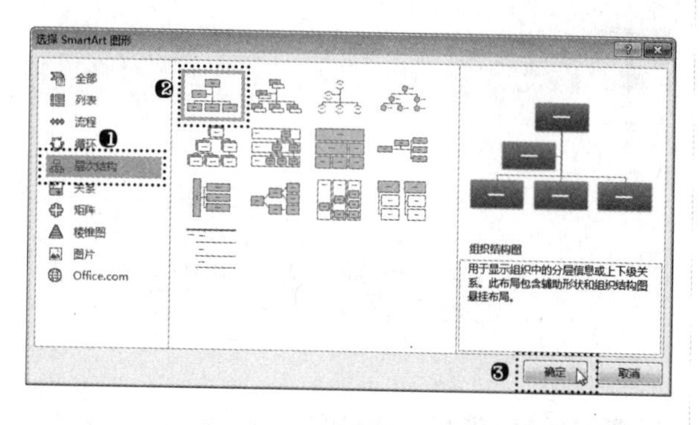

步骤08 经过上一步操作，即可在表格中插入相应的 SmartArt 图形。❶在 SmartArt 图形的各文本框中输入相应的文本，完成后的效果如下图所示；❷选择助理形状，按【Delete】键将其删除。

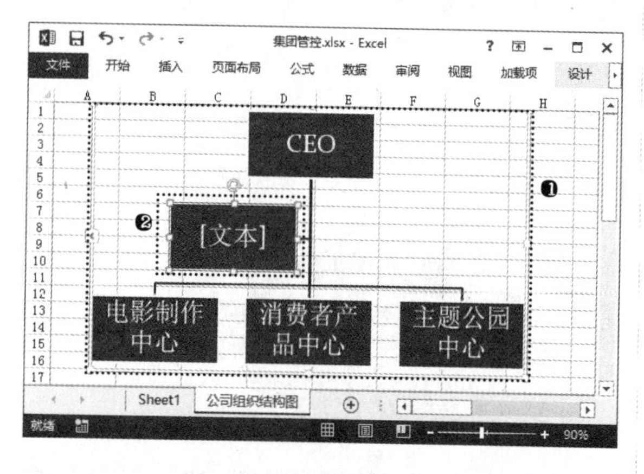

步骤09 ❶选择 SmartArt 图形中文本为"电影制作中心"的形状；❷单击"SmartArt 工具设计"选项卡"创建图形"组中的"添加形状"按钮；❸在弹出的下拉列表中选择"在下方添加形状"选项，如下图所示。

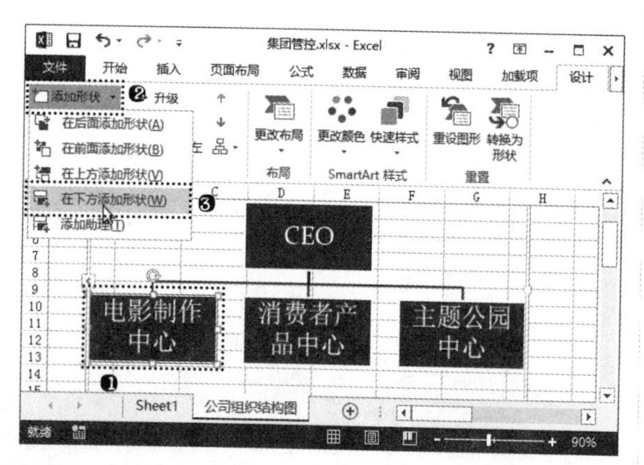

步骤10 经过上一步操作，即可看到在所选形状的下方添加了新形状。❶在新添加的形状中输入相应文本；❷使用相同的方法在该分支下和其他形状下添加其他形状，并输入文本，完成后的效果如下图所示。

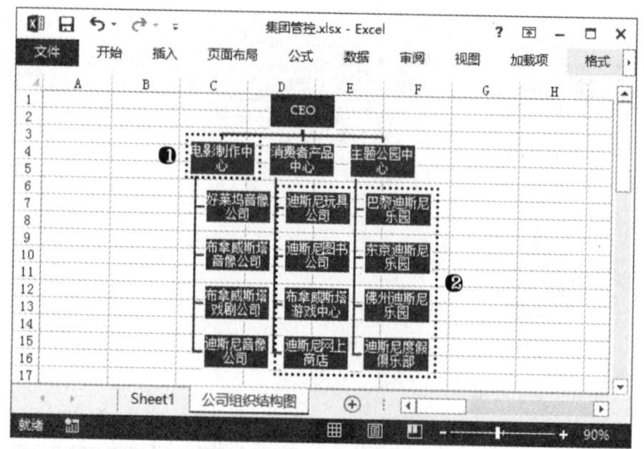

步骤11 ❶选择第2级的最后一个形状；❷单击"SmartArt 工具设计"选项卡"创建图形"组中的"添加形状"按钮；❸在弹出的下拉列表中选择"在后面添加形状"选项，如下图所示。

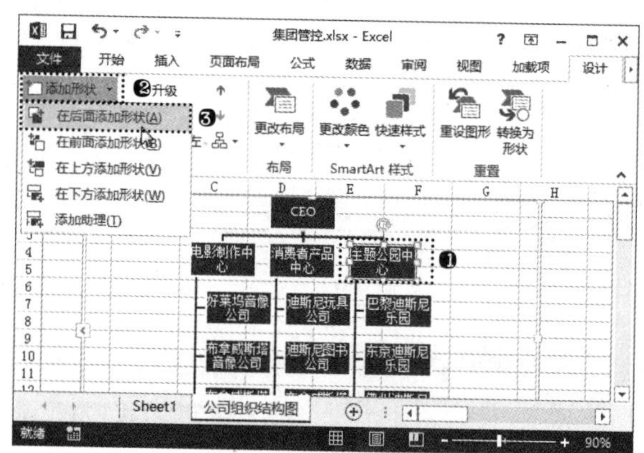

步骤12 经过上一步操作，即可看到在所选形状的后面添加了新形状。❶在新添加的形状中输入相应的文本，并在其下添加其他形状并输入文本；❷选择整个 SmartArt 图形的外框，将鼠标光标移动到右下角上，按住鼠标并拖曳调整 SmartArt 图形的大小，如下图所示。

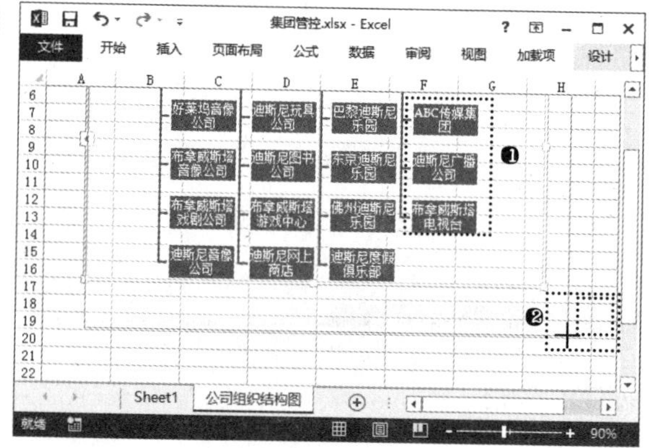

步骤13 ❶单击"SmartArt工具设计"选项卡"SmartArt样式"组中的"更改颜色"按钮；❷在弹出的下拉列表中选项需要的颜色选项，如下图所示。

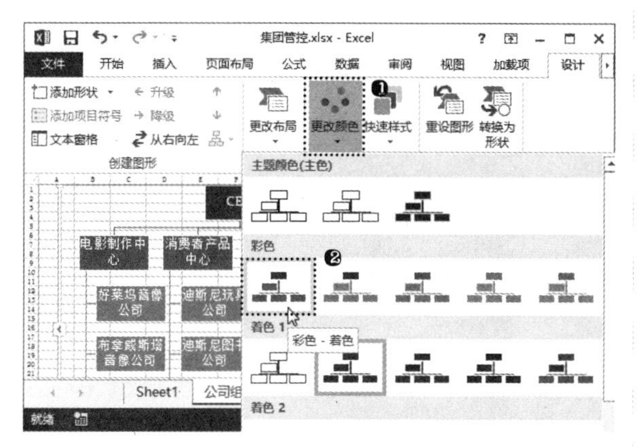

步骤14 ❶单击"SmartArt工具设计"选项卡"SmartArt样式"组中的"快速样式"按钮；❷在弹出的下拉列表中选择需要的样式，如下图所示。

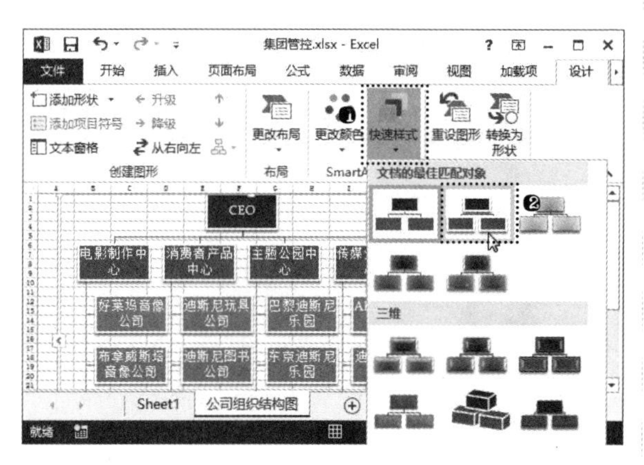

步骤15 ❶新建工作表，并重命名为"集团控制模式"；❷在该工作表中插入艺术字，并输入需要的标题内容，移动艺术字到工作表的左上方，如下图所示。

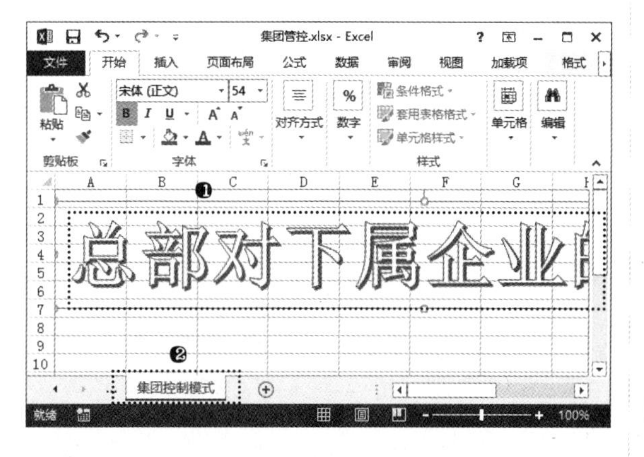

步骤16 单击"插入"选项卡"插图"组中的"图片"按钮，如下图所示。

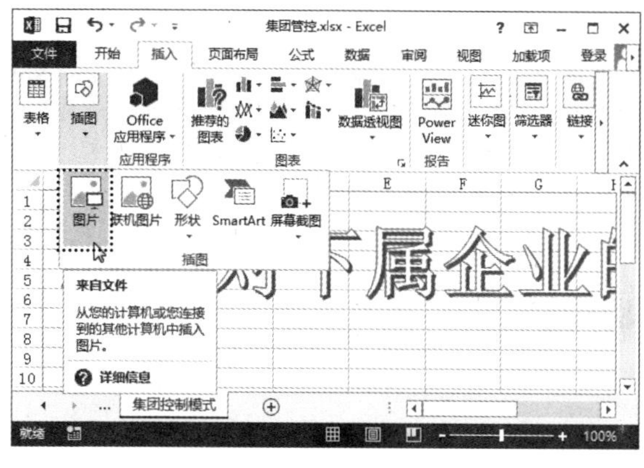

步骤17 ❶打开"插入图片"对话框，在"查找范围"下拉列表中选择要插入图片所在的文件夹；❷在下面的列表中选择要插入的"集团管控模式.jpg"图片；❸单击"插入"按钮，如下图所示。

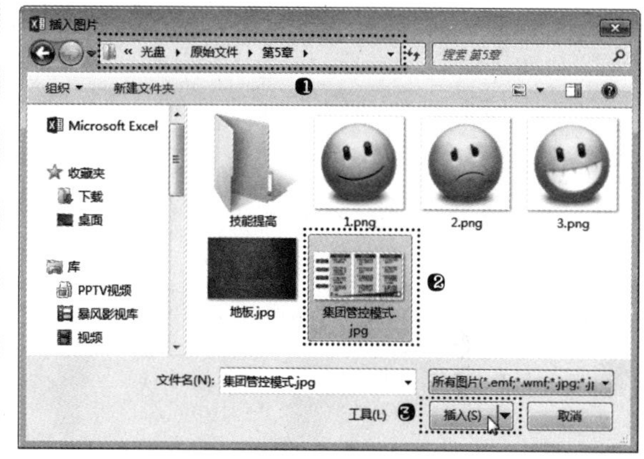

步骤18 返回工作簿中即可看到已经将选择的图片插入到表格中。❶单击"图片工具格式"选项卡"调整"组中的"更正"按钮；❷在弹出菜单的"亮度/对比度"栏中选择"亮度：0% 对比度：+20%"选项，如下图所示。

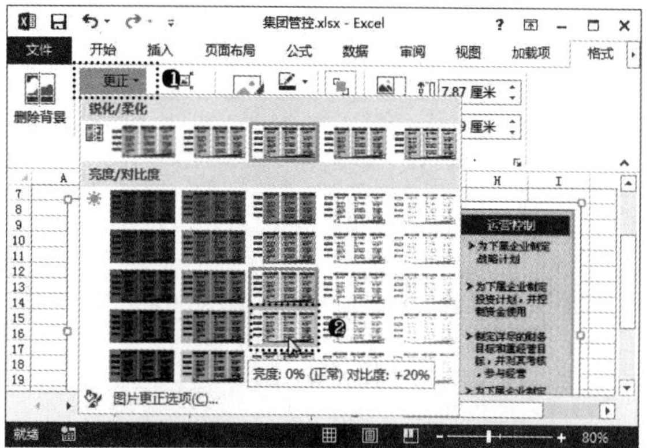

本章小结

本章主要讲解了 Excel 中图片、图形、文本、SmartArt 图形等对象的插入与编辑方法。通过本章的学习，读者可以运用学到的知识适时丰富表格内容，让自己制作的表格效果更上一层楼。在 Excel 中插入与编辑对象的方法大同小异，实际很容易掌握这些操作。用户需要多留意他人制作得比较优秀的效果，以便借鉴其经验用于自己的工作中。

阅读笔记

本章导读

Excel 2013 提供了强大的数据计算功能，在日常的办公过程中，用户可以自定义公式进行灵活计算、用数组进行计算等，也可以使用单元格引用和名称来替代确切的数据，而且，Excel 2013 还提供了强大的审核公式工具，用户可以通过这些公式来检查公式中的错误。本章将详细讲解使用公式的基本操作、单元格的各种引用、名称和数组的应用，以及审核公式的基本方法。

第 6 章

公式的应用

知识要点

◆ 输入公式

◆ 使用单元格引用

◆ 使用数组公式

◆ 编辑公式

◆ 使用名称

◆ 公式审核

案例展示

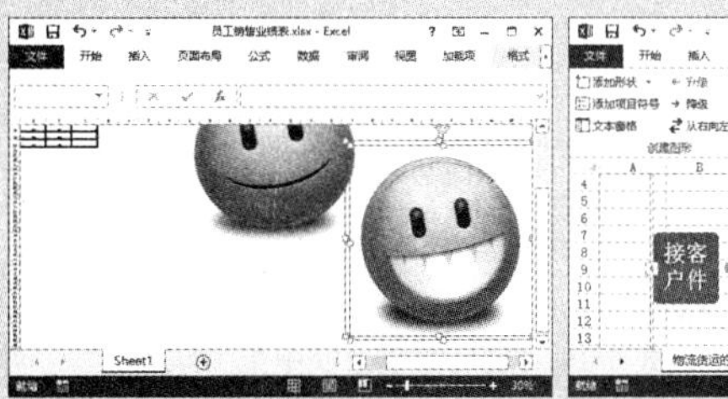

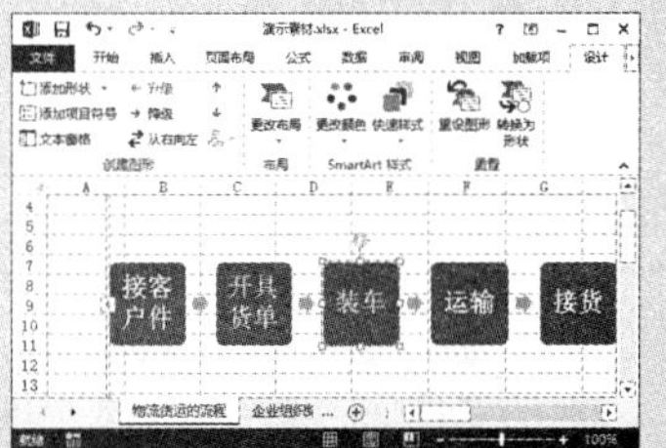

基础入门——必知必会

6.1 公式简介

在工作表中计算数据，对于一些简单数据的基本运算，如加、减、乘、除运算，一般都采用公式的方式来进行计算。本节内容主要从公式的组成、公式的常用运算符和优先级方面入手，带领大家来认识公式。

6.1.1 认识公式

公式就是计算工作表中数据的等式，它之所以能区别于其他的文本数据，就是因为公式是以“=”符号开头的。任何一个公式都是由“=”符号和公式的表达式两部分组成，如 =A1+A2+A3。输入到单元格中的公式可以包含以下 5 种元素中的部分内容，也可以是全部内容。

◆ 运算符：运算符是 Excel 公式中的基本元素，它用于指定表达式内执行的计算类型，不同的运算符进行不同的运算。

◆ 常量数值：直接输入公式中的数字或文本等各类数据，如“0.25”和“工资”等。

◆ 括号：括号控制着公式中各表达式的计算顺序。

◆ 单元格引用：指定要进行运算的单元格地址，从而方便引用单元格中的数据。

◆ 函数：函数是预先编写的公式，可以对一个或多个值进行计算，并返回一个或多个值。

6.1.2 认识运算符的类型

Excel 中的公式等号后面就是要计算的元素（即操作数），各操作之间由运算符分隔。运算符是公式的基本元素，它决定了公式中的元素执行的计算类型。使用公式计算实际上就是使用数据运算符，通过等式的方式对工作表中的数值、文本、函数等执行计算。

Excel 中计算用的运算符分为 5 大类：算术运算符、比较运算符、文本连接运算符、引用运算符和括号运算符。

1．算术运算符

Excel 中的算术运算符用于完成简单数据的基本数学运算、合并数字，以及生成数字结果，是所有类型运算符中使用效率最高的。算术运算符包含的具体运算符如表 6-1 所示。

表 6-1 算术运算符

算术运算符符号	具体含义	应用示例	运算结果
+（加号）	加法	24+3	27
－（减号）	减法或负数	24-3	21
*（乘号）	乘法	24×3	72
／（除号）	除法	24÷3	8
%（百分号）	百分比	24%	0.24
^（求幂）	求幂（乘方）	4^3	64

2．比较运算符

在应用公式对数据进行计算时，有时候需要在两个数值中进行比较，此时使用比较运算符即可。使用比较运算后的结果为逻辑值“TRUE”或“FALSE”。比较运算符包含的具体运算符如表 6-2 所示。

表 6-2 比较运算符

比较运算符符号	具体含义	应用示例	运算结果
=（等号）	等于	A1=B1	如果单元格 A1 的值等于 B1 的值，则结果为 TRUE，否则为 FALSE
>（大于号）	大于	12 > 10	TRUE
<（小于号）	小于	3.1415 < 3.15	TRUE
>=（大于等于号）	大于或等于	3.1415 >= 3.15	FALSE
<=（小于等于号）	小于或等于	PI( ) <= 3.14	FALSE
<>（不等于号）	不等于	PI( ) <> 3.1416	FALSE

高手指引——比较文本

比较运算符也适用于文本。如果 A1 单元格中包含 Alpha，A2 单元格中包含 Gamma，则“A1 < A2”公式将返回“TRUE”，因为 Alpha 的首字母 A 在字母顺序上排在 Gamma 的首字母 G 的前面。

3．文本运算符

一般情况下，文本连接运算符使用与号（&），可以连接一个或多个文本字符串，以生成一个新的文本字符串。如在 Excel 中输入 =“浙江”&“2015”，即等同于输入“浙江 2015”。

使用文本运算符也可以连接数值。例如，Al 单元格中包含 123，A2 单元格中包含 89，则输入“=A1&A2”，Excel 会默认将单元格 A1 中的内容和单元格 A2 中的内容连接在一起，即等同于输入“12389”。

高手指引——使用文本运算符的结果

从表面上看，使用文本运算符连接数值得到的结果是文本字符串，但是如果在数学公式中使用这个文本字符串，Excel 会把它看成数字。

4．引用运算符

引用运算符是与单元格引用一起使用的运算符，用于对单元格进行操作，从而确定用于公式或函数中进行计算的单元格区域。引用运算符主要包括范围运算符、联合运算符和交集运算符，引用运算符包含的具体运算符如表 6-3 所示。

表 6-3 引用运算符

引用运算符符号	具体含义	应用示例	运算结果
:（冒号）	范围运算符，生成指向两个引用之间所有单元格的引用（包括这两个引用）	A1:B3	单元格 A1，A2，A3，B1，B2，B3
,（逗号）	联合运算符，将多个单元格或范围引用合并为一个引用	A1,B3:E3	单元格 A1，B3，C3，D3，E3
（空格）	交集运算符，生成对两个引用中共有的单元格的引用	B3:E4 C1:C5	两个单元格区域的交叉单元格，即单元格 C3 和 C4

5．括号运算符

括号运算符用于改变 Excel 内置的运算符优先次序，从而改变公式的计算顺序。每一个括号运算符都由一个左括号搭配一个右括号组成。在公式中会优先计算括号运算符中的内容。因此，当需要改变公式求值的顺序时，可以像我们熟悉的日常数学计算一样，使用括号来改变。例如，需要先计算加法然后再计算乘方，可以利用括号将公式按需要来实现，将先计算的部分用括号括起来。如在公式“=(A1+7)／5”中，先执行 A1+7 运算，再将得到的和除以 5。

也可以在公式中嵌套括号，嵌套是把括号放在括号中。如果公式包含嵌套的括号，则会先计算最内层的括号，逐级向外。Excel 计算公式中使用的括号与我们平时使用的数学计算式不同，例如，数学公式“=(4+7)×[2+(10-6)÷4]+13”，在 Excel 中的表达式为“=(4+7)*(2+(10-6)／4)+13”。如果在 Excel 中使用了很多层嵌套括号，相匹配的括号会使用相同的颜色。

高手指引——使用括号的其他作用

Excel 公式中要习惯使用括号，即使并不需要括号，也可以添加。因为使用括号可以明确运算次序，使公式更容易阅读。

6.1.3 认识运算符的优先级

为了保证公式结果的单一性，Excel 中内置了运算符的优先次序，从而使公式按照这一特定的顺序来进行计算。这个内置的规定就是这里所说的运算符优先级。

公式的计算顺序与运算符优先级有关。运算符的优先级决定了当公式中包含多个运算符时，先计算哪一部分，后计算哪一部分。如果在一个公式中包含了多个运算符，Excel 与数学中学习的运算顺序相似，对于同一级运算会从左到右进行计算，对于不同级的运算符，则按照运算符的优先级进行运算。表 6-4 列出了常用运算符的运算优先级。

表 6-4 Excel 运算符的优先级

优先顺序	运算符	说明
1	:，	引用运算符：冒号、单个空格和逗号
2	—	算术运算符：负号（取得与原值正负号相反的值）
3	%	算术运算符：百分比
4	^	算术运算符：乘幂
5	* 和／	算术运算符：乘和除
6	＋和－	算术运算符：加和减
7	&	文本运算符：连接文本
8	=,<,>,<=,>=,<>	比较运算符：比较两个值

高手指引——在 Excel 中书写运算符的注意事项

Excel 中的计算公式与日常使用的数学计算式相比，运算符号有所不同，其中算术运算符中的乘号和除号分别用“ * ”和“ ／ ”符号表示，请注意区别于数学中的 × 和 ÷，比较运算符中的大于等于号、小于等于号、不等于号分别用“ >= ”、“ <= ”和“ <> ”符号表示，请注意区别于数学中的⩾、⩽和≠。

6.2 使用单元格引用

使用公式或函数时经常会涉及到单元格的引用。在 Excel 中引用单元格，实际上就是将单元格或单元格区域的地址作为索引，目的是引用该单元格或单元格区域中的数据。一个引用地址代表工作表中的一个或者多个单元格，以及单元格区域，这样的表示方式能简化公式的书写，在单元格中存储公式中可能变化的数据时也更方便，而且便于后期维护。

6.2.1 单元格的引用方法

通过引用单元格数据，可以在公式中使用工作表中不同部分的数据，或者在多个公式中使用同一个单元格中的数值，还可以引用同一个工作簿中不同工作表上的单元格，或其他工作簿中的数据。引用单元格数据以后，公式的运算值将随着被引用的单元格数据的变化而变化。当被引用的单元格数据被修改后，公式的运算值将自动修改。

引用单元格的方法一般有两种。

方法一：在计算公式中输入需要引用单元格的列标号及行标号，如 A5（表示 A 列中的第 5 个单元格）；A6:B7（表示从 A6 到 B7 之间的所有单元格）。

方法二：在编写公式时直接单击选择需要运算的单元格，Excel 会自动将选择的单元格地址添加到公式中。

6.2.2 单元格的引用类型

在 Excel 中使用公式对数据进行计算时，如果要直接使用表格中已存在的数据作为公式中的运算数据，则可以使用单元格的引用。公式中单元格的引用类型有相对引用、绝对引用和混合引用 3 种，它们各自具有不同的含义和作用。下面就分别介绍相对引用、绝对引用和混合引用的使用方法。

光盘同步文件

原始文件：光盘 \ 原始文件 \ 第 6 章 \ 销售分析表 .xlsx
结果文件：光盘 \ 结果文件 \ 第 6 章 \ 销售分析表 .xlsx
教学视频：光盘 \ 教学视频文件 \ 第 6 章 \6-2-2.mp4

1．相对引用

相对引用是指引用单元格的相对地址，即被引用的单元格与引用的单元格之间的位置关系是相对的。默认情况下，新公式使用相对引用，将公式剪切或复制到其他单元格时，引用也会随之改变。

相对引用样式用数字 1、2、3……表示行号，用字母 A、B、C……表示列标，采用“ 列字母＋行数字 ”

的格式表示，如 A1、E12 等。如果引用整行或整列，可省去列标或行号，如 1:1 表示第一行；A:A 表示 A 列。相对引用的方法很简单，例如，要在公式中使用相对引用计算销售额，具体操作方法如下。

步骤 01 打开“光盘\素材文件\第 6 章\销售分析表 .xlsx”文件。❶选择 D2 单元格；❷在编辑栏中输入“=”；❸选择 B2 单元格，如下图所示。

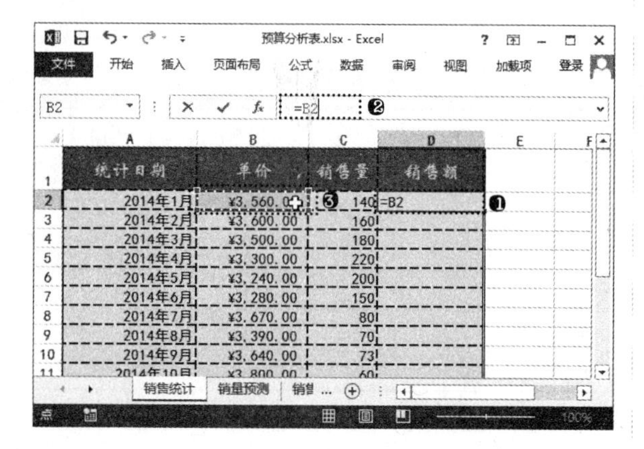

步骤 02 经过上一步操作，即可引用 B2 单元格中的内容；❶继续输入“*”；❷选择 C2 单元格，如下图所示。

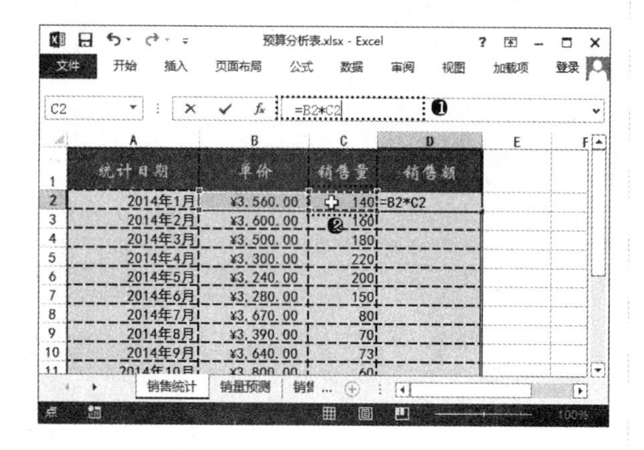

步骤 03 ❶按【Enter】键完成公式的输入，同时计算出 B2 单元格数据乘以 C2 单元格数据的结果；❷将鼠标指针移动到该单元格的右下角控制柄上，如下图所示。

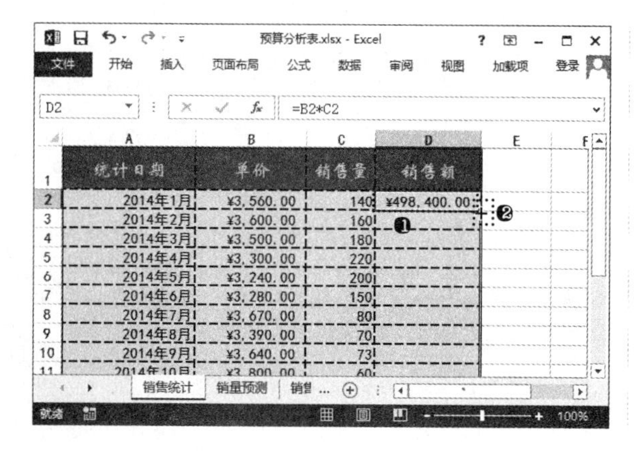

步骤 04 向下拖曳控制柄至 D13 单元格，即可计算出各月的销售额，如下图所示。

在上面的计算中，由于采用了相对引用的关系，D3 单元格相对于 D2 单元格来说，是其向下移动了 1 个单元格的位置。因此在将公式从 D2 单元格复制到 D3 单元格时，公式中原来引用的 B2 和 C2 单元格也分别向下移动了 1 个单元格位置，变成 B3 和 C3 单元格。由此可见，公式所引用的单元格是随着行或列不同而改变相应的行号或列号的，这种引用单元格的方法是相对引用。

2．绝对引用

绝对引用和相对引用相对应，是指引用单元格的实际地址，被引用的单元格与引用的单元格之间的位置关系是绝对的。因此，绝对引用不随单元格位置的改变而改变其结果。当把公式复制到其他单元格中时，公式中的单元格地址始终保持固定不变，结果与包含公式的单元格位置无关。

在相对引用的单元格的列标和行号前分别添加“$”符号便可成为绝对引用，如 A1 是单元格的相对引用，而 $A$1 则是单元格的绝对引用。

下面以实例来讲解单元格的绝对引用。例如，要在“销量预测”工作表中各月的销量上累加相同的增长因子，预测下一年的销量，具体操作方法如下。

步骤 01 ❶在“销售分析表 .xlsx”文件中，选择“销量预测”工作表；❷因 C 列中的数据为该工作簿“销售统计”工作表中 C 列的数据，可以通过相对引用获取相应的数据。在 C2 单元格中输入“=”；❸单击“销售统计”工作表标签，如下图所示。

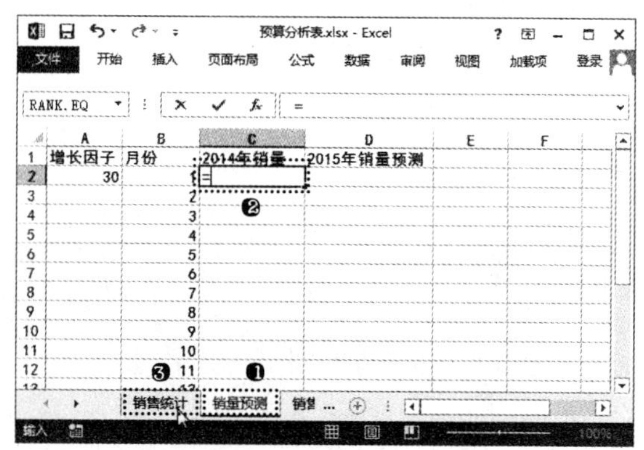

步骤02 经过上一步操作，即可切换到“销售统计”工作表。选择C2单元格，在编辑栏中可以看到公式中引用该单元格的表示方法，如下图所示。

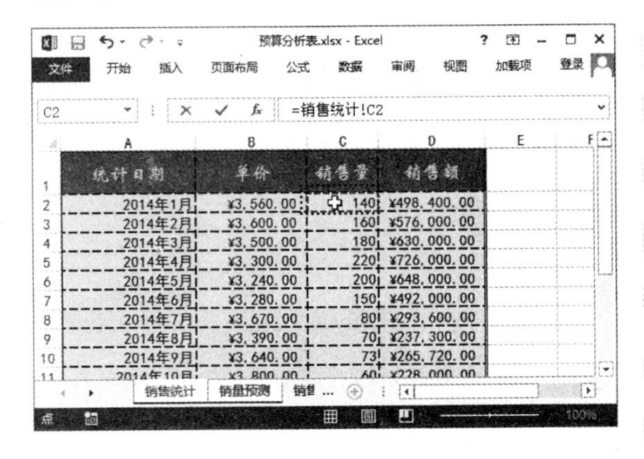

步骤03 ❶按【Enter】键返回“销量预测”工作表，同时可看到通过引用后得到的C2单元格中的数据；❷选择D2单元格；❸在编辑栏中输入“=C2+$A$2”，如下图所示。

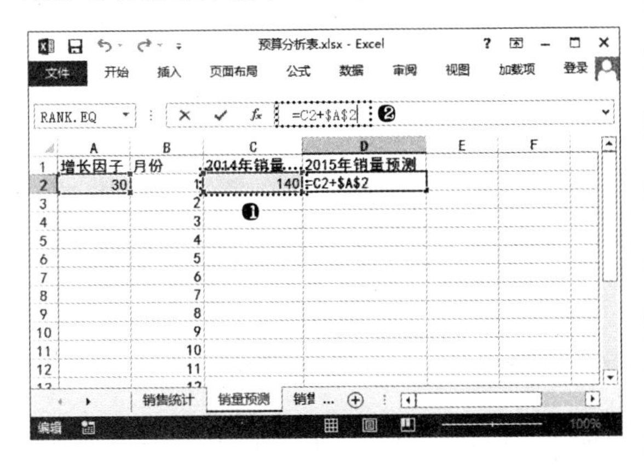

步骤04 ❶按【Enter】键完成公式的输入，同时计算出C2单元格数据加上A2单元格数据的结果；❷选择C2:D2单元格区域；❸向下拖曳控制柄至D13单元格，即可获得各月的销量数据和预测的销量数据，如下图所示。

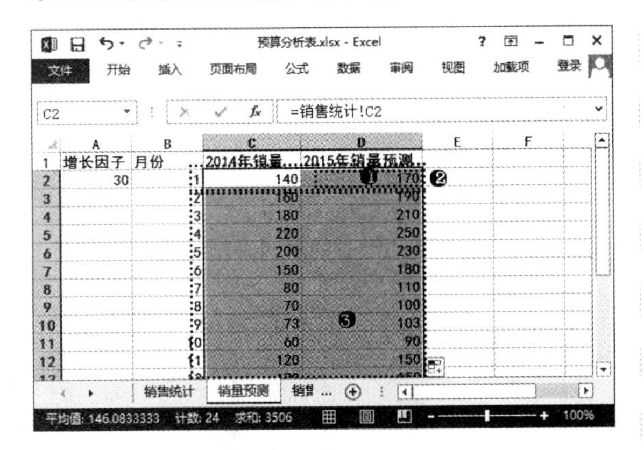

在上面的计算中，由于采用了相对引用的关系，“销量预测”工作表中的C3单元格会引用“销售统计”工作表中C3单元格的数据。“销量预测”工作表中D2单元格公式中的“C2”为相对引用，复制公式后也会自动改变引用的地址；而公式中的“$A$2”采用的是绝对引用，则复制公式后该部分还是继续引用A2单元格的数据。因此，D列中的数据始终比C列中的数据大30。

3. 混合引用

混合引用是指相对引用与绝对引用同时存在于一个单元格的地址引用中。混合引用具有两种形式，即绝对列和相对行、绝对行和相对列。绝对引用列采用“$A1”、“$B1”等形式，绝对引用行采用“A$1”、“B$1”等形式。

在混合引用中，如果公式所在单元格的位置改变，则绝对引用的部分保持绝对引用的性质，地址保持不变；而相对引用的部分同样保留相对引用的性质，随着单元格的变化而变化。具体应用到绝对引用列中，则是改变位置后的公式行部分会调整，但是列不会改变；绝对引用行中，则改变位置后的公式列部分会调整，但是行不会改变。

下面通过一个案例来说明在工作簿中使用混合引用的方法和效果。例如，要分析“销售预算分析”工作表中对某产品在不同的销量和不同的售价情况下，未来每月的销售数据，具体操作方法如下。

步骤01 ❶在“销售分析表.xlsx”文件中，因“销售预算分析”工作表中每月的销量数据为“销量预测”工作表中计算的结果，所以需要进行复制，选择“销量预测”工作表；❷选择D2:D13单元格区域；❸单击“复制”按钮，如下图所示。

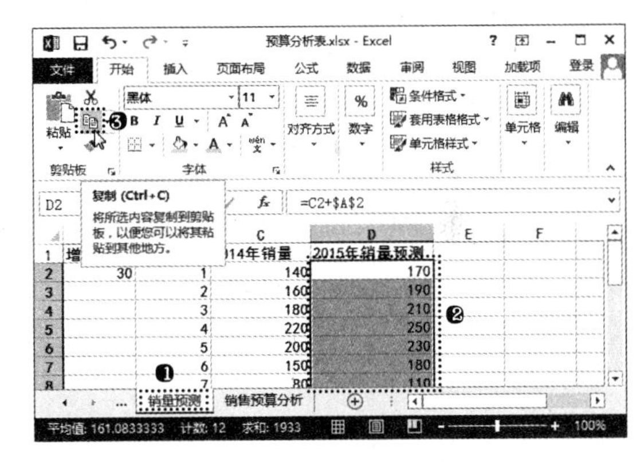

步骤02 ❶选择“销售预算分析”工作表；❷选择B3:M3单元格区域；❸单击“开始”选项卡“剪贴板”组中的“粘贴”按钮；❹在弹出的菜单中选择“选择性粘贴”命令，如下图所示。

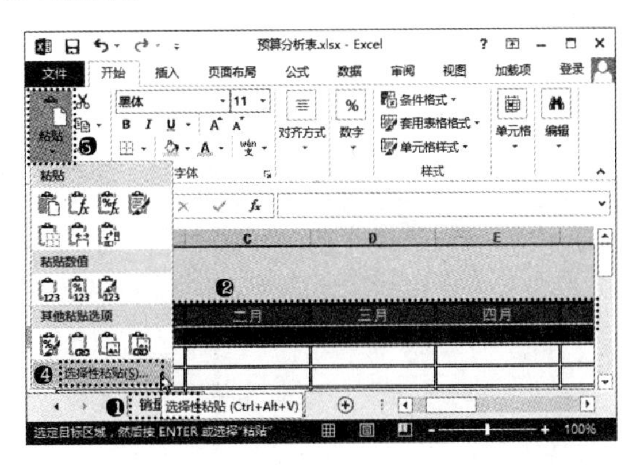

步骤03 ❶打开“选择性粘贴”对话框，选中“数值”单选按钮；❷选中“转置”复选框；❸单击“确定”按钮，如下图所示。

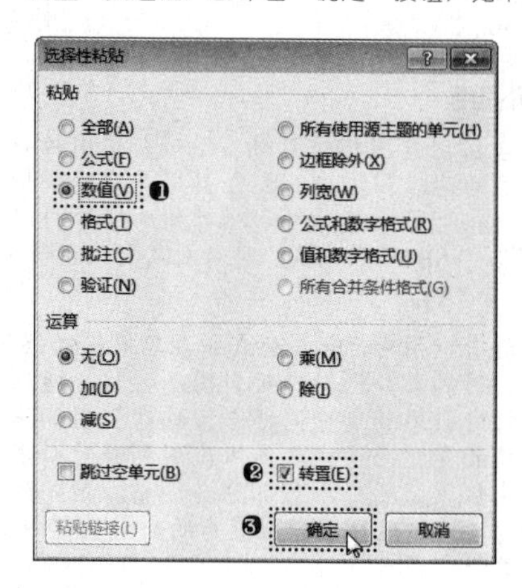

步骤04 返回工作簿中即可看到复制后的数据。❶选择 B4 单元格；❷在编辑栏中输入公式“=B$3*$A4”，如下图所示。

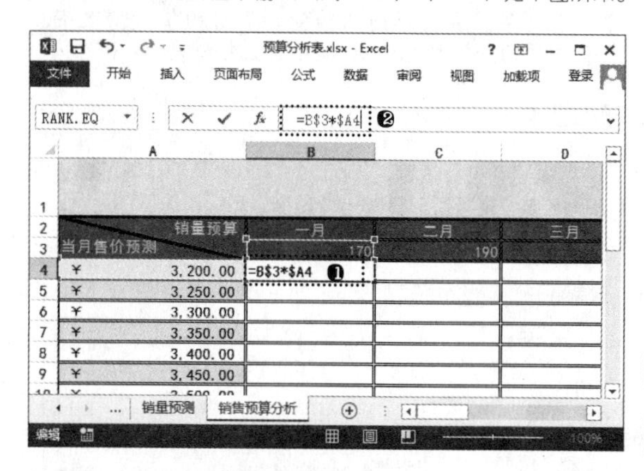

步骤05 ❶按【Enter】键完成公式的输入，同时计算出 B3 单元格数据乘以 A4 单元格数据的结果；❷选择 B4 单元格，并向下拖曳控制柄至 B26 单元格，得到 A 列相应单元格数据乘以 B3 单元格数据的结果，如右上图所示。

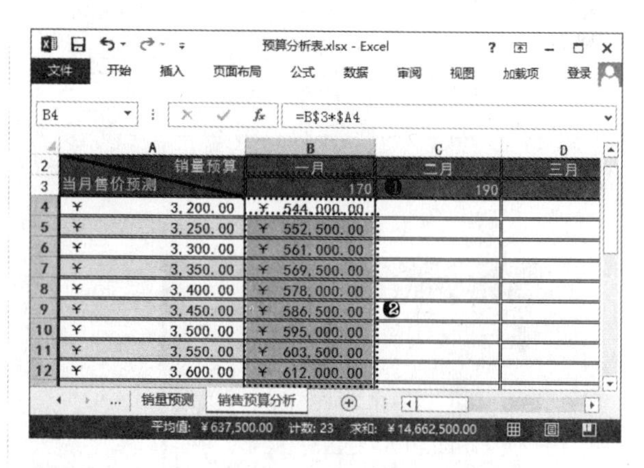

步骤06 ❶选择 B4:B26 单元格区域；❷向右拖曳控制柄至 M26 单元格，得到 A 列相应单元格数据乘以第 3 行相应单元格数据的结果，每个单元格数据结果均是其所在行 A 列的数据乘以其所在列第 3 行数据的结果，如下图所示。

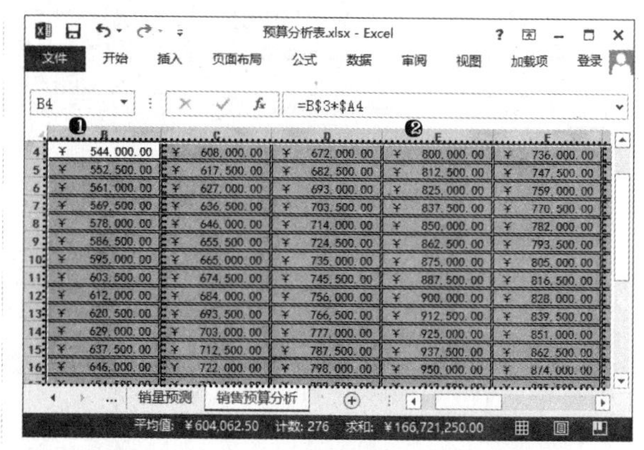

高手指引——相对引用、绝对引用和混合引用互相转换

如果需要在各种引用方式间不断切换，从而确定需要的单元格引用方式时，可按【F4】键快速在相对引用、绝对引用和混合引用之间进行切换。如在公式编辑栏中选择需要更改的单元格引用“A1”，然后反复按【F4】键时，就会在“$A$1”、“A$1”、“$A1”和“A1”之间切换。

6.3 使用名称

名称代表了一种标识，它可以引用单元格、范围、值或公式。掌握名称的相关知识，可以更加便捷地创建、更改和调整数据，有助于提高数据分析的工作效率。此外，还可以将定义的名称应用于公式，以及对名称进行管理等。

6.3.1 名称的命名规则

在 Excel 中定义名称时，应尽量采用一些有特定含义的名称，这样有利于记忆。而且，名称的定义有一定的规则，具体需要注意以下几点。

1. 名称可以是任意字符与数字的组合，但名称中的第一个字符必须是字母、下划线“_”或反斜线“/”，如“_1PA”。

2. 名称不能与单元格引用相同，如不能定义为“B3”和“C$12”等。也不能以字母“C”、“c”、“R”或“r”作为名称，因为“R”、“C”在 R1C1 单元格引用样式中表示工作表的行、列。

3. 名称中不能包含空格，如果需要由多个部分组成，则可以使用下划线或句点号代替。

4. 不能使用除下划线、句点号和反斜线以外的其他符号，允许用问号“？”，但不能作为名称的开头。如定义为“Wange?”可以，但定义为“?Wage”不可以。

5. 名称字符长度不能超过 255 个字符，应该便于记忆且尽量简短。

6. 名称中的字母不区分大小写，如名称“Elec”和“elec”是相同的。

6.3.2 定义单元格名称

为了方便使用单元格，用户可以为单元格或者单元格区域定义名称。定义单元格名称的具体操作方法如下。

光盘同步文件
原始文件：光盘 \ 原始文件 \ 第 6 章 \ 价目表 .xlsx
结果文件：光盘 \ 结果文件 \ 第 6 章 \ 价目表 .xlsx
教学视频：光盘 \ 教学视频文件 \ 第 6 章 \6-3-2.mp4

步骤 01 打开“光盘 \ 素材文件 \ 第 6 章 \ 价目表 .xlsx”文件。❶ 选择要定义名称的 B3:B14 单元格区域；❷ 单击“公式”选项卡“定义的名称”组中的“定义名称”按钮，如下图所示。

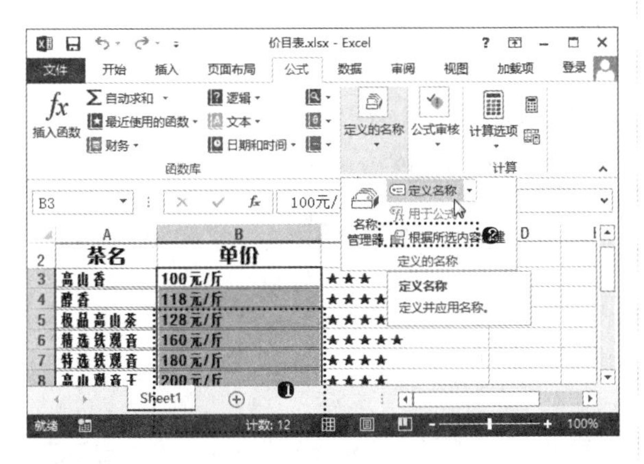

步骤 02 ❶ 打开“定义名称”对话框，在“名称”文本框中输入需要定义的名称“单价”；❷ 单击“确定”按钮，如下图所示。

高手指引——定义单元格名称的其他方法
除了在“名称”对话框中定义单元格的名称外，用户还可以先选择要定义名称的单元格区域，然后在名称框中输入所需要的名称，按【Enter】键即可定义。

6.3.3 将定义的名称用于公式

为单元格命名之后，即可通过使用名称来快速引用需要的单元格数据了。例如，要通过定义的名称在“饮料销售统计”工作簿中计算出各种饮品的销售额时，具体操作方法如下。

光盘同步文件
原始文件：光盘 \ 原始文件 \ 第 6 章 \ 饮料销售统计 .xlsx
结果文件：光盘 \ 结果文件 \ 第 6 章 \ 饮料销售统计 .xlsx
教学视频：光盘 \ 教学视频文件 \ 第 6 章 \6-3-3.mp4

步骤 01 打开“光盘 \ 素材文件 \ 第 6 章 \ 饮料销售统计 .xlsx”文件。❶ 选择 E2 单元格；❷ 在编辑栏中输入“= 销量 * 单价”，如下图所示。

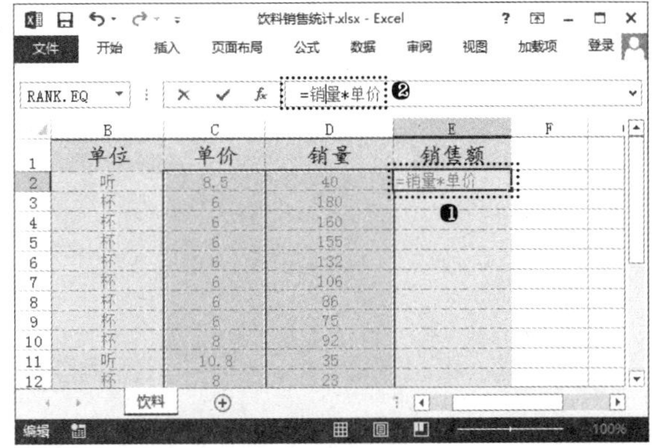

步骤 02 ❶ 按【Enter】键计算出公式结果，并选择 E2 单元格；❷ 向下拖曳控制柄至 E21 单元格，即可计算出各种饮品的销售额，如下图所示。

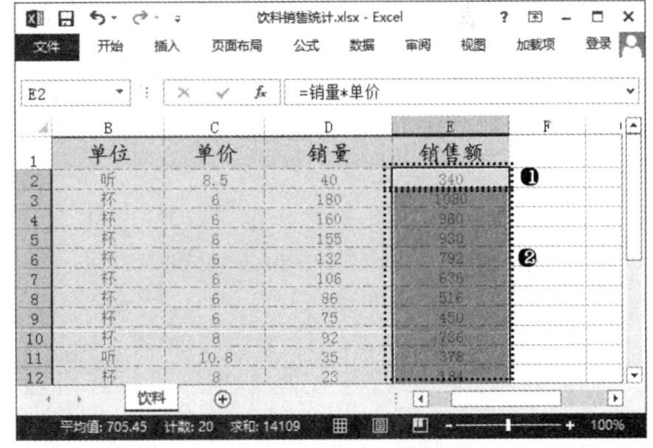

高手指引——查看名称引用的单元格区域
定义名称后，单击名称框右侧的下拉按钮，在弹出的下拉列表中会自动显示出已经定义的名称，选择名称后会自动选中该名称定义时包含的所有单元格。按快捷键【Ctrl+Shift+{】可查看名称具体引用的单元格区域。

6.3.4 使用名称管理器

Excel 2013 提供了专门用于管理名称的“名称管理器”对话框，在该对话框中可以查看、创建、编辑和删除名称，在其主窗口中会罗列出当前工作簿中所有定义的名称，还可以查看名称的当前值、名称指代的内容、名称的适用范围和输入的注释等。下面以编辑“超市优惠商品统计表”工作簿中定义的“现价”名称为例，讲解使用名称管理器的方法，具体操作如下。

光盘同步文件
原始文件：光盘\原始文件\第6章\超市优惠商品统计表.xlsx
结果文件：光盘\结果文件\第6章\超市优惠商品统计表.xlsx
教学视频：光盘\教学视频文件\第6章\6-3-4.mp4

步骤01 打开“光盘\素材文件\第6章\超市优惠商品统计表.xlsx”文件，单击“公式”选项卡“定义的名称”组中的“名称管理器”按钮，如下图所示。

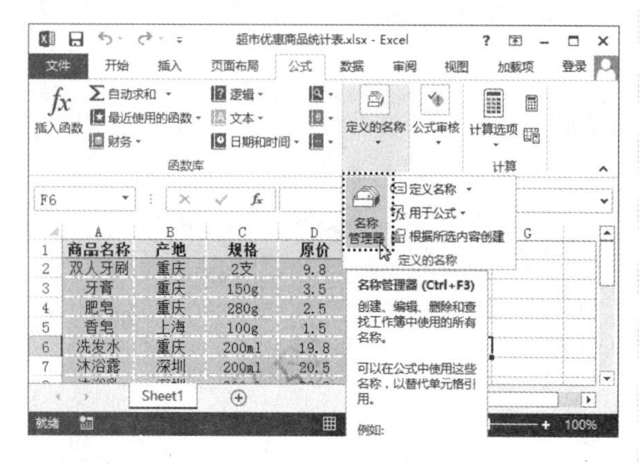

步骤02 ❶打开“名称管理器”对话框，在列表框中选择需要修改的“现价”名称选项；❷单击“编辑”按钮，如下图所示。

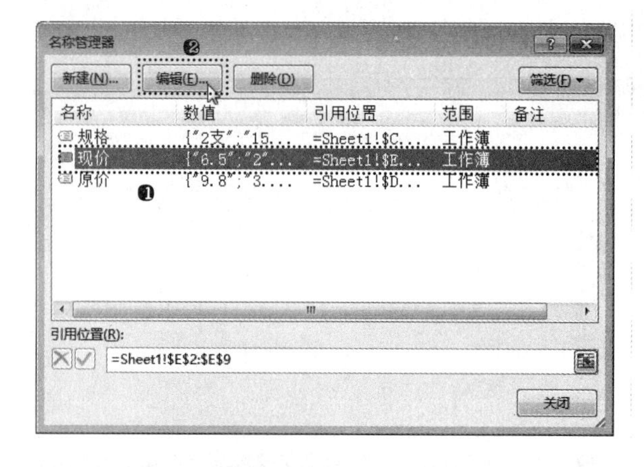

步骤03 ❶打开“编辑名称”对话框，在“名称”文本框中输入新的名称；❷在“引用位置”文本框中设置新名称的引用位置；❸单击“确定”按钮，如下图所示。

步骤04 返回“名称管理器”对话框，单击“关闭”按钮即可完成设置，如下图所示。

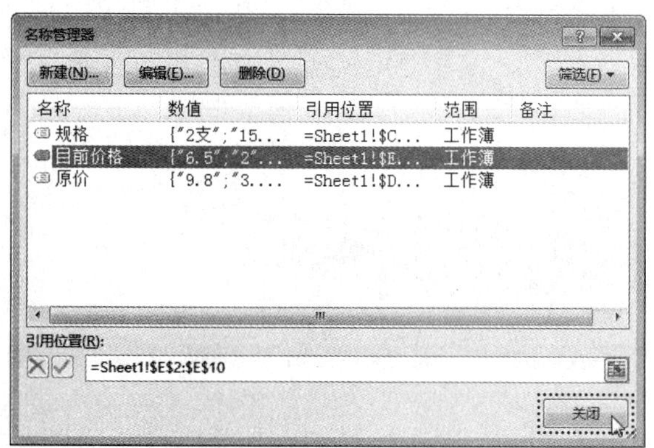

高手指引——删除名称

如果不再需要建立的名称，可以将其删除。在“名称管理器”对话框的主窗口中选择需要删除的名称，单击“删除”按钮即可永久删除工作簿中所选择的名称。当然，Excel会先发出警告，因为这种操作是不能撤销的。由于Excel不能用单元格引用替换、删除的名称，因此使用了已删除名称的公式，将会显示为#NAME?错误。

6.4 输入与编辑公式

在工作表中进行数据的计算，首先要输入相应的公式。输入公式时首先要输入“=”符号作为开头，然后才是公式的表达式，其输入方法与文本的输入方法类似。在讲解单元格引用和名称的相关内容时已经涉及了公式的输入，这里就不再单独讲解。

输入公式后，我们还可以进一步编辑公式，如对输入错误的公式进行修改、通过复制公式，让其他单元格应用相同的公式。

6.4.1 修改公式

建立公式时难免出现错误，尤其当表格中的内容过多时，使用公式计算很容易输错单元格地址，此时可以重新编辑公式，直接修改公式出错的地方。首先选择需要修改公式的单元格，然后使用修改文本的方法对公式进行修改即可。修改公式需要进入单元格编辑状态，具体的修改方法有以下两种。

◆ 在单元格中修改公式：双击要修改公式的单元格，使其显示出公式，然后将文本插入点定位到出错的数据处，删除错误的数据并输入正确的数据，再按【Enter】键确认输入。

◆ 在编辑栏中修改公式：选择要修改公式的单元格，然后在编辑栏中定位文本插入点至需要修改的数据处。删除编辑栏中错误的数据并输入正确的数据，再按【Enter】键确认输入。

由于在讲解单元格的绝对引用时，涉及了修改公式的方法，这里不再举例演示。

6.4.2 复制公式

公式和单元格中的数据一样，也可以在工作表中进行复制，将公式复制到新的位置后，公式中的相对引用单元格将会自动适应新的位置并计算出新的结果。避免了手动输入公式内容的麻烦，提高了工作效率。复制公式的方法与复制文本的方法相似，主要有以下几种方法。

◆ 选择“复制”命令复制：选择需要被复制公式的单元格，在“开始”选项卡“剪贴板”组中单击“复制”按钮，然后选择需要复制相同公式的目标单元格，再在“剪贴板”组中单击“粘贴”按钮即可。

◆ 通过快捷菜单复制：选择需要被复制公式的单元格，在其上单击鼠标右键，在弹出的快捷菜单中选择“复制”命令，然后在目标单元格上单击鼠标右键，在弹出的快捷菜单中选择“粘贴”命令复制公式。

◆ 按快捷键复制：选择需要被复制公式的单元格，按快捷键【Ctrl+C】复制单元格，然后选择需要复制相同公式的目标单元格，再按快捷键【Ctrl+V】进行粘贴即可。

◆ 拖曳控制柄复制：选择需要被复制公式的单元格，移动鼠标光标到该单元格的右下角，待鼠标光标变成+形状时，单击拖曳到目标单元格后释放鼠标即可复制公式到鼠标拖曳经过的单元格区域。

由于在讲解单元格引用和名称的相关内容时已经涉及了复制公式的操作，这里不再举例演示。

6.5 数组公式简介

前面介绍的公式都只是执行一个简单的计算并返回一个运算结果。如果需要同时对一组或两组，甚至两组以上的数据进行计算，计算结果可能是一个，也可能是多个。在这种情况下，就只有使用数组公式进行处理了。

6.5.1 认识数组公式

Excel 中数组公式非常有用，可建立产生多值或对一组值而不是单个值进行操作的公式。数组公式是相对于普通公式而言的，我们可以认为数组公式是 Excel 对公式和数组的一种扩充。换句话说，数组公式是 Excel 公式中一种专门用于数组的公式类型。因此，在深入了解数组公式之前，我们需要认识数组的概念。

数组是在程序设计中为了处理方便，把具有相同类型的若干变量按有序的形式组织起来的一种形式。这些按序排列的同类数据元素的集合称为“数组”。引用到 Excel 中，数组就是由文本、数值、日期、逻辑、错误值等元素组成的集合，是一组具有相同类型的多个单元格的集合或一组处理的值集合，可以将其当作一个整体来处理。

当我们将数组作为公式的参数进行输入时，就形成了数组公式，包括区域数组和常量数组。与普通公式的不同之处在于，数组公式能通过输入的这个单一公式，执行多个输入的操作并产生多个结果，而且每个结果都将显示在一个单元中。

普通公式（如“=SUM(B2:D2)”、“=B8+C7+D6”等）只占用一个单元格，且只返回一个结果。而数组公式可以占用一个单元格，也可以占用多个单元格，数组的元素可多达 6500 个。它对一组数或多组数进行多重计算，并返回一个或多个结果。因此，我们可以将数组公式看成是有多重数值的公式。

6.5.2 数组的维数

“维数”是数组中的一个重要概念，根据维数的不同，可将数组划分为一维数组、二维数组、三维数组、四维数组……在 Excel 公式中，我们接触到的一般是一维数组或二维数组。Excel 中主要是根据行数与列数的不同，进行一维数组和二维数组的区分的。

1. 一维数组

一维数组存在于一行或一列单元格中。根据数组的方向不同，通常又在一维数组中分为垂直数组（或行数组）和水平数组（或列数组）。其中水平数组用半角逗号“,”间隔，如{"A","B","C","D","E"}、{1,2,3,4,5}均属于包含 5 个元素的一维水平数组；垂直数组用半角分号“;”间隔，如{1;2;3;4;5}属于一维垂直数组，具体效果如下图所示。一维数组公式经过运算后，得到的结果可能是一维的，也可能是多维的，存放在不同的单元格区域中。

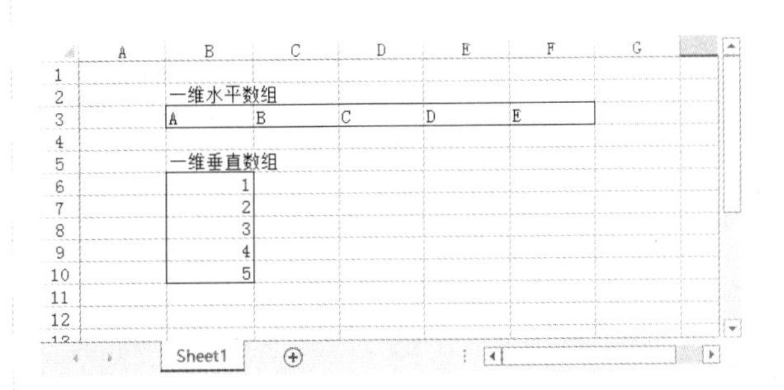

2. 二维数组

二维数组是由多行和多列数据组成的，可以看成是一个多行多列的单元格数据集合，也可以看成是多个一维数组的组合。由于二维数组都存在于一个矩形范围内，因此又称为“矩阵”，行列数相等的矩阵称为“方阵”。二维数组在表达方式上与一维数组相同，即纵向数字由半角分号“;”间隔，横向数字用半角逗号“,”间隔，如{1,2,3,4;5,6,7,8;9,10,11,12;13,14,15,16}，具体效果如下图所示。

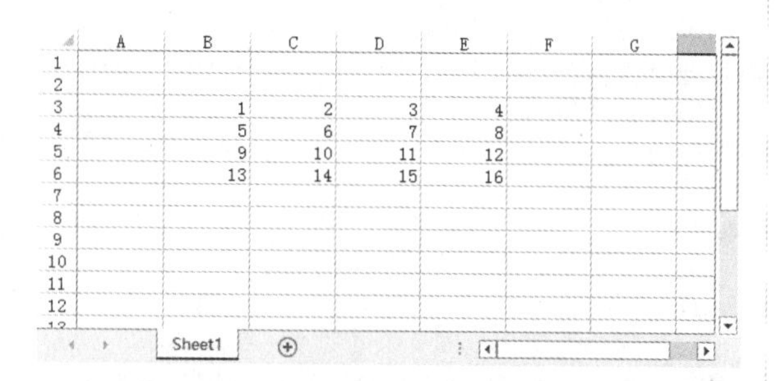

高手指引——使用数组的注意事项

数组是一个以行和列来确定位置、以行数和列数作为高度和宽度的数据矩形，因此，数组中不能存在长度不等的行或列。二维数组中的元素总是按先行后列的顺序排列，即表达为“{第一行的第一个元素，第一行的第二个元素，第一行的第三个元素……；第二行的第一个元素，第二行的第二个元素，第二行的第三个元素……；第三行的第一个……}”。

6.5.3 Excel 中数组的存在形式

在 Excel 中，根据构成元素的不同，还可以把数组分为单元格区域数组和常量数组。

1. 单元格区域数组

单元格区域数组是通过对一组连续的单元格区域进行引用而得到的数组。例如，在数组公式中，{A1:B6}是一个 6 行 2 列的单元格区域数组。Excel 会自动在数组公式外添加括号“{}”，手动输入“{}”符号是无效的，Excel 会认为输入的是一个正文标签。

2. 常量数组

常量数组可以包含数字、文本、逻辑值和错误值等，而且可以同时包含不同的数据类型，但不能包含带有逗号、美元符号、括号、百分号的数字，也不能包括函数和其他数组。常量数组只具有行、列（或称水平、垂直）两个方向，因此只能是一维或二维数组。

在 Excel 中，数组公式中还可以使用数组常量，但必须手动输入大括号“{}”，将构成数组的常量括起来，各元素之间分别用半角分号“;”和半角逗号“,”来间隔行和列。如{1,2,"我";TRUE,#N/A,"爱 Excel!"}表示是一个 2 行 3 列的常量数组。

6.6 使用数组公式

在对数组公式有了一定的了解后，下面进一步讲解数组公式的使用方法，包括输入和编辑数组等。掌握数组公式的相关技能技巧，当在不能使用工作表函数直接得到结果，需要对一组或多组数据进行多重计算时，方可大显身手。

6.6.1 建立数组公式

要使用数组公式进行批量数据的处理，首先要学会建立数组公式的方法，其操作步骤如下。

步骤 01 如果希望数组公式返回一个结果，可先选择保存计算结果的单元格；如果数组公式返回多个结果，请选择需要保存数组公式计算结果的单元格区域。

步骤 02 输入数组的计算公式。

步骤 03 公式输入完成后，按快捷键【Ctrl+Shift+Enter】锁定输入的数组公式。

输入数组公式时，用快捷键【Ctrl+Shift+Enter】结束公式的输入是最关键的。这相当于用户在提示 Excel“输入的不是普通公式，是数组公式，需要特殊处理”，此时 Excel 就不会用常规的逻辑来处理公式了，同时，Excel 会自动为公式添加大括号“{}”，以与普通公式区分开。如果第 3 步只按【Enter】键，则输入的只是一个简单的公式，Excel 只在所选单元格区域的第 1 个单元格位置（选中区域的左上角单元格）显示一个计算结果。

下面，以计算一个日常用品销售统计表的利润金额为例，介绍数组公式的使用，具体操作如下。

光盘同步文件

原始文件：光盘\原始文件\第 6 章\日常用品销售统计表.xlsx
结果文件：光盘\结果文件\第 6 章\日常用品销售统计表.xlsx
教学视频：光盘\教学视频文件\第 6 章\6-6-1.mp4

步骤 01 打开“光盘\素材文件\第 6 章\日常用品销售统计表.xlsx”文件。❶选择存放结果的单元格区域 E2:E10；❷在编辑栏中输入数组计算公式“=(C2:C10-B2:B10)*D2:D10”，如下图所示。

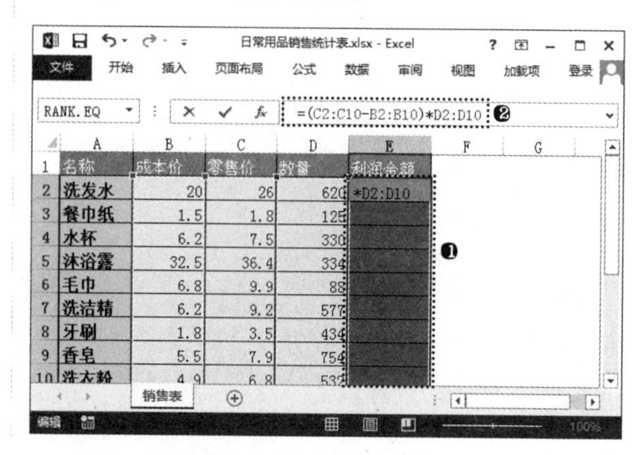

步骤 02 按快捷键【Ctrl+Shift+Enter】，Excel 自动为公式添加大括号“{}”，同时可得出各产品的利润金额值，如下图所示。

日常用品销售统计表.xlsx - Excel

E2　{=(C2:C10-B2:B10)*D2:D10}

	A	B	C	D	E
1	名称	成本价	零售价	数量	利润金额
2	洗发水	20	26	620	3720
3	餐巾纸	1.5	1.8	125	37.5
4	水杯	6.2	7.5	330	429
5	沐浴露	32.5	36.4	334	1302.6
6	毛巾	6.8	9.9	88	272.8
7	洗洁精	6.2	9.2	577	1731
8	牙刷	1.8	3.5	434	737.8
9	香皂	5.5	7.9	754	1809.6
10	洗衣粉	4.9	6.8	532	1010.8

销售表

平均值: 1227.9　计数: 9　求和: 11051.1　100%

高手指引——建立数组公式的注意事项

在 Excel 中数组公式的显示是用大括号“{}”括住以区分普通 Excel 公式，但“{}”符号并不能用手动输入，否则，Excel 会认为输入的是一个正文标签。如果想在公式里直接表示一个数组，此时就需要输入“{}”符号，将数组的元素括起来。如“=IF({1,1},D2:D6,C2:C6)”公式中的数组{1,1}的“{}”符号就是手动输入的。

6.6.2 数组的扩充功能

在公式中使用数组时，参与运算的对象或参数应该与第一个数组的维数匹配，也就是说要注意数组行列数的匹配。对于行、列数不匹配的数组，在必要时，Excel 会自动将运算对象进行扩展，以符合计算需要的维数。每一个参与运算的数组的行数必须与行数最大的数组的行数相同，列数必须与列数最大的数组的列数相同。

例如，“={H3:H6+15}”公式中的第一个数组为 1 列 4 行，而第二个数据并不是数组，而是一个数值，为了让第二个数值能与第一个数组进行匹配，Excel 会自动将数值扩充成 1 列 4 行的数组{15;15;15;15;15;15}。所以，最后是使用“={H3:H6+{15;15;15;15;15;15}}”公式进行计算；再如，公式“={10;20;30;40}+{50,60}”的第一个数组{10;20;30;40}为 4 行 1 列，第二个数组{50,60}为 1 行 2 列，在计算时 Excel 会自动将第一个数组扩充为一个 4 行 2 列的数组{10,10;20,20;30,30;40,40}，也会将第二个数组扩充为一个 4 行 2 列的数组{50,60;50,60;50,60;50,60}，所以，最后使用“={10,10;20,20;30,30;40,40}+{50,60;50,60;50,60;50,60}”公式进行计算。公式最后返回的数组也是一个四行二列的数组，数组的第 R 行第 C 列的元素等于扩充后的两个数组的第 R 行第 C 列的元素的计算结果。

如果行列数均不相同的两个数组进行计算，Excel 仍然会将数组进行扩展，只是在将区域扩展到可以填入比该数组公式大的区域时，已经没有扩大值可以填入单元格内，这样就会出现“#N/A”错误值。如公式“={1,2;3,4}+{1,2,3}”的第一个数组为一个 2 行 2 列的数组，第二个数组{1,2,3}为 1 行 3 列，在计算时，Excel 会自动将第一个数组扩充为一个 2 行 3 列的数组{1,2,#N/A;3,4,#N/A}，也会将第二个数组扩充为一个 2 行 3 列的数组{1,2,#/A;1,2,#N/A}，所以，最后是使用“={1,2,#N/A;3,4,#N/A}+{1,2,#/A;1,2,#N/A}”公式进行计算的。

由此可见，行、列数不相同的数组在进行运算后，将返回一个多行多列数组，行数与参与计算的两个数组中行数较大的数组的行数相同，列数与较大的列数的数组相同，且行数大于较小行数数组行数、大于较大列数数组列数的区域的元素均为“#N/A”。有效元素为两个数组中对应数组的计算结果。

6.6.3 编辑数组公式

数组公式的编辑方法与公式基本相同，只是数组里的某一单元格不能单独编辑。在编辑数组前，必须先选择整个数组区域。要选择数组公式所占有的全部单元格区域，可以先选择单元格区域中的任意一个单元格，然后按快捷键【Ctrl+/】。

编辑数组公式时，在选择数组区域后，将文本插入点定位到编辑栏中，此时数组公式两边的大括号将消失，表示公式进入编辑状态，在编辑公式后同样需要按快捷键【Ctrl+Shift+Enter】锁定数组公式的修改。这样，数组区域中的数组公式将同时被修改。

高手指引——删除数组公式

若要删除数组公式，可以先选择数组公式所占有的全部单元格区域，然后按【Delete】键删除数组公式的计算结果；或在编辑栏中删除数组公式，然后按快捷键【Ctrl + Shift + Enter】完成编辑；还可以在“开始”选项卡“编辑”组中单击“清除”按钮，在弹出的菜单中选择“全部清除”命令。

6.7 公式的审核

在单元格中输入错误的公式不仅会导致出现错误值，而且还有可能因为引用了错误值产生错误的连锁反应。因此，对公式进行审核具有重大的意义，它可以减小公式出错的几率，确保计算的结果正确。

6.7.1 公式中的错误值

在使用 Excel 进行数据计算的过程中，如果在公式中出现了错误，往往 Excel 会在单元格中出现一些提示符号，并标明错误出现的类型。了解数据计算出错的处理方法，能有效防止错误的再次发生和连续使用。下面，介绍一些 Excel 中常出现的公式错误值，以及它们出现的原因及处理办法。

1. “#####”错误及解决方法

有时对表格的格式进行调整，并没有编辑表格中的数据，操作完成后却发现有些单元格的左上角将显示一个三角形状，其中的数据不见了，取而代之的是“#####”形式的数据。

如果整个单元格都使用“#”符号填充，通常表示该单元格中所含的数字、日期或时间超过了单元格的宽度，无法显示数据，此时加宽该列宽度即可。当单元格中的数据类型错误时，也可能显示“#####”错误，此时可以改变单元格的数字格式，直到能显示出数据。如果单元格包含的公式返回无效的时间和日期，如产生了一个负值，也会显示“#####”错误，因此需要保证日期与时间公式的正确性。

2. #DIV/0! 错误及解决方法

在 Excel 表格中，当公式被 0 除时，将会产生错误值“#DIV/0!”，解决方法是将除数更改为非零值；如果参数是一个空白单元格，由于 Excel 会认为其值为 0，因此也会产生错误值“#DIV/0!”。此时就需要修改单元格引用，或在用作除数的单元格中输入不为零的值，确认函数或公式中的除数不为零或不为空。

3. #N/A 错误及解决方法

表格中出现“#N/A”错误值的概率也很高。当在公式中没有可用数值时，就会出现错误值“#N/A”，主要有以下几种情况。

◆ 目标数据缺失：通常在查找匹配函数（如 Match、Lookup、Vlookup、Hlookup 等）时，在执行匹配过程中，匹配失效。

◆ 源数据缺失：小数组在复制到大区域中时，尺寸不匹配的部分就会返回“#N/A”错误值。

◆ 参数数据缺失：如公式“=Match(,,)”，由于没有参数，就会返回“#N/A”错误值。

◆ 数组之间的运算：当某一个数组有多出来的数据时，如“SUMPRODUCT(array1,array2)”，当 array1 与 array2 的尺寸不同时，也会产生“#N/A”错误值。

因此，在出现“#N/A”错误值时，就需要检查目标数据、源数据、参数是否填写完整，相互运算的数组是否尺寸相同。

高手指引——“#N/A”错误值的妙用

如果工作表中某些单元格暂没有数值，可以在单元格中输入“#N/A”，公式在引用这些单元格时，不会进行数值计算，而是直接返回“#N/A”错误值。

4. #NAME? 错误及解决方法

在公式中使用 Excel 不能识别的文本时，将产生错误值“#NAME?”。产生该错误值的情况比较多，例如函数名拼写错误；某些函数未加载宏，如 DATEDIF 函数；名称拼写错误；在公式中输入文本时没有使用双引号，或是在中文输入法状态下输入的引号“ ”，而非英文状态下输入的引号 ""，以至于 Excel 误将其解释为名称，但又找不到对应的函数或名称而出错；单元格引用地址书写错误，如输入了错误公式“=SUM(A1:B)”；使用较高版本制作的工作簿在较低版本中使用时，由于其中包含的某个函数在当前运行的 Excel 版本中不被支持，而产生“#NAME?”错误值。

由此可见，在出现“#NAME?”错误值时，需要确保拼写正确、加载宏、定义好名称、删除不被支持的函数，或将不被支持的函数替换为被支持的函数。

5. #NULL! 错误及解决方法

使用运算符进行计算时，一定要注意是否出现“#NULL!”错误值。该错误值表示公式使用了不相交的两个区域的交集，需要注意的是不相交，而不是相交为空（有关这个概念将在后面的章节中详细讲解）。例如，公式“=1:1 2:2”就是错误的，因为行 1 与行 2 不相交。产生“#NULL!”错误值的原因是使用了不正确的区域运算符，解决的方法就是预先检查计算区域，避免空值的产生。若实在要引用不相交的两个区域，一定要使用联合运算符，即半角逗号“,”。

6. #NUM! 错误及解决方法

通常公式或函数中使用无效数字值时，即在需要数字参数的函数中使用了无法接受的参数时，将出现“#NUM!”错误值。解决的方法是确保函数中使用的参数为正确的数值范围和数值类型。如“=10^309”，超出了 Excel 数值大小的限值，属于范围出错，有时即使需要输入的值是“$6,000”，也应在公式中输入“6000”。

7. #REF! 错误及解决方法

当单元格引用无效时将产生错误值“#REF!”，该错误值的产生原因主要有以下两种。

◆ 引用地址失效：当删除了其他公式所引用的单元格，或将已移动的单元格粘贴到其他公式所引用的单元格中，或使用了拖曳填充控制柄的方法复制公式，但公式中的相对引用成分变成了无效引用。

◆ 返回无效的单元格：如“=OFFSET($H$2,-ROW(A2),)”，返回的是 $H$2 单元格向上移动 2 行的单元格的值，应该是 H0 单元格，但该单元格并不存在。

由此可见，在出现“#REF!”错误值时，需要更改公式，检查被引用的单元格或区域、返回参数的值是否存在或有效，在删除或粘贴单元格之后恢复工作表中的单元格。

8. #VALUE! 错误及解决方法

当使用的参数或操作数类型错误，或者当公式自动更正功能不能更正公式时，就会产生“#VALUE!”错误。具体原因可能是数值型与非数值型数据进行了四则运算，或没有以快捷键【Ctrl+Shift+Enter】的方式输入数组公式。解决方法是确认公式或函数使用正确的参数或运算对象类型，公式引用的单元格中是否包含有效的数值。

6.7.2 检查错误公式

在单元格中输入错误公式时，Excel 会返回错误值，如“#NAME?”，同时会在单元格的左上角自动出现一个绿色小三角形，这是 Excel 的智能标记。其实，这是启用了公式错误检查器的缘故。使用该功能可以快速检查公式出错的原因，以便对存在错误的公式进行修改。使用公式错误检查器检查错误公式的具体操作方法如下。

光盘同步文件
原始文件：光盘\原始文件\第 6 章\销售记录表 .xlsx
结果文件：光盘\结果文件\第 6 章\销售记录表 .xlsx
教学视频：光盘\教学视频文件\第 6 章\6-7-2.mp4

步骤 01 打开"光盘\素材文件\第 6 章\销售记录表 .xlsx"文件，单击"公式"选项卡"公式审核"组中的"错误检查"按钮，如下图所示。

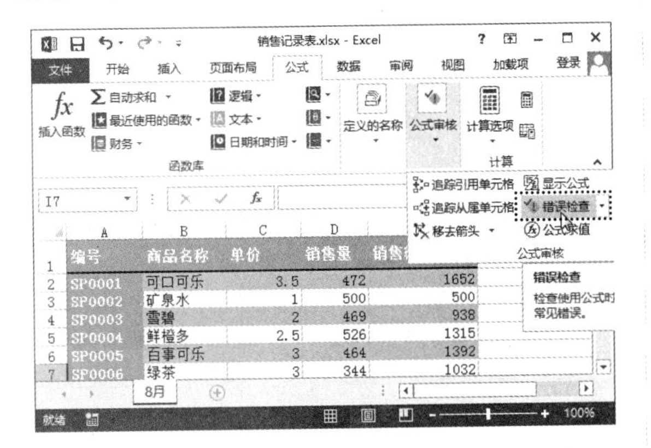

步骤 02 经过上一步操作，Excel 便开始检查表格中的错误公式，选中第一处公式出错的单元格，并打开"错误检查"对话框，显示出错的公式与出错的原因，单击"在编辑栏中编辑"按钮，如下图所示。

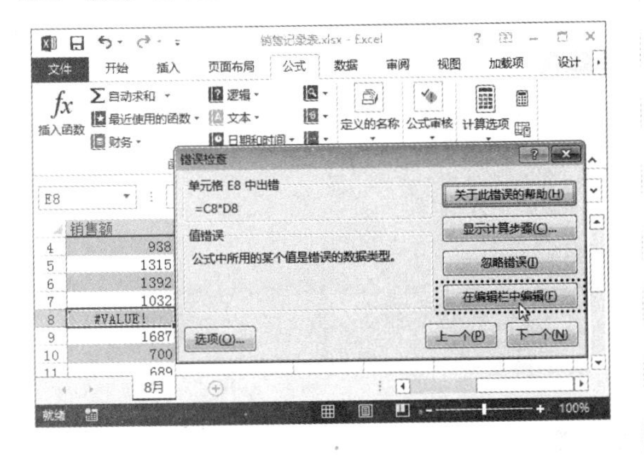

步骤 03 ❶此时可以在编辑栏中对公式进行编辑，修改 C8 单元格中的数据为"2.5"；❷单击"继续"按钮，如下图所示。

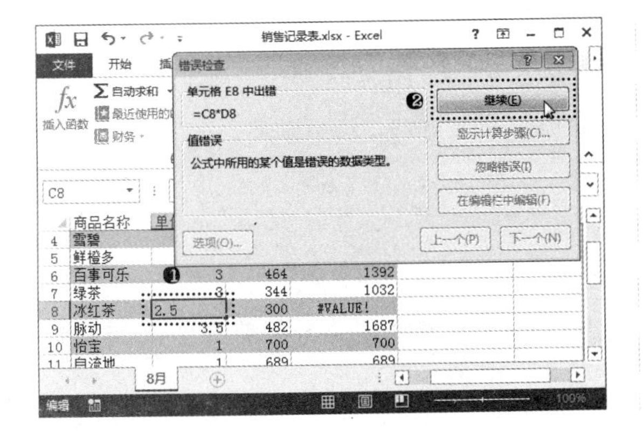

步骤 04 经过上一步操作，即可在出错标记显示的单元格中计算出正确的结果，并继续检查工作表中的错误，如果没有错误了，则会打开一个对话框，单击"确定"按钮即可，如下图所示。

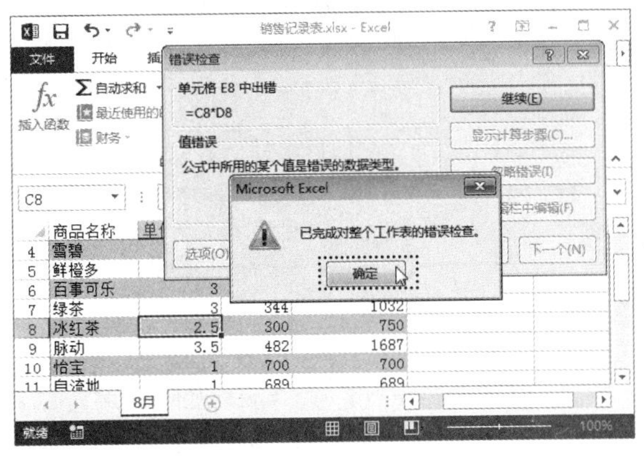

高手指引——认识"错误检查"对话框

单击"错误检查"对话框中的"追踪错误"按钮，可使 Excel 在工作表中标识出公式引用中包含错误的单元格及其引用单元格；单击"计算步骤"按钮，可以跟踪公式的计算过程，看到每一步的计算结果。

6.7.3 公式求值

Excel 2013 中提供了分步查看公式计算结果的功能，通过此功能可以跟踪公式的计算过程，看到每一步的计算结果，这种审核公式的方式更符合人们日常计算的习惯。例如，要逐步查看"日常用品销售统计表 2"工作簿中，计算利润金额公式的求值过程，具体操作方法如下。

光盘同步文件
原始文件：光盘\原始文件\第 6 章\日常用品销售统计表 2.xlsx
结果文件：无
教学视频：光盘\教学视频文件\第 6 章\6-7-3.mp4

步骤 01 打开"光盘\素材文件\第 6 章\日常用品销售统计表 2.xlsx"文件。❶选择要查看公式所在的 E2 单元格；❷单击"公式"选项卡"公式审核"组中的"公式求值"按钮，如下图所示。

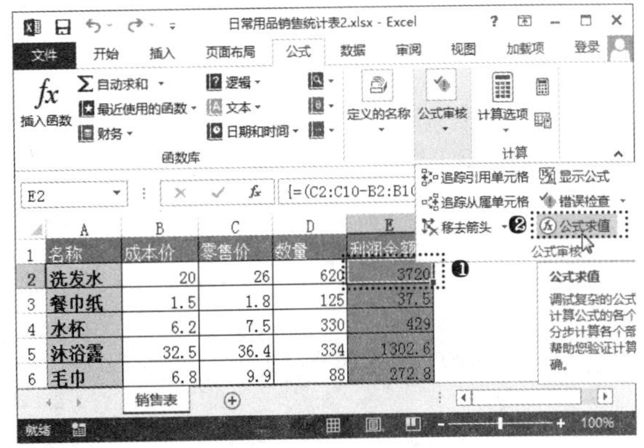

步骤 02 打开"公式求值"对话框，在"求值"域中判断出公式计算顺序的第 1 步，单击"求值"按钮，如下图所示。

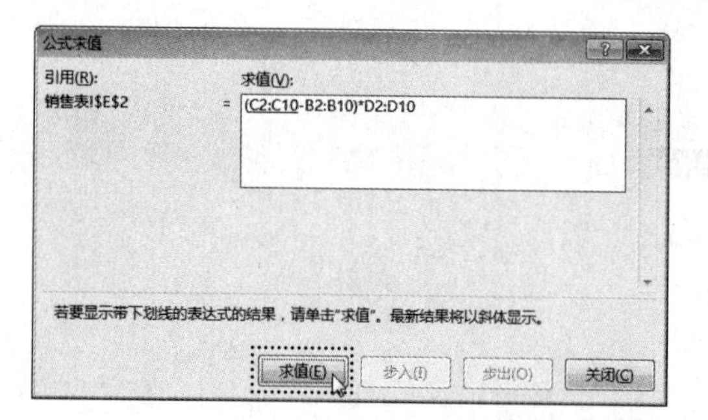

步骤 03 经过上一步操作，在"求值"域中按公式计算的顺序计算出该公式中第 1 步进行求解的结果，因为该公式为数组公式，而要查看的是该数组中的第一个数的公式，所以第 1 步引用 C2:C10 数组中与所选单元格对应的第一个单元格中的值，单击"求值"按钮，如下图所示。

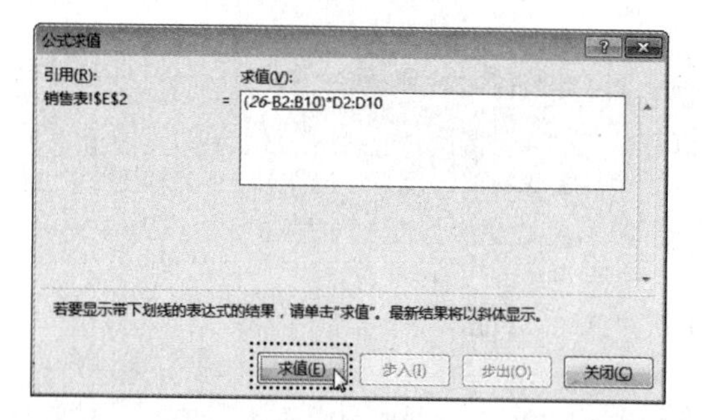

步骤 04 经过上一步操作，在"求值"域中按公式计算的顺序计算出该公式中第 2 步进行求解的结果，即引用 B2:B10 数组中与所选单元格对应的第一个单元格中的值，单击"求值"按钮，如下图所示。

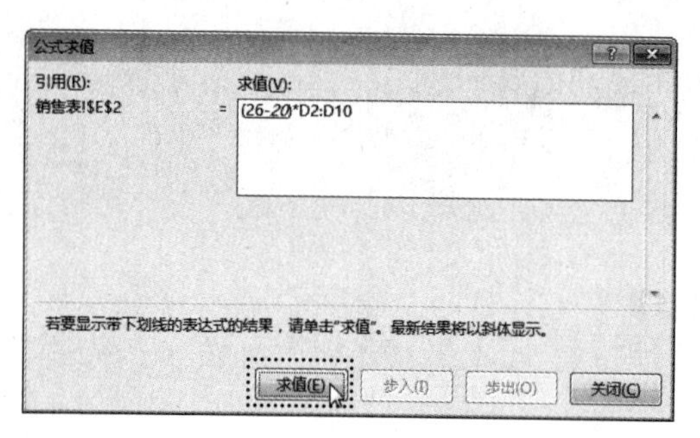

步骤 05 经过上一步操作，在"求值"域中按公式计算的顺序计算出该公式中第 3 步进行求解的结果，即计算 26-20 的值，单击"求值"按钮，如下图所示。

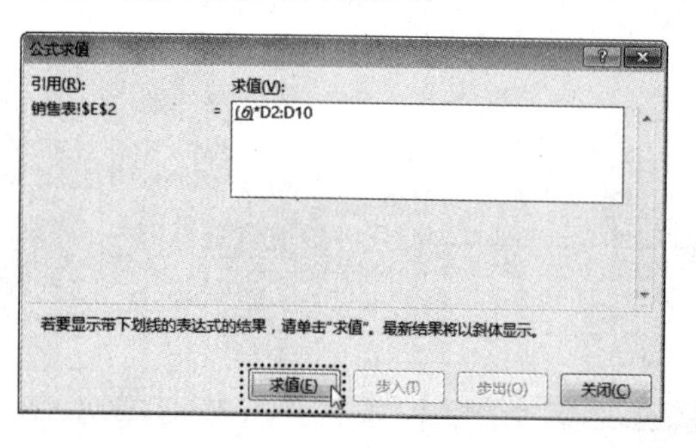

步骤 06 经过上一步操作，在"求值"域中按公式计算的顺序计算出该公式中第 4 步进行求解的结果，即显示数组结算结果，单击"求值"按钮，如下图所示。

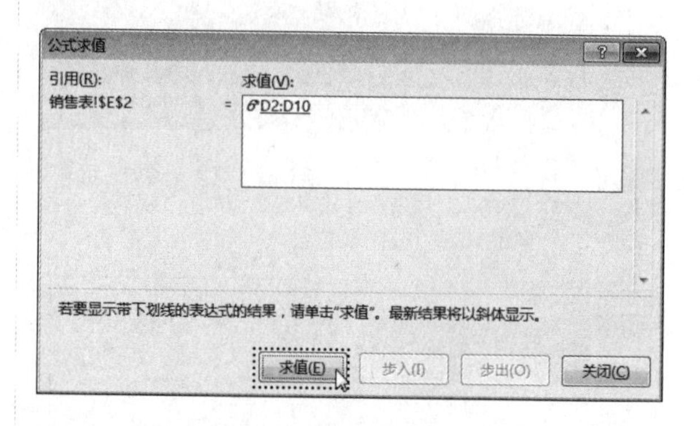

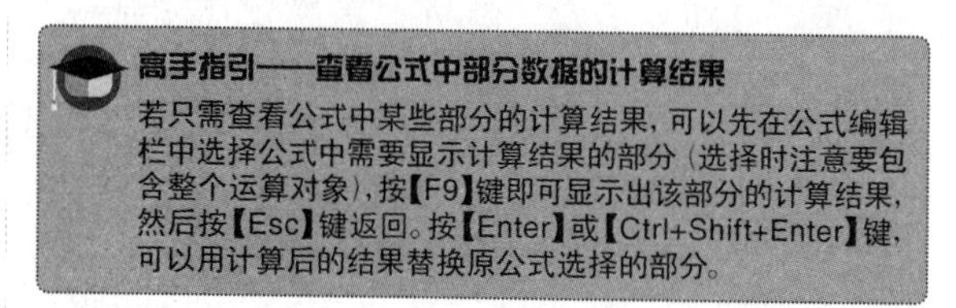

高手指引——查看公式中部分数据的计算结果

若只需查看公式中某些部分的计算结果，可以先在公式编辑栏中选择公式中需要显示计算结果的部分（选择时注意要包含整个运算对象），按【F9】键即可显示出该部分的计算结果，然后按【Esc】键返回。按【Enter】或【Ctrl+Shift+Enter】键，可以用计算后的结果替换原公式选择的部分。

步骤 07 经过上一步操作，在"求值"域中按公式计算的顺序计算出该公式中第 5 步进行求解的结果，即引用 D2:D10 数组中与所选单元格对应的第一个单元格中的值，单击"求值"按钮，如下图所示。

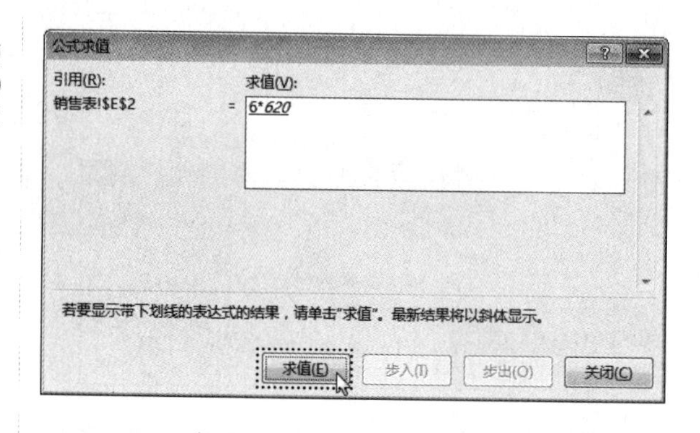

步骤 08 经过上一步操作，在"求值"域中按公式计算的顺序计算出该公式中第 6 步进行求解的结果，即计算 6*620 的结果，该结果也是该公式的最终结果，单击"关闭"按钮，如下图所示。

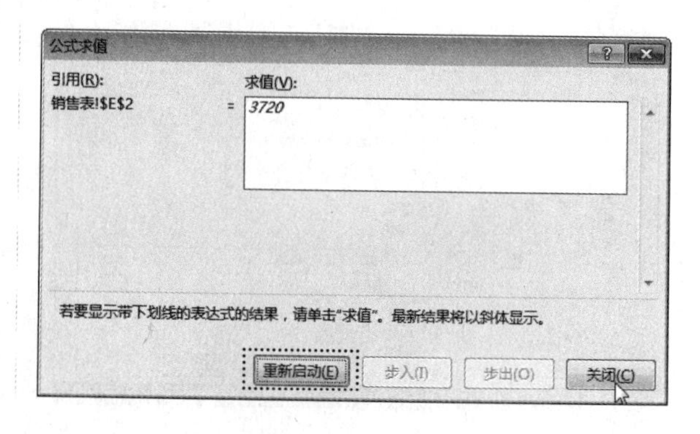

实用技巧——技能提高

在 Excel 2013 中使用公式时，有时需要制定单元格以列标题为名称，如果分别设置则很麻烦，有没有一次设置的捷径呢；可不可以让公式一直显示在单元格中，而不是显示计算结果；如果需要在公式计算的结果上再加上固定值，能不通过单元格数据计算的方式实现呢……下面结合本章内容，给读者介绍一些实用技巧。

光盘同步文件
原始文件：光盘\素材文件\第 6 章\技能提高\
结果文件：光盘\结果文件\第 6 章\技能提高\
教学视频：光盘\教学视频文件\第 6 章\技能提高 .mp4

技巧 6-1 指定单元格以列标题为名称

在 Excel 中制作的表格一般都具有一定的格式，如工作表每一列的顶部单元格一般都有表示该列数据的标题（即表头）。如果需要以列为单位进行计算，为了简化公式的制作，可以直接以列标题为名定义各列数据单元格区域的名称，具体操作方法如下。

步骤 01 打开“光盘\素材文件\第 6 章\技能提高\考试成绩 .xlsx”文件。❶选择 B4:H15 单元格区域；❷单击“公式”选项卡“定义的名称”组中的“根据所选内容创建”按钮，如下图所示。

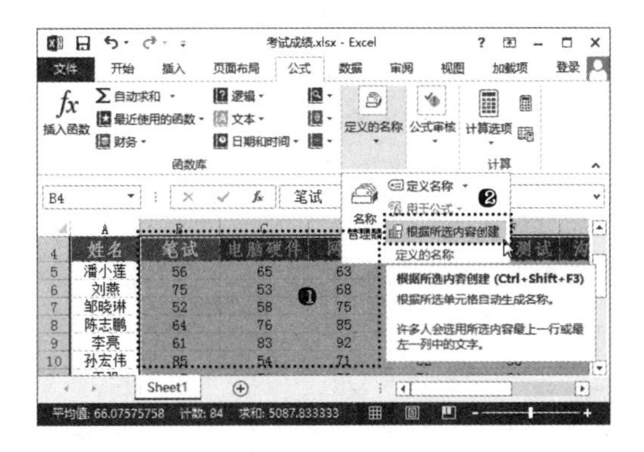

步骤 02 ❶打开“以选定区域创建名称”对话框，选中“首行”复选框；❷单击“确定”按钮，完成名称的定义，如下图所示。

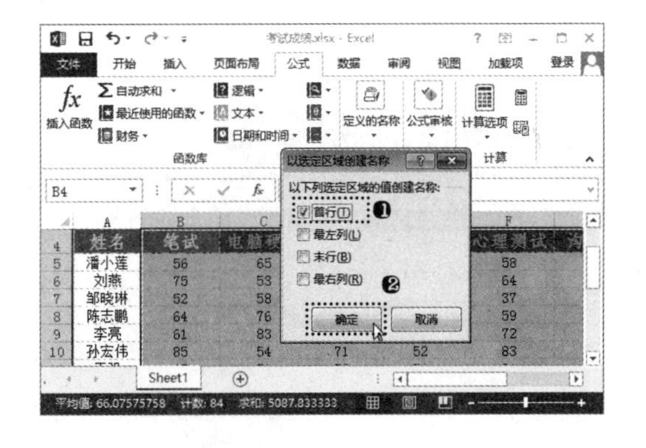

技巧 6-2 将公式定义为名称

Excel 中的名称中，可以使用数字、文本、数组，以及简单的公式。“新建名称”对话框的“引用位置”文本框中的内容永远是以“=”符号开头的，而“=”符号开头就是 Excel 公式的标志，因此可以将名称理解为一个有名字的公式，即定义名称实质上是创建了一个命名的公式，且这个公式不存放于单元格中。将公式定义为名称最大的优点是简化了公式的编写，并且随时可以修改名称的定义，以实现对表格中的大量计算公式进行快速修改。例如，要将返修率定义为名称，然后通过名称计算产品返修量，具体操作方法如下。

步骤 01 打开“光盘\素材文件\第 6 章\技能提高\生产报表 .xlsx”文件。❶单击“公式”选项卡“定义的名称”组中的“定义名称”按钮；❷打开“新建名称”对话框，在“名称”文本框中输入“返修率”；❸在“引用位置”文本框中输入公式“=0.1%”；❹单击“确定”按钮，如下图所示。

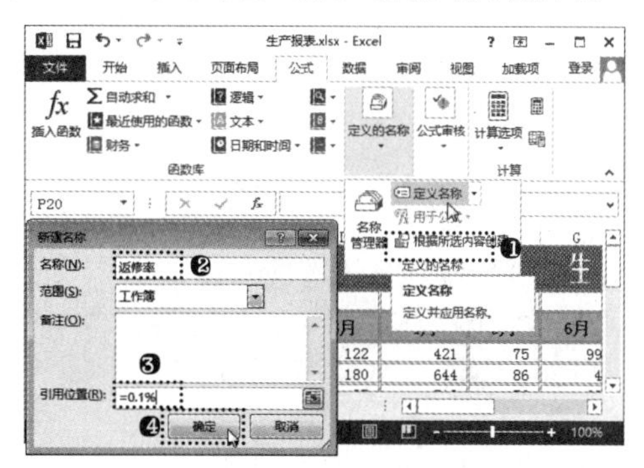

步骤 02 经过上一步操作，即可完成公式的名称定义。❶在 O4 单元格中输入公式“= 返修率 *N4”；❷按【Enter】键即可计算出 O4 单元格的值；❸向下拖曳控制柄至 O21 单元格，即可计算出其他产品的返修量，如下图所示。

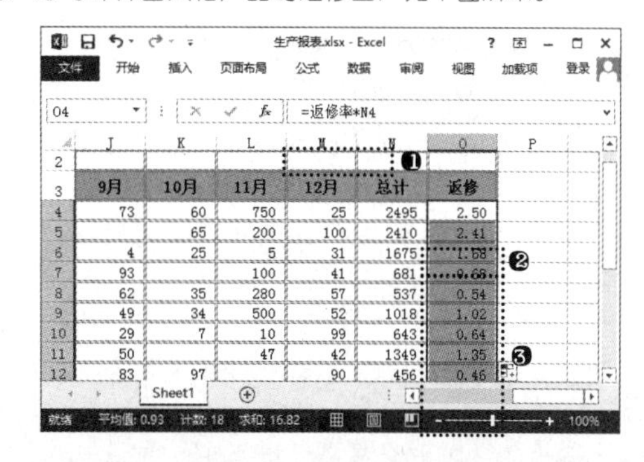

技巧 6-3 持续显示单元格中的公式

在使用公式计算工作表中的数据时，公式使用是否正确，关系着数据计算最后结果的可靠性，因此仔细查看公式的结构非常重要。默认情况下，在单元格中输入一个公式，按【Enter】键后，单元格中就不再显示公式，而直接显示出计算结果。只有在选择单元格后，在编辑栏中才能看到公式的内容。

实际上，我们可以通过设置在单元格中显示应用的公式，方便对公式进行检查，具体操作如下。

步骤01 打开“光盘\素材文件\第6章\技能提高\费用支出表.xlsx”文件，单击“公式”选项卡“公式审核”组中的“显示公式”按钮，如下图所示。

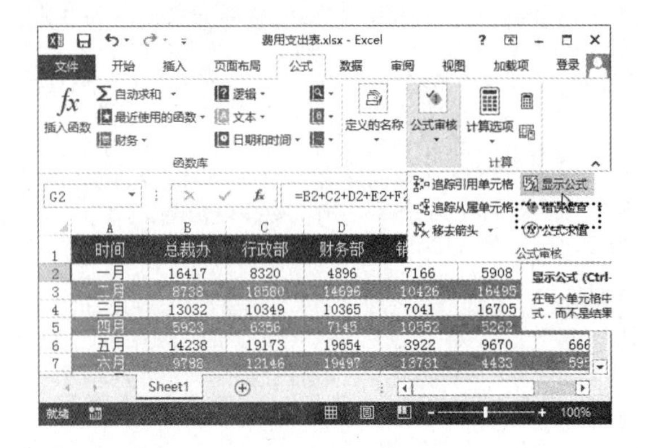

步骤02 经过上一步操作，即可看到工作表中所有使用了公式的单元格中均显示出了公式，效果如下图所示。

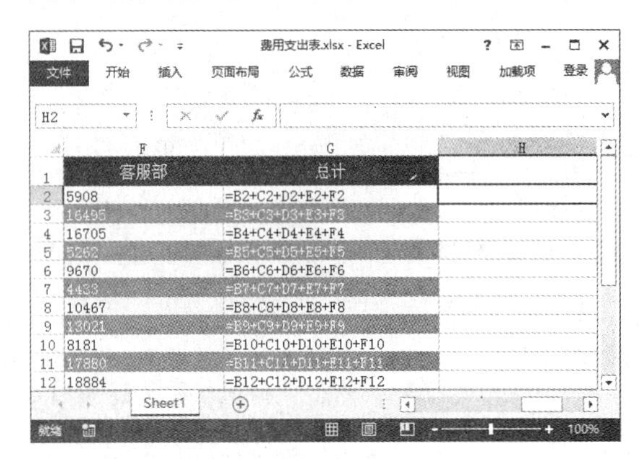

高手指引——取消显示公式的方法

单击“显示公式”按钮，工作表中数据列宽全部会以包含公式的单元格内容列宽为标准调整列宽，再次单击“显示公式”按钮又可恢复列宽，同时显示为公式的计算结果。

技巧 6-4

隐藏编辑栏中的公式

在制作表格时，如果不希望让其他人看见表格中包含的公式内容，可以直接将公式的计算结果通过复制的方式选择性粘贴为数值，但若还需要利用这些公式来进行计算，就需要对编辑栏中的公式进行隐藏操作了，即要求选择包含公式的单元格时，在公式编辑栏中不显示出公式，具体操作步骤如下。

步骤01 打开“光盘\素材文件\第6章\技能提高\工资发放明细表.xlsx”文件。❶选择包含要隐藏公式的I3:M14单元格区域；❷单击“开始”选项卡“单元格”组中的“格式”按钮；❸在弹出的菜单中选择“设置单元格格式”命令，如下图所示。

步骤02 ❶打开“设置单元格格式”对话框，单击“保护”选项卡；❷选中“隐藏”复选框；❸单击“确定”按钮返回Excel表格，如下图所示。

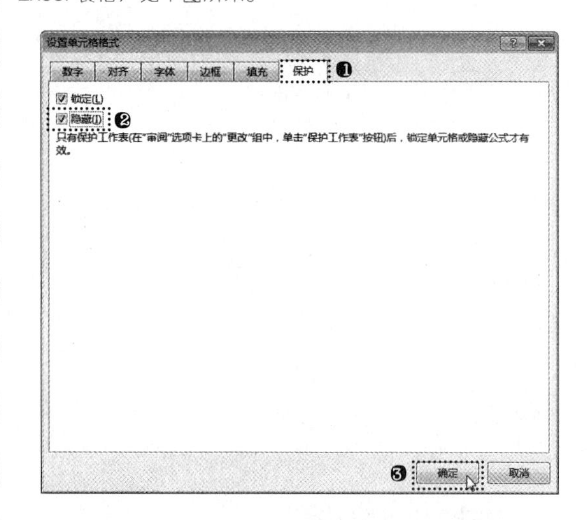

步骤03 ❶单击“开始”选项卡“单元格”组中的“格式”按钮；❷在弹出的菜单中选择“保护工作表”命令，如下图所示。

步骤04 ❶打开“保护工作表”对话框，选中“保护工作表及锁定的单元格内容”复选框；❷单击“确定”按钮对单元格进行保护；❸返回工作表中选择公式所在的单元格后，在编辑栏中的公式内容已经被隐藏了，如下页左上图所示。

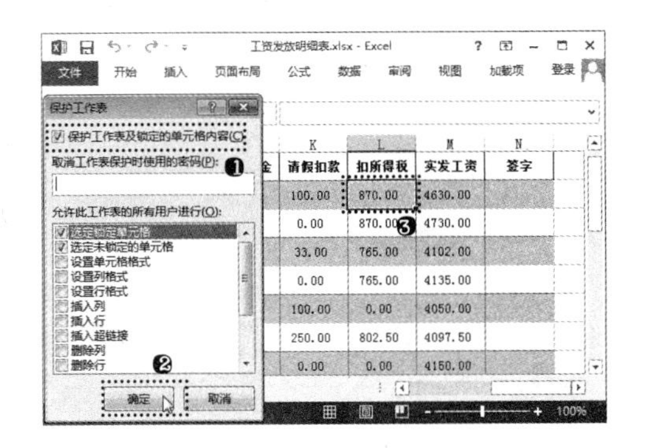

技巧 6-5

快速为所有公式结果加上一个固定值

在 Excel 中，如果已经利用公式计算出数据结果，但还需要在这些公式结果的基础上添加同一个固定数值时，若逐个添加则非常麻烦。此时，利用选择性粘贴功能就可以快速实现同时运算。例如，要为学生成绩表中所有计算好总成绩的分数上添加基础分，具体操作方法如下。

步骤 01 打开“光盘\素材文件\第 6 章\技能提高\学生成绩表 .xlsx”文件。❶选择 C26 单元格；❷单击“开始”选项卡“剪贴板”组中的“复制”按钮，如下图所示。

步骤 02 ❶选择 K3:K24 单元格区域；❷单击“开始”选项卡“剪贴板”组中的“粘贴”按钮；❸在弹出的菜单中选择“选择性粘贴”命令，如右上图所示。

步骤 03 ❶打开“选择性粘贴”对话框，在“运算”栏中选中“加”单选按钮；❷单击“确定”按钮，如下图所示。

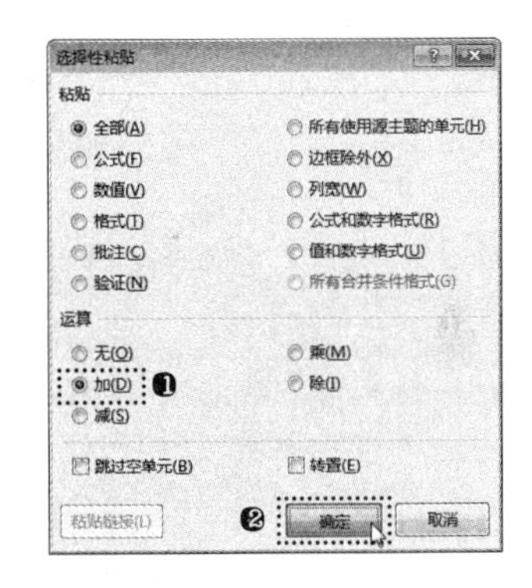

步骤 04 经过上一步操作，即可为选中的单元格区域中的数据加上 C26 单元格中的数据值，如下图所示。

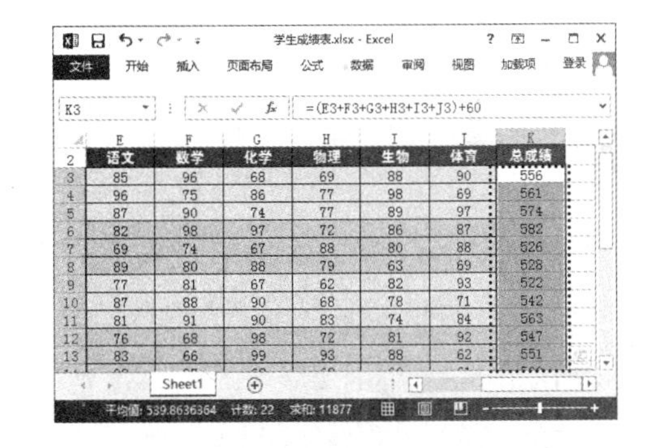

高手指引——选择性粘贴中的简单运算

“选择性粘贴”对话框“运算”栏中的选项，允许用户执行一次简单的数值运算。若复制的单元格中含有公式，同样可以进行运算。

实战训练 6——完善应聘人员信息

通过学习本章前面讲解的知识，大家应该已经掌握了在表格中使用公式、单元格引用和数组公式的基本操作和相关技巧。本小节将结合前面所讲的知识安排一个实例，以便读者能更好地将本章所学知识综合运用到实际工作中。

光盘同步文件

原始文件：光盘\原始文件\第 6 章\应聘人员信息 .xlsx
结果文件：光盘\结果文件\第 6 章\应聘人员信息 .xlsx
教学视频：光盘\教学视频文件\第 6 章\实战训练 .mp4

步骤 01 打开“光盘\素材文件\第 6 章\应聘人员信息 .xlsx”文件。❶由于这里需要填写的 E-mail 地址是 QQ 邮箱的地址，即在 QQ 号后加上“@qq.com”，根据该关系可以填入相应的邮箱地址。选择“基本信息”工作表；❷选择 J2 单元格，并输入“=”；❸单击 I2 单元格以引用该单元格中的数据，如下页左上图所示。

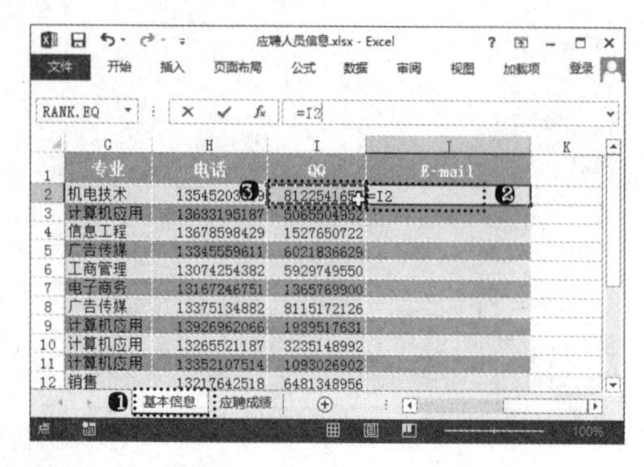

步骤 02 在引用单元格地址后输入“&”，在其后输入字符串“@qq.com”，并使用引号将该字符串括起，即在该单元格内输入公式“=I2&"@qq.com"”，如下图所示。

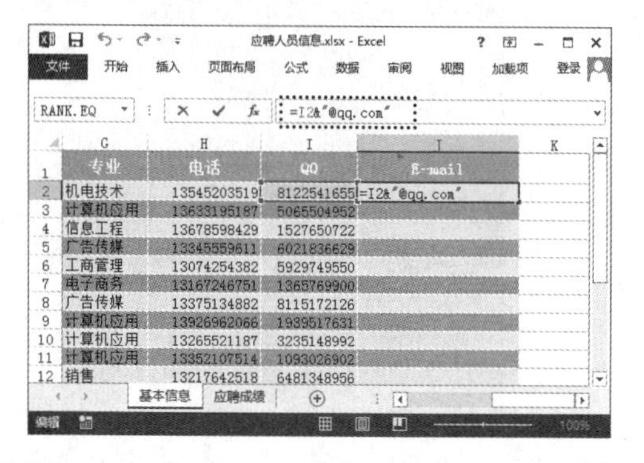

步骤 03 ❶按【Enter】键确认公式输入后，向下拖曳单元格右下角的控制柄，将公式复制至整列；❷单击填充单元格区域后出现的“填充选项”按钮；❸在弹出的下拉列表中选择“不带格式填充”选项，如下图所示。

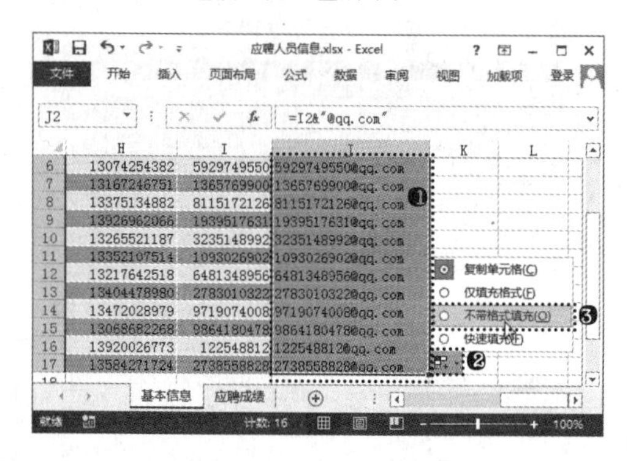

步骤 04 ❶选择“应聘成绩”工作表；❷在 G2 单元格中输入公式“=B2+C2+D2+E2+F2”，如右上第 1 图所示。

步骤 05 按【Enter】键确认公式输入后，向下拖曳单元格右下角的控制柄，将公式复制至整列，得到其他人的总成绩，如右上第 2 图所示。

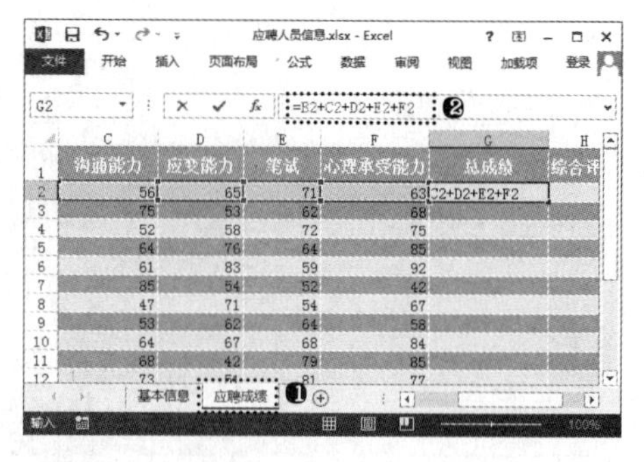

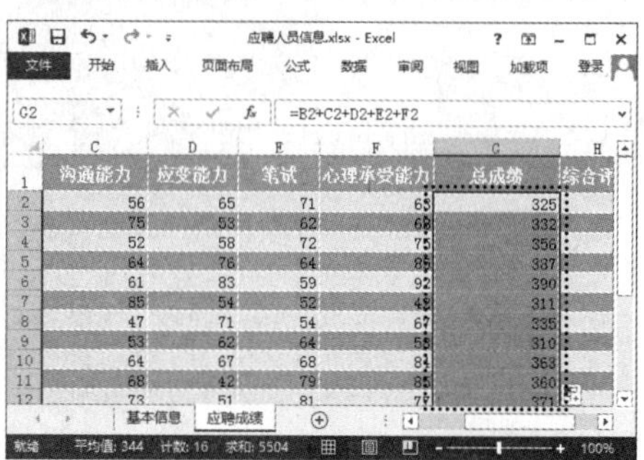

步骤 06 ❶选择 H2 单元格；❷在编辑栏中输入公式 =G2/5；❸按【Enter】键确认公式输入即可得到计算结果，如下图所示。

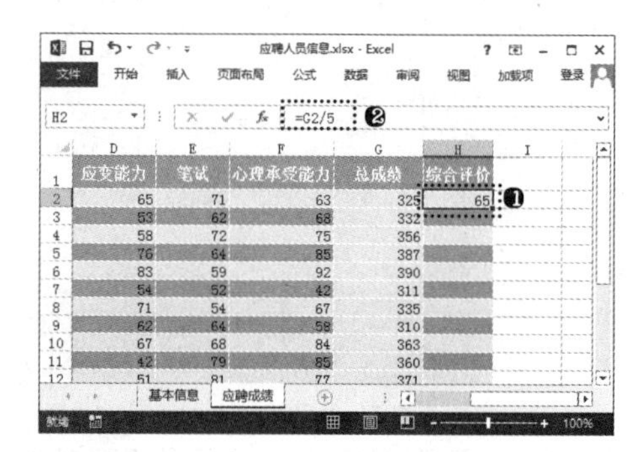

步骤 07 向下拖曳单元格右下角的控制柄，将公式复制至整列，得到其他人的平均成绩，如下图所示。

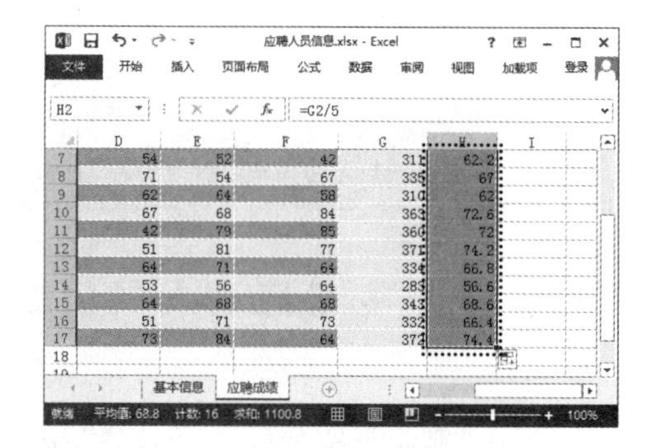

本章小结

本章介绍了 Excel 2013 中使用公式计算数据的方法，内容涉及到公式中的运算符、使用公式计算数据、单元格的引用、名称的使用、数组公式的使用、公式的审核。其中，运算符和单元格的引用是公式计算数据的基础，用户应熟练掌握。通过本章的学习，只是带领大家初步认识公式计算的相关作用，在实际使用过程中，用户还需要结合数学知识和生活常识，根据需要自定义公式，才能解决实际的问题。

第 7 章

函数的应用

本章导读

Excel 强大的计算功能主要体现在函数的运用上。在 Excel 中运用函数可以摆脱老式的算法，简化和缩短工作表中的公式，从而轻松、快速地计算数据。本章将为你讲解有关函数的具体应用知识，包括常用函数、财务函数、日期函数、统计函数、文本函数和逻辑函数的运用，并配备案例，使读者更容易掌握其用法。

知识要点

- ◆ 常用函数的使用
- ◆ 日期和时间函数的使用
- ◆ 文本函数的使用
- ◆ 财务函数的使用
- ◆ 统计函数的使用
- ◆ 逻辑函数的使用

案例展示

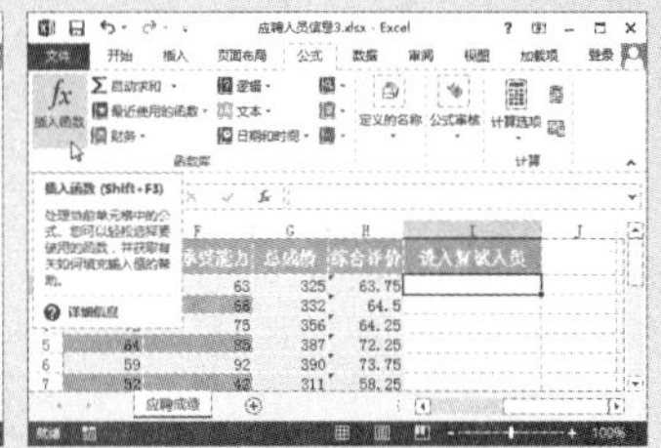

基础入门——必知必会

7.1 函数简介

Excel 中将一组特定功能的公式组合在一起，便形成了函数。它是预先编写好的公式，可以对一个或多个值执行运算，并返回一个或多个值。下面具体介绍函数的基础理论知识。

7.1.1 认识函数

在 Excel 2013 中，函数与公式类似，用于对数据进行不同的运算，但函数是一些预先定义好的公式，是一种在需要时可直接调用的表达式。函数通过使用一些称为参数的数值以特定的顺序或结构进行计算。函数与公式相比还具有以下几个优点。

- ◆ 可作为参数：函数通过对不同的参数进行特定的运算，并将计算出的结果返回到函数本身，因此在公式中，可以将函数作为一个值进行引用。
- ◆ 简化公式：利用公式可以计算一些简单的数据，而利用函数则可以进行简单或复杂的计算，而且能很容易地完成各种复杂数据的处理工作，并能简化和缩短工作表中的公式（尤其在用公式执行很长或复杂的计算时，因此函数一般用于执行复杂的计算）。如要计算 20 个单元格中数据的平均值，用常规公式须先将这些数相加，再除以参与相加的数值个数。而用求平均值的函数 AVERAGE，只需编辑一个简单的公式即可计算出平均值。
- ◆ 实现特殊运算：使用函数可以实现一些常规公式无法实现的计算，如对计算结果进行四舍五入、将英文的大小写字母进行相互转换、返回当前日期与时间，或查找某一范围内的最大值等。而使用函数，这些问题都可以快速得到解决。
- ◆ 实现智能判断：通过某些函数可以进行自动判断，如根据成绩进行奖学金等级评定，总成绩大于 185 分的设为“一等奖学金”，大于 180 分的设为“二等奖学金”。如果按照常规创建公式的方法需要创建两个不同的公式，并且需要针对每位学生的总成绩进行人工判断，才能确定使用哪个公式进行计算。若使用函数，则只需一个 IF 函数便可进行智能判断并返回评定结果。
- ◆ 提高工作效率：由于函数是一种在需要时可以直接调用的表达式，加上前面介绍的函数具有的 4 种优点，因此使用函数可以大大简化公式的输入，从而提高工作效率。除此之外，许多函数在处理数据的功能上也能大大减少手工编辑量，提高工作效率。
- ◆ 其他函数功能：Excel 中提供了大量的内置函数，每个函数的功能都不相同。若现有函数不能满足需要，用户可以通过第三方提供商购买其他专业函数，也可以使用 VBA 自定义函数。

7.1.2 函数的结构

在 Excel 中，不同的函数有着不同的功能，但不论函数有何功能及作用，所有函数均具有相同的语法结构。函数的基本结构为“=函数名(参数1,参数2,…)”，如下页左上图所示的某 IF 函数的语法结构。

"=" 符号 =IF(A8>0,SUM(B8:R8),0) 函数参数

函数名 函数参数 函数名 函数参数

◆ "="符号：函数的结构以"="符号开始，后面是函数名称和参数。

◆ 函数名：即函数的名称，代表了函数的计算功能，每个函数都有唯一的函数名，如 SUM 函数表示求和计算、MAX 函数表示求最大值计算。因此需要使用不同的方式进行计算，应使用不同的函数名。

◆ 函数参数：函数中用来执行操作或计算的值，可以是数字、文本，以及 TRUE 或 FALSE 等逻辑值、数组、错误值或单元格引用，还可以是公式或其他函数，但指定的参数都必须为有效参数值。参数的类型与函数有关。

高手指引——书写函数的注意事项

根据函数名和参数，函数可以完成某个特定计算。不同的函数需要参数的个数、类型会有不同。如果函数不需要根据特定值进行计算结果，则该函数不需要任何参数，但是使用函数时必须在函数名的后面添加括号。与公式一样，在创建函数时，所有左括号和右括号必须成对出现；如果函数需要的参数有多个，则各参数间使用逗号"，"进行分隔。

7.1.3 函数的分类

Excel 2013 中提供了大量的内置函数，这些函数涉及到许多工作领域，如财务、工程、统计、数据库、时间、数学等。根据函数的功能，主要可将函数划分为以下 11 个类型。

◆ 财务函数：Excel 中提供了非常丰富的财务函数，使用这些函数，可以完成大部分的财务统计和计算。如 DB 函数可返回固定资产的折旧值、IPMT 可返回投资回报的利息部分等。财务人员如果能够正确、灵活地使用 Excel 进行财务函数的计算，则能大大减轻日常工作中有关指标计算的工作量。

◆ 日期和时间函数：用于分析或处理公式中的日期和时间值。例如，TODAY 函数可以返回当前日期。

◆ 统计函数：这类函数可以对一定范围内的数据进行统计学分析。例如，可以计算统计数据，如平均值、模数、标准偏差等。

◆ 文本函数：在公式中处理文本字符串的函数。主要功能包括截取、查找或所搜文本中的某个特殊字符，或提取某些字符，也可以改变文本的编写状态。如 TEXT 函数可将数值转换为文本；LOWER 函数可将文本字符串的所有字母转换成小写形式等。

◆ 逻辑函数：该类型的函数只有 7 个，用于测试某个条件，总是返回逻辑值 TRUE 或 FALSE。它们与数值的关系为：(1) 在数值运算中，TRUE=1，FALSE=0；(2) 在逻辑判断中，0=FALSE，所有非 0 数值 =TRLE。

◆ 查找与引用函数：用于在数据清单或工作表中查询特定的数值，或某个单元格引用的函数。常见的示例是税率表。使用 VLOOKUP 函数可以确定某个收入水平的税率。

◆ 数学和三角函数：该类型函数包括很多，主要运用于各种数学计算和三角计算。如 RADIANS 函数可以把角度转换为弧度等。

◆ 工程函数：这类函数常用于工程应用中。它们可以处理复杂的数字，在不同的计数体系和测量体系之间转换。例如，可以将十进制数转换为二进制数。

◆ 多维数据集函数：用于返回多维数据集中的相关信息，例如返回多维数据集中成员属性的值。

◆ 信息函数：这类函数有助于确定单元格中数据的类型，还可以使单元格在满足一定的条件时返回逻辑值。

◆ 数据库函数：用于对存储在数据清单或数据库中的数据进行分析，判断其是否符合某些特定的条件。这类函数在需要汇总符合某一条件的列表中的数据时十分有用。

高手指引——关于 VBA 函数

Excel 中还有一类函数是使用 VBA 创建的自定义工作表函数，称之为"用户定义函数"。这些函数可以像 Excel 的内部函数一样运行，但不能在"插入函数"中显示每个参数的描述。

7.2 输入函数

在工作表中使用函数计算数据时，必须正确输入该函数中的有关参数，函数才能进行正确运算。用户可以使用"函数库"组中的功能按钮插入函数，也可以使用插入函数向导输入函数，当对所使用的函数很熟悉且对函数所使用的参数类型也比较了解时，还可以像输入公式一样直接在单元格中输入函数。

7.2.1 使用"函数库"组中的功能按钮插入函数

在 Excel 2013"公式"选项卡的"函数库"组中分类放置了一些常用函数类别的对应功能按钮。单击某个函数分类按钮，在弹出的菜单中即可选择相应类型的函数。例如，要使用"函数库"组中的"自动求和"按钮输入函数并计算出应聘人员的考试总成绩，具体操作方法如下。

光盘同步文件

原始文件：光盘 \ 原始文件 \ 第 7 章 \ 应聘人员信息 .xlsx
结果文件：光盘 \ 结果文件 \ 第 7 章 \ 应聘人员信息 .xlsx
教学视频：光盘 \ 教学视频文件 \ 第 7 章 \7-2-1.mp4

步骤01 打开“光盘\素材文件\第 7 章\应聘人员信息 .xlsx”文件。❶选择 G2 单元格；❷单击“公式”选项卡“函数库”组中的“自动求和”按钮Σ；❸在弹出的菜单中选择“求和”命令，如下图所示。

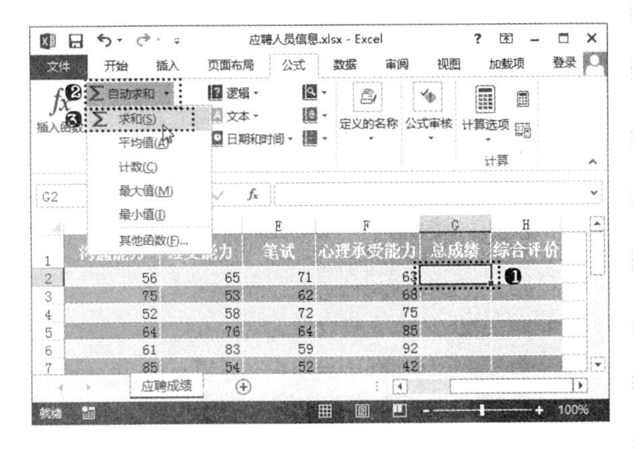

步骤02 经过上一步操作，系统会自动选择 G2 单元格所在行并位于 G2 单元格之前的所有包含数值的单元格，即 B2:F2 单元格区域。同时，在单元格和编辑栏中可看到插入的函数为“=SUM(B2:F2)”，如下图所示。

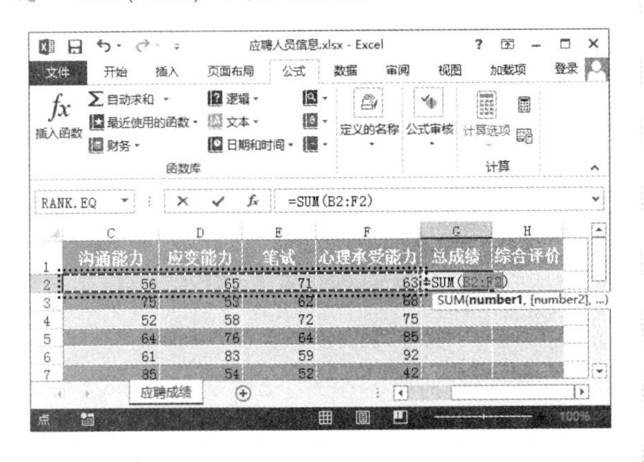

步骤03 ❶按【Enter】键确认函数的输入，即可在 G2 单元格中计算出函数的结果；❷向下拖曳控制柄至 G17 单元格，即可计算其他人员的总成绩，如下图所示。

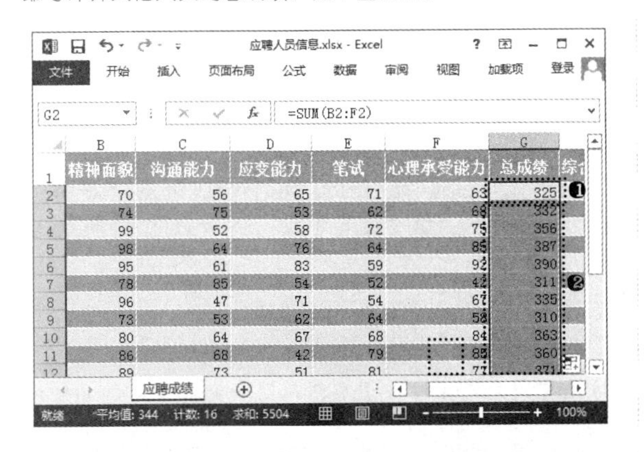

高手指引——快速选择最近使用的函数

如果要快速插入最近使用的函数，可单击“函数库”组中的“最近使用的函数”按钮，在弹出的菜单中选择相应的函数即可。

7.2.2 使用插入函数向导输入函数

Excel 2013 中提供了 400 多个函数，这些函数覆盖了许多应用领域，每个函数又允许使用多个参数。要记住所有函数的名字、参数及其用法是非常难的。当用户知道函数的类别，以及需要计算的问题时，或者知道函数的名字，但不知道函数所需要的参数时，可以使用函数向导来完成函数的输入。

通过函数向导，用户可以知道函数需要的各种参数及参数的类型，方便地输入那些并不熟悉的函数。例如，要在“销售统计”工作簿中通过插入函数向导输入函数并计算两个数的乘积，具体操作步骤如下。

光盘同步文件

原始文件：光盘\原始文件\第 7 章\饮料销售统计 .xlsx
结果文件：光盘\结果文件\第 7 章\饮料销售统计 .xlsx
教学视频：光盘\教学视频文件\第 7 章\7-2-2.mp4

步骤01 打开“光盘\素材文件\第 7 章\饮料销售统计 .xlsx”文件。❶选择 E2 单元格；❷单击编辑栏中的“插入函数”按钮 *fx*，如下图所示。

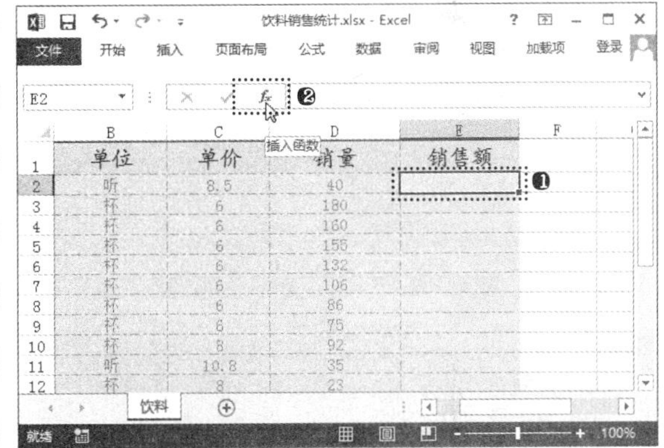

步骤02 ❶打开“插入函数”对话框，在“搜索函数”文本框中输入单元格中需要计算目标的关键字“乘积”；❷单击“转到”按钮；❸在下方的列表框中会推荐搜索到的相关函数，选择第一个函数；❹单击“确定”按钮，如下图所示。

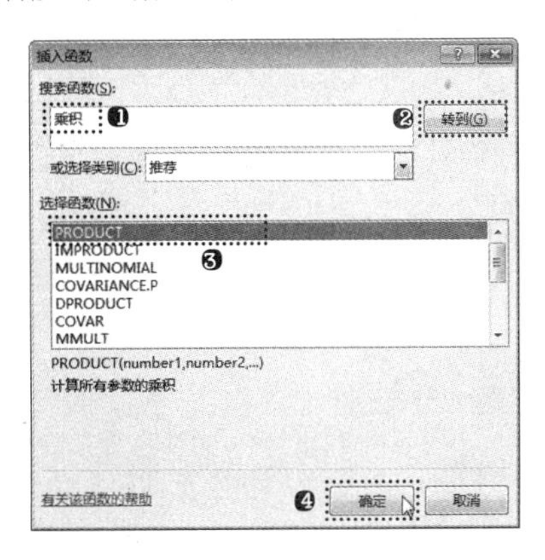

步骤03 ❶打开“函数参数”对话框，“Number1”文本框中自动引用了 C2:D2 单元格区域，但是这不是我们需要的函数参数，将文本插入点定位在“Number1”文本框中；❷单击该文本框后的“折叠”按钮，如下页左上图所示。

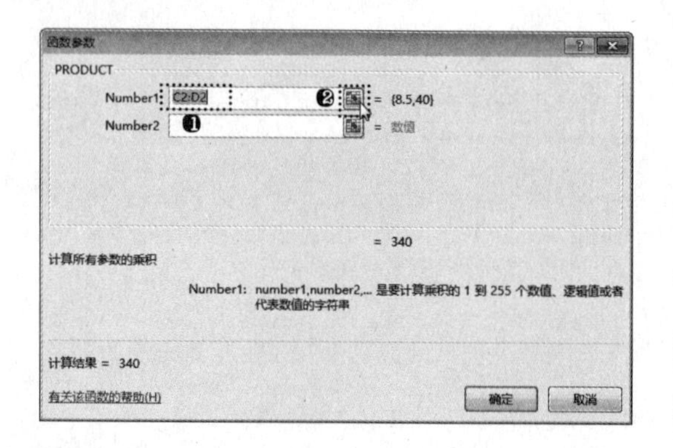

步骤 04 经过上一步操作，将折叠“函数参数”对话框，同时鼠标光标变为✚形状，此时，即可在工作簿中选择任意单元格或单元格区域作为函数的第一个参数。❶这里选择 C2 单元格作为函数的第一个参数；❷单击折叠对话框中的“展开”按钮，如下图所示。

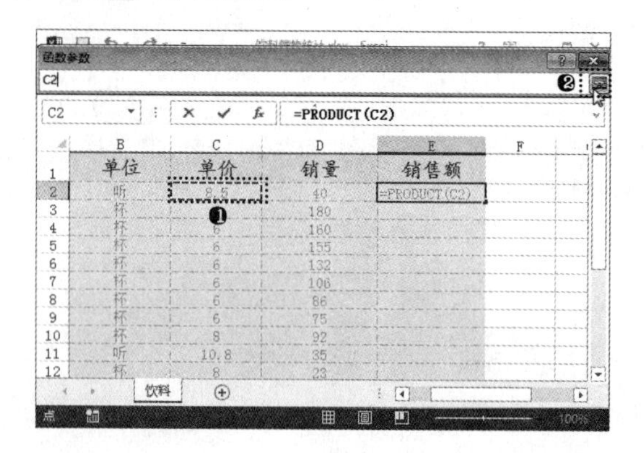

步骤 05 经过上一步操作，又可返回到展开的“函数参数”对话框中。❶使用相同方法设置函数的第二个参数为 D2 单元格中的值；❷单击“确定”按钮，如下图所示。

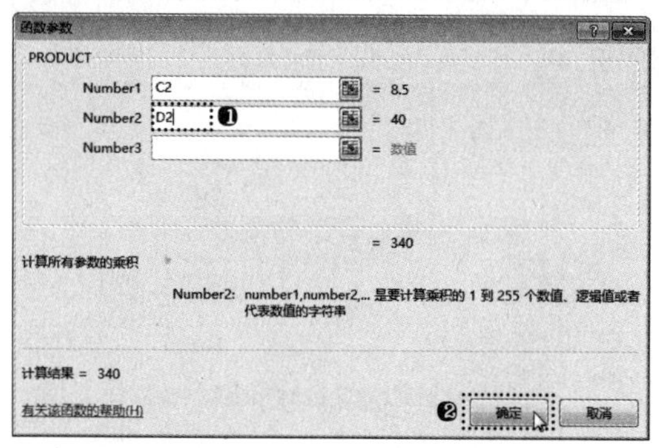

步骤 06 返回工作簿中，可以看到在 E2 单元格中系统自动计算 C2 单元格乘以 D2 单元格的结果。向下拖曳控制柄至 E21 单元格，得到其他数据乘积结果，如下图所示。

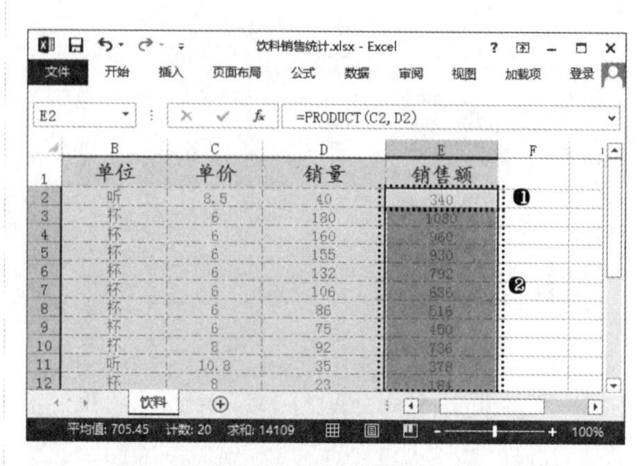

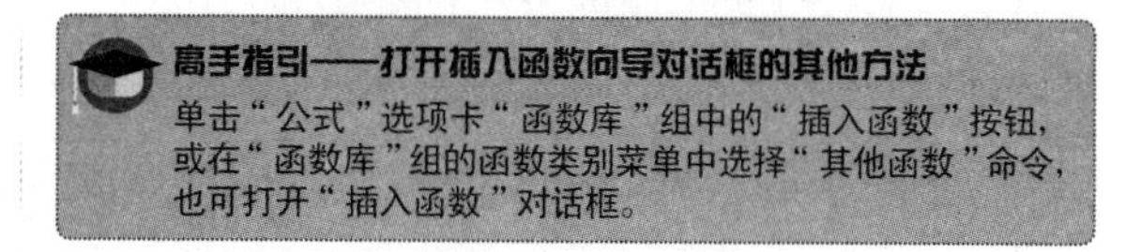

高手指引——打开插入函数向导对话框的其他方法

单击“公式”选项卡“函数库”组中的“插入函数”按钮，或在“函数库”组的函数类别菜单中选择“其他函数”命令，也可打开“插入函数”对话框。

7.2.3 手动输入函数

如果熟悉要使用函数的函数名及函数参数，即可直接在单元格或编辑栏中手动输入函数，这是最常用的一种输入函数的方法，也是最快捷的输入方法。手动输入函数的方法与输入公式的方法基本相同，例如，要求 C1:F1 单元格区域数据的总和保存在 G1 单元格中，只需在 G1 单元格中输入函数“=SUM（C1:F1）”，输入完成后按【Enter】键即可。

由于 Excel 2013 具有输入记忆功能，当输入“=”和函数名称开头的几个字母后，Excel 会在单元格或编辑栏的下方出现一个下拉列表，其中包含了与输入字母相匹配的有效函数、参数和函数说明，选择需要的函数即可快速输入该函数，这样不仅可以节省时间，还可以避免因记错函数而出现的错误。

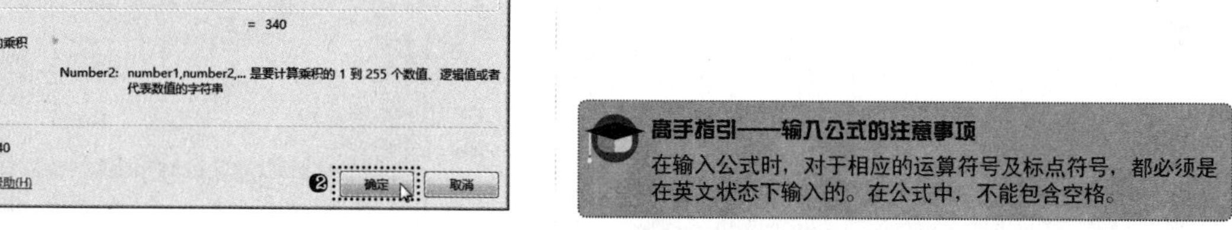

高手指引——输入公式的注意事项

在输入公式时，对于相应的运算符号及标点符号，都必须是在英文状态下输入的。在公式中，不能包含空格。

7.3 编辑函数

函数作为一种特殊的公式，其编辑方法与公式的编辑方法相同，这里主要讲解修改函数和嵌套函数的使用方法。

7.3.1 修改函数

在输入函数进行计算后，如果发现函数使用错误，可以将其删除，并重新输入。但若函数中的参数输入错误，则可以像修改公式一样修改函数中的常量参数，如果需要修改单元格引用参数，还可先选择包含错误函数参数的单元格，然后在编辑栏中选择函数参数部分，此时作为该函数参数的单元格引用将以彩色的边框显示，拖曳鼠标光标在工作表中重新选择需要的单元格引用。例如，要修改“每日销售总计”工作簿中的函数，具体操作步骤如下。

光盘同步文件
原始文件：光盘\原始文件\第 7 章\每日销售总计 .xlsx
结果文件：光盘\结果文件\第 7 章\每日销售总计 .xlsx
教学视频：光盘\教学视频文件\第 7 章\7-3-1.mp4

步骤 01 打开“光盘\素材文件\第 7 章\每日销售总计 .xlsx”文件。❶选择 B10 单元格，可以看到其中的函数为“=SUM(B2:B9)”，虽然 B9 单元格中并没有包含数据，也不会影响函数的计算结果，但为了保证函数的严谨性，仍需要修改函数为“=SUM(B2:B8)”；❷在编辑栏中选择函数中的参数“B2:B9”，如下图所示。

步骤 02 ❶拖曳鼠标光标在工作簿中重新选择 B2:B8 单元格区域作为函数的参数，同时，在单元格和编辑栏中可看到修改后的函数为“=SUM(B2:B8)”；❷按【Enter】键确认函数的修改，或单击任意单元格完成函数的修改，如下图所示。

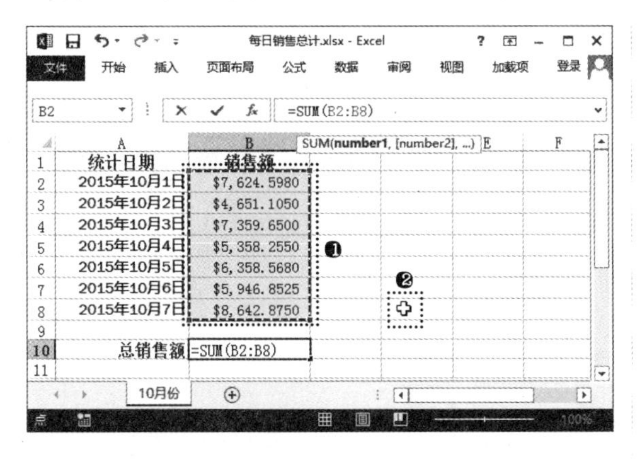

7.3.2 嵌套函数

在工作表中计算数据时，在时需要将函数作为另一个函数的参数才能计算出正确的结果，此时就需要使用嵌套函数。输入和编辑嵌套函数的方法与使用普通函数的方法相同。下面在“日常用品销售统计表”工作簿中通过插入嵌套函数的方法计算出当日订购所需的经费，具体操作步骤如下。

光盘同步文件
原始文件：光盘\原始文件\第 7 章\日常用品销售统计表 .xlsx
结果文件：光盘\结果文件\第 7 章\日常用品销售统计表 .xlsx
教学视频：光盘\教学视频文件\第 7 章\7-3-2.mp4

步骤 01 打开“光盘\素材文件\第 7 章\日常用品销售统计表 .xlsx”文件。❶选择 E2 单元格；❷单击“公式”选项卡“函数库”组中的“最近使用的函数”按钮；❸在弹出的菜单中选择最近使用的 PRODUCT 函数选项，如下图所示。

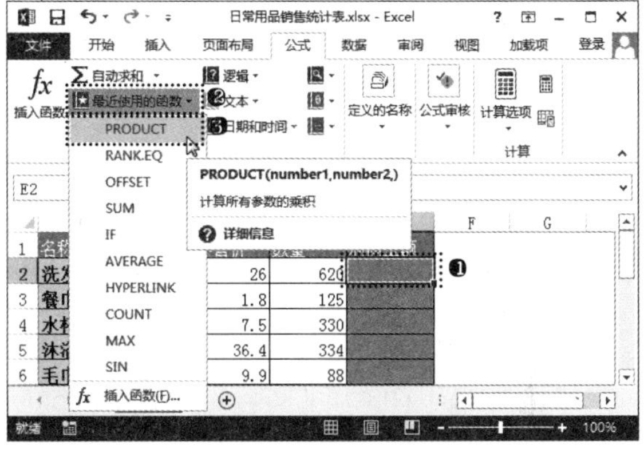

步骤 02 ❶打开“函数参数”对话框，在“Number1”文本框中输入“C2-B2”；❷在“Number2”文本框中输入“D2”；❸单击“确定”按钮，如下图所示。

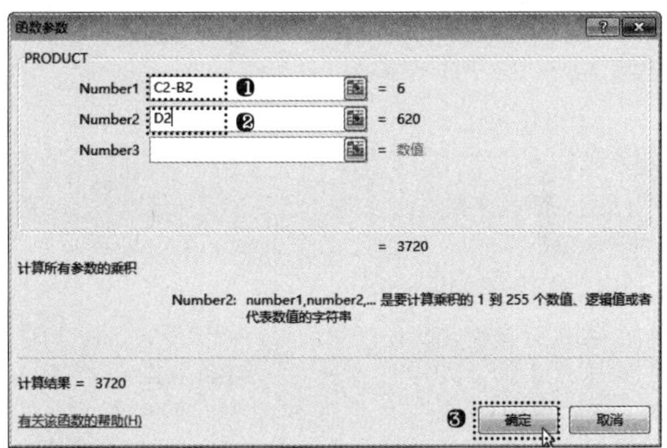

步骤 03 返回工作表中，可以看到 E2 单元格中的计算结果，在编辑栏中的公式显示为“=PRODUCT(C2-B2,D2)”。向下拖曳控制柄至 E10 单元格，即可计算出其他产品的利润金额，如下图所示。

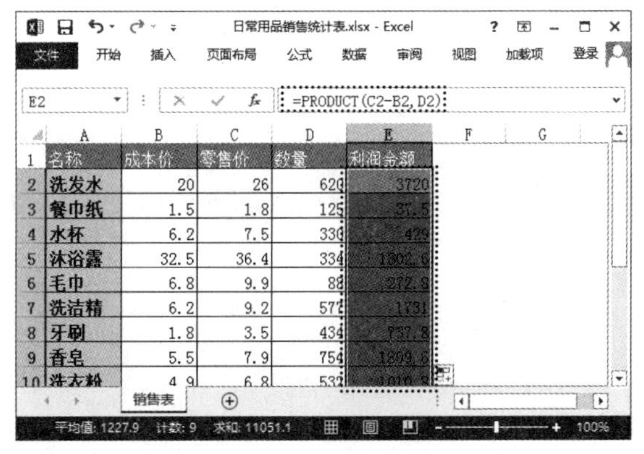

高手指引——使用嵌套函数的注意事项

熟悉嵌套函数的表达方式后，也可以手动输入函数。在输入嵌套函数时，尤其是嵌套的层数比较多的嵌套函数，需要注意前、后括号的完整性。当函数作为参数进行嵌套使用时，一定要保证函数返回的数值类型必须与参数使用的数值类型相同，否则 Excel 将显示 #VALUE! 错误值。

7.4 常用函数的使用

在了解了使用函数进行数据运算的方法后，本节将介绍一些常用的函数。Excel 2013 中提供了很多种函数，但常用的函数却只有几种。主要包括自动求和函数 SUM、平均值函数 AVERAGE、条件函数 IF、计数函数 COUNT、最大值函数 MAX、最小值函数 MIN。

7.4.1 SUM 函数

使用 SUM 函数可以对所选单元格或单元格区域进行求和计算，其语法结构为：SUM(number1,[number2],...])，其中，number1,number2,... 表示 1 ～ 255 个需要求和的参数，number1 是必需的参数，number2,... 为可选参数。

SUM 函数的参数可以是数值，如 SUM(8,5) 表示计算"8+5"；也可以是多个单元格的引用或一个单元格区域的引用，如 SUM(A1,A3,A5) 表示将单元格 A1、A3 和 A5 中的数字相加；SUM(A1:B8) 表示将单元格 A1 ～ B8 中的所有数字相加。

SUM 函数在表格中的使用率极高，前面讲解输入函数的具体操作时，已经简单讲解了该函数的使用方法，这里就不再赘述。

7.4.2 AVERAGE 函数

在进行数据计算处理中，对一部分数据求平均值也是很常用的，此时即可使用 AVERAGE 函数来完成。AVERAGE 函数用于将所选单元格或单元格区域中的数据先相加再除以单元格个数，即求平均值，其语法结构为：AVERAGE(number1,[number2],...)。AVERAGE 函数的参数与 SUM 函数类似，其中的 number1 为必需参数，number2,... 为可选参数。

例如，要在"应聘人员信息 2"工作表中计算各应聘人员考试的平均成绩，具体操作步骤如下。

光盘同步文件

原始文件：光盘\原始文件\第 7 章\应聘人员信息 2.xlsx
结果文件：光盘\结果文件\第 7 章\应聘人员信息 2.xlsx
教学视频：光盘\教学视频文件\第 7 章\7-4-2.mp4

步骤 01 打开"光盘\素材文件\第 7 章\应聘人员信息 2.xlsx"文件。❶选择 H2 单元格；❷单击"公式"选项卡"函数库"组中的"自动求和"按钮；❸在弹出的菜单中选择"平均值"命令，如右上图所示。

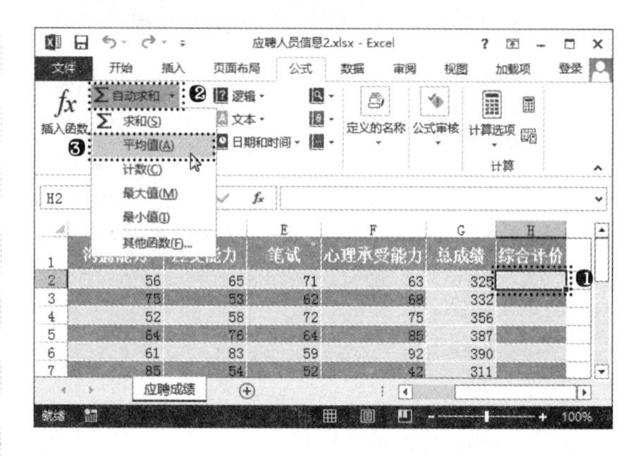

步骤 02 在 H5 单元格中显示出相应的函数"=AVERAGE(C2:G2)"，该函数的参数值"C2:G2"是 Excel 自动选取该单元格行左侧所有具有数值的单元格区域，但并非实际需要，这里重新选择 C2:F2 单元格区域，如下图所示。

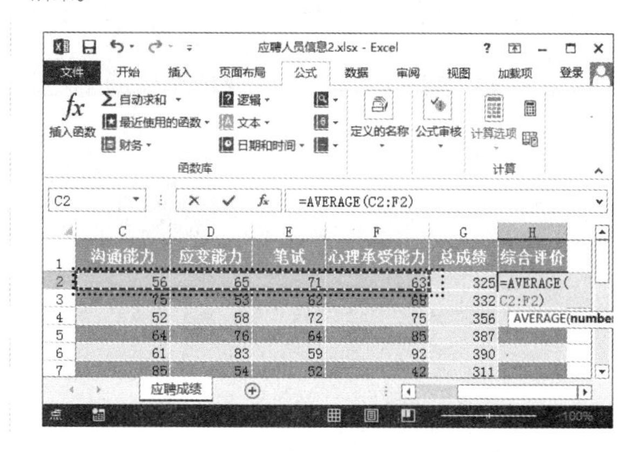

步骤 03 ❶按【Enter】键即可计算出该应聘人员的平均成绩；❷向下拖曳控制柄至 H17 单元格，即可计算其他人员的平均成绩，如下图所示。

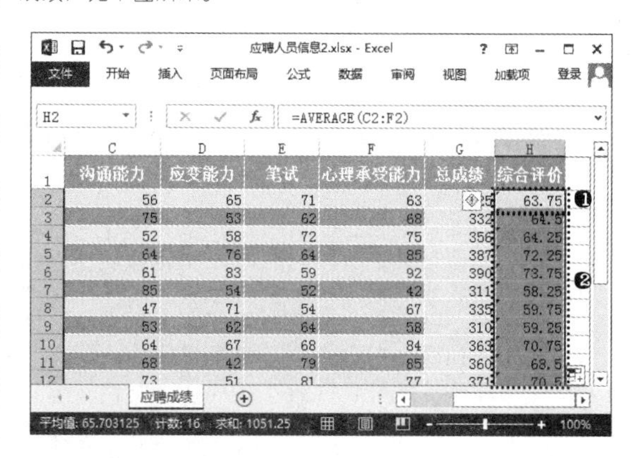

7.4.3 IF 函数

IF 函数是一种常用的条件函数，它能对数值和公式执行条件检测，并根据逻辑计算的真假值返回不同的结果，其语法结构为：IF(logical_test,[value_if_true],[value_if_false])，可理解为“=IF（条件，真值，假值）”，当“条件”成立时，结果取“真值”，否则取“假值”。

IF 函数语法结构中的 logical_test 是必需参数，表示计算结果为 TRUE 或 FALSE 的任意值或表达式。value_if_true 和 value_if_false 为可选参数，value_if_true 表示 logical_test 为 TRUE 时要返回的值，可以是任意数据；value_if_false 表示 logical_test 为 FALSE 时要返回的值，也可以是任意数据。

IF 函数在表格中的使用率也很高，下面在“应聘人员信息 3”工作表中使用 IF 函数来确定能进入复试的应聘人员，当应聘人员考试平均成绩达到 60 分时即可进入复试阶段，具体操作步骤如下。

光盘同步文件
原始文件：光盘 \ 原始文件 \ 第 7 章 \ 应聘人员信息 3.xlsx
结果文件：光盘 \ 结果文件 \ 第 7 章 \ 应聘人员信息 3.xlsx
教学视频：光盘 \ 教学视频文件 \ 第 7 章 \7-4-3.mp4

高手指引——IF 函数的强大作用
IF 函数的作用非常广泛，除了日常条件计算中经常使用，在检查数据方面也有特效。例如，可以使用 IF 函数核对录入的数据，清除 Excel 工作表中的 0 值等。

步骤01 打开“光盘\素材文件\第 7 章\应聘人员信息 3.xlsx”文件。❶选择 I2 单元格；❷单击“公式”选项卡“函数库”组中的“插入函数”按钮 *fx*，如下图所示。

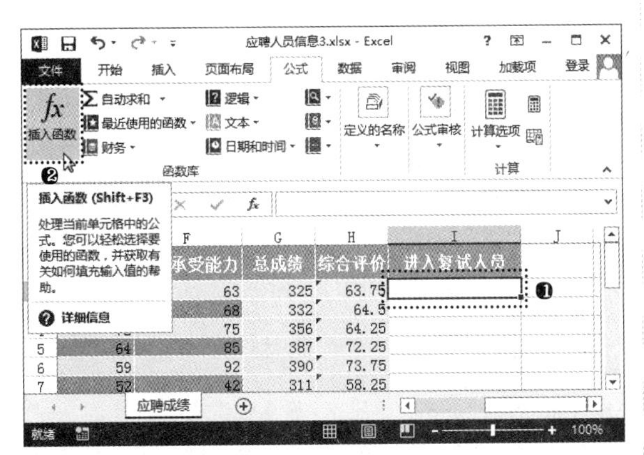

步骤02 ❶打开“插入函数”对话框，在“选择函数”列表框中选择“IF”选项；❷单击“确定”按钮，如右上图所示。

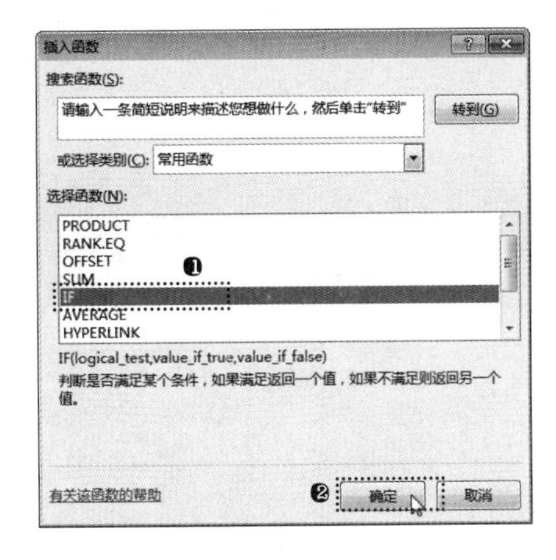

步骤03 ❶打开“函数参数”对话框，在“logical_test”文本框中输入“H2>=60”；❷在“value_if_true”文本框中输入“"进入复试"”；❸在“value_if_false”文本框中输入“"淘汰"”；❹单击“确定”按钮，如下图所示。

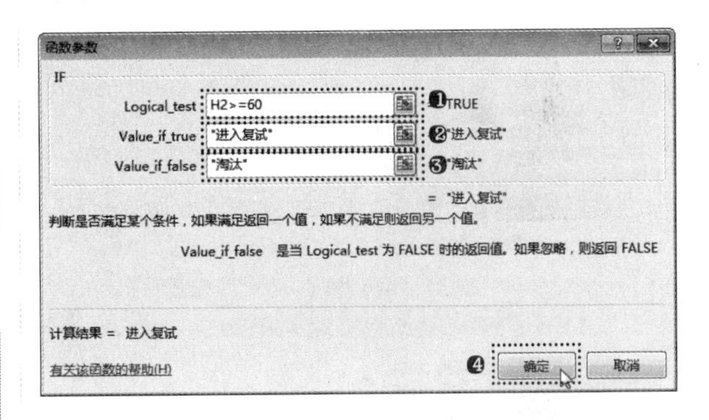

步骤04 返回工作表中即可看到，在 I2 单元格中已经判断出该员工能进入复试阶段。向下拖曳控制柄复制函数到 I3:I17 单元格区域，判断出其他应聘人员是否能进入复试，如下图所示。

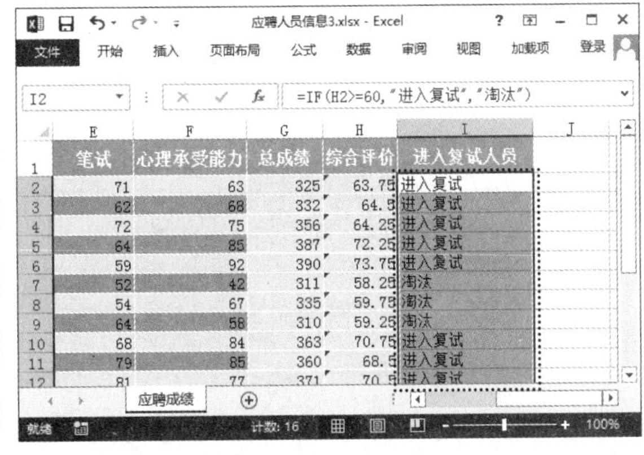

7.4.4 COUNT 函数

在统计表格中的数据时，经常需要统计单元格区域或数字数组中包含某个数值数据的单元格，以及参数列表中数字的个数，此时使用 COUNT 函数就能完成。该函数的语法结构为：COUNT(value1,[value2],...)，其中 value1 为必需参数，表示要计算其中数字个数的第一个项、单元格引用或区域；value2,... 为可选参数，表示要计算其中数字个数的其他项、单元格引用或区域，最多可包含255个。例如，要在“应聘人员信息4”工作表中计算出应聘人数，具体操作方法如下。

光盘同步文件
原始文件：光盘\原始文件\第7章\应聘人员信息4.xlsx
结果文件：光盘\结果文件\第7章\应聘人员信息4.xlsx
教学视频：光盘\教学视频文件\第7章\7-4-4.mp4

高手指引——COUNT 函数的注意事项

COUNT 函数中的参数可以包含或引用各种类型的数据，但只有数字类型的数据（包括数字、日期、代表数字的文本，例如，用引号包含起来的数字“1”、逻辑值、直接输入到参数列表中代表数字的文本），才会被计算在结果中。如果参数为数组或引用，则只计算数组或引用中数字的个数。不会计算数组或引用中的空单元格、逻辑值、文本或错误值。

步骤01 打开“光盘\素材文件\第7章\应聘人员信息4.xlsx”文件。❶选择C20单元格；❷在编辑栏中输入公式“=COUNT(B2:B17)”，如下图所示。

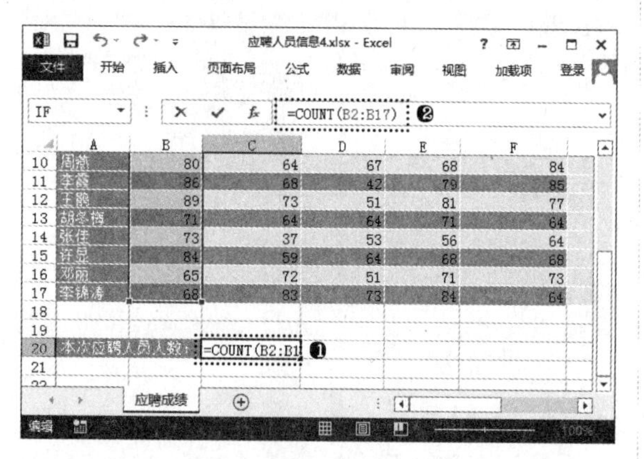

步骤02 按【Enter】键即可在C20单元格中计算出应聘人员数为16，如下图所示。

7.4.5 MAX 函数

在处理一些数据时，经常需要求某一部分数据中的最大值，如计算公司有最大销售量的员工等，此时即可使用MAX函数来完成。该函数的语法结构为：MAX(number1,[number2],...)，其中的number1、number2为必需参数，后续数值为可选参数。例如，要在“应聘人员信息5”工作表中使用MAX函数计算综合评价的最高分，具体操作步骤如下。

光盘同步文件
原始文件：光盘\原始文件\第7章\应聘人员信息5.xlsx
结果文件：光盘\结果文件\第7章\应聘人员信息5.xlsx
教学视频：光盘\教学视频文件\第7章\7-4-5.mp4

步骤01 打开“光盘\素材文件\第7章\应聘人员信息5.xlsx”文件。❶选择C21单元格；❷在编辑栏中输入公式“=MAX(H2:H17)”，如下图所示。

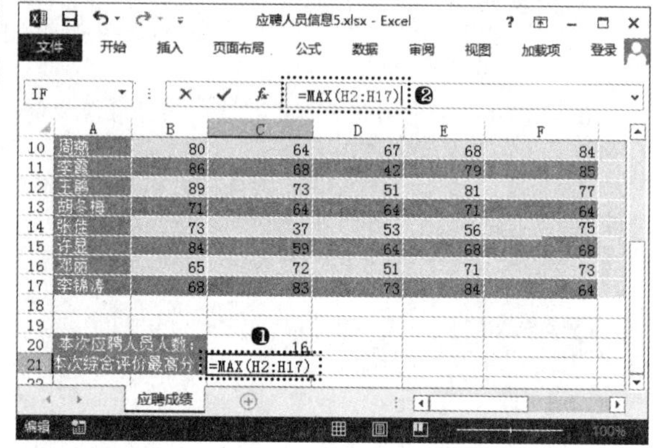

步骤02 按【Enter】键即可在C21单元格中计算出H2:H17单元格区域中的最大值，即本次综合评价的最高分为76，如下图所示。

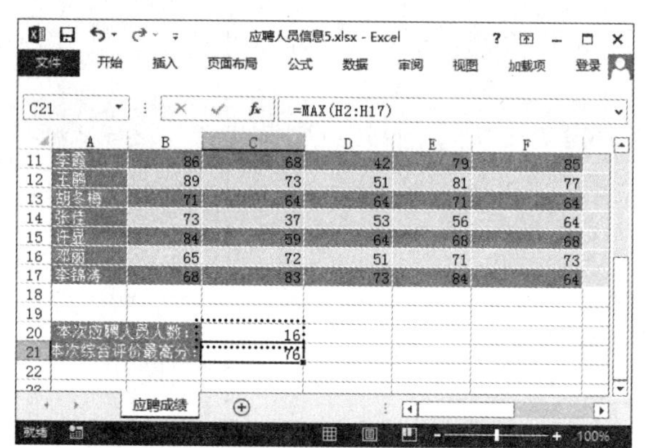

7.4.6 MIN 函数

与MAX函数的功能相反，MIN函数用于计算一组数值中的最小值，其语法结构为：MIN(number1,[number2],...)。如要在“应聘人员信息6”工作表中获取考试各项目中的最低分，具体操作步骤如下。

光盘同步文件
原始文件：光盘\原始文件\第7章\应聘人员信息6.xlsx
结果文件：光盘\结果文件\第7章\应聘人员信息6.xlsx
教学视频：光盘\教学视频文件\第7章\7-4-6.mp4

步骤 01 打开“光盘\素材文件\第 7 章\应聘人员信息 6.xlsx”文件。❶选择 B20 单元格；❷在编辑栏中输入公式“=MIN(B2:B17)”，如下图所示。

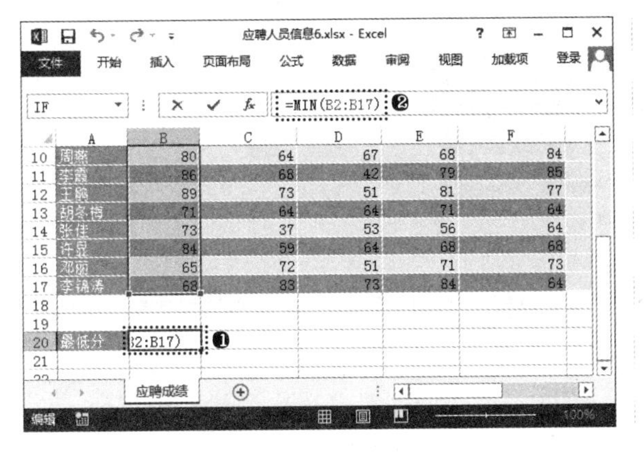

步骤 02 ❶按【Enter】键即可在 B20 单元格中计算出 B2:B17 单元格区域中的最小值；❷向右拖曳控制柄复制函数到 C20:H20 单元格区域，返回其他项目的最低分，如下图所示。

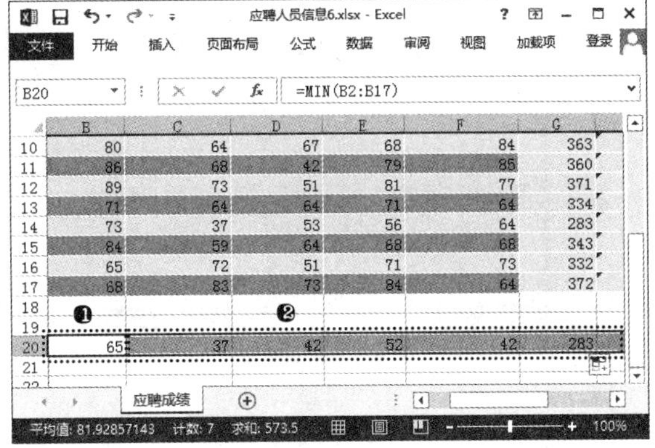

7.5 财务函数的使用

Excel 最常见的用途就是执行与货币相关的金融财务计算。每天，人们都会做出无数项财务决策，在这个过程中使用 Excel 财务函数可能会使你的决策更理性、准确。本节就来介绍几个常用的财务函数的应用方法。

7.5.1 财务函数的参数

根据函数用途的不同，又可以将财务函数划分为投资决策函数、收益率计算函数、资产折旧函数、本利计算函数和转换美元价格格式函数等，但财务函数的有些参数是常见的，为了后面学习更加容易，下面先学习常用财务函数的参数意义，介绍如下。

- Rate：各期利率。
- Pmt：各期所应支付的金额。
- Type：用于指定各期的付款时间是在期初还是期末。
- Values：表示用来计算返回的内部收益率的数字，必须输入为数组类型。
- Cost：固定资产原值。
- Salvage：资产使用年限结束时的估计残值。
- Life：固定资产的生命周期，即进行折旧计算的周期总数。
- Period：进行折旧计算的期次。
- Rate：投资或贷款的利率。
- Nper：总投资期或贷款期，即该项投资或贷款的付款期总数。
- Pv：本金，表示从该项投资（或贷款）开始计算时已经入账的款项，或一系列未来付款当前值的累积和。
- Fv：表示未来值，或在最后一次付款后可以获得的现金余额。
- Type：逻辑值 0 或 1，用以指定付款方式是在期末还是期初。如果为 0 或忽略，表示在期末；如果为 1，表示在期初。

7.5.2 PMT 函数

在财务计算中，了解贷款项目的分期付款额，是计算公司项目是否盈利的重要手段，此时需要使用 PMT 函数来进行计算。PMT 函数可以基于固定利率及等额分期付款方式，返回贷款每期付款额，其语法结构为：PMT(rate,nper,pv,[fv],[type])，其中的 rate、nper、pv 为必需参数，fv 和 type 为可选参数。若省略 fv 参数，则假设其值为 0。

例如，某建筑公司在银行贷款 500 万元，年利率为 9.5%，贷款期限为 3 年，则可以使用 PMT 函数计算出按月偿还和按年偿还时，应每月或每年应偿还的金额，具体操作步骤如下。

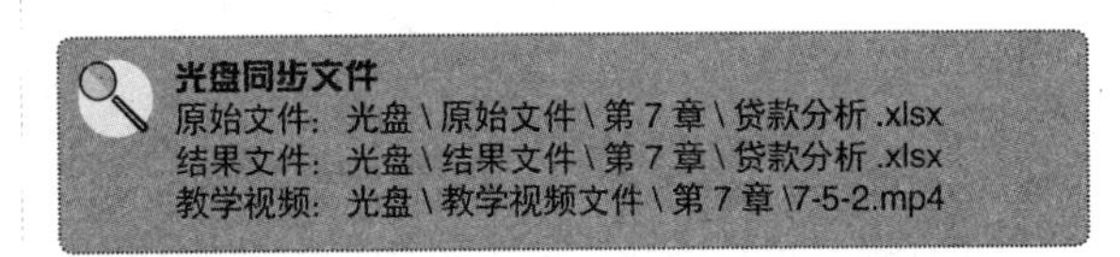

光盘同步文件
原始文件：光盘\原始文件\第 7 章\贷款分析 .xlsx
结果文件：光盘\结果文件\第 7 章\贷款分析 .xlsx
教学视频：光盘\教学视频文件\第 7 章\7-5-2.mp4

步骤 01 打开“光盘\素材文件\第 7 章\贷款分析 .xlsx”文件。❶选择 A10 单元格；❷在编辑栏中输入公式“=PMT(C5/12,C5*12,A5)”，按【Enter】键计算出每月应偿还的金额，如下图所示。

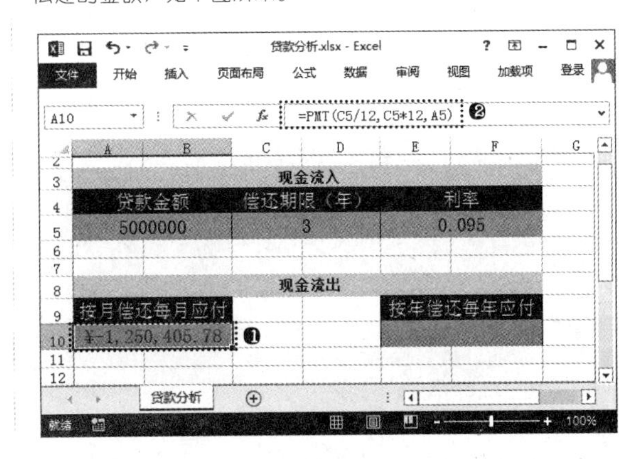

步骤 02 ❶选择 E10 单元格；❷在编辑栏中输入公式"=PMT(E5,C5,A5)"，按【Enter】键计算出每年应偿还的金额，如下图所示。

> **高手指引——使用 PMT 函数的注意事项**
> 使用 PMT 函数返回的支付款项包括本金和利息，但不包括税款、保留支付或某些与贷款有关的费用。在使用该函数时，还应确认所指定的 rate 和 nper 参数单位的一致性。如本案例中的还款期限都是 3 年，利率都是 9.5%，如果按月支付，rate 应为 9.5%/12，nper 应为 3*12；如果按年支付，rate 应为 9.5%，nper 为 3。

7.5.3 PV 函数

使用财务函数 PV 可以返回投资的现值，PV 函数的语法结构为：PV(rate,nper,pmt,[fv],[type])。

在财务管理中，现值为一系列未来付款的当前值的累积和。例如，借入方的借入款即为贷出方贷款的现值。在财务概念中，现值表示的是考虑风险特性后的投资价值。由于未来资金与当前资金有不同的价值，使用 PV 函数即可指定未来资金在当前的价值。在进行投资判断时，如果在预计的投资年限中计算得到的投资值大于支付金额，证明该投资值得。当然计算出的结果与分析确定的投资年限有很大关系。

下面假设要投资某处房产，预计该房产在未来 10 年中总共产生 450000 元的租金，且投资贴现率是 14.25%。此时，即可使用 PV 函数计算需要为此处房产支付的金额，具体操作方法如下。

> **光盘同步文件**
> 原始文件：光盘\原始文件\第 7 章\分析房产的购买价值.xlsx
> 结果文件：光盘\结果文件\第 7 章\分析房产的购买价值.xlsx
> 教学视频：光盘\教学视频文件\第 7 章\7-5-3.mp4

步骤 01 打开"光盘\素材文件\第 7 章\分析房产的购买价值.xlsx"文件。❶选择 B6 单元格；❷在编辑栏中输入公式"=-PV(B2,B3,B4,0,0)"，如右上图所示。

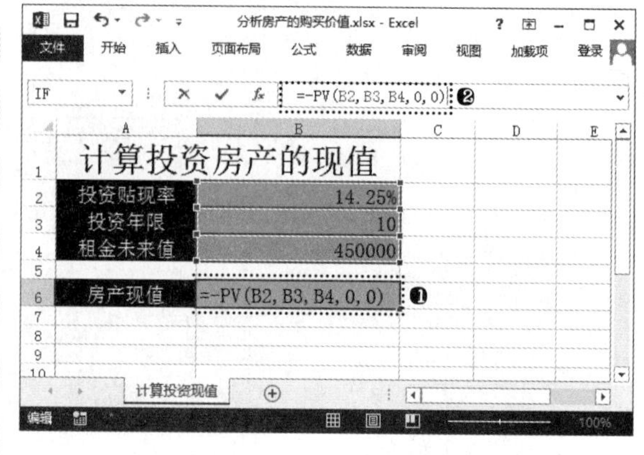

步骤 02 按【Enter】键确认函数的输入并计算出此处房产的资产现值，如下图所示。

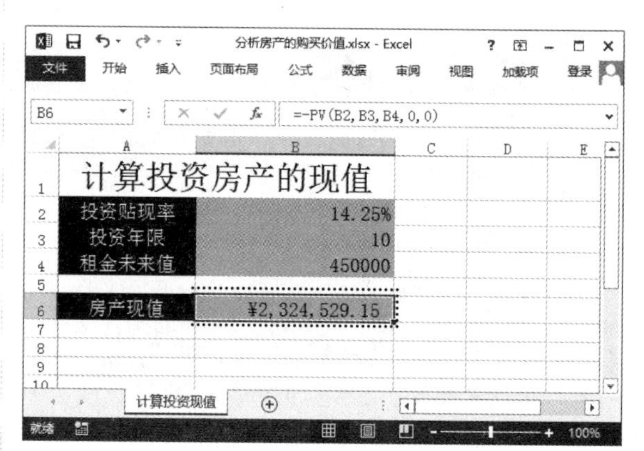

7.5.4 FV 函数

FV 函数可以在基于固定利率及等额分期付款方式的情况下，计算某项投资的未来值，其语法结构为：FV(rate,nper,pmt,[pv],[type])，其中的参数都是常用的财务函数参数。

下面假设初期在账户中存入 150000 元，计划以后每个月向账户中存入 2600 元，银行的存款年利率为 3.6%。使用 FV 函数计算存满 20 年后该账户的存款额，具体操作步骤如下。

> **光盘同步文件**
> 原始文件：光盘\原始文件\第 7 章\计算存款额.xlsx
> 结果文件：光盘\结果文件\第 7 章\计算存款额.xlsx
> 教学视频：光盘\教学视频文件\第 7 章\7-5-4.mp4

步骤 01 打开"光盘\素材文件\第 7 章\计算存款额.xlsx"文件。❶选择 B6 单元格；❷在编辑栏中输入公式"=FV(B2,B3,-B4,-B5,1)"，如下页左上图所示。

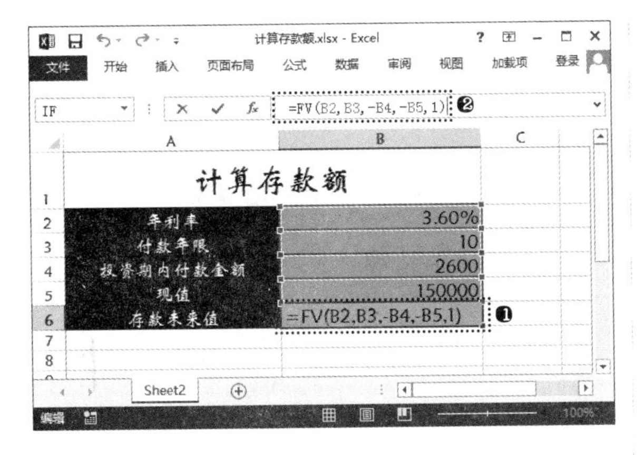

步骤02 按【Enter】键即可计算出 20 年后该账户的存款额，如下图所示。

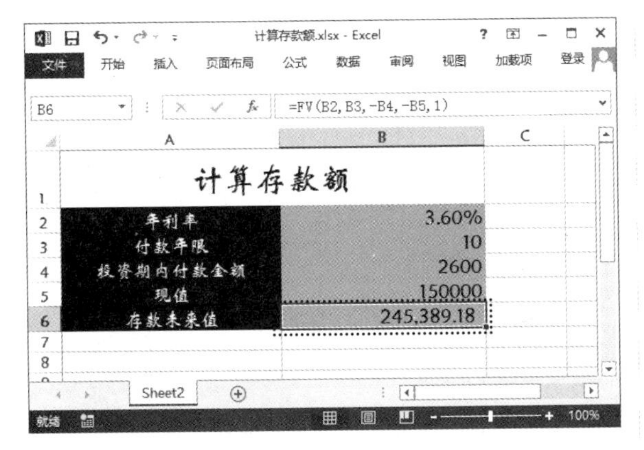

高手指引——使用 FV 函数的注意事项

在投资计算中，将存款金额看作投资，所以系统会将其看作支出，因此将前期存款金额和每月存款金额输入为负数，结果为正数，如果输入为正数，则最后得到的存款额为负数。在 FV 函数中若省略 Pmt 参数，则必须输入 Pv 参数；若省略 Pv 参数，则假设其值为零，而且必须输入 Pmt 参数；利率和总投资期的单位应该统一，计算结果才会准确无误。

7.5.5 DB 函数

DB 函数是使用固定余额递减法计算一笔资产在给定期间内的折旧值，其语法结构为：DB(cost,salvage,life,period,[month])，其中的参数 month 表示第一年的月份数，默认数值是 12。

下面假设某工厂在 2010 年 10 月购买了一批价值为 1865000 元的新设备，使用 10 年后，到 2020 年 10 月，估计其残值为 80000 元。如果对该设备采用"固定余额递减"的方法进行折旧，即可使用 DB 函数计算该设备的折旧值，具体操作步骤如下。

光盘同步文件
原始文件：光盘\原始文件\第 7 章\分析设备的折旧值.xlsx
结果文件：光盘\结果文件\第 7 章\分析设备的折旧值.xlsx
教学视频：光盘\教学视频文件\第 7 章\7-5-5.mp4

步骤01 打开"光盘\素材文件\第 7 章\分析设备的折旧值.xlsx"文件。❶ 选择 D4 单元格；❷ 在编辑栏中输入公式"=DB($A$2,$D$2,$B$2,B4,C4)"，按【Enter】键计算出第一年设备的折旧值，如下图所示。

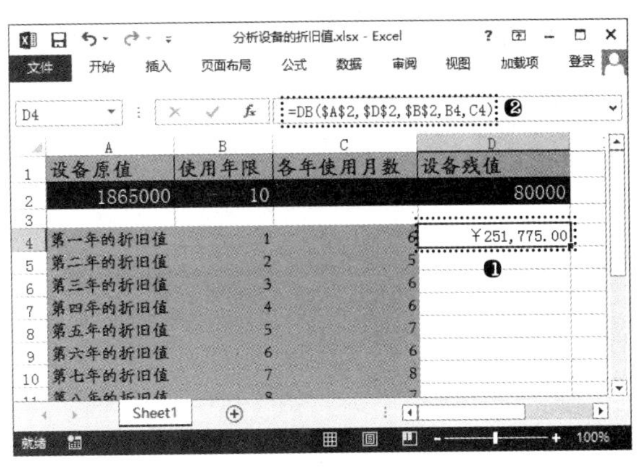

步骤02 向下拖曳控制柄至 D12 单元格，计算出各年的折旧值，如下图所示。

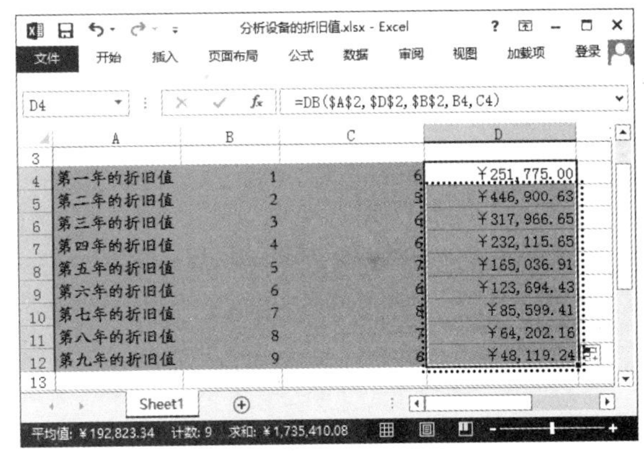

7.5.6 SYD 函数

SYD 函数用于计算某项资产按年限总和折旧法计算的指定期间的折旧值，其语法结构为：SYD(cost, salvage, life, per)。例如，要使用 SYD 函数计算上一案例中设备各年的折旧值时，具体操作方法如下。

光盘同步文件
原始文件：光盘\原始文件\第 7 章\分析设备的折旧值 2.xlsx
结果文件：光盘\结果文件\第 7 章\分析设备的折旧值 2.xlsx
教学视频：光盘\教学视频文件\第 7 章\7-5-6.mp4

步骤01 打开"光盘\素材文件\第 7 章\分析设备的折旧值 2.xlsx"文件。❶ 选择 E3 单元格；❷ 在编辑栏中输入公式"=SYD($B$2,$B$3,$B$4,D3)"，如下页左上图所示。

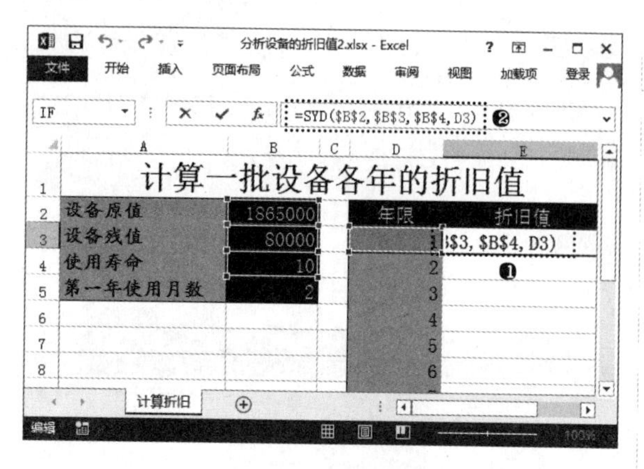

步骤 02 ❶按【Enter】键确认函数的输入并计算出第一年设备的折旧值；❷向下拖曳控制柄至 E12 单元格，复制函数并计算出各年的折旧值，如下图所示。

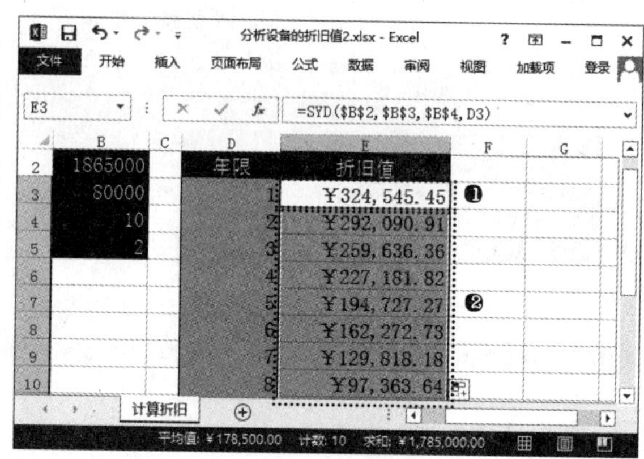

7.6 日期和时间函数的使用

在 Excel 中处理日期和时间数据时，初学者可能经常会遇到处理失败的情况。为了避免出现错误，除了需要掌握设置单元格格式为日期和时间格式外，还需要掌握一些常用的日期和时间函数，通过使用这些函数完成关于日期和时间的一些计算和统计。

7.6.1 日期函数的参数

根据函数返回值的不同，可以将时间和日期函数划分为返回具体时间函数和返回时间段函数。下面先学习常用日期函数参数的意义，介绍如下。

◆ Year：表示年份。year 参数的值可以包含 1 ～ 4 位数字（为避免出现意外结果，建议对 year 参数使用 4 位数字）。Excel 将根据计算机所使用的日期系统来解释 year 参数。如果 year 参数的值介于 0 ～ 1899（含），则 Excel 会将该值与 1900 相加来计算年份；如果值位于 1900 ～ 9999（含）之间，则将该值直接作为年份返回；如果其值在这两个范围之外，则会返回错误值“#NUM!”。

◆ Month：表示一年中从 1 月至 12 月的各个月份。month 参数可以是一个正整数或负整数，如果 month 参数的值小于 1，则从指定年份的一月份开始递减该月份数，然后再加上 1 个月；如果大于 12，则从指定年份的一月份开始累加该月份数。

◆ Day：表示日，表示一月中从 1 日到 31 日的各天，day 参数可以是一个正整数或负整数。

◆ Hour：表示小时，hour 参数为 0 ～ 32767 的数值，任何大于 23 的数值将除以 24，其余数将视为小时。例如，TIME(28,0,0)=TIME(4,0,0)=0.166667 或 4:00 AM。

◆ Minute：表示分钟，minute 参数为 0 ～ 32767 的数值。任何大于 59 的数值将被转换为小时和分钟。例如，TIME(0,780,0)=TIME(13,0,0)=0.541667 或 1:00PM。

◆ Second：表示秒数，second 参数可以是 0 ～ 32767 的数值，任何大于 59 的数值将被转换为小时、分钟和秒。

7.6.2 TODAY 函数

在制作表格过程中，有时需要插入当前日期，如果总是手动输入就会很麻烦。此时，可使用 TODAY 函数来完成。

TODAY 函数用于返回当前日期的序列号，不包括具体的时间值。其语法结构为：TODAY()，该函数不需要设置参数。如当前是 2014 年 9 月 28 日，输入公式“=TODAY()”，即可返回“2014/9/28”，使用选择性粘贴功能只粘贴返回的单元格数据的值，可得到数字“41910”，表示 2014 年 9 月 28 日距 1900 年 1 月 1 日有 41,910 天。

7.6.3 NOW 函数

Excel 中的时间系统与日期系统类似，也是以序列号进行存储的。它是以午夜 12 点为 0，中午 12 点为 0.5 进行平均分配的。当需要在工作表中显示当前日期和时间，或者需要根据当前日期和时间计算一个值，并在每次打开工作表时更新该值时，使用 NOW 函数很有用。

NOW 函数用于返回当前日期和时间的序列号，其语法结构为：NOW()。在返回的序列号中小数点右边的数字表示时间，左边的数字表示日期，如序列号“41910.70495”中的“41910”表示的是日期，即 2014 年 9 月 28 日；“70495”表示的是时间，即下午 4 点 55 分。

7.6.4 DATE 函数

如果将日期中的年、月、日分别记录在不同的单元格中，使用 DATE 函数可以返回表示特定日期的连续序列号，其语法结构为：DATE(year,month,day)。举例说明如下。

光盘同步文件
原始文件：无
结果文件：光盘\结果文件\第 7 章\连接日期.xlsx
教学视频：光盘\教学视频文件\第 7 章\7-6-4.mp4

步骤 01 ❶新建一个空白工作簿，将其以“连接日期”为名进行保存；❷在表格中随意输入一些数据，如下图所示；❸选择 D2 单元格，输入公式“=DATE(A2,B2,C2)”。

步骤 02 ❶按【Enter】键即可在单元格中返回连续的日期序列号；❷向下拖曳控制柄得到其他行数据的日期序列号，如下图所示。

7.6.5 YEAR 函数

YEAR 函数可以返回某日期对应的年份，返回值的范围是 1900 ~ 9999 的整数。其语法结构为：YEAR(serial_number)，其参数 serial_number 是一个包含要查找年份的日期值，这个日期应使用 DATE 函数或其他结果为日期的函数或公式来设置，而不能利用文本格式的日期。例如，使用函数 DATE(2015,5,23) 可以输入 2015 年 5 月 23 日，而形如 YEAR("2008-8-8") 的格式则是错误的，有可能返回错误结果。

例如，在“员工档案”工作表中已经知道某企业员工的入职时间，需要通过 YEAR 函数根据当前系统时间计算出各员工的工龄，具体操作步骤如下。

光盘同步文件
原始文件：光盘\原始文件\第 7 章\员工档案.xlsx
结果文件：光盘\结果文件\第 7 章\员工档案.xlsx
教学视频：光盘\教学视频文件\第 7 章\7-6-5.mp4

步骤 01 打开“光盘\素材文件\第 7 章\员工档案.xlsx”文件。❶选择 G3 单元格；❷在编辑栏中输入公式“=YEAR(TODAY())-YEAR(F3)”，如下图所示。

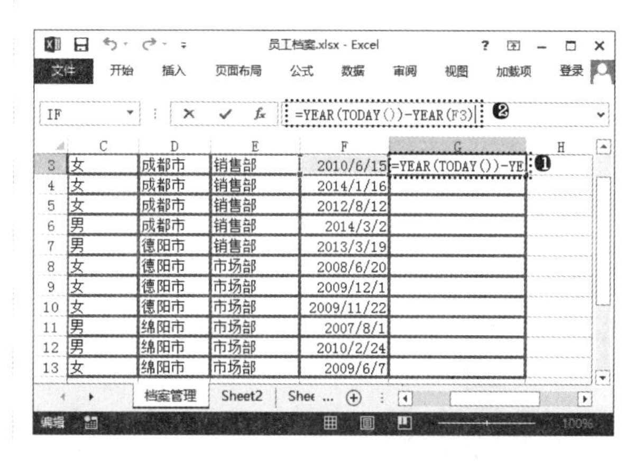

步骤 02 ❶按【Enter】键计算出两个日期相减的结果；❷向下拖曳控制柄计算各行日期相减的结果，如下图所示。

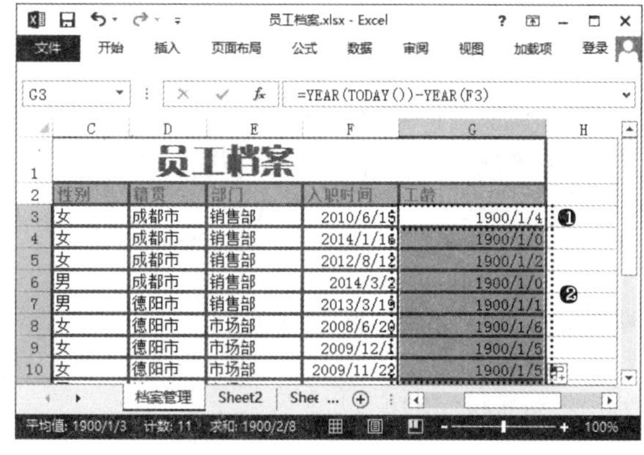

步骤 03 ❶选择 G 列单元格；❷在“开始”选项卡“数字”组中的“数字格式”菜单中选择“常规”命令，如下图所示。

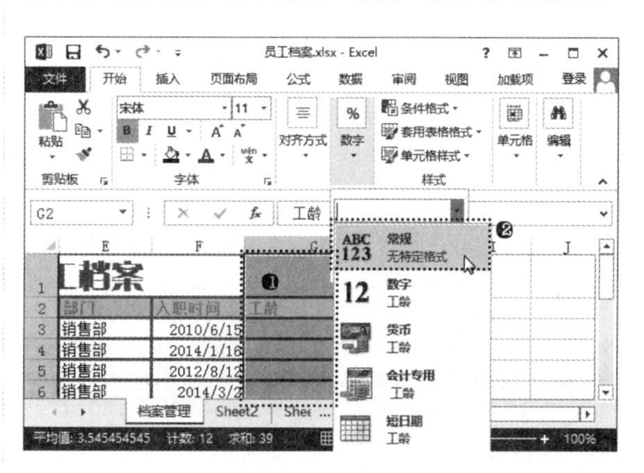

步骤 04 经过上一步操作，即可让该列单元格计算结果的数据格式设置为需要的格式，得到个员工的实际工龄，如下图所示。

7.6.6 MONTH 函数

MONTH 函数可以返回以序列号表示的日期中的月份，返回值的范围是 1（一月）～ 12（十二月）之间的整数。其语法结构为：MONTH(serial_number)，其中的 serial_number 参数表示要查找的月份的日期，与 YEAR 函数中的 serial_number 参数要求相同，只能使用 DATE 函数输入，或将日期作为其他公式或函数的结果输入，不能以文本形式输入。例如，A2 单元格中的数据为“2015-2-28”，则通过公式“= MONTH(A2)”，即可返回 A2 单元格中的月份“2”。

7.6.7 DAY 函数

DAY 函数可以返回以序列号表示的某日期的天数，返回值的范围是 1 ～ 31 的整数，其语法结构为：DAY(serial_number)，其中的 serial_number 参数和 YEAR 函数中的 serial_number 参数用法、功能都相同。例如，A2 单元格中的数据为“2015-2-28”，则通过公式“=DAY(A2)”，即可返回 A2 单元格中的天数“28”。

7.7 统计函数的使用

Excel 中提供了丰富的统计函数，使用它们可以方便地处理各种统计、概率或预测问题。本节就来介绍两个最常用的统计函数——COUNTIF 函数和 SUMIF 函数的应用。

7.7.1 统计函数的参数

根据函数的功能，主要可将统计函数划分为数理统计函数、分布趋势函数、线性拟合和预测函数、假设检验函数和排位函数。但统计函数中常用的参数只有两个——criteria 和 range，意义如下。

- Criteria：表示统计的条件，可以是数字、表达式、单元格引用或文本字符串。
- Range：代表用于条件计算的单元格区域。

7.7.2 SUMIF 函数

如果需要对工作表中满足某一个条件的单元格数据求和，可以结合使用 SUM 函数和 IF 函数，但此时使用 SUMIF 函数可以更快完成计算。

SUMIF 函数兼具了 SUM 函数的求和功能和 IF 函数的条件判断功能，该函数主要用于根据制定的单个条件，对区域中符合该条件的值求和。其语法结构为：SUMIF(range,criteria,[sum_range])，其中的 range 和 criteria 为必需参数，sum_range 为可选参数。range 代表用于条件计算的单元格区域；criteria 代表用于确定对哪些单元格求和的条件。当求和区域即为参数 range 所指定的区域时，可省略参数 sum_range。当参数指定的求和区域与条件判断区域不一致时，求和的实际单元格区域将以 sum_range 参数中左上角的单元格作为起始单元格作为原点进行扩展，最终成为包括与 range 参数大小和形状相对应的单元格区域。

例如，要在“日常费用统计”工作表中分别计算出各部门需要结算的费用总和，具体操作步骤如下。

光盘同步文件
原始文件：光盘 \ 原始文件 \ 第 7 章 \ 日常费用统计 .xlsx
结果文件：光盘 \ 结果文件 \ 第 7 章 \ 日常费用统计 .xlsx
教学视频：光盘 \ 教学视频文件 \ 第 7 章 \7-7-2.mp4

步骤 01 打开“光盘 \ 素材文件 \ 第 7 章 \ 日常费用统计 .xlsx”文件。❶ 选择 B32 单元格；❷ 在编辑栏中输入公式“=SUMIF(D2:D27,"= 研发部 ",F2:F27)”，如下图所示。

步骤 02 按【F4】键，将公式中的单元格引用全部变成绝对引用，如下页左上图所示。

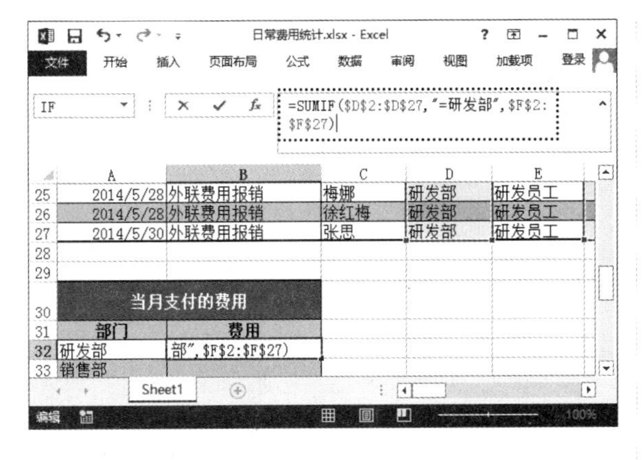

步骤 03 ❶按【Enter】键计算出研发部报销的总金额；❷向下拖曳控制柄至 B36 单元格；❸单击右侧出现的“自动填充选项”按钮；❹在弹出的菜单中选择“不带格式填充”选项，如下图所示。

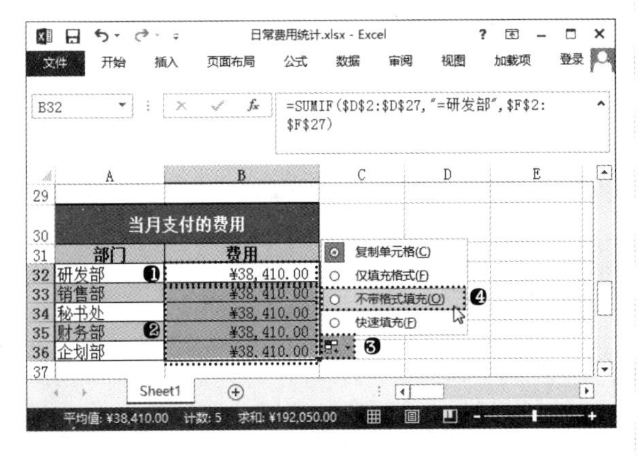

步骤 04 依次修改 B33、B34、B35、B36 单元格中公式的条件部分为相应的部门，完成公式的正确输入并得到正确结果，如下图所示。

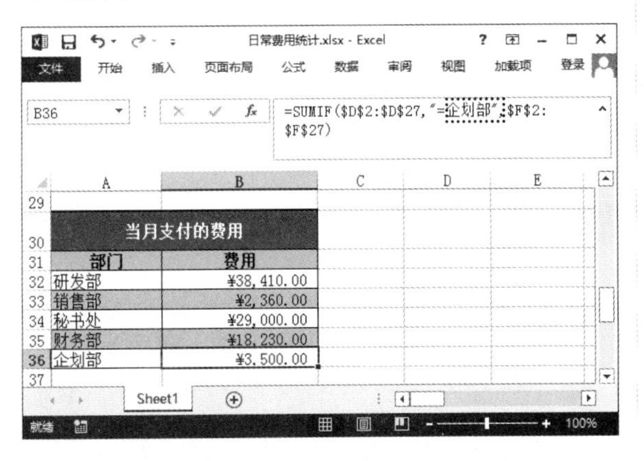

7.7.3 COUNTIF 函数

COUNTIF 函数用于对单元格区域中满足单个指定条件的单元格进行计数，其语法结构为：COUNTIF(range,criteria)，其中的参数 range 表示要对其进行计数的一个或多个单元格，其中包括数字或名称、数组或包含数字的引用，空值和文本值将被忽略。例如，要在“员工档案 2”工作表中统计男女员工的人数，使用 COUNTIF 函数进行统计的具体步骤如下。

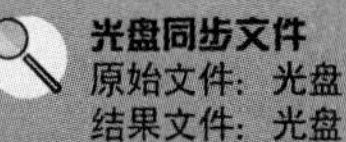

光盘同步文件
原始文件：光盘\原始文件\第 7 章\员工档案 2.xlsx
结果文件：光盘\结果文件\第 7 章\员工档案 2.xlsx
教学视频：光盘\教学视频文件\第 7 章\7-7-3.mp4

步骤 01 打开“光盘\素材文件\第 7 章\员工档案 2.xlsx”文件。❶选择 C15 单元格；❷在编辑栏中输入公式“=COUNTIF(C3:C13,"男")”，按【Enter】键计算出男员工人数，如下图所示。

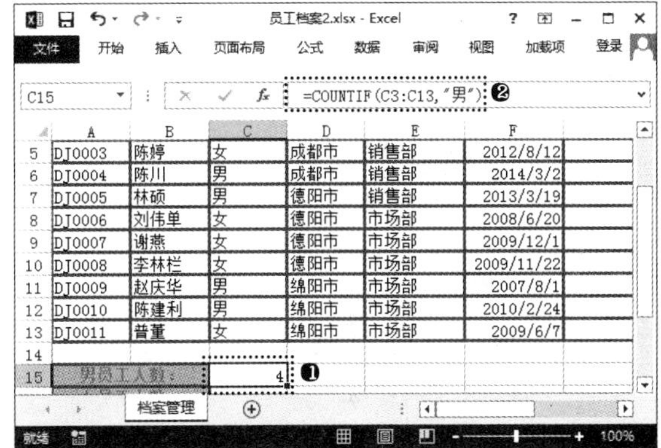

步骤 02 ❶选择 C16 单元格；❷在编辑栏中输入公式“=COUNTIF(C3:C13,"女")”，按【Enter】键计算出女员工人数，如下图所示。

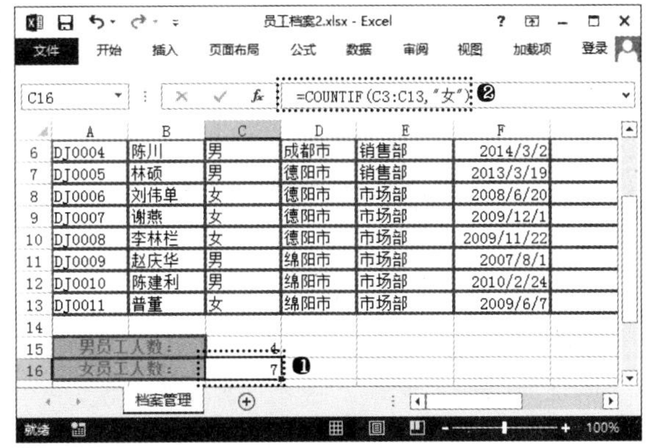

7.8 逻辑函数的使用

虽然 Excel 中的逻辑函数并不多，但它在 Excel 中应用十分广泛，经常将逻辑函数与其他函数结合使用，实现选择性筛选、调用信息的功能。其中，选择性返回函数指的是，可以根据对指定的条件计算结果为 TRUE 或 FALSE，返回不同的结果，即 IF 函数，该函数已经在前面的小节中讲解过了。本节将介绍 Excel 中其他常用逻辑函数的应用方法。

7.8.1 逻辑函数的参数

根据返回值的不同，可以将逻辑函数主要划分为返回逻辑值函数、交集、并集和求反函数两类。常用逻辑函数的参数 Logical，代表需要检验的条件。

7.8.2 AND 函数

AND 函数用于对多个判断结果取交集，即返回同时满足多个条件的那部分内容。其语法结构为：AND(logical1, [logical2],...)，其中的 logical1 参数是必需参数，其计算结果可以为 TRUE 或 FALSE。logical2 是可选参数。在 AND 函数中，只有当所有参数的计算结果为 TRUE 时，才返回 TRUE；只要有一个参数的计算结果为 FALSE，即返回 FALSE。因此，AND 函数最常见的用途就是扩大用于执行逻辑检验的其他函数的效用。

例如，要在“应聘人员信息 7”工作表中对综合评价和笔试成绩都达到 60 分的应聘人员标注“进入复试”，否则标注“淘汰”。结合 AND 函数和 IF 函数解决该问题的具体操作步骤如下。

光盘同步文件
原始文件：光盘 \ 原始文件 \ 第 7 章 \ 应聘人员信息 7.xlsx
结果文件：光盘 \ 结果文件 \ 第 7 章 \ 应聘人员信息 7.xlsx
教学视频：光盘 \ 教学视频文件 \ 第 7 章 \7-8-2.mp4

步骤 01 打开“光盘 \ 素材文件 \ 第 7 章 \ 应聘人员信息 7.xlsx”文件。❶选择 I2 单元格；❷在编辑栏中输入公式“=IF(AND(E2>=60,H2>=60),"进入复试","淘汰")”，按【Enter】键显示出判断的结果，如下图所示。

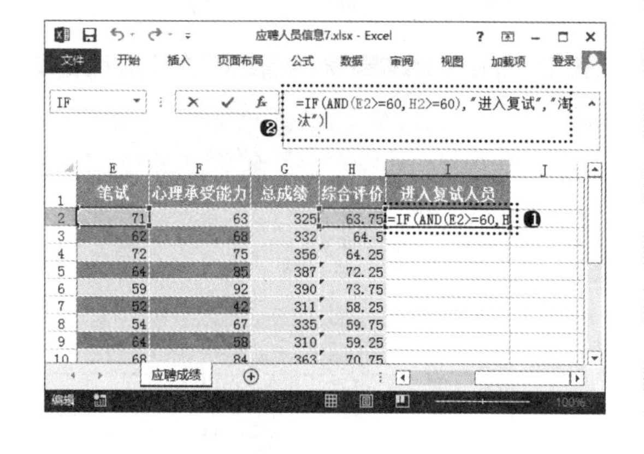

步骤 02 向下拖曳控制柄至 I17 单元格，判断其他应聘者是否进入复试，如下图所示。

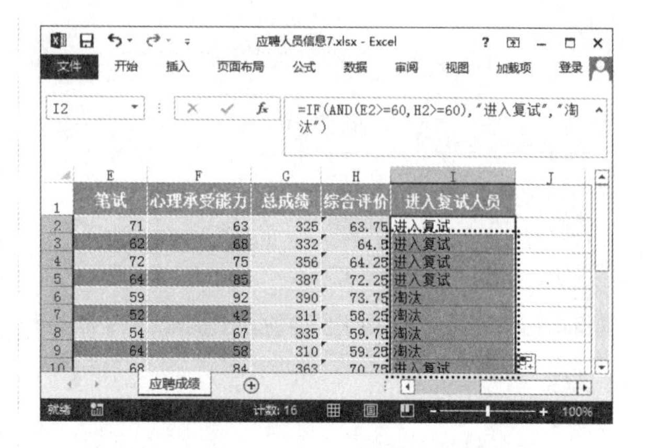

高手指引——使用 AND 函数的注意事项

使用 AND 函数时需要注意以下 3 点：参数（或作为参数的计算结果）必须是逻辑值 TRUE 或 FALSE，或者是结果为包含逻辑值的数组或引用；如果数组或引用参数中包含文本或空白单元格，则这些值将被忽略；如果指定的单元格区域未包含逻辑值，则 AND 函数将返回错误值“#VALUE!”。

7.8.3 OR 函数

OR 函数用于对多个判断条件取并集，即只要参数中有任何一个值为真就返回 TRUE，如果都为假才返回FALSE。其语法结构为：OR(logical1, [logical2], ...)。在使用 OR 函数时，如果数组或引用参数中包含文本或空白单元格，则这些值将被忽略。

实用技巧——技能提高

在 Excel 2013 中使用函数解决实际问题时，可能还需要根据情况使用本章中没有介绍的一些函数或需要自定义函数，下面再介绍一些有关技巧，以便用户能掌握更多函数的使用方法。

光盘同步文件
原始文件：光盘 \ 素材文件 \ 第 7 章 \ 技能提高 \
结果文件：光盘 \ 结果文件 \ 第 7 章 \ 技能提高 \
教学视频：光盘 \ 教学视频文件 \ 第 7 章 \ 技能提高 .mp4

技巧 7-1
自定义函数

Excel 2013 中提供的函数虽然丰富，但还是不能满足所有用户的运算需要。当不能使用 Excel 中自带函数进行计算时，用户还可以根据需要自定义函数，然后像内置函数一样使用自定义的函数即可。自定义函数需要使用 VBA 进行创建，例如，要自定义一个计算梯形面积的函数，具体操作方法如下。

步骤 01 ❶打开“Excel 选项”对话框，单击“自定义功能区”选项卡；❷在对话框右侧的“自定义功能区 - 主选项卡”列表框中选中“开发工具”复选框；❸单击“确定”按钮，如下图所示。

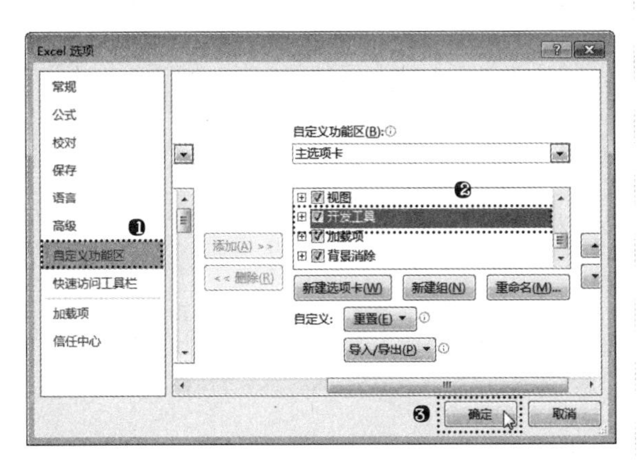

步骤 02 打开“光盘\素材文件\第 7 章\技能提高\计算梯形面积.xlsx”文件，单击“开发工具”选项卡“代码”组中的“Visual Basic”按钮，如下图所示。

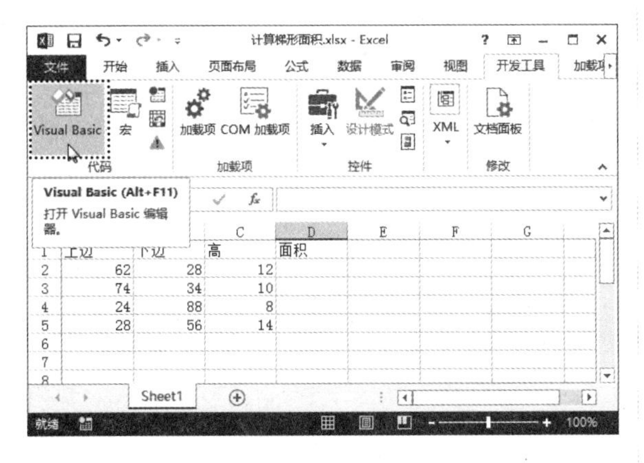

步骤 03 打开 Visual Basic 编辑窗口，❶单击“插入”菜单；❷在弹出的菜单中选择“模块”命令，插入一个新模块——模块 1，如下图所示。

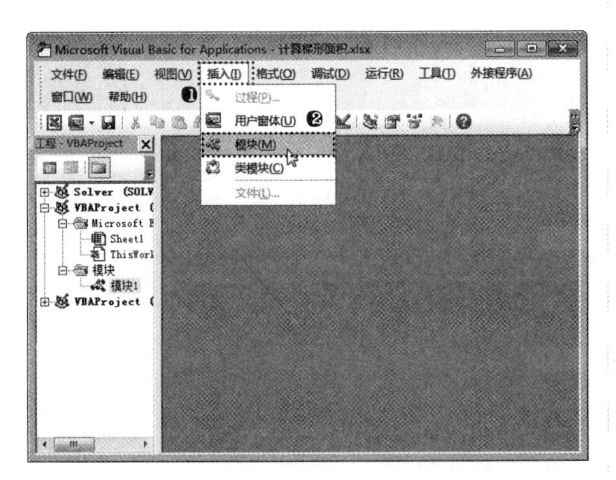

步骤 04 ❶在打开的“模块 1（代码）”窗口中输入“Function V(a,b,h)V=h*(a+b)/2End Function”；❷单击“关闭”按钮，如下图所示。

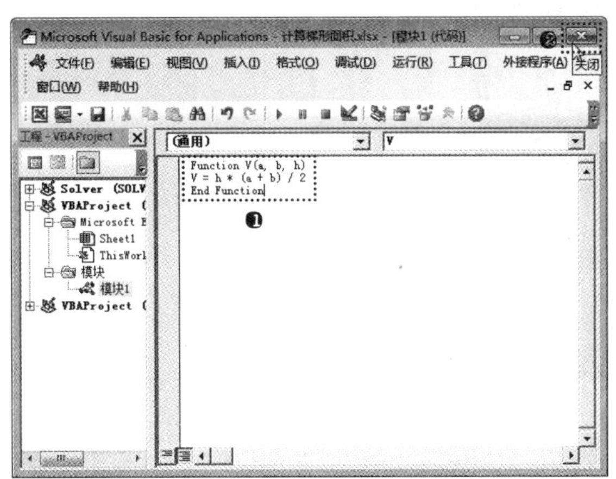

步骤 05 经过上一步操作就完成了自定义函数的操作。❶返回工作簿中，选择 D2 单元格；❷在编辑栏中输入公式“=V(A2,B2,C2)”，如下图所示。

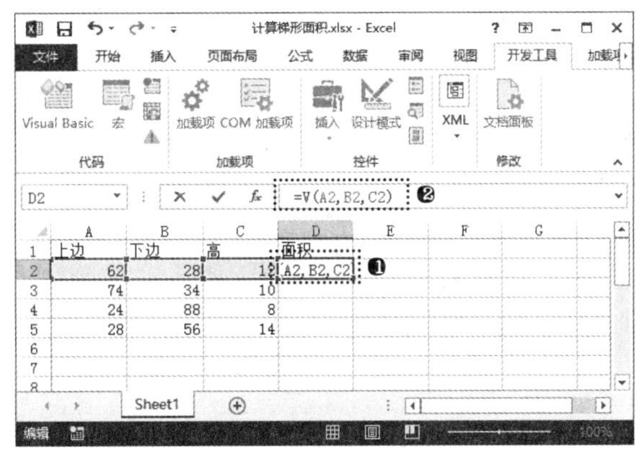

步骤 06 ❶按【Enter】键计算出相应的梯形面积；❷向下拖曳控制柄计算出其他梯形的面积；❸单击“文件”选项卡，如下图所示。

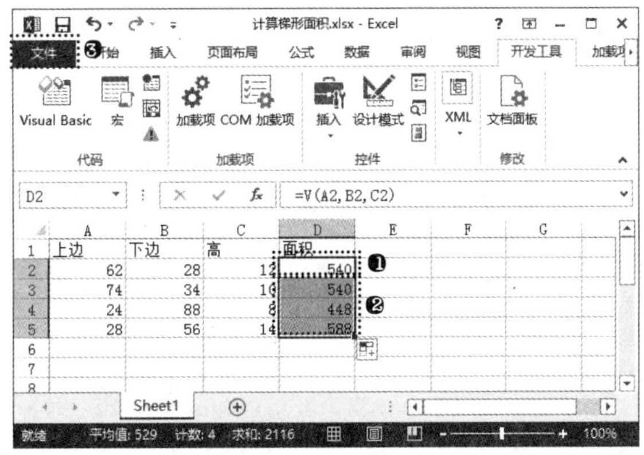

步骤07 ❶在弹出的“文件”菜单中选择“另存为”命令；❷在中间双击“计算机”选项，如下图所示。

步骤08 ❶打开“另存为”对话框，在“保存类型”下拉列表中选择“Excel 启用宏的工作簿”选项；❷单击“保存”按钮，如下图所示。

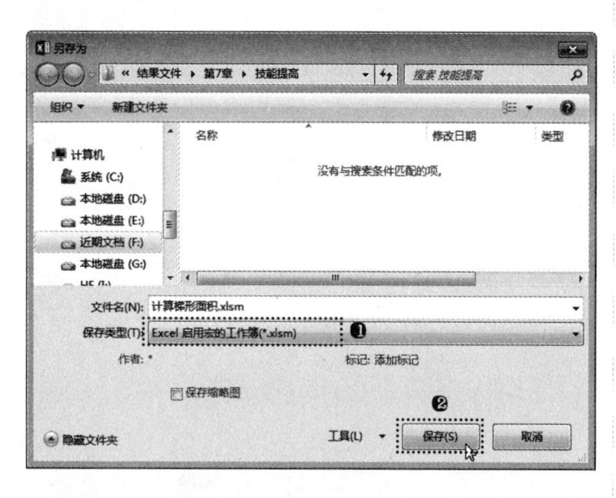

高手指引——删除快速访问工具栏中按钮

本例中输入的代码非常简单，第一行中是自定义的函数内容，其中，“V”是自定义的函数名称，括号中的是参数，即变量，“a”表示上边长，“b”表示底边长，“h”表示高；第二行是自定义函数的计算过程，将“h*(a+b)/2”公式赋值给函数名称“V”；第三行是与第一行成对出现的，表示自定义函数的结束。

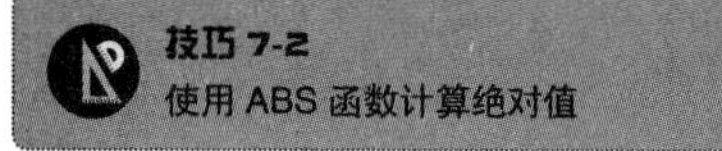

技巧 7-2 使用 ABS 函数计算绝对值

ABS 函数用于计算数值的绝对值，其计算结果始终为正值。该函数常用于需要求解差值的大小，但对差值的方向并不在意的情况。ABS 函数的语法结构为：ABS(number)，其中的参数 number 是指需要计算绝对值的实数。如果为参数指定数值以外的文本时，则会返回错误值 #VALUE!

例如，要计算某几个人左右眼视力的差值，在计算时可能会得到负数结果，但差值应该取正。使用 ABS 函数对计算结果取正时，具体操作方法如下。

步骤01 ❶新建一个空白工作簿，输入如下图所示的文本；❷在 C2 单元格中输入公式“=ABS(A2-B2)”。

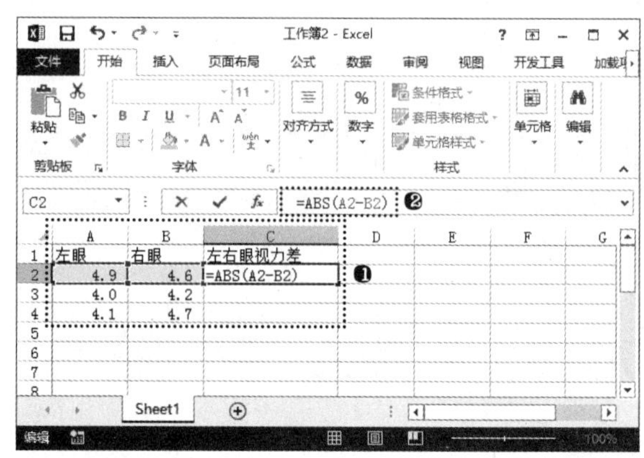

步骤02 ❶按【Enter】键即可计算出这个人左右眼的视力差；❷向下拖曳控制柄计算出其他人的左右眼视力差，如下图所示。

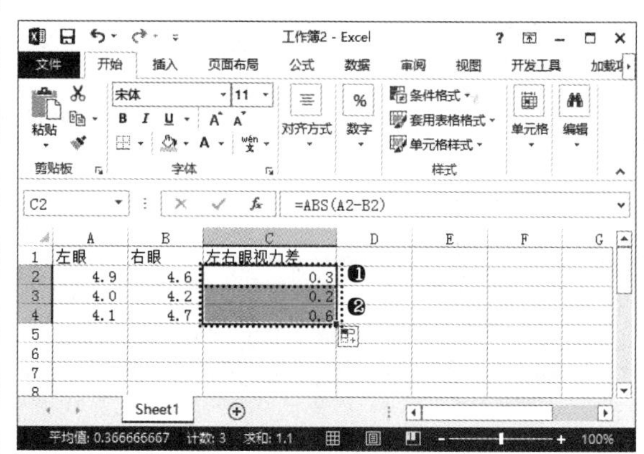

技巧 7-3 使用 PI 函数计算圆周长和圆面积

计算圆周长和圆面积时都需要使用圆周率，即 3.1415926……计算公式分别为“2πr”和“πr2”。在 Excel 中，可使用 PI 函数在系统中返回常数 pi，即 3.14159265358979，精确的小数位数是 14 位。该函数没有参数，其语法结构为：PI()。使用 PI 函数计算指定半径的圆周长和圆面积时，具体操作方法如下。

步骤01 ❶新建一个空白工作簿，输入如下页左上图所示的文本；❷在 C3 单元格中输入公式“=PI()*B3*2”，计算半径为 2 时的圆周长；❸向下拖曳控制柄计算出其他半径对应的圆周长。

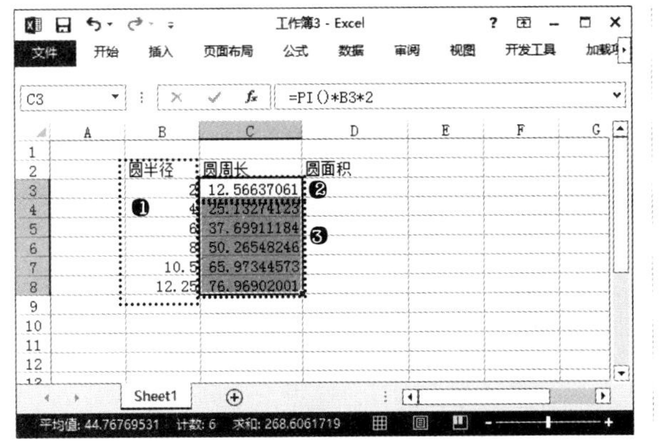

步骤 02 ❶在 D3 单元格中输入公式“=PI()*(B3^2)”，计算半径为 2 时的圆面积；❷向下拖曳控制柄计算出其他半径对应的圆面积，如下图所示。

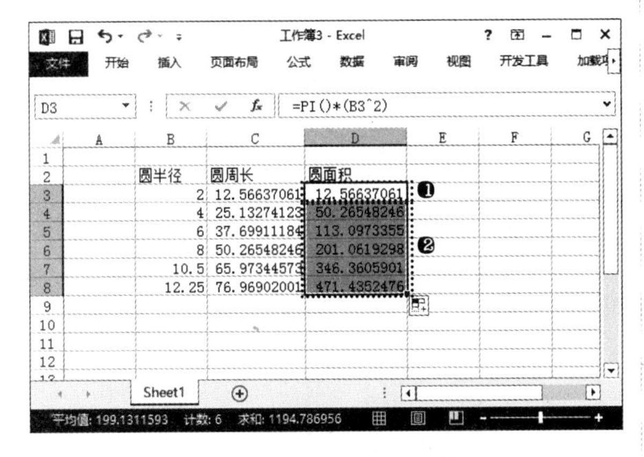

技巧 7-4
使用 ROUND 函数按指定位数对数字进行四舍五入

在日常使用中，四舍五入的取整方法是最常用的，该方法也相对公平、合理一些。在 Excel 中应用公式和函数对数据进行计算时，如果计算的结果带有较长的小数，需要将计算结果进行四舍五入精确到指定位数的小数，可以使用 ROUND 函数。该函数的语法结构为：ROUND(number,num_digits)，其中参数 number 为要进行四舍五入的数字；参数 num_digits 为位数，表示要按此位数对 number 参数进行四舍五入。num_digits 参数如果大于 0，则将数字四舍五入到指定的小数位；如果等于 0，则将数字四舍五入到最接近的整数；如果小于 0，则在小数点左侧进行四舍五入。

例如，使用 ROUND 函数按指定位数对数字进行四舍五入，具体操作方法如下。

步骤 01 打开“光盘\素材文件\第 7 章\技能提高\对数字进行四舍五入.xlsx”文件。❶在 C5 单元格中输入公式“=ROUND(B5,5)”；❷向下拖曳控制柄将其他数据四舍五入到 5 位数，如右上图所示。

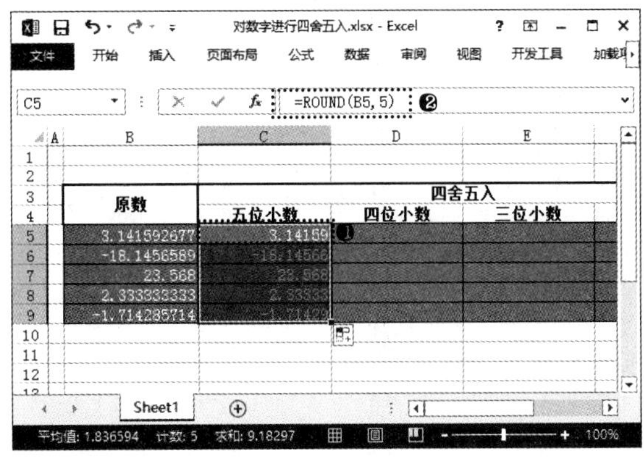

步骤 02 ❶分别在 D5、E5、F5 单元格中输入公式“=ROUND(B5,4)”、“=ROUND(B5,3)”、“=ROUND(B5,2)”；❷向下拖曳控制柄对其他数据进行四舍五入，如下图所示。

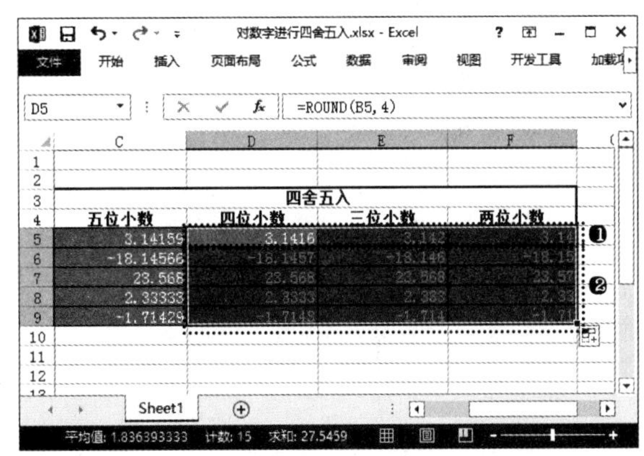

步骤 03 ❶在 B11 单元格中输入“和”；❷在 C11 单元格中输入公式“=ROUND(SUM(B5:B9),5)”，对 B5:B9 单元格区域中数据的和进行四舍五入到 5 位数，如下图所示。

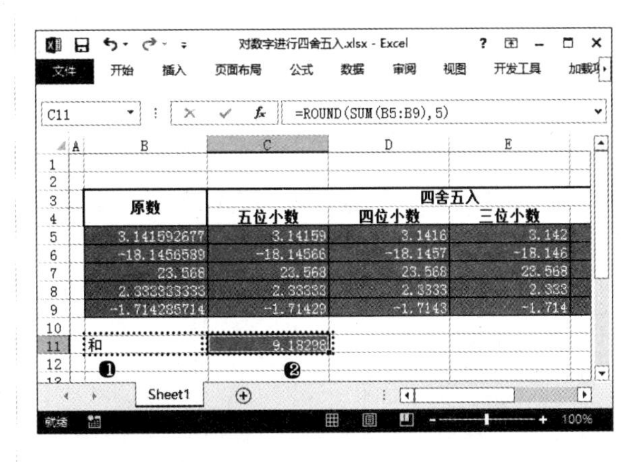

步骤 04 分别在 D11、E11、F11 单元格中输入公式“=ROUND(SUM(B5:B9),4)”、“=ROUND(SUM(B5:B9),3)”、“=ROUND(SUM(B5:B9),2)”，对 B5:B9 单元格区域中数据的和进行不同位数的四舍五入，如下页左上图所示。

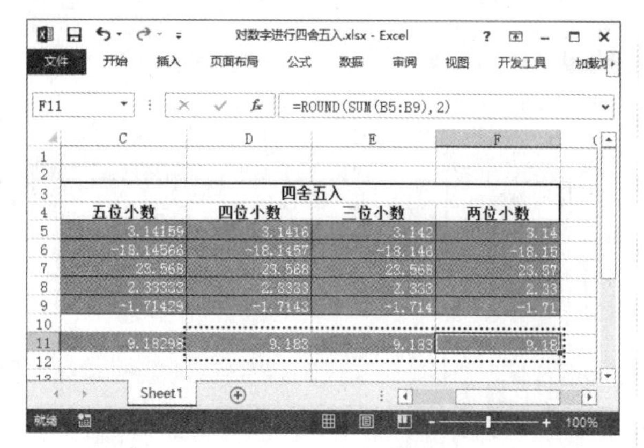

LEFT 函数能够从文本左侧起提取文本中的第一个或前几个字符，该函数的语法结构为：LEFT(text,[num_chars])。其中，参数 text 是要提取的字符的文本字符串；参数 num_chars 用于指定要由 LEFT 提取的字符的数量。num_chars 必须大于或等于零。如果 num_chars 大于文本长度，则 LEFT 返回全部文本。如果省略 num_chars，则假设其值为 1。

例如，在"员工档案"文件中提供了较详细的籍贯信息，如果只需要显示籍贯信息中的省份内容，可使用 LEFT 函数进行提取，具体操作方法如下。

高手指引——删除快速访问工具栏中按钮

RIGHT 函数能从文本右侧起提取文本字符串中最后一个或多个字符。该函数的语法结构为：RIGHT(text,[num_chars])。其使用方法与 LEFT 函数相似，有时需要应用某些单元格中从指定位置起提取指定个数的字符内容。此时，使用 MID 函数即可完成字符提取。该函数的语法结构为：MID(text, start_num, num_chars)。其中，参数 start_num 用于指定文本中要提取的第一个字符的位置。文本中第一个字符的 start_num 为 1，依此类推。

步骤 01 打开"光盘\素材文件\第 7 章\技能提高\员工档案 .xlsx"文件。❶在 G2 单元格中输入公式"=LEFT(D2,2)"；❷向下拖曳控制柄提取其他籍贯数据的前两个字符，如下图所示。

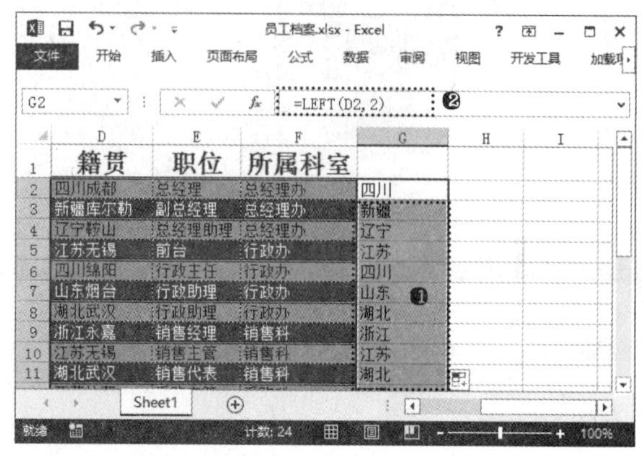

步骤 02 ❶复制 G2:G25 单元格区域的数据；❷选择 D2:D25 单元格区域；❸单击"开始"选项卡"剪贴板"组中的"粘贴"按钮；❹在弹出的菜单中选择"值"命令；❺删除 G2:G25 单元格区域中的内容，如下图所示。

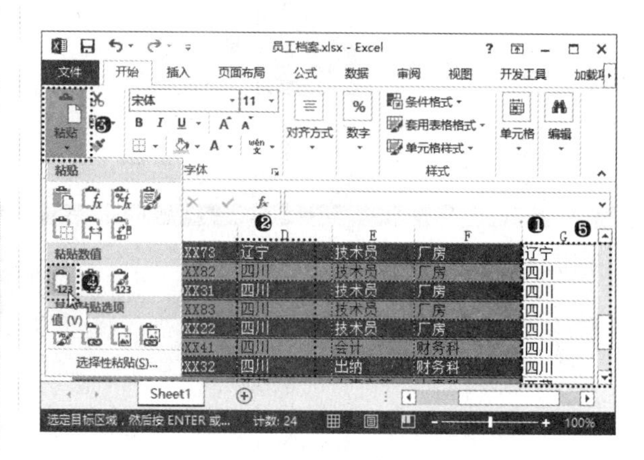

实战训练 7——制作财务管理表

通过学习本章前面的内容，大家需要掌握的各类型常用函数还是比较多的。本节将结合前面所讲的财务函数知识制作一个实例。首先使用 PMT 函数计算出每月偿还金额，再用 DB 函数计算出折旧值，接着使用 PV 函数计算出投资值，最后使用 MIRR 函数计算出第三年和第四年的修正内部收益率。在制作过程中希望用户能进一步掌握常用财务函数的使用方法，以便在实际财务管理中能灵活运用。

光盘同步文件

原始文件：光盘\原始文件\第 7 章\财务管理表 .xlsx
结果文件：光盘\结果文件\第 7 章\财务管理表 .xlsx
教学视频：光盘\教学视频文件\第 7 章\实战训练 .mp4

步骤 01 打开"光盘\素材文件\第 7 章\技能提高\财务管理表 .xlsx"文件。❶选择"贷款"工作表；❷在 D4 单元格中输入公式"=PMT(C4/12,B4*12,A4)"，计算出公司总贷款的金额需要在每月偿还额，如下页左上图所示。

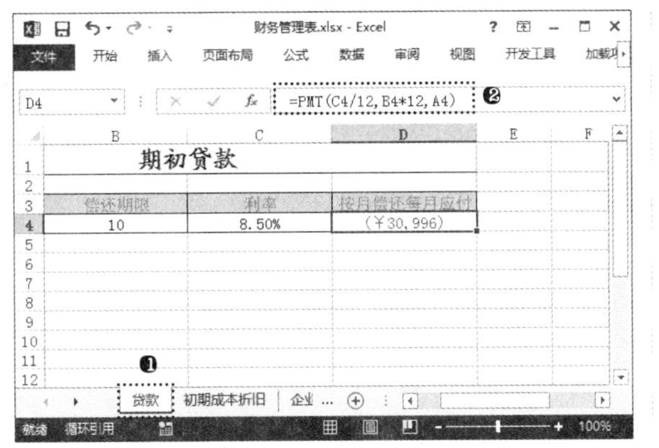

步骤 02 ❶选择"初期成本折旧"工作表；❷在 D4 单元格中输入公式"=DB($A$3,$D$3,$B$3,B4,C4)"，计算出公司初期购买产品在第一年的折旧率，如下图所示。

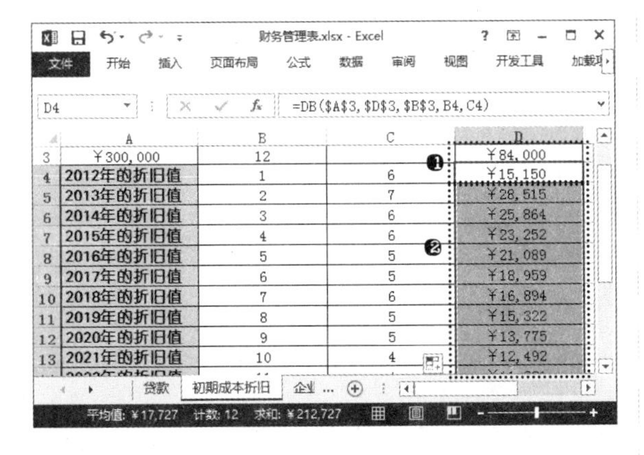

步骤 03 ❶选择 D4 单元格；❷向下拖曳控制柄至 D15 单元格，计算出公司初期购买产品，在使用的 12 年间各自的折旧率，如下图所示。

步骤 04 ❶选择"企业保险"工作表；❷在 B3 单元格中输入公式"=PV(C3/12,D3*12,-E3,0,0)"，计算出公司购买企业保险产生的投资值，如右上图所示。

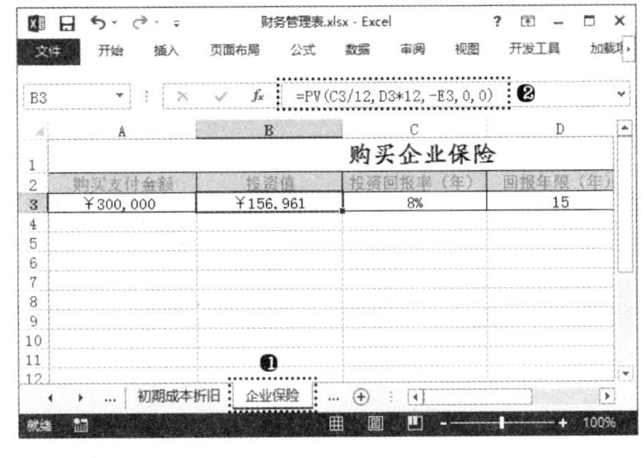

步骤 05 ❶选择"其他投资"工作表；❷在 E6 单元格中输入公式"=MIRR($B$3:$B$6,$C$3,$D$6)"，计算出公司投资其他项目在第三年的收益率，如下图所示。

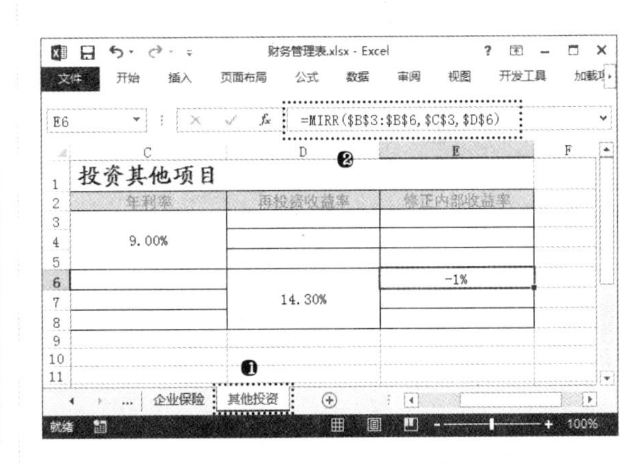

步骤 06 在 E7 单元格中输入公式"=MIRR($B$3:$B$7,$C$3,$D$6)"，计算出公司投资其他项目在第四年的收益率，如下图所示。

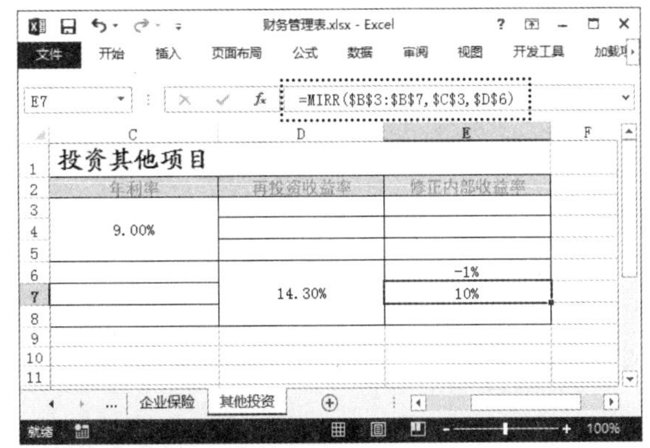

高手指引——有关 MIRR 函数

MIRR 函数用于返回某一连续期间内现金流的修正内部收益率，该函数同时考虑了投资的成本和现金再投资的收益率。其语法结构为：MIRR(values,finance_rate,reinvest_rate)。其中的参数 Finance_rate 表示现金流中使用的资金支付的利率；参数 Reinvest_rate 表示将现金流再投资的收益率。

本章小结

本章介绍了 Excel 2013 中使用函数计算数据的相关内容，涉及到函数的基础知识、常用函数、财务函数、统计函数、逻辑函数、日期与时间函数。用户要熟练掌握 SUM、AVERAGE、IF、COUNT、MAX 和 MIN 等常用函数的语法、输入和使用方法。

阅读笔记

第 8 章

数据的管理与分析

本章导读

Excel 除了拥有强大的计算功能外，还能够对大型数据库进行管理与统计，例如，对数据进行排序、筛选满足条件的数据、对数据进行分类和汇总等。对表格数据进行管理后，可以轻松地在数据众多的表格中提炼出需要的数据项，大大便利了对表格数据的查阅。本章就来介绍 Excel 2013 中表格数据的管理与分析的基本方法。

知识要点

- ◆ 快速对数据排序
- ◆ 自定义排序
- ◆ 自定义筛选数据
- ◆ 数据的高级排序
- ◆ 自动筛选数据
- ◆ 分类汇总数据

案例展示

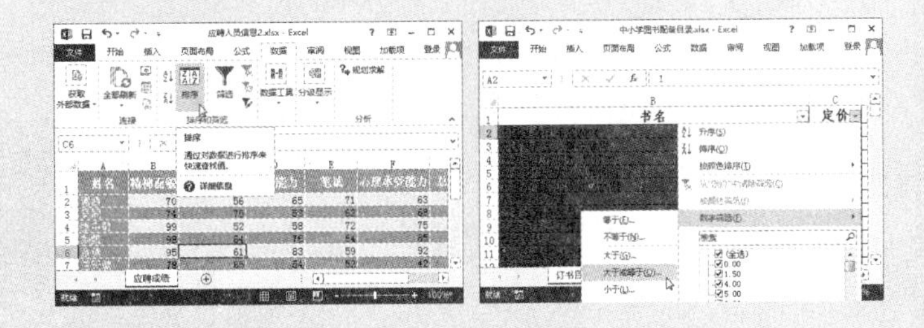

基础入门——必知必会

8.1 数据排序

在编辑表格数据时，有时需要将数据按照某种规则进行排序，如将产品名称按字母顺序排列、将测评成绩按从高到低的顺序排列、将建筑面积按照从小到大的顺序排列等。使用 Excel 的数据排序功能可以快速、准确地将数据进行有条件的排序，这样就能很轻易地分析和查看数据了。

8.1.1 认识排序规则

对数据进行排序是指根据数据表格中的相关字段名，将数据表格中的记录按升序或降序的方式进行排列。在 Excel 2013 中可以对数字、日期、文本、逻辑值、错误值和空白单元格进行排序。在按升序排序时，Excel 会使用如下表所示的规则排序相关内容。在按降序排序时，则使用相反的次序。

排序内容	排序规则（升序）
数字	按从最小的负数到最大的正数进行排序
日期	按从最早的日期到最晚的日期进行排序
字母	按字母从 A 到 Z 的先后顺序排序，在按字母先后顺序对文本项进行排序时，Excel 会从左到右一个字符接一个字符地进行排序
字母、数字、文本	按从左到右的顺序逐字符进行排序。例如，如果一个单元格中含有文本“A100”，Excel 会将这个单元格放在含有“A1”的单元格的后面、含有“A11”的单元格的前面
文本，以及包含数字的文本	按以下次序排序：0 1 2 3 4 5 6 7 8 9 （空格）！“ # $ % & ( ) * , . / : ; ? @ [\ ] ^ _ ` { | } ~ + < = > A B C D E F G H I J K L M N O P Q R S T U V W X Y Z
逻辑值	在逻辑值中，FALSE 排在 TRUE 之前
错误值	所有错误值的优先级相同
空格	空格始终排在最后

8.1.2 快速排序

Excel 中最简单的排序就是将数据表格按某一个关键字进行升序或降序排列，即让工作表中的各项数据根据某一列单元格中的数据大小进行排列。例如，要在“应聘人员信息”工作簿中根据综合评价成绩从高到低进行排列，具体操作方法如下。

光盘同步文件
原始文件：光盘\原始文件\第8章\应聘人员信息.xlsx
结果文件：光盘\结果文件\第8章\应聘人员信息.xlsx
教学视频：光盘\教学视频文件\第8章\8-1-2.mp4

高手指引——单列数据排序的注意事项

单击“数据”选项卡“排序和筛选”组中的“升序”按钮，可以让数据以从小到大的顺序排列。对单列数据进行快速排序时，只能选择排序关键字段一列中的任意一个单元格，而不能选择一列或一个区域进行排序。如果选择一个单元格区域进行排序，就会打开“排序提醒”对话框，询问用户是否扩展排序区域。如果不扩展排序区域，则只针对所选区域进行排序，其他列单元格中对应的数据将不会发生改变，因此会打乱整个工作表的数据结构。

步骤01 打开“光盘\素材文件\第8章\应聘人员信息.xlsx”文件。❶选择要进行排序列中的任意单元格；❷单击“数据”选项卡“排序和筛选”组中的“降序”按钮，如下图所示。

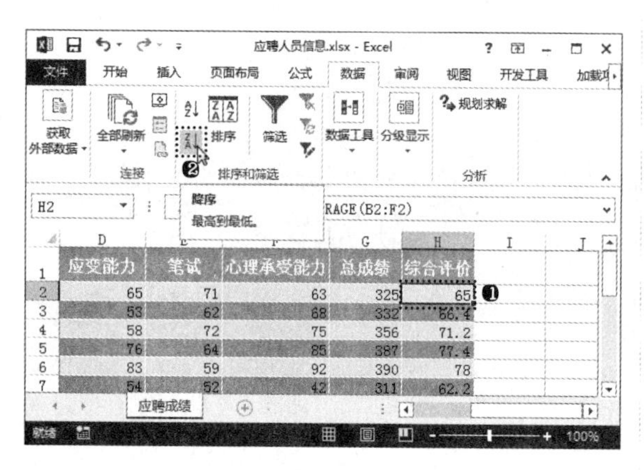

步骤02 经过上一步操作，H2:H17单元格区域中的得分便按照从小到大进行排列，并且，在排序后整条记录会随着所在排序的关键字的位置改变而改变，从而保持同一记录的完整性，如下图所示。

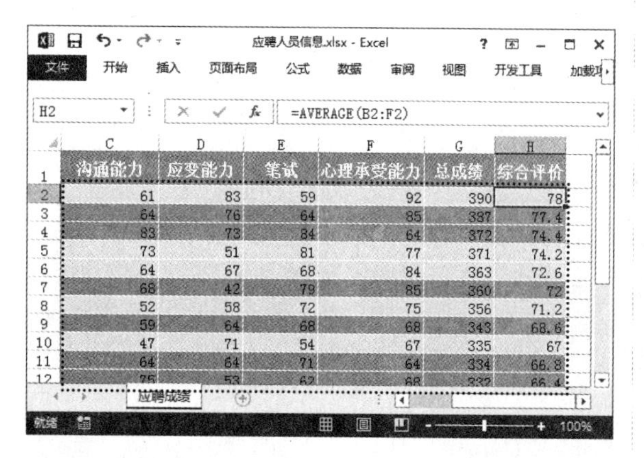

8.1.3 高级排序

按一个排序条件对数据进行简单排序时，经常会遇到多条数据的值相同的情况，为分析数据的工作带来麻烦，此时可以为表格设置多个排序条件作为次要排序条件，这样就可以在排序过程中，让在主要排序条件下数据相同的值，再次根据次要排序条件进行排序。

根据多个排序条件排序需要同时在多列单元格数据间进行。例如，要在“应聘人员信息2”工作簿中，以综合评价成绩从高到低进行排列，当综合评价成绩相同时，再根据笔试成绩从高到低进行排列，具体操作方法如下。

光盘同步文件
原始文件：光盘\原始文件\第8章\应聘人员信息2.xlsx
结果文件：光盘\结果文件\第8章\应聘人员信息2.xlsx
教学视频：光盘\教学视频文件\第8章\8-1-3.mp4

步骤01 打开“光盘\素材文件\第8章\应聘人员信息2.xlsx”文件。❶选择要进行排序的单元格区域中的任意单元格；❷单击“数据”选项卡“排序和筛选”组中的“排序”按钮，如下图所示。

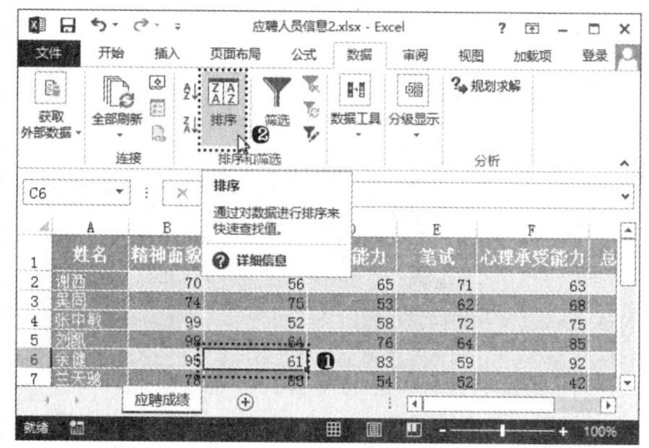

步骤02 ❶打开“排序”对话框，在“主要关键字”列中设置关键字为“综合评价”、次序为“降序”；❷单击“添加条件”按钮；❸在“次要关键字”列中设置关键字为“笔试”、次序为“降序”；❹单击“确定”按钮，如下图所示。

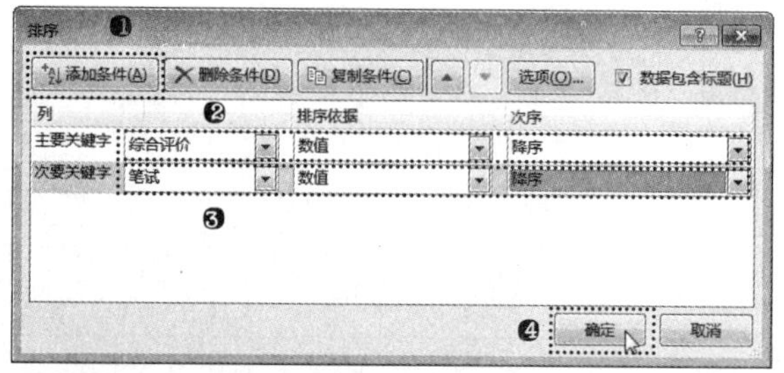

步骤03 经过上一步操作，返回工作表中即可看到表格数据已经按照综合评价成绩从高到低进行了排列，在遇到综合评价成绩相同时，再按照笔试成绩从高到低进行排列，完成排序后的效果如下页左上图所示。

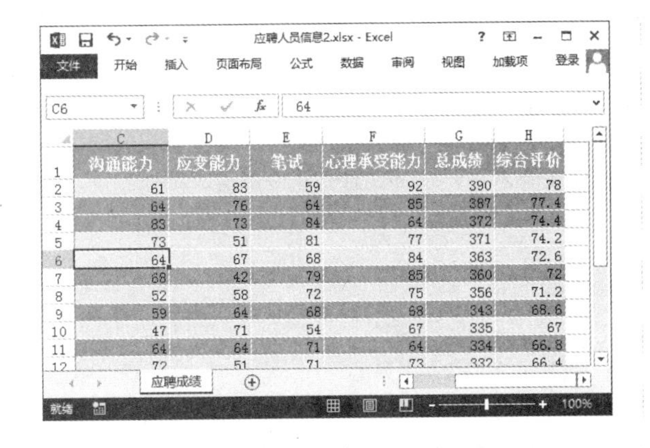

高手指引——认识"排序"对话框

在"排序"对话框中默认只有一个主要关键字，单击"添加条件"按钮，可依次添加次要关键字；在"排序依据"栏的下拉列表中可以选择数值、单元格颜色、字体颜色和单元格图标等作为对数据进行排序的依据；单击"删除条件"按钮，可删除添加的关键字；单击"复制条件"按钮，可复制在"排序"对话框下部列表框中选择的已经设置的排序条件，只是通过复制产生的条件都隶属于次要关键字。

8.1.4 自定义排序

默认情况下，Excel 2013 对文本进行排列是按照其拼音的首个字母进行排列的；对日期和时间是按照从早到晚或从晚到早进行排列的。此外，用户还可以根据实际需要自行设置排序条件。自定义排序条件需要在"排序"对话框中设置关键字、排序依据和次序。例如，要在"采购表"工作簿中以货品名称为主要关键字，按照自定义顺序进行排列，并以采购日期为次要关键字进行升序排列，具体操作方法如下。

光盘同步文件

原始文件：光盘\原始文件\第 8 章\采购表.xlsx
结果文件：光盘\结果文件\第 8 章\采购表.xlsx
教学视频：光盘\教学视频文件\第 8 章\8-1-4.mp4

步骤01 打开"光盘\素材文件\第 8 章\采购表.xlsx"文件。❶选择要进行排序的单元格区域中的任意单元格；❷单击"数据"选项卡"排序和筛选"组中的"排序"按钮，如下图所示。

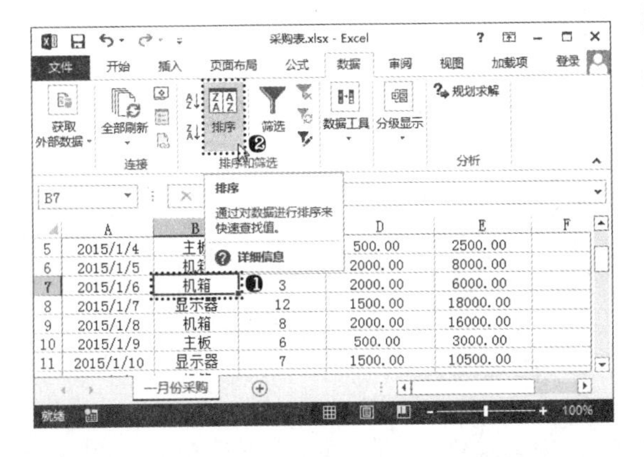

步骤02 ❶打开"排序"对话框，在"主要关键字"列中设置关键字为"货品名称"；❷单击"次序"列表框右侧的下拉按钮；❸在弹出的下拉列表中选择"自定义序列"选项，如下图所示。

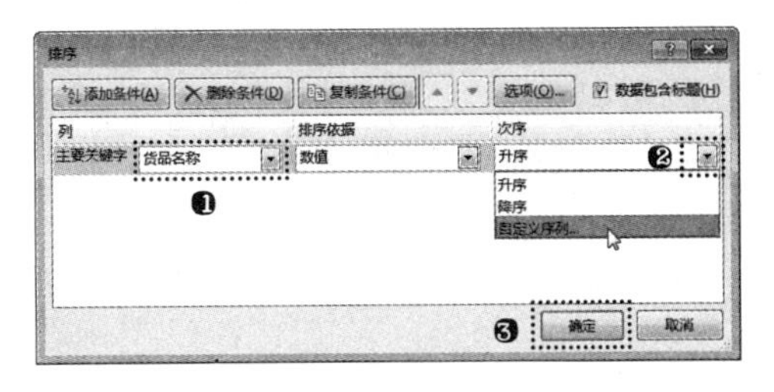

步骤03 ❶打开"自定义序列"对话框，在右侧的"输入序列"文本框中输入需要的序列依据"显示器，主板，机箱"；❷单击"添加"按钮，将新序列添加到"自定义序列"列表框中；❸单击"确定"按钮，如下图所示。

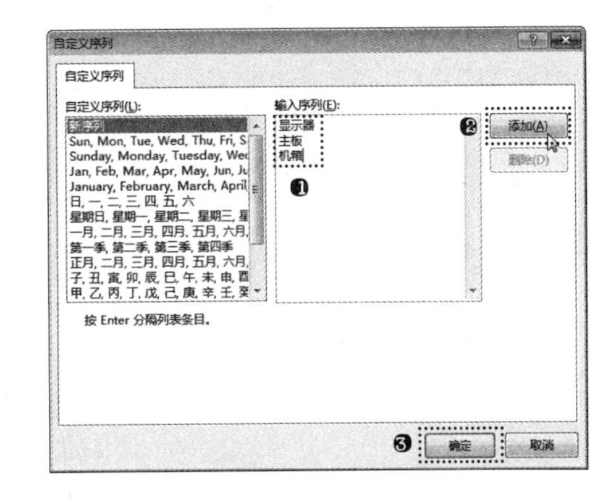

步骤04 ❶返回"排序"对话框中，单击"添加条件"按钮；❷在"次要关键字"列中设置关键字为"采购日期"、次序为"升序"；❸单击"确定"按钮，如下图所示。

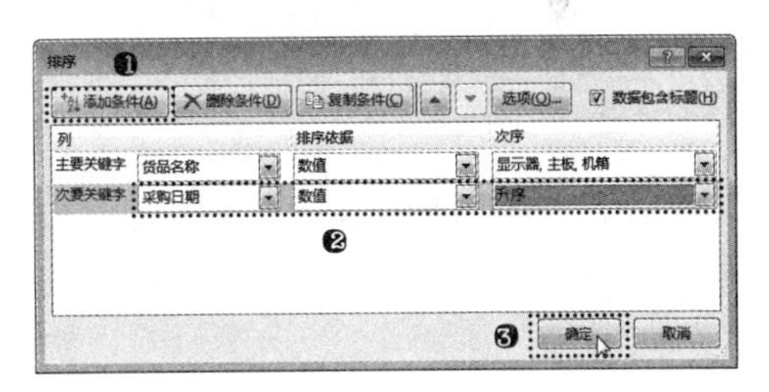

步骤05 经过上一步操作，在"货品名称"列中即按自定义的顺序进行了排列，并且在同一个货品名称中根据采购日期进行了升序排列，完成后的效果如下图所示。

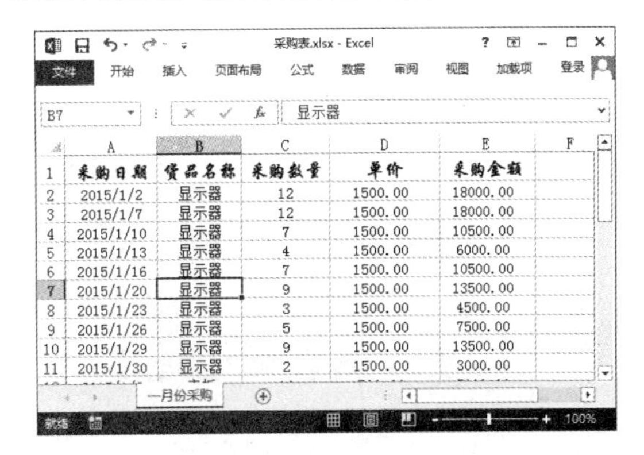

8.2 数据筛选

如果要从含有大量数据的工作表中查找某一个或某一组符合指定条件的数据，并隐藏其他不符合条件的数据，可以使用 Excel 2013 中的数据筛选功能。数据筛选是对数据进行分析时常用的操作之一。Excel 2013 可以对数字、文本、颜色、日期或时间等数据进行筛选。根据操作方法的不同，可将数据筛选分为自动筛选、自定义筛选和高级筛选 3 种。

8.2.1 自动筛选

在含有大量数据记录的数据列表中，利用“自动筛选”功能可以快速查找到符合条件的记录。自动筛选根据筛选条件的多少，可以分为单条件自动筛选和多条件自动筛选。

下面，要在“采购表 2.xlsx”工作簿中只显示出采购数量为 12 台显示器的采购记录，具体操作方法如下。

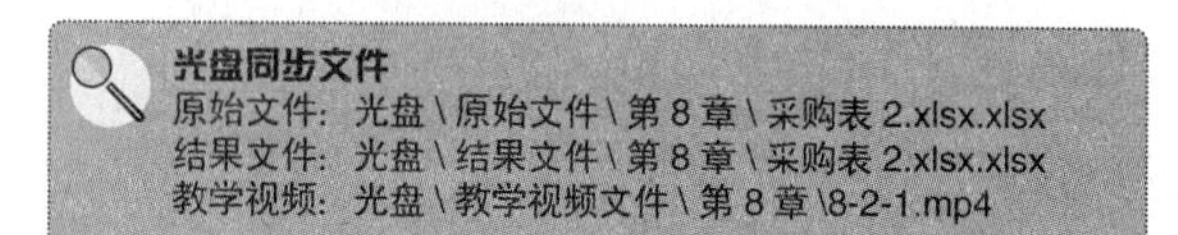

步骤 01 打开“光盘 \ 素材文件 \ 第 8 章 \ 采购表 2.xlsx”文件。❶选择要筛选数据的单元格区域中的任意单元格；❷单击“数据”选项卡“排序和筛选”组中的“筛选”按钮，如下图所示。

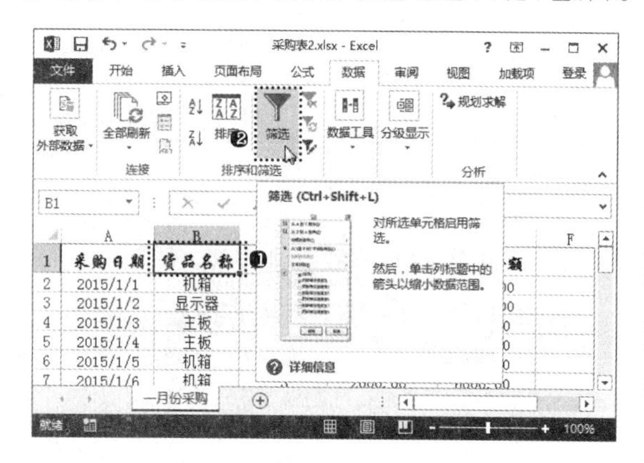

步骤 02 经过上一步操作，在表头各字段名的右侧将显示出一个下拉按钮。❶单击“货品名称”字段右侧的下拉按钮；❷在弹出的下拉列表中取消选中“机箱”和“主板”复选框；❸单击“确定”按钮，如下图所示。

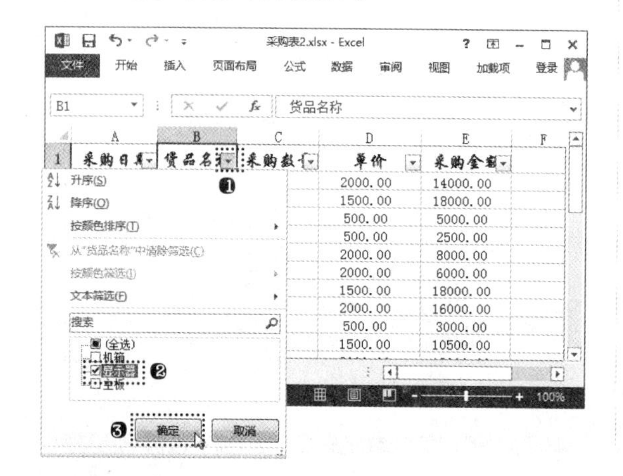

步骤 03 经过上一步操作，在工作表中将只显示货品名称为“显示器”的相关记录，且“货品名称”字段名右侧的下拉按钮将变成形状。❶单击“采购数量”字段右侧的下拉按钮；❷在弹出的下拉列表中只选中“12”复选框；❸单击“确定”按钮，如下图所示。

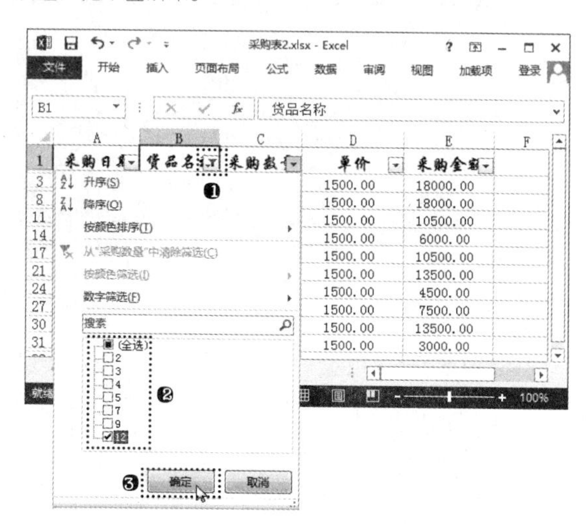

步骤 04 经过上一步操作，在工作表中将只显示货品名称为“显示器”，且采购数量为“12”的相关记录，效果如下图所示。

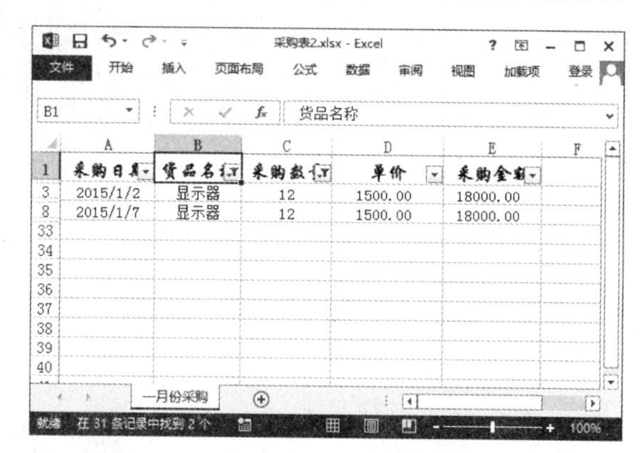

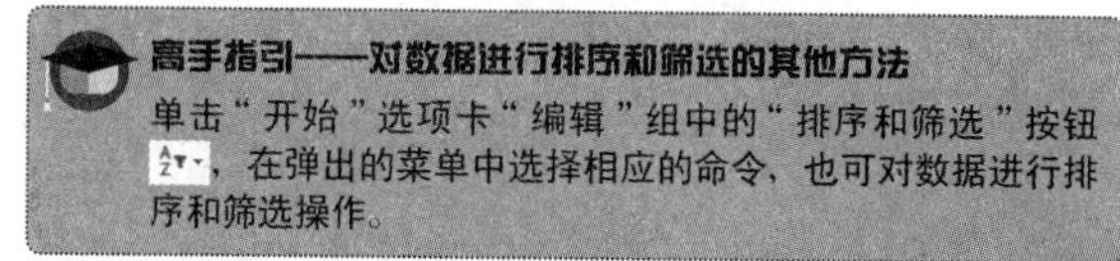

8.2.2 自定义筛选

简单筛选数据具有一定的局限性，只能满足简单的数据筛选操作，如果需要对简单筛选后的数据进一步进行操作，就需要自定义筛选了。自定义筛选可以根据用户需要设置筛选数据的条件，从而实现快速根据一列或多列单元格数据中的条件筛选出符合条件的数据。

自定义筛选，即在自动筛选后的需要自定义的表头字段名右侧单击下拉按钮▼，在弹出的菜单中选择相应的命令确定筛选条件。前面已经提到 Excel 2013 可对单元格中的数字、文本、颜色、日期或时间等数据进行筛选，同样，也可以对这些数据类型进行自定义筛选。下面分别讲解对文本、数字和颜色进行自定义筛选的方法。

光盘同步文件
原始文件：光盘\原始文件\第 8 章\中小学图书配备目录.xlsx
结果文件：光盘\结果文件\第 8 章\中小学图书配备目录.xlsx
教学视频：光盘\教学视频文件\第 8 章\8-2-2.mp4

1．对文本进行筛选

在将文本数据类型的列单元格作为筛选条件进行筛选时，可以筛选出与设置文本相同、不同或者是否包含相应文本的数据。例如，要在“中小学图书配备目录”工作簿中筛选出以“中国”开始的记录，具体操作方法如下。

步骤 01 打开“光盘\素材文件\第 8 章\中小学图书配备目录.xlsx”文件。❶选择要筛选数据的单元格区域中的任意单元格；❷单击“数据”选项卡“排序和筛选”组中的“筛选”按钮▼，如下图所示。

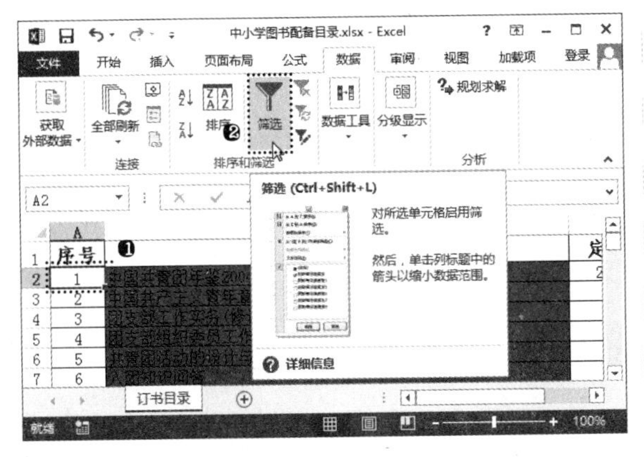

步骤 02 ❶单击“书名”字段右侧的下拉按钮；❷在弹出的菜单中选择“文本筛选”命令；❸在弹出的下级子菜单中选择“开头是”命令，如下图所示。

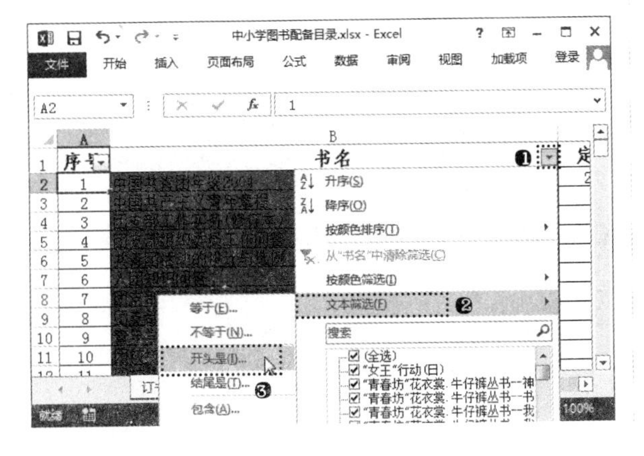

步骤 03 打开“自定义自动筛选方式”对话框，❶在右侧第一个下拉列表中输入“中国”文本；❷单击“确定”按钮，如下图所示。

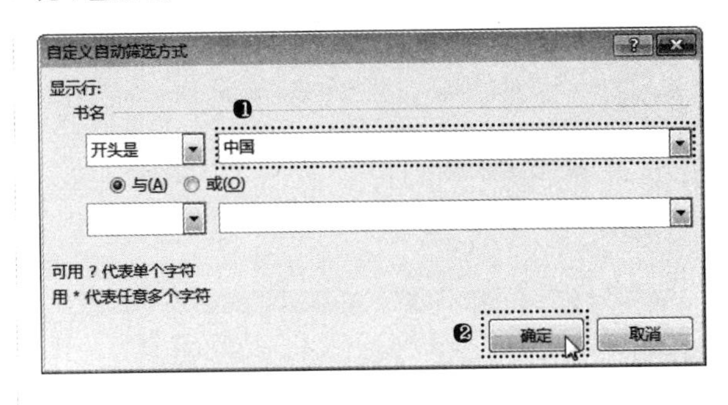

步骤 04 返回工作表中，即可只显示书名以“中国”开始的所有记录，如下图所示。

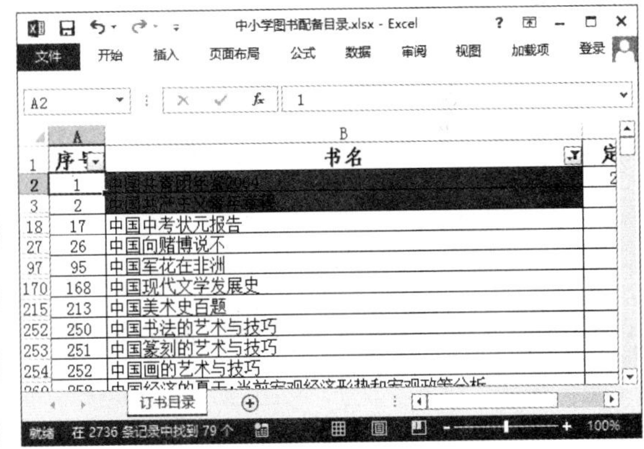

高手指引——认识“文本筛选”菜单

在“文本筛选”菜单中选择“等于”或“不等于”命令，可以筛选出等于或不等于设置文本的数据；选择“开头是”或“结尾是”命令，可以筛选出文本开头或结尾符合设置文本的数据；选择“包含”或“不包含”命令，可以筛选出文本包含或不包含设置文本的数据。

2．对数字进行筛选

在将数字数据类型的列单元格作为筛选条件进行筛选时，可以筛选出与设置数字相等、大于设置数字或者小于设置数字的数据。

对数字数据进行自定义筛选的方法与对文本数据进行自定义的方法基本类似。选择“数字筛选”命令后，在弹出的下级菜单中可以根据数值的大小、排列的次序、百分比等方式对数字数据进行自定义筛选。例如，要在“中小学图书配备目录”工作簿中筛选出定价大于或等于 50 的记录，具体操作方法如下。

步骤 01 在“中小学图书配备目录.xlsx”文件中，单击“数据”选项卡“排序和筛选”组中的“筛选”按钮▼，取消上一次的筛选效果，如下页左上图所示。

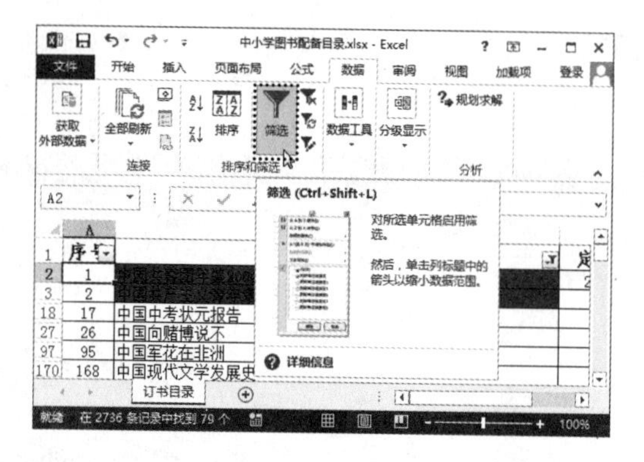

步骤02 经过上一步操作，即可看到表格中的数据恢复到未筛选之前的状态了，单击“数据”选项卡“排序和筛选”组中的“筛选”按钮▼，如下图所示。

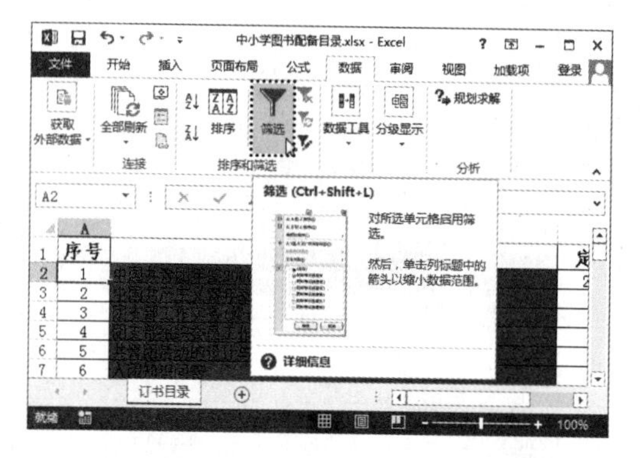

步骤03 ❶单击“定价”字段右侧的下拉按钮；❷在弹出的菜单中选择“数字筛选”命令；❸在弹出的下级子菜单中选择“大于或等于”命令，如下图所示。

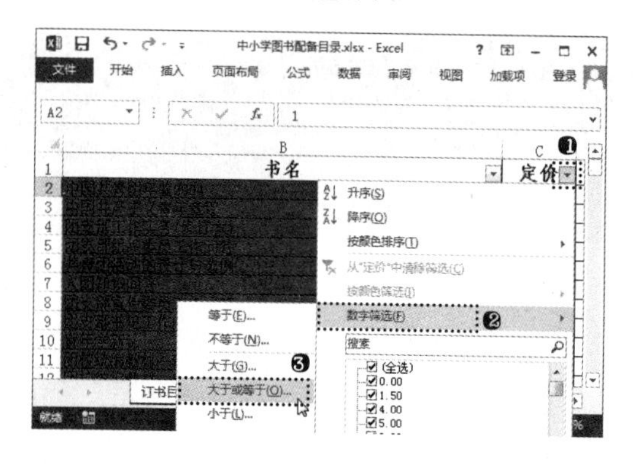

步骤04 ❶打开“自定义自动筛选方式”对话框，在右侧的第一个下拉列表中输入“50”；❷单击“确定”按钮，如下图所示。

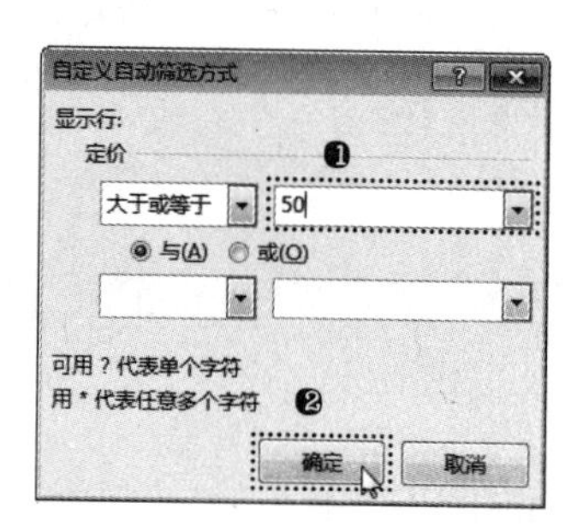

步骤05 返回工作表中，即可只显示定价大于或等于50的记录，如下图所示。

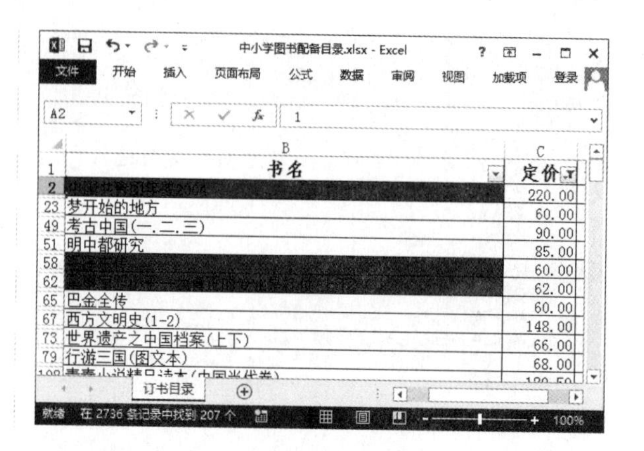

高手指引——自定义自动筛选方式

“自定义自动筛选方式”对话框中左侧的两个下拉列表用于选择赋值运算符，右侧的两个下拉列表用于对筛选范围进行约束、选择或输入具体的数值。“与”和“或”单选按钮用于设置相应的运算公式。选中“与”单选按钮后，必须满足设置的两个条件才能在筛选数据后被保留；选中“或”单选按钮，表示只要满足设置的其中一个条件就可以在筛选数据后被保留。

3. 对颜色进行筛选

在将填充了不同颜色的列单元格作为筛选条件进行筛选时，还可以通过颜色来进行筛选，将具有某种颜色的单元格筛选出来。其自定义筛选的方法与对文本数据进行自定义的方法类似。下面，在“中小学图书配备目录”工作簿中，将书名填充了橙色的记录筛选出来，具体操作方法如下。

步骤01 在“中小学图书配备目录.xlsx”文件中，单击“数据”选项卡“排序和筛选”组中的“筛选”按钮▼两次，分别用于取消上一次的筛选效果，再显示出筛选按钮，如下图所示。

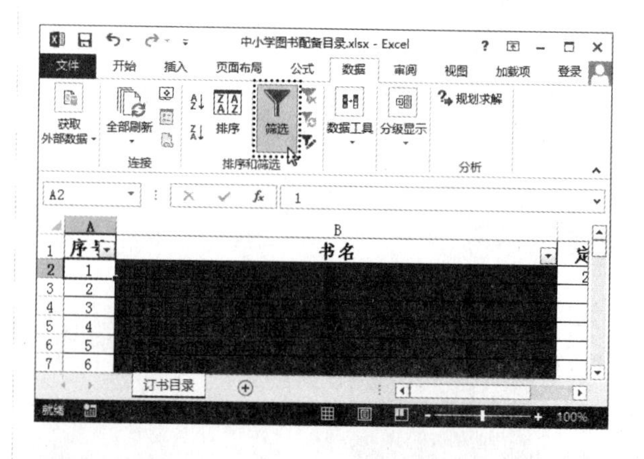

步骤02 ❶单击“书名”字段右侧的下拉按钮；❷在弹出的菜单中选择“按颜色筛选”命令；❸在弹出的下级子菜单中选择需要筛选出的颜色效果，如下页左上图所示。

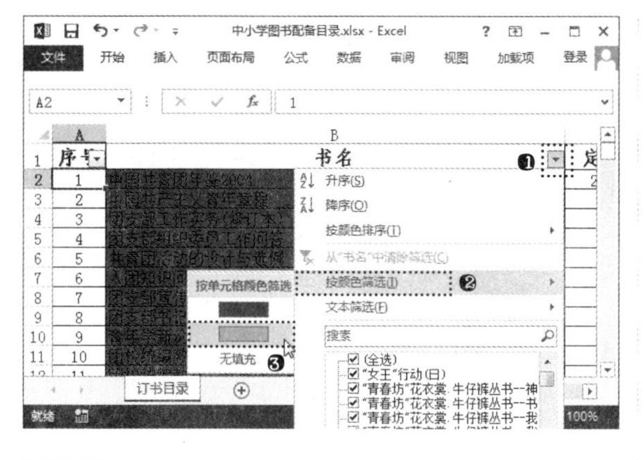

步骤03 经过上一步操作，即可筛选出书名填充了橙色的记录，如下图所示。

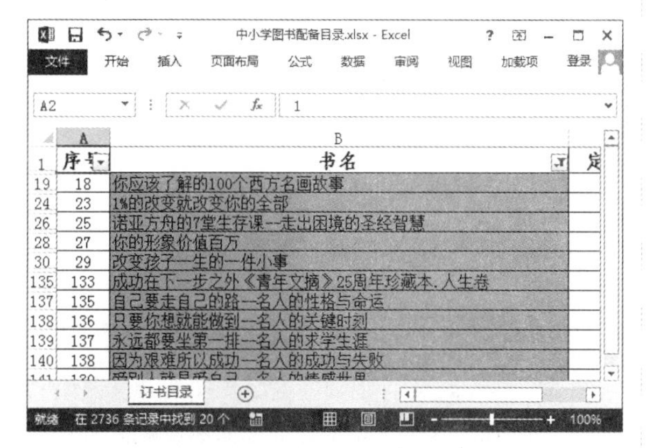

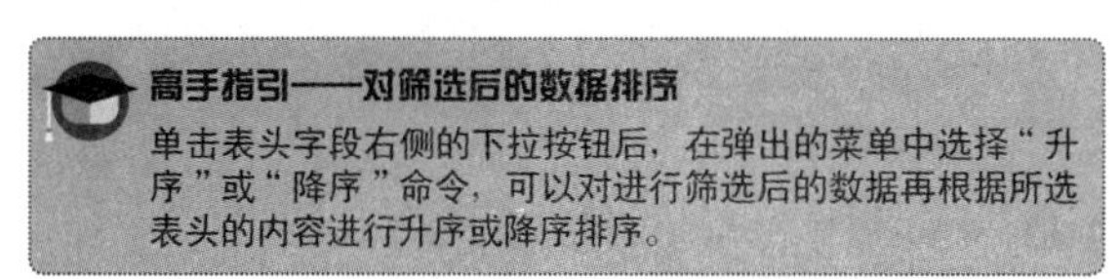

高手指引——对筛选后的数据排序

单击表头字段右侧的下拉按钮后，在弹出的菜单中选择“升序”或“降序”命令，可以对进行筛选后的数据再根据所选表头的内容进行升序或降序排序。

8.2.3 高级筛选

在对表格数据进行筛选时，如果需要将多列单元格数据作为筛选条件，利用“自动筛选”功能进行筛选就需要分别单击这些列单元格表头字段名右侧的下拉按钮，在弹出的菜单中进行设置，但一些比较特殊的筛选方式还是不能实现。为了简化多条件筛选的过程，使用 Excel 中提供的高级筛选功能可以以输入条件的方式自行定义复杂的筛选条件，还可以扩展筛选方式和筛选功能。

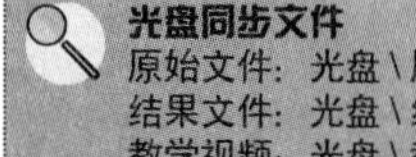

光盘同步文件

原始文件：光盘 \ 原始文件 \ 第 8 章 \ 应聘人员信息 3.xlsx
结果文件：光盘 \ 结果文件 \ 第 8 章 \ 应聘人员信息 3.xlsx
教学视频：光盘 \ 教学视频文件 \ 第 8 章 \8-2-3.mp4

1．实现“与”关系的条件筛选

利用高级筛选功能可以实现“与”关系的条件筛选。例如，要在“应聘人员信息 3”文件中筛选综合评价成绩大于等于 60，笔试成绩大于等于 60，且沟通能力大于等于 60 的记录，具体操作方法如下。

步骤01 打开“光盘 \ 素材文件 \ 第 8 章 \ 应聘人员信息 3.xlsx”文件。❶在 K1:M3 单元格区域中输入作为筛选记录的约束条件文本；❷单击“数据”选项卡“排序和筛选”组中的“高级”按钮，如下图所示。

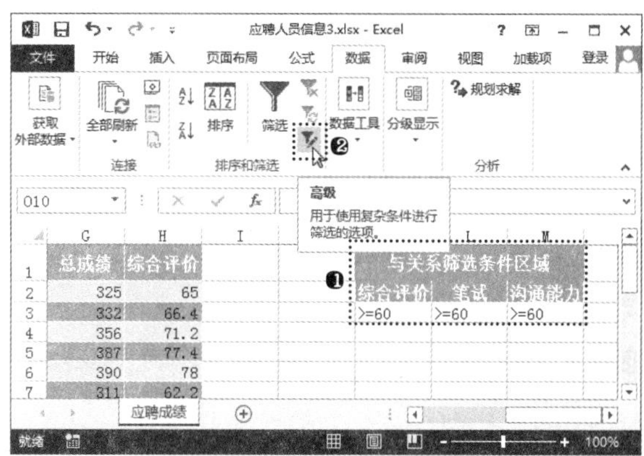

步骤02 ❶打开“高级筛选”对话框，选中“将筛选结果复制到其他位置”单选按钮；❷在“列表区域”文本框中引用数据筛选的 A1:H17 单元格区域；❸在“条件区域”文本框中引用筛选条件所在的 K2:M3 单元格区域；❹在“复制到”文本框中引用筛选结果要放置的第一个单元格，即 A20 单元格；❺单击“确定”按钮，如下图所示。

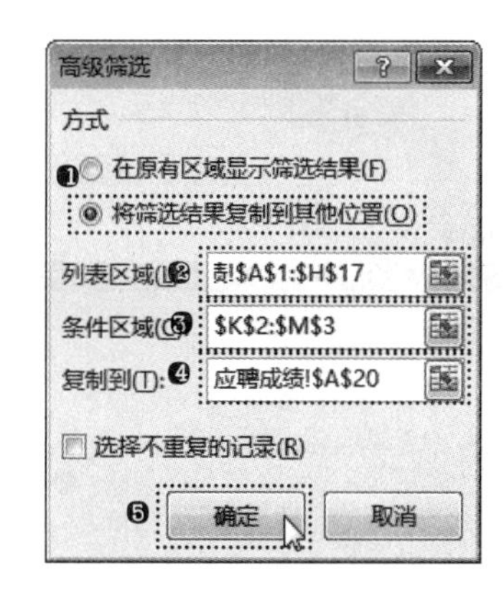

步骤03 经过上一步操作，即可根据设置的筛选条件，以 A20 单元格为开始单元格显示出综合评价成绩大于等于 60，笔试成绩大于等于 60，且沟通能力大于等于 60 的记录，如下图所示。

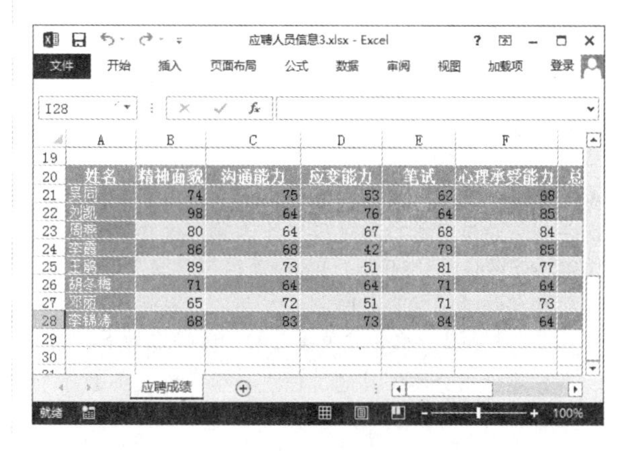

高手指引——设置筛选结果的显示位置
在“高级筛选”对话框中，选中“在原有区域显示筛选结果”单选按钮，可以在数据原有区域中显示筛选结果

2．实现“或”关系的条件筛选

若要在表格中筛选出多个条件中只要满足一个条件即可的数据，使用自动筛选功是无法实现的，此时只能使用“高级筛选”功能自行设置筛选条件，实现“或”关系的条件筛选。

例如，要在“应聘人员信息 3”文件中筛选综合评价成绩大于等于 60，或笔试成绩大于等于 60，或沟通能力大于等于 60 的记录，具体操作方法如下。

步骤 01 ❶在“应聘人员信息 3.xlsx”文件中，在 K8:M12 单元格区域中输入作为筛选记录的约束条件文本；❷单击“数据”选项卡“排序和筛选”组中的“高级”按钮，如下图所示。

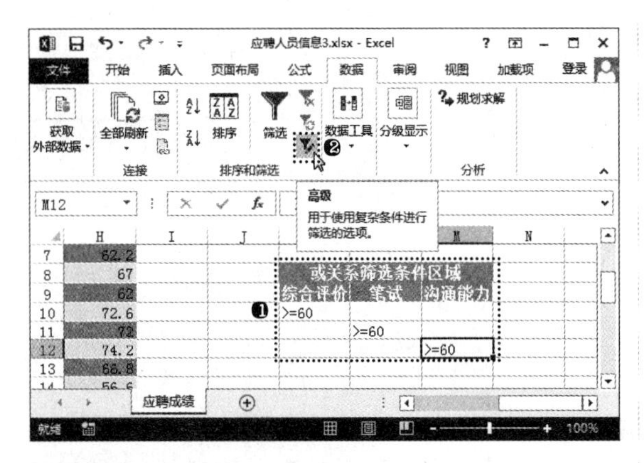

步骤 02 ❶打开“高级筛选”对话框，选中“将筛选结果复制到其他位置”单选按钮；❷在“列表区域”文本框中引用数据筛选的 A1:H17 单元格区域；❸在“条件区域”文本框中引用筛选条件所在的 K8:M12 单元格区域；❹在“复制到”文本框中引用筛选结果要放置的第一个单元格，即 A31 单元格；❺单击“确定”按钮，如右上图所示。

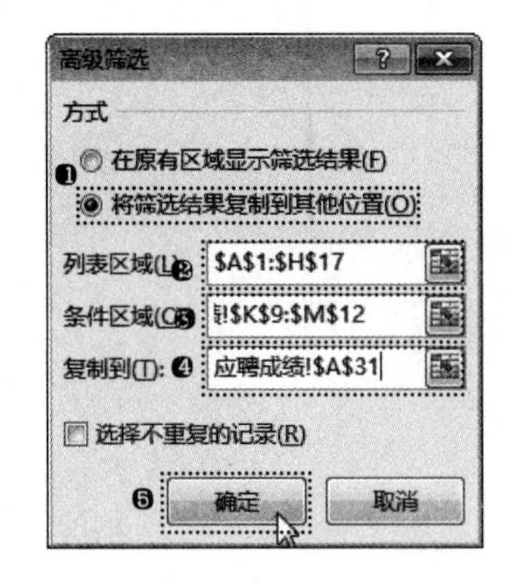

步骤 03 经过上一步操作，即可根据设置的筛选条件，以 A31 单元格为开始单元格显示出综合评价成绩大于等于 60，或笔试成绩大于等于 60，或沟通能力大于等于 60 的记录，如下图所示。

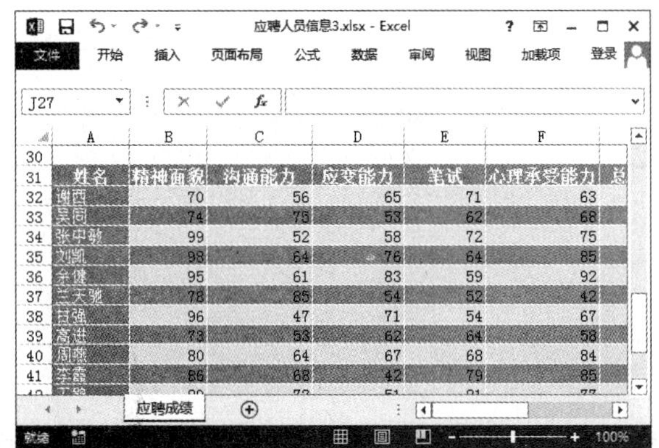

高手指引——进行高级筛选的注意事项
进行高级筛选时，作为条件筛选的列标题文本必须与数据表格中的列标题文本完全相同，且条件区域中的各列标题必须在同一行并排。在列标题下方列举条件文本，各条件为“与”关系的将条件文本并排，为“或”关系的不在同一行。

8.3 数据的分类汇总

分类汇总，就是将数据表格中的记录按照某一关键字段（即某列数据）进行分类排列，并分别统计出不同类别数据的相关汇总结果。使用 Excel 2013 中的“分类汇总”功能，可以对表格数据按求平均值、合计、最大值、最小值等进行汇总。在 Excel 中，分类汇总分为简单汇总和嵌套汇总两种方法。

8.3.1 分类汇总简介

当表格中的记录越来越多，且出现相同类别的记录时，使用分类汇总功能可以将性质相同的数据集合到一起，分门别类后再进行汇总运算。这样就能更直观地显示出表格中的数据信息，方便用户查看。

使用分类汇总操作时，并不是所有数据表格都可以进行分类汇总。表格分类汇总的一般要素如下。

1. 要使用分类汇总的工作表必须具备表头名称，因为 Excel 2013 是使用表头名称来决定如何创建数据组，以及如何进行汇总的。

2. 使用分类汇总的表格区域中，需要有分类字段和汇总字段。

3. 分类字段是指对数据类型进行区分的列单元格，一般是文本字段，并且该字段中具有多个相同字段名的记录（即具有重复值），例如，“性别”字段中就有多个性别为女和性别为男的记录。

4. 汇总字段是指对不同类别的数据进行汇总计算的列，在选择汇总项时，一般选择数值字段，如“基

本工资”、“实发工资”等。汇总方式可以为计算、求和、求平均等。

5. 在对表格进行分类汇总操作之前，必须先将表格按分类汇总的字段进行排序。排序的目的就将相同字段类型的记录排列在一起。

6. 在对表格进行分类汇总时，汇总的关键字段要与排序的关键字段一致。

在汇总结果中将出现分类汇总和总计的结果值。其中，分类汇总结果值是对同一类别的数据进行相应的汇总计算后得到的结果；总计结果值则是对所有数据进行相应的汇总计算后得到的结果。使用分类汇总命令后，数据区域将应用分级显示，不同的分类作为第一级，每一级中的内容即为原数据表中该类别的明细数据。

8.3.2 创建单项分类汇总

单项分类汇总即是对数据表格中的字段进行一种计算方式的汇总。在创建分类汇总之前，首先应对表格中需要进行分类汇总的数据以汇总选项进行排序，然后再设置分类汇总的分类字段、汇总字段、汇总方式和汇总后数据的显示位置即可。例如，要在“采购表 3”工作簿中统计出不同货品的采购数量和采购金额，具体的操作如下。

光盘同步文件
原始文件：光盘 \ 原始文件 \ 第 8 章 \ 采购表 3.xlsx
结果文件：光盘 \ 结果文件 \ 第 8 章 \ 采购表 3.xlsx
教学视频：光盘 \ 教学视频文件 \ 第 8 章 \8-3-2.mp4

步骤01 打开“光盘 \ 素材文件 \ 第 8 章 \ 采购表 3.xlsx ”文件。❶选择作为分类字段“货品名称”列中的任意单元格；❷单击“数据”选项卡“排序和筛选”组中的“升序”按钮，如下图所示。

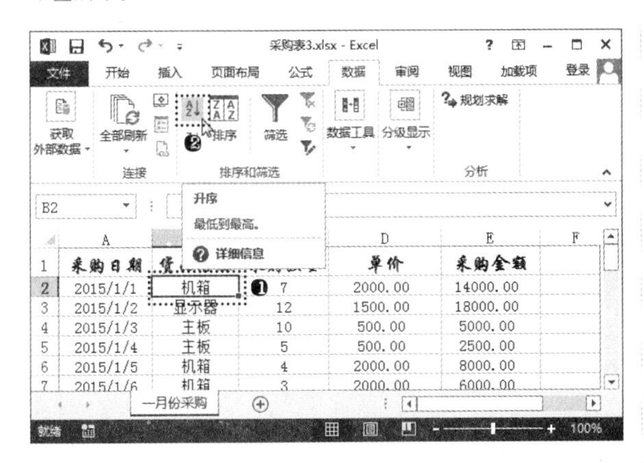

步骤02 经过上一步操作，即可按照“货品名称”分类表格中的数据。单击“数据”选项卡“分级显示”组中的“分类汇总”按钮，如右上图所示。

高手指引——设置“分类汇总”对话框参数
在“分类汇总”对话框中选中“每组数据分页”复选框，可以按每个分类汇总自动分页；选中“汇总结果显示在数据下方”复选框，可以指定汇总行位于明细行的下方。

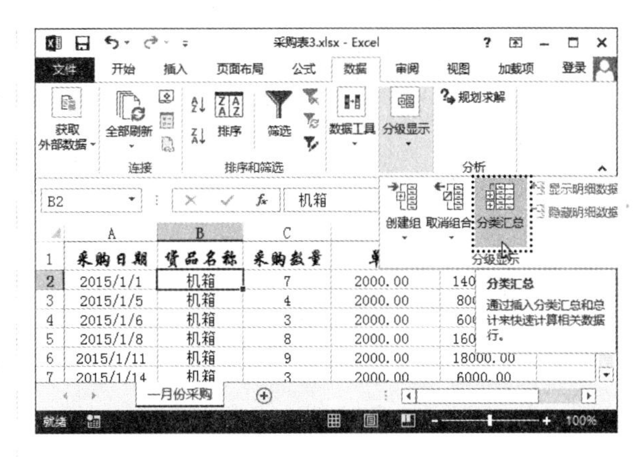

步骤03 ❶打开“分类汇总”对话框，在“分类字段”下拉列表中选择要进行分类汇总的字段名称“货品名称”；❷在“汇总方式”下拉列表中选择“求和”选项；❸在“选定汇总项”列表框中选择要进行汇总计算的列，这里选中“采购数量”和“采购金额”复选框；❹选中“替换当前分类汇总”和“汇总结果显示在数据下方”复选框；❺单击“确定”按钮，如下图所示。

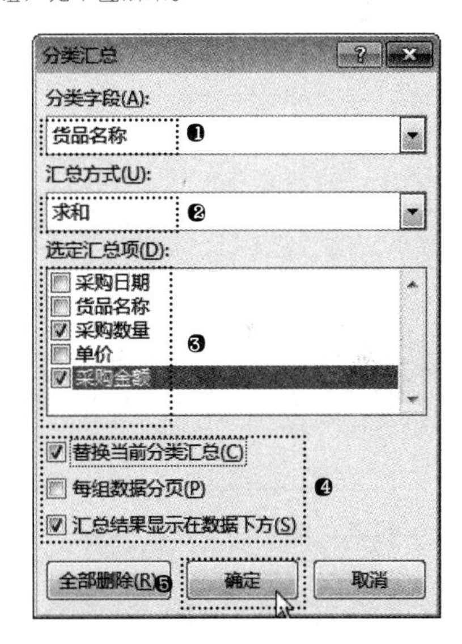

步骤04 经过上一步操作，即可创建分类汇总。可以看到表格中相同的货品名称汇总结果将显示在相应的名称下方，最后还将所有货品类别的采购数量和采购金额进行统计，并显示在工作表的最后一行，如下图所示。

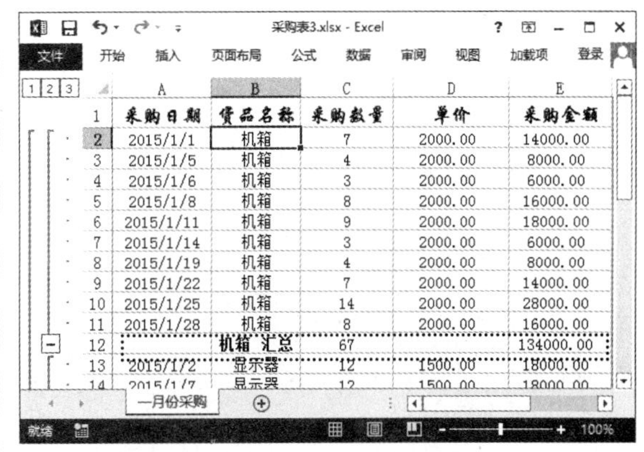

8.3.3 嵌套分类汇总

前面介绍的简单汇总是指对数据表格的一个字段仅统一做一种方式的汇总。进行简单分类汇总之后，若需要对数据进一步的细化，即在原有汇总结果的基础上，再次进行分类汇总，便可采用嵌套分类汇总的方式。

嵌套汇总可以对同一字段进行多种方式的汇总，也可以对不同字段（两列或两列以上的数据信息）进行汇总。需要注意的是，在分类汇总之前，仍然需要对分类的字段进行排序，否则分类将毫无意义。而且，排序的字段（包括字段的主次顺序）与后面分类汇总的字段必须一致。

光盘同步文件

原始文件：光盘 \ 原始文件 \ 第 8 章 \ 管理学院 2014 级选课手册 .xlsx

结果文件：光盘 \ 结果文件 \ 第 8 章 \ 管理学院 2014 级选课手册 .xlsx

教学视频：光盘 \ 教学视频文件 \ 第 8 章 \8-3-3.mp4

步骤 01 打开“光盘 \ 素材文件 \ 第 8 章 \ 管理学院 2014 级选课手册 .xlsx”文件。❶选择包含数据的任意单元格；❷单击“数据”选项卡“排序和筛选”组中的“排序”按钮，如下图所示。

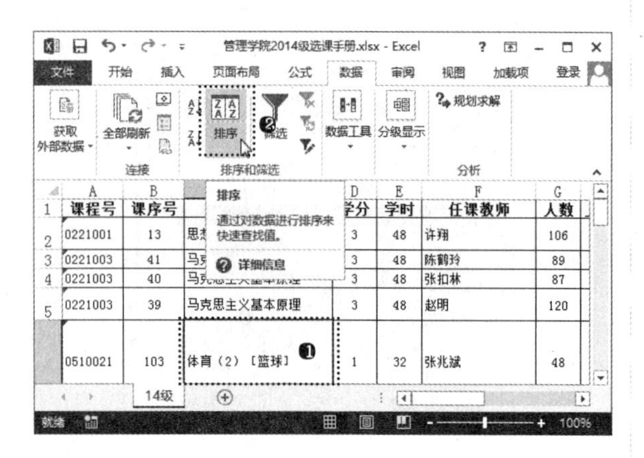

步骤 02 ❶打开“排序”对话框，在“主要关键字”列中设置分类汇总的主要关键字为“课程名”；❷单击“添加条件”按钮；❸在“次要关键字”列中设置分类汇总的次要关键字为“任课教师”；❹单击“确定”按钮，如下图所示。

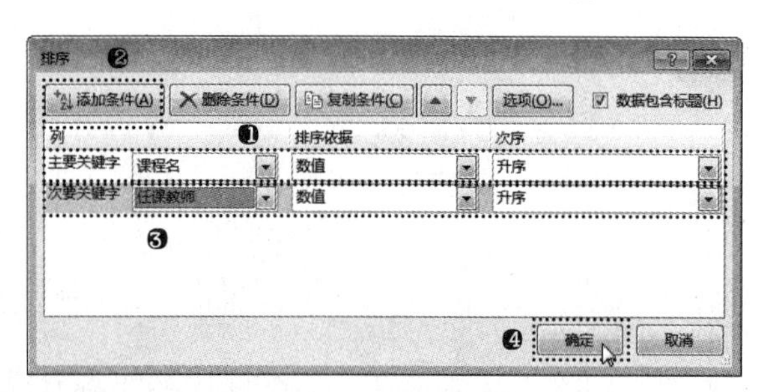

步骤 03 经过上一步操作，即可根据要创建分类汇总的主要关键字和次要关键字进行排序。单击“数据”选项卡“分级显示”组中的“分类汇总”按钮，如右上图所示。

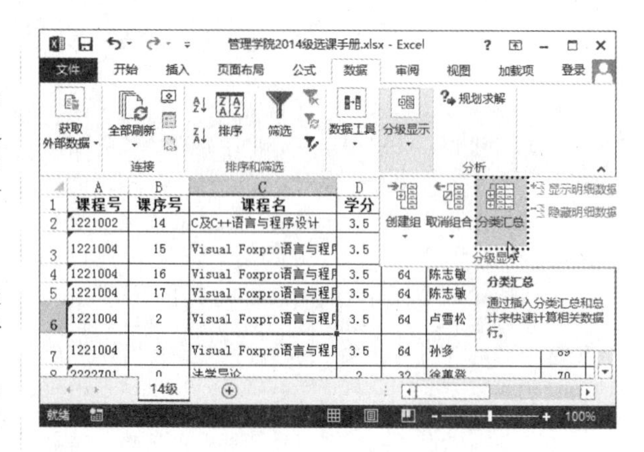

步骤 04 ❶打开“分类汇总”对话框，在“分类字段”下拉列表中选择要进行分类汇总的主要关键字段名称“课程名”；❷在“汇总方式”下拉列表中选择“求和”选项；❸在“选定汇总项”列表框中选择要进行汇总计算的列，这里选中“学分”、“学时”、“人数”和“上课时间”复选框；❹选中“替换当前分类汇总”和“汇总结果显示在数据下方”复选框；❺单击“确定”按钮，如下图所示。

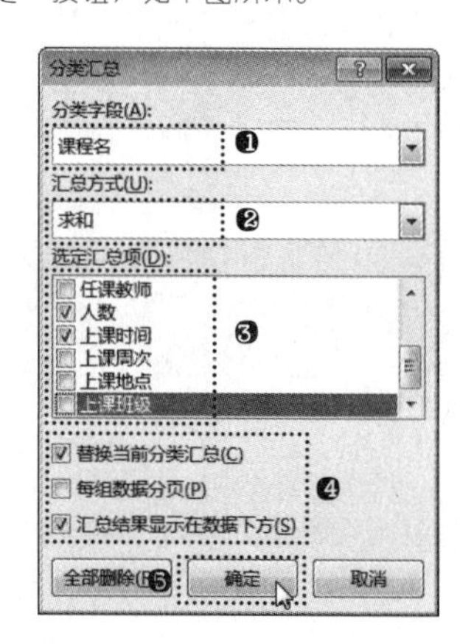

步骤 05 经过上一步操作，即可创建一级分类汇总。可以看到表格中相同课程名的相应汇总项的结果将显示在相应的名称下方。单击“数据”选项卡“分级显示”组中的“分类汇总”按钮，如下图所示。

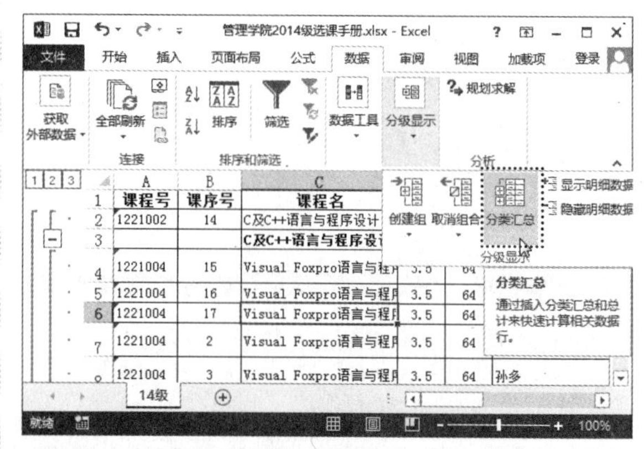

步骤 06 ❶打开“分类汇总”对话框，在“分类字段”下拉列表中选择要进行分类汇总的次要关键字段名称“任课教师”；❷在“汇总方式”下拉列表中选择“求和”选项；❸在“选定汇总项”列表框中选择要进行汇总计算的列，这里

选中"学时"、"人数"和"上课时间"复选框；❹取消选中"替换当前分类汇总"复选框；❺单击"确定"按钮，如下图所示。

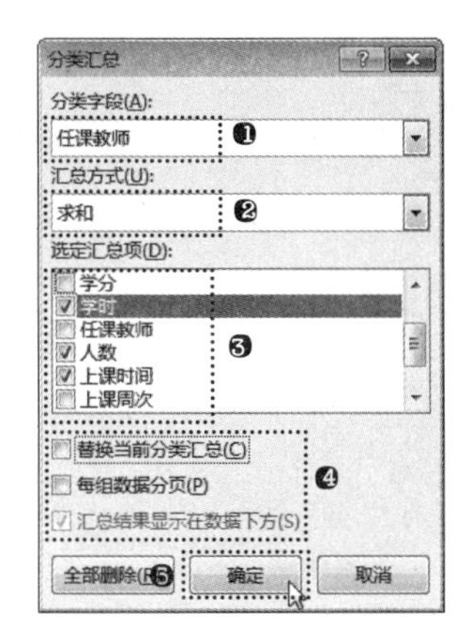

步骤 07 经过上一步操作，即可创建二级分类汇总。可以看到表格中相同任课教师的相应汇总项的结果将显示在相应的教师名称后方，同时隶属于一级分类汇总的内部，如下图所示。

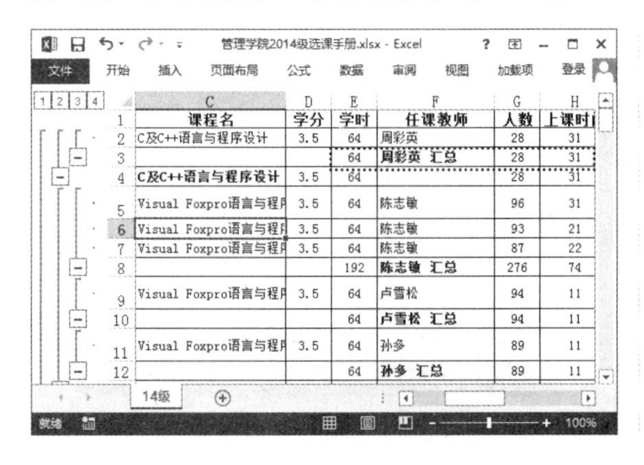

	C	D	E	F	G	H
1	课程名	学分	学时	任课教师	人数	上课时
2	C及C++语言与程序设计	3.5	64	周彩英	28	31
3			64	周彩英 汇总	28	31
4	C及C++语言与程序设计	3.5	64		28	31
5	Visual Foxpro语言与程	3.5	64	陈志敏	96	31
6	Visual Foxpro语言与程	3.5	64	陈志敏	93	21
7	Visual Foxpro语言与程	3.5	64	陈志敏	87	22
8			192	陈志敏 汇总	276	74
9	Visual Foxpro语言与程	3.5	64	卢雪松	94	11
10			64	卢雪松 汇总	94	11
11	Visual Foxpro语言与程	3.5	64	孙多	89	11
12			64	孙多 汇总	89	11

8.3.4 隐藏与显示汇总结果

进行分类汇总后，工作表中的数据将以分级方式显示汇总数据和明细数据，并在工作表的左侧出现1、2、3……用于显示不同级别分类汇总的按钮，单击它们可以显示不同级别的分类汇总。要更详细地查看分类汇总数据，还可以单击工作表左侧的+按钮，即可显示出被隐藏的单个分类汇总项目的明细行，同时该按钮变为-形状。再次单击-按钮又可隐藏不需要的单个分类汇总项目的明细行。

此外，在工作表中选择需要隐藏的分类汇总数据项中的任意单元格，单击"数据"选项卡"分级显示"组中的"隐藏明细数据"按钮，可以隐藏该分类汇总数据项，再次单击"隐藏明细数据"按钮可以隐藏该汇总数据项上一级的分类汇总数据项。单击"显示明细数据"按钮，则可以依次显示各级别的分类汇总数据项。

8.3.5 删除分类汇总

分类汇总查看完毕后，可以单击"数据"选项卡"分级显示"组中的"分类汇总"按钮，在打开的"分类汇总"对话框中单击"全部删除"按钮，删除表格中创建的分类汇总，使数据恢复到分类汇总前的状态。

实用技巧——技能提高

为工作表中的数据进行排序、筛选和分类汇总后，可以使数据的层次关系更明显，从而能快速获得需要的数据。下面结合本章内容，为读者继续介绍几种与数据排序、筛选和分类汇总相关的技巧。

光盘同步文件
原始文件：光盘\素材文件\第 8 章\技能提高\
结果文件：光盘\结果文件\第 8 章\技能提高\
教学视频：光盘\教学视频文件\第 8 章\技能提高 .mp4

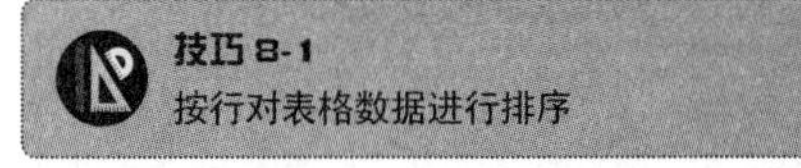

技巧 8-1
按行对表格数据进行排序

默认情况下，Excel 中的排序功能是按列对表格数据进行排列的，而有些表格数据在录入时每一列为一条记录，每一行为一个字段。若要对这类表格中的记录进行排序，就需要改变排序的方向，实现对表格数据按行进行排序。例如，要对"销量表"文件中的数据按行进行排序，并以销售量为主要关键字进行降序排列，以员工编号为次要关键字进行升序排列，具体操作方法如下。

步骤 01 打开"光盘\素材文件\第 8 章\技能提高\销量表 .xlsx"文件。❶选择要进行排序的 B2:S7 单元格区域；❷单击"数据"选项卡"排序和筛选"组中的"排序"按钮，如下页左上图所示。

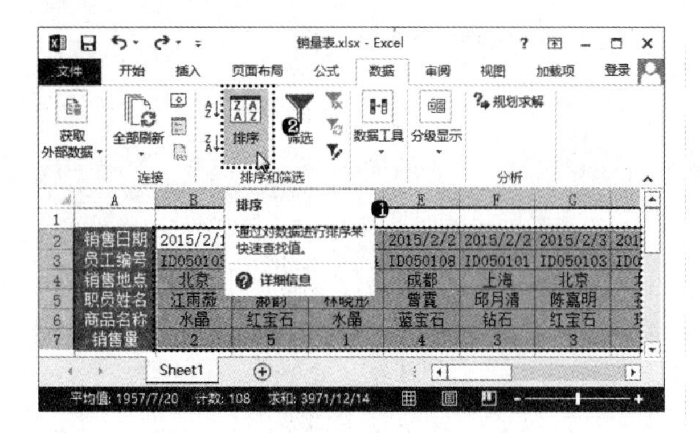

步骤02 ❶打开“排序”对话框，单击“选项”按钮；❷打开“排序选项”对话框，在“方向”栏中选中“按行排序”单选按钮；❸单击“确定”按钮，如下图所示。

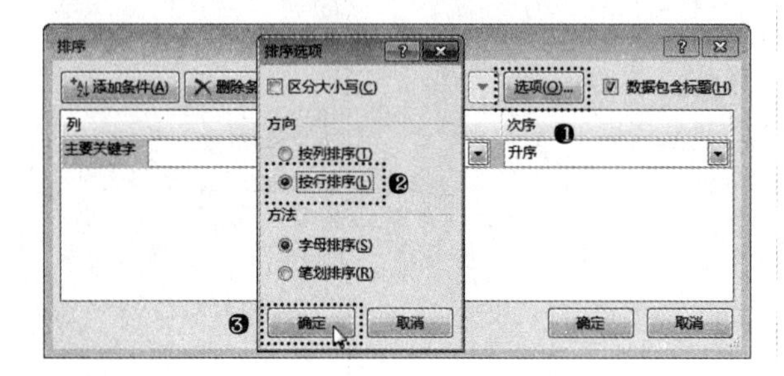

步骤03 ❶返回“排序”对话框，在“主要关键字”列中设置关键字为“行 7”、次序为“降序”；❷单击“添加条件”按钮；❸在“次要关键字”列中设置关键字为“行 3”、次序为“升序”；❹单击“确定”按钮，如下图所示。

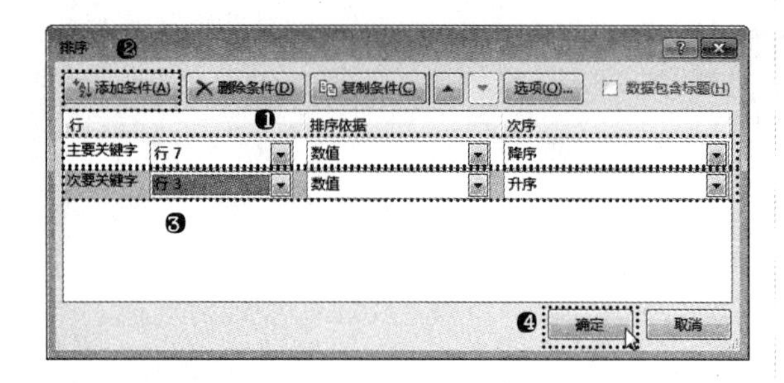

步骤04 经过上一步操作，即可让表格中的数据以销售量为主要关键字进行降序排列，以员工编号为次要关键字进行升序排列，效果如下图所示。

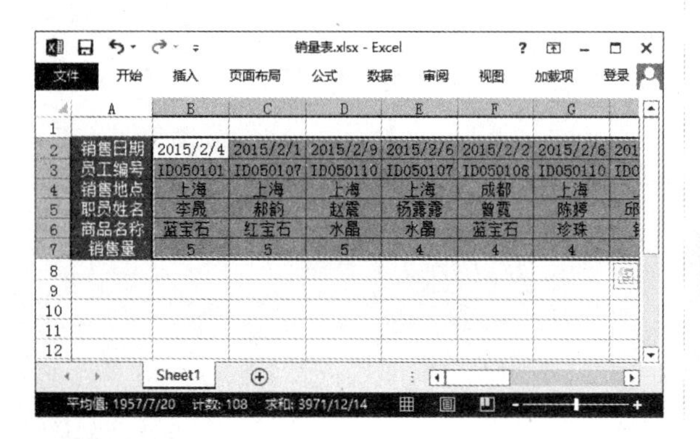

高手指引——选择排序区域的注意事项

在按行进行排序时，若选择区域的最左侧一列为数据各行的标题，即不需要对该列数据进行排序时，则不能选择该列数据到排序数据区域中。

技巧 8-2

按笔划排序

在对表格数据进行排序时，如果排序关键字中的数据为文本数据，通常将英文字母或拼音字母的顺序作为排序依据。有时则需要根据文本数据的笔划多少进行排序，此时需要在“排序选项”对话框中设置排序的方法。例如，在“中小学图书配备目录”文件中要设置以书名为主要关键字，并根据汉字的笔划多少进行升序时，具体操作方法如下。

步骤01 打开“光盘\素材文件\第 8 章\技能提高\中小学图书配备目录 .xlsx”文件。❶选择要进行排序的单元格区域中的任意单元格；❷单击“数据”选项卡“排序和筛选”组中的“排序”按钮，如下图所示。

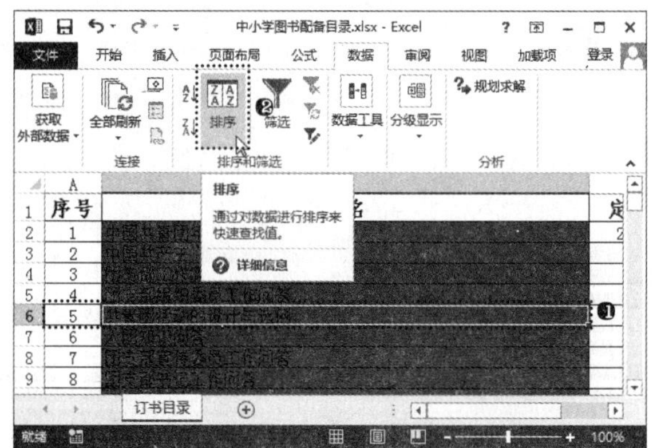

步骤02 ❶打开“排序”对话框，单击“选项”按钮；❷打开“排序选项”对话框，在“方法”栏中选中“笔划排序”单选按钮；❸单击“确定”按钮，如下图所示。

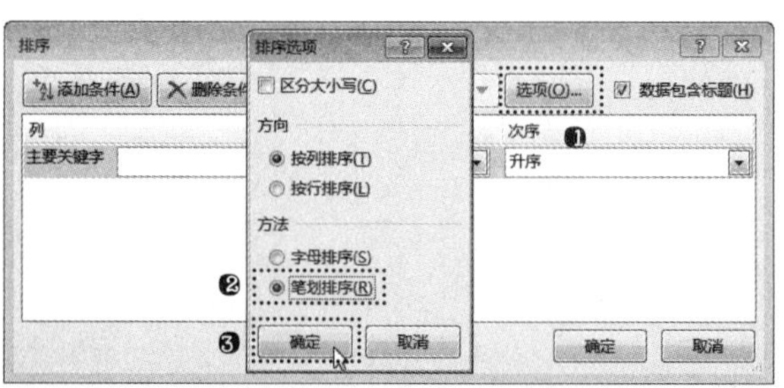

高手指引——Excel 中的按笔划排序规则定义

在 Excel 中，对包含多个汉字的一组汉字进行笔划排序时，首先会对第一个字的笔划多少进行排序，如果第一个汉字的笔划数相同，Excel 按照其内码顺序进行排序，而不是按照笔画顺序进行排列。

步骤03 ❶返回“排序”对话框，在“主要关键字”列中设置关键字为“书名”、次序为“升序”；❷单击“确定”按钮，如下图所示。

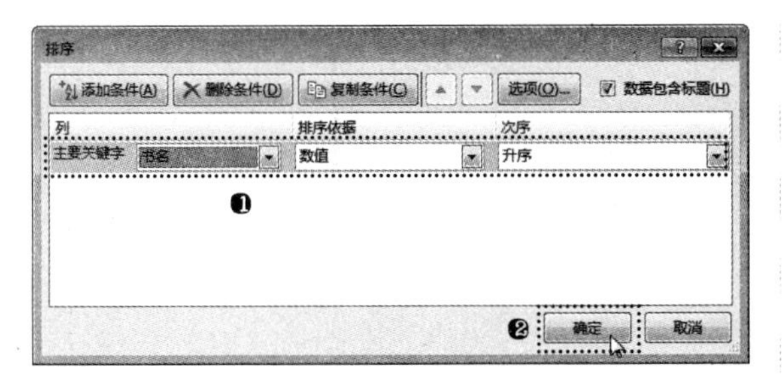

步骤 04 经过上一步操作，即可让表格中数据根据书名笔画的多少进行排序，如下图所示。

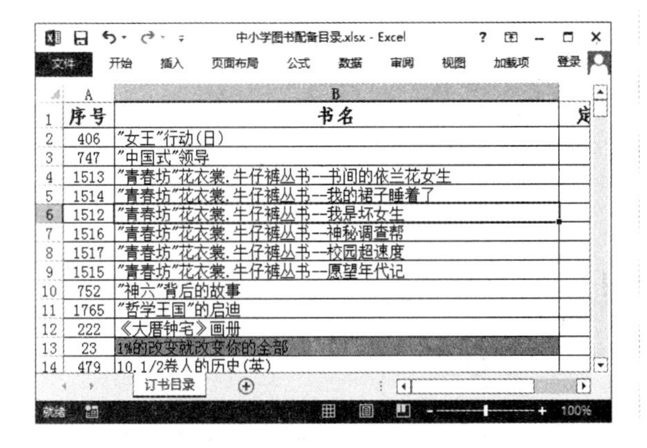

技巧 8-3
按字符数量排序

在实际工作中，用户有时候需要根据字符的数量进行排序，但是，Excel 并没有提供直接根据字符数量进行排序的功能。要完成该任务，可以结合函数进行操作，首先使用统计函数统计出每个单元格中包含的字符量，然后根据统计结果进行排序。

例如，在“中小学图书配备目录 2”文件中要按照各书名包含的字符数量从少到多的顺序进行排序，当遇到字符数量相同时，再根据定价从低到高进行排列，具体操作步骤如下。

步骤 01 打开“光盘\素材文件\第 8 章\技能提高\中小学图书配备目录 2.xlsx”文件，在 F2 单元格中输入公式“=LEN(B2)”，如下图所示。

步骤 02 ❶按【Enter】键统计出 F2 单元格中的字符数量；❷向下拖曳控制柄计算出 B 列中对应单元格中的字符数量，如下图所示。

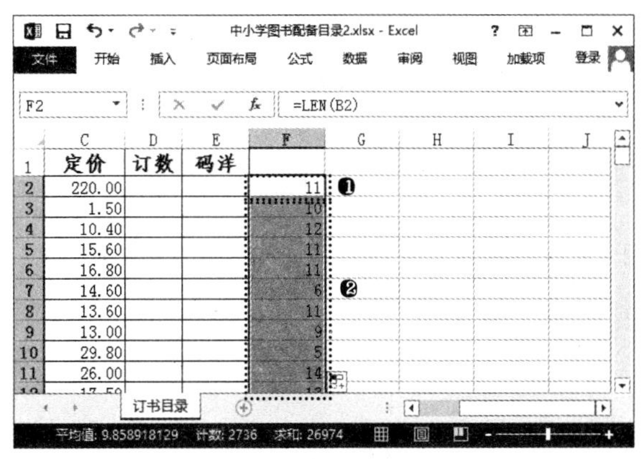

步骤 03 单击“数据”选项卡“排序和筛选”组中的“排序”按钮，如下图所示。

步骤 04 ❶打开“排序”对话框，在“主要关键字”列中设置关键字为“(列 F)”、次序为“升序”；❷单击“添加条件”按钮；❸在“次要关键字”列中设置关键字为“定价”、次序为“升序”；❹单击“确定”按钮，如下图所示。

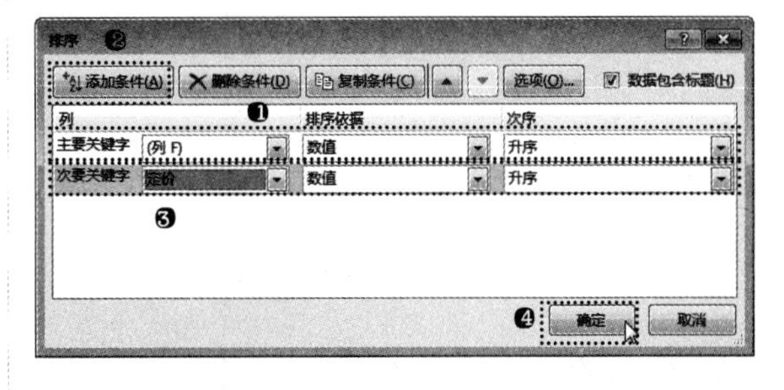

步骤 05 经过上一步操作，B 列中的书名根据包含字符量的多少从少到多进行排列，当遇到字符数量相同时，再根据定价从低到高进行排列。❶选择作为辅助列的 F 列；❷单击“开始”选项卡“单元格”组中的“删除”按钮，删除该列单元格，如下页左上图所示。

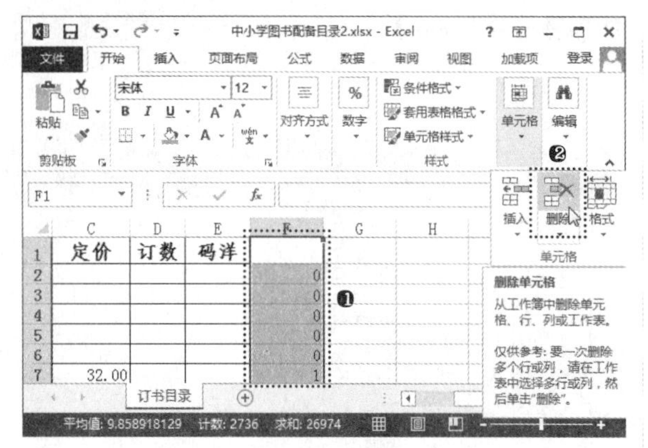

高手指引——认识 LEN 函数

LEN 函数用于返回字符串的长度，可以统计文本串的字符数。其语法结构为：LEN(text)，其中，参数 Text 是要查找其长度的文本。此函数用于双字节字符，且空格也将作为字符进行统计。

技巧 8-4
组合显示数据

在 Excel 2013 中除了在分类汇总功能中提供了数据的分级显示，在组合显示数据的功能中也提供了数据的分级显示。组合功能可以实现对某个范围内的单元格进行关联，从而可对其进行折叠或展开。

例如，要为"销售情况统计"工作簿中工作年限大于等于 5 年的员工数据创建数据组合，具体操作步骤如下。

步骤 01 打开"光盘\素材文件\第 8 章\技能提高\销售情况统计.xlsx"文件。❶选择 C 列中的任意单元格；❷单击"数据"选项卡"排序和筛选"组中的"降序"按钮，如下图所示。

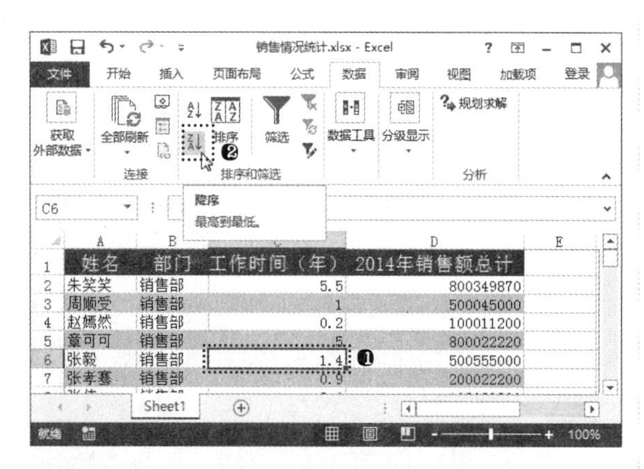

步骤 02 经过上一步操作，即可让表格数据根据员工工作的年限进行降序排列。❶选择 A2:D22 单元格区域；❷单击"数据"选项卡"分级显示"组中的"创建组"按钮，如右上图所示。

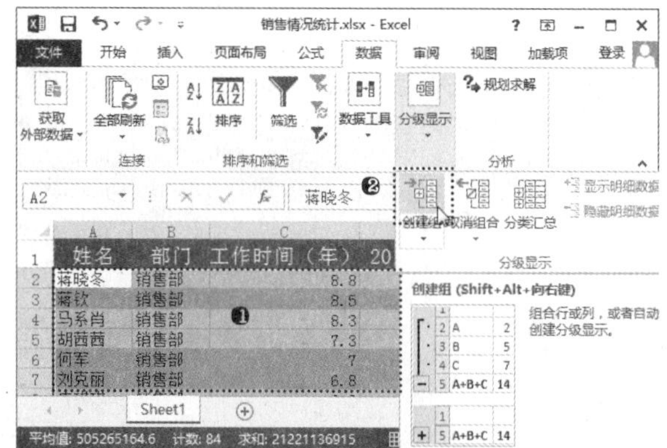

高手指引——区分组合显示与分类汇总

组合显示与分类汇总的区别在于，分类汇总是将相同数据类型的记录集合在一起进行汇总，而组合只是将某个范围内的记录集合在一起，它们之间可以没有任何关系且并不进行汇总。对数据进行组合后，在工作表的左侧将出现显示不同级别的按钮和，单击按钮将折叠组合的行，单击按钮将展开组合的行。单击工作表左侧的 - 按钮也可折叠组合的行，同时 - 按钮变成 + 形状，单击 + 按钮则又可展开组合的行。在"数据"选项卡"分级显示"组中单击"取消组合"按钮，可取消组合的数据。

步骤 03 ❶打开"创建组"对话框，选中"行"单选按钮；❷单击"确定"按钮，如下图所示。

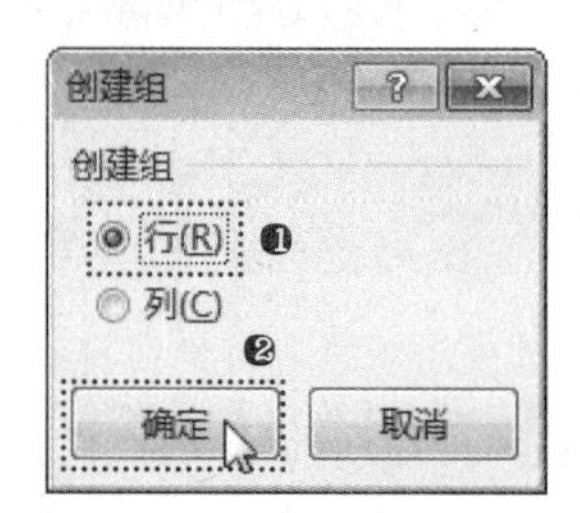

步骤 04 返回工作簿中，即可看到组合数据后的效果，如下图所示。单击工作表左侧的 - 按钮，即可折叠组合的行。

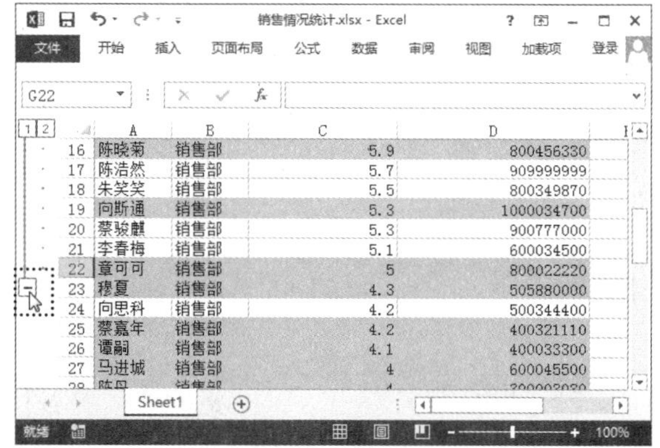

技巧 8-5
对多个区域中的同类数据进行汇总

如果需要进行汇总的数据存放在不同的工作表

中，通过 Excel 分类汇总功能就无法一次性完成数据汇总了。此时，可以利用“合并计算”功能快速将多个区域中的同类数据进行汇总。例如，要将“跳水比赛成绩表”文件多个工作表中各轮比赛成绩进行汇总后存放在“汇总”工作表中，具体操作方法如下。

步骤 01 打开“光盘\素材文件\第 8 章\技能提高\跳水比赛成绩表.xlsx”文件。❶选择“汇总”工作表中的 C4 单元格，作为合并计算结果存放区域的起始单元格；❷单击“数据”选项卡“数据工具”组中的“合并计算”按钮，如下图所示。

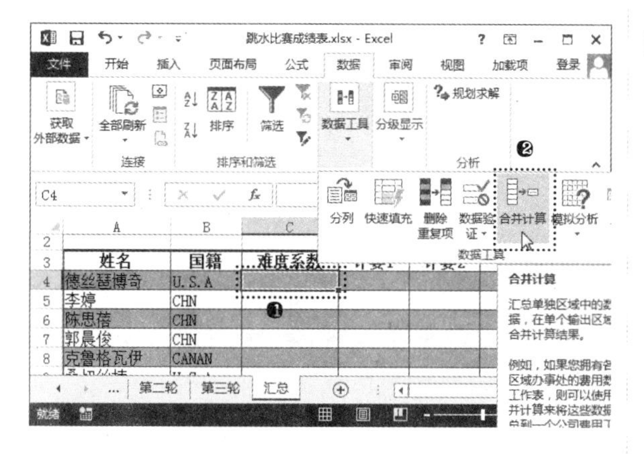

步骤 02 ❶打开“合并计算”对话框，在“函数”下拉列表中选择“平均值”选项；❷在“引用位置”文本框中引用工作表中需要进行合并计算的数据区域，这里选择“第一轮”工作表中的 D4:L10 单元格区域；❸单击“添加”按钮，将引用的单元格区域添加到“所有引用位置”列表框中，如下图所示。

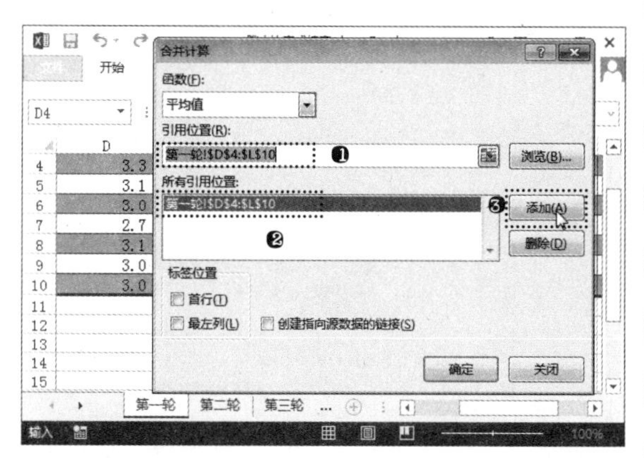

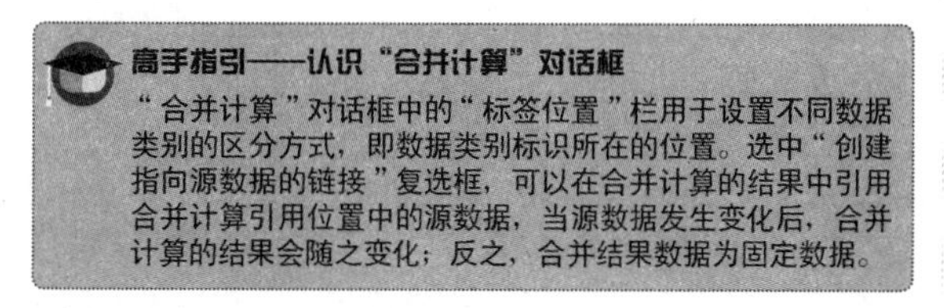

高手指引——认识“合并计算”对话框

“合并计算”对话框中的“标签位置”栏用于设置不同数据类别的区分方式，即数据类别标识所在的位置。选中“创建指向源数据的链接”复选框，可以在合并计算的结果中引用合并计算引用位置中的源数据，当源数据发生变化后，合并计算的结果会随之变化；反之，合并结果数据为固定数据。

步骤 03 ❶使用相同的方法，继续引用其他工作表中需要进行合并计算的数据区域；❷单击“添加”按钮，将这些引用的单元格区域添加到“所有引用位置”列表框中；❸单击“确定”按钮，如右上图所示。

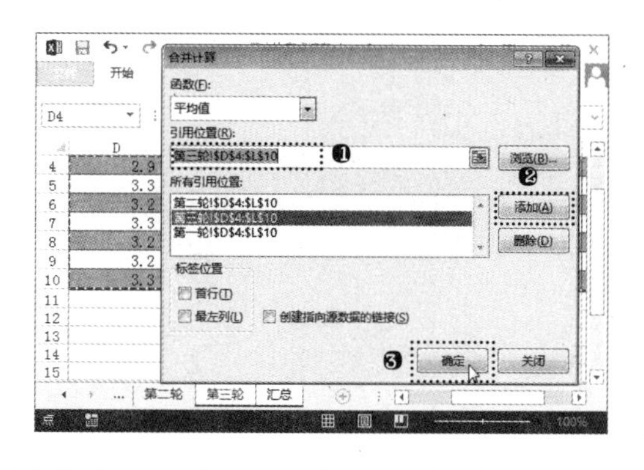

步骤 04 经过上一步操作，即可完成合并计算，并将结果存放在“汇总”工作表中相应的单元格中，效果如下图所示。

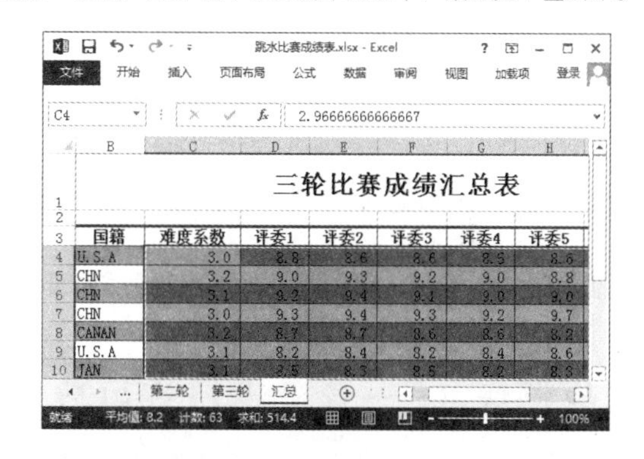

技巧 8-6
使用“单变量求解”功能

日常计算中往往需要根据公式计算的结果，推算公式中参与运算的某个数值的值。同理，在 Excel 表格中分析数据时（尤其在进行预算时），也需要对应用了公式的单元格设置公式结果达到的一个目标值，反向计算出公式中引用的某个单元格的变化。此时，可利用“单变量求解”功能快速求得当公式结果达到目标值时，对应引用单元格的变化结果。例如，要在“某房产投资分析”文件中计算房产现值为 48000000 时，在固定投资贴现率情况下投资 20 年后租金的未来值，具体操作方法如下。

步骤 01 打开“光盘\素材文件\第 8 章\技能提高\某房产投资分析.xlsx”文件。❶单击“数据”选项卡“数据工具”组中的“模拟分析”按钮；❷在弹出的菜单中选择“单变量求解”命令，如下图所示。

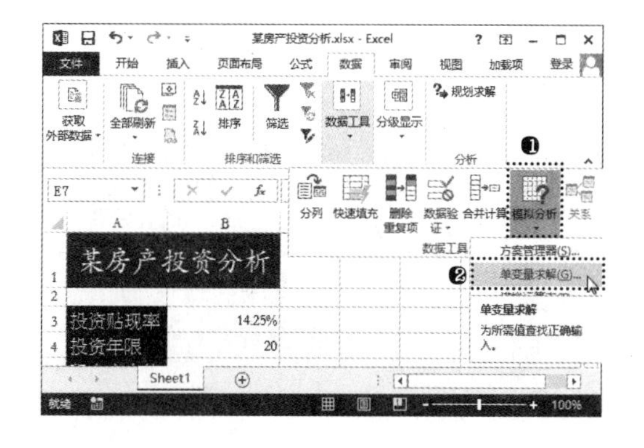

步骤 02 ❶打开“单变量求解”对话框，在“目标单元格”文本框中，引用需要得到新结果的公式单元格地址 B7；❷在“目标值”文本框中输入公式要达到的新值“35000000”；❸在“可变单元格”文本框中引用公式中所引用的一个单元格，且其中的值需要随公式结果变化而变化的单元格地址 B5；❹单击“确定”按钮，如下图所示。

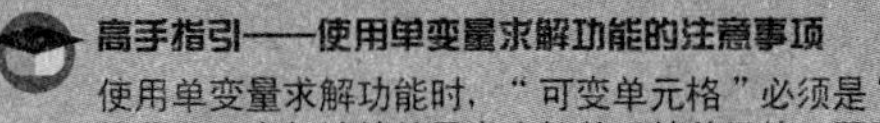

高手指引——使用单变量求解功能的注意事项

使用单变量求解功能时，“可变单元格”必须是“目标单元格”公式中与计算结果有直接关系的单元格，否则单变量求解就无法计算出正确的结果。

步骤 03 经过上一步操作，即可进行单变量求解。系统进行一系列运算后将打开“单变量求解状态”对话框，单击“确定”按钮完成整个操作。同时，在工作表中将更改可变量单元格数据为计算得到的单变量求解结果，如下图所示。

实战训练 8——分析出口许可分配数据

通过学习本章前面讲解的知识，大家应该已经掌握了对表格数据进行排序、筛选和分类汇总的基本操作和相关技巧。下面将结合前面所讲的知识，在“纺织品出口许可数量分配方案”工作簿中分别查看各公司的允许出口数量分配数据，筛选出超过一定份额的数据，分类汇总各公司的数量分配数据。

高手指引——要想实现分类汇总的注意事项

在使用了自动套用格式的表格区域中不能使用分类汇总命令，因为自动套用格式中通常带有汇总行。

光盘同步文件

原始文件：光盘\原始文件\第 8 章\纺织品出口许可数量分配方案.xlsx
结果文件：光盘\结果文件\第 8 章\纺织品出口许可数量分配方案.xlsx
教学视频：光盘\教学视频文件\第 8 章\实战训练.mp4

步骤 01 打开“光盘\素材文件\第 8 章\纺织品出口许可数量分配方案.xlsx”文件。❶选择 Sheet1 工作表；❷按住【Ctrl】键向右拖曳工作表标签，复制一个新工作表，如下图所示。

步骤 02 ❶重命名新工作表的名称为“分析分配数量”；❷选择“分析分配数量”工作表中要筛选数据的单元格区域中的任意单元格；❸单击“数据”选项卡“排序和筛选”组中的“筛选”按钮，如下图所示。

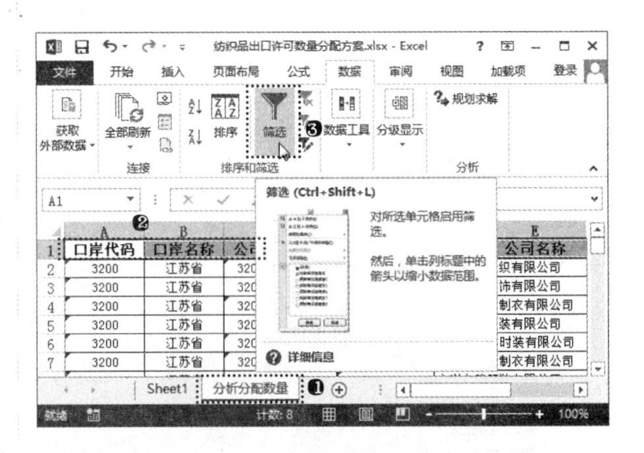

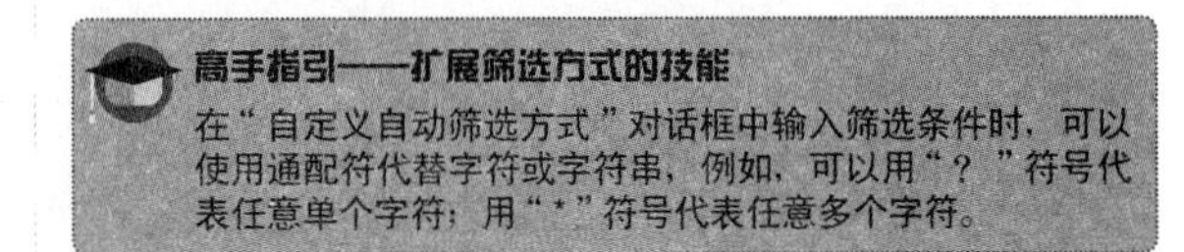

高手指引——扩展筛选方式的技能

在“自定义自动筛选方式”对话框中输入筛选条件时，可以使用通配符代替字符或字符串，例如，可以用“？”符号代表任意单个字符；用“*”符号代表任意多个字符。

步骤 03 ❶单击“公司名称”字段右侧的下拉按钮；❷在弹出的列表框中只选中一个公司名称的复选框；❸单击“确定”按钮，如下图所示。

步骤 04 经过上一步操作，将在工作表中查看到该公司的允许出口数量分配数据，如下图所示。使用相同方法查看其他公司的允许出口数量分配数据。

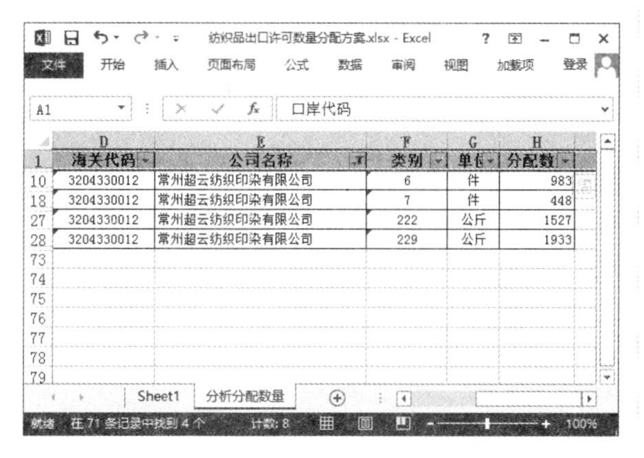

步骤 05 ❶完成公司的允许出口数量分配数据查看后，单击“公司名称”字段右侧的下拉按钮；❷在弹出的菜单中选择“从‘公司名称’中清除筛选”命令，取消数据筛选效果，如下图所示。

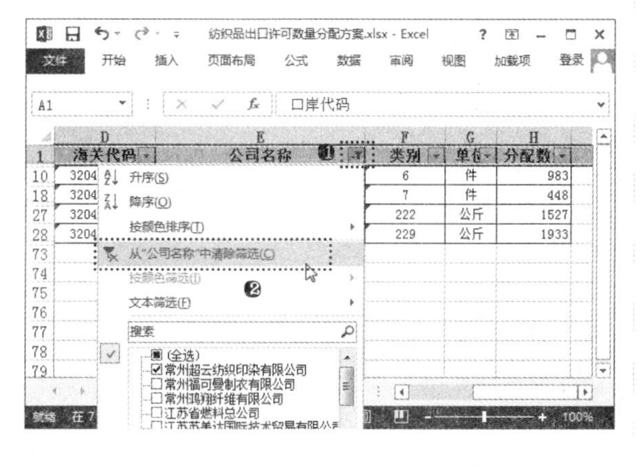

步骤 06 ❶单击“分配数量”字段右侧的下拉按钮；❷在弹出的菜单中选择“数字筛选”命令；❸在弹出的下级子菜单中选择“大于或等于”命令，如下图所示。

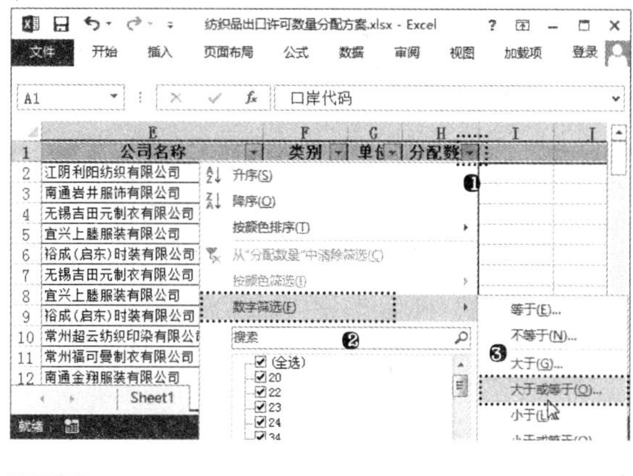

步骤 07 ❶打开“自定义自动筛选方式”对话框，在右侧第一个下拉列表中输入“3000”；❷单击“确定”按钮，如下图所示。

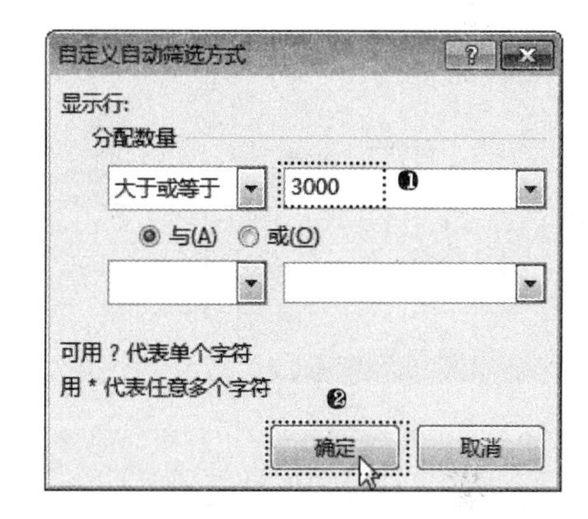

步骤 08 经过上一步操作后，将在工作表中查看到分配数量超过 3000 的相关数据，如下图所示。

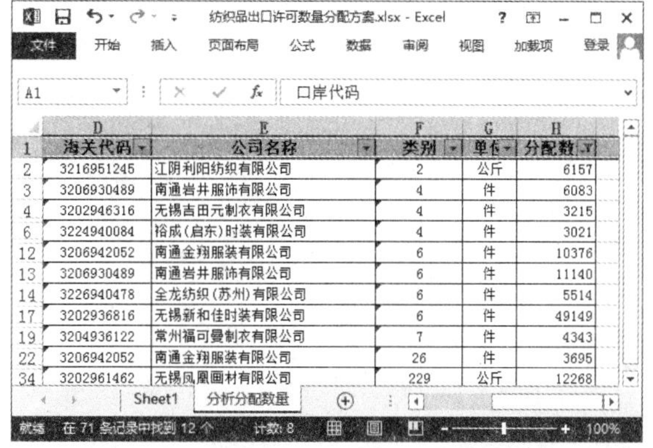

步骤 09 ❶复制 Sheet1 工作表，并重命名工作表名称为“按公司名称分类汇总”；❷选择 E 列中的任意单元格；❸单击“数据”选项卡“排序和筛选”组中的“降序”按钮，如下页左上图所示。

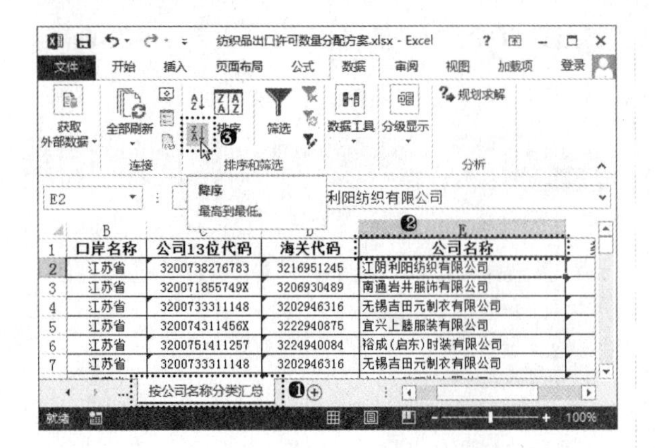

步骤 10 经过上一步操作，即可将相同的公司名称排列在一起，单击"数据"选项卡"分级显示"组中的"分类汇总"按钮，如下图所示。

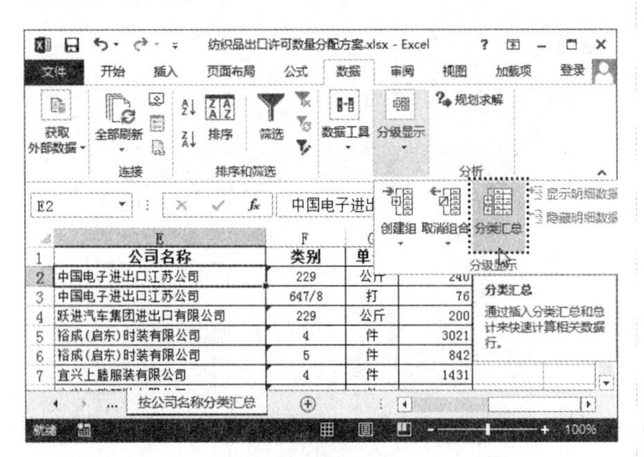

步骤 11 ❶打开"分类汇总"对话框，在"分类字段"下拉列表中选择"公司名称"选项；❷在"汇总方式"下拉列表中选择"求和"选项；❸在"选定汇总项"列表框中选中"分配数量"复选框；❹选中"替换当前分类汇总"和"汇总结果显示在数据下方"复选框；❺单击"确定"按钮，如右上图所示。

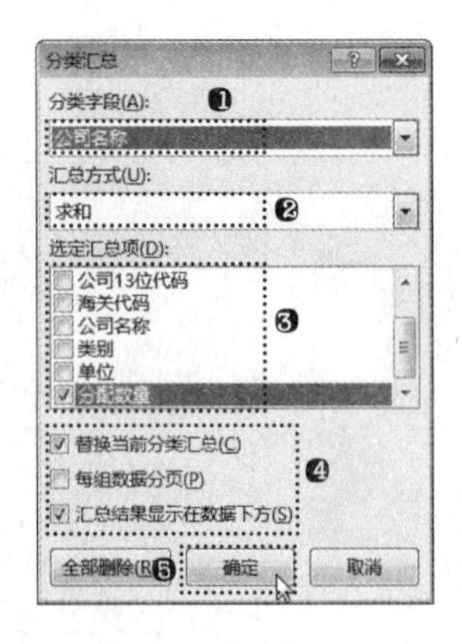

步骤 12 经过上一步操作，即可分类汇总各公司的数量分配数据。单击工作表左侧的2按钮，如下图所示。

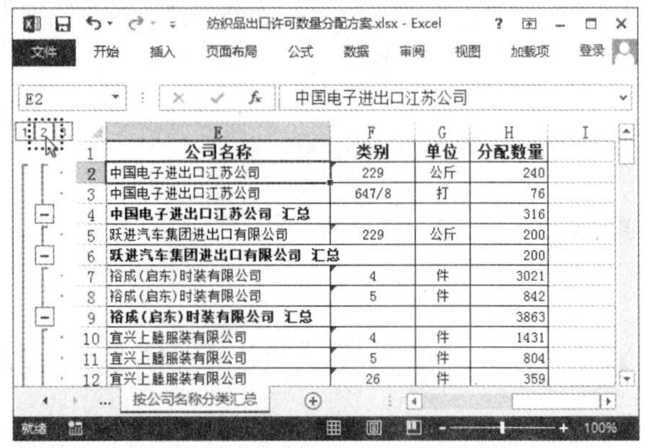

步骤 13 经过上一步操作，在工作表中将只显示分类汇总的二级内容，即各公司的数量分配汇总数据，将明细数据隐藏，效果如下图所示。

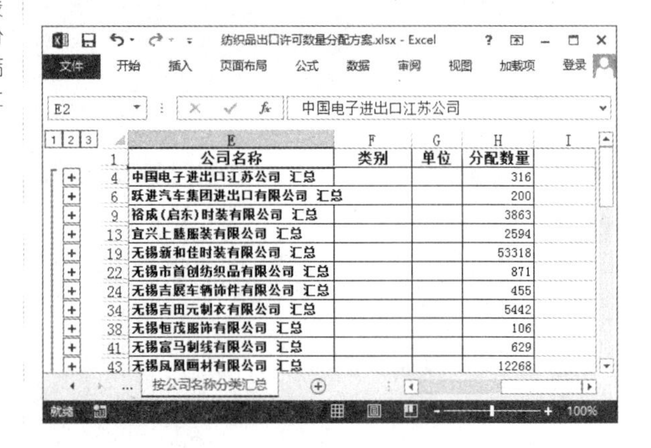

本章小结

本章主要介绍了 Excel 2013 中管理与分析表格数据的各种操作方法，系统地讲解了数据排序、数据筛选和数据分类汇总的相关内容。通过本章的学习，让读者初步认识 Excel 在数据分析方面的强大功能，读者还应在日常工作和生活中多加练习，掌握分析数据的各种思路和方法。

第 9 章 使用统计图表分析数据

本章导读

在工作表中如果仅有数据看起来十分枯燥，运用 Excel 2013 的图表功能，可以帮助用户迅速创建各种各样的商业图表。本章就来详细讲解有关图表的创建与应用方法，主要内容包括创建统计图表、图表的修改与编辑、设置图表格式等。

知识要点

- ◆ 创建图表
- ◆ 编辑图表
- ◆ 为图表添加分析线
- ◆ 修改图表内容
- ◆ 设置图表格式
- ◆ 使用迷你图

案例展示

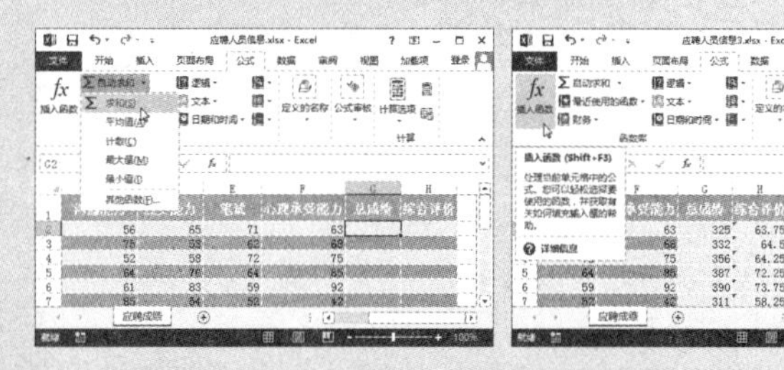

基础入门——必知必会

9.1 图表简介

图表是 Excel 2013 重要的数据分析工具之一，以图表的形式显示数据具有较好的视觉效果，而且通过图表中数据系列的高低或长短，可以更直观地发现数据的差异、数据之间的关系，以及预测趋势等，更易于理解和交流，同时也美化了电子表格。此外，图表还具有帮助分析数据、查看数据的差异、走势和预测发展趋势的功能。

图表本质上是按照工作表中的数据而创建的图表对象。因此，在创建图表前，必须要有表格数据。我们根据数据的类型和需要表现的数据关系，采用合适的图表类型来显示数据，将有助于理解数据。在创建图表之前，下面先来认识图表的组成和分类。

9.1.1 图表组成

图表是将表格中的数据以图形化的方式进行显示的。图表对象主要由一个或者多个以图形方式显示的数据系列组成，数据系列的外观取决于选择的图表类型。此外，一个完整的图表还包括图表区、图表标题、坐标轴、绘图区、网格线和图例等部分。下面以柱形图的图表为例讲解图表的组成，如下图所示。

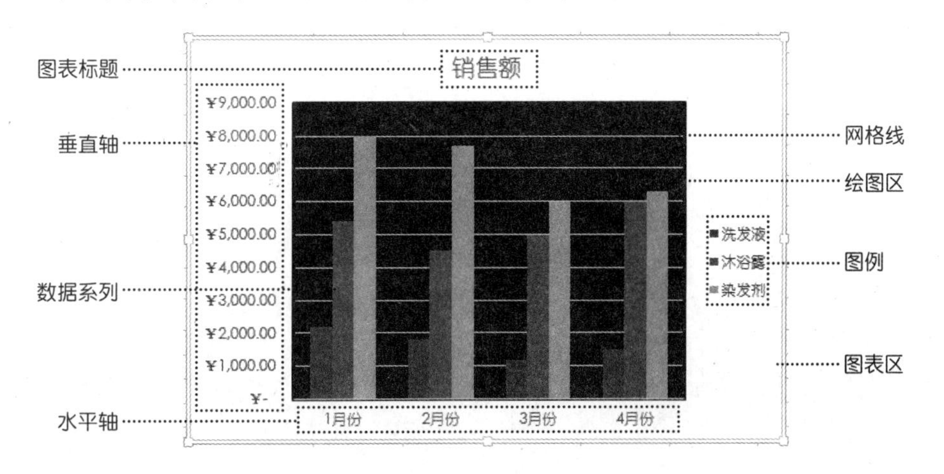

1. 图表区：整个图表的背景区域，图表的其他组成部分都汇集在图表区中。

2. 绘图区：是图表区中的一部分，即显示图形的矩形区域，它主要包括数据系列和网格线等。

3. 图表标题：用于说明图表内容的文字，它可以在图表中任意移动及修饰。

4. 图例：用于指出图表中的符号、颜色或形状定义数据系列所代表的内容。图例由图例标示和图例项两部分构成。其中，图例标示代表数据系列的图案，即不同颜色的小方块。图例项用于说明与图例标示对应的数据系列的名称，一种图例标识只能对应一种图例项。

5. 垂直轴：用于确定图表中垂直坐标轴的最小和最大刻度值，有时也称"数值轴"。

6. 水平轴：主要用于显示文本标签。一般情况下，水平轴（X 轴）表示数据的分类，有时也称"分类轴"。

7. 数据系列：在图表中绘制的相关数据点的集合，这些数据源自数据表的同一列或同一行。它是根据用户指定的图表类型以系列的方式显示在图表中的可视化数据。可以在图表中绘制一个或多个数据系列，多个数据系列之间通常采用不同的图案、颜色或符号来区分。

8. 网格线：贯穿绘图区的线条，用于作为估算数据系列所示值的标准。

9.1.2 图表类型

Excel 2013 中提供了柱形图、折线图、饼图、条形图、XY（散点图）和股价图等 10 多种标准类型图表，了解并熟悉这些图表类型，可以让我们在为不同的表格数据创建图表时为其选择最合适和最有意义的图表类型，使信息突出显示，帮助评价数据和对不同值进行比较，让图表更具有阅读价值。下面，对常用的几种图表类型的功能及作用进行介绍。

1. 柱形图

柱形图用于显示一段时间内数据的变化或说明各项之间数据的比较情况。它强调一段时间内类别数据值的变化，因此，在柱形图中，通常沿水平轴组织类别，而沿垂直轴组织数值。柱形图包括簇状柱形图、堆积柱形图、百分比堆积柱形图、三维柱形图等。柱形图的图表样式如下图所示。

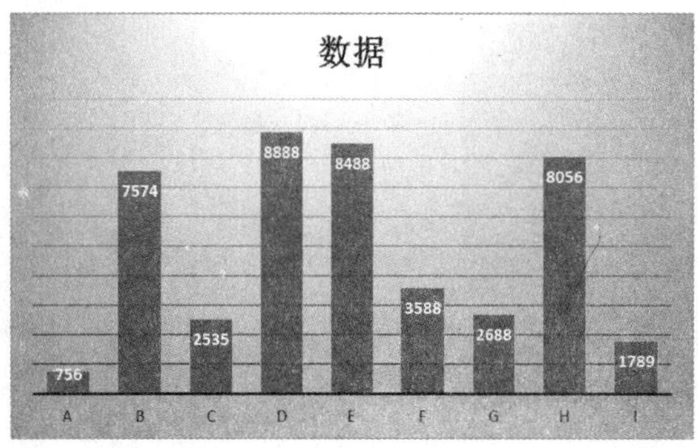

2. 条形图

条形图用于显示各项目之间数据的差异，它常应用于轴标签过长的图表的绘制中，以免出现柱形图中对长分类标签省略的情况。条形图中显示的数值是持续性的，主要包括簇状条形图、堆积条形图、百分比堆积条形图、三维条形图等。条形图的图表样式如下图所示。

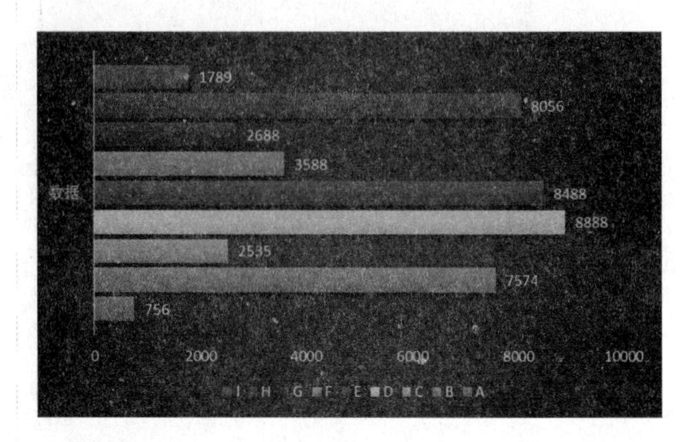

3. 折线图

折线图可以显示随时间而变化的连续数据（根据常用比例设置），它强调的是数据的时间性和变动率，因此非常适用于显示在相等时间间隔下数据的变化趋势。在折线图中，类别数据沿水平轴均匀分布，所有的值数据沿垂直轴均匀分布。折线图包括二维折线图和三维折线图两种形式。折线图的图表样式如下图所示。

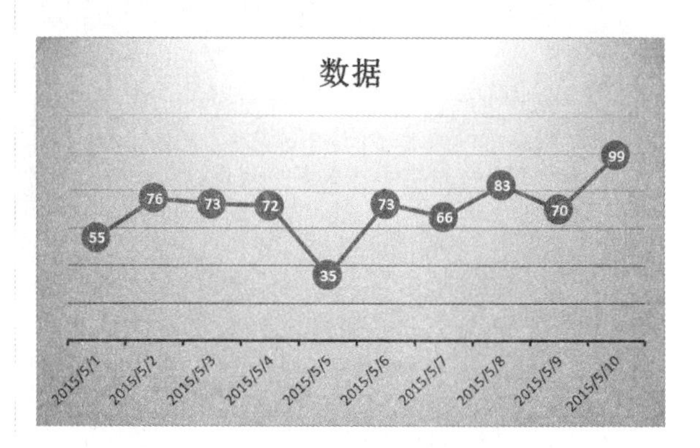

4. 面积图

面积图与折线图相似，只是将连线与分类轴之间用图案填充，可以显示多组数据系列。面积图用于强调数量随时间而变化的程度，也可用于引起人们对总值趋势的注意。通过显示所绘制的值的总和，面积图还可以显示部分与整体的关系。面积图主要包括面积图、堆积面积图、百分比堆积面积图等子类型。面积图的图表样式如下页左上图所示。

高手指引——饼图与散点图的选择区别

如果分类标签是文本并且表示均匀分布的数值（如月份、季度或财政年度），则应使用折线图。当有多个数据系列时，尤其适合使用折线图；对于一个数据系列，则应考虑使用散点图。如果有几个均匀分布的数值标签（如年份），也应该使用折线图。如果数值标签多于 10 个，则需要用散点图。

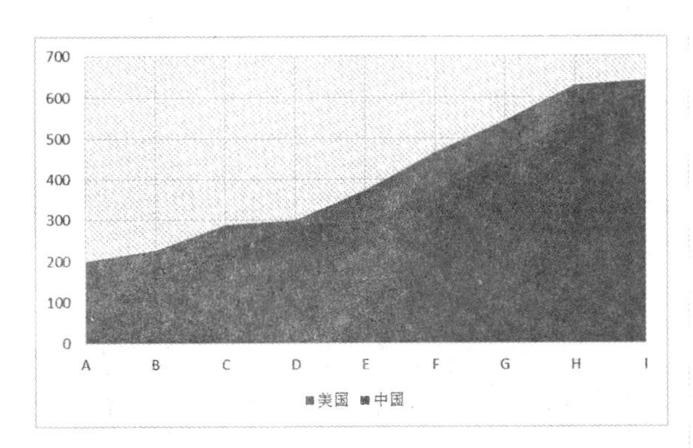

5. 饼图

饼图将某个数据系列中的单独数据转为数据系列总和的百分比，然后依照百分比例绘制在一个圆形上，数据点之间用不同的图案填充。饼图主要用来显示单独的数据点相对于整个数据系列的关系或比例。它只能显示一个数据系列的数据比例关系，如果有几个数据系列同时被选中，将只显示其中的一个系列。饼图包括二维饼图、三维饼图、复合饼图 3 种形式。饼图的图表样式如下图所示。

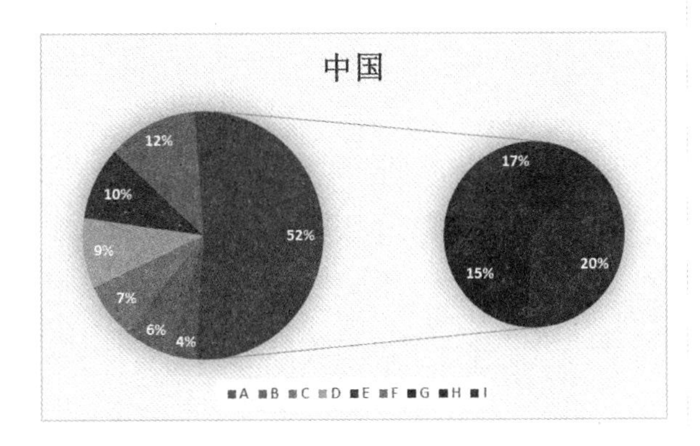

6. 散点图

散点图类似于折线图，它可以显示单个或多个数据系列中各数值之间的关系，或者将两组数字绘制为 xy 坐标的一个系列。散点图有两个数值轴，沿横坐标轴（x 轴）方向显示一组数值数据，沿纵坐标轴（y 轴）方向显示另一组数值数据。散点图将这些数值合并到单一数据点并按不均匀的间隔或簇来显示它们。散点图通常用于显示和比较成对的数据。散点图的图表样式如下图所示。

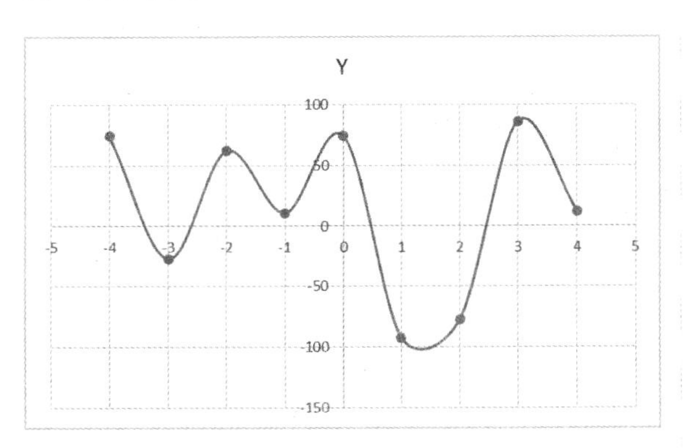

7. 气泡图

气泡图是一种特殊类型的 XY 散点图。数据标记的大小标示出数据组中第三个变量的值。在组织数据时，应将 X 值放置于一行或列中，然后在相邻的行或列中输入相关的 Y 值和气泡大小。气泡图包括二维气泡图、三维气泡图。气泡图的图表样式如下图所示。

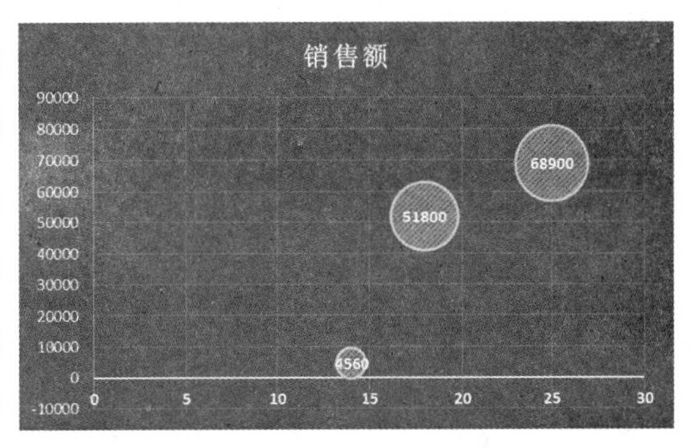

8. 股价图

股价图经常用来显示股价的波动。不过，这种图表也可用于科学数据。股价图数据在工作表中的组织方式非常重要，必须按正确的顺序组织数据才能创建股价。例如，若要创建一个简单的盘高 - 盘低 - 收盘股价图，应根据按盘高、盘低和收盘次序输入的列标题来排列数据。股价图有 4 种子图表类型，包括盘高 - 盘低 - 收盘图、开盘 - 盘高 - 盘底 - 收盘图、成交量 - 盘高 - 盘底 - 收盘图和成交量 - 开盘 - 盘高 - 盘底 - 收盘图。股价图的图表样式如下图所示。

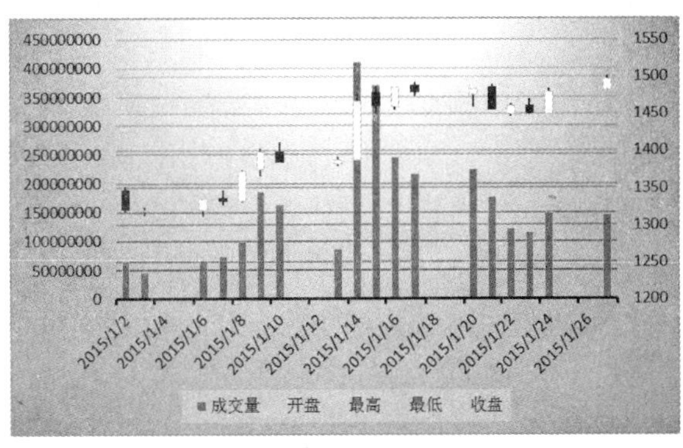

9.2 创建图表

对图表有了一定的认识后，即可尝试为表格数据创建图表了。在 Excel 2013 中可以通过以下三种方法来创建图表。

9.2.1 插入普通图表

在 Excel 2013 中可以很轻松地创建具有专业外观的图表。只需先在工作表中选择图表数据系列的源数据所在的单元格区域，然后根据数据的特点决定采用哪种图表类型，再在“插入”选项卡的“图表”组中选择相应的图表类型，即可按照默认的图表布局和图表样式创建图表。例如，要为“超市销售统计表”工作簿中的数据创建一张柱形图图表，具体操作步骤如下。

光盘同步文件
原始文件：光盘 \ 原始文件 \ 第 9 章 \ 超市销售统计表 .xlsx
结果文件：光盘 \ 结果文件 \ 第 9 章 \ 超市销售统计表 .xlsx
教学视频：光盘 \ 教学视频文件 \ 第 9 章 \9-2-1.mp4

步骤 01 打开“光盘 \ 素材文件 \ 第 9 章 \ 超市销售统计表 .xlsx”文件。按住【Ctrl】键的同时选择 B2:B9 和 F2:F9 单元格区域，如下图所示。

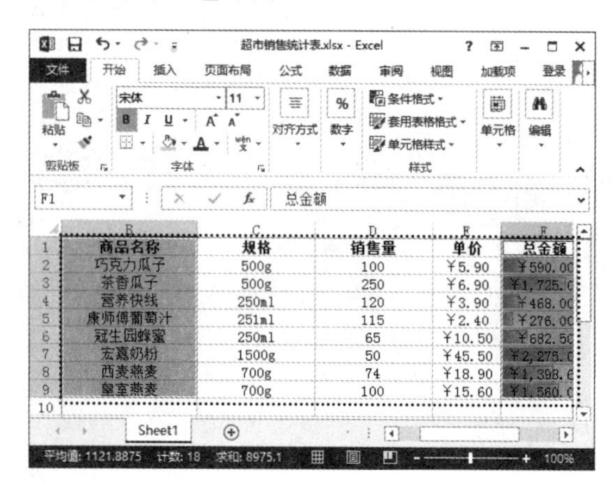

步骤 02 ❶单击“插入”选项卡“图表”组中的“插入柱形图”按钮；❷在弹出菜单的“二维柱形图”栏中选择“簇状柱形图”命令，即可看到根据选择的数据源和图表样式生成的对应图表，如下图所示。

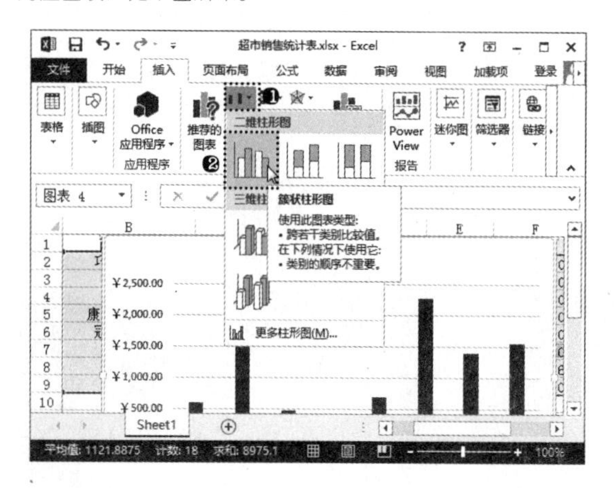

高手指引——Excel 2013 中增强的图表功能

利用 Excel 2013 要制作优秀的图表会变成一件很容易的事情，无论是配色还是继续加强的各种图表类型的预览，都使得制作一个专业图表变得非常容易。单击“插入”选项卡“图表”组中的“推荐的图表”按钮，在打开的对话框中单击“所有的图表”选项卡，在其中可以预览使用任何一种图表类型显示当前数据的效果。创建图表时，如果只选择了一个单元格，则 Excel 自动将紧邻该单元格的包含数据的所有单元格作为数据系列创建图表。

9.2.2 使用推荐的图表

在 Excel 表格中，我们知道数据该使用什么样图表的时候，可以直接选择相应的图表类型进行创建。如果我们不知道数据该使用什么样的图表时候，可以使用 Excel 推荐的图表进行创建。例如，要为“员工销售业绩表”工作簿中的数据创建图表，具体操作步骤如下。

光盘同步文件
原始文件：光盘 \ 原始文件 \ 第 9 章 \ 产品销售统计表 .xlsx
结果文件：光盘 \ 结果文件 \ 第 9 章 \ 产品销售统计表 .xlsx
教学视频：光盘 \ 教学视频文件 \ 第 9 章 \9-2-2.mp4

步骤 01 打开“光盘 \ 素材文件 \ 第 9 章 \ 产品销售统计表 .xlsx”文件。❶选择 A2:G14 单元格区域；❷单击“插入”选项卡“图表”组中的“推荐的图表”按钮，如下图所示。

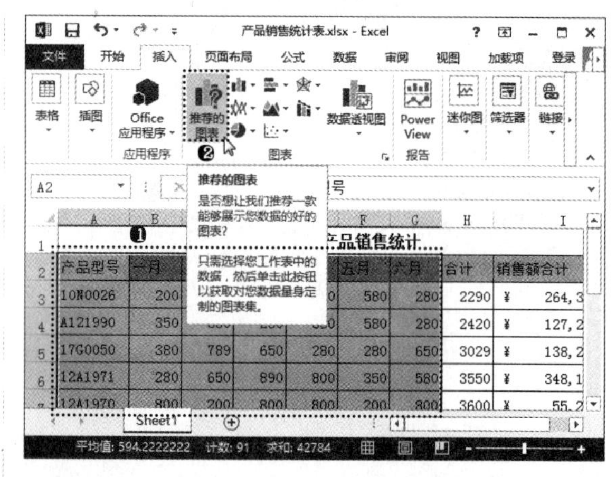

步骤 02 ❶打开“插入图表”对话框，在“推荐的图表”选项卡左侧显示了系统根据所选数据推荐的图表类型，选择需要的图表类型；❷在右侧预览图表效果满意后，单击“确定”按钮，如下页左上图所示。

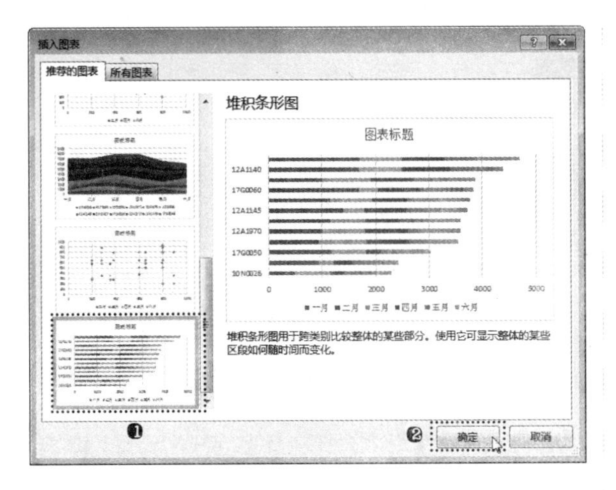

步骤03 经过上一步操作，即可在工作表中看到根据选择的数据源和图表样式生成的对应图表，如下图所示。

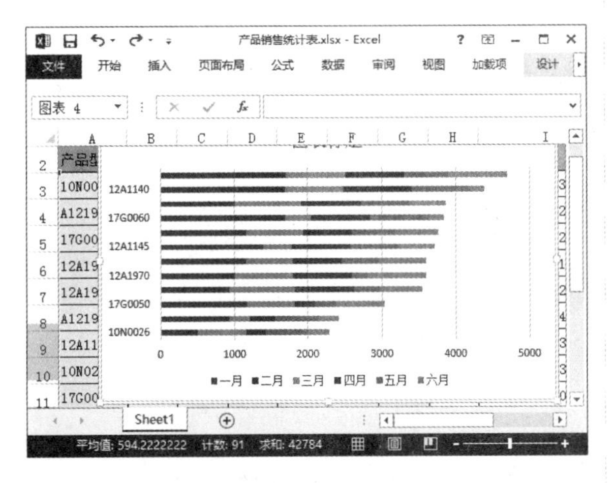

高手指引——将图表保存为图表模板

如果将喜欢的图表作为图表模板保存，以后再创建相同样式的图表就更加容易了。在需要保存为图表模板的图表上单击鼠标右键，在弹出的快捷菜单中选择“另存为模板”命令，在打开的“保存图表模板”对话框中进行设置，保存图表模板文件即可。当下一次需要根据模板建立图表时，可在“插入图表”对话框“所有图表”选项卡中的左侧选择“模板”选项，然后在右侧选择该模板图表选项，即可快速生成应用该图表样式的新图表。

9.2.3 插入组合图表

一般情况下创建的图表中数据系列都只包含了一种图表类型，事实上，在 Excel 2013 中可以非常便捷地自由组合图表类型，使不同的数据系列按照最合适的图表类型放置在同一张图表中，即所谓的“组合图表”，这样能更加准确地传递图表信息。

单击“插入”选项卡“图表”组中的“插入组合图”按钮，在弹出的菜单中默认显示有簇状柱形图 - 折线图、簇状柱形图 - 次坐标轴上的折线图、堆积面积图 - 簇状柱形图，3 种组合图形样式，选择“创建自定义组合图”命令，还可以自由选择哪个数据需要更换哪种图表类型，自由度更高。

例如，要在“产品销售统计表 2”工作簿中自定义组合图表，具体操作步骤如下。

光盘同步文件

原始文件：光盘 \ 原始文件 \ 第 9 章 \ 产品销售统计表 2.xlsx
结果文件：光盘 \ 结果文件 \ 第 9 章 \ 产品销售统计表 2.xlsx
教学视频：光盘 \ 教学视频文件 \ 第 9 章 \9-2-3.mp4

步骤01 打开“光盘 \ 素材文件 \ 第 9 章 \ 产品销售统计表 2.xlsx”文件。❶按住【Ctrl】键的同时选择 A2:G14 和 I2:I14 单元格区域；❷单击“插入”选项卡“图表”组中的“插入组合图”按钮；❸在弹出的菜单中选择“创建自定义组合图”命令，如下图所示。

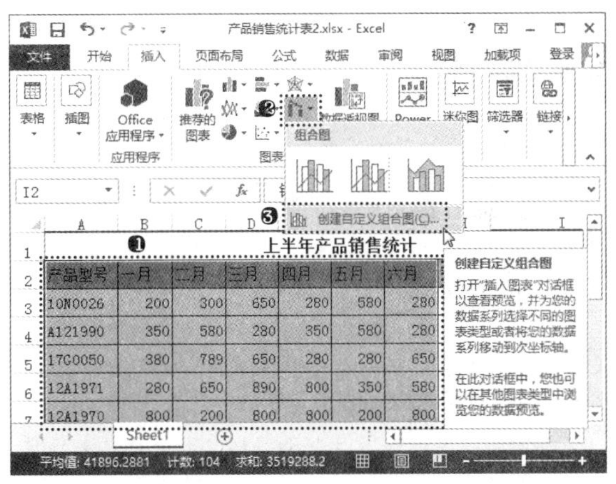

步骤02 ❶打开“插入图表”对话框，在“所有图表”选项卡左侧选择“组合”选项；❷在右侧列表框中依次设置“一月”～“六月”数据系列的图表类型为“堆积柱形图”；❸设置“销售额合计”数据系列的图表类型为“折线图”；❹选中“销售额合计”数据系列后的复选框，为该数据系列添加次坐标轴；❺单击“确定”按钮，如下图所示。

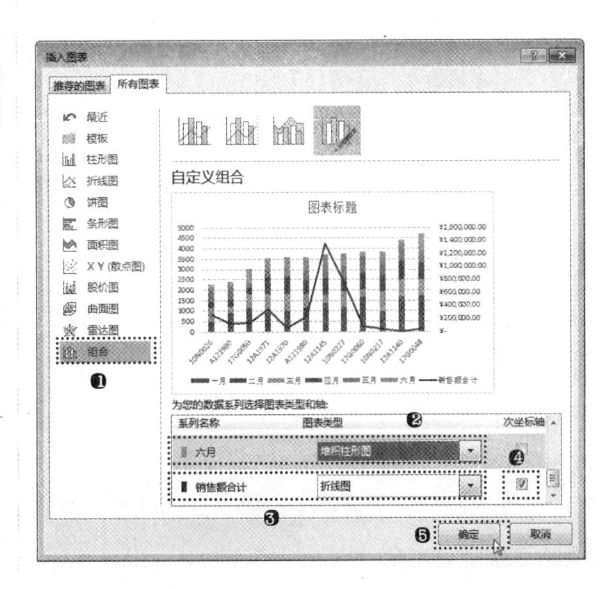

步骤 03 经过上一步操作，即可在工作表中看到根据选择的数据源和自定义的图表样式生成的对应图表，效果如右图所示。

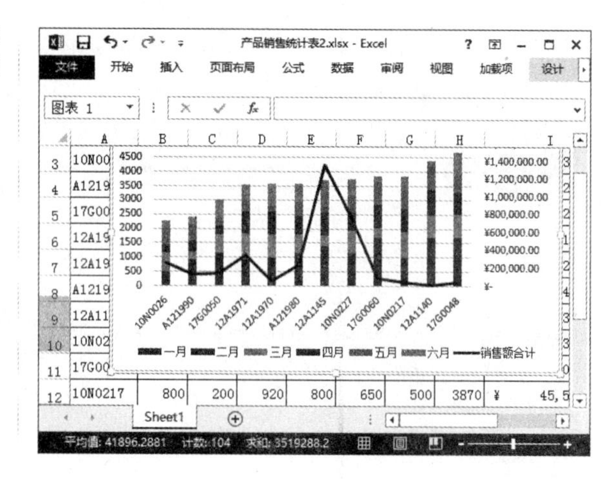

9.3 编辑图表

Excel 默认创建的图表大小和位置如果不恰当时，可以像编辑其他对象一样对其进行编辑。如果创建图表初期选择了错误的源数据，可以在不变动图表其他内容的情况下重新选择数据。如果对创建的图表类型不满意，也可以直接更改图表类型。下面就来讲解这些图表编辑操作的方法，以便满足不同的编辑需求。

9.3.1 调整图表大小

有时因为图表中的内容较多，会导致图表中的内容不能完全显示或显示不清楚图表所要表达的意义，此时可适当地调整图表的大小。

我们可以像调整图片大小一样，通过鼠标来拖曳图表四周的控制点调整图表的大小，也可以在“图表工具格式”选项卡“大小”组中的“形状高度”或“形状宽度”文本框中输入数值来精确设置图表的大小。

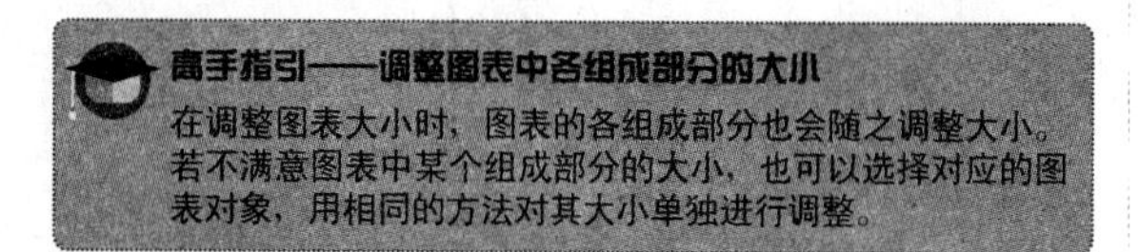

高手指引——调整图表中各组成部分的大小

在调整图表大小时，图表的各组成部分也会随之调整大小。若不满意图表中某个组成部分的大小，也可以选择对应的图表对象，用相同的方法对其大小单独进行调整。

9.3.2 移动图表位置

当创建的图表位置摆放不当时，可能会遮挡工作表中的数据，此时可以将图表移动到工作表中的空白位置。在同一张工作表中移动图表位置可先选择要移动的图表，然后直接通过鼠标进行拖曳。同样，也可以移动图表中各组成部分的位置，只是图表组成部分的移动范围始终在图表区范围内。

某些时候，为了表达图表数据的重要性或为了能清楚分析图表中的数据，需要将图表放大并单独制作为一张工作表。此时，可以使用“移动图表”功能来实现这个需求。例如，要将“产品销售统计表 3”工作簿中的图表单独制作成一张工作表，具体操作方法如下。

光盘同步文件

原始文件：光盘 \ 原始文件 \ 第 9 章 \ 产品销售统计表 3.xlsx
结果文件：光盘 \ 结果文件 \ 第 9 章 \ 产品销售统计表 3.xlsx
教学视频：光盘 \ 教学视频文件 \ 第 9 章 \9-3-2.mp4

步骤 01 打开“光盘 \ 素材文件 \ 第 9 章 \ 产品销售统计表 3.xlsx”文件。❶选择其中的图表；❷单击“图表工具设置”选项卡“位置”组中的“移动图表”按钮，如下图所示。

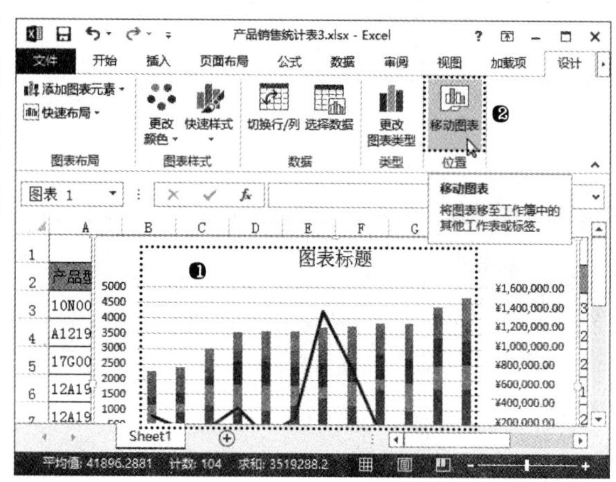

步骤 02 ❶打开“移动图表”对话框，选中“新工作表”单选按钮；❷在其后的文本框中输入移动图表后新建的工作表名称“销售数据分析”；❸单击“确定”按钮，如下图所示。

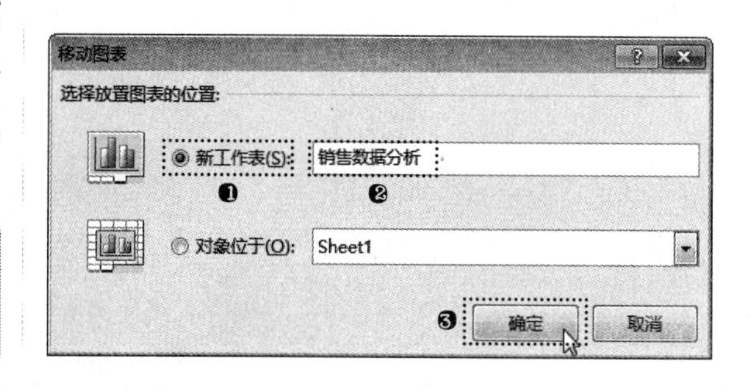

高手指引——移动图表对图表大小的影响

通过“移动图表”功能创建的新工作表中的图表内容始终满布工作表编辑区中。再次通过“移动图表”功能将图表移动到其他普通工作表中时，图表将还原为最初的大小。

步骤 03 经过上一步操作，即可在工作簿中新建一个“销售数据分析”工作表，其中显示的是图表内容，且该图表大小会跟随窗口自动改变为适应窗口大小，效果如下图所示。

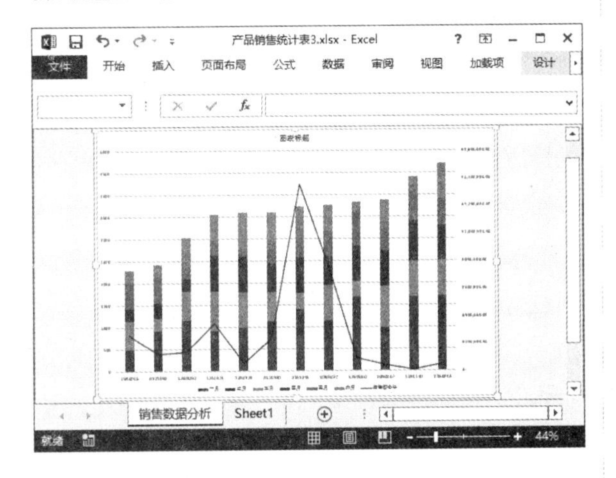

9.3.3 更改数据源

在创建了图表的表格中，图表中的数据与工作表中的数据源是保持动态联系的。当修改工作表中的数据源时，图表中的相关数据系列也会发生相应的变化。如果需要重新选择工作表中的数据作为数据源，可通过“选择数据源”对话框进行修改。例如，要修改“工资表”工作簿中图表的数据源，具体操作方法如下。

光盘同步文件

原始文件：光盘 \ 原始文件 \ 第 9 章 \ 工资表 .xlsx
结果文件：光盘 \ 结果文件 \ 第 9 章 \ 工资表 .xlsx
教学视频：光盘 \ 教学视频文件 \ 第 9 章 \9-3-3.mp4

步骤 01 打开“光盘 \ 素材文件 \ 第 9 章 \ 工资表 .xlsx”文件。❶选择图表；❷单击“图表工具设计”选项卡“数据”组中的“选择数据”按钮，如下图所示。

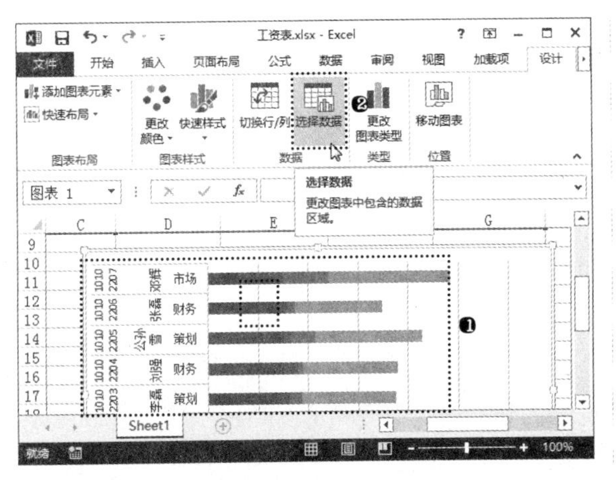

步骤 02 打开“选择数据源”对话框，单击“图表数据区域”文本框后的“折叠”按钮，如下图所示。

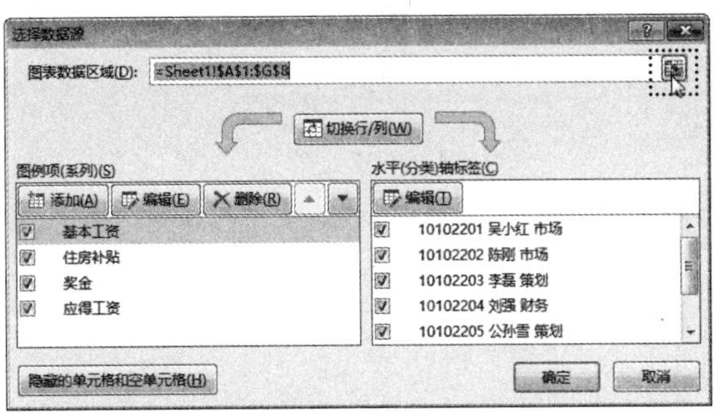

高手指引——认识“选择数据源”对话框

单击“选择数据源”对话框中的“隐藏的单元格和空单元格”按钮，可设置显示或隐藏工作表中隐藏行列中的数据，在图表中的显示情况；单击“选择数据源”对话框中的“切换行 / 列”按钮（或单击“图表工具设计”选项卡“数据”组中的“切换行 / 列”按钮），可以让图表中的水平轴和垂直轴互相调换，从而改变数据系列的显示方式。

步骤 03 ❶返回工作表中选择 C1:C8 和 D1:F8 单元格区域；❷单击折叠对话框中的“展开”按钮，如下图所示。

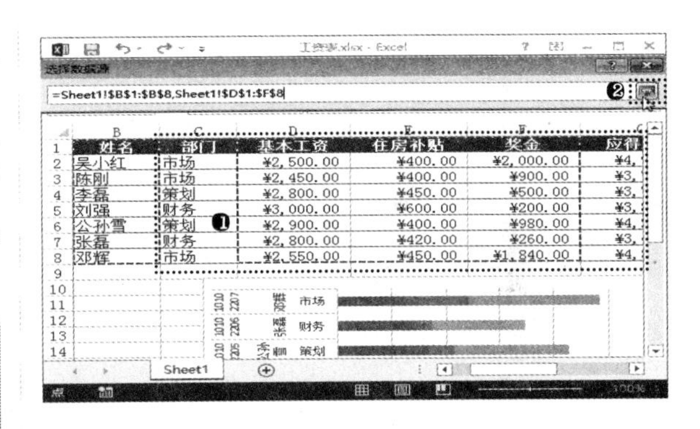

步骤 04 返回“选择数据源”对话框中单击“确定”按钮，关闭该对话框，如下图所示。

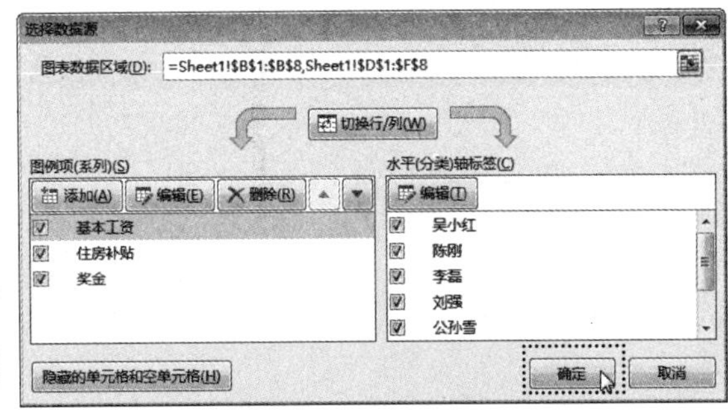

步骤 05 经过上一步操作，即可在工作簿中查看到修改数据源后的图表效果，注意观察图表中数据的变化，如下页左上图所示。

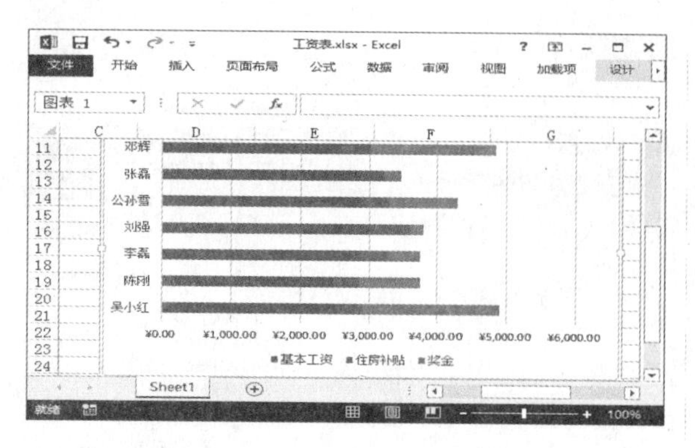

9.3.4 更改图表类型

对图表类型的使用情况不是很清楚时，创建的图表有可能没表达出数据的含义，此时可更改图表类型，直到选择了最合适的图表类型为止。更改图表类型并不需要重新插入图表，只需重新选择图表类型即可。例如，要将“超市销售统计表 2”工作簿中图表的类型更改为饼图，具体操作方法如下。

光盘同步文件
原始文件：光盘 \ 原始文件 \ 第 9 章 \ 超市销售统计表 2.xlsx
结果文件：光盘 \ 结果文件 \ 第 9 章 \ 超市销售统计表 2.xlsx
教学视频：光盘 \ 教学视频文件 \ 第 9 章 \9-3-4.mp4

步骤 01 打开“光盘 \ 素材文件 \ 第 9 章 \ 超市销售统计表 2.xlsx”文件。❶选择图表；❷单击“图表工具 设计”选项卡“类型”组中的“更改图表类型”按钮，如下图所示。

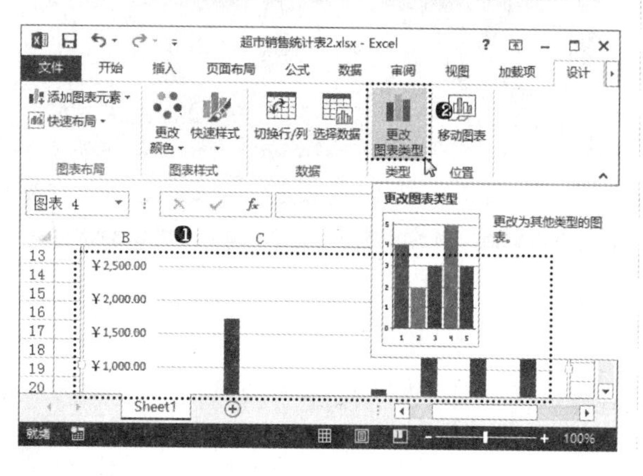

步骤 02 ❶打开“更改图表类型”对话框，在“所有图标”选项卡左侧选择“饼图”选项；❷在右侧选择需要的饼图样式；❸单击“确定”按钮，如下图所示。

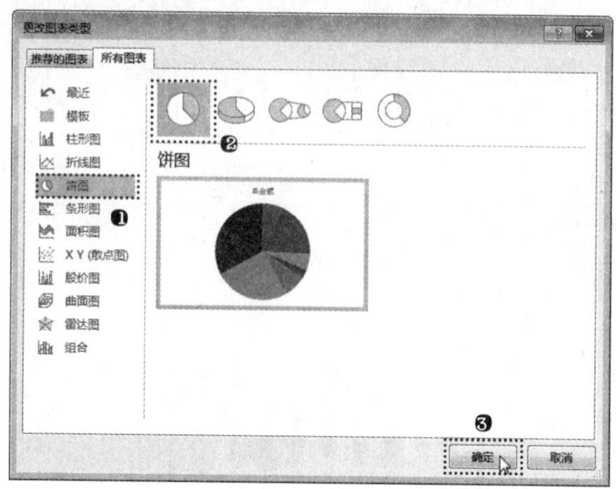

步骤 03 经过上一步操作，即可看到原来的柱形图图表已变成了饼图图表类型，效果如下图所示。

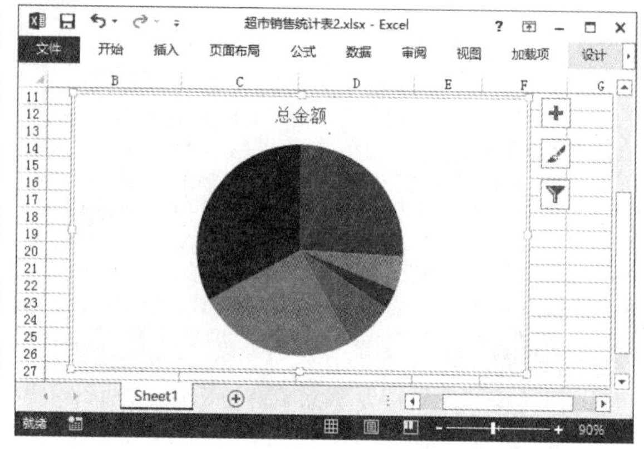

9.4 设置图表格式

默认创建的 Excel 图表具有布局逻辑性强、清晰的特点，但是它的形式过于简单、色彩单一、视觉冲击力差。因此，在插入图表后，还需要对图表进行美化操作。下面就来讲解图表样式和图表布局的设置方法，以及图表各组成元素的设置方法。

9.4.1 设置图表样式

创建图表后，可以快速将一个预定义的图表样式应用到图表中，让图表外观更加专业。设置预设图表样式的方法与设置图片样式的方法相同。此外，如果需要设置图表中各组成元素的样式，则必须通过自定义的方法进行。首先选择要设置的图标样式，然后在“图表工具格式”选项卡中选择相应的选项，进一步设置图表区中文字的格式、填充颜色、边框颜色、边框样式、阴影，以及三维格式等。例如，要为“冰箱销售统计表”工作簿中的图表设置样式，具体操作方法如下。

光盘同步文件
原始文件：光盘 \ 原始文件 \ 第 9 章 \ 冰箱销售统计表 .xlsx
结果文件：光盘 \ 结果文件 \ 第 9 章 \ 冰箱销售统计表 .xlsx
教学视频：光盘 \ 教学视频文件 \ 第 9 章 \9-4-1.mp4

步骤 01 打开“光盘 \ 素材文件 \ 第 9 章 \ 冰箱销售统计表 .xlsx”文件。❶选择图表；❷单击“图表工具设计”选项卡“图表样式”组中的“快速样式”按钮；❸在弹出的菜单中选择选择需要应用的图表样式，如下图所示。

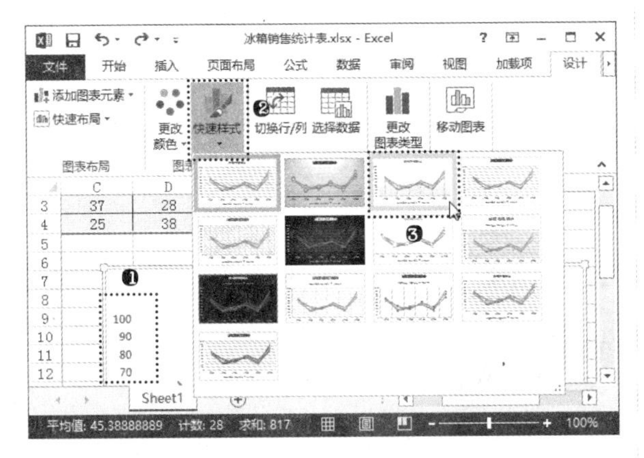

步骤 02 在“图表工具格式”选项卡“形状样式”组的列表框中选择需要的图表形状样式，即可为图表区背景应用设置的形状样式，如下图所示。

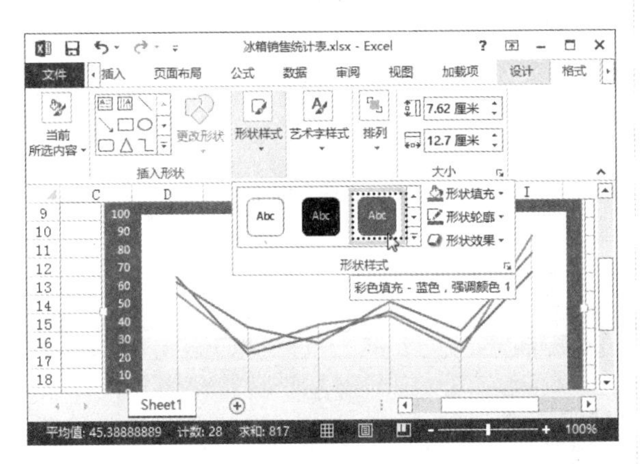

9.4.2 快速布局

创建图表后，除了可以通过更改图表的样式来更改它的外观外，还可以更改图表的布局结构。在表格中创建的图表会采用系统默认的图表布局。实质上，Excel 2013 中提供了 12 种预定义布局样式，使用这些预定义的布局样式可以快速更改图表的布局效果。例如，要为“冰箱销售统计表 2”工作簿中的图表应用其他预定义布局样式，具体操作步骤如下。

光盘同步文件
原始文件：光盘 \ 原始文件 \ 第 9 章 \ 冰箱销售统计表 2.xlsx
结果文件：光盘 \ 结果文件 \ 第 9 章 \ 冰箱销售统计表 2.xlsx
教学视频：光盘 \ 教学视频文件 \ 第 9 章 \9-4-2.mp4

步骤 01 打开“光盘 \ 素材文件 \ 第 9 章 \ 冰箱销售统计表 2.xlsx”文件。❶选择图表；❷单击“图表工具设计”选项卡“图表布局”组中单击“快速布局”按钮；❸在弹出的下拉列表中选择需要的图表布局样式，如下图所示。

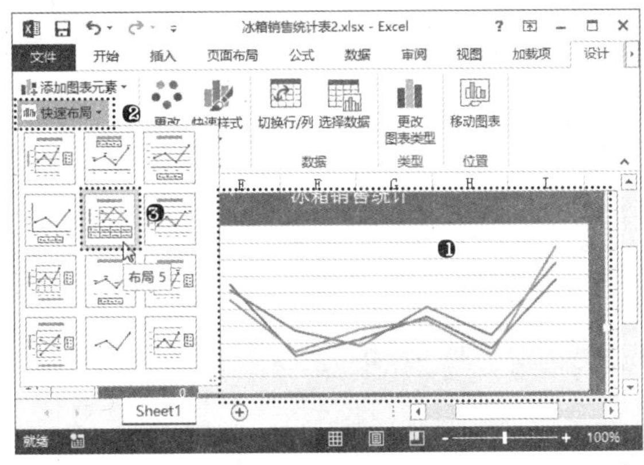

步骤 02 经过上一步操作，即可看到应用新布局样式后的图表效果。选择新布局中的坐标轴文本框，重新输入坐标轴名称，如下图所示。

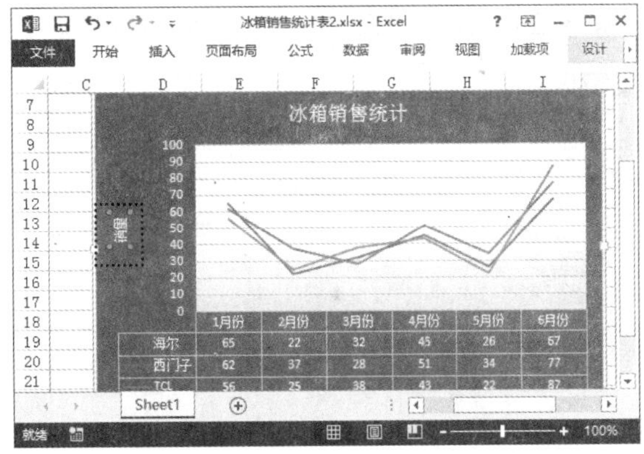

9.4.3 设置图表标题

在创建图表时，图表会自动根据数据源中的相应数据为图表设置标题名称。如果数据源中没有提供标题信息，则在图表中不会显示图表标题。此时，用户可以通过自定义为图表添加适当的图表标题，使其他用户在只看到图表标题时就能掌握该图表所要表达的大致信息。

设置图表标题可以在“图表工具设计”选项卡的“图表布局”组中完成。下面为“工资表 2”工作簿中的图表添加图表标题，并设置预定义的样式，具体操作步骤如下。

高手指引——认识“选择数据源”对话框

在“图表标题”菜单中选择“无”命令，将隐藏图表标题；选择“居中覆盖”命令，将居中标题覆盖在图表上方，但不调整图表的大小；选择“图表上方”命令，将在图表区的顶部显示图表标题，并调整图表大小；选择“其他标题选项”命令，将打开“设置图表标题格式”任务窗口，在其中可以设置图表标题的填充、边框颜色、边框样式、阴影和三维格式等样式。

光盘同步文件
原始文件：光盘\原始文件\第 9 章\工资表 2.xlsx
结果文件：光盘\结果文件\第 9 章\工资表 2.xlsx
教学视频：光盘\教学视频文件\第 9 章\9-4-3.mp4

步骤01 打开"光盘\素材文件\第 9 章\工资表 2.xlsx"文件。❶选择图表；❷单击"图表工具设计"选项卡"图表布局"组中的"添加图表元素"按钮；❸在弹出的菜单中选择"图表标题"命令；❹在弹出的下级子菜单中选择"图表上方"命令，如下图所示。

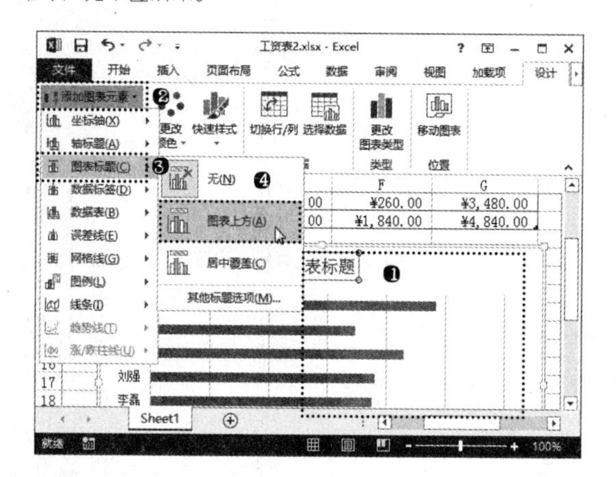

步骤02 经过上一步操作，即可在图表区上方显示"图表标题"文本框。❶修改标题文本为"工资明细"；❷选择标题文本框，在"图表工具格式"选项卡"艺术字样式"组的列表框中选择需要的艺术字样式，如下图所示。

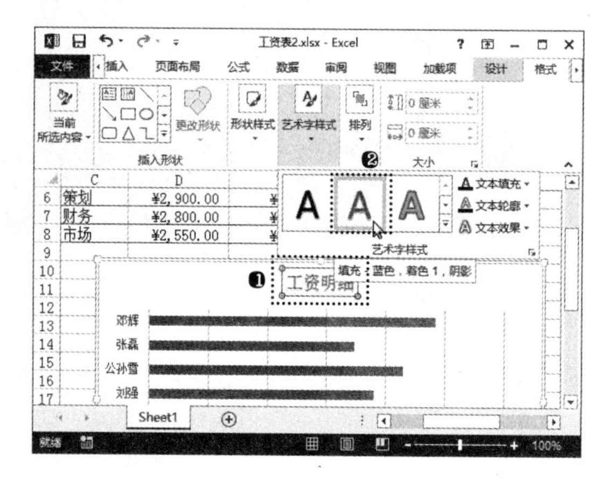

9.4.4 设置数据标签

设置数据标签后可以在图表的数据系列上显示出对应的数据，这样可以使图表更清楚地表现数据的含义。添加数据标签后还可以调整标签在图表中的位置，为其设置数字格式、填充颜色、边框颜色和样式、阴影、三维格式和对齐方式等样式。例如，要为"超市销售统计表 3"工作簿中的图表添加数据标签并设置格式，具体操作步骤如下。

光盘同步文件
原始文件：光盘\原始文件\第 9 章\超市销售统计表 3.xlsx
结果文件：光盘\结果文件\第 9 章\超市销售统计表 3.xlsx
教学视频：光盘\教学视频文件\第 9 章\9-4-4.mp4

步骤01 打开"光盘\素材文件\第 9 章\超市销售统计表 3.xlsx"文件。❶选择图表；❷单击"图表工具设计"选项卡"图表布局"组中的"添加图表元素"按钮；❸在弹出的菜单中选择"数据标签"命令；❹在弹出的下级子菜单中选择"数据标注"命令，如下图所示。

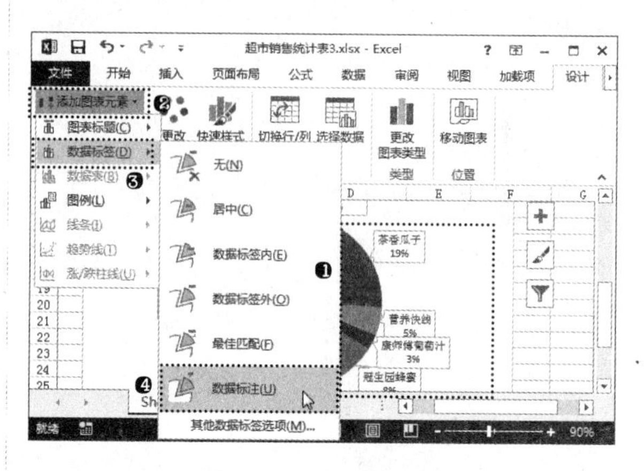

步骤02 经过上一步操作，看到为图表数据系列添加数据标签的效果。❶单击"图表工具设计"选项卡"图表布局"组中的"添加图表元素"按钮；❷在弹出的菜单中选择"数据标签"命令；❸在弹出的下级子菜单中选择"其他数据标签选项"命令，如下图所示。

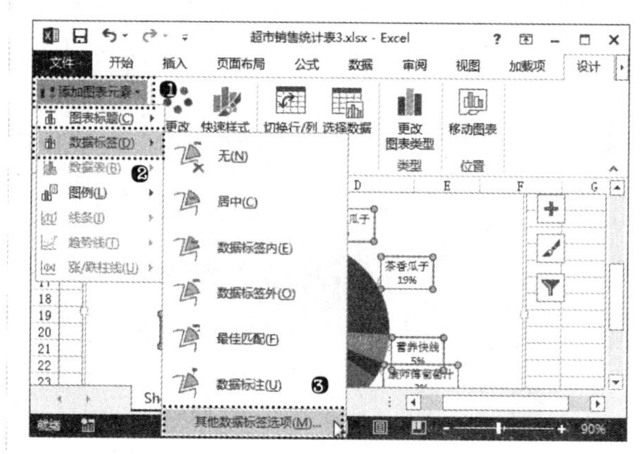

步骤03 ❶打开"设置数据标签格式"任务窗口，单击"标签选项"选项卡；❷在"标签包括"栏中选中"值"复选框，让数据标签中显示出具体值，如下图所示。

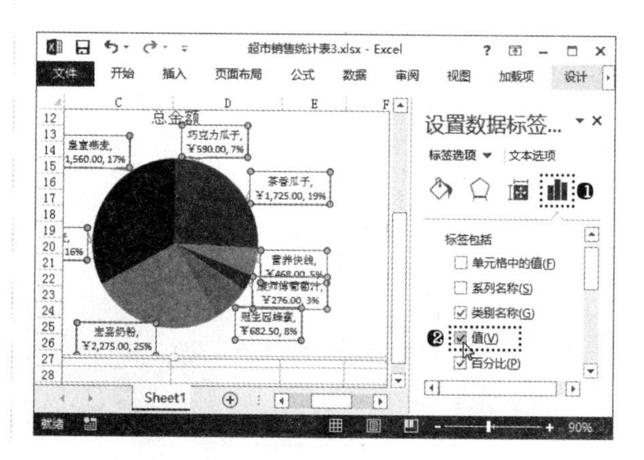

步骤 04 ❶单击"填充线条"选项卡；❷选中"实线"单选按钮；❸在"颜色"下拉列表中选择需要的线条颜色，即可改变数据标签边框的颜色，如下图所示。

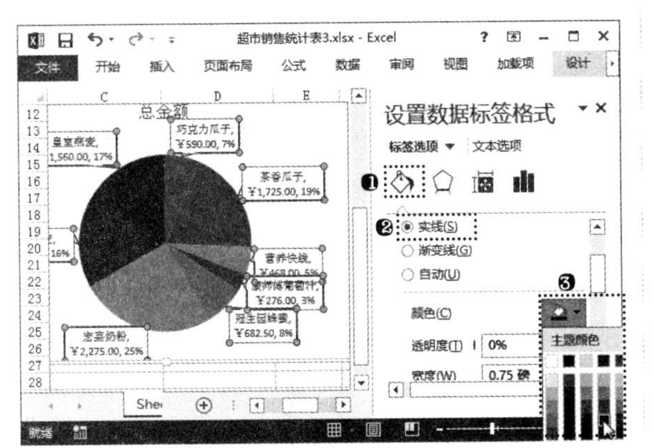

高手指引——设置数据标签的其他方法

对图表中的数据系列设置数据标签，只是对某一个数据进行设置，如果要设置全部数据系列的数据标签，可以在图表中先选择需要设置的数据系列，然后再进行设置。选择图表中的数据系列后，在其上单击鼠标右键，在弹出的快捷菜单中选择"添加数据标签"命令，也可以为图表添加数据标签。若要删除添加的数据标签，还可以先选择数据标签然后按【Delete】键进行删除。

9.4.5 设置图例

图表中的图例也是可以进行设置的，设置图例主要指的是设置图例在图表中的显示与否和其在图表中的位置。例如，要将"业绩汇总"工作簿图表中的图例设置在顶部靠左侧的位置，具体操作方法如下。

光盘同步文件

原始文件：光盘\原始文件\第 9 章\业绩汇总 .xlsx
结果文件：光盘\结果文件\第 9 章\业绩汇总 .xlsx
教学视频：光盘\教学视频文件\第 9 章\9-4-5.mp4

步骤 01 打开"光盘\素材文件\第 9 章\业绩汇总 .xlsx"文件。❶选择图表；❷单击"图表工具设计"选项卡"图表布局"组中的"添加图表元素"按钮；❸在弹出的菜单中选择"图例"命令；❹在弹出的下级子菜单中选择"顶部"命令，如下图所示。

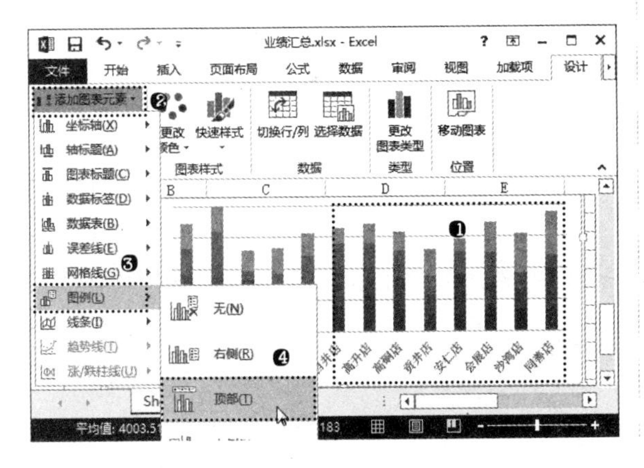

步骤 02 经过上一步操作，即可在图表区的顶部居中位置显示图例。选择图例文本框，向左拖曳鼠标移动图例在图表中的位置，如下图所示。

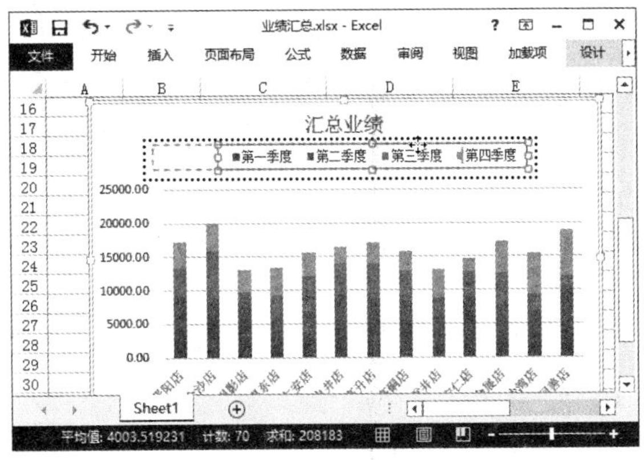

9.4.6 添加趋势线

为了帮助用户分析图表中显示的数据，Excel 2013 中提供了分析图表功能，使用它可以在图表中添加趋势线。趋势线是以图形的方式在图表中表示数据系列的趋势，趋势线主要用于问题预测研究（又称"回归分析"）。

为图表数据添加趋势线的方法很简单，例如，要为"财务趋势分析"工作簿中图表添加线型趋势线，具体操作方法如下。

光盘同步文件

原始文件：光盘\原始文件\第 9 章\财务趋势分析 .xlsx
结果文件：光盘\结果文件\第 9 章\财务趋势分析 .xlsx
教学视频：光盘\教学视频文件\第 9 章\9-4-6.mp4

步骤 01 打开"光盘\素材文件\第 9 章\财务趋势分析 .xlsx"文件。❶选择图表；❷单击"图表工具设计"选项卡"图表布局"组中的"添加图表元素"按钮；❸在弹出的菜单中选择"趋势线"命令；❹在弹出的下级子菜单中选择"线性预测"命令，如下图所示。

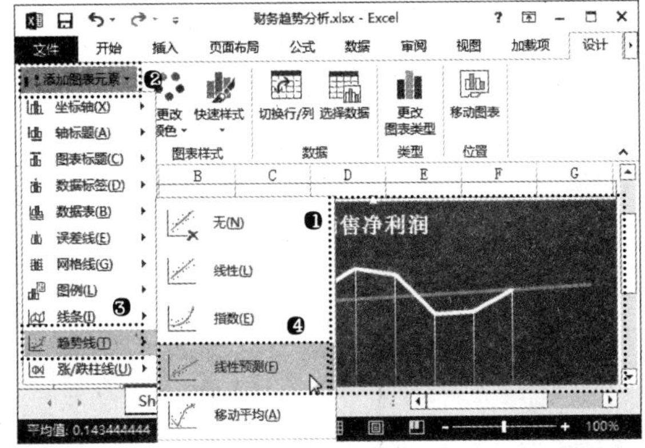

步骤 02 经过上一步操作，即可看到为图表添加线型趋势线并预测未来值的效果，如下页左上图所示。

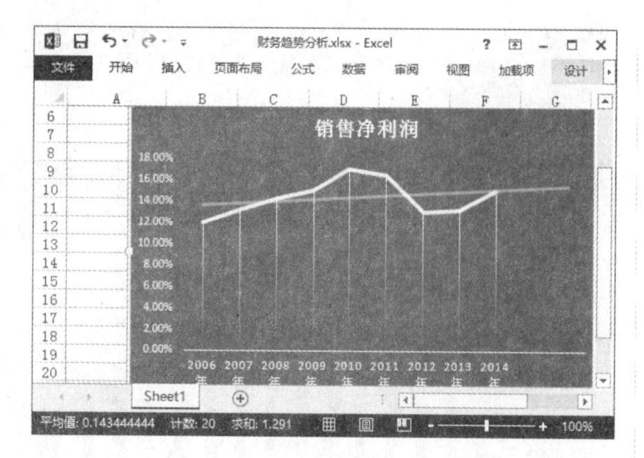

高手指引——设置趋势线的注意事项

本例中因为只有一个数据系列，所以没有在添加趋势线之前选择数据系列。当存在多种数据系列时，首先需要选择要添加趋势线的数据系列，再进行设置。另外，在图表中的图形上单击鼠标右键，在弹出的快捷菜单中选择"添加趋势线"命令，在打开的"设置趋势线格式"任务窗口中可以对趋势线的格式进行进一步设置。

9.4.7 添加误差线

在 Excel 2013 中还可以为图表添加误差线。误差线通常运用在统计或科学记数法数据中，误差线显示相对序列中的每个数据标记的潜在误差或不确定度。为图表数据添加误差线的方法与添加趋势线的方法基本相似。下面为"科学实验数据记录"工作簿中的图表数据系列添加自定义误差线，具体操作步骤如下。

光盘同步文件

原始文件：光盘\原始文件\第 9 章\科学实验数据记录 .xlsx
结果文件：光盘\结果文件\第 9 章\科学实验数据记录 .xlsx
教学视频：光盘\教学视频文件\第 9 章\9-4-7.mp4

步骤 01 打开"光盘\素材文件\第 9 章\科学实验数据记录 .xlsx"文件。❶选择图表；❷单击"图表工具设计"选项卡"图表布局"组中的"添加图表元素"按钮；❸在弹出的菜单中选择"误差线"命令；❹在弹出的下级子菜单中选择"其他误差线选项"命令，如下图所示。

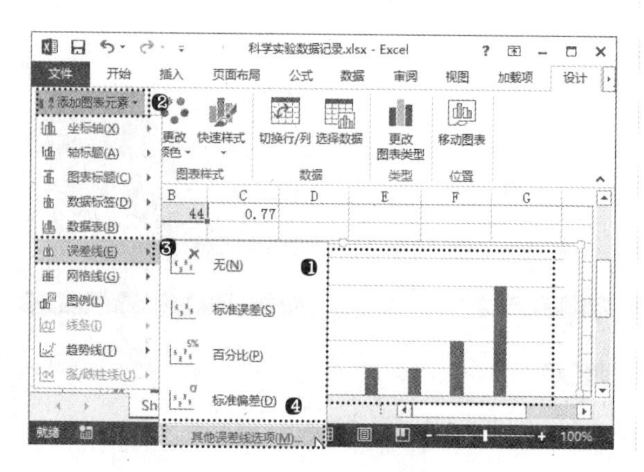

步骤 02 ❶打开"设置误差线格式"任务窗口，单击"误差线选项"选项卡；❷在"误差量"栏中选中"自定义"单选按钮；❸单击其后的"指定值"按钮，如下图所示。

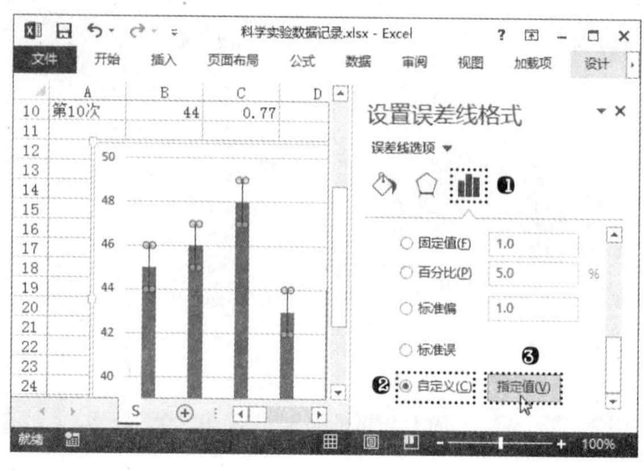

步骤 03 打开"自定义误差栏"对话框，单击"正错误值"文本框后的"折叠"按钮，如下图所示。

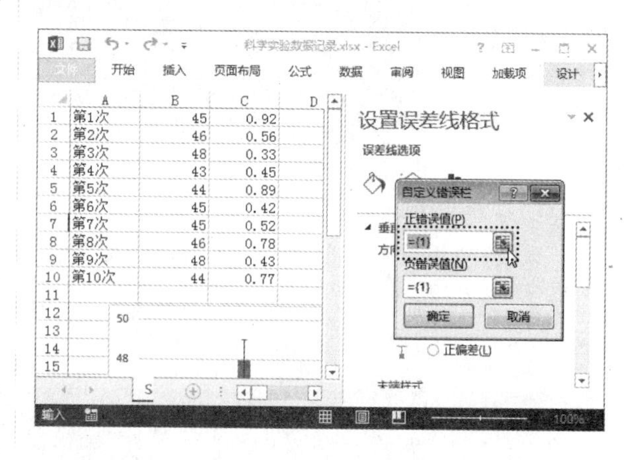

步骤 04 ❶在工作表中选择错误量数据所在的 C1:C10 单元格区域；❷单击"展开"按钮，如下图所示。

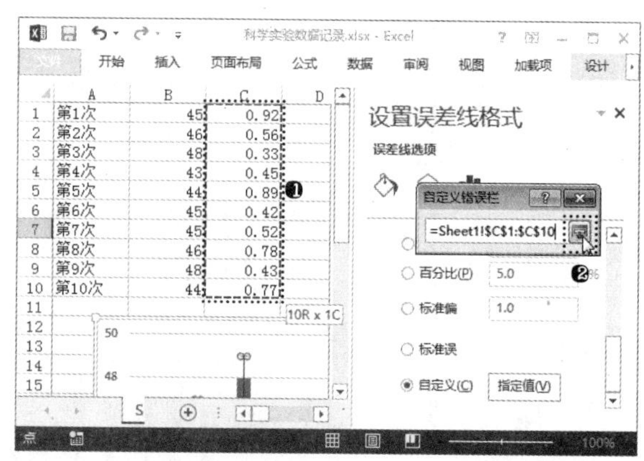

步骤05 ❶使用相同的方法，在“负错误值”文本框中也引用 C1:C10 单元格区域；❷单击“确定”按钮，在图表中同时可看到添加的自定义误差线效果，如右图所示。

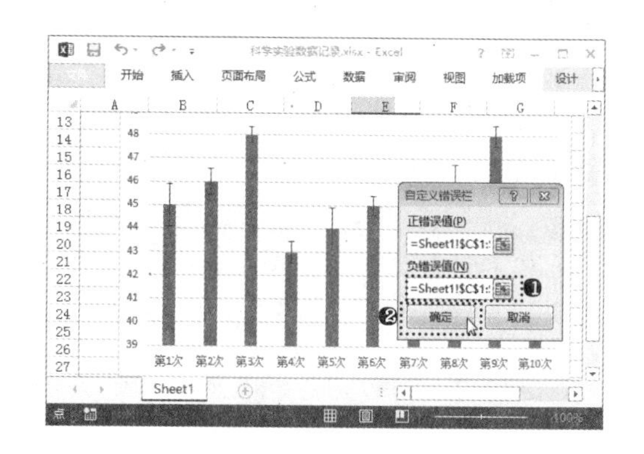

9.5 使用迷你图

迷你图是以单元格为绘图区域制作的一个微型图表，可提供数据的直观表示。使用迷你图只需占用少量空间就可以通过清晰、简明的图形表示方法显示一系列数值的趋势，如季节性增加或减少、经济周期，还可以突出显示最大值和最小值。本节就来介绍迷你图的使用方法。

9.5.1 插入迷你图

虽然工作表中以行或列单元格来呈现数据很有用，但很难一眼看出数据的分布形态。通过 Excel 2013 中提供的迷你图功能，可以为单元格数据快速制作折线图、柱形图和盈亏图，3 种迷你图。

通过在数据旁边插入迷你图，可以为这些数字提供上下关系。因此，尽管并没有要求将迷你图单元格紧邻其数据源单元格，但这样做能达到最佳效果。这样就能快速查看迷你图与其数据源之间的关系，而且当数据发生更改时，迷你图中也会立即进行相应的变化，除了为一行或一列数据创建一个迷你图之外，还可以通过选择与基本数据相对应的多个单元格来同时创建若干个迷你图。

在工作表中插入迷你图的方法与插入图表的方法基本相似，例如，要在“电脑销售数据”工作簿中比较各产品在同一天的对比数据，并分析每个产品销售走势的迷你图，具体操作方法如下。

光盘同步文件
原始文件：光盘 \ 原始文件 \ 第 9 章 \ 电脑销售数据 .xlsx
结果文件：光盘 \ 结果文件 \ 第 9 章 \ 电脑销售数据 .xlsx
教学视频：光盘 \ 教学视频文件 \ 第 9 章 \9-5-1.mp4

步骤01 打开“光盘 \ 素材文件 \ 第 9 章 \ 电脑销售数据 .xlsx”文件。❶选择 I2 单元格；❷单击“插入”选项卡“迷你图”组中的“柱形图”按钮，如下图所示。

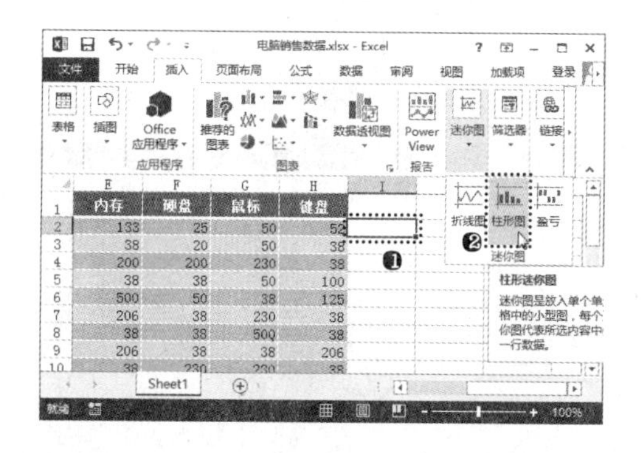

步骤02 ❶打开“创建迷你图”对话框，在“数据范围”文本框中引用工作表中的 B2:H2 单元格区域；❷单击“确定”按钮关闭该对话框，如下图所示。

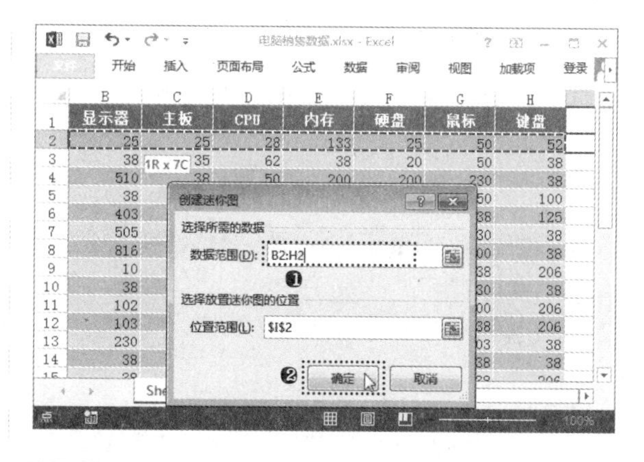

步骤03 返回工作簿中即可看到在 I2 单元格中插入的柱形图迷你图效果。使用 Excel 的自动填充功能，向下拖曳控制柄到 I3:I32 单元格区域，为该单元格区域复制迷你图，如下图所示。

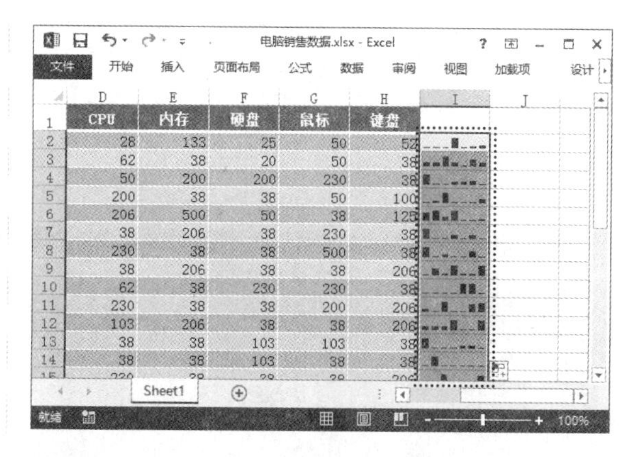

步骤04 ❶选择 B33 单元格；❷单击“插入”选项卡“迷你图”组中的“折线图”按钮，如下页左上图所示。

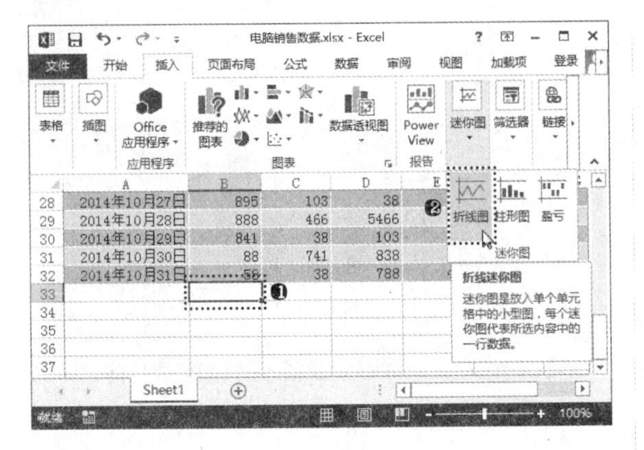

步骤05 ❶打开“创建迷你图”对话框，在“数据范围”文本框中引用工作表中的B2:B32单元格区域；❷单击“确定”按钮关闭该对话框，如下图所示。

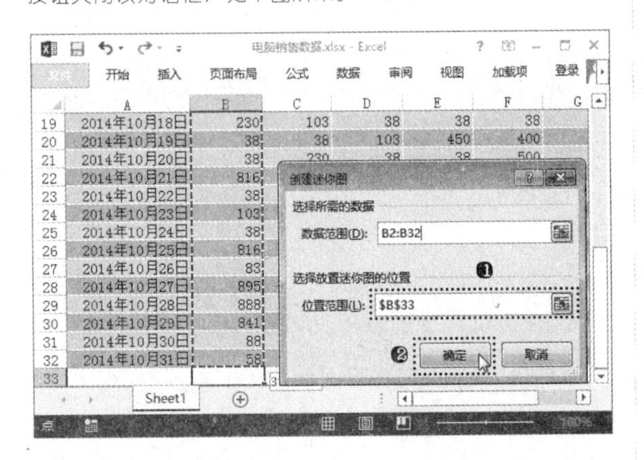

步骤06 返回工作簿中即可看到在B33单元格中插入的折线图迷你图效果。使用Excel的自动填充功能，向下拖曳控制柄到C33:H33单元格区域，为该单元格区域复制迷你图，如下图所示。

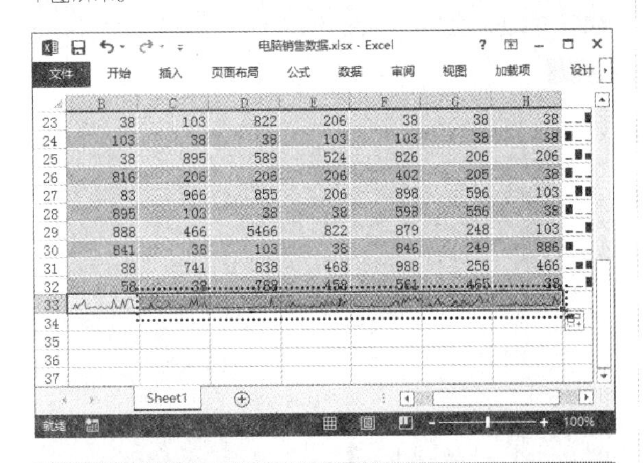

高手指引——迷你图与图表的本质区别

与Excel工作表中的图表不同，迷你图不是对象，它实际上是单元格背景中的一个微型图表。也就是说，我们可以在同一个单元格中输入文本，并插入迷你图作为该单元格的背景。

9.5.2 设置迷你图样式

在工作表中插入迷你图后，将激活“迷你图工具 设计”选项卡。通过该选项卡可以更改现有迷你图的数据、更改迷你图的类型、显示迷你图中需要标识的特殊数据、设置迷你图样式、设置迷你图颜色、设置特殊数据颜色等。迷你图的设置方法与图表的设置方法基本相同，下面为“电脑销售数据2”工作簿中的迷你图设置样式，具体操作步骤如下。

光盘同步文件

原始文件：光盘\原始文件\第9章\电脑销售数据2.xlsx
结果文件：光盘\结果文件\第9章\电脑销售数据2.xlsx
教学视频：光盘\教学视频文件\第9章\9-5-2.mp4

步骤01 打开“光盘\素材文件\第9章\电脑销售数据2.xlsx”文件。❶选择任意一个柱形图迷你图，此时I2:I32单元格区域中的迷你图都将被关联选择，表现为在该单元格区域外围显示深蓝色的选择框；❷在“迷你图工具 设计”选项卡“样式”组中的列表框中选择需要的迷你图样式，如下图所示。

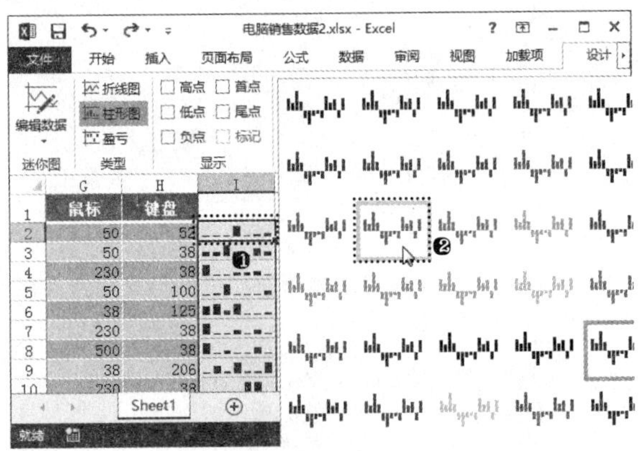

步骤02 经过上一步操作，即可为I2:I32单元格区域中的所有迷你图应用选择的迷你图样式。❶选中“显示”组中的“高点”复选框；❷单击“样式”组中的“标记颜色”按钮；❸在弹出的菜单中选择“高点”命令；❹在弹出的下级子菜单中选择需要设置的高点颜色，如下图所示。

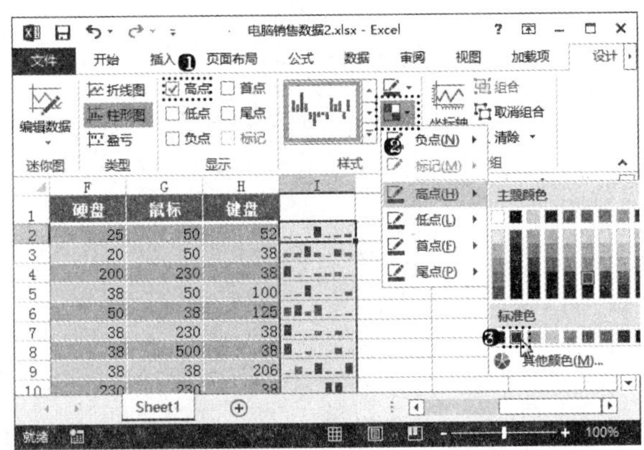

步骤03 经过上一步操作，即可为I2:I32单元格区域中的迷你图的高点标示为设置的颜色。❶选择B33单元格中的折线图迷你图，此时B33:H33单元格区域中的迷你图都将被关联选择；❷选中“显示”组中的“高点”复选框；❸单击“分组”组中的“取消组合”按钮，取消该迷你图与原有迷你图组的关联关系，如下页左上图所示。

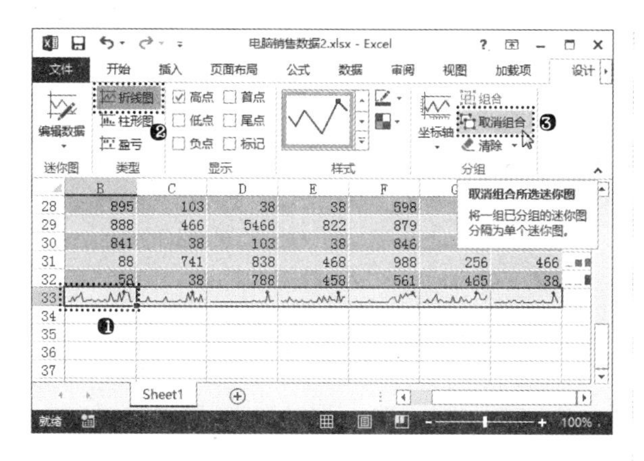

步骤 04 ❶单击“样式”组中的“迷你图颜色”按钮；❷在弹出的菜单中选择需要的迷你图颜色，如下图所示。

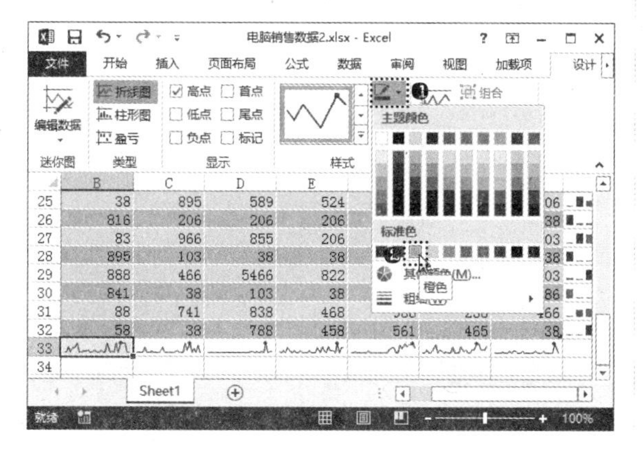

步骤 05 经过上一步操作，即可为取消关联的 B33 单元格中的迷你图单独设置相应的迷你图颜色，而 C33:H33 单元格区域中的迷你图效果不受影响，如下图所示。

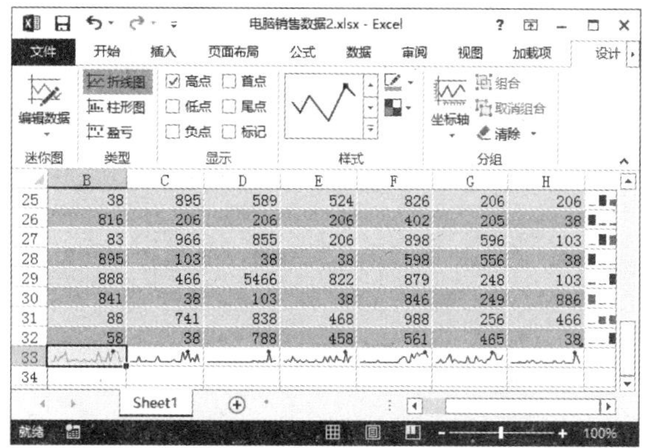

高手指引——组合、拆分和删除迷你图

通过 Excel 自动填充功能复制创建的迷你图，会将“位置范围”设置成单元格区域，即所谓的一组迷你图，当我们对其中一个迷你图进行设置时，其他迷你图也会进行相同的设置。通过单击“组合”或“取消组合”按钮，即可将多个不同组的迷你图组合为一组或进行迷你图组的拆分。如果要删除插入的迷你图或迷你图组，需要单击“清除”按钮，在弹出的下拉列表中进行设置即可。

实用技巧——技能提高

在工作表中插入一张漂亮的图表，不仅可以让观众赏心悦目，还可以展现出图表所表达的含义。但通过前面介绍的方法在制作某些图表时效果还不完美，本节将结合本章内容，给读者介绍几种让图表看起来更专业、更美观的特殊技巧，希望读者在实际工作中能灵活应用。

光盘同步文件

原始文件：光盘\素材文件\第 9 章\技能提高\
结果文件：光盘\结果文件\第 9 章\技能提高\
教学视频：光盘\教学视频文件\第 9 章\技能提高 .mp4

技巧 9-1 隐藏靠近零值的数据标签

在制作饼图时，如果因为各项数据百分比相差悬殊，或某个数据本身靠近零值，就不能在饼图中显示出相应的色块了，只在图表中显示一个“0%”的数据标签，非常难看。且即使将其删除后，一旦更改表格中的数据，这个“0%”数据标签又会显示出来。此时，需要通过设置数字格式来将其隐藏。

例如，要对“文具店销售表”工作簿中饼图图表中靠近零值的数据标签进行隐藏，具体操作方法如下。

步骤 01 打开“光盘\素材文件\第 9 章\技能提高\文具店销售表 .xlsx”文件。❶选择图表；❷单击“图表工具 设计”选项卡“图表布局”组中的“添加图表元素”按钮；❸在弹出的菜单中选择“数据标签”命令；❹在弹出的下级子菜单中选择“其他数据标签选项”命令，如下图所示。

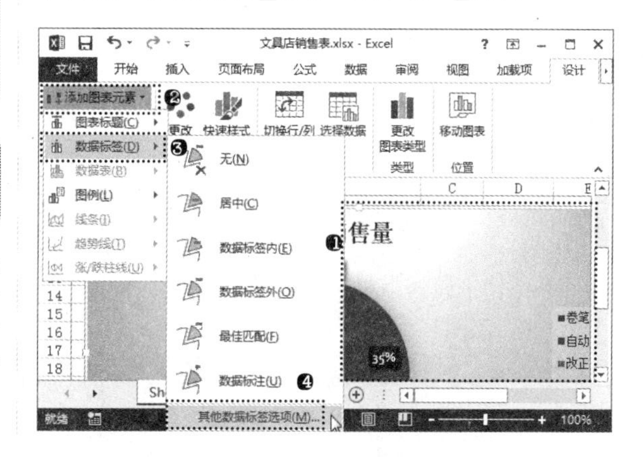

步骤02 ❶打开“设置数据标签格式”任务窗口，单击“标签选项”选项卡；❷在“数字”栏中的“类别”下拉列表中选择“自定义”选项；❸在“格式代码”文本框中输入“[<0.01]"";0%”；❹单击“添加”按钮，如下图所示。

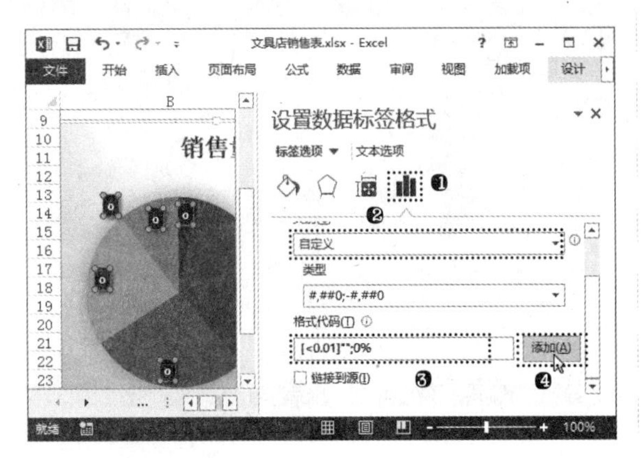

步骤03 经过上一步操作，返回工作表中即可看到图表中的“0%”数据标签已经消失了，如下图所示。

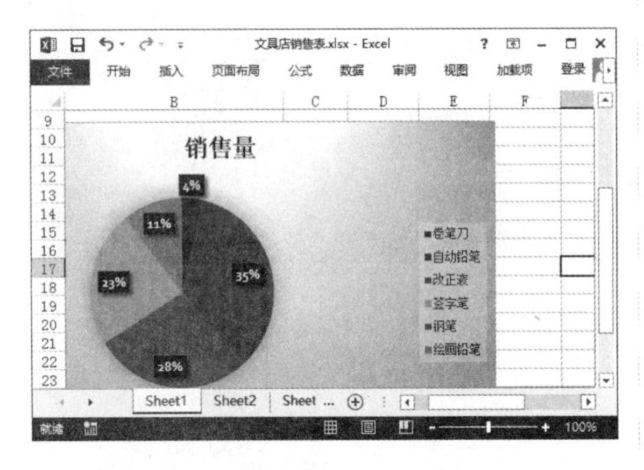

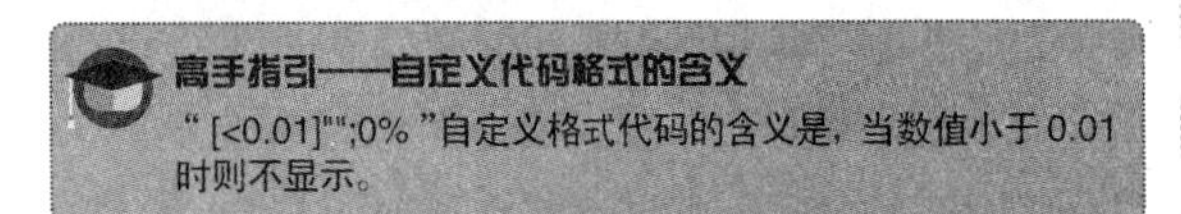
高手指引——自定义代码格式的含义

“[<0.01]"";0%”自定义格式代码的含义是，当数值小于0.01时则不显示。

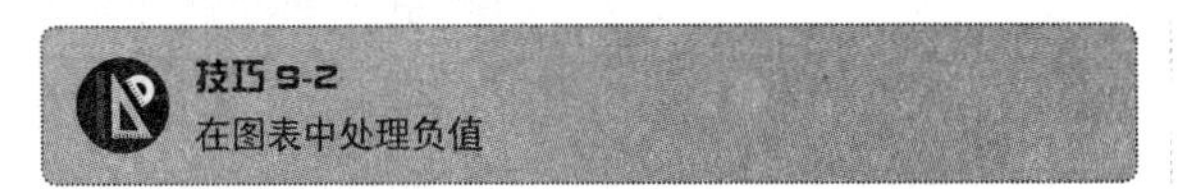
技巧 9-2
在图表中处理负值

既然在图表中能处理靠近零值的数据标签，同样，我们也可以对数据标签中的任意数据进行设置，如使用不同颜色或不同数据格式来显示某个数据。下面随便输入一组包含正值和负值的数据，然后为其制作折线图图表，并显示数据标签，然后设置负值的数据标签为红色，值大于100的数据标签为绿色，其余数值的数据标签保持默认颜色，具体操作步骤如下。

步骤01 新建一个空白工作簿。❶随意输入如右上图所示的一组数据；❷为其创建折线图图表。

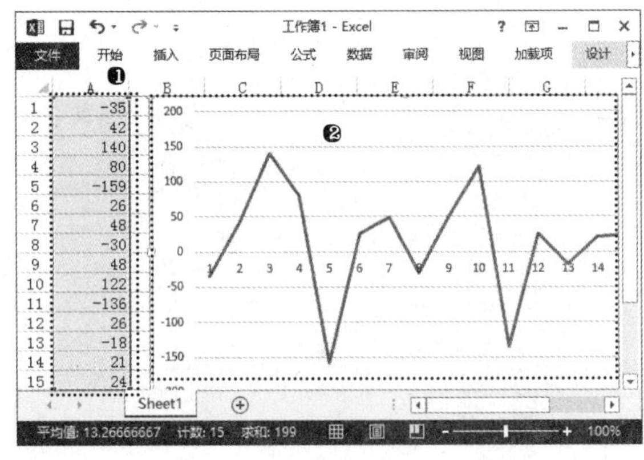

步骤02 ❶选择图表；❷单击“图表工具设计”选项卡“图表布局”组中的“添加图表元素”按钮；❸在弹出的菜单中选择“数据标签”命令；❹在弹出的下级子菜单中选择“右侧”命令，如下图所示。

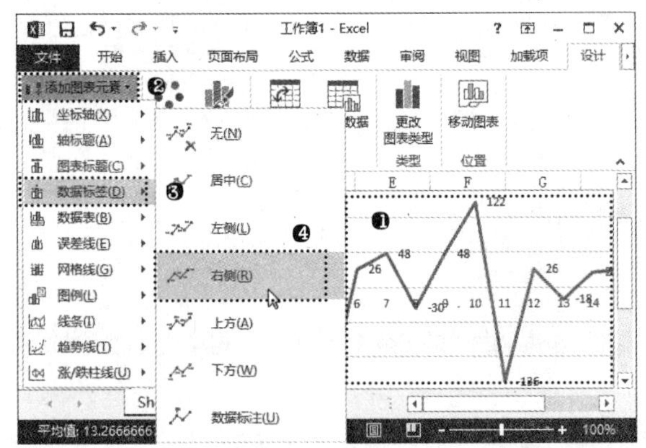

步骤03 ❶单击“图表工具设计”选项卡“图表布局”组中的“添加图表元素”按钮；❷在弹出的菜单中选择“数据标签”命令；❸在弹出的下级子菜单中选择“其他数据标签选项”命令，如下图所示。

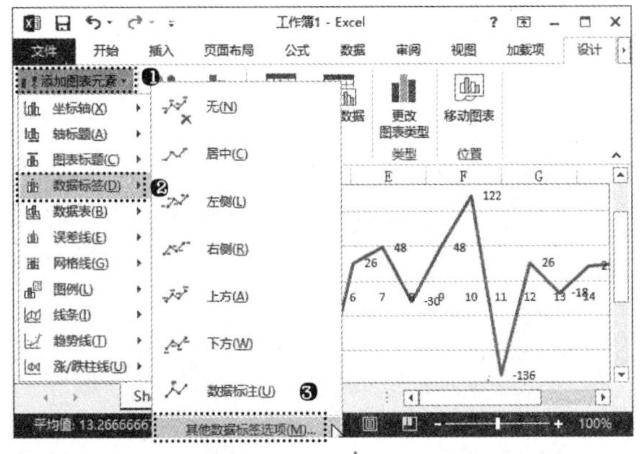

步骤04 ❶打开“设置数据标签格式”任务窗口，单击“标签选项”选项卡；❷在“数字”栏中的“类别”下拉列表中选择“自定义”选项；❸在“格式代码”文本框中输入“[红色][<0]-0;[绿色][>100]0;0”；❹单击“添加”按钮，如下图所示。

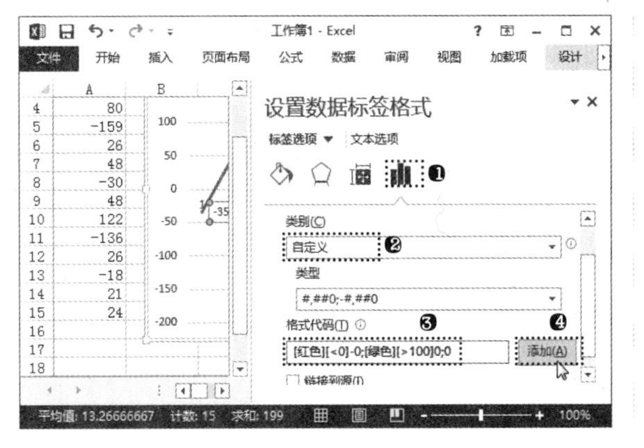

步骤05 经过上一步操作，返回工作表中即可看到图表中负值的数据标签为红色，值大于100的数据标签为绿色，其余数值的数据标签仍然为黑色，如下图所示。

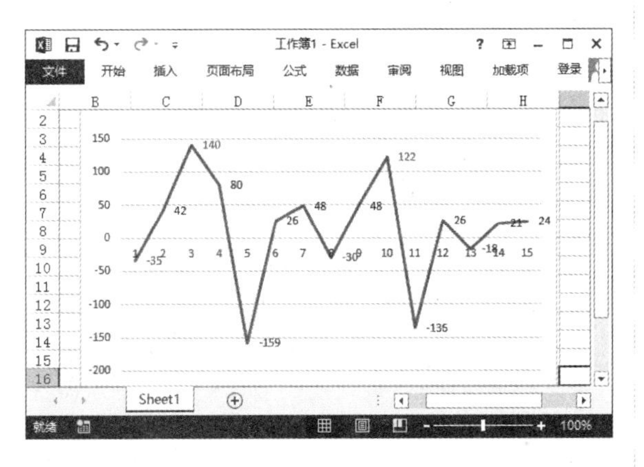

步骤06 ❶单击“图表工具设计”选项卡“图表布局”组中的“添加图表元素”按钮；❷在弹出的菜单中选择“坐标轴”命令；❸在弹出的下级子菜单中选择“主要横坐标轴”命令，取消显示横坐标轴，如下图所示。

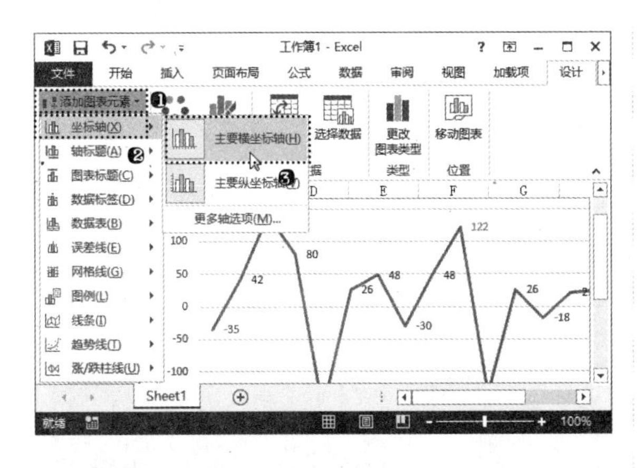

技巧 9-3
去除分类轴上的空白日期

使用柱形图图表表达一段时间内数据的变化时，如果使用日期系列作为分类轴的标志，当遇到源数据中的日期不连续时，图表的分类轴依然会按连续的日期显示，这样就会导致在柱形图中形成没有柱体的“缺口”，影响整个图表的效果。此时，可通过图表设置，删除没有数据的项对应在分类轴上的日期。例如，某公司在一个月中的某几天没有营业，当然，在“月销售记录表”工作表中也就没有这几天的销售数据统计。要去除图表中分类轴上的空白日期时，具体操作方法如下。

步骤01 打开“光盘\素材文件\第9章\技能提高\月销售记录表.xlsx”文件。❶选择图表中的横坐标轴；❷单击“图表工具设计”选项卡“图表布局”组中的“添加图表元素”按钮；❸在弹出的菜单中选择“坐标轴”命令；❹在弹出的下级子菜单中选择“更多”命令，如下图所示。

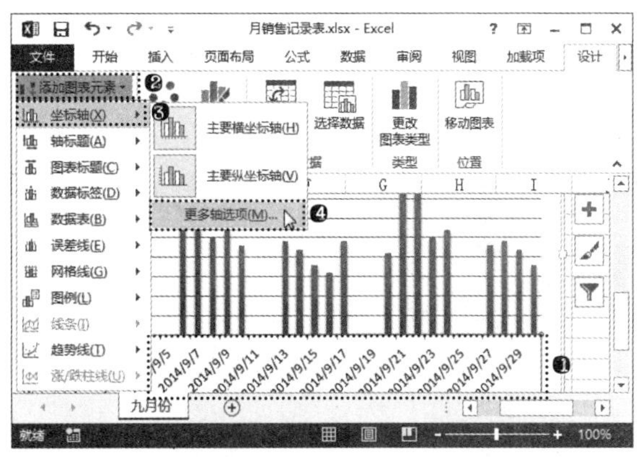

步骤02 ❶打开“设置坐标轴格式”任务窗口，单击“坐标轴选项”选项卡；❷在“坐标轴类型”栏中选中“文本坐标”单选按钮，同时，即可删除图表中没有数据的项对应在分类轴上的日期，如下图所示。

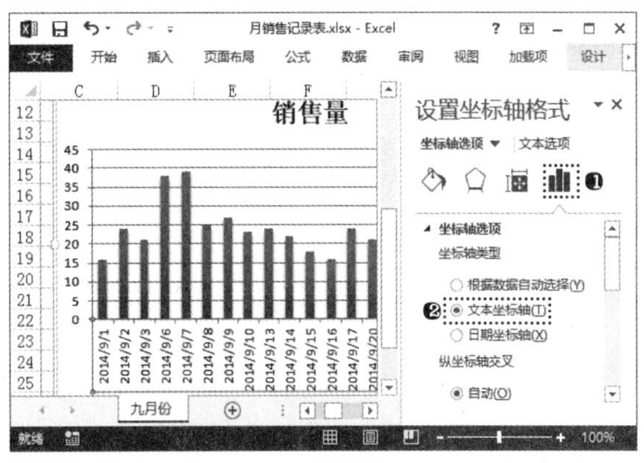

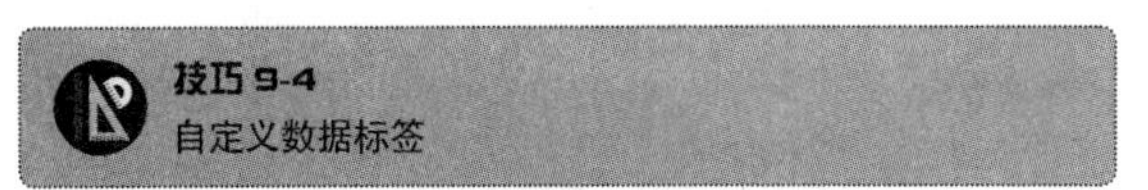
技巧 9-4
自定义数据标签

图表中的数据标签是可以进行自定义的，例如，要修改“自定义数据标签”工作簿中图表中数据标签的外形和样式，具体操作步骤如下。

步骤01 打开“光盘\素材文件\第9章\技能提高\自定义数据标签.xlsx”文件。❶连续两次单击需要修改的某个数据标签；❷单击"图表工具格式"选项卡"插入形状"组中的"更改形状"按钮；❸在弹出的菜单中选择需要的形状，如下图所示。

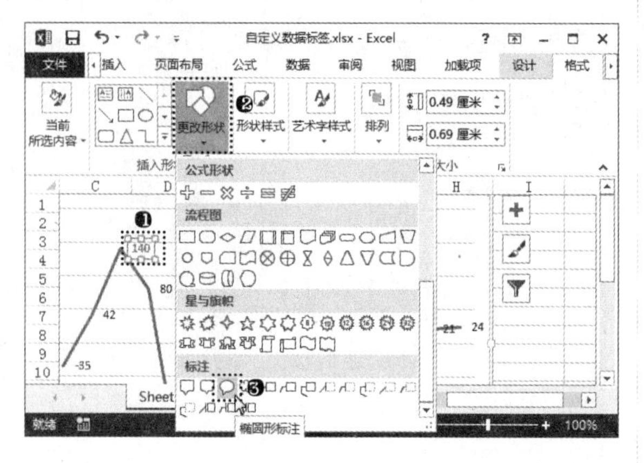

步骤02 经过上一步操作，即可将选择的数据标签外形修改为设置的形状。在"图表工具格式"选项卡"形状样式"组的列表框中，选择需要的形状样式，如下图所示。

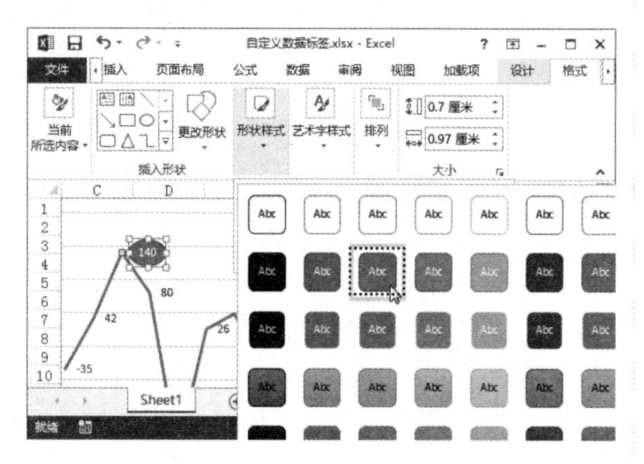

步骤03 经过上一步操作，即可为选择的数据标签应用设置的形状样式。❶在数据标签上单击鼠标右键；❷在弹出的快捷菜单中选择"设置数据标签格式"命令，如下图所示。

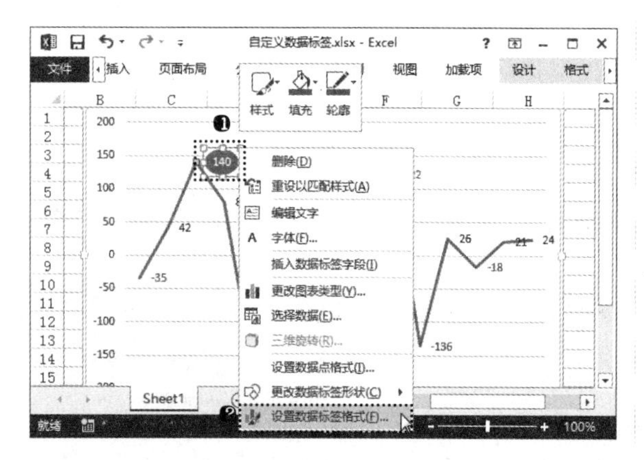

步骤04 ❶打开"设置数据标签格式"任务窗口，单击"标签选项"选项卡；❷在"数据标签系列"栏中单击"克隆当前标签"按钮，如右上图所示。

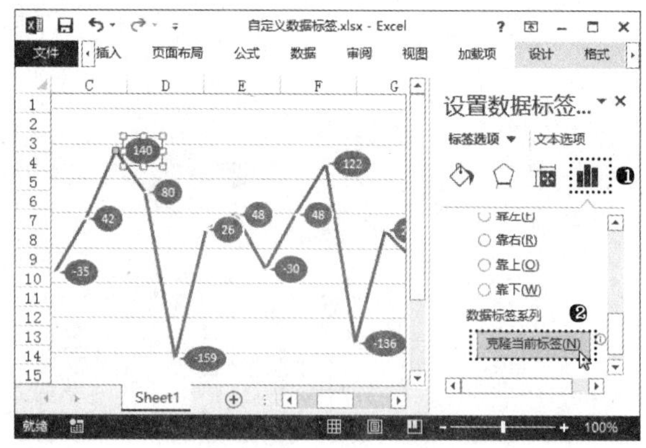

步骤05 经过上一步操作，即可为所有数据标签应用相同的样式，选择某些数据标签后拖曳调整其位置，最终效果如下图所示。

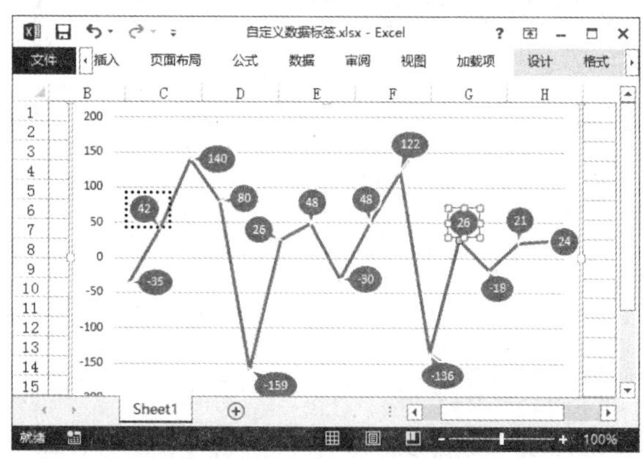

技巧 9-5
为数据标签自定义图片

在图表中不但可以为数据标签设置颜色和形状样式，还可以为其使用特定的图片。为数据标签自定义图片，可以使图表效果更加丰富。下面为"在图表中自定义图片"工作簿中图表的数据点自定义图片，具体操作步骤如下。

步骤01 打开"光盘\素材文件\第9章\技能提高\自定义数据标签为图片.xlsx"文件。❶连续两次单击需要修改的某个数据标签，并在其上单击鼠标右键；❷在弹出的快捷菜单中选择"设置数据标签格式"命令，如下图所示。

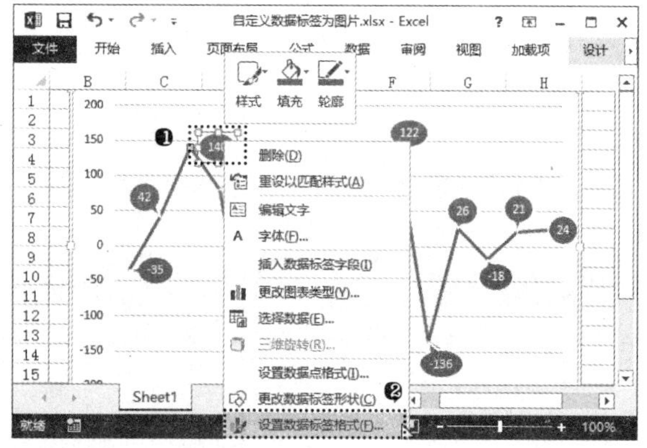

步骤 02 ❶打开“设置数据标签格式”任务窗口，单击“填充线条”选项卡；❷在“填充”栏中选中“图片或纹理填充”单选按钮；❸单击“文件”按钮，如下图所示。

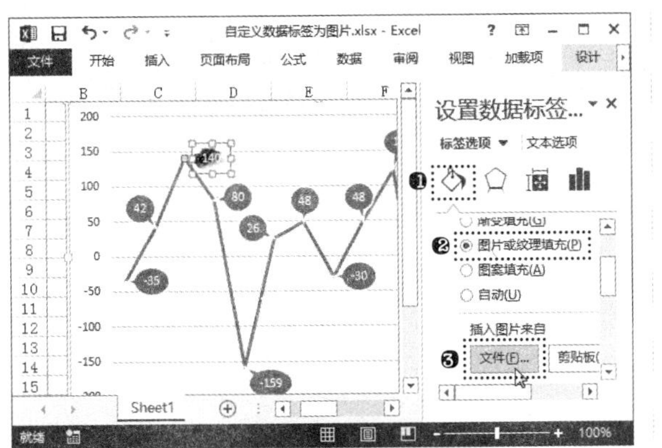

步骤 03 打开“插入图片”对话框。❶在列表框中选择需要插入的图片选项；❷单击“插入”按钮，如下图所示。

步骤 04 ❶单击“标签选项”选项卡；❷在“标签位置”栏中选中“居中”单选按钮，如下图所示。

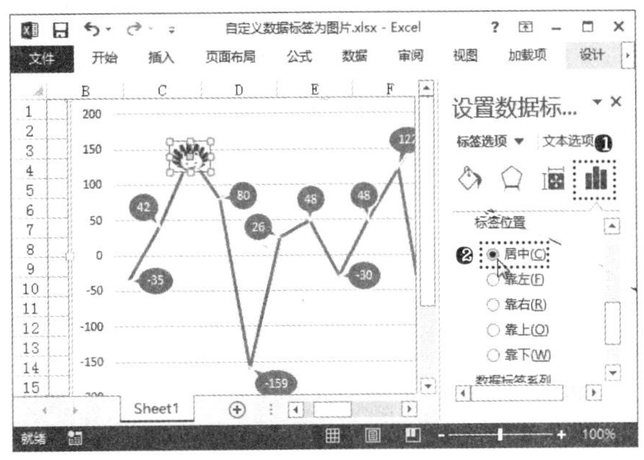

高手指引——快速选择图表的组成部分

选择图表后，在图表框右侧会显示三个按钮，单击“图表元素”按钮 +，在弹出的下拉列表中可以快速选择图表的各组成部分。在“图表工具格式”选项卡“当前所选内容”组中的下拉列表中也可以快速选择图表的各组成部分，单击“设置所选内容格式”按钮，可快速对所选图表元素进行格式化设置。

实战训练 9——制作“产出分析”工作图表

本章前面分别讲解了插入图表和对图表进行编辑的各种操作方法。本节将结合前面所讲的知识制作一个实例，让大家对本章知识进行巩固，能够综合运用这些编辑图表的操作，最终制作出完美的图表效果。

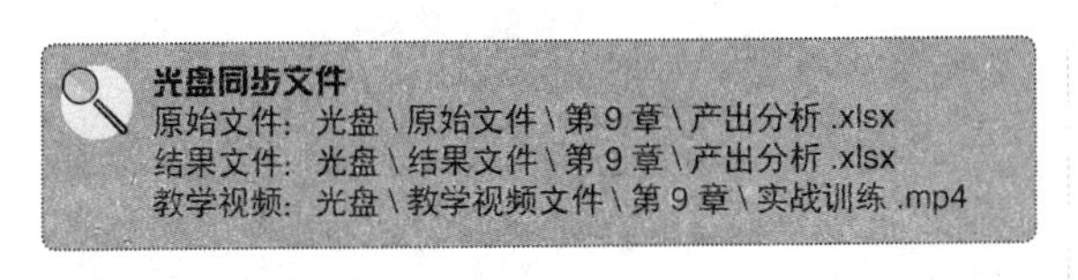

光盘同步文件

原始文件：光盘\原始文件\第 9 章\产出分析.xlsx

结果文件：光盘\结果文件\第 9 章\产出分析.xlsx

教学视频：光盘\教学视频文件\第 9 章\实战训练.mp4

步骤 01 打开“光盘\素材文件\第 9 章\技能提高\产出分析.xlsx”文件。❶选择 B33 单元格；❷单击“插入”选项卡“迷你图”组中的“折线图”按钮，如右图所示。

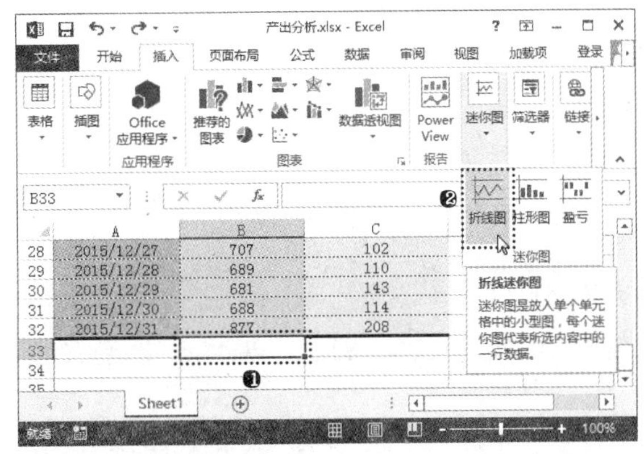

步骤 02 ❶打开“创建迷你图”对话框，在“数据范围”文本框中引用工作表中的 B2:B32 单元格区域；❷单击“确定”按钮关闭该对话框，如下图所示。

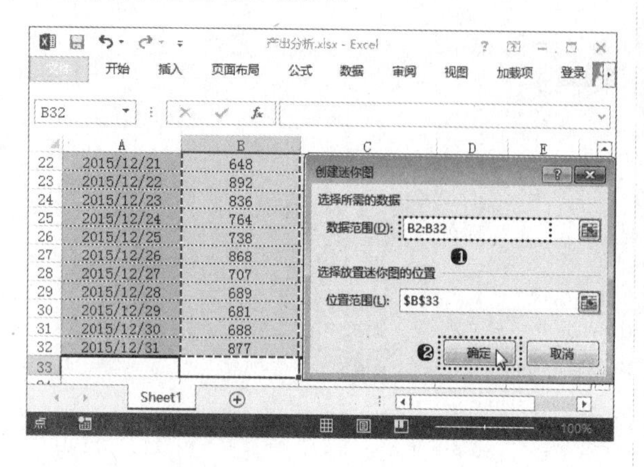

步骤 03 返回工作簿中即可看到在 B33 单元格中插入的折线图迷你图效果。❶选中“显示”组中的“高点”复选框；❷使用 Excel 的自动填充功能，向右拖曳控制柄到 C33 单元格，为该单元格复制迷你图，如下图所示。

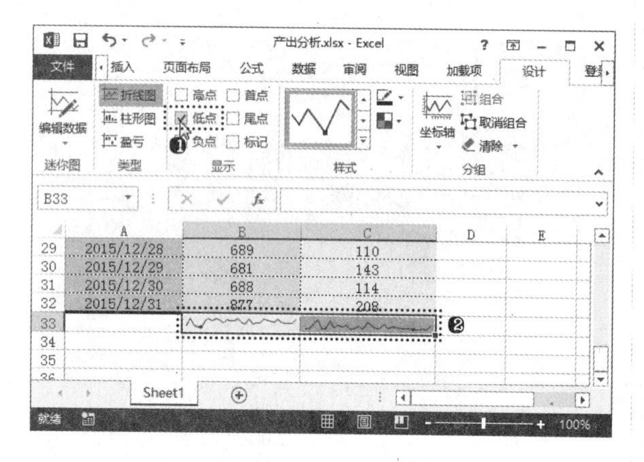

步骤 04 ❶选择 A1:C32 单元格区域；❷单击“插入”选项卡“图表”组中的“推荐的图表”按钮，如下图所示。

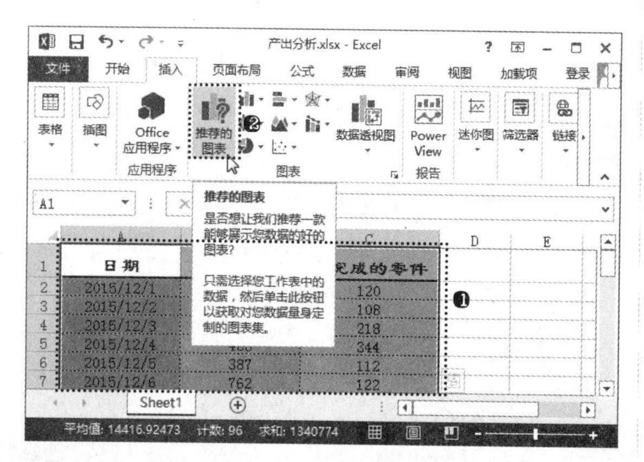

步骤 05 ❶打开“插入图表”对话框，在“推荐的图表”选项卡左侧选择需要的图表类型；❷在右侧预览图表效果满意后单击“确定”按钮，如右上图所示。

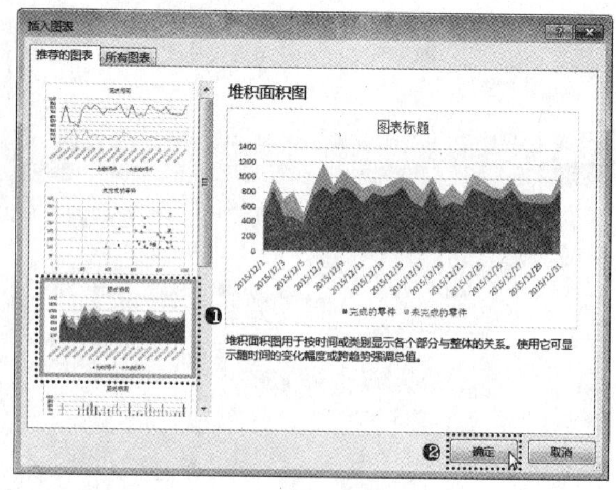

步骤 06 经过上一步操作，即可在工作表中看到根据选择的数据源和图表样式生成的对应图表。用鼠标拖曳图表边框移动图表的位置，让其放置在表格空白位置处，如下图所示。

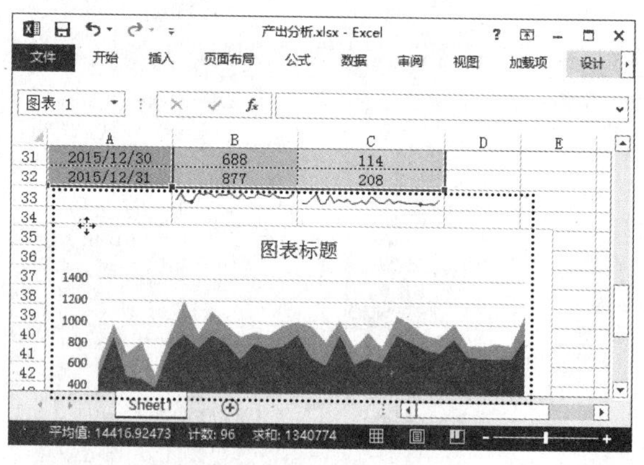

步骤 07 ❶单击“图表工具设计”选项卡“图表布局”组中的“添加图表元素”按钮；❷在弹出的菜单中选择“图表标题”命令；❸在弹出的下级子菜单中选择“无”命令，删除图表标题，如下图所示。

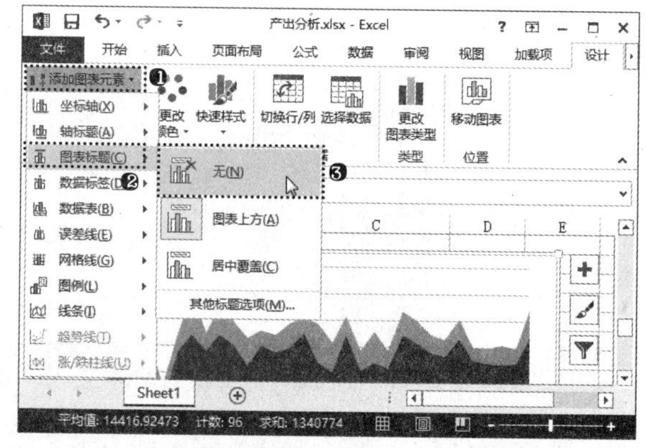

步骤 08 ❶单击“图表工具设计”选项卡“图表布局”组中的“添加图表元素”按钮；❷在弹出的菜单中选择“网格线”命令；❸在弹出的下级子菜单中选择“主轴次要水平网格线”命令，为图表添加次要水平网格线，如下页左上图所示。

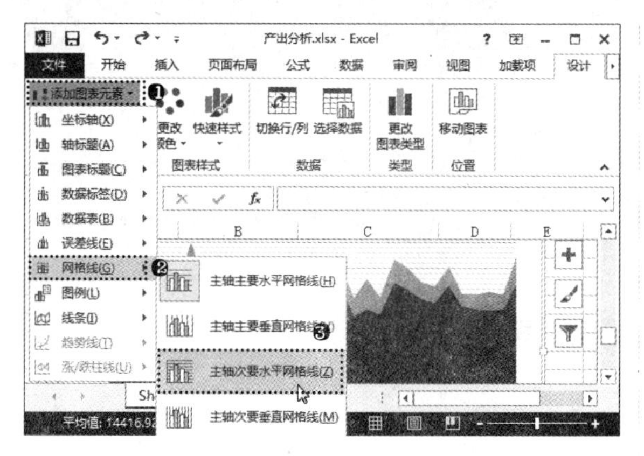

步骤 09 ❶单击“图表工具设计”选项卡“图表布局”组中的“添加图表元素”按钮；❷在弹出的菜单中选择“线条”命令；❸在弹出的下级子菜单中选择“垂直线”命令，为各数据项添加垂直线，如下图所示。

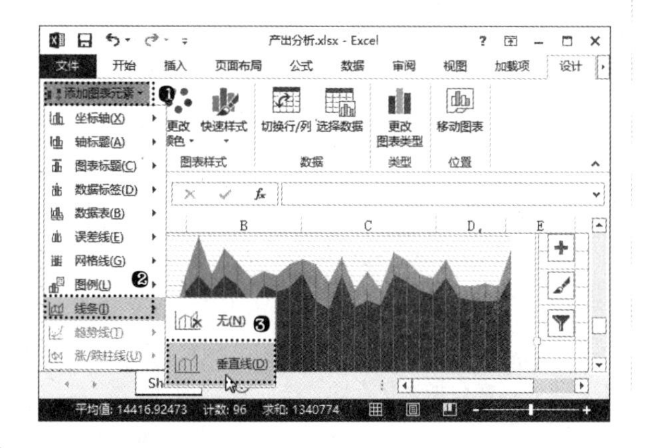

步骤 10 ❶单击“图表工具设计”选项卡“图表样式”组中的“更改颜色”按钮；❷在弹出的下拉列表中选择需要的颜色样式，为图表设置新颜色，如下图所示。

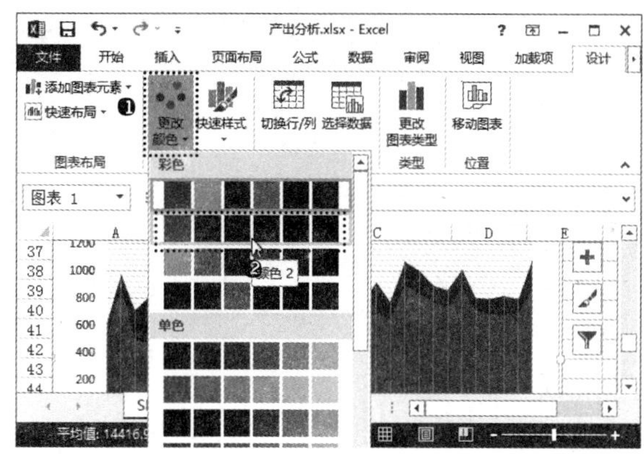

本章小结

本章主要为读者讲解使用图表和迷你图对数据进行分析的相关知识。本章的重点是让读者认识各类图表的表现形式，能够针对具体的数据选择合适的图表类型。其次，图表制作需要有创意，展现出不同的风格，才能摆脱沉闷，吸引更多人的眼球。对创建的图表进行合理的布局可以使图表效果更加美观，读者应掌握应用系统预定义的布局样式进行布局，以及对图表中的各组成部分进行设置，并有选择性地进行布局的方法。

第 10 章 使用数据透视表与透视图

本章导读

在工作表中如果仅有数据看起来会十分枯燥，运用 Excel 2013 的图表功能，可以帮助用户迅速创建各种各样的商业图表。本章就来详细讲解有关图表的创建与应用方法，主要内容包括创建统计图表、图表的修改与编辑、设置图表格式等。

知识要点

- ◆ 创建数据透视表
- ◆ 编辑数据透视表
- ◆ 设计数据透视图
- ◆ 查看数据透视表
- ◆ 创建数据透视图
- ◆ 设置数据透视图格式

案例展示

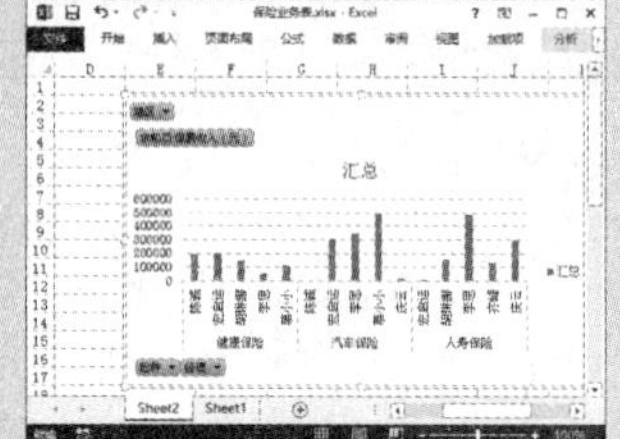

基础入门——必知必会

10.1 认识与创建数据透视表

数据透视表是一种可以快速将大量数据转换成可以用不同方式进行汇总的交互式报表，它是 Excel 中具有强大分析能力的工具。本节内容就来介绍数据透视表的基本知识和创建数据透视表的方法。

10.1.1 认识数据透视表

数据透视表是一种对大量数据进行快速汇总和建立交叉列表的交互式表格，也就是一个产生于数据库的动态报告，该数据库可以驻留在工作表中或一个外部文件中。数据透视表可以帮助用户把无限的行或列中的数字转变为有意义的数据表示，通过对数据透视表中各个字段的行、列进行交换，能够很快得到用户需要的数据。数据透视表主要有以下几种用途。

- ◆ 以多种友好方式查询大量数据。
- ◆ 对数值数据进行分类汇总和聚合，按分类和子分类对数据进行汇总，创建自定义计算和公式。
- ◆ 展开或折叠要关注结果的数据级别，查看感兴趣区域摘要数据的明细。
- ◆ 将行移动到列或将列移动到行，以查看源数据的不同汇总。
- ◆ 对最有用和最关注的数据子集进行筛选、排序、分组和有条件地设置格式，让用户能够关注所需的信息。
- ◆ 提供简明、有吸引力并且带有批注的联机报表或打印报表。

在学习数据透视表的其他知识之前，先来学习掌握数据透视表的基本术语。首先要了解的就是“透视”，指通过重新排列或定位一个或多个字段的位置来重新安排数据透视表。

一个完整的数据透视表主要由数据库、行字段、列字段、求值项和汇总项等部分组成。而对数据透视表的透视方式进行控制需要在“数据透视表字段列表”任务窗口中来完成。如下页顶部图所示为某入库数据制作的数据透视表。

1. 数据库：也称为“数据源”，是从中创建数据透视表的数据清单、多维数据集。

2. “字段列表”列表框：字段列表中包含了数据透视表中所需要数据的字段（也称为“列”）。在该列表框中选中或取消选中字段标题对应的复选框，可以对数据透视表进行透视。

3. 报表筛选字段：又称为“页字段”，用于筛选表格中需要保留的项，项是组成字段的成员。

4. “筛选器”列表框：移动到该列表框中的字段即为报表筛选字段，将在数据透视表的报表筛选区域显示。

5. 列字段：信息的种类，等价于数据清单中的列。

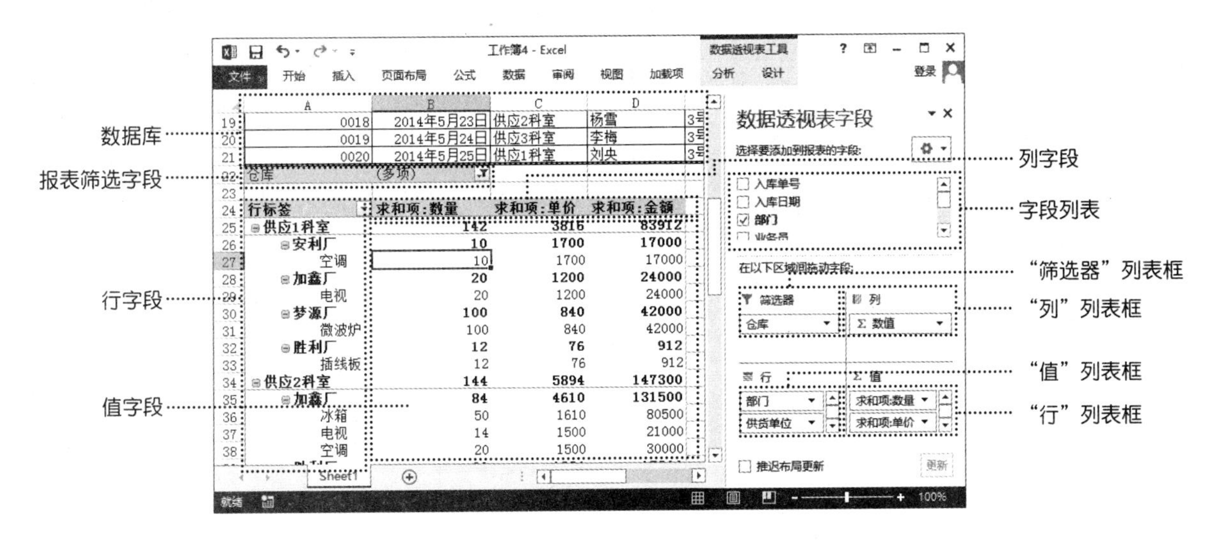

6.“列”列表框：移动到该列表框中的字段即为列字段，将在数据透视表的列字段区域显示。

7. 行字段：信息的种类，等价于数据清单中的行。

8.“行”列表框：移动到该列表框中的字段即为行字段，将在数据透视表的行字段区域显示。

9. 值字段：根据设置的求值函数对选择的字段项进行求值。数值和文本的默认汇总函数分别是 SUM（求和）和 COUNT（计数）。

10.“值”列表框：移动到该列表框中的字段即为值字段，将在数据透视表的求值项区域显示。

10.1.2 创建数据透视表

一个数据透视表可以将数据库中的行和列转化成有意义的、可供分析的数据表示。创建数据透视表后，可以重新排列数据信息，并可以根据需要进行数据分组，从而清晰地反映工作表中的数据信息。在 Excel 2013 中可以通过“推荐的数据透视表”功能快速创建相应的数据透视表，也可以根据需要手动创建数据透视表。

光盘同步文件
原始文件：光盘\原始文件\第 10 章\采购入库数据 .xlsx
结果文件：光盘\结果文件\第 10 章\采购入库数据 .xlsx
教学视频：光盘\教学视频文件\第 10 章\10-1-2.mp4

1. 使用推荐的数据透视表

Excel 2013 中提供的“推荐的数据透视表”功能，会汇总选择的数据并提供各种数据透视表选项的预览，让用户直接选择某种最能体现其观点的数据透视表即可，不必重新编辑字段列表，非常方便。例如，要在“采购入库数据”工作簿中为其中的数据创建数据透视表，具体操作方法如下。

步骤 01 打开“光盘\素材文件\第 10 章\采购入库数据 .xlsx”文件，单击“插入”选项卡“表格”组中的“推荐的数据透视表”按钮，如右上图所示。

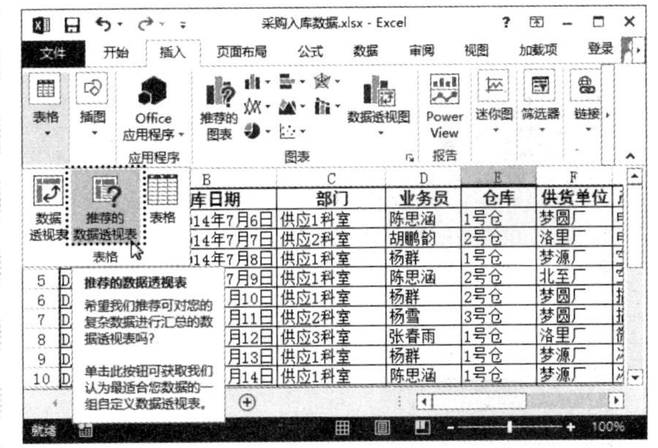

步骤 02 ❶打开“创建数据透视表”对话框，选中“选择一个表或区域”单选按钮；❷在“表/区域”文本框中引用表格中的 A1:K21 单元格区域；❸单击“确定”按钮，如下图所示。

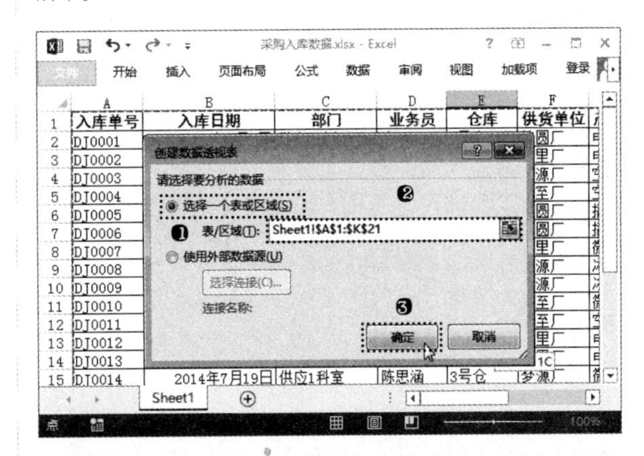

高手指引——数据透视表的源数据存放形式

要创建数据透视表的数据，必须以数据库的形式存在，数据库可以存储在工作表中，也可以存储在外部数据库中。一个数据库表可以包含任意数量的数据字段和分类字段，但在分类字段中的数值应以行、列或页的形式出现在数据透视表中。除了含有分类类别数据的数据库可以创建数据透视表以外，一些不含有数值的数据库也可创建数据透视表，只是它所统计的内容并不是数值而是个数。

步骤03 ❶打开“推荐的数据透视表”对话框，在左侧选择需要的数据透视表效果；❷在右侧预览相应的透视表字段数据，满意后单击“确定”按钮，如下图所示。

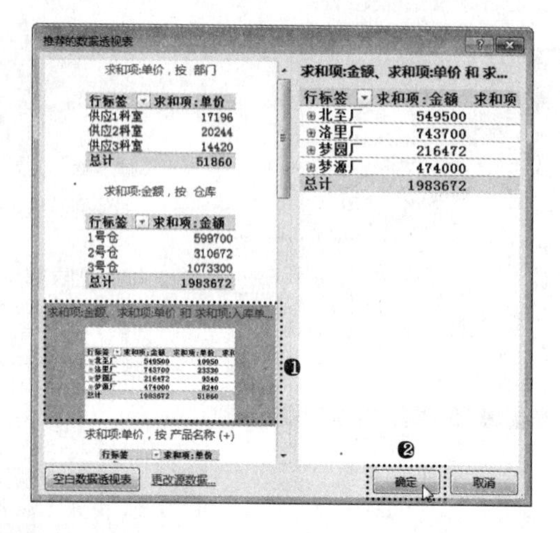

步骤04 经过上一步操作，即可在新工作表中创建对应的数据透视表，并打开“数据透视表字段”任务窗口。在其中可以查看数据透视表所选字段和各字段的具体设置，效果如下图所示。

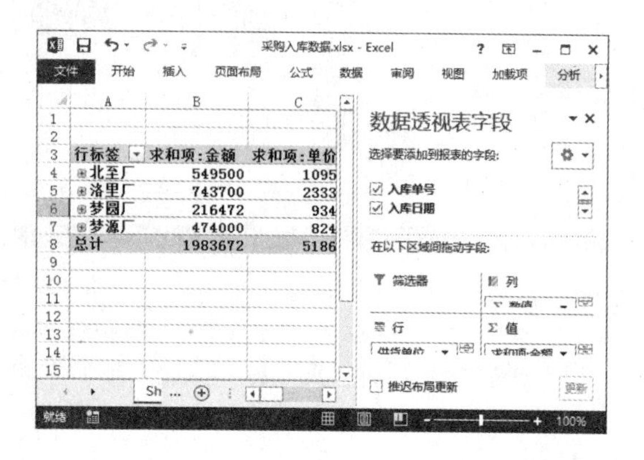

2．手动创建数据透视表

“推荐的数据透视表”功能是 Excel 2013 推出的新功能，在数据展示方面可能还存在不完善的情况。而且数据透视表的创建本来就是要根据用户想查看数据的某个方面的信息而存在的，这要求用户的主观能动性很强，能根据需要做出恰当的字段形式判断，从而得到一堆数据关联后在某方面的关系。因此，掌握手动创建数据透视表的方法是学习数据透视表的最基本操作方法。

通过前面的介绍，我们知道数据透视表包括 4 类字段，分别为报表筛选字段、列字段、行字段和值字段。手动创建数据透视表就是要连接到数据源，在指定位置创建一个空白数据透视表，然后在“数据透视表字段”任务窗口的“字段列表”列表框中添加数据透视表中需要的数据字段。此时，系统会将这些字段放置在数据透视表的默认区域中，用户还需要手动调整字段在数据透视表中的区域。

例如，要在“采购入库数据”工作簿中手动创建一个以“仓库”为报表筛选字段，对各部门、供货单位提供的产品的数量、单价和金额数据进行求和统计的数据透视表，具体操作方法如下。

步骤01 在“采购入库数据.xlsx”文件中，单击“插入”选项卡“表格”组中的“数据透视表”按钮，如下图所示。

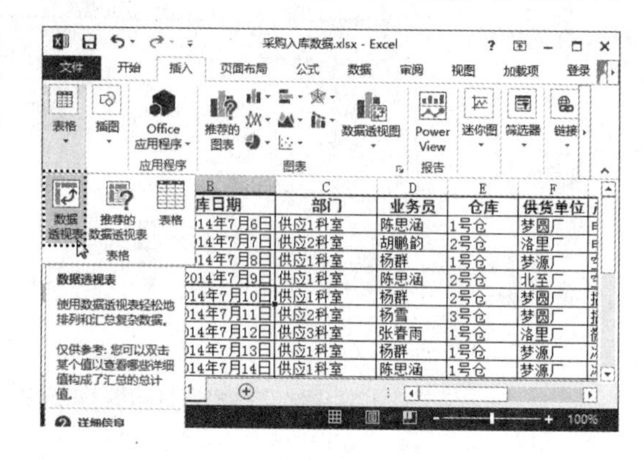

步骤02 ❶打开“创建数据透视表”对话框，选中“选择一个表或区域”单选按钮；❷在“表/区域”文本框中引用表格中的 A1:K21 单元格区域；❸在“选择放置数据透视表的位置”栏中选中“新工作表”单选按钮；❹单击“确定”按钮，如下图所示。

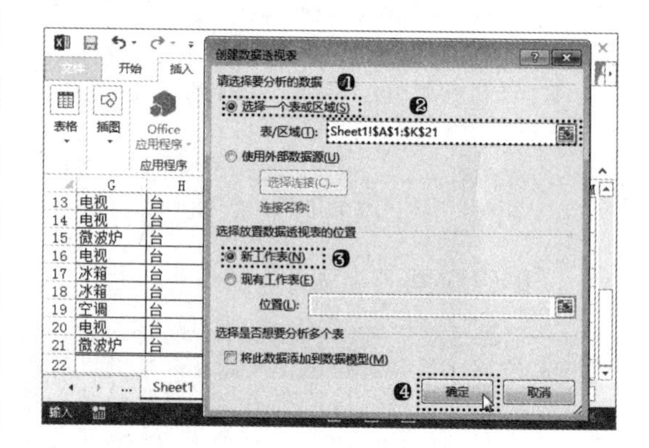

步骤03 经过上一步操作，即可在新工作表中创建一个空白数据透视表，并打开“数据透视表字段”任务窗口。在任务窗口中的“字段列表”列表框中，选中需要添加到数据透视表中的字段对应的复选框，如下图所示。

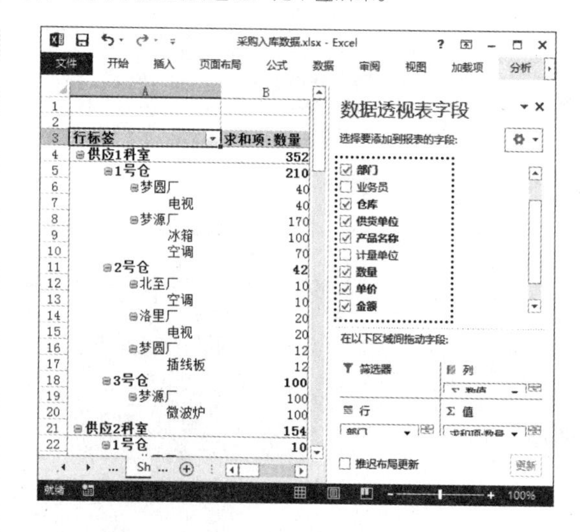

步骤 04 经过上一步操作，系统会根据默认规则，自动将选择的字段显示在数据透视表的各区域中。❶在“行”列表框中选择“仓库”字段名称；❷按住鼠标将其拖曳到“筛选器”列表框中，如下图所示。

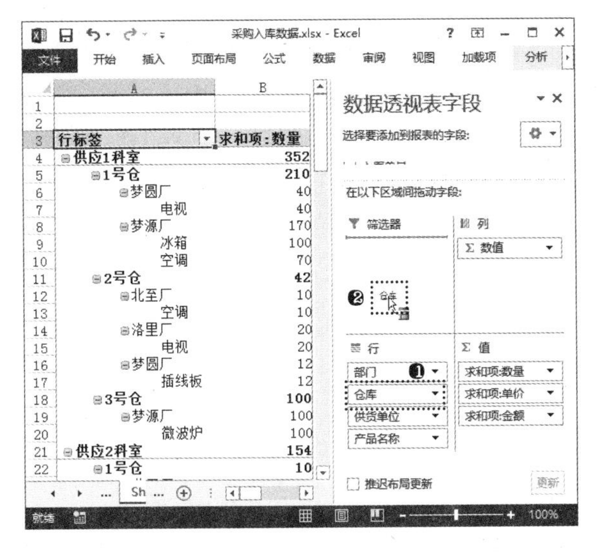

步骤 05 经过上一步操作，将“仓库”字段移动到“筛选器”列表框中，作为整个数据透视表的筛选项目，如下图所示。

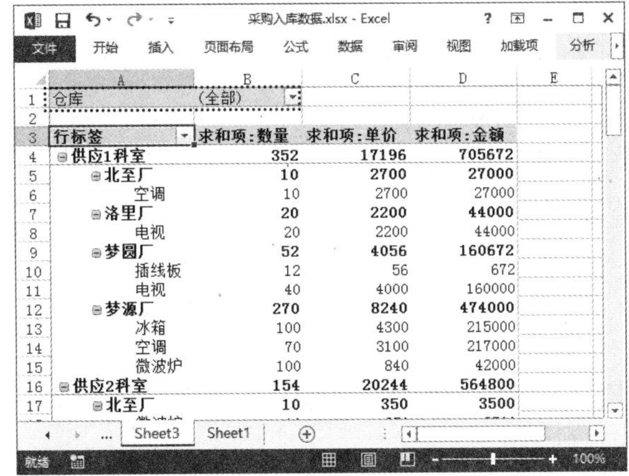

高手指引——认识“创建数据透视表”对话框

在“创建数据透视表”对话框中选中“使用外部数据源”单选按钮，然后单击“选择连接”按钮可选择外部数据源；选中“现有工作表”单选按钮，并在“位置”文本框中指定某个单元格，可以该单元格为起始单元格创建一个空白的数据透视表。使用“推荐的数据透视表”功能创建数据透视表时，默认创建在新的工作表中。

10.2 编辑数据透视表

创建数据透视表之后，会在窗口右侧打开“数据透视表字段”任务窗口，在其中可以编辑数据透视表中的各字段。同时，数据透视表作为Excel中的对象，与创建其他Excel对象后一样，会激活编辑对象的工具选项卡——“数据透视表工具分析”和“数据透视表工具设计”选项卡，通过这两个选项卡可以对创建的数据透视表进行各种编辑。接下来就来介绍编辑数据透视表的各种方法，包括更改数据透视方式、设置值字段、显示或隐藏明细数据、排序和筛选数据、设置透视表样式、插入与美化切片器等。

10.2.1 更改数据透视方式

前面在介绍手动创建数据透视表时，已经介绍了为数据透视表添加字段的方法。通过在“数据透视表字段”任务窗口中修改各字段在数据透视表中的显示位置，即可更改数据透视的方式。例如，在“采购入库数据2”工作簿中，修改数据透视表以“产品名称”为报表筛选字段，对各仓库、供货单位提供的产品的数量、单价和金额数据进行求和统计，具体操作步骤如下。

光盘同步文件
原始文件：光盘\原始文件\第 10 章\采购入库数据 2.xlsx
结果文件：光盘\结果文件\第 10 章\采购入库数据 2.xlsx
教学视频：光盘\教学视频文件\第 10 章\10-2-1.mp4

步骤 01 打开“光盘\素材文件\第 10 章\采购入库数据 2.xlsx”文件。❶选择 Sheet3 工作表；❷单击“数据透视表字段”任务窗口“筛选器”列表框中“仓库”字段名称按钮；❸在弹出的菜单中选择“移动到行标签”命令，如右图所示。

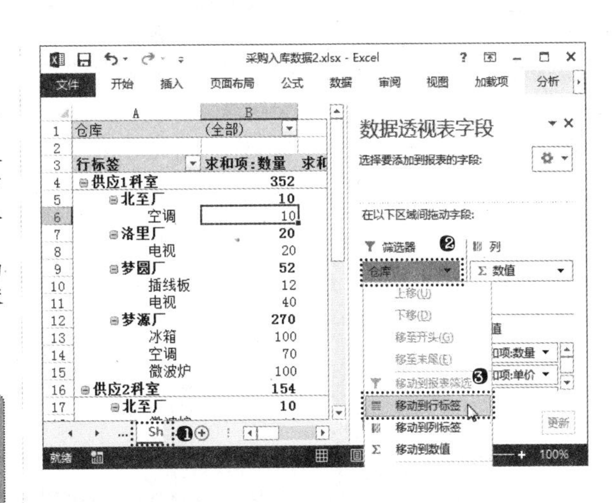

步骤 02 经过上一步操作，即可将“仓库”字段修改为行字段，同时数据透视表的透视方式也发生了改变。❶单击“行”列表框中“产品名称”字段名称按钮；❷在弹出的菜单中选择“移动到报表筛选”命令，如下页左上图所示。

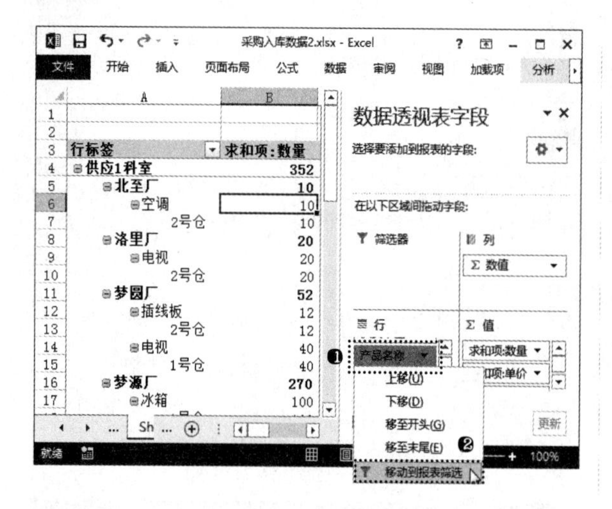

步骤 03 经过上一步操作，即可将“产品名称”字段修改为报表筛选字段，同时数据透视表的透视方式再次发生了改变。❶单击“行”列表框中“仓库”字段名称按钮；❷在弹出的菜单中选择“移至开头”命令，如下图所示。

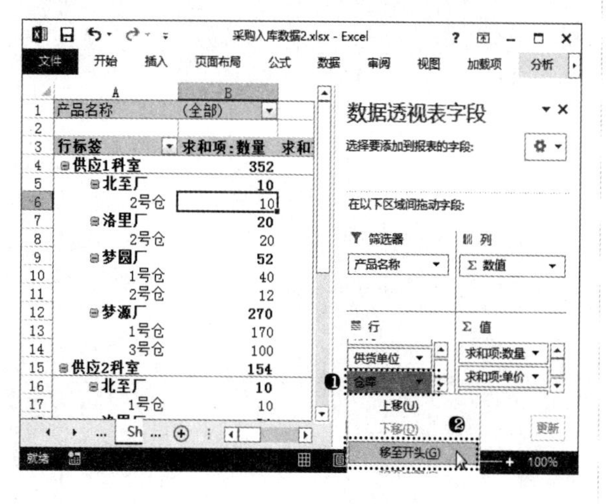

步骤 04 经过上一步操作，即可将“仓库”字段移动到行字段的顶层，同时数据透视表的透视方式又发生了改变，完成后的效果，如下图所示。

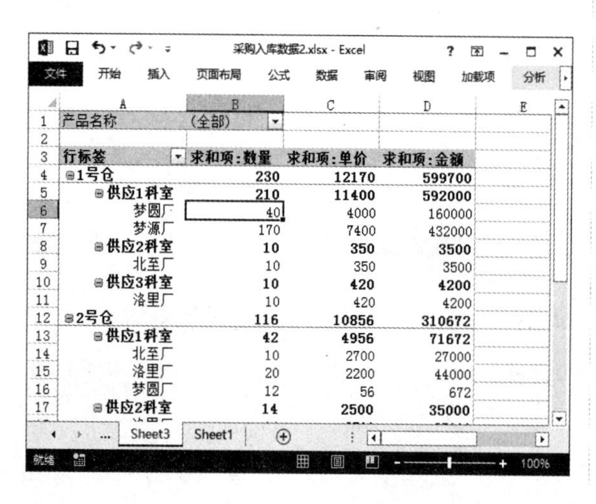

10.2.2 设置值字段

默认情况下，数据透视表中的值字段数据按照数据源中的方式进行显示，且汇总方式为求和。实际上，可以根据需要修改数据的汇总方式和显示方式。这些设置数据透视表中值字段的操作都需要通过“值字段设置”对话框来完成。

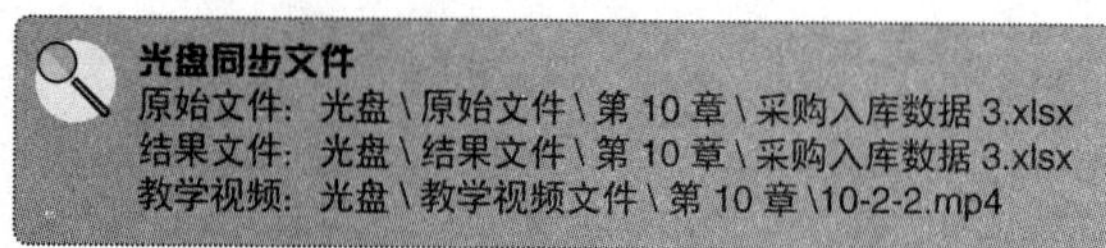

光盘同步文件
原始文件：光盘\原始文件\第 10 章\采购入库数据 3.xlsx
结果文件：光盘\结果文件\第 10 章\采购入库数据 3.xlsx
教学视频：光盘\教学视频文件\第 10 章\10-2-2.mp4

1．修改汇总方式

修改汇总方式即设置值字段的计算方式，设置其求值函数，以及值的数字格式等。例如，要对“采购入库数据 3”工作簿中数据透视表的“单价”字段设置汇总方式为求平均值，具体操作方法如下。

步骤 01 打开“光盘\素材文件\第 10 章\采购入库数据 3.xlsx”文件。❶选择 Sheet3 工作表；❷选择需要修改汇总方式的字段名称，C3 单元格；❸单击“数据透视表工具分析”选项卡“活动字段”组中的“字段设置”按钮，如下图所示。

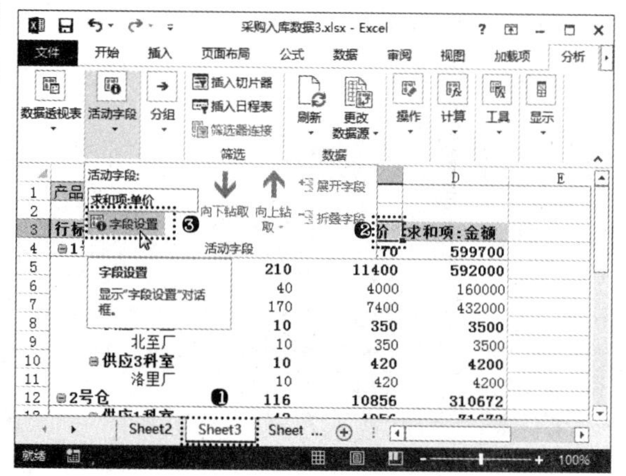

步骤 02 打开“值字段设置”对话框，❶在“值汇总方式”选项卡的“计算类型”列表框中选择需要的汇总方式，这里选择“平均值”选项；❷单击“数字格式”按钮，如下图所示。

步骤 03 ❶打开“设置单元格格式”对话框，在“分类”列表框中选择“数值”选项；❷在“小数位数”文本框中设置小数位数为两位；❸单击“确定”按钮，如下页左上图所示。

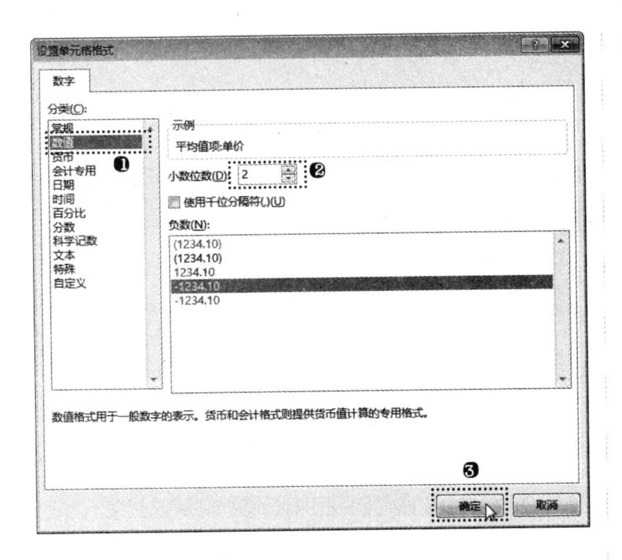

步骤 04 返回“值字段设置”对话框，单击“确定”按钮，在工作表中即可看到“单价”字段的汇总方式修改为求平均值了，且计算的结果显示为两位小数，效果如下图所示。

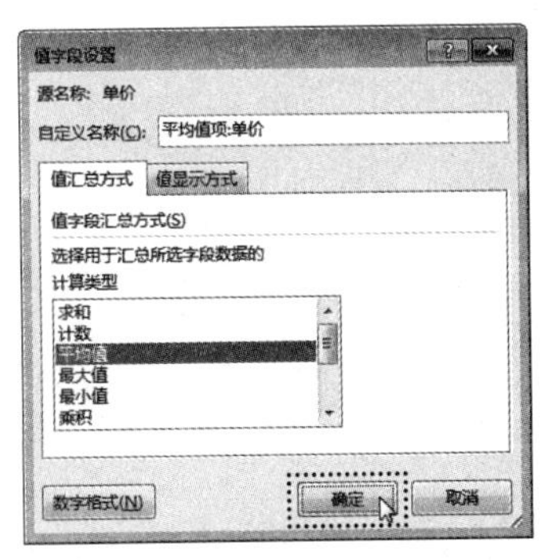

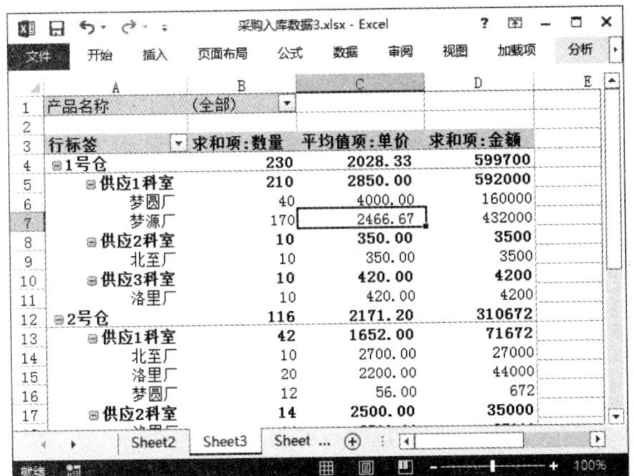

	A	B	C	D
1	产品名称	(全部)		
2				
3	行标签	求和项:数量	平均值项:单价	求和项:金额
4	⊟1号仓	230	2028.33	599700
5	⊟供应1科室	210	2850.00	592000
6	梦圆厂	40	4000.00	160000
7	梦源厂	170	2466.67	432000
8	⊟供应2科室	10	350.00	3500
9	北至厂	10	350.00	3500
10	⊟供应3科室	10	420.00	4200
11	洛里厂	10	420.00	4200
12	⊟2号仓	116	2171.20	310672
13	⊟供应1科室	42	1652.00	71672
14	北至厂	10	2700.00	27000
15	洛里厂	20	2200.00	44000
16	梦圆厂	12	56.00	672
17	⊟供应2科室	14	2500.00	35000

2. 设置值显示方式

除了可以设置值字段的汇总方式外，还可以设置数据的显示方式，如普通、差异和百分比等，对数据进行简单分析。例如，要修改“采购入库数据 3”工作簿中数据透视表的“数量”字段的显示方式为百分比，具体操作步骤如下。

步骤 01 ❶在“采购入库数据 3.xlsx”文件中，选择 Sheet3 工作表；❷单击“数据透视表字段”任务窗口“值”列表框中“数量”字段名称按钮；❸在弹出的菜单中选择“值字段设置”命令，如下图所示。

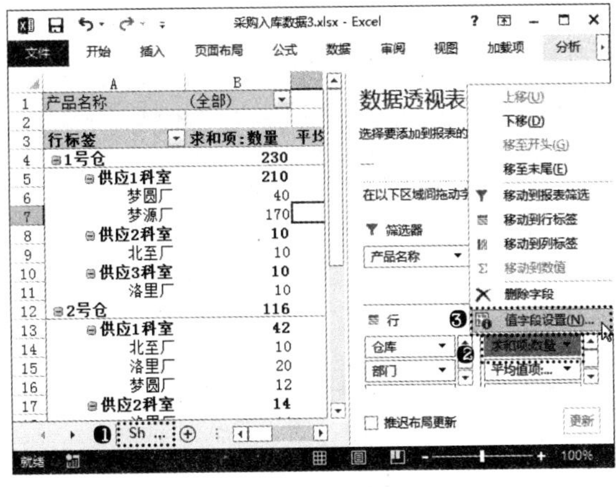

步骤 02 ❶打开“值字段设置”对话框，单击“值显示方式”选项卡；❷在“值显示方式”下拉列表中选择需要的值显示方式，这里选择“列汇总的百分比”选项；❸单击“确定”按钮，如下图所示。

步骤 03 经过上一步操作，数据透视表中“数量”字段的数据将显示为该列的百分比样式，总计一栏中“数量”字段的百分比为“100%”，效果如下图所示。

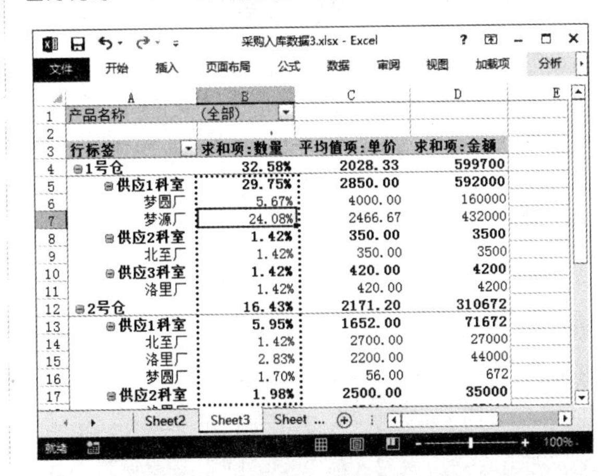

	A	B	C	D
1	产品名称	(全部)		
2				
3	行标签	求和项:数量	平均值项:单价	求和项:金额
4	⊟1号仓	32.58%	2028.33	599700
5	⊟供应1科室	29.75%	2850.00	592000
6	梦圆厂	5.67%	4000.00	160000
7	梦源厂	24.08%	2466.67	432000
8	⊟供应2科室	1.42%	350.00	3500
9	北至厂	1.42%	350.00	3500
10	⊟供应3科室	1.42%	420.00	4200
11	洛里厂	1.42%	420.00	4200
12	⊟2号仓	16.43%	2171.20	310672
13	⊟供应1科室	5.95%	1652.00	71672
14	北至厂	1.42%	2700.00	27000
15	洛里厂	2.83%	2200.00	44000
16	梦圆厂	1.70%	56.00	672
17	⊟供应2科室	1.98%	2500.00	35000

高手指引——重命名值字段名称

在数据透视表中值字段的字段名称单元格上双击，可以快速打开“值字段设置”对话框。在“值字段设置”对话框的“自定义名称”文本框中可以对字段的名称进行重命名。

10.2.3 显示或隐藏明细数据

数据透视表中的数据一般比较多，为了在查看数据透视表时避免看错或看漏数据，可以隐藏不需要查看的数据，只显示当前需要查看的数据。其设置方法与分类汇总数据时显示和隐藏明细数据的方法基本相同，即通过单击数据项前面的⊟按钮暂时隐藏数据，同时⊟按钮变成⊞形状，再次单击⊞按钮又可显示出被隐藏的数据。另外，在“数据透视表工具分析”选项卡“活动字段”组中单击“折叠字段”按钮，可以快速隐藏数据透视表中所选字段项下的明细数据，单击“展开字段”按钮，可以快速展开所选字段项下所隐藏的明细数据。

例如，在“采购入库数据 4”工作簿中要隐藏数据透视表的二级明细数据，只查看汇总数据，具体操作步骤如下。

光盘同步文件
原始文件：光盘\原始文件\第 10 章\采购入库数据 4.xlsx
结果文件：光盘\结果文件\第 10 章\采购入库数据 4.xlsx
教学视频：光盘\教学视频文件\第 10 章\10-2-3.mp4

步骤 01 打开“光盘\素材文件\第 10 章\采购入库数据 4.xlsx”文件。❶选择 Sheet3 工作表；❷单击“1 号仓”数据项下“供应 1 科室”数据项前面的⊟按钮，如下图所示。

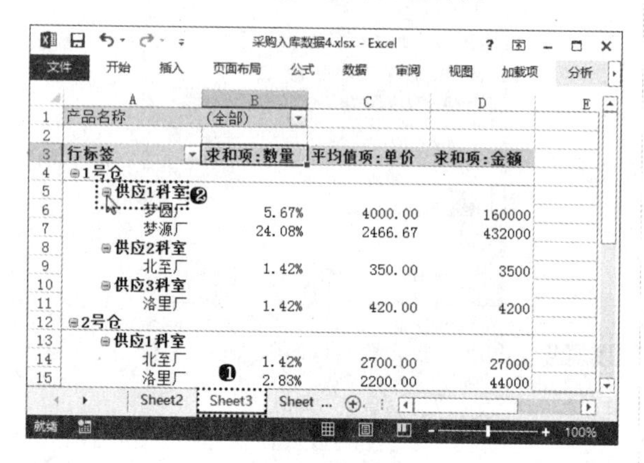

步骤 02 经过上一步操作，即可暂时隐藏“供应 1 科室”数据项下的明细数据。❶使用相同方法隐藏“供应 2 科室”和“供应 3 科室”数据项下的明细数据，可以发现同级中的相同数据项都隐藏了；❷单击“2 号仓”数据项前面的⊟按钮，如下图所示。

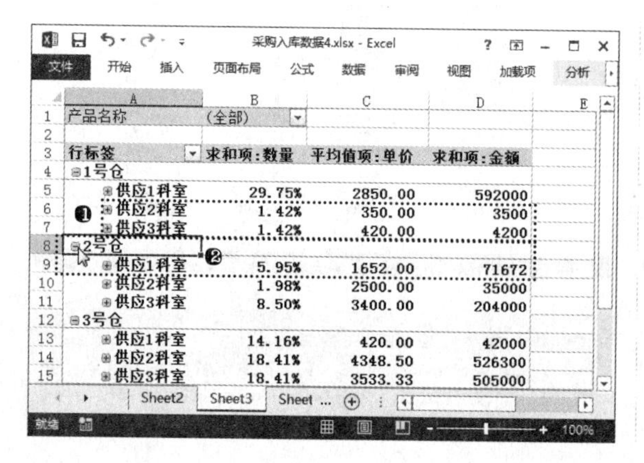

步骤 03 经过上一步操作，即可隐藏“2 号仓”数据项下的明细数据，单击“数据透视表工具分析”选项卡“活动字段”组中的“折叠字段”按钮，如下图所示。

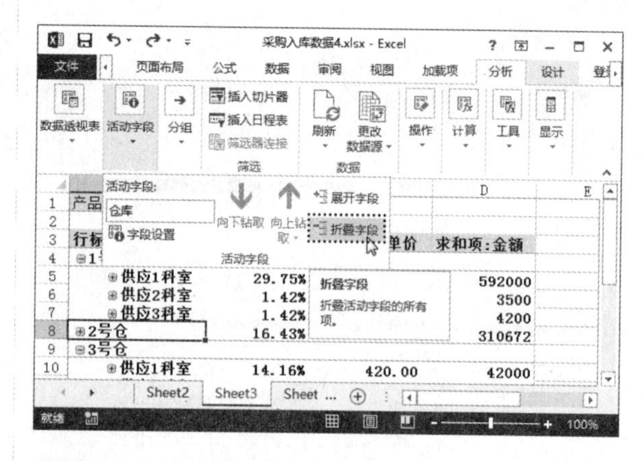

步骤 04 经过上一步操作，即可隐藏数据透视表中与“2 号仓”数据项相同级别的明细数据，如下图所示。

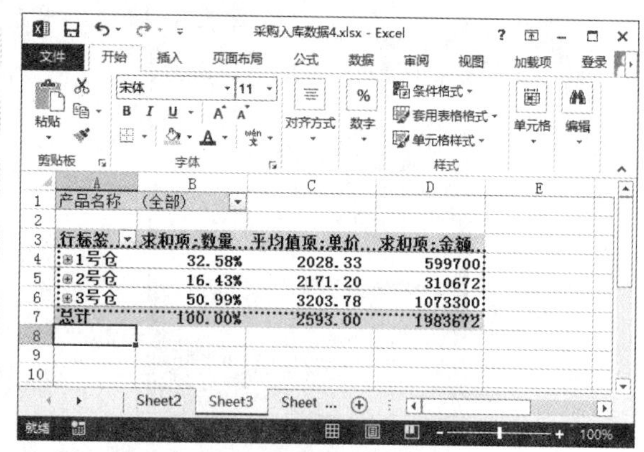

10.2.4 设置数据透视表的样式

默认情况下创建的数据透视表都是白底黑字蓝边框样式，让人感觉很枯燥。其实，Excel 中为数据透视表预定义了多种样式，用户可以使用样式库轻松更改数据透视表的样式，达到美化数据透视表的效果。还可以在“数据透视表样式选项”组中选择数据透视表样式应用的范围，如列标题、行标题、镶边行和镶边列等。

例如，要为“采购入库数据 5”工作簿中的数据透视表设置一种样式，并将样式应用到镶边行上，具体操作方法如下。

光盘同步文件
原始文件：光盘\原始文件\第 10 章\采购入库数据 5.xlsx
结果文件：光盘\结果文件\第 10 章\采购入库数据 5.xlsx
教学视频：光盘\教学视频文件\第 10 章\10-2-4.mp4

步骤 01 打开“光盘\素材文件\第 10 章\采购入库数据 5.xlsx”文件。❶选择 Sheet3 工作表中数据透视表中的任意单元格；❷在“数据透视表工具分析”选项卡“数据透视表样式”组中的列表框中选择需要的数据透视表样式，如下页左上图所示。

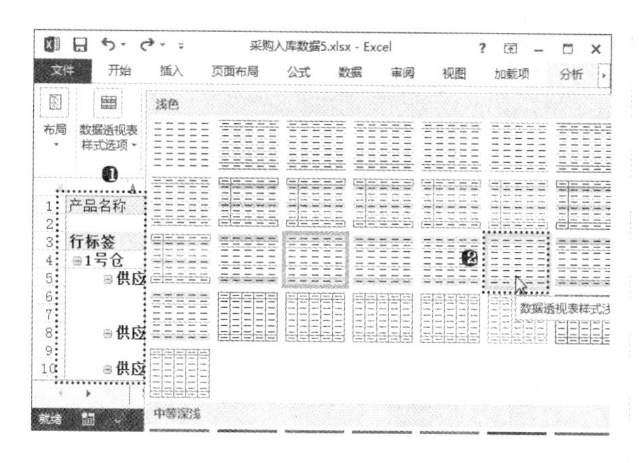

步骤02 经过上一步操作，即可为数据透视表应用选择的样式。在"数据透视表工具分析"选项卡"数据透视表样式选项"组中选中"行标题"、"列标题"和"镶边行"复选框，即可看到为数据透视表应用样式后的效果，如下图所示。

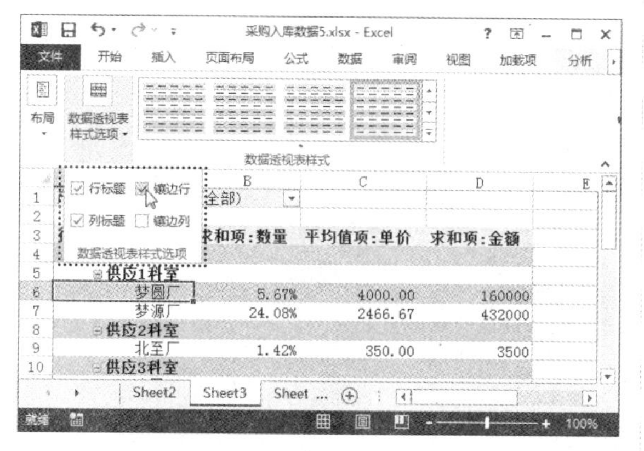

10.2.5 使用筛选器筛选数据透视表中的数据

应用数据透视表透视数据时，有时还需要对数据透视表中的数据进行筛选，从而得到更符合要求的数据序列。在数据透视表中筛选是累加式的，也就是说，每次增加筛选条件都是基于当前已经筛选过的数据的基础上进一步减小数据子集。在数据子集中，用户可以同时创建多达 3 种类型的筛选：手动筛选，标签筛选和值筛选。例如，要在"采购入库数据 6"工作簿中的数据透视表中筛选某仓库部分产品的采购数据，具体操作方法如下。

光盘同步文件
原始文件：光盘\原始文件\第 10 章\采购入库数据 6.xlsx
结果文件：光盘\结果文件\第 10 章\采购入库数据 6.xlsx
教学视频：光盘\教学视频文件\第 10 章\10-2-5.mp4

步骤01 打开"光盘\素材文件\第 10 章\采购入库数据 6.xlsx"文件，选择 Sheet3 工作表。❶单击报表筛选字段右侧的下拉按钮；❷在弹出的菜单中选中"选择多项"复选框；❸在上方取消选中"插线板"复选框；❹单击"确定"按钮，如右上图所示。

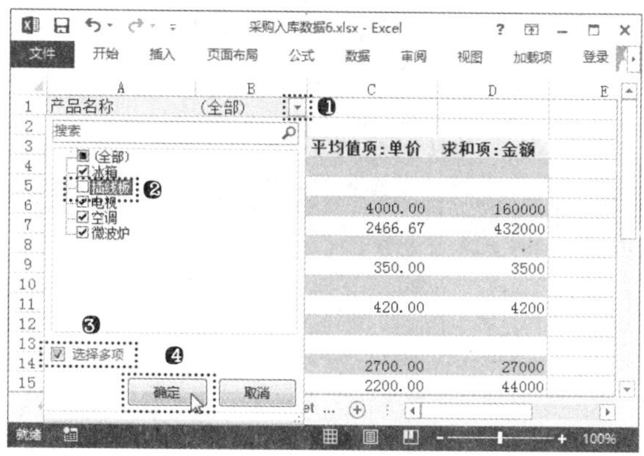

步骤02 经过上一步操作，将不会在数据透视表中显示"插线板"字段的相关数据。❶单击"行标签"名称右侧的下拉按钮；❷在弹出的菜单中选择"标签筛选"命令；❸在弹出的下级子菜单中选择"等于"命令，如下图所示。

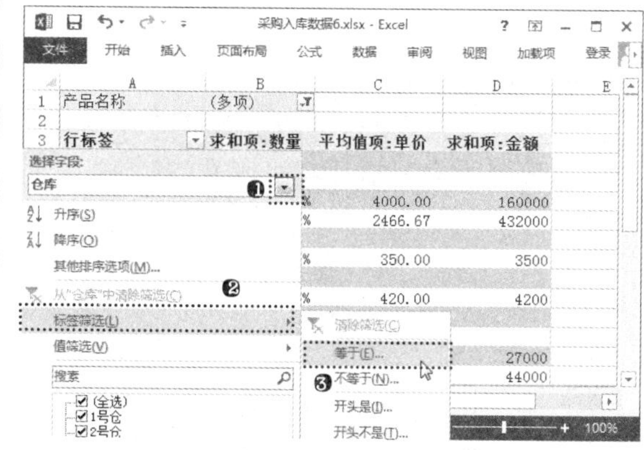

步骤03 ❶打开"标签筛选（仓库）"对话框，在右侧的文本框中输入"1 号仓"；❷单击"确定"按钮，如下图所示。

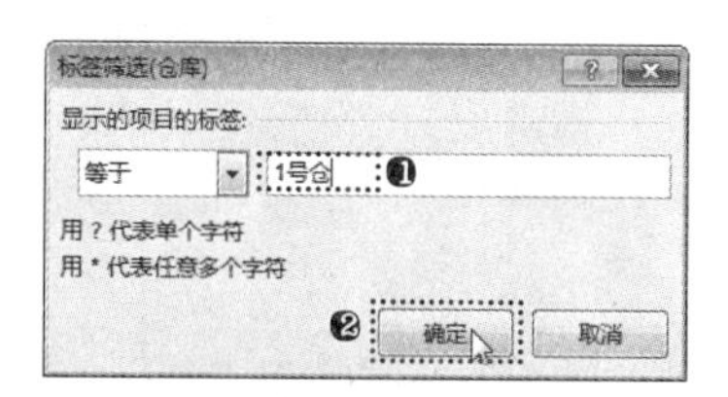

步骤04 经过上一步操作，即可在数据透视表中筛选出 1 号仓的相关数据，如下图所示。

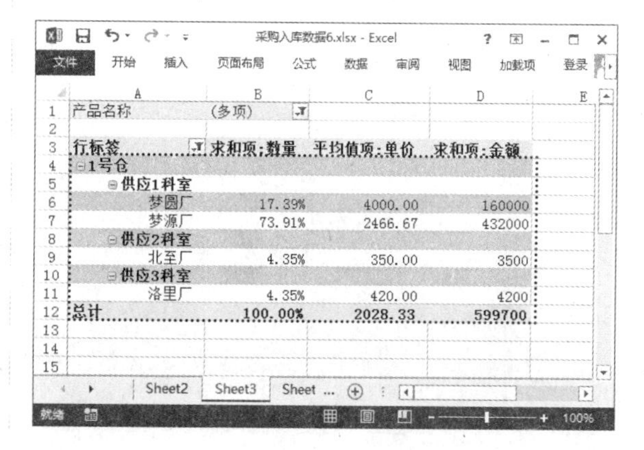

10.2.6 插入并使用切片器查看数据

在上一节中讲解了通过筛选器筛选数据透视表中数据的方法，可以发现在对多个字段进行筛选时，很难看到当前的筛选状态，必须打开一个下拉列表才能找到有关筛选的详细信息，而且有些筛选方式还不能实现。更多的时候，我们在 Excel 2013 中需要使用切片器来对数据透视表中的数据进行筛选。

切片器是一种易于使用的筛选组件，它包含一组按钮，使用户能够快速地筛选数据透视表中的数据，此外，切片器还会清晰地标记已应用的筛选器，提供详细信息指示当前筛选状态，从而便于其他用户能够轻松、准确地了解已筛选的数据透视表中所显示的内容。

要在 Excel 2013 中使用切片器对数据透视表中的数据进行筛选，首先需要插入切片器，然后根据需要筛选的数据依据，在切片器中选择需要筛选出的数据选项即可。例如，要在“采购入库数据 7”工作簿的数据透视表中插入切片器，筛选出由洛里厂供货，且金额最大的三项数据，具体操作方法如下。

光盘同步文件
原始文件：光盘\原始文件\第 10 章\采购入库数据 7.xlsx
结果文件：光盘\结果文件\第 10 章\采购入库数据 7.xlsx
教学视频：光盘\教学视频文件\第 10 章\10-2-6.mp4

步骤01 打开“光盘\素材文件\第 10 章\采购入库数据 7.xlsx”文件。❶选择 Sheet2 工作表；❷单击“数据透视表工具分析”选项卡“活动字段”组中的“展开字段”按钮，如下图所示。

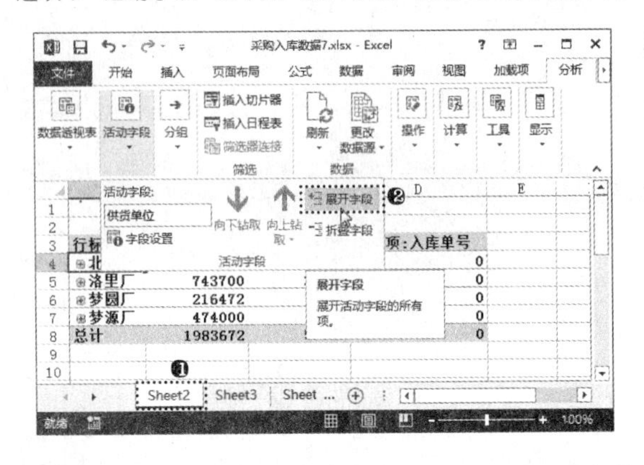

步骤02 经过上一步操作，即可展开数据透视表中的所有明细数据。单击“数据透视表工具分析”选项卡“筛选”组中的“插入切片器”按钮，如下图所示。

步骤03 ❶打开“插入切片器”对话框，在列表框中选中“供货单位”和“金额”复选框；❷单击“确定”按钮，如下图所示。

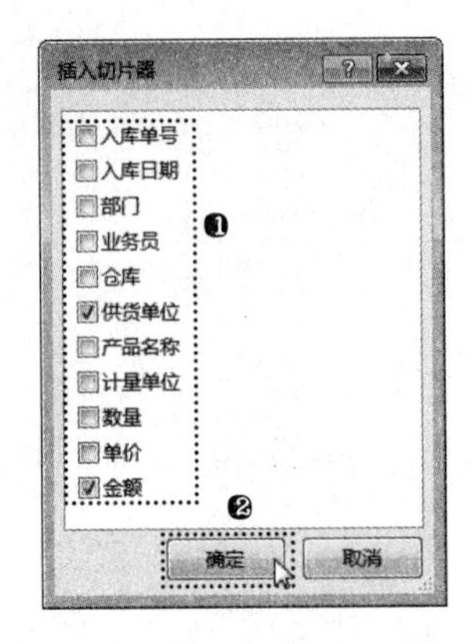

步骤04 经过上一步操作，将插入“供货单位”和“金额”两个切片器，且每个切片器中的数据都以升序自动进行了排列。❶分别移动各切片器，将其整齐地排列在数据透视表数据的下方；❷在“供货单位”切片器中选择“洛里厂”选项，如下图所示。

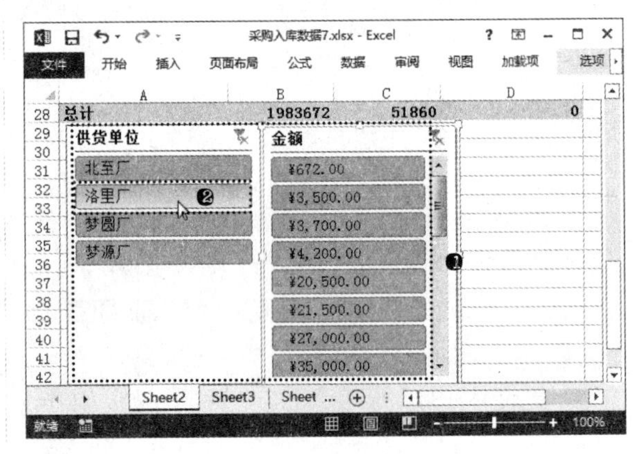

步骤05 经过上一步操作，即可在数据透视表中筛选出洛里厂的相关数据。按住【Ctrl】键的同时，在“金额”切片器中选择最后 3 个选项，如下图所示。

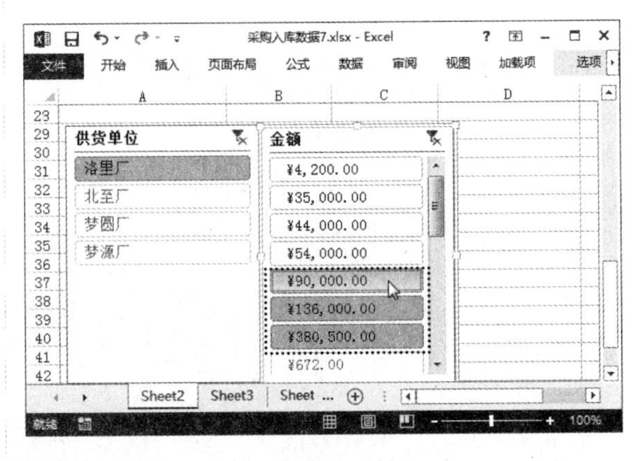

步骤06 经过上一步操作，即可在数据透视表中筛选出洛里厂提供的金额最大的 3 项数据，如下页左上图所示。

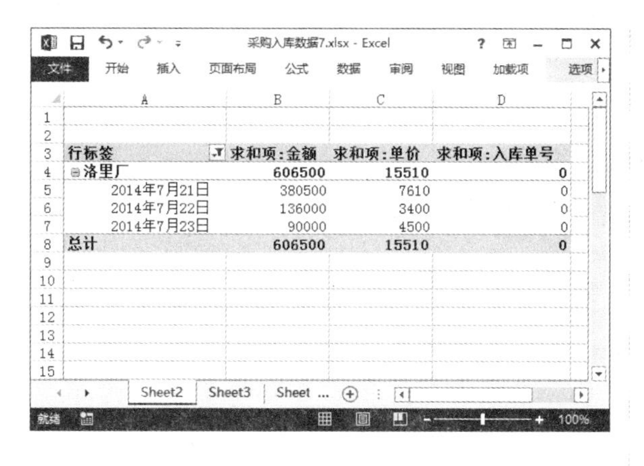

10.2.7 美化切片器

在 Excel 2013 中为切片器提供了预设的切片器样式，使用切片器样式可以快速更改切片器的外观，从而使切片器更突出、更美观。例如，要为"采购入库数据 8"工作簿中的切片器进行美化，具体操作方法如下。

高手指引——设置切片器格式

在数据透视表中插入切片器后，将激活"切片器工具选项"选项卡，在其中可以对切片器的排列方式、按钮样式和大小等进行设置，设置方法比较简单，与设置图片的方法基本相同。

光盘同步文件

原始文件：光盘 \ 原始文件 \ 第 10 章 \ 采购入库数据 8.xlsx
结果文件：光盘 \ 结果文件 \ 第 10 章 \ 采购入库数据 8.xlsx
教学视频：光盘 \ 教学视频文件 \ 第 10 章 \10-2-7.mp4

步骤 01 打开"光盘 \ 素材文件 \ 第 10 章 \ 采购入库数据 8.xlsx"文件。❶选择 Sheet2 工作表；❷按住【Ctrl】键的同时，选择插入的两个切片器；❸单击"切片工具选项"选项卡"切片器样式"组中单击"快速样式"按钮；❹在弹出的下拉列表中选择需要的切片器样式，如下图所示。

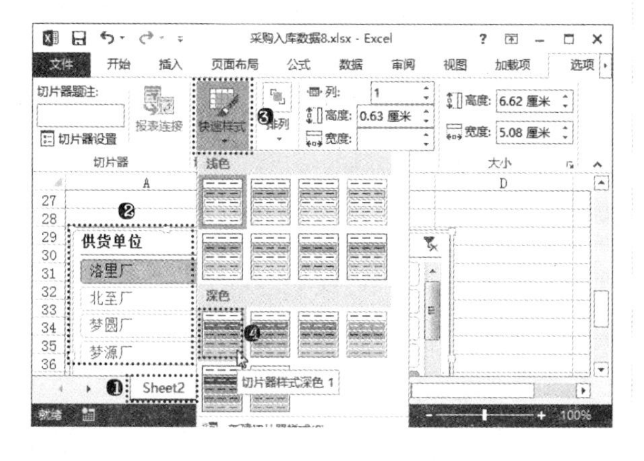

步骤 02 经过上一步操作，即可为选择的切片器应用设置的样式，如下图所示。

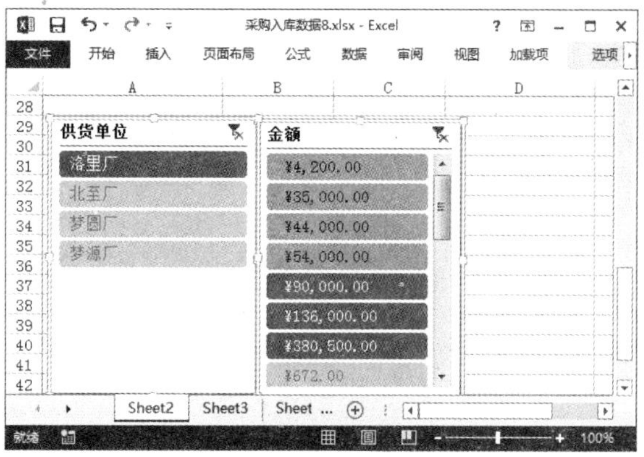

10.2.8 删除透视表

创建数据透视表后，如果对其不满意，可以删除原有数据透视表后再创建新的数据透视表，如果只是对其中添加的字段不满意，可以单独进行删除。

1．删除数据表透视表字段

要删除数据透视表中的某个字段，可以通过以下几种方法实现。

◆ 通过快捷菜单删除：在数据透视表中选择需要删除的字段名称，并在其上单击鼠标右键，在弹出的快捷菜单中选择"删除字段"命令。

◆ 通过字段列表删除：在"数据透视表字段"任务窗口中的"字段列表"列表框中取消选中需要删除的字段对应字段名称的复选框。

◆ 通过菜单删除：在"数据透视表字段"任务窗口下方的各列表框中，单击需要删除的字段名称按钮，在弹出的菜单中选择"删除字段"命令。

2．删除数据透视表

如果需要删除整个数据透视表，可先选择整个数据透视表，然后按【Delete】键进行删除。如果只想删除数据透视表中的数据，则可在"数据透视表工具分析"选项卡的"操作"组中单击"清除"按钮，在弹出的菜单中选择"全部清除"命令，将数据透视表中的数据全部删除。

高手指引——快速选择整个数据透视表

在"数据透视表工具分析"选项卡的"操作"组中单击"选择"按钮，在弹出的菜单中选择"整个数据透视表"命令，即可快速选择整个数据透视表。

10.3 创建数据透视图

数据透视图是以图形形式表示数据透视的，数据透视表与数据透视图都是利用数据库进行创建的，但它们是两个不同的概念。数据透视表对于汇总、分析、浏览和呈现汇总数据非常有用。而数据透视图则有助于形象呈现数据透视表中的汇总数据，以便用户能够轻松查看比较、模式和趋势。

要使用数据透视图将数据以图表的形式进行交互可视化，首先需要创建数据透视图。数据透视图可以通过工作表中的源数据和数据透视表来创建，下面分别讲解。

10.3.1 使用数据源创建

通过数据源创建数据透视图的方法与创建数据透视表的方法基本相同，首先要连接数据源创建空白数据透视图，然后在“数据透视图字段”任务窗口中添加字段，这样数据透视图中将自动显示出相应的图表。例如，要为“保险业务表”工作簿中的数据创建一个以“地区”为报表筛选字段，对各险种、各人收入的保费数据进行求和统计的数据透视图，具体操作步骤如下。

> **光盘同步文件**
> 原始文件：光盘 \ 原始文件 \ 第 10 章 \ 保险业务表 .xlsx
> 结果文件：光盘 \ 结果文件 \ 第 10 章 \ 保险业务表 .xlsx
> 教学视频：光盘 \ 教学视频文件 \ 第 10 章 \10-3-1.mp4

步骤 01 打开“光盘 \ 素材文件 \ 第 10 章 \ 保险业务表 .xlsx”文件。❶单击“插入”选项卡“图表”组中的“数据透视图”按钮；❷在弹出的菜单中选择“数据透视图”命令，如下图所示。

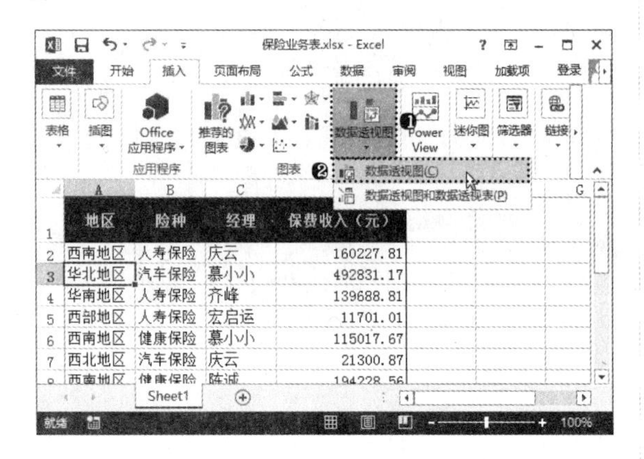

步骤 02 ❶打开“创建数据透视图”对话框，在“表 / 区域”文本框中引用工作表中的 A1:D18 单元格区域数据；❷选中“新工作表”单选按钮；❸单击“确定”按钮，如下图所示。

步骤 03 经过上一步操作，即可在新工作表中创建一个空白数据透视图，并打开“数据透视图字段”任务窗口。在任务窗口中的“字段列表”列表框中选中需要添加到数据透视图中的字段对应的复选框，如下图所示。

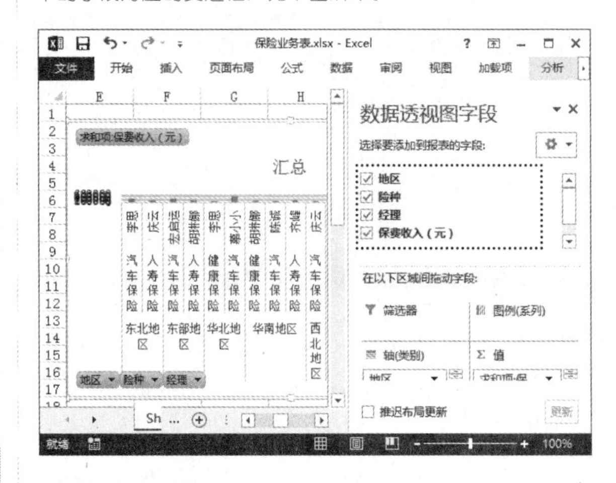

步骤 04 经过上一步操作，系统会根据默认规则，自动将选择的字段显示在数据透视图的各区域中。❶在“轴”列表框中选择“地区”字段名称；❷按住鼠标左键将其拖曳到“筛选器”列表框中，如下图所示。

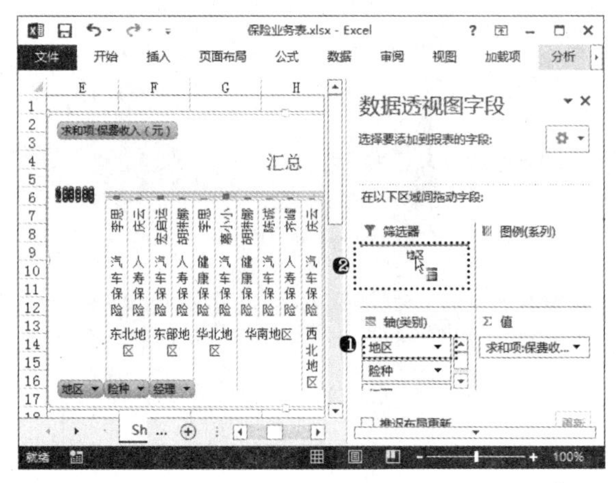

步骤 05 经过上一步操作，即可将“地区”字段移动到“筛选器”列表框中，作为整个数据透视图的筛选项目，完成后的效果如下图所示。

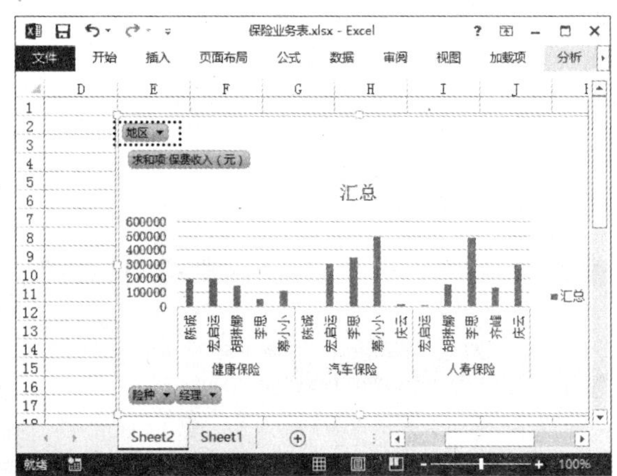

10.3.2 使用数据透视表创建

如果在工作表中已经创建了数据透视表，并添加了可用字段，可以直接根据数据透视表中的内容创建数据透视图。例如，要根据“牙膏销售记录”工作簿中的数据透视表创建数据透视图，具体操作方法如下。

光盘同步文件
原始文件：光盘\原始文件\第 10 章\牙膏销售记录.xlsx
结果文件：光盘\结果文件\第 10 章\牙膏销售记录.xlsx
教学视频：光盘\教学视频文件\第 10 章\10-3-2.mp4

步骤01 打开“光盘\素材文件\第 10 章\牙膏销售记录.xlsx”文件。❶选择 Sheet2 工作表；❷单击“数据透视图工具分析”选项卡“工具”组中的“数据透视图”按钮，如下图所示。

步骤02 ❶打开“插入图表”对话框，在左侧选择“饼图”选项；❷在右侧选择需要的饼图类型；❸单击“确定”按钮，如下图所示。

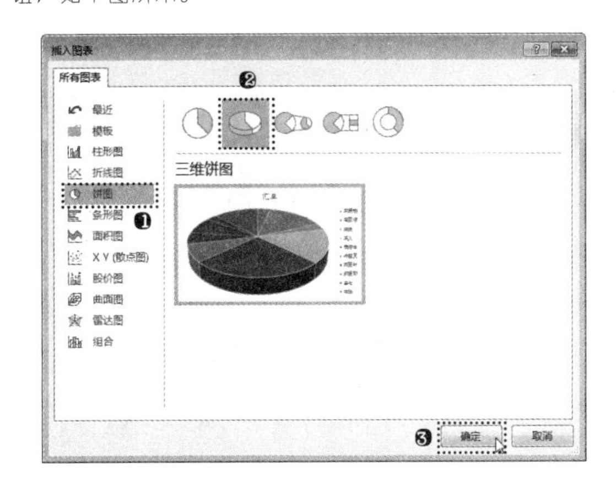

步骤03 经过上一步操作，即可根据数据透视表中的数据和选择的图表类型创建数据透视图，效果如下图所示。

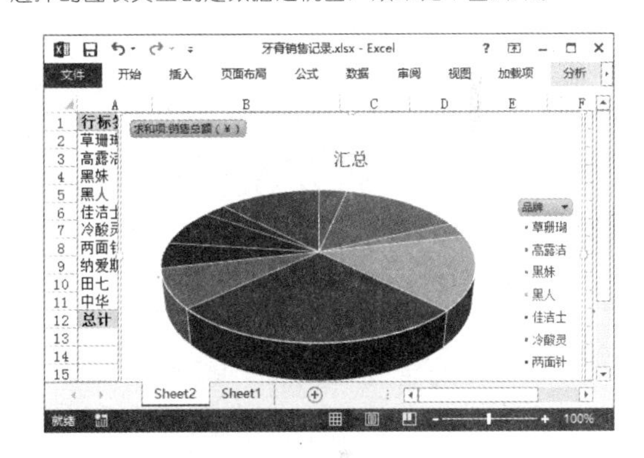

10.4 编辑数据透视图

在工作表中创建数据透视图后，会激活“数据透视图工具分析”、“数据透视图工具设计”、“数据透视图工具格式”3 个选项卡，对数据透视图进行编辑的操作基本都可以通过设置这 3 个选项卡中的选项来完成。

数据透视图主要可以从两个方面进行设置，一是设置数据的透视方式，主要通过“数据透视图工具分析”选项卡进行设置，设置方法与数据透视表的设置方法类似；二是设置数据透视图表的图表格式，主要通过“数据透视图工具设计”和“数据透视图工具格式”选项卡进行，设置方法与普通图表的设置方法类似。下面着重介绍更改数据透视图的图表类型、快速布局样式、设置图表样式和分析数据透视图的方法。

10.4.1 更改图表类型

数据透视图与数据透视表的最大不同在于，它可以选择适当的图表，并使用多种数据系列来描述数据的特性。如果对创建的数据透视图类型不满意，还可以更改数据透视图的图表类型，操作方法与更改普通图表的图表类型基本相同。例如，要为“保险业务表 2”工作簿中的数据透视图更改图表类型，具体操作步骤如下。

光盘同步文件
原始文件：光盘\原始文件\第 10 章\保险业务表 2.xlsx
结果文件：光盘\结果文件\第 10 章\保险业务表 2.xlsx
教学视频：光盘\教学视频文件\第 10 章\10-4-1.mp4

步骤01 打开“光盘\素材文件\第 10 章\保险业务表 2.xlsx”文件。❶选择 Sheet2 工作表中数据透视表中的行标签字段名称单元格；❷单击“数据透视表工具分析”选项卡“活动字段”组中的“折叠字段”按钮，如下图所示。

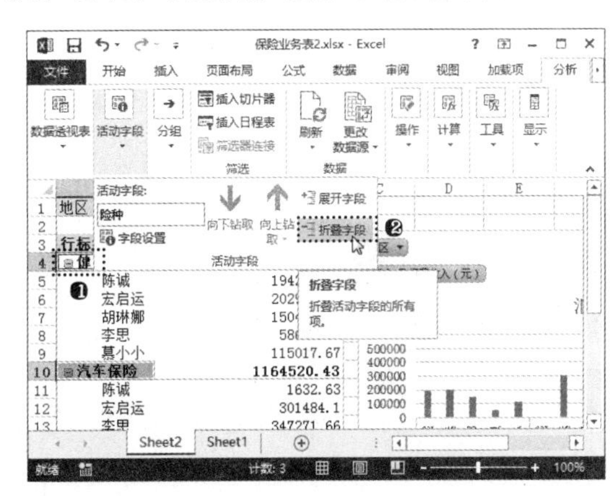

步骤02 经过上一步操作，即可折叠“险种”数据项下的明细数据，同时改变数据透视图中的透视方式。❶选择数据透视图；❷单击“数据透视图工具设计”选项卡“类型”组中的“更改图表类型”按钮，如下图所示。

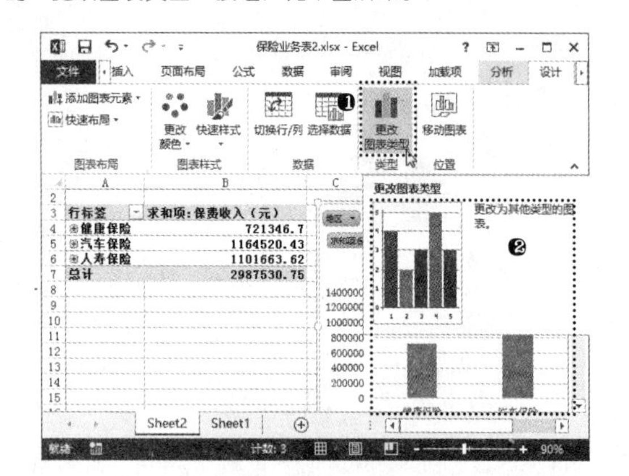

高手指引——更改数据透视方式的其他方法

在“数据透视表字段”或“数据透视图字段”任务窗口的“筛选器”、“列”、“行”或“值”列表框中，选择需要调整的字段名称，并在其上单击鼠标右键，在弹出的快捷菜单中选择相应命令，也可以修改该字段在数据透视表和数据透视图中的显示位置，从而改变数据的透视方式。

步骤03 ❶打开“更改图表类型”对话框，在左侧选择“饼图”选项；❷在右侧选择需要更改的饼图类型；❸单击“确定”按钮，如下图所示。

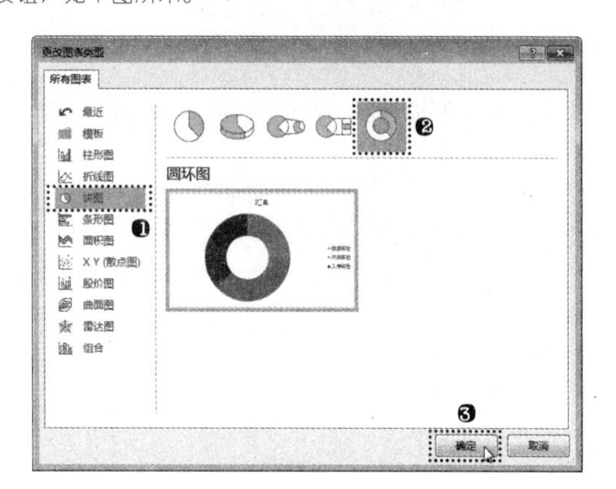

步骤04 经过上一步操作，返回工作表中即可看到更改图表类型后的数据透视图效果，如下图所示。

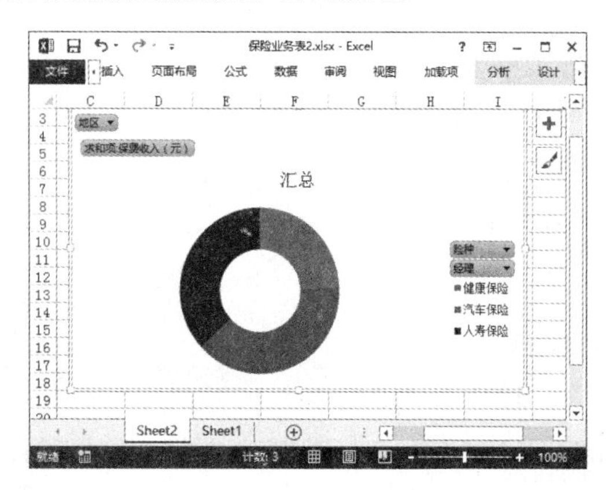

10.4.2 布局数据透视图样式

数据透视图和一般的图表类似，具有普通图表的图表区、图表标题、坐标轴、绘图区、数据系列、网格线和图例等部分。当默认情况下创建的数据透视图不能满足显示需要时，可以通过设置数据透视图的布局来添加图表元素，还可以更改各组成部分的位置。

布局数据透视图样式的方法也与在普通图表中进行布局的方法相同，既可以在“数据透视图工具设计”选项卡的“图表布局”组中单击“快速布局”按钮，在弹出的下拉列表中选择预定义的图表布局样式，对数据透视图进行快速布局；也可以单击“数据透视图工具设计”选项卡“图表布局”组中的“添加图表元素”按钮，通过在弹出的菜单中选择相应的命令，自定义图表各元素的显示与否和出现位置。

10.4.3 设置图表样式

在数据透视图中也可以像普通图表一样为其设置图表样式。只需在选择数据透视图后，在“数据透视图工具设计”选项卡的“图表样式”组中的列表框中选择合适的 Excel 预定义图表样式，即可快速为数据透视图应用该样式。

另外，如果需要分别设置数据透视图中各个元素的样式，可以在数据透视图中选择需要设置的图表元素后，在“数据透视图工具格式”选项卡中进行设置，包括设置数据透视图各元素的填充效果、轮廓效果、形状样式、艺术字样式、排列方式，以及大小等。

10.4.4 分析数据透视图

默认情况下创建的数据透视图中，会根据数据字段的类别不同，显示出相应的“报表筛选字段”按钮、“图例字段”按钮、“坐标轴字段”按钮和“值字段”按钮，单击这些按钮中带图标的按钮时，在弹出的菜单中可以对该字段数据进行排序和筛选，从而有利于对数据的分析。数据透视图中也提供了切片器功能，其使用方法与数据透视表中的切片器使用方法相同，主要用于对数据进行筛选，这里就不再赘述了。

我们也可以对数据透视图中不需要显示的按钮进行隐藏，只需在“数据透视图工具分析”选项卡的“显示/隐藏”组中单击“字段按钮”按钮，在弹出的菜单中取消选中需要隐藏字段按钮类型命令前的复选框即可。

下面对“牙膏销售记录 2”工作簿中的数据透视图数据进行分析，具体操作步骤如下。

光盘同步文件

原始文件：光盘\原始文件\第 10 章\牙膏销售记录 2.xlsx
结果文件：光盘\结果文件\第 10 章\牙膏销售记录 2.xlsx
教学视频：光盘\教学视频文件\第 10 章\10-4-4.mp4

步骤01 打开"光盘\素材文件\第10章\牙膏销售记录2.xlsx"文件。❶选择Sheet3工作表；❷单击数据透视图中的"报表筛选字段"按钮，即"品牌"按钮；❸在弹出的列表框中选择"佳洁士"选项；❹单击"确定"按钮，如下图所示。

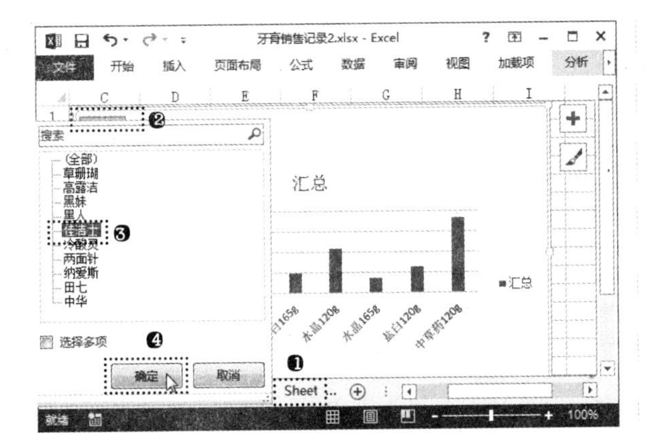

步骤02 经过上一步操作，将只在数据透视图中显示"佳洁士"数据系列。❶单击"数据透视图工具 分析"选项卡"显示/隐藏"组中的"字段按钮"按钮；❷在弹出的菜单中选择"显示值字段按钮"命令，即取消选中"显示值字段按钮"命令前的复选框，如下图所示。

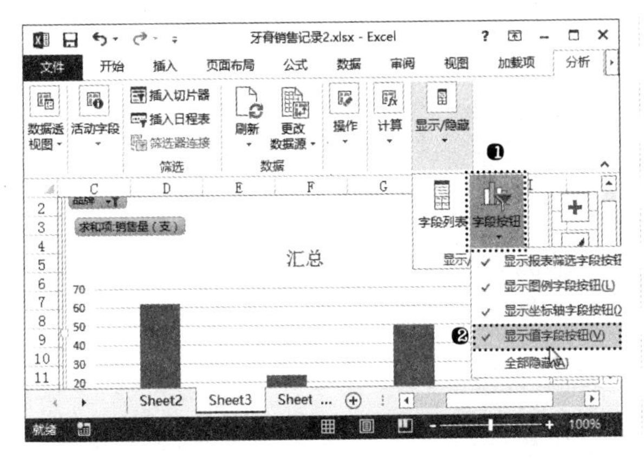

步骤03 经过上一步操作，即可隐藏数据透视图中的"求和项：销售量"按钮。单击"数据透视图工具分析"选项卡"筛选"组中的"插入切片器"按钮，如右上图所示。

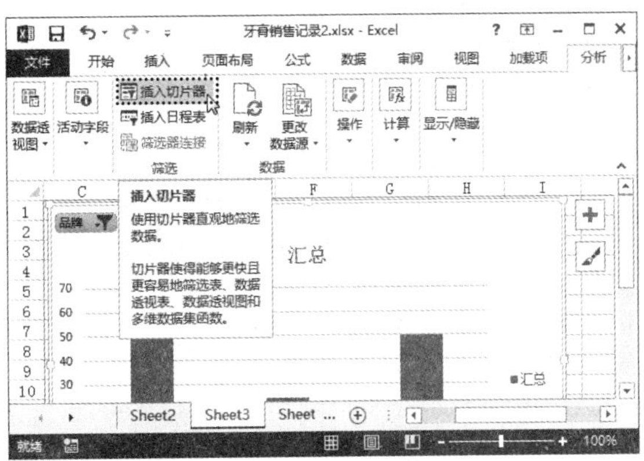

步骤04 ❶打开"插入切片器"对话框，选中"规格"复选框；❷单击"确定"按钮，如下图所示。

步骤05 经过上一步操作，即可在数据透视图中将插入"规格"切片器。按住【Ctrl】键的同时在切片器中选择"茶爽165g"和"双效洁白165g"选项，数据透视图中就会筛选出符合这两个筛选条件的数据项，效果如下图所示。

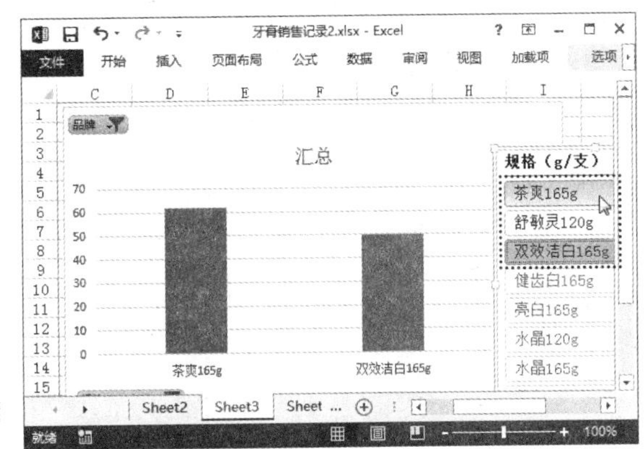

实用技巧——技能提高

为工作表中的数据创建数据透视表和数据透视图后，更有利于表格数据的交互分析。为了读者在使用数据透视表和数据透视图时更得心应手，下面结合本章内容，给读者介绍几种与数据透视表和数据透视图有关的技巧。

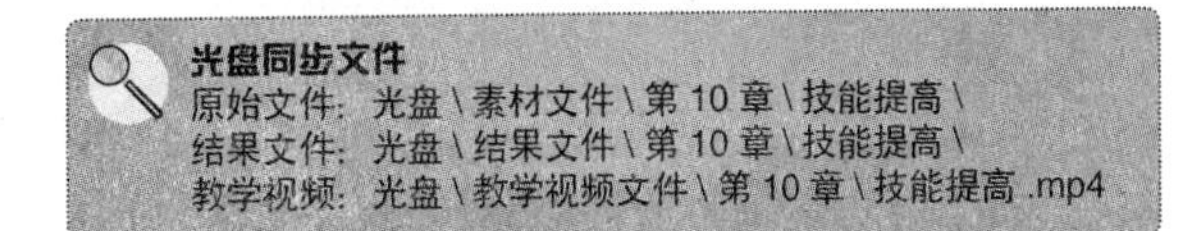

光盘同步文件

原始文件：光盘\素材文件\第10章\技能提高\
结果文件：光盘\结果文件\第10章\技能提高\
教学视频：光盘\教学视频文件\第10章\技能提高.mp4

技巧 10-1 更改数据源

通过工作表中的数据创建数据透视表或数据透视图后，不仅可以在现有数据源基础上隐藏或显示数据，还可以更改数据源。只需在“数据透视表工具分析”选项卡或“数据透视图工具分析”选项卡的“数据”组中单击“更改数据源”按钮，在打开的对话框中重新选择创建数据透视表/图的数据即可。例如，要更改“出库数据”工作簿中数据透视表的数据源，具体操作步骤如下。

步骤01 打开“光盘\素材文件\第 10 章\技能提高\出库数据.xlsx”文件。❶选择 Sheet2 工作表中数据透视表中的任意单元格；❷单击“数据透视表工具分析”选项卡“数据”组中的“更改数据源”按钮，如下图所示。

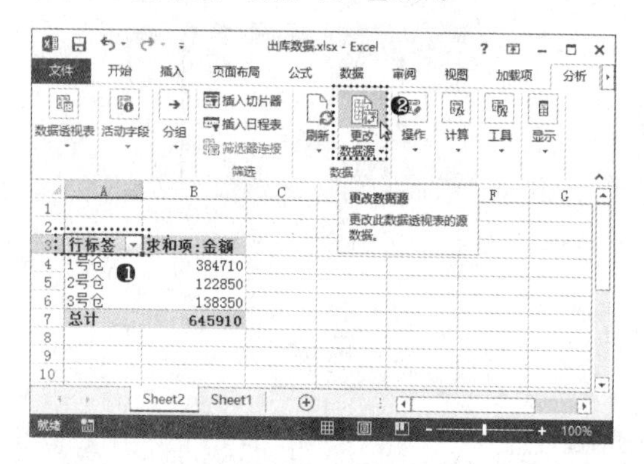

步骤02 ❶打开“更改数据透视表数据”对话框，在“表/区域”文本框中重新引用工作表中要作为数据源的单元格区域；❷单击“确定”按钮，如下图所示。

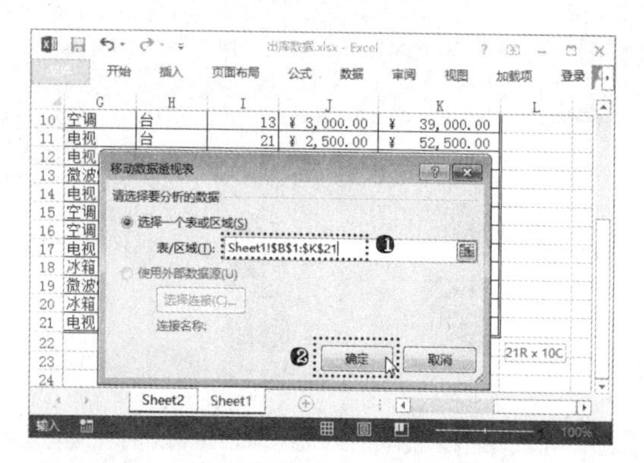

高手指引——为数据透视表/图设置单元格格式

数据透视表和数据透视图中的数据也可以像设置单元格数据一样设置各种格式，如颜色和字体格式等。

技巧 10-2 手动刷新数据

默认状态下，Excel 不会自动刷新数据透视表和数据透视图中的数据。如果在创建数据透视表或数据透视图以后，用户在源数据表中更改或增加了数据，数据透视表和数据透视图不会随之发生改变。此时需要更新数据透视表或数据透视图中的数据，才能保证这两个报表中显示的数据与源数据同步。

例如，在“出库数据 2”工作簿的 Sheet1 工作表中修改某原始数据，并更新数据透视表数据，具体操作方法如下。

步骤01 打开“光盘\素材文件\第 10 章\技能提高\出库数据 2.xlsx”文件。❶选择 Sheet1 工作表；❷修改 J6 单元格中的数据为 3700，如下图所示。

步骤02 ❶选择 Sheet2 工作表中数据透视表中的任意单元格；❷单击“数据透视表工具分析”选项卡“数据”组中的“刷新”按钮即可更新数据，如下图所示。

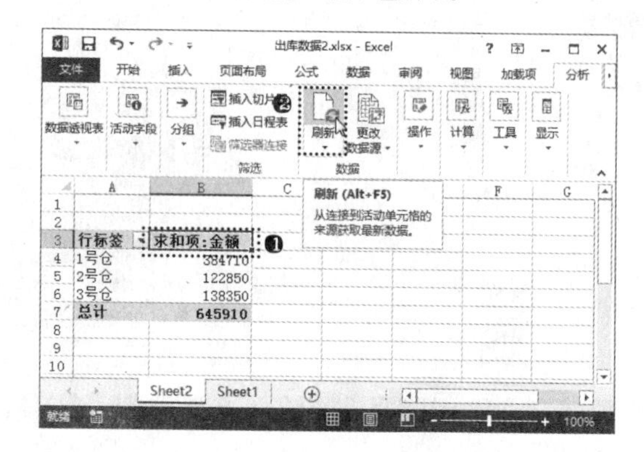

高手指引——移动数据透视表和数据透视图

如果对已经制作好的数据透视表或数据透视图的位置不满意，可以使用 Excel 2013 中提供的移动功能对它们进行移动。首先选择要进行移动的数据透视表/图，然后在“数据透视表工具分析”选项卡的“操作”组中单击“移动数据透视表”按钮或“移动图表”按钮，再在打开的对话框中设置要移动到的新位置即可。

技巧 10-3 设置字段

Excel 中提供的数据透视表工具中的字段设置功能，除了能对数据透视表值字段数据进行设置外，还可以对报表筛选字段、列字段和行字段中的数据进行设置。例如，要在“采购入库数据 2”工作簿中为数据透视表的行字段数据设置日期格式，具体操作方法如下。

步骤01 打开"光盘\素材文件\第 10 章\技能提高\采购入库数据 2.xlsx"文件。❶选择 Sheet2 工作表中数据透视表中的任意单元格；❷单击"数据透视表字段"任务窗口"行"列表框中的"入库日期"字段名称按钮；❸在弹出的菜单中选择"字段设置"命令，如下图所示。

步骤02 打开"字段设置"对话框，单击"数字格式"按钮，如下图所示。

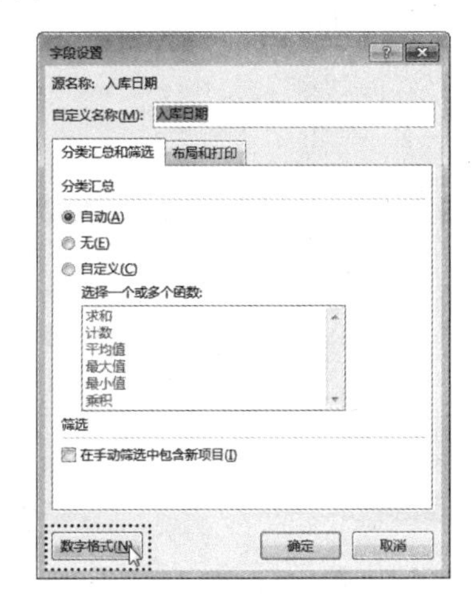

步骤03 ❶打开"设置单元格格式"对话框，在"分类"列表框中选择"日期"选项；❷在"类型"列表框中选择需要的日期格式；❸单击"确定"按钮，如下图所示。

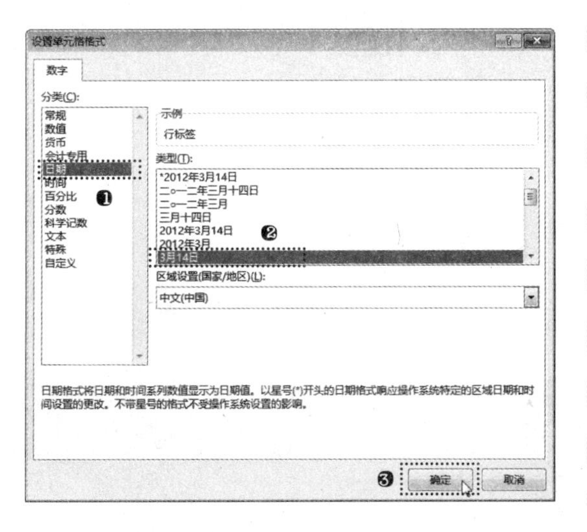

步骤04 返回"字段设置"对话框，单击"确定"按钮，即可看到数据透视表中"入库日期"字段的数据格式发生了变化，如下图所示。

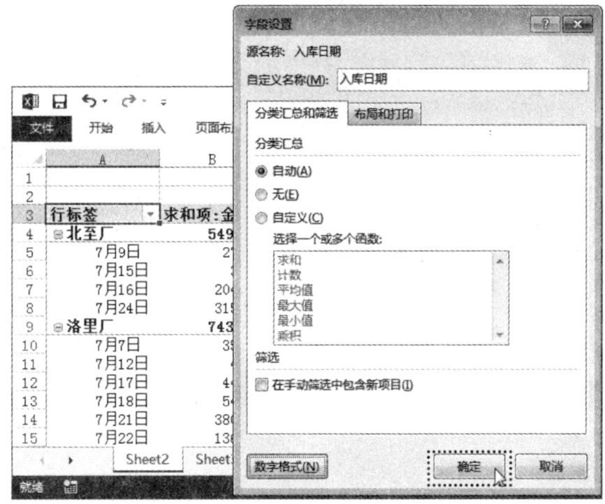

技巧 10-4 更改数据透视表的报表布局

在 Excel 2013 中，用户还可以对数据透视表的布局结构进行设置，包括设置数据表中的数据进行分类汇总的方式和显示位置、总计行的显示与否和具体计算方式、报表布局的具体形式，以及空行的显示与否。这些操作都需要在"数据透视表工具设计"选项卡的"布局"组中进行。

例如，要在"出库数据 3"工作簿中为数据透视表设置所有组进行分类汇总，不显示总计行，为每一项数据项添加空行进行分隔，具体操作方法如下。

步骤01 打开"光盘\素材文件\第 10 章\技能提高\出库数据 3.xlsx"文件。❶选择 Sheet2 工作表中数据透视表中的任意单元格；❷单击"数据透视表工具设计"选项卡"布局"组中的"分类汇总"按钮；❸在弹出的菜单中选择"在组的底部显示所有分类汇总"命令，如下图所示。

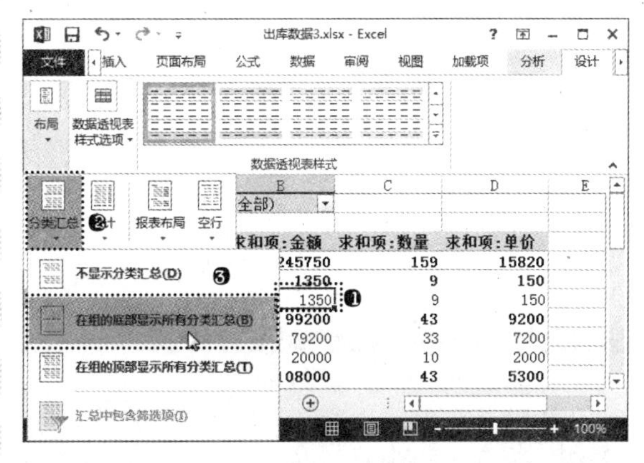

步骤02 经过上一步操作，即可在数据透视表的所有分组下显示一栏汇总数据。❶单击"布局"组中的"总计"按

钮；❷ 在弹出的菜单中选择“对行和列禁用”命令，如下图所示。

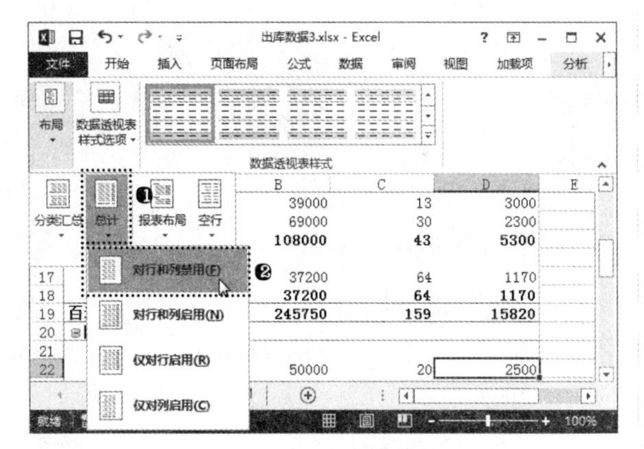

步骤 03 经过上一步操作，将取消数据透视表中原有最末行的总计内容。❶ 单击“布局”组中的“空行”按钮；❷ 在弹出的菜单中选择“在每个项目后空行”命令，如下图所示。

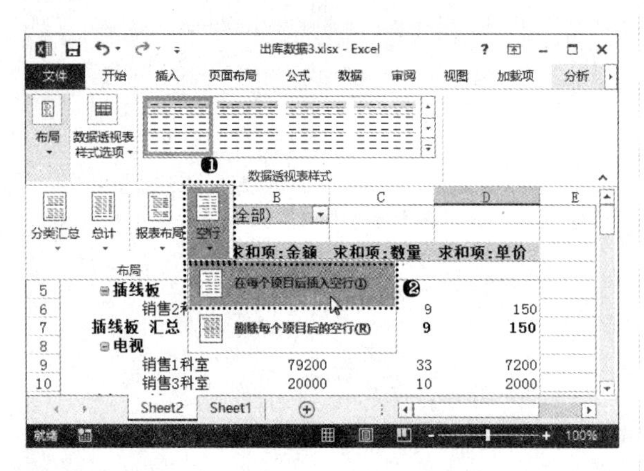

步骤 04 经过上一步操作，将在数据透视表中的每个项目后插入一行空行，方便查看数据，效果如下图所示。

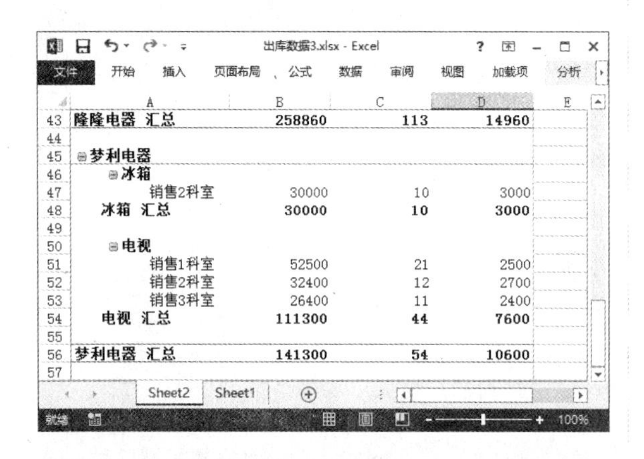

技巧 10-5
设置数据透视表选项

前面我们讲解了手动刷新数据的方法，实际上，还可以指定在打开包含数据透视表的工作簿时自动刷新数据透视表。该项设置需要通过“数据透视表选项”对话框来进行。“数据透视表选项”对话框专门用于设置数据透视表的布局和格式、汇总和筛选、显示、打印和数据等。

下面以为“采购入库数据 3”工作簿中数据透视表进行设置为例，练习设置数据透视表选项的方法，具体操作步骤如下。

步骤 01 打开“光盘\素材文件\第 10 章\技能提高\采购入库数据 3.xlsx”文件。❶ 选择 Sheet2 工作表中数据透视表中的任意单元格；❷ 单击“数据透视表工具分析”选项卡“数据透视表”组中的“选项”按钮，如下图所示。

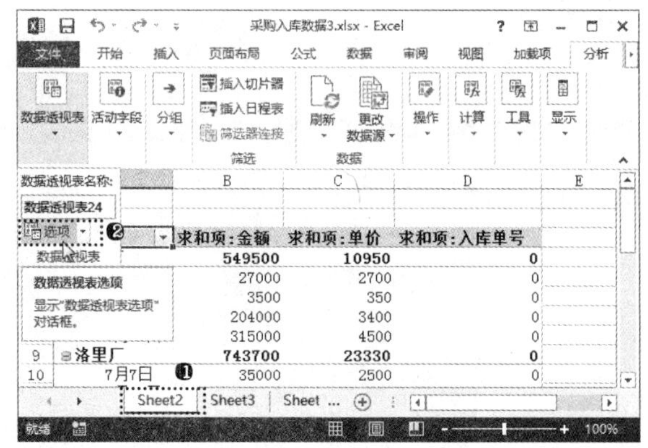

步骤 02 ❶ 打开“数据透视表选项”对话框，在“数据透视表名称”文本框中输入数据透视表的新名称；❷ 单击“布局和格式”选项卡；❸ 在“布局”栏中选中“合并且居中排列带标签的单元格”复选框；❹ 在“格式”栏中取消选中“对于空单元格，显示”复选框，如下图所示。

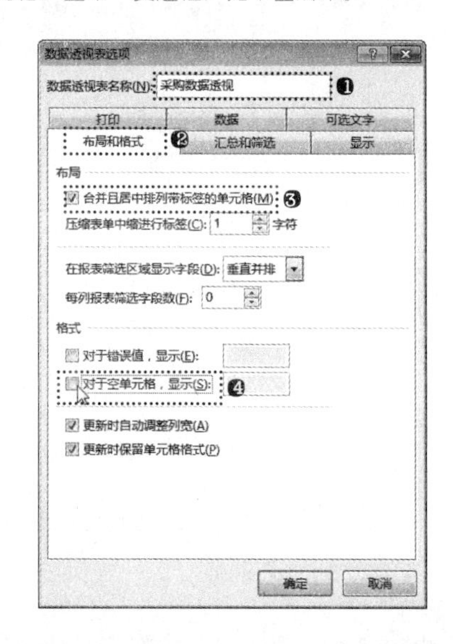

高手指引——打开“数据透视表选项”对话框的其他方法

在数据透视表中任意单元格上单击鼠标右键，在弹出的快捷菜单中选择“数据透视表选项”命令，也可打开“数据透视表选项”对话框。

步骤 03 ❶单击“数据”选项卡；❷在“数据透视表数据”栏中选中“打开文件时刷新数据”复选框，如下图所示。

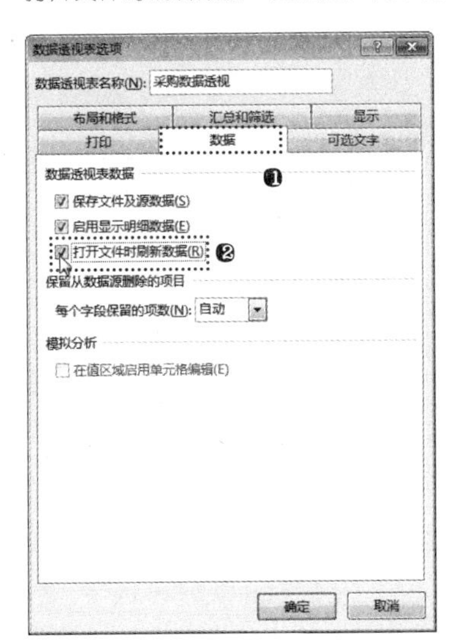

步骤 04 ❶单击“显示”选项卡；❷在“显示”栏中选中“经典数据透视表布局（启用网格中的字段拖放）”复选框，如下图所示。

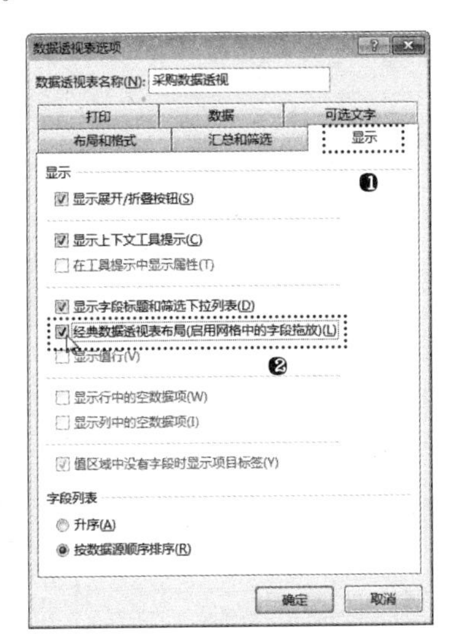

步骤 05 ❶单击“汇总和筛选”选项卡；❷在“总计”栏中取消选中“显示列总计”复选框；❸单击“确定”按钮，如下图所示。

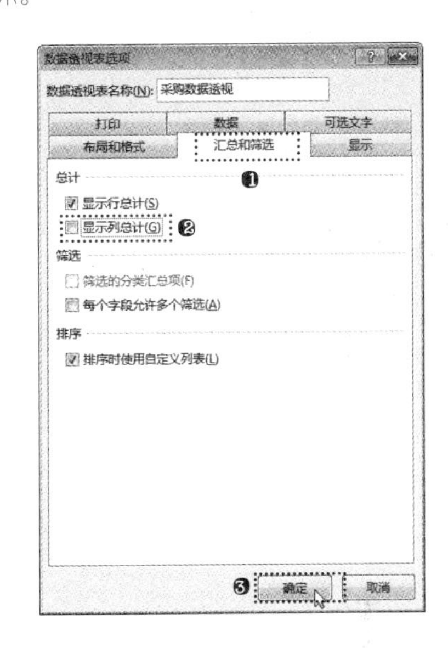

步骤 06 返回工作表中可以看到数据透视表按照经典数据透视表进行了布局，且取消了原来最后一列对列单元格的汇总项，效果如下图所示。

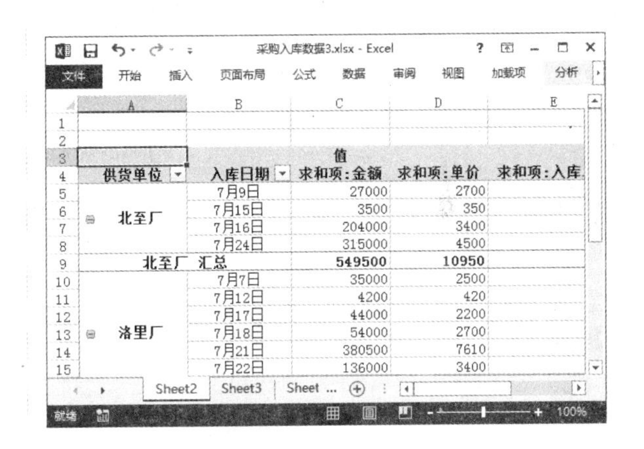

实战训练 10——在年度销售统计报表中进行数据透视

通过学习本章前面讲解的知识，大家应该已经掌握了数据透视表和数据透视图的基本操作和相关技巧。本节将结合前面所讲的知识，为年度销售统计报表中的数据创建数据透视表和数据透视图，进行不同方向的数据透视。希望读者能通过案例的操作，更好地将本章所学知识综合运用到实际工作中。

光盘同步文件

原始文件：光盘\原始文件\第 10 章\年度销售统计报表 .xlsx
结果文件：光盘\结果文件\第 10 章\年度销售统计报表 .xlsx
教学视频：光盘\教学视频文件\第 10 章\实战训练 .mp4

步骤 01 打开“光盘\素材文件\第 10 章\年度销售统计报表 .xlsx”文件，单击“插入”选项卡“表格”组中的“数据透视表”按钮，如下页左上图所示。

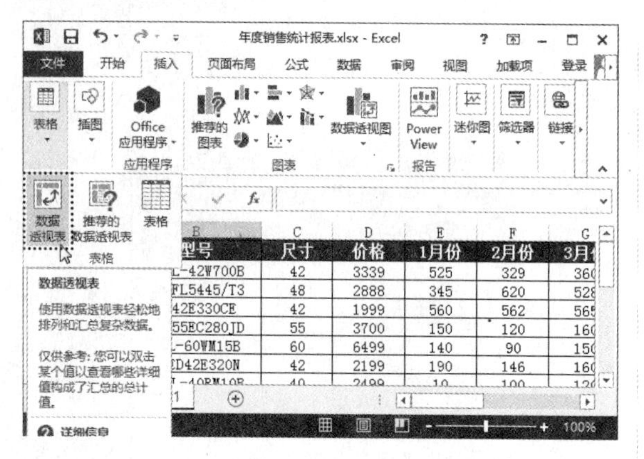

步骤 02 ❶打开“创建数据透视表”对话框，在“表/区域”文本框中引用 A1:P15 单元格区域；❷选中“新工作表”单选按钮；❸单击“确定”按钮，如下图所示。

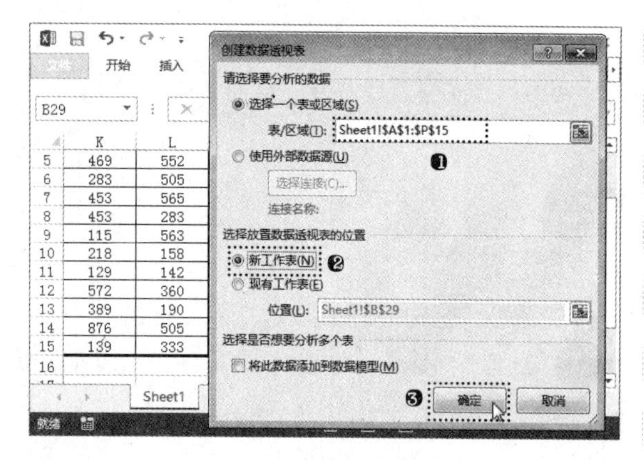

步骤 03 经过上一步操作，即可在新工作表中创建一个空白数据透视表。在“数据透视表字段”任务窗口“字段列表”列表框中选中除“型号”外的所有复选框，如下图所示。

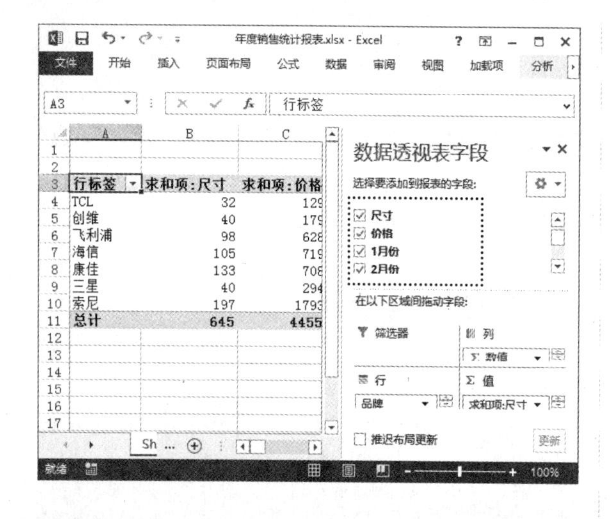

步骤 04 经过上一步操作，系统会自动将选择的字段显示在数据透视表的各区域中。❶在“值”列表框中选择“尺寸”字段名称；❷按住鼠标左键将其拖曳到“行”列表框中，如右上图所示。

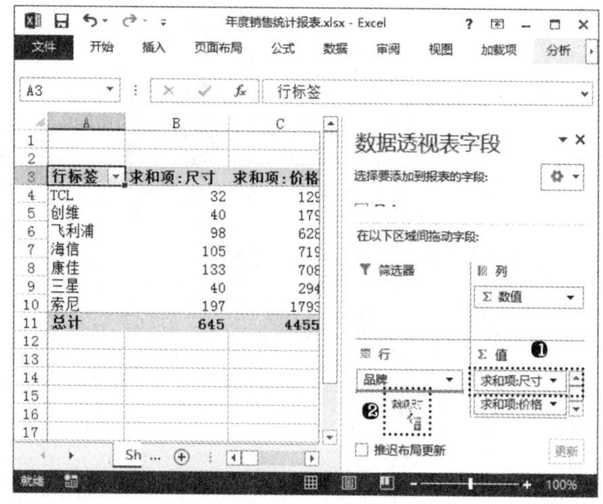

步骤 05 ❶在“值”列表框中选择“价格”字段名称；❷按住鼠标左键将其拖曳到“行”列表框中，如下图所示。

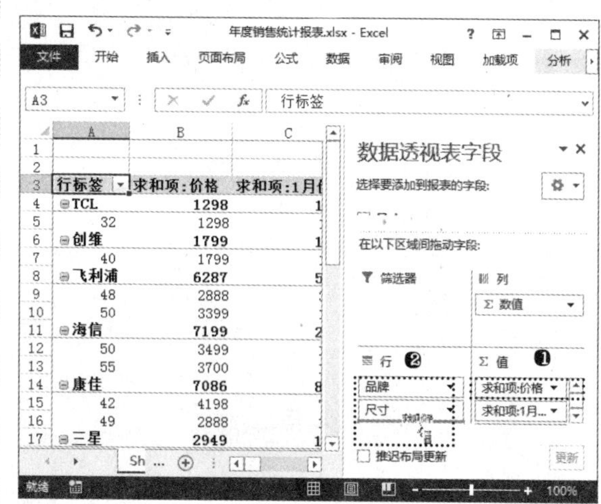

步骤 06 在“数据透视表工具分析”选项卡“数据透视表样式”组中的列表框中选择需要的数据透视表样式，如下图所示。

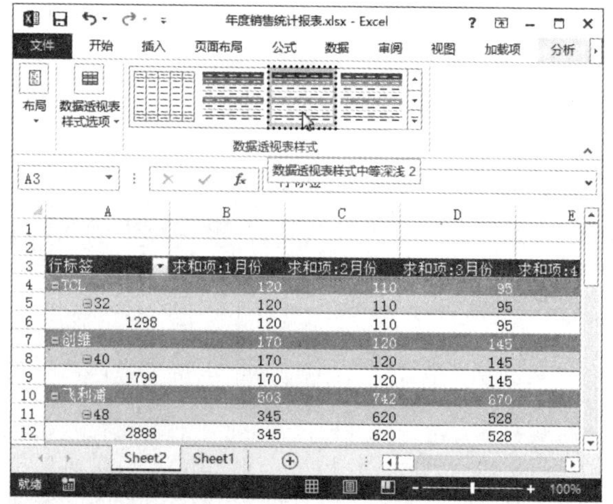

步骤 07 单击“筛选”组的“插入切片器”按钮，如下页左上图所示。

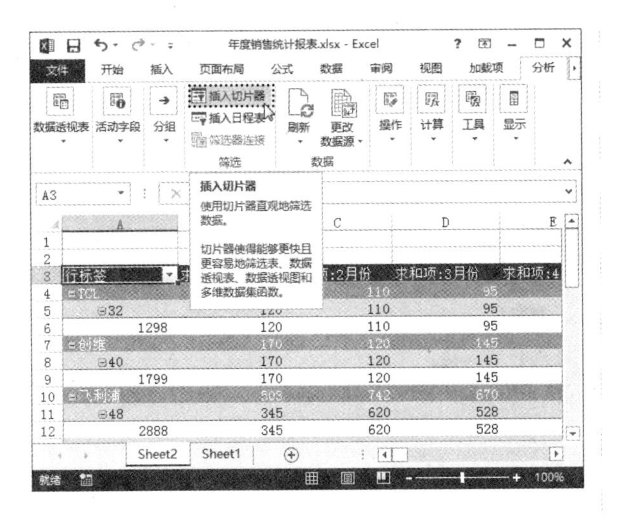

步骤 08 ❶打开"插入切片器"对话框，在列表框中选中"品牌"、"尺寸"和"价格"复选框；❷单击"确定"按钮，如下图所示。

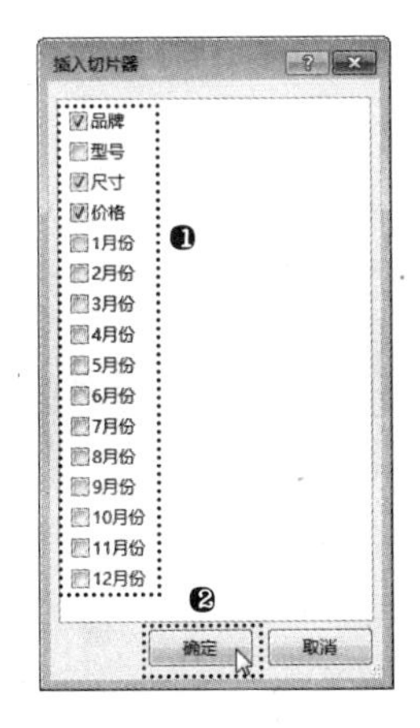

步骤 09 经过上一步操作，将插入设置的 3 个切片器。❶移动各切片器，将其整齐地排列开来；❷按住【Ctrl】键在"品牌"切片器中同时选择除"TCL"和"创维"外的所有选项，如下图所示。

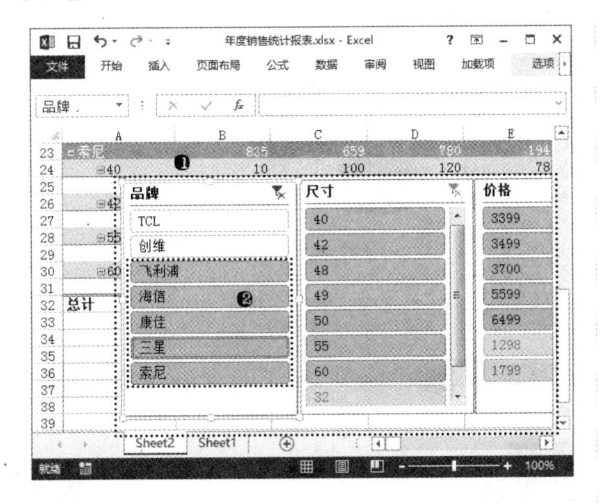

步骤 10 按住【Ctrl】键在"尺寸"切片器中同时选择除"40"和"42"外的所有选项，如下图所示。

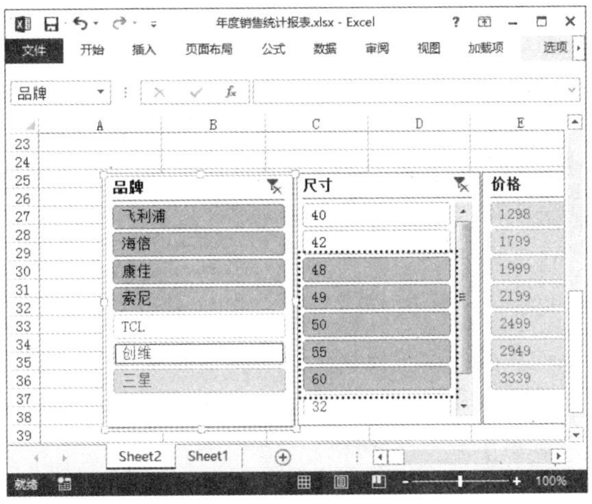

步骤 11 经过上一步操作，即可按要求筛选需要的数据，❶选择数据透视表中的任意单元格；❷单击"数据透视图工具 分析"选项卡"工具"组中的"数据透视图"按钮，如下图所示。

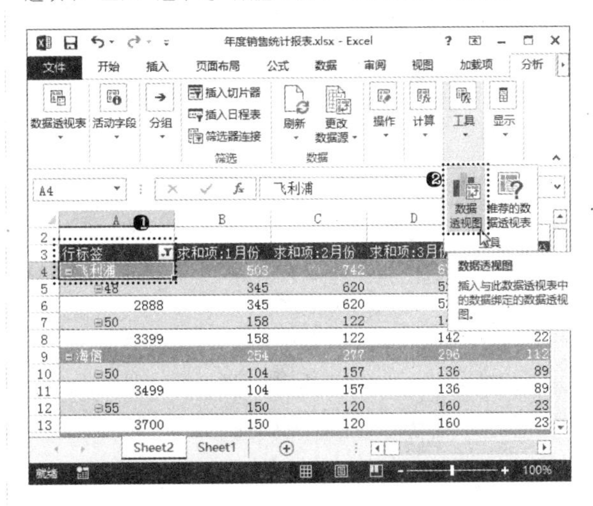

步骤 12 ❶打开"插入图表"对话框，在左侧选择"折线图"选项；❷在右侧选择需要的折线图类型；❸单击"确定"按钮，如下图所示。

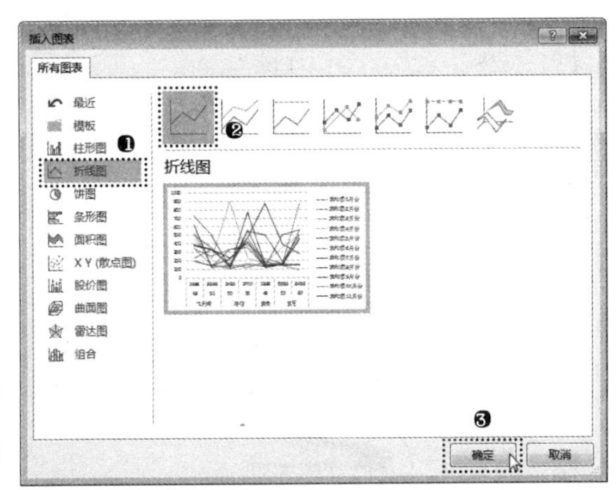

步骤 13 经过上一步操作，即可根据数据透视表中的数据和选择的图表类型创建数据透视图。❶单击"数据透视图工

具 分析”选项卡“显示 / 隐藏”组中的“字段按钮”按钮；❷在弹出的菜单中取消选中“显示值字段按钮”命令前的复选框，如下图所示。

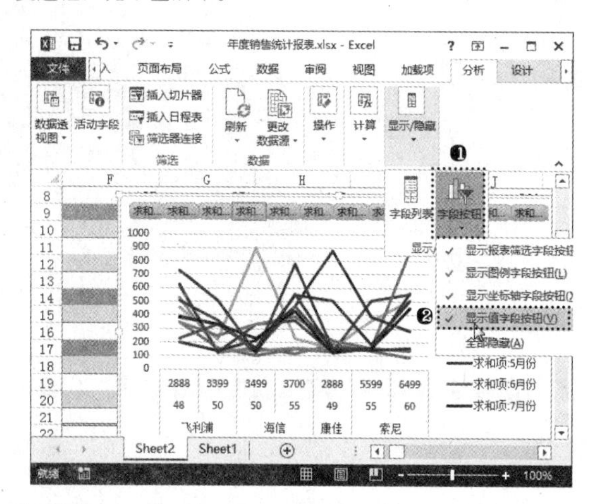

步骤 14 经过上一步操作，即可隐藏数据透视图中的所有“求和项”按钮。❶单击数据透视图中的“品牌”按钮；❷在弹出菜单中的列表框中仅选中“索尼”复选框；❸单击“确定”按钮，如下图所示。

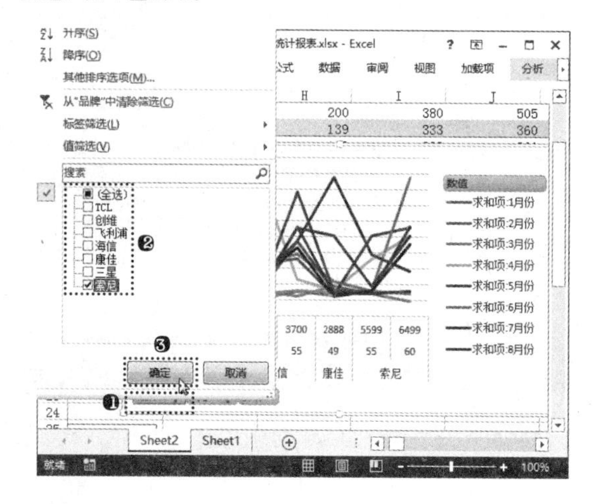

步骤 15 经过上一步操作，将只在数据透视图中显示“索尼”字段的数据，单击“数据透视图工具设计”选项卡“数据”组中的“切换行 / 列”按钮，如下图所示。

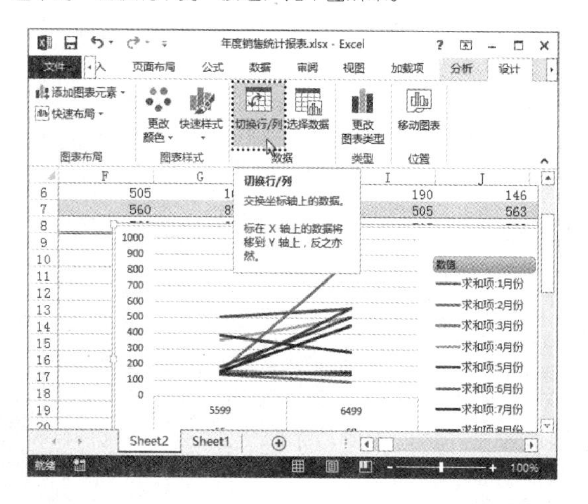

步骤 16 经过上一步操作，即可切换数据透视图中数据的行列位置，得到需要的折线图效果。❶单击“数据透视图工具设计”选项卡“图表布局”组中的“添加图表元素”按钮；❷在弹出的菜单中选择“图例”命令；❸在弹出的下级子菜单中选择“顶部”命令，如下图所示。

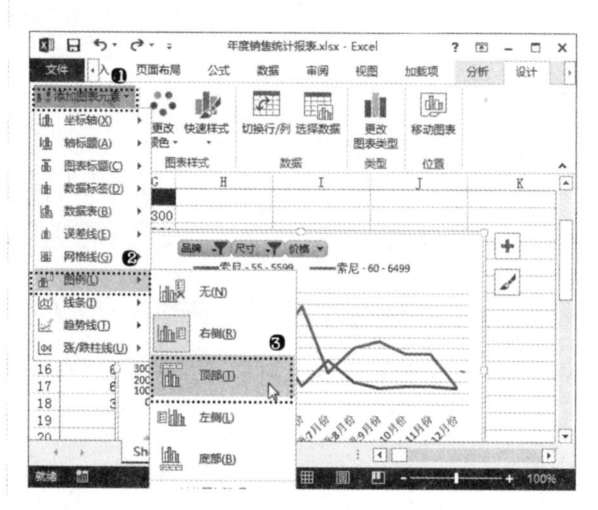

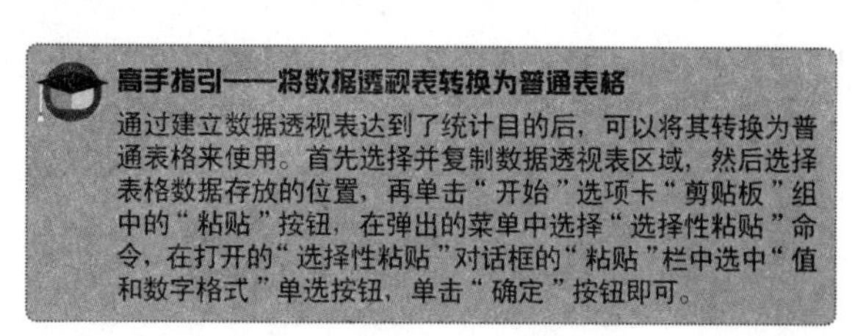

高手指引——将数据透视表转换为普通表格

通过建立数据透视表达到了统计目的后，可以将其转换为普通表格来使用。首先选择并复制数据透视表区域，然后选择表格数据存放的位置，再单击“开始”选项卡“剪贴板”组中的“粘贴”按钮，在弹出的菜单中选择“选择性粘贴”命令，在打开的“选择性粘贴”对话框的“粘贴”栏中选中“值和数字格式”单选按钮，单击“确定”按钮即可。

步骤 17 经过上一步操作，即可让数据透视图中的图例显示在顶部，数据系列得到更好的展示。❶单击“数据透视图工具设计”选项卡“图表样式”组中的“快速样式”按钮；❷在弹出的下拉列表中选择需要的图表样式，如下图所示。

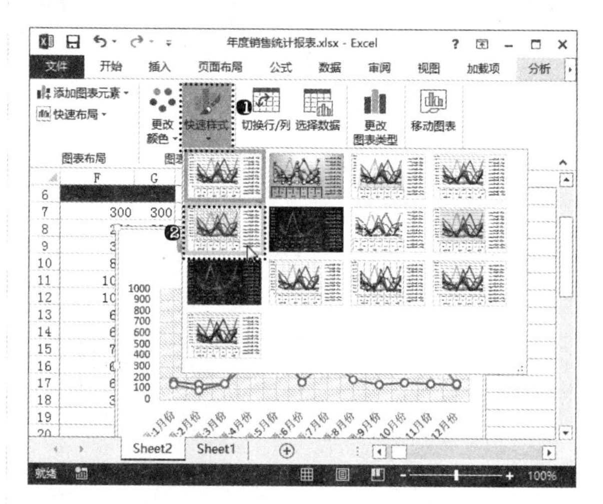

步骤 18 经过上一步操作，即可为数据透视图应用设置的样式。❶选择图表中的横坐标轴；❷在“数据透视图字段”任务窗口的“值”列表框中单击第一个字段名称按钮；❸在弹出的菜单中选择“值字段设置”命令，如下页左上图所示。

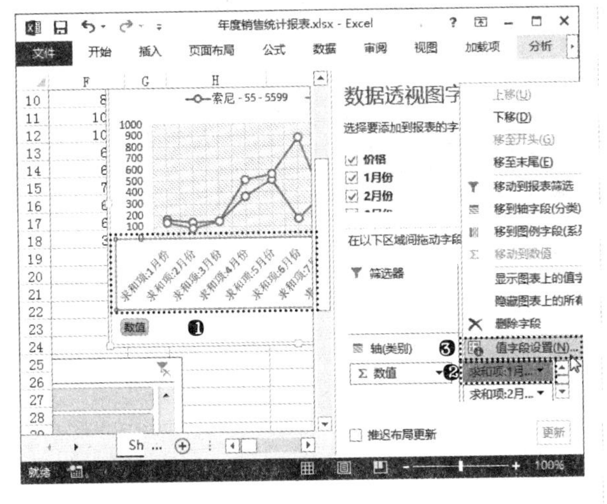

步骤 19 ❶打开“值字段设置”对话框，在“自定义名称”文本框中简化该字段名称；❷单击“确定”按钮，如下图所示。

步骤 20 经过上一步操作，即可简化坐标轴中该字段的名称，使用相同的方法依次修改横坐标轴中的所有字段名称，即可让图表内容变得清爽，完成后的效果如下图所示。

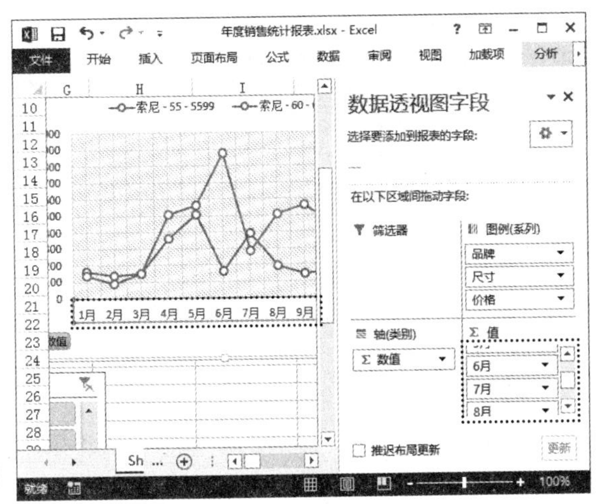

本章小结

本章系统并全面地讲解了数据透视表和数据透视图的相关操作，包括创建数据透视表和数据透视图、为数据透视表添加字段、修改汇总方式、筛选数据、使用切片器、美化数据透视表和删除数据透视表等。由于数据透视图的编辑方法与图表的编辑方法基本相同，本章也没有详细讲解。读者应在融会贯通的基础上，重点掌握通过数据透视表和数据透视图，按照需要汇总、分析数据的思路和实现方法，让数据真正实现需要的透视效果。

第 11 章

页面设置与打印

本章导读

在 Excel 中编辑工作表时，用户只能看到一个虚拟的表格区域，实际大部分制作的报表都需要打印输出，以供人填写、审阅或核准。对于重要数据，为防止计算机在遇到病毒或是黑客攻击时损失数据，也需要将其打印输出，以纸张形式存放作为备份。在打印数据之前，一般需要对表格进行一系列简单的页面设置。本章就来讲解设置页面、页眉、页脚等内容，并打印输出工作表。

知识要点

- 设置页边距
- 添加页眉和页脚
- 设置打印区域
- 设置页面纸张
- 设置页眉和页脚
- 设置打印参数

案例展示

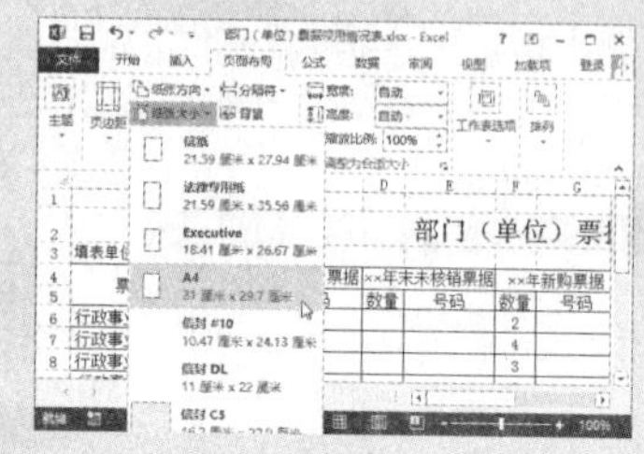

基础入门——必知必会

11.1 设置页面布局

Excel 报表的打印效果与页面布局直接关联。为了打印出满意的工作表效果，在打印之前需要对其页面布局和格式进行合理安排。本节内容主要从页边距、纸张方向和纸张大小的设置方面讲解页面布局的具体操作。

11.1.1 设置页面纸张

实际应用中的表格都具有一定的规范，如表格一般摆放在打印纸上的中部或中上部位置，如果表格未摆放在打印纸上的合适位置，再美的表格也会黯然失色。打印之后的表格在打印纸上的位置，主要取决于打印前对表格进行的页面纸张设置参数，包括纸张方向和大小的设置。

> **光盘同步文件**
> 原始文件：光盘\原始文件\第 11 章\部门（单位）票据领用情况表 .xlsx
> 结果文件：光盘\结果文件\第 11 章\部门（单位）票据领用情况表 .xlsx
> 教学视频：光盘\教学视频文件\第 11 章\11-1-1.mp4

1．设置纸张大小

纸张大小即指纸张规格，表示纸张制成后经过修整切边，裁剪成一定的尺寸，通常以“开”为单位表示纸张的幅面规格。常用纸张大小有 A4、A3、B5 等。

在 Excel 中，设置纸张大小是指用户需要为给定的纸张规格设置文档的页面，以便用户在相同页面大小中设置表格数据，使打印出来的表格更为美观。例如，要为“部门（单位）票据领用情况表”工作簿设置纸张大小为 A4，具体操作方法如下。

步骤 01 打开“光盘\素材文件\第 11 章\部门（单位）票据领用情况表 .xlsx”文件。❶单击“页面布局”选项卡“页面设置”组中的“纸张大小”按钮 ；❷在弹出的菜单中选择“A4”命令，如下图所示。

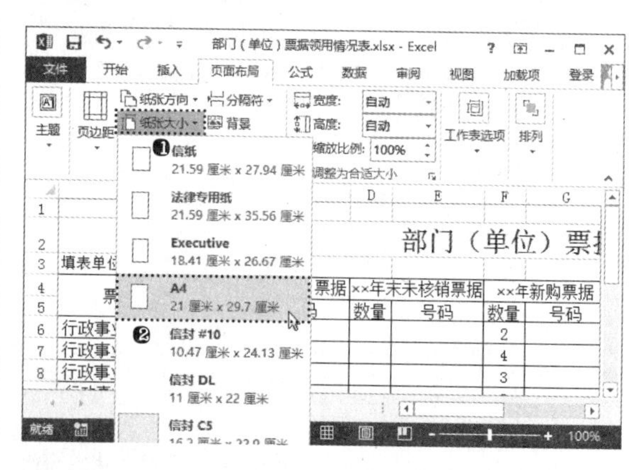

步骤 02 经过上一步操作，即可设置纸张大小为 A4。在工作表中会根据纸张页面大小显示虚线框，标示每一页的分界线。缩小内容显示比例，即可看到这些虚线框，如下图所示。

> **高手指引——自定义纸张大小**
> 单击“页面布局”选项卡“页面设置”组中的“纸张大小”按钮，在弹出的菜单中选择“其他纸张大小”命令，可以在打开的对话框中自定义纸张的大小。

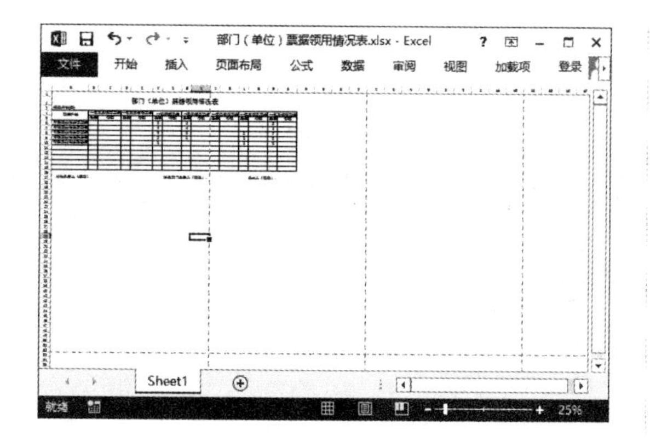

2. 设置纸张方向

默认情况下，Excel 设置的纸张方向是纵向的，如果制作的表格内容中列数较多，要保证打印输出时同一记录的内容能够显示完整，可以选择打印纸张的方向为横向。例如，要为"部门（单位）票据领用情况表"工作簿设置纸张方向为横向，具体操作方法如下。

步骤 01 在"部门（单位）票据领用情况表 .xlsx"文件中。❶单击"页面布局"选项卡"页面设置"组中的"纸张方向"按钮；❷在下拉列表中选择"横向"选项，如下图所示。

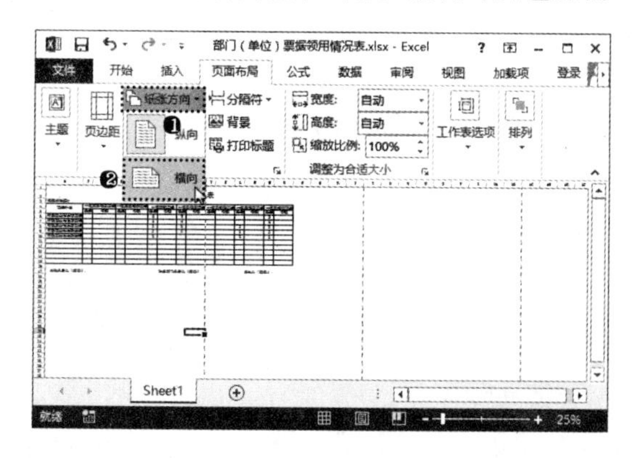

步骤 02 缩小内容显示比例后，即可看到原有虚线框呈现横向排列，即原来的长度和宽度进行了调换，且表格中的数据刚好放置在虚线框内，表示可以将所有内容打印在一张纸上了，如下图所示。

11.1.2 设置页边距

页边距是指表格与纸张边缘之间的距离。设置合适的页边距，可以使文件或表格格式更加统一、美观。如果打印出的表格需要装订成册，则常常会将装订线所在边的距离设置得比其他边距宽一些。例如，要为"部门（单位）票据领用情况表 2"工作簿自定义页边距，具体操作方法如下。

光盘同步文件
原始文件：光盘 \ 原始文件 \ 第 11 章 \ 部门（单位）票据领用情况表 2.xlsx
结果文件：光盘 \ 结果文件 \ 第 11 章 \ 部门（单位）票据领用情况表 2.xlsx
教学视频：光盘 \ 教学视频文件 \ 第 11 章 \11-2-1.mp4

步骤 01 打开"光盘 \ 素材文件 \ 第 11 章 \ 部门（单位）票据领用情况表 2.xlsx"文件。❶单击"页面布局"选项卡"页面设置"组中的"页边距"按钮；❷在弹出的菜单中选择"自定义边距"命令，如下图所示。

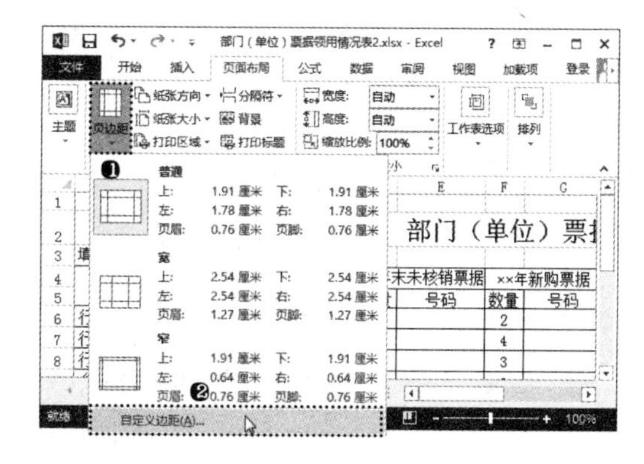

步骤 02 打开"页面设置"对话框的"页边距"选项卡。❶在文本框中分别输入上、下、左、右的页边距；❷在"居中方式"栏中选中"水平"复选框；❸单击"确定"按钮，如下图所示。

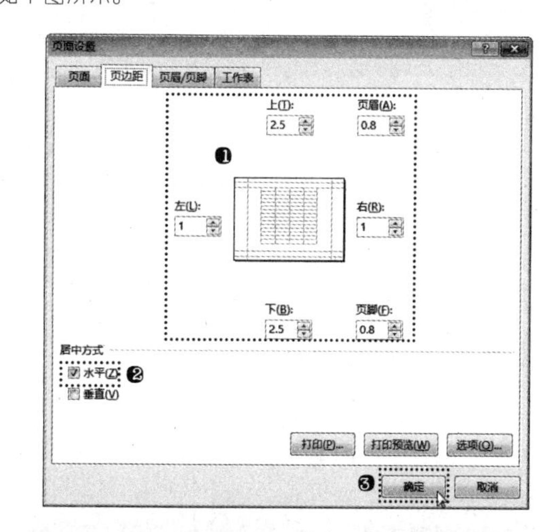

高手指引——认识"页面设置"对话框

"页面设置"对话框中的"上"文本框用于设置页面上边缘与第一行顶端间的距离值；"下"文本框用于设置页面下边缘与最后一行底端间的距离值；"左"、"右"文本框分别用于设置页面左端或右端与无缩进的每行左端或右端间的距离值；"页眉"文本框用于设置上页边界到页眉顶端间的距离值；"页脚"文本框用于设置下页边界到页脚底端间的距离值。

11.2 设置页眉和页脚

制作完成的表格如果需要打印输出上交上级部门或预见客户，为了让表格打印输出后更加美观和严谨，一般需要添加与表格出处公司的名称等有用信息。Excel 的页眉和页脚就是提供显示特殊信息的位置，也是体现这些信息的最好场所。页眉是每一打印页顶部所显示的一行信息，可以用于表明名称和标题等内容；页脚是每一打印页中底端所显示的信息，可以用于表明页号、打印日期及时间等。

11.2.1 快速应用页眉和页脚样式

Excel 内置了很多页眉页脚格式内容，用户只需做简单的选择即可快速应用相应的页眉页脚样式。例如，要为“部门（单位）票据领用情况表 3”工作簿快速应用简约风格的页眉和页脚信息，具体操作方法如下。

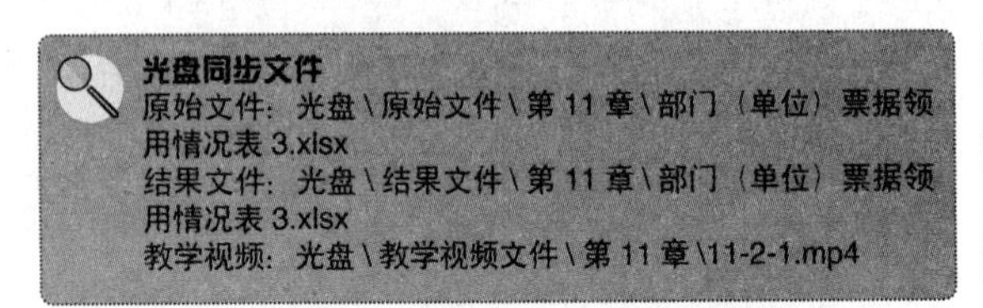
光盘同步文件
原始文件：光盘\原始文件\第 11 章\部门（单位）票据领用情况表 3.xlsx
结果文件：光盘\结果文件\第 11 章\部门（单位）票据领用情况表 3.xlsx
教学视频：光盘\教学视频文件\第 11 章\11-2-1.mp4

步骤 01 打开“光盘\素材文件\第 11 章\部门（单位）票据领用情况表 3.xlsx”文件，单击“插入”选项卡“文本”组中的“页眉和页脚”按钮，如下图所示。

步骤 02 经过上一步操作，工作表自动进入页眉和页脚的编辑状态，并切换到“页眉和页脚工具 设计”选项卡。❶单击“页眉和页脚”组中的“页眉”按钮；❷在弹出的下拉列表中选择需要的页眉样式，如下图所示。

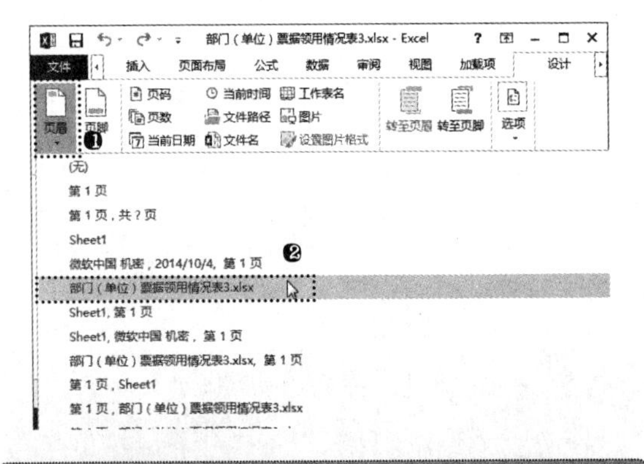

高手指引——切换视图

单击“插入”选项卡“文本”组中的“页眉和页脚”按钮，Excel 会自动切换到“页面布局”视图中。用户可以单击状态栏中的视图按钮切换到其他视图，只查看工作表中的数据。

步骤 03 经过上一步操作，即可为工作表添加设置的页眉效果。❶单击“页眉和页脚工具设计”选项卡“页眉和页脚”组中的“页脚”按钮；❷在弹出的下拉列表中选择需要的页脚样式，如下图所示。

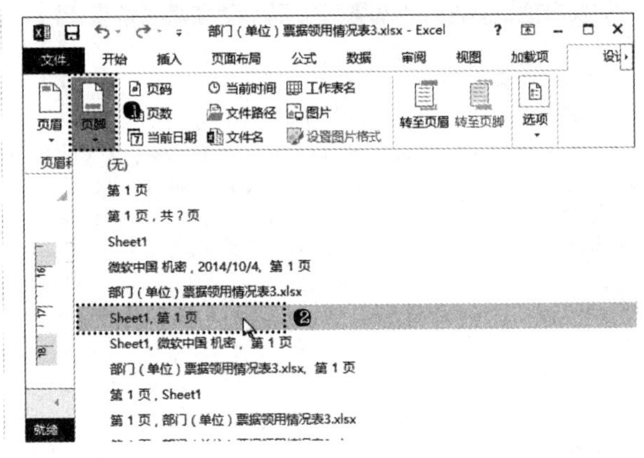

11.2.2 自定义页眉和页脚

如果系统内置的页眉、页脚不符合需要，用户也可自定义页眉页脚，如定义页码、页数、当前日期、文件名、文件路径和工作表名、包含特殊字体的文本，以及图片等元素。例如，要在“年度销售统计报表 2”工作簿的页眉中插入公司标志，具体操作方法如下。

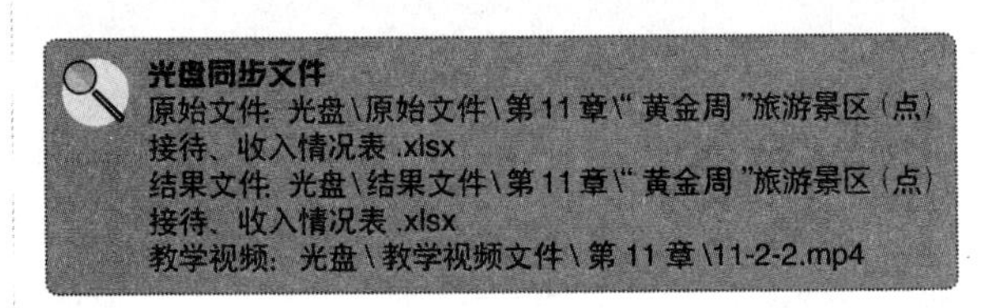
光盘同步文件
原始文件：光盘\原始文件\第 11 章\“黄金周”旅游景区（点）接待、收入情况表 .xlsx
结果文件：光盘\结果文件\第 11 章\“黄金周”旅游景区（点）接待、收入情况表 .xlsx
教学视频：光盘\教学视频文件\第 11 章\11-2-2.mp4

步骤 01 打开“光盘\素材文件\第 11 章\‘黄金周’旅游景区（点）接待、收入情况表 .xlsx”文件，单击“插入”选项卡“文本”组中的“页眉和页脚”按钮，如下图所示。

步骤 02 ❶切换到页眉页脚编辑状态，将文本插入点定位在页眉位置的第一个文本框中；❷单击“页眉和页脚工具设计”选项卡“页眉和页脚元素”组中的“图片”按钮，如下图所示。

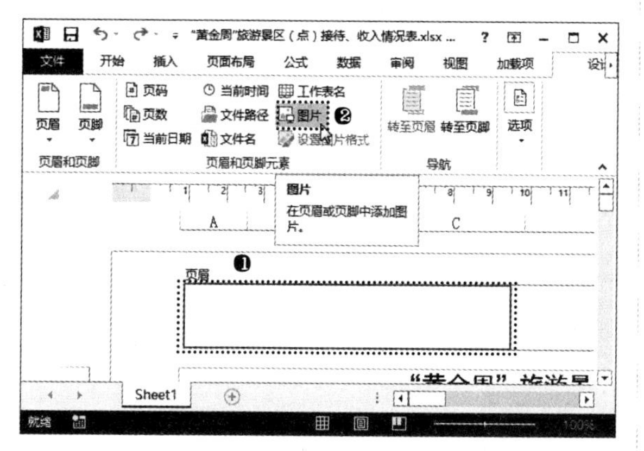

步骤 03 打开“插入图片”对话框，单击“来自文件”选项后的“浏览”按钮，如下图所示。

步骤 04 ❶打开“插入图片”对话框，选择图片文件的保存位置；❷在列表框中选择需要的图片；❸单击“插入”按钮，如下图所示。

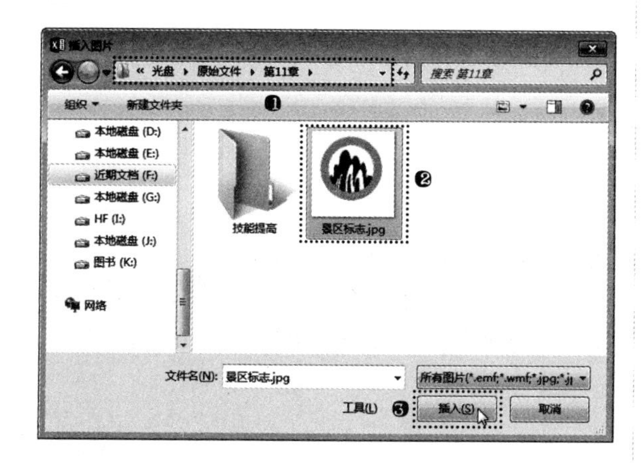

步骤 05 返回工作表的编辑页眉和页脚界面，单击“页眉和页脚工具设计”选项卡“页眉和页脚元素”组中的“设置图片格式”按钮，如下图所示。

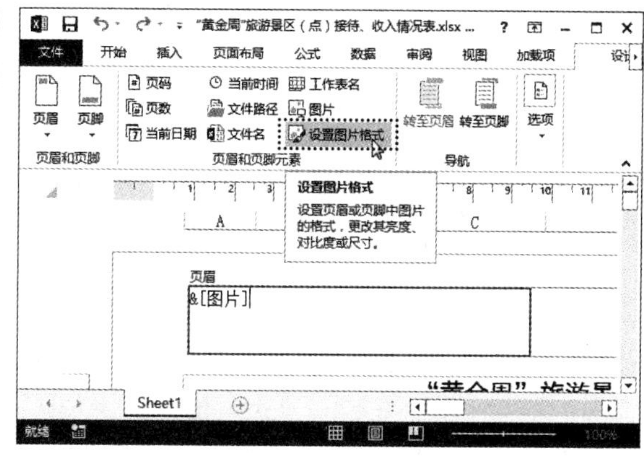

步骤 06 ❶打开“设置图片格式”对话框，在“大小”选项卡的“大小和转角”栏中，设置图片高度比例为 8%；❷单击“确定”按钮，如下图所示。

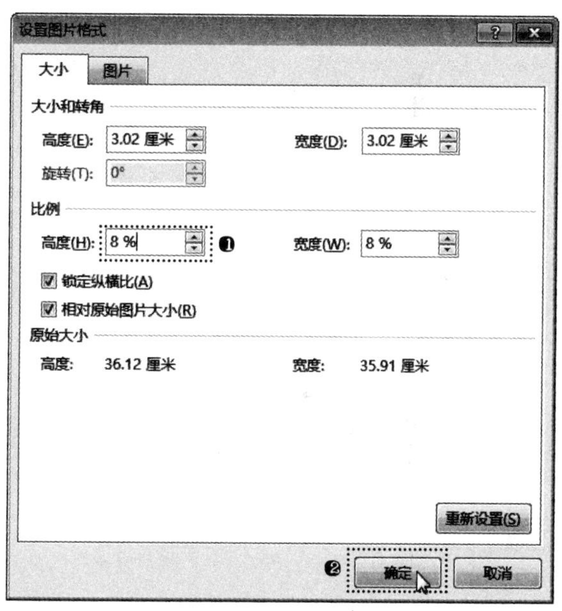

步骤 07 将文本插入点定位在页眉位置的第一个文本框中，按空格键在“&[图片]”内容前添加空格，直至将“&[图片]”内容调整到页眉第一个文本框的靠右位置，如下图所示。

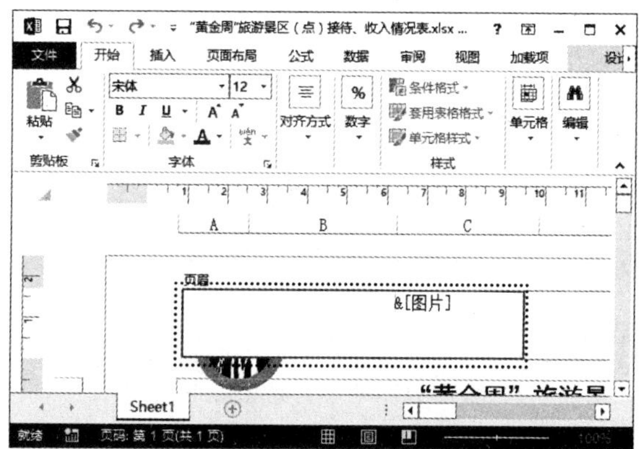

步骤 08 ❶在页眉位置的第二个文本框中输入并选择文本；❷在“开始”选项卡的“字体”组中设置合适的字体格式，如下图所示。

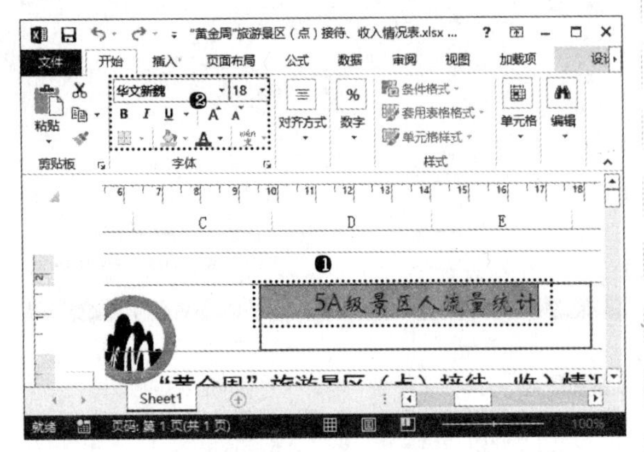

步骤 09 ❶选择页眉位置的第 3 个文本框；❷单击“页眉和页脚工具设计”选项卡“页眉和页脚元素”组中的“当前日期”按钮，如下图所示。

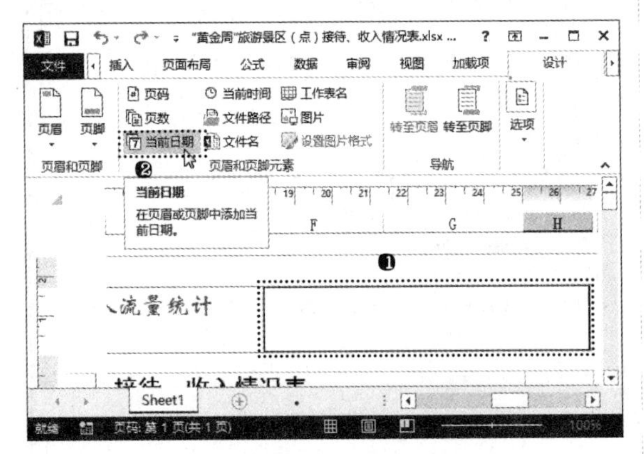

步骤 10 经过上一步操作，即可在页眉位置的第 3 个文本框中插入当前日期。单击“导航”组中的“转至页脚”按钮，如下图所示。

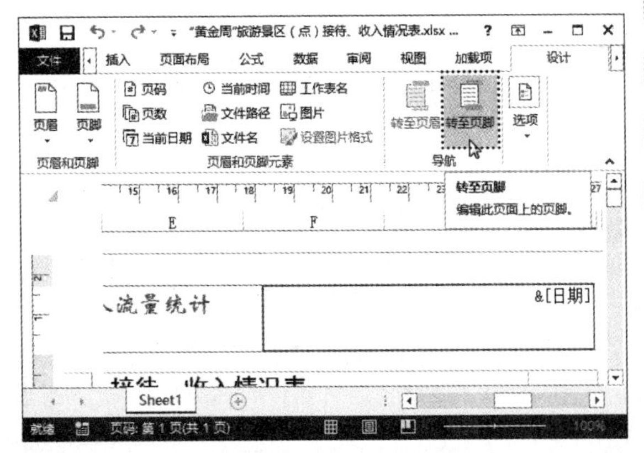

步骤 11 经过上一步操作，即可切换到页脚的第三个文本框中。❶单击“页眉和页脚工具设计”选项卡“页眉和页脚元素”组中的“页码”按钮；❷单击“文件”选项卡，如右上图所示。

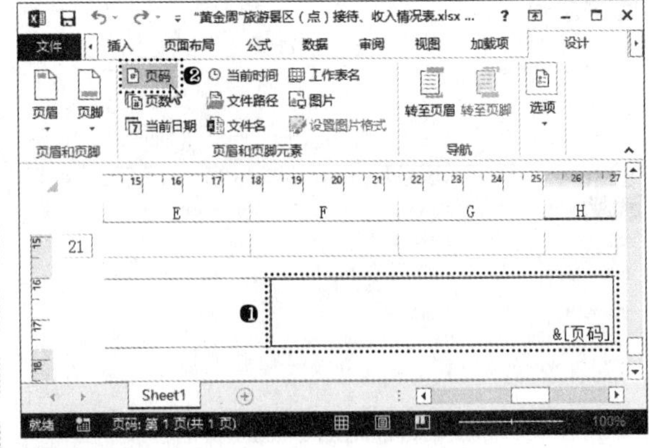

步骤 12 在“文件”菜单中选择“打印”命令，如下图所示。

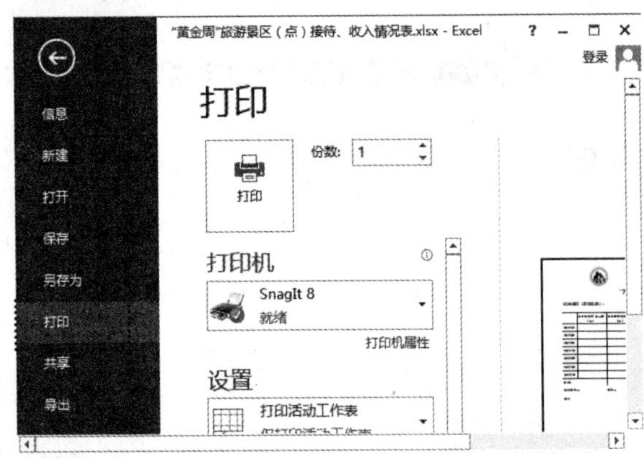

步骤 13 在页面右侧可以预览工作表的打印效果，如下图所示。

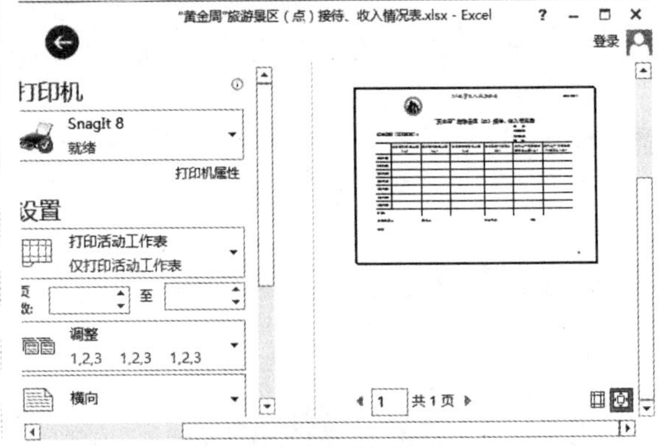

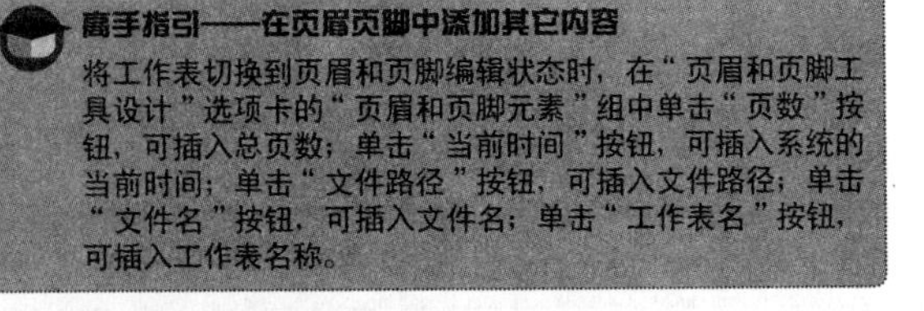

高手指引——在页眉页脚中添加其它内容

将工作表切换到页眉和页脚编辑状态时，在“页眉和页脚工具设计”选项卡的“页眉和页脚元素”组中单击“页数”按钮，可插入总页数；单击“当前时间”按钮，可插入系统的当前时间；单击“文件路径”按钮，可插入文件路径；单击“文件名”按钮，可插入文件名；单击“工作表名”按钮，可插入工作表名称。

11.2.3 删除页眉和页脚

不同的场合会对工作表有不同的要求，若工作表中不需要设置页眉和页脚，或者对自定义的页眉或页脚不满意，只需删除页眉或页脚位置文本框中的数据即可。也可以在"页眉和页脚工具设计"选项卡的"页眉和页脚"组中设置页眉和页脚的样式为"无"。

高手指引——调整页眉页脚内容的位置

页眉和页脚位置文本框中的数据不能通过设置对齐方式进行调整，当需要调整其中数据的位置时，只能通过添加空格进行调整。

11.3 打印工作表

对表格内容的设置通过打印预览达到满意效果后，即可开始打印。Excel 2013 默认只打印当前工作表中的已有数据和图表区域，并且只打印一份。但 Excel 还提供了很多人性化的设置，通过设置可以只打印部分表格内容，还有设置打印的份数、打印的顺序等内容。

11.3.1 设置打印区域

在办公应用中，如果只需要打印表格中的部分数据（如表格标题或部分数据区域）时，可通过设置工作表的打印区域来打印工作表。

光盘同步文件

原始文件：光盘\原始文件\第 11 章\公开招聘职位表 .xlsx
结果文件：光盘\结果文件\第 11 章\公开招聘职位表 .xlsx
教学视频：光盘\教学视频文件\第 11 章\11-3-1.mp4

1．设置表格的打印区域

当表格中的数据较多时，或为了保护其他表格信息的安全，只需要打印表格中的部分内容时，打印整个工作表就会造成不必要的浪费，此时建议设置打印范围只打印需要的部分。例如，要打印"公开招聘职位表"工作簿中农办、民政局、财政局 3 个部门的招聘信息，具体操作方法如下。

步骤 01 打开"光盘\素材文件\第 11 章\公开招聘职位表 .xlsx"文件。❶选择需要打印的 A1:J7 单元格区域；❷单击"页面布局"选项卡"页面设置"组中的"打印区域"按钮；❸在弹出的下拉列表中选择"设置打印区域"选项，如下图所示。

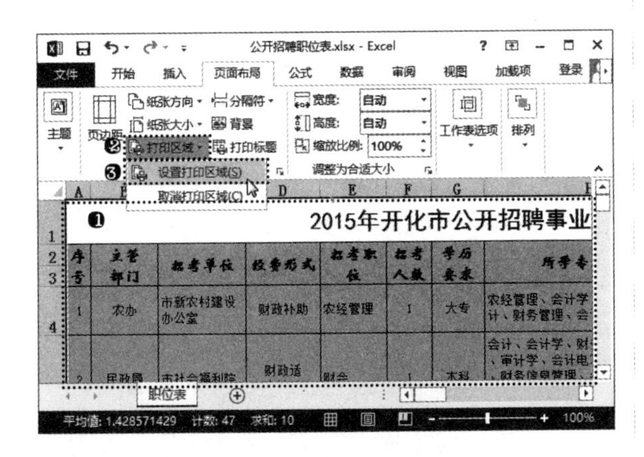

步骤 02 经过上一步操作，即可将选择的单元格区域设置为打印区域。单击"文件"选项卡，在"文件"菜单中选择"打印"命令，在页面右侧可以预览工作表的打印效果，如右上图所示。

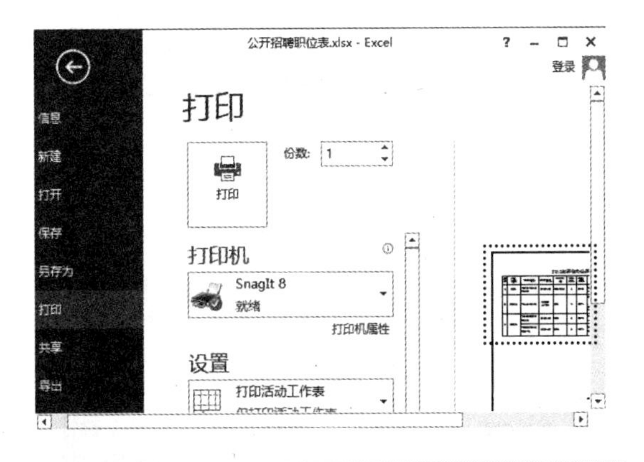

高手指引——设置多个打印区域

按住【Ctrl】键选择多个单元格区域，可以设置多个打印区域，只是这些打印区域会自动显示在不同的打印页面上。

2．设置打印标题

在打印表格时，有时虽然是打印表格区域，但希望在打印区域的同时，能够连同表格标题一起打印，如在财务表格中最常用的打印每个员工的工资条。当表格中的数据比较多时，可能需要打印为多页表格，此时有可能也需要在打印时能在每一页中均包含标题行。可以通过设置打印标题来解决这一系列的问题。

例如，要让打印的"公开招聘职位表"工作簿内容在每一页上都显示出标题行，具体操作方法如下。

步骤 01 在"公开招聘职位表 .xlsx"文件中。❶单击"页面布局"选项卡"页面设置"组中的"打印区域"按钮；❷在弹出的下拉列表中选择"取消设置打印区域"选项，如下图所示。

步骤 02 经过上一步操作，即可取消上一次设置的打印区域。单击“页面布局”选项卡“页面设置”组中的“打印标题”按钮，如下图所示。

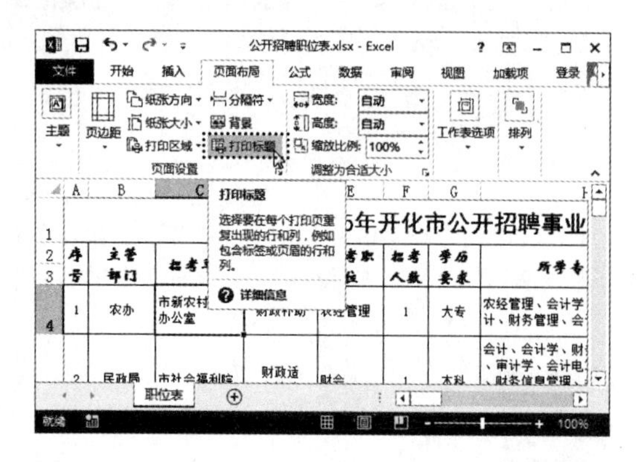

步骤 03 打开“页面设置”对话框的“工作表”选项卡。❶在其中的“打印标题”栏的“顶端标题行”文本框中默认引用了该工作表的前 3 行单元格，若不满意可以重新选择标题内容；❷单击“打印预览”按钮，如下图所示。

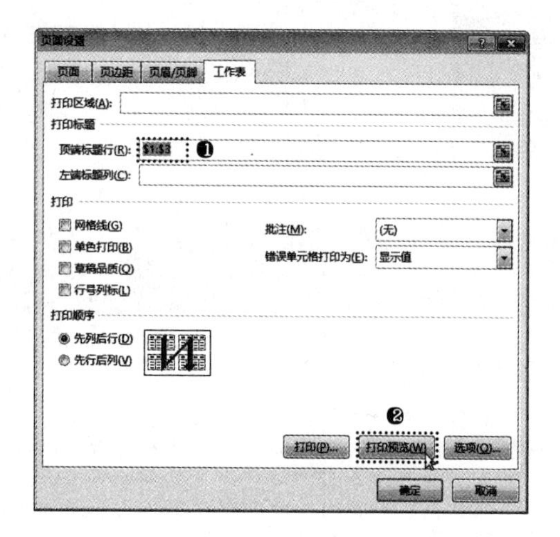

步骤 04 单击下方的页码按钮可以预览到工作表对应页码的打印效果。其中，第二页带标题的打印预览效果，如下图所示。

2015年开化市公开招聘事业单位工作人员职位表

序号	主管部门	招考单位	经费形式	招考职位	招考人数	学历要求	所学专业要求	户籍、
5	劳动局	市工业技校	财政补助	数学教师	1	本科	数学、应用数学、数学与应用数学、信息与计算科学、统计与概率、数理基础科学、数学教育、计算数学及其应用软件、运筹学、控制科学、信息科学、物理	开化户籍社会人.届毕业生，1974
				文秘	1	本科	汉语言、汉语言文学、汉语言文学教育、汉语言、对外汉语、中国文学	开化户籍社会人.届毕业生，1974
6	交通局	市公路管理段	经费自理	工程技术	2	大专	道路桥梁工程技术专业	开化户籍社会人.届毕业生，1974
7	建设局	市建筑业管理处	财政补助	监督员	1	本科	工民建、市政工程、土木工程	开化户籍社会人.届毕业生，1974
						大专	工民建、市政工程、土木工程	开化户籍社会人.业生，1974年1月
		市房产管理处	财政补助	网络管理	1	本科	电子信息科学与技术、信息安全、信息科学技术、电子学与信息系统、电子信息工程、计算机科学与技术、电子科学与技术、软件工程、网络工程、计算机软件、通信工程、计算机通信、计算机及应用、计算机科学教育、计算机科学与技术、计算机器件及设备、电子信息、电子商务、电子应用等	开化户籍社会人.届毕业生，1974
		市政园林管理处	财政补助	市政管理	1	本科	市政工程	开化户籍社会人.届毕业生，1974

第 2 页，共 4 页

2 共 4 页

> **高手指引——设置打印标题**
>
> 在“页面设置”对话框的“工作表”选项卡中提供了两种标题设置方式。“顶端标题行”文本框用于将特定的行作为打印区域的横排标题；“左端标题列”文本框用于将特定的列作为打印区域的竖排标题。然后设置需要打印的内容区域，这样选择数据将总是与设置的打印标题以一个完整的表格样式显示在一起。

11.3.2 设置打印参数

在“文件”菜单中选择“打印”命令或按快捷键【Ctrl+P】，即可切换到打印面板。在面板的左侧可以设置打印的各项参数，在面板的右侧可以实时预览打印效果。当设置完成后，单击“打印”按钮即可打印输出。“文件”菜单中的打印参数设置区，如下图所示。

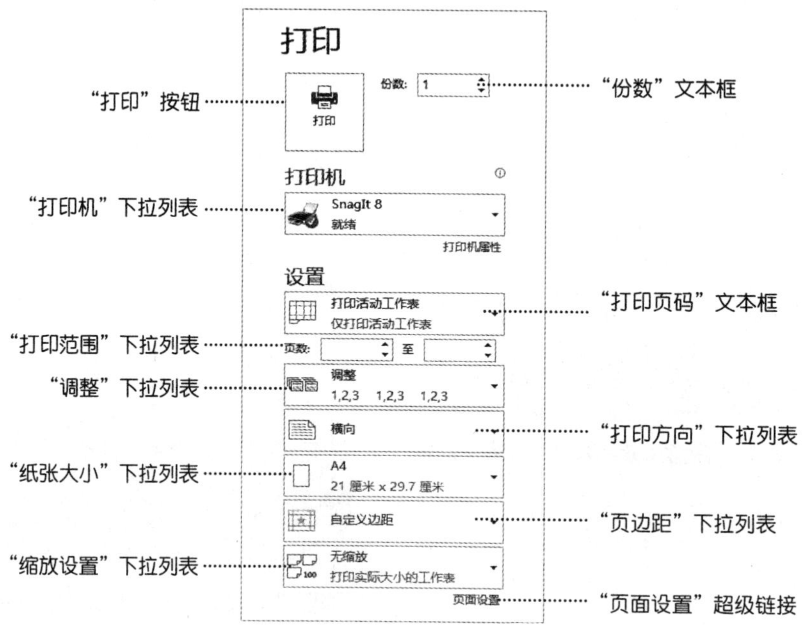

- ◆"打印"按钮：单击该按钮即可开始打印。
- ◆"份数"文本框：若要打印多份相同的工作表，但不想重复执行打印操作时，可在该文本框中输入要打印的份数，即可逐页打印多份表格。
- ◆"打印机"下拉列表：如果安装有多台打印机，可在该下拉列表中选择本次打印操作要使用的打印机，单击"打印机属性"超级链接，可以在打开的对话框中对打印机的属性进行设置。
- ◆"打印范围"下拉列表：该下拉列表用于设置打印的区域，选择"打印活动工作表"选项时，将打印当前工作表或选择的工作表组；选择"打印整个工作簿"选项时，可自动打印当前工作簿中的所有工作表；选择"打印选定区域"选项时，与设置打印区域的效果相同，只打印在工作表中选择的单元格区域；选中"忽略打印区域"复选框后，可以在本次打印中忽略在工作表中设置的打印区域。
- ◆"打印页码"文本框：当打印的内容有多页时，在该文本框中可以设置需要打印的页面范围，分别在"至"前后的两个文本框中输入起始页面打印到结束页面。
- ◆"调整"下拉列表：该下拉列表用于设置打印的顺序，在打印多份多页表格时，可采取逐页打印多份和逐份打印多页两种方式。
- ◆"打印方向"下拉列表：该下拉列表用于设置表格打印的方向为横向或纵向。
- ◆"纸张大小"下拉列表：该下拉列表用于设置表格打印的纸张大小。
- ◆"页边距"下拉列表：该下拉列表用于设置表格的页边距效果。
- ◆"缩放设置"下拉列表：该下拉列表用于当表格中数据比较多时，设置打印表格的缩放类型。选择"将工作表调整为一页"选项时，可以将工作表中的所有内容缩放为一页大小进行打印；选择"将所有列调整为一页"选项，可以将表格中所有列缩放为一个页宽大小进行打印；选择"将所有行调整为一页"选项，可以将表格中所有行缩放为一个页高大小进行打印；选择"自定义缩放选项"选项，可以在打开的"页面设置"对话框中自定义缩放类型。
- ◆"页面设置"超级链接：单击该链接，将打开"页面设置"对话框，在该对话框中可以进行详细的页面设置，如设置打印顺序等。

高手指引——退出打印预览界面

在预览打印效果后，如果要返回工作簿并进行修改，可以单击"文件"选项卡返回。

实用技巧——技能提高

办公中使用的很多表格都需要打印输出，而打印操作因不同的打印需求会有不同的设置方法。例如，如何为工作表添加水印效果、如何为表格插入分隔符、如何打印表格中制作的背景图等。下面结合本章内容，给初学者介绍一些实用技巧，让你在打印表格的过程中更加顺利。

光盘同步文件

原始文件：光盘\素材文件\第 11 章\技能提高\
结果文件：光盘\结果文件\第 11 章\技能提高\
教学视频：光盘\教学视频文件\第 11 章\技能提高 .mp4

技巧 11-1
在工作表中添加水印效果

水印效果指可以在每个打印的页面上显示的水印信息。Excel 2013 没有提供制作水印效果的功能，但用户可以使用页眉和页脚功能自定义水印效果，方便用户为表格添加标志，具体操作方法如下。

步骤 01 打开"光盘\素材文件\第 11 章\技能提高\'黄金周'旅游景区（点）接待、收入情况表 .xlsx"文件。❶在"页面布局"视图中选择页眉中的第一个文本框；❷单击"页眉和页脚工具设计"选项卡"页眉和页脚元素"组中的"设置图片格式"按钮，如下图所示。

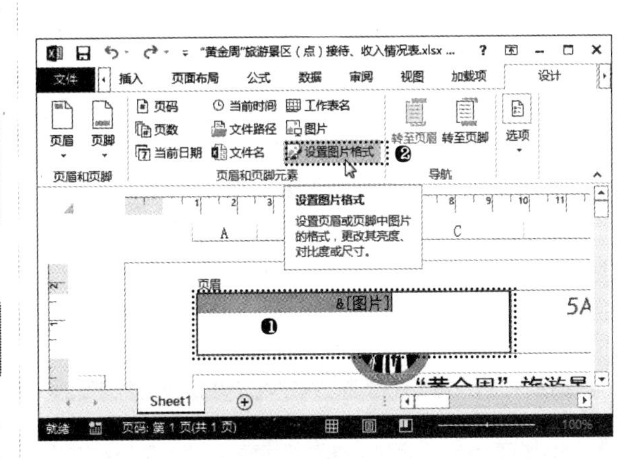

步骤 02 打开"设置图片格式"对话框，在"大小"选项卡的"大小和转角"栏中设置图片高度比例为 40%，如下页左上图所示。

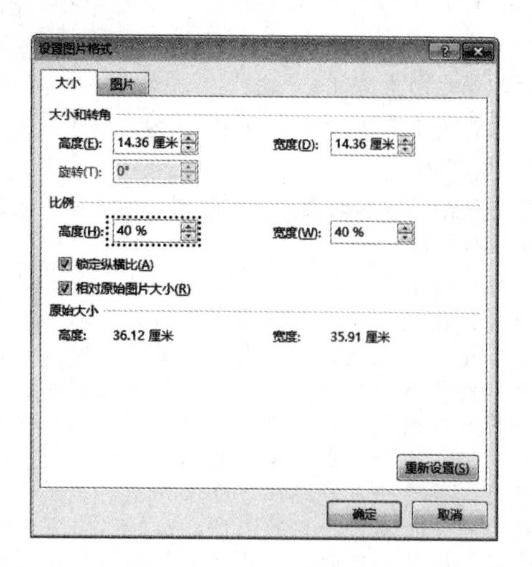

步骤 03 ❶单击“图片”选项卡；❷在“图像控制”栏的“颜色”下拉列表中选择“冲蚀”选项；❸单击“确定”按钮，如下图所示。

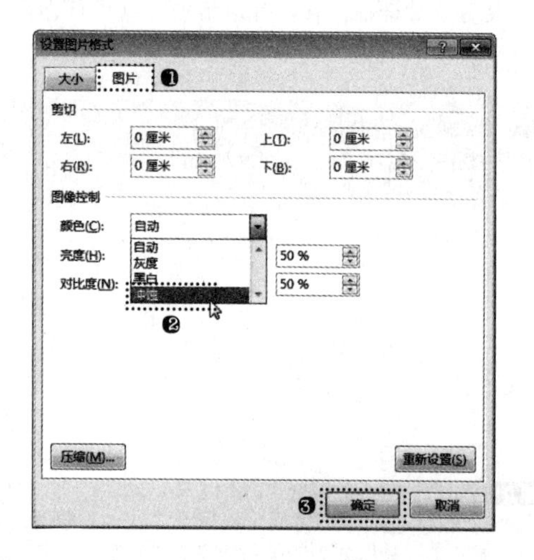

步骤 04 返回工作表中即可看到设置的水印效果，如下图所示。

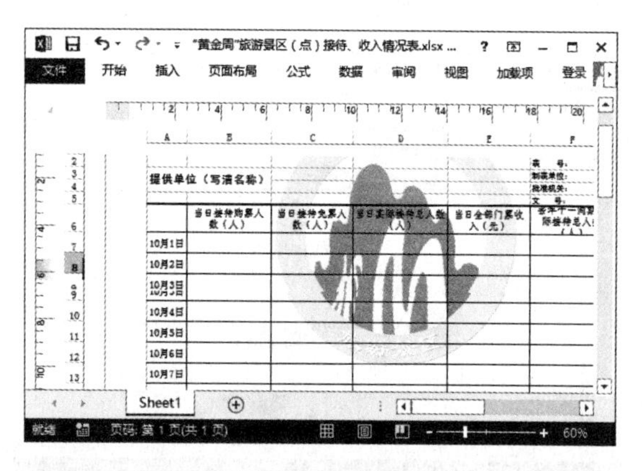

技巧 11-2
设置页眉页脚奇偶页不同

默认情况下设置的页眉页脚效果都是一样的，如果在排版时需要设置奇偶页的页眉页脚不同，可以在“页眉和页脚工具设计”选项卡的“选项”组中进行设置，具体操作步骤如下。

步骤 01 打开“光盘\素材文件\第 11 章\技能提高\公开招聘职位表.xlsx”文件，单击“插入”选项卡“文本”组中的“页眉和页脚”按钮，如下图所示。

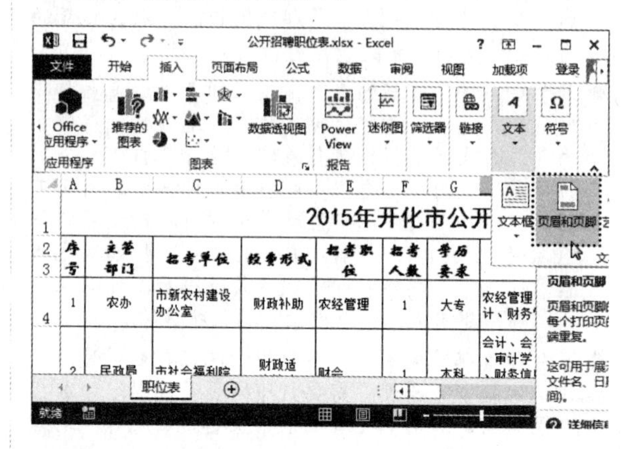

步骤 02 经过上一步操作，工作表自动进入页眉和页脚的编辑状态。在“页眉和页脚工具设计”选项卡“选项”组中选中“奇偶页不同”复选框，如下图所示。

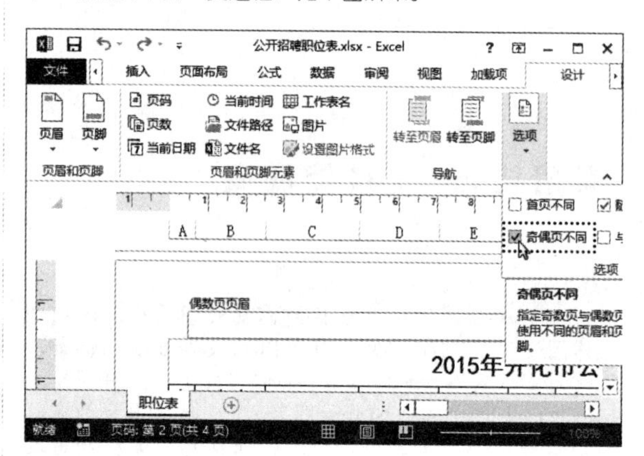

步骤 03 ❶将文本插入点定位在偶数页页眉的第二个文本框中；❷单击“页眉和页脚工具设计”选项卡“页眉和页脚元素”组中的“文件名”按钮，即可在偶数页页眉中插入文件名内容，如下图所示。

步骤04 ❶将文本插入点定位在奇数页页眉的第二个文本框中；❷单击"页眉和页脚工具设计"选项卡"页眉和页脚元素"组中的"工作表名"按钮，即可在偶数页页眉中插入工作表名内容，如下图所示。

高手指引——设置页眉页脚首页不同

在"页眉和页脚工具设计"选项卡"选项"组中选中"首页不同"复选框，可以为工作表中的首页和其他页设置不同的页眉页脚效果。

技巧 11-3
插入分隔符

在打印工作表时，有时需要将同类数据分别放置于不同页面中，而默认打印时，数据内容将自动按整页排满后再自动分页的方式打印。此时，可以通过插入分隔符来指定打印副本的新页开始位置，分页符将出现在所选内容的左上方。

例如，要在"公开招聘职位表 2"工作簿中将前三个部门的招聘数据打印在第一页中，具体操作步骤如下。

步骤01 打开"光盘\素材文件\第 11 章\技能提高\公开招聘职位表 2.xlsx"文件。❶选择 A8 单元格；❷单击"页面布局"选项卡"页面设置"组中的"分隔符"按钮；❸在弹出的下拉列表中选择"插入分页符"选项，如下图所示。

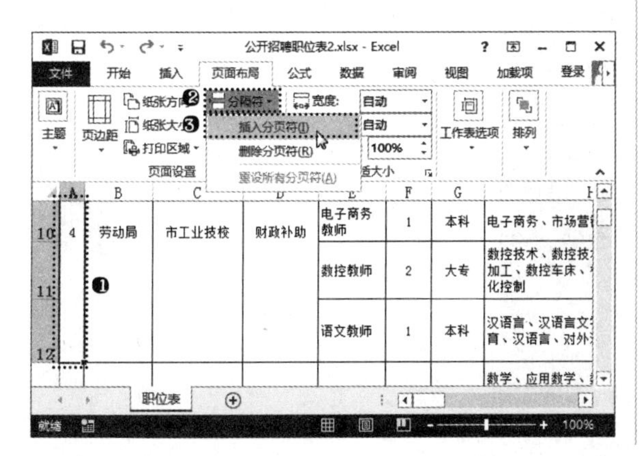

步骤02 经过上一步操作，即可在所选单元格前方插入分页符。单击"文件"选项卡，在"文件"菜单中选择"打印"命令，在页面右侧可以预览插入分页符后的工作表打印效果，如下图所示。

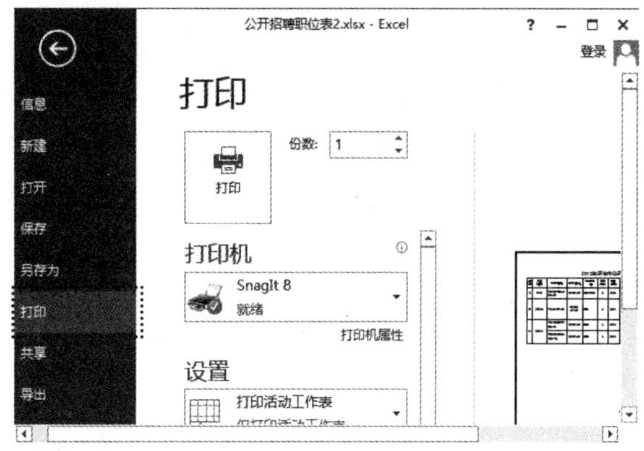

高手指引——删除分隔符

如果需要取消分隔打印数据，则可单击"页面布局"选项卡"页面设置"组中的"分隔符"按钮，在弹出的下拉列表中选择"删除分页符"选项。

技巧 11-4
为工作表添加背景图

为了美化工作表，有时需要为其设置合适的背景图片，但不能以图片的方式插入，因为 Excel 中所有插入的对象都存在于文本层的上方，将遮挡文字的显示。此时，可以通过设置背景图方式来实现，具体操作步骤如下。

步骤01 打开"光盘\素材文件\第 11 章\技能提高\社区分配.xlsx"文件，单击"页面布局"选项卡"页面设置"组中的"背景"按钮，如下图所示。

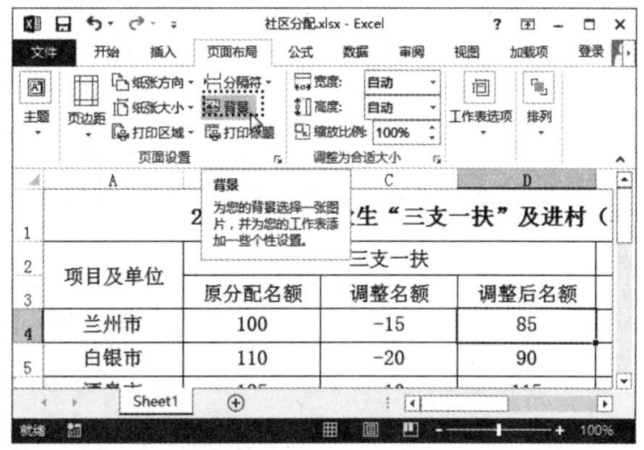

步骤02 打开"插入图片"对话框，单击"来自文件"选项后的"浏览"按钮，如下页左上图所示。

步骤03 ❶打开“插入图片”对话框，选择图片文件的保存位置；❷在列表框中选择需要的图片；❸单击“插入”按钮，如下图所示。

步骤04 经过上一步操作，返回工作表中即可查看到添加的背景图片效果，如下图所示。

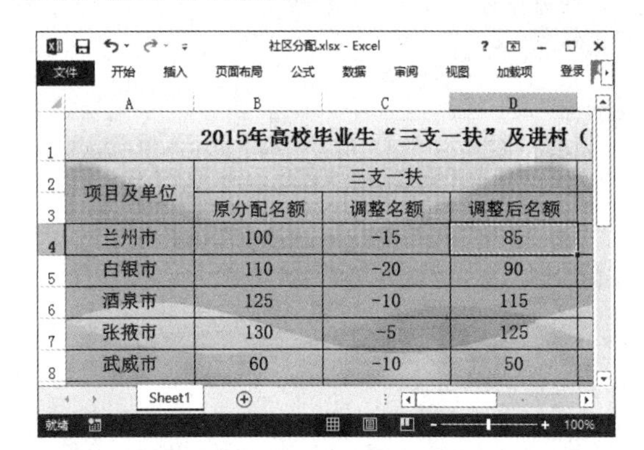

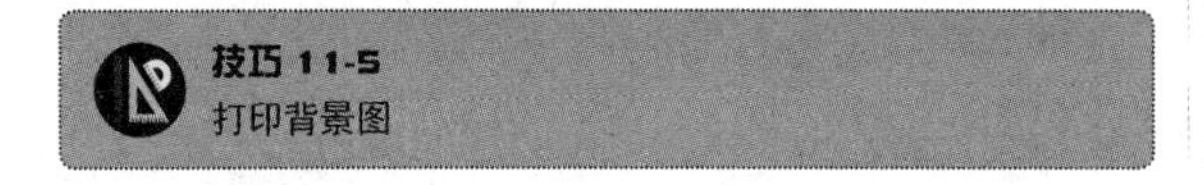

技巧 11-5
打印背景图

默认情况下，Excel 中为工作表添加的背景图片只能在显示器上查看，是无法打印输出的。如果需要将背景图和单元格内容一起打印输出，可以将背景图设置在页眉中，也可以通过 Excel 的摄影功能进行打印。Excel 的摄影功能主要是将工作表中的某一单元格区域的数据以链接的方式同步显示在另外一个地方，但是它又是以“抓图”的形式进行链接的，因此可以连带该单元格区域的背景图一并进行链接。Excel 2013 中的摄影功能包含在“选择性粘贴”功能中了，下面通过 Excel 的摄影功能设置打印“社区分配 2”工作表中的背景图，具体操作步骤如下。

步骤01 打开“光盘\素材文件\第 11 章\技能提高\社区分配 2.xlsx”文件。❶选择 A1:G18 单元格区域；❷单击“开始”选项卡“剪贴板”组中的“复制”按钮，进行复制，如下图所示。

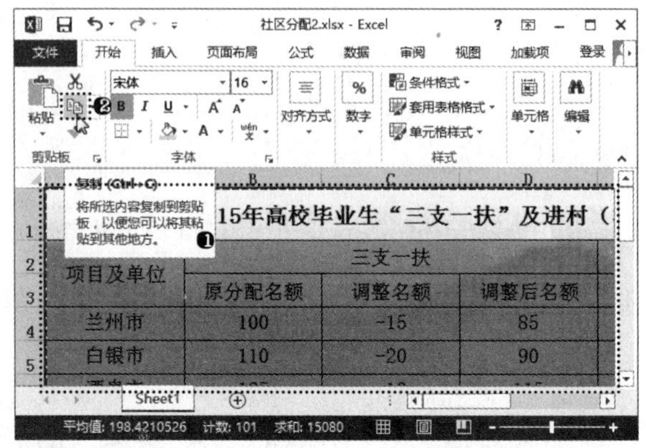

步骤02 ❶新建工作表；❷单击“开始”选项卡“剪贴板”组中的“粘贴”按钮；❸在弹出菜单的“其他粘贴选项”栏中单击“链接的图片”按钮，如下图所示。

步骤03 单击“文件”选项卡，在“文件”菜单中选择“打印”命令，在页面右侧可以预览打印带背景效果的工作表，如下图所示。

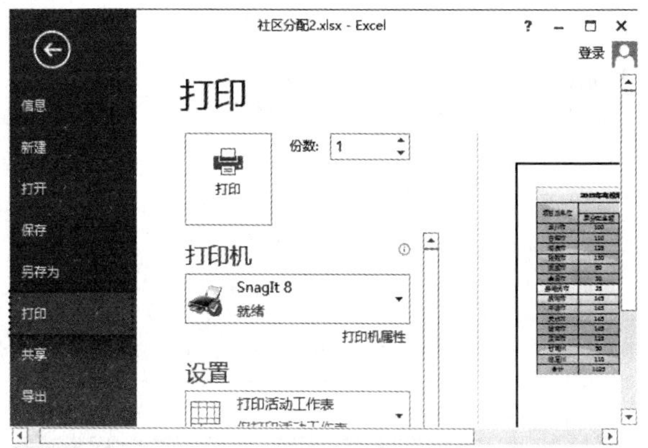

高手指引——认识链接图片

通过 Excel 的摄影功能粘贴的链接图片虽然表面上是一张图片，但是在修改原始单元格区域中的数据时，被摄影功能抓拍下来的链接图片中的数据也会进行同步更新。链接图片还具有图片的可旋转等功能。

实战训练 11——打印学生统计资料

本章前面分别讲解了设置页面、页眉和页脚的基本操作，但在实际办公中为工作表设置页面效果时不可能只是单独运用到其中某一方面的知识，读者还应尽早融会贯通所有的操作技巧。下面结合设置页面的相关操作技能为"学生统计表"工作表设置页面效果。

光盘同步文件

原始文件：光盘\原始文件\第 11 章\学生统计表 .xlsx
结果文件：光盘\结果文件\第 11 章\学生统计表 .xlsx
教学视频：光盘\教学视频文件\第 11 章\实战训练 .mp4

步骤01 打开"光盘\素材文件\第 11 章\学生统计表 .xlsx"文件。❶单击"页面布局"选项卡"页面设置"组中的"纸张大小"按钮；❷在弹出的菜单中选择"A4"命令，如下图所示。

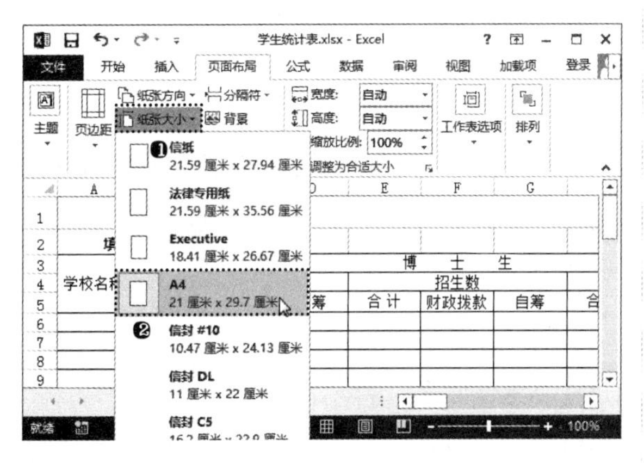

步骤02 ❶单击"页面布局"选项卡"页面设置"组中的"纸张方向"按钮；❷在弹出的下拉列表中选择"横向"选项，如下图所示。

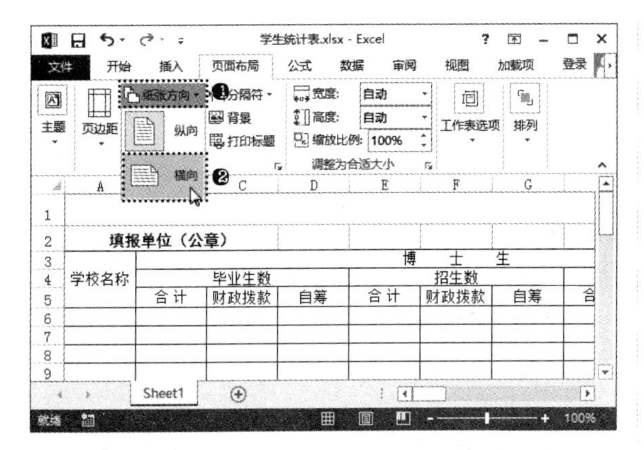

步骤03 经过上一步操作，可以发现表格内容超出了页面宽度。❶选择 A ~ G 列单元格；❷单击"开始"选项卡"单元格"组中的"格式"按钮；❸在弹出的菜单中选择"列宽"命令，如下图所示。

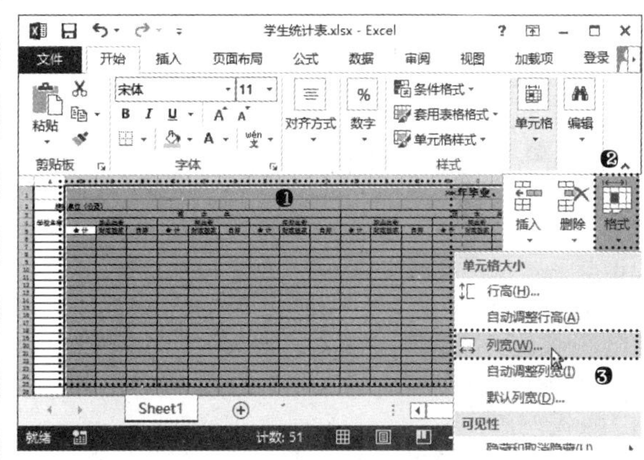

步骤04 ❶打开"列宽"对话框，在文本框中输入 3.88；❷单击"确定"按钮，如下图所示。

步骤05 调整列宽后，表格内容仍然超出了页面宽度。❶在"页面布局"选项卡"调整为合适大小"组中的"宽度"下拉列表中选择"1 页"选项；❷在"高度"下拉列表中选择"1 页"选项，如下图所示。

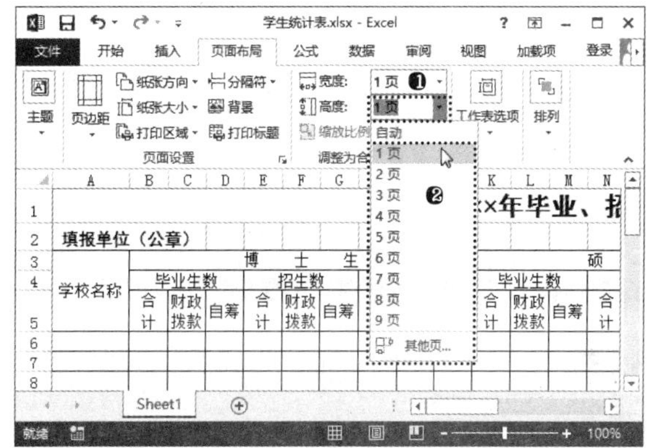

步骤 06 经过上一步操作，即可对表格内容进行缩放，打印到一张纸上。❶单击“文件”选项卡，在“文件”菜单中选择“打印”命令，在页面右侧可以预览将表格内容缩放打印到一张纸上的效果；❷单击左上方的箭头按钮，返回工作表中，如下图所示。

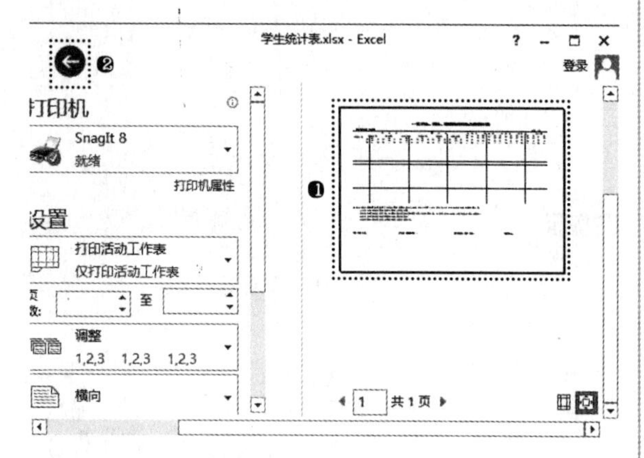

步骤 07 ❶单击“页面布局”选项卡“页面设置”组中的“页边距”按钮；❷在弹出的菜单中选择“窄”命令，如下图所示。

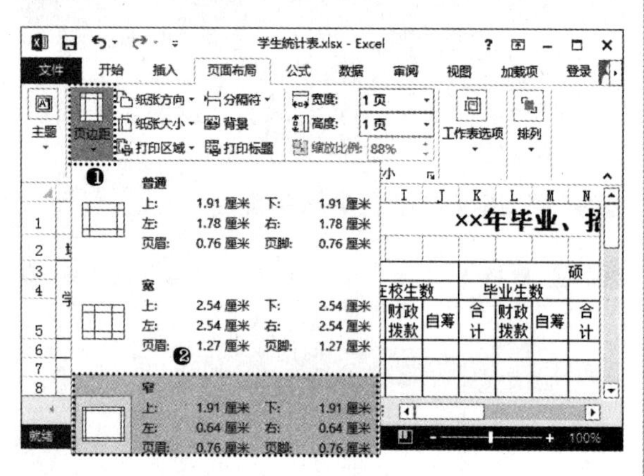

步骤 08 单击“插入”选项卡“文本”组中的“页眉和页脚”按钮，如下图所示。

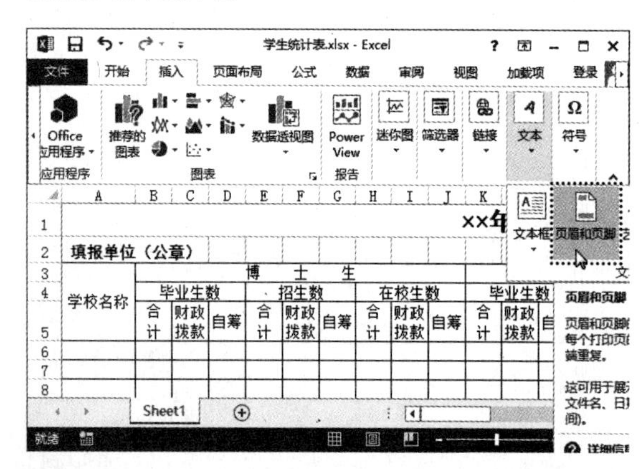

步骤 09 经过上一步操作，工作表自动进入页眉和页脚的编辑状态，单击“页眉和页脚工具设计”选项卡“导航”组中的“转至页脚”按钮，如右上图所示。

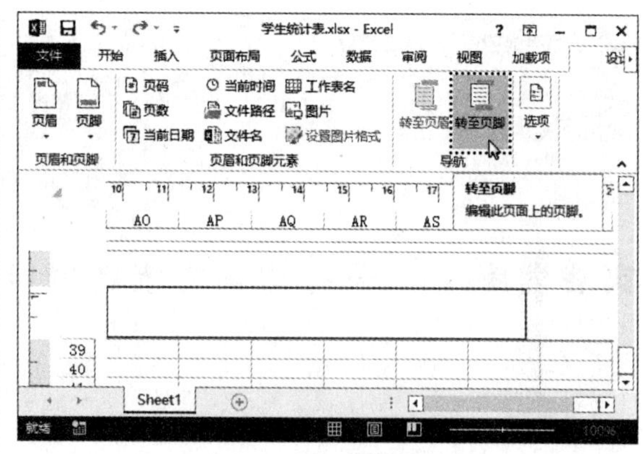

步骤 10 ❶快速切换到页脚位置，选择左侧的文本框；❷单击“页眉和页脚工具设计”选项卡“页眉和页脚元素”组中的“当前日期”按钮，即可在页脚左侧插入系统的当前日期，如下图所示。

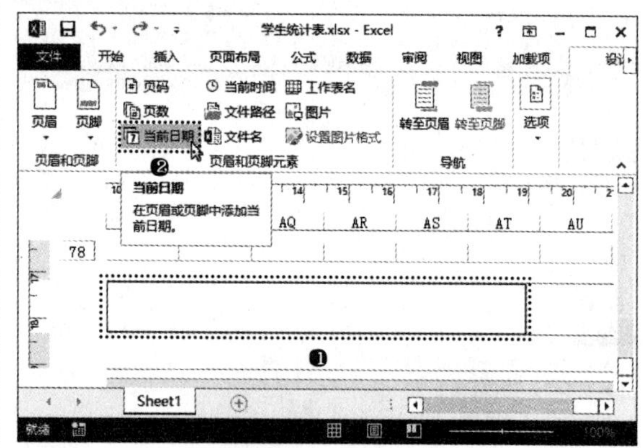

步骤 11 ❶选择页脚位置右侧的文本框；❷单击“页眉和页脚工具设计”选项卡“页眉和页脚元素”组中的“页码”按钮，即可在页脚左侧插入页码，如下图所示。

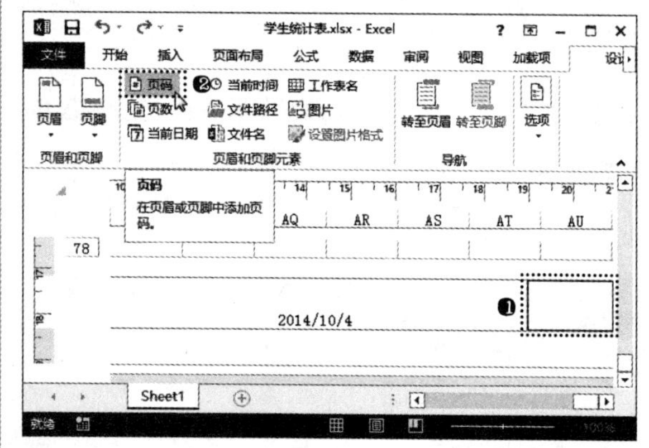

步骤 12 ❶单击“文件”选项卡，在“文件”菜单中选择“打印”命令；❷在页面右侧预览表格的打印效果；❸满意后，在“份数”文本框中输入 3；❹单击“打印”按钮，如下页左上图所示。即可连接打印机，将该表格内容打印三份。

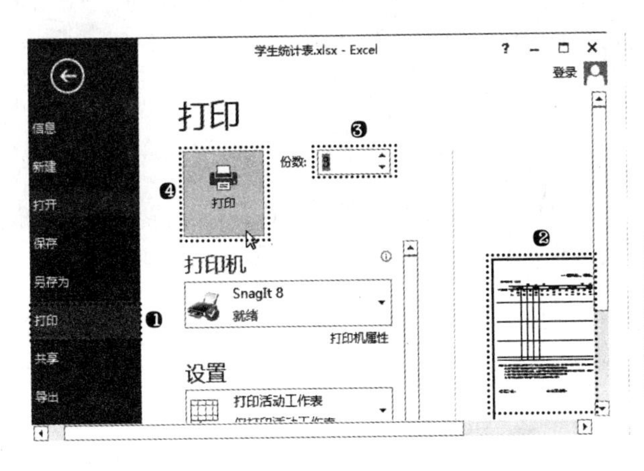

高手指引——认识缩放打印

在"页面布局"选项卡"调整为合适大小"组中的"缩放比例"文本框中设置值后，可以按照设置的百分比值相对正常尺寸的百分比进行缩放打印。不过，使用缩放打印功能时，要求表格内容与纸张高、宽比例相差不大，如果内容与纸张大小严重不协调，则建议不要使用该功能，否则会严重影响打印效果。

本章小结

本章讲解了 Excel 2013 页面设置和表格打印的应用知识。首先讲解了页面中纸张大小、纸张方向页边距的具体设置方法；然后讲解了为表格设置页眉和页脚的方法，以便完善表格效果；最后讲解了设置打印区域和打印参数的常用操作。本章内容相对简单，用户只需根据实际需要添加必要的内容到页眉页脚，并进行合理的页面设置即可开始打印。

阅读笔记

第 2 部分 应用实战篇

本章导读

随着办公自动化在企业中的普及，Office 得到越来越广泛的应用，它可以帮助行政办公人员广泛、全面、迅速地收集、整理、加工、存储和使用信息，使企业内部人员方便、快捷地共享信息，高效地协同工作；改变过去复杂、低效的手工办公方式，为科学管理和决策服务，从而达到提高行政效率的目的。本章通过制作业务招待请款单、考勤记录表和员工工资表，介绍 Excel 2013 在行政文秘日常工作中的应用知识。

第 12 章

Excel 在行政文秘日常工作中的应用

知识要点

- 导入文本数据
- 设置单元格格式
- 套用表格格式
- 插入形状
- 使用函数
- 打印工作表

案例展示

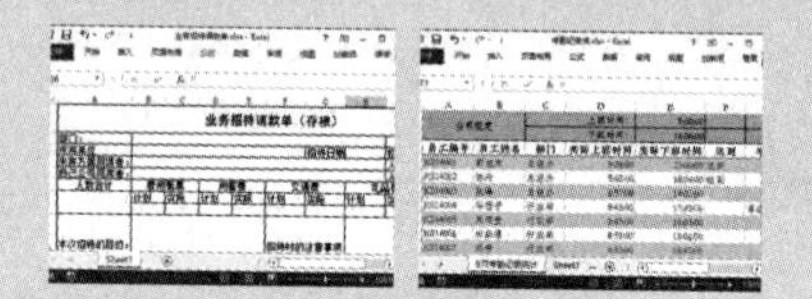

12.1 制作业务招待请款单

案例概述

企业为了联系业务或促销、处理社会关系等目的，在生产经营中不可避免存在一些合理需要的业务招待。在这个过程中支付的应酬费用即业务招待费，它是企业进行正常经营活动必需的一项成本费用。某些单位允许相关人员填写请款单向有关领导申请业务招待费，经过单位内部审批签字，财务会以此作为付款的依据。本节将以业务招待请款单的制作过程为例，为读者介绍在 Excel 中制作表格的相关操作，以及制作这类表格所需掌握的一些技巧。

案例效果

业务招待请款单是为了进行业务招待而提出支钱的申请凭证。通常可以以统一格式的表格将招待申请相关的内容列出，如申请部门、招待日期、地点、人物、申请理由等。针对这类具有规定格式的表格即可创建一个表格模板，方便后期填写具体的内容。在使用 Excel 编辑这类表格时，首先需要清楚表格的大致构成部分和需要排列的方式；然后采用表格将这些文本内容归纳罗列在纸上，最后对表格进行适当修饰。本例事先已经将所有文本内容编辑成文本文件了，可以通过导入文本的方法进行快速创建。

业务招待请款单制作完成后的效果如右上图所示。

光盘同步文件

原始文件：光盘 \ 原始文件 \ 第 12 章 \ 请款单内容 .txt

结果文件：光盘 \ 结果文件 \ 第 12 章 \ 业务招待请款单 .xlsx

教学视频：光盘 \ 教学视频文件 \ 第 12 章 \ 制作业务招待请款单 \12.1.1.mp4 ～ 12.1.4.mp4

业务招待请款单（存根）

部门：								年	月	日
来宾单位					招待日期			招待场所		
来宾方面同席者：								人数		
自己公司同席者：								人数		
人数合计	费用概算		用餐费		交通费		礼品费		其他	
	计划	实际	计划	实际	计划	实际	计划	实际	计划	实际
本次招待的目的：					招待时的注意事项					
想要收集的情报：					招待对洽商的结果					
部门负责人意见					批准人意见					
报销结果								请款人：		

业务招待请款单

					年	月	日
请款部门		请款人			陪同人数		
来宾单位		来宾人数			合计人数		
招待日期		招待场所					
费用概算							
用餐费	交通费	礼品费	其他	合计			
部门负责人意见		批准人意见					

注：本单一式两份，存根由请款人办理批准手续，待招待结束后填毕实际金额本部门留存，下一联报财务会计部办理请款，待招待结束后凭此联和发票办理报销手续，留于财务会计部。

制作思路

业务招待请款单的制作思路如下。

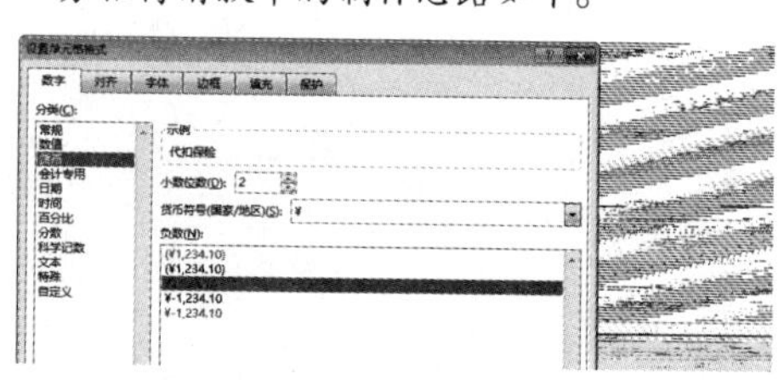

12.1.1 在表格中导入已有文本

启动 Excel 2013 后，用户可以根据需要输入表格内容，也可以将已有的文本信息导入至表格中，如果文本信息设置有统一的制作符，则可以选择导入数据的方式进行操作。

步骤 01 新建工作簿。启动 Excel 2013 后，❶单击“文件”选项卡，在“文件”菜单中选择“新建”命令；❷在右侧双击“空白工作簿”选项，如下图所示。

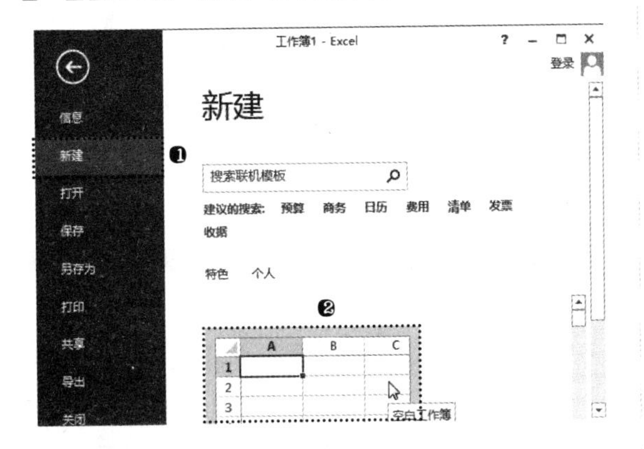

步骤 02 保存工作簿。经过上一步操作，即可新建一个空白工作簿。❶单击“文件”选项卡，在“文件”菜单中选择“另存为”命令；❷在右侧双击“计算机”选项，如下图所示。

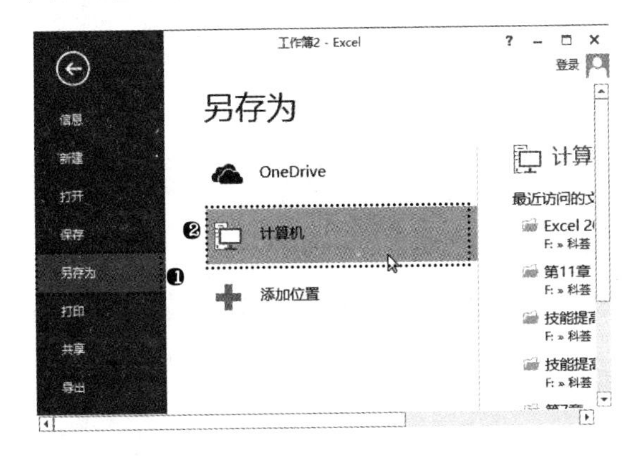

步骤 03 设置保存参数。❶打开“另存为”对话框，在上方的列表框中选择文件要保存的位置；❷在“文件名”下拉列表中输入文件的名称；❸单击“保存”按钮，如下图所示。

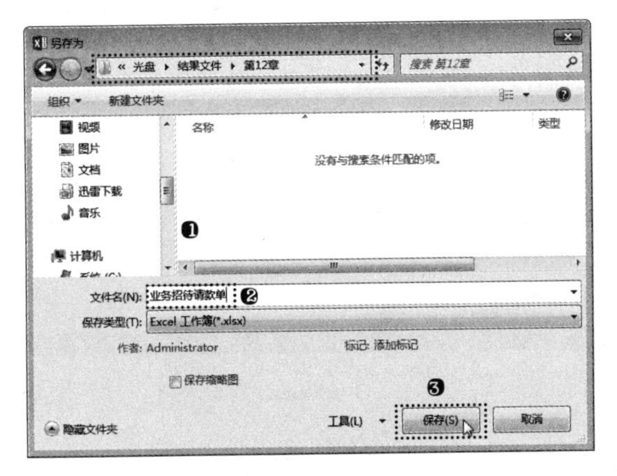

步骤 04 复制文本。使用记事本程序打开素材文件中提供的“请款单内容”文件。❶按快捷键【Ctrl+A】全选所有文本内容；❷选择“编辑”命令；❸在弹出的菜单中选择“复制”命令，如下图所示。

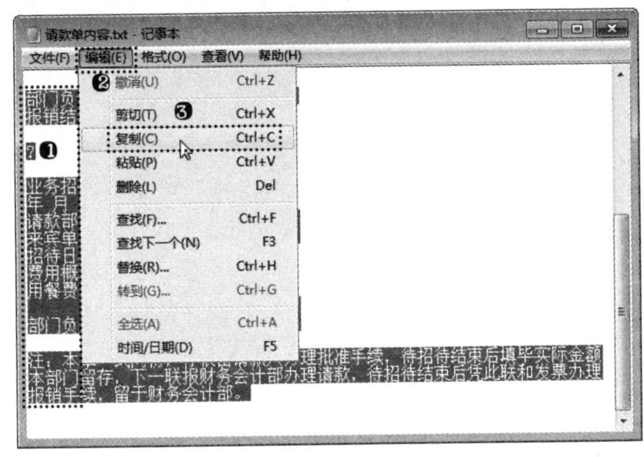

步骤 05 执行使用文本导入向导命令。切换至 Excel 文件，❶选择 A1 单元格，单击“开始”选项卡“剪贴板”组中的“粘贴”按钮；❷在弹出的菜单中选择“使用文本导入向导”命令，如下图所示。

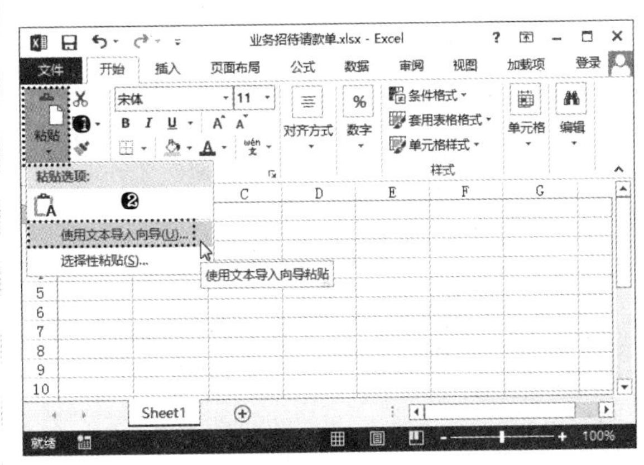

步骤 06 单击“下一步”按钮。打开“文本导入向导，第 1 步，共 3 步”对话框，单击“下一步”按钮，如下图所示。

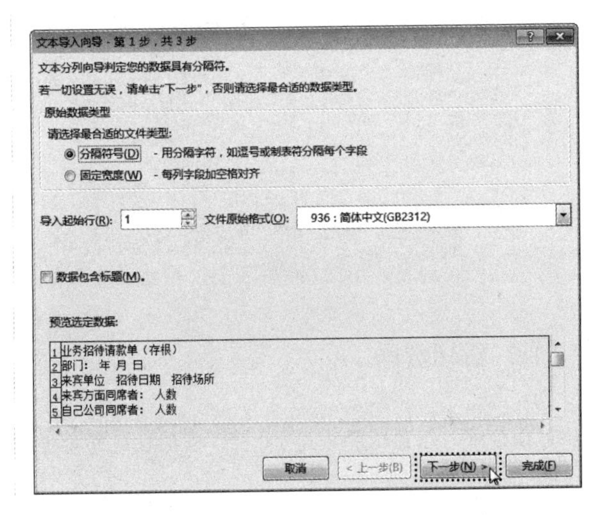

步骤 07 选择分隔符号。❶ 在“文本导入向导，第 2 步，共 3 步”对话框中，选中“空格”复选框；❷ 单击“下一步”按钮，如下图所示。

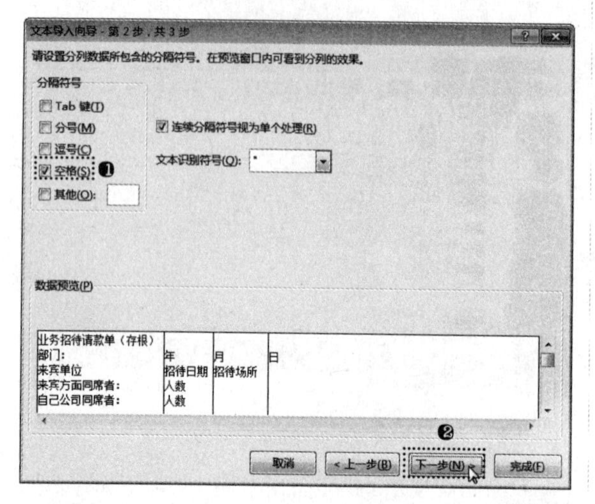

步骤 08 单击完成按钮。在“文本导入向导，第 3 步，共 3 步”对话框中，单击“完成”按钮，如下图所示。

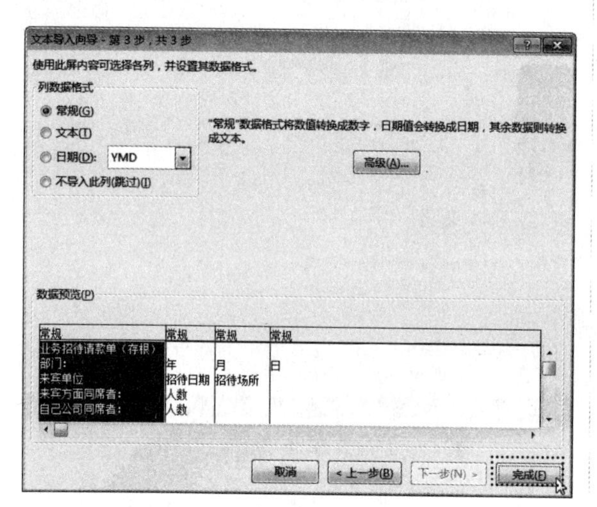

高手指引——设置分隔符

在将文本数据转换为表格数据时，首先需要将被转换的文本规范化，也就是必须要在每项内容之间输入特定的字符，且符号一致。一般为制表符、回车符、段落标记或逗号。在“文本导入向导，第 2 步，共 3 步”对话框中，用户再根据原资料中的分隔符进行选择即可。需要注意的是，“逗号”必须是英文状态下输入的逗号才能起到分隔文本的作用。如果不需要调整从其他文件中导入信息的位置，可以在直接复制信息后，单击“粘贴”按钮，在弹出的菜单中选择“只保留文本”选项即可。

12.1.2 编辑数据

经过以上操作，即可将文本信息导入至 Excel 中。但部分数据的位置还需要进行修改，表格也还需要进行美化操作。

步骤 01 调整列宽。将鼠标光标移动到 A 列列标上，向右拖曳鼠标调整该列的列宽，如下图所示。

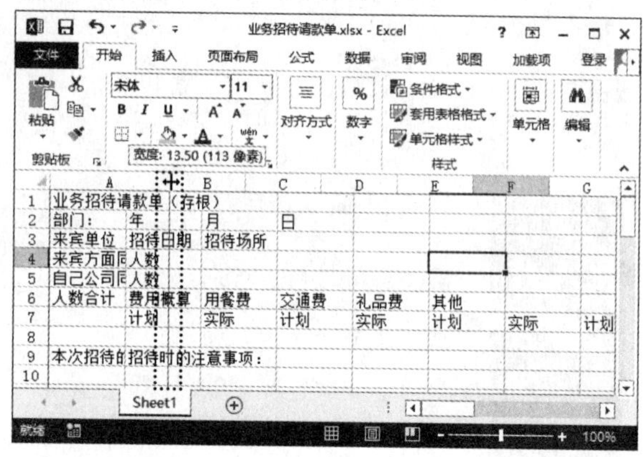

步骤 02 移动单元格。❶ 选择 C6:F6 单元格区域；❷ 移动鼠标光标到单元格区域的边框线上，并向右移动一个单元格，如下图所示。

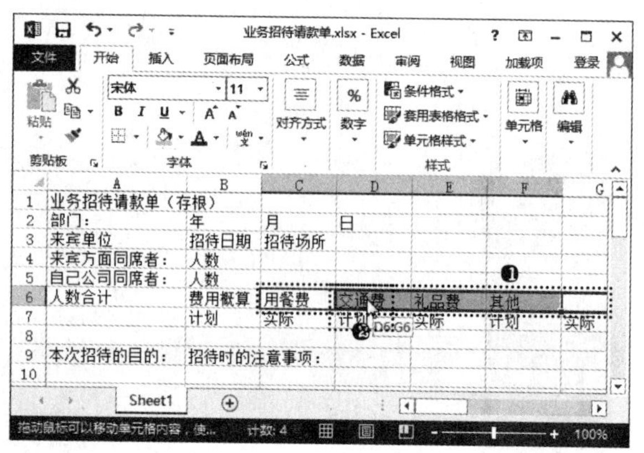

步骤 03 移动其他单元格数据。使用相同方法，将第 6 行中的部分单元格向右移动一个单元格。形成每个单元格数据间都间隔一个空白单元格，如下图所示。

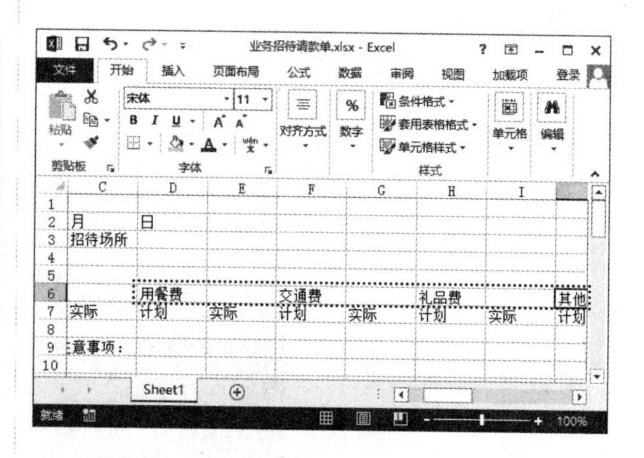

步骤04 合并单元格。❶选择 B6:C6 单元格区域；❷单击“开始”选项卡“对齐方式”组中的“合并后居中”按钮，合并该单元格区域，如下图所示。

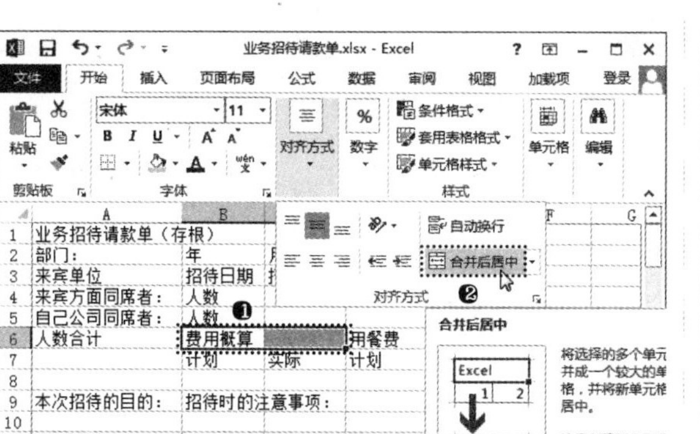

步骤05 合并其他单元格。使用相同方法，分别合并 D6:E6、F6:G6、H6:K6 单元格区域，如下图所示。

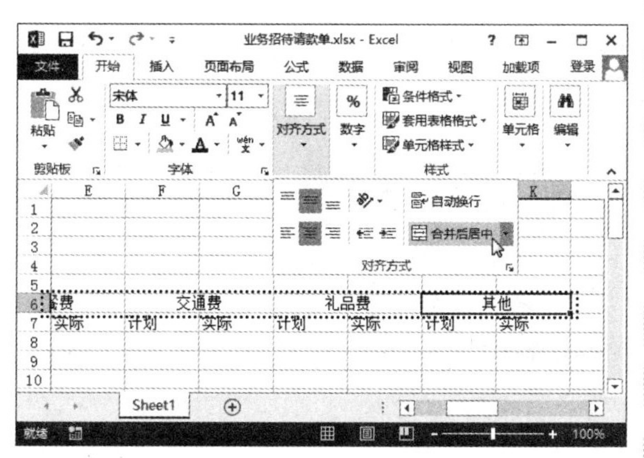

步骤06 合并标题行。❶选择 A1:K1 单元格区域；❷单击“开始”选项卡“对齐方式”组中的“合并后居中”按钮，合并该单元格区域，如下图所示。

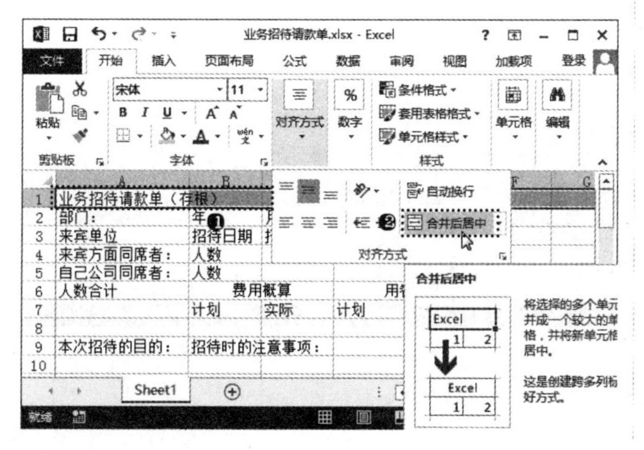

步骤07 调整其他单元格数据。使用前面介绍的方法，调整表格中其他单元格的位置，并合并相应单元格区域，如下图所示。

步骤08 设置边框线。为了让单元格与数据对应位置更加容易辨别，可以为单元格设置简单的边框线。❶选择 A1:K30 单元格区域；❷单击“开始”选项卡“字体”组中的“边框”按钮；❸在弹出的菜单中选择“所有框线”命令，如下图所示。

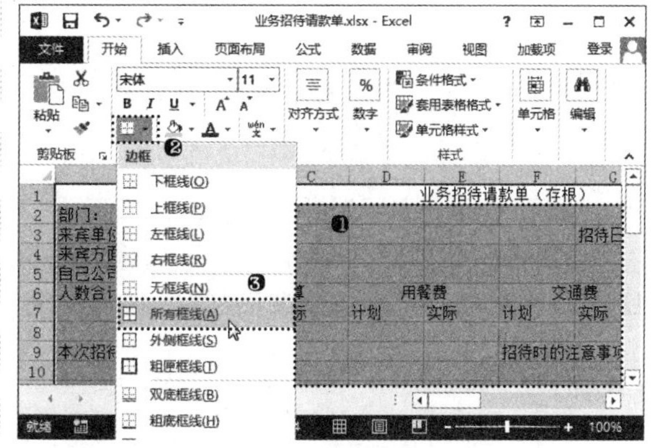

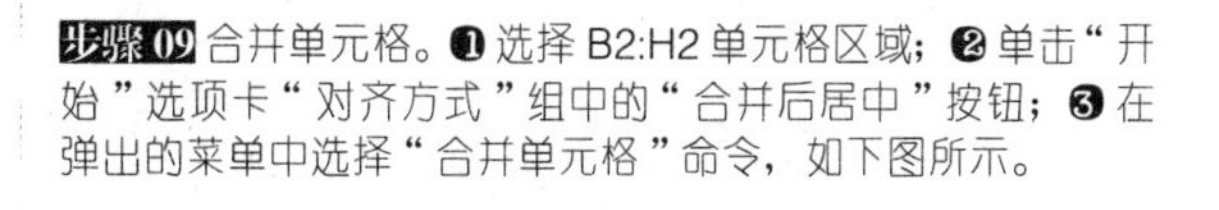

步骤09 合并单元格。❶选择 B2:H2 单元格区域；❷单击“开始”选项卡“对齐方式”组中的“合并后居中”按钮；❸在弹出的菜单中选择“合并单元格”命令，如下图所示。

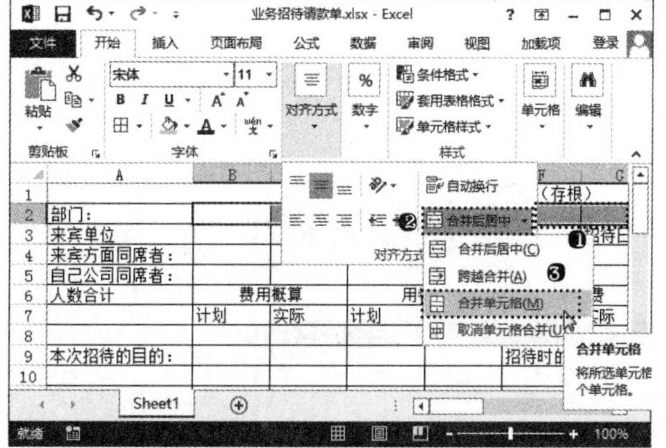

步骤 10 合并其他单元格。使用相同方法，合并表格中其他需要合并且合并后数据输入为左对齐的单元格区域，如下图所示。

步骤 11 设置单元格对齐方式。❶选择 I2:K2 单元格区域；❷单击"开始"选项卡"对齐方式"组中的"右对齐"按钮，让单元格数据右对齐，如下图所示。

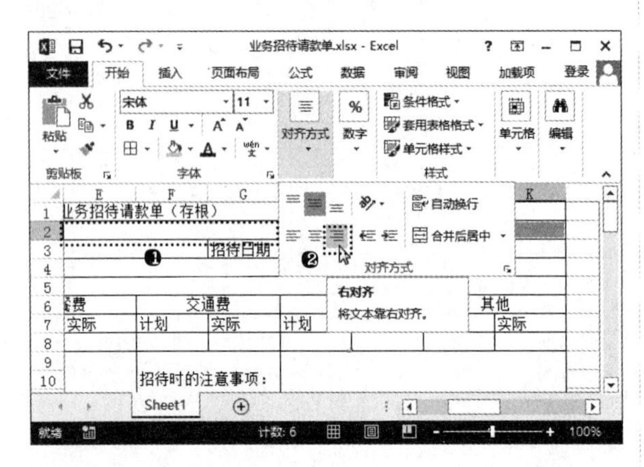

步骤 12 设置单元格数据自动换行。❶选择合并后的 A30 单元格；❷单击"开始"选项卡"对齐方式"组中的"自动换行"按钮，让单元格数据能自动换行显示，如下图所示。

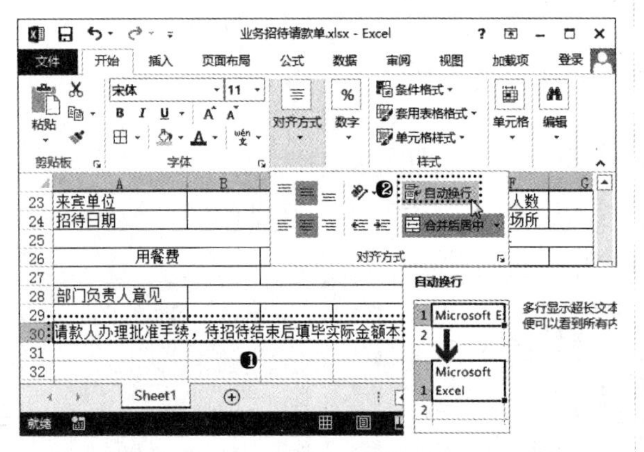

步骤 13 调整单元格行高。将鼠标光标移动到第 30 行行号的下方，向下拖曳鼠标调整该行的行高，如下图所示。

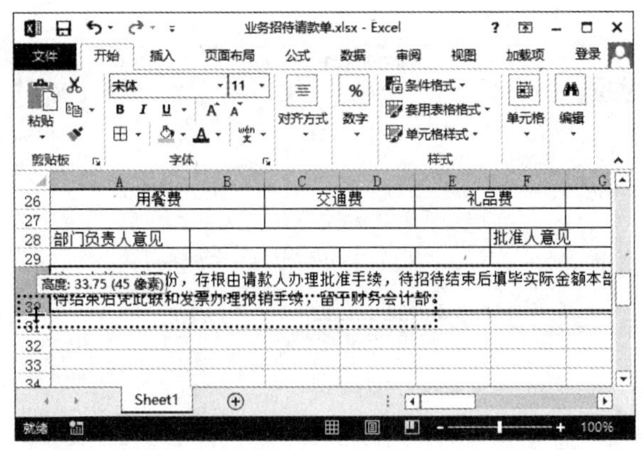

步骤 14 设置单元格居中对齐。❶选择 A6 等要让数据居中的单元格；❷单击"开始"选项卡"对齐方式"组中的"居中"按钮，如下图所示。

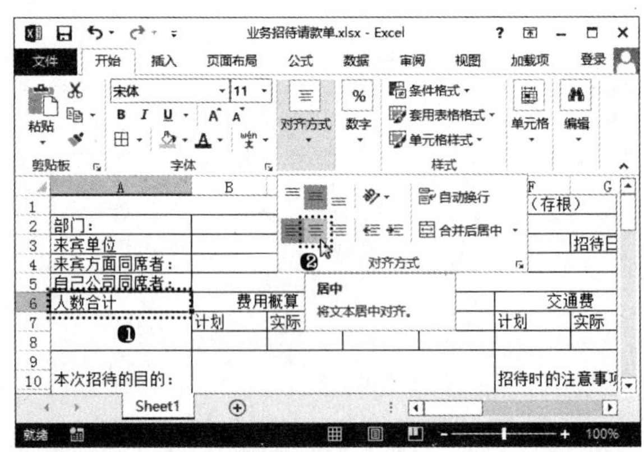

步骤 15 调整多行的行高。❶选择第 9 ~ 14 行单元格；❷向下拖曳鼠标调整这些行单元格的行高为一致，如下图所示。

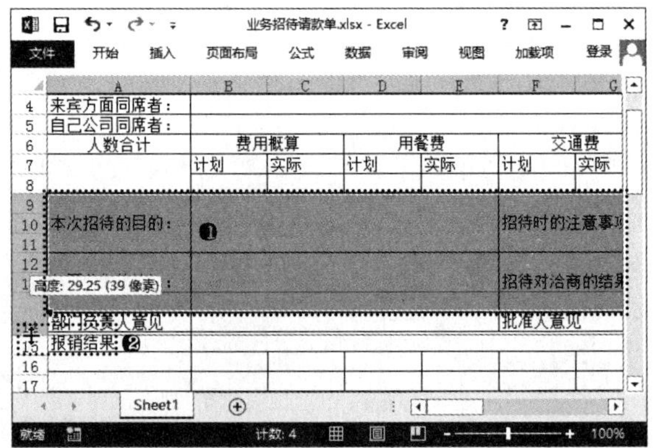

步骤 16 取消边框线。❶选择 A17:K19 单元格区域；❷单击“开始”选项卡“字体”组中的“边框”按钮；❸在弹出的菜单中选择“无框线”命令，如下图所示。

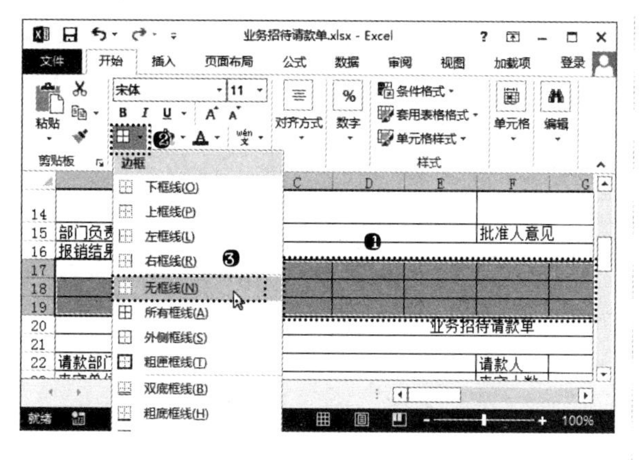

步骤 17 设置纸张大小。本案例需要打印输出在 A4 纸上，所以制作的表格需要预览打印页面效果。❶单击“页面布局”选项卡“页面设置”组中的“纸张大小”按钮；❷在弹出的菜单中选择“A4”命令，如下图所示。

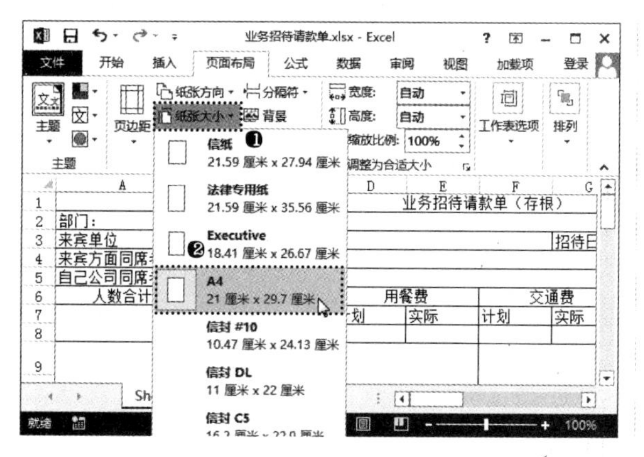

步骤 18 设置列宽。设置纸张大小后，发现表格数据超出了页面很多，须适当调整。❶选择 B～K 列单元格；❷单击“开始”选项卡“单元格”组中的“格式”按钮；❸在弹出的菜单中选择“列宽”命令；❹在打开的对话框中设置列宽为 6；❺单击“确定”按钮，如下图所示。

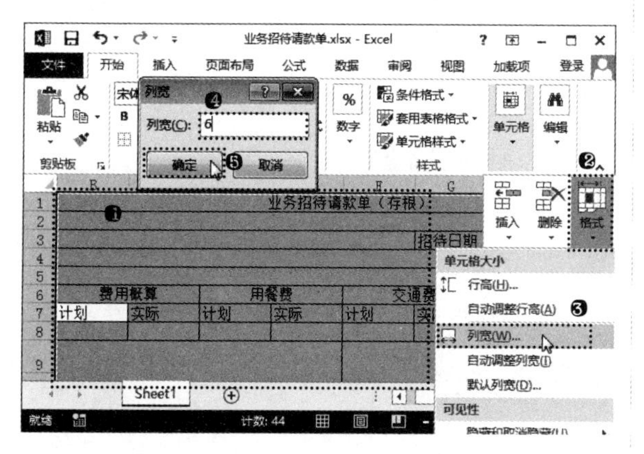

步骤 19 调整单元格列宽。经过上一步操作后，虽然表格数据都安排在页面中了，但部分单元格数据未显示完整。❶选择 F～I 列单元格；❷适当向右拖曳鼠标调整这些列单元格的列宽为一致，如下图所示。

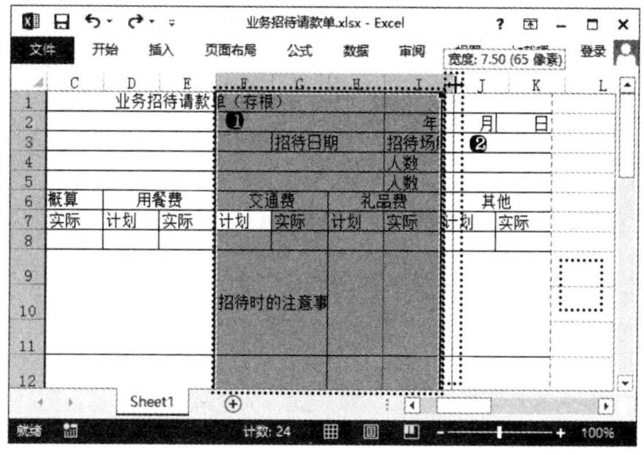

步骤 20 调整行高。❶选择 A1 单元格；❷向下拖曳鼠标调整该行单元格的行高，如下图所示。

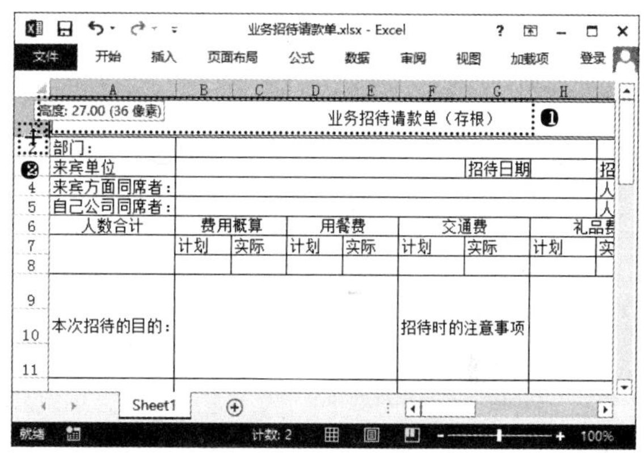

步骤 21 设置单元格格式。❶在“字体”组中设置字体为“黑体”；❷单击“增大字号”按钮，适当增加文字大小，如下图所示。

步骤 22 单击“对话框启动器”按钮。❶选择 A1:K16 单元格区域；❷单击“字体”组右下角的“对话框启动器”按钮，如下图所示。

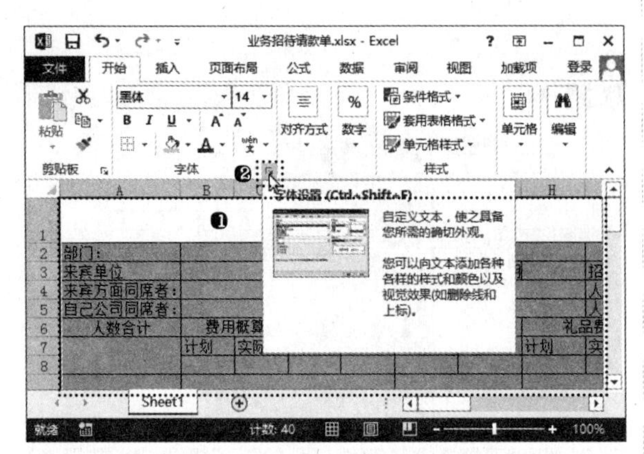

步骤 23 设置边框。打开“设置单元格格式”对话框。❶单击“边框”选项卡；❷在“样式”列表框中设置线性为粗线；❸单击“外边框”按钮；❹设置线性为细线；❺单击“内部”按钮；❻单击“确定”按钮，如下图所示。

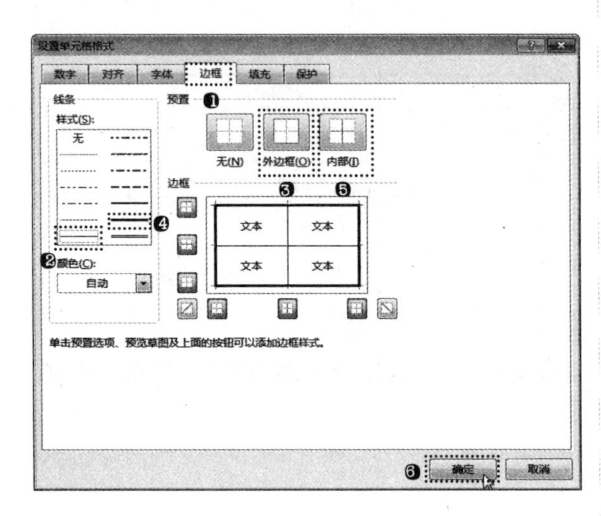

步骤 24 设置单元格样式。使用相同的方法，为 A20:K28 单元格区域设置粗线外边框，细线内部边框，如下图所示。

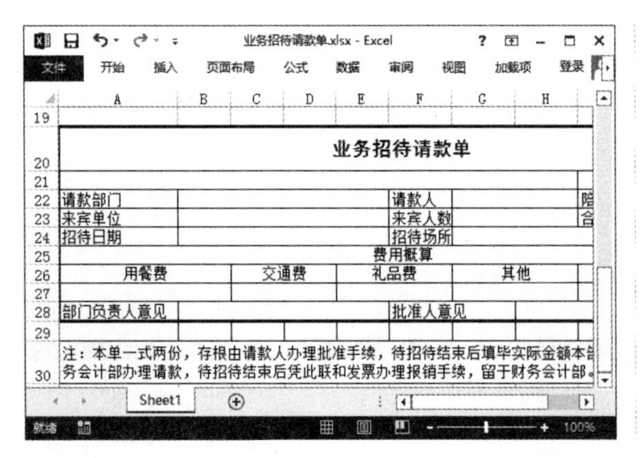

步骤 25 单击“对话框启动器”按钮。❶选择 A29:K29 单元格区域；❷单击“字体”组右下角的“对话框启动器”按钮，如下图所示。

步骤 26 设置边框。打开“设置单元格格式”对话框。❶单击“边框”选项卡；❷依次单击“边框”栏中竖向显示的三条线对应的按钮，取消这些竖线的显示；❸单击“确定”按钮，如下图所示。

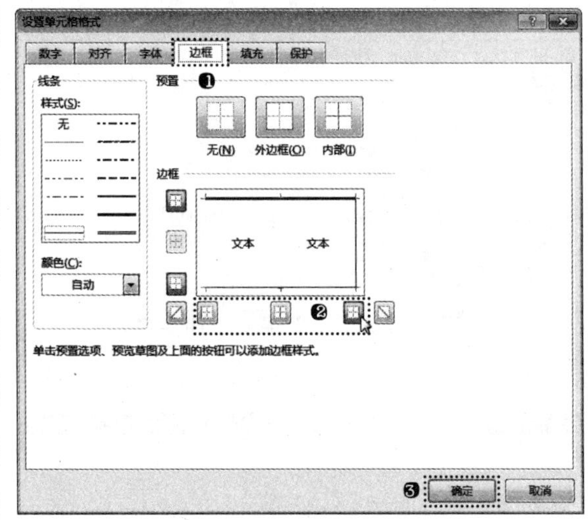

高手指引——办公表格制作注意事项

企业用款申请单一般需要经过有关部门申请到财务部——财务部进行核实——核实通过——财务部向上级通报——相关领导签字——财务付款，请款成功，因此在制作表格时需要预留出其他部门填写意见的位置。

12.1.3 制作裁剪线

本例制作的表单为一式两份，即由上下两个表格组成，中间需要添加一条裁剪线便于后期裁剪。首先使用直线工具在表格下方绘制一条直线，并进行相应的设置，然后通过插入特殊符号的方法插入剪刀图形。

步骤 01 插入形状。❶选择 A17 单元格；❷单击“插入”选项卡“插图”组中的“形状”按钮；❸在弹出的菜单中选择“直线”样式，如下页左上图所示。

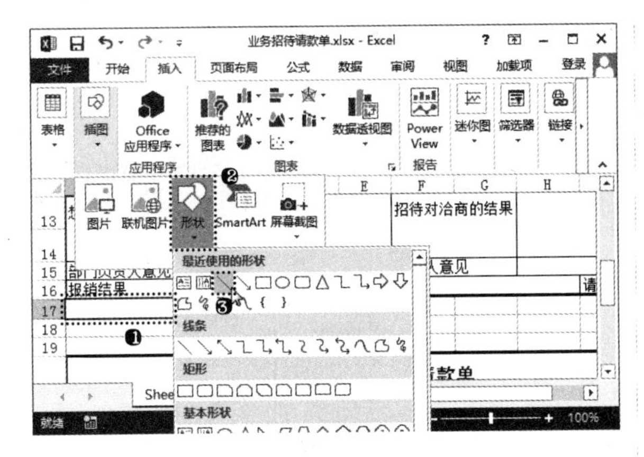

步骤 02 绘制形状。按住【Shift】键的同时，从左向右拖曳鼠标，在 A17:K17 单元格区域绘制一条直线，如下图所示。

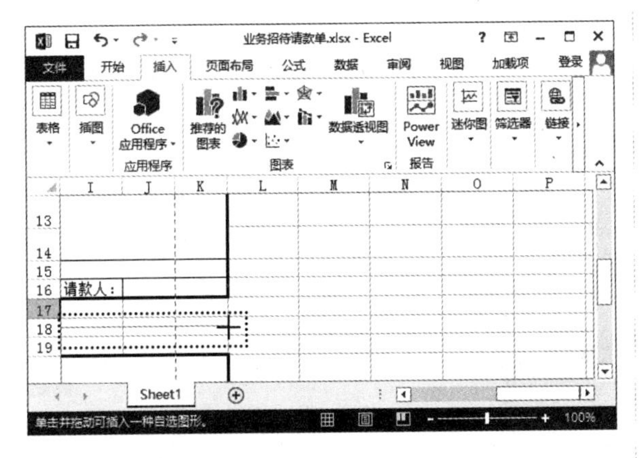

步骤 03 设置线条粗细。❶单击"绘图工具 格式"选项卡"形状样式"组中的"轮廓颜色"按钮；❷在弹出的菜单中选择"粗细"命令；❸在弹出的下级子菜单中选择"0.75 磅"命令，如下图所示。

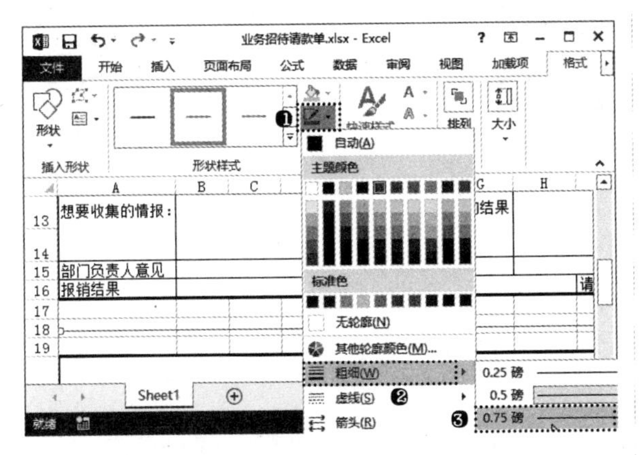

步骤 04 设置线条颜色和虚线样式。❶单击"绘图工具格式"选项卡"形状样式"组中的"轮廓颜色"按钮；❷在弹出的菜单中设置颜色为黑色；❸再次单击"轮廓颜色"按钮，在弹出的菜单中选择"虚线"命令；❹在弹出的下级子菜单中选择需要的虚线样式，如右上图所示。

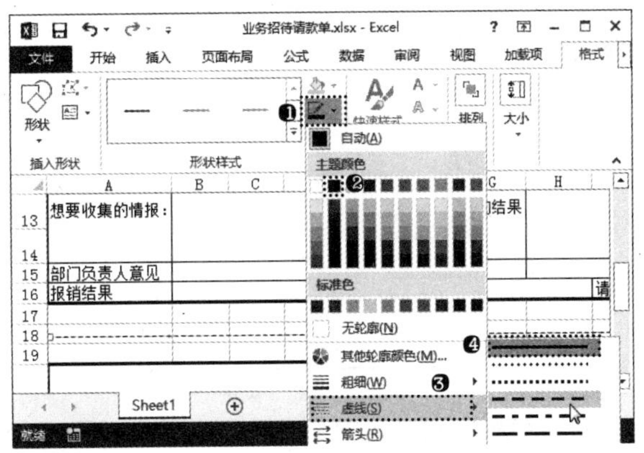

步骤 05 插入符号。❶选择 A18 单元格；❷单击"插入"选项卡"符号"组中的"符号"按钮，如下图所示。

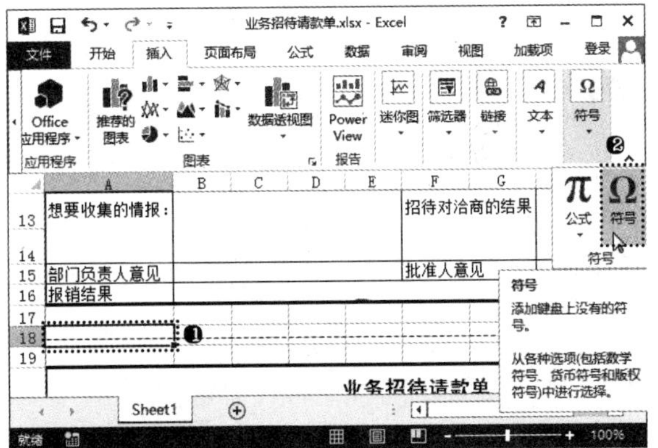

步骤 06 选择符号。❶打开"符号"对话框，在"字体"下拉列表中选择"Wingdings"选项；❷在中间选择需要插入的剪刀形状；❸单击"插入"按钮将其插入到单元格中；❹单击"关闭"按钮关闭对话框，如下图所示。

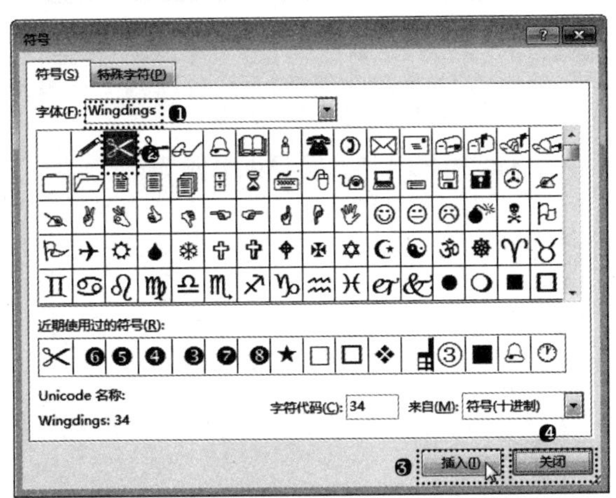

步骤 07 增大字号。经过上一步操作，即可将选择的剪刀图形插入到所选单元格中。单击"开始"选项卡"字体"组中的"增大字号"按钮，适当增大剪刀形状的大小，并调整虚线在剪刀口的中间位置，如下页左上图所示。

12.1.4 打印工作表

该表格制作的目的是打印输出用作表单填写申请数据，当表格制作完成后，即可适当进行页面设置，预览满意后再打印输出即可。

步骤 01 单击“对话框启动器”按钮。经过前面的单元格调整，已经尽量让表格数据显示在一张纸张了，但是仍然有一列数据显示在页面外侧，所以需要缩放打印。单击“页面布局”选项卡“调整为合适大小”组右下角的“对话框启动器”按钮，如下图所示。

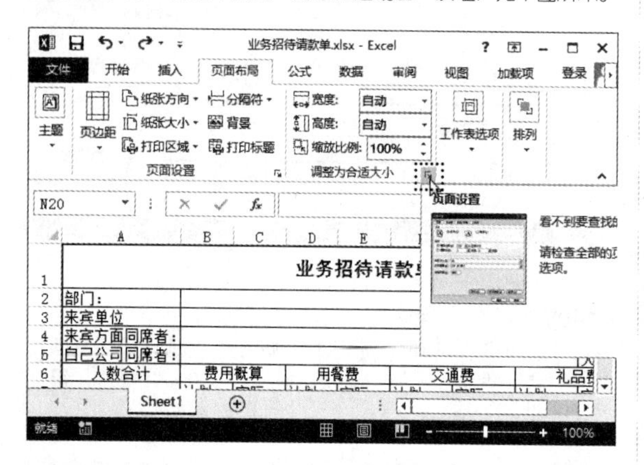

步骤 02 设置缩放效果。❶ 打开“页面设置”对话框，在“页面”选项卡的“缩放”栏中选中“调整为”单选按钮；❷ 在其后的文本框中均设置缩放为 1，如下图所示。

步骤 03 设置居中方式。❶ 单击“页边距”选项卡；❷ 在“居中方式”栏中选中“水平”复选框；❸ 单击“打印预览”按钮，如下图所示。

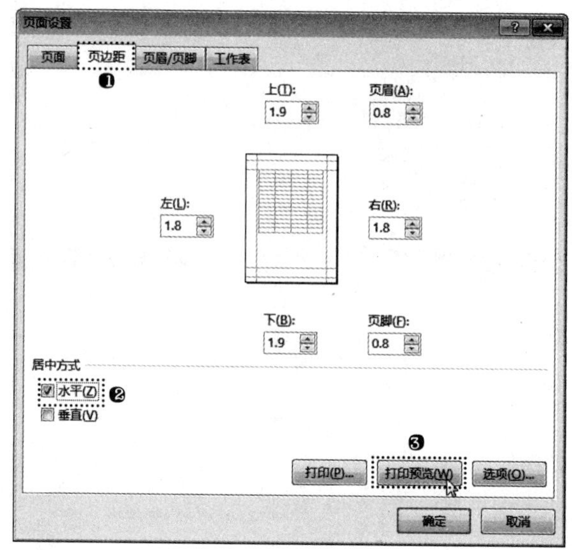

步骤 04 打印表格。切换到打印预览状态，预览效果满意后，❶ 在中间位置设置打印的各项参数；❷ 在“份数”文本框中输入 2；❸ 单击“打印”按钮，如下图所示。

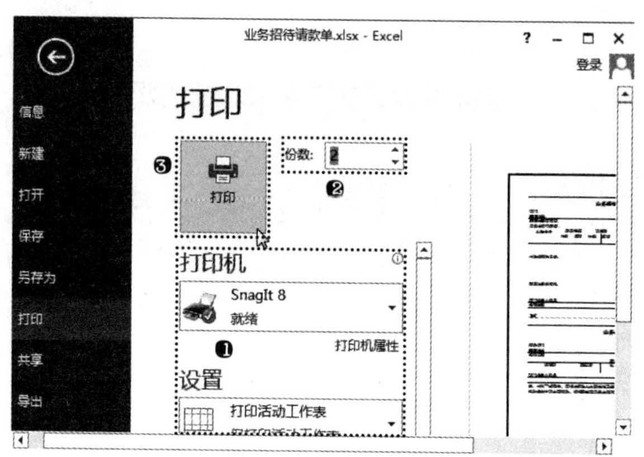

12.2 编制考勤记录表

案例概述

为了保障企业的正常运转，行政部门必须对员工进行日常考勤管理，这不仅是对员工正常工作时间的一个保证，也是公司进行奖惩的依据之一。日常考勤管理中，涉及的考勤项目包括迟到、早退、病假、事假和旷工等，在技术性和生产性行业内，企业经常会出现员工加班的情况。本节将根据某企业的考勤制度制作一个日考勤记录表，方便行政人员后期对考勤数据进行统计，从而完备地掌握员工的工作状态。

案例效果

考勤表是公司员工每天上班的凭证，也是员工领工资的凭证。这类表格包含的数据比较固定，如公司员工的具体上下班时间，判定的迟到、早退、旷工等情况。但具体的上下班时间一般不需要人为填写，通过打卡机等即可直接导出数据了。在制作本案例时，就事先准备了相关数据，我们只需要输入公式对员工的考勤情况进行判断即可。

考勤记录表制作完成后的效果，如下图所示。

公司规定		上班时间:		9:00:00					
		下班时间:		18:00:00				日期:	2015年10月15日
员工编号	员工姓名	部门	实际上班时间	实际下班时间	迟到	早退	旷工	加班	加班时间
KS14001	郭旭东	总经办	9:28:00	23:00:00	迟到			加班	5:00:00
KS14002	陈丹	总经办	9:02:00	18:04:00	迟到				
KS14003	张峰	总经办	8:57:00	18:02:00					
KS14004	华西子	行政部	8:45:00	17:45:00		早退			
KS14005	周顺受	行政部	8:45:00	18:03:00					
KS14006	向斯通	行政部	8:55:00	18:06:00					
KS14007	刘秀	行政部	8:53:00	18:47:00					
KS14008	张花善	行政部	8:56:00	18:03:00					
KS14009	欣想	行政部	8:32:00	18:56:00					
KS14010	余加	财务部	9:13:00	18:12:00	迟到				
KS14011	康斯容	财务部	8:56:00	18:04:00					
KS14012	张伟	财务部	8:57:00	18:05:00					
KS14013	蒋钦	采购科	8:43:00	18:00:00					
KS14014	蔡嘉年	采购科	8:59:00	18:00:00					
KS14015	朱笑笑	采购科	8:54:00	18:00:00					
KS14016	蒋晓冬	人事部	8:59:00	18:08:00					
KS14017	罗廷	人事部	8:42:00	18:00:00					
KS14018	唐光辉	人事部	9:04:00	22:00:00	迟到			加班	4:00:00
KS14019	谢艳	人事部	8:56:00	18:00:00					

光盘同步文件
原始文件：光盘 \ 原始文件 \ 第 12 章 \9 月考勤记录 .xlsx
结果文件：光盘 \ 结果文件 \ 第 12 章 \ 考勤记录表 .xlsx
教学视频：光盘 \ 教学视频文件 \ 第 12 章 \ 编制考勤记录表 \12.2.1.mp4 ～ 12.2.3.mp4

制作思路

考勤记录表的制作思路如下。

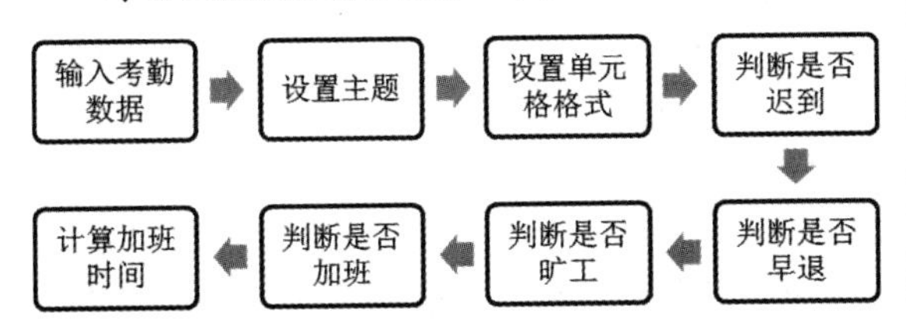

12.2.1 输入考勤数据

在制作考勤记录表时，首先需要输入当天的考勤记录的基本数据，现在很多公司都配备了打卡机或指纹机，可直接从设备中导出相应的数据，避免手动输入的繁琐。本例事先已经提供了基本数据，下面通过复制工作表来获取这些数据，并对表格内容进行完善。

步骤 01 执行“移动或复制”命令。❶打开素材文件中提供的“9 月考勤记录”工作簿；❷在 Sheet1 工作表标签上单击鼠标右键；❸在弹出的快捷菜单中选择“移动或复制”命令，如下图所示。

步骤 02 复制工作表。打开“移动或复制工作表”对话框。❶在“将选定工作表移至工作簿”下拉列表中选择新建的“考勤记录表”工作簿；❷选中“建立副本”复选框；❸单击“确定”按钮，如下页左上图所示。

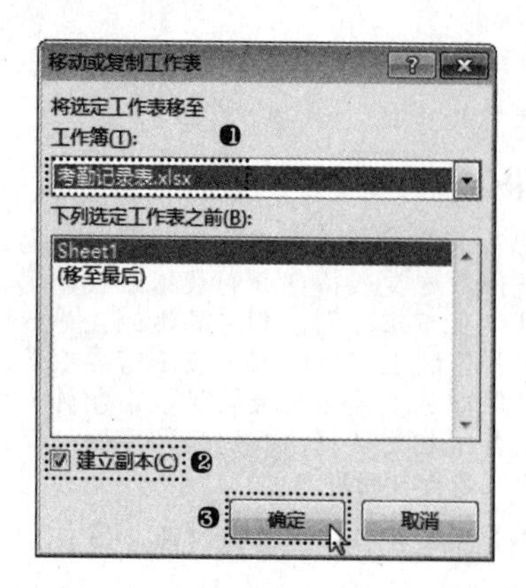

步骤03 重命名工作表。经过上一步操作，即可在“考勤记录表”工作簿的 Sheet1 工作表之前复制得到一个新工作表。重命名工作表名称为“9 月考勤记录统计”，如下图所示。

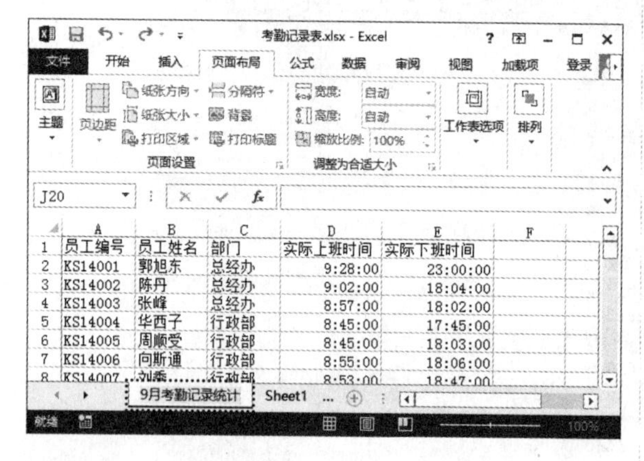

步骤04 插入行。❶选择第一行单元格；❷单击“开始”选项卡“单元格”组中的“插入”按钮两次，在该行单元格之前插入两行空白单元格，如下图所示。

高手指引——行政人员实际考核考勤的注意事项

实际工作中，因为不同打卡机或指纹机的参数设置不同，从中导出的数据格式可能与 Excel 中进行计算的格式要求不同，此时还需要对导出的数据设置合适的数字格式，才能进行迟到、早退、旷工等情况的判断。另外，打卡机和指纹机只能记录员工的具体上班时间和下班时间，并不能智能化判断其是因为事假或病假等正常情况下允许的情况离开公司，通过本案例中的公式判断出的迟到、早退、旷工等情况，行政人员还需要根据实际情况进行判断。由此可见，行政人员的工作是相当繁琐的。

步骤05 合并单元格。❶在新插入的单元格中输入需要的文本；❷选择 A1:B2 单元格区域；❸单击“对齐方式”组中的“合并后居中”按钮，如下图所示。

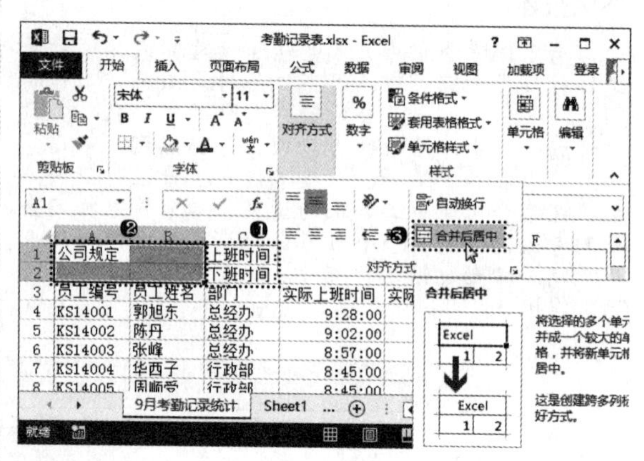

步骤06 设置单元格对齐方式。使用相同方法合并其他单元格区域；❶选择 C1:D2 单元格区域；❷单击“对齐方式”组中的“右对齐”按钮，如下图所示。

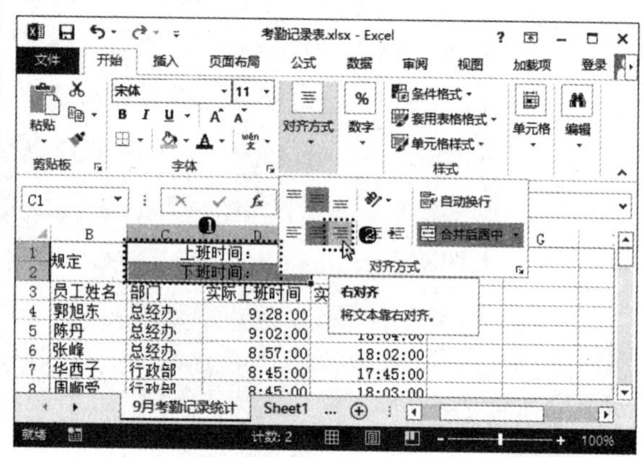

步骤07 输入日期。❶在 I2 单元格中输入日期数据；❷单击“数字”组右下角的“对话框启动器”按钮，如下图所示。

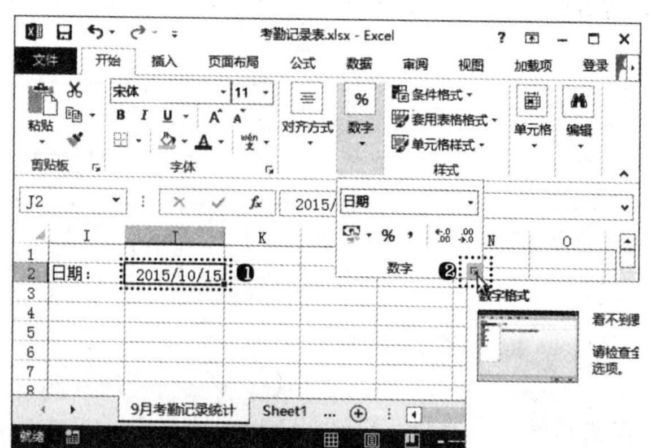

步骤08 设置数字格式。打开“设置单元格格式”对话框。❶在“数字”选项卡的“分类”列表框中选择“日期”选项；❷在“类型”列表框中选择需要的日期格式；❸单击“确定”按钮，如下图所示。

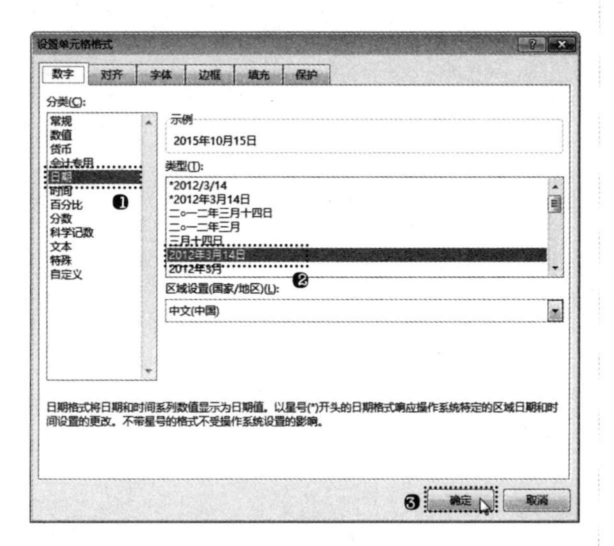

步骤09 输入文本。在 F3:I3 单元格区域和 A55 单元格中输入需要的文本数据，如下图所示。

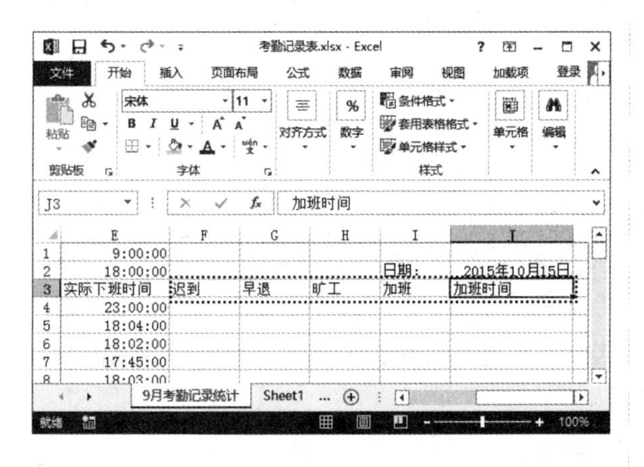

步骤10 合并单元格。❶选择 A55:J55 单元格区域；❷单击“对齐方式”组中的“合并后居中”按钮；❸在弹出的菜单中选择“合并单元格”命令，如下图所示。

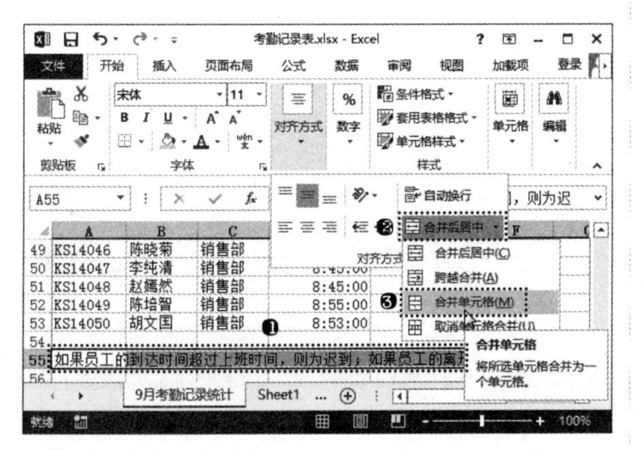

步骤11 调整行高。向下拖曳鼠标调整第 55 行的行高，如下图所示。

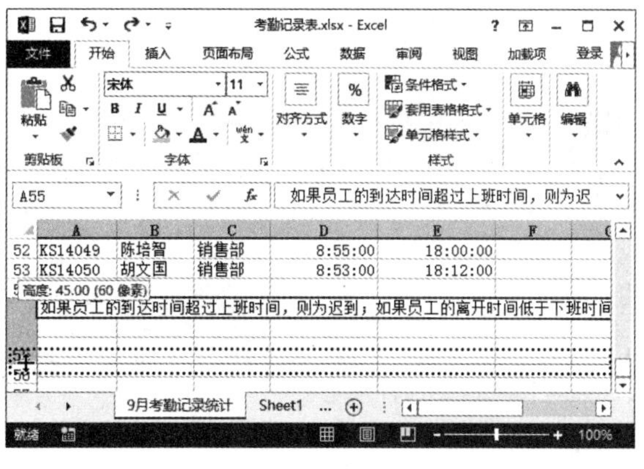

步骤12 设置自动换行。单击“对齐方式”组中的“自动换行”按钮，如下图所示。

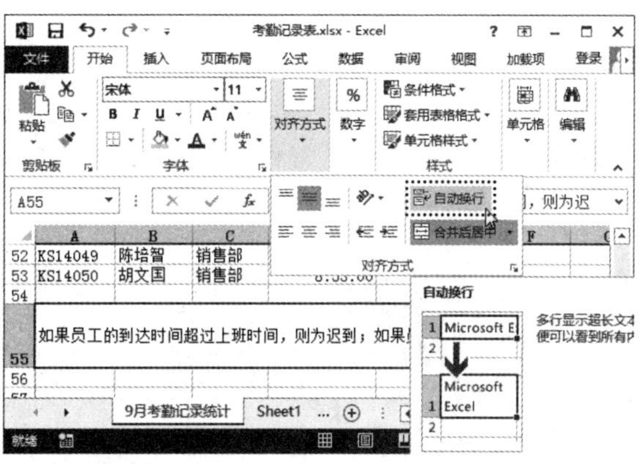

12.2.2 设置单元格格式

由于考勤记录表中的数据比较多，又相对枯燥，为其设置单元格格式将有利于数据的查看。

步骤01 设置主题。❶单击“页面布局”选项卡“主题”组中的“主题”按钮；❷在弹出的菜单中选择“积分”命令，如下图所示。

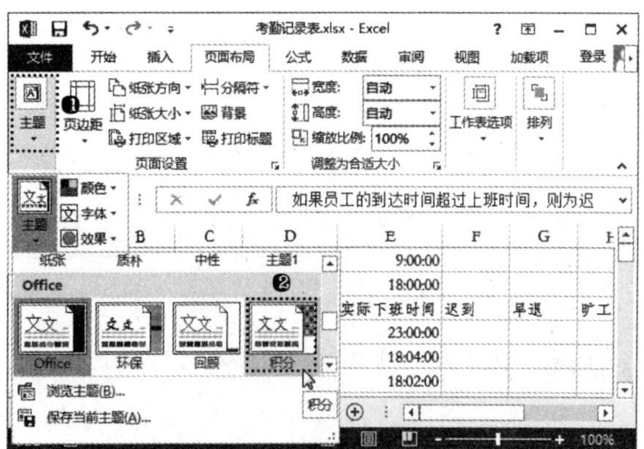

步骤02 设置边框。❶选择 A1:J2 单元格区域；❷单击“开始”选项卡“字体”组中的“边框”按钮；❸在弹出的菜单中选择“所有框线”命令，如下图所示。

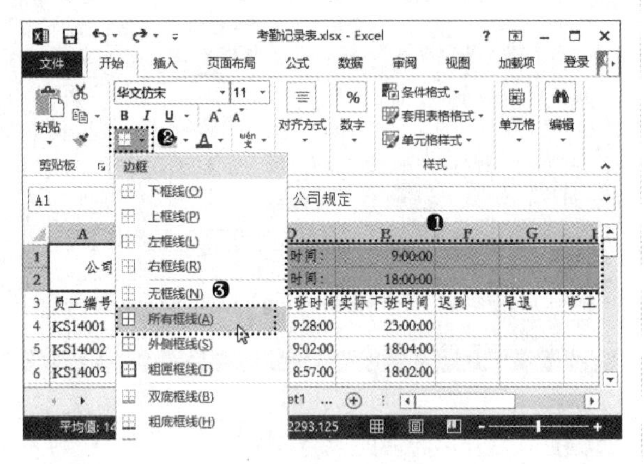

步骤03 设置填充颜色。❶单击“字体”组中的“填充颜色”按钮；❷在弹出的菜单中选择需要填充的颜色，如下图所示。

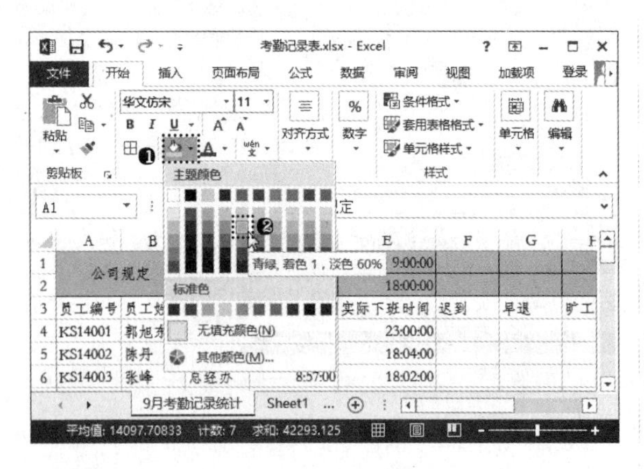

步骤04 套用表格格式。❶选择 A3:J53 单元格区域；❷单击“样式”组中的“套用表格格式”按钮；❸在弹出的菜单中选择需要套用的表格样式，如下图所示。

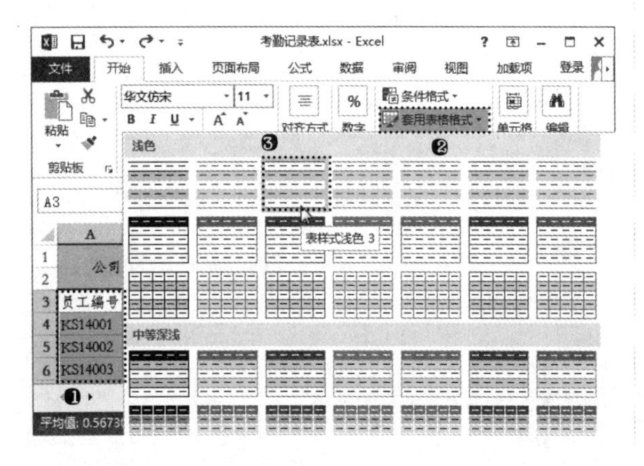

步骤05 确定套用表格格式的区域。打开“套用表格式”对话框。❶选中“表包含标题”复选框；❷单击“确定”按钮，如下图所示。

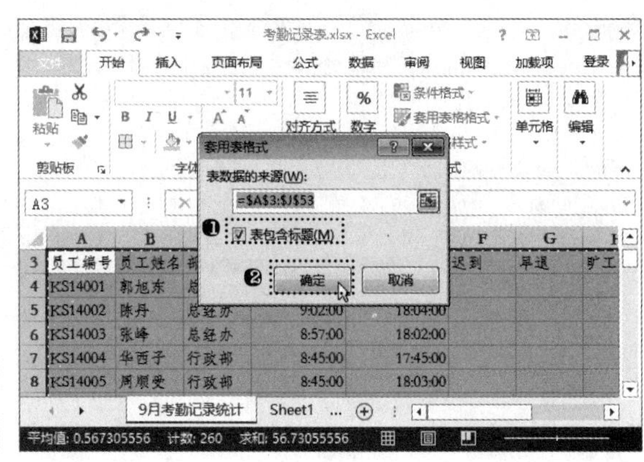

步骤06 设置表格样式选项。在“表格工具设计”选项卡的“表格样式选项”组中取消选中“筛选按钮”复选框，如下图所示。

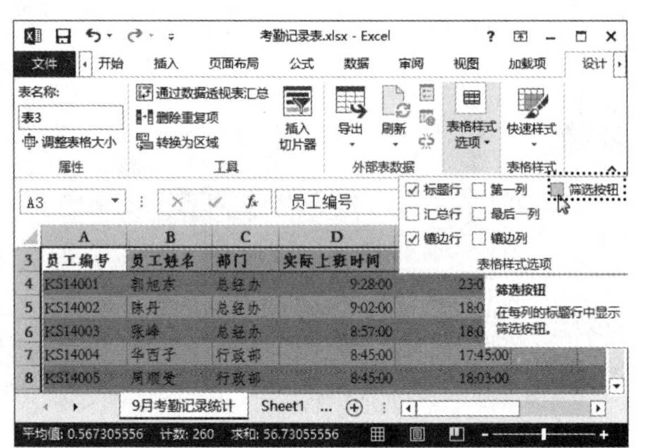

步骤07 设置标题的对齐方式。❶选择 A3:J3 单元格区域；❷单击“对齐方式”组中的“居中”按钮，如下图所示。

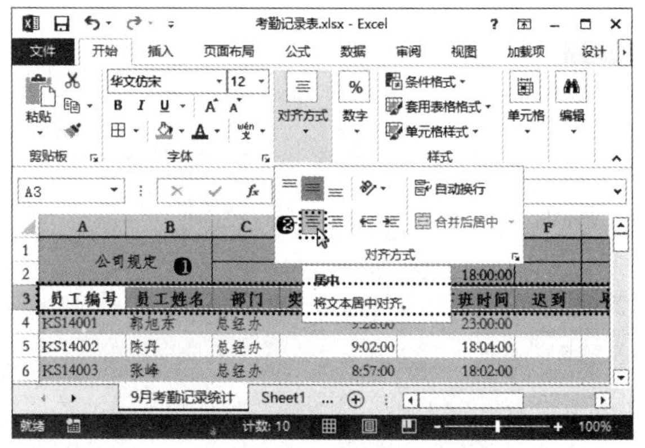

步骤 08 设置填充颜色。❶选择 A53 单元格；❷单击“字体”组中的“填充颜色”按钮；❸在弹出的菜单中选择需要填充的颜色，如下图所示。

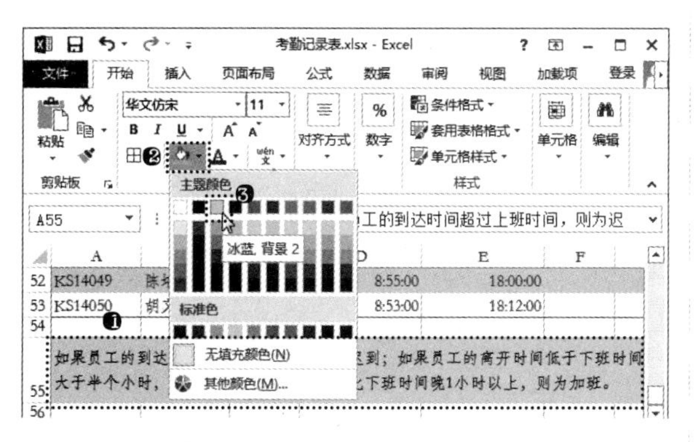

12.2.3 用函数判断员工的具体考勤情况

考勤工作表中的计算都是针对时间段的，因此使用函数可以快速得出结论。

步骤 01 判断员工是否迟到。在 F4 单元格中输入公式“=IF(D4<$E$1,"",IF(D4-$E$1>TIME(,30,),"***","迟到"))”，如下图所示。

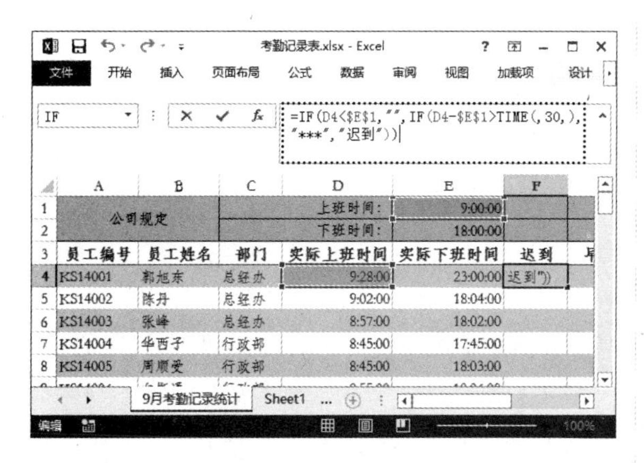

步骤 02 判断员工是否早退。在 G4 单元格中输入公式“=IF(E4>=$E$2,"",IF($E$2-E4>TIME(,30,),"***","早退"))”，如下图所示。

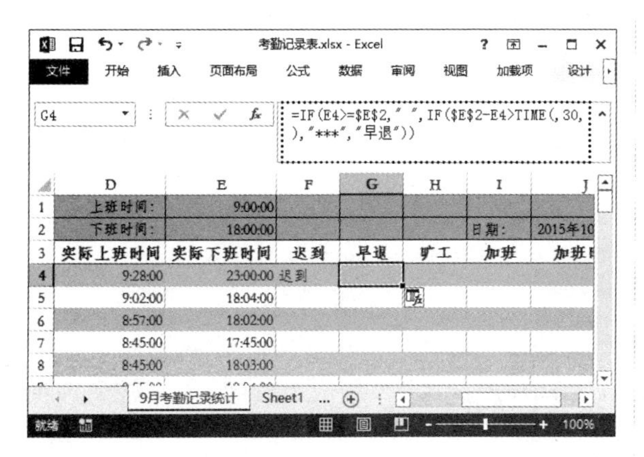

步骤 03 判断员工是否旷工。在 H4 单元格中输入公式“=IF(F4="***","旷工",IF(G4="***","旷工"," "))”，如下图所示。

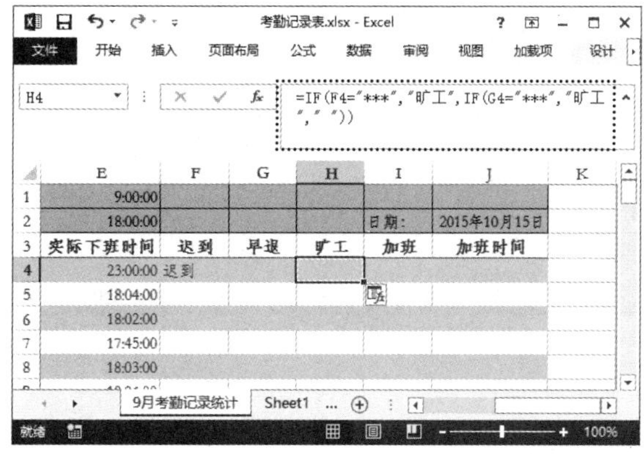

步骤 04 判断员工是否加班。在 I4 单元格中输入公式“=IF(E4-$E$2>TIME(1,0,0),"加班"," ")”，如下图所示。

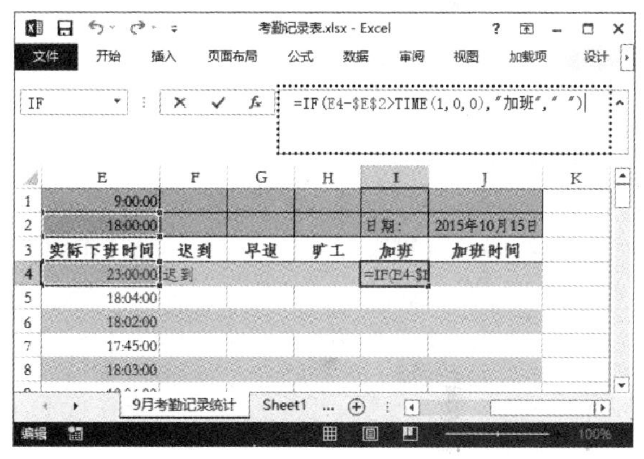

步骤 05 计算加班时间。在 J4 单元格中输入公式“=IF(I4="加班",E4-$E$2," ")”，如下图所示。

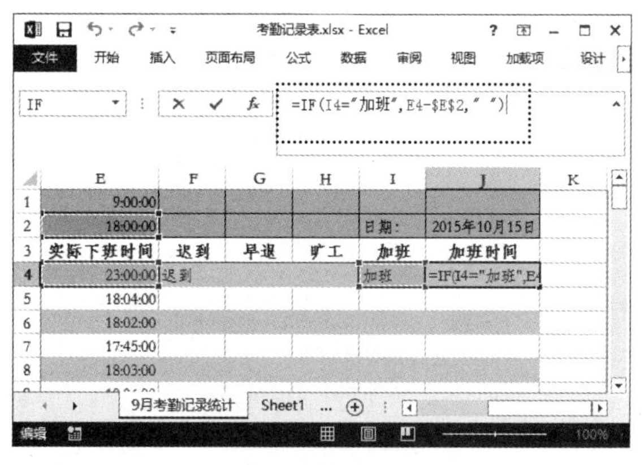

步骤 06 复制公式。❶选择 F4:J4 单元格区域；❷向下拖曳控制柄填充公式到 F5:J53 单元格区域，判断出其他员工的考勤情况，如下页左上图所示。

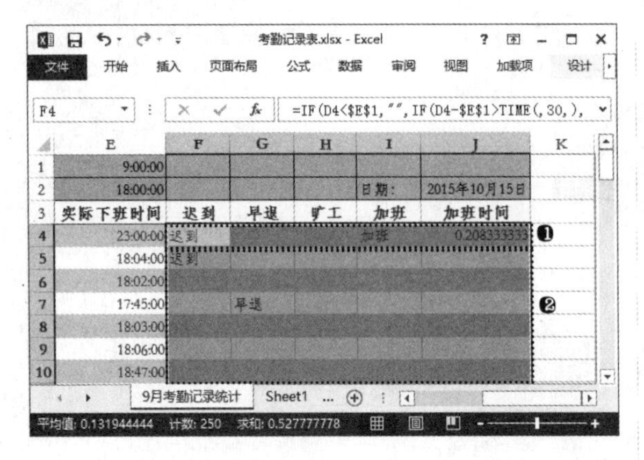

步骤07 设置数据格式。❶选择 J4:J53 单元格区域；❷在“开始”选项卡“数字”组中的下拉列表中选择“时间”选项，如下图所示。

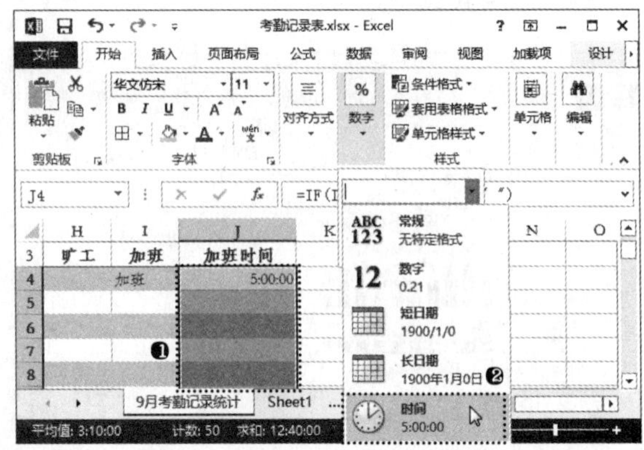

高手指引——认识 TIME 函数

TIME 函数用于返回某一特定时间的小数值，其语法结构为：TIME(hour, minute, second)，其中的 3 个参数分别代表小时、分钟和秒数。函数 TIME 返回的小数值为 0 ~ 0.99999999 的数值，代表从 0:00:00 (12:00:00 AM) 到 23:59:59(11:59:59 P.M.) 之间的时间。另外，在本案例中为了便于后面对旷工的判断，将未迟到和迟到超过半小时的结果设置为不同的内容。

12.3 制作员工工资表

案例概述

企业对员工工资进行管理是日常管理的一大组成部分。在企业中需要对员工每个月的工资发放情况制作工资表，并制作打印员工工资条。正常情况下，工资条会在工资正式发放前的 1 ~ 3 天发放到员工手中。员工可以就工资条中出现的问题向上级反映。在工资表中，要根据工资卡、考勤记录、产量记录及代扣款项等资料按人名填列“应付工资”、“代扣款项”、“实发金额”等几大部分。本节将对一个企业的工资表内容进行完善，计算工资的各组成部分，并制作一个查询表方便查询相关数据。

案例效果

在实际工作中，企业发放员工工资、办理工资结算是通过编制“工资表”来进行的。这类表格具有固定的格式，其中各组成部分因公司规定而有小的差异。本例在制作时，首先通过使用公式和函数完善工资表中的相关数据；然后为便于查看各员工工资的明细数据，制作一个查询表；再通过公式完成工资条的制作并打印。

员工工资表制作完成后的效果如下图所示。

光盘同步文件

原始文件：光盘 \ 原始文件 \ 第 12 章 \ 员工工资表 .xlsx
结果文件：光盘 \ 结果文件 \ 第 12 章 \ 员工工资表 .xlsx
教学视频：光盘 \ 教学视频文件 \ 第 12 章 \ 制作员工工资表 \12.3.1.mp4 ~ 12.3.3.mp4

员工编号	员工姓名	职务	工龄	绩效评分	基本工资	工龄工资	绩效奖金	岗位津贴	代扣保险
KS14001	郭旭东	总经理	8		¥10,000.00	¥800.00	¥0.00	¥2,000.00	¥280
KS14002	陈丹	副总经理	5		¥8,000.00	¥500.00	¥0.00	¥1,500.00	¥280
KS14003	张峰	人力资源总监	3		¥6,000.00	¥150.00	¥0.00	¥1,000.00	¥280
KS14004	华西子	财务总监	12		¥6,000.00	¥1,200.00	¥0.00	¥1,000.00	¥280
KS14005	周顺受	销售总监	4	97	¥6,000.00	¥200.00	¥1,000.00	¥1,000.00	¥280
KS14006	向斯通	生产总监	10	59	¥6,000.00	¥1,000.00	¥0.00	¥1,000.00	¥280
KS14007	刘秀	运营总监	5		¥6,000.00	¥500.00	¥0.00	¥1,000.00	¥280
KS14008	张花兽	技术总监	8		¥6,000.00	¥800.00	¥0.00	¥1,000.00	¥280
KS14009	欣想	总经理助理	3		¥5,000.00	¥150.00	¥0.00	¥800.00	¥280
KS14010	余加	人力资源经理	2		¥5,000.00	¥100.00	¥0.00	¥500.00	¥280
KS14011	康斯容	人力资源助理	0		¥4,500.00	¥0.00	¥0.00	¥200.00	¥280
KS14012	张伟	人力资源专员	0		¥3,000.00	¥0.00	¥0.00	¥0.00	¥280
KS14013	蒋钦	人力资源专员	0		¥3,000.00	¥0.00	¥0.00	¥0.00	¥280
KS14014	蔡嘉年	财务经理	4		¥4,500.00	¥200.00	¥0.00	¥500.00	¥280
KS14015	朱笑笑	财务助理	2		¥3,000.00	¥100.00	¥0.00	¥200.00	¥280
KS14016	蒋晓冬	会计主管	5		¥4,500.00	¥500.00	¥0.00	¥500.00	¥280
KS14017	罗廷	行政经理	2		¥4,000.00	¥100.00	¥0.00	¥500.00	¥280
KS14018	唐光辉	行政助理	0		¥2,500.00	¥0.00	¥0.00	¥200.00	¥280
KS14019	谢艳	行政助理	2		¥2,500.00	¥100.00	¥0.00	¥200.00	¥280
KS14020	章可可	前台	0		¥3,000.00	¥0.00	¥0.00	¥0.00	¥280
KS14021	马进城	市场部经理	4	96	¥5,000.00	¥200.00	¥1,000.00	¥200.00	¥280
KS14022	何军	市场助理	2	49	¥3,000.00	¥100.00	¥0.00	¥0.00	¥280
KS14023	胡茜茜	市场研究专员	1	48	¥2,200.00	¥50.00	¥0.00	¥100.00	¥280
KS14024	张孝骞	市场研究专员	0	48	¥2,200.00	¥0.00	¥0.00	¥100.00	¥280
KS14025	唐冬梅	市场拓展经理	2	65	¥2,500.00	¥100.00	¥650.00	¥100.00	¥280
KS14026	李丽	广告企划主管	3	51	¥4,000.00	¥150.00	¥0.00	¥100.00	¥280
KS14027	陈思华	普工	0	70	¥2,500.00	¥0.00	¥700.00	¥0.00	¥280

制作思路

员工工资表的制作思路如下。

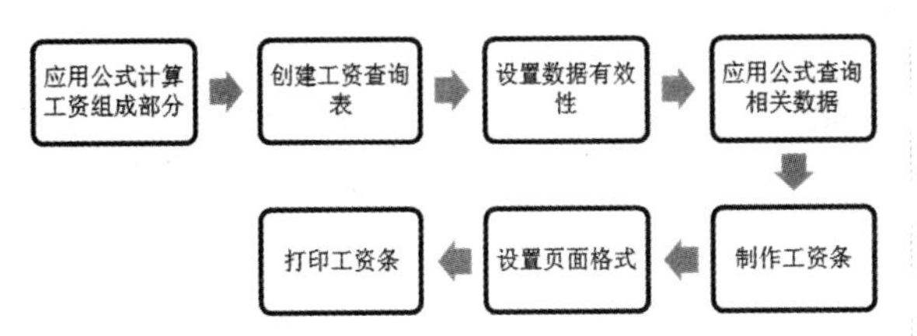

12.3.1 应用公式计算员工工资

员工的工资中除部分固定的基本工资和固定的扣款部分外，还有一部分是根据特定的情况而计算得出的。例如，员工的绩效奖金、岗位津贴、工龄工资等。

步骤 01 打开素材并计算工龄工资。本例假设工龄在 5 年以内者，工龄工资每年增加 50 元，工龄在 5 年以上者，工龄工资每年增加 100 元。❶打开素材文件中提供的“员工工资表”文件；❷在 G2 单元格中输入“=IF(D2<5,D2*50,D2*100)”，计算员工的工龄工资，如下图所示。

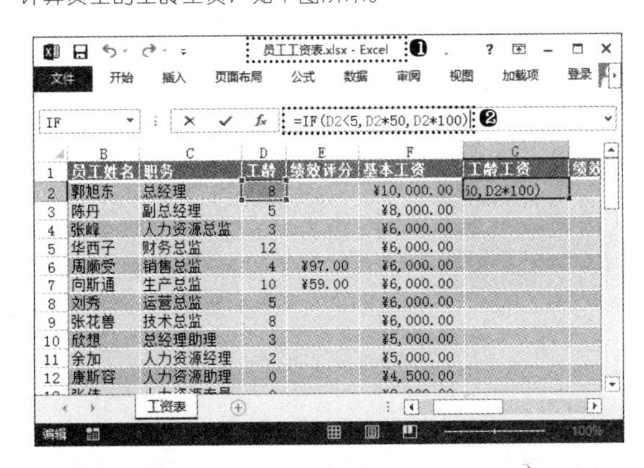

步骤 02 计算绩效奖金。本例假设绩效奖金与绩效评分相关，且 60 分以下者无绩效奖金，60 ~ 80 分则以每分 10 元计算，80 分以上者绩效资金为 1000 元。在 H2 单元格中输入公式“=IF(E2<60,0,IF(E2<80,E2*10,1000))”，计算绩效奖金，如下图所示。

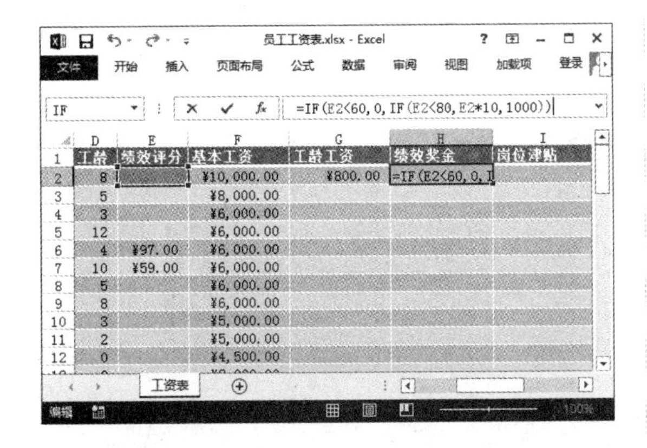

步骤 03 新建工作表并复制数据。本例要列举各职务的岗位津贴标准，然后利用查询函数以职务数据为查询条件，从标准中查询出相应的数据。❶新建工作表，并重命名为“岗位津贴标准”；❷切换到“工资表”工作表中；❸选择 C 列单元格；❹单击“复制”按钮复制数据，如右上图所示。

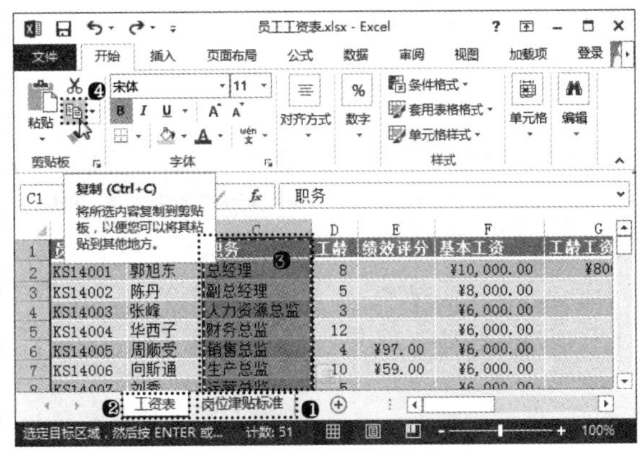

步骤 04 粘贴数据并调整列宽。❶将复制的数据粘贴到“岗位津贴标准”工作表的 A 列中；❷在 B1 单元格中输入文本；❸适当调整 A 列的列宽，如下图所示。

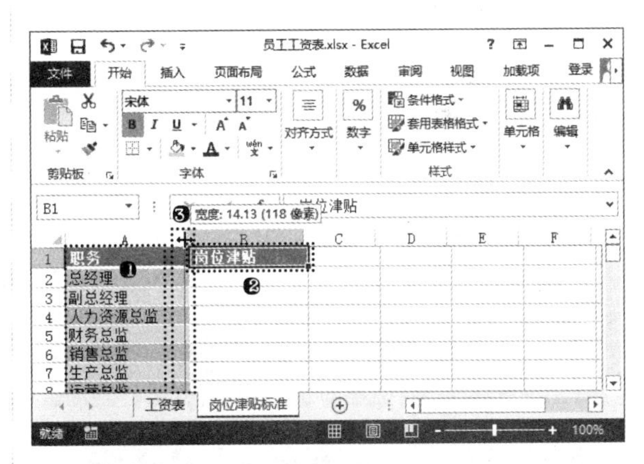

高手指引——本例公式解析

本例计算员工的工龄工资时，所用公式首先判断员工的工龄是否小于 5，如条件满足则将工龄时间乘以 50，即按工龄每年 50 进行计算；否则将计算工龄时间乘以 100，即按工龄每年 100 进行计算。本例计算绩效奖金时，所用公式首先判断绩效评分是否小于 60 分，若条件满足则返回“0”；否则再在绩效评分大于 60 的情况下继续判断绩效评分是否小于 80，若条件满足则将绩效评分值乘以 10，即按每分 10 元进行计算，否则返回“1000”。

步骤 05 删除重复项。❶选择 A1:A51 单元格区域；❷单击“数据”选项卡“数据工具”组中的“删除重复项”按钮，如下图所示。

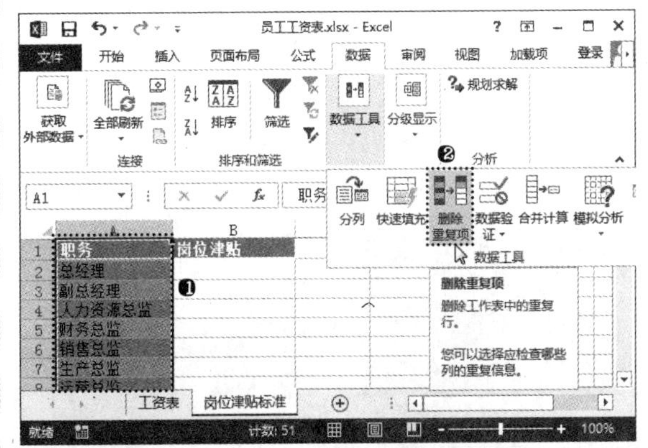

步骤06 确认删除操作。❶打开“删除重复项警告”对话框，选中“以当前选定区域排序”单选按钮；❷单击“删除重复项”按钮，如下图所示。

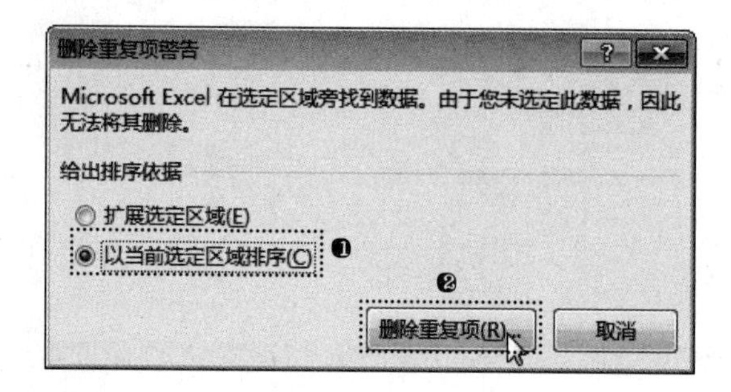

步骤07 设置重复值。❶打开“删除重复项”对话框，选中“数据包含标题”复选框；❷单击“确定”按钮，如下图所示。

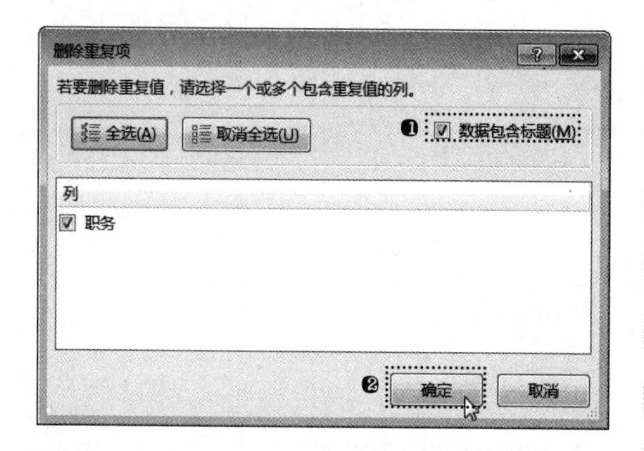

步骤08 删除重复值。打开提示对话框，单击“确定”按钮，如下图所示。

步骤09 设置数字格式。❶在 B 列单元格中录入相应的数据，并选择 B 列单元格；❷在“开始”选项卡“数字”组中的下拉列表中选择“货币”选项，如下图所示。

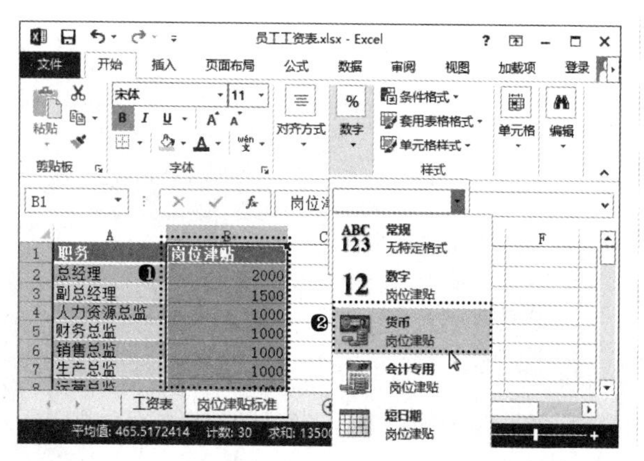

步骤10 设置数字格式。❶在“工资条”工作表中的 E 列单元格；❷在“开始”选项卡“数字”组中的下拉列表中选择“常规”选项，如下图所示。

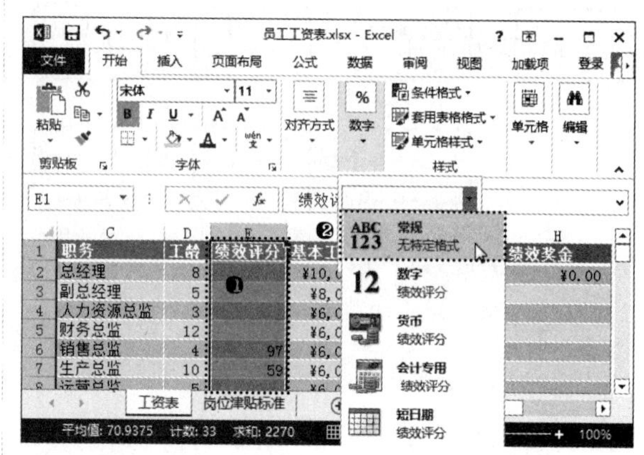

步骤11 计算岗位津贴。在 I2 单元格中输入公式“=VLOOKUP(C2,岗位津贴标准!$A$1:$B$30,2,FALSE)”，计算岗位津贴，如下图所示。

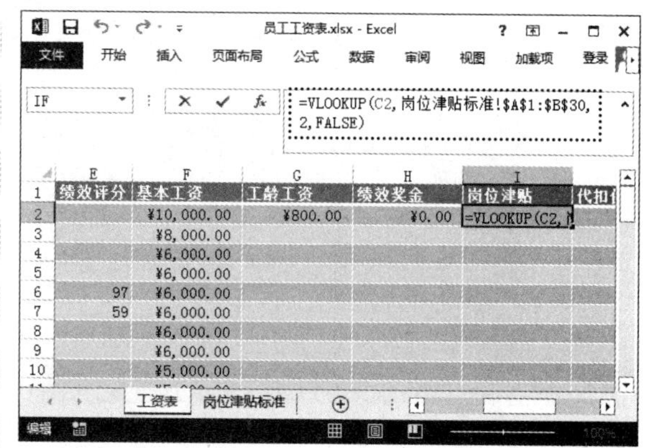

步骤12 复制公式。❶选择 G2:I2 单元格区域，向下拖曳控制柄至 I51 单元格，复制公式计算其他员工的相关工资组成；❷单击出现的“填充选项”按钮；❸在弹出的菜单中选择“不带格式填充”命令，如下图所示。

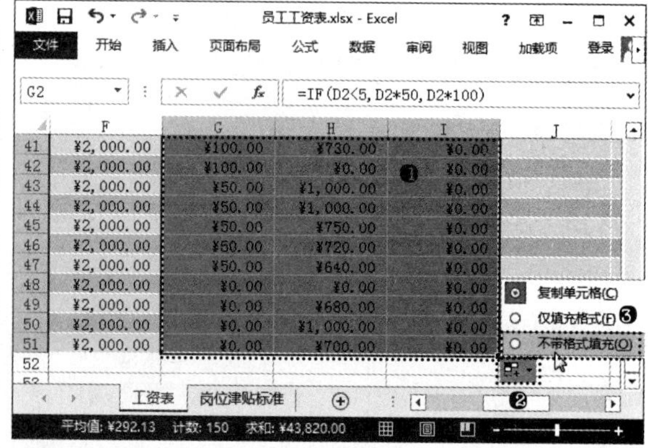

步骤13 单击“对话框启动器”按钮。❶在 J1 单元格中输

入数据；❷ 选择 J 列和 K 列单元格；❸ 单击“开始”选项卡“数字”组右下角的“对话框启动器”按钮，如下图所示。

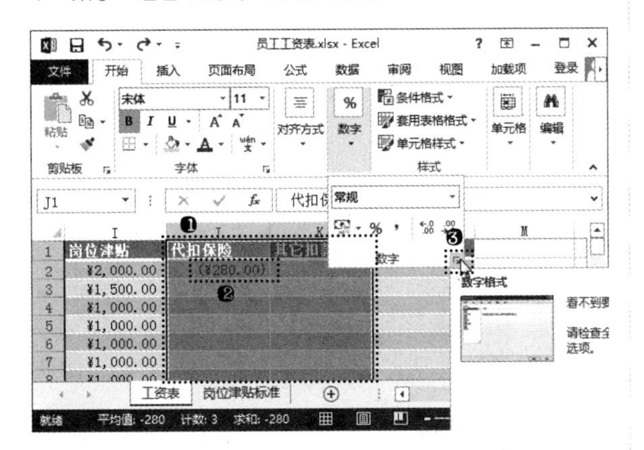

步骤 14 设置数字格式。❶ 打开“设置单元格格式”对话框，在“分类”列表框中选择“货币”选项；❷ 在“负数”列表框中选择需要的负数表现形式；❸ 单击“确定”按钮，如下图所示。

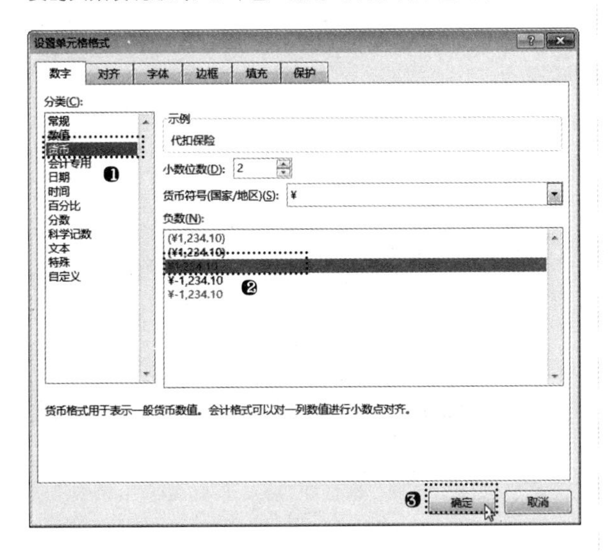

步骤 15 复制单元格数据。❶ 选择 J2 单元格，向下拖曳控制柄至 J51 单元格；❷ 单击出现的“填充选项”按钮；❸ 在弹出的菜单中选择“不带格式填充”命令，如下图所示。

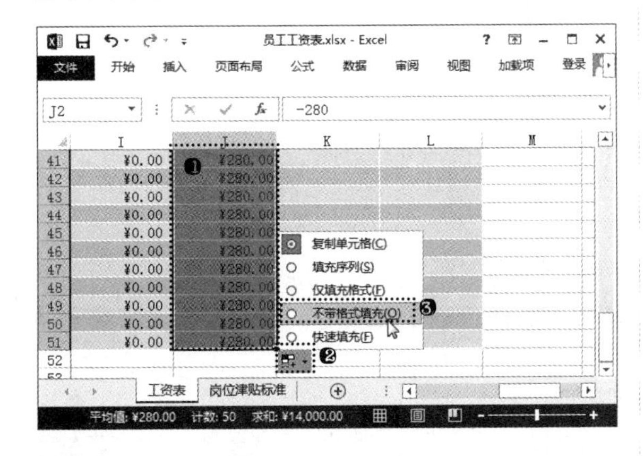

步骤 16 输入其他扣款数据。在 K 列单元格中输入需要扣款的相关数据，如右上图所示。

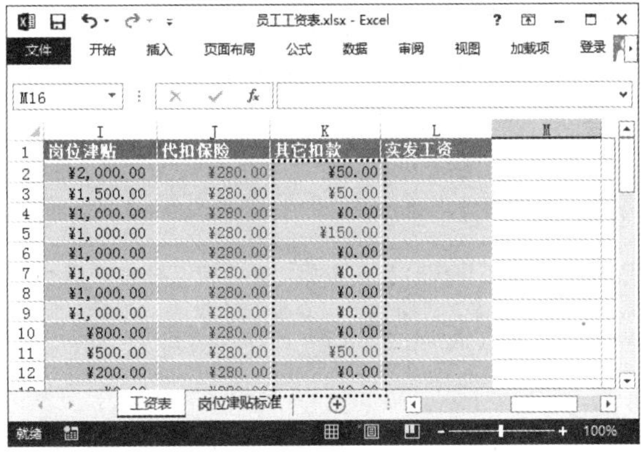

步骤 17 计算实发工资。在 L2 单元格中输入公式“=SUM(F2:K2)”，计算实发工资，如下图所示。

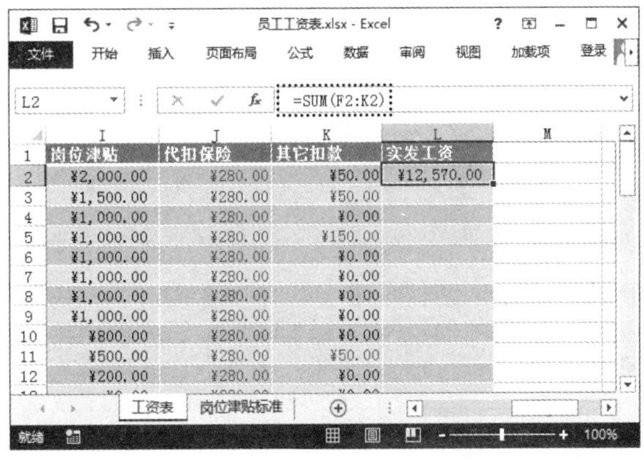

步骤 18 复制公式。❶ 选择 L2 单元格，向下拖曳控制柄至 L51 单元格；❷ 单击出现的“填充选项”按钮；❸ 在弹出的菜单中选择“不带格式填充”命令，如下图所示。

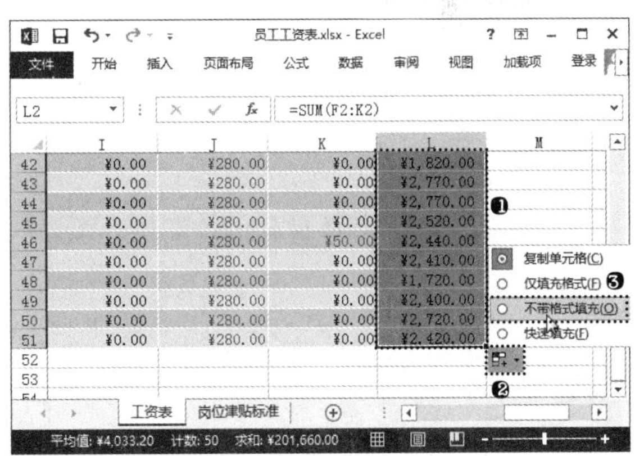

高手指引——认识 VLOOKUP 函数

VLOOKUP 函数用于查询表格区域中第一列上的数据，得到对应这一行中指定列上的数据，其语法格式为：VLOOKUP(lookup_value, table_array, col_index_num, [range_lookup])。本例中需要设置 VLOOKUP 函数的查找条件为“职务”单元格；设置查询表格区域为“岗位津贴标准”工作表中的“岗位津贴”列数据单元格区域，并需要将该单元格区域的地址引用转换为绝对引用；设置 Col_index_num 参数为 2，Range_lookup 参数为“False”。

12.3.2 创建工资查询表

在数据较多的表格中，为方便用户快速查找到一些数据信息，可应用 Excel 中的查询和引用函数，通过这些函数的应用可以快速查看到需要的重要数据信息，同时可将查找到的结果再次进行公式运算，转换为更为直观的数据进行显示。

步骤 01 新建工作表并复制数据。❶新建工作表并重命名为“工资查询表”；❷选择并复制“工资表”工作表中的 A1:L1 单元格区域，如下图所示。

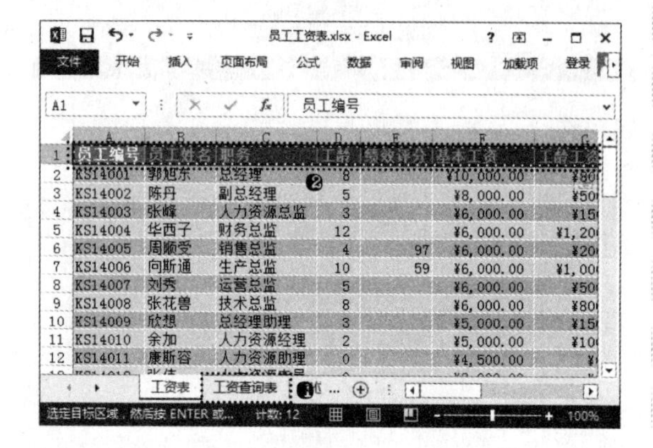

步骤 02 转置复制的数据。❶选择“工资查询表”工作表中的 B3 单元格；❷单击“开始”选项卡“剪贴板”组中的“粘贴”按钮；❸在弹出的菜单的“粘贴”栏中单击“转置”按钮，如下图所示。

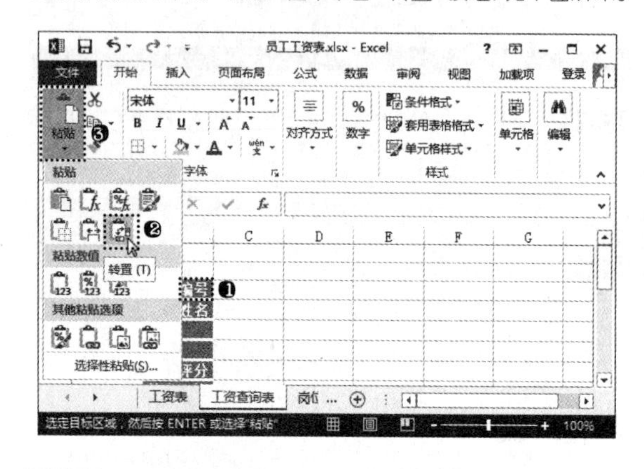

步骤 03 移动数据。❶选择 B14 单元格；❷拖曳鼠标将其移动到 B7 单元格上；❸在打开的对话框中单击“确定”按钮，如下图所示。

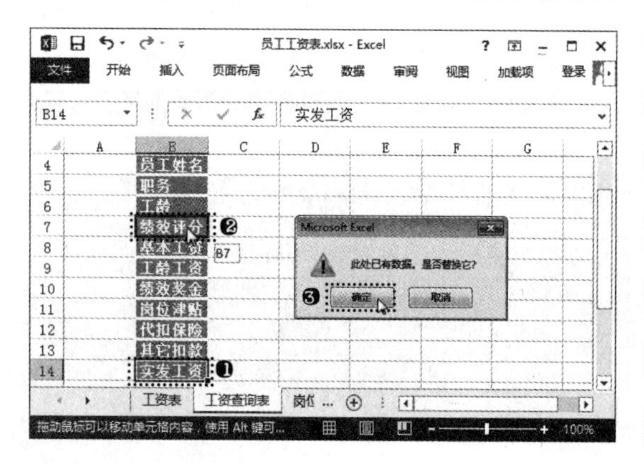

步骤 04 删除单元格。❶选择第 5 和第 6 行单元格；❷单击“开始”选项卡“单元格”组中的“删除”按钮，如下图所示。

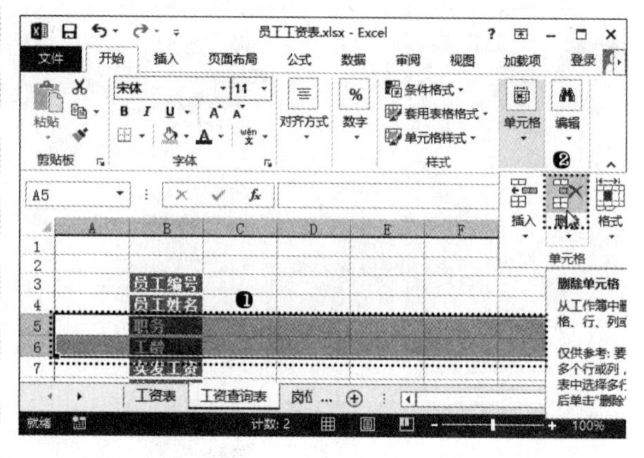

步骤 05 设置对齐方式。❶选择 C3:C11 单元格区域；❷单击“开始”选项卡“对齐方式”组中的“居中”按钮，如下图所示。

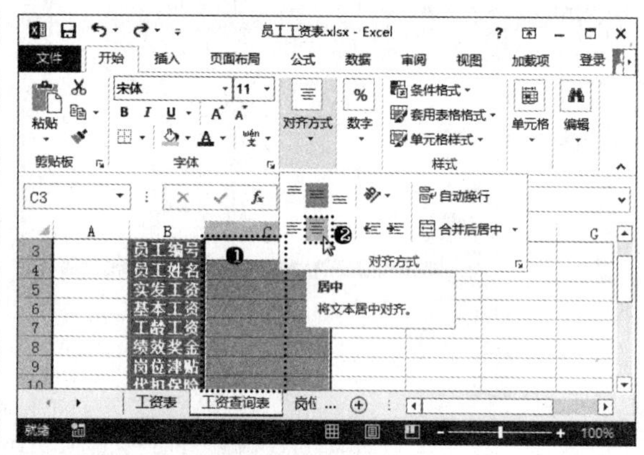

步骤 06 设置数字格式。❶选择 C3 单元格；❷在“开始”选项卡“数字”组的下拉列表中选择“文本”选项，如下图所示。

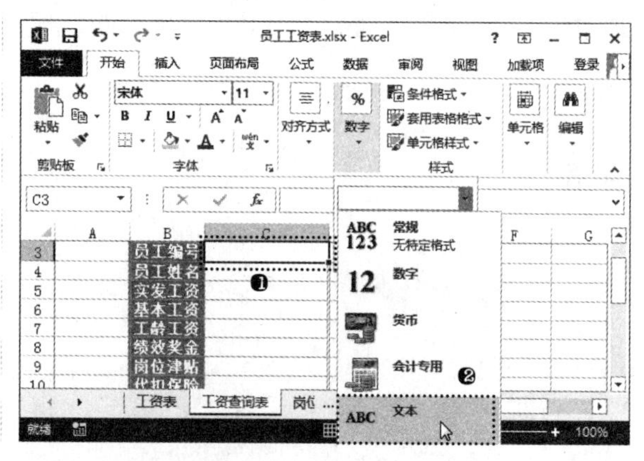

步骤 07 设置数字格式。❶选择 C5:C11 单元格区域；❷在“开始”选项卡“数字”组的“数字格式”列表框中设置数字类型为“货币”，如下页左上图所示。

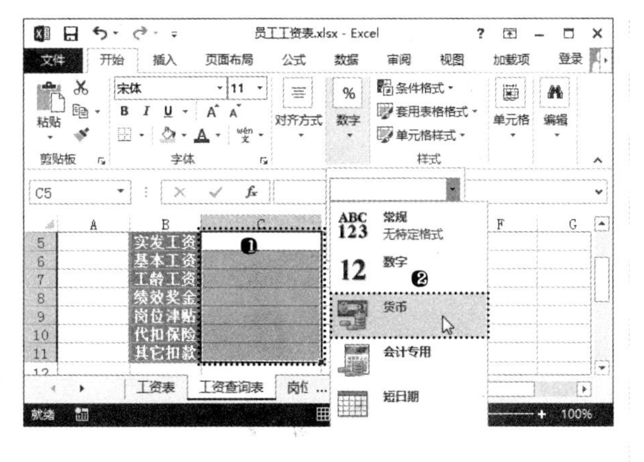

步骤 08 设置单元格有效性。该查询表需要实现在 C3 单元格中输入工号，便能在下方的各查询项目单元格中显示出查询结果，故在 C3 单元格中可设置数据有效性，仅允许用户填写或选择“工资表”工作表中存在的员工工号。❶ 选择 C3 单元格；❷ 单击“数据”选项卡“数据工具”组中的“数据验证”按钮，如下图所示。

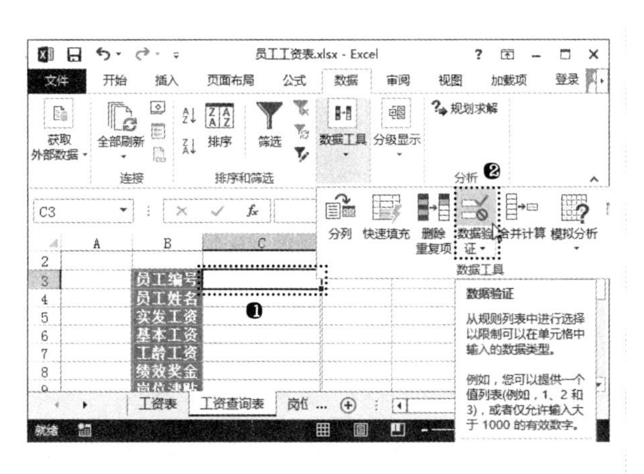

步骤 09 设置有效性条件。❶ 打开“数据有效性”对话框，在“允许”下拉列表中选择“序列”选项；❷ 单击“来源”文本框后的“折叠”按钮，如下图所示。

步骤 10 设置允许的序列来源。❶ 返回工作表中，选择 A2:A51 单元格区域作为允许的序列来源；❷ 单击“展开”按钮，如下图所示。

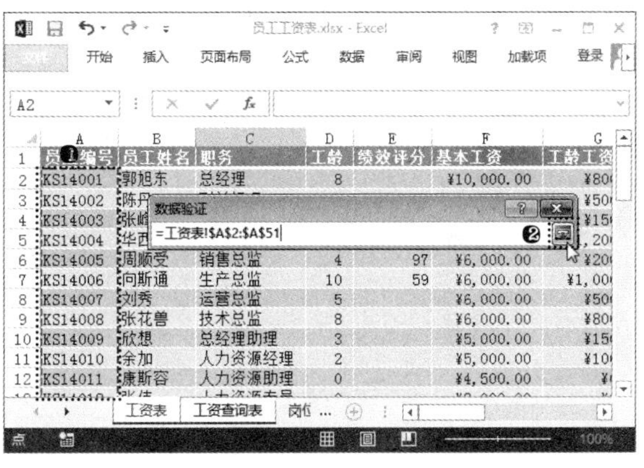

步骤 11 设置出错警告。❶ 返回“数据有效性”对话框，单击“出错警告”选项卡；❷ 在“样式”下拉列表中选择“停止”选项；❸ 设置出错警告对话框中要显示的标题及提示信息；❹ 单击“确定”按钮完成有效性设置，如下图所示。

步骤 12 输入查询员工姓名的公式。本例需要根据员工编号显示出员工的姓名和对应的工资情况，在“工资表”工作表中已存在员工工资的相关信息，此时仅须用 VLOOKUP 函数查询表格区域中第一列上的数据，得到对应这一行中指定列上的数据。在 C4 单元格中输入公式“=VLOOKUP(C3, 工资表 !A2:L51,2,FALSE)”，如下图所示。

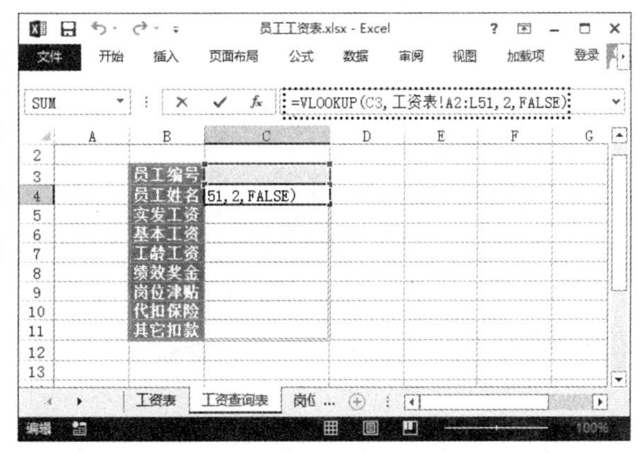

步骤 13 输入查询实发工资的公式。在 C5 单元格中输入公式“=VLOOKUP(C3, 工资表 !A2:L51,12,FALSE)”，如下图所示。

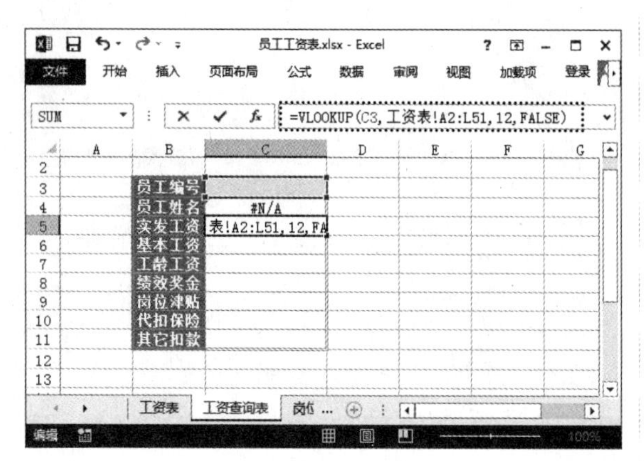

步骤 14 输入查询基本工资的公式。在 C6 单元格中输入公式“=VLOOKUP(C3, 工资表 !A2:L51,6,FALSE)”，如下图所示。

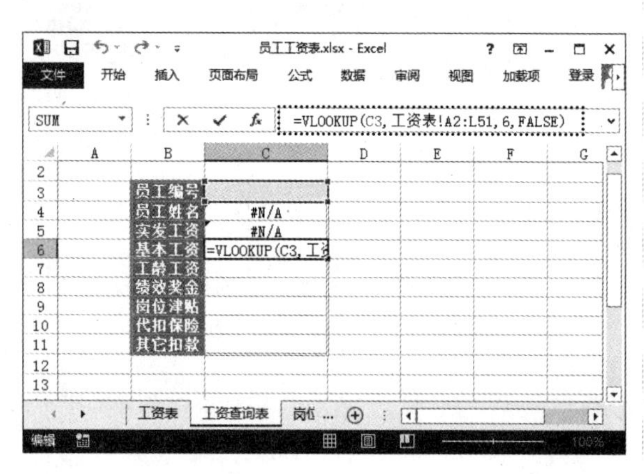

步骤 15 输入查询工龄工资的公式。在 C7 单元格中输入公式“=VLOOKUP(C3, 工资表 !A2:L51,7,FALSE)”，如下图所示。

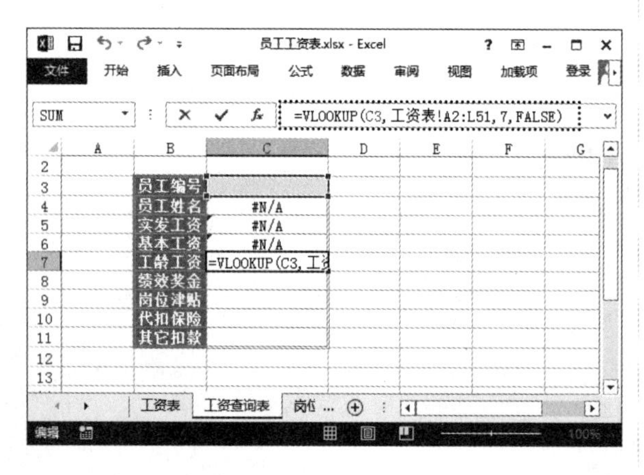

步骤 16 输入查询绩效奖金的公式。在 C8 单元格中输入公式“=VLOOKUP(C3, 工资表 !A2:L51,8,FALSE)”，如下图所示。

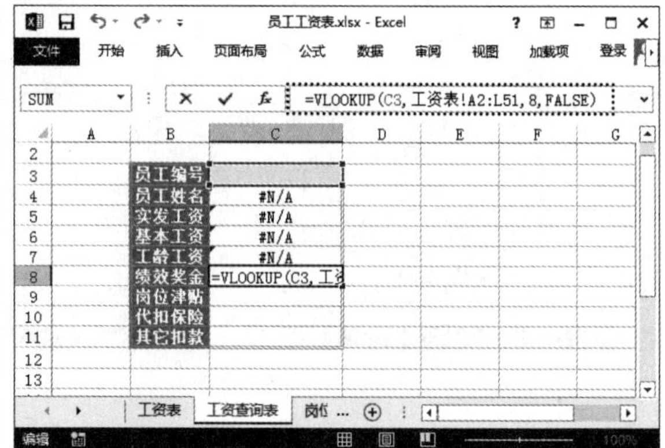

步骤 17 输入查询岗位津贴的公式。在 C9 单元格中输入公式“=VLOOKUP(C3, 工资表 !A2:L51,9,FALSE)”，如下图所示。

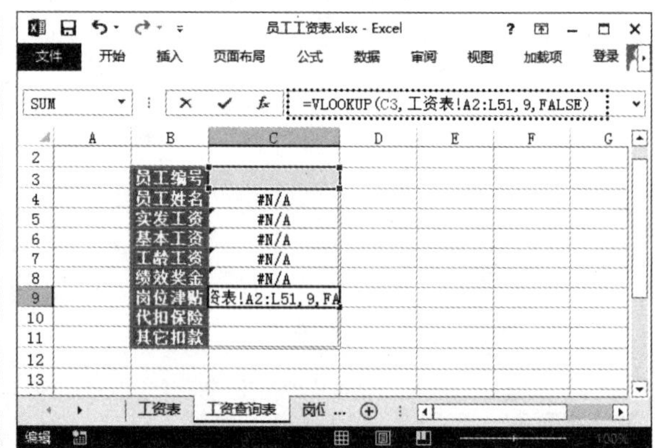

步骤 18 输入查询代扣保险的公式。在 C10 单元格中输入公式“=VLOOKUP(C3, 工资表 !A2:L51,10,FALSE)”，如下图所示。

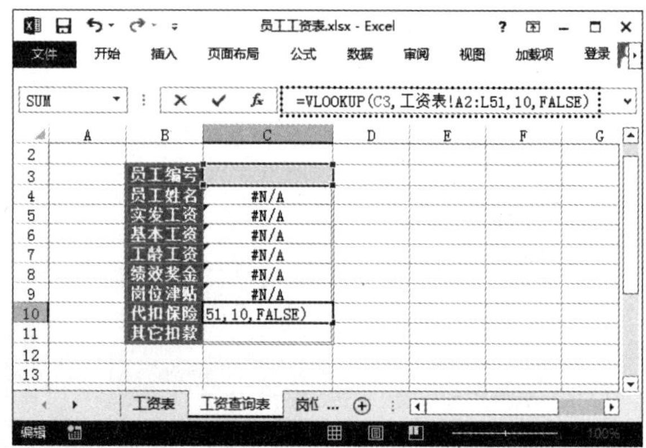

步骤 19 输入查询其他扣款的公式。在 C11 单元格中输入公式“=VLOOKUP(C3, 工资表 !A2:L51,11,FALSE)”，如下图所示。

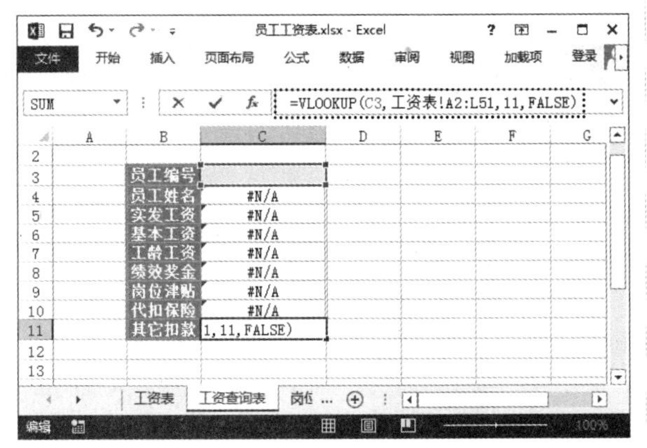

步骤 20 输入工号并查看结果。在 C3 单元格中输入合适的员工工号，即可在下方的单元格中查看到工资中各项组成部分的具体数值，如下图所示。

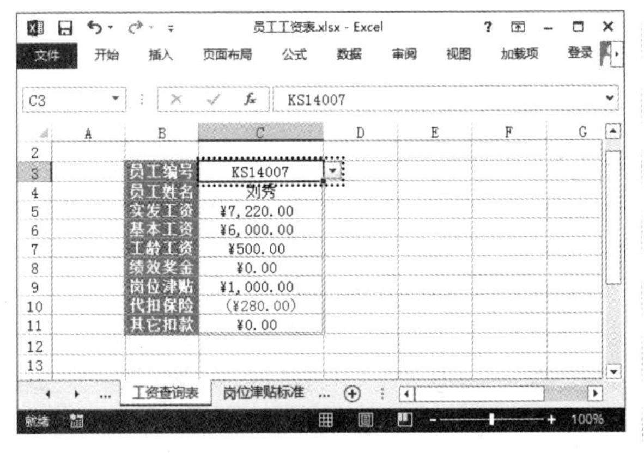

12.3.3 制作并打印工资条

通常在发放工资时需要同时发放工资条，使员工能清楚地看到自己各部分工资的金额。本例将利用已完成的工资表，快速为每个员工制作工资条。制作工资条的基本思路为：应用公式，根据公式所在位置引用“工资表”工作表中不同单元格中的数据。在工资条中各条数据前均需要有标题行，且不同员工的工资条之间需要间隔一个空行，故公式在向下填充时相隔 3 个单元格，不能直接应用相对引用方式引用单元格，此时，可使用 Excel 中的 OFFSET 函数对引用单元格地址进行偏移引用。

步骤 01 新建工作表并复制标题行。❶新建工作表，并命名为“工资条”；❷切换到“工资表”工作表中，选择并复制第 1 行单元格内容到“工资条”工作表中；❸选择 A2:M2 单元格区域，设置单元格边框样式，如右上图所示。

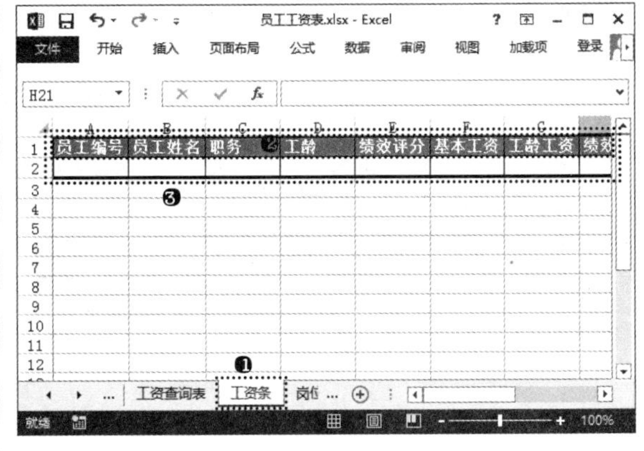

步骤 02 输入公式。在 A2 单元格中输入公式“=OFFSET(工资表 !$A$1,ROW()/3+1,COLUMN()-1)”，如下图所示。

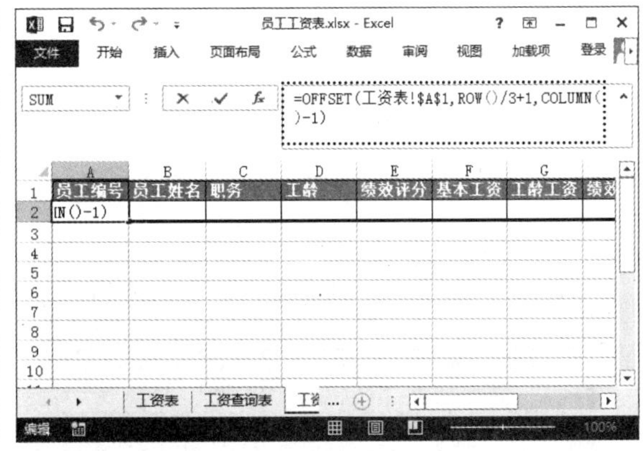

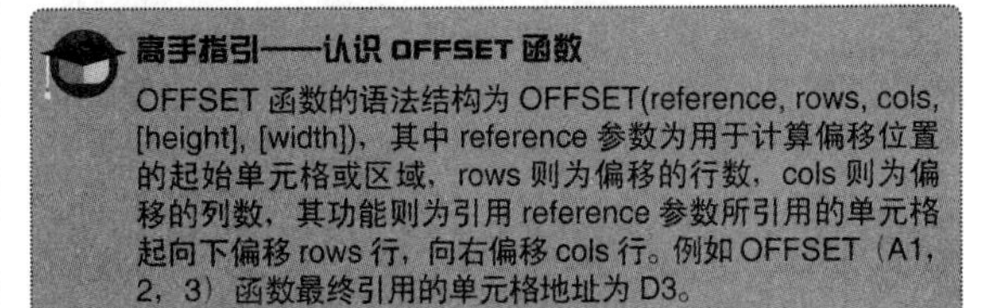

高手指引——认识 OFFSET 函数

OFFSET 函数的语法结构为 OFFSET(reference, rows, cols, [height], [width])，其中 reference 参数为用于计算偏移位置的起始单元格或区域，rows 则为偏移的行数，cols 则为偏移的列数，其功能则为引用 reference 参数所引用的单元格起向下偏移 rows 行，向右偏移 cols 行。例如 OFFSET（A1, 2，3）函数最终引用的单元格地址为 D3。

步骤 03 复制公式。❶选择 A2 单元格，向右拖曳控制柄将公式填充到 L2 单元格；❷单击出现的“填充选项”按钮；❸在弹出的菜单中选择“不带格式填充”命令，如下图所示。

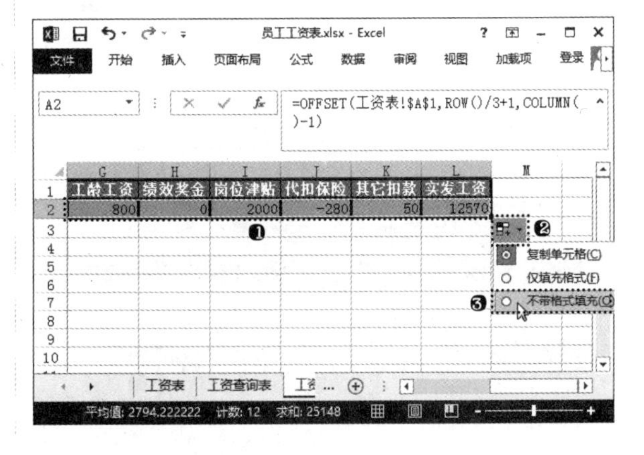

步骤 04 选择要进行填充的单元区域。选择 A1:L3 单元格区域，即工资条的基本结构加 1 个空行，如下图所示。

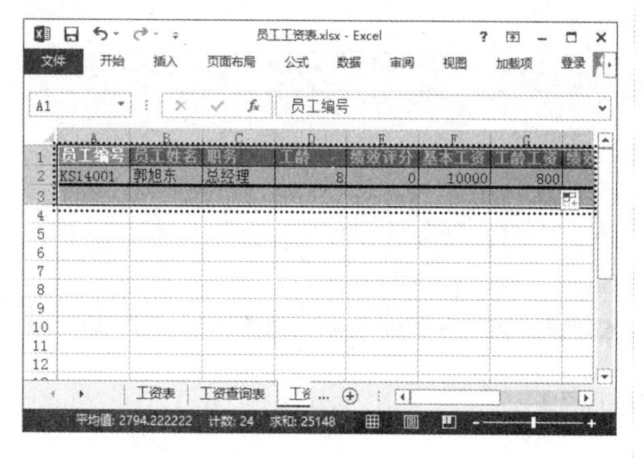

步骤 05 填充单元格完成工资条制作。拖曳活动单元格区域右下角的控制柄，向下填充即可生成所有员工的工资条，如下图所示。

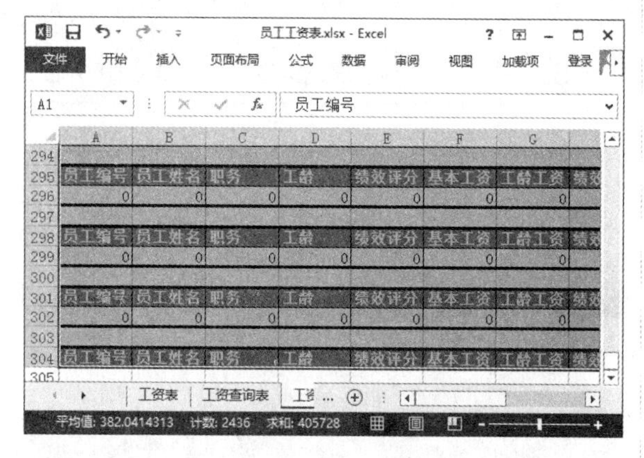

步骤 06 删除多余数据。❶选择多余的工资条数据；❷单击“开始”选项卡“单元格”组中的“删除”按钮，如下图所示。

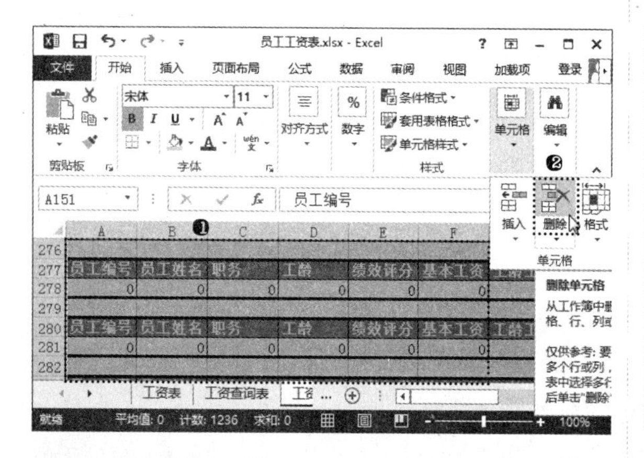

步骤 07 隐藏列。工资条制作完成后，需要将表格中不需要打印的数据隐藏起来，然后执行“打印”命令。❶选择“工资条”工作表中的 C、D 列单元格；❷单击“开始”选项卡“单元格”组中的“格式”按钮；❸在弹出的菜单中选择“隐藏或取消隐藏”命令；❹在弹出的下级子菜单中选择“隐藏列”命令，如下图所示。

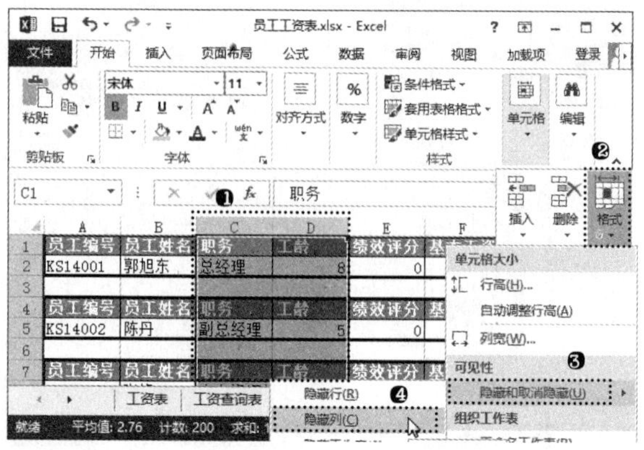

步骤 08 设置纸张大小。❶单击“页面布局”选项卡“页面设置”组中的“纸张大小”按钮；❷在弹出的菜单中选择“A4”选项，如下图所示。

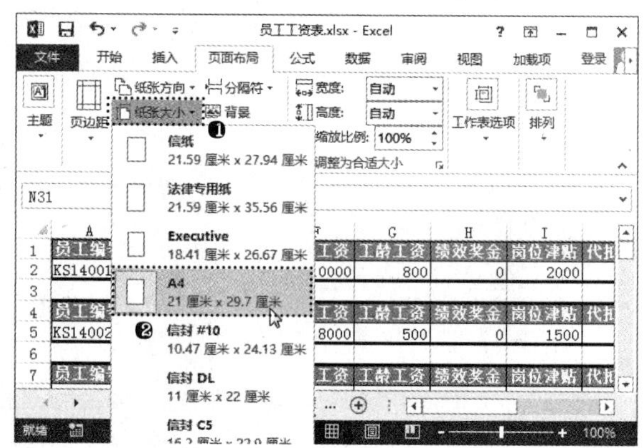

步骤 09 设置纸张方向。❶单击“页面设置”组中的“纸张方向”按钮；❷在弹出的菜单中选择“横向”命令，如下图所示。

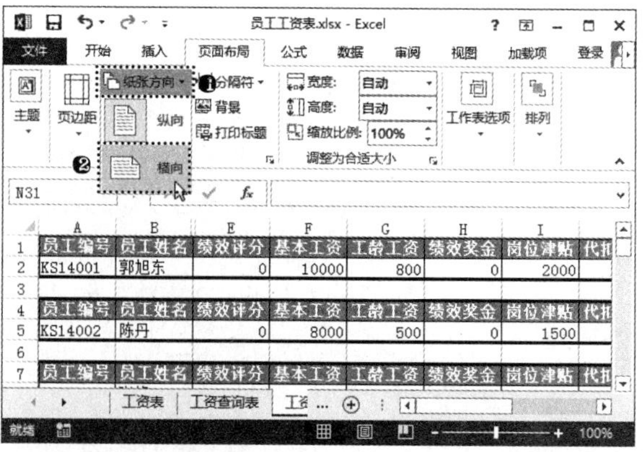

步骤 10 打印工资条。❶单击“文件”选项卡，在弹出的“文件”菜单中选择“打印”命令；❷单击“打印”按钮，如下页左上图所示。

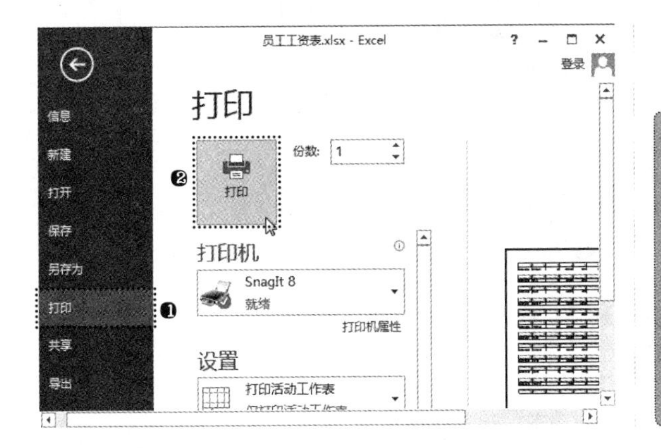

高手指引——解析本例中运用的公式

本例各工资条中的各单元格内引用的地址将随公式所在单元格地址发生变化，要获取当前公式所在的行数，可应用 ROW 函数，获取列数则可使用 COLUMN 函数。ROW 函数用于返回指定单元格引用的行号，其语法结构为：ROW([reference])，其中的 reference 参数表示要返回其列号的单元格或单元格区域。COLUMN 函数用于返回指定单元格引用的列号，其语法结构为：COLUMN([reference])。本例中将 OFFSET 函数的 Reference 参数设置为“工资表”工作表中的 A1 单元格，并将单元格引用地址转换为绝对引用；Rows 参数设置为公式当前行数除以 3 后再加 1；Cols 参数设置为公式当前行数减 1。

本章小结

本章结合实例主要讲述了 Excel 在行政文秘领域中的应用。通过完整的案例制作介绍，重点是让读者掌握使用 Excel 输入与编辑数据，操作单元格、工作表，综合运用公式，以及页面设置和打印输出等知识。

第13章 Excel在人力资源管理中的应用

本章导读

建立科学、系统和规范的人力资源管理系统离不开一系列人力资源管理表格。使用Excel制作人力资源管理表格，可以使人力资源管理标准化、规范化；使人力资源管理便于进行统计和分析；使人力资源信息更方便进行计算机处理；使人力资源管理的信息更大范围地实现共享。本章通过制作员工档案表、年假表和培训成绩表，介绍Excel 2013在人力资源管理中的应用知识。

知识要点

- ◆ 套用单元格格式
- ◆ 插入图表
- ◆ 设置条件格式
- ◆ 使用公式和函数
- ◆ 数据排序
- ◆ 使用分类汇总

案例展示

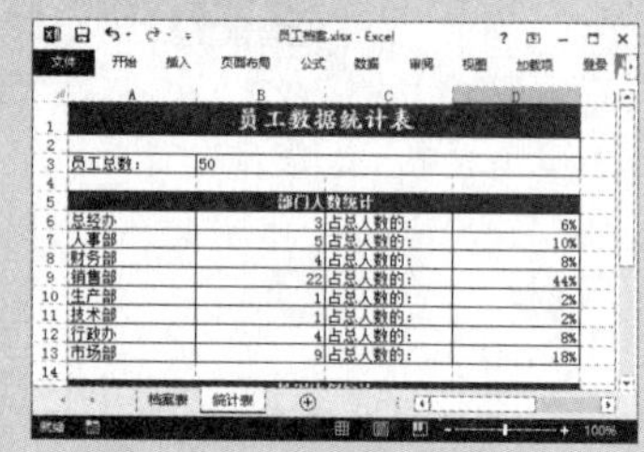

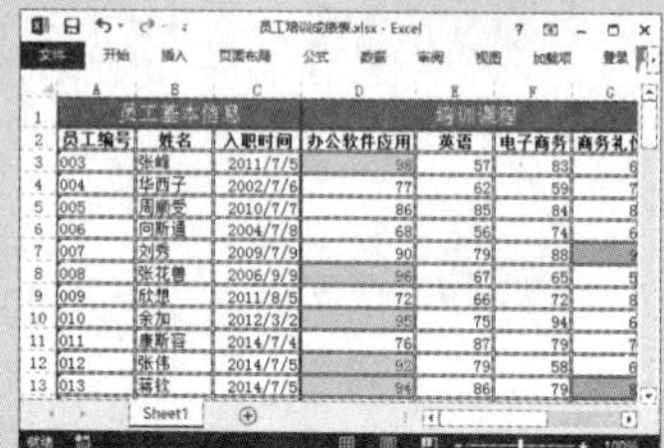

13.1 制作员工档案表

案例概述

员工档案属于人事档案类，它是用人单位了解员工情况的重要资料，也是单位或企业了解一个员工的重要手段。一个企业在进行人事管理时，首先需要制作员工档案表，这样才能提供人员调动和分配的基本参考资料，使企业人员得到合理分配。使用Excel制作员工档案表，还能省去传统人事管理中翻查档案袋的步骤，提高了工作效率。本节将重头开始制作一个员工档案表，作为企业管理和分析人力资源信息的原始数据表。

案例效果

企业的员工档案表包含的数据大同小异，只需将员工各方面的数据信息罗列在相应的列中即可。本例首先罗列出需要填写的基础数据，然后通过公式和函数计算相关数据，并对表格格式进行完善，再用函数统计人员结构信息，最后对原始数据工作表进行保护操作。

员工档案制作完成后的效果如下图所示。

员工编号	姓名	性别	部门	职务	籍贯	身份证号	出生日期	年龄	最高学历	专业	入职时间
0001	郭旭东	男	总经办	总经理	四川	513029197608020030	1976/8/2	38	硕士	电子电路	2006/7/1
0002	陈丹	女	总经办	副总经理	江苏	513029197605020021	1976/5/2	38			
0003	张峰	女	人事部	人力资源总监	重庆	445744198302055000	1983/2/5	31			
0004	华西子	女	财务部	财务总监	四川	523625198012026000	1980/12/2	33			
0005	周顺受	女	销售部	销售总监	四川	410987198204288000	1982/4/28	32			
0006	向斯通	女	生产部	生产总监	四川	251188198102013000	1981/2/1	33			
0007	刘秀	女	销售部	运营总监	四川	381837197504262127	1975/4/26	39			
0008	张花鲁	男	技术部	技术总监	四川	536351198303169255	1983/3/16	31			
0009	欣想	女	总经办	总经理助理	四川	127933198012082847	1980/12/8	33			
0010	余加	男	人事部	人力资源经理	四川	123813197207169113	1972/7/16	42			
0011	康斯容	男	人事部	人力资源助理	四川	431880198407232318	1984/7/23	30			
0012	张伟	男	人事部	人力资源专员	四川	216382198711301673	1987/11/30	26			
0013	蒋钦	女	人事部	人力资源专员	浙江	212593198508133567	1985/8/13	29			
0014	黎嘉年	女	财务部	财务经理	山西	142868198803069384	1988/3/6	26			
0015	朱笑笑	女	财务部	财务助理	四川	322420197903045343	1979/3/4	35			
0016	蒋晓冬	女	财务部	会计主管	山西	335200198210036306	1982/10/3	32			
0017	罗廷	女	行政办	行政经理	四川	406212198401019344	1984/1/1	30			
0018	唐光辉	男	行政办	行政助理	北京	214503198410313851	1984/10/31	29			
0019	谢艳	女	行政办	行政助理	浙江	127933198511100023	1985/11/10	28			
0020	童可可	女	行政办	前台	四川	513029198605020021	1986/5/2	28			
0021	马进城	女	市场部	市场部经理	四川	445744198302185000	1983/2/18	31			
0022	何军	女	市场部	市场助理	四川	523625198212086000	1982/12/8	31			
0023	胡茜茜	女	市场部	市场研究专员	四川	410987198103228000	1981/3/22	33			
0024	张孝骞	女	市场部	市场研究专员	四川	251188198107013000	1981/7/1	33			
0025	唐冬梅	女	市场部	市场拓展经理	四川	381837197508262127	1975/8/26	39			
0026	李丽	男	市场部	广告企划主管	山西	536351198306169255	1983/6/16	31			
0027	陈思华	女	市场部	美工	四川	127933198005082847	1980/5/8	34			
0028	李春梅	男	市场部	产品主管	四川	123813197204169113	1972/4/16	42			
0029	唐秀	男	市场部	产品助理	四川	431880198409232318	1984/9/23	30			
0030	刘伟丹	男	销售部	销售部经理	四川	216382198711271673	1987/11/27	26			
0031	欧董丽	女	销售部	销售助理	四川	212593198508133567	1985/8/13	29			
0032	张名	女	销售部	销售助理	四川	142868198803069384	1988/3/6	26			
0033	张毅	女	销售部	销售代表	山西	322420197903085343	1979/3/8	35			
0034	杨尚	女	销售部	销售代表	四川	335200198210236306	1982/10/23	31			

档案表　统计表

员工数据统计表			
员工总数：	50		
部门人数统计			
总经办	3	占总人数的：	6%
人事部	5	占总人数的：	10%
财务部	4	占总人数的：	8%
销售部	22	占总人数的：	44%
生产部	1	占总人数的：	2%
技术部	1	占总人数的：	2%
行政办	4	占总人数的：	8%
市场部	9	占总人数的：	18%
性别比例统计			
男员工数：	16	占总人数的：	32%
女员工数：	34	占总人数的：	68%
年龄大小统计			
平均年龄：			32
年龄最大：			42
年龄最小：			26
学历统计			
本科及以上学历：	41	占总人数的：	82%

档案表　统计表

光盘同步文件
原始文件：光盘 \ 素材文件 \ 无
结果文件：光盘 \ 结果文件 \ 第 13 章 \ 员工档案 .xlsx
教学视频：光盘 \ 教学视频文件 \ 第 13 章 \ 制作员工档案表 \13.1.1.mp4 ～ 13.1.5.mp4

制作思路

员工档案的制作思路如下。

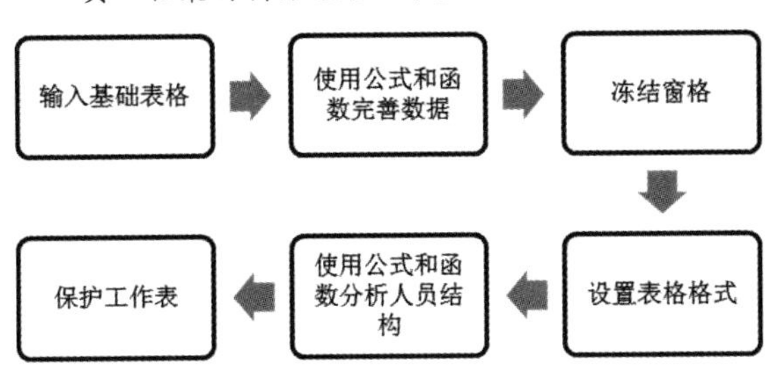

13.1.1 输入人事数据

在制作员工档案表时，首先需要新建和保存工作簿，然后在工作簿中输入员工档案需要录入的数据分类，再按列输入各员工的相关数据，具体操作步骤如下。

步骤 01 新建工作簿并输入数据。❶ 新建一个空白工作簿，并命名为“员工档案”；❷ 重命名 Sheet1 工作表的名称为“档案表”；❸ 在第一行中输入表格的各列标题；❹ 在 A2 单元格中输入文本数据类型的第一个员工的编号，如下图所示。

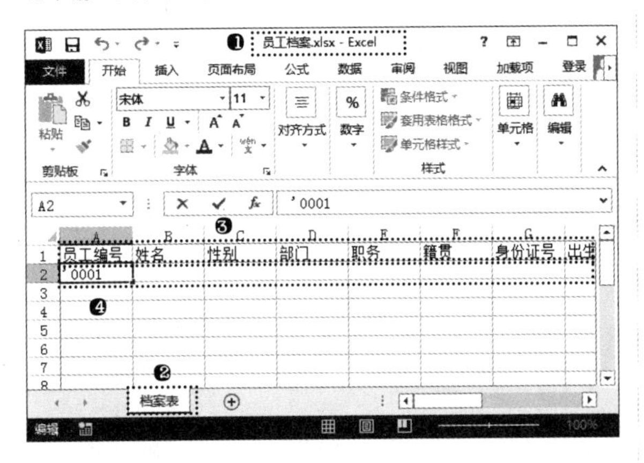

步骤 02 填充数据。❶ 选择 A2 单元格；❷ 向下拖曳控制柄填充其他员工的编号数据，如下图所示。

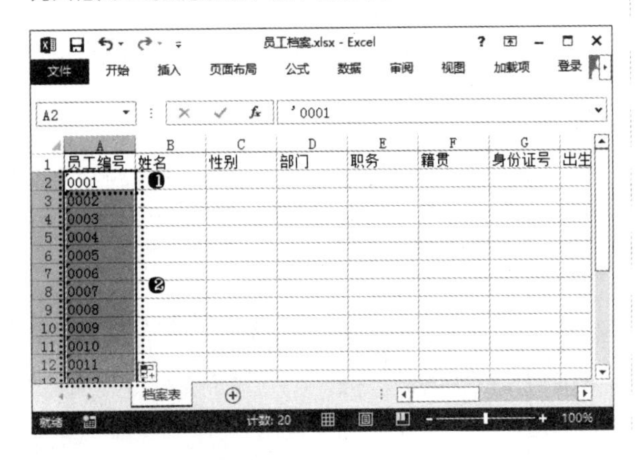

步骤 03 设置数字格式。❶ 选择 G 列单元格；❷ 在“开始”选项卡“数字”组中的下拉列表中选择“文本”选项，如下图所示。

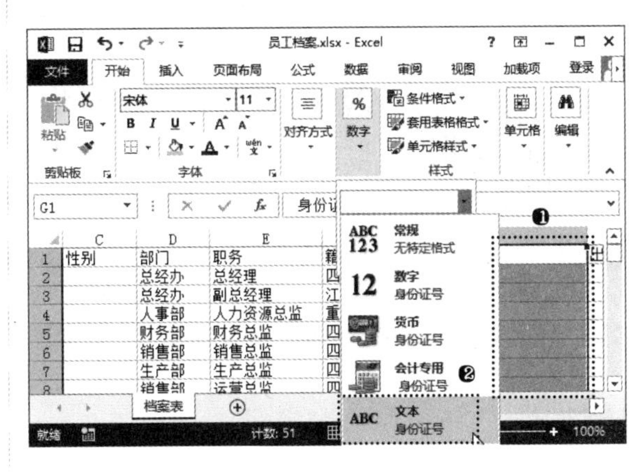

步骤 04 输入其他数据。❶ 在 G 列中依次输入各员工的身份证号码；❷ 在其他单元格中输入相应的数据，如下图所示。

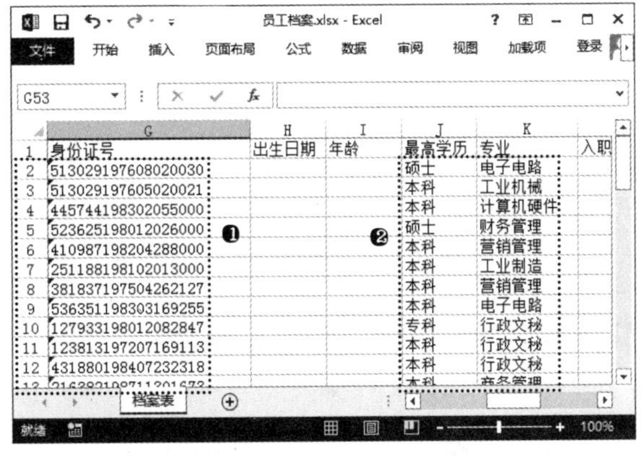

13.1.2 使用公式和函数输入数据

在员工档案表中某些信息之间具有一定的联系，当某一个信息已填入后，与之有关联的信息即可通过特定的计算方式将其计算出，例如已知身份证号码时，就可以通过函数提取身份证号中的部分数据得到此人的性别、生日、年龄等信息；当得知该员工的入职时间时就可以计算出该员工的工龄。

1. 根据身份证号码填写性别和出生年月数据

在员工档案表中已经填写了员工的身份证号码，但没有性别信息。由于身份证号中第 17 位数为性别编码，若为奇数则为男，偶数为女。因此，我们可以根据身份证号中第 17 位数的奇偶性来判断员工的性别。身份证号的第 7 ～ 14 位为出生年月日信息，故可以利用 Excel 中的函数提取出身份证号码中的出生日期信息并填入表格中，具体操作如下。

步骤 01 输入公式。❶ 选择 C2:C51 单元格区域；❷ 输入公式“=IF(MOD(MID(G2,17,1),2)=0,"女","男")”，如下页左上图所示。

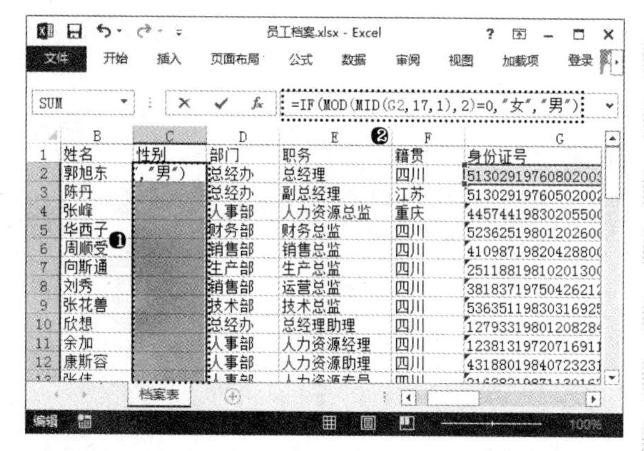

步骤 02 判断员工性别。按快捷键【Ctrl+Enter】即可在选择的单元格区域中判断出员工的性别，如下图所示。

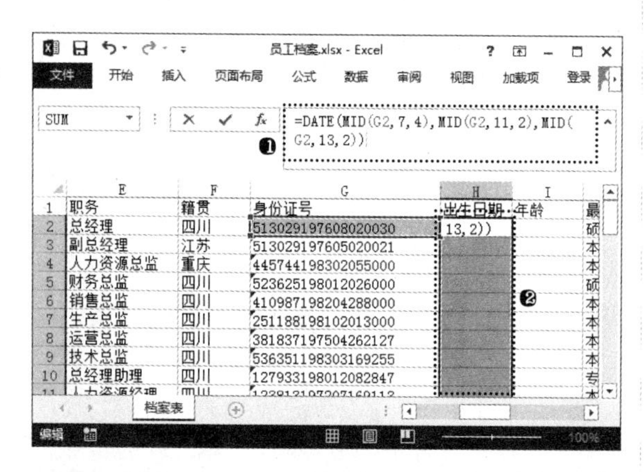

步骤 03 提取出生日期。❶选择 H2:H51 单元格区域；❷输入公式“=DATE(MID(G2,7,4),MID(G2,11,2),MID(G2,13,2))”。按快捷键【Ctrl+Enter】即可在选择的单元格区域中提取员工的出生日期，如下图所示。

高手指引——认识 MOD 函数

本例中使用 MID 函数能有效截取身份证号码中的第 17 位数，然后使用 MOD 函数来判断该数的奇偶性。MOD 函数用于计算两个数相除后的余数。其语法结构为：MOD(number, divisor)，其中的 number 为被除数，divisor 为除数。

2. 根据出生日期计算当前年龄

在员工档案表中需要明确的体现出年龄数据，根据表中的“出生日期”数据与当前日期进行计算可得到员工的当前年龄，具体方法如下。

❶选择 I2:I51 单元格区域；❷输入公式“=INT((NOW()-H2)/365)”。按快捷键【Ctrl+Enter】即可在选择的单元格区域中计算出员工的当前年龄，如下图所示。

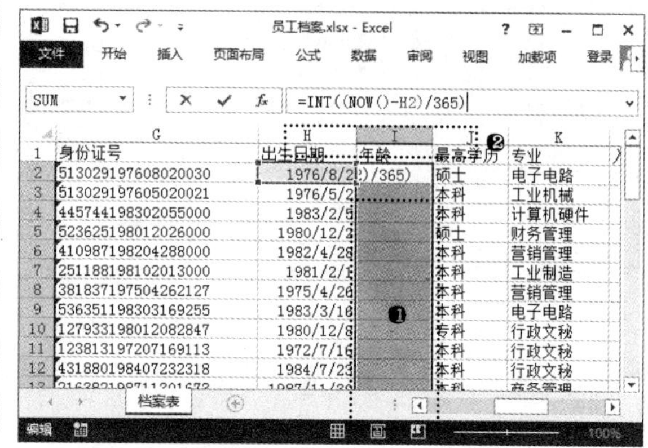

3. 根据入职时间统计工龄

在员工档案表中需要计算出“工龄”数据，通过当前日期与入职时间进行计算，可以快速填入各员工的工龄数据。

❶选择 M2:M51 单元格区域；❷输入公式“=INT((NOW()-L2)/365)”。按快捷键【Ctrl+Enter】即可在选择的单元格区域中计算出员工的工龄，如下图所示。

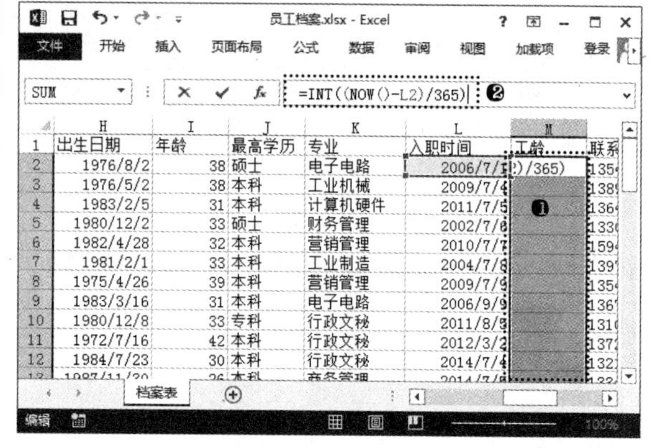

4. 根据 QQ 号获得邮箱地址

在员工档案表中需要填写 E-mail 地址，通常 QQ 号加上“@qq.com”就是 QQ 邮箱的地址，根据该关系应用公式可快速在“E-mail”列中填入相应的邮箱地址。

❶选择 P2:P51 单元格区域；❷输入公式“=O2&"@qq.com"”。按快捷键【Ctrl+Enter】即可在选择的单元格区域中得到员工的邮箱地址，如下页左上图所示。

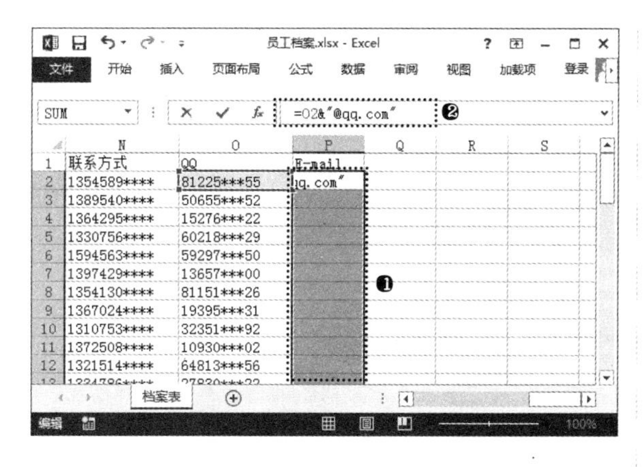

13.1.3 设置工作表

将员工档案表的相关数据输入到表格中后，还需要进一步美化工作表。另外，本例数据量较大，需要将工作表中的第一行和左侧两列数据进行冻结，以方便用户查看工作表中距离表头较远的数据与表头的对应关系。

步骤01 调整列宽。❶选择所有包含数据的列；❷单击"开始"选项卡"单元格"组中的"格式"按钮；❸在弹出的菜单中选择"自动调整列宽"命令，如下图所示。

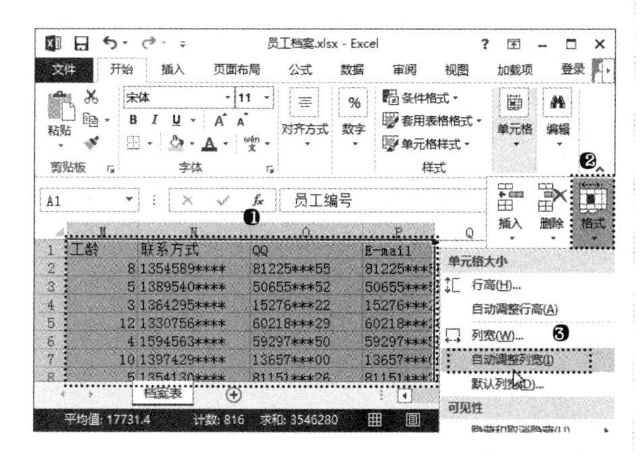

步骤02 拆分窗口。❶选择C2单元格；❷单击"视图"选项卡"窗口"组中的"拆分"按钮，如下图所示。

步骤03 冻结窗口。❶单击"视图"选项卡"窗口"组中的"冻结窗口"按钮；❷在弹出的下拉列表中选择"冻结拆分窗口"选项，如下图所示。

步骤04 套用表格样式。❶选择所有包含数据的单元格区域；❷单击"开始"选项卡"样式"组中的"套用表格格式"按钮；❸在弹出的下拉列表中选择需要的表格样式，如下图所示。

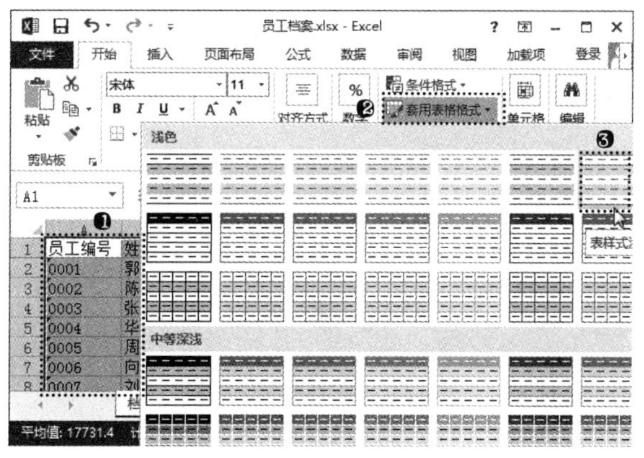

步骤05 确定表格数据来源。打开"套用表格格式"对话框，单击"确定"按钮，如下图所示。

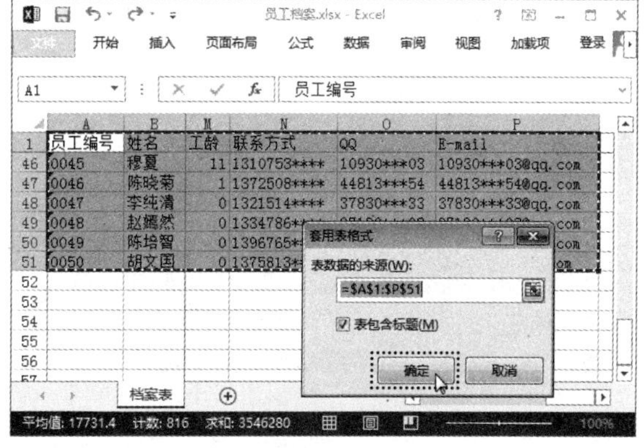

步骤06 设置表格样式选项。在"表格工具设计"选项卡的"表格样式选项"组中取消选中"筛选按钮"复选框，如下页左上图所示。

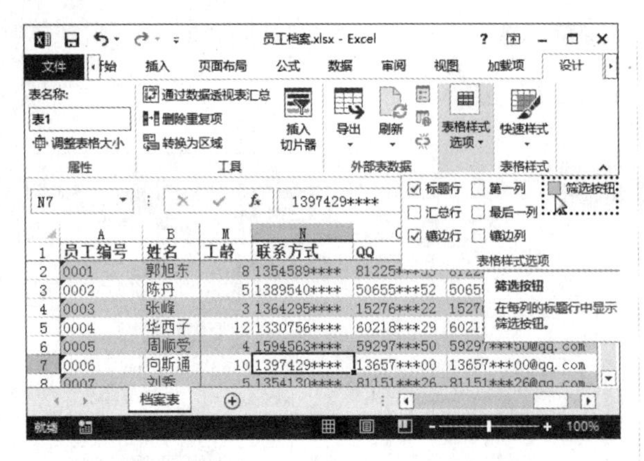

步骤07 设置对齐方式。❶选择 A1:P1 单元格区域；❷在“字体”组中设置合适的字体格式，如下图所示。

13.1.4 制作人员结构分析表

对员工档案表中的数据进行管理时，常常需要对员工的信息进行一些统计和分析，例如各部门人数统计、男女比例分析、学历分布情况等，本节将对员工档案表中的数据进行此类分析和统计。

步骤01 新建工作表并输入数据。❶新建一个空白工作表，并命名为“统计表”；❷在相应单元格中输入要统计数据的提示文字，并进行适当的修饰，如下图所示。

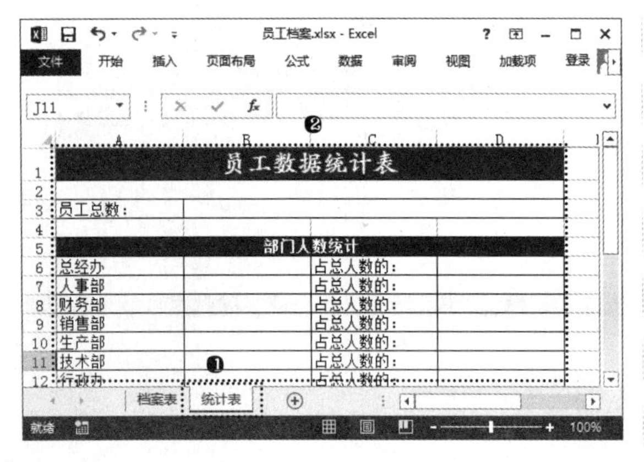

步骤02 统计员工总人数。在 B3 单元格中输入公式“=COUNTA(档案表 !A2:A51)”，统计员工总人数，如下图所示。

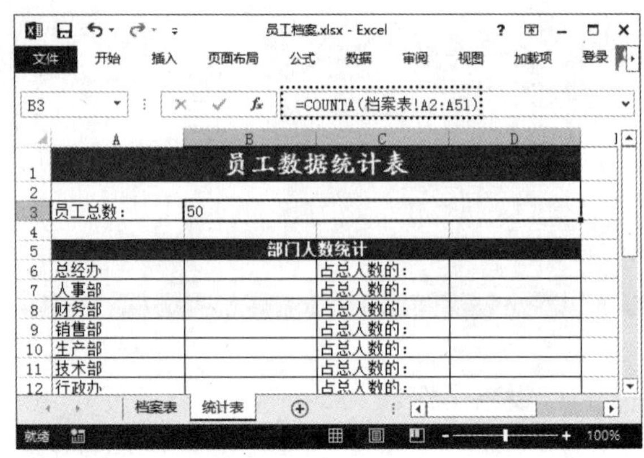

步骤03 统计总经办人数。在 B6 单元格中输入公式“=COUNTIF(档案表 !$D$2:$D$50, 统计表 !A6)”，统计总经办人数，如下图所示。

步骤04 复制公式。❶选择 B6 单元格；❷向下拖曳控制柄至 B13 单元格，复制公式，统计出其他部门的人数，如下图所示。

步骤 05 计算总经办人数占总人数的占比。在 D6 单元格中输入公式"=B6/$B$3"，计算出总经办人数占总人数的比例，如下图所示。

步骤 06 复制公式。❶ 选择 D6 单元格；❷ 向下拖曳控制柄至 D13 单元格，复制公式，计算出各部门人数占总人数的比例；❸ 单击"开始"选项卡"数字"组中的"百分比样式"按钮，如下图所示。

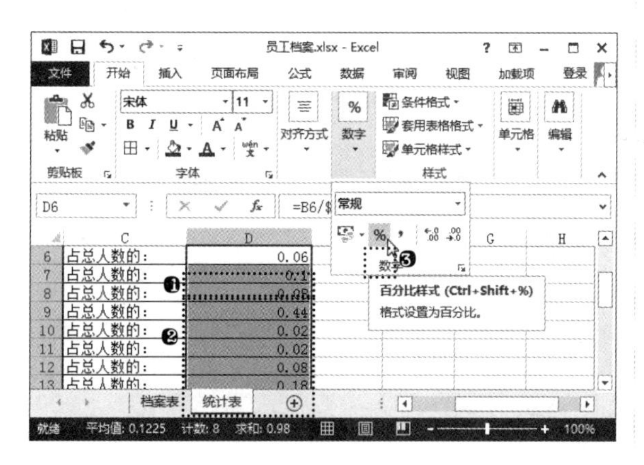

步骤 07 统计男员工人数。在 B16 单元格中输入公式"=COUNTIF(档案表!C2:C51,"男")"，统计出男员工人数，如下图所示。

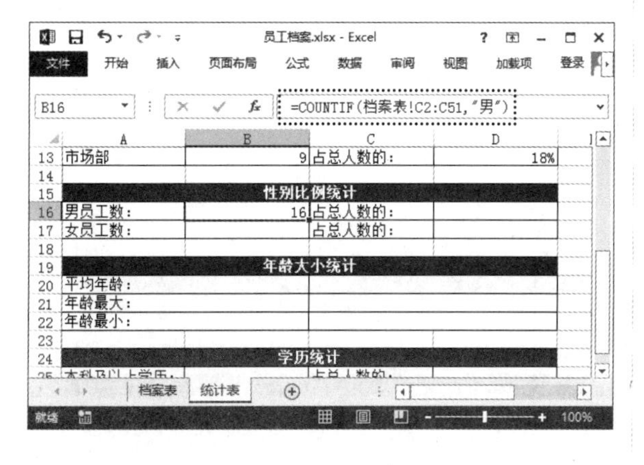

步骤 08 统计女员工人数。在 B17 单元格中输入公式"=COUNTIF(档案表!C2:C51,"女")"，统计出女员工人数，如下图所示。

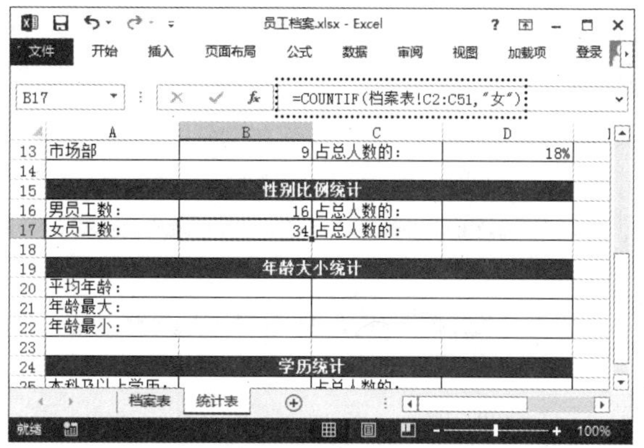

步骤 09 统计男女员工的占比。❶ 在 D16 单元格中输入公式"=B16/$B$3"，统计男员工占总人数的比例；❷ 复制 D16 单元格公式到 D17 单元格中，得到女员工占总人数的比例，如下图所示。

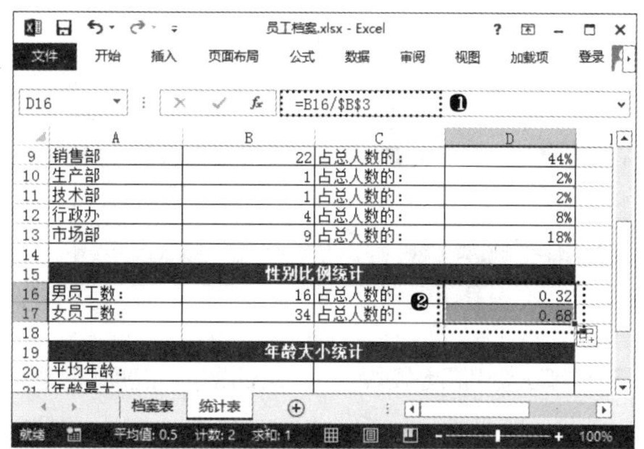

步骤 10 设置数字格式。❶ 选择 D16:D17 单元格区域；❷ 单击"开始"选项卡"数字"组中的"百分比样式"按钮，如下图所示。

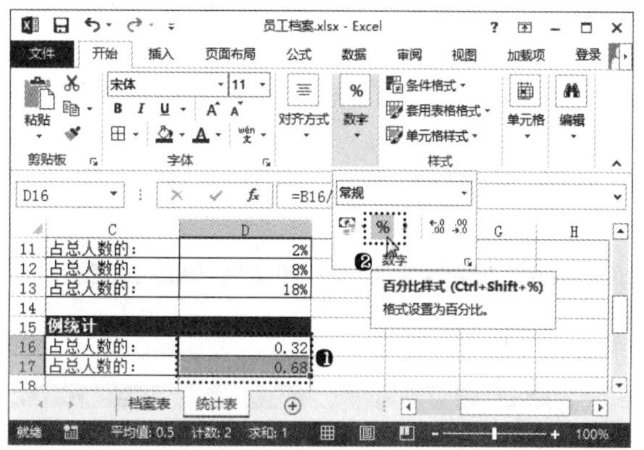

步骤 11 计算平均年龄。在 D20 单元格中输入公式“=AVERAGE(档案表!I2:I51)”，计算员工的平均年龄，如下图所示。

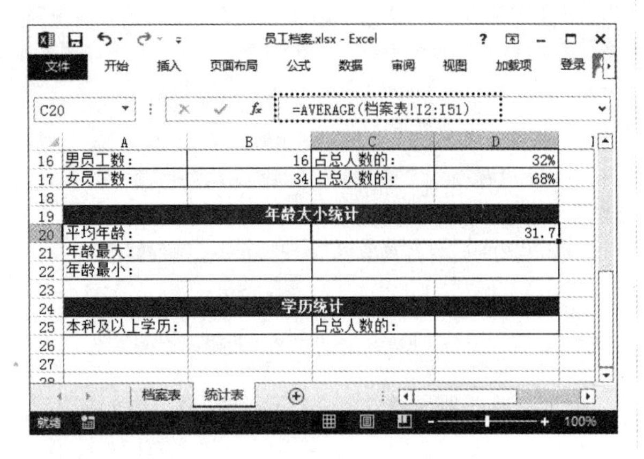

步骤 12 计算最大年龄。在 D21 单元格中输入公式“=MAX(档案表!I2:I51)”，返回员工的最大年龄，如下图所示。

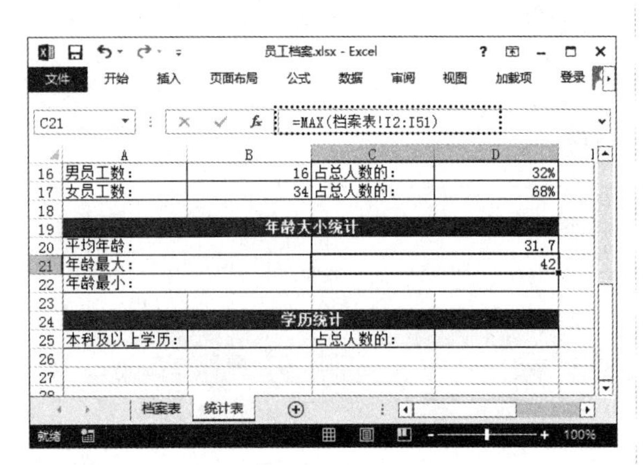

步骤 13 计算最小年龄。在 D22 单元格中输入公式“=MIN(档案表!I2:I51)”，返回员工的最小年龄，如下图所示。

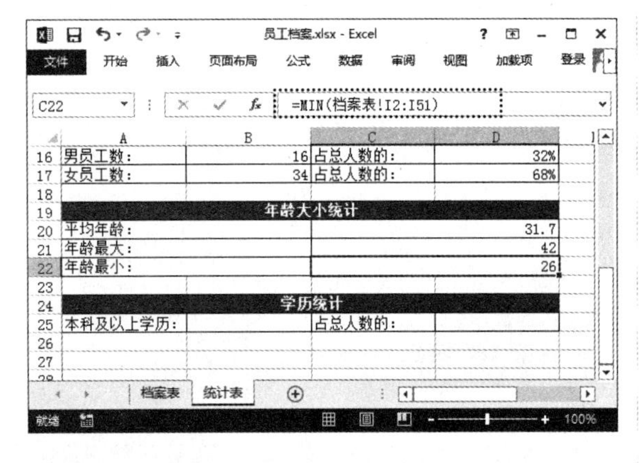

步骤 14 设置小数位数。❶选择 D20 单元格；❷单击“开始”选项卡“数字”组中的“减少小数位数”按钮，让该单元格中数字的小数位，最终显示为整数，如下图所示。

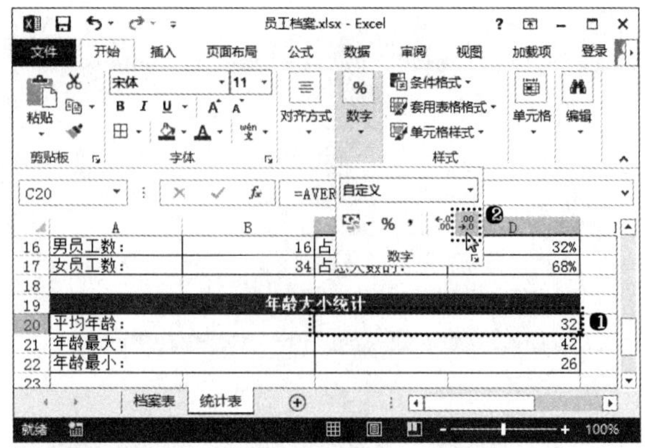

步骤 15 统计本科以上学历的人数。在本例中，本科以上学历还有硕士学历，要统计本科以上学历，需要对本科学历的人数和硕士学历的人数进行求和。在 B25 单元格中输入公式“=COUNTIF(档案表!J2:J51,"本科")+COUNTIF(档案表!J2:J51,"硕士")”，统计出本科以上学历的人数，如下图所示。

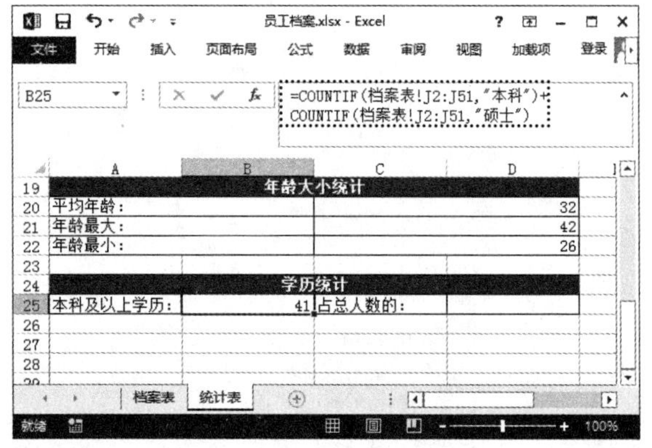

步骤 16 计算本科以上学历占比。在 D25 单元格中输入公式“=B25/B3”，即可计算出本科及本科以上学历的人数占总人数的比例，如下图所示。

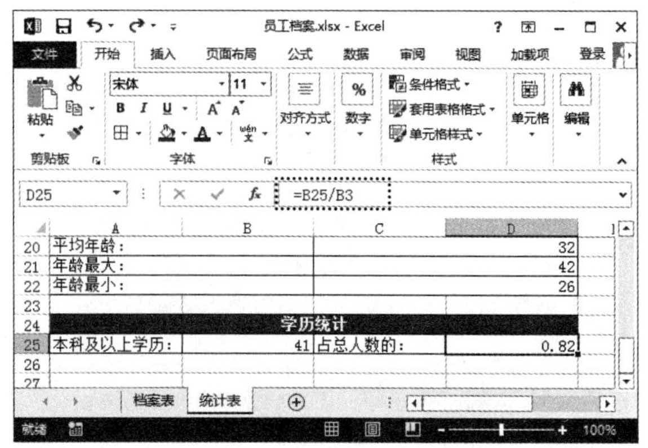

步骤 17 设置数字格式。❶选择 D25 单元格；❷单击"开始"选项卡"数字"组中的"百分比样式"按钮，如下图所示。

13.1.5 保护员工档案不被修改

由于"档案表"工作表中的数据已经确认准确，为了保证后续在该工作表基础上制作表格的准确性，希望保护该工作表中的数据不再被轻易修改，因此在关闭工作簿之前需要对其进行保护操作，具体操作步骤如下。

步骤 01 执行"保护工作表"命令。❶选择"档案表"工作表；❷单击"审阅"选项卡"更改"组中的"保护工作表"按钮，如下图所示。

步骤 02 设置保护参数。打开"保护工作表"对话框。❶选中"保护工作表即锁定的单元格内容"复选框；❷在"取消工作表保护时使用的密码"文本框中输入密码"123"；❸在"允许此工作表的所有用户进行"列表框中选中"选定锁定单元格"和"选定未锁定的单元格"复选框；❹单击"确定"按钮，如下图所示。

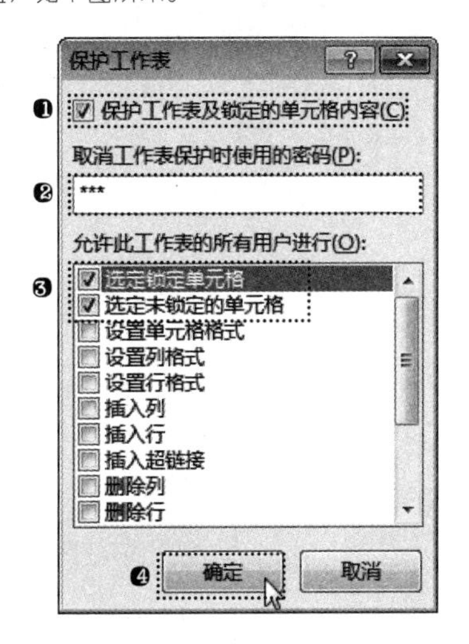

步骤 03 确认密码。打开"确认密码"对话框。❶在"重新输入密码"文本框中输入设置的密码"123"；❷单击"确定"按钮。至此，完成本案例的全部操作，如下图所示。

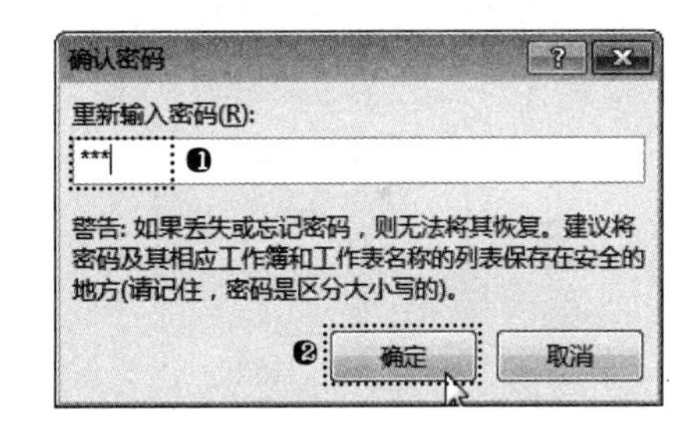

13.2 制作员工年假表

案例概述

根据 2007 年 12 月公布的《职工带薪年休假条例》，机关、团体、企业、事业单位、民办非企业单位、有雇工的个体工商户等单位的职工，凡连续工作 1 年以上的，均可享受带薪年休假。企业中员工享受的年假天数是与工龄挂钩的，这需要人事部门统计核算当年各员工可享受的年休假天数。本节将重头开始制作一个员工年假表，作为企业各职工享受年假待遇的具体参考。

案例效果

年假表中的具体数据只与工龄挂钩，另外再输入员工的简单信息，能对照说明是哪个员工的年假信息就可以了。该表格的制作过程比较简单，首先计算出员工在企业服务的时间（即工龄），然后计算出员工应该享受的年假天数即可。本例在最后还对年假数据进行了相应的分析。

员工年假表制作完成后的效果如下页左上图所示。

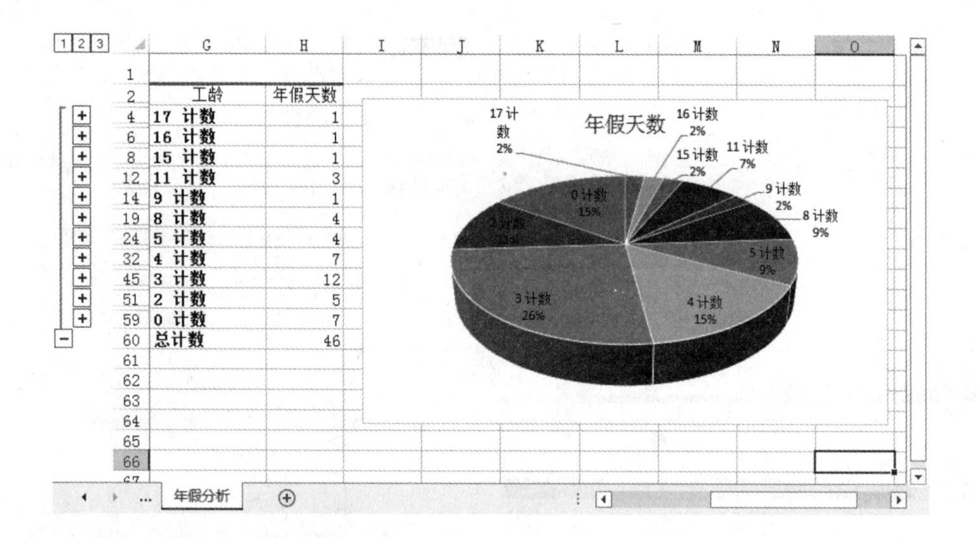

光盘同步文件

原始文件：光盘\素材文件\无

结果文件：光盘\结果文件\第 13 章\年假表 .xlsx

教学视频：光盘\教学视频文件\第 13 章\制作员工年假表\13.2.1.mp4 ～ 13.2.3.mp4

制作思路

员工年假表的制作思路如下。

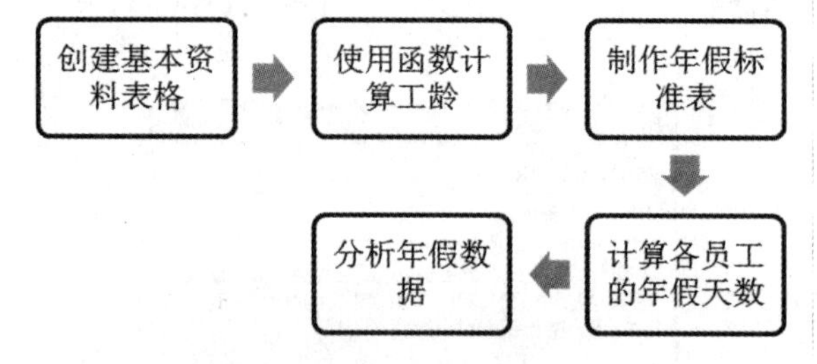

13.2.1 创建员工基本资料表格

在制作员工年假表时，首先需要新建和保存工作簿，然后在工作簿中输入年假表中需要录入的数据分类，再按列输入各员工的相关数据，具体操作步骤如下。

步骤 01 新建工作簿并合并标题行。❶新建一个空白工作簿，并命名为"年假表"；❷选择 A1:H1 单元格区域；❸单击"开始"选项卡"对齐方式"组中的"合并后居中"按钮，如下图所示。

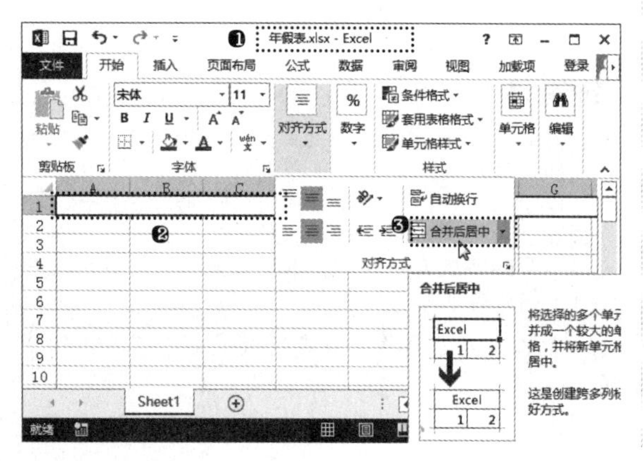

步骤 02 输入标题并设置单元格格式。❶在 A1 单元格中输入表格标题；❷单击"开始"选项卡"样式"组中的"单元格样式"按钮；❸在弹出的菜单中选择需要的单元格样式，如下图所示。

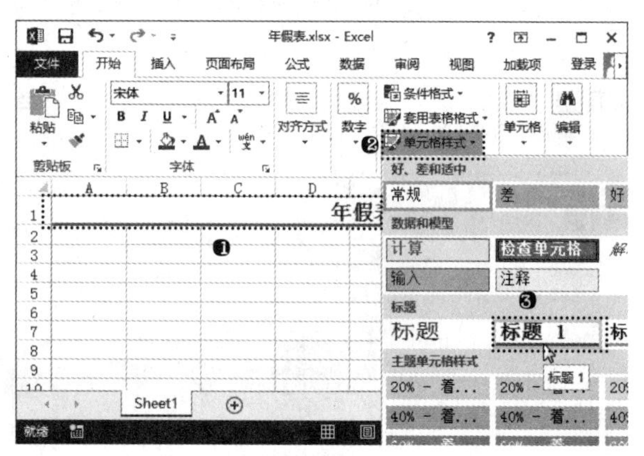

步骤 03 输入文本设置对齐方式。❶在 A2:H2 单元格区域中输入各列的标题，并选择该单元格区域；❷单击"开始"选项卡"对齐方式"组中的"居中"按钮，如下图所示。

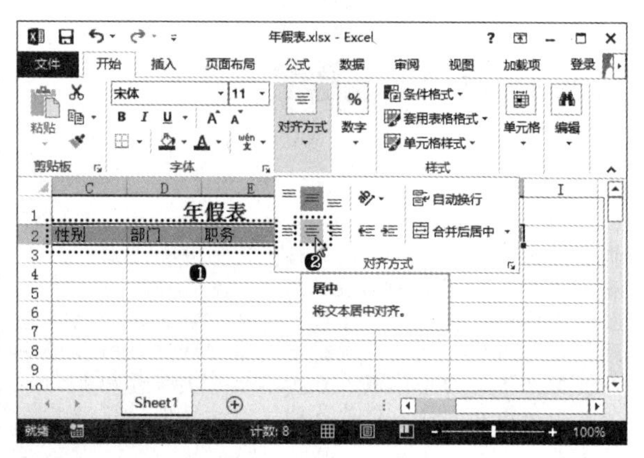

步骤 04 填充员工编号。❶ 在 A3 单元格中输入第一个员工编号，并选择该单元格；❷ 向下拖曳控制柄至 A48 单元格，填充员工编号，如下图所示。

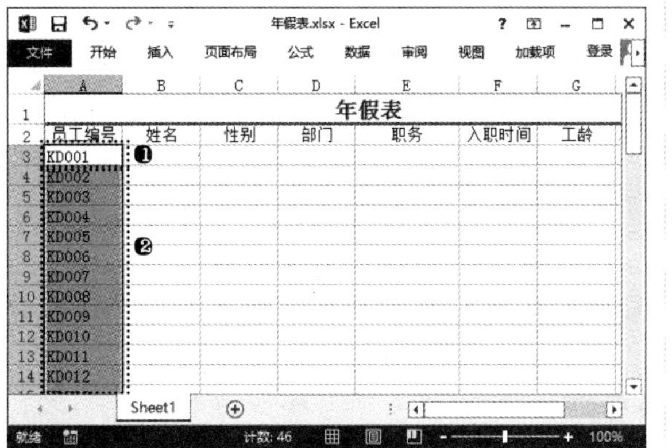

步骤 05 设置数字格式。❶ 在其他列中输入各文本信息；❷ 选择 F 列单元格；❸ 在“开始”选项卡“数字”组中的下拉列表中选择“长日期”选项，如下图所示。

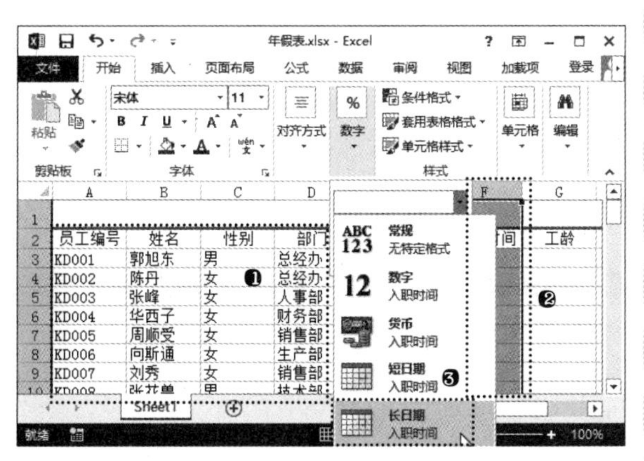

步骤 06 计算工龄。❶ 在 F 列中输入各员工的入职时间；❷ 在 G3 单元格中输入公式“=YEAR(NOW())-YEAR(F3)”，计算出第一个员工的工龄，如下图所示。

步骤 07 复制公式。❶ 选择 G3 单元格；❷ 向下拖曳控制柄至 G48 单元格，复制公式得到各员工的工龄，如下图所示。

步骤 08 单击“对话框启动器”按钮。通过函数计算的结果为日期数据，但实际需要的是数值数据，所以需要设置数字格式。❶ 选择 G3:G48 单元格区域；❷ 单击“开始”选项卡“数字”组右下角的“对话框启动器”按钮，如下图所示。

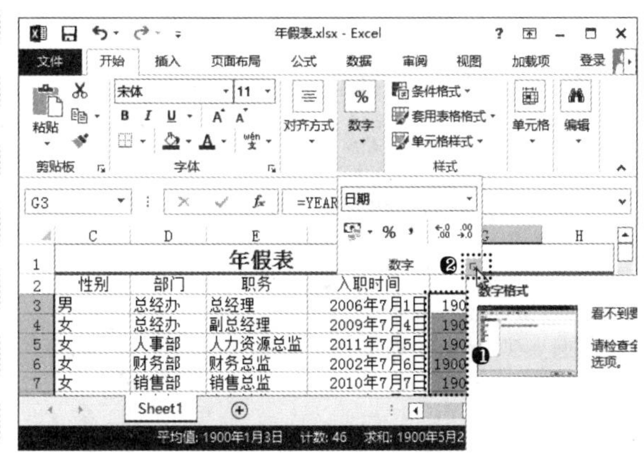

步骤 09 设置数字格式。打开“设置单元格格式”对话框。❶ 在“分类”列表框中选择“数值”选项；❷ 在“小数位数”文本框中输入 0；❸ 单击“确定”按钮，如下图所示。

步骤 10 重命名工作表。经过上一步操作，即可让 G3:G48 单元格区域中的数据显示为数值。重命名 Sheet1 工作表的名称为“年假表”，如下图所示。

高手指引——本例中的公式解析

YEAR 函数的实际返回值是 1900 ～ 9999 范围内的整数。这里因为使用了 NOW 函数，Excel 便自动将两个日期数据的差设置为日期数据，所以需要重新设置数字格式。

13.2.2 计算年假天数

每个公司对年假的规定可能有一定出入，但每个公司都有一套自己的年假休假标准。根据这个标准再结合员工的工龄即可得到员工该年的年假天数。下面先来制作年假标准表，然后根据表格数据计算出各员工的年假天数。

步骤 01 新建工作表。❶新建工作表，并重命名为“年假规则”；❷合并 A1:B1 单元格，并输入表格标题；❸单击“开始”选项卡“样式”组中的“单元格样式”按钮；❹在弹出的菜单中选择需要的单元格样式，如下图所示。

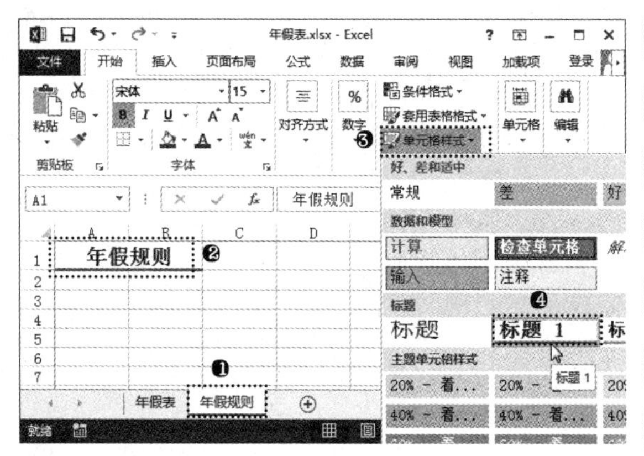

步骤 02 输入起始数据。❶在 A2:B2 单元格区域中输入各列标题；❷在 A3:A4 单元格区域中输入该列数据的起始数据，并选择这两个单元格，如右上图所示。

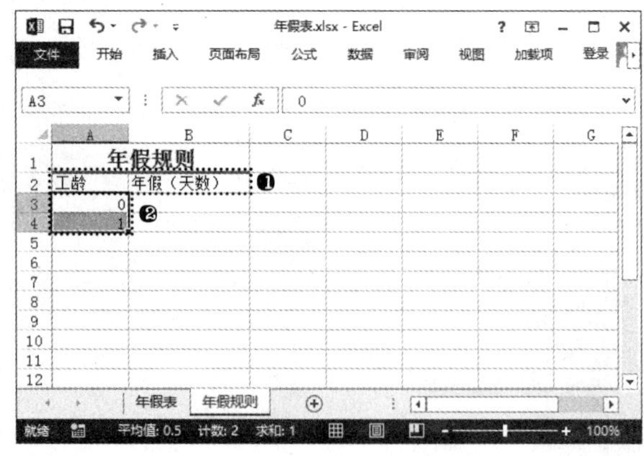

步骤 03 填充数据并输入数据。❶向下拖曳控制柄至 A23 单元格，填充工龄数据；❷在 B3:B23 单元格区域中输入工龄对应的年假天数，如下图所示。

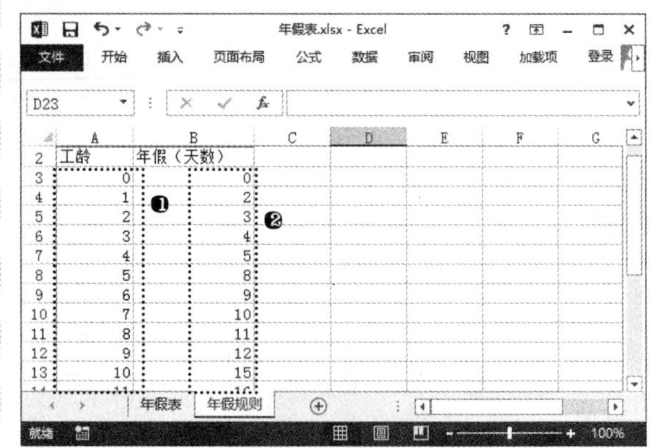

步骤 04 计算年假天数。❶选择“年假表”工作表；❷在 H3 单元格中输入公式“=VLOOKUP(G3,年假规则!$A$3:$B$23,2,1)”计算出第一个员工的年假天数，如下图所示。

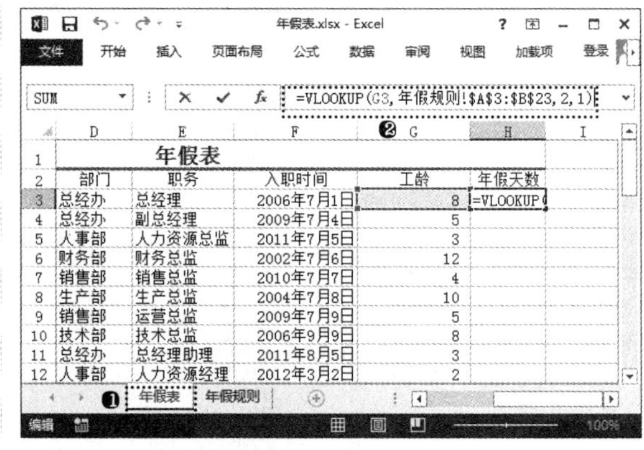

步骤 05 复制公式。向下拖曳控制柄至 H23 单元格，复制公式，得到其他员工的年假天数，如下页左上图所示。

13.2.3 分析年假数据

计算出各员工对应的年假天数后，还可以对这些数据进行分类汇总，然后使用图表表示员工可以休息的年假天数各类型的占比。

步骤 01 执行“移动或复制”命令。❶在“年假表”工作表标签上单击鼠标右键；❷在弹出的快捷菜单中选择“移动或复制”命令，如下图所示。

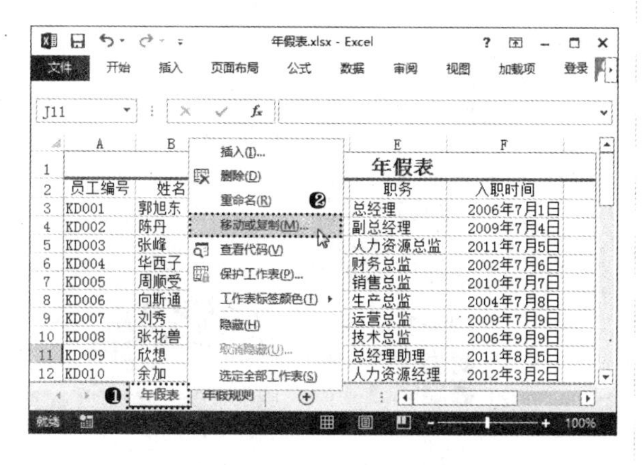

步骤 02 复制工作表。❶打开“移动或复制工作表”对话框，在“下列选定工作表之前”列表框中选择“移至最后”选项；❷选中“建立副本”复选框；❸单击“确定”按钮，如下图所示。

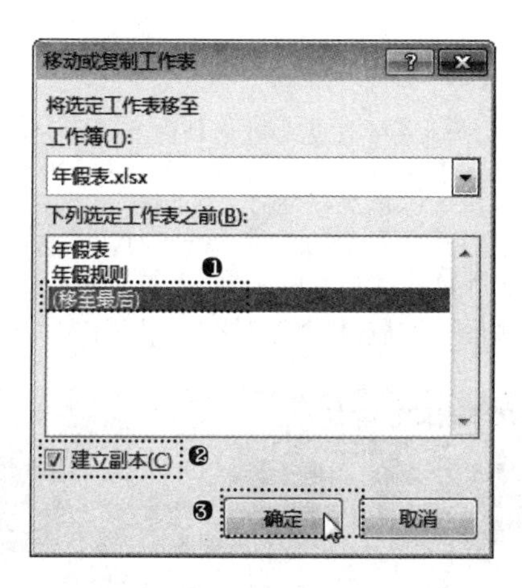

步骤 03 排序数据。❶重命名复制得到工作表的名称为“年假分析”；❷选择 H 列中的任意单元格；❸单击“数据”选项卡“排序和筛选”组中的“降序”按钮，如下图所示。

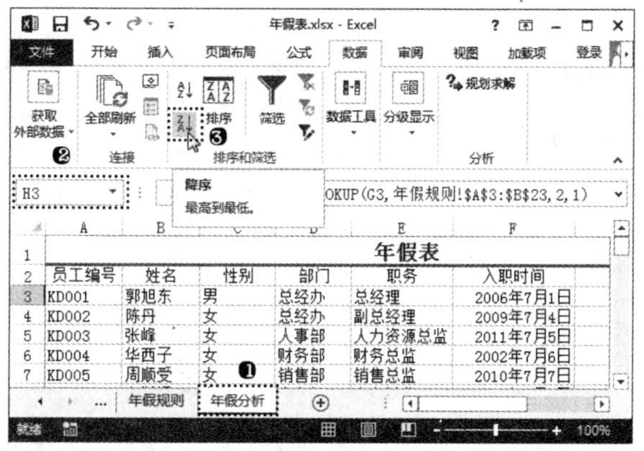

步骤 04 执行“分类汇总”命令。单击“数据”选项卡“分级显示”组中的“分类汇总”按钮，如下图所示。

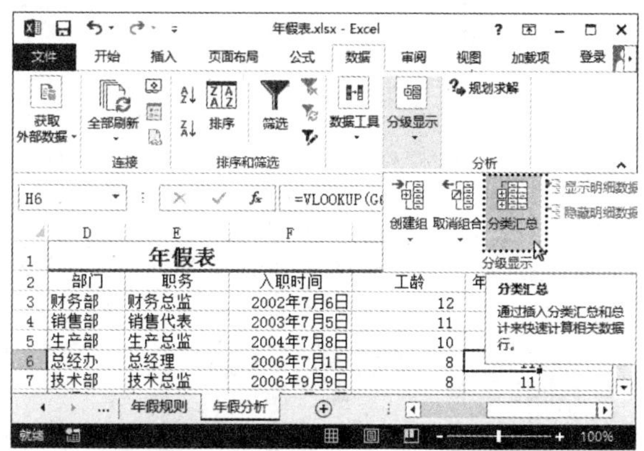

步骤 05 设置分类汇总参数。❶打开“分类汇总”对话框，在“分类字段”下拉列表中选择“年假天数”选项；❷在“汇总方式”下拉列表中选择“计数”选项；❸在“选定汇总项”列表框中选中“年假天数”复选框；❹单击“确定”按钮，如下图所示。

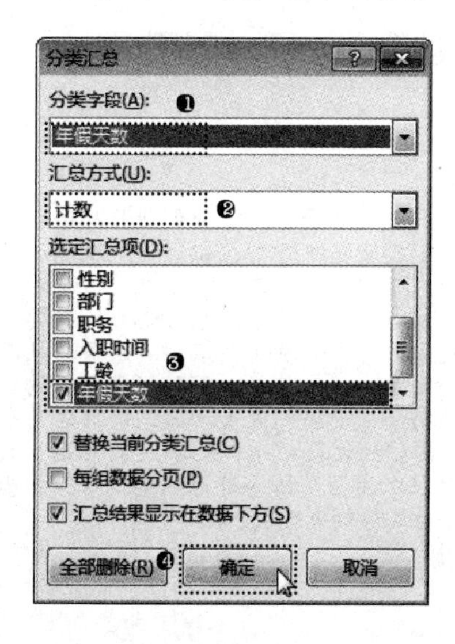

步骤 06 显示汇总数据项。经过上一步操作，即可根据年假天数字段进行汇总，统计出拥有不同年假天数的员工个数。单击工作表左侧的[2]按钮，显示二级汇总下的明细数据，如下图所示。

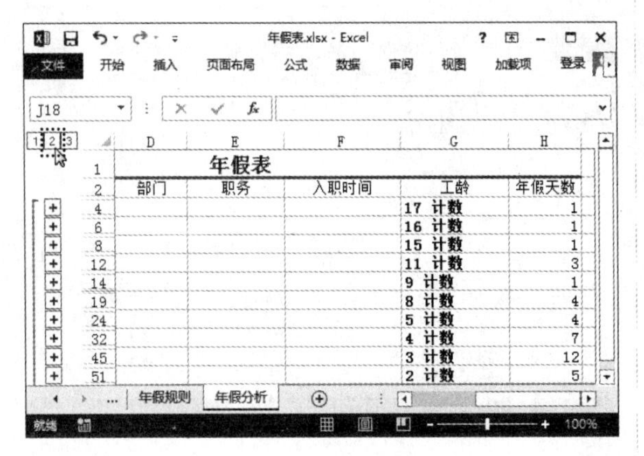

步骤 07 插入图表。❶ 选择隐藏明细数据后的 G4:H60 单元格区域；❷ 单击“插入”选项卡“图表”组中的“插入饼图或圆环图”按钮；❸ 在弹出的菜单中选择“三维饼图”命令，如下图所示。

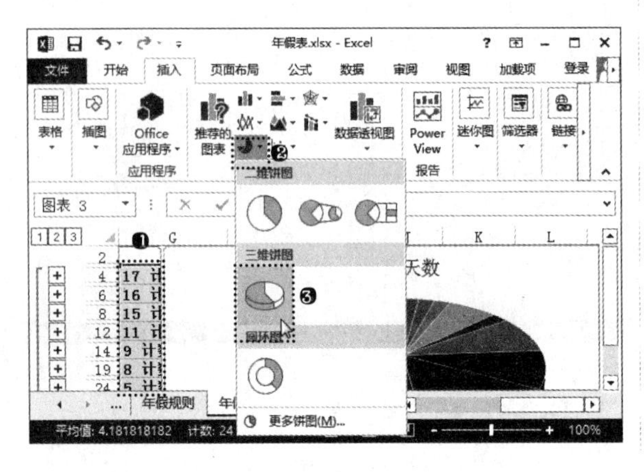

步骤 08 设置图表布局。经过上一步操作，即可根据汇总后的数据创建三维饼图。❶单击“图表工具设计”选项卡“图表布局”组中的“快速布局”按钮；❷ 在弹出的下拉列表中选择需要的布局选项，如下图所示。

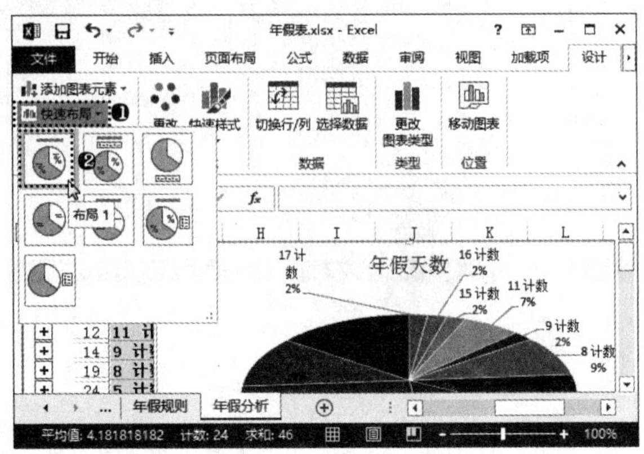

步骤 09 更改图表颜色。❶ 单击“图表工具 设计”选项卡“图表样式”组中的“更改颜色”按钮；❷ 在弹出的下拉列表中选择需要的颜色样式。至此，完成本案例的制作，如下图所示。

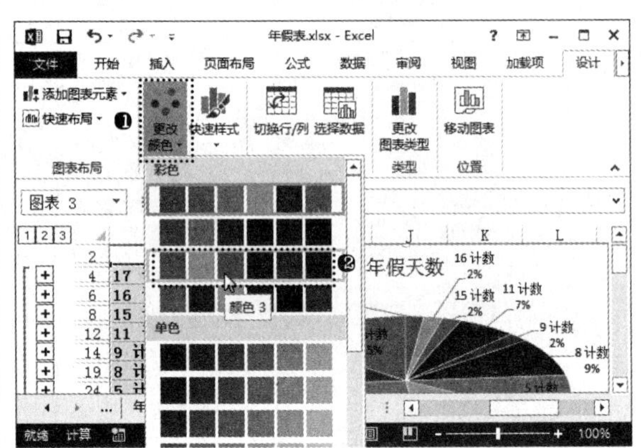

13.3 制作员工培训成绩表

案例概述

目前，大部分企业为了开展业务及培育人才的需要，会不定期对员工进行在职培训，以便让员工更新已有知识，开拓技能，改进其动机、态度和行为。对员工进行培训，可以让员工适应企业的新要求，更好地胜任现职工作或担负更高级别的职务，从而增强企业的综合实力。企业花费时间和精力展开培训活动，肯定要检验员工的培训效果。通过培训成绩表可以对公司员工培训的效果做一个基本了解，根据成绩结果，还可以将员工岗位或薪资进行调整。本节将重头开始制作一个员工培训成绩表。

案例效果

员工培训成绩表就是对培训内容进行分数统计的表格，首先需要根据培训的内容来规划表格的基本框架，然后输入各项成绩即可。本例还使用函数统计了各员工的总成绩和平均成绩，并进行了名次排序，最后通过条件格式设置了相关单元格数据。

员工培训成绩表制作完成后的效果如下页左上图所示。

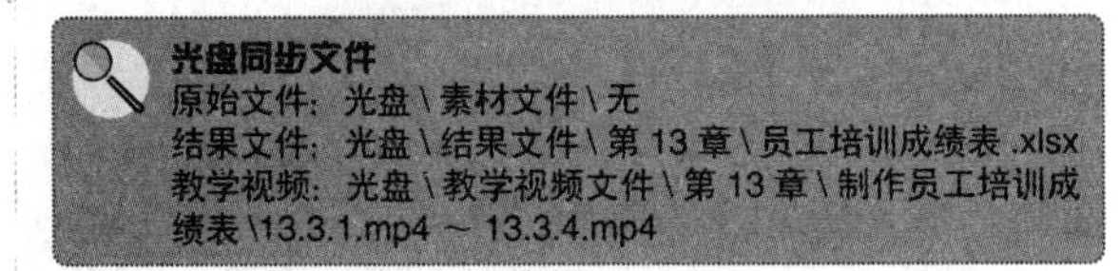
光盘同步文件
原始文件：光盘 \ 素材文件 \ 无
结果文件：光盘 \ 结果文件 \ 第 13 章 \ 员工培训成绩表 .xlsx
教学视频：光盘 \ 教学视频文件 \ 第 13 章 \ 制作员工培训成绩表 \13.3.1.mp4 ～ 13.3.4.mp4

员工基本信息			培训课程				成绩统计		
员工编号	姓名	入职时间	办公软件应用	英语	电子商务	商务礼仪	总成绩	平均成绩	名次
003	张峰	2011/7/5	98	57	83	69	307	76.75	16
004	华西子	2002/7/6	77	62	59	76	274	68.5	36
005	周顺受	2010/7/7	86	85	84	80	335	83.75	5
006	向斯通	2004/7/8	68	56	74	61	259	64.75	39
007	刘秀	2009/7/9	90	79	88	92	349	87.25	1
008	张花兽	2006/9/9	96	67	65	55	283	70.75	31
009	欣想	2011/8/5	72	66	72	85	295	73.75	20
010	余加	2012/3/2	95	75	94	68	332	83	6
011	康斯容	2014/7/4	76	87	79	73	315	78.75	13
012	张伟	2014/7/5	92	79	58	63	292	73	23
013	蒋钦	2014/7/5	94	86	79	88	347	86.75	2
014	蔡嘉年	2010/7/4	89	81	78	66	314	78.5	14
015	朱笑笑	2012/7/4	95	79	86	85	345	86.25	3
016	蒋晓冬	2009/7/5	73	84	67	83	307	76.75	16
017	罗廷	2012/7/6	85	85	71	69	310	77.5	15
018	唐光辉	2014/7/7	76	61	60	61	258	64.5	40
019	谢艳	2012/7/8	81	78	98	79	336	84	4
020	章可可	2014/7/9	79	72	86	57	294	73.5	22
021	马进城	2010/9/9	95	70	68	63	296	74	19
022	何军	2011/9/10	75	86	70	64	295	73.75	20
023	胡茜茜	2013/9/11	72	89	87	58	306	76.5	18
024	张孝骞	2014/9/12	90	86	64	84	324	81	8

制作思路

员工培训成绩表的制作思路如下。

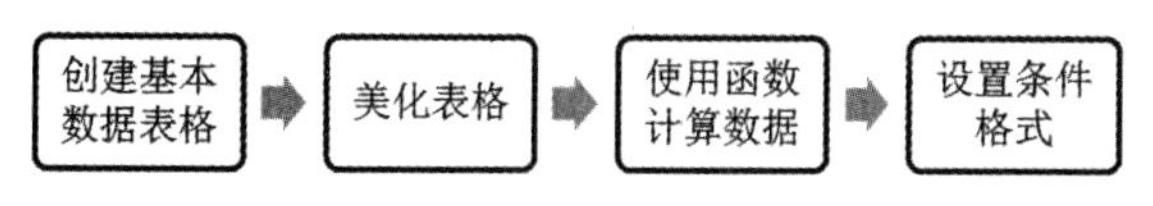

13.3.1 输入与编辑数据

员工培训成绩表需要实时录入培训成绩，从而对公司员工的努力程度做一定的了解。在制作员工培训成绩表时，首先需要输入文本和编辑文本格式，让表格更加完善。

步骤01 新建工作簿并输入基本信息。❶新建一个空白工作簿，并命名为“员工培训成绩表”；❷输入表格标题内容；❸选择 A3:A46 单元格区域；❹单击“开始”选项卡“数字”组右下角的“对话框启动器”按钮，如下图所示。

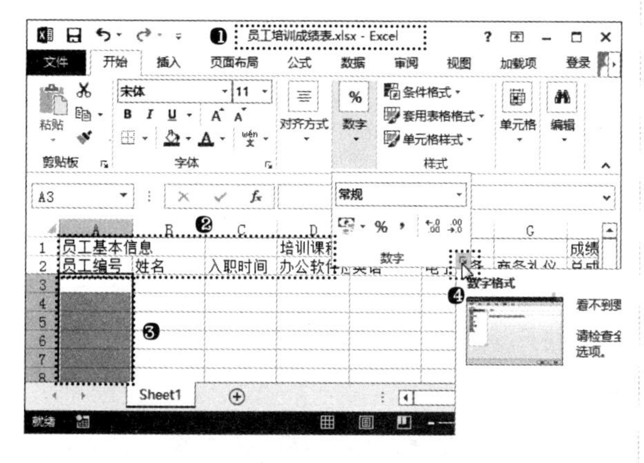

步骤02 设置数字格式。❶打开“设置单元格格式”对话框，在“数字”选项卡“分类”列表框中选择“文本”选项；❷单击“确定”按钮，如右上图所示。

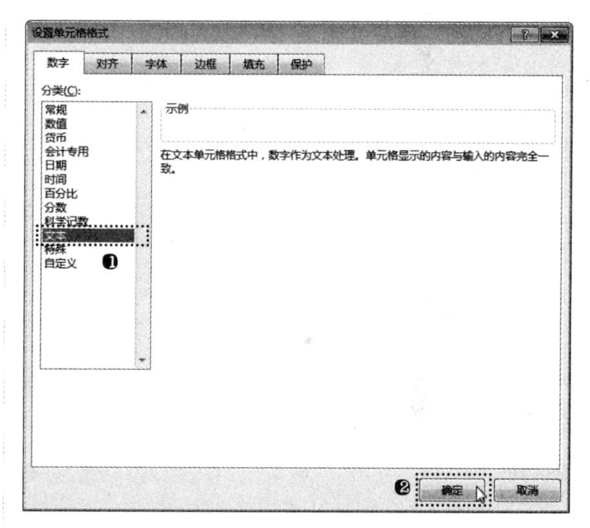

步骤03 设置数字格式。❶选择 C 列单元格；❷在“数字”组中的下拉列表中选择“短日期”选项，如下图所示。

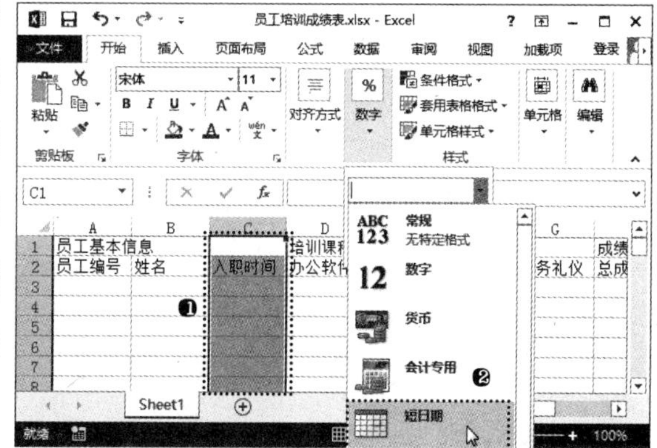

步骤04 执行“数据验证”命令。❶选择 D3:J46 单元格区域；❷单击“数据”选项卡“数据工具”组中的“数据验证”按钮，如下页左上图所示。

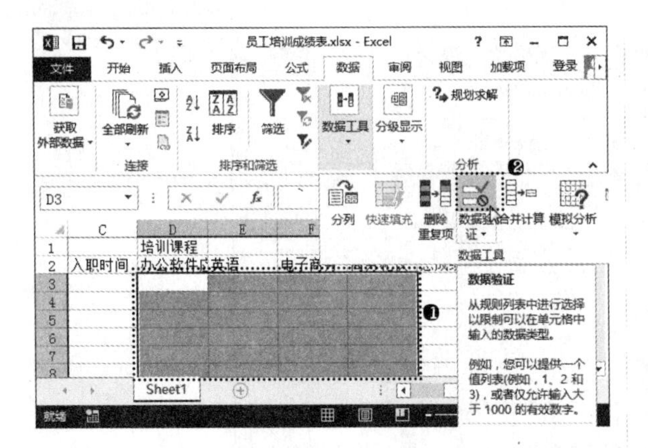

步骤05 设置验证条件。❶打开“数据验证”对话框，在“设置”选项卡的“允许”下拉列表中选择“整数”选项；❷在“数据”下拉列表中选择“介于”选项；❸在“最小值”和“最大值”文本框中分别输入最小和最大数值，如下图所示。

步骤06 输入出错警告提示。❶单击“出错警告”选项卡；❷在“样式”下拉列表中选择“警告”选项；❸在“错误信息”列表框中输入提示内容；❹单击“确定”按钮，如下图所示。

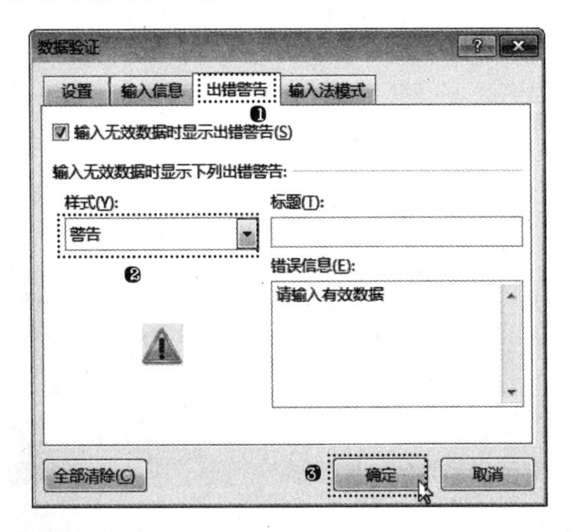

步骤07 输入数据。在表格中输入各基础数据，如右上图所示。

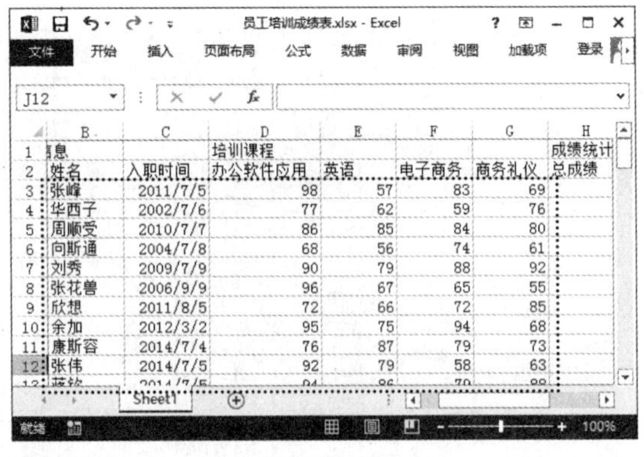

步骤08 合并单元格。❶依次选择标题行要合并的单元格区域；❷单击“开始”选项卡“对齐方式”组中的“合并后居中”按钮，如下图所示。

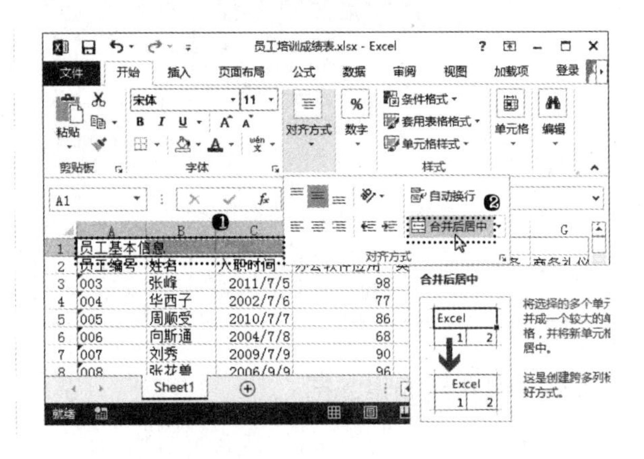

13.3.2 美化表格

在单元格中输入数据后，为了让表格效果更好，可以对其进行简单设置。下面为单元格设置合适的字体格式和边框效果。

步骤01 单击“对话框启动器”按钮。❶选择所有包含数据的单元格区域；❷单击“开始”选项卡“对齐方式”组右下角的“对话框启动器”按钮，如下图所示。

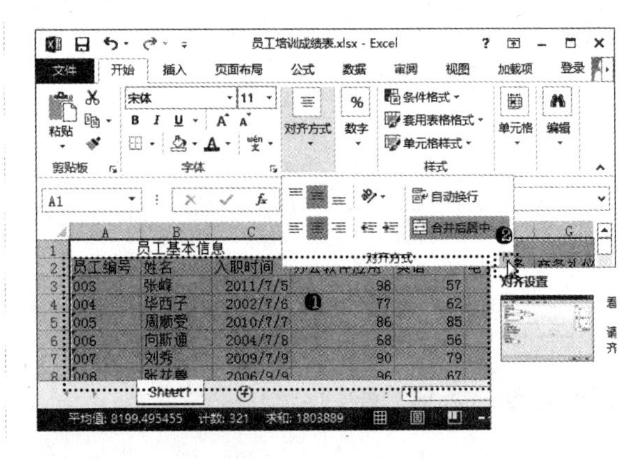

步骤02 设置边框。❶打开“设置单元格格式”对话框，单击“边框”选项卡；❷在“颜色”下拉列表中选择蓝色；❸在“样式”列表框中选择“粗线”样式；❹单击“外边框”

按钮；❺在“样式”列表框中选择“双线”样式；❻单击“内部”按钮；❼单击“确定”按钮，如下图所示。

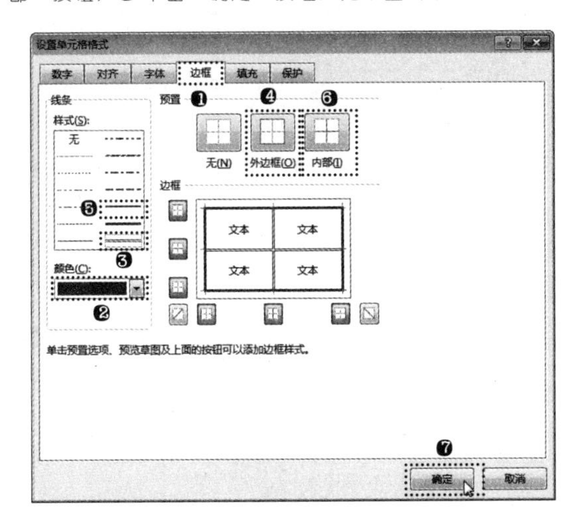

步骤03 设置标题格式。❶选择 A1:J1 单元格区域；❷在“字体”组中设置合适的字体格式，如下图所示。

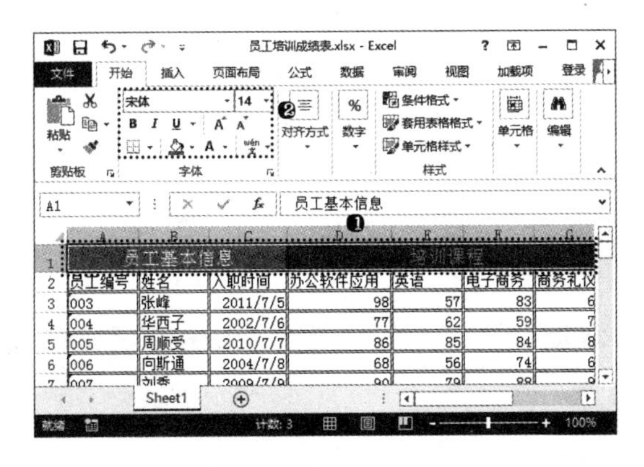

步骤04 设置对齐方式。❶选择 A2:J2 单元格区域；❷在“开始”选项卡的“字体”组中设置合适的字体格式；❸单击“对齐方式”组中的“居中”按钮，如下图所示。

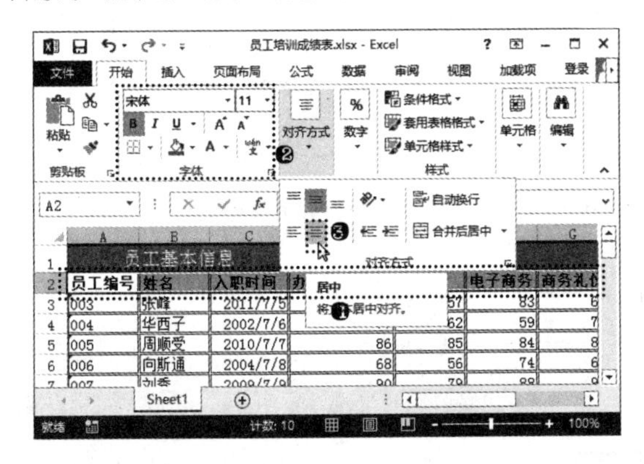

13.3.3 使用函数计算数据

在培训成绩表中，一般需要使用 SUN 函数计算各员工的总成绩，并使用 AVERAGE 函数计算其平均成绩。然后使用 RANK 函数对成绩进行排名。

RANK 函数用于返回一个数字在数字列表中的排位，数字的排位是其大小与列表中其他值的比值顺序。RANK 函数的语法结构为：RANK(number,ref,[order])，其中的参数 number 表示需要找到排位的数字；参数 ref 表示数字列表数组或对数字列表的引用，ref 中的非数值型值将被忽略；参数 order 用于指明排位的方式，如果为或省略，Excel 对数字的排位是基于 ref 为按照降序排列的列表。如果不为零，Excel 对数字的排位是基于 ref 为按照升序排列的列表。

步骤01 计算总成绩。在 H3 单元格中输入公式“=SUM(D3:G3)”，计算第一位员工的总成绩，如下图所示。

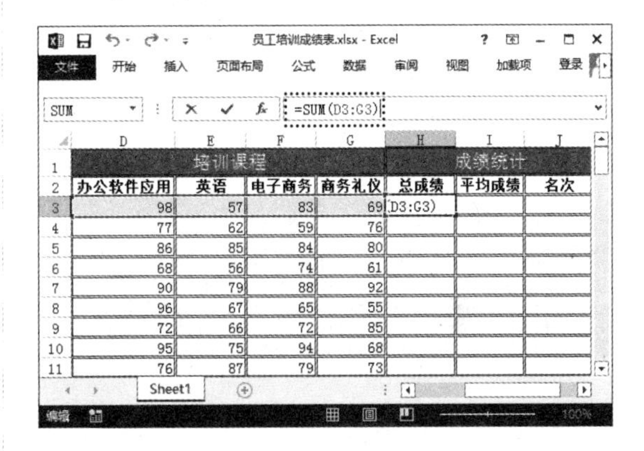

步骤02 计算平均成绩。在 I3 单元格中输入公式“=AVERAGE(D3:G3)”,计算第一位员工的平均成绩,如下图所示。

步骤03 计算排名。在 J3 单元格中输入公式“=RANK(H3,$H$3:$H$46)”，计算第一位员工的成绩排名，如下图所示。

步骤04 复制公式。❶选择 H3:J3 单元格区域；❷向下拖曳控制柄至 J46 单元格，即可得到其他员工的总成绩、平均成绩和排名，如下图所示。

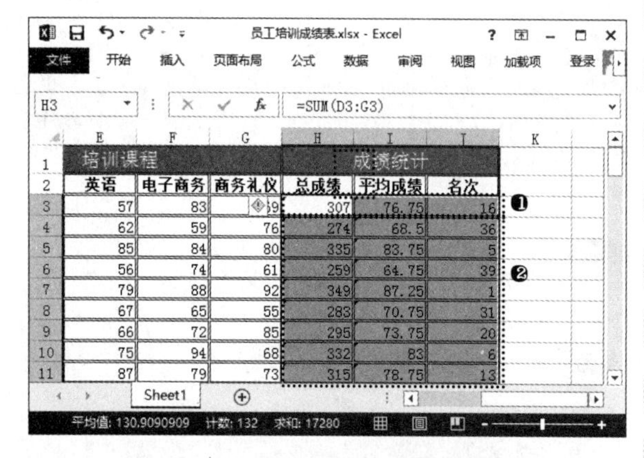

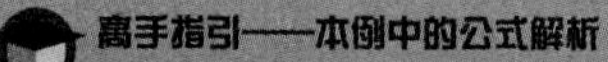

高手指引——本例中的公式解析

使用 RANK 函数进行排名时，如果数字列表数组区域不使用绝对引用，向下填充公式时，数组区域将会发生改变，这样，在结果值中就会出现多个相同的排名。为了让结果值变得唯一，需要在数组区域中添加“$”符号。

13.3.4 设置条件格式

表格数据整理后，还可以通过设置条件格式对表中的不同数据进行分析。本例要突出显示办公应用软件成绩大于 90 的数据；商务礼仪成绩最高的前 10% 名；并用数据条显示总成绩的高低；最后对排名相同的数据进行标示。

步骤01 突出显示单元格数据。❶选择 D3:D46 单元格区域；❷单击“开始”选项卡“样式”组中的“条件格式”按钮；❸在弹出的菜单中选择“突出显示单元格规则”命令；❹在弹出的下级子菜单中选择“大于”命令，如下图所示。

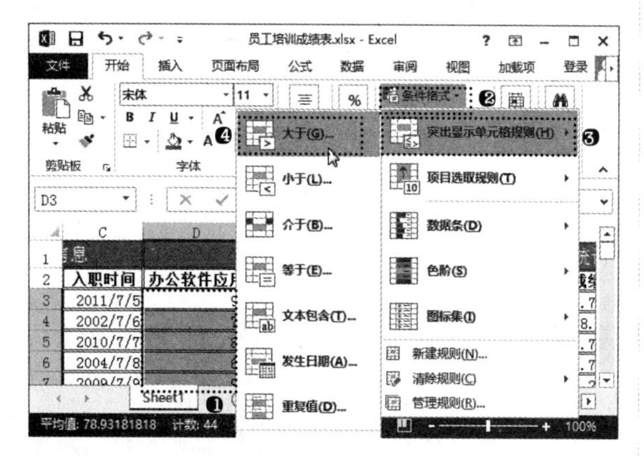

步骤02 设置条件格式。❶打开“大于”对话框，在文本框中输入 90；❷在“设置为”下拉列表中选择“黄填充色深黄色文本”选项；❸单击“确定”按钮，即可为该列成绩大于 90 的单元格应用设置的格式，如右上图所示。

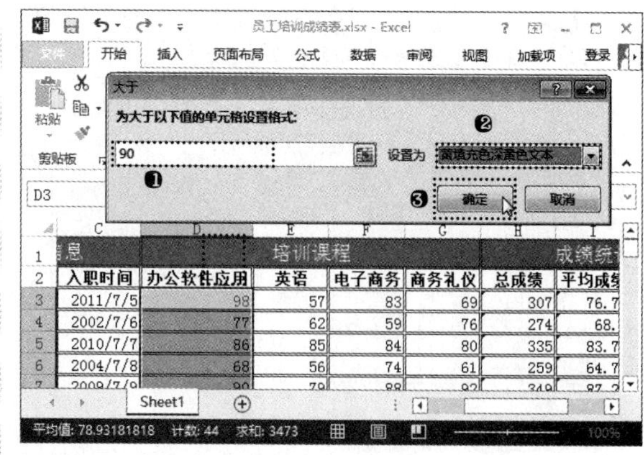

步骤03 使用项目选取规则。❶选择 G3:G46 单元格区域；❷单击“开始”选项卡“样式”组中的“条件格式”按钮；❸在弹出的菜单中选择“项目选取规则”命令；❹在弹出的下级子菜单中选择“前 10%”命令，如下图所示。

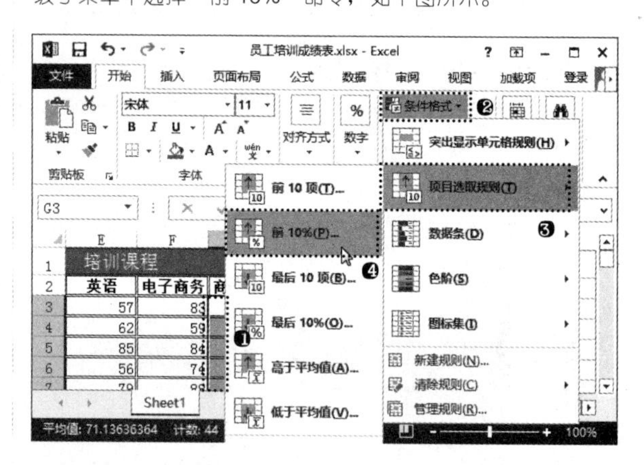

步骤04 设置条件格式。打开“前 10%”对话框，❶在“设置为”下拉列表中选择“浅红填充色深红色文本”选项；❷单击“确定”按钮，即可为商务礼仪成绩位于前 10% 项的单元格应用设置的格式，如下图所示。

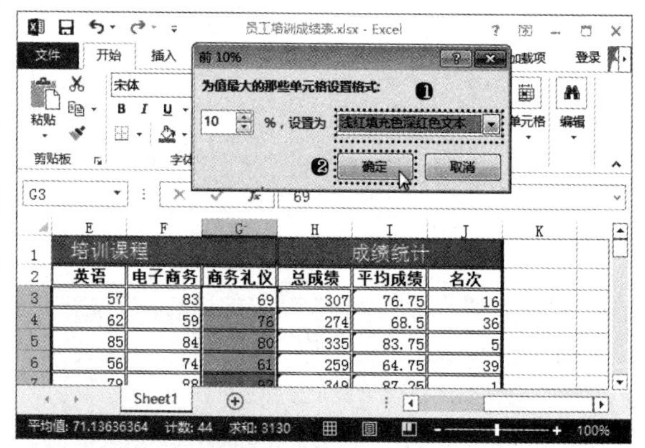

步骤05 使用数据条。❶选择 H3:H46 单元格区域；❷单击“开始”选项卡“样式”组中的“条件格式”按钮；❸在弹出的菜单中选择“数据条”命令；❹在弹出的下级子菜单中选择需要的数据条样式，如下页左上图所示。

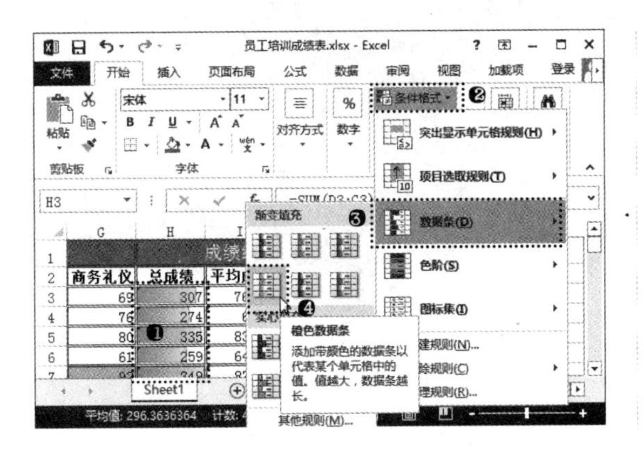

步骤 06 设置重复值。❶选择 J3:J46 单元格区域；❷单击"样式"组中的"条件格式"按钮；❸在弹出的菜单中选择"突出显示单元格规则"命令；❹在弹出的下级子菜单中选择"重复值"命令，如下图所示。

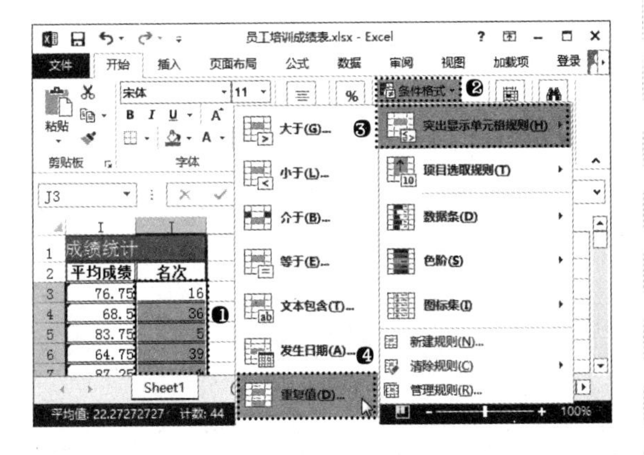

步骤 07 设置条件格式。打开"重复值"对话框，❶在"设置为"下拉列表中选择"红色文本"选项；❷单击"确定"按钮，即可为名次相同的单元格应用设置的格式，如下图所示。

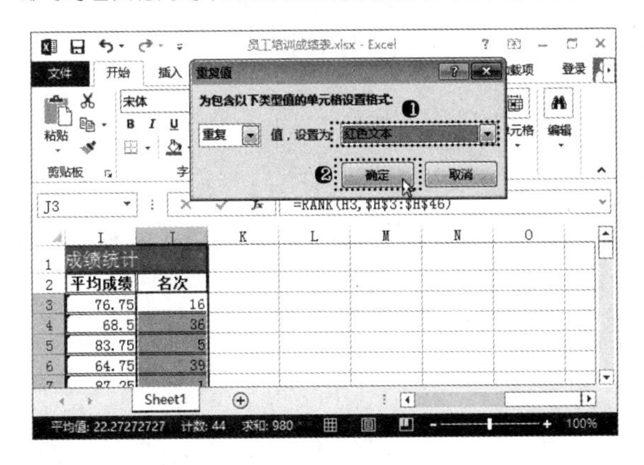

步骤 08 设置边框颜色。为了让表格中数据的分布更明显，需要分隔基本信息、考试成绩和统计成绩。此时，手动绘制边框线比较快。❶单击"开始"选项卡"字体"组中的"边框"按钮；❷在弹出的菜单中选择"线条颜色"命令；❸在弹出的下级子菜单中选择需要的线条颜色，如下图所示。

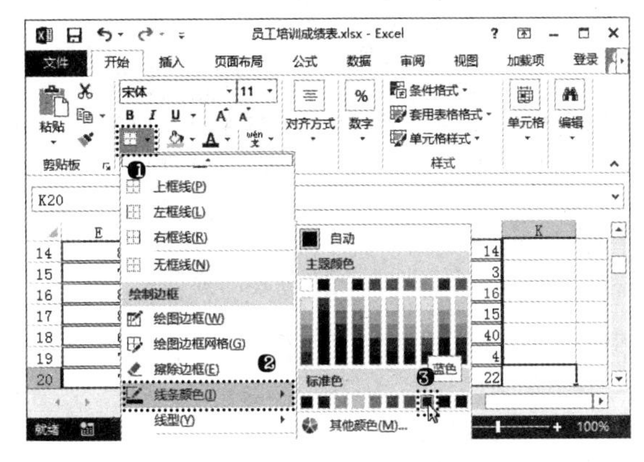

步骤 09 设置边框线型。❶单击"开始"选项卡"字体"组中的"边框"按钮；❷在弹出的菜单中选择"线型"命令；❸在弹出的下级子菜单中选择需要的线条形状，如下图所示。

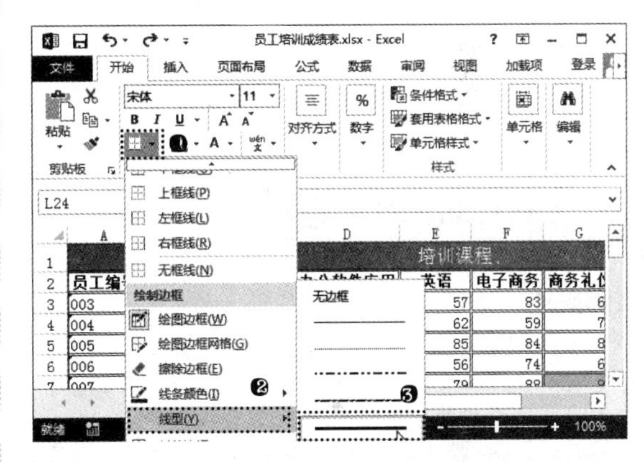

步骤 10 绘制边框。在需要绘制边框线的单元格边框上按住鼠标左键并拖曳，即可绘制边框线。分别在 C 列和 D 列之间、G 列和 H 列之间绘制边框线，完成本案例的制作，如下图所示。

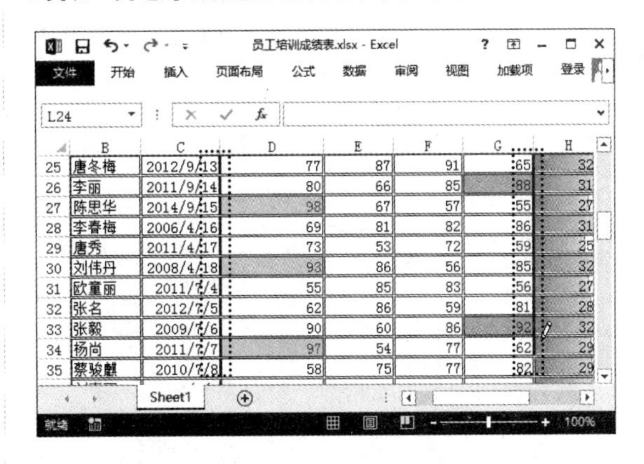

本章小结

本章结合实例主要讲述了 Excel 在人力资源领域中的应用。本章的重点是让读者掌握函数的使用、数据的分类汇总、条件格式的设置等。通过本章的学习，让读者熟练掌握人力资源管理中常见表格的制作和数据分析的方法。

第 14 章 Excel 在会计财务管理日常工作中的应用

本章导读

财务的核心工作是运作企业的资金、处理企业各方面的经济关系。遵守相应的财务流程，使公司运作与个人工作更得心应手。财务管理中涉及到的表格比较多，使用 Excel 进行会计财务管理工作，可以使用公式和函数快速计算财务数据，还可以使用图表根据数据快速反映企业某一特定日期的财务状况和某一会计期间的经营成果。本章通过制作明细科目汇总表、固定资产管理表和财务报表，介绍 Excel 2013 在会计财务管理日常工作中的应用知识。

知识要点

- ◆ 输入表格内容
- ◆ 操作工作表
- ◆ 使用函数
- ◆ 引用单元格
- ◆ 使用公式
- ◆ 设置表格格式

案例展示

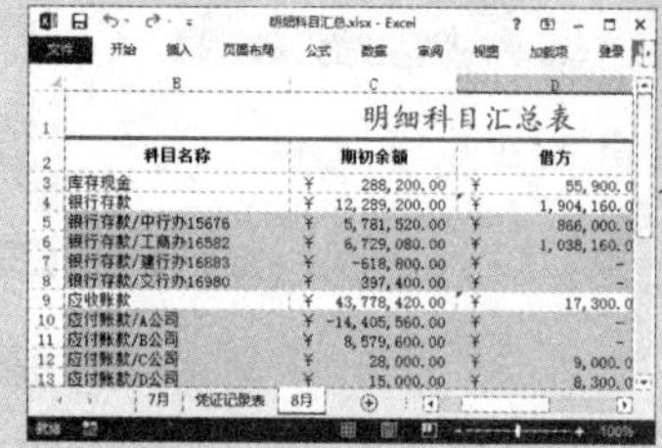

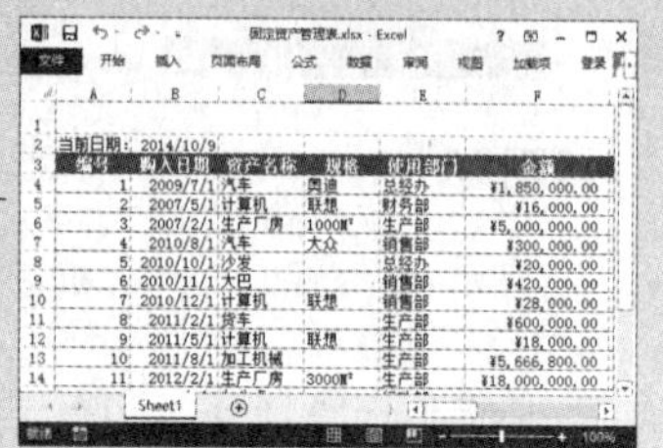

14.1 制作明细科目汇总表

案例概述

企业财务管理分为财务支出和财务收入两部分，会计财务管理的日常工作范畴包括日常账务处理、财务报表管理、资产管理、工资核算、财务分析与预算、出纳管理、往来管理和购销存管理等，其中账务处理是整个财务管理流程中最基本，也是最重要的部分。会计财务管理日常工作中经常涉及到的账务处理有记账凭证、凭证记录、明细科目汇总表等。本节将以明细科目汇总表的制作过程为例，为读者介绍在 Excel 中处理日常账务数据的相关操作。

案例效果

明细科目汇总表是根据凭证记录表编制的，用于记录本期各会计科目的发生额，并对各账户的本期借方发生额与贷方发生额进行计算。明细科目汇总表中的数据一般包括科目代码、科目名称、借方、贷方、期初余额和期末余额等，其中期初余额是指上月的明细科目汇总表的“期末余额”。因此在制作明细科目汇总表时，需要提供本月的凭证记录表和上月的明细科目汇总表数据。本例在制作时，首先通过复制上一期的明细科目汇总表得到表格的基本框架，然后修改其中的数据为当月的数据，再通过公式进行计算。

明细科目汇总表制作完成后的效果，如右图所示。

明细科目汇总表

代码	科目名称	期初余额	借方	贷方	期末余额
1001	库存现金	¥ 288,200.00	¥ 55,900.00	¥ 34,800.00	¥ 309,300.00
1002	银行存款	¥ 12,289,200.00	¥ 1,904,160.00	¥ 1,283,900.00	¥ 12,909,460.00
100201	银行存款/中行办15676	¥ 5,781,520.00	¥ 866,000.00	¥ -	¥ 6,647,520.00
100202	银行存款/工商办16582	¥ 6,729,080.00	¥ 1,038,160.00	¥ -	¥ 7,767,240.00
100203	银行存款/建行办16883	¥ -618,800.00	¥ -	¥ 734,400.00	¥ -1,353,200.00
100204	银行存款/交行办16980	¥ 397,400.00	¥ -	¥ 549,500.00	¥ -152,100.00
1122	应收账款	¥ 43,778,420.00	¥ 17,300.00	¥ 3,581,280.00	¥ 40,214,440.00
112201	应付账款/A公司	¥ -14,405,560.00	¥ -	¥ 3,547,880.00	¥ -17,953,440.00
112202	应付账款/B公司	¥ 8,579,600.00	¥ -	¥ 33,400.00	¥ 8,546,200.00
112203	应付账款/C公司	¥ 28,000.00	¥ 9,000.00	¥ -	¥ 37,000.00
112204	应付账款/D公司	¥ 15,000.00	¥ 8,300.00	¥ -	¥ 23,300.00
1401	材料采购	¥ 18,840.00	¥ 670.00	¥ -	¥ 19,510.00
1403	原材料	¥ -56,600.00	¥ -	¥ 54,300.00	¥ -110,900.00
2201	应付票据	¥ 13,000.00	¥ 8,000.00	¥ -	¥ 5,000.00
2211	应付职工薪酬	¥ -854,620.00	¥ 5,639,830.00	¥ -	¥ -6,494,450.00
2221	应交税费	¥ 149,237.00	¥ 59,306.00	¥ -	¥ 89,931.00
6001	主营业务收入	¥ 14,243,000.00	¥ -	¥ 3,535,000.00	¥ 17,778,000.00
6601	销售费用	¥ -15,890.00	¥ 36,860.00	¥ -	¥ -52,750.00
6602	管理费用	¥ -196,350.00	¥ 905,800.00	¥ -	¥ -1,102,150.00
660201	管理费用/办公费	¥ 400.00	¥ 3,580.00	¥ -	¥ -3,180.00
660202	管理费用/房租费	¥ 87,700.00	¥ 536,980.00	¥ -	¥ -449,280.00
660203	管理费用/水电费	¥ 16,000.00	¥ 5,680.00	¥ -	¥ 10,320.00
660204	管理费用/差旅费	¥ -300,450.00	¥ 359,560.00	¥ -	¥ -660,010.00
6401	主营业务成本	¥ -115,100.00	¥ 354,800.00	¥ -	¥ -469,900.00

7月 凭证记录表 8月

光盘同步文件
原始文件：光盘\素材文件\无
结果文件：光盘\结果文件\第 14 章\明细科目汇总 .xlsx
教学视频：光盘\教学视频文件\第 14 章\制作明细科目汇总表\14.1.1.mp4 ～ 14.1.3.mp4

制作思路

明细科目汇总表的制作思路如下。

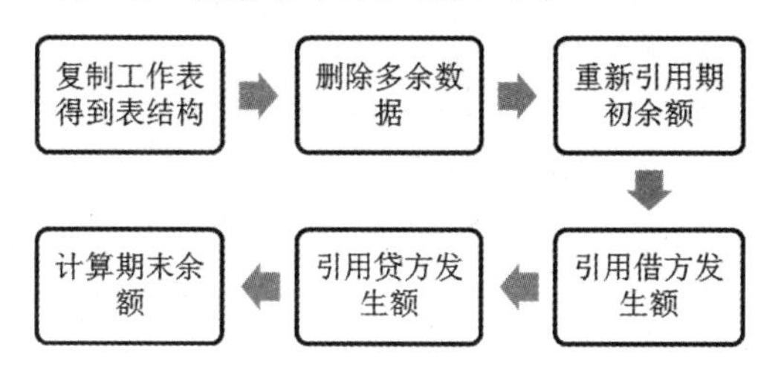

14.1.1 制作明细科目汇总表结构

在制作明细科目汇总表时，首先需要建立明细科目汇总表的表格框架，制作方法也很简单，这里直接根据提供的上一期明细科目汇总表进行修改，具体操作步骤如下。

步骤01 执行“移动或复制”命令。打开“明细科目汇总”工作簿。❶在“7月”工作表标签上单击鼠标右键；❷在弹出的快捷菜单中选择“移动或复制”命令，如下图所示。

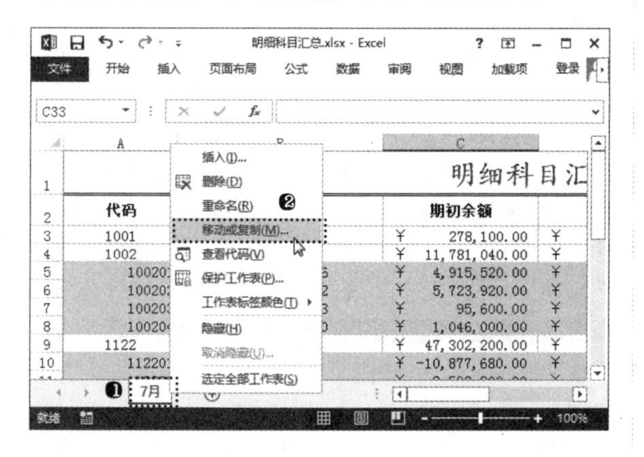

步骤02 复制工作表。打开“移动或复制工作表”对话框。❶在“下列选定工作表之前”列表框中选择“移至最后”选项；❷选中“建立副本”复选框；❸单击“确定”按钮，如下图所示。

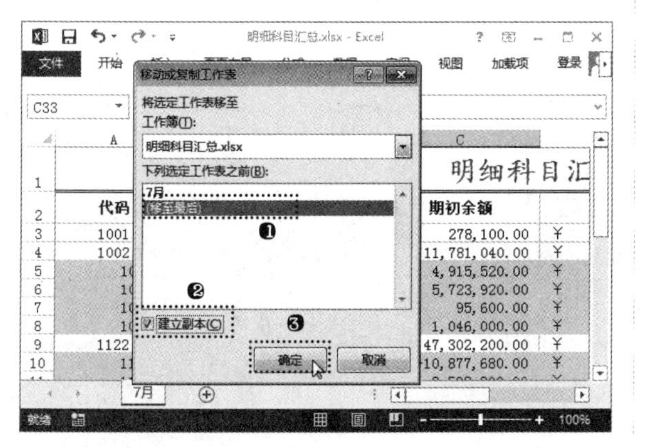

步骤03 重命名工作表。重命名复制生成的工作表名称为“8月”，如下图所示。

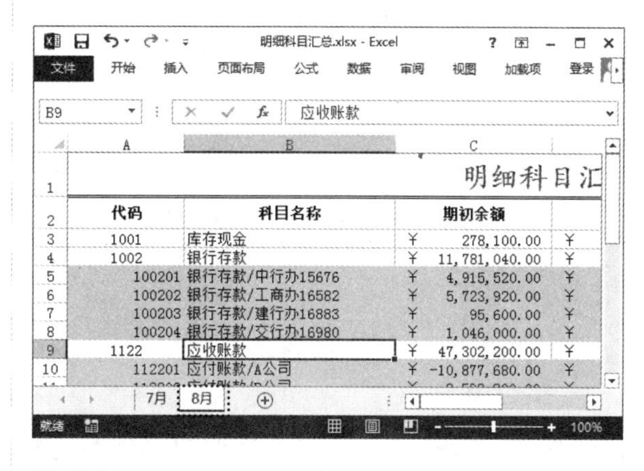

步骤04 删除多余数据。选择并删除表格中 C3:F26 单元格区域的数据，如下图所示。

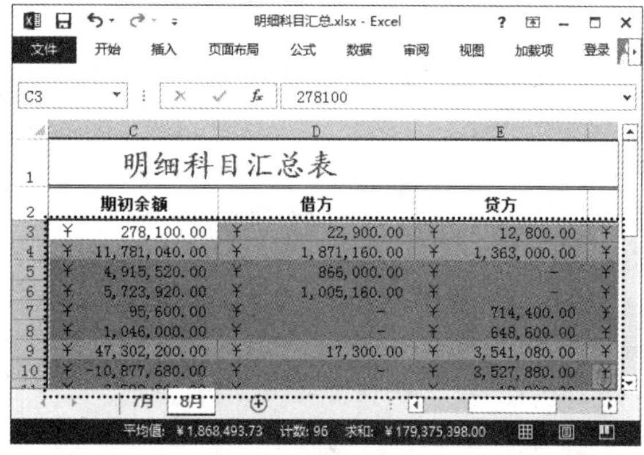

14.1.2 引用期初余额、借方和贷方发生额

建立好明细科目汇总表的大体框架后，就需要为表格中输入必要的数据了，由于表格中的数据都是素材文件中已经提供的，下面通过引用“明细科目汇总”工作簿中“7月”工作表和“凭证记录表”工作簿中的数据来获得需要的数据，具体操作步骤如下。

步骤01 输入“=”符号。在 C3 单元格中输入“=”符号，如下图所示。

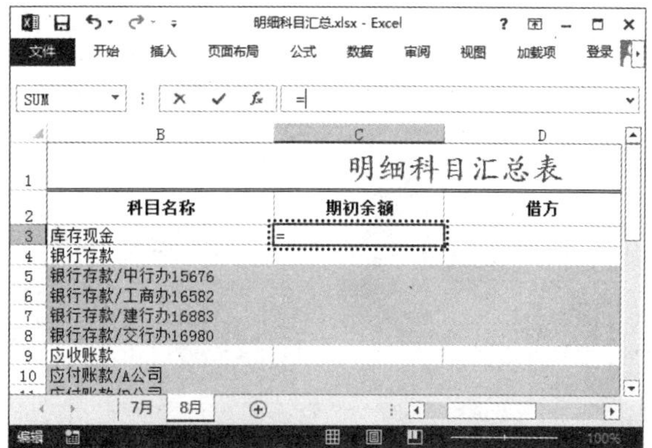

步骤02 引用单元格。❶ 切换到"7 月"工作表；❷ 选择 F3 单元格，如下图所示。

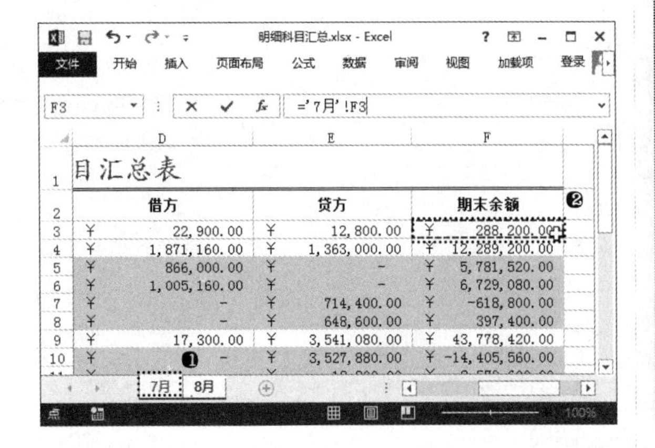

步骤03 填充公式。❶ 按【Enter】键后即可在"8 月"工作表的 C3 单元格中引用"7 月"工作表中 F3 单元格的数据。向下拖曳控制柄至 C26 单元格；❷ 单击右侧出现的"填充选项"按钮；❸ 在弹出的菜单中选择"不带格式填充"命令，如下图所示。

步骤04 执行"移动或复制"命令。打开"凭证记录表"工作簿。❶ 在"凭证记录表"工作表标签上单击鼠标右键；❷ 在弹出的快捷菜单中选择"移动或复制"命令，如下图所示。

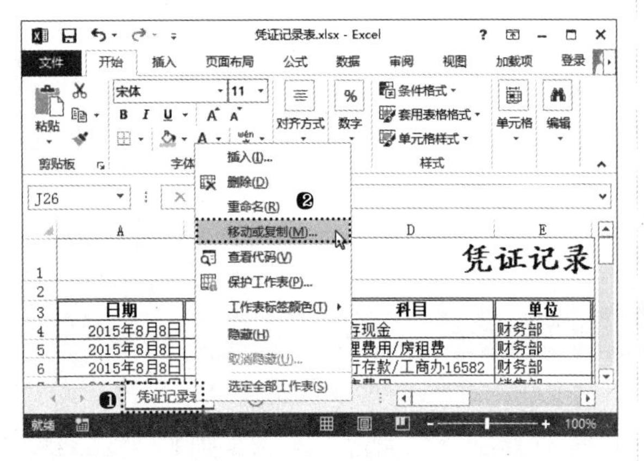

高手指引——有关记账凭证和会计科目

企业进出的账目很多，如果不一一登记，出错的可能性就很大，会给公司和个人带来损失。这些记录各项明显数据的表格就是财务管理中的原始数据，会计人员再根据审核无误的原始凭证，按照经济业务的内容加以归类，并据此确定会计分录后所填制的会计凭证就是记账凭证，即凭证记录。它既是记录经济业务发生和完成情况的书面证明，又是登记账簿的直接依据。会计科目是按照经济业务的内容和经济管理的要求，对会计要素的具体内容进行分类核算的科目。它是进行各项会计记录和提供各项会计信息的基础，在会计核算中占有重要地位。在财务管理中，会计科目体系一般采用树形分支结构进行分级管理。即从一级科目开始逐级增加，若某级科目无下级科目，则为最明细科目。其中一级科目是国家统一规定的会计制度，而企业根据其自身的经济性质和自身的财务系统，可以在不影响统一会计核算要求，以及对外提供统一的财务报表的前提下，选择设置不同的下级科目。

步骤05 复制工作表。打开"移动或复制工作表"对话框。❶ 在"将选定工作表移至工作簿"下拉列表中选择"明细科目汇总"选项；❷ 在"下列选定工作表之前"列表框中选择"8 月"选项；❸ 选中"建立副本"复选框；❹ 单击"确定"按钮，如下图所示。

步骤06 执行"根据所选内容创建"命令。❶ 在复制得到的"凭证记录表"工作表中选择 C3:C30 和 G3:H30 单元格区域；❷ 单击"公式"选项卡"定义的名称"组中的"根据所选内容创建"按钮，如下图所示。

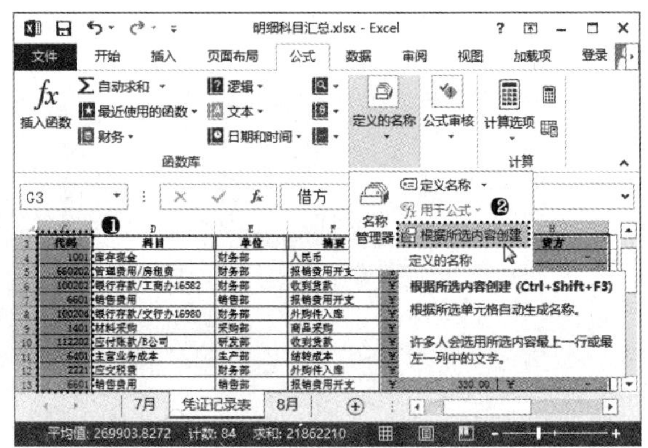

步骤 07 设置名称创建规则。打开"以选定区域创建名称"对话框。❶ 选中"首行"复选框；❷ 单击"确定"按钮，如下图所示。

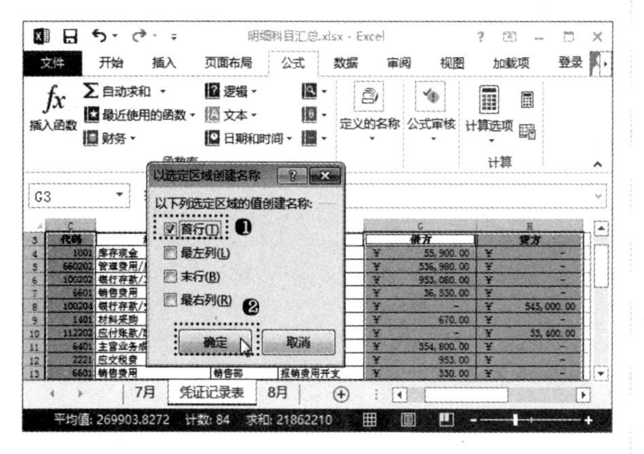

步骤 08 汇总借方发生额。❶ 选择"8 月"工作表；❷ 在 D3 单元格中输入公式"=SUMIF(代码 ,A3, 借方)"，汇总"凭证记录表"工作表中代码为 1001 的借方金额，如下图所示。

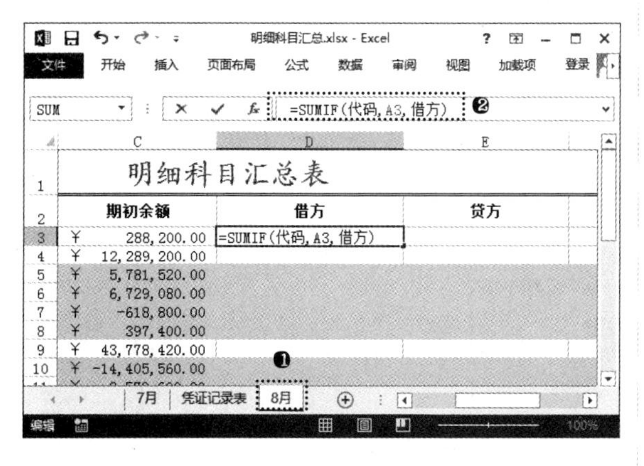

步骤 09 填充公式。❶ 选择 D3 单元格，向下拖曳控制柄至 D26 单元格；❷ 单击出现的"填充选项"按钮；❸ 在弹出的菜单中选择"不带格式填充"命令，如下图所示。

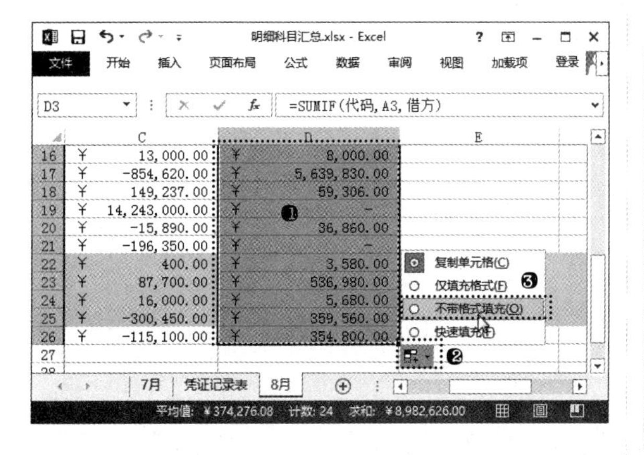

步骤 10 删除多余数据。选择并删除 D4、D9 和 D21 单元格中的数据，如下图所示。

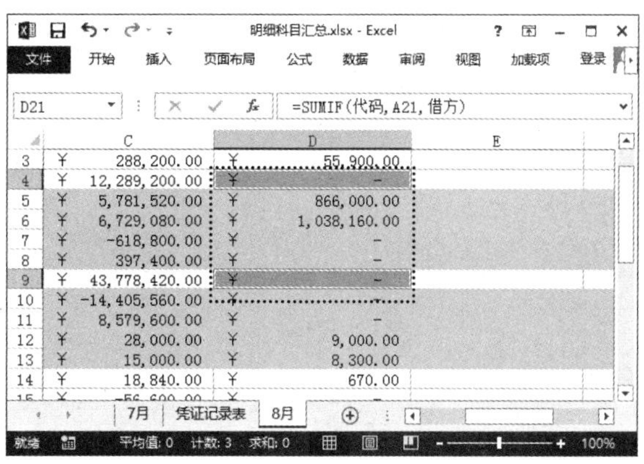

步骤 11 汇总贷方发生额。在 E3 单元格中输入公式"=SUMIF(代码 ,A3, 贷方)"，将"凭证记录表"工作表中"代码"为"1001"的科目对应的"贷方金额"进行汇总，如下图所示。

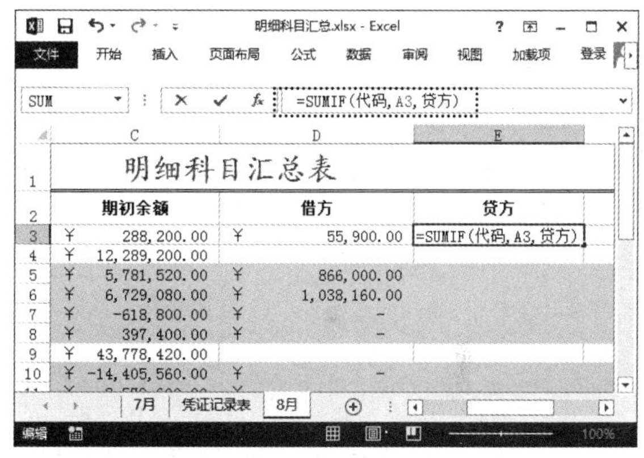

步骤 12 填充公式。❶ 选择 E3 单元格，并向下拖曳控制柄至 E26 单元格；❷ 单击右侧出现的"填充选项"按钮；❸ 在弹出的菜单中选择"不带格式填充"命令，如下图所示。

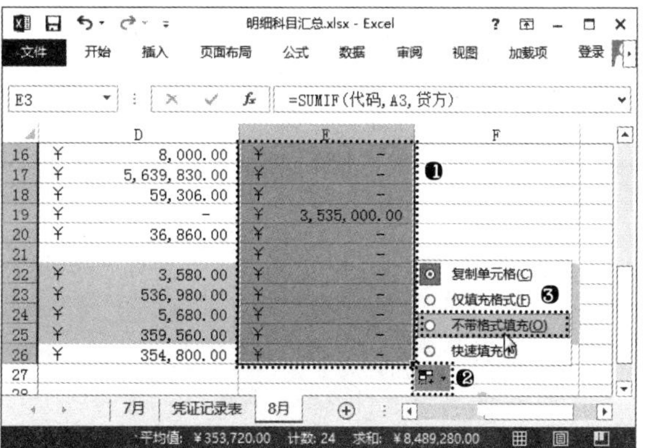

步骤 13 删除多余数据。选择并删除 E4、E9 和 E21 单元格中的数据，如下图所示。

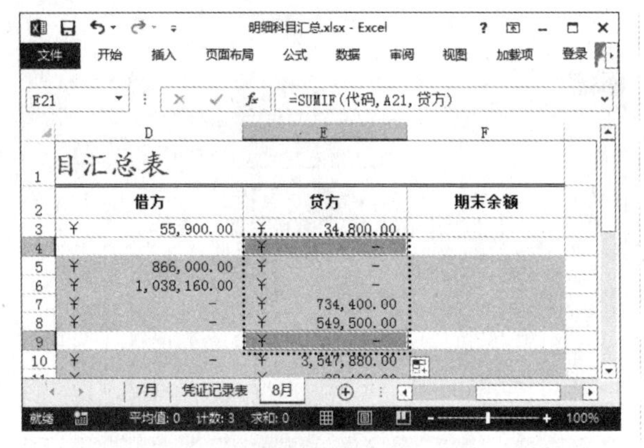

14.1.3 计算期末余额

期末余额的计算公式是根据会计科目的性质而确定的，当科目类别不同时，期末余额的计算公式也不相同，具体计算方法有如下几种。

◆ 资产类、成本类科目：期末余额 = 期初余额 + 借方发生额 - 贷方发生额。

◆ 负债类、权益类、损益类科目：期末余额 = 期初余额 + 贷方发生额 - 借方发生额。

◆ 资产类科目中“坏账准备”、“累计折旧”等一些日常余额为贷方的科目：期末余额 = 期初余额 + 贷方发生额 - 借方发生额。

因此，在计算期末余额时，需要使用 IF 函数来判断应该采用何种公式计算期末余额。在本实例中计算期末余额时还将用到 OR 和 MID 函数，具体操作步骤如下。

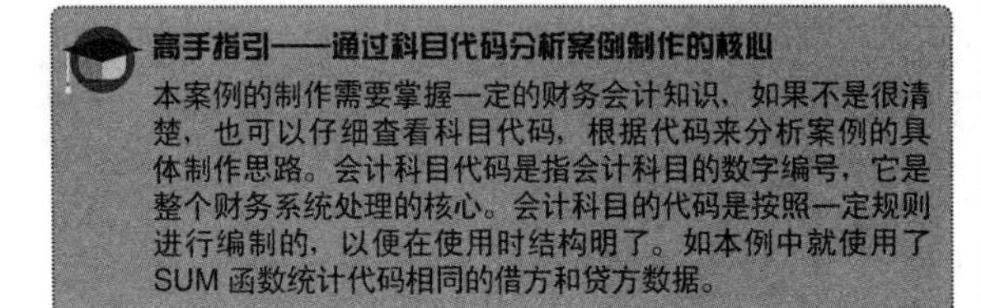

高手指引——通过科目代码分析案例制作的核心

本案例的制作需要掌握一定的财务会计知识，如果不是很清楚，也可以仔细查看科目代码，根据代码来分析案例的具体制作思路。会计科目代码是指会计科目的数字编号，它是整个财务系统处理的核心。会计科目的代码是按照一定规则进行编制的，以便在使用时结构明了。如本例中就使用了 SUM 函数统计代码相同的借方和贷方数据。

步骤 01 计算库存现金科目的期末余额值。在 F3 单元格中输入公式“=IF(OR(MID(A3,1,1)="1",MID(A3,1,1)="4"),C3+D3-E3,C3+E3-D3)”，计算库存现金科目的期末余额值，如下图所示。

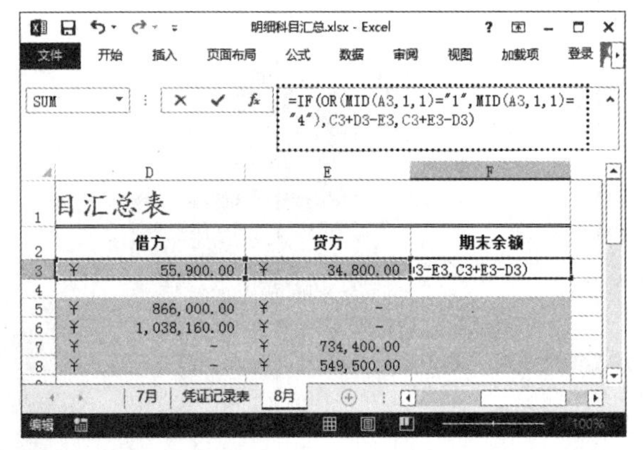

步骤 02 填充公式。❶选择 F3 单元格，并向下拖曳控制柄至 F26 单元格，计算出其他科目的期末余额值；❷单击右侧出现的“填充选项”按钮；❸在弹出的菜单中选择“不带格式填充”命令，如下图所示。

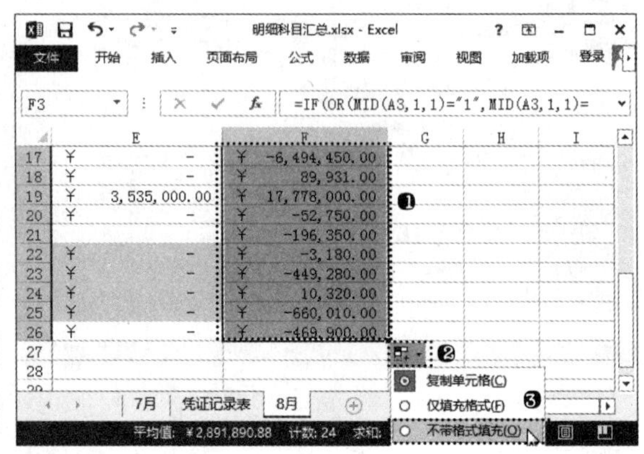

步骤 03 计算银行存款科目借方的总值。在 D4 单元格中输入公式“=SUM(D5:D8)”，计算出银行存款科目借方的总值，如下图所示。

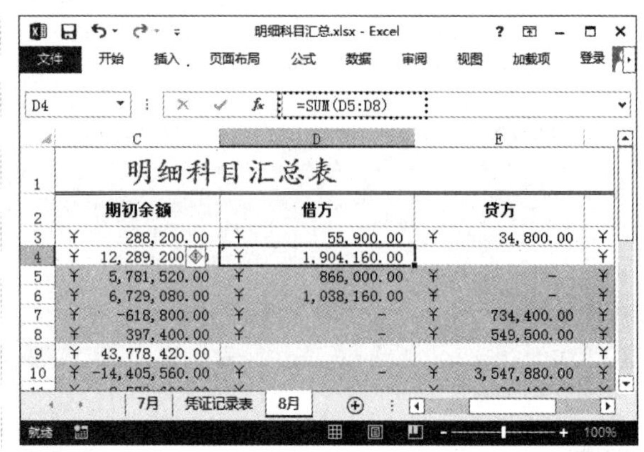

步骤 04 计算应收账款科目借方的总值。在 D9 单元格中输入公式“=SUM(D5:D8)”，计算出应收账款科目借方的总值，如下图所示。

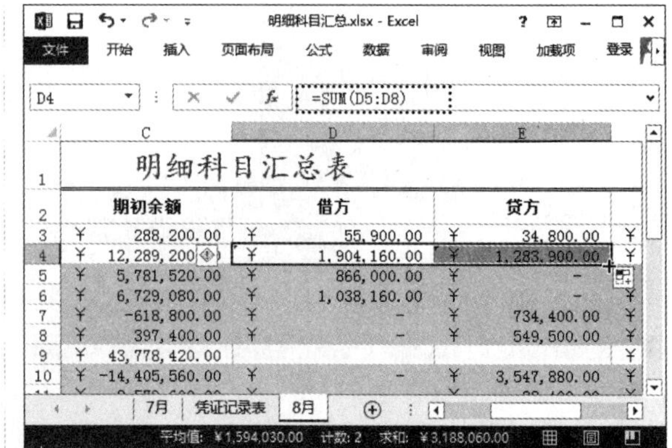

步骤 05 计算管理费用科目借方的总值。在 D21 单元格中输入公式"=SUM(D5:D8)",计算出管理费用科目借方的总值,如下图所示。

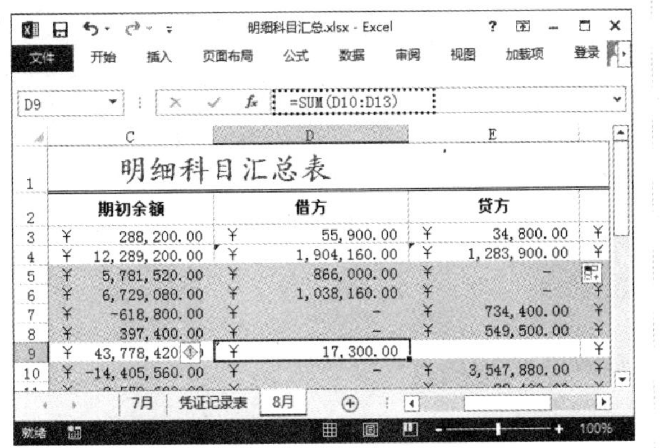

步骤 06 计算银行存款科目贷方的总值。在 E4 单元格中输入公式"=SUM(D5:D8)",计算出银行存款科目贷方的总值,如下图所示。

步骤 07 计算应收账款科目贷方的总值。在 E9 单元格中输入公式"=SUM(D5:D8)",计算出应收账款科目贷方的总值,如下图所示。

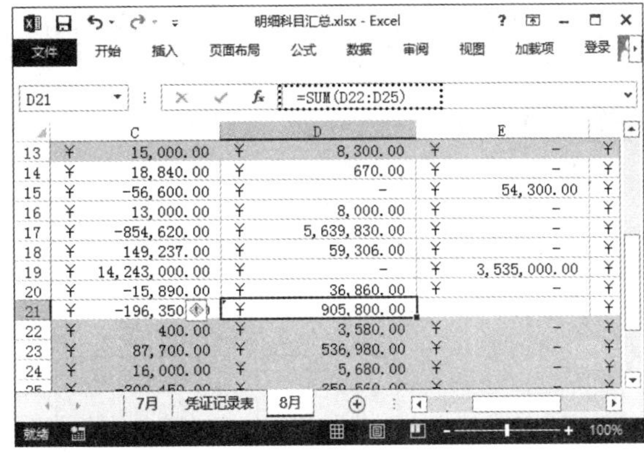

步骤 08 计算管理费用科目贷方的总值。在 E21 单元格中输入公式"=SUM(D5:D8)",计算出管理费用科目贷方的总值,如下图所示。

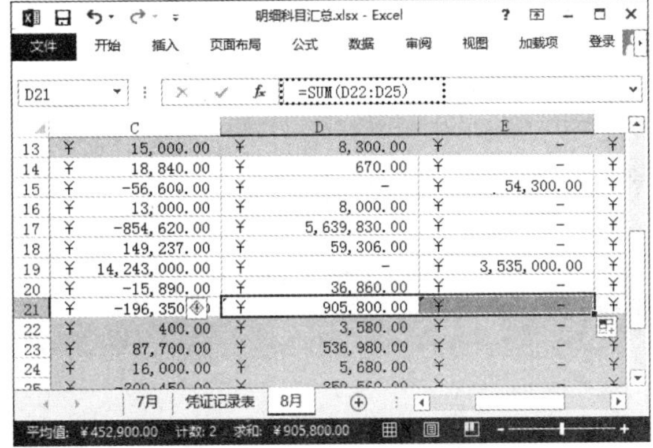

14.2 制作固定资产管理表

案例概述

企业为使用而持有的使用年限较长、单位价值较高,并在使用过程中保持原有形态的资产,就是固定资产。固定资产在生产过程中可以长期发挥作用,长期保持原有的实物形态,但其价值则随着企业生产经营活动而逐渐地转移到产品成本中去,并构成产品价值的一个组成部分。财务会计应对固定资产在使用过程中因损耗而转移到产品中去的那部分价值进行统计,也就是计算折旧值,它是一种补偿计算方式。本节将对某企业的固定资产进行统计,为读者介绍在 Excel 中进行资产管理的相关操作。

案例效果

固定资产的价值是根据它本身的磨损程度逐渐转移到新产品中去的,它的磨损在财务表格中表现为折旧处理。折旧的计算方法主要有平均年限法、工作量法、年限总和法等。本例首先制作固定资产表的基本框架,并输入基本数据,然后使用 VDB 函数根据双倍余额递减法返回各资产在已经使用的期间内的累计折旧值,再使用 DDB 函数计算各资产在当月的折旧值,最后统计出各资产在当月末的账面净值。

固定资产管理表制作完成后的效果,如下图所示。

固定资产清单

2014/10/9

购入日期	资产名称	规格	使用部门	金额	使用年限	残值率	已提月份	累计折旧额	本月计提折旧	本月末账面净值	列入科目
2009/7/1	汽车	奥迪	总经办	¥1,850,000.00	15	20%	63	¥934,909.49	¥10,167.67	¥904,922.84	管理费用
2007/5/1	计算机	联想	财务部	¥16,000.00	10	15%	89	¥12,415.01	¥59.75	¥3,525.24	营业费用
2007/2/1	生产厂房	1000M²	生产部	¥5,000,000.00	40	10%	92	¥1,594,799.77	¥14,188.33	¥3,391,011.90	制造费用
2010/8/1	汽车	大众	销售部	¥300,000.00	10	10%	50	¥170,532.93	¥2,157.78	¥127,309.28	营业费用
2010/10/1	沙发		总经办	¥20,000.00	8	10%	48	¥12,719.73	¥151.67	¥7,128.60	管理费用
2010/11/1	大巴		销售部	¥420,000.00	20	15%	47	¥136,575.16	¥2,361.87	¥281,062.97	营业费用
2010/12/1	计算机	联想	销售部	¥28,000.00	10	8%	46	¥15,076.12	¥215.40	¥12,708.49	营业费用
2011/2/1	货车		生产部	¥600,000.00	15	10%	44	¥233,021.07	¥4,077.54	¥362,901.38	制造费用
2011/5/1	计算机	联想	生产部	¥18,000.00	5	5%	41	¥13,607.89	¥149.45	¥4,242.66	营业费用
2011/8/1	加工机械		生产部	¥5,666,800.00	25	5%	38	¥1,271,907.66	¥29,299.28	¥4,365,593.06	制造费用
2012/2/1	生产厂房	3000M²	生产部	¥18,000,000.00	30	3%	32	¥2,939,155.20	¥83,671.36	¥14,977,173.44	制造费用
2013/3/1	办公桌		行政部	¥5,000.00	15	2%	19	¥956.36	¥44.93	¥3,998.71	管理费用

Sheet1

光盘同步文件

原始文件：光盘\素材文件\无

结果文件：光盘\结果文件\第 14 章\固定资产管理表.xlsx

教学视频：光盘\教学视频文件\第 14 章\制作固定资产管理表\14.2.1.mp4 ~ 14.2.3.mp4

制作思路

固定资产管理表的制作思路如下。

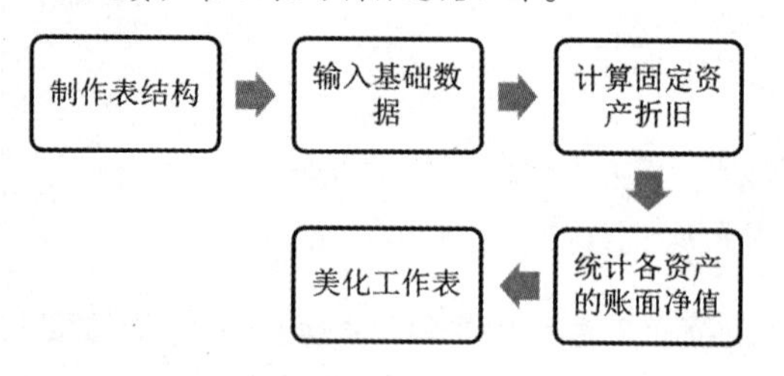

14.2.1 建立固定资产清单

在对固定资产进行折旧计提、分析前，应制作资产清单，以便对固定资产的增加、减少、调拨等统一管理。

步骤 01 输入数据并合并单元格。❶ 新建一个空白工作簿，并命名为“固定资产管理表”；❷ 在表格中输入相应的文本；❸ 选择 A1:M1 单元格区域；❹ 单击“开始”选项卡“对齐方式”组中的“合并后居中”按钮，如下图所示。

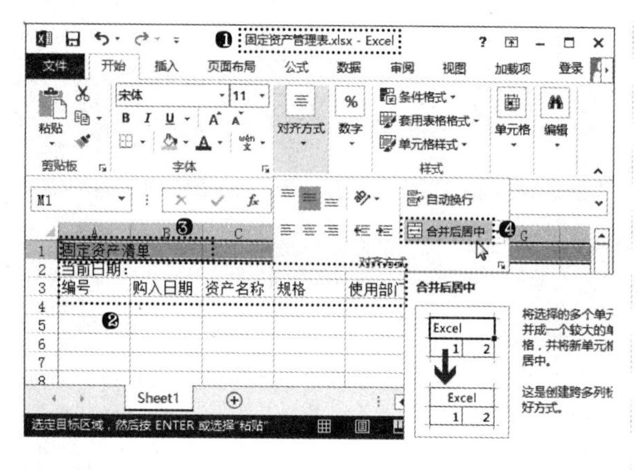

步骤 02 设置标题样式。❶ 选择合并后的 A1 单元格；❷ 单击“开始”选项卡“样式”组中的“单元格样式”按钮；❸ 在弹出的菜单中选择“标题”命令，如下图所示。

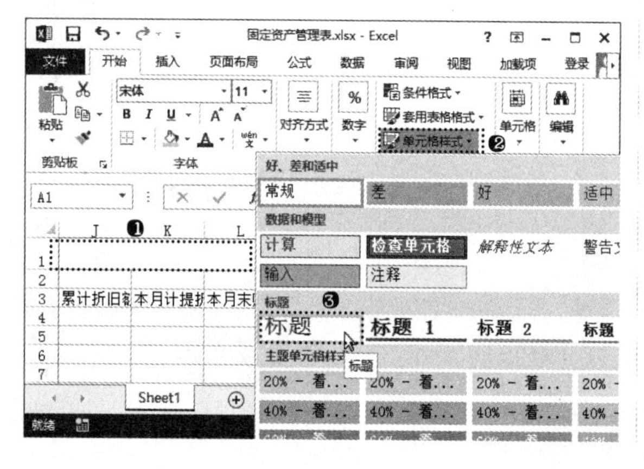

高手指引——固定资产管理的范畴

按照会计制度，使用期限超过一年的房屋、建筑物、机器、机械运输工具，以及其他与生产、经营有关的设备、器具、工具等应作为固定资产；不属于生产、经营主要设备的物品，单位价值在 2000 元以上并且使用期限超过两年的，也应当作为固定资产。

步骤 03 单击“数据验证”按钮。❶ 选择 E4:E15 单元格区域；❷ 单击“数据”选项卡“数据工具”组中的“数据验证”按钮，如下图所示。

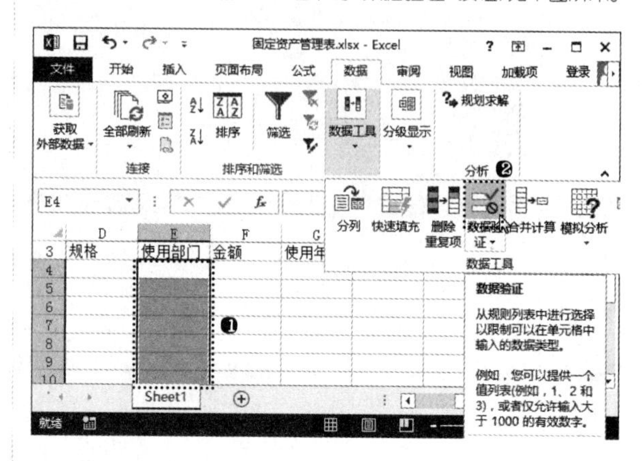

步骤 04 设置数据验证条件。❶ 打开“数据验证”对话框，在“设置”选项卡的“允许”下拉列表中选择“序列”选项；❷ 在“来源”文本框中输入“总经办，财务部，行政部，销售部，生产部”；❸ 单击“确定”按钮，如下图所示。

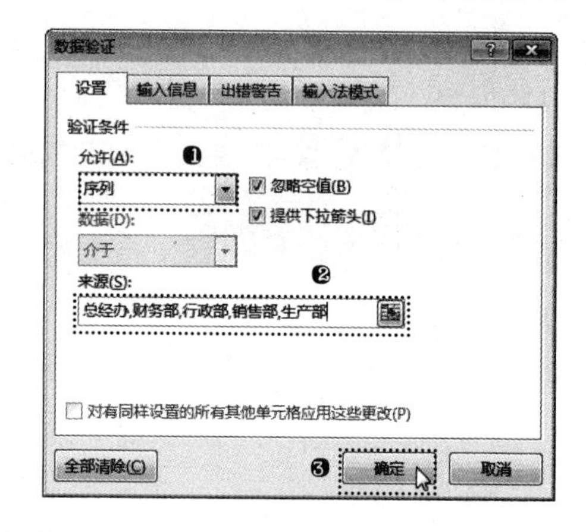

步骤 05 输入数据。在表格中输入需要的基础数据，如下图所示。

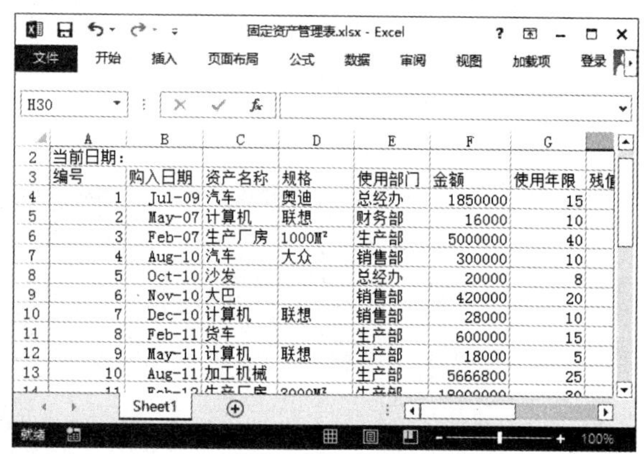

步骤 06 设置日期格式。❶选择 B4:B15 单元格区域；❷在"开始"选项卡"数字"组中的下拉列表中选择"短日期"选项，如下图所示。

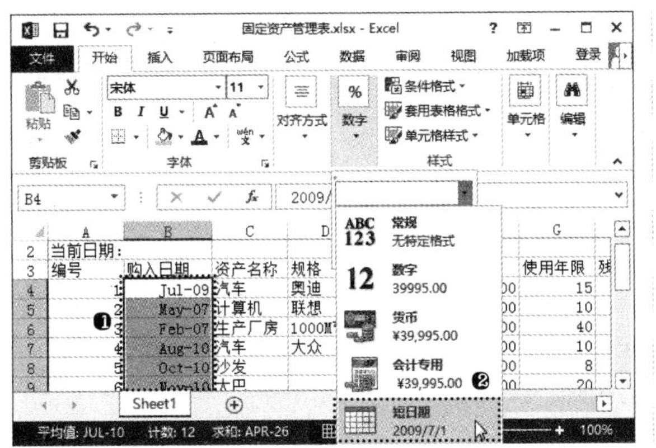

步骤 07 设置货币格式。❶选择 F 列单元格；❷在"开始"选项卡"数字"组中的下拉列表中选择"货币"选项，如下图所示。

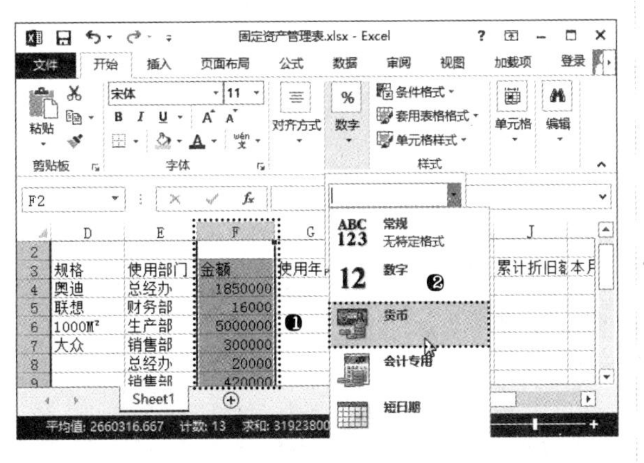

14.2.2 计算固定资产折旧

购入固定资产后，企业应该每月提取固定资产折旧。计算固定资产折旧时，应注意：当月增加的固定资产，当月不提折旧；当月减少的固定资产，当月照提折旧。

步骤 01 插入返回日期函数。在 B2 单元格中输入公式"=TODAY()"，返回当前日期，如下图所示。

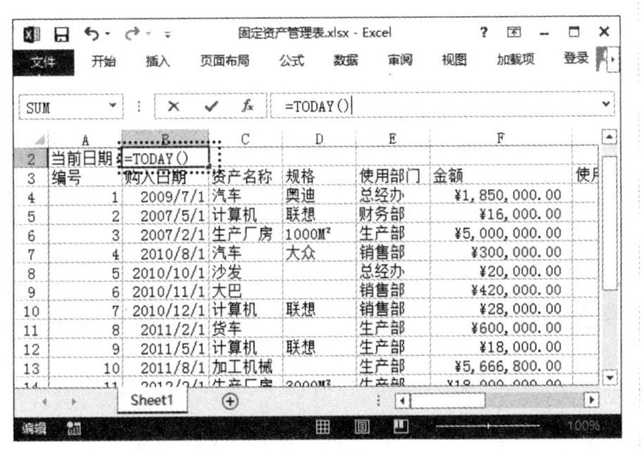

步骤 02 计算已提月份。在 I4 单元格中输入公式"=INT(DAYS360(B4,$B$2)/30)"，计算出第一个固定资产的已提月份，如下图所示。

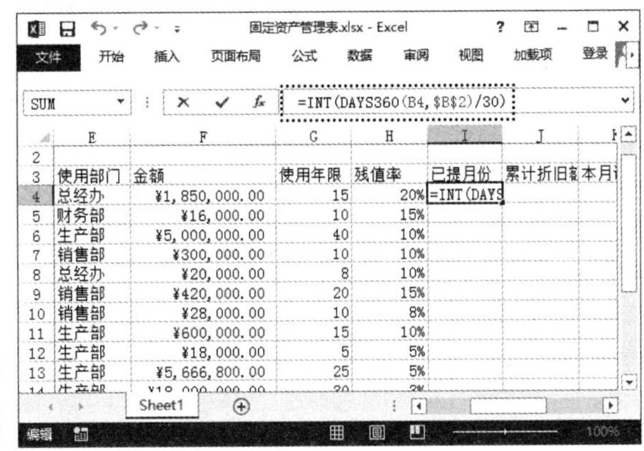

步骤 03 计算累计折旧额。在 J4 单元格中输入公式"=VDB(F4,F4*H4,G4*12,0,I4)"，计算出第一个固定资产的累计折旧额，如下图所示。

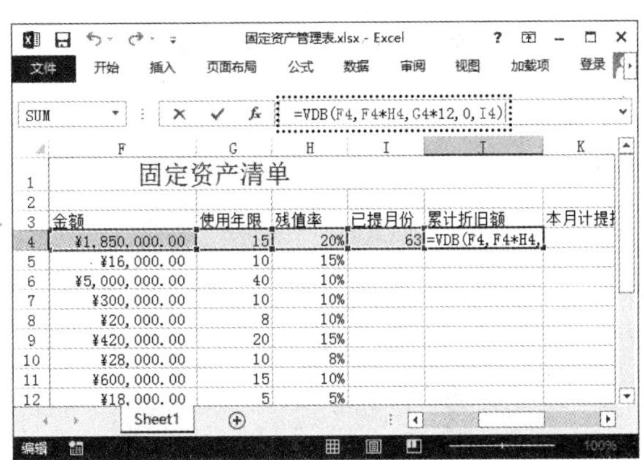

步骤 04 计算本月折旧额。在 K4 单元格中输入公式"=DDB(F4,F4*H4,G4*12,I4+1)"，计算出第一个固定资产的本月折旧额，如下图所示。

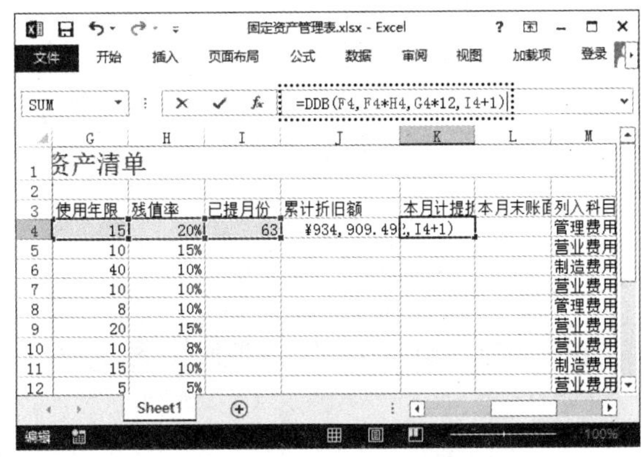

步骤 05 计算账面净值。在 L4 单元格中输入公式“=F4-J4-K4”，计算出第一个固定资产的账面净值，如下图所示。

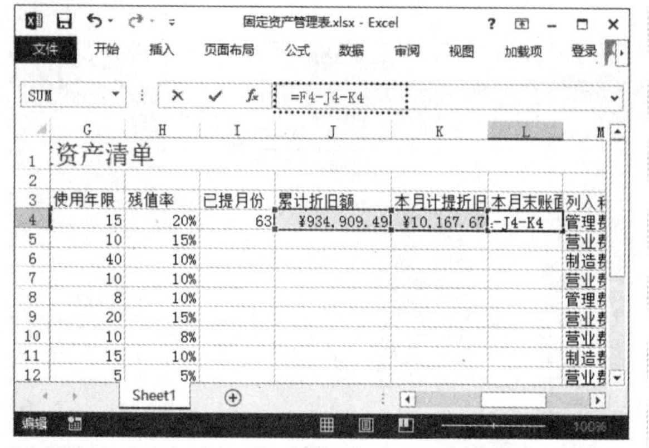

步骤 06 复制公式。❶选择 I4:L4 单元格区域；❷向下拖曳控制柄至 L15 单元格，复制公式计算出各固定资产的相关数据，如下图所示。

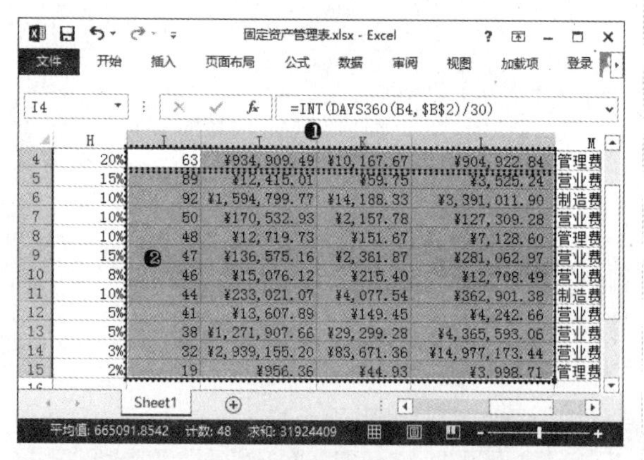

高手指引——认识 VDB 和 DDB 函数

VDB 函数可以使用双倍余额递减法或其他指定的方法，返回指定期间内资产的折旧值。其语法结构为：VDB(cost,salvage,life,start_period,end_period,[factor],[no_switch])。其中的参数 cost 表示资产原值；参数 salvage 表示折旧末尾时的值（也称为“资产残值”），该值可以是 0；参数 life 表示资产的折旧期限（即资产的使用寿命）；参数 start_period 和 end_period 分别表示要计算折旧的起始时期和终止时期；参数 factor 用于指定余额递减速率，如果省略，则假定其值为 2（双倍余额递减法）；参数 no_switch 是一个逻辑值，用于指定当折旧值大于余额递减计算值时，是否转用直线折旧法。使用 VDB 函数时，需要注意为参数 start_period 和参数 end_period 使用与参数 life 相同的单位，且在该函数中除参数 no_switch 外，其余参数都必须为正数。DDB 函数可以使用双倍（或者其他倍数）余额递减法，计算资产在给定期间内的折旧值。其语法结构为：DDB(cost,salvage,life,period,[factor])，该函数中的 5 个参数都必须为正数。双倍余额递减法以加速的比率计算折旧。折旧在第一阶段是最高的，在后继阶段中会减少。

14.2.3 美化表格

表格数据计算完成后，可以简单对表格进行美化，具体操作步骤如下。

步骤 01 套用表格格式。❶选择 A3:M15 单元格区域；❷单击“开始”选项卡“样式”组中的“套用表格格式”按钮；❸在弹出的菜单中选择需要的表格格式，如下图所示。

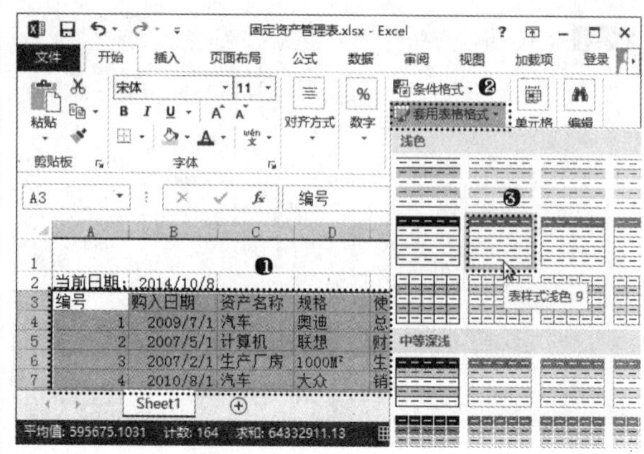

步骤 02 设置表格数据来源。打开“套用表格式”对话框，单击“确定”按钮，如下图所示。

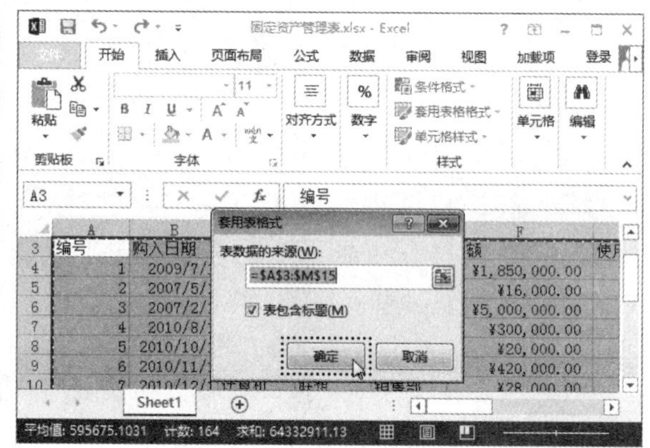

步骤 03 设置表格样式选项。在“表格工具设计”选项卡的“表格样式选项”组中取消选中“筛选按钮”复选框，如下图所示。

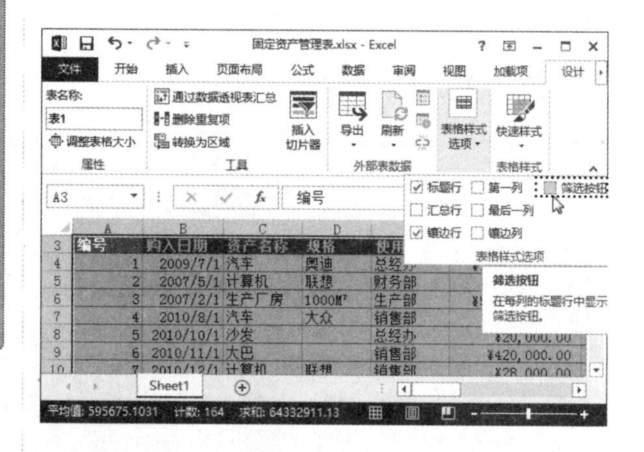

步骤 04 设置标题行。❶选择 A3:M3 单元格区域；❷在“开始”选项卡的“字体”组中设置合适的字体格式；❸单击“对齐方式”组中的“居中”按钮，如右图所示。

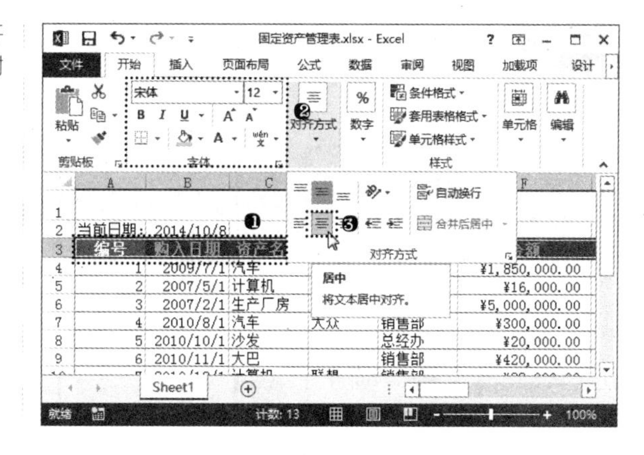

14.3 编制财务报表

案例概述

财务报表亦称对外会计报表，是会计主体对外提供的反映会计主体财务状况和经营的会计报表，包括资产负债表、损益表、现金流量表或财务状况变动表、附表和附注。财务报表是财务报告的主要部分，它所提供的会计信息能全面系统地揭示企业在一定时期的财务状况、经营成果和现金流量，有利于经营管理人员了解本单位各项任务指标的完成情况，评价管理人员的经营业绩，以便及时发现问题，调整经营方向，制定措施改善经营管理水平，提高经济效益，为经济预测和决策提供依据。本节将以资产负债表和损益表的制作过程为例，为读者介绍在 Excel 中编制财务报表的相关操作。

案例效果

本例制作的资产负债表和损益表是常见的财务报表，也是财务报表中比较重要的报表。通过这两个表格可以清楚地了解企业的财务结构和经营状况，是学习制作财务报表的良好开端。本例将在前期制作的表格基础上编制财务报表，首先通过复制上一期的资产负债表得到表格的基本框架，然后修改其中的数据为最新数据，再通过公式进行计算。接着通过复制上一期的损益表得到表格的基本框架，然后修改其中的数据为最新数据，再通过公式进行计算。

资产负债表和损益表制作完成后的效果，如下图所示。

资　产　负　债　表

编制单位：AA企业　　2015 年 10 月止　　单位：元

资产	行次	年初数	期末数	负债和股东权益	行次	年初数	期末数
一年内到期的长期债权投资	21	¥ -		预计负债	83	¥ -	
其他流动资产	24	¥ -		一年内到期的长期负债	86	¥ -	
流动资产合计	31	¥ 154,669,782.82	¥ 577,947,626.04	其他流动负债	90	¥ -	
长期投资：		¥ -				¥ -	
长期股权投资	32	¥ -		流动负债合计	100	¥ 19,504,037.56	¥ 60,184,267.76
长期债权投资	34	¥ -		长期负债：		¥ -	
长期投资合计	38	¥ -		长期借款	101	¥ 8,507,000.00	¥ 8,707,000.00
固定资产：		¥ -		应付债券	102	¥ -	
固定资产原价	39	¥ 258,800,000.00	¥ 478,800,000				
减：累计折旧	40	¥ 80,422,197.70	¥ 80,444,597				
固定资产净值	41	¥ 178,377,802.30	¥ 398,355,402				
减：固定资产减值准备	42	¥ -					
固定资产净额	43	¥ 178,377,802.30	¥ 398,355,402				
工程物资	44	¥ -					
在建工程	45	¥ -					
固定资产清理	46	¥ -					
固定资产合计	50	¥ 178,377,802.30					
无形资产及其他资产：		¥ -					
无形资产	51	¥ -					
长期待摊费用	52	¥ -					
其他长期资产	53	¥ -					
无形资产及其他资产合计	60	¥ -					
		¥ -					
递延税项：		¥ -					
递延税款借项	61	¥ -					
资产总计	67	¥ 333,047,585.12	¥ 577,947,626				

2014年资产负债表　2015年资产负债表　科目汇总表　9月损益表　10月损益表

损　益　表

编制单位：AA企业　　2015 年 10 月　　单位：元

项　目	行　次	本 月 数	本年累计数
一、产品销售收入	1	¥ 44,570,000.00	¥ 95,813,000.00
减：产品销售成本	2		¥ 1,053,700.00
产品销售费用	3	¥ 56,700.00	¥ 123,200.00
产品销售税金及附加	4		¥ 213,940.00
二、产品销售利润	5	¥ 44,513,300.00	¥ 94,422,160.00
加：其他业务利润	6		
减：管理费用	7	¥ 45,800.00	¥ 282,600.00
财务费用	8	¥ 446,000.00	¥ 757,000.00
三、营业利润	9	¥ 44,021,500.00	¥ 93,382,560.00
加：投资收益	10		
营业外收入	11		
减：营业外支出	12		
四、利润总额	13	¥ 44,021,500.00	¥ 93,382,560.00
五、月初未分配利润	14	¥ 26,236,690.00	¥ 74,139,680.00
六、累计未分配利润	15	¥ 70,258,190.00	¥ 116,537,520.00

制作思路

财务报表的制作思路如下。

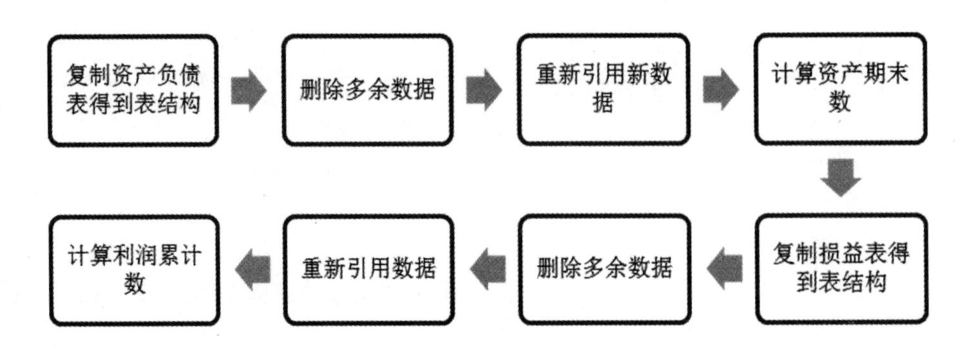

> **光盘同步文件**
> 原始文件：光盘 \ 素材文件 \ 无
> 结果文件：光盘 \ 结果文件 \ 第 14 章 \ 财务报表 .xlsx
> 教学视频：光盘 \ 教学视频文件 \ 第 14 章 \ 编制财务报表 \14.3.1.mp4 ～ 14.3.2.mp4

14.3.1 编制资产负债表

资产负债表是总括地反映会计主体在特定日期（如年末、季末、月末）财务状况的会计报表。它是根据“资产 = 负债 + 所有者权益”的会计恒等式，按照一定的分类标准和一定的顺序，对企业的全部资产、负债和所有者权益项目进行适当排列，并对日常工作中产生的大量数据按照一定的要求编制而成的。

1. 复制资产负债表结构

本例在制作资产负债表时，是直接通过复制上一期的资产负债表得到表结构的，然后将多余数据删除即可，具体操作如下。

步骤 01 执行“绘制表格”命令。打开“财务报表”工作簿。❶ 选择“2014 年资产负债表”工作表；❷ 按住【Ctrl】键的同时向右拖曳该工作表标签复制新工作表，如下图所示。

步骤 02 拖曳鼠标绘制表格外边框。❶ 重命名复制得到的工作表名称为“2015 年资产负债表”；❷ 选择并删除表格中 C4:D41 和 G4:H41 单元格区域的数据，如下图所示。

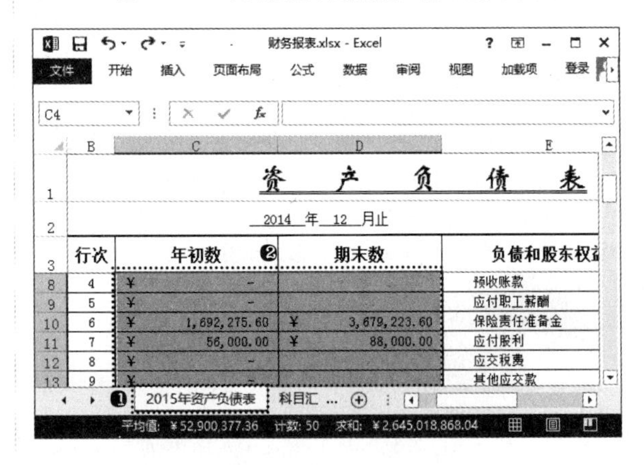

2. 引用年初数据和期末数

资产负债表需要填列的项目包括年初余额和期末余额。年初余额直接根据上一时期的期末余额进行填列即可；期末余额可以根据总账科目余额直接填列。资产负债表大部分项目的填列都是根据有关总账账户的余额直接填列，如“应收账款”项目，根据“应收账款”总账科目的期末余额直接填列。本例中资产和负债的期末数来源于本月的科目汇总表。通过引用获取相关数据的操作方法如下。

步骤 01 输入“=”符号。在 C5 单元格中输入“=”符号，如下图所示。

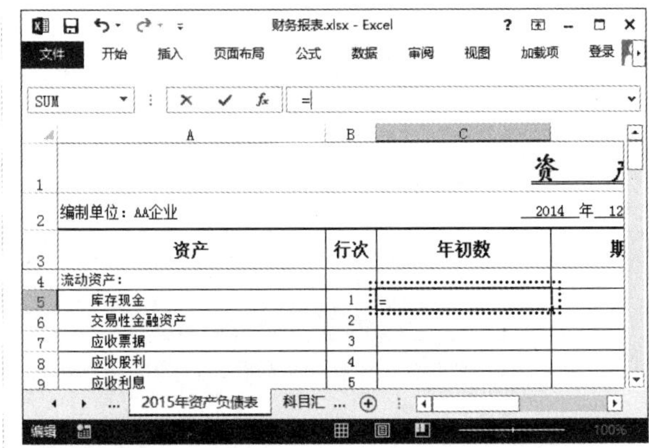

步骤 02 引用单元格。❶ 选择“2014 年资产负债表”工作表；❷ 选择 D5 单元格，即可引用“2014 年资产负债表”工作表 D5 单元格中的数据，如下图所示。

步骤 03 填充公式。❶ 选择 C5 单元格，并向下拖曳控制柄至 C41 单元格；❷ 单击右侧出现的“填充选项”按钮；❸ 在弹出的菜单中选择“不带格式填充”命令，如下图所示。

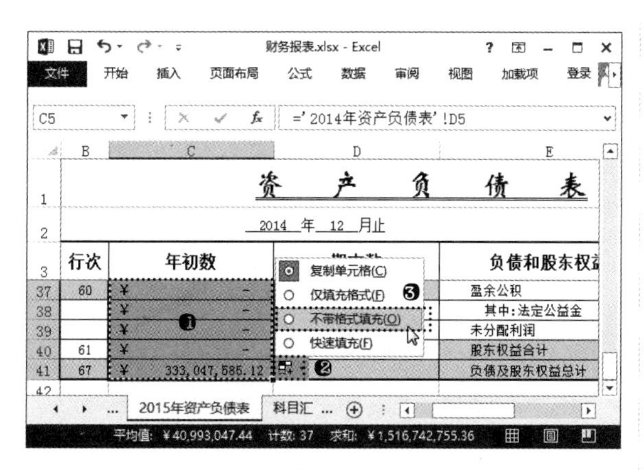

步骤 04 输入“=”符号。在 G5 单元格中输入“=”符号，如下图所示。

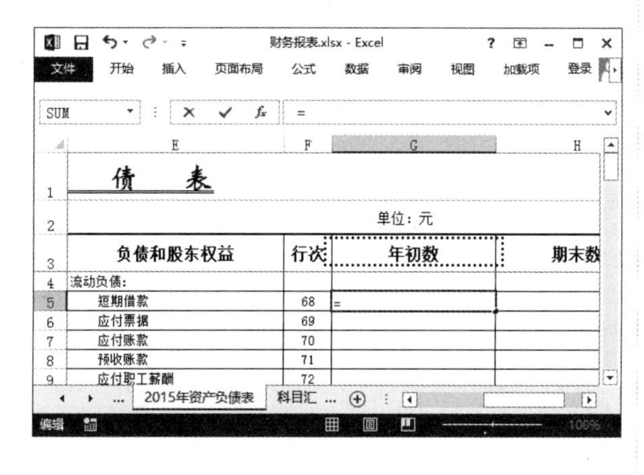

步骤 05 引用单元格。❶ 选择“2014 年资产负债表”工作表；❷ 选择 H5 单元格，即可引用“2014 年资产负债表”工作表 H5 单元格中的数据，如下图所示。

步骤 06 填充公式。❶ 选择 G5 单元格，并向下拖曳控制柄至 G41 单元格，获得“负债及股东权益”的“年初数”；❷ 单击右侧出现的“填充选项”按钮；❸ 在弹出的菜单中选择“不带格式填充”命令，如下图所示。

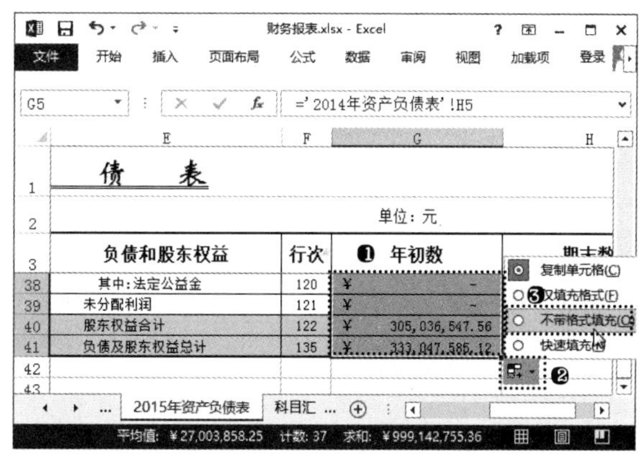

步骤 07 输入“=”符号。在 D5 单元格中输入“=”符号，如下图所示。

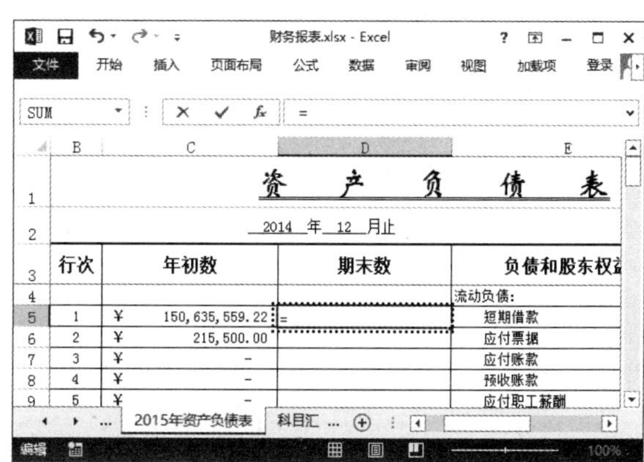

步骤 08 引用单元格。❶选择“科目汇总表”工作表；❷选择 E3 单元格，即可引用“科目汇总表”工作表 E3 单元格中的数据，如下图所示。

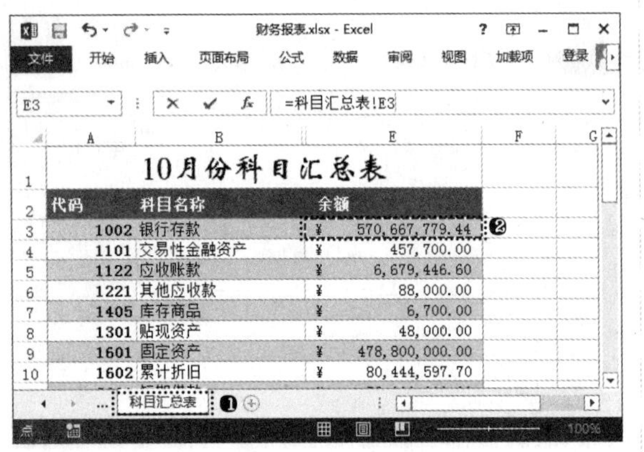

步骤 09 复制公式。向下拖曳控制柄至 D6 单元格，即可在 D6 单元格中引用“科目汇总表”工作表 E4 单元格中的数据，如下图所示。

步骤 10 引用单元格。在 D10 单元格中输入“= 科目汇总表 !E5”，即可引用“科目汇总表”工作表 E5 单元格中的数据，如下图所示。

步骤 11 复制公式。向下拖曳控制柄至 D11 单元格，即可在 D11 单元格中引用“科目汇总表”工作表 E6 单元格中的数据，如下图所示。

步骤 12 引用单元格。在 D14 单元格中输入“= 科目汇总表 !E7”，即可引用“科目汇总表”工作表 E7 单元格中的数据，如下图所示。

步骤 13 复制公式。向下拖曳控制柄至 D15 单元格，即可在 D15 单元格中引用“科目汇总表”工作表 E8 单元格中的数据，如下图所示。

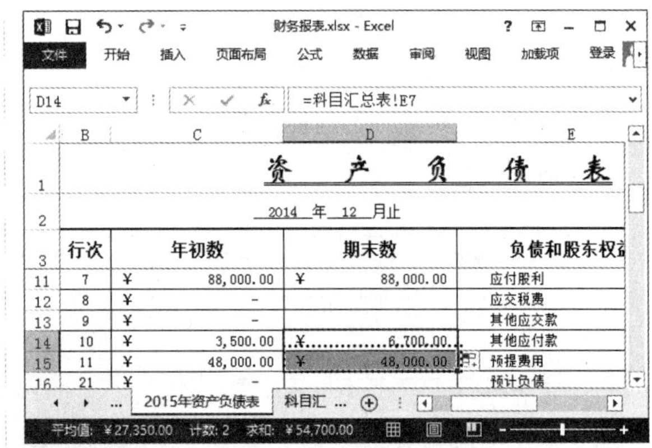

步骤 14 引用单元格。在 D24 单元格中输入"= 科目汇总表 !E9"，即可引用"科目汇总表"工作表 E9 单元格中的数据，如下图所示。

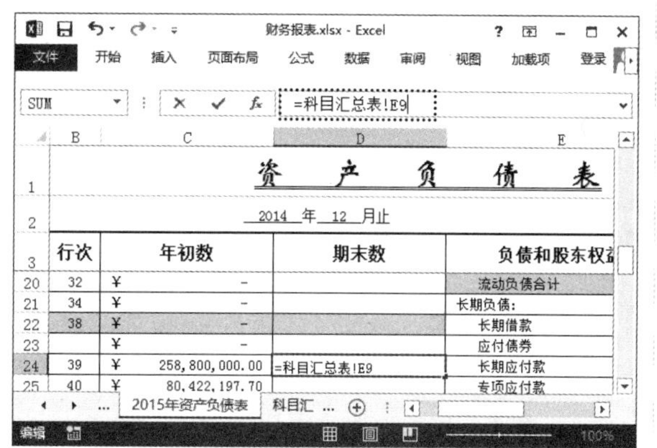

步骤 15 复制公式。向下拖曳控制柄至 D25 单元格，即可在 D25 单元格中引用"科目汇总表"工作表 E10 中的数据，如下图所示。

步骤 16 引用单元格。在 H5 单元格中输入"= 科目汇总表 !E11"，即可引用"科目汇总表"工作表 E11 单元格中的数据，如下图所示。

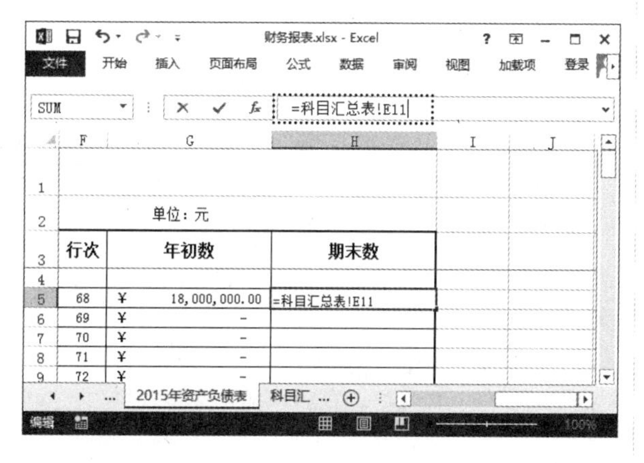

步骤 17 引用单元格。在 H10 单元格中输入"= 科目汇总表 !E12"，即可引用"科目汇总表"工作表 E12 单元格中的数据，如下图所示。

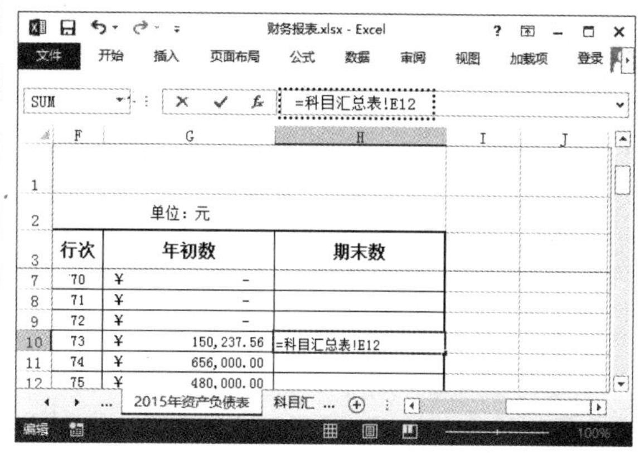

步骤 18 复制公式。向下拖曳控制柄至 H13 单元格，即可在 H11、H12、H13 单元格中分别引用"科目汇总表"工作表 E13、E14、E15 单元格中的数据，如下图所示。

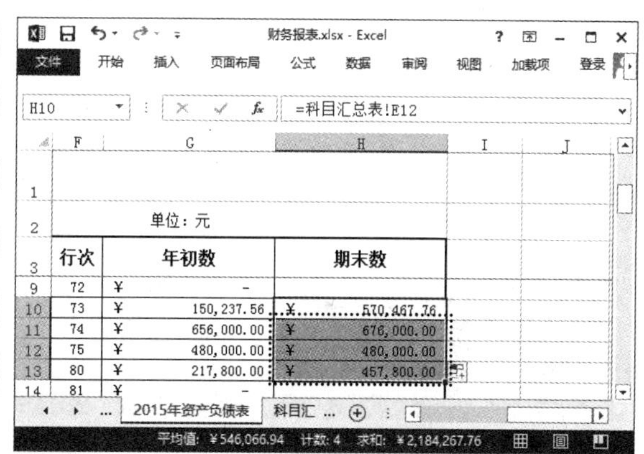

步骤 19 引用单元格。在 H22 单元格中输入"= 科目汇总表 !E16"，即可引用"科目汇总表"工作表 E16 单元格中的数据，如下图所示。

步骤 20 引用单元格。在 H33 单元格中输入“= 科目汇总表 !E17”，即可引用“科目汇总表”工作表 E17 单元格中的数据，如下图所示。

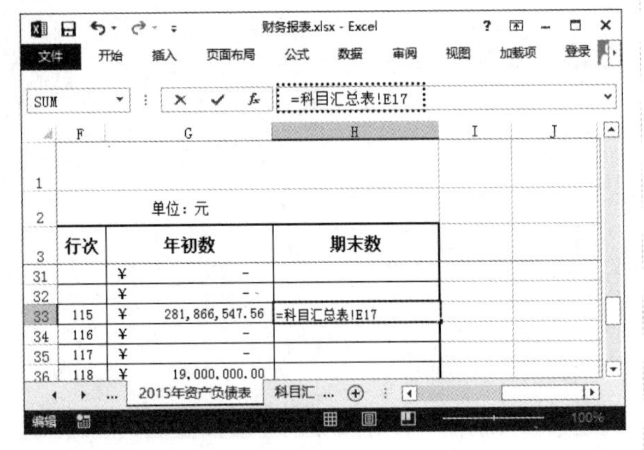

步骤 21 引用单元格。在 H36 单元格中输入“= 科目汇总表 !E18”，即可引用“科目汇总表”工作表 E18 单元格中的数据，如下图所示。

步骤 22 复制公式。向下拖曳控制柄至 H37 单元格，即可在 H37 单元格中引用“科目汇总表”工作表 E19 单元格中的数据，如下图所示。

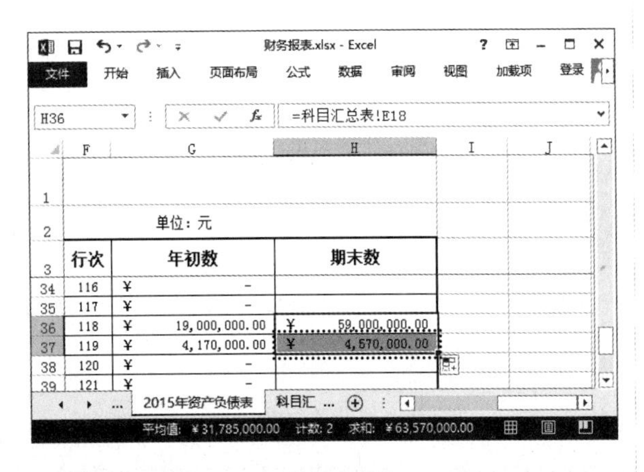

3．计算资产和负债的总数

资产负债表中的资产和负债的总计是根据表中的数据计算获得的，具体操作方法如下。

步骤 01 汇总流动资产总额。在 D18 单元格中输入公式“=SUM(D5:D17)”，汇总流动资产总额，如下图所示。

步骤 02 计算固定资产净值。在 D26 单元格中输入公式“=D24-D25”，得到固定资产净值，如下图所示。

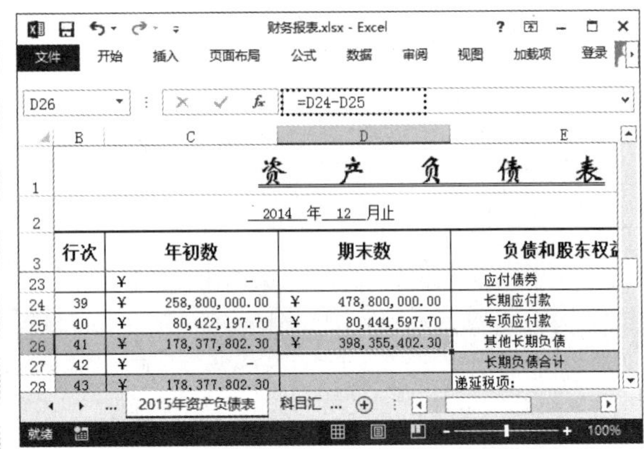

步骤 03 引用数据。在 D28 单元格中输入公式“=D26”，即可引用 D26 单元格中的数据，如下图所示。

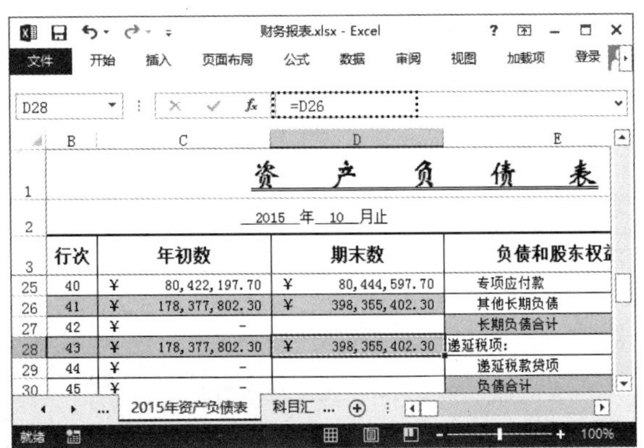

步骤04 引用数据。在 D32 单元格中输入公式“ =D26 ”，即可引用 D26 单元格中的数据，如下图所示。

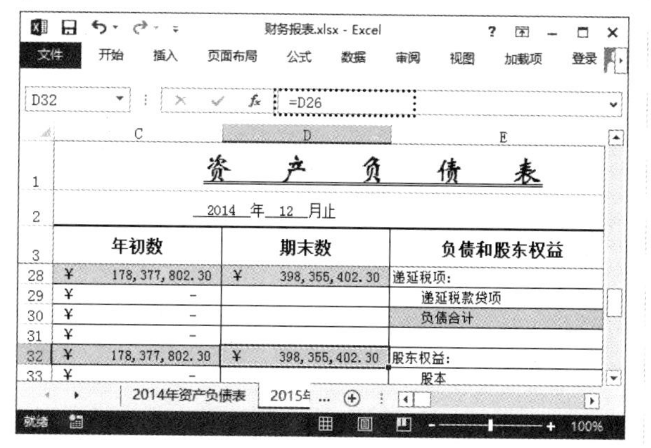

步骤05 计算资产总额。在 D41 单元格中输入公式“ =D18+D22+D32+D37 ”，计算出资产的总额，如下图所示。

步骤06 汇总流动负债总额。在 H20 单元格中输入公式“ =SUM(H5:H19) ”，汇总流动负债总额，如下图所示。

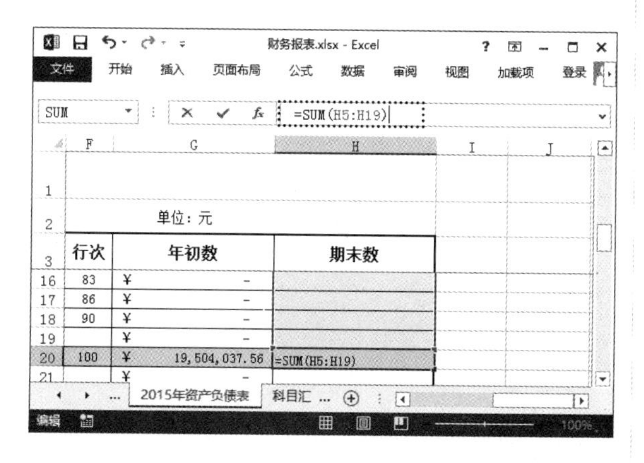

步骤07 汇总长期负债总额。在 H27 单元格中输入公式“ =SUM(H22:H26) ”，汇总长期负债总额，如下图所示。

步骤08 汇总股东权益总额。在 H40 单元格中输入公式“ =SUM(H33:H39) ”，汇总股东权益总额，如下图所示。

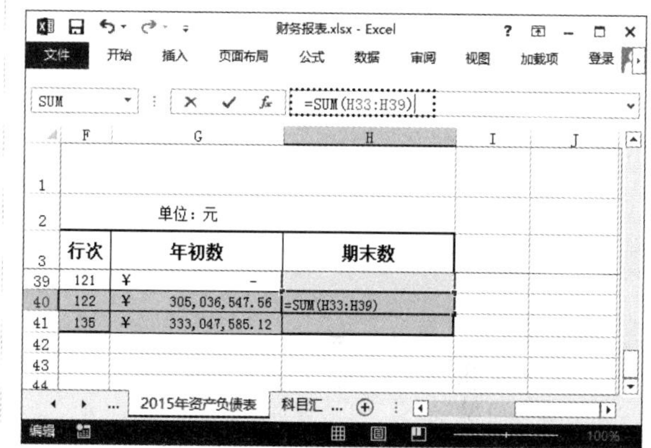

步骤09 汇总负债和股东权益总额。在 H40 单元格中输入公式“ =H20+H27+H40 ”，汇总负债和股东权益总额，如下图所示。

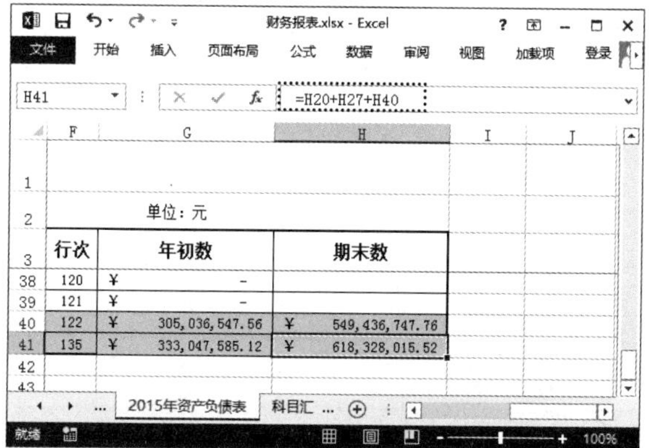

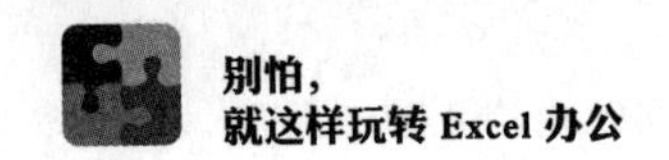

步骤10 修改单元格内容。在 A2 单元格中修改制表时间为“2015 年 10 月”，如下图所示。

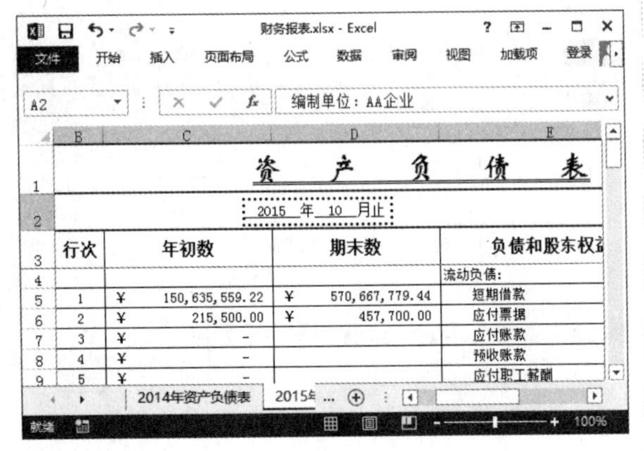

14.3.2 编制损益表

损益表（也称“收益表”、“利润表”），是反映企业在某一会计期间（如年度、季度、月份）内利润实现（或发生亏损）的财务报表。它是一张动态报表。通过损益表可以从总体上了解企业一定期间的净收益或净损失、成本和费用等情况。因此，损益表主要为报表使用者提供企业盈利能力方面的信息，帮助报表阅读者做出合理的经济决策，也可以用来评价或考核企业经营管理者的经营和管理能力，以及企业持续生存的能力。下面开始制作本案例中的损益表。

1．复制损益表结构

本例在制作损益表时，是直接通过复制上一期的损益表得到表结构的，然后将多余数据删除即可，具体操作如下。

步骤01 执行“移动或复制”命令。打开“9 月损益表”工作簿。❶在“9 月损益表”工作表标签上单击鼠标右键；❷在弹出的快捷菜单中选择“移动或复制”命令，如下图所示。

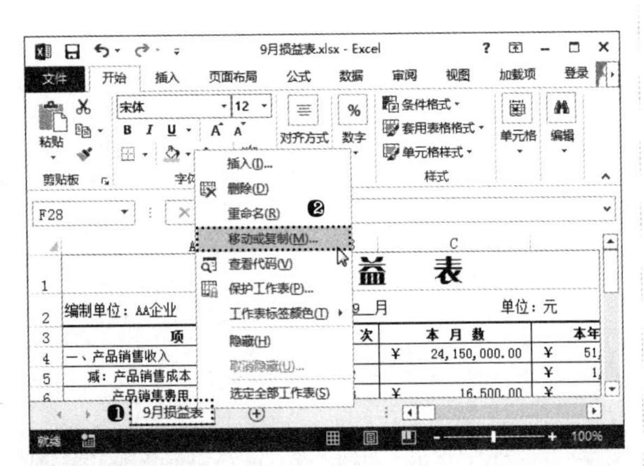

步骤02 复制工作表。打开“移动或复制工作表”对话框。❶在“将选定工作表移至工作簿”下拉列表中选择“财务报表”选项；❷在“下列选定工作表之前”列表框中选择“移至最后”选项；❸选中“建立副本”复选框；❹单击“确定”按钮，如下图所示。

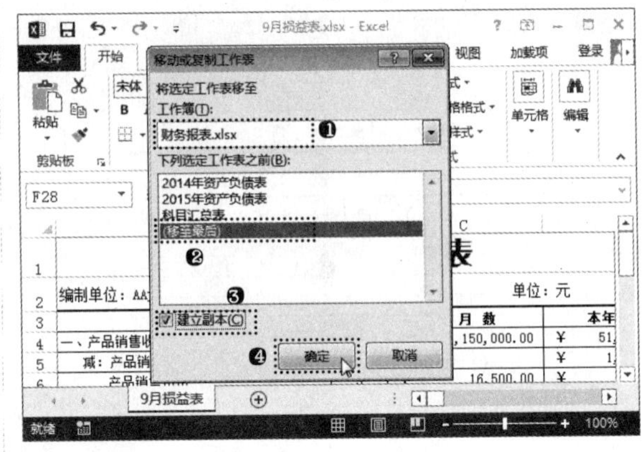

步骤03 复制工作表。❶选择复制得到的“9 月损益表”工作表；❷按住【Ctrl】键的同时向右拖曳该工作表标签复制新工作表，如下图所示。

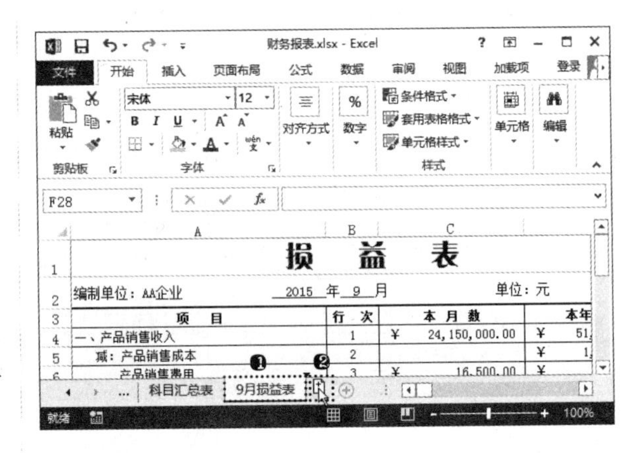

步骤04 修改数据。❶重命名新工作表的名称为“10 月损益表”；❷修改 A2 单元格中制表时间为“2015 年 10 月”，如下图所示。

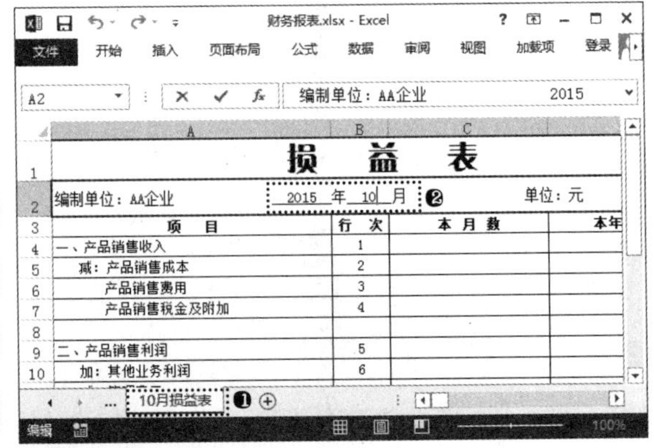

步骤05 删除多余数据。选择并删除表格中 C4:D21 单元格区域的数据，如下页左上图所示。

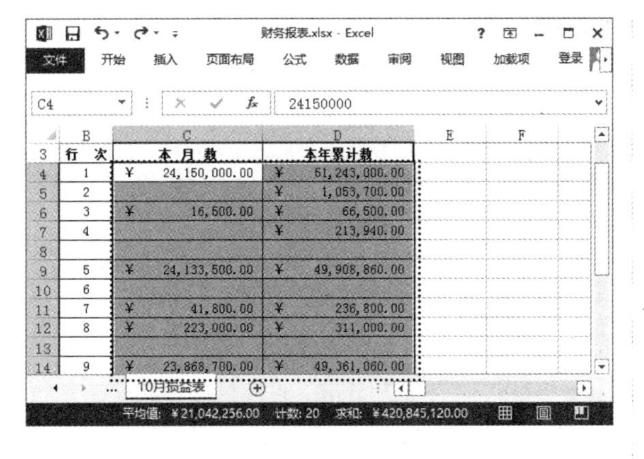

2. 计算损益数据

损益表的项目，按利润构成和分配分为两个部分。其利润构成部分先列示销售收入，然后减去销售成本得出销售利润；再减去各种费用后得出营业利润（或亏损）；再加减营业外收入和支出后，即为利润（亏损）总额。利润分配部分先将利润总额减去应交所得税后得出税后利润；如有余额，即为未分配利润。损益表中数据引用和计算的操作如下。

步骤01 输入"="符号。在C4单元格中输入"="符号，如下图所示。

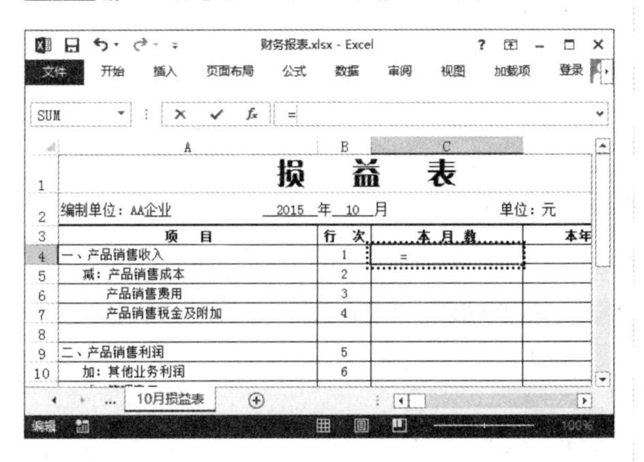

步骤02 引用数据。❶选择"科目汇总表"工作表；❷选择E20单元格，即可引用"9月损益表"工作表E20单元格中的数据，如下图所示。

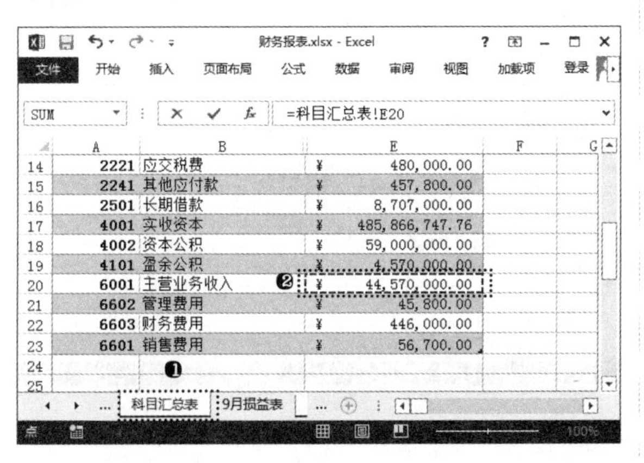

步骤03 引用数据。在C6单元格中输入"=科目汇总表!E23"，即可引用"科目汇总表"工作表E23单元格中的数据，如下图所示。

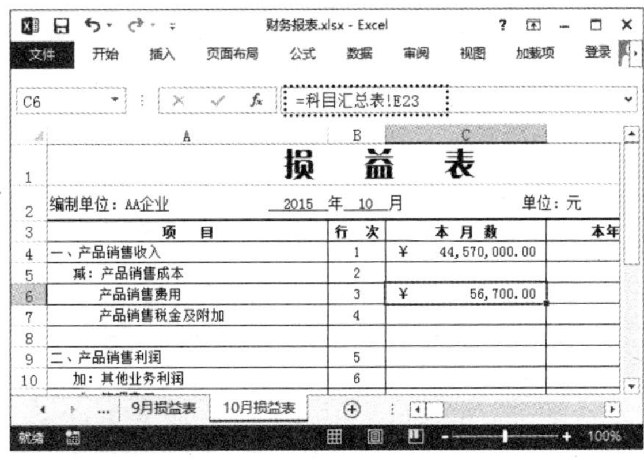

步骤04 计算销售利润。在C9单元格区域中输入公式"=C4-C5-C6-C7"，计算销售利润，如下图所示。

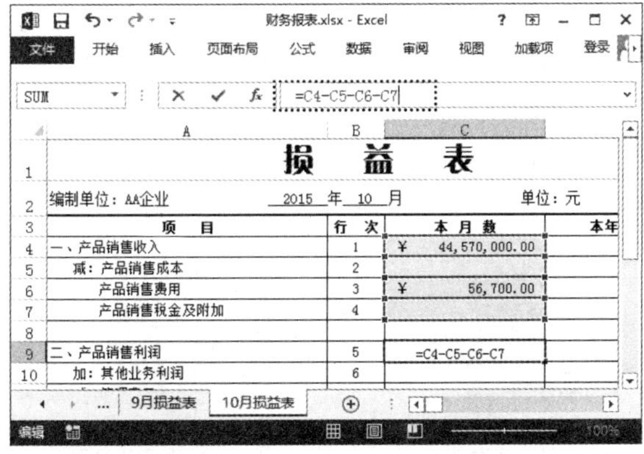

步骤05 引用数据。在C11单元格中输入"=科目汇总表!E21"，即可引用"科目汇总表"工作表E21单元格中的数据，如下图所示。

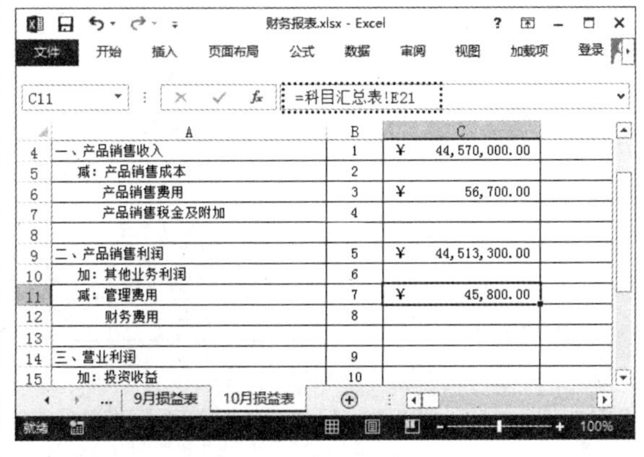

步骤 06 引用数据。在 C12 单元格中输入“=科目汇总表!E22”，即可引用“科目汇总表”工作表 E22 单元格中的数据，如下图所示。

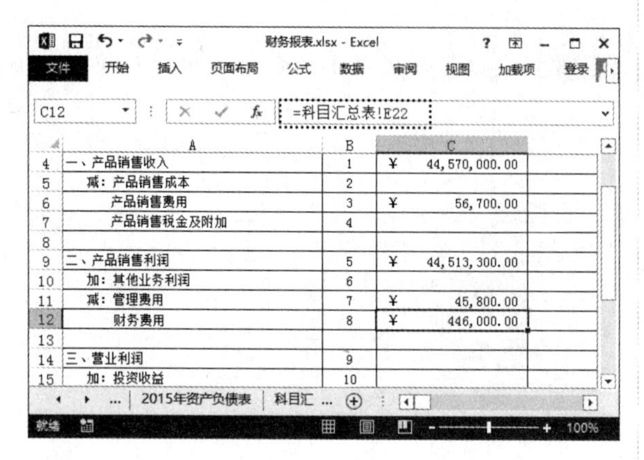

步骤 07 计算营业利润。在 C14 单元格区域中输入公式“=C9-C10-C11-C12”，计算营业利润，如下图所示。

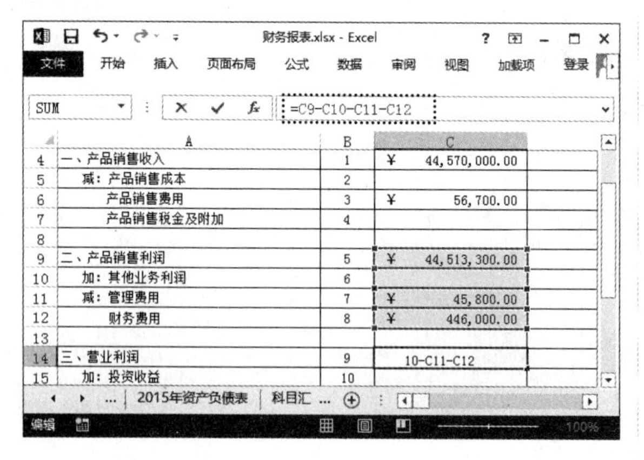

步骤 08 计算利润总额。在 C19 单元格区域中输入公式“=C14+C15+C16-C17”，计算出利润总额，如下图所示。

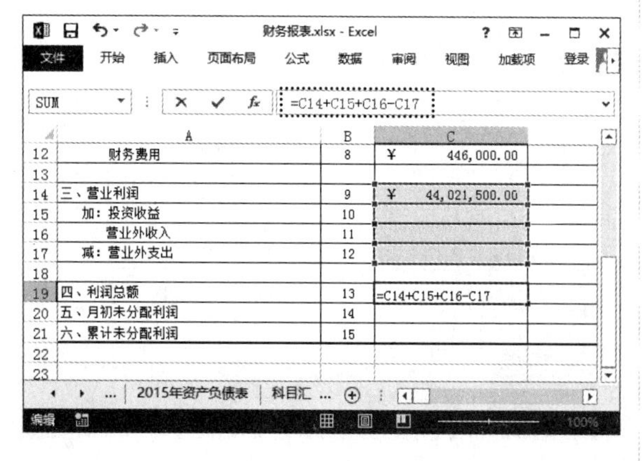

步骤 09 引用数据。在 C20 单元格中输入“='9月损益表'!C21”，即可引用“9月损益表”工作表 C21 单元格中的数据，如下图所示。

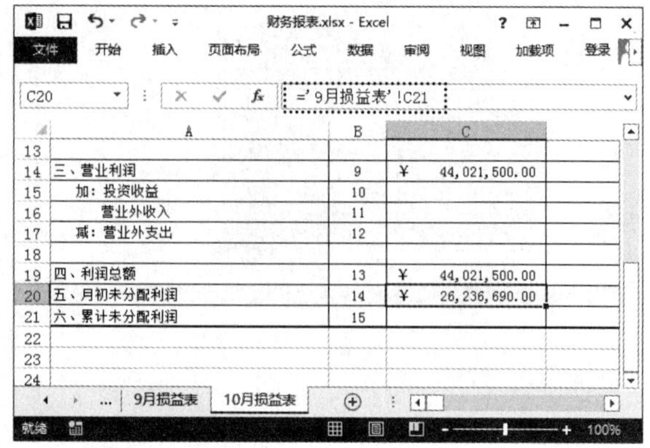

步骤 10 计算未分配利润总额。在 C21 单元格区域中输入公式“=C19+C20”，计算出未分配利润的总额，如下图所示。

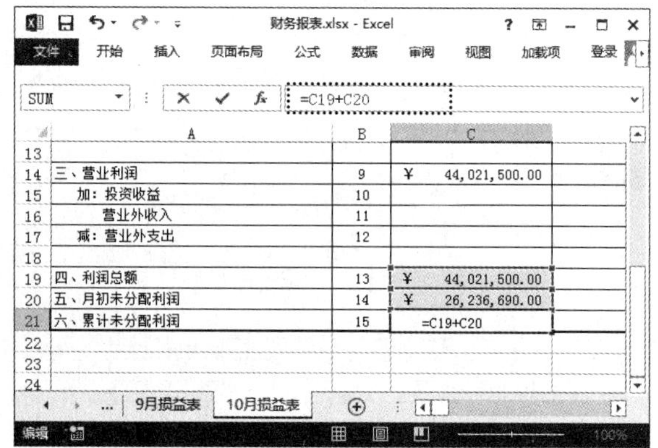

步骤 11 引用数据。在 D4 单元格中输入“='9月损益表'!D4+C4”，即可计算出引用的“9月损益表”工作表 D4 单元格中的数据与 C4 单元格中数据的和，如下图所示。

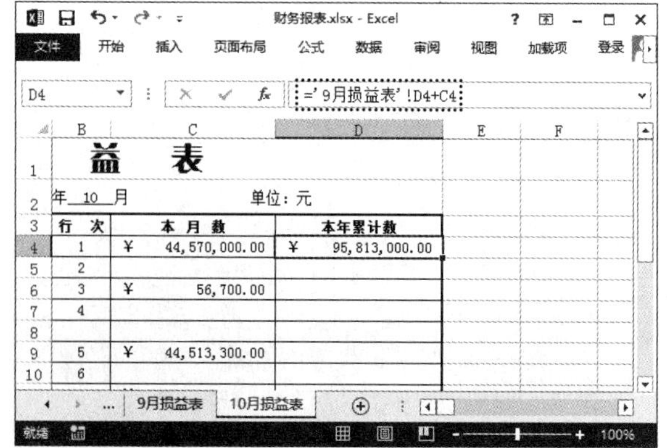

步骤 12 填充公式。❶ 选择 D4 单元格，并向下拖曳控制柄至 D21 单元格；❷ 单击右侧出现的“填充选项”按钮；❸ 在弹出的菜单中选择“不带格式填充”命令，如下图所示。

财务报表.xlsx - Excel

D4 　=' 9月损益表' !D4+C4

	B	C	D
11	7	¥ 45,800.00	¥ 282,600.00
12	8	¥ 446,000.00	¥ 757,000.00
13			¥ -
14	9	¥ 44,021,500.00	¥ 93,382,560.00
15	10		¥ -
16	11		¥ -
17	12		¥ -
18			¥ -
19	13	¥ 44,021,500.00	¥ 93,382,560.00
20	14	¥ 26,236,690.00	¥ 74,139,680.00
21	15	¥ 70,258,190.00	¥ 116,537,520.00
22			

复制单元格(C)
仅填充格式(F)
不带格式填充(O)
快速填充(F)

9月损益表　10月损益表

平均值：¥31,672,662.22　计数：18　求和：¥570,107,920.00

步骤 13 删除多余数据。选择并删除 D8、D10 和 D13 单元格与 D15:D18 单元格区域中的公式。至此，已完成本案例的全部制作，如下图所示。

本章小结

本章结合实例主要讲述了 Excel 在会计财务管理日常工作中的应用。本章的重点是让读者掌握财务数据的处理方式，通过制作前面的三个案例，我们不难发现财务数据处理时，主要需要记录各项明细数据，并分类整理在相关表格中，然后在具体财务表格中编制相应的表格格式，并引用这些基础数据，再通过合适的公式和函数按照一定的标准计算出数据结果即可。

第 15 章

Excel 在市场营销中的应用

本章导读

市场营销不仅仅是销售，它还包含着对商品销售过程的改进与完善。市场营销是一个过程，在这个过程中某个人或某集体通过交易其创造的产品或价值，以获得所需之物，实现了双赢或多赢。Excel 可以帮助销售人员分析信息、揭示趋势和机遇，从而在与对手的竞争中占得先机。本章通过制作商品报价单、销售统计表、销售明细表，介绍 Excel 2013 在市场营销中的应用知识。

知识要点

- ◆ 建立基础表格
- ◆ 插入与编辑图片
- ◆ 插入图表
- ◆ 使用公式和函数计算数据
- ◆ 插入超链接
- ◆ 使用数据透视图表

案例展示

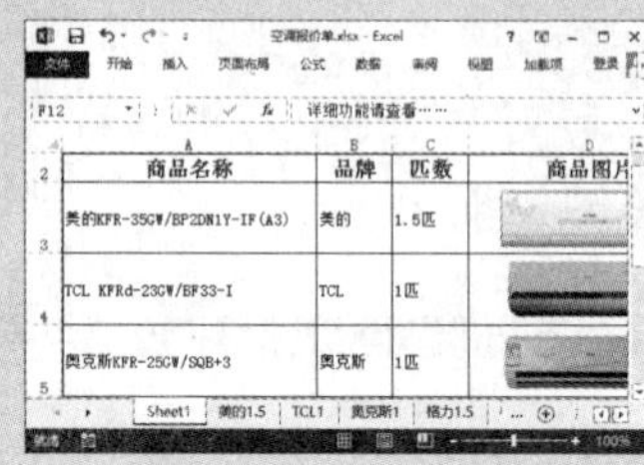

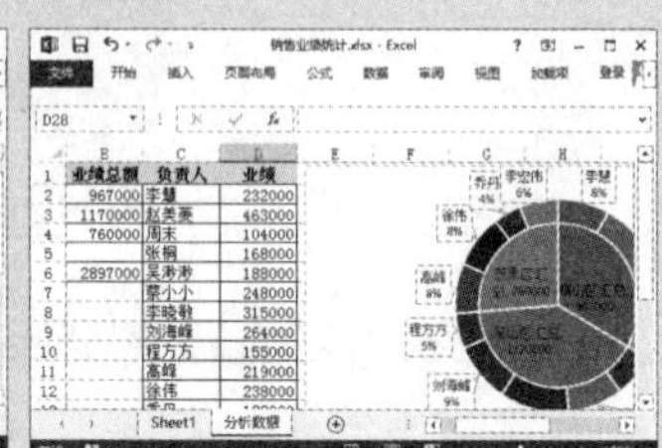

15.1 制作商品报价单

案例概述

商品报价单一般是为公司生产或引进的新产品而制作的，属于产品宣传与包装环节，是企业营销策划的重点，其阅读者包括产品消费者和订货客户等。现代企业办公注重效率和智能化，商品报价单作为产品对外宣传的媒介，可通过两种方式进行传播，一是传统的打印输出宣传单，二是通过网络以电子文档形式传播。不论哪种用途，都应该让对方能快速了解商品的相关信息，使其能在短时间内对产品产生兴趣。本节将制作一个用于网络传播的空调报价单，为企业拓展产品市场，增加客户订货量。

案例效果

商品报价单中包含的数据通常有商品名称、商品图片、价格、功能等。内容大致相同时，一张精美的商品报价单将带给客户良好的感观享受，为企业在客户心中增加不少印象分，从而在众多的竞争者中脱颖而出。本例在制作时，首先搜集了相关产品的图片作为素材，然后将需要罗列的表格数据依次填列，再插入相关的图片进行说明，最后为每个产品的具体参数表设置超级链接。

“空调报价单”工作簿制作完成后的效果，如下图所示。

澳柯梅商城空调报价单

商品名称	品牌	匹数	商品图片	价格	功能特点
美的KFR-35GW/BP2DN1Y-IF(A3)	美的	1.5匹		¥3,099	详细功能请查看……
TCL KFRd-23GW/BF33-I	TCL	1匹		¥1,599	详细功能请查看……
奥克斯KFR-25GW/SQB+3	奥克斯	1匹		¥1,699	详细功能请查看……
格力KFR-35GW/(35557)FNDe-A3	格力	1.5匹		¥3,349	详细功能请查看……
格力KFR-26GW/(26557)FNDe-A3	格力	1匹		¥2,849	详细功能请查看……
奥克斯KFR-35GW/SQB+3	奥克斯	1.5匹		¥2,099	详细功能请查看……
美的KFR-26GW/DY-IF(R3)	美的	1匹		¥2,199	详细功能请查看……

Sheet1 | 美的1.5 | TCL1 | 奥克斯1 | 格力1.5 | 格力1 | 奥克斯1.5 | 美的1 | 美的1 (2) | 格兰仕1.5 | ...

光盘同步文件
原始文件：光盘 \ 素材文件 \ 无
结果文件：光盘 \ 结果文件 \ 第 15 章 \ 空调报价单 .xlsx
教学视频：光盘 \ 教学视频文件 \ 第 15 章 \ 制作商品报价单 \15.1.1.mp4 ～ 15.1.4.mp4

制作思路

空调报价单的制作思路如下。

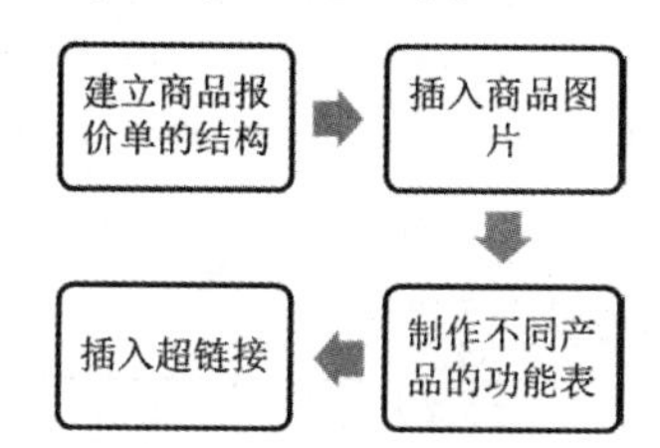

15.1.1 建立商品报价单的结构

在制作空调报价单时，首先需要新建和保存工作簿，然后在工作簿中建立商品报价单的大概结构，具体操作步骤如下。

步骤 01 输入表头数据。❶新建一个空白工作簿，并命名为"空调报价单"；❷在表格中输入表头数据；❸选择 A1:G1 单元格区域；❹单击"对齐方式"组中的"合并后居中"按钮；❺在弹出的菜单中选择"合并后居中"命令，如下图所示。

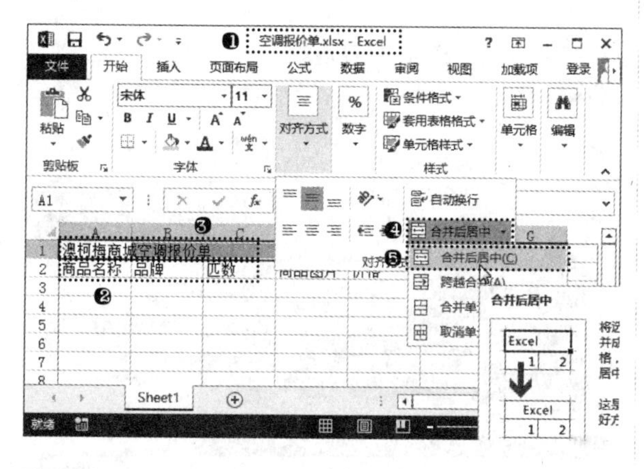

步骤 02 设置数字格式。❶在各列中输入对应的产品参数；❷选择 E2:E12 单元格区域；❸在"开始"选项卡"数字"组中的下拉列表中选择"货币"选项，如下图所示。

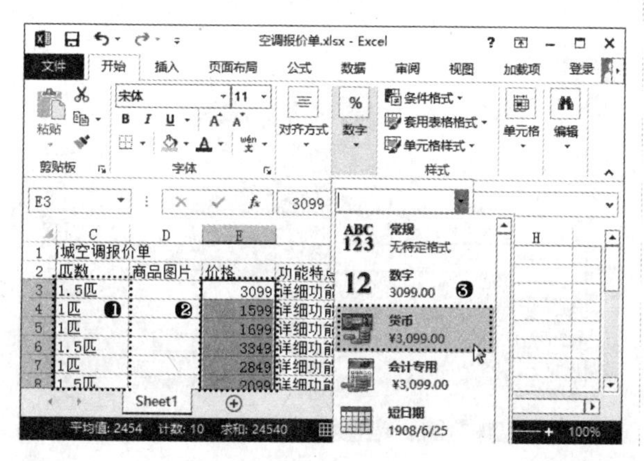

步骤 03 设置小数位数。单击"数字"组中的"减少小数位数"按钮，让该单元格区域中的数据显示为整数，如下图所示。

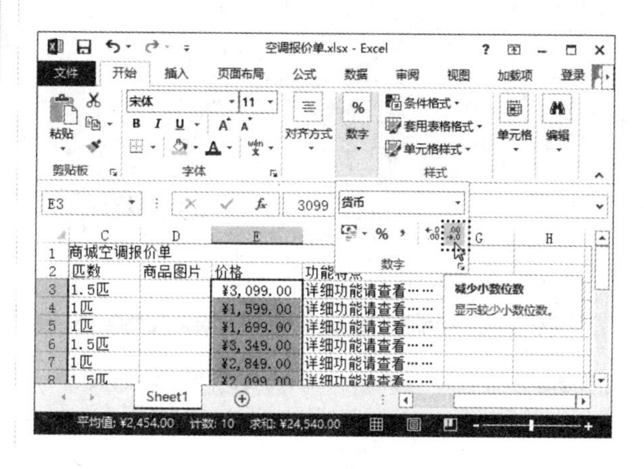

步骤 04 设置标题格式。❶选择 A1 单元格；❷在"字体"组中设置合适的字体样式和填充颜色，如下图所示。

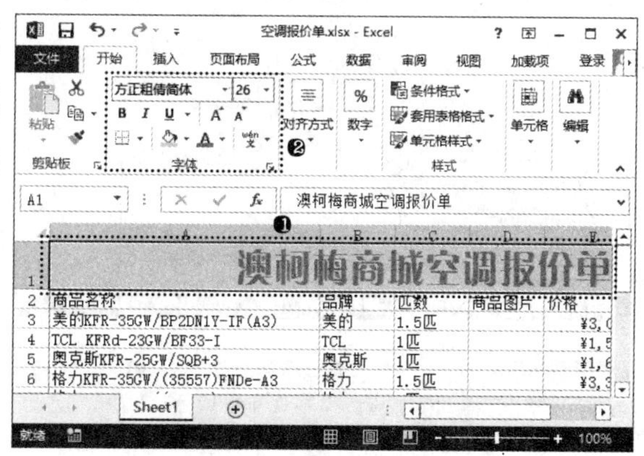

步骤 05 设置单元格格式。❶选择 A2:G2 单元格区域；❷单击"开始"选项卡"样式"组中的"单元格样式"按钮；❸在弹出的菜单中选择需要的单元格样式，如下图所示。

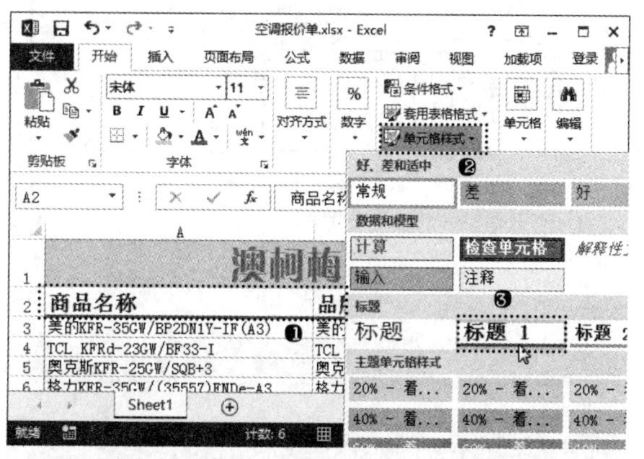

步骤 06 设置对齐方式。单击"对齐方式"组中的"居中"按钮，让 A2:G2 单元格区域中的数据居中对齐，如下页左上图所示。

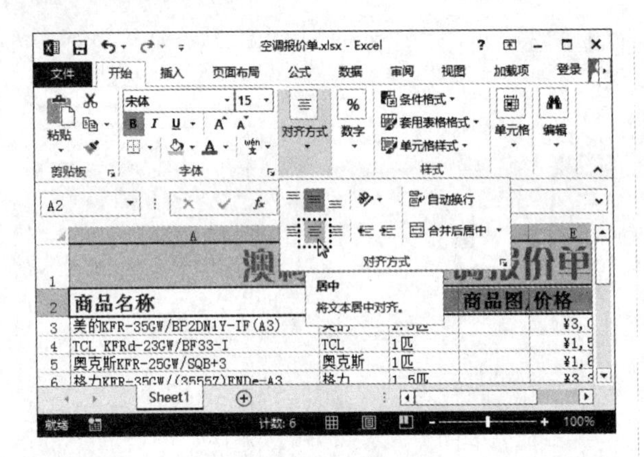

步骤07 单击“对话框启动器”按钮。❶选择 A2:G12 单元格区域；❷单击“开始”选项卡“字体”组右下角的“对话框启动器”按钮，如下图所示。

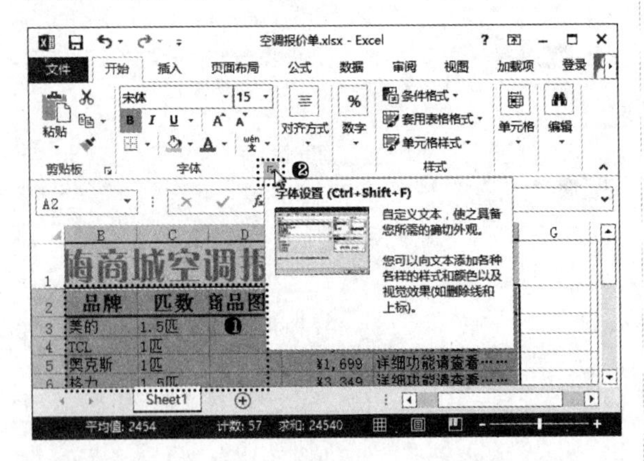

步骤08 设置边框。打开“设置单元格格式”对话框，❶单击“边框”选项卡；❷在“样式”组中选择“粗线”；❸单击“外边框”按钮；❹在“样式”组中选择“细线”；❺单击“内部”按钮；❻单击“确定”按钮关闭对话框，如下图所示。

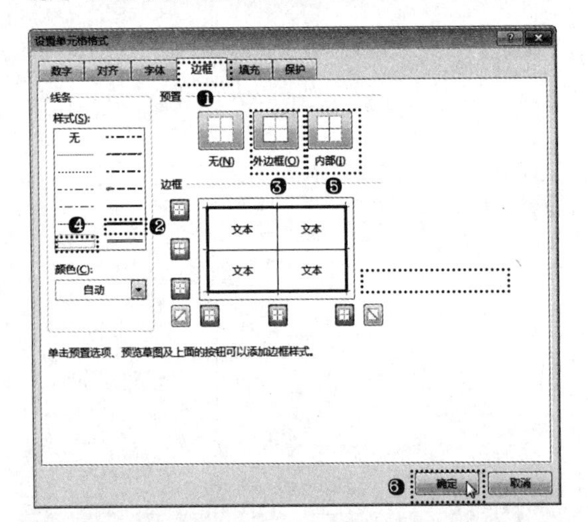

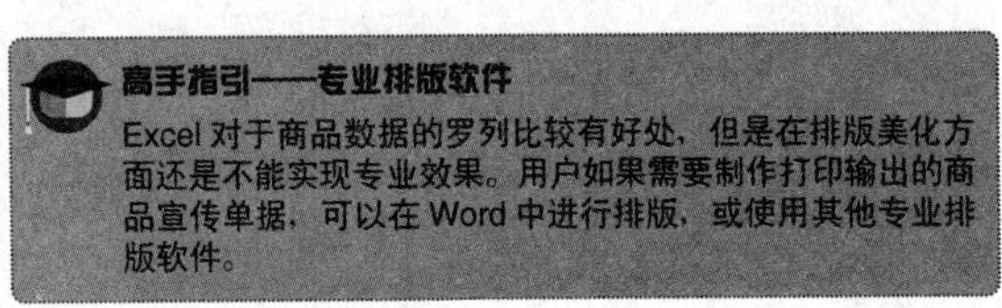
高手指引——专业排版软件

Excel 对于商品数据的罗列比较有好处，但是在排版美化方面还是不能实现专业效果。用户如果需要制作打印输出的商品宣传单据，可以在 Word 中进行排版，或使用其他专业排版软件。

15.1.2 插入与编辑商品图片

制作商品报价单时，为了详细说明产品的某些功能，或指明具体产品，在表格中可以为商品添加精美的图片，同时可以在一定程度上吸引消费者的眼球，具体操作步骤如下。

步骤01 调整列宽。向右拖曳鼠标调整 D 列的列宽，如下图所示。

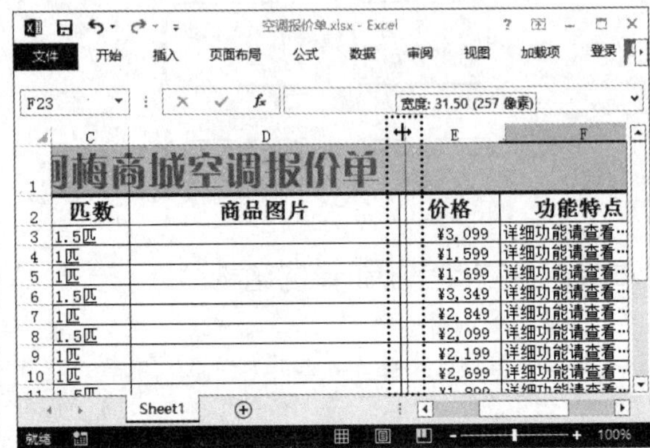

步骤02 执行“行高”命令。❶选择第 3～12 行单元格；❷单击“开始”选项卡“单元格”组中的“格式”按钮；❸在弹出的菜单中选择“行高”命令，如下图所示。

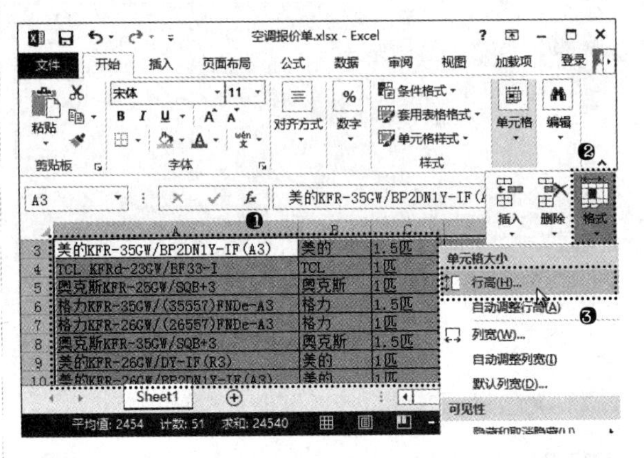

步骤03 设置行高。❶打开“行高”对话框，在文本框中输入 50；❷单击“确定”按钮，如下图所示。

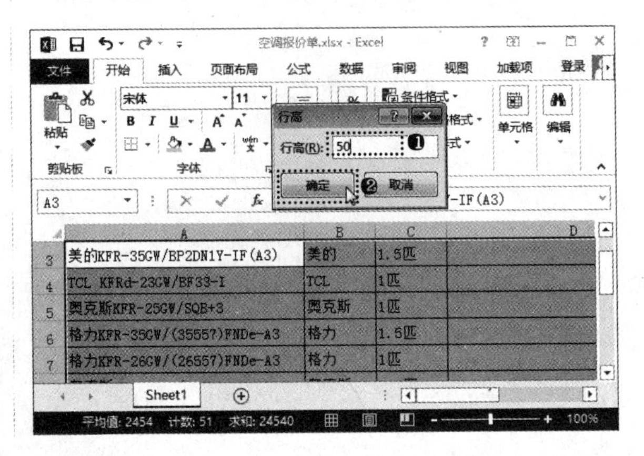

步骤 04 执行“图片”命令。❶ 选择 D3 单元格；❷ 单击“插入”选项卡“插图”组中的“图片”按钮，如下图所示。

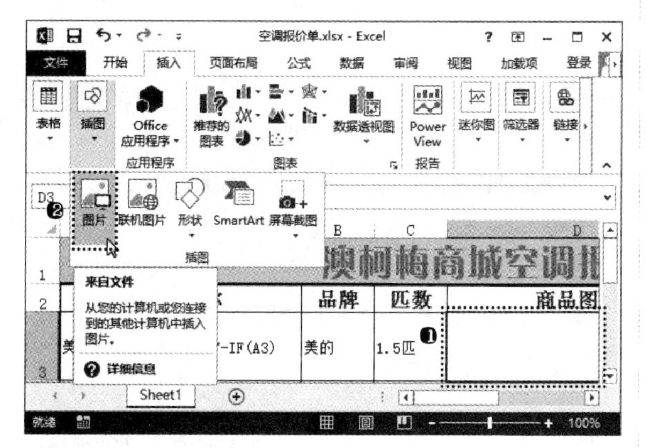

步骤 05 选择插入的图片。❶ 打开“插入图片”对话框，选择需要插入图片保存的位置；❷ 选择所有需要插入的图片；❸ 单击“插入”按钮，如下图所示。

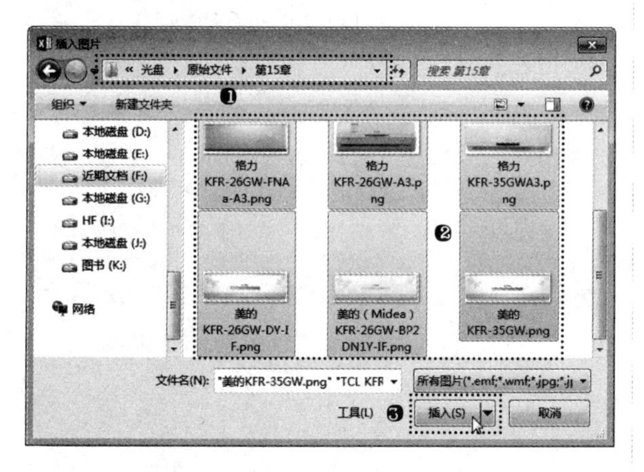

步骤 06 设置图片高度。经过上一步操作，即可将所有选择的图片插入到表格中。保持图片的选择状态，在“图片工具格式”选项卡“大小”组中的“形状高度”文本框中输入“1.5 厘米”，按【Enter】键后所有图片将按比例缩放为 1.5 厘米高，如下图所示。

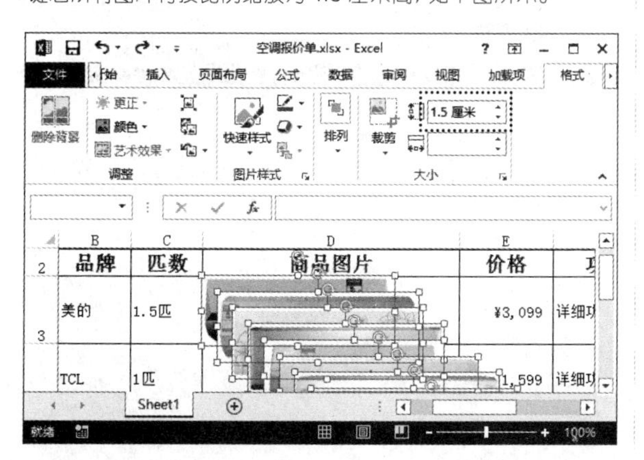

步骤 07 设置对象对齐方式。❶ 将表格中的图片放置在对应品牌的单元格内。按住【Ctrl】键的同时选择所有图片；❷ 单击“图片工具格式”选项卡“排列”组中的“对齐”按钮；❸ 在弹出的下拉列表中选择“水平居中”选项，如右上图所示。

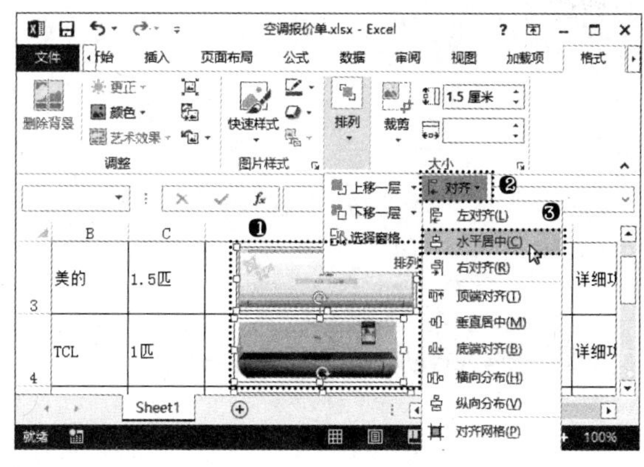

步骤 08 调整列宽。适当调整 D 列单元格的列宽，使所有图片都处于单元格中，如下图所示。

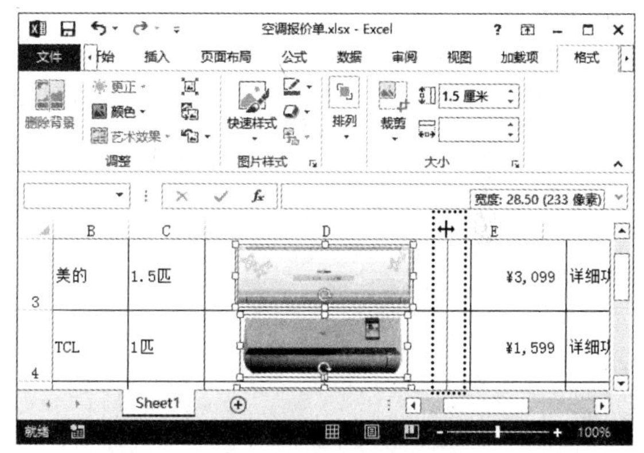

15.1.3 制作不同产品的功能表

一般情况下，在制作商品报价单时只会在表格中给出商品的基本信息，突出其特点。如果将商品众多的功能信息放在同一个表格中，不利于客户或消费者具体查询，因此，需要将不同产品的具体参数单独制作成表格，当客户或消费者需要了解某一商品的详细信息时，再通过其他表格进行查阅。

步骤 01 设置标题单元格格式。❶ 新建一个空白工作表，并根据表格内容重命名为“美的 1.5”；❷ 在表格中输入与美的 KFR-35GW/BP2DN1Y-IF(A3) 商品相关的参数；❸ 合并 A1:B1 单元格区域；❹ 在“字体”组中设置合适的字体格式；❺ 双击“开始”选项卡“剪贴板”组中的“格式刷”按钮，如下图所示。

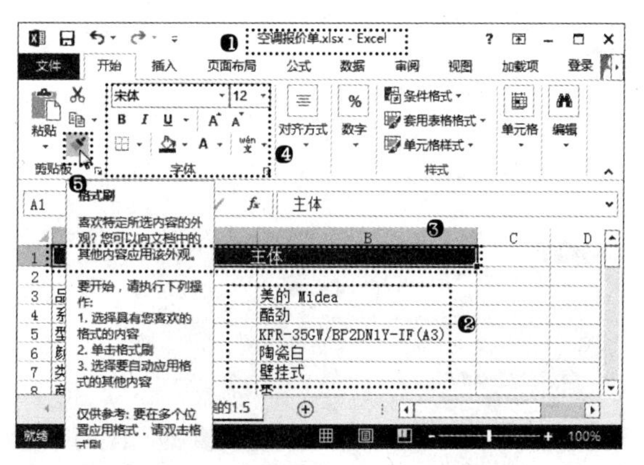

步骤 02 复制单元格格式。在需要设置表格标题栏的单元格上单击，即可为其设置与 A1 单元格相同的格式，如下图所示。

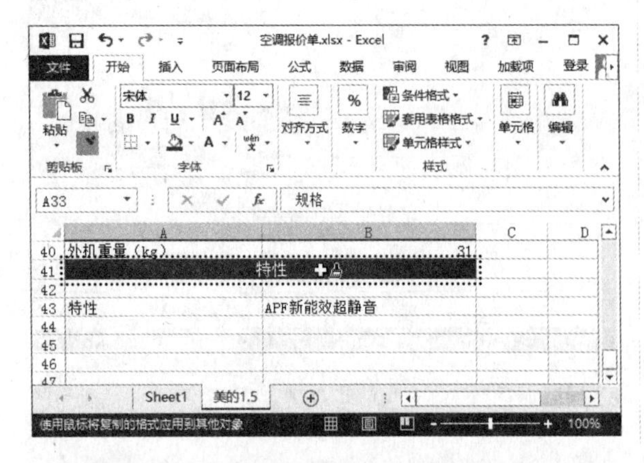

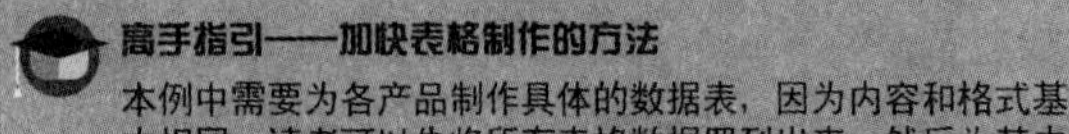

高手指引——加快表格制作的方法

本例中需要为各产品制作具体的数据表，因为内容和格式基本相同，读者可以先将所有表格数据罗列出来，然后为其中一个表设置格式，再通过格式刷为其他表格复制相同的格式。

步骤 03 设置单元格填充颜色。❶按住【Ctrl】键的同时，选择表格中各项参数名所在的单元格区域；❷在“开始”选项卡“字体”组中单击“填充颜色”按钮；❸在弹出的菜单中设置填充颜色为“浅蓝色”，如下图所示。

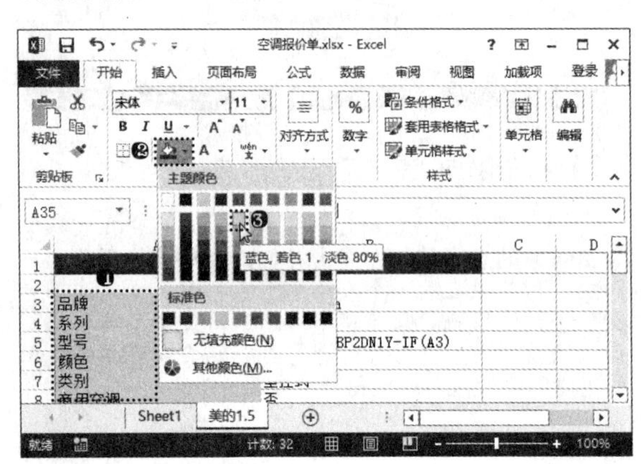

步骤 04 设置边框。❶选择所有包含数据的单元格区域；❷单击“字体”组中的“边框”按钮；❸在弹出的菜单中选择“所有框线”命令，如下图所示。

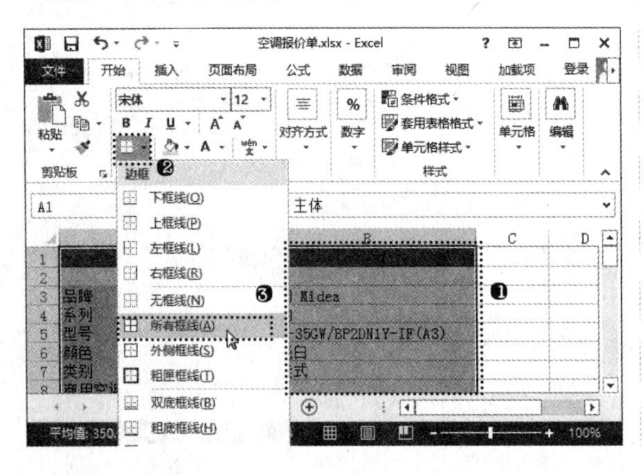

步骤 05 制作其他产品的功能表。使用相同的方法新建其他产品的具体参数表，并输入相应的内容，然后设置与“美的 1.5”工作表相同的表格格式，如下图所示。

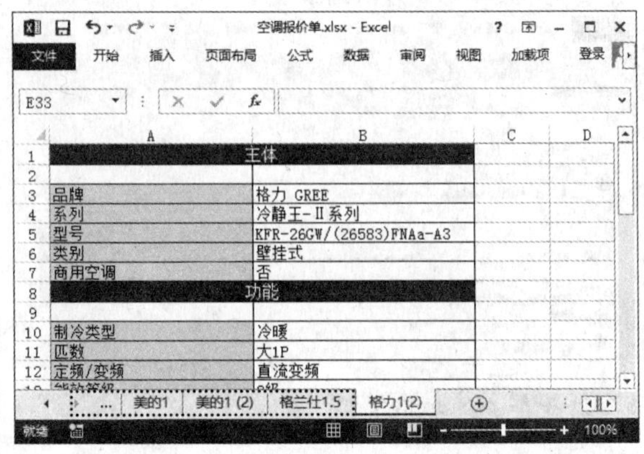

15.1.4 以超链接形式链接各表

已经制作好商品报价单中的所有表格，接下来需要使用 Excel 的超链接，为各品牌商品建立的功能表与对应的产品信息进行连接，具体操作步骤如下。

步骤 01 执行“超链接”命令。❶选择 Sheet1 工作表；❷选择 F3 单元格；❸单击“插入”选项卡“链接”组中的“超链接”按钮，如下图所示。

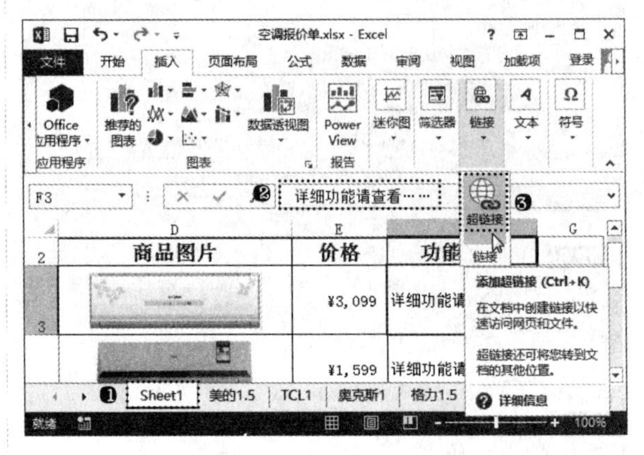

步骤 02 设置链接对象。❶打开“编辑超链接”对话框，在左侧“链接到”列表框中选择“本文档中的位置”选项；❷在右侧“或在此文档中选择一个位置”列表框中选择“美的 1.5”选项；❸单击“确定”按钮，如下图所示。

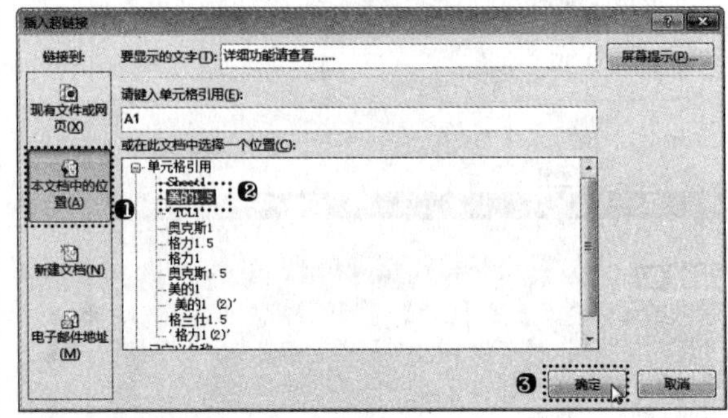

步骤 03 设置其他文本的超级链接。经过上一步操作，返回工作表中，即可看到 F3 单元格中的文本显示为蓝色带下划线效果，已经变为超链接文本，单击即可切换到"美的 1.5"工作表。使用相同的方法分别将 F4:F12 单元格区域中的文本依次链接到制作的对应产品的功能表。至此，已完成本案例的全部制作，如右图所示。

15.2 制作销售统计表

案例概述

在商业竞争日趋激烈的今天，销售团队同时面临来自内部和外部的压力。随着企业不断地削减成本，销售团队需要依靠更少的人力、更苛刻的预算来完成极具挑战性的收入指标。如果在繁杂的销售信息中，能把握市场的脉搏和机会，成功的销售也就有了基础。利用 Excel 的强大功能可以很方便地对销售信息进行整理和分析。本节将以某企业的年销售数据进行统计、分析为例，为读者介绍在 Excel 中分析销售数据的相关操作。

案例效果

对于企业来讲，要评判销售带来的利益，一定时期后会将搜集的销售数据进行整理，制作出销售情况统计分析表，便于从不同的角度对销售过程中产生的各种数据进行汇总、分析。本例将对某企业的年销售数据进行统计，并汇总相关数据，再通过图表的方法让数据一目了然。

销售业绩统计表制作完成后的效果，如下图所示。

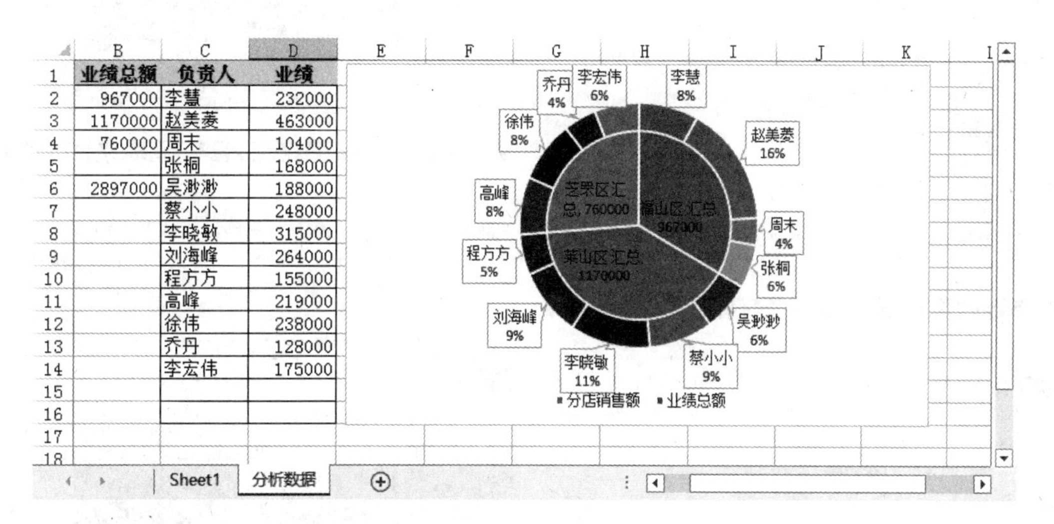

业绩总额	负责人	业绩
967000	李慧	232000
1170000	赵美萎	463000
760000	周末	104000
	张桐	168000
2897000	吴渺渺	188000
	蔡小小	248000
	李晓敏	315000
	刘海峰	264000
	程方方	155000
	高峰	219000
	徐伟	238000
	乔丹	128000
	李宏伟	175000

光盘同步文件
原始文件：光盘 \ 素材文件 \ 无
结果文件：光盘 \ 结果文件 \ 第 15 章 \ 销售业绩统计 .xlsx
教学视频：光盘 \ 教学视频文件 \ 第 15 章 \ 制作销售统计表 \15.2.1.mp4 ～ 15.2.2.mp4

制作思路

销售业绩统计表的制作思路如右所示。

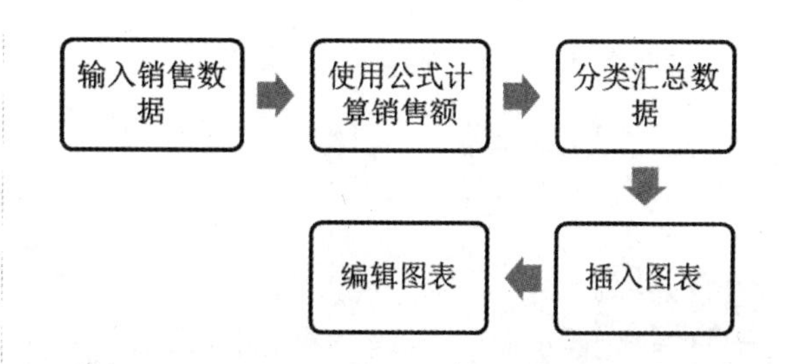

15.2.1 建立表格基本结构并输入销售数据

要对销售数据进行分析，首先需要输入基础的销售数据，具体操作如下。

步骤01 输入表头数据。❶新建一个空白工作簿，并命名为"销售业绩统计"；❷在表格中输入表头数据并选择这些单元格区域；❸单击"对齐方式"组中的"居中"按钮，如下图所示。

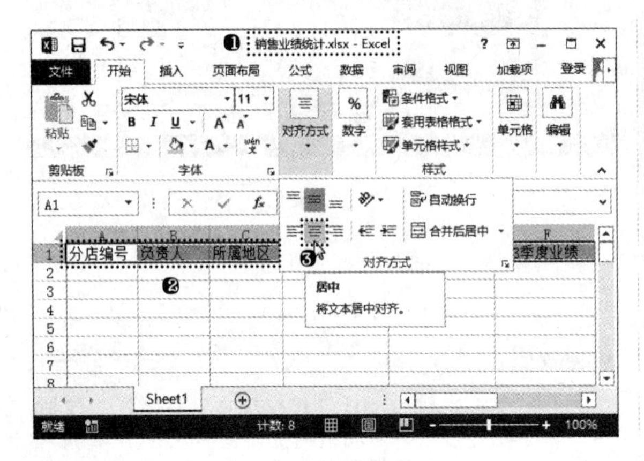

步骤02 输入各销售数据。在各列中根据表头内容输入相应的信息和销售数据，如下图所示。

步骤03 计算业绩总额。在H2单元格中输入公式"=SUM(D2:G2)"，计算出第一分店的销售总额，如下图所示。

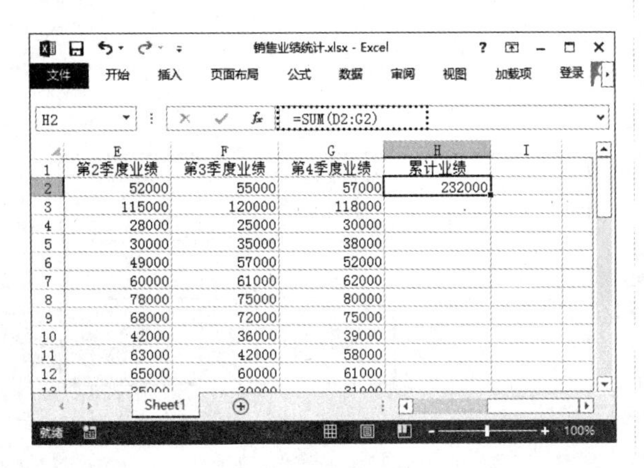

步骤04 复制公式。向下拖曳控制柄至H14单元格，复制公式，并计算出其他分店的销售总额，如下图所示。

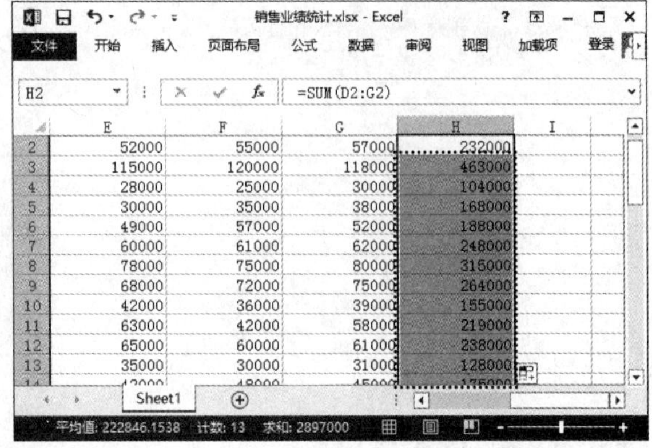

步骤05 设置单元格格式。❶分别为A1:H2单元格区域设置合适的单元格格式；❷选择A2:H3单元格区域，如下图所示。

步骤06 复制格式。❶向下拖曳控制柄至H14单元格；❷单击右侧出现的"填充选项"按钮；❸在弹出的菜单中选择"仅填充格式"命令，如下图所示。

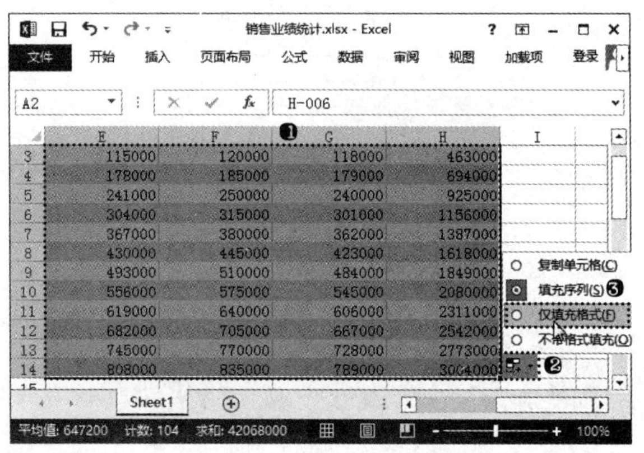

步骤07 执行"分类汇总"命令。单击"数据"选项卡"分级显示"组中的"分类汇总"按钮，如下页左上图所示。

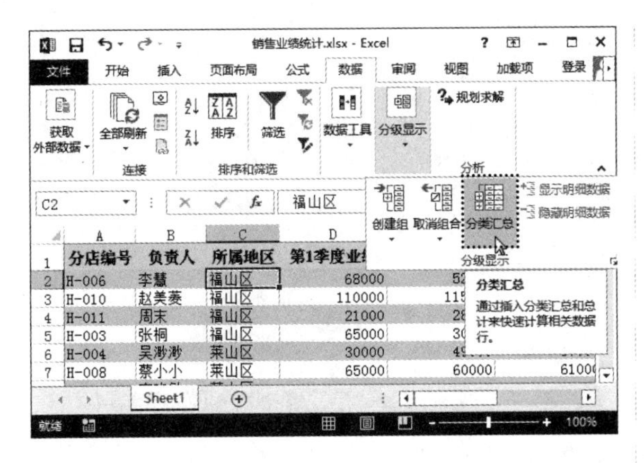

步骤 08 设置分类汇总参数。❶ 打开"分类汇总"对话框，在"分类字段"下拉列表中选择"所属地区"选项；❷ 在"汇总方式"下拉列表中选择"求和"选项；❸ 在"选定汇总项"列表框中选中"累计业绩"复选框；❹ 单击"确定"按钮，如下图所示。

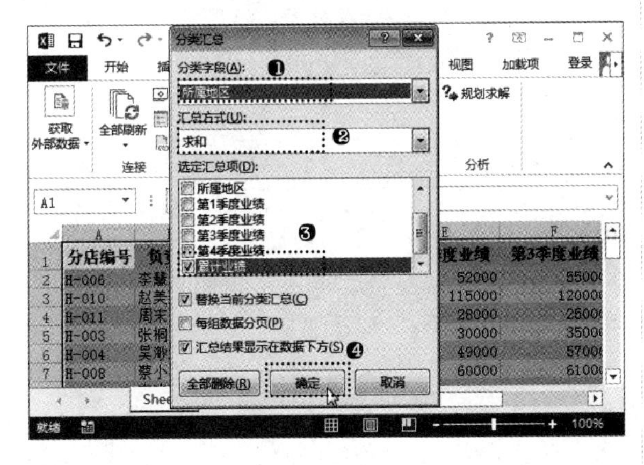

步骤 09 显示分类汇总明显。经过上一步操作，即可按照设置的分类汇总表格数据，单击工作表左侧的2按钮，折叠显示二级汇总项，如下图所示。

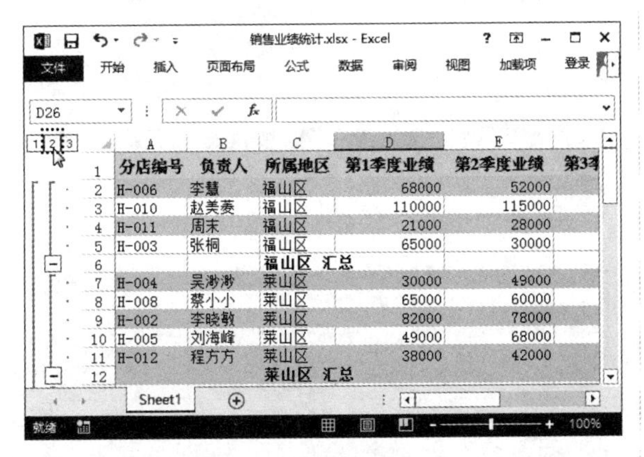

15.2.2 使用图表清晰分析数据

为了让表格中的数据能更清楚地呈现在大家面前，下面为各地区和各分店营业额数据制作统计图表，先输入饼图数据，然后根据数据创建双层饼图。

步骤 01 复制数据。❶ 新建一个工作表，重命名为"分析数据"；❷ 选择并复制 Sheet1 工作表中的"负责人"、"所属地区"和"累计业绩"列数据，如下图所示。

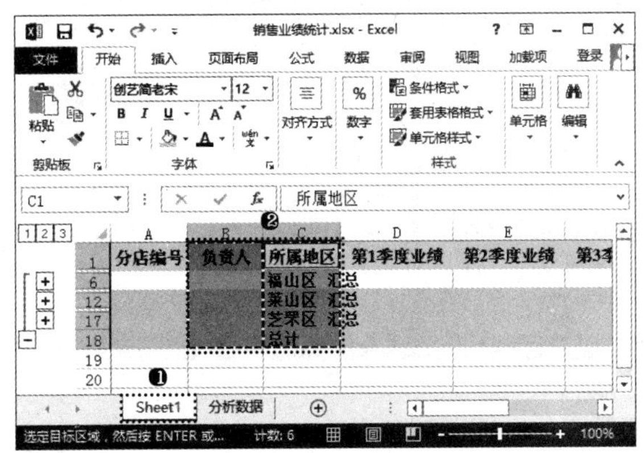

步骤 02 清除单元格格式。❶ 将数据粘贴到"分析数据"工作表中，并编辑相应数据。再选择所有包含数据的单元格区域；❷ 单击"编辑"组中的"清除"按钮；❸ 在弹出的菜单中选择"清除格式"命令，如下图所示。

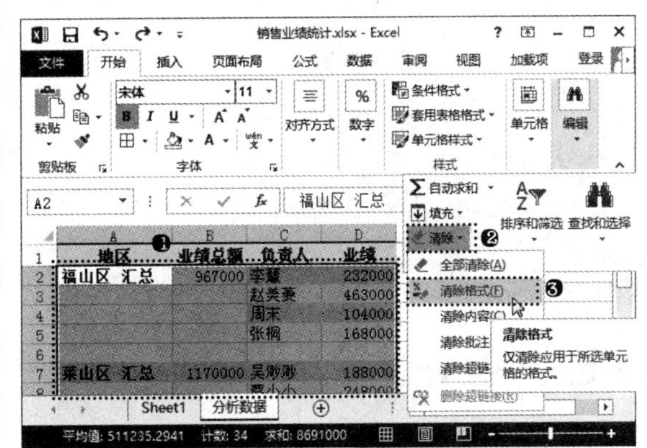

步骤 03 设置边框。❶ 单击"开始"选项卡"字体"组中的"边框"按钮；❷ 在弹出的菜单中选择"所有框线"命令，如下图所示。

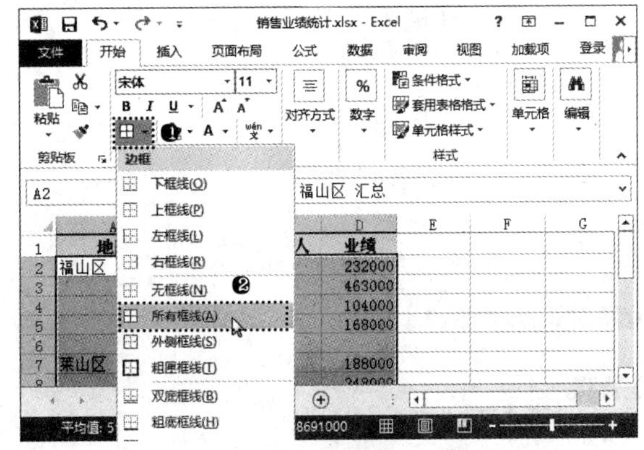

步骤 04 删除多余单元格。❶选择表格中所有没有包含数据的单元格；❷单击“单元格”组中的“删除”按钮；❸在弹出的菜单中选择“删除单元格”命令，如下图所示。

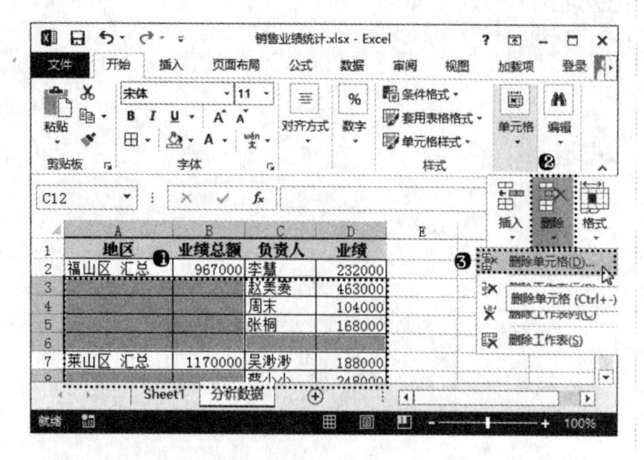

步骤 05 设置删除操作。❶打开“删除”对话框，选中“下方单元格上移”单选按钮；❷单击“确定”按钮，如下图所示。

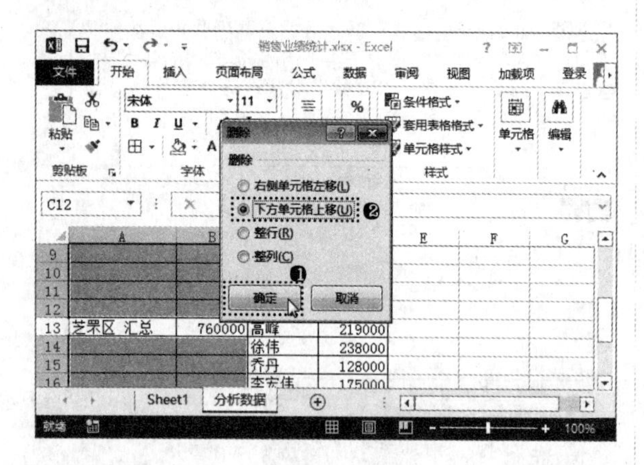

步骤 06 插入图表。❶选择 A2:B4 单元格区域；❷单击“插入”选项卡“图表”组中的“饼图”按钮；❸在弹出的菜单中选择需要插入的饼图样式，如下图所示。

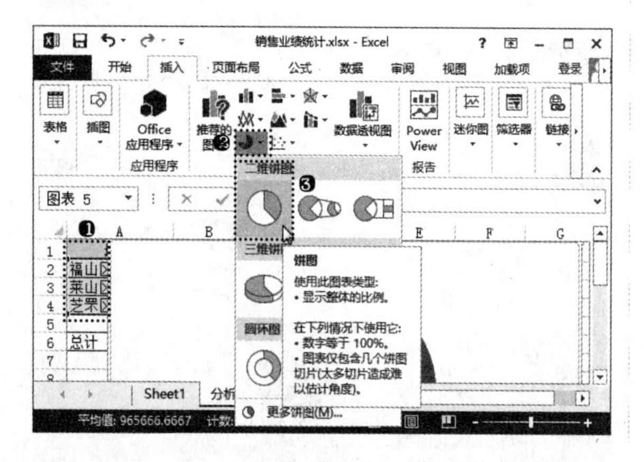

步骤 07 执行“选择数据”命令。经过上一步操作，即可根据地区汇总业绩创建出饼图。单击“图表工具设计”选项卡“数据”组中的“选择数据”按钮。

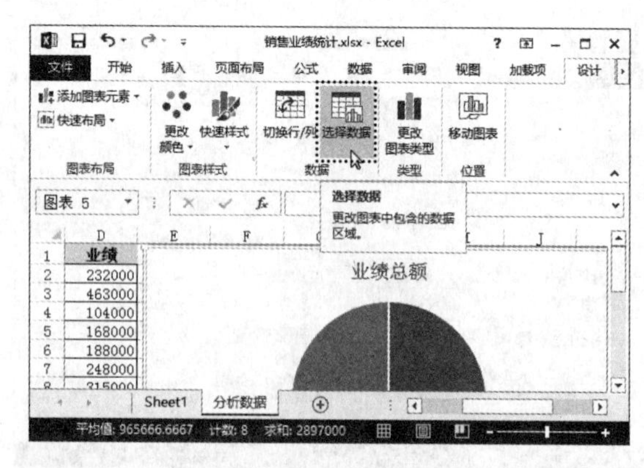

步骤 08 单击“添加”按钮。打开“选择数据源”对话框，在“图例项（系列）”列表框中单击“添加”按钮，如下图所示。

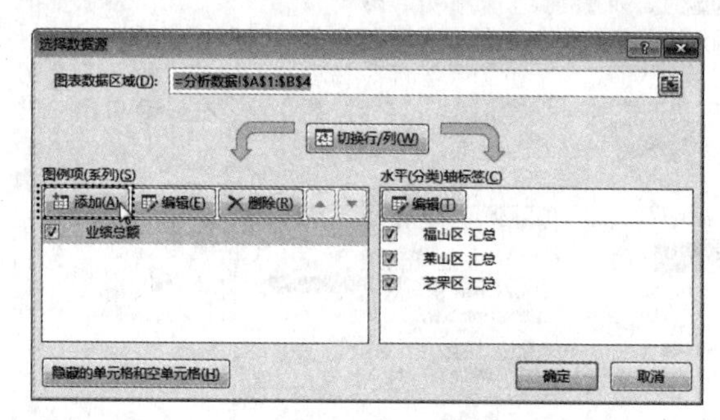

步骤 09 设置要添加的数据系列。打开“编辑数据系列”对话框。❶在“系列名称”文本框中输入名称“分店销售额”；❷在“系列值”文本框中引用表格中的 D2：D14 单元格区域；❸单击“确定”按钮，如下图所示。

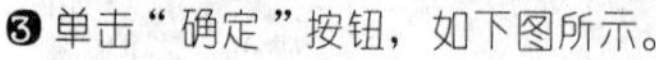

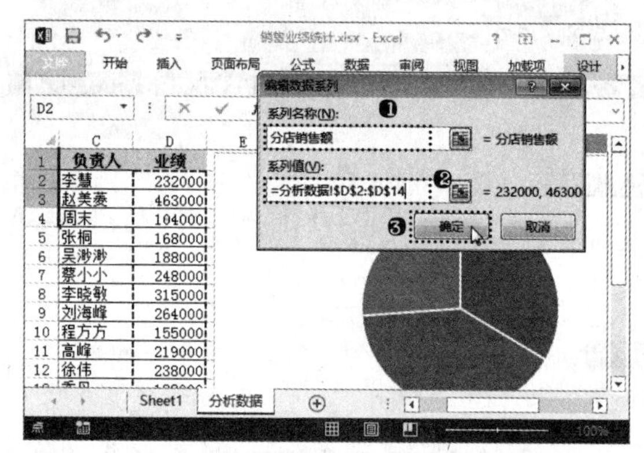

步骤 10 确定系列数据源的添加。返回“选择数据源”对话框中，即可查看到已添加的系列，单击“确定”按钮，如下图所示。

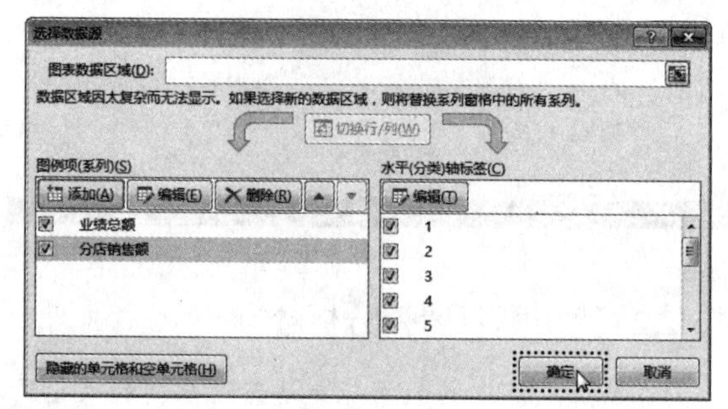

步骤 11 执行"设置数据系列格式"命令。❶选择饼图中的数据系列，并在其上单击鼠标右键；❷在弹出的快捷菜单中选择"设置数据系列格式"命令，如下图所示。

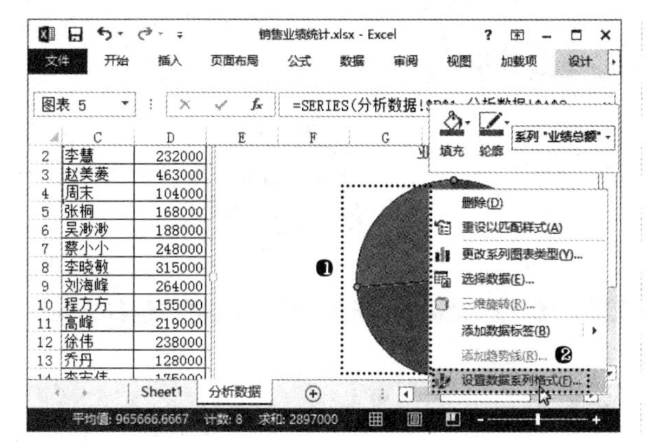

步骤 12 设置数据系列绘制在次坐标轴。打开"设置数据系列格式"任务窗口，在"系列选项"选项卡的"系列绘制在"栏中选中"次坐标轴"单选按钮，如下图所示。

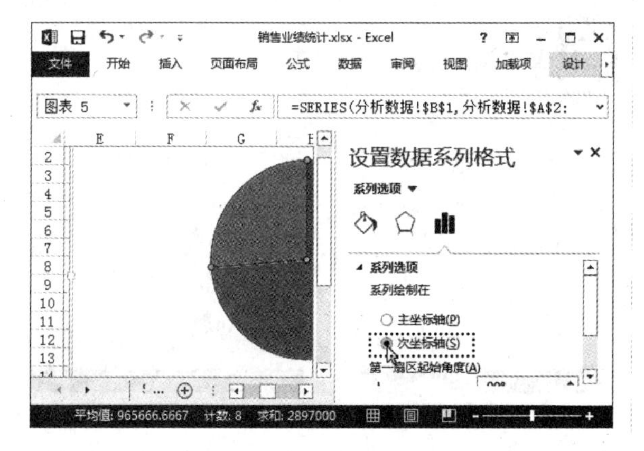

步骤 13 执行"选择数据"命令。❶选择饼图中的数据系列，并在其上单击鼠标右键；❷在弹出的快捷菜单中选择"选择数据"命令，如下图所示。

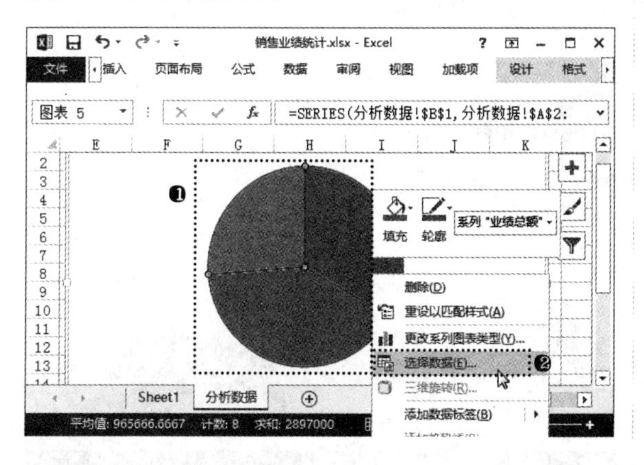

步骤 14 编辑"分店销售额"数据系列。❶打开"选择数据源"对话框，在"图例项（系列）"列表框中选择"分店销售额"选项；❷在"水平（分类）轴标签"列表框中单击"编辑"按钮，如右上图所示。

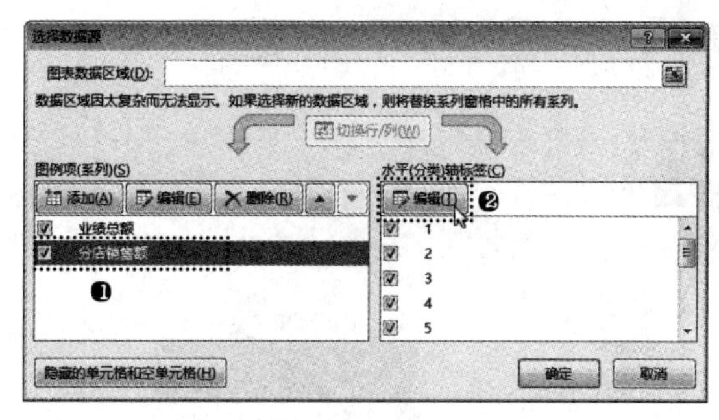

步骤 15 选择轴标签区域。❶打开"轴标签"对话框，在文本框中引用数据表中的 C2:C14 单元格区域；❷单击"确定"按钮，如下图所示。

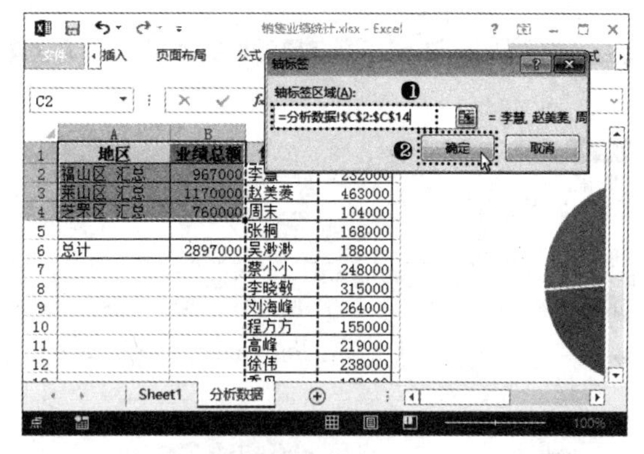

步骤 16 确定数据源。返回"选择数据源"对话框，单击"确定"按钮，如下图所示。

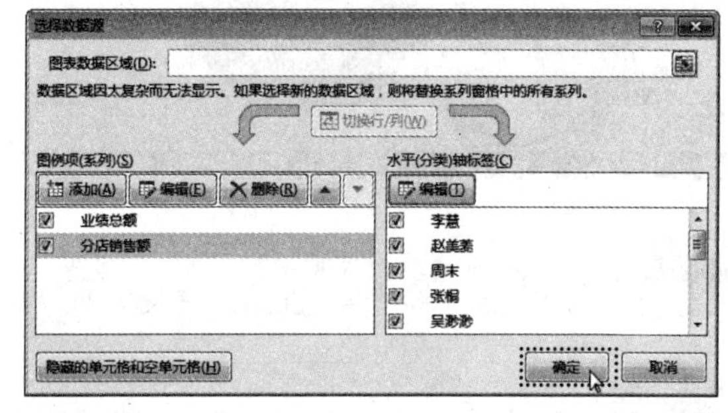

步骤 17 选择分店销售数据系列。❶选择图表中的数据系列；❷在"图表工具格式"选项卡"当前所选内容"组中的下拉列表中选择"系列'分店销售额'"选项，如下图所示。

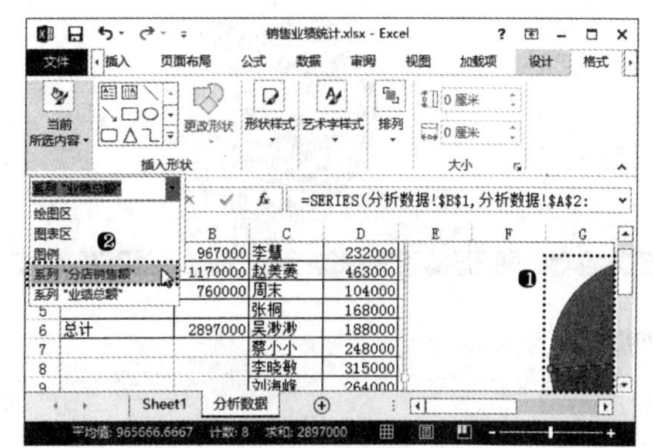

步骤 18 拖曳调整图表大小。在选择的图表处按住鼠标左键不放并向外拖曳，调整图表大小，如下图所示。

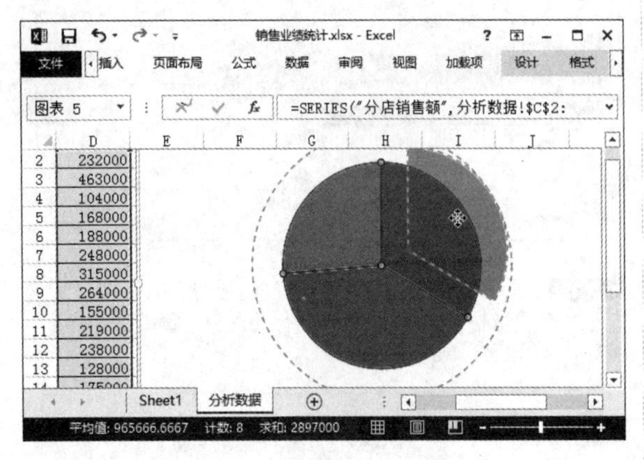

步骤 19 调整扇区位置。选择上层数据系列中表示的某一个数据项的扇区，按住鼠标左键不放并向内拖曳，调整其位置，如下图所示。

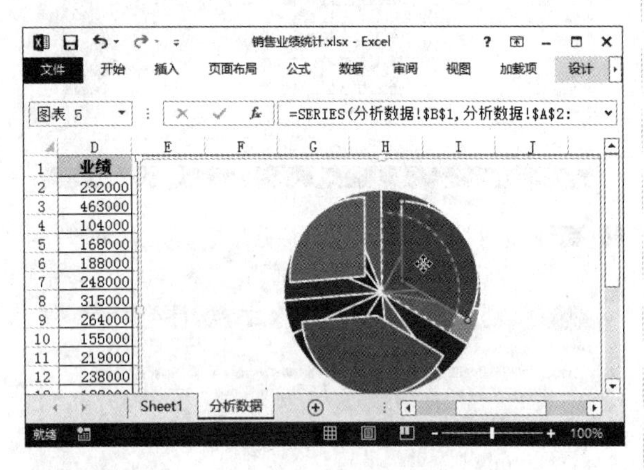

步骤 20 调整其他扇区位置。使用相同的方法，将上层数据系列中其他数据项的扇区向内移动位置，重新构成圆形，如下图所示。

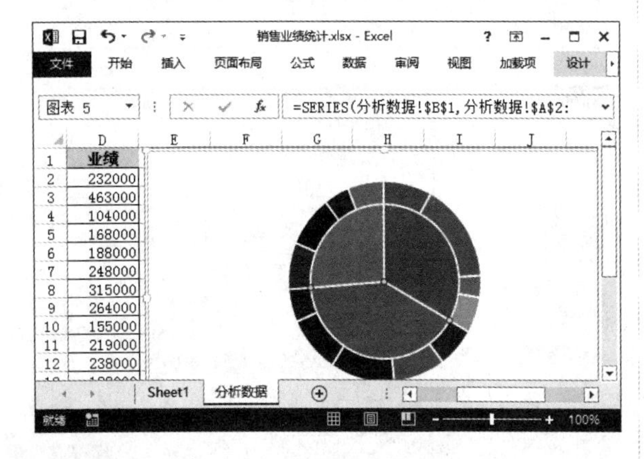

步骤 21 选择数据序列。在"图表工具 格式"选项卡"当前所选内容"组中的下拉列表中选择"系列'业绩总额'"选项，如右上图所示。

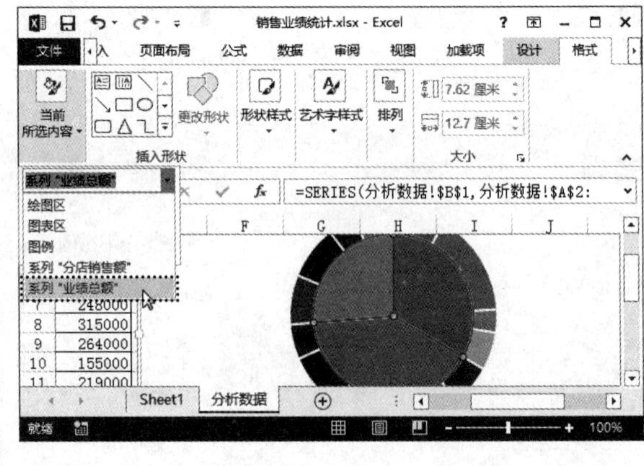

步骤 22 添加数据标签。❶单击"图表工具 设计"选项卡"图表布局"组中的"添加图表元素"按钮；❷在弹出的菜单中选择"数据标签"命令；❸在弹出的下级子菜单中选择"最佳匹配"命令，如下图所示。

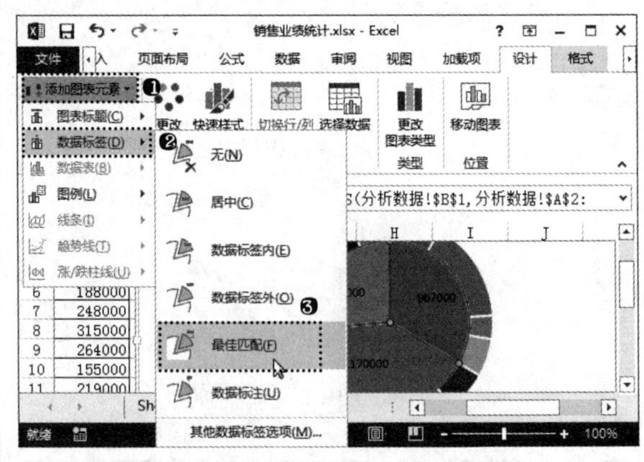

步骤 23 设置数据标签格式。❶单击"图表工具设计"选项卡"图表布局"组中的"添加图表元素"按钮；❷在弹出的菜单中选择"数据标签"命令；❸在弹出的下级子菜单中选择"其他数据标签选项"命令，如下图所示。

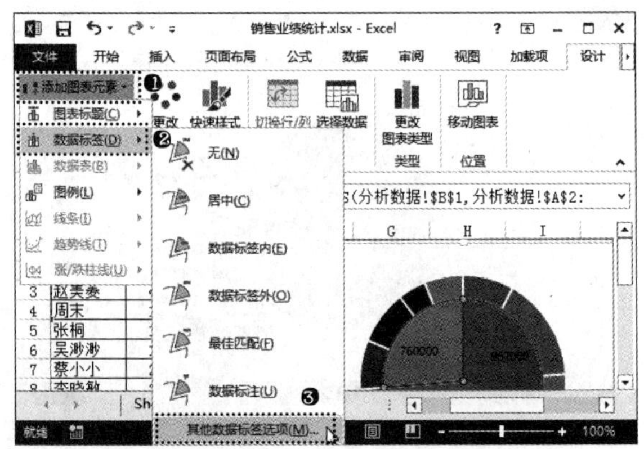

步骤 24 设置数据标签格式。打开"设置数据标签格式"任务窗口，在"标签选项"选项卡的"标签包括"栏中选中"类别名称"复选框，如下图所示。

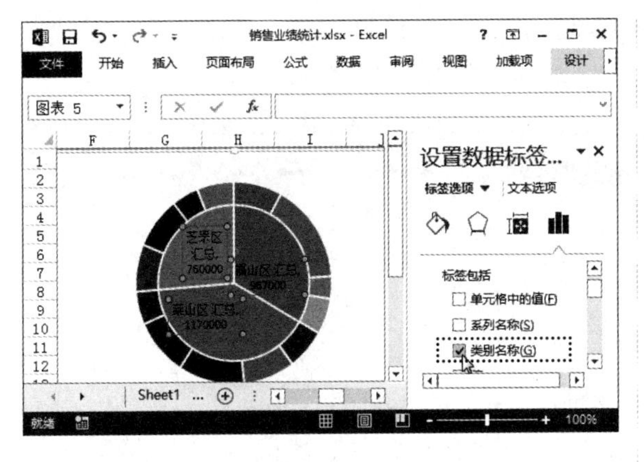

步骤 25 添加其他数据标签。❶选择外部图表的数据系列；❷单击"图表工具设计"选项卡"图表布局"组中的"添加图表元素"按钮；❸在弹出的菜单中选择"数据标签"命令；❹在弹出的下级子菜单中选择"数据标注"命令，如下图所示。

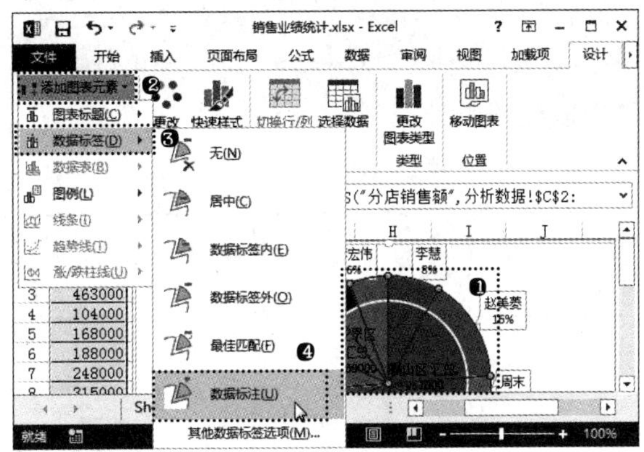

15.3 制作销售明细表

案例概述

在公司的销售管理中，通过销售统计表可以让销售部门掌握销售形势，为处理和分析销售数据提供依据。但销售数据都是需要从最细小的数据逐条搜集的，大到生厂商，小到零售商，在每个商品销售后，都需要对其销售额进行一定的统计，才能在数据搜集到一定程度时用于分析，进而考虑是否再生产或再进货。本节将制作这样一个销售明细表并计算销售提成数据。

案例效果

传递到公司的销售数据通常是杂乱无章的，必须对其进行整理，同时从这些数据中得到销售额等有用的信息。本例在制作时，首先需要输入销售明细数据，然后对每个员工的销售数据进行汇总，再分别计算各员工的销售提成金额，最后根据销售数据创建数据透视图。

销售明细统计表制作完成后的效果，如下图所示。

销售人员	销售数量					销售业绩	提成	需要票面金额数量				
	冰箱	空调	冰柜	彩电	洗衣机			100	50	10	5	1
郝楠	3	8				30880	1853	18	1	0	0	3
林荫宇			8	2	1	17480	1049	10	0	4	1	4
刘云				1	5	8900	534	5	0	3	0	4
孙传芳		6		2	2	26760	1606	16	0	0	1	1
吴正宇	7					12320	740	7	0	4	0	0
周羣				2	4	10120	608	6	0	0	1	3
						应准备的票面数量		162	51	21	8	16

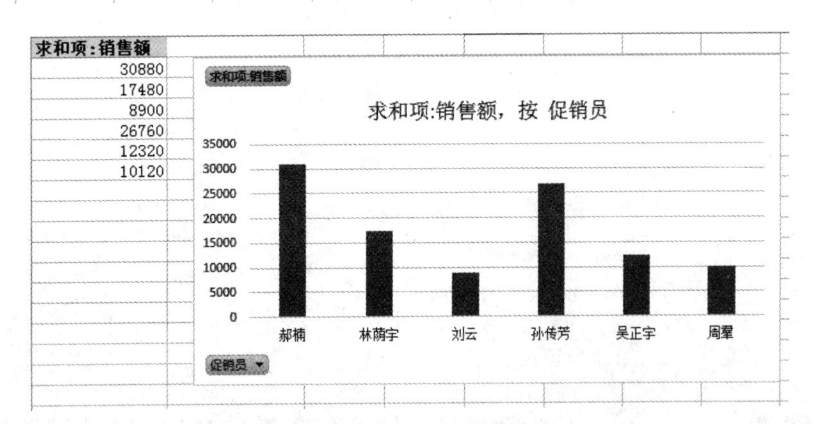

光盘同步文件
原始文件：光盘 \ 素材文件 \ 无
结果文件：光盘 \ 结果文件 \ 第 15 章 \ 销售明细统计 .xlsx
教学视频：光盘 \ 教学视频文件 \ 第 15 章 \ 制作销售明细表 \15.3.1.mp4 ～ 15.3.4.mp4

制作思路

销售明细统计表的制作思路如下。

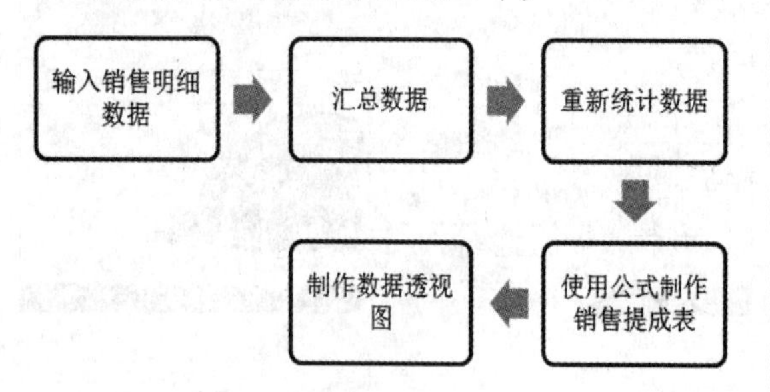

15.3.1 输入销售明细数据

要对销售数据进行分析，首先需要输入基础的销售数据，具体操作如下。

步骤 01 输入数据。❶ 新建一个空白工作簿，并命名为“销售明细统计”；❷ 重命名工作表为“销售明细”；❸ 在表格中输入基本的销售数据，如下图所示。

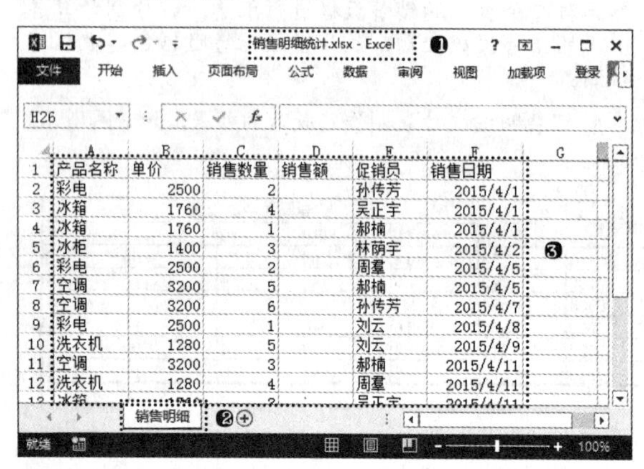

步骤 02 设置数字格式。❶ 选择 B 列和 D 列单元格；❷ 在“开始”选项卡“数字”组中选择“货币”选项，如下图所示。

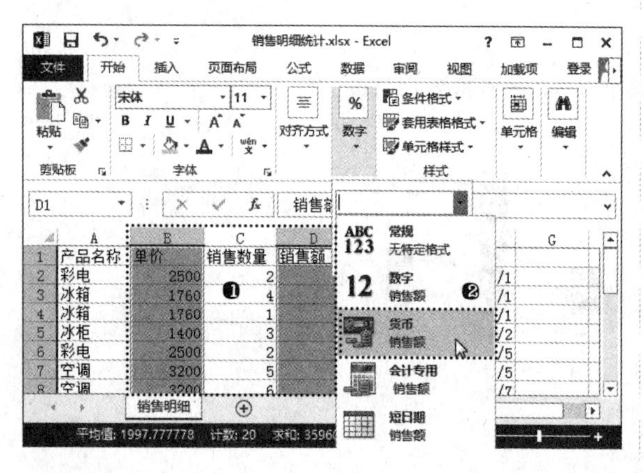

步骤 03 计算销售额。❶ 在 D2 单元格中输入公式“=B2*C2”，计算出第一项销售额；❷ 向下拖曳控制柄，填充公式计算其他销售额，如下图所示。

步骤 04 设置单元格格式。❶ 选择第一行表头内容所在的单元格区域；❷ 在“字体”组中设置合适的字体格式；❸ 单击“对齐方式”组中的“居中”按钮，如下图所示。

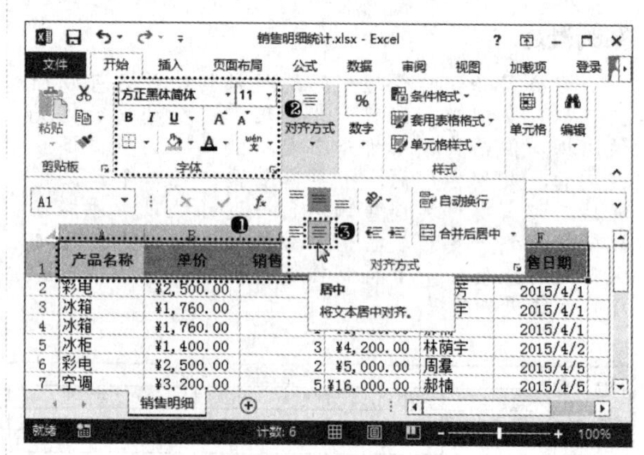

15.3.2 汇总数据

表格数据输入后，即可根据基础数据汇总各员工销售的各类产品的数据了，具体操作如下。

步骤 01 执行“排序”命令。❶ 复制工作表，并重命名为“个人销售数据汇总”；❷ 单击“数据”选项卡“排序和筛选”组中的“排序”按钮，如下图所示。

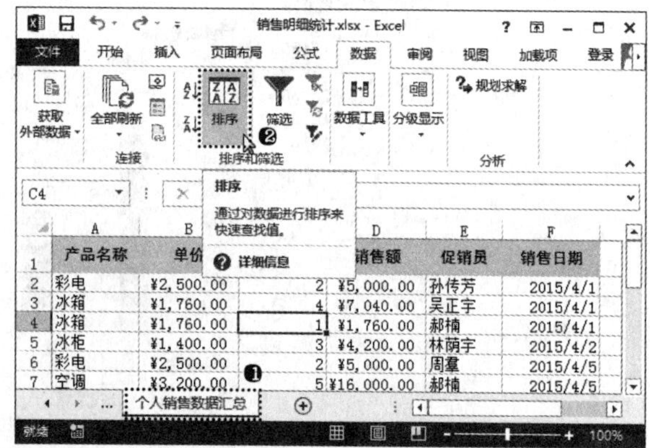

步骤 02 设置排序方式。❶ 打开"排序"对话框，单击"添加条件"按钮；❷ 在"主要关键字"栏中设置关键字为"促销员"；❸ 在"次要关键字"栏中设置关键字为"产品名称"；❹ 单击"确定"按钮，如下图所示。

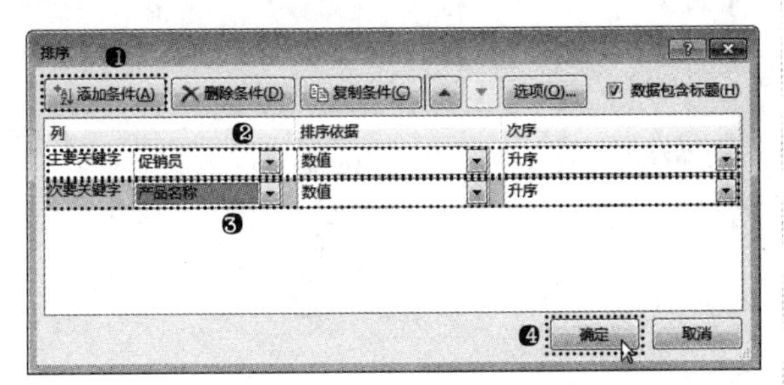

步骤 03 执行"分类汇总"命令。经过上一步操作，即可按要求对数据进行排序。单击"数据"选项卡"分级显示"组中的"分类汇总"按钮，如下图所示。

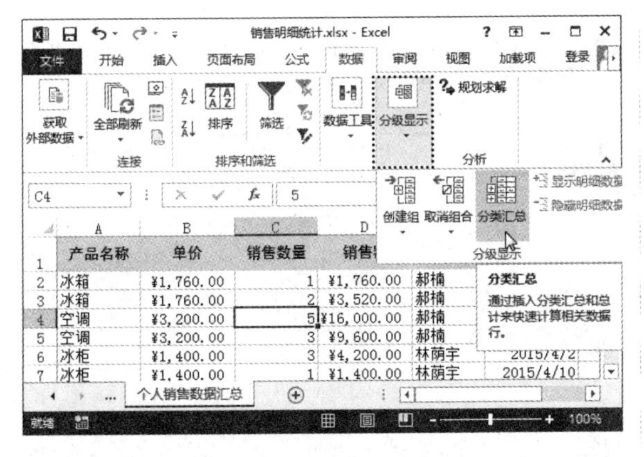

步骤 04 设置分类汇总参数。❶ 打开"分类汇总"对话框，在"分类字段"下拉列表中选择"促销员"选项；❷ 在"汇总方式"下拉列表中选择"求和"选项；❸ 在"选定汇总项"列表框中选中"销售数量"和"销售额"复选框；❹ 单击"确定"按钮，如下图所示。

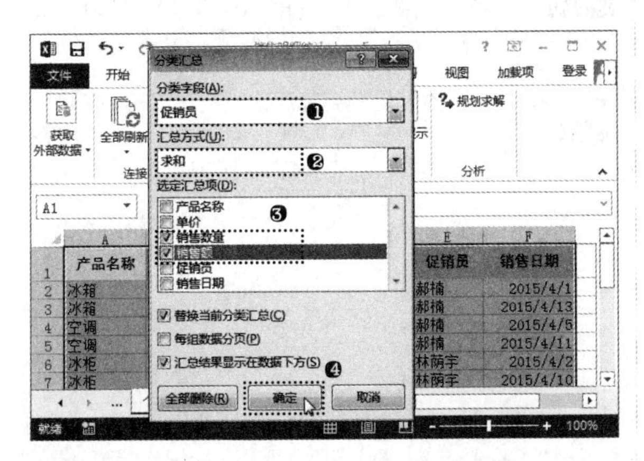

步骤 05 执行"分类汇总"命令。经过上一步操作，即可汇总各促销员的销售数量和销售额。单击"数据"选项卡"分级显示"组中的"分类汇总"按钮，如右上图所示。

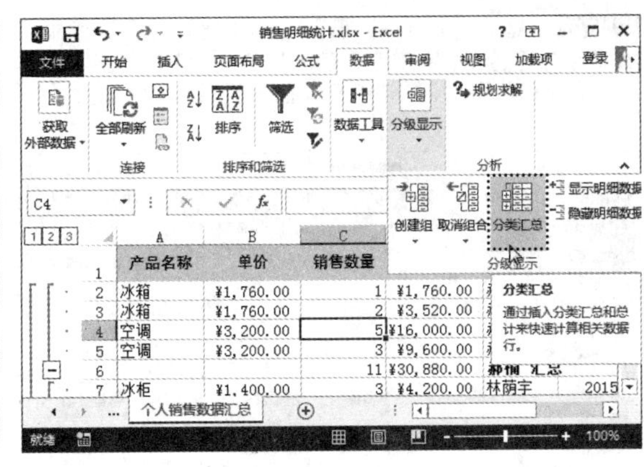

步骤 06 设置分类汇总参数。❶ 打开"分类汇总"对话框，在"分类字段"下拉列表中选择"产品名称"选项；❷ 在"选定汇总项"列表框中选中"销售数量"和"销售额"复选框；❸ 取消选中"替换当前分类汇总"复选框；❹ 单击"确定"按钮，如下图所示。

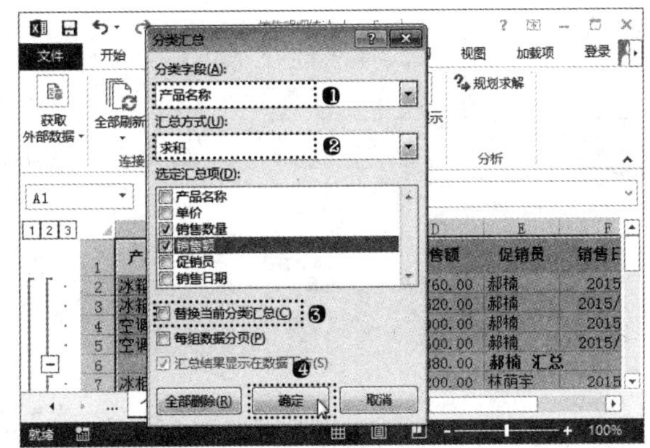

15.3.3 制作销售提成表

经过上一节的操作，已经汇总各促销员各类产品的销售数量和销售额。下面要根据这些数据计算各员工的销售提成，并统计出各种款值人民币的张数。

步骤 01 复制数据。❶ 新建工作表，并重命名为"销售提成"；❷ 返回"个人销售数据汇总"工作表，单击工作表左侧的 3 按钮，显示三级汇总项数据；❸ 选择汇总数据；❹ 单击"剪贴板"组中的"复制"按钮，如下图所示。

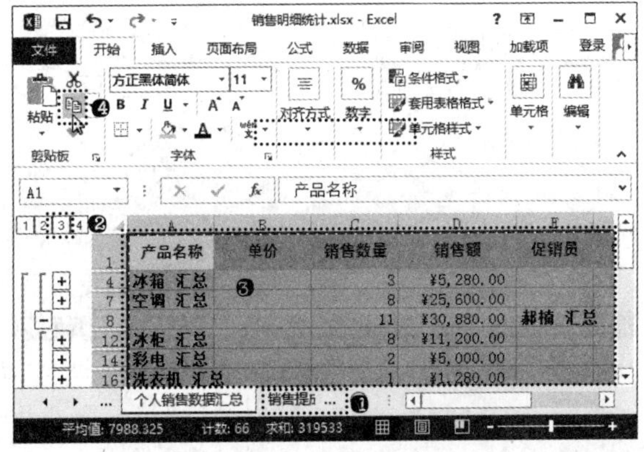

步骤 02 粘贴数据为图片。❶选择“销售提成”工作表；❷单击“剪贴板”组中的“粘贴”按钮；❸在弹出的菜单的“其他粘贴选项”栏中单击“图片”按钮，如下图所示。

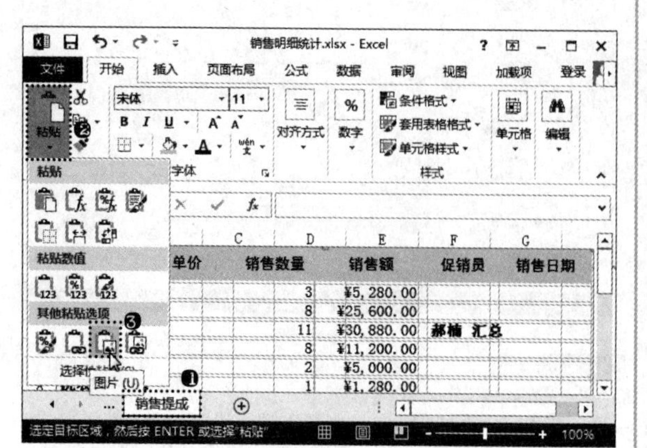

步骤 03 输入数据。根据粘贴图片中的数据制作“个人销售数据汇总”工作表的框架，并输入相应数据内容，如下图所示。

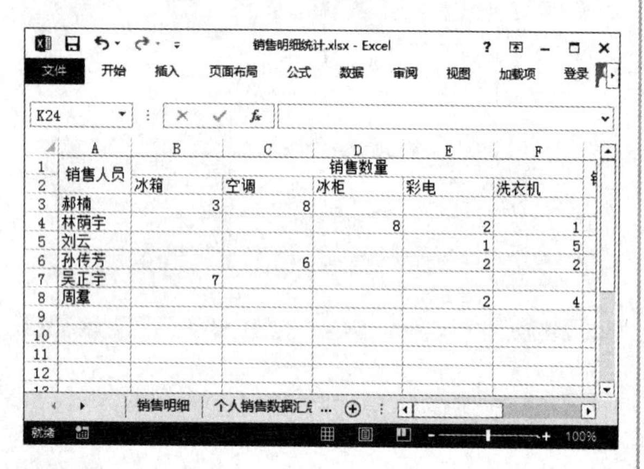

步骤 04 计算提成金额。在 H3 单元格中输入公式“=ROUNDUP(G3*6%,0)”，计算第一个员工的提成金额，如下图所示。

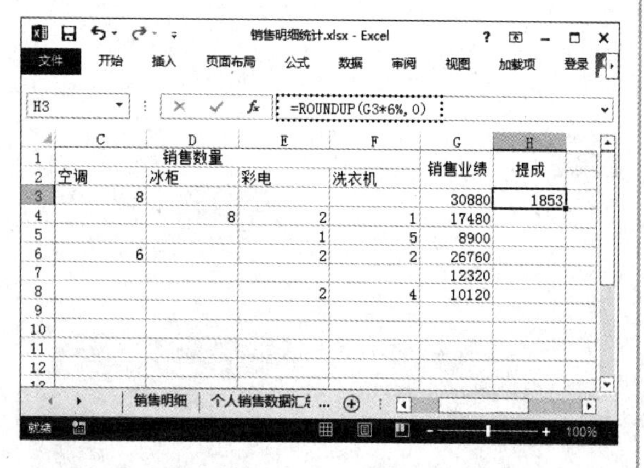

步骤 05 计算 100 元的张数。在 I3 单元格中输入公式“=INT(H3/$I$2)”，计算要领取 100 元的张数，如下图所示。

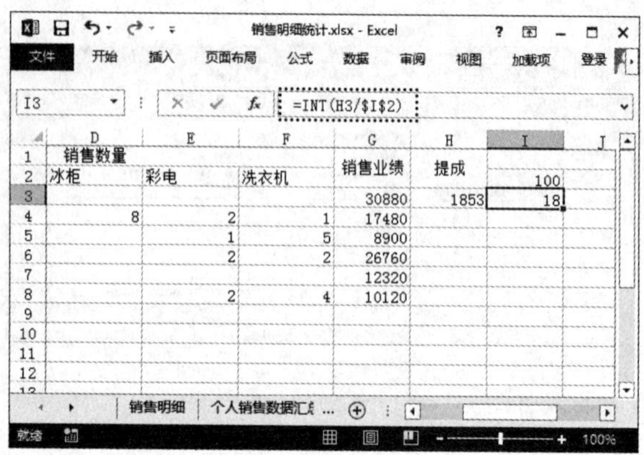

步骤 06 计算 50 元的张数。在 J3 单元格中输入公式“=INT(MOD(H3,$I$2)/$J$2)”，计算要领取 50 元的张数，如下图所示。

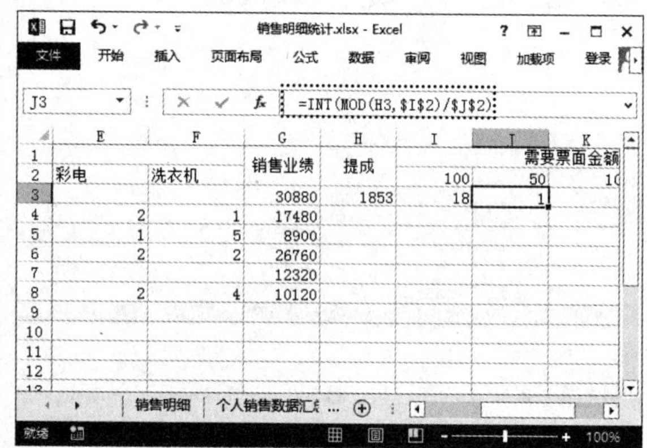

步骤 07 计算 10 元的张数。在 K3 单元格中输入公式“=INT(MOD(H3,$J$2)/$K$2)”，计算要领取 10 元的张数，如下图所示。

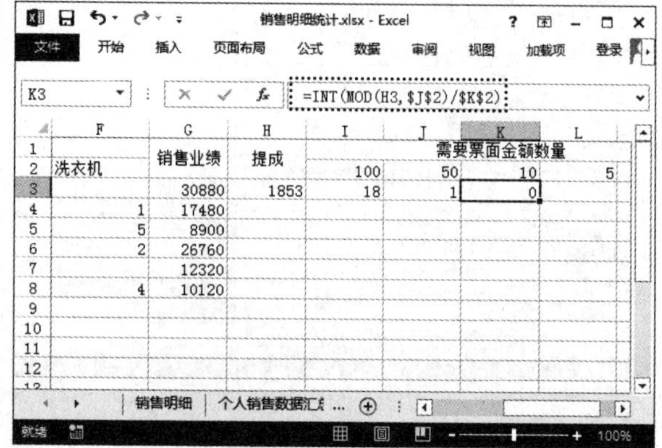

步骤 08 计算 5 元的张数。在 L3 单元格中输入公式"=INT(MOD(H3,$K$2)/$L$2)"，计算要领取 5 元的张数，如下图所示。

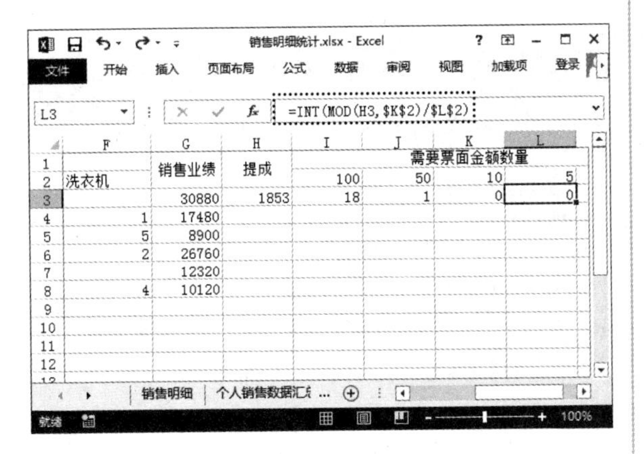

步骤 09 计算 1 元的张数。在 M3 单元格中输入公式"=INT(MOD(H3,$L$2)/$M$2)"，计算要领取 1 元的张数，如下图所示。

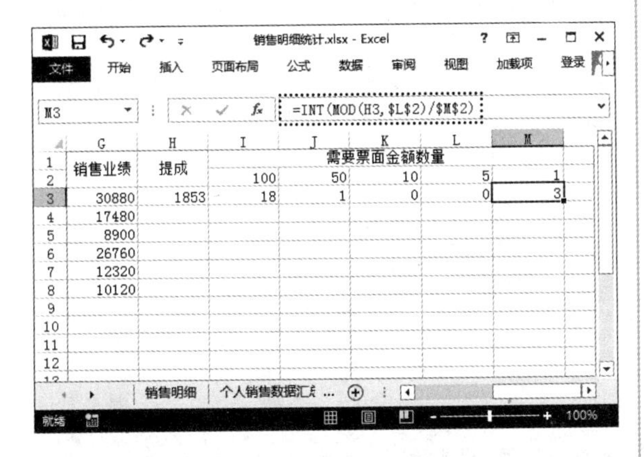

步骤 10 复制公式。❶ 选择 H3:M3 单元格区域；❷ 向下拖曳控制柄至 M8 单元格，计算出其他员工的销售提成和各种款值人民币的领取情况，如下图所示。

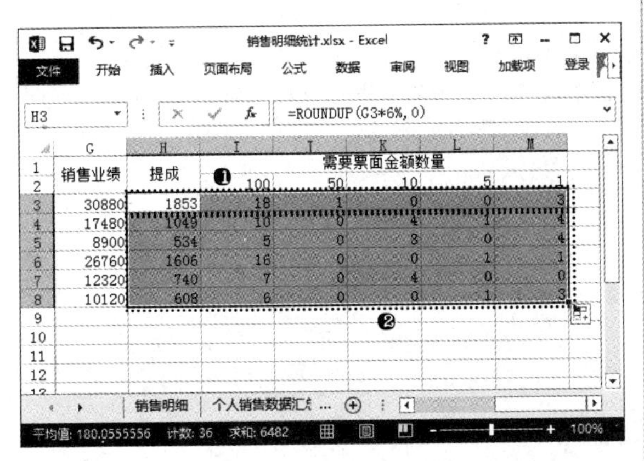

步骤 11 计算财务需要拨出的金额。❶ 在 I14 单元格中输入公式"=SUM(I2:I8)"，计算出财务部门需要拨出的 100 元的张数；❷ 向右拖曳控制柄至 M14 单元格，计算出需要拨出的其他款值人民币的张数。

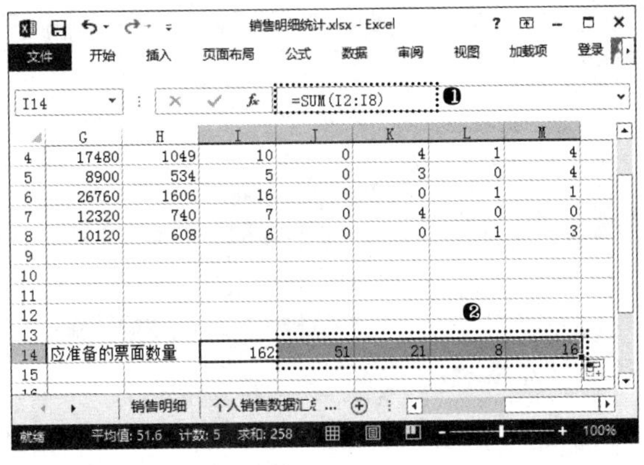

步骤 12 单击"对话框启动器"按钮。❶ 选择 A1:M8 单元格区域；❷ 单击"开始"选项卡"字体"组右下角的"对话框启动器"按钮，如下图所示。

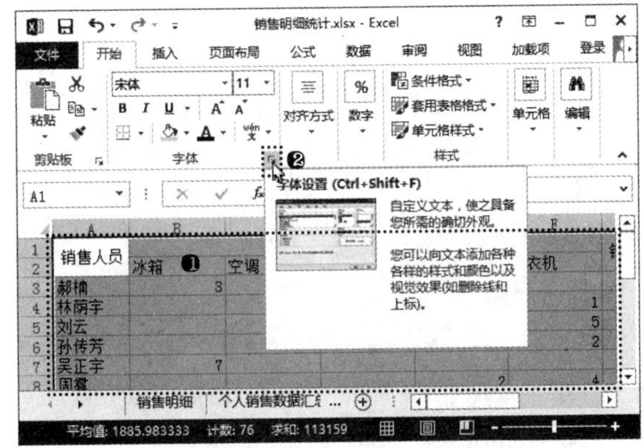

步骤 13 设置边框。❶ 打开"设置单元格格式"对话框，单击"边框"选项卡；❷ 在"样式"组中选择"粗线"；❸ 单击"外边框"按钮；❹ 在"样式"组中选择"细线"；❺ 单击"内部"按钮；❻ 单击"确定"按钮，如下图所示。

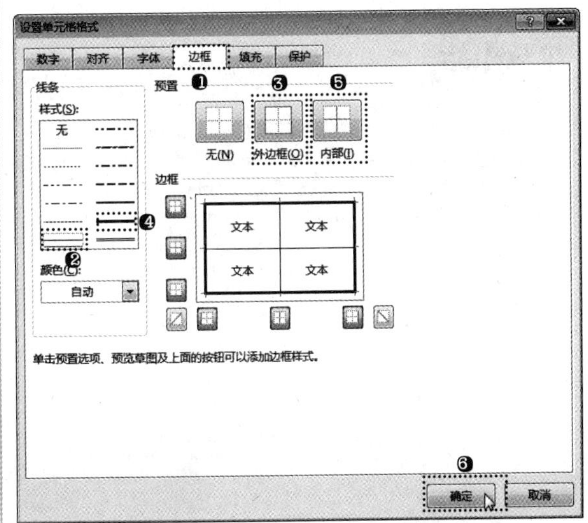

步骤 14 设置边框。❶ 选择 G14:M14 单元格区域；❷ 单击"开始"选项卡"字体"组中的"边框"按钮；❸ 在弹出的菜单中选择"粗匣框线"命令，如下页左上图所示。

15.3.4 制作数据透视图

下面再为销售数据制作数据透视图，查看各促销员的销售业绩，具体操作如下。

步骤01 执行"推荐的图表"命令。❶选择"销售明细"工作表；❷单击"插入"选项卡"图表"组中的"推荐的图表"按钮，如下图所示。

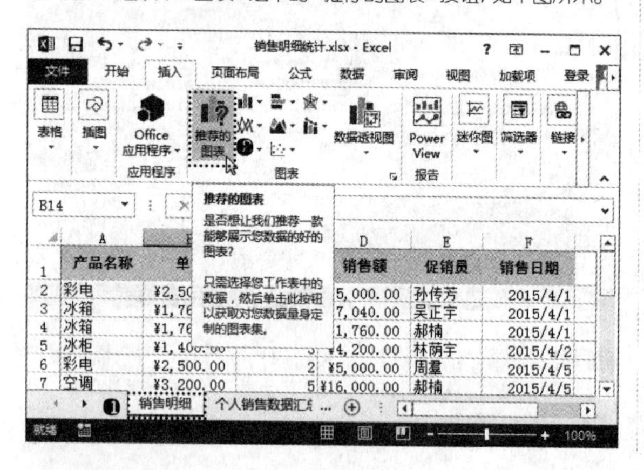

步骤02 选择图表类型。❶打开"插入图表"对话框，在"推荐的图表"选项卡的左侧选择需要的图表类型；❷单击"确定"按钮，如下图所示。

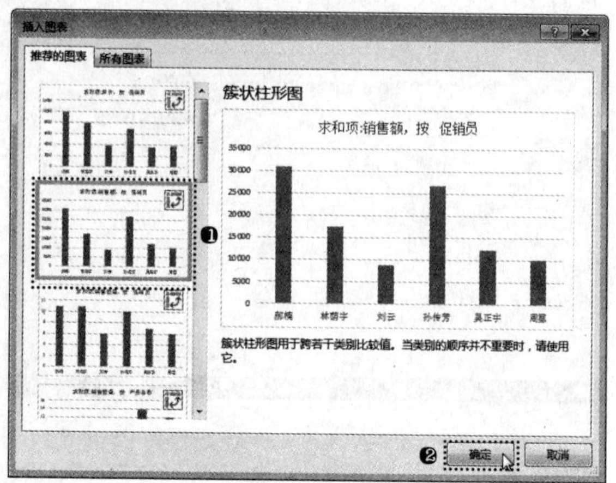

步骤03 显示图表效果。经过上一步操作，即可根据表格数据和所选的图表类型插入相应的数据透视图表，如下图所示。

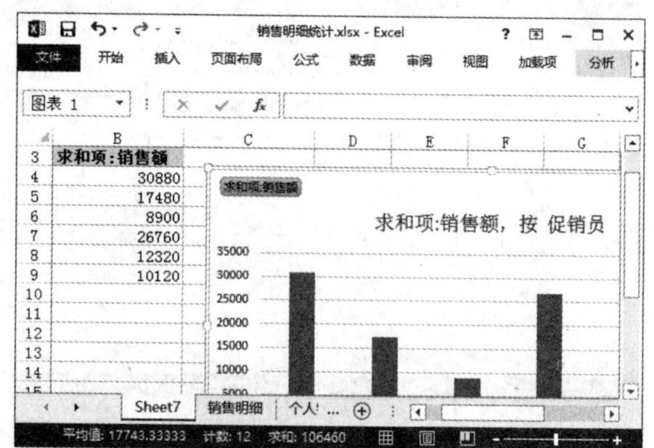

本章小结

本章结合实例主要讲述了 Excel 在市场营销中的应用。本章的重点是让读者掌握数据分析的各种方法，我们可以通过数据排序、筛选、分类汇总、图表、数据透视图表对表格中的数据进行分析，但具体采用哪种形式进行分析，还需要结合实际要求来判断。希望通过本章实例的演示，能够加深营销工作者对 Excel 不同知识点的深入理解，并能将这些知识点综合应用到实际工作中去。